SCHÄFFER
POESCHEL

Gerhard Picot (Hrsg.)

Handbuch Mergers & Acquisitions

Planung, Durchführung, Integration

Verfasst von

Bernd Bäzner (Ernst & Young)
Dr. Eric Bartels (McKinsey & Company, Inc.)
Dr. Helmut Bergmann (Freshfields Bruckhaus Deringer)
Clemens Brugger (Zeppelin University)
Dr. Dirk Classen (PICOT Rechtsanwaltsgesellschaft mbH)
Dr. Sabine Cosack (McKinsey & Company, Inc.)
Dr. Stephan Eilers, LL.M. (Tax) (Freshfields Bruckhaus Deringer)
Dr. Achim Fuhrmanns (PICOT Rechtsanwaltsgesellschaft mbH)
Gunnar Grass (European Business School (EBS))
Jürgen Herres (Pleon Financial Communications)
Prof. Ulrich Hommel (European Business School (EBS))
Prof. Dr. Stephan A. Jansen (Zeppelin University)
Dr. Anke Ortmann (Freshfields Bruckhaus Deringer)
Prof. Dr. Gerhard Picot (PICOT Rechtsanwaltsgesellschaft mbH)
Dr. Christian Timmreck (Ernst & Young)
Dr. Rainer Zimmermann

4., grundlegend überarbeitete und aktualisierte Auflage

2008
Schäffer-Poeschel Verlag Stuttgart

Herausgeber
Prof. Dr. Gerhard Picot

Verfasser
Bernd Bäzner (Ernst & Young), *Dr. Eric Bartels* (McKinsey & Company, Inc.), *Dr. Helmut Bergmann* (Freshfields Bruckhaus Deringer), *Clemens Brugger* (Zeppelin University), *Dr. Dirk Classen* (PICOT Rechtsanwaltsgesellschaft mbH), *Dr. Sabine Cosack* (McKinsey & Company, Inc.), *Dr. Stephan Eilers, LL.M. (Tax)* (Freshfields Bruckhaus Deringer), *Dr. Achim Fuhrmanns* (PICOT Rechtsanwaltsgesellschaft mbH), *Gunnar Grass* (European Business School (EBS)), *Jürgen Herres* (Pleon Financial Communities), *Prof. Ulrich Hommel* (European Business School (EBS)), *Prof. Dr. Stephan A. Jansen* (Zeppelin University), *Dr. Anke Ortmann* (Freshfields Bruckhaus Deringer), *Prof. Dr. Gerhard Picot* (PICOT Rechtsanwaltsgesellschaft mbH), *Dr. Christian Timmreck* (Ernst & Young), *Dr. Rainer Zimmermann*

Bibliografische Information der Deutschen Nationalbibliothek
Die Deutsche Nationalbibliothek verzeichnet diese Publikation in der Deutschen Nationalbibliografie; detaillierte bibliografische Daten sind im Internet über <http://dnb.d-nb.de> abrufbar.

Gedruckt auf chlorfrei gebleichtem, säurefreiem und alterungsbeständigem Papier

ISBN 978-3-7910-2733-3

www.schaeffer-poeschel.de
info@schaeffer-poeschel.de
Einbandgestaltung: Willy Löffelhardt
Satz: Johanna Boy, Brennberg
Druck und Bindung: Kösel Krugzell · www.koeselbuch.de
Printed in Germany
November 2008

Schäffer-Poeschel Verlag Stuttgart
Ein Tochterunternehmen der Verlagsgruppe Handelsblatt

Vorwort

Mergers & Acquisitions führen in ihrer derzeitig stattfindenden Welle zu weiteren tief greifenden Veränderungen der Unternehmenslandschaft. Mit dem Zukauf von Unternehmen oder Geschäftsbereichen sowie mit Joint Ventures, Zusammenschlüssen, Kooperationen und anderen Formen der Mergers & Acquisitions reagieren die Unternehmer, Manager und M&A-Berater neben der zeit- und kräftezehrenden internen (organischen) Unternehmens- und Produktentwicklung auf den weiterhin zunehmenden raschen globalen Wandel der Wirtschaft und Gesellschaft. Getrieben vom Shareholder-Value prägen sie ein neues wirtschaftliches, gesellschaftliches, soziales und kulturelles Umfeld.

Aufgrund der aktuellen Entwicklungen, insbesondere der Globalisierung, der Unternehmensfinanzierung, der Unternehmensnachfolge sowie des in den letzten Jahren weiter wachsenden Unternehmensmarktes, haben die Unternehmen dabei komplexe wirtschaftliche und rechtliche Aufgaben zu bewältigen. Die besonderen Schwierigkeiten der zu bewältigenden Zusammenhänge ergeben sich daraus, dass sie weitgehend branchen- und fachübergreifender Natur sind. Diese machen es erforderlich, eine umfassende Analyse der ökonomischen, rechtlichen, technischen und sozialen Fragestellungen und Entwicklungen an der Nahtstelle von Wirtschaft, Wissenschaft und Politik vorzunehmen. Die erforderlichen Entscheidungen sind anhand der sich bietenden Handlungsoptionen zu treffen. Nur mit einem interdisziplinären und zugleich ganzheitlich-strategischen Denken und Handeln einerseits und einem vertieften Verständnis der Erfolgsfaktoren für das Transaktionsmanagement andererseits werden sich wertesteigernde, werteschaffende und zukunftssichere Lösungen erarbeiten und umsetzen lassen.

Entsprechend der komplexen Natur der betroffenen Unternehmen beinhalten die Mergers & Acquisitions erhebliche verfahrensmäßige Besonderheiten aufgrund ihrer vielfältigen nationalen und internationalen Erscheinungsformen, insbesondere bei

- Unternehmenskäufen und -verkäufen
- Unternehmenszusammenschlüssen
- Kooperationen, Allianzen und Joint Ventures
- Unternehmenssicherungen und -nachfolgen
- Management Buy-out und Buy-in
- Private-Equity-Beteiligungen
- Public Private Partnerships (PPP)
- Börsengängen (Initial Public Offering - IPO)
- Umwandlungsmaßnahmen
- Restrukturierungen
- Outsourcing.

Mergers & Acquisitions bedürfen daher einer ganzheitlichen und fachübergreifenden Betrachtung ihrer drei Phasen: der Planung, der Durchführung sowie der Integration bzw. Implementierung.

Auf der Grundlage eines immer wichtigeren interdisziplinären Wissenschaftskonzeptes hat dieses Handbuch bereits in seiner ersten Auflage eine solch ganzheitliche und interdisziplinäre Darstellung der Thematik geboten.

Besondere Übersichtlichkeit erhalten die Ausführungen dadurch, dass sie in Aufbau und Problemdarstellung dem üblichen Verlauf der Transaktionen folgen, von der Planung und Durchführung der Transaktionen bis hin zur Integration in der Postmerger-Phase. Sie streben danach, vor allem den Unternehmern, Managern, Investmentbankern, Wirtschaftsjuristen, Wirtschaftsprüfern, sonstigen M&A-Beratern sowie den Studierenden ein praxisorientiertes und fundiertes »Handbuch« für den Bereich der Mergers & Acquisitions zu bieten.

Die große Nachfrage nach diesem Handbuch und die raschen gesellschaftlichen, wirtschaftlichen und rechtlichen Veränderungsprozesse haben dazu geführt, dass schon so bald nach seinem Erscheinen diese grundlegend aktualisierte und erweiterte 4. Auflage erforderlich geworden ist.

Besondere Aktualität gewinnt die 4. Auflage vor dem Hintergrund der Maßnahmen des Gesetzgebers zur Verbesserung der Unternehmens- und Arbeitsstrukturen. Dazu gehören insbesondere das Gesetz zur Modernisierung des Schuldrechtes und das Übernahmegesetz sowie die Änderungen im Wertpapierhandelsgesetz und die im Zusammenhang mit der Unternehmensteuerreform erlassenen Gesetze; ferner das Namensaktiengesetz, das neue Betriebsverfassungsgesetz und die hiermit im Zusammenhang stehenden Änderungen insbesondere des Umwandlungsgesetzes, des Kündigungsschutzgesetzes und des Mitbestimmungsgesetzes.

Mein besonderer Dank gilt meinen Mitautorinnen und Mitautoren Bernd Bäzner, Dr. Eric Bartels, Dr. Helmut Bergmann, Clemens Brugger, Dr. Dirk Classen, Dr. Sabine Cosack, Dr. Stephan Eilers, Dr. Achim Fuhrmanns, Gunnar Grass, Jürgen Herres, Prof. Ulrich Hommel, Prof. Dr. Stephan A. Jansen, Dr. Anke Ortmann, Dr. Christian Timmreck und Dr. Rainer Zimmermann dafür, dass sie trotz ihrer starken beruflichen Beanspruchung das Erscheinen dieser neuen Auflage des Handbuches so zeitnah möglich gemacht haben. Ebenso verbindlich danke ich Herrn Volker Dabelstein und Frau Claudia Dreiseitel vom Schäffer-Poeschel Verlag für die gute und effiziente Zusammenarbeit bei der Herausgabe dieser weiteren Auflage des Handbuches.

Köln, München, im Juni 2008 Prof. Dr. Gerhard Picot

Inhaltsübersicht

C. Integration bzw. Implementierung der Mergers & Acquisitions

Inhaltsverzeichnis

Abkürzungsverzeichnis

a. A.	anderer Ansicht
a. F.	alte Fassung
AbfG	Abfallbeseitigungsgesetz
ABl	Amtsblatt
ABlEG	Amtsblatt der Europäischen Gemeinschaften
AFG	Arbeitsförderungsgesetz
AG	Aktiengesellschaft; Die Aktiengesellschaft (Zeitschrift)
AktG	Aktiengesetz
Amtl. Slg.	Amtliche Sammlung
AnfG	Anfechtungsgesetz
Anm.	Anmerkung
AO	Abgabenordnung
AöR	Archiv des öffentlichen Rechts (Band, Seite), (Zeitschrift)
ArbG	Arbeitsgericht
ArbPlSchG	Arbeitsplatzschutzgesetz
Art.	Artikel
Aufl.	Auflage
AÜG	Arbeitnehmerüberlassungsgesetz
AZO	Arbeitszeitordnung; Allgemeine Zollordnung
BABl.	Bundesarbeitsblatt
BAG	Bundesarbeitsgericht
BAGE	Entscheidungen des Bundesarbeitsgerichtes
BB	Betriebs-Berater (Zeitschrift)
BetrAVG	Betriebsrentengesetz
BetrVG	Betriebsverfassungsgesetz
BeurkG	Beurkundungsgesetz
BfAI	Bundesstelle für Außenhandelsinformation
BFH	Bundesfinanzhof
BFHE	Entscheidungen des Bundesfinanzhofs (Band, Seite): Amtliche Sammlung
BGB	Bürgerliches Gesetzbuch
BGBl.	Bundesgesetzblatt
BGH	Bundesgerichtshof
BiRiLiG	Bilanzrichtlinien-Gesetz
BKartA	Bundeskartellamt
BMWi	Bundeswirtschaftsministerium
BPO(St)	Betriebsprüfungsordnung (Steuer)
BR-Drucks.	Bundesrats-Drucksache
BT-Drucks.	Bundestags-Drucksache
BStBl.	Bundessteuerblatt
BVerfG	Bundesverfassungsgericht
BVerwG	Bundesverwaltungsgericht

CCA	Comparative Company Approach
c. i. c.	culpa in contrahendo
DB	Der Betrieb (Zeitschrift)
DCF	Discounted Cash Flow
DStR	Deutsches Steuerrecht (Zeitschrift)
DStRE	Deutsches Steuerrecht Entscheidungsdienst
DStZ	Deutsche Steuerzeitung (Zeitschrift)
DStZ/E	Deutsche Steuerzeitung, Ausgabe E (Eildienst)
DVBl.	Deutsches Verwaltungsblatt
DVO (oder: DV)	Durchführungsverordnung
E	Entscheidung
EBITDA	Earnings before interests, taxes, depreciation and amortisation
ECLR	European Competition Law Review (Zeitschrift)
EFG	Entscheidung der Finanzgerichte
EG	Einführungsgesetz; Europäische Gemeinschaft
EGKS-Vertrag	Vertrag über die Europäische Gemeinschaft für Kohl und Stahl (Montanunion)
EinfGRealStG	Einführungsgesetz zu den Realsteuergesetzen
ErbSt	Erbschaftsteuer
ErbStDV	Erbschaftsteuer-Durchführungsverordnung
ErbStG	Erbschaftsteuergesetz
ESt	Einkommensteuer
EStDV	Einkommensteuer-Durchführungsverordnung
EStG	Einkommensteuergesetz
EStR	Einkommensteuer-Richtlinien
EStRG	Einkommensteuerreformgesetz
EU	Europäische Union
EuGH	Gerichtshof der Europäischen Gemeinschaften
EuGHE	Entscheidungen des Gerichtshofs der Eropäischen Gemeinschaften
EuR	Europa-Recht (Zeitschrift)
EuZW	Europäische Zeitschrift für Wirtschaftsrecht
EWGV	Vertrag zur Gründung der Europäischen Wirtschaftsgemeinschaft
EWS	Europäisches Wirtschafts- & Steuerrecht (Zeitschrift)
EzA	Enscheidungssammlung zum Arbeitsrecht
F&E	Forschung und Entwicklung
FG	Finanzgericht
FGG	Gesetz über die Angelegenheiten der freiwilligen Gerichtsbarkeit
FGO	Finanzgerichtsordnung
FKVO	Fusionskontrollverordnung
Fn.	Fußnote
FR	Finanz-Rundschau (Zeitschrift)
FS	Festschrift
GBl.	Gesetzblatt
GEI	Gericht Erster Instanz der Europäischen Gemeinschaften
GenG	Genossenschaftsgesetz
GeschmG	Geschmacksmustergesetz

GesO	Gesamtvollstreckungsordnung
GewSt.	Gewerbesteuer
GewStDV	Gewerbesteuer-Durchführungsverordnung
GewStG	Gewerbesteuergesetz
GG	Grundgesetz
GmbH	Gesellschaft mit beschränkter Haftung
GmbHG	GmbH-Gesetz
GoB	Grundsätze ordungsmäßiger Buchführung
GrESt.	Grunderwerbsteuer
GrEStG	Grunderwerbsteuergesetz
GrSt.	Grundsteuer
GrStDV	Grundsteuer-Durchführungsverordnung
GVBl.	Gesetz- und Verordnungsblatt
GVO	Gruppenfreistellungsverordnung
GWB	Gesetz gegen Wettbewerbsbeschränkungen
HdB	Handbuch der Bilanzierung
HdR	Handbuch der Rechnungslegung
HFR	Höchstrichterliche Finanzrechtsprechung, Entscheidungs-Sammlung
HGB	Handelsgesetzbuch
h. M.	herrschende Meinung
HURB	Handwörterbuch unbestimmter Rechtsbegriffe im Bilanzrecht
INF	Die Information über Steuer und Wirtschaft (Zeitschrift)
InsO	Insolvenzordnung
InvBeschFöG	Investitions- und Beschäftigungsförderungsgesetz
IStR	Internationales Steuerrecht (Zeitschrift)
JbFfSt.	Jahrbuch der Fachanwälte für Steuerrecht
JR	Juristische Rundschau (Zeitschrift)
KAGG	Gesetz über Kapitalanlagegesellschaften
KapErhG	Gesetz über die Kapitalerhöhung aus Gesellschaftsmitteln und Verschmelzung von GmbHs
KapErhStG	Gesetz über steuerrechtliche Maßnahmen bei Erhöhung des Nennkapitals aus Gesellschaftsmitteln
KapSt.	Kapitalertragsteuer
KG	Kommanditgesellschaft; Kammergericht
KGJ	Jahrbuch für Entscheidungen des Kammergerichts
KK	Kölner Kommentar zum Aktiengesetz
KÖSDI	Kölner Steuerdialog (Zeitschrift)
KSchG	Kündigungsschutzgesetz
KSt.	Körperschaftsteuer
KStDV	Körperschaftsteuer-Durchführungsverordnung
KStG	Körperschaftsteuergesetz
KStR	Körperschaftsteuer-Richtlinien
KTS	Konkurs-, Treuhand- und Schiedsgerichtswesen (Zeitschrift)
KVStDV	Kapitalverkehrsteuer-Durchführungsverordnung
KVStG	Kapitalverkehrsteuergesetz

LAG	Landesarbeitsgericht: mit Orts- oder Ländername
LBI	Leveraged Buy-in
LBO	Leveraged Buy-out
LFG	Lohnfortzahlungsgesetz
LG	Landgericht
LKartB	Landeskartellbehörde
LOI	Letter of Intent
MBO	Management Buy-Out
MBI	Management Buy-In
MDR	Monatsschrift für Deutsches Recht
MitbG	Mitbestimmungsgesetz
MTV	Manteltarifvertrag
MuSchG	Gesetz zum Schutze der erwerbstätigen Mutter (Mutterschutzgesetz)
MwSt.	Mehrwertsteuer
n. F.	neue Fassung
NJW	Neue Juristische Wochenschrift (Zeitschrift)
NSt.	Neues Steuerrecht (Zeitschrift)
NWB	Neue Wirtschafts-Briefe
NZA	Neue Zeitschrift für Arbeitsrecht
OFD	Oberfinanzdirektion
OFH	Oberster Finanzgerichtshof
OLGE	Sammlung der Rechtsprechung der Oberlandesgerichte
OVGE	Sammlung der Entscheidungen der Oberverwaltungsgerichte
PatG	Patentgesetz
PersVG	Personalvertretungsgesetz
PSVaG	Pensions-Sicherungs-Verein
RAP	Rechnungsabgrenzungsposten
RdA	Recht der Arbeit (Zeitschrift)
Rdnr. oder Rn.	Randnummer
RefE UmwG	Referentenentwurf eines Gesetzes zur Bereinigung des Umwandlungsrechts vom 15.04.1992
RegBl.	Regierungsblatt
RegE	Regierungsentwurf
RGZ	Reichsgericht, Entscheidungen in Zivilsachen
RIW	Recht der Internationalen Wirtschaft
RsprGH	Sammlung der Rechtsprechung des Gerichtshofes der Europäischen Gemeinschaften
SAE	Sammlung arbeitsrechtlicher Entscheidungen
SchwbG	Schwerbehindertengesetz
SozplKonKG	Gesetz über den Sozialplan im Konkurs- und Vergleichsverfahren
StEntlG	Steuerentlastungsgesetz 1999/2000/2002 v. 24.3.1999, BGBl. I 1999, 402
StSenkG	Steuersenkungsgesetz
StuW	Steuer und Wirtschaft (Zeitschrift)
StVergAbG	Steuervergünstigungsabbaugesetz

SubvG	Subventionsgesetz
S&PA	Sale & Purchase Agreement
TreuhG	Treuhandgesetz
TVG	Tarifvertragsgesetz
UFCF	Unlevered Free Cash Flow
UmwG	Umwandlungsgesetz
UmwStG	Umwandlungs-Steuergesetz
VAG	Versicherungsaufsichtsgesetz
VerlG	Gesetz über das Verlagsrecht
VermG	Vermögensgesetz
vGA	verdeckte Gewinnausschüttung
VO	Verordnung
VwGO	Verwaltungsgerichtsordnung
WuW	Wirtschaft und Wettbewerb (Zeitschrift)
WuW/E	Wirtschaft und Wettbewerb, Entscheidungssammlung
WZG	Warenzeichengesetz
z. B.	zum Beispiel
ZfA	Zeitschrift für Arbeitsrecht
ZGR	Zeitschrift für Unternehmens- und Gesellschaftsrecht
ZHR	Zeitschrift für das gesamte Handelsrecht und Wirtschaftsrecht
ZIP	Zeitschrift für Wirtschaftsrecht
ZKW	Zeitschrift für das gesamte Kreditwesen
ZTR	Zeitschrift für Tarifpolitik

A. Planung der Mergers & Acquisitions

I. Wirtschaftliche und wirtschaftsrechtliche Parameter bei der Planung der Mergers & Acquisitions

1. Einführung

a) M&A-Weltmarkt für Unternehmen

Neben dem Markt für Produkte und Dienstleistungen hat sich ein Weltmarkt für Unternehmen entwickelt. Dies ist eine der Erklärungen für die derzeit weltweit festzustellende Änderung der Unternehmenslandschaft und die momentan stattfindende 6. Welle nationaler und internationaler Mergers & Acquisitions.

Mit dem Zukauf von Unternehmen oder Geschäftsbereichen sowie mit Joint Ventures, Zusammenschlüssen, Kooperationen und anderen Formen der Mergers & Acquisitions reagieren die Unternehmer, Manager und M&A-Berater neben der zeit- und kräftezehrenden internen (organische) Unternehmens- und Produktentwicklung in weitgehend gleichen Produktmärkten auf den weiterhin zunehmenden raschen globalen Wandel der Wirtschaft. In ihrem Streben nach einer nachhaltig wertorientierten Unternehmensführung und hohen Marktkapitalisierung richten sich die Manager nicht mehr nur nach dem reinen **Shareholder-Value**, sondern nach dem Stakeholder-Value, d. h. nach den Interessen der Anteilseigner, der Gesellschaft, der Mitarbeiter und der Kunden, und prägen dabei ein neues wirtschaftliches, gesellschaftliches, soziales und kulturelles Umfeld.

Unterstützt wird diese Entwicklung vor allem auch durch die fortschreitende Digitalisierung sowie durch die Verbesserungen der Informations-Technologie und der Logistik in den überregionalen und weltweiten Strukturen und Operationen der Unternehmen. In besonderem Maße gilt dies im Hinblick auf die Effektivität des Netzwerk- und Wissensmanagements, der Informationssysteme, des E-Business, der E-Logistik und des schnellen Warentransportes. Unsere Wirtschaft und Gesellschaft steht damit zu Beginn des 21. Jahrhunderts vor völlig neuen Herausforderungen. Die rasante technologische Entwicklung und die damit einhergehende weltweite digitale Vernetzung begründen zunehmend einen Wandel zu transkontinentalen, globalen und grenzenlosen Unternehmens-, Wettbewerbs-, Produkt- und Kommunikations-Systemen.

Aufgrund der aktuellen Entwicklungen insbesondere der Globalisierung, der Unternehmensfinanzierung, der Unternehmensnachfolge sowie des in den letzten Jahren weiter wachsenden Unternehmensmarktes haben die Unternehmen dabei komplexe wirtschaftliche und rechtliche Aufgaben zu bewältigen. Die besonderen Schwierigkeiten der zu bewältigenden Zusammenhänge ergeben sich daraus, dass sie weitgehend branchen- und fachübergreifender Natur sind. Diese machen es erforderlich, eine umfassende Analyse der ökonomischen, rechtlichen, technischen und sozialen Fragestellungen und Entwicklungen an der Nahtstelle von Wirtschaft, Wissenschaft und Politik vorzunehmen. Die erforderlichen Entscheidungen sind anhand der sich bietenden Handlungsoptionen zu treffen. Nur mit einem interdisziplinären und zugleich ganzheitlich-strategischen Denken und Handeln einerseits und einem vertieften Verständnis der Erfolgsfaktoren für das Transaktionsmanagement werden sich wertesteigernde, werteschaffende und zukunftsichernde Lösungen erarbeiten und umsetzen lassen.

Entsprechend der komplexen Natur der betroffenen Unternehmen beinhalten die Mergers & Acquisitions erhebliche verfahrensmäßigen Besonderheiten aufgrund ihrer vielfältigen nationalen und internationalen Erscheinungsformen, insbesondere bei

- Unternehmenskäufen und -verkäufen
- Unternehmenszusammenschlüssen
- Kooperationen, Allianzen und Joint Ventures
- Unternehmenssicherungen und -nachfolgen
- Management Buy-out und Buy-in
- Private-Equity-Beteiligungen
- Public Private Partnerships (PPP)
- Börsengängen (Initial Public Offering – IPO)
- Umwandlungsmaßnahmen
- Restrukturierungen
- Outsourcing.

Mergers & Acquisitions bedürfen daher einer ganzheitlichen und fachübergreifenden Betrachtung ihrer drei Phasen: der Planung, der Durchführung sowie der Integration bzw. Implementierung.

b) Die Entwicklung des weltweiten Unternehmensmarktes

Ebenso wie ihre zyklischen Vorgängerinnen endete auch die 5. M&A-Welle abrupt, nachdem der Wert aller weltweiten Unternehmenstransaktionen nach einer Untersuchung des Finanzdienstleisters **Thomson Financial**[1] im Jahre 2000 mit 3.490 Milliarden US-Dollar die bislang magische Schallmauer von 1 Billionen (1999: 865 Mrd. US-Dollar) überschritten hatten. Nach dem unendlich scheinenden Wachstum der Transaktionszahlen und -volumina zeigten die Jahre 2001 bis 2003 welt-, europa- und auch deutschlandweit einen drastischen Abschwung des Unternehmensmarktes, der nicht zuletzt von der international schwachen Konjunktur, niedrigen Börsenkursen und den Attentaten vom 11. September 2001 hervorgerufen bzw. begleitet war.

Die Dramatik dieses Abschwunges zeigte sich bereits im Jahr 2001, in dem sich der Rekordwert aller weltweiten Unternehmenstransaktionen auf ca. 1.700 Mrd. US-Dollar halbierte, um sich erst im Jahre 2003 bei dem Tiefstwert des Jahres 2002 von ca. 1.350 Mrd. US-Dollar zu »stabilisieren«. Ebenso sanken die Käufe und Verkäufe mit deutscher Beteiligung von den 478 Mrd. Euro (inkl. Vodafone Mannesmann 198 Mrd. Euro) des Jahres 2000 im Folgejahr 2001 um mehr als 65 % auf 163 Mrd. Euro, im Jahr 2002 nochmals um mehr als 45 % auf ein kumuliertes Volumen von ca. 100 Mrd. Euro und reduzierte sich im Jahr 2003 wiederum um ca. 20 % auf 66,58 Mrd. Euro. Auch die Zahl

1 Siehe Rolf Lebert, Financial Times Deutschland v. 10.01.2002, S. 19.

der Transaktionen mit deutscher Beteiligung ging von 1.734 im Jahre 2002 auf 1.664 im Jahre 2003 leicht zurück.

Zwar war auch das Jahr 2004 von erheblichen Flautephasen geprägt. Allerdings stieg das weltweit angekündigte Transaktionsvolumen nicht zuletzt aufgrund eines starken Schluss-Spurtes um 41 % auf das seit dem Jahre 2000 beste Ergebnis in Höhe von 1.950 Mrd. US-Dollar. Dabei wuchs das Volumen der Fusionen in den USA erstmals wieder um 50 % auf 875 Mrd. US-Dollar und in Europa um 28 %. Auch in Deutschland hat sich der Unternehmensmarkt im Jahre 2004 wieder deutlich belebt. Die Anzahl der Transaktionen stieg im ersten Halbjahr 2004 gegenüber dem entsprechenden Vorjahreszeitraum (548) um 24.1 % auf 680 Transaktionen und wuchs im gesamten Jahr 2004 um mehr als 20 % auf 1.200 Transaktionen. Dabei verringerte sich der Gesamtwert der Transaktionen von 38,1 Mrd. Euro im ersten Halbjahr 2004 um 4,5 % gegenüber dem Wert des Vorjahres (39,9 Mrd. Euro).

Im Rahmen der seit 2004 stattfindenden sechsten M&A-Welle wurden im Jahr 2006 mehr als 3.257 M&A-Transaktionen mit einem Gesamtwert von etwa 3.370 Mrd. US-Dollar abgeschlossen. Das Transaktionsvolumen erhöhte sich dabei gegenüber den 2.700 Mrd. US-Dollar des Vorjahres um 17 %, während die Anzahl der Transaktionen gegenüber dem Vorjahr um rund 35 % anstieg. Das Jahr 2007 war nach einer Studie der Thomson Financial das volumenstärkste **M&A-Rekord-Jahr** aller Zeiten.[2] Mit 4.063 Mrd. US-Dollar brachte das Jahr 2007 nochmals eine signifikante Steigerung gegenüber 2006 um 21 %, während die Anzahl der Transaktionen trotz des stetig gestiegenen Transaktionsvolumens gegenüber den Vorjahren leicht zurückgegangen ist.

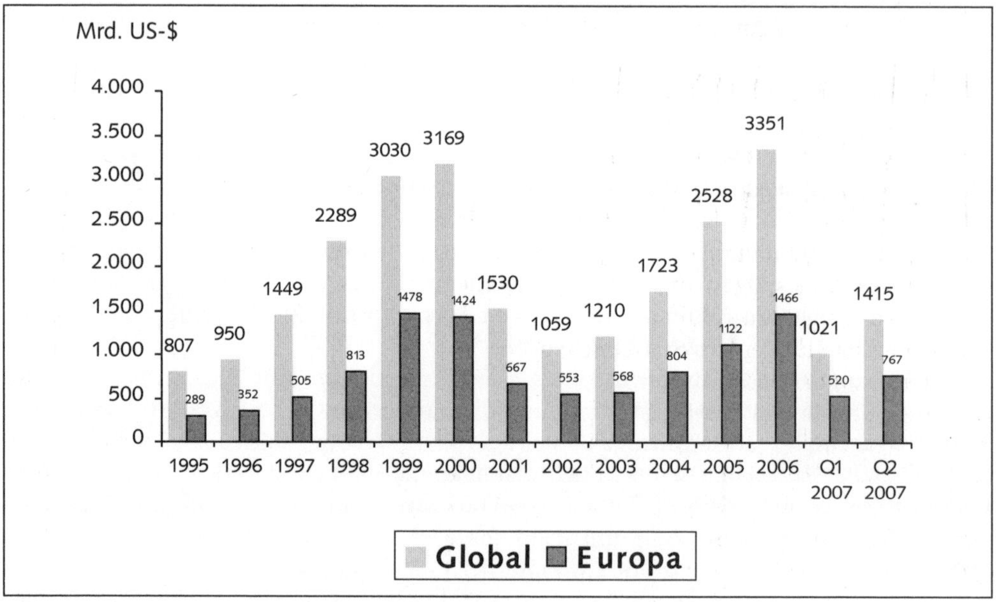

Abbildung 1: Entwicklung des weltweiten M&A-Marktes nach Volumen[3]

2 Handelsblatt vom 21.11.2007, S. 25.
3 Quelle: Thomson Financial.

Bei einer globalen Betrachtung ist diese Entwicklung wirtschaftspolitisch und gesellschaftspolitisch vor allem deshalb bedenklich, weil die ausländischen Direktinvestitionen inzwischen die größte externe Finanzierungsquelle der Entwicklungsländer darstellen. Auch in den Entwicklungsländern machen die Mergers & Acquisitions den größten Anteil an den Direktinvestitionen aus, wobei die Unternehmen in den Entwicklungsländern regelmäßig auf der Seite der übernommenen und nicht der übernehmenden Unternehmen stehen. Trotz der Direktinvestitionen entstehen daher in den Entwicklungsländern überwiegend keine neuen Fertigungskapazitäten bzw. Arbeitsplätze. Vielmehr führt die **M&A-Dynamik** und die Entstehung eines globalen Unternehmensmarktes für die Entwicklungsländer zu gravierenden entwicklungspolitischen Nachteilen. Dies wird bereits daran ersichtlich, dass sich die Investitionen in Lateinamerika, in der Karibik und in Afrika weiter verringerten.[3] Die Entwicklungsländer werden daher die eigentlichen Verlierer des M&A-Weltmarktes sein.

c) Die Entwicklung des europäischen Unternehmensmarktes

Eine Analyse des M&A-Marktes bestätigt, dass auch in Europa die 6. Merger-Welle noch anhält. So stieg das Gesamtvolumen der europäischen Transaktionen von 1.505 Mrd. US-Dollar im Jahre 2006 um ca. 12 % auf 1.686 Mrd. US-Dollar im Jahre 2007. Zum ersten Mal seit dem Jahre 2003 hat Europa damit die USA im Hinblick auf die Steigerung des Transaktionsvolumens übertroffen: Gemäß einer Studie von KPMG und Dealogic wurden in den europäischen M&A-Markt 77 % mehr als im Vorjahreszeitraum investiert, während der Anstieg in den USA nur 46 % betrug. Die Anzahl der Transaktionen in Europa lag mit 5.249 angekündigten Transaktionen im ersten Halbjahr 2007 sogar deutlich vor den USA mit 3.518 Transaktionen.

d) Die Entwicklung des deutschen Unternehmensmarktes

Bevor nachfolgend näher auf die Entwicklung des deutschen Unternehmensmarktes eingegangen werden soll, ist es hilfreich, sich die aktuelle Struktur der deutschen Unternehmen vor Augen zu führen.

Nach Feststellungen des **Statistischen Bundesamtes** gab es im Jahre 2005 in Deutschland insgesamt 3.036.758 Unternehmen.[4] Davon weisen 95,1 % all dieser Unternehmen laut einer **Studie des Institutes für Mittelstandsforschung** in Bonn (IfM) die für Familienunternehmen[5] wesentlichen Charakteristika, d.h. die Einheit von Eigentum und Leitung auf, während nur 4,9 % Nicht-Familienunternehmen sind. Kennzeichnend für

---

4 Berechnungen des Institutes für Mittelstandsforschung Bonn (IfM), Prof. Dr. Frank Wallau: Erfasst sind nur steuerpflichtige Unternehmen mit Lieferungen und Leistungen von mehr als 17.500 Euro. Quelle: Statistisches Bundesamt: Sonderauswertung der Umsatzsteuerstatistik 2005 im Auftrag des IfM Bonn; Wiesbaden 2007.

5 Siehe hierzu Gerhard Picot (Hrsg.), Handbuch für Familien- und Mittelstandsunternehmen, Schäffer-Poeschel Verlag, Stuttgart 2008, Handelsblatt Bücher, ISBN 978-3-7910-2687-9. Siehe ferner: Gerhard Picot/Dirk Classen, Mergers & Acquisitions als Management-Strategie für Familien- und Mittelstands-

das Familienunternehmen ist die Familie als Unternehmer, die so eng mit dem Unternehmen verbunden ist, dass eine gewisse Identität zwischen Unternehmen und Familien-Unternehmer vorhanden ist. Regelmäßig zeichnen sich Familienunternehmer durch ihre Bereitschaft und ihren Mut zur privatwirtschaftlichen Übernahme von Risiken und eigenverantwortlichem Handeln aus und übernehmen die Leitung, Kontrolle und Verantwortung für das Familienunternehmen. Von den kleineren und mittelgroßen Familienunternehmen sind 95 % eignergeführt und nur 4,7 % managergeführt, während von den Großunternehmen nur 0,1 % eignergeführt sind.

Angesichts der vom statistischen Bundesamt erhobenen und nachstehend dargestellten Größenstruktur der deutschen Unternehmen ist entsprechend einer Erhebung des Institutes für Mittelstandsforschung Bonn (IfM) zu unterscheiden zwischen

- Kleinunternehmen
  mit < 10 Beschäftigten und ≤ 2 Mio. Euro Umsatz
- Mittelunternehmen
  mit < 500 Beschäftigten und ≤ 50 Mio. Euro Umsatz
- Großunternehmen
  mit > 500 Beschäftigten und > 50 Mio. Euro Umsatz.[6]

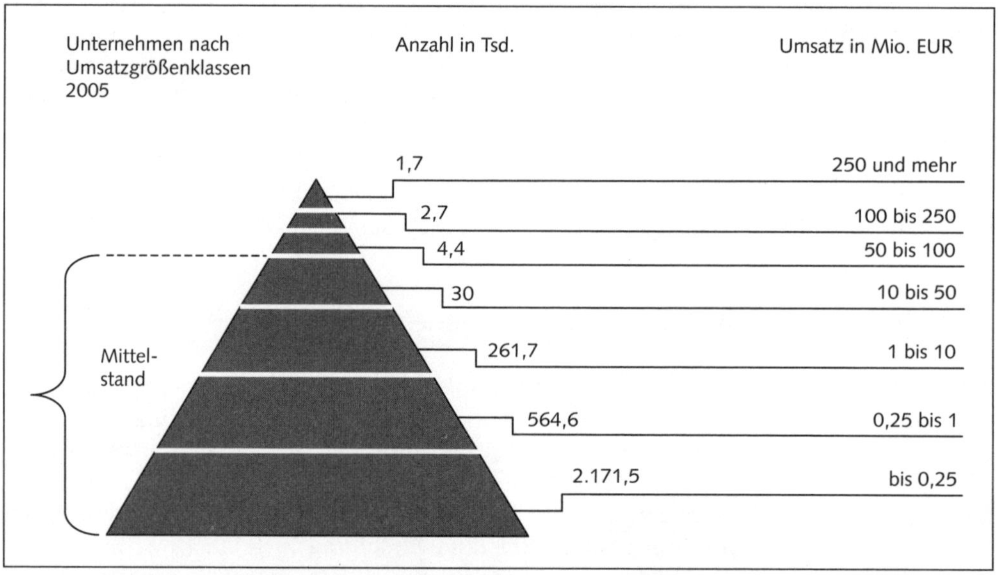

Abbildung 2: Aktuelle Größenstruktur der deutschen Unternehmen[7]

unternehmen, M&A-Review, Heft 4/2008, S. 173–177 sowie Gerhard Picot/Sabine Kamp, Neue Weltrekorde – Mittelständler im M&A-Markt begehrt, Unternehmermagazin 7/8, 2007, S. 38–40.

6 Für weitere Informationen: Institut für Mittelstandsforschung Bonn, Maximilianstr. 20, 53111 Bonn, Tel.: 0228/72997-0, Fax: 0228/72997-34, Email: wallau@ifm-bonn.org; vgl. http://www.ifm-bonn.org.

7 Quelle: Statistisches Bundesamt; berücksichtigt nur steuerpflichtige Unternehmen mit Lieferungen und Leistungen von mehr als 17.500 Euro.

Häufig werden die Familienunternehmen deshalb mit den Mittelstandsunternehmen gleichgesetzt und weisen mit diesen eine sehr große Schnittmenge auf. Trotz der unterschiedlichen Definitionen von Familien- und Mittelstandsunternehmen besteht Einigkeit darüber, dass die Familienunternehmen weitgehend den deutschen Mittelstand repräsentieren. Sie alle haben für die deutsche Wirtschaft neben den Großunternehmen eine herausragende Bedeutung und sind ein wesentlicher Motor der deutschen Wirtschaft.[8]

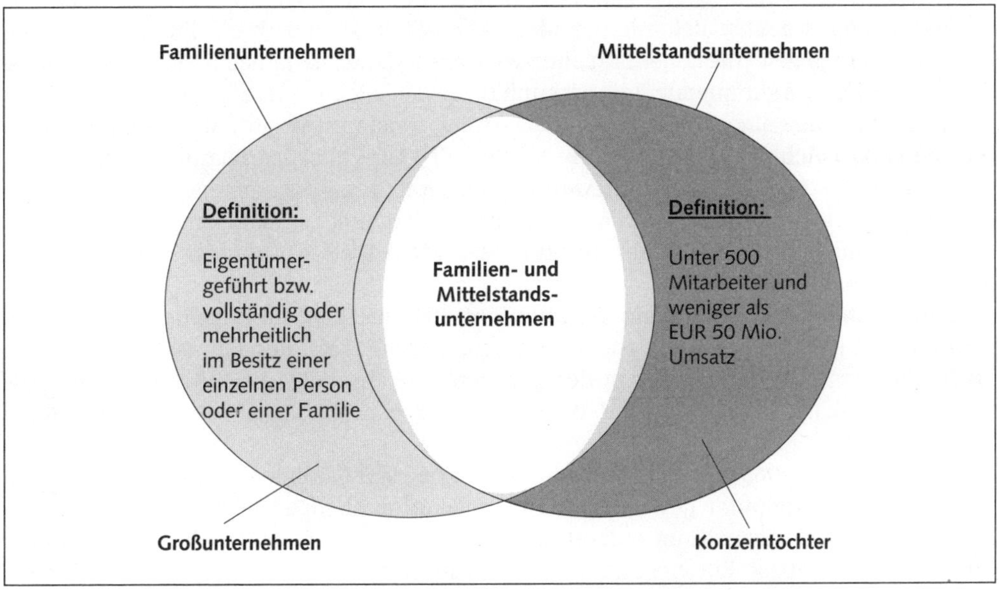

Abbildung 3: Schnittmenge zwischen Familien- und Mittelstandsunternehmen

Deutschland belegt auf der Rangliste der europäischen Zielländer für M&A-Aktivitäten inzwischen Platz drei hinter Großbritannien und Spanien. Auch in Deutschland wiesen die Zahlen im Jahre 2007 in dieselbe Richtung wie die Entwicklung des weltweiten und europäischen Unternehmensmarktes.

Während im Jahre 2006 in Deutschland Unternehmenstransaktionen im Wert von 157,7 Mrd. US-Dollar durchgeführt worden sind und dies gegenüber dem Jahre 2005 einen Anstieg um 21 % bedeutete, erhöhte sich das Transaktionsvolumen in Deutschland allein im ersten Halbjahr 2007 bereits auf 141,5 Mrd. US-Dollar und übertraf den Vorjahreswert um mehr als ein Drittel. Damit erfährt der deutsche Transaktionsmarkt im Hinblick auf das Volumen zurzeit einen wahren Boom. Die Anzahl der Transaktionen verringerte sich hingegen auch in Deutschland in den ersten beiden Quartalen des Jahres 2007 um ca. 8 %.

Der **Schwerpunkt** des M&A-Marktes liegt in Deutschland eindeutig **auf Transaktionen unter Beteiligung der Familien- und Mittelstandsunternehmen**. Einem zunehmenden Angebot an deutschen Unternehmen steht eine große Nachfrage ausländischer und ins-

8 Vgl. bspw. PricewaterhouseCoopers, Familienunternehmen, 2006.

besondere europäischer Investoren gegenüber. Der deutsche Mittelstand ist bei internationalen Investoren außerordentlich beliebt; diese sind momentan bereit, im Vergleich zu deutschen Kaufinteressenten bis zu 30 % höhere Unternehmens-Kaufpreise zu bezahlen.

e) M&A-Aktivitäten als zyklisches Phänomen

Angesichts der erneuten Rekorde der M&A-Aktivitäten stellt sich die Frage, ob es sich hierbei um ein allgemeines oder branchenbezogenes Marktphänomen handelt und welche Tendenzen für die kommende Zeit erkennbar sind.

Sucht man nach einer Antwort auf diese Frage, so ist zunächst zu beachten, dass sich die Mergers & Acquisitions in der Vergangenheit als zyklisches Phänomen dargestellt haben. Eine von Prof. Dr. Müller-Stewens, Universität St. Gallen, vorgenommene Analyse des US-amerikanischen Transaktionsmarktes im vergangenen Jahrhundert zeigt, dass wir uns momentan nach fünf abrupt beendeten **M&A-Wellen** nunmehr in der sechsten M&A-Welle befinden.[9]

Die *erste* Merger-Welle war im Zeitraum von 1897 bis 1904 im Zuge der industriellen Revolution zu verzeichnen. Sie endete mit dem Börsen-Crash des Jahres 1904.

Die *zweite* M&A-Welle folgte in der Zeit von 1916 bis 1929. Sie führte zu einer verstärkten vertikalen Integration der Wirtschaft und endete mit dem Börsenzusammenbruch am »Black Friday«.

In den Jahren 1965 bis 1969 führten verstärkte Akquisitionen aufgrund der in den sechziger Jahren populär gewordenen **Diversifikationstheorie** im Rahmen der *dritten* M&A-Welle zu riesigen **Konglomeraten** mit einem sehr unterschiedlichen Branchen-Spektrum. Auch diese Entwicklung endete abrupt mit der Einführung des **Tax Reform Act** von 1969 sowie mit dem Einbruch der Aktienmärkte Ende der sechziger Jahre.

Die *vierte* M&A-Welle begann 1984 und endete 1990. Als Reaktion auf eine Liberalisierung der Monopol- und Steuergesetzgebung sowie auf die Deregulierungspolitik der US-Regierung war zu jener Zeit ein wahrer Kaufrausch zu verzeichnen und eine wahre **»Merger-Mania«** ausgebrochen, wobei ein großer Teil der Akquisitionen mit Hilfe von **Leveraged Buy-outs** erfolgte. Nachdem eine Reihe von Unternehmen in die Insolvenz gegangen waren, und die Anleger das Vertrauen in derartige Engagements verloren hatten, endete auch diese Welle nach starken Kurseinbrüchen an der Börse.

Die *fünfte* M&A-Welle begann Mitte der neunziger Jahre und endete mit dem Rekord-Jahr 2000. Sie war vor allem durch zunehmende **Cross-Border-Aktivitäten** sowie durch eine Globalisierung der Unternehmensstrukturen gekennzeichnet, bei denen aufgrund der immensen Transaktionsvolumina die Finanzierung der Akquisitionen durch die Bezahlung bzw. den Tausch mit bzw. von Aktien eine besondere Bedeutung erlangt hat.

Die *sechste* M&A-Welle begann mit dem Jahre 2004 und gipfelte bislang 2007 mit einem Transaktionsvolumen von 4.063 Mrd. US-Dollar in dem volumenstärksten M&A-

9 Siehe Jansen, Teil C.XIV. in diesem Handbuch sowie Müller-Stewens, Akquisitionen und der Markt für Unternehmenskontrolle: Entwicklungstendenzen und Erfolgsfaktoren, in: Management von Akquisitionen: Akquisitionsplanung und Integrationsmanagement, Kongressdokumentation zum 53. Deutschen Betriebswirtschafter-Tag 1999 hrsg. von Arnold Picot/Nordmeyer/Pribilla, Schriftenreihe der Schmalenbach-Gesellschaft für Betriebswirtschaft e.V. 2000, S. 41 ff.

Jahr aller Zeiten. Sie war vor allem durch die noch intensivere Globalisierung der Unternehmen sowie durch die boomenden internationalen Kapital- und Finanzmärkte gekennzeichnet, die auch bei milliardenschweren Transaktionsvolumina die Bezahlung der Akquisitionen durch Barmittel ermöglichte.

f) Tendenzen für die Zukunft des M&A-Marktes

Ein wichtiger Aspekt der beschriebenen zyklischen Entwicklungen des M&A-Marktes ist die Erkenntnis, dass der zeitliche Abstand zwischen den einzelnen M&A-Wellen immer kürzer geworden ist. Da sich die Mergers & Acquisitions zu einem wichtigen Management-Instrument für das (unorganische) Unternehmenswachstum entwickelt haben,[10] war bereits nach der fünften M&A-Welle nicht mehr mit einem völligen Einbruch zu rechnen, sondern lediglich mit einer starken Abflachung, die sich bei einer erneuten Belebung der Konjunktur und des Kapitalmarktes wieder in einen Anstieg wandeln konnte. Am ehesten war es dabei der **US-Wirtschaft** zuzutrauen, den zündenden Funken für eine Wiederbelebung des Kapitalmarktes und damit des globalen M&A-Geschäftes auszulösen. Insbesondere war nach den in der Vergangenheit erfolgten Konzentrationen der Unternehmen auf ihre Kernbereiche wieder eine gewisse Diversifizierung zu beobachten, die den Unternehmen in Zeiten wirtschaftlicher Unsicherheit weitere **»Sicherheitselemente«** bieten konnte.

Die Ursachen des Rückganges des M&A-Marktes nach der fünften M&A-Welle waren vielschichtig. Zunächst sanken nach dem verheerenden Terroranschlag des 11. September 2001 mit den Aktienkursen der Unternehmen die Kauf- oder Tauschpreis für die Target-Unternehmen. Starke Kursverluste führten – unabhängig von den sinkenden Transaktionszahlen – zu einer Verringerung der Transaktionsvolumina.

Zugleich hatten die sinkenden Kaufpreise negative Auswirkungen auf die Verkaufsbereitschaft der potenziellen Verkäufer und damit auf die Anzahl der durchgeführten Transaktionen, da sie oftmals ihre Unternehmen für unterbewertet hielten. Andererseits fehlte es den potenziellen Kaufinteressenten vielfach an dem für die Finanzierung des Erwerbs notwendigen Kapital bzw. an werthaltigen Aktien, da ein niedriges Kursniveau sowohl Kapitalerhöhungen zur Beschaffung von Aktien wie auch Börsengänge unattraktiv machte. Bereits bei 40 % aller Transaktionen stellten nämlich seinerzeit Aktien die maßgebliche Transaktionswährung dar. Dies hat dazu geführt, dass in nur 10 Jahren die Marktkapitalisierung der 100 am schnellsten wachsenden globalen Unternehmen um mehr als 30 %, der gesamte Markt hingegen nur um ca. 18 % gewachsen ist.

Darüber hinaus verlangten die abgeschlossenen Transaktionen gerade in Zeiten einer gewissen Konjunkturschwäche von den Unternehmen, sich zunächst in verstärktem Maße auf die **Implementierung** bzw. die **Post-Merger-Integration** der bereits getätigten

10 Eine Übersicht über die M&A-Diskussion findet sich in der Kongressdokumentation zum 53. Deutschen Betriebswirtschafter-Tag 1999 von Arnold Picot/Nordmeyer/Pribilla, Management von Akquisitionen: Akquisitionsplanung und Integra-tionsmanagement, Schriftenreihe der Schmalenbach-Gesellschaft für Betriebswirtschaft e.V. 2000. Siehe darin insbesondere Müller-Stewens, Akquisitionen und der Markt für Unternehmenskontrolle: Entwicklungstendenzen und Erfolgsfaktoren, S. 41 ff. sowie Gomez, Management des Unternehmens-Portfolios – Wertsteigerung durch Akquisition, S. 21 ff.

Transaktionen zu konzentrieren. Oftmals hat dies die Managementaktivitäten derart stark gebunden, dass für weitere Transaktionen zunächst keine weiteren Kapazitäten verfügbar waren.

Ein weiterer Grund für den Rückgang der **M&A-Aktivitäten** in Deutschland war der Abschwung der US-Konjunktur, die sich global und damit auch auf den deutschen Markt auswirkte. Die Erwartung sinkender Gewinne oder sogar Verluste verschob den Schwerpunkt der Unternehmenspolitik weg vom Wachstum hin zur Einsparung und Konsolidierung.

In der seit 2004 zu verzeichnenden sechsten M&A-Welle steht der Unternehmensmarkt der deutschen Familien- und Mittelstandsunternehmen zwar im Schatten der milliardenschweren **»Megadeals«**, treibt aber die noch andauernde **»M&A«-Welle** kraftvoll voran und stellt die Unternehmen vor immer neue komplexe wirtschaftliche und rechtliche Herausforderungen.

Nach einer Umfrage des Manager-Magazins soll in den kommenden Jahren etwa jedes zweite deutsche Familien- und Mittelstandsunternehmen verkauft werden.[11] Die Übernahme eines Familien- oder Mittelstandsunternehmens ist nicht nur für die inländischen Wettbewerber dieser Unternehmen von Interesse. Vielmehr stößt der mittelständische deutsche Unternehmensmarkt bereits seit Anfang 2003 auf ein kontinuierlich steigendes Interesse ausländischer strategischer Investoren und Finanzinvestoren. Insgesamt wird der deutsche Transaktionsmarkt für Familien- und Mittelstandsunternehmen derzeit als sehr günstig eingeschätzt.[12]

Ursächlich für diese »gute Stimmung« sind insbesondere die folgenden Faktoren:

- die Erwartung überdurchschnittlicher Renditen in der deutschen Wirtschaft,
- die EU-Osterweiterung,
- die Nähe des Wirtschaftsstandortes Deutschland zu den osteuropäischen Staaten,
- die voranschreitende Globalisierung, die Finanzinvestoren zunehmend eine globale regionale Präsenz abverlangt,
- die im internationalen Vergleich günstige Bewertung deutscher Familien- und Mittelstandsunternehmen,[13]
- das exzellente Know-how deutscher Unternehmen; z. B. in den Bereichen der Logistik, Informationstechnik sowie der Biotechnik- und Pharmabranche,
- das nach wie vor geschätzten Qualitätssiegels »Made in Germany«,
- das günstige Zinsniveau sowie
- die hohe Liquidität am Kapital- und Private-Equity-Markt.[14]

Bislang zeichneten sich die Familienunternehmen vor allem durch ihre Tradition, ihren Individualismus, ihre Flexibilität sowie durch ihren persönlichen Bezug zu Arbeitnehmern, Lieferanten und Kunden aus. Da jedoch inzwischen rund jedes zweite Familienun-

---

11 Online-Ausgabe Manager-Magazin vom 26.07.2006: http://www.manager-magazin.de/unternehmen/mittelstand/0,2828,428494,00.html (letzter Zugriff 31.08.2007).

12 Vgl. FAZ vom 31.05.2007, S. 15, Gute Zeiten für Unternehmensverkäufe.

13 Vgl. Keller in: M&A-Review, Heft 03/2007, S. 113.

14 Dazu eingehend Jens Moritz in: Gerhard Picot (Hrsg.), Handbuch für Familien- und Mittelstandsunternehmen, 2008, Teil VIII (siehe oben Fn. 5).

ternehmen nicht mehr im Wege klassischer Nachfolgelösungen an die nächste Generation weitergereicht werden kann, machen die Inhaber zunehmend von der Möglichkeit Gebrauch, ihr Unternehmen an ihre Manager und Mitarbeiter im Wege eines **Management-Buy-out (MBO)** oder an ein externes Management im Wege eines **Management-Buy-in (MBI)** zu verkaufen.[15] Da das interne oder externe Management nur selten in der Lage ist, die für einen solchen Unternehmenskauf nötige Liquidität aus eigener Kraft aufzubringen, wird ein MBO oder eine MBI oftmals – insbesondere in Form eines **Leveraged-Buy-out (LBO)** oder eines **Leveraged-Buy-in (LBI)** – unter Beteiligung nationaler und internationaler »Private Equity«-Firmen finanziert. So werden heute – Tendenz steigend – bereits 16 % der Familien- und Mittelstandsunternehmen im Rahmen eines »Management Buy-in« (MBI) an externe Kandidaten und Private-Equity-Gesellschaften verkauft. Zugleich sind deutsche Familien- und Mittelstandsunternehmen bei internationalen (rasant zunehmend: chinesischen und indischen) strategischen Investoren und »Private Equity«-Fonds[16] und – aus den vorstehend dargestellten Gründen – sehr beliebt.

Der deutsche Markt weist zusätzlich die Besonderheit auf, dass er sich – wie z. B. bereits in den USA oder in Großbritannien geschehen – langsam von einem banken- in einen kapitalmarktgetriebenen Markt wandelt. Ferner werden die weitere Deregulierung und die Veränderung bestehender Unternehmens- und Marktstrukturen zu weiteren Übernahmen und Fusionen führen. Dies wird unter anderem auch durch das Kapital ermöglicht, das infolge neuer Möglichkeiten der **privaten Vermögensbildung** und insbesondere der **privaten Altersvorsorge** auf den Markt kommen wird. Vor allem wird auch der Mittelstand nicht zuletzt aufgrund der anstehenden Nachfolgeproblematik sowie der Notwendigkeit, sich verstärkt in globaleren Märkten zu etablieren, neue M&A-Impulse erzeugen.[17] Schließlich sind durch Unternehmenssteuerreform und Erbschaftsteuerreform weitere positive Signale für die M&A-Tätigkeiten der Unternehmen zu erwarten.[18] Vielfach handelt es sich auch um sog. **defensive Transaktionen** von Unternehmen, die im Rahmen von Restrukturierungen ihre Rationalisierung vorantreiben und ihre Kosten senken wollen.[19]

Insbesondere in den Branchen Automobilindustrie, Investitionsgüterindustrie, Chemie- und Pharma-Industrie, Energieversorgung, Banken und Versicherungen sowie der Information, Kommunikation und High-Tech und nicht zuletzt auch im Transportwesen wird sich die Unternehmenslandschaft weiterhin durch Mergers & Acquisitions nachhaltig verändern. Da neben der Geschwindigkeit der Markterschließung vor allem auch die Größe für den wirtschaftlichen Erfolg der Unternehmen entscheidend ist, erwägt nach

15 Siehe dazu Institut für Mittelstandsforschung Mannheim (2004), Generationswechsel in mittelständischen Unternehmen. S. 31.

16 Private Equity ist durch Fonds gewährtes Eigenkapital für Unternehmen im Wege einer Kapitalerhöhung (Wachstumsfinanzierung) oder im Wege des Anteilserwerbs durch Kauf von Altgesellschaftern (Gesellschafterwechsel); Gesellschafterwechsel werden i.d.R. durch eine Mischung von Eigen- und Fremdmitteln dargestellt, oft unter Einbindung des Firmen-Managements (»Management Buy-out«).

17 Gerhard Picot/Dirk Classen, Mergers & Acquisitions als Management-Strategie für Familien- und Mittelstandsunternehmen, M&A-Review, Heft 4/2008, S. 173–177.

18 Siehe dazu eingehend den nachfolgenden Beitrag von Stephan Eilers/Anke Ortmann, Teil A.IV.

19 Siehe hierzu das Beispiel des US-Konzerns Tyco International Ltd., der durch seine Zukauf-Strategie seinen Gewinn zuletzt um 30 % hat steigern können; s. Handelsblatt vom 04./05.01.2002, S. 16.

wie vor etwa jedes zweite Unternehmen dieser Branchen die Übernahme eines Wettbewerbers oder einen Unternehmenszusammenschluss. Zusätzliche Stimulanz erfährt der Markt durch die **Venture-Capital-Gesellschaften**, die auch Unternehmensgründern mit großen kreativen Ideen und kleinem Budget bei erheblicher Gewinnphantasie und Risikobereitschaft das notwendige Kapital zur Verfügung stellen, um ihnen den Durchbruch zu ermöglichen.

Insgesamt nehmen deutsche Unternehmen bei grenzüberschreitenden Transaktionen immer noch häufiger die Rolle des Zielobjektes als die Rolle des Übernehmers ein. Dabei setzt sich auch der Trend zu größeren Volumina bei den Transaktionen mit deutscher Beteiligung weiter fort. Während das Jahr 2007 ein Rekordjahr für den globalen M&A-Markt war, bietet das Jahr 2008 bislang kein einheitliches Bild und weist angesichts der Turbulenzen in den Kapital- und Finanzmärkten in die Richtung einer gewissen Abschwächung. Die vorliegenden Zahlen weisen erste Anzeichen dafür auf, dass der weltweite M&A-Markt zumindest im Hinblick auf die Anzahl der Transaktionen vorerst seinen Höhepunkt erreicht hat. Der Grund für die relativ geringere Anzahl der Transaktionen könnte darin liegen, dass die Zahl der erfolgreichen Transaktionen im Jahr 2007 im Vergleich zum Jahre 2006 um etwa 2 % gesunken ist.[20] Zudem können steigende Zinsen und eine Rückkehr des Risikobewusstseins zu einer Stagnierung des M&A-Booms führen. In Erinnerung des Crashs der Aktienmärkte im Jahre 2001 ist vor einer erneuten Überhitzung des Unternehmensmarktes zu warnen. Allerdings ist momentan nicht mit einem so drastischen Rückgang des Unternehmensmarktes wie in den Jahren 2002 und 2003, zu rechnen.

Ohne an dieser Stelle eine Gewichtung der Indizien und der Besonderheiten des deutschen Marktes wegen der Beteiligung der mittelständischen Unternehmen und der Familienunternehmen vorzunehmen, seien sie nachfolgend kurz zusammengefasst:

- Anzeichen globaler konjunktureller Erholung der Weltwirtschaft und positiver Impulse für die Aktienmärkte
- Schwierigkeiten der Unternehmen, bei global abnehmender wirtschaftlicher Dynamik aus eigener Kraft zu wachsen
- Abgeschlossene Implementierungen, Integrationen, Konsolidierungen aus der fünften M&A-Welle; zunehmende Transaktionsbereitschaft nach »Deal-Stau«
- Hohe Cash-Bestände der strategischen Investoren bei geringer Verzinsung am Geldmarkt
- Hohe Cash-Bestände der Finanzinvestoren und außerbörslichen Beteiligungs- bzw. Private-Equity-Gesellschaften bei geringer Verzinsung am Geldmarkt, und zwar (1) der Buy-out-Investitionen (2004: in Europa Zunahme um mehr als 25 Mrd. Euro auf 107 Mrd. Euro bei Fünf-Jahres-Renditen von ca. 10 %) und (2) der Venture-Capital-Investitionen; allerdings nur geringe Investitionsbereitschaft der sog. Wagniskapitalgeber in die sog. Frühphasenfinanzierung bei Gründungsgesellschaften (Syndrom des Neuen Marktes) (2004: lediglich ca. 300 Mio. Euro bei Fünf-Jahres-Renditen von ca. 2 %)

20 Studie der Wirtschaftsprüfungsgesellschaft Ernst & Young http://www.ey.com/global/content.nsf/Germany/Home FAZ 05.09.2006.

- Steigende Preise bei Bieterangeboten (Bieterkämpfen) um die Targets und höherer Fremdkapitalanteil bei den sog. »Leveraged Buy-outs«, d. h. kreditfinanzierter Übernahmen unter Beteiligung der Managements bei geringer werdenden Eigenkapitalquoten von ca. 36 %
- Verkauf von Beteiligungen durch Finanzinvestoren aufgrund durchschnittlicher Haltedauer von 3 bis 5 Jahren (Top-50-Finanzinvestoren mit derzeit 300 Beteiligungen)
- Begünstigung der Fremdfinanzierung durch niedriges Zinsniveau
- Zunehmende Suche nach börsennotierten Gesellschaften durch industrielle Käufer und Finanzinvestoren wegen Erleichterung des Going Private durch das neue Übernahmegesetz
- Erheblicher Konsolidierungsbedarf in fragmentierten Branchen, d. h. in nahezu allen Industriezweigen mit hoher Wettbewerbsintensität
- Überkapazitäten in vielen Branchen, die eine Marktbereinigung verlangen
- Zwang konkurrierender Unternehmen fusionierter Unternehmen – Druck zu weiterer Konzentration
- Möglichkeiten weiterer Synergien und Potenzial zur Senkung von Kosten (auch in Zeiten wirtschaftlicher Schwäche)
- Mangelnde Möglichkeiten für organisches Wachstum
- Schnelleres und erfolgreicheres Wachstum durch Expansion des Kerngeschäftes
- Zwang zur Abgabe von Non-Core-Aktivitäten
- Akzeptanz und Notwendigkeit von Mergers & Acquisitions im Mittelstand (Zwang zu pan-europäischer Wettbewerbsfähigkeit)
- Unternehmensnachfolge und zersplitterte Eigentümerstruktur mit heterogener Interessenlage (Erschwerung strategischer Investitionen und Eigenkapitalbeschaffung)
- Erkenntnis von Familienunternehmen: Erhaltung der Wettbewerbsfähigkeit und des Wertes u. U. nur durch Verkauf
- Realistischere Preisvorstellung des Mittelstandes
- Sieben von zehn Konzernen befinden sich nach einer Umfrage des Beratungsunternehmens Accenture in der Planung oder bereits in einem M&A-Prozess
- Belebung des M&A-Marktes durch Transaktionen im Small- und Mid-Cap-Bereich
- Anstieg der grenzüberschreitenden Transaktionen auf ca. 50 %.

Die genannten Indizien weisen vor allem auch aufgrund der folgenden zwei Theorien in die Richtung einer weiteren Zunahme des Unternehmensmarktes: Zum einen ist es die These, dass die Zusammenschlüsse den Markt bereinigen, Überkapazitäten eindämmen und den übrig gebliebenen Unternehmen mehr Preissetzungsmacht verleihen. Die zweite sog. **»Next-Target-Theorie«** besagt, dass einmal vollzogene Fusionen sowohl die Anleger als auch die Konkurrenten in der Branche unter Zugzwang setzen, permanent nach dem nächsten zu übernehmenden Target zu suchen. Die dadurch angetriebenen spekulativen Käufe treiben dann den Gesamtmarkt weiter nach oben.

Hinzukommt, dass nach Großbritannien, den Niederlanden und anderen EU-Mitgliedstaaten nun auch in Deutschland ein beachtlicher Markt für die Public Private Partnership (PPP) und zugleich ein spezifischer Standard für diesen besonderen Bereich der Mergers & Acquisitions entsteht.

2. Mergers & Acquisitions an der Schnittstelle zwischen Unternehmen und Kapitalmärkten

a) Überblick

Die meisten größeren Mergers & Acquisitions sind Transaktionen, die in einem engen Zusammenspiel mit Kapitalmärkten durchgeführt werden. Insofern sind Kauf und Verkauf von Unternehmen, wie auch Fusionen zwischen Unternehmen, zunächst ähnlich zu betrachten, wie Investitionen oder Desinvestitionen in Eigen- und Fremdkapitalinstrumente, die an einer Börse gehandelt werden. Neben einigen interessanten Wechselwirkungen lassen sich wichtige Unterschiede zwischen den M&A-Transaktionen und den Kapitalmärkten feststellen.

Hauptunterschiede liegen zum Beispiel in der Tatsache begründet, dass Gegenstand von M&A-Transaktionen in der Regel der Erwerb von Kontrolle an einem Unternehmen als gesamtem, in sich geschlossenem Vermögenswert ist. Darüber hinaus nimmt das Unternehmen als »gehandeltes« Objekt durch sein Management selbst Einfluss auf die Transaktionen im Kapitalmarkt. Das Beispiel **Vodafone/Mannesmann** liegt zwar schon einige Zeit zurück, veranschaulicht diese These jedoch in hervorragender Art und Weise: Das Unternehmen Mannesmann als Objekt einer Transaktion zwischen Vodafone (Käufer) und den Aktionären von Mannesmann (Verkäufer), wird zum wesentlichen Einflussfaktor auf den Ausgang einer M&A-Transaktion. Dass es nicht um eine simple Kauf- oder Verkaufsentscheidung ging, verdeutlichten der ausgelöste Presserummel und die enorme öffentliche Aufmerksamkeit, die dieser ersten großen und oftmals recht emotional geführten feindlichen Übernahme in Deutschland beigemessen wurde. Ein weiteres Beispiel für die aktive Mitwirkung eines Vorstands bei der Gestaltung der Eigentümerstruktur ist der Erwerb von Celanese durch den Finanzinvestor Blackstone. Finanzinvestoren verfügen regelmäßig nicht über eigene Management-Ressourcen, die das operative Geschäft des Zielunternehmens führen könnten. Sie sind auf die Kooperation mit dem Management angewiesen. Hierbei handelte es sich um eine **Public-to-Private-Transaktion**, die sich ebenso wie die Mannesmann-Übernahme vor dem Hintergrund der Kapitalmärkte mit ihren kodifizierten und ungeschriebenen Gesetzmäßigkeiten erfolgte.

Die wesentlichen Wechselwirkungen zwischen Kapitalmärkten und M&A-Transaktionen zeigen sich an Folgendem: Die Unternehmensbewertung und -wertfindung sowie die Beurteilung von Transaktionen finden an Kapitalmärkten statt (**»Demokratisierung der Wertfindung«**) und die Akteure in M&A-Prozessen müssen sich daran orientieren. Der Shareholder-Value – als Schlagwort moderner Unternehmensführung – leitet sich unmittelbar vom Wert eines Unternehmens an den Kapitalmärkten ab. Ebenso wird der Erfolg von M&A-Strategien durch den Kapitalmarkt beurteilt. Unmittelbare, aber auch langfristige Reaktionen der Märkte prägen das Urteil über die Erfolgsaussichten einer Transaktion (**»Acid Test für Transaktionen«**). Untersuchungen haben ergeben, dass die unmittelbare Reaktion des Marktes auf die Ankündigung einer M&A-Transaktion ein in der Regel brauchbarer Indikator für den langfristigen Erfolg, gemessen als längerfristiger **»Return to Shareholder«**, ist. Vor dem Hintergrund der zunehmenden Bedeutung der Kapitalmärkte für die moderne Unternehmensführung wird die Größe der Marktkapitalisierung eines Unternehmens zunehmend zur strategischen Waffe. Größe per se, sei es im Bezug auf Umsatz, Betriebsvermögen oder Mitarbeiterzahl eines Unternehmens, kann sicherlich nicht als effektives Messkriterium für unternehmerischen Erfolg dienen. Größe am Kapitalmarkt hingegen, also die Höhe der **»Marktkapitalisierung als strategische Waffe«**, ist und bleibt ein wichtiger, wenn nicht sogar ein bestimmender Faktor bei M&A-Transaktionen, in denen Unternehmenskontrolle zur Disposition steht.

M&A-Transaktionen erhöhen den Freiheitsgrad der unternehmerischen Führung. Käufe oder Verkäufe von Unternehmen und Unternehmensanteilen, die in der Vergangenheit unmöglich oder undenkbar gewesen wären, sind plötzlich machbar und ermöglichen ein flexibles Reagieren auf sich zunehmend schneller verändernde Wettbewerbsbedingungen. Investment Banker, Rechtsanwälte, Wirtschaftsprüfer, Spezialisten für Investor Relations sowie andere Professionals übernehmen dabei zunehmend die Rolle von **»Market-Makers«** im Markt für die Kontrolle an Unternehmen (Market for Corporate Control). Sie stellen als **»Market Agents«** durch ihre Arbeit sicher, dass unternehmerische Zielsetzungen mithilfe des M&A-Marktes umgesetzt werden können.

Schließlich hat der M&A-Markt, im Vergleich zu den öffentlichen Kapitalmärkten, einen erhöhten Regulierungsbedarf. Im Gegensatz zu den angelsächsisch geprägten Ländern, aber auch anderen europäischen Staaten, steckt die effektive Regulierung von internationalen oder öffentlichen Transaktionen in Deutschland trotz der durch das Inkrafttreten des WpÜG gemachten Fortschritte aufgrund der **»regulatorische Defizite für Corporate Control«** im deutschen Markt noch in den Anfängen.

b) Marktkapitalisierung als strategische Waffe

Es stellt sich die Frage, warum die Höhe der Marktkapitalisierung eines Unternehmens von besonderem Interesse für die strategische Positionierung des Unternehmens am Kapitalmarkt sein sollte, und ob das weitläufig verbreitete Paradigma heute nicht mehr gültig ist, dass nicht Größe, sondern Geschwindigkeit zählt und Größe sogar unternehmerische Dynamik behindert.

aa) Macht durch Marktkapitalisierung

Eine hohe Marktkapitalisierung verschafft dem Unternehmen echte Vorteile bei der schnellen Realisierung von Wachstumsmöglichkeiten in einer expandierenden Weltwirtschaft. Größe und Wachstumsmöglichkeit sind nicht nur als **»Trade-off«** zu sehen, sondern verstärken sich gegenseitig. Manch eine M&A-Transaktion wird erst vor dem Hintergrund einer hohen Marktkapitalisierung möglich. Insbesondere das Instrument des Aktientausches, das in zunehmendem Maße auch bei grenzüberschreitenden Transaktionen Verwendung findet, lässt einer hohen Marktkapitalisierung eine überragende Bedeutung im M&A-Markt zukommen. Ein erheblicher Anteil der Transaktionen mit einer Transaktionssumme von mehr als 1 Mrd. Euro wird heute mit eigenen Aktien und damit durch die eigene Marktbewertung und -kapitalisierung realisiert. Gleichzeitig schützt eine hohe Bewertung ein Unternehmen vor feindlichen Übernahmen. Umgekehrt bedeutet eine geringe Marktkapitalisierung, insbesondere in Verbindung mit einem langsamen Wachstum der Marktkapitalisierung, zumeist ein erhöhtes Risiko, selbst übernommen zu werden, zumal hoch kapitalisierte Unternehmen nur relativ wenige Aktien bei einer Akquisition gegen Aktien ausgeben müssen.

Unternehmen und ihr Management sehen sich damit einem neuen Paradigma gegenüber: Sie müssen sich, abstrakt betrachtet, eine hohe Bewertung des eigenen Unternehmens sichern und in Bezug auf ihre Marktkapitalisierungen schneller wachsen als der Markt, um ein großes und globales Unternehmen zu bleiben oder zu werden. Anderenfalls laufen sie Gefahr, die Kontrolle über ihr eigenes Schicksal an erfolgreicher agierende Unternehmen zu verlieren. Vodafone, General Electric, Daimler, Sanofi und andere Unternehmen haben bewiesen, wie M&A-Transaktionen dazu beitragen, diesem neuen Paradigma gerecht zu werden.

bb) Wachstum der Marktkapitalisierungen

Das Wachstum der Marktkapitalisierungen ist anhand zweier Dimensionen erklärbar: Zum einen durch das Wachstum des Buchwertes des Eigenkapitals als Maß für die Summe der Nettovermögenswerte und des Wachstums des einbehaltenen Gewinns über eine Periode; zum anderen aber auch durch die Prämie, die der Kapitalmarkt über diese Buchwerte hinaus dem Unternehmen zuzumessen bereit ist. Interessanterweise ist bei den Top-Unternehmen in der Vergangenheit die Differenz zwischen Markt- und Buchwerten (»**Market over Book**«) im Schnitt signifikant schneller gewachsen als die Buchwerte des Eigenkapitals.

Die Unterschiede der Unternehmen im Hinblick auf die Zunahme ihrer »Market to Book Ratio« korrelieren dabei deutlich mit ihren unterschiedlichen Eigenkapitalrenditen (Return on Book Equity – »ROE«). Zusammengenommen heißt dies, dass das Wachstum der Marktkapitalisierung eher durch die Steigung der Eigenkapitalrendite als durch ein absolutes Gewinnwachstum erzielbar ist. Jedoch werden nur diejenigen Unternehmen vom Markt mit entsprechend extrem hohen Marktkapitalisierungen belohnt, die ein hohes

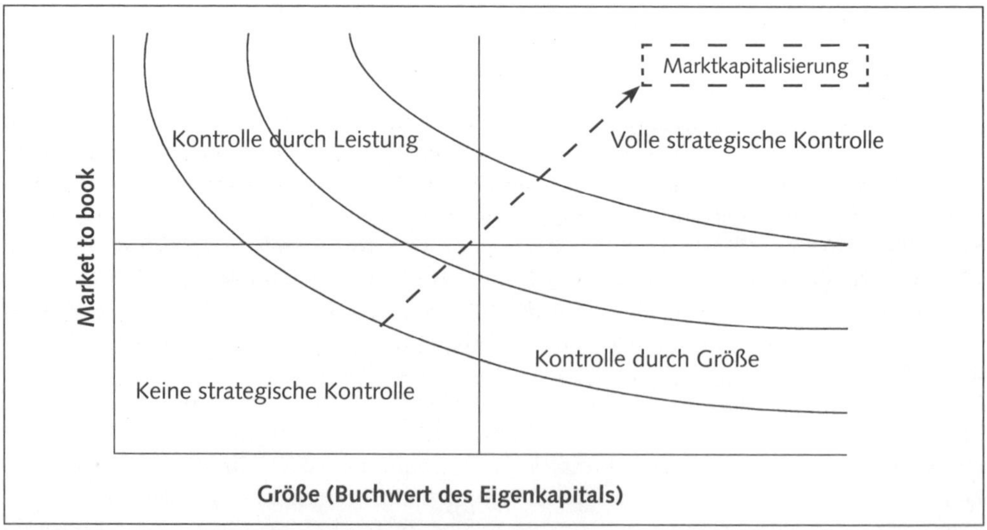

Abbildung 4: Zusammenspiel von Unternehmensgröße und Performance

Gewinnwachstum bei gleichzeitig hohen Kapitalrenditen realisieren, wie dies beispielsweise General Electric über vergleichsweise lange Zeiträume erreicht hat.

In einer weiter wachsenden globalen Weltwirtschaft, die für Unternehmen enorme Wachstumspotenziale bietet, ergeben sich daraus für Unternehmen verschiedene Ausgangspositionen, um ihre strategische Zukunft zu gestalten und zu kontrollieren.

(1) Keine Kontrolle

Unternehmen, die weder über die ausreichende Größe (gemessen am Buchwert des Eigenkapitals) noch über eine entsprechende Performance (gemessen an der Market to Book Ratio) verfügen, sind verletzbar (siehe unteren linken Quadrant in Abb. 1). Solche Unternehmen nutzen in der Regel ein geringes Kapital und generieren darauf niedrige Renditen. Typischerweise agieren sie in reifen, nationalen Märkten. Sie werden früher oder später von anderen Unternehmen übernommen, die höhere Renditen auf die Vermögenswerte erzielen können. Häufig handelt es sich um Wettbewerbs-Unternehmen oder um Finanzinvestoren, die – meist im Kontext eines Going Private und zusammen mit dem bestehenden Management – darauf abzielen, effizientere Anreizsysteme fernab von der Börse zu schaffen, um so nachhaltig Wert zu generieren.

(2) Kontrolle durch Leistung

Unternehmen, die hohe Renditen auf ein relativ geringes eingesetztes Kapital erzielen, agieren normalerweise in vergleichsweise engen Märkten und konzentrieren ihre Wertschöpfung auf den Einsatz des eigenen (»proprietären«) Wissens und eigener Technologien (siehe oberen linken Quadrant in Abb. 1). Nur wenige Wettbewerber können vergleichbar hohe Renditen auf das eingesetzte Kapital erwirtschaften. Insofern sind diese Unternehmen zumindest zeitweise geschützt. Ihre Herausforderung liegt in der Notwendigkeit begründet, weitere Märkte oder neue Produkte zu finden. Oftmals lässt sich dies durch Zukauf erreichen. Anderenfalls laufen auch solche leistungsstarken Unternehmen Gefahr, übernommen zu werden, wenn es ihnen nicht gelingt, ihre herausragenden Fähigkeiten auf eine größere, globale **Asset-Basis** zu übertragen.

(3) Kontrolle durch Größe

Unternehmen, bei denen die Größe die Dynamik dominiert, überleben zumeist aufgrund ihrer bloßen Größe, obwohl sie niedrige Renditen erwirtschaften (siehe unteren rechten Quadrant in Abb. 1). Meistens handelt es sich dabei um etablierte Unternehmen in kapitalintensiven Industrien, die bereits in der Vergangenheit ihr Geschäft international ausgeweitet haben. Für solche Unternehmen ist es entscheidend, die eigenen Erlöse in renditestarke Bereiche zu investieren. Gleichzeitig müssen solche Unternehmen Assets in ertragsschwachen Randbereichen durch Desinvestitionen abstoßen, um eine schlagkräftige strategische Ausrichtung sicherzustellen. Gelingt dies nicht, laufen diese Unternehmen Gefahr, im Rahmen von **Konsolidierungsakquisitionen** übernommen zu werden.

(4) Volle Kontrolle

Unternehmen, die hohe Renditen auf einer starken Kapitalbasis produzieren, sind in der Lage, gestützt auf eine hohe und überdurchschnittlich schnell wachsende Marktkapitalisierung ihre strategische Zukunft selbst zu bestimmen (siehe oberen rechten Quadrant in Abb. 1). Zumeist sind sie global tätig und verfügen über Fähigkeiten, die sie nachhaltig von ihren Wettbewerbern unterscheiden. Ihre hohen Bewertungen ermöglichen ihnen die Akquisitionen von Wettbewerbern und schützen sie gleichzeitig vor Übernahmen. Somit sind sie in der Lage, nicht nur ihr eigenes Schicksal, sondern unter Umständen auch die Entwicklung ganzer Industrien zu bestimmen. Die effektive Absicherung ihrer Marktposition gegenüber neuen Wettbewerbern sowie das Finden von weiteren profitablen Wachstumsmöglichkeiten erweisen sich als die wichtigsten Herausforderungen für diese Unternehmen.

Abschließend lässt sich feststellen, dass der Einfluss, den die Kapitalmärkte mittelbar durch Mergers & Acquisitions auf die Unternehmensführung nehmen, von enormer Bedeutung ist. Mergers & Acquisitions stellen nicht nur eine Erweiterung des strategischen Instrumentariums für erfolgreiche Unternehmen dar, sondern übernehmen zugleich durch als Korrektiv der feindlichen Übernahme eine ausgeprägte Kontrollfunktion gegenüber dem Management.

Auch in Deutschland weisen die aktuellen Entwicklungen darauf hin, dass sich Manager in zunehmendem Maße an den rein leistungsorientierten Forderungen der Kapitalmärkte orientieren müssen, um nicht als Übernahmekandidaten gehandelt zu werden. Beispiele wie FAG Kugelfischer, mg technologies oder TUI belegen dies. Während FAG Kugelfischer nach Jahren relativ schwacher Aktienperformance Opfer eines gut vorbereiteten Übernahmeversuches durch INA wurde, hat sich der Druck auf Unternehmen, die sich in einer ähnlichen Ausgangssituation wie FAG befinden, deutlich erhöht. Allgemein ist Deutschland ein gutes Beispiel dafür, welch zentrale Rolle ein aktives M&A-Umfeld für das effektive Funktionieren des Marktes für Corporate Control spielt. Nur durch eine entsprechend hohe Zahl von Transaktionen kann die nötige Erfahrung und das daraus resultierende Know-how auf Seiten aller Beteiligten, d.h. bei Management, Beratern, Politikern, Presse und Öffentlichkeit aufgebaut werden.

Diese Entwicklung hat für viele Führungskräfte die Notwendigkeit mit sich gebracht, die eigene Marktkapitalisierung im Sinne des **Shareholder-Value** als strategisches Instrument und als Leitidee verstärkt in ihre Managemententscheidungen mit einzubeziehen. Zugleich haben Bedeutung und Professionalisierungsgrad der Kapitalmärkte und des Angebotes an Beratungsleistung in Deutschland deutlich zugenommen.

3. Mergers & Acquisitions als eigenständiges, auf internationalem Know-how basierendes Fachgebiet

Alle diese Aspekte machen es erforderlich, bei allen beabsichtigten Unternehmenstransaktionen zunächst eine umfassende Analyse der ökonomischen, rechtlichen, technischen und sozialen Fragestellungen und Entwicklungen an der Nahtstelle von Wirtschaft, Wissenschaft und Politik für den jeweiligen Einzelfall vorzunehmen. Danach sind dann die erforderlichen Entscheidungen zur Vorbereitung der sachgerechten unternehmerischen Maßnahmen anhand der sich bietenden Handlungsoptionen zu treffen. Nur mit einem **interdisziplinären** und zugleich **ganzheitlich-strategischen Denken und Handeln** werden sich **zukunftsichernde** und **werteschaffende Lösungen** für Familien- und Mittelstandsunternehmen erarbeiten und umsetzen lassen.

… enormen wirtschaftlichen Bedeutung der zunehmenden Transaktions- … -volumina ist zu beklagen, dass etwa 50 % sämtlicher Mergers & Acquisitions nicht den gewünschten Wertzuwachs und Renditeerfolg mit sich bringen, obwohl sie gern als **»Königsdisziplin«** des Investmentbankings und des Corporate Finance bezeichnet werden. Dies belegen einhellig die Erfolgsstudien namhafter internationaler Experten.[21]

Stark gefährdet sind vor allem solche Transaktionen, die auf rein finanziellen Überlegungen oder vermeintlich einmaligen Gelegenheiten beruhen. Die Transaktionen von Unternehmen, bei denen vor der Akquisition eine hohe Leistungsfähigkeit in demselben Kerngeschäft vorhanden war und die den Zusammenschluss branchenverwandter Unternehmen betreffen, weisen eine höhere Erfolgswahrscheinlichkeit auf.

Viele Unternehmen haben in den letzten Jahren ihre internen Optimierungsressourcen durch Umstrukturierungen, flexible Ablaufprozesse und moderne Informationssysteme weitgehend ausgeschöpft. Manager, die dem Wunsch der Unternehmenseigner und Aktionäre nach einer raschen Wertsteigerung des Unternehmens bzw. des Shareholder-Value entsprechen möchten, stehen daher vor der Entscheidung: Wollen sie weitere Wachstums- und Restrukturierungspotenziale durch eigene zeit- und kräftezehrende Unternehmensmaßnahmen und Produktentwicklungen erreichen; oder wollen sie dem zeitsparenden Zukauf oder dem Zusammenschluss mit branchengleichen oder -verwandten Unternehmen zum Zwecke eines raschen Wachstums den Vorzug geben, wie dies im Fall DaimlerChrysler in bedenklicher Weise versucht worden ist.

Dabei sind die Manager und ihre Berater insgesamt nicht nur aufgefordert, die Erfolgsfaktoren der Transaktionen genauer zu erkennen und zu berücksichtigen. Vielmehr sind sie in besonderem Maße dazu aufgerufen, auf der Grundlage ihrer Branchenexpertise mit Hilfe kreativer Transaktionsstrategien und Finanzierungen die Schaffung neuer ökonomischer Werte zu optimieren und gleichzeitig ihrer ethischen und sozialen Verantwortung gerecht zu werden. Aufgrund des zunehmenden Umfanges sowie der wirtschaftlichen und gesellschaftlichen Konsequenzen der Transaktionen werden sie zukünftig verstärkt das Klischee zu widerlegen haben, das der ehemalige Bundeskanzler Helmut Schmidt wie folgt beschrieben hat: »Die wahren Motive für die Mega-Fusionen sind häufig nicht ökonomische Notwendigkeiten, sondern Großmannssucht und Habgier der Manager.«

Entsprechend der komplexen Natur der betroffenen Unternehmen als Sach- und Rechtsgesamtheiten stellen sich bei den Transaktionen regelmäßig vielschichtige fach- und branchenübergreifende Aufgaben. Dabei sind die relevanten betriebswirtschaftlichen Faktoren und die eng mit ihnen verzahnten wirtschaftsrechtlichen, technischen und sozialen Parameter zu definieren und in die Akquisitionsplanung einzubeziehen. Daneben sind auch die verfahrensmäßigen Besonderheiten zu beachten, die sich aus den vielfältigen Erscheinungsformen nationaler und internationaler Mergers & Acquisitions ergeben, von den Unternehmenszusammenschlüssen, Unternehmenskäufen und -verkäufen, Kooperationen, Allianzen und Joint Ventures bis hin zu den Integrations-, Umwandlungs- und Restrukturierungsmaßnahmen.

---

21 Eingehend dazu Stephan Jansen/Clemens Brugger in Teil C. XIV. in diesem Handbuch. Eine Übersicht über die Erfolgsstudien findet sich bei Jansen, Mergers & Acquisitions – Unternehmensakquisitionen und -kooperationen, 4. Auflage, 2001, S. 223ff. Siehe dazu auch Richter, »Planen und analysieren«, Wirtschaftswoche Nr. 6/03.02.2000. Siehe auch die Studie der Wirtschaftsprüfungsgesellschaft Ernst & Young http://www.ey.com/global/content.nsf/Germany/Home, FAZ 05.09.2006.

Die Transaktionserfolge werden sich nur dann nachhaltig optimieren lass… die Target-Unternehmen nach modernen Kapitalmarkterfordernissen ausgesucht u… sammengeführt werden und die Manager und ihre Berater das Transaktionsmanagement erheblich verbessern.

Sie müssen den Bereich der Mergers & Acquisitions als eigenständiges, auf internationalem Know-how basierendes Fachgebiet begreifen, das einer ganzheitlichen Betrachtung und Handhabung bedarf. In der Vergangenheit wurde nämlich nur unzureichend berücksichtigt, dass sämtliche M&A-Phasen in der Planung, Durchführung und Integration einen ganzheitlichen Vorgang darstellen.

Ferner müssen die Unternehmen darauf reagieren, dass komplexe Transaktionen erheblich darunter leiden, wenn die aus Investmentberatern, Anwaltskanzleien, Wirtschaftsprüfern, Kaufleuten, Technikern, Sicherheitsfachleuten, Umweltberatern und anderen Consultants zusammengesetzten M&A-Teams angesichts ihrer einseitigen Fachverständnisse keine gemeinsame Sprache sprechen.

Bei grenzüberschreitenden internationalen Deals ist es zudem erforderlich, dass die Projektteams aus Vertretern der jeweiligen Nationalitäten und Kulturen zusammengesetzt werden, um die unterschiedlichen Unternehmens- und Belegschaftsinteressen schneller erkennen und darauf reagieren zu können.

All dies macht es erforderlich, vor dem Hintergrund der langjährigen internationalen und insbesondere anglo-amerikanischen Transaktions-Erfahrungen und -Gepflogenheiten auch in Deutschland eine eigene M&A-Kultur zu entwickeln. Dies ist einer der Gründe dafür, dass Investmentbanken und Beratungsunternehmen dem deutschen M&A-Nachwuchs in diesem attraktiven Geschäftsbereich des Investmentbankings und des Corporate Finance hervorragende Chancen und Aussichten bieten.

Die Manager und ihre Berater müssen in die Lage versetzt werden, bereits im Vorfeld der Transaktionen so genau wie möglich zu prüfen und zu analysieren, ob und inwieweit die Unternehmen mit all ihren Rahmenbedingungen und Kulturen zueinander passen. Hierzu gehört auch die Frage, welche Schritte erforderlich sind, um das unternehmerische Gelingen der Transaktion in allen ihren Phasen unter möglichst weitgehender Berücksichtigung der Arbeitnehmerinteressen und Produktionsstandorte sicherzustellen. Dies reicht von der Planungs-Phase, d.h. den bloßen Vorüberlegungen für den Entscheidungsprozess der Transaktion, über die Durchführungs-Phase, d.h. die sorgfältige Unternehmensprüfung (Due Diligence), die Unternehmensbewertung sowie die Verhandlung und Gestaltung des Transaktionsvertrages, bis hin zur Integrations- bzw. Implementierungs-Phase.

Dies gilt zum Beispiel für die Kaufleute, Investmentbanker, Wirtschaftsprüfer, Techniker und anderen M&A-Berater, die in Kenntnis der grundlegenden wirtschaftsrechtlichen Zusammenhänge besser in der Lage sind, die wirtschaftlichen Chancen und Risiken z.B. in der Due Diligence, bei der Unternehmensbewertung und im Hinblick auf etwa notwendige Restrukturierungsmaßnahmen einzuschätzen. Gleiches gilt aber auch umgekehrt zum Beispiel für die Wirtschaftsjuristen, die nur mit einem soliden betriebswirtschaftlichen Basiswissen und einem gewissen technischen Verständnis in der Lage sind, die wirtschaftlichen Zielvorstellungen und Konzepte der Vertragspartner in schlüssige Vertragswerke zu gießen.

Zur Zeit vertritt in Deutschland – soweit ersichtlich – nur das »**Center for Mergers & Acquisitions** – CMA« am Strategic Finance Institute der European Business School

(EBS) entsprechend diesem gedanklichen Ansatz ein ganzheitliches und interdisziplinäres Wissenschaftskonzept.[22] Das Konzept basiert auf der bisher fast ausschließlich im anglo-amerikanischen Raum vertretenen Erkenntnis, dass sich die Optimierungspotenziale für die Transaktionen und das bei M&A-Fachleuten gebündelte Know-how angesichts der immer schneller werdenden Entwicklungsprozesse nur mit einem vertieften wissenschaftlichen Ansatz und Fundament werden erkennen und realisieren lassen. Die in der Praxis gewonnenen Erfahrungswerte müssen dabei systematisiert, strukturiert und erforscht werden, um anhand der empirischen Grundlagen kreative Wissenschaftsmodelle zur Verbesserung der Transaktionserfolge entwickeln zu können.

Neben der wissenschaftlichen Forschung ist aber in besonderem Maße auch die Lehre gefordert. In der Praxis werden nämlich hoch qualifizierte M&A-Fachleute für vielfältige Management- und Beratungsaufgaben benötigt. Sie alle müssen fachübergreifend theoretisch und praktisch an die transaktionsspezifischen Aufgaben und Fragestellungen herangeführt werden. Einschlägige Fachkenntnisse benötigen ferner die mittelständischen Unternehmer, wenn sie die von ihnen aufgebauten Unternehmen mit all ihrer persönlichen Befindlichkeit und Betroffenheit verkaufen oder an die Börse bringen wollen. Zur Erlangung der Fachkenntnisse muss ein möglichst interdisziplinäres und transaktionsbezogenes **Lehr- und Weiterbildungsprogramm** unter Einbeziehung der praktischen Erfahrungen angeboten werden. Zugleich muss den Studierenden die notwendige soziale Verantwortlichkeit und Kompetenz vermittelt werden. Insbesondere müssen sie lernen, auch schwierige Transaktionen mit Kreativität und diplomatischem Geschick unter Einsatz ihrer Persönlichkeit und ihrer persönlichen Vertrauenswürdigkeit zum Erfolg zu führen.

Die an den Transaktionsprozessen Beteiligten müssen daher ein vertieftes interdisziplinäres Grundverständnis für die Aspekte, Inhalte und Probleme der jeweils anderen Fachbereiche aufbringen, um sich gegenseitig besser verstehen, verständigen und die Effizienz der Transaktionen steigern zu können. Bei internationalen Transaktionen kommt die Notwendigkeit hinzu, die fachspezifischen Inhalte und Besonderheiten in allen Facetten in der jeweiligen, meistens englischen, Verhandlungssprache kommunizieren zu können. Nur auf der Basis einer gemeinsamen Fachsprache – sozusagen einer gemeinsamen **»Transaktionssprache«** – ist eine enge und optimale Zusammenarbeit der verschiedenen Fachleute möglich.

Denn aufgrund der großen wirtschaftlichen Bedeutung der Transaktionen ergibt sich auch hierzulande entsprechend dem Prinzip: »Combining local strength with international skills« die dringende Notwendigkeit, eine eigenständige nationale Transaktionskultur unter Berücksichtigung der internationalen Standards herauszubilden.[23]

Die Unternehmen sowie ihre internen und externen M&A-Fachleute müssen ihr Fachwissen und ihre Beratungsinstrumente verbessern, ihre Erfahrungen bündeln und ihr Know-how fortentwickeln. Nur so können sie zukünftig die wirtschaftlichen Risiken, die mit jeder Transaktion als unternehmerischem Handeln verbunden sind, möglichst präzise einschätzen und beherrschen.

---

22 European Business School (EBS) International University, 65375 Oestrich-Winkel.

23 Siehe dazu Gerhard Picot, Wirtschaftsrechtliche Parameter des Akquisitionsmanagements, in: Arnold Picot/Nordmeyer/Pribilla, Management von Akquisitionen, S. 121 ff.

Zu diesem Zwecke können sie sich einerseits bei der Suche nach geeigneten Transaktions-Partnern und der Entwicklung kreativer Finanzierungsmodelle des Know-hows namhafter Investment-Berater bedienen. Des Weiteren können sie mit der Planung, Durchführung und Integration auch nationale und internationale Anwaltskanzleien beauftragen.

4. Fusionitis oder neue Managementstrategie

Entscheiden sich die Manager für einen Unternehmenszukauf oder einen Zusammenschluss, ist es verfehlt, ihnen pauschal »**Fusionitis**« bzw. krankhafte Fusionseuphorie vorzuwerfen. Die Herausforderung der Zukunft liegt vielmehr darin, die Erfolgsfaktoren der Mergers & Acquisitions praktisch und wissenschaftlich zu erkennen und zu durchdringen und sich die Mergers & Acquisitions als **eigenständiges Management-Tool** nutzbar zu machen.

a) Drei Phasen bei Fusionen und Übernahmen

Die Manager und ihre M&A-Berater sind dabei nicht nur aufgerufen, die bestimmenden Faktoren genauer zu identifizieren, sondern auch den Erfolg der Transaktion in den drei grundlegenden Phasen[24] einer Fusion oder einer Übernahme zu optimieren[25], nämlich in:

- der Planungsphase, d.h. den Überlegungen im Vorfeld bezüglich des Entscheidungsprozesses für die Transaktion,
- der Durchführungsphase, d.h. Due Diligence, Bewertung der Gesellschaften sowie Entwurf und Verhandlung des Transaktionsvertrages,
- der Integrations-/Implementierungsphase.

Da es – mit Ausnahme börsen- und wertpapierhandelsrechtlicher sowie übernahmerechtlicher Vorschriften – keine festen Regeln für Unternehmenstransaktionen gibt, können diese sowohl hinsichtlich ihrer Ausgestaltung als auch hinsichtlich ihrer Durchführung auf unterschiedliche Weise ablaufen. Wichtige Aspekte für die konkrete Ausgestaltung können dabei etwa die Struktur, Größe oder Branchenzugehörigkeit der beteiligten Unternehmen sein. Auch die Frage, ob es sich um eine inländische oder grenzüberschreitende Transaktion handelt, ist in diesem Zusammenhang von erheblicher Bedeutung, da in diesem Fall möglicherweise in- und ausländische Rechtsordnungen anzuwenden sind.

---

24 Siehe dazu auch die weitergehende 5-phasige Unterteilung des (beschränkten) Bietungsverfahrens/Auktionsverfahrens von Gerhard Picot, Unternehmenskauf und Restrukturierung, Teil I (Vertragsrecht), RN. 9ff.

25 Zum derzeitigen Stand der M&A-Diskussion siehe Jansen/Picot/Schiereck, Internationales Fusionsmanagement – Erfolgsfaktoren grenzüberschreitender Unternehmenskäufe, Stuttgart, 2001.

b) Grundlegende Gesichtspunkte zum M&A-Management

Während jeder Transaktionsphase müssen die folgenden grundlegenden Aspekte des M&A-Managements beachtet werden:
- ganzheitliche Betrachtung der Planung, Durchführung und Implementierung/Integration in jeder Phase der Transaktion,
- klar definierte Formulierung der strategischen Ziele und interne Kommunikation der Transaktion,
- Entscheidungsfindung und Vision, ob und inwiefern die Gesellschaften hinsichtlich sämtlicher Parameter und Kulturen zusammenpassen,
- grundlegendes interdisziplinäres Verständnis für die Aspekte, Inhalte und Probleme der anderen Bereiche (»eine gemeinsame Sprache für die Transaktion«),
- Analyse, welche Schritte erforderlich sind, um den wirtschaftlichen Erfolg der Transaktion in jeder ihrer Phasen sicherzustellen, wobei im größtmöglichen Umfange die Interessen der Mitarbeiter und die verschiedenen Produktionen zu berücksichtigen sind,
- Minimierung von Risiken sowie realistische Einschätzung des Synergiepotenzials und der Kosten für die Integration,
- Entwicklung systematischer und konsistenter Transaktionsstrategien,
- klare Definition und Strukturierung/Organisation der Transaktion sowie – nicht zuletzt –
- die Bereitschaft, in jedem Stadium einer Transaktion von der Durchführung Abstand zu nehmen, falls sich die Annahmen, Erwartungen und Feststellungen als nicht mehr deckungsgleich mit den verfolgten strategischen Zielen erweisen sollten.

c) Erfolgsfaktoren während der Integrationsphase

Prinzipiell ist festzustellen, dass die Integrationsphase einen sehr starken Einfluss auf den Erfolg von Fusionen und Unternehmenskäufen hat. Ihre wichtigsten sogenannten **»harten«** und **»weichen«** Erfolgsfaktoren sind:
- sorgfältige Vorbereitung, Koordinierung und Kontrolle des Integrationsprozesses an sich,
- Kultur, interne Organisation und Logistik,
- Kommunikation,
- Schlüssel-Mitarbeiter und Management,
- Kunden und Co-Produzenten,
- Wissensmanagement.

Aufgrund dieser Erfolgsfaktoren hat das nationale und internationale Integrationsmanagement die folgenden Probleme und Aufgabenstellungen zu berücksichtigen:
- klare Definition und interne Kommunikation der Transaktion sowie Darlegung einer klaren Perspektive gegenüber allen Mitarbeitern,
- möglichst frühe Benennung und Bildung von Managementstrukturen im Mittel- und Spitzen-Management,
- präzise Umsetzung von Visionen und der Grundlage für die Entscheidungsfindung,
- Berücksichtigung der üblichen Transaktionsrisiken, die sich aus den allgemeinen

wirtschaftlichen Anforderungen ergeben, d.h. so präzise Entscheidung wie möglich innerhalb kürzester Zeit bei geringstem Aufwand,
- Integration der Unternehmen und ihrer Kulturen: Zusammenführung internationaler Kenntnisse mit lokaler Stärke und unter angemessener Berücksichtigung unabhängiger nationaler Kulturen,
- Schaffung, Formulierung und Interpretation einer neuen Corporate Identity im Geiste des »Alle für einen und einer für alle«,
- Vermeidung nationalen »Bestandsbewusstseins« bei grenzüberschreitenden Transaktionen,
- transparente Kommunikation der Vision und Strategie für die Transaktion nach außen.

Unter Berücksichtigung aller vorgenannten Aspekte kann festgestellt werden, dass diejenigen Transaktionen, bei denen vor der Übernahme zwei Gesellschaften, insbesondere »gleiche«, gute Leistungen in derselben Branche und in demselben Kerngeschäft erzielten oder in miteinander verbundenen Geschäftsbranchen tätig waren, mit höherer Wahrscheinlichkeit erfolgreich sein werden.

In den vergangenen Jahren haben M&A-Transaktionen vor allem durch ständig zunehmende Transaktionsvolumina für Furore gesorgt. Transaktionen wie Vodafone/Mannesmann, AOL/Time Warner oder Exxon/Mobil erreichten bis dahin für nicht möglich gehaltene Dimensionen. In Bezug auf die Fragestellung, mittels welcher Kriterien Transaktionserfolge effektiv gemessen werden können, bestehen allerdings deutliche Meinungsunterschiede. Die Beantwortung dieser Frage muss vor die oben gemachte Aussage berücksichtigen, dass schiere Größe nicht als alleiniges Erfolgskriterium betrachtet werden darf.

aa) Beurteilung durch den Markt gegenüber dem Kriterium der Kapitalkosten

In der Regel reagiert der Kapitalmarkt auf die Ankündigung von M&A-Transaktionen mit Kurssteigerungen oder -abschlägen beim übernehmenden Unternehmen sowie beim Zielunternehmen. Dies ist eine unmittelbare Folge der Erfolgs- oder Misserfolgsbeurteilung des Kapitalmarktes.

Die Analyse der anfänglichen Preisbewegungen nach der Ankündigung von Akquisitions- oder Mergers ergibt allerdings, dass der Markt nicht immer die zutreffende Beurteilung widerspiegelt. Legt man als Kriterium für den fundamentalen Erfolg einer Transaktion die Forderung zu Grunde, dass ein Unternehmen langfristig mindestens seine eigenen Kapitalkosten auf das für die Akquisition eingesetzte Kapital verdienen sollte, dann zeigt sich, dass der Markt deutlich optimistischer ist als die Realität und das kurzfristige Urteil des **Kapitalmarkts** oft fundamental widerlegt wird. Betrachtet man einen Kursgewinn von zumindest 5 % bei Ankündigung als Erfolgskriterium für eine Transaktion, so bestätigt sich dies mittel- bis langfristig gesehen im Durchschnitt bei lediglich 50 % aller Fälle. Bei der Beurteilung von Misserfolgen ist der prognostische Wert der unmittelbaren Marktreaktion ungleich höher. In mehr als 80 % der untersuchten Fälle sind Preisabschläge in Folge einer Transaktionsankündigung mit einem fundamentalen Misserfolg, also einem längerfristig unter den Kapitalkosten liegenden Return auf das eingesetzte Kapital, verbunden. All dies lässt vermuten, dass der Kapitalmarkt Misserfolge eher unmittelbar richtig beurteilt, als dies bei Erfolgen der Fall ist, tendenziell aber zu optimistisch reagiert.

Analysen, die die Korrelation von bestimmten Messgrößen zur Beurteilung von Erfolg von **M&A-Transaktion** betrachten, müssen jedoch mit Vorsicht betrachtet werden. Die angesprochenen Kriterien für Erfolg oder Misserfolg einer Transaktion sind zwar eingängig und lassen sich auch, sieht man von der **Datenerhebungsproblematik** ab, eindeutig berechnen, sind aber letztlich für Aussagen über nachhaltigen Erfolg oder Misserfolg von M&A-Tätigkeit unzureichend. Dies liegt naturgemäß an der fehlenden Vergleichbarkeit der Entwicklung eines Unternehmens, das eine M&A-Transaktion durchführt, mit der Entwicklung desselben Unternehmens, hätte es eine solche Transaktion nicht durchgeführt. Ein entsprechender, in den Naturwissenschaften üblicher und einzig gültiger Beweis, bei dem die Auswirkung eines Einflussfaktors auf eine Gruppe gegenüber einer Kontrollgruppe, die zu Beginn des Experiments absolut identisch sind, ermittelt wird, ist praktisch unmöglich. Nur so ließe sich ex post hinreichend nachweisen, ob eine durchgeführte Transaktion zum Erfolg eines Unternehmens beigetragen hat oder als gescheitert zu betrachten ist. Auf das oben erwähnte fundamentale Erfolgsmaß für Transaktionen (**»höhere Rendite als Kapitalkosten«**) bezogen, muss man feststellen, dass selbst eine nach diesem Kriterium missglückte Transaktion immer noch ein Erfolg gewesen sein könnte, solange niemand ausschließen kann, dass sich die Rendite der Unternehmen ohne diese Transaktion noch viel mehr reduziert hätte.

bb) Weitere Erfolgskriterien

Nichtsdestoweniger lassen sich aus Untersuchungen, die Goldman Sachs, aber auch eine Vielzahl von Unternehmensberatern durchgeführt haben, wichtige Aussagen zum Erfolg bzw. Misserfolg von Transaktionen herausarbeiten. Viele Unternehmen benutzen die tatsächliche Realisierung der bei der Ankündigung bekannt gegebenen **Synergiepotenziale** als Kriterium für den Erfolg. Auch diese Erfolgsmessung sollte man freilich sehr kritisch hinterfragen, denn Erfolg oder Misserfolg wären bei alleiniger Gültigkeit dieses Erfolgsmaßes weitestgehend durch Aggressivität bzw. Zurückhaltung des Managements bei der Ankündigung von Synergiezielen bestimmt.

Weitere Faktoren, die sich regelmäßig als Ursache für den Misserfolg von M&A-Transaktionen identifizieren lassen, sind die **Überschätzung des Marktpotenzials** (sog. Umsatzsynergien), **Überschätzen der Einsparungspotenziale** (Kostensynergien) und eine **unzureichend schnelle und reibungslose Integration nach Transaktionsabschluss**. Oftmals können eine sorgfältige Vorbereitung und eine genaue und durchdachte Aushandlung der Transaktionsverträge solchen Misserfolgen entgegenwirken. Erfolgreiche Transaktionen zeichnen sich demgegenüber besonders durch eine starke Verbindung zum Kerngeschäft und eine entsprechend starke strategische Begründung für die Transaktion aus. Reine **Diversifikations-Akquisitionen** dagegen erweisen sich in vielen Fällen als nutzlos.

Insgesamt gesehen scheint Großakquisitionen mit Transaktionssummen von über zehn Milliarden Dollar weniger Erfolg beschieden zu sein als kleineren Deals. Dies bestätigt die beschriebene Abkehr von einem historisch oft unqualifiziert verwendeten Paradigma, das auf schiere Größe abzielte.[26]

---

26 Zu den Trends, Tools, Thesen und empirischen Tests zum Integrationsmanagement bei Unternehmenszusammenschlüssen siehe den Beitrag von Stephan Jansen in diesem Handbuch (Teil C. XIV).

5. Begriff der Mergers & Acquisitions, insbesondere der Unternehmenszusammenschluss sowie der Unternehmenskauf und -verkauf

Für das inzwischen zum deutschen Sprachgebrauch gehörende Begriffspaar der »**Mergers & Acquisitions**«, gibt es kein deutschsprachiges Pendant. Am Besten lässt es sich mit den deutschen Begriffen »**Unternehmenszusammenschlüsse** und **Unternehmensübernahmen**« übersetzen.

Ebenso wenig konkret ist freilich der deutsche Begriff »**Unternehmenskauf**«. Angesichts einer fehlenden Definition des Begriffes »**Unternehmen**« im deutschen Recht sind die Versuche einer treffenden Begriffbestimmung zahlreich. Während der Bundesgerichtshof[27] das Unternehmen als ein Gebilde bezeichnet, das sich institutionell und funktionell als Unternehmen im hergebrachten Sinne darstellt, versteht die Betriebswirtschaftslehre das Unternehmen als ökonomische Einheit der Gesamtwirtschaft, die von einem Unternehmen auf eigene Rechnung und Gefahr zum Zwecke des Erwerbs betrieben wird.

Ein »Unternehmen« ist jedenfalls weder eine Sache noch ein Recht im Sinne des deutschen Zivilrechts. Es ist vielmehr eine Gesamtheit von Sachen und Rechten, tatsächlichen Beziehungen und Erfahrungen sowie unternehmerischen Handlungen.

Dabei ist nicht zu übersehen, dass auch diese Definition Begriffe enthält, die ihrerseits einer näheren Bestimmung bedürfen. Merkmale, wie zum Beispiel Marktanteile, Ressourcen, Geschäftschancen, Vertragsbeziehungen und Arbeitsverträge geben zwar Hinweise zur Ausfüllung dieser Begriffe. Allerdings können auch diese nicht darüber hinwegtäuschen, dass eine umfassende Definition des Unternehmens und damit auch des Unternehmenskaufs nicht möglich ist.

Wie bereits am Anfang dieses Kapitels dargestellt wird der Begriff »Mergers & Acquisitions« hier in dem weitgefassten anglo-amerikanischen Sinn der vielfältigen Erscheinungsformen verstanden, vom

- Unternehmenskauf und -verkauf
- Unternehmenszusammenschluss
- Kooperationen, Allianzen und Joint Ventures
- Unternehmenssicherungen und -nachfolgen
- Management Buy-out und Buy-in
- Private-Equity-Beteiligungen
- Public Private Partnership (PPP)
- Börsengängen (Initial Public Offering – IPO)
- Umwandlungsmaßnahmen
- Restrukturierungen bis hin zum
- Outsourcing.

Eine Übersicht über die Erfolgsstudien findet sich bei Jansen, Mergers & Acquisitions – Unternehmensakquisitionen und -kooperationen, 4. Auflage, 2001, S. 223 ff.

27 *BGHZ* 74, 359, 364.

6. Die Planung der Mergers & Acquisitions

a) Vorarbeiten, Studien und Analysen

Jede komplexere Transaktion beginnt mit den internen Vorarbeiten, Studien und Analysen des Unternehmens, seines Wettbewerbsumfeldes, des Marktes und der angedachten und denkbaren Entwicklungsmöglichkeiten.

Regelmäßig geschieht dies zunächst durch die Unternehmer, Manager und ihre Aufsichtsorgane unter Einbeziehung interner Fachleute insbesondere in den Abteilungen für Unternehmensentwicklung und Unternehmensplanung sowie in den Rechts- und Steuerabteilungen.

Schon bald ist in diese vorbereitenden Überlegungen die Frage einzubeziehen, welche externen M&A-Berater hinzugezogen werden sollen, um gemeinsam kreative Strategien und Finanzierungen zu entwickeln und geeignete Transaktions-Partner zu suchen.[28] Insbesondere gilt dies für Berater aus den Bereichen des Investments, des Corporate Finance, des Wirtschaftsrechts und der allgemeinen Unternehmensberatung. Dabei müssen die Berater regelmäßig neben nachhaltiger M&A-Erfahrung eine besondere Branchen- und Fachexpertise aufweisen und – im Falle grenzüberschreitender Transaktionen – auch die internationale Kompetenz und ein schlagkräftiges Netzwerk mitbringen. Sodann erfolgt – gegebenenfalls nach einem sog. »Beauty Contest« oder »Pitching« – die Beauftragung der Berater.

b) Die Planung der Mergers & Acquisitions

In der Phase der Planung der Mergers & Acquisitions wird zunächst die gesamte Transaktion möglichst interdisziplinär und ganzheitlich geplant, insbesondere die betriebswirtschaftliche und (steuer-) rechtliche Technik und Optimierung, unter besonderer Berücksichtigung ihrer Durchführung sowie der Integration bzw. Implementierung.

Die Planungstätigkeit erstreckt sich dabei vor allem auf die Aspekte,

- Ob,
- Wann,
- Wie

ein **Merger** oder eine **Akquisition** vorgenommen werden soll.

aa) Die Frage nach dem »Ob«

Bei der Frage nach dem »**Ob**« geht es vornehmlich um die Festlegung der Unternehmensziele und die Frage, welche dieser Ziele durch organisches Wachstum oder Restrukturierung und welche dieser Ziele durch Merger- bzw. Akquisitionsaktivitäten verfolgt werden sollen. Dabei sind zugleich die Konsequenzen der Strategie und ihre wirtschaft-

28 Vgl. Beck/Vera: Make-or-Buy-Entscheidung beim Verkauf von Konzernunternehmen, Finanz Betrieb 2002, S. 6ff.

lichen bzw. finanziellen Auswirkungen vor dem Hintergrund der Wettbewerbssituation und der Steigerung der Wertschöpfungskette kritisch zu berücksichtigen. Empirisch betrachtet wird bei etwa 85 % aller Unternehmenszusammenschlüsse und Akquisitionen die Frage des »Ob« nach der Zielvorstellung eines Wachstums des Stammgeschäftes beantwortet.

Inhaber von Familienunternehmen, die die Führung und gegebenenfalls auch die Inhaberschaft an ihrem Unternehmen abgeben möchte, haben hingegen zunächst die Entscheidung zu treffen, ob sie eine familieninterne oder eine familienexterne Unternehmensnachfolge anstreben.

Bei der **familieninternen** Unternehmensnachfolge[29]
- überträgt der Inhaber entweder im Falle einer **»kleinen Lösung«** nur die Geschäftsführung eines Unternehmens teilweise oder vollständig auf ein Familienmitglied des Unternehmers (z. B. durch die Bestellung eines Familienmitglieds als – weiteren – Geschäftsführer),
- oder er überträgt im Falle einer **»großen Lösung«** (eventuell mit der Geschäftsführung auch) die Eigentümerschaft am Unternehmen teilweise oder vollständig auf ein Familienmitglied (z. B. durch eine Schenkung oder Erbschaft).

Bei der **familienexternen** Unternehmensnachfolge[30]
- überträgt der Inhaber entweder im Falle einer **»kleinen Lösung«** nur die Geschäftsführung eines Unternehmens teilweise oder vollständig auf einen familienfremden Dritten, mit der Folge, dass die Familie (nur) die Führung teilweise oder ganz verliert,
- oder er überträgt im Falle einer **»großen Lösung«** neben der Geschäftsführung auch die Eigentümerschaft an einem Unternehmen teilweise oder vollständig auf einen familienfremden Dritten.

bb) Die Frage nach dem »Wann«

Die Beantwortung des **»Wann«** erfolgt in enger Abhängigkeit einerseits von den Notwendigkeiten einer Stärkung des Stammgeschäftes und unternehmenspezifischen strategischen Überlegungen oder Sach- bzw. Markt-Zwängen sowie andererseits von den finanziellen Möglichkeiten des Unternehmens betreffend die angedachte M&A-Aktivität. Zugleich stellt sich damit die Frage der Priorisierung, die nur in der Weise beantwortet werden kann, dass verschiedene M&A-Optionen und -Gelegenheiten in die Klassen **»Top«**, **»High«**, **»Medium«** und **»Low«** eingeteilt werden. Aus dieser Klassifizierung lässt sich dann unter Berücksichtigung der (personellen) Machbarkeit die Reihenfolge der zu ergreifenden Aktivitäten herleiten.

---

29 Siehe dazu Gerhard Picot/Sabine Kamp in: Gerhard Picot (Hrsg.), Handbuch für Familien- und Mittelstandsunternehmen, Teil V, (siehe oben FN 5).

30 Siehe dazu Gerhard Picot/Dirk Classen in: Gerhard Picot (Hrsg.), Handbuch für Familien- und Mittelstandsunternehmen, Teil V, (siehe oben FN 5).

Dabei kann die Entscheidung auch davon beeinflusst sein, dass sich gezielte M&A-Aktivitäten nach einem erfolgreichen Börsengang als wichtige Maßnahme zur Kurspflege beim Werben um die Investorengunst darstellen können.

cc) Die Frage nach dem »Wie«

Bei der Frage nach dem »**Wie**« sind zunächst insbesondere die sich bietenden Formen der Mergers & Acquisitions zu prüfen, d. h. der Unternehmenszusammenschlüsse, der Unternehmenskäufe bzw. -verkäufe, der Restrukturierungen und Unternehmenssicherungen, der Kooperationen, Allianzen und Joint Ventures sowie der Börsengänge bzw. IPOs.

Dabei ist die zuvor vorgenommene Klassifizierung nochmals dahingehend zu überprüfen, ob das strategische Unternehmensziel mit einer bloßen Kooperation oder einer strategischen Allianz erreicht werden kann, oder ob eine Mehrheitsbeteiligung ≥ 50 % oder eine Akquisition 75 % ≤ x ≤ 100 % angestrebt werden soll.

Auf dieser Grundlage sind die geeigneten Zielunternehmen zu identifizieren, deren Ressourcen oder Fähigkeiten zu der Realisierung der M&A-Strategie passen. Die sich danach bietenden Möglichkeiten sind sodann mit den Fragen der Unternehmensbewertung, Bestimmung der Gegenleistung bzw. des Kauf- oder Tauschpreises etc. abzustimmen und mit der Integrationsplanung in Einklang zu bringen.

Die Planungstätigkeit erstreckt sich demgemäß insbesondere auf folgende Punkte:

- Analyse der gegenwärtigen und der zu erwartenden betriebswirtschaftlichen Situation des Unternehmens und des Targets, insbesondere etwaiger Synergien während und nach der Transaktion
- Festlegung der unternehmerischen Zielvorstellung
- Prüfung der betriebswirtschaftlichen und rechtlichen Vorgaben, Parameter und Auswirkungen der Transaktion
- Prüfung der unternehmerischen, insbesondere der steuerrechtlichen Gestaltungsmöglichkeiten
- Entwicklung der betriebswirtschaftlich gewünschten bzw. günstigsten Transaktions- sowie (erforderlichenfalls) Restrukturierungs- bzw. Sanierungsstrategie
- Rechtliche Planung des Transaktions- oder Restrukturierungskonzeptes
- Erfassung der Führungsstruktur und der (allgemeinen) Struktur der möglicherweise betroffenen Belegschaft, insbesondere hinsichtlich Betriebszugehörigkeit und Lebensalter (sog. Population)
- Erfassung der (möglicherweise) konkret betroffenen Arbeitnehmer mit den entsprechenden Sozialdaten (z. B. Betriebszugehörigkeit, Lebensalter, Familienstand, Alterssicherung, Schwerbehinderung, Mutterschutz, Mitgliedschaft im Betriebsrat), einschließlich Funktion und Qualifikation
- Prüfung anderweitiger Beschäftigungsmöglichkeiten von Arbeitnehmern innerhalb des Unternehmens, des Konzerns oder in fremden Unternehmen
- Kalkulation der für die Übertragung, Integration und Restrukturierung aufzuwendenden internen und externen Kosten, einschließlich etwaiger Sozialplan-Kosten
- Aufstellung eines 3-phasigen detaillierten Zeit-, Ablauf- und gegebenenfalls Lay-off-Planes für die Planung, Durchführung und Integration bzw. Implementierung der Transaktion und Restrukturierungsmaßnahmen, unter besonderer Berücksichtigung der wirtschaftsrechtlichen Bestimmungen, insbesondere der bedeutsamen nationalen

und internationalen Rechtsfragen sowie etwaiger Risiko-Situationen (Risikomanagement und Vorsorge- bzw. Back-up-Management)
- Festlegung der im Planungszeitraum und nach der Transaktion bzw. Restrukturierung benötigten Fertigungs-, Verwaltungs- und Personalkapazitäten und -Abläufe
- Erarbeitung der für die interne und externe Kommunikation der Maßnahmen bedeutsamen plausiblen und verständlichen Begründungen, Verlautbarungen und PR-Maßnahmen.

Stets ist bei diesen Planungsarbeiten die schwierige Gegenprüfung erforderlich, wie sich die Zukunft des Unternehmens ohne die angedachte M&A-Maßnahme darstellen würde.

c) Die Ablaufplanung

Sind bei der Frage nach dem »Wie« die sich bietenden Formen der Mergers & Acquisitions bedacht, so stellt sich die weitere Frage nach dem **Ablauf** einer solchen Transaktion.

Dabei ist zunächst festzustellen, dass der Ablauf von Mergers & Acquisitions keinen festen Regeln unterliegt. Er ist ebenso vielfältig, wie die zu erwerbenden Unternehmen bzw. Unternehmensteile selbst, die sich bei ihnen ergebenden wirtschaftlichen und betrieblichen Fragestellungen und widerstreitenden Käufer- und Verkäufer-Interessen sowie die verschiedenartigen Erscheinungsformen der Mergers & Acquisitions.

Allerdings kann man unterscheiden zwischen
- der herkömmlichen Transaktion und
- der Transaktion im Wege des sogenannten (beschränkten) Bietungs- bzw. Auktionsverfahrens.

Bei der herkömmlichen Transaktion wird sozusagen ein normaler **»Shake-Hands-Deal«** zwischen den Vertragspartnern abgeschlossen. Die Vertragsanbahnung kommt regelmäßig durch Kontakte auf höherer oder höchster Management-Ebene oder durch die Vermittlung professioneller M&A-Berater zustande.

Das (beschränkte) Bietungs- bzw. Auktionsverfahren gelangt insbesondere bei größeren Transaktionen zur Anwendung und unterliegt grundsätzlich ähnlichen Spielregeln wie die Bietungs- und Auktionsverfahren des »täglichen Lebens«. Aufgrund langjähriger anglo-amerikanischer Transaktionserfahrungen haben sich dabei allerdings gewisse Besonderheiten, Verfahrensarten und Sprachgebräuche herausgebildet, die in Deutschland immer häufiger zur Anwendung gelangen. Wegen des Wettbewerbes zwischen den Kaufinteressenten, Bietern bzw. potenziellen Käufern können sie zu spannenden Abläufen der Transaktionen führen. Ein Beispiel hierfür ist der Bietungs-Wettbewerb von VW und BMW um Rolls Royce, bei dem der Kaufpreis erheblich in die Höhe getrieben wurde.

Beide Typen der Mergers & Acquisitions vollziehen sich in der Regel in den bereits oben genannten **3 Phasen**, der Planung, der Durchführung und der Integration. Dabei ergibt sich für die herkömmlichen Transaktionen der nachfolgend dargestellte 3-phasige Ablaufplan.

d) Die Ablaufplanung für Transaktionen im Wege des (beschränkten) Bietungs- bzw. Auktionsverfahrens

Im Vergleich zu der herkömmlichen Unternehmens-Transaktion weist die M&A-Transaktion im Wege des sogenannten **(beschränkten) Bietungs- bzw. Auktionsverfahrens** die Besonderheit auf, dass ihr Ablauf meistens von den Investment- und Corporate-Finance-Beratern oder anderen M&A-Beratern gestaltet wird. Interessenten bzw. Partner der Mergers & Acquisitions werden regelmäßig durch diese M&A-Experten nach modernen Kapitalmarkterfordernissen beraten, akquiriert bzw. ausgesucht und zusammengeführt.[31]

Für die M&A-Transaktionen im Wege des sogenannten (beschränkten) Bietungs- bzw. Auktionsverfahrens ist etwa der nachfolgend dargestellte, nach den Erfordernissen des jeweiligen Einzelfalles zu variierende Ablauf denkbar, bei dem die Vertragspartner in einem sich zunehmend konkretisierenden Informationsverfahren und einem zunächst loseren und zunehmend intensiveren Bietungs-Wettbewerb und Angebotsprozess an die eigentlichen Vertragsverhandlungen und den Vertragsabschluss herangeführt werden.

Zu diesem Zweck wird zunächst ein sog. **Informations-Memorandum** mit den grundlegenden Informationen und Daten über das zu veräußernde Unternehmen erstellt. Sodann werden potenzielle Transaktionspartner identifiziert und zunächst bezüglich ihres generellen Interesses an der Transaktion kontaktiert.

Dann folgt die erste Runde des **Bietungsverfahrens**, die durch ein Anschreiben an die potenziellen Interessenten eingeleitet wird. In diesem Schreiben werden das Bietungsverfahren und die beabsichtigte Struktur der Transaktion, z. B. als **Share Deal** (Übertragung der Gesellschaftsanteile) oder als **Asset Deal** (Übertragung der einzelnen Vermögensgegenstände) beschrieben und der Adressat aufgefordert, ein erstes unverbindliches Angebot abzugeben. Dem Anschreiben wird regelmäßig ein **Informations-Memorandum** sowie eine **Vertraulichkeits- und Geheimhaltungserklärung** beigefügt, die von dem Kaufinteressenten unterschrieben zurückzusenden ist. Vielfach wird dem Anschreiben an die potenziellen Interessenten auch bereits ein Entwurf des Transaktionsvertrages mit der Aufforderung beigefügt wird, die etwaigen (wesentlichen) Änderungswünsche schriftlich und abschließend zu vermerken.

Nun sind es die Bieter, die ihr erstes unverbindliches Angebot in der Regel als **Absichtserklärung** (Proposal) bzw. **Letter of Intent** (LoI) abgeben. Für sie empfiehlt es sich, die Unverbindlichkeit des Angebotes herauszustellen und sich das Recht vorzubehalten, den Ablauf des Verfahrens sowie die Struktur der Transaktion jederzeit ohne nachteilige Rechtsfolgen und Kosten **(Break-up-Fees)**[32] ändern oder beenden zu können. Ferner sollten sie die Grundlagen und Annahmen **(Assumptions)**, auf denen ihre vorläufige Unternehmenseinschätzung und damit der gebotene Kaufpreis beruhen, möglichst genau fixieren. Erforderlich ist dies, um später eine Änderung des Angebotes rechtfertigen zu können, wenn sich herausstellen sollte, dass die Annahmen nicht zutreffen und

31 Siehe dazu die 5-phasige Unterteilung des (beschränkten) Bietungsverfahrens/Auktionsverfahrens von Gerhard Picot, Unternehmenskauf und Restrukturierung, Teil I (Vertragsrecht), Rn. 9 ff.

32 Siehe dazu Sieger/Hasselbach, Break-Fee-Vereinbarungen bei Unternehmenskäufen, BB 2000, S. 625 ff. sowie Ziegler/Stancke, Kostenersatz beim Abbruch von Vertragsverhandlungen in M&A-Transaktionen, M&A REVIEW, Heft 1/2008 S. 28–34.

das Unternehmen infolgedessen einen geringeren Wert hat. Des Weiteren sollte bereits das erste Gebot diejenigen Bedingungen enthalten, die aus der Sicht des Interessenten für den Vertragsabschluss unabdingbar sind; gleiches gilt gegebenenfalls auch für die wesentlichen Änderungswünsche betreffend den Entwurf des Transaktionsvertrages. Hierzu gehören zum Beispiel eine zufriedenstellende Prüfung des Unternehmens (**Due Diligence**), Klauseln für Zusicherungen und Garantien sowie – soweit erforderlich – die Zustimmung der Gesellschaftsgremien (z. B. Hauptversammlung, Aufsichtsrat) und Behörden, insbesondere der Kartellbehörden.

Der Verkäufer sichtet sodann die eingegangenen Gebote und wählt aus dem Kreis der Bieter die ihm interessant erscheinenden Kandidaten aus. Entscheidend sollte dabei für ihn nicht nur

- die Höhe des Angebotes, insbesondere eines Kaufpreises sein, sondern auch
- die Ernsthaftigkeit und Seriösität des Angebotes,
- die Art der Finanzierung des Kaufpreises,
- das Konzept für die Zukunftsentwicklung und die Sicherung der Arbeitsplätze des Unternehmens sowie
- die begründete Erwartung eines möglichst professionellen, komplikationsfreien und zeitnahen Abschlusses der Vertragsverhandlungen.

Die zweite Runde des Bietungsverfahrens wird eingeleitet durch ein weiteres Anschreiben an die ausgewählten Bieter (**Preferred Bidder**). Hierin werden die Bieter aufgefordert, nunmehr ein verbindliches Gebot (**Binding Offer**) abzugeben. Ferner werden gegebenenfalls der Inhalt und die Regeln für die Benutzung eines Datenraumes (**Data Room Index and Procedures**) aufgestellt und erläutert, in dem (gewisse) Unterlagen über das Unternehmen zur Einsichtnahme zur Verfügung gestellt werden. Falls nicht bereits zuvor geschehen, sollte jedenfalls mit diesem zweiten Aufforderungsschreiben der erste Entwurf des Unternehmenskaufvertrages übersendet werden.

Den Bietern ist dann zumindest eine begrenzte Due Diligence zu ermöglichen. Dies bedeutet, dass zunächst noch keine besonders sensiblen Unternehmensdaten offengelegt werden. Denn trotz der **Vertraulichkeits- und Geheimhaltungserklärungen** des Bieters und seiner Berater kann die Gefahr nicht vollends ausgeschlossen werden, dass diejenigen Bieter, mit denen nicht weiterverhandelt wird, die erhaltenen Informationen anderweitig und zu Lasten des Verkäufers verwerten.

Die Bieter müssen nun ein **rechtsverbindliches Angebot** unterbreiten, wenn sie weiter am Bietungsverfahren teilnehmen wollen. Bei der Gestaltung des Angebots können sie die zur Verfügung gestellten Informationen auswerten und berücksichtigen. Insbesondere werden der Kauf- oder Tauschpreis aufgrund der Erkenntnisse der inzwischen erhaltenen weiteren Informationen und der Due Diligence gegenüber dem ersten unverbindlichen Gebot entsprechend angepasst und konkretisiert; gleiches gilt aber auch zum Beispiel für ein angestrebtes **Beteiligungsverhältnis** oder einen notwendigen Anpassungs- bzw. Ausgleich-Mechanismus bei dem Vorhaben eines Gemeinschafts- bzw. Joint-Venture-Unternehmens. Ferner enthält das Angebot, soweit erforderlich, die oben genannten Zustimmungsvorbehalte der Aufsichtsgremien und damit in gewissem Umfang immer noch eine Ausstiegsmöglichkeit. In den Entwurf des Transaktionsvertrages wird der Bieter nur diejenigen Änderungen einfügen, die er für unbedingt erforderlich hält, um nicht seine Chancen in dem Auswahlverfahren zu verschlechtern.

Im Falle einer **Fremdfinanzierung** der geplanten Akquisition wird in der Regel bereits mit Abgabe des verbindlichen Angebotes eine Vergütung für die Bereitstellung der Kredite durch die finanzierenden bzw. syndizierenden Kreditinstitute fällig. Dies ist für einen Bieter vor allem dann misslich, wenn nicht abzusehen ist, ob er überhaupt als bevorzugter Bieter (Preferred Bidder) ausgewählt wird. Nicht zuletzt aus diesem Grunde sollte er daher für den Fall der Auswahl zum bevorzugten Bieter Exklusivität (**Exclusivity**) für die weiteren Verhandlungen fordern. Als Gegenleistung hierfür wird der Verkäufer allerdings in der Regel eine gewisse Kaufpreisanzahlung oder sonstige Zusatzleistungen (**Break-up-Fees**)[33] verlangen, die ihm im Falle eines vom Bieter verschuldeten Scheiterns der Verhandlungen zufallen. Umgekehrt sollte der Bieter für den Fall des Verstoßes gegen die Exklusivität eine Vertragsstrafe vereinbaren, damit das Exklusivitätsversprechen kein stumpfes Schwert bleibt.

Nach Erhalt der verbindlichen Angebote wählt der Verkäufer denjenigen Bieter aus, mit dem er die Transaktion bevorzugt verhandeln bzw. durchführen möchte, oder er versucht, die Bieter untereinander – wie im **Fall Rolls Royce** – zu jeweils höheren Angeboten zu treiben. Bei der Auswahlentscheidung bezüglich des bevorzugten Bieters werden neben den bereits oben dargestellten Kriterien vor allem der Inhalt und Umfang der Änderungsvorschläge der Bieter zum Transaktionsvertrag maßgebend sein. Für einen Verkäufer ist es natürlich ebenfalls von Vorteil, wenn ein Bieter für die abschließenden Verhandlungen keine Exklusivität fordert. Der Verkäufer wird nämlich bestrebt sein, sich nicht unter Druck setzen zu lassen und sich nach Möglichkeit weitere Bieter »warmzuhalten«. Je mehr Zeit nach der Auswahl des bevorzugten Bieters nämlich vergeht, desto schlechter wird die Verhandlungsposition des Verkäufers, da andere Bieter der »zweiten Wahl« möglicherweise ihr Interesse an der Transaktion verlieren, aus dem Bietungsverfahren abspringen und im Falle eines Scheiterns des Bietungsverfahrens allenfalls geraume Zeit später wieder auf ihr Interesse an der betreffenden Transaktion angesprochen werden können.

In den Vertragsverhandlungen sind nun von den Verhandlungsteams die Details des Transaktionsvertrages auszuhandeln.[34] Ein besonderes Augenmerk verdient hierbei vorab die Benennung eines erfahrenen und auch diplomatisch geschickten Verhandlungsleiters. Während der Verhandlungen geht es dann vor allem um die Regelungen der zu vereinbarenden Gegenleistungen (z. B. Kaufpreiszahlung oder Aktientausch), des vertraglichen Gewährleistungs- und Haftungssystems sowie der gesamten Vertragsdurchführung und Implementierung. Zur Absicherung einer ordnungsgemäßen Übergabe des Unternehmens kann sich auch eine Vereinbarung empfehlen, wonach der Kaufpreis oder jedenfalls ein Teil oder aber ein gewisser Mehrpreis (**Earn-out**) davon nur bei Erreichen bestimmter Kennzahlen in der Folgezeit nach dem Vertragsabschluss bzw. der Übergabe des Unternehmens (**Closing**) zu zahlen ist.

Soweit für die rechtliche Wirksamkeit des Vertragsabschlusses eine notarielle Beurkundung des Vertrages erforderlich ist, kann sich bei größeren Transaktionen aus Gründen der Kostenersparnis eine Beurkundung im Ausland, insbesondere in der Schweiz, empfehlen. In diesem Fall ist freilich zuvor sicherzustellen, dass die konkrete Auslands-

33 Siehe dazu Fußnote 32.

34 Siehe zu den Einzelheiten die ausführliche Darstellung nachfolgend unter Teil B.VI.

beurkundung von der deutschen Rechtsprechung als der deutschen Beurkundung gleichwertig anerkannt ist.

Nach Unterzeichnung des Vertrages werden in der Regel zeitnah eine **Mitarbeiterversammlung** und eine **Pressekonferenz** durchgeführt; bei **börsennotierten Gesellschaften** ist **unverzüglich** eine **sog. Ad-hoc-Mitteilung** vorzunehmen. Wirksam wird der Vertrag dann mit dem Eintritt der oben genannten aufschiebenden Bedingungen, wie z. B. der Zustimmung der zuständigen Aufsichtsgremien oder der Kartellbehörden. Mit dem Wirksamwerden des Transaktionsvertrages gehen je nach Gestaltung die Gesellschaftsanteile oder die einzelnen Vermögensgegenstände gegen Zahlung des Kaufpreises auf den Erwerber über.

Die M&A-Transaktion kann aber auch mit einem **Closing**, d. h. dem Vollzug des Vertrages abgeschlossen werden. Das Schicksal der betroffenen Unternehmen hängt nun von der erfolgreichen Integration bzw. Implementierung ab.

Insgesamt ergibt sich hiernach für größere M&A-Transaktionen im Wege des sogenannten **(beschränkten) Bietungs- bzw. Auktionsverfahrens** der nachfolgend dargestellte summarische Ablaufplan. Für den Einzelfall sollte rechtzeitig eine konkret angepasste Ablauf- und Aktionsplanung festgelegt werden, und zwar unter Berücksichtigung der Erfordernisse der jeweiligen Transaktion, der konkret durchzuführenden Einzelmaßnahmen, Verantwortlichkeiten und Zeitvorgaben bzw. Aktionsdaten.

Ablaufplan für Transaktionen im Wege des (beschränkten) Bietungs- bzw. Auktionsverfahrens

Beginn der Transaktion (Kick-off)

1. Phase: Planung der Mergers & Acquisitions

1.1 Benennung und Beauftragung eines verantwortlichen Projektleiters mit einem fachkundigen Projektteam, eventuell zusätzlich eines Verhandlungsteams sowie externer M&A-Berater

1.2 Analyse und Definition des Transaktions-Zieles, z. B. Kooperation, Joint Venture, Kauf- oder Verkauf (einschließlich des Targets und eines zu veräußernden Unternehmensgegenstandes)

1.3 Ganzheitliche Planung der Transaktion, insbesondere der betriebswirtschaftlichen und (steuer-) rechtlichen Technik und Optimierung, unter besonderer Berücksichtigung der nachfolgenden zwei Phasen, nämlich der Durchführung sowie der Integration bzw. Implementierung

1.4 Erstellung eines Aktions- und Dokumentations-Planes (Action- and Documentation-Plan)

1.5 Vorentscheidung z. B. über Asset oder Share Deal

1.6 Strukturierung des Transaktionsobjektes, Gestaltung des Target-Unternehmens, des Unternehmensteils, des Betriebes, des Betriebsteils, des Geschäftsbereiches oder der Produktionslinie zum Beispiel hinsichtlich der Rechtsform, Organisation oder der Beziehungen zum übrigen Unternehmen in der Weise, dass – eventuell unter der Führung einer Holdinggesellschaft – eine eigenständige, überschaubare, in sich geschlossene, eventuell auch rechtlich selbstständige und transaktionsfähige Einheit entsteht

1.7 Vorläufige Bewertung (Valuation) des Transaktionsgegenstandes anhand einer Finanzvorschau (Financial Forecast) und eines Geschäftsplanes (Business Plan)

1.8 Vorläufige Festlegung der Konditionen für die Transaktion, insbesondere die Verkaufs- oder Tauschkonditionen
1.9 Vorbereitung der für die M&A-Verhandlungen notwendigen Dokumentation, gegebenenfalls mit einem Entwurf des Transaktions-Vertrages, z. B. des Kaufvertrages (Sale and Purchase Agreement – S&PA)
1.10 Vorbereitung eines Informations-Vermerkes (Information Memorandum)
1.11 Anfertigung der sog. Management-Präsentation (Management Presentation)
1.12 Entwurf der Vertraulichkeits- und Geheimhaltungserklärungen für das erste Bietungsverfahren (Confidentiality Declarations/Statements of Non-Disclosure)
1.13 Entwurf der Anweisungen für die erste Runde des Bietungsverfahrens (First Round Bidding Instructions)

2. Phase: Durchführung der Mergers & Acquisitions
2.1 Erste Kontaktaufnahme zu potenziellen Interessenten bzw. Investoren (Initial Marketing Approach)
2.2 Vorläufige (Bonitäts-)Prüfung der favorisierten Interessenten
2.3 Schriftliche Bekundung des Transaktionsinteresses durch potenzielle Partner
2.4 Unterzeichnung der vorbereiteten Vertraulichkeits- und Geheimhaltungsvereinbarungen (Confidentiality Agreements – CA/Statements of Non-Disclosure) für das Informations- und Bietungsverfahren
2.5 Übergabe des Informations-Vermerkes (Information-Memorandum)
2.6 Übersendung der Anweisungen für die erste Runde des Bietungsverfahrens (First Round Bidding Instructions) und Aufforderung der Interessenten zur Abgabe eines vorläufigen und unverbindlichen Angebotes, gegebenenfalls mit einem Entwurf des Unternehmens-Transaktions-Vertrages, z. B. des Kaufvertrages (Sale and Purchase Agreement – S&PA)
2.7 Abgabe der vorläufigen unverbindlichen Gebote (First unbinding Bids) durch die Interessenten
2.8 Vorbereitung des weiteren und abschließenden Bietungsverfahrens (Final Bidding)
2.9 Entwurf einer Absichts-Erklärung (Letter of Intent)
2.10 Vorbereitung des Daten-Raumes (Data Room) auf der Grundlage des Aktions- und Dokumentations-Planes (Action- and Documentation-Plan) und der (eigenen) Due-Diligence-Liste
2.11 Vorbereitung einer erneuten, personenbezogenen Vertraulichkeits- und Geheimhaltungserklärung (Confidentiality Commitment/Statement of Non-Disclosure) für die von den Kaufinteressenten mit der Due Diligence beauftragten Mitarbeiter sowie Rechts- und Finanzberater
2.12 Festlegung der Regeln für die Benutzung des Daten-Raumes (Data Room Procedure)
2.13 Entscheidung des Anbietenden, welche Interessenten er in das weitere und abschließende Bietungsverfahren (Final Round Bidding) einbeziehen möchte
2.14 Weitgehende Offenlegung detaillierter Unternehmens-Daten und -Interna im Wege einer Management-Präsentation (Management Presentation)
2.15 Abgabe eines verbindlichen Gebotes (Final binding Offer)
2.16 Abgabe einer erneuten, personenbezogenen Vertraulichkeits- und Geheimhaltungserklärung (Confidentiality Agreement/Statement of Non-Disclosure) durch die Kaufinteressenten bzw. die von ihnen beauftragten Mitarbeiter und Berater
2.17 Zutritt der ausgewählten Interessenten zu dem Daten-Raum (Data-Room) und Einsichtnahme sowie finanzielle und rechtliche Prüfung (Due Diligence) aller für die wirtschaftliche und rechtliche Bewertung des Kaufobjektes relevanten Unterlagen

2.18 Eventuell zusätzliche Befragungen der Geschäftsführung, des Projektteams oder der M&A-Berater
2.19 Besichtigung der Betriebsstätten
2.20 Entscheidung und Erklärung des Anbietenden, mit welchem der verbliebenen Kaufinteressenten er die konkreten Vertragsverhandlungen aufnehmen möchte
2.21 Aufnahme der ersten Vertragsverhandlungen, insbesondere betreffend
- den Vertragsgegenstand
- die Gegenleistung bzw. den Kaufpreis
- den Übergangszeitpunkt
- die zu übertragenden Forderungen und Rechtsverhältnisse, insbesondere Arbeitsverhältnisse
- die Haftung, Gewährleistung und Garantien sowie
- etwaige aufschiebende Bedingungen, wie z. B. Gremienvorbehalte, Genehmigung der Kartellbehörden

2.22 Zusammenfassung der in den ersten Gesprächen vertretenen Standpunkte der Verhandlungsteams in sogenannten (noch unverbindlichen) Positions-Papieren (Position-Papers)
2.23 Abschluss der ersten Gesprächsrunde durch Bekräftigung der Absicht zum Vertragsabschluss unter Zusammenfassung der Kernpunkte der Verhandlungspositionen, der sogenannten Meilensteine (Milestones), in einem Letter of Intent (LoI), einer Option, einem Memorandum of Understanding oder einem Vorvertrag
2.24 Abgabe einer entsprechenden Presse-Verlautbarung der Verhandlungspartner
2.25 (Spätestens) Übergabe des Entwurfes des Transaktionsvertrages (Sale and Purchase Agreement/S&PA)
2.26 Verhandlung über die Einzelheiten des Transaktionsvertrages und erforderlichenfalls über begleitende Vereinbarungen, wie z. B. Einbringungsvertrag, Term Sheets etc.
2.27 Abschluss des Transaktionsvertrages unter Beachtung der gesetzlich vorgeschriebenen Form

3. Phase: Integration bzw. Implementation

Demgemäß wird man die Transaktions-Phasen bei Kauf und Verkauf innerhalb der dargestellten und grundlegenden drei Phasen der Planung, Durchführung und Integration bzw. Implementierung etwa wie folgt unterscheiden können:

Abbildung 5: Transaktions-Phasen bei Kauf und Verkauf

7. Wirtschaftsrechtliche Parameter der M&A-Planung

a) Nationale wirtschaftsrechtliche Parameter

Planung, Durchführung und Integration der Mergers & Acquisitions, insbesondere des Unternehmenskaufes bzw. -verkaufes, der Restrukturierung, Kooperationen und Unternehmenssicherung (Unternehmensnachfolge, MBO, MBI) unterliegen in besonderem Maße wirtschaftsrechtlichen Parametern.

Angesichts der vielfältigen Erscheinungsformen der Mergers & Acquisitions ist es dem Gesetzgeber nicht möglich, für ihre Regelung und Umsetzung bereits im allgemeinen Vertragsrecht selbstständige Rechtskonzepte oder Rechtsinstitute als wirtschaftsrechtliche Parameter zur Verfügung zu stellen. Nur bestimmte Erscheinungsformen, wie z. B. der Kauf und Verkauf von Unternehmen, sind einer typisierenden Betrachtung und Ordnung zugänglich. So bietet vor allem das im Bürgerlichen Gesetzbuch geregelte (besondere) Kaufvertragsrecht für den Bereich des Unternehmenskaufs und -verkaufs konkrete Prinzipien und gesetzliche Bestimmungen, und zwar vom Beginn der ersten Kontaktaufnahme der Vertragspartner bis hin zur Abwicklung der Unternehmenstransaktion.

Ihre Ergänzung finden diese Regelungen vor allem in den nachfolgend genannten Rechtsgebieten[35], die zugleich die bei Mergers & Acquisitions bedeutsamen nationalen und internationalen Rechtsfragen beantworten:

- Vertragsrecht
- Gesellschaftsrecht
- Arbeitsrecht
- Betriebsrentenrecht
- Steuerrecht
- Kartellrecht
- Umweltrecht
- Insolvenzrecht
- Internationales Recht.

b) Das regulatorische Umfeld im deutschen Markt für Corporate Control

Um einen reibungslosen Handel mit **Eigentumsrechten** an Unternehmen durch den M&A-Markt zu gewährleisten, ist ein entsprechendes **regulatorisches Umfeld** unerlässlich. Allgemein verfolgt man im wohlfahrtsökonomischen Sinne mit der Aufstellung von Normen die Besserstellung aller aufgrund der erzielbaren Effizienzgewinne. Diese ergeben sich dann, wenn sich alle Beteiligten an die Normen halten. Ziel von Regeln, die den Bereich M&A betreffen und letztlich einen hohen Grad an **Kapitalmarktdisziplin** gewährleisten sollen, ist es, den Anleger- und Minderheitenschutz sowie Fairness, Schnelligkeit und Rechtssicherheit sicherzustellen.

35 Eingehend dazu: Gerhard Picot, Unternehmenskauf und Restrukturierung, 3. Auflage, 2004.

aa) Wettbewerbsrecht

Freundliche und feindliche Übernahmen unterliegen gleichermaßen der Aufsicht durch die zuständigen **Wettbewerbsbehörden**. Dabei ergibt sich in der EU zunächst die Frage, ob die EU-Fusionskontrolle oder aber das nationale Fusionskontroll-Regime, in Deutschland also das Gesetz gegen unlauteren Wettbewerb (GWB), Anwendung findet. Ausschlaggebend ist nach dem Auswirkungsprinzip, in welchem räumlichen Geltungsbereich die Markt- und Wettbewerbsverhältnisse beeinträchtigt werden. Bei Unternehmensübernahmen, die auch nicht-europäische Märkte betreffen, können je nach Auswirkung weitere Kartellbehörden einen geplanten Zusammenschluss einschränken. Gerade bei grenzüberschreitenden Transaktionen verzögern sich Übernahmen oftmals erheblich und können letztendlich nur unter erheblichen Auflagen durchgeführt werden.[36]

bb) Vertrags- und Gesellschaftsrecht

Das deutsche **Vertrags- und Gesellschaftsrecht** bildet die grundlegende rechtliche Basis für M&A-Transaktionen.[37]

Insbesondere das Aktienrecht legt die Rechte und Pflichten der Leitungs- und Geschäftsorgane fest. Dabei kommt dem Schutz von Minderheitsaktionären eine wichtige Rolle zu. Aus der **Generalklausel des § 93 AktG** lässt sich z. B. eine allgemeine Sorgfaltspflicht der Vorstandsmitglieder ableiten. Der Vorstand ist demnach verpflichtet, mit der Sorgfalt eines Treuhänders zu handeln, der fremde Vermögensinteressen zu vertreten hat. Daraus lässt sich u. a. die Verpflichtung ableiten, die eigenen Aktionäre vor der Annahme eines Übernahmeangebots über die Vor- und Nachteile einer beabsichtigten Transaktion aufzuklären. Weitere Vorstandspflichten bei Unternehmensübernahmen ergeben sich aus dem Gesetz zur Kontrolle und Transparenz im Unternehmensbereich (KonTraG)[38], durch welches das Aktiengesetz wesentlich reformiert wurde. Die Unternehmensführung wird unter anderem dazu verpflichtet, für ein angemessenes **Risikomanagement** Sorge zu tragen und ein internes Überwachungssystem einzurichten, um dadurch **»den Fortbestand des Unternehmens gefährdende Entwicklungen«** frühzeitig erkennen zu können. Darunter fallen beispielsweise die im Rahmen einer Übernahme entstehenden Risiken in der **Integrationsphase** der zu übernehmenden Gesellschaft. Daneben wurde durch das KonTraG die **Berichtspflicht** des Vorstandes gegenüber dem Aufsichtsrat erweitert. Es müssen nun Angaben über die künftige Geschäftspolitik gemacht werden, zu der auch M&A-Projekte zu zählen sind, die üblicherweise strategischen Charakter haben. Hinzu kommt die Pflicht, auch die eigenen Aktionäre über die Hintergründe einer Übernahme bzw. eines Übernahmeversuchs aufzuklären und zu dem Übernahmeangebot Stellung zu nehmen. Der Vorstand der Zielgesellschaft ist bei Übernahmen an den in § 53a AktG

---

36 Siehe hierzu den Beitrag »Zusammenschlusskontrolle« von Helmut Bergmann, Teil IX dieses Handbuches.

37 Siehe hierzu die Beiträge »Das vorvertragliche Verhandlungsstadium bei der Durchführung von Mergers & Acquisitions« und »Vertragliche Gestaltung des Unternehmenskaufs« von Gerhard Picot, Teile V und VI dieses Handbuches.

38 Siehe hierzu den Beitrag »Corporate Governance beim Unternehmenskauf« von Dirk Classen, Teil II dieses Handbuches.

normierten **Gleichbehandlungsgrundsatz** aller Aktionäre seiner Gesellschaft gebunden. Handelt es sich bei dem Bieter mithin um einen Aktionär, so darf der Vorstand dem Bieter nur die gleichen Informationen zukommen lassen, wie den übrigen Aktionären (§ 131 Abs. 4 Satz 1 AktG).

Das deutsche **Umwandlungsgesetz** regelt Maßnahmen wie Verschmelzung, Umwandlung, Unternehmensvertrag oder Eingliederung. So ist beispielsweise im Falle einer Eingliederung gemäß §§ 320, 321 AktG den außenstehenden Aktionären eine angemessene Abfindung in Form einer Barzahlung oder aber eigener Aktien der Erwerbergesellschaft zu gewähren. Die Angemessenheit dieser Abfindung, also insbesondere der monetäre Gegenwert, ist gerichtlich nachprüfbar.

cc) Wertpapierhandelsgesetz

Das zweite und dritte Finanzmarktförderungsgesetz haben im Rahmen des **Wertpapierhandelsgesetzes** (WphG) einige Vorschriften eingeführt, die bei jeder M&A-Transaktion beachtet werden müssen. Zunächst ist die Veröffentlichungspflicht beim Überschreiten von Anteilen ab fünf Prozent zu nennen, die ein schrittweises, unbemerktes Aufkaufen eines Unternehmens erschwert. Weiterhin verbietet es die Ad-hoc-Mitteilungspflicht bei wesentlichen preissensitiven Unternehmenstatbeständen dem Management der Zielgesellschaft, Übernahmevorhaben unverhältnismäßig lange geheim zu halten. Als drittes enthält das WphG Vorschriften zum Insiderhandel, die den Umgang mit sensitiven Informationen einschränken sowie das Handeln mit Papieren, die von einem Übernahmeangebot betroffen sind, strengstens verbieten.

Das überwachende Organ für das WphG ist das Bundesaufsichtsamt für den Wertpapierhandel, das zur Durchsetzung der gesetzlichen Bestimmungen auf ein starkes Sanktionsinstrumentarium zurückgreifen kann. So drohen den betroffenen Vorstandsmitgliedern bei Nichtbeachten nicht unerhebliche Bußgelder.

dd) Wertpapier-Übernahmegesetz (WpÜG)

Am 1. Januar 2002 ist das deutsche Wertpapiererwerbs- und Übernahmegesetz (WpÜG) als zentraler Teil des Gesetzes zur Regelung von öffentlichen Angeboten zum Erwerb von Wertpapieren und von Unternehmensübernahmen in Kraft getreten.[39]

Ziel des Gesetzgebers war es, einen verlässlichen Rechtsrahmen für die unmittelbar an Übernahmen Beteiligten und für die Akteure im Finanzmarkt bereitzustellen. Die Regulierung von Übernahmen soll einerseits faire und transparente Verfahren ebenso wie angemessenen Schutz der betroffenen Aktionäre gewährleisten, jedoch zugleich keine gravierenden Hemmnisse für die Durchführung von Unternehmensübernahmen und damit für den gesamtwirtschaftlichen Strukturwandel erzeugen. Darüber hinaus ging es auch darum, den Finanzplatz Deutschland weiter zu professionalisieren. Die wesentlichen Regelungsinhalte des WpÜG umfassen Informations- und Verhaltenspflichten der

---

39 Siehe hierzu den Beitrag »Vertragliche Gestaltung besonderer Erscheinungsformen der M&A« von Gerhard Picot, Teil VII. dieses Handbuches.

an den Transaktionen beteiligten Parteien sowie grundsätzliche Verfahrensregeln für Übernahmeangebote. Die folgenden Schwerpunkte bestehen:

- Regelungen zur Sicherstellung fairer und gleicher Behandlung aller Aktionäre, umfassender Transparenz und rascher Verfahren
- Verfahrensvorschriften für öffentliche Angebote zum Erwerb von Wertpapieren, freiwillige Übernahmeangebote und Pflichtangebote
- Regelungen der Gegenleistung des Bieters bei Übernahmenangeboten und Pflichtangeboten
- Verhaltenspflichten des Vorstands und des Aufsichtsrats der Zielgesellschaft während des Angebotsverfahrens und Zulässigkeit von Abwehrmaßnahmen
- Regelungen zum Ausschluss von Minderheiten (»Squeeze-out«).

ee) Corporate Governance Kodex

In den Jahren 2000 und 2001 gab es eine Reihe spektakulärer Bilanzskandale börsennotierter Unternehmen (z. B. Enron, WorldCom und Kirch Media). Ursachen dieser Bilanzskandale waren vor allem fragwürdige Buchhaltungsmethoden, schlechtes Management und mangelnde interne Kontrollsysteme. Weltweit wurden diverse gesetzgeberische Maßnahmen ergriffen, um durch eine Verbesserung der Coporate Governance[40] das Vertrauen der Anleger in die Integrität der Finanzmärkte wiederzugewinnen.

So trat in den USA am 31. Juli 2002 trat der **»Sarbanes-Oxley Act«** in Kraft. Gegenstand waren insbesondere die wirkungsvollere Gestaltung der Kontrollen über die Berichterstattung von finanz- und nichtfinanzbezogenen Informationen, die Neuregelung der Verantwortung für die Rechnungslegung sowie die Erweiterung der Pflichten des Managements.

In Europa bildete die Europäische Kommission im Jahr 2001 eine hochrangige Gruppe von Experten (**»Winter-Gruppe«**) auf dem Gebiet des Gesellschaftsrechts und entwarf einen Aktionsplan 2003, der Maßnahmen zur der Corporate Governance von Unternehmen und eine Modernisierung des europäischen Gesellschaftsrechts, eine verbesserte Offenlegung der Corporate Governance, eine Stärkung der Aktionärsrechte und eine Modernisierung der Leitungsorgane vorsah.[41]

Auch in Deutschland waren die Kontrollmechanismen zur Überwachung der Aktiengesellschaften lange Jahre Gegenstand der rechtspolitischen Diskussion. Eine Reihe spektakulärer Unternehmenszusammenbrüche rückte auch hier die Thematik in das Bewusstsein einer breiteren Öffentlichkeit und führte zu einer vehementen Kritik insbesondere an der Tätigkeit der deutschen Aufsichtsräte. Der deutsche Gesetzgeber reagierte hierauf mit dem **»Gesetz zur Kontrolle und Transparenz im Unternehmensbereich«** (KonTraG) zum Zwecke der Verbesserung der Kontrollmechanismen zur Überwachung der Aktiengesellschaften, insbesondere der **»Corporate Governance«** und des **»Risk Management«**.[42] Im September 2001 wurde vom Bundesministerium für Justiz die »Regierungskommis-

---

40 Siehe hierzu den Beitrag »Corporate Governance« von Dirk Classen, Teil II dieses Handbuches.

41 Siehe hierzu (aus deutscher Sicht) Lanfermann/Maul, DB 2002, S. 1725 ff.; Schwarz/Holland, ZIP 2002, S. 1661 ff; Schiessl, AG 2002, S. 593 ff.; Gruson/Kubicek, AG 2003, S. 393 ff.

42 Siehe dazu Gerhard Picot: »Überblick über die Kontrollmechanismen im Unternehmen nach KonTraG«, in: Lange/Wall, Handbuch »Risikomanagement nach KonTraG«, 2001 S. 5–37.

sion Deutscher Corporate Governance Kodex« (sog. »**Cromme-Kommission**«) gebildet. Im Jahre 2002 wurde der von der Kommission erarbeitete »**Deutsche Corporate Governance Kodex**« verabschiedet. Die Regierungskommission bleibt auch nach der Bekanntmachung des Kodex bestehen. Sie wird die Entwicklung der Corporate Governance in Gesetzgebung und Praxis verfolgen und mindestens einmal jährlich prüfen, ob der Kodex angepasst werden soll.[43] Der Corporate Governance Kodex richtet sich in erster Linie an börsennotierte Gesellschaften. Allerdings wird auch nicht börsennotierten Gesellschaften die Beachtung des Kodex empfohlen.

Der Gesetzgeber hat es auf diese Weise der deutschen Unternehmenspraxis ermöglicht, in einem Akt der Selbstorganisation einen Kodex zu entwickeln, der international und national anerkannte Standards guter und verantwortlicher Unternehmensführung enthalten soll. Der Kodex basiert auf dem geltenden Recht und gibt Empfehlungen, wie dieses in bestimmten Bereichen ausgelegt werden sollte. Die Gesellschaften können von diesen Empfehlungen abweichen, sind dann aber verpflichtet, dies jährlich offenzulegen. Hervorzuheben sind zum Beispiel die folgenden Aspekte: **(1)** Jede Aktie gewährt grundsätzlich eine Stimme, d.h. keine Stimmrechtsbeschränkungen. **(2)** Der Vorstand leitet das Unternehmen in eigener Verantwortung; er ist dabei an das Unternehmensinteresse gebunden und der Steigerung des nachhaltigen Unternehmenswertes verpflichtet. **(3)** Die Vergütung der Vorstandsmitglieder soll im Anhang des Konzernabschlusses aufgeteilt nach Fixum, erfolgsbezogenen Komponenten und Komponenten mit langfristiger Anreizwirkung ausgewiesen werden; die Angaben sollen individualisiert erfolgen. **(4)** Der Aufsichtsrat erteilt dem Abschlussprüfer den Prüfungsauftrag und trifft mit ihm die Honorarvereinbarung.

Im Kontext von M&A-Transaktionen ist insbesondere die (nicht gesetzlich verankerte) Verpflichtung des Vorstands zur Steigerung des Unternehmenswertes von Bedeutung. Wird erkennbar, dass das Unternehmen unter der Führung eines anderen Konzerns mehr Wert ist als bei eigenständiger Fortführung, sollte sich der Vorstand der Übernahme nicht entgegenstellen. Um dies zu erreichen, müssen in der Praxis oftmals besondere Vergütungsformen vereinbart werden, deren Zulässigkeit und Wahrnehmung freilich – nicht zuletzt vor dem Hintergrund des Mannesmann-Prozesses – zunehmend kritisch von der Öffentlichkeit wahrgenommen wird.

c) Überwindung nationaler Rechtsordnungen

Die Internationalisierung der Wirtschaft sowie nicht zuletzt der zunehmende Einfluss und das besondere M&A-Know-how der Investmentbanken, der internationalen Anwaltsfirmen sowie der Corporate-Finance-Abteilungen der Wirtschaftsprüfungsgesellschaften und Consultants führen dazu, das Stil, Inhalt und Verfahren nationaler und internationaler Mergers & Acquisitions zunehmend vom anglo-amerikanischen Recht und von der anglo-amerikanischen M&A-Praxis geprägt werden. Dabei spielen auch die interna-

43 In der derzeitigen Fassung vom 14. Juni 2007. Zu den aktuellen Änderungen des DCGK ausführlich Eberhard Vetter in: Der Betrieb 2007, S. 1963ff.

tionalen **Transaktions-Usancen** eine immer größere Rolle, wie an den nachfolgenden Beispielen illustriert werden soll.

aa) Transnationale Gesellschaftsformen, insbesondere grenzüberschreitende Verschmelzung von Unternehmen

Nach deutschem Recht (§ 1 Abs. 1 Umwandlungsgesetz) können Verschmelzungen nur zwischen Rechtsträgern mit Sitz im Inland erfolgen; direkte grenzüberschreitende Verschmelzungen von Unternehmen sind daher noch nicht möglich. Während der Europäische Gerichtshof[44] der Gründungstheorie zuneigt, können nach der in Deutschland herrschenden Sitztheorie nur die in Rechtsformen des deutschen Rechtes bestehenden Gesellschaften (mit Sitz in Deutschland) verschmolzen werden[45].

Um solche und andere Hemmnisse nationaler Rechtsordnungen zu überwinden, drängt das europäische Recht – ähnlich, wie dies in der zweiten Hälfte des 19. Jahrhunderts in Deutschland geschehen ist – nach einer Angleichung der nationalen Unternehmens- und Gesellschaftsrechte sowie der Schaffung supranationaler Gesellschaftsformen.[46]

Abgesehen von der rechtspraktisch wenig bedeutsamen »Europäischen Wirtschaftlichen Interessenvereinigung – EWIV« gibt es bislang als Gesellschaftsform, die den Unternehmen in Europa über die Grenzen hinweg zur Verfügung steht, allerdings lediglich die Europa AG.[47]

Für diese Gesellschaftsform ist am 08.10.2004 die EG-Verordnung Nr. 2157/2001 des Rates vom 08.10.2001 über das Statut der europäischen Gesellschaft (Societas Europaea, kurz: SE) in Kraft getreten. Damit ist nach mehr als 30 Jahren Vorarbeit (!) der Rahmen für die einheitliche europäische Aktiengesellschaft unmittelbar geltendes Recht geworden.

Die sich aus einer solchen **supranationalen Gesellschaftsform** ergebenden Chancen liegen auf der Hand: Größere Mobilität durch grenzüberschreitende Sitzverlegung oder Verschmelzung, Verringerung des Verwaltungsaufwandes durch Einbringung diverser Tochtergesellschaften in eine europäische Aktiengesellschaft und einfachere Abwicklung **paneuropäischer Transaktionen** durch Vereinheitlichung des anwendbaren Rechts. Hinzu kommt, dass Unternehmen, die sich in der Rechtsform der europäischen Aktiengesellschaft organisieren, zwischen zwei verschiedenen Leitungssystemen wählen können, nämlich dem in Deutschland bestehenden **dualistischen Modell** mit einer Trennung von Vorstand und Aufsichtsrat einerseits und dem **monistischen System**, wie es etwa in England und Frankreich vorherrscht, andererseits. Das monistische System zeichnet sich dadurch aus, dass ein Verwaltungsrat die Gesellschaft leitet, indem er die Grundlinien der Unternehmenstätigkeit vorgibt und deren Umsetzung überwacht, während vom Verwaltungsrat bestellte und jederzeit abberufbare geschäftsführende Direktoren die laufenden Geschäfte der Gesellschaft führen.

---

44 ZIP 1999, 438 – Centros.

45 Siehe dazu eingehend nachfolgend Teil B.VI. Siehe ferner Meyer EWiR, 1999, S. 259; Roth, ZIP 1999, S. 861 und Werlauff, ZIP 1999, S. 867.

46 Eingehend dazu nachfolgend Teil B.VI. Vgl. Hommelhoff/Helms, GmbHR 1999, S. 53 ff.; Helms, GmbHR 1999, S. 963 ff.

47 Vgl. Rasner, ZGR 1992, 315 ff. und Heinze, AG 1997, S. 289 ff.

Letztendlich ist der europäische Gesetzgeber im Hinblick auf die Vereinheitlichung aber hinter seinen Möglichkeiten zurückgeblieben, denn die Verordnung legt lediglich gewisse Grundstrukturen wie etwa die Gründungsformen und die Eckpunkte der Organverfassung fest. Alles Weitere bedarf der Regelung durch nationale Einführungsgesetze bzw. unterliegt dem nationalen Aktienrecht der jeweiligen Sitzstaaten. Auf Kapitalmaßnahmen und Strukturentscheidungen einer europäischen Aktiengesellschaft mit Sitz in Deutschland beispielsweise wird deutsches Aktienrecht Anwendung finden.

Auch die unterschiedlichen Formen der Arbeitnehmermitbestimmung bestehen unter dem Regime der europäischen Aktiengesellschaft grundsätzlich fort. Dieser Punkt stellte eines der wesentlichen Hindernisse auf dem Weg zur Schaffung der Societas Europaea dar, was sich auch in dem nach langen Verhandlungen gefundenen Kompromiss widerspiegelt. Die ebenfalls am 08.10.2004 in Kraft getretene **EG-Richtlinie 2001/86** über die Beteiligung der Arbeitnehmer in der europäischen Gesellschaft sieht eine bis zu sechs Monate dauernde Verhandlungsperiode über die Mitbestimmungsrechte der Arbeitnehmer in der zu gründenden Gesellschaft vor (in Ausnahmefällen kann sich diese Periode sogar auf zwölf Monate verlängern). Kommt keine Einigung mit den Arbeitnehmern zustande, findet das strengste Mitbestimmungsrecht Anwendung, bei Sachverhalten mit deutscher Beteiligung also in der Regel die deutschen Vorschriften. Für ausländische Fusionspartner dürfte daher schon aus diesem Grunde eine Verschmelzung zur europäischen Aktiengesellschaft mit einem der Mitbestimmung unterliegenden deutschen Unternehmen ausscheiden.

Einen Teil ihrer Attraktivität hat die europäische Aktiengesellschaft aber auch durch die jüngere Rechtsprechung des Europäischen Gerichtshofes (EuGH) zur Sitzverlegung von Gesellschaften verloren. In den Entscheidungen **»Überseering«** und **»Inspire Art«** hat der EuGH klargestellt, dass es gegen die europarechtlich garantierte Niederlassungsfreiheit verstößt, wenn ein Mitgliedsstaat die Rechtsfähigkeit einer in einem anderen Mitgliedsstaat wirksam gegründeten juristischen Person bei Sitzverlegung nicht anerkennt. Damit kann nun beispielsweise eine britische Gesellschaft mit beschränkter Haftung ihren Verwaltungssitz unter Wahrung der Rechtspersönlichkeit ins europäische Ausland verlagern. Zur Schaffung größerer Mobilität bedurfte es der europäischen Aktiengesellschaft daher nicht mehr.

In Deutschland haben das Bundesministerium der Justiz und das Bundesministerium für Wirtschaft und Arbeit am 05.04.2004 einen gemeinsamen Referentenentwurf für ein **»Gesetz zur Einführung der Europäischen Gesellschaft«** vorgelegt, den das Bundeskabinett am 26.05.2004 beschlossen hat. Im Anschluss daran wurde das **formelle Gesetzgebungsverfahren** eingeleitet. Mit einer Umsetzung der europarechtlichen Vorgaben ist daher in absehbarer Zeit zu rechnen.

Ob sich die europäische Aktiengesellschaft in der gesellschaftsrechtlichen Praxis großer Beliebtheit erfreuen wird, bleibt angesichts der fortbestehenden Fragmentierung des anwendbaren Rechts abzuwarten. Auf jeden Fall stellt ihre Einführung einen wichtigen Schritt auf dem Weg zur Schaffung eines europäischen Gesellschaftsrechts dar.[48]

Neben allgemeinen dogmatischen Fragen besteht die hauptsächliche Schwierigkeit für die Entwicklung weiterer europäischer und internationaler Gesellschaftsformen vor

48 Siehe die Ausführungen unter Teil B.VI.

allem darin, dass die Beteiligungsrechte der Arbeitnehmer in den Mitgliedstaaten der Europäischen Gemeinschaft äußerst uneinheitlich sind; insbesondere lässt sich das deutsche Modell der Arbeitnehmer-Mitbestimmung in Europa zumeist nicht vermitteln. Es ist daher der Vorschlag gemacht worden, die europäische Privatgesellschaft in Anlehnung an das Vorbild aus Art. 3 Abs. 2c EWiV-VO notfalls nur für Unternehmen mit weniger als 500 Arbeitnehmern zu öffnen, um auf diese Weise die Mitbestimmungsproblematik zu vermeiden. Dieser Ansatz macht durchaus Sinn, da mehr als 99 % der europäischen Unternehmen weniger als 500 Arbeitnehmer beschäftigen.[49]

Die Praxis sieht sich deshalb nach wie vor gezwungen, selbst Modelle zu erzeugen, um die Zusammenführung globaler Unternehmenseinheiten zu ermöglichen. Dabei bedient sie sich weitgehend derjenigen nationalen Rechtsordnung, die für komplexe Transaktionsstrukturen die größtmögliche Gestaltungsfreiheit bietet.

Ein Beispiel ist etwa das »**Business Combination Agreement**« bei DaimlerChrysler, das als Modell für weitere supranationale Unternehmenszusammenschlüsse dienen mag.[50] Obwohl dieser Kernvertrag des Unternehmenszusammenschlusses in weiten Teilen gesellschaftsrechtliche Maßnahmen nach deutschem Recht zum Gegenstand hat, unterstellten die Vertragspartner diesen Vertrag dem flexibleren Recht des US-Bundesstaates Delaware.

bb) Globale Bewertungs- und Bilanzierungsstandards

Neben diesen Bemühungen um transnationale Gesellschaftsformen gehören zum Instrumentarium internationaler Mergers & Acquisitions – nicht zuletzt unter dem Einfluss der internationalen Kapitalmärkte – zunehmend auch **globale Bewertungs- und Bilanzierungsstandards**, wie zum Beispiel die IAS/IFRS (International Accounting Standards/ International Financial Reporting Standards)« und die häufig verwendeten US-GAAP (US – Generally Accepted Accounting Principles).

cc) Die »Welt-AG«

Insgesamt weisen die schon heute existierenden multinationalen Gesellschaften immer stärker globale Unternehmensstrukturen und Wesenszüge einer »**Welt-AG**« auf. Dies kann aber nicht darüber hinweg täuschen, dass der Weg zu einer grenzüberschreitenden und globalen Gesellschaftsform noch sehr weit ist, obwohl es heutzutage in der Praxis für die global agierenden Unternehmen immer weniger darauf ankommt, nach welchem Recht sie inkorporiert sind.[51]

d) M&A-Usancen als eigenständiges »Transaktionsrecht«

Für die Praxis der Gestaltung von Transaktionsverträgen ist es zunehmend unerheblich, ob die Vertragspartner einen anglo-amerikanischen Vertrag dem deutschen Recht oder

49 Vgl. Hommelhoff/Helms, GmbHR 1999, S. 53, 58.
50 Vgl. Thoma/Reuter, M&A Review 1999, S. 314 ff.
51 Vgl. Maul, NZG 1999, S. 741 ff.

einen deutschen Vertrag einer anglo-amerikanischen Rechtsordnung unterstellen. Die M&A-Fachleute verlassen sich nämlich nicht mehr darauf, dass die von ihnen gewählte Rechtsordnung für die komplexen Interessenlagen angemessene Regelungen zur Verfügung stellt. Vielmehr schaffen sie sich zunehmend ihre eigenen, in sich geschlossenen, umfassenden vertraglichen Regelwerke, die dann ihrerseits Muster-Charakter für weitere Transaktionen erhalten.

Die Transaktionsverträge bekommen damit den Charakter eigenständiger Rechtssysteme. Zugleich hat dies zur Folge, dass sich das Know-how von Transaktionen immer stärker in den Köpfen der M&A-Spezialisten sowie in ihren von Erfahrungen geprägten detaillierten Mustersammlungen bündelt. Unterstützt wird diese Entwicklung durch die Praxis der internationalen Schiedsgerichte, die die von ihnen zu entscheidenden Rechtsstreitigkeiten vornehmlich mit wirtschaftlichen Argumenten aus der M&A-Praxis schlichten.

Insgesamt entsteht hierdurch ein international einheitliches »**Transaktionsrecht**«, das als Handelsbrauch längerfristig den Charakter einer eigenen verbindlichen Rechtsquelle erlangt. Den Wissenschaftlern und den Studierenden bleibt dieses Know-how weitgehend verborgen, sofern es ihnen nicht von den Praktikern aus den internationalen Law-Firms und Corporate-Finance-Abteilungen vermittelt wird.

e) Der Einfluss der anglo-amerikanischen M&A-Praxis

Mit dem Entstehen eines einheitlichen internationalen »Transaktionsrechtes« geht die zunehmende Verwendung anglo-amerikanischer Rechtsinstitute und Terminologien einher. Dies gilt immer mehr nicht nur bei den grenzüberschreitenden, sondern auch bei nationalen Transaktionen.

Wissenschaft und Praxis sind deshalb aufgerufen, das deutsche und europäische Wirtschafts- und Gesellschaftsrecht unter Einbeziehung der anglo-amerikanischen Institute fortzuentwickeln, wie dies auch durch diverse Regelungen des seit dem 01.01.2002 geltenden Gesetzes zur Modernisierung des Schuldrechts geschehen ist.

Insgesamt wird hierdurch freilich ein Verfahren ausgelöst, das nach traditioneller deutscher Sicht einen erheblich größeren Aufwand für die Planung, Gestaltung und Durchführung der Transaktionen erfordert.

f) Der Trend zur »One-Stop-Shop«-M&A-Beratung

Aufgrund der hohen Nachfrage an M&A-Beratung verfolgen die internationalen Investment- und Beratungsgesellschaften immer mehr das Ziel, die Unternehmen bei nationalen und grenzüberschreitenden Transaktionen in allen Phasen, also bei Planung, Durchführung und Implementierung der Transaktionen ganzheitlich und »**aus einer Hand**« zu beraten.

Zugleich bemühen sie sich, den Unternehmen Gesamtkonzepte für die entsprechend ihrer komplexen Natur vielschichtigen und eng miteinander verzahnten branchen- und fachübergreifenden ökonomischen, rechtlichen, technischen und sozialen Aufgaben von Großtransaktionen anzubieten. Zu dem »**One Stop Shop**«-Angebot gehört deshalb neben der juristischen M&A-Beratung zunehmend auch die wirtschaftlich-strategische und die finanzielle Beratung.

Von den Wirtschaftsanwälten verlangt diese Entwicklung eine immer größere Bereitschaft, sich den strategischen und wirtschaftlichen Fragestellungen der Transaktionen zu öffnen. Die bloßen Kenntnisse und Fertigkeiten in ihrem erlernten juristischen Fachgebiet reichen nicht mehr aus, um den vielschichtigen Anforderungen der Praxis gewachsen zu sein. Die Anwaltschaft und vor allem die M&A-Anwälte müssen daher bestrebt sein, ihre betriebs- und finanzwirtschaftlichen Kenntnisse zu verbessern, um die Unternehmen bei Transaktionen optimal beraten zu können. Umgekehrt gilt dies aber auch für die betriebswirtschaftlichen Berater, die zunehmend ihr betriebswirtschaftliches Fachwissen insbesondere mit den wirtschaftsrechtlichen Aspekten verknüpfen müssen.

Verständlicherweise erregen vor allem die **»Mega-Mergers«** das öffentliche Interesse und sorgen für die Schlagzeilen der Wirtschaftspresse. Beispiele hierfür sind die Fusion von DaimlerChrysler, die Übernahmen von Mannesmann durch Vodafone und von Bankers Trust durch die Deutsche Bank, die Verschmelzung der Degussa mit Hüls, die Zusammenführung der Bayerischen Hypotheken- und Wechselbank mit der Bayerischen Vereinsbank, die Fusionen von Krupp mit Thyssen und der VEBA mit Viag sowie die Verschmelzung von Hoechst mit Rhone-Poulenc zur Aventis. Nicht nur diese großen, sondern auch die »kleineren« Mergers & Acquisitions werden aufgrund der zunehmenden Globalisierung und der zusammenrückenden Märkte immer stärker international und »crossborder« geprägt sein. Sie alle bedürfen deshalb zunehmend einer internationalen, d.h. länderübergreifenden und hoch qualifizierten Beratung.

Literatur

Achleitner, Ann-Kristin, Handbuch des Investment Banking, 1999

Beisel/Klumpp, Der Unternehmenskauf, 3. Auflage, 1996

Claussen/Schwark, Eberhard: Insiderrecht für Finanzanalysten, 1997*Günther,* Unternehmenskauf, in: Münchener Vertragshandbuch Bd. 2, 4. Auflage, 1997, II. 1. *Helmis, Sven:* Die Regulierung von Unternehmensübernahmen aus ökonomischer Sicht, Köln 2003

Hirte Heribert: Kapitalgesellschaftsrecht, 2. Aufl., Frankfurt a.M. 1999

Hölters, Handbuch des Unternehmens- und Beteiligungskaufs, 5. Auflage, 2002

Holzapfel/Pöllath, Recht und Praxis des Unternehmenskaufs, 10. Auflage, 2001

Hommelhoff, Der Unternehmenskauf als Gegenstand der Rechtsgestaltung, ZHR 1986, 254ff.

Hopt: Europäisches und deutsches Übernahmerecht, in: ZHR 161, 1997, S. 384–420

Horn, Internationale Unternehmenszusammenschlüsse, ZIP 2000, 473ff.

Jansen, Mergers & Acquisitions – Unternehmensakquisitionen und -kooperationen, 4. Auflage, 2001

Jansen/Gerhard Picot/Schiereck, Internationales Fusionsmanagement – Erfolgsfaktoren grenzüberschreitender Unternehmenszusammenschlüsse, 2002

Merkt, Internationaler Unternehmenskauf, 1997

Oehlrich, Strategische Analyse von Unternehmensakquisitionen – Das Beispiel der pharmazeutischen Industrie, 1999

Picot, Arnold/Freudenberg/Gassner, Management von Reorganisationen – Maßschneidern als Konzept für den Wandel, 1999

Picot, Arnold/Reichwald/Wigand, Die grenzenlose Unternehmung – Information, Organisation und Management, 3. Auflage, 1998

Picot, Gerhard, Handbuch für Familien- und Mittelstandsunternehmen, Stuttgart 2008

Picot, Gerhard, Unternehmenskauf und Restrukturierung – Handbuch zum Wirtschaftsrecht, 3. Auflage, 2004

Picot, Gerhard, Handbook of international Mergers & Acquisitions, 2002

Picot, Gerhard, Mergers & Acquisitions in Germany – Handbook, Second Edition, New York, 2000

Picot, Gerhard, Mergers & Acquisitions in Telekommunikation & Internet, Der Finanzbetrieb 1999, 61 ff.

Picot, Gerhard/Schnitker, Arbeitsrecht bei Unternehmenskauf und Restrukturierung – Handbuch zum Arbeitsrecht, 2001

Picot, Gerhard/Aleth, Unternehmenskrise und Insolvenz – Vorbeugung, Turnaround, Sanierung – Handbuch zum Wirtschaftsrecht, 1999

Picot, Gerhard/Land, Der internationale Unternehmenskauf, Der Betrieb 1998, 1600 ff.

Picot, Gerhard/Land, Management Buy-Outs in Germany Booming, International Business Lawyer 1998, 278 ff.

Picot, Gerhard/Land, Going Public – Typische Rechtsprobleme des Ganges an die Börse, DB 1999, 570 ff.

von Rosen/Seifert, Die Übernahme börsennotierter Unternehmen, 1999

Steinmeyer, Roland/Häger, Michael, WpÜG, Kommentar zum Wertpapiererwerbs- und Übernahmegesetz mit Erläuterungen, 2007

II. Corporate Governance beim Unternehmenskauf

1. Einleitung

In den letzten Jahren ist weltweit eine stetige Zunahme von M&A-Transaktionen festzustellen. Doch nicht jeder Unternehmenskauf erweist sich im Ergebnis als erfolgreich. So kommt es nicht selten vor, dass die an eine Akquisition geknüpften Erwartungen enttäuscht werden. Analysiert man die Hintergründe für eine solche »**missglückte**« Transaktion, so stellt sich oftmals heraus, dass vor dem Erwerb der Zielgesellschaft die Grundlagen, Chancen und Risiken der Investitionsentscheidung nicht oder in nicht ausreichendem Maße aufgeklärt wurden. Schnell rücken in diesem Zusammenhang Fragen der Haftung der Organe des erwerbenden Unternehmens in den Mittelpunkt. Vor allem stellt sich die Frage, ob der verfehlte Unternehmenskauf einen haftungsrechtlich relevanten Sorgfaltspflichtverstoß der Organe darstellt.

In erster Linie wird ein solcher Sorgfaltspflichtverstoß auf der Ebene der Geschäftsführung oder des Vorstandes des erwerbenden Unternehmens zu prüfen sein. Denn grundsätzlich ist es die Aufgabe der Geschäftsleitung, die beabsichtigte Transaktion federführend vorzubereiten und gegebenenfalls durchzuführen (hierzu gehören etwa die Planung der Unternehmensstrategie, die Identifikation des Zielunternehmens, die vorläufige Geschäftsplanung, die Organisation und Durchführung der Due Diligence oder die Verhandlung des Unternehmenskaufvertrages).[1] Allerdings bestehen im deutschen Recht keine gesetzlichen Verhaltensregeln, die die Geschäftsleitung bei der Vorbereitung und Durchführung einer Transaktion zu befolgen hat oder die ihr (zumindest) als Orientierung dienen könnten. Im deutschen Aktienrecht beispielsweise regelt § 93 Abs. 1 Satz 1 AktG lediglich, dass die Vorstandsmitglieder bei ihrer Geschäftsführung die Sorgfalt eines ordentlichen und gewissenhaften Geschäftsleiters anzuwenden haben. Da die Grenzen des Handlungsspielraumes der Geschäftsleitung mithin nicht ausdrücklich geregelt sind, zieht man zur Konkretisierung der Sorgfaltspflichten zunehmend die Grundsätze der **Corporate Governance**, in denen Verhaltensmaßstäbe für die Unternehmensführung und -kontrolle aufgestellt werden, heran.

Bei einer **dualistisch** geprägten Gesellschaft obliegen die Organpflichten beim Unternehmenskauf aber nicht nur dem Vorstand, sondern auch dem Aufsichtsrat. So ist es die Aufgabe des Aufsichtsrates, die Entscheidungen des Vorstandes zu kontrollieren.[2] Eine effektive Kontrolle durch den Aufsichtsrat setzt allerdings voraus, dass dieser über die notwendigen Grundlagen für die Beurteilung der Recht- und Zweckmäßigkeit der Maßnahmen des Vorstandes verfügt. Daher bedarf es einer umfassenden Festlegung der

---

1 Zur Haftung der Organe im Rahmen von M&A-Transaktionen siehe auch Picot/Classen, »Unternehmenskauf und Transaktionen (Mergers & Acquisitions«, in: Handbuch für Familien- und Mittelstandsunternehmen, S. 200 (228); Böttcher, NZG 2007, S. 481 ff.; Rodewald/Unger, DB 2007, S. 1627 ff; zur Haftung speziell des GmbH-Geschäftsführers siehe auch Sieger/Hasselbach, GmbHR 1998, S. 957 ff.

2 Zu den Aufgaben von Vorstand und Aufsichtsrat in einer AG siehe etwa Classen/Classen, Gesellschaftsrechtliche Gestaltung, in: Handbuch für Familien- und Mittelstandsunternehmen, S. 36 (66 f.).

Informationspflichten. Auch in diesem Zusammenhang kommt der Thematik der **Corporate Governance** eine wesentliche Bedeutung zu, da sie nicht nur das Verhalten des Vorstandes und des Aufsichtsrates einer Gesellschaft, sondern auch ihr gemeinsames Zusammenwirken ausdrücklich beschreibt. So heißt es beispielsweise in Ziff. 3.4 des Deutschen Corporate Governance Kodex (DCGK), dass der Vorstand den Aufsichtsrat »regelmäßig, zeitnah und umfassend über alle für das Unternehmen relevanten Fragen der Planung, der Geschäftsentwicklung, der Risikolage, des Risikomanagements und der Compliance informiert«.

Einen weiteren Aspekt der Corporate Governance bei M&A-Transaktionen betrifft die Gestaltung bestimmter Vergütungsformen für ausscheidende Vorstandsmitglieder. Insbesondere geht es hierbei um die Frage, ob es dem Aufsichtsrat erlaubt ist, Vorstandsmitgliedern einen von der Gesellschaft finanzierten Bonus für in der Übernahmesituation geleistete Dienste nachträglich zu gewähren. Ein prominentes Beispiel für die problematische Gewährung von Transaktionsboni bildet der sogenannte »**Mannesmann-Fall**«, auf den weiter unten eingegangen wird.[3]

Das **regulatorische Umfeld der Corporate Governance findet seinen Ursprung im internationalen Recht**. Bereits im Jahre 2001 hat sich die Europäische Kommission mit der Verbesserung der Corporate Governance in Unternehmen befasst und mit dem sogenannten **Aktionsplan** im Jahre 2003 ein **umfangreiches Regelungswerk** vorgelegt, das als Reaktion auf die Bilanzskandale börsennotierter Unternehmen in den vorherigen Jahren gedacht war. Der Aktionsplan enthält zahlreiche Maßnahmen, die sich auf die Harmonisierung des Gesellschaftsrechts wesentlich ausgewirkt haben und noch auswirken werden. Dies gilt nicht nur für Fragen der Corporate Governance, sondern auch für solche, die die Kapitalaufbringung und -erhaltung, die Restrukturierung von Unternehmen sowie die Steigerung der Konzerntransparenz betreffen.

Auch in Deutschland sind in den letzten Jahren Anstrengungen unternommen worden, nach internationalem Vorbild **Corporate-Governance-Strukturen** zu schaffen. **Besondere Bedeutung** gewinnt in diesem Zusammenhang die **Verabschiedung des Deutschen Corporate Governance Kodex (DCGK) im Jahre 2002**. Der DCGK, zuletzt aktualisiert am 14.06.2007, stellt wesentliche gesetzliche Vorschriften zur Leitung und Überwachung deutscher börsennotierter Gesellschaften dar und enthält international und national anerkannte Standards guter und verantwortungsvoller Unternehmensführung. Auf diese Weise soll das deutsche Corporate-Governance-System transparent und nachvollziehbar gemacht werden, um so das Vertrauen der internationalen und nationalen Anleger, der Kunden, der Mitarbeiter und der Öffentlichkeit in die Leitung und Überwachung deutscher börsennotierter Gesellschaften zu fördern.

Der vorliegende Beitrag beginnt mit der Begriffsbestimmung der Corporate Governance und einer kurzen Darstellung ihrer Entwicklung (2. Abschnitt). Es folgt eine Einführung in die rechtlichen Grundlagen (3. Abschnitt). Hierbei wird zunächst der internationale Kontext der Corporate Governance analysiert. Dem schließt sich eine Einführung in das deutsche Recht an, wobei der Schwerpunkt der Erörterung auf den Regelungen des DCGK liegt. Daneben werden die Vorschriften des Gesetzes zur Kon-

3 Zu der gesellschaftsrechtlichen Problematik der Gewährung von Transaktionsboni siehe auch Hohaus/Weber, DStR 2008, S. 104 ff; Kort, NZG 2006, S. 131 ff.

trolle und Transparenz im Unternehmensbereich (KonTraG), des Vorstandsvergütungs-Offenlegungsgesetzes (VorstOG) sowie des in Vorbereitung befindlichen Gesetzes zur Modernisierung des Bilanzrechts (BilMoG) behandelt. Sodann werden einige typische Problemfelder der Corporate Governance aufgezeigt, die gerade beim Unternehmenskauf von hoher praktischer Bedeutung sind (4. Abschnitt). Schließlich wird in einem Exkurs der Frage nachgegangen, ob und inwieweit sich die – vor allem an börsennotierte Kapitalgesellschaften gerichteten – Regelungen auch auf Familien- und Mittelstandsunternehmen übertragen lassen (5. Abschnitt).

2. Begriff und Entwicklung der Corporate Governance

Unter Corporate Governance versteht man die Verhaltensmaßstäbe für Unternehmensführung und -kontrolle.[4] Sie richten sich an sämtliche Unternehmensbeteiligte – in erster Linie jedoch an die unternehmerischen Entscheidungsträger und Kontrollorgane – und beschreiben, wie ein Unternehmen organisiert, geführt und kontrolliert werden sollte. Darin finden sich nicht nur Anforderungen an die Funktion, Zuständigkeit und Zusammensetzung der Unternehmensleitungs- und Kontrollorgane, sondern auch Vorgaben für ihre Tätigkeiten. Corporate Governance betrifft neben den inneren Vorgängen der Gesellschaft zudem ihre Wahrnehmung von außen. **Allgemein lässt sich sagen, dass es bei »guter« Corporate Governance um die Gewährleistung einer unabhängigen, wert- und erfolgsorientierten Unternehmensführung und -kontrolle geht**.

Bis zum Jahre 1999 war die Diskussion um Corporate Governance in Deutschland eher akademischer Natur. Im Ausgangspunkt ging es um die Beschreibung der rechtlichen Mechanismen einer börsennotierten Kapitalgesellschaft. Für diese ist bezeichnend, dass Anteilsinhaberschaft und Unternehmensleitung auseinanderfallen, mit der Folge, dass sich die Anteilseigner einerseits und die Unternehmensleitung andererseits in einem sogenannten **Principal-Agent-Verhältnis** gegenüberstehen. Da die Unternehmensleitung (als Agent) die unternehmerischen Interessen der Anteilseigner (als Principal) wahrnehmen soll, haben die Anteilseigner Anlass, die Unternehmensleitung zu überwachen; andernfalls könnte die Unternehmensleitung ihre eigenen Interessen den Interessen der Anteilseigner überordnen, obgleich Letztere das unternehmerische Risiko tragen.

Nachdem es jedoch in den Jahren 2000 und 2001 zu spektakulären internationalen und nationalen Unternehmenskrisen und Finanzskandalen börsennotierter Unternehmen (WorldCom, Enron, FlowTex, Kirch Media, Balsam und Philip Holzmann) kam, wurden Fragen der Corporate Governance zunehmend auch in der breiten Öffentlichkeit diskutiert. Die Unternehmenszusammenbrüche waren vor allem auf fragwürdige Buchhaltungsmethoden, schlechtes Management und mangelnde interne Kontrollsysteme

4 Zum Begriff Corporate Governance siehe Picot, in: Lange/Wall, Risikomanagement nach dem KonTraG, § 1 Rn. 30ff.; Hüffer, AktG, § 76, Rn. 15a, § 161, Rn. 2; Zöllner/Noack, in: Baumbach/Hueck, GmbHG, Vorbem. Rn. 11ff. und Schneider, DB 2000, S. 2413; Picot/Classen, Corporate Governance, in: Handbuch für Familien- und Mittelstandsunternehmen, S. 117 (118).

zurückzuführen. Dies hatte zur Folge, dass die Anleger zunehmend das Vertrauen in die Integrität der Finanzmärkte verloren.

3. Rechtliche Grundlagen der Corporate Governance

Um das Vertrauen der Anleger in die Integrität der Finanzmärkte wiederzugewinnen, wurden weltweit verschiedene gesetzgeberische Maßnahmen ergriffen; sowohl auf internationaler als auch auf nationaler Ebene kam es zu zahlreichen (Gesetzes-)Vorhaben und Initiativen, die sich mit der Verbesserung von Corporate Governance in Unternehmen befassen.

a) Internationale Regelungen

aa) »Sarbanes-Oxley Act«

Die Börsenaufsichtsbehörde der Vereinigten Staaten von Amerika – die Securities Exchange Commission (SEC) – sah sich beispielsweise veranlasst, im Jahre 2002 den **»Sarbanes-Oxley Act«**[5] einzuführen, mit dem vor allem die wirkungsvollere Gestaltung der Kontrollen über die Berichterstattung von finanz- und nichtfinanzbezogenen Informationen, die Neuregelung der Verantwortung für die Rechnungslegung sowie die Erweiterung der Pflichten des Managements erreicht werden sollen.[6] Die Vorschriften des **Sarbanes-Oxley Act** richten sich nicht nur an die Unternehmen, deren Wertpapiere an einer US-amerikanischen Aktienbörse notiert sind, sondern auch an solche, die allein aufgrund der Anzahl ihrer US-amerikanischen Anleger verpflichtet sind, Berichte bei der SEC einzureichen.

bb) Der Europäische Aktionsplan 2003

Auch die Europäische Kommission reagierte auf die Situation im September 2001 mit der Bildung einer hochrangigen Gruppe von Experten auf dem Gebiet des Gesellschaftsrechts (**»Winter-Group«**) unter dem Vorsitz von Jaap Winter. Während ihre vornehmliche Aufgabe zunächst noch darin bestand, sich mit Fragen im Zusammenhang mit der Übernahmerichtlinie zu beschäftigen, erweiterte die Europäische Kommission angesichts der aktuellen Ereignisse im April 2002 die ursprüngliche Aufgabenstellung um die Behandlung einer Reihe spezifischer Fragen zur Corporate Governance von Unternehmen in der Europäischen Union und der Modernisierung des europäischen Gesellschaftsrechts.[7]

---

5 Der Gesetzestext ist vollständig abrufbar unter http://www.sec.gov/about/laws/soa2002.pdf; zu den Einzelheiten siehe Strauch, NZG 2003, S. 952 ff.

6 Siehe hierzu auch Lanfermann/Maul, DB 2002, S. 1725 ff.; Schwarz/Holland, ZIP 2002, S. 1661 ff.; Schiessl, AG 2002, S. 593 ff.; Gruson/Kubicek, AG 2003, S. 393 ff.

7 Hierzu ausführlich Picot/Classen, M&A Review 2008, S. 22 ff.

In ihrem am 4. November 2002 vorgelegten Bericht[8] empfahl die Gruppe, die nationalen **Unternehmensführungssysteme** zu harmonisieren, statt eine Vereinheitlichung der bestehenden Regelungen und die Schaffung eines **europäischen Corporate Governance Verhaltenskodexes** vorzuschlagen. Gemäß dem erweiterten Mandat der Winter-Group enthielt der Bericht insbesondere detaillierte Empfehlungen zu den Themen Unternehmensführung, Kapitalbildung und -erhaltung, Unternehmensgruppen und -pyramiden, Unternehmensumstrukturierung und -mobilität, Europäische Privatgesellschaften sowie Genossenschaften und andere Unternehmensformen.

Die in dem Bericht der Winter-Group enthaltenen Empfehlungen wurden schließlich zur Grundlage des am 21. Mai 2003 von der Europäischen Kommission vorgelegten Aktionsplans zur Modernisierung des Gesellschaftsrechts und Verbesserung der Corporate Governance in der EU.[9] Nach Auffassung der Europäischen Kommission sollen die künftig auf EU-Ebene im Bereich des Gesellschaftsrechts getroffenen Maßnahmen so weit wie möglich auf die Erreichung zweier politischer Ziele abstellen: Zum einen geht es um die Stärkung der Rechte der (durch die Skandale der letzten Jahre sensibilisierten) Aktionäre und die Verbesserung des Schutzes Dritter. Zum anderen sollen durch eine verbesserte Corporate Governance und bestimmte Maßnahmen, die den Unternehmen ein höheres Maß an Flexibilität verschaffen (beispielsweise durch die Förderung des Aufbaus von Unternehmensverbindungen und Mobilität), die Effizienz und Wettbewerbsfähigkeit der in der Europäischen Union angesiedelten Unternehmen gefördert werden.

Der Aktionsplan enthält eine Vielzahl von Vorschlägen für Gesetzesinitiativen und andere konkrete Maßnahmen mit kurzfristigen (2003–2005), mittelfristigen (2006–2008) und langfristigen (über 2009 hinausgehende) Prioritäten unter Angabe der Art des Regulativs (von der unverbindlichen Empfehlung bis hin zu bindenden Richtlinien, die von den Mitgliedstaaten in nationales Recht umzusetzen sind).

Den Schwerpunkt des Aktionsplans bilden die Maßnahmen zur Corporate Governance, mit denen das Vertrauen der Anleger in die Kapitalmärkte gestärkt werden soll. Diese Maßnahmen beinhalten die verbesserte Offenlegung der Corporate Governance, die Stärkung der Aktionärsrechte, die Modernisierung des Leitungsorgans sowie die Koordinierung der Bemühungen der Mitgliedstaaten um die Verbesserung der Corporate Governance. Die **Europäische Kommission** ist der Ansicht, dass ein europäischer Corporate Governance Kodex keine nennenswerten zusätzlichen Vorteile bringen würde; vielmehr solle sich die Europäische Union auf eine gemeinsame Herangehensweise mit ein paar gemeinsamen Grundregeln einigen und für eine entsprechende Koordinierung der nationalen Corporate-Governance-Regelungen sorgen.[10]

Folgende Maßnahmen hält die Europäische Kommission im Bereich der Corporate Governance für besonders dringlich:

---

8 Report of the High Level Group of Company Law Experts on a Modern Regulatory Framework for Company Law in Europe, 4. November 2002, abrufbar unter http://ec.europa.eu/internal_market/company/docs/modern/ report_de.pdf; siehe hierzu auch Picot/Classen, M&A Review 2008, S. 22 ff; Habersack, NZG 2004, S. 1 (2); Maul, DB 2003, S. 27 und Wiesner, BB 2003, S. 213 ff.

9 Mitteilung der Kommission »Modernisierung des Gesellschaftsrechts und Verbesserung der Corporate Governance in der Europäischen Union – Aktionsplan« vom 21. Mai 2003, KOM (2003) 284 endgültig; siehe auch Maul/Lanfermann/Eggenhofer, BB 2003, S. 1289 ff.; Habersack, NZG 2004, S. 1 ff.

10 Vgl. hierzu im Einzelnen Picot/Classen, M&A Review 2008, S. 22 ff.

- Jährliche Erklärung zur Corporate Governance
  Die **Erklärung** soll zumindest die folgenden Angaben enthalten: Arbeitsweise der Aktionärsversammlung und deren Hauptbefugnisse sowie Rechte der Aktionäre und wie diese ausgeübt werden, Zusammensetzung und Funktionsweise des Leitungs- bzw. Verwaltungsorgans und seiner Ausschüsse, Aktionäre mit bedeutenden Beteiligungen und deren Stimm- und Kontrollrechte sowie wesentliche Vereinbarungen, andere direkte und indirekte Beziehungen zwischen den Inhabern bedeutender Beteiligungen und der Gesellschaft; jedes erhebliche Geschäft mit anderen verbundenen Parteien, Existenz eines Risikomanagementsystems und dessen Art; Verweis auf einen zur Anwendung auf nationaler Ebene vorgesehenen **Corporate Governance Kodex**, den die Gesellschaft befolgt oder in Bezug auf den sie Abweichungen offenlegt (»Comply or explain«).

- Stärkung der Aktionärsrechte
  Weiter sieht der Aktionsplan – ebenfalls im Wege eines Richtlinienvorschlags – eine **Stärkung** der Aktionärsrechte vor. Dies soll dadurch geschehen, dass den Aktionären börsennotierter Gesellschaften die Möglichkeit gegeben werden soll, vor den Hauptversammlungen **elektronisch** auf die einschlägigen Informationen zuzugreifen. Darüber hinaus wird eine Verbesserung der Rechte gefordert, die den Aktionären in börsennotierten Gesellschaften ohnehin zustehen, wie Fragerecht, Recht auf Vorlage von Beschlüssen, Recht auf Briefwahl oder Teilnahme an Hauptversammlungen auf elektronischem Wege. Diese Rechte sollen **allen Aktionären** in der gesamten Europäischen Union zur Verfügung stehen, wobei bestimmte Probleme im Zusammenhang mit der grenzüberschreitenden Ausübung des Stimmrechts schnellstmöglich gelöst werden sollen.

- Modernisierung des Leitungs-/Verwaltungsorgans
  Einen weiteren wesentlichen Aspekt stellt die **Modernisierung des Leitungs-/Verwaltungsorgans** dar. Dies betrifft erstens die Zusammensetzung des Leitungs-/Verwaltungsorgans, zweitens die Bezüge der Organmitglieder und drittens deren Verantwortlichkeit.

- Koordinierung der Corporate Governance/»Corporate Governance Forum«
  Wie bereits die Winter-Group, so ist auch die Europäische Kommission der Auffassung, dass die Bemühungen der Mitgliedstaaten, die Corporate Governance insbesondere durch entsprechende **Corporate Governance Kodizes** zu verbessern, in der Europäischen Union aktiv koordiniert werden sollte. Dabei sollte sich die – freiwillige und unverbindliche – **Koordinierung** nicht nur auf die Erarbeitung nationalen Kodizes erstrecken, sondern auch die Verfahren einschließen, die die Mitgliedstaaten anwenden, um die Einhaltung des Kodexes und die Offenlegung zu überwachen und durchzusetzen. Die Europäische Kommission schlägt vor, die Koordinierung und Annäherung der nationalen Kodizes im Rahmen eines europäischen **»Corporate Governance Forum«** zu fördern, in dem regelmäßig hochrangige Vertreter zusammenkommen. Diesem Forum sollen insbesondere Vertreter der Mitgliedstaaten, europäische Regulierungsinstanzen, Emittenten und Anleger sowie interessierte Mitglieder des Europäischen Parlaments angehören.

- Weitere Initiativen
  Weitere Initiativen zur Corporate Governance betreffen die Verbesserung der Informationen über den Beitrag der institutionellen Anleger zur Corporate Governance, die Stärkung des Grundsatzes der Verhältnismäßigkeit zwischen Kapital einerseits und Kontrollrechten andererseits, die freie Wahl für börsennotierte Unternehmen zwischen monistischen und dualistischen Verwaltungsstrukturen und die größere Verantwortung der Unternehmensspitze für Jahresabschlüsse und sonstige Berichte.

cc) Umsetzung der politischen Pläne

Seit Veröffentlichung des Aktionsplans zur Modernisierung des Gesellschaftsrechts und Verbesserung der Corporate Governance in der EU im Mai 2003 sind eine Reihe von Vorhaben zwischenzeitlich umgesetzt worden. Sie sollen im Folgenden kurz dargestellt werden[11]:

(1) »Europäisches Corporate Governance Forum« und Beirat

Im Rahmen der Umsetzung des im Mai 2003 verabschiedeten Aktionsplans hat die Europäische Kommission durch Beschluss 2004/706/EG vom 15. Oktober 2004 ein »**Europäisches Corporate Governance Forum eingerichtet**«[12], das die Konvergenz der nationalen Corporate Governance Kodizes fördern und die Kommission beraten soll. Die vornehmliche Aufgabe des Forums besteht darin, die Europäische Kommission auf hoher Ebene bei zentralen Fragen der Corporate Governance und Unternehmensführung zu unterstützen. Dem Forum, das erstmals am 20. Januar 2005 zusammentrat, gehören fünfzehn erfahrene Sachverständige aus den Mitgliedstaaten[13] an, die sich unter der Leitung der Europäischen Kommission zwei- bis dreimal jährlich treffen und Bericht erstatten. Das letzte Treffen erfolgte am 19. Juni 2007.

Daneben hat die Europäische Kommission einen Beirat für Gesellschaftsrecht und Corporate Governance eingerichtet, der aus 20 unabhängigen Sachverständigen besteht. Seine Hauptaufgabe besteht darin, die Europäische Kommission bei der Weiterentwicklung des europäischen Gesellschaftsrechts einschließlich der Corporate Governance zu beraten.

(2) Richtlinie 2007/36/EG

Den Forderungen des Aktionsplans nach einer Stärkung der Aktionärsrechte wurde in jüngster Vergangenheit mit der am 14. Juli 2007 veröffentlichten und am 3. August 2007 in Kraft getretenen **Richtlinie über die Ausübung bestimmter Rechte von Aktionären in börsennotierten Gesellschaften**[14] ebenfalls Rechnung getragen.[15] Mit der Richtlinie verfolgt der europäische Gesetzgeber im Kern eine technische Erleichterung in Bezug

---

11 Siehe hierzu auch Picot/Classen, M&A Review 2008, S. 22 (25 ff.); Picot/Classen, Corporate Governance, in: Handbuch für Familien- und Mittelstandsunternehmen, S. 117 (120 f.); Baums, AG 2007, S. 57 (59 ff.); Bayer/Schmidt, BB 2008, S. 454 (458).

12 ABl. Nr. L 321 vom 22.10.2004, S. 53 – 54.

13 Hierzu zählen etwa Vertreter der Mitgliedstaaten, europäischer Regulierungsbehörden, Emittenten und Investoren sowie andere Marktteilnehmer.

14 Richtlinie 2007/36/EG, veröffentlicht im Abl.EU L 184 vom 14.7.2007, S. 17.

15 Siehe hierzu auch Weber, NJW 2006, S. 3685 (3691 ff.).

auf die Stimmrechtsausübung der Aktionäre. Mit ihren Regelungen zur Ausübung der Stimm- und weiteren Aktionärsrechte im Zusammenhang mit Hauptversammlungen börsennotierter Aktiengesellschaften zielt die Richtlinie auf die Ermöglichung einer effektiven Wahrnehmung und damit einer Stärkung der Aktionärsrechte. Der europäische Gesetzgeber stellt mit der Richtlinie (lediglich) **Mindestanforderungen** auf, die die Mitgliedstaaten der Europäischen Union bei der Umsetzung der Richtlinie in ihr nationales Recht **zwingend** berücksichtigen müssen. Die inhaltliche Ausgestaltung der entsprechenden gesetzlichen Regelungen bleibt hingegen den nationalen Gesetzgebern überlassen. Aus diesem Grunde steht zu erwarten, dass es bei der Ausgestaltung der Regelungen zu Unterschieden in den jeweiligen Mitgliedstaaten kommen wird.

(3) Empfehlungen über die Stellung nicht geschäftsführender Direktoren

Im Oktober 2004 verabschiedete die Europäische Kommission zwei Empfehlungen über die Stellung (unabhängiger) nicht geschäftsführender Direktoren[16]:

In der ersten Empfehlung[17] hat die Europäische Kommission die Mitgliedstaaten förmlich aufgefordert, die Präsenz und Stellung unabhängiger nichtgeschäftsführender Direktoren im Verwaltungs-/Aufsichtsrat börsennotierter Unternehmen zu stärken. Der Schutz der Aktionäre, Beschäftigten und der Öffentlichkeit gegen potenzielle Interessenkonflikte durch eine unabhängige Überprüfung von Entscheidungen der Geschäftsleitung sei besonders wichtig, um das Vertrauen in die Finanzmärkte nach den jüngsten Skandalen wiederherzustellen. Die (nichtverbindliche) enthält Mindeststandards für Qualifikation, Engagement und Unabhängigkeit nichtgeschäftsführender Direktoren oder Verwaltungsratsmitglieder.

In der zweiten Empfehlung[18] empfiehlt die Europäische Kommission die Gewährleistung der Mitgliedstaaten, dass börsennotierte Unternehmen ihre Politik zur Vergütung von Direktoren offenlegen und den Aktionären mitteilen, wie viel die einzelnen Direktoren verdienen und in welcher Form die Vergütung erfolgt. Außerdem sollen die Aktionäre eine geeignete Kontrolle über diese Fragen und über Vergütungen auf Aktienbasis erhalten. In der Empfehlung werden die Mitgliedstaaten aufgefordert, Maßnahmen in den vier Bereichen Vergütungspolitik, Jahreshauptversammlung, Offenlegung der Vergütung einzelner Direktoren und Genehmigung von Aktien und Aktienbezugsregelungen zu ergreifen. Zu diesen Maßnahmen zählt insbesondere, dass sämtliche börsennotierte Unternehmen ab 2005 eine Erklärung über ihre Politik zur Vergütung der Direktoren veröffentlichen. Darin sollten Angaben zur Aufschlüsselung nach festen und variablen Bezügen, zu leistungsbezogenen Kriterien und zu den Parametern für jährliche Bonusregelungen oder nicht bare Leistungen enthalten sein. Außerdem sollte die Vertragspolitik des Unternehmens erläutert werden und detaillierte Angaben zu der Vergütung und/oder den Bezügen einzelner Direktoren sowie etwaig gewährter Aktien oder Aktienbezugsrechte, Kredite, Vorauszahlungen oder Bürgschaften gemacht werden.

Am 20. Juli 2007 hat die Europäische Kommission jeweils einen Bericht über die Anwendung und Umsetzung der vorstehend genannten Empfehlungen zur Unabhängig-

16 Siehe hierzu auch Picot/Classen, M&A Review 2008, S. 22 (25 f.); Bayer/Schmidt, BB 2008, S. 454 (458); Becker, GmbHR 2007, S. R 250 f.

17 Abrufbar unter http://ec.europa.eu/internal_market/company/independence/index_de.htm.

18 Abrufbar unter http://ec.europa.eu/internal_market/company/directors-remun/index_de.htm.

keit der Organmitglieder und Ausschüsse[19] und zur Vergütung von Direktoren[20] durch Mitgliedstaaten veröffentlicht. Darin gelangt die Europäische Kommission zu dem Ergebnis, dass sich die Corporate Governance Standards zwar erheblich verbessert hätten und diese auch zunehmend angewandt würden. Allerdings wiesen die Standards nach wie vor einige »Schwachstellen« auf und seien von den Mitgliedsstaaten nur zum Teil berücksichtigt worden.

(4) Richtlinie 2006/46/EG

In Anknüpfung an die Empfehlungen des Aktionsplanes vom 21. Mai 2003 haben das Europäische Parlament und der Europäische Rat auf Vorschlag[21] der Europäischen Kommission am 14. Juli 2006 die **Richtlinie 2006/46/EG**[22] erlassen. Mit dieser Richtlinie, die am 5. September 2006 in Kraft getreten ist, soll das Vertrauen der Aktionäre und das der anderen interessierten Parteien in die Jahresabschlüsse und Lageberichte europäischer Unternehmen weiter gestärkt werden. Die Mitgliedstaaten sind verpflichtet, die Richtlinie bis zum 5. September 2008 umzusetzen. Im Wesentlichen wurden die bisherigen EU-Rechnungslegungsrichtlinien in vier Punkten grundlegend modifiziert:

Erstens sollen die Vorstandsmitglieder **gemeinsam** für die Abschlüsse und wesentliche Nichtfinanzinformationen verantwortlich sein.[23]

Zweitens sollen die Geschäfte nichtbörsennotierter Unternehmen mit nahestehenden Personen **transparenter** gestaltet werden. Transaktionen der Unternehmen mit ihren Managern, deren Familienangehörigen oder sonstige sogenannte nahestehende Personen werden häufig nicht unter regulären Handelsbedingungen durchgeführt. Während bereits zufriedenstellende Transparenz für alle börsennotierte europäische Unternehmen nach den internationalen Rechnungslegungsgrundsätzen (IAS) gefordert wird, ist für nicht-börsennotierte Unternehmen mehr Transparenz notwendig. Zur Bestimmung dessen, wer nahestehende Unternehmen und Personen sind, sieht die Richtlinie vor, dass der Begriff »nahestehende Unternehmen und Personen« im Sinne der in der Verordnung (EG) Nr. 1606/2002[24] übernommenen internationalen Rechnungslegungsstandards zu verstehen ist.

---

19 Report on the application by the Member States of the EU of the Commission Recommendation on the role of non-executive or supervisory directors of listed companies and on the committees; abrufbar unter http://ec.europa.eu/internal_market/company/docs/independence/sec20071022_en.pdf.

20 Report on the application by the Member States of the EU of the Commission Recommendation on directors' remuneration; abrufbar unter http://ec.europa.eu/internal_market/company/docs/directors-remun/sec20071022_en.pdf; siehe auch die Zusammenfassung des Berichtes der EU-Kommission bei Becker, GmbHR 2007, S. R 250 f.

21 Vorschlag der Europäischen Kommission vom 27. Oktober 2004; KOM(2004) 725 final; abrufbar unter http://eur-lex.europa.eu/LexUriServ/LexUriServ.do?uri=COM:2004:0725:FIN:DE:PDF.

22 Richtlinie 2006/46/EG zur Änderung der Richtlinien 78/660/EWG über den Jahresabschluss von Gesellschaften bestimmter Rechtsformen, 83/349/EWG über den konsolidierten Abschluss, 86/635/EWG über den Jahresabschluss und den konsolidierten Abschluss von Banken und anderen Finanzinstituten und 91/674/EWG über den Jahresabschluss und den konsolidierten Abschluss von Versicherungsunternehmen; Der Richtlinientext ist abrufbar unter http://eur-lex.europa.eu/LexUriServ/LexUriServ.do?uri=OJ:L:2006:224:SOM:de:HTML.

23 Eine Forderung, die von der deutschen Gesetzgebung bereits erfüllt wird.

24 ABl. Nr. L 243 vom 11.9.2002, S. 1.

Drittens sieht die Richtlinie vor, dass die **Transparenz** von wesentlichen außerbilanziellen Geschäften, die für die Bewertung der finanziellen Lage des Unternehmens von Bedeutung sind, **verbessert** wird. Zu diesen außerbilanziellen Geschäften gehören beispielsweise bestimmte Finanzierungsgesellschaften, die aufgrund ihrer Konstruktion nicht in die Rechnungslegung des Unternehmens einbezogen werden mit der Folge, dass die Rechnungslegung nicht mehr die wahre Finanzlage widerspiegelt. Um hier eine bessere Transparenz zu schaffen, werden die Unternehmen verpflichtet, im Anhang des Jahres- und Konzernabschlusses Art und Zweck außerbilanzieller Geschäfte offenzulegen. Diese Verpflichtung zur Offenlegung soll allerdings nur dann gelten, wenn die Risiken und Vorteile, die aus solchen Geschäften entstehen, für die Bewertung eines Investors hinsichtlich der finanziellen Lage des Unternehmens wesentlich sind und ihre Offenlegung notwendig ist. Betroffen von dieser Verpflichtung – die über das nach IAS erforderliche Maß hinausgeht – sind sämtliche Unternehmen, unabhängig davon, ob sie börsennotiert sind oder nicht.

Als **vierten** Punkt beinhaltet die Richtlinie, dass alle Unternehmen, deren Wertpapiere zum Handel auf einem geregelten Markt zugelassen sind, und die ihren registrierten Sitz in der Gemeinschaft haben, verpflichtet werden sollten, eine **»Corporate Governance«-Erklärung** in ihrem Lagebericht aufzunehmen, um so bei den Anlegern Klarheit über die »Corporate Governance« des Unternehmens zu schaffen. Diese Erklärung sollte Anlegern leicht zugängliche Schlüsselinformationen über die tatsächlich angewendeten Corporate-Governance-Praktiken bereitstellen in Bezug auf den Rechnungslegungsprozess. Diese Erklärung soll als ein getrennter Teil des Lageberichtes einbezogen werden. In Deutschland sind börsennotierte Aktiengesellschaften bereits seit Ende 2002 gemäß **§ 161 AktG** gesetzlich verpflichtet, einmal jährlich darüber zu berichten, ob ihre Unternehmensverfassung mit den Empfehlungen des **Deutschen Corporate Governance Kodex** übereinstimmt.[25]

(5) Zusammenfassung

Die Europäische Kommission hat mit ihrem Aktionsplan ein anspruchsvolles Programm vorgelegt, das Wissenschaft und Praxis in Europa über Jahre beschäftigt hat und noch beschäftigen wird. Eine Analyse der in den zurückliegenden Jahren vorgenommenen Umsetzung der kurzfristig geplanten Maßnahmen zeigt, dass in der Europäischen Union erhebliche Anstrengungen unternommen wurden, dem eigenen Anspruch gerecht zu werden, das europäische Gesellschaftsrecht zu modernisieren und die Corporate Governance zu fördern. Zahlreiche Regelungen zur Stellung, Verantwortung und Vergütung von Organmitgliedern, zur Vereinfachung der Gründung von Aktiengesellschaften sowie zur Rechnungslegung und Prüfung sind geschaffen worden, um die Unternehmensleitung und -überwachung zu stärken und hierdurch das verlorene Vertrauen der Aktionäre in die Finanzmärkte zurückzugewinnen. Ob mit der Umsetzung der in dem Aktionsplan genannten Maßnahmen die selbst definierten Ziele erreicht werden, lässt sich derzeit noch nicht beantworten. Jedenfalls berechtigt das in den letzten Jahren zunehmende

25 Vgl. hierzu Semler, in: Münchener Kommentar zum AktG, § 161 Rn. 26 ff.; der Deutsche Corporate Governance Kodex ist abrufbar unter www.corporate-governance-code.de; zu den einzelnen Bestimmungen des Deutschen Corporate Governance Kodex siehe weiter unten unter Abschnitt 3.b)bb).

Interesse am Kapitalmarkt zu der Annahme, dass die bislang umgesetzten Maßnahmen bereits wirken.

b) Nationale Regelungen

Auch auf nationaler Ebene zielten zahlreiche Gesetzesinitiativen auf eine Verbesserung der Corporate Governance in Deutschland für Unternehmen ab.

aa) Gesetz zur Kontrolle und Transparenz im Unternehmensbereich (KonTraG)

Einen ersten wichtigen Schritt in Richtung Corporate Governance in Deutschland stellte das **»Gesetz zur Kontrolle und Transparenz im Unternehmensbereich« (KonTraG)** dar, das am 1. Mai 1998 in Kraft getreten ist.[26] Der Gesetzesentwurf der Bundesregierung verfolgt eine Reihe von Zielen, die durch zahlreiche Änderungen von Bestimmungen (insbesondere des AktG und des HGB) erreicht werden soll. Hierzu gehören Verbesserungen der Arbeit des Aufsichtsrates, die Erhöhung der Transparenz, die Stärkung der Kontrolle durch die Hauptversammlung, der Abbau von Stimmrechtsdifferenzierungen, die Zulassung moderner Finanzierungs- und Vergütungsinstrumente und die Verbesserung der Qualität der Abschlussprüfung und der Zusammenarbeit von Abschlussprüfer und Aufsichtsrat.[27]

Der Gesetzgeber versteht das **KonTraG** als Teil einer **einheitlichen kapitalmarktrechtlichen Strategie**, die darauf abzielt, das deutsche Aktienrecht zu modernisieren, zu internationalisieren und stärker auf die Wertsteigerung für die Anteilseigner zu orientieren.[28] Trotz der Vielzahl der Einzelregelungen beinhaltet das KonTraG lediglich einen Teil dieses Reformvorhabens.

Folgende Änderungen des Aktienrechts sind insbesondere hervorzuheben:[29]

- Durch die Streichung des **§ 12 Abs. 2 AktG** wurden die Mehrstimmrechte (sogenannte »Golden shares«) abgeschafft. Diese Maßnahme diente in erster Linie der Durchsetzung des Prinzips **»One share, one vote«**, das sich damit gegen die Postulate der Vertragsfreiheit und der Gestaltungsvielfalt durchgesetzt hat. Mit der Regelung wurden die Interessen der Streubesitz-Aktionäre gestärkt und Stimmengleichheit hergestellt.
- Die Berichtspflichten des Vorstands wurden gegenüber dem Aufsichtsrat erweitert. So hat der Vorstand nach **§ 90 Abs. 1 Nr. 1 AktG** neben Quartals- und Jahresberichten dem Aufsichtsrat auch über die beabsichtigte Geschäftspolitik und grundsätzliche Fragen der Unternehmensplanung zu informieren.
- Der Vorstand wird gemäß **§ 91 Abs. 2 AktG** verpflichtet, geeignete Maßnahmen zu treffen, insbesondere ein Überwachungssystem einzurichten, damit den Fortbestand

---

26 BGBl I 1998, 786.

27 Gesetzesentwurf der Bundesregierung, BT-Drucks 13/9712 vom 28.01.1996, S. 1.

28 Claussen, DB 1998 S. 177; Picot, in: Lange/Wall, Risikomanagement nach dem KonTraG, § 1 Rn. 27.

29 Zu den Regelungen des KonTraG ausführlich Picot, in: Lange/Wall, Risikomanagement nach dem KonTraG, § 1 Rn. 1 ff.; Hommelhoff/Mattheus, AG 1998 S. 249 ff.; Claussen, DB 1998 S. 177 ff.

der Gesellschaft gefährdende Entwicklungen früh erkannt werden. Diese Vorschrift soll die Leitungsverantwortung des Vorstands hervorheben.

- Die Wahrnehmung des Aufsichtsratsvorsitzes hinsichtlich der Höchstzahl von Aufsichtsratsmandaten (max. sind 10 zulässig) wird nunmehr doppelt angerechnet (**§ 100 Abs. 2 Satz 3 AktG**). Damit soll nicht nur die Effizienz der Aufsichtsratstätigkeit gefördert, sondern auch das Amt des Vorsitzenden aufgewertet werden.
- Zur Stärkung der Kontrollfunktion des Aufsichtsrates müssen Aufsichtsratssitzungen bei börsennotierten Gesellschaften mindestens zweimal, bei nicht börsennotierten Gesellschaften mindestens einmal pro Kalenderjahr abgehalten werden (**§ 110 Abs. 3 AktG**).
- Während vor Einführung des KonTraG der Vorstand den Prüfungsauftrag an den Abschlussprüfer erteilt hat, erteilt ihn nunmehr der Aufsichtsrat. Auf diese Weise soll die Unabhängigkeit des Abschlussprüfers gestärkt werden.

bb) Deutscher Corporate Governance Kodex (DCGK)

Allgemeingültige Standards guter Corporate Governance wurden erstmals – nahezu vier Jahre nach Inkrafttreten des KonTraG – mit der Verabschiedung des **Deutschen Corporate Governance Kodex (DCGK)** im Jahre 2002 aufgestellt.[30]

Die Anregung, einen deutschen Corporate Governance Kodex zu schaffen, geht auf zwei private Initiativen zurück. So beschäftigten sich Ende der 1990er-Jahre zwei voneinander unabhängige Gruppen aktienrechtlicher und kapitalmarktrechtlicher Praktiker und Wissenschaftler mit der Entwicklung von Leitlinien zur Leitung und Überwachung von Unternehmen (einerseits die »**Frankfurter Grundsatzkommission Corporate Governance**« und andererseits der »**Berliner Initiativkreis**«). Auch wenn sich beide Initiativen inhaltlich voneinander unterschieden, so bestand zwischen ihnen doch Einigkeit, dass auch in Deutschland ein Corporate Governance Kodex nach internationalem Vorbild geschaffen werden sollte.

Diese Erkenntnis veranlasste die Bundesregierung, im Jahre 2000 die »**Regierungskommission Corporate Governance**« unter dem Vorsitz des deutschen Rechtswissenschaftlers Prof. Dr. Theodor Baums zu berufen (»Baums-Kommission«). Nachdem die Baums-Kommission im Jahre 2001 die Einsetzung einer weiteren Kommission zur Ausarbeitung eines einheitlichen Deutschen Corporate Governance Kodex empfahl, rief das Bundesministerium der Justiz im August 2001 die 13-köpfige Regierungskommission Deutscher Corporate Governance Kodex (»**Kodex-Kommission**«) ins Leben. Unter der Leitung des Aufsichtsratsvorsitzenden der ThyssenKrupp AG, Dr. Gerhard Cromme, erhielt die Kodex-Kommission den Auftrag, auf Basis des geltenden Rechts einen Corporate

---

30 Zum DCGK siehe auch die aktuellen Beiträge von Peltzer, NZG 2002, S. 593 ff.; Vetter, DNotZ 2003, S. 748 ff.; Vetter, BB 2005, S. 1689 ff.; Kirschbaum/Wittmann, AG 2005, S. R 174 ff.; Bischof, BB 2006, S. 2627 ff.; Weber-Rey, AG 2006, S. R 68 ff.; Jahn, AG 2007 S. R 527; Bedkowski, AG 2007, S. R 527 f.; van Kann/Eigler, DStR 2007, S. 1730 ff.; Drygala, AG 2007, S. 381 ff.; Mutter, AG 2007 S. R 352 ff.; Schaefer, NZG 2007, S. 900 ff.; Vetter, NZG 2008, S. 121 ff.; Thümmel, BB 2008, S. 10 ff.; Picot/Classen, Corporate Governance, in: Handbuch für Familien- und Mittelstandsunternehmen, S. 117 (122 ff.).

Governance Kodex für börsennotierte Aktiengesellschaften in Deutschland zu entwickeln und ihn in regelmäßigen Abständen zu überprüfen sowie gegebenenfalls anzupassen.

Mit dem Kodex sollen die in Deutschland geltenden Regeln für Unternehmensleitung und -überwachung für nationale wie internationale Investoren transparent gemacht werden, um so das Vertrauen in die Unternehmensführung deutscher Gesellschaften zu stärken. Bei seiner Entwicklung griff die Kodex-Kommission die häufigsten – vor allem internationalen – Kritikpunkte an der deutschen Unternehmensverfassung auf und versuchte, diese zu entkräften.

Diese Kritikpunkte sind[31]

- mangelhafte Ausrichtung auf Aktionärsinteressen,
- duale Unternehmensverfassung mit Vorstand und Aufsichtsrat,
- mangelnde Transparenz deutscher Unternehmensführung,
- mangelnde Unabhängigkeit deutscher Aufsichtsräte und
- eingeschränkte Unabhängigkeit des Abschlussprüfers.

Nach etwa sechsmonatiger Beratungszeit legte die Kodex-Kommission am 26. Februar 2002 die erste Fassung des **Deutschen Corporate Governance Kodex (DCGK)** vor, dessen Bestimmungen und Regelungen auf jeden einzelnen dieser Kritikpunkte eingehen und dabei die gesetzlichen Rahmenbedingungen berücksichtigen. Seitdem wurde der DCGK mehrfach von der **Kodex-Kommission** verändert und ergänzt; die letzte Novellierung des DCGK erfolgte am 14. Juni 2007.[32]

(1) Aufbau des DCGK

Die Regelungen des DCGK lassen sich in drei Gruppen einteilen:

- »Muss«-Vorschriften
  Die erste – und umfangreichste – Gruppe beinhaltet sogenannte **»Muss«-Vorschriften**. Sie geben wesentliche gesetzliche Vorschriften zur Leitung und Überwachung deutscher börsennotierter Gesellschaften wieder, um auf diese Weise ausländische Investoren in die Lage zu versetzen, sich einen Überblick über das deutsche Rechtssystem zu verschaffen.[33] »Muss«-Vorschriften lassen sich daran erkennen, dass sie keine Formulierungen wie »soll«, »sollte« oder »kann« enthalten. Da es sich bei ihnen um geltendes Gesetzesrecht handelt, sind sie (selbstverständlich) von den Unternehmen zu beachten.

- Empfehlungen (»Soll«-Vorschriften)
  In einer zweiten Gruppe enthält der DCGK sogenannte **»Empfehlungen«**, die nach Meinung der Kodex-Kommisson – dies ergibt sich aus der Präambel des DCGK – in-

31 Vgl. die Ausführungen von Dr. Gerhard Cromme, Vorsitzender der Regierungskommission Deutscher Corporate Governance-Kodex, anlässlich der Veröffentlichung des Entwurfs Deutscher Corporate Governance-Kodex am 18. Dezember 2001 in Düsseldorf, abrufbar unter http://www.corporate-governance-code.de/ger/news/rede-crommes.html.

32 Die derzeit aktuelle Fassung vom 14. Juni 2007 ist abrufbar unter http://www.corporate-governance-code.de; eine ausführliche Kommentierung des DCGK findet sich bei Ringleb/Kremer/Lutter/v. Werder, Deutscher Corporate Governance Kodex. Zu den Änderungen des DCGK 2007 siehe auch Vetter, DB 2007, 1963 ff.

33 Dazu Semler, in: Kropff/Semler, Münchener Kommentar, AktG, § 161, Rn. 26.

ternational und national anerkannte Standards guter und verantwortungsvoller Unternehmensführung darstellen. Diese Empfehlungen lassen sich an der Verwendung des Begriffes **»soll«** erkennen. Die Gesellschaften können zwar von den Empfehlungen des DCGK abweichen, sind dann allerdings verpflichtet, dies jährlich offenzulegen. Die Empfehlungen regeln im Wesentlichen drei Themenkomplexe, nämlich erstens die Verbesserung der Überwachungstätigkeit des Aufsichtrates, zweitens die Pflichten des Vorstandes und drittens die Durchführung der Hauptversammlung, wobei der Verbesserung der Stellung der Aktionäre eine besondere Bedeutung zukommt.

- Anregungen
  Die dritte Gruppe der Regelungen im DCGK enthält sogenannte **»Anregungen«**, die durch Hilfsverben wie **»sollte«** oder **»kann«** gekennzeichnet sind. Diese Anregungen sind für die betroffenen Unternehmen nicht verbindlich und auch nicht von der gesetzlichen Erklärungspflicht nach **§ 161 AktG** erfasst; von ihnen können die Organe der Gesellschaften ohne Offenlegung abweichen.

(2) Die Regelungen des DCGK im Überblick

Die Empfehlungen und Anregungen des DCGK richten sich je nach ihrem Inhalt entweder an den Vorstand, den Aufsichtsrat oder aber beide Verwaltungsgremien bzw. an einzelne Organmitglieder.[34] Sieht man einmal von der Präambel ab, so lassen sich die Verhaltensstandards nach der Systematik des DCGK inhaltlich in **sechs** unterschiedliche **Regelungskomplexe** unterteilen: »Aktionäre und Hauptversammlung« (Ziff. 2 DCGK), »Zusammenwirken von Vorstand und Aufsichtsrat« (Ziff. 3 DCGK), »Vorstand« (Ziff. 4 DCGK), »Aufsichtsrat« (Ziff. 5 DCGK), »Transparenz« (Ziff. 6 DCGK) und schließlich »Rechnungslegung und Abschlussprüfung« (Ziff. 7 DCGK).

Eine umfassende Darstellung sämtlicher 81 Empfehlungen und 20 Anregungen muss an dieser Stelle unterbleiben[35]; allerdings sollen nachfolgend einige der wesentlichen Verhaltensstandards herausgegriffen werden.

- Aktionäre und Hauptversammlung
  Der Abschnitt **Aktionäre und Hauptversammlung** enthält etwa neben der Darstellung der aktienrechtlichen Rahmenbedingungen u.a. die Empfehlung, dass der Vorstand die nach dem Gesetz der Hauptversammlung auszulegenden Berichte und Unterlagen einschließlich des Geschäftsberichts zusammen mit der Tagesordnung leicht zugänglich im Internet veröffentlicht werden soll (**Ziff. 2.3.1 DCGK**). Zudem soll die Gesellschaft angesichts der zunehmend zu verzeichnenden Abnahme der Hauptversammlungspräsenz den Aktionären die persönliche Wahrnehmung ihrer Rechte erleichtern und bei der Stimmrechtsvertretung, etwa durch Bereitstellung eines Vertreters für die weisungsgebundene Ausübung des Stimmrechts, sorgen (**Ziff. 2.3.3 DCGK**). Schließlich enthält dieser Abschnitt die Anregung, dass die Verfolgung der Hauptversammlung auch über das Internet oder andere Kommunikationsmedien möglich sein sollte (Ziff. 2.3.4 DCGK).

34 Kirschbaum/Wittmann, JuS 2005, S. 1062 (1063).
35 Vgl. hierzu etwa die Übersicht bei Peltzer, NZG 2002, S. 593 (595 ff.).

- Zusammenwirken von Vorstand und Aufsichtsrat
  Ziff. 3 DCGK befasst sich mit dem **Zusammenwirken von Vorstand und Aufsichtsrat**. Hierunter findet sich neben den weiter unten beschriebenen Regelungen[36] die Anregung, dass in mitbestimmten Aufsichtsräten die Vertreter der Arbeitnehmer- und Anteilseignerseite jeweils gesondert (ggf. mit Mitgliedern des Vorstands) die Sitzungen des Aufsichtsrats vorbereiten sollten (**Ziff. 3.6 DCGK**). Darüber hinaus sollte der Vorstand im Falle eines (feindlichen) Übernahmeangebots in angezeigten Fällen eine außerordentliche Hauptversammlung einberufen, damit die Aktionäre hierüber beraten und gegebenenfalls Abwehrmaßnahmen beschließen können (**Ziff. 3.7 Abs. 3 DCGK**). Weiterhin wird Vorstand und Aufsichtsrat empfohlen, jährlich im Geschäftsbericht über die Corporate Governance zu berichten (**Corporate Governance Bericht, vgl. Zif. 3.10 DCGK**).

- Vorstand
  Der vierte Abschnitt des DCGK befasst sich näher mit dem **Vorstand**. Hierbei wird insbesondere zu Fragen der Vorstandsvergütung Stellung genommen (vgl. hierzu auch die Änderungen durch das Vorstandsvergütungs-Offenlegungsgesetz[37]). So spricht der DCGK etwa die Empfehlung aus, dass Vorstandsbezüge fixe und variable Bestandteile enthalten soll (**Ziff. 4.2.3 Abs. 2 Satz 1 DCGK**). Die variablen Vergütungsteile sollten zudem einmalige sowie jährlich wiederkehrende, an den geschäftlichen Erfolg gebundene Komponenten und auch Komponenten mit langfristiger Anreizwirkung und Risikocharakter enthalten (**Ziff. 4.2.3 Abs. 2 Satz 2 DCGK**). Enthalten Vorstände Aktienoptionen, so sollen diese hinsichtlich der herangezogenen Vergleichsparameter anspruchsvoll ausgestaltet und in Bezug auf diese Parameter oder die enthaltenen Erfolgsziele nicht mehr nachträglich geändert werden (**vgl. Ziff. 4.2.3 Abs. 3 Satz 2 u. 3 DCGK**). Zur Vermeidung von Interessenkonflikten wird des Weiteren die Empfehlung ausgesprochen, dass Vorstandsmitglieder nur mit Zustimmung des Aufsichtsrats Nebentätigkeiten, insbesondere Aufsichtsratsmandate außerhalb des Unternehmens, übernehmen dürfen (**Ziff. 4.3.5 DCGK**).

- Aufsichtsrat
  Eine Vielzahl der im DCGK enthaltenen Empfehlungen betrifft den **Aufsichtsrat**. Im **5. Abschnitt** sind zahlreiche Regelungen zu seinen Aufgaben und Zuständigkeiten sowie seines Vorsitzenden, zur Bildung von Ausschüssen, zur Zusammensetzung des Gremiums und der Vergütung seiner Mitglieder und schließlich zu möglichen Interessenkonflikten. Unter anderem spricht der Kodex Empfehlungen zu den persönlichen Voraussetzungen der Aufsichtsratsmitglieder aus. So soll bei der Ermittlung geeigneter Kandidaten darauf geachtet werden, dass dem Aufsichtsrat jederzeit Mitglieder angehören, die über die zur ordnungsgemäßen Wahrnehmung der Aufgaben erforderlichen Kenntnisse, Fähigkeiten und fachlichen Erfahrungen verfügen (**Ziff. 5.4.1 Satz 1 DCGK**). Ebenso soll eine Altersgrenze festgelegt werden (**Ziff. 5.4.1 Satz 2 DCGK**). Ein weiterer Regelungspunkt widmet sich dem in der Praxis nicht selten anzutreffenden Verfahren, dass Vorstände bei ihrem Ausscheiden in den Aufsichtsrat

---

36 Siehe hierzu Abschnitt 4.a).
37 Dazu näher unten unter Abschnitt 3.b)cc).

wechseln. **Gemäß Ziff. 5.4.2 Satz 3 DCGK** sollen dem Aufsichtsrat nicht mehr als zwei ehemalige Mitglieder des Vorstands angehören. Zudem sieht die – äußerst weich formulierte – **Ziff. 5.4.4 DCGK** vor, dass der Wechsel des bisherigen Vorstandsvorsitzenden oder eines Vorstandsmitglieds in den Aufsichtsratsvorsitz oder den Vorsitz eines Aufsichtsratsausschusses »**nicht die Regel**« sein soll. Um sicherzustellen, dass zur Wahrnehmung eines Aufsichtsratsmandats auch genügend Zeit zur Verfügung steht, empfiehlt der Kodex schließlich, dass Vorstände einer börsennotierten Gesellschaft nicht mehr als fünf Aufsichtsratsmandate in anderen (konzernexternen) börsennotierten Gesellschaften wahrnehmen sollen (**Ziff. 5.4.5 Satz 2 DCGK**).

- Transparenz
  Zur Steigerung der **Transparenz** im Unternehmen sieht der sechste Abschnitt u. a. vor, dass zur Gewährleistung der **Gleichbehandlung** unter den Aktionären diesen unverzüglich sämtliche neuen Tatsachen zur Verfügung zu stellen sind, die Finanzanalysten und vergleichbaren Adressaten mitgeteilt worden sind. Die zeitnahe und gleichmäßige Information soll über geeignete Kommunikationsmedien, wie etwa das Internet, erfolgen (**Ziff. 6.3 Satz 2 und 6.4 DCGK**). Der Anlegerschutz soll dadurch verbessert werden, dass Informationen, die im Ausland aufgrund der jeweiligen kapitalmarktrechtlichen Bestimmungen veröffentlicht werden, auch im Inland unverzüglich bekannt gegeben werden (**Ziff. 6.5 DCGK**). Auch sollen die Unternehmen im Rahmen der laufenden Öffentlichkeitsarbeit einen »**Finanzkalender**« einrichten, in dem die Termine der wesentlichen wiederkehrenden Veröffentlichungen (wie etwa Geschäftsberichte und Zwischenfinanzberichte) sowie der Termin der Hauptversammlung rechtzeitig publiziert werden (**Ziff. 6.7 DCGK**) Schließlich sollen veröffentlichte Informationen über das Unternehmen auch auf der Internetseite der Gesellschaft zugänglich sein (**Ziff. 6.8 DCGK**).

- Rechnungslegung und Abschlussprüfung
  Eine wichtige Informationsquelle für Anteilseigner und Dritte stellt regelmäßig der **Konzernabschluss** dar. **Ziff. 7.1.2 Satz 2 DCGK** spricht die Empfehlung aus, dass dieser binnen 90 Tagen nach Geschäftsjahresende, Zwischenberichte bereits binnen 45 Tagen nach Ende des Berichtszeitraums, öffentlich zugänglich gemacht werden. Ebenso soll die Gesellschaft eine Liste von Drittunternehmen veröffentlichen, an denen sie eine Beteiligung von nicht untergeordneter Bedeutung hält (**Ziff. 7.1.4 DCGK**). Zur Gewährleistung, dass die Abschlussprüfung durch einen unabhängigen Prüfer erfolgt, soll nach einer weiteren Kodexempfehlung vor der Unterbreitung des Wahlvorschlags an die Hauptversammlung geprüft werden, ob und inwieweit geschäftliche, finanzielle, persönliche oder sonstige Beziehungen zwischen dem Prüfer, seinen Organen und Prüfungsleitern einerseits und dem Unternehmen und seinen Organmitgliedern andererseits bestehen (**Ziff. 7.2.1 DCGK**). Schließlich soll der Aufsichtsrat bei der Mandatierung mit dem Abschlussprüfer vereinbaren, dass dieser den Aufsichtsrat informiert oder in seinem Prüfungsbericht vermerkt, wenn er bei Durchführung der Abschlussprüfung feststellt, dass die Entsprechenserklärung von Vorstand und Aufsichtsrat zum Kodex (siehe hierzu weiter unten) Unrichtigkeiten enthält, **Ziff. 7.2.3 Abs. 2 DCGK**.

(3) Jüngste Neuerungen des DCGK

Der DCGK wird einmal jährlich durch die Regierungskommission überarbeitet. Die derzeitige, am 20.07.2007 im elektronischen Bundesanzeiger veröffentlichte Fassung vom 14. Juni 2007 hat zu einigen Neuerungen geführt.[38] Neben einigen Anpassungen an das geltende Gesetzesrecht (**so sieht etwa Ziff. 3.8 Abs. 1 DCGK** nunmehr auch die durch das UMAG eingeführte sogenannte »*Business Judgement Rule*« des **§ 93 Abs. 1 AktG vor**[39]), wurden in die Neufassung insbesondere eine neue Anregung betreffend den sogenannten »**Abfindungs-Cap**«[40] sowie zwei neue Empfehlungen aufgenommen.

Weitere Änderungen sind:

- Geschäftsordnung für den Vorstand
  In **Ziff. 4.2.1 Satz 2 DCGK** sieht der Kodex nunmehr eine Empfehlung zur Einführung einer **Geschäftsordnung für den Vorstand** vor. Aus der Geschäftsordnung soll die Arbeitsweise des Vorstands einschließlich der Ressortzuständigkeiten und notwendigen Beschlussmehrheiten hervorgehen. Für viele Unternehmen dürfte sich hieraus kein Änderungsbedarf ergeben, da eine solche nähere Ausgestaltung der inneren Ordnung des Vorstandes – zumindest für größere Unternehmen – bereits jetzt zur gängigen Unternehmenspraxis gehört.

- Nominierungsausschuss im Aufsichtsrat
  Ziff. 5.3.3 DCGK spricht ferner die Empfehlung zur Einrichtung eines **Nominierungsausschusses im Aufsichtsrat** aus, der ausschließlich mit Vertretern der Anteilseigner besetzt ist und geeignete Kandidaten ermitteln soll, die der Hauptversammlung gemäß **§ 124 Abs. 3 Satz 1 AktG** zur Wahl in den Aufsichtsrat vorgeschlagen werden. Hierin ist ein Beitrag zur Stärkung der Eigenständigkeit des Aufsichtsrates zu sehen; der Nominierungsausschuss soll – entgegen mancher Praxis in der Vergangenheit – die Personalauswahl völlig unbeeinflusst vom Vorstand treffen und den Wahlvorschlag an die Hauptversammlung sodann anstelle des Aufsichtsratsplenums verabschieden.[41]

- Compliance
  Schließlich findet das Thema »Compliance« erstmals in den Standards guter Unternehmensführung Berücksichtigung (**vgl. Ziff. 3.4, 4.1.3 und 5.3.2 DCGK**).[42] Betroffen hiervon sind sowohl die Tätigkeit des Vorstands als auch des Aufsichtsrats und deren Zusammenarbeit. Der Kodex versteht unter dem Begriff »Compliance« die Überwachung der Einhaltung gesetzlicher Bestimmungen und der unternehmensinternen Richtlinien (**vgl. Ziff. 4.1.3 DCGK**). Gemeint sind damit also in erste Linie präventive Maßnahmen, insbesondere organisatorische Vorkehrungen, zur Gewährleistung einer guten Corporate Governance. Mehr und mehr Unternehmen richten heutzutage spezielle Abteilungen ein bzw. berufen sogenannte **»Compliance Officer«**, die dazu beitragen sollen, dass sich die Geschäftstätigkeit des Unternehmens im Einklang mit

---

38 Bekanntmachung des Bundesministeriums der Justiz, eBAnz AT 23 2007 B1. Vgl. hierzu Vetter, DB 2007, S. 1963 ff.; van Kann/Eigler, DStR 2007, S. 1730 ff.

39 Zur »Business Judgement Rule« siehe weiter unten Abschnitt 4.a); ferner Bürkle/Fecker, NZA 2007, S. 589 ff.

40 Siehe hierzu Abschnitt 3.b)bb) (7) sowie Abschnitt 4.a).

41 Vetter, DB 2007, S. 1963 (1967).

42 Siehe hierzu auch Bürkle, BB 2007, S. 1797 ff.; Mutter, AG 2007, S. R 352 f.

den maßgeblichen Vorschriften vollzieht und die für die Implementierung und Weiterentwicklung eines Compliance-Systems im Unternehmen Sorge zu tragen haben. Auf Ebene des Aufsichtsrats soll sich nach **Ziff. 5.3.2 DCGK** ebenfalls der Prüfungsausschuss[43] mit der Compliance befassen. Ergänzend hierzu hat gemäß **Ziff. 3.4 DCGK** der Vorstand den Aufsichtsrat regelmäßig, zeitnah und umfassend u.a. über alle für das Unternehmen relevanten Fragen der Compliance zu informieren. Den Neuregelungen kann nicht entnommen werden, inwieweit mit diesen Regelungen zur Compliance auch inhaltliche Änderungen an die Anforderungen guter Corporate Governance verbunden sind.[44] Konkrete Empfehlungen hinsichtlich der näheren Ausgestaltung eines Compliance-Systems spricht der Kodex jedenfalls nicht aus.

(4) Entsprechenserklärung nach § 161 AktG

Die Verpflichtung von Vorstand und Aufsichtsrat[45] eine Erklärung abzugeben, ob der DCGK von der Gesellschaft angewendet wird (sogenannte »**Entsprechenserklärung**«) folgt aus **§ 161 AktG**. Nach dieser Vorschrift, die im Jahre 2002 durch das Transparenz- und Publizitätsgesetz (TransPubG)[46] in das AktG aufgenommen worden ist, haben der Vorstand und der Aufsichtsrat einer börsennotierten Aktiengesellschaft jährlich zu erklären, »dass den vom Bundesministerium der Justiz im amtlichen Teil des elektronischen Bundesanzeigers bekannt gemachten Empfehlungen der »**Regierungskommission Deutscher Corporate Governance Kodex**« entsprochen wurde und wird oder welche Empfehlungen nicht angewendet wurden oder werden. Die Erklärung ist den Aktionären dauerhaft zugänglich zu machen.«

Demnach müssen der Vorstand und der Aufsichtrat der börsennotierten Aktiengesellschaft die Empfehlungen im DCGK nicht befolgen, sondern dürfen von ihnen abweichen; allerdings haben sie, wenn und soweit sie abweichen wollen, dies in ihrer Entsprechenserklärung zum Ausdruck zu bringen. Eine Verpflichtung, etwaige Abweichungen vom DCGK zu begründen, besteht hingegen nicht.[47] Eine Begründungspflicht ist jedoch nunmehr im Referentenentwurf für das Gesetz zur Modernisierung des Bilanzrechts vorgesehen.[48]

Die Entsprechenserklärung ist **jährlich** abzugeben. Ob die gesetzliche Entsprechenserklärung nach § 161 AktG von Vorstand und Aufsichtsrat abgegeben wurde, prüft der

---

43 Vgl. hierzu auch § 107 Abs. 3 Satz 2 AktG-RefE zum BilMoG. Näher hierzu unten unter Abschnitt 3. b) dd).

44 van Kann/Eigler, DStR 2007, S. 1730 (1733).

45 Die Pflicht zur Abgabe der Entsprechenserklärung trifft Vorstand und Aufsichtsrat unabhängig voneinander. Besteht über den Inhalt der Entsprechenserklärung Einigkeit, so können sie sie gemeinsam abgeben. Besteht hingegen keine Einigkeit zwischen den Organen, so ist umstritten, ob getrennte Erklärungen abgegeben werden dürfen; bejahend Hoffmann-Becking, Münchener Handbuch des Gesellschaftsrechts, § 29 Rn. 61; Hüffer, AktG, § 161 Rn. 11; verneinend dagegen Seibt, in: AG 2002, S. 249 (253) und Peltzer, Deutsche Corporate Governance, S. 42, nach denen die Erklärung nur einheitlich und gemeinsam abgegeben werden darf.

46 Gesetz zur weiteren Reform des Aktien- und Bilanzrechts, zu Transparenz und Publizität vom 19. Juli 2002, BGBl I Nr. 50 vom 25. Juli 2002, S. 2681 ff.

47 Siehe nur Ringleb, in: Ringleb/Kremer/Lutter/v. Werder, Deutscher Corporate Governance Kodex, Vorbem. Rn. 47.

48 Vgl. zu den weiteren Neuerungen des § 161 AktG durch das BilMoG unten unter Abschnitt 3. b) dd) (2).

Abschlussprüfer der Gesellschaft. Nach **§ 285 Nr. 16 HGB** ist im Anhang zum Jahresabschluss anzugeben, dass die Entsprechenserklärung nach **§ 161 AktG** abgegeben und den Aktionären zugänglich gemacht worden ist. Eine inhaltliche Prüfung der Entsprechenserklärung auf ihre Richtigkeit erfolgt nicht; wurde überhaupt keine Erklärung abgegeben, so ist das Testat nach **§ 322 Abs. 4 HGB** einzuschränken.

Verstoßen die Organmitglieder gegen § 161 AktG durch eine unterbliebene oder unrichtige Entsprechenserklärung, so kann dies zu einer Innenhaftung nach **§§ 93, 116 AktG** führen, falls ein aus dem Verstoß folgender ersatzfähiger Schaden der Gesellschaft nachweisbar ist.

(5) Rechtliche Folgen im Falle eines Verstoßes gegen den DCGK

Die **rechtlichen Folgen** eines Verstoßes gegen eine oder mehrere Regelungen des DCGK sind bislang nicht abschließend geklärt. Eine gesetzliche Klarstellung ist auch nicht durch das in Vorbereitung befindliche Gesetz zur Modernisierung des Bilanzrechts (BilMoG)[49] zu erwarten. Schwierigkeiten bereitet in diesem Zusammenhang vor allem die besondere Rechtsnatur der Corporate-Governance-Regeln, die – wie bereits erwähnt – weitestgehend nur sogenannte »*Soft law*« darstellen.

Gleichwohl lassen sich einige Grundsätze festhalten, die nachfolgend kurz dargestellt werden. Bei der Prüfung der Rechtsfolgen sind folgende Fallgestaltungen zu unterscheiden:

- Verstoß gegen § 161 AktG
  Liegt ein **Verstoß** unmittelbar **gegen § 161 AktG** vor, weil etwa die notwendige Entsprechenserklärung fehlt, nicht wie vom Gesetz gefordert dauerhaft den Aktionären zugänglich gemacht wird oder aber eine vergangenheitsbezogene Entsprechenserklärung falsch ist, so kann hierin eine Pflichtverletzung von Vorstand und Aufsichtsrat gesehen werden, die eine Anfechtbarkeit etwaig gefasster Entlastungsbeschlüsse der Hauptversammlung nach sich zieht.[50] Nach jüngster Entscheidung des OLG München stellt die Entsprechenserklärung eine gewichtige Beurteilungsgrundlage für die Aktionäre für deren Entscheidung zur Entlastung von Vorstand und Aufsichtsrat dar. Eine Anfechtbarkeit ist selbst dann gegeben, wenn sich die Entlastungsbeschlüsse auf einen Zeitraum beziehen, in dem die Pflicht zur jährlichen Abgabe der Entsprechenserklärung (noch) nicht verletzt war, sofern sich der auf die Vergangenheit gerichtete Teil der (unterbliebenen) Erklärung ganz oder teilweise auf den Entlastungszeitraum erstreckt. Spätestens zur Hauptversammlung sollte daher eine aktuelle Erklärung abgegeben werden. Darüber hinaus ist zu beachten, dass bei Nichtabgabe einer Entsprechenserklärung gemäß **§§ 335 Abs. 1 Satz 1 Nr. 1, 325 Abs. 1 HGB** ein Ordnungsgeld verhängt werden und zudem eine unterbliebene oder unrichtige Entsprechenserklärung eine Innenhaftung der Organmitglieder nach **§§ 93, 116 AktG** auslösen kann.[51]

---

49 Näher hierzu unten unter Abschnitt 3.b)dd).

50 OLG München, Urt. v. 23.01.2008, Az. 7 U 3668/07, WM 2008, 645 ff. Ebenso Hüffer, AktG, § 161 Rn. 31 m.w.N.; Vetter, NZG 2008, S. 121. Vetter sieht eine Anfechtbarkeit sogar dann gegeben, wenn die Mitglieder von Vorstand oder Aufsichtsrat eine von ihnen abgegebene zukunftsgerichtete Erklärung missachten.

51 Zur Innenhaftung vgl. Hoffmann-Becking, Münchener Handbuch des Gesellschaftsrechts, § 29 Rn. 69; eingehend auch Ettinger/Grützedick, AG 2003, S. 353 ff.

Schließlich ist bei vorsätzlich unrichtigen Darstellungen auch an eine **Strafbarkeit** gemäß **§ 400 Abs. 1 AktG** zu denken.[52]

- Verstoß gegen die Regelungen des DCGK
  Strikt von Verstößen gegen § 161 AktG zu trennen sind Verletzungen der im DCGK enthaltenden Regelungen. Hierbei kommt es darauf an, welchen Regelungscharakter (»**Muss**«-Vorschrift, Empfehlung oder Anregung) die verletzte Vorschrift aufweist:
  - »Muss«-Vorschriften
    Da »Muss«-Vorschriften die Gesetzeslage lediglich wiedergeben bzw. interpretieren, ist mit ihrer Verletzung in der Regel auch ein unmittelbarer Gesetzesverstoß verbunden. Dieser wiederum kann die Anfechtbarkeit eines hierauf beruhenden Beschlusses der Hauptversammlung zur Folge haben (**§ 243 Abs. 1 AktG**). Der (zusätzlichen) Verletzung der »Muss«-Vorschriften dürfte insoweit keine eigenständige Bedeutung zukommen. Auch interpretierenden Darstellungen fehlt eine weitergehende Rechtswirkung. Vielmehr sind diese nicht anders zu berücksichtigen als etwa Auslegungen in der Fachliteratur.[53]
  - Empfehlungen (»Soll«-Vorschriften)
    Mit den Folgen eines vermeintlichen Verstoßes gegen Empfehlungen des DCGK (**»Soll«-Vorschriften**) hatte sich jüngst das LG München I zu befassen.[54] Dabei stellte das Gericht fest, dass die Verletzung einer Empfehlung nicht die Rechtswidrigkeit eines etwaigen Hauptversammlungsbeschlusses begründen könne. Im zugrundeliegenden Fall ging es um die Auswirkungen einer möglichen Missachtung von Empfehlungen über die – oben beschriebenen[55] – persönlichen Voraussetzungen von Aufsichtsratsmitgliedern auf den Beschluss über die Aufsichtsratswahl. Eine Anfechtung war nach den Feststellungen des Gerichts nicht möglich, da die Anfechtungsklage stets eine Verletzung des Gesetzes oder der Satzung voraussetze. Den DCGK-Regelungen komme aber – auch nicht unter dem Gesichtspunkt einer dynamischen Verweisung über § 161 AktG – keine Gesetzesqualität zu. Ebenso wenig entfalteten Empfehlungen **»satzungsgleiche Wirkungen«**. Entscheidend sei hierbei, dass Vorstand und Aufsichtsrat von den Vorgaben des DCGK jederzeit und ohne Beteiligung der Hauptversammlung abweichen könnten, während Satzungsänderungen in die ausschließliche Entscheidungskompetenz der Hauptversammlung fielen. Entgegen dieser klaren gerichtlichen Feststellungen werden Kodex-Verstöße in der juristischen Literatur jedoch teilweise anders bewertet. Werde von der Entsprechenserklärung im Sinne des § 161 AktG abgewichen, ohne dass diese gleichzeitig ausdrücklich und nach außen erkennbar korrigiert werde, so führe beispielsweise nach *Eberhard Vetter* eine Missachtung der Angaben in der Entsprechenserklärung zur Nichtigkeit von Aufsichtsratsbeschlüssen, die hiermit im Zusammenhang stehende Vorschläge zur Beschlussfassung im Sinne des **§ 124 Abs. 3 AktG** zum Gegenstand haben. Infolgedessen sei auch der nachfolgende

52 Vgl. hierzu van Kann/Eigler, DStR 2007, S. 1730 (1733).
53 Thümmel, BB 2008, S. 10 (12).
54 LG München I, Urt. v. 22.11.2007, Az. 5 HK O 10614/07, BB 2008, 10 m. Anm. Thümmel; hierzu auch Jahn, AG 2007, S. R 527; Vetter, NZG 2008, S. 121 ff.
55 Siehe hierzu die Ausführungen unter Abschnitt 3.b)bb)(2).

Hauptversammlungsbeschluss seinerseits anfechtbar.[56] Im Ergebnis wird man allerdings der Entscheidung des LG München I zustimmen müssen. Ausschlaggebend muss letztlich sein, dass die **Entsprechenserklärung** im Sinne des **§ 161 AktG** anerkanntermaßen keine Bindungswirkung für die Zukunft entfaltet und Unternehmen auch »**unterjährig**« nach der Erklärung beabsichtigten künftigen Verhalten abrücken können. Rechtmäßiges kann aber schwerlich zur Grundlage einer Beschlussanfechtung gemacht werden.

- Anregungen

Erst recht müssen diese Grundsätze für die **Anregungen** des DCGK angewendet werden. Die spätere Abweichung von Angaben in der Entsprechenserklärung über DCGK-Vorschriften dieser Regelungsgruppe kann ebenfalls nicht zur Rechtwidrigkeit etwaiger Hauptversammlungsbeschlüsse führen.

Die möglichen Konsequenzen eines Verstoßes gegen Vorschriften des DCGK erschöpfen sich jedoch nicht in der möglichen Anfechtbarkeit von Hauptversammlungsbeschlüssen. Ungeklärt bleibt etwa, inwieweit Verstöße im Hinblick auf mögliche Pflichtverletzungen im Rahmen von Haftungsansprüchen gemäß **§§ 93, 116 AktG** bedeutsam werden können.[57] Ebenso sind – etwa auf § 826 BGB gestützte – Ansprüche der Aktionäre gegen die Gesellschaft oder die Organmitglieder denkbar.[58] Schließlich verbleibt den Aktionären die Möglichkeit, Kodex-Verstöße durch die Nichterteilung der Entlastung zu sanktionieren.

Im Ergebnis ist festzuhalten, dass die Vorschriften des DCGK in nur sehr begrenztem Umfang (gerichtlich) durchsetzbar sind. Rechtspolitisch lässt sich über diese weitestgehende Sanktionslosigkeit streiten. Es ist durchaus fraglich, ob in diesem Bereich eine Durchsetzung allein über den Kapitalmarkt in Gestalt von Kursabschlägen für weniger gute Corporate Governance genügen kann.[59]

(6) Rechtsnatur des DCGK

Unter rechtsdogmatischen Aspekten ist eine Zuordnung des DCGK und seiner Regelungen in die klassische Rechtsquellenlehre nicht ohne Weiteres möglich. Der DCGK ist weder ein Gesetz, noch eine Rechtsverordnung oder eine behördliche Allgemeinverfügung; vielmehr stellt er ein von einer staatlich eingesetzten und von Weisungen unabhängigen Regierungskommission verfasstes Regelungswerk dar, das keinen rechtlichen Zwang zur Einhaltung der Regelungen auslöst und nicht den Charakter einer staatlich gesetzten Rechtsnorm besitzt.[60] Es fehlt bei ihm an einer staatlichen Rechtssetzung; erst durch die gesetzliche Bestimmung des **§ 161 AktG** entfaltet der DCGK rechtlichen Zwang.[61] Aus diesem Grund wird allgemein angenommen, dass es sich bei dem DCGK und seinen Regelungen um eine Rechtsform *sui generis* handelt, die sich den klassischen

56 Vetter, NZG 2008, S. 121 ff.

57 Hüffer, AktG, § 161 Rn. 26; van Kann/Eigler, DStR 2007, S. 1730 (1735).

58 Vgl. van Kann/Eigler, DStR 2007, S. 1730 (1735).

59 Vgl. hierzu auch Vetter, NZG 2008, S. 121.

60 Claussen/Bröcker, DB 2002, S. 1199; Hoffmann-Becking, Münchener Handbuch des Gesellschaftsrechts, § 29 Rn. 59, ebenso Ringleb, in: Ringleb/Kremer/Lutter/v. Werder, Deutscher Corporate Governance Kodex, Vorbem. Rn. 51 ff.; Hüffer, AktG, § 161 Rn. 3.

61 Ebenso Ulmer, ZHR 166 (2002), S. 150 (158 ff.); Hüffer, AktG, § 161 Rn. 3; Kirschbaum/Wittmann, JuS 2005, S. 1062 (1064).

Rechtsquellen nicht zuordnen lässt. Gelegentlich wird diese Ebene **»zwischen Gesetz und Unverbindlichkeit«**[62] als **»Soft law«** bezeichnet.[63] Dieser Begriff ist allerdings irreführend, da es sich bei dem DCGK und seinen Regelungen gerade nicht um »Gesetzes-Recht«, sondern um Darstellungen von **»Best Practice«** handelt.[64]

Da es ein solches Selbstregulierungsinstrument der deutschen Wirtschaft nach dem Grundgesetz nicht gibt, wurde im Schrifttum die verfassungsrechtliche Legitimation dieser Art der Regulierung kontrovers diskutiert[65]; nach der heute herrschenden Auffassung besteht jedoch weitgehend Einigkeit, dass der DCGK und seine Regelungen verfassungsgemäß sind.[66]

(7) Umsetzung des DCGK in der Praxis

Die Akzeptanz des DCGK nach mittlerweile fünf Jahren ist sehr groß. Aktuelle Untersuchungsergebnisse zeigen, dass der DCGK trotz anfänglicher Skepsis nunmehr eine hohe Akzeptanz erfährt.[67] Sämtliche der von § 161 AktG adressierten Unternehmen kommen ihrer Erklärungspflicht nach und befolgen einen Großteil seiner Empfehlungen. Nach den Ergebnissen des aktuellen Kodex Reports 2008[68] über die Akzeptanz der im DCGK enthaltenen Empfehlungen und Anregungen stieg die durchschnittliche Befolgungsquote für Kodexempfehlungen auch im Jahr 2007 leicht von 82,9 % auf 83,8 %.[69] Eine leicht rückläufige Entwicklung – und zudem auf etwas niedrigerem Niveau – war hinsichtlich der im DCGK enthaltenen Anregungen zu verzeichnen. Hier lag die Befolgungsquote bei durchschnittlich 57,5 % (Vorjahr: 61,2).[70] Die Spannbreite der festgestellten Befolgung ist dabei groß. Eine entscheidende Bedeutung kommt der Unternehmensgröße zu. Je kleiner die Unternehmen sind, umso eher sind Abweichungen zu verzeichnen. So befolgen Unternehmen im General Standard 76,3 %, im S-DAX 85,4 %, im M-DAX 91,3 und im DAX sogar 94,9 % der im Kodex enthaltenen Empfehlungen.[71] Diese Abweichungen mögen darauf beruhen, dass kleinere Unternehmen nicht in gleichem Maße bereit sind, Zeit und Aufwand in die Struktur ihrer Unternehmensverfassung zu investieren.[72] Ferner wurde in Bezug auf die Anregungen im DCGK festgestellt, dass die DAX-Unternehmen diese zu 75,8 % befolgen. Acht der 30 DAX-Unternehmen kommen sogar sämtlichen 80 Empfehlungen und ein Unternehmen allen 23 Anregungen des DCGK nach.[73]

---

62 So wörtlich Claussen/Bröcker, DB 2002, S. 1199 (1200).

63 Der Begriff »Soft law« wird beispielsweise verwendet von Hüffer, AktG, § 76 Rn. 15c; Claussen/Bröcker, DB 2002, S. 1199 (1200); Kirschbaum/Wittmann, JuS 2005, S. 1062 (1064).

64 Auch in der englischen Rechtsliteratur spricht man von dem Corporate Governance-Kodex als »Best-Practice-Code«.

65 Verfassungsrechtliche Bedenken äußern etwa Seidel, ZIP 2004, S. 285 (289); Seidel, NZG 2004, S. 1095; Heintzen, ZIP 2004, S. 1933; Wolf, ZRP 2002, S. 59 (60); Hüffer, AktG, § 161 Rn. 4.

66 Siehe nur statt vieler Hoffmann-Becking, Münchener Handbuch des Gesellschaftsrechts, § 29 Rn. 59; Kirschbaum/Wittmann, JuS 2005, S. 1062 (1064 f.).

67 Vgl. hierzu den aktuellen Kodex Report 2008 von v. Werder/Talaulicar, DB 2008, S. 825 ff. sowie den Praxistest von Theisen/Raßhofer, DB 2007, S. 1317 ff.

68 v. Werder/Talaulicar, DB 2008, S. 825 ff.

69 v. Werder/Talaulicar, DB 2008, S. 825 (826).

70 v. Werder/Talaulicar, DB 2008, S. 825 (826) sowie v. Werder/Talaulicar, DB 2007, S. 869 (875).

71 v. Werder/Talaulicar, DB 2008, S. 825 (826).

72 Kirschbaum/Wittmann, AG 2005, S. R 174 (176).

73 v. Werder/Talaulicar, DB 2008, S. 825 (826).

Schließlich hat der Kodex Report neuralgische Kodexempfehlungen, also solche mit einer Akzeptanzquote von unter 90 %, identifiziert. Unter den DAX-Unternehmen gibt es hiervon fünf:[74] So lässt sich eine geringe Befolgungsquote hinsichtlich der Empfehlungen über die elektronische Übermittlung der Hauptversammlungseinberufung an in- und ausländische Finanzdienstleister, Aktionäre und Aktionärsvereinigungen mitsamt den Einberufungsunterlagen (85,7 %, vgl. Ziff. 2.3.2 DCGK), über den angemessenen Selbstbehalt bei D&O-Versicherungen für Vorstand und Aufsichtsrat (77,8 %, vgl. Ziff. 3.8 DCGK), über die Beratung im Aufsichtsratsplenum über die Struktur des Vergütungssystems für den Vorstand (85,2 %, vgl. Ziff. 4.2.2 Abs. 1, 1. HS DCGK), über die Begrenzung des Wechsels des bisherigen Vorstandsvorsitzenden oder eines Vorstandsmitglieds in den Aufsichtsratsvorsitz oder in den Vorsitz eines Aufsichtsratsausschusses (75,0 %, vgl. 5.4.4 Satz 1 DCGK) sowie hinsichtlich der Empfehlung über die erfolgsorientierte Vergütung der Aufsichtsratsmitglieder (82,1 %, vgl. Ziff. 5.4.7 Abs. 2 Satz 1 DCGK) feststellen. Im Hinblick auf die im Kodex enthaltenen Anregungen bleibt anzumerken, dass die 2007 eingeführten Regelungen zum **»Abfindungs-Cap«**, also zur Begrenzung von Abfindungszahlungen an ausscheidende Vorstandsmitglieder (Ziff. 4.2.3 Abs. 4 u. 5 DCGK),[75] derzeit noch segmentübergreifend mehrheitlich auf Ablehnung stoßen. Auch künftig werden nur etwa 65 % der 30 DAX-Unternehmen den drei Anregungen nachkommen.[76]

Insgesamt lässt sich aber eine breite Zustimmung in der Praxis für die Standards über gute Unternehmensführung konstatieren. Weniger eindeutig ist hingegen, inwieweit der DCGK messbare Auswirkungen auf den Kapitalmarkt hat. Bislang durchgeführte Studien konnten keine diesbezüglichen Zusammenhänge feststellen.[77] Weder wurden Unternehmen mit vollständiger Befolgung der DCGK-Empfehlungen mit besonderen Kursaufschlägen honoriert, noch zeigten sich messbare Abschläge bei geringer Anwendung der Empfehlungen. Von einer fehlenden Kapitalmarktrelevanz zu sprechen, wäre dennoch voreilig. Unbestritten hat sich nämlich die Transparenz deutscher Unternehmen seit Verabschiedung des DCGK deutlich verbessert. Hiervon wird letztlich auch der Kapitalmarkt insgesamt profitieren.

cc) Gesetz über die Offenlegung der Vorstandvergütungen (VorstOG)

Auch nach Einführung des DCGK ist die Weiterentwicklung der Corporate Governance immer wieder Gegenstand der Gesetzgebung gewesen. Besonders prominentes Beispiel sind hierbei die gesetzlichen Neuerungen im Zuge der Diskussion über die Angemessenheit von **Vorstandsbezügen**, die erstmals mit der unten beschriebenen **Mannesmann-Übernahme**[78] entbrannt ist. Als entscheidendes Mittel zur generalpräventiven Dämpfung des Vergütungsniveaus wurde recht bald die Ausweitung der Transparenz der Vergütungsstrukturen ausgemacht. Nach bisheriger Rechtslage waren die für die Mitglieder des Vorstands im Geschäftsjahr gewährten Gesamtbezüge lediglich in einer – nicht aufgeschlüsselten – Gesamtsumme anzugeben. Der DCGK sah darüber hinaus zwar eine

74 v. Werder/Talaulicar, DB 2008, S. 825 (826 ff.).
75 Siehe hierzu die Ausführungen unter Abschnitt 4.b).
76 Vgl. v. Werder/Talaulicar, DB 2008, S. 825 (831).
77 Vgl. hierzu Kirschbaum/Wittmann, AG 2005, S. R 174 (176) m.w.N.
78 Siehe näher unter Abschnitt 4.b).

Empfehlung für eine individualisierte Offenlegung vor; zahlreiche Unternehmen kamen dem jedoch nicht nach. Laut **Kodex-Report 2006** lag die freiwillige Zustimmungsrate bezüglich der individualisierten Angaben zur Vorstandsvergütung durchschnittlich bei 48,5 %, bei Unternehmen im General Standard gerade einmal bei 28,0 %.[79] Weiterhin hatte sich die EU-Kommission Ende 2004 in einer Empfehlung für eine Offenlegung der individuellen Vorstandsbezüge börsennotierter Gesellschaften ausgesprochen.[80] Der Gesetzgeber sah sich daraufhin veranlasst, zum Zwecke der erleichterten Feststellung, ob Vorstandsbezüge den Anforderungen des Angemessenheitsgebots im Sinne des **§ 87 Abs. 1 AktG** entsprechen, und zugleich zur Verbesserung des Anlegerschutzes die Offenlegungspflichten börsennotierter Gesellschaften durch das **Vorstandsvergütungs-Offenlegungsgesetz (VorstOG)**[81] vom 03.08.2005 auszuweiten.[82]

Gemäß **§ 285 Satz 1 Nr. 9 Buchst. a Satz 5 HGB** müssen nunmehr börsennotierte Aktiengesellschaften im Sinne des **§ 3 Abs. 2 AktG** unter Namensnennung die Bezüge jedes einzelnen Vorstandsmitglieds im Anhang zum Jahresabschluss – und gemäß **§ 314 Abs. 1 Nr. 6 Buchst. a HGB** ggf. im Konzernanhang – aufführen. Alternativ kann dies auch im Lagebericht im Zusammenhang mit der Darstellung des Vergütungssystems erfolgen, **§ 289 Abs. 2 Nr. 5 HGB**. Nicht ausreichend ist es, die Individualbezüge können in einer Gesamtsumme auszuweisen. Vielmehr müssen diese gesondert nach drei verschiedenen Bestandteilen (erfolgsunabhängigen Komponenten, erfolgsbezogenen Komponenten und Komponenten mit langfristiger Anreizwirkung) aufgeschlüsselt werden. Von der Offenlegungspflicht erfasst werden damit alle Bestandteile der Gesamtbezüge im Sinne des **§ 285 Satz 1 Nr. 9 Buchst. a Satz 1 HGB**, also Gewinnbeteiligungen, Bezugsrechte und sonstige aktienbasierte Vergütungen, Aufwandsentschädigungen, Versicherungsentgelte, Provisionen und Nebenleistungen jeder Art einschließlich der Sachbezüge. Gesellschaften können gemäß **§ 286 Abs. 5 HGB** von der individualisierten Offenlegung jedoch abweichen, wenn die Hauptversammlung einen entsprechenden Beschluss mit qualifizierter 3/4-Mehrheit fasst (sogenannte »**Opt out-Regelung**«). Der Hintergrund für diese Regelung besteht vornehmlich in dem Gedanken, dass es den Aktionären möglich sein müsse, auf die zu ihrem Schutz gedachte Transparenz zu verzichten.[83] Ein solcher Beschluss kann jedoch höchstens für einen Zeitraum von fünf Jahren gefasst werden. Ebenso bleibt die Gesellschaft bei einer Abbedingung verpflichtet, in der Entsprechenserklärung nach § 161 AktG anzugeben, dass der Kodex-Empfehlung insoweit nicht gefolgt wird.[84] Eine entsprechende gesetzliche Verpflichtung zur individuellen Offenlegung der Vergütung gibt es für Mitglieder des Aufsichtsrats nicht; im Kodex wird den Unternehmen diese jedoch empfohlen (vgl. Ziff. 5.4.7 Abs. 3 DCGK).

---

79 v. Werder/Talaulicar, DB 2006, S. 849 (851).
80 EU-Kommission, Empfehlung vom 14.12.2004, ABl.EG L 385/55, Tz. 5.
81 BGBl. 2005 I, S. 2267. Vgl. hierzu etwa Spindler, NZG 2005, S. 689; Hüffer, AktG, § 87 Rn. 14 ff.
82 Vgl. hierzu die Reg-Begr., BR-Drs. 398/05, S. 5.
83 Vgl. hierzu die Reg-Begr., BR-Drs. 398/05, S. 11.
84 Vgl. hierzu die Reg-Begr., BR-Drs. 398/05, S. 12.

dd) Reformbestrebungen: Gesetz zur Modernisierung des Bilanzrechts (BilMoG)

Weitere Änderungen der gesetzlichen Rahmenbedingungen für den Bereich der Corporate Governance sind vom **Gesetz zur Modernisierung des Bilanzrechts (BilMoG)** zu erwarten. Das zuständige Justizministerium hat am 8. November 2007 hierzu einen Referentenentwurf (RefE) vorgestellt. Der Großteil der Neuerungen soll nach den Planungen des Ministeriums erstmals auf Geschäftsjahre Anwendung finden, die im Kalenderjahr 2009 beginnen.[85] Hauptanliegen des BilMoG ist es, das HGB-Bilanzrecht zu modernisieren und an internationale Rechnungslegungsstandards anzupassen. Ferner soll das Gesetz dazu dienen, zwei EU-Richtlinien, die sogenannte »**Abschlussprüferrichtlinie**«[86] und die sogenannte »**Abänderungsrichtlinie**«[87], in nationales Recht umzusetzen. Gleichzeitig betreffen einige Teile aber auch die Corporate Governance und führen insgesamt erneut zu einer Ausweitung der Offenlegungspflichten börsennotierter Aktiengesellschaften.[88]

Im Wesentlichen lassen sich die diesbezüglichen Neuerungen in drei Teilbereiche untergliedern:

(1) Anforderung an die Besetzung des Aufsichtsrates/Prüfungsausschuss

Zunächst sieht der Referentenentwurf eine Ergänzung des § 100 AktG um einen neuen Absatz 5 vor, wonach bei kapitalmarktorientierten Gesellschaften, d.h. Kapitalgesellschaften, die einen organisierten Markt im Sinne des § 2 Abs. 5 Wertpapierhandelsgesetz (WpHG) durch von ihr ausgegebene Wertpapiere in Anspruch nehmen (§ 264d HGB-RefE), mindestens ein unabhängiges Mitglied des Aufsichtsrates über Sachverstand auf den Gebieten der Rechnungslegung oder Abschlussprüfung verfügen muss. Des Weiteren kann gemäß § 107 Abs. 3 Satz 2 AktG-RefE im Aufsichtsrat ein sogenannter »**Prüfungsausschuss**« eingerichtet werden, dem u.a. die Überwachung des Rechnungslegungsprozesses übertragen werden kann. Sofern hiervon Gebrauch gemacht wird, muss mindestens ein Mitglied des Prüfungsausschusses den Anforderungen des § 100 Abs. 5 AktG-RefE genügen (§ 107 Abs. 4 AktG-RefE).

(2) Erweiterte Entsprechenserklärung im Sinne des § 161 AktG

Als weiteren Regelungsbereich sieht das BilMoG einige Modifizierungen des § 161 AktG und der hiernach notwendigen Entsprechenserklärung zum DCGK vor:

- So sollen zum einen künftig nicht nur börsennotierte Gesellschaften im Sinne des § 3 Abs. 2 AktG, also Gesellschaften, deren Aktien zu einem organisierten Markt zugelassen sind, eine Entsprechenserklärung abgeben, sondern gemäß § 161 Abs. 1 Satz 2 AktG-RefE zusätzlich auch Gesellschaften, die ausschließlich andere Wertpapiere als Aktien zum Handel an einem organisierten Markt im Sinne des § 2 Abs. 5 WpHG ausgegeben haben <u>und</u> deren Aktien mit Wissen der Gesellschaft über ein mulilaterales Handelssystem – in Deutschland in der Regel im Freiverkehr – gehandelt werden.

---

85 Bundesministerium der Justiz, Eckpunkte der Reform des Bilanzrecht, Presseerklärung vom 08.11.2007.

86 Richtlinie 2006/43/EG des Europäischen Parlaments und des Rates vom 17.05.2006.

87 Richtlinie 2006/46/EG des Europäischen Parlaments und des Rates vom 14.06.2006.

88 Näher hierzu: Habersack, AG 2008, S. 98ff.; Kuthe/Geiser, NZG 2008, S. 172.

- Hinsichtlich der inhaltlichen Anforderungen an eine Entsprechenserklärung ist zu beachten, dass laut **Referentenentwurf** künftig Abweichungen von Empfehlungen des DCGK nicht nur erklärt, sondern zusätzlich auch begründet werden müssen. Bislang war eine Erläuterung eventueller Abweichungen vom Kodex empfohlen worden (vgl. Ziff. 3.10 DCGK).
- Schließlich wird nach dem Referentenentwurf die Entsprechenserklärung gemäß § 161 Abs. 2 AktG-RefE auf der Internetseite der Gesellschaft dauerhaft zu veröffentlichen sein. Insofern entspricht die Regelung Ziff. 6.8 des DCGK. Bislang ist der Adressatenkreis derjenigen, denen die **Entsprechenserklärung** zugänglich gemacht werden muss, von Gesetzes wegen auf die Aktionäre beschränkt. Ein großer Änderungsbedarf für die Praxis ist hiermit gleichwohl nicht verbunden, da einer Veröffentlichung im Internet bereits jetzt schon weitestgehend nachgekommen wird.

(3) Erklärung zur Unternehmensführung im Sinne des § 289a HGB-RefE

Neu wird schließlich auch sein, dass gemäß § 289a HGB-RefE börsennotierte Gesellschaften und Gesellschaften, die ausschließlich andere Wertpapiere als Aktien zum Handel an einem organisierten Markt im Sinne des § 2 Abs. 5 WpHG ausgegeben haben und deren Aktien mit Wissen der Gesellschaft über ein **mulilaterales Handelssystem** gehandelt werden, eine Erklärung zur Unternehmensführung in den Lagebericht aufnehmen müssen. In die Erklärung ist zunächst die Entsprechenserklärung nach § 161 AktG aufzunehmen. Ebenso muss die Erklärung relevante Angaben zu **Unternehmensführungspraktiken** enthalten, soweit diese über die gesetzlichen Anforderungen hinaus angewandt werden. Die Unternehmensführungspraktiken sind öffentlich zugänglich zu machen. Schließlich muss in die Erklärung eine Beschreibung der Arbeitsweise von Vorstand und Aufsichtsrat sowie der Zusammensetzung und Arbeitsweise von deren Ausschüssen aufgenommen werden.

4. Typische Probleme der Corporate Governance beim Unternehmenskauf

Nachfolgend sollen einige typische Problemfelder der Corporate Governance dargestellt werden, die bei einem **Unternehmenskauf** von hoher praktischer Bedeutung sind.

a) Die Organhaftung beim Unternehmenskauf und Business Judgement Rule

Wie bereits in der Einleitung festgestellt, kommt es in der Praxis nicht selten vor, dass die an einen Unternehmenskauf geknüpften Erwartungen enttäuscht werden. In diesem Falle rückt dann die Frage nach der Haftung der zuständigen Organe des erwerbenden Unternehmens in den Mittelpunkt. Vor allem stellt sich die Frage, ob der verfehlte Unternehmenskauf einen haftungsrechtlich relevanten **Sorgfaltspflichtverstoß** der Organe darstellt. Dies kann etwa dann der Fall sein, weil der Vorstand eines Unternehmens bei der Zielgesellschaft keine oder nur eine unzureichende Due Diligence durchgeführt hat oder er im Vorfeld seiner Erwerbsentscheidung den Aufsichtsrat über die strategischen Überlegungen der Akquisition und den Ablauf der vorausgegangenen Vertragsverhandlungen nicht oder sogar unzutreffend informiert hat.

Wie sich der Vorstand im Rahmen seiner M&A-Aktivitäten konkret verhalten soll, ist im deutschen **Kapitalgesellschaftsrecht** nicht geregelt. So heißt es beispielsweise in § 93 Abs. 1 Satz 1 AktG lediglich, dass die Vorstandsmitglieder bei ihrer Geschäftsführung die Sorgfalt eines ordentlichen und gewissenhaften Geschäftsleiters anzuwenden haben. Was aber die Sorgfalt eines ordentlichen und gewissenhaften Geschäftsleiters im Rahmen einer M&A-Aktivität konkret bedeutet, verrät das Gesetz nicht, sodass die Grenzen des Handlungsspielraumes der Geschäftsleitung hier unklar sind.

Um jedoch die Klarheit und Berechenbarkeit der Verhaltensanforderungen zu fördern, orientiert sich die höchstrichterliche Rechtsprechung seit der **»ARAG/Garmenbeck«-Entscheidung** des BGH[89] bei der Begrenzung der Handlungsfreiheit des Vorstands an den Regeln der dem US-amerikanischen Gesellschaftsrecht entstammenden richterrechtlichen *Business Judgement Rule*. Danach verstößt ein Vorstandsmitglied zumindest dann nicht gegen seine Sorgfaltspflicht, wenn es bei einer unternehmerischen Entscheidung vernünftigerweise annehmen durfte, auf der Grundlage angemessener Information zum Wohle der Gesellschaft zu handeln. Auf diese Weise wird einer **»übertriebenen Risikoscheu der Organmitglieder«** entgegengewirkt, den Besonderheiten unternehmerischer Entscheidungen Rechnung getragen und die Gefahr gemindert, dass die Gerichte in Kenntnis der später eingetretenen Tatsachen überzogene Anforderungen an die organschaftliche Sorgfaltspflicht stellen. Dieser Rahmen pflichtgemäßen Verhaltens wurde im Jahre 2005 durch das Gesetz zur Unternehmensintegrität und Modernisierung des Anfechtungsrechts (UMAG)[90] in § 93 Abs. 1 Satz 2 AktG kodifiziert.

Die **Business Judgement Rule** findet zudem in Ziff. 3.8 DCGK, eingefügt am 14. Juni 2007, ihren Niederschlag. Die Regelung stellt klar, dass bei unternehmerischen Entscheidungen keine Pflichtverletzung vorliegt, »wenn das Mitglied von Vorstand oder Aufsichtsrat vernünftigerweise annehmen durfte, auf der Grundlage angemessener Information zum Wohle der Gesellschaft zu handeln (*Business Judgement Rule*)«.

Für die M&A-Praxis bedeutet dies, dass bei jedem Schritt eines Unternehmenskaufes der Vorstand und der Aufsichtsrat zum Wohle des Unternehmens eng zusammenwirken müssen. Was dies im Einzelnen bedeutet, ist, wie bereits oben beschrieben[91], in Ziff. 3 DCGK festgelegt.

Hierzu gehört neben der engen Zusammenarbeit (vgl. Ziff. 3.1 DCGK), dass der Vorstand die strategische Ausrichtung des Unternehmens mit dem Aufsichtsrat abstimmt und mit ihm in regelmäßigen Abständen den Stand der Strategieumsetzung erörtert (vgl. Ziff. 3.2 DCGK). Hinzu kommt die regelmäßige, zeitnahe und umfassende Informierung des Aufsichtsrates durch den Vorstand über alle für das Unternehmen relevanten Fragen der Planung, der Geschäftsentwicklung, der Risikolage, des Risikomanagements und der Compliance, wobei die ausreichende Informationsversorgung des Aufsichtsra-

89 BGHZ 135 S. 244.
90 BGBl I 2005, S. 2005 (2802).
91 Siehe Abschnitt 3b)bb)(2).

tes gemeinsame Aufgabe von Vorstand und Aufsichtsrat ist (vgl. Ziff. 3.4 DCGK). Eine gute Unternehmensführung setzt zudem eine offene Diskussion zwischen Vorstand und Aufsichtsrat sowie in Vorstand und Aufsichtsrat voraus; die umfassende Wahrung der Vertraulichkeit ist dafür von entscheidender Bedeutung (vgl. Ziff. 3.5 DCGK). Daneben sollten in mitbestimmten Aufsichtsräten die Vertreter der Aktionäre und der Arbeitnehmer die Sitzungen des Aufsichtsrats jeweils gesondert, gegebenenfalls mit Mitgliedern des Vorstands, vorbereiten (vgl. Ziff. 3.6 DCGK). Bei einem Übernahmeangebot müssen zudem der Vorstand und Aufsichtsrat der Zielgesellschaft eine begründete Stellungnahme zu dem Angebot abgeben, damit die Aktionäre in Kenntnis der Sachlage über das Angebot entscheiden können. Der Vorstand darf nach Bekanntgabe eines Übernahmeangebots keine Handlungen außerhalb des gewöhnlichen Geschäftsverkehrs vornehmen, durch die der Erfolg des Angebots verhindert werden könnte, wenn er dazu nicht von der Hauptversammlung ermächtigt ist oder der Aufsichtsrat dem zugestimmt hat. Bei ihren Entscheidungen sind Vorstand und Aufsichtsrat an das beste Interesse der Aktionäre und des Unternehmens gebunden. In angezeigten Fällen sollte der Vorstand eine außerordentliche Hauptversammlung einberufen, in der die Aktionäre über das Übernahmeangebot beraten und gegebenenfalls über gesellschaftsrechtliche Maßnahmen beschließen (vgl. Ziff. 3.7 DCGK). Auch sollen Vorstand und Aufsichtsrat jährlich im Geschäftsbericht über die Corporate Governance des Unternehmens berichten (Corporate Governance Bericht). Hierzu gehört auch die Erläuterung eventueller Abweichungen von den Empfehlungen des DCGK, wobei auch zu den Kodexanregungen Stellung genommen werden kann. Die Gesellschaft soll nicht mehr aktuelle Entsprechenserklärungen zum DCGK fünf Jahre lang auf ihrer Internetseite zugänglich halten (vgl. Ziff. 3.10 DCGK).

Zusammenfassend ist festzuhalten, dass die Grenzen des gestalterischen Handlungsspielraumes zumindest dann nicht überschritten sein dürften, wenn ein ausschließlich am Unternehmenswohl orientiertes unternehmerisches Handeln und eine sorgfältige Ermittlung der Entscheidungsgrundlagen vorliegen. Um daher die Akquisitionsentscheidung inhaltlich zu legitimieren, sollten Vorstand und Aufsichtsrat von Anfang an (das heißt sowohl bei der Vorbereitung als auch bei der Durchführung einer Transaktion) im Sinne des DCGK zusammenwirken.

b) Abfindung von Vorstandsmitgliedern bei vorzeitigem Ausscheiden

Veranlasst durch die öffentliche Diskussion über zu hohe Abfindungen für Manager im »**Mannesmann-Fall**«, hat die Regierungskommission den DCGK am 14.06.2007 um eine weitere Anregung ergänzt, die bei Unternehmenskäufen von praktischer Relevanz ist. Es geht um die Abfindung von Vorstandsmitgliedern im Falle ihres vorzeitigen Ausscheidens (»**Golden hand shake**«).

Im »Mannesmann-Fall« hatte das Gericht darüber zu entscheiden, ob es dem Aufsichtsrat erlaubt ist, Vorstandsmitgliedern einen von der Gesellschaft finanzierten Bonus für in der Übernahmesituation geleistete Dienste nachträglich zu gewähren. Die Gewährung besonderer Boni ist gerade bei größeren Transaktionen üblich und hat folgenden Hintergrund: Während eines bevorstehenden Verkaufsprozesses kommt es nicht selten vor, dass sich das Management des Zielunternehmens von seinen bisherigen Gesellschaftern ab- und sich den potenziellen neuen Gesellschaftern zuwendet (*Reinhard Pöllath* spricht in diesem Fall von einem »**shift of loyalty and interest**«).[92] Um dieser Entwicklung entgegenzuwirken, wird dem Vorstandsmitglied ein Grundbetrag angeboten, mit dem zugleich die neben den laufenden Geschäften eventuell zusätzlich zu erbringenden Leistungen abgegolten werden.[93]

Angesichts der fortwährenden Diskussion um exzessive Vorstandsgehälter dürfte die in Ziff. 4.2.3 Abs. 4 DCGK und Ziffer 5 DCGK neu eingeführte Anregung zur Abfindung für ausscheidende Vorstandsmitglieder großes Interesse geweckt haben, die im Zusammenhang mit dem für die Vorstandsbezüge geltenden Angemessenheitsgebot des § 87 Abs. 1 Satz 1 AktG gesehen werden muss. Der DCGK nennt nunmehr eine Obergrenze für Abfindungen bei vorzeitigem Ausscheiden von Vorstandsmitgliedern (sogenannter »**Abfindungs-Cap**«)[94]. So soll darauf geachtet werden, dass Zahlungen einschließlich Nebenleistungen bei vorzeitiger Beendigung der Vorstandstätigkeit ohne wichtigen Grund den Wert von zwei Jahresvergütungen nicht überschreiten. Ebenso sollte die Vergütung nicht mehr als die Restlaufzeit des Anstellungsvertrages betragen. Eine Ausnahme soll nur für Abfindungen bei vorzeitiger Beendigung der Vorstandstätigkeit infolge eines Kontrollwechsels (**Change of Control**) gelten, für die abweichend eine Höchstgrenze von drei Jahresvergütungen festgelegt wurde. Die Anregung der Ziff. 4.2.3 DCGK betrifft allerdings nur solche Fälle, in denen das Mandat des ausscheidenden Vorstands beendet wird, ohne dass zugleich ein wichtiger Grund zur Kündigung des Anstellungsvertrags gegeben ist.[95]

c) Tätigkeit eines Aufsichtsrates für ein Konkurrenzunternehmen

Gelegentlich kommt es vor, dass ein Unternehmen einen Anteil an einem konkurrierenden Unternehmen erwirbt oder erwerben möchte und der Aufsichtsrat des erwerbenden Unternehmens gleichzeitig in das Kontrollgremium des konkurrierenden Unternehmens gewählt wird. Auch wenn sich durchaus argumentieren ließe, dass ein solches Vorgehen gegen das Gebot einer effizienten Überwachung verstößt, so enthält das AktG keine Regelung, die eine gleichzeitige Mitgliedschaft des Aufsichtsrates eines erwerbenden Unternehmens in dem Aufsichtsrat eines konkurrierenden Unternehmens untersagt. Eine solche Regelung zur Wählbarkeit von Mitgliedern des Aufsichtsrates findet sich jedoch im DCGK. So regelt die Empfehlung Ziff. 5.4.2 Satz 4 DCGK ausdrücklich, dass »Aufsichtsratsmitglieder keine Organfunktion oder Beratungsaufgaben bei wesentlichen Wettbewerbern des Unternehmens ausüben sollen.«

In dem bereits oben erwähnten Urteil des LG München I vom 22. November 2007[96] hatte das Gericht darüber zu entscheiden, ob die Wahl eines Aufsichtsratsvorsitzenden angefochten werden kann, wenn sie u. a. gegen die Empfehlung Ziff. 5.4.2 Satz 4 DCGK verstößt. Der Entscheidung lag der Sachverhalt zugrunde, dass in einer Hauptversammlung der MAN AG neben weiteren Personen der Aufsichtsratsvorsitzende der VW AG,

92 Pöllath, Corporate Governance in M&A-Situations: Focus on Germany, 2005, S. 5 (6).
93 Hohaus/Weber, DStR 2008, S. 104.
94 Zum »Abfindungs-Cap« siehe auch Dörrwächter/Trafkowski, NZG 2007, S. 846 ff.
95 Vgl. van Kann/Eigler, DStR 2007, S. 1730 (1730 f.).
96 Siehe näher unter Abschnitt 3b)bb)(5).

Herr *Ferdinand Piëch*, in den Aufsichtsrat der MAN AG gewählt wurde. Das Gericht ließ offen, ob es sich bei der MAN AG um ein konkurrierendes Unternehmen der VW AG im Sinne des Ziff. 5.4.2 Satz 4 DCGK handelt. Selbst wenn man davon ausgehen wollte, so würde dies nach der Feststellung des Gerichtes noch nicht zur Anfechtbarkeit des Beschlusses führen. Maßgeblich für die Voraussetzungen der Wählbarkeit von Mitgliedern des Aufsichtsrates seien nämlich allein die Vorschriften der §§ 95 ff. AktG, insbesondere §§ 100, 105 Abs. 1 AktG, gegen deren Wortlaut erkennbar nicht verstoßen worden sei. Bei den im DCGK niedergelegten Grundsätzen handele es sich weder um ein Gesetz noch um die Satzung der Gesellschaft. Aus diesem Grunde könne der Beschluss der Hauptversammlung auch nicht nach § 243 Abs. 1 AktG wegen Verletzung des Gesetzes oder der Satzung durch Klage angefochten werden.

Ob diese Entscheidung, die in der Literatur teilweise kritisiert worden ist[97], Bestand haben wird, lässt sich noch nicht abschließend beurteilen. Zumindest sollte sie dafür sensibilisieren, dass die Besetzung eines Aufsichtsrates eines erworbenen oder zu erwerbenden konkurrierenden Unternehmens den Grundsätzen des DCGK widerspricht. Ein solches Vorgehen sollte daher möglichst vermieden werden.

5. Corporate Governance für Familien- und Mittelstandsunternehmen

Während die Diskussion um Corporate Governance in der Vergangenheit fast ausschließlich in Bezug auf börsennotierte Kapitalgesellschaften geführt wurde, so erweiterte sie sich in jüngster Zeit auch auf **Familien- und Mittelstandsunternehmen**.[98]

a) Einführung von Corporate-Governance-Strukturen

Ein Grund für die Einführung von Corporate-Governance-Strukturen in Familien- und Mittelstandsunternehmen besteht darin, dass auch diese sich zunehmend an den Erfordernissen der Kapitalmärkte orientieren müssen. Dies gilt umso mehr, als die Regeln zu **Basel II**[99] ab dem 1. Januar 2007 in den Mitgliedsstaaten der Europäischen Union für alle Kredit- und Finanzdienstleistungsinstitute anzuwenden sind. Dies hat zur Folge, dass sich Familien- und Mittelstandsunternehmen künftig – wie bei Großkonzernen – Ratings über ihre Kreditwürdigkeit werden unterziehen müssen. Hierfür benötigen sie nicht nur eine bessere Kapitalausstattung und gute Bilanzen, sondern auch professionelle Managementstrukturen.

---

97 Vetter, NZG 2008, S. 121 (125 f.); vorsichtiger: Thümmel, BB 2008, S. 10 (12).

98 Hierzu ausführlich Picot/Classen, Corporate Governance, in: Handbuch für Familien- und Mittelstandsunternehmen, S. 117 (126 ff.). Dem Beitrag schließen sich mehrere Beispiele für »gute« Corporate-Governance-Strukturen an.

99 Abrufbar unter http://www.bis.org/publ/bcbsca.htm.

Zudem können gute Corporate-Governance-Strukturen zu einer rechtzeitigen Erkennung sich anbahnender Unternehmensrisiken führen. Gerade die enge familiäre bzw. persönliche Verbundenheit einzelner Gesellschafter- und Interessengruppen in Familien- und Mittelstandsunternehmen kann sich als problematisch erweisen. Zwar kann sie einerseits eine effektive Interessenbündelung und rasche Entscheidungsfindung ermöglichen. Allerdings geht mit ihr auch ein nicht unerhebliches Risiko einher, dass Konflikte, die allein dem familiären bzw. persönlichen Bereich entstammen, hierdurch (oftmals unbemerkt) in wichtige Entscheidungsprozesse der Gesellschafter oder Geschäftsführung gelangen. Vermischen sich diese familiären bzw. persönlichen Differenzen mit unternehmensinternen Interessenskonflikten, die etwa im Zusammenhang mit Fragen der Unternehmensführung, der Gewinnverteilung, der strategischen Ausrichtung oder der Unternehmensnachfolge auftreten, so wird eine effiziente Führung des Unternehmens oftmals erschwert, wenn nicht sogar verhindert.

Hinzu kommt, dass deutsche Unternehmen heutzutage aufgrund der voranschreitenden Globalisierung zunehmend einem verschärften Wettbewerb ausgesetzt sind, der die Unternehmensleitung vor immer neue Herausforderungen stellt. Gerade kleine und mittlere Unternehmen sind gefordert, sich dieser neuen Situation anzupassen, um ihre Marktposition festigen oder erweitern zu können und damit den langfristigen Erhalt des Unternehmens zu sichern. In diesem Zusammenhang können klare Regelungen der Corporate Governance hilfreich sein, da sie regelmäßig auch eine größere Transparenz in der Unternehmensführung nach sich ziehen.

b) Übernahme des DCGK für Familien- und Mittelstandsunternehmen?

Wie oben beschrieben, ist der DCGK in erster Linie auf die Behandlung des für börsennotierte Aktiengesellschaften typischen **Principal-Agent-Verhältnisses** der Anteilseigner einerseits und der Unternehmensleitung andererseits zugeschnitten. Bei Familien- und Mittelstandsunternehmen ist die Ausgangslage indes eine andere. Entscheidend ist, dass bei diesen Gesellschaften – im Unterschied zu börsennotierten Aktiengesellschaften – Anteilsinhaberschaft und Management häufig nicht auseinander fallen, sodass insoweit ein regelungsbedürftiges Principal-Agent-Verhältnis gar nicht erst entsteht. Familien- und Mittelstandsunternehmen zeichnen sich vielmehr durch eine enge familiäre bzw. persönliche Verbundenheit, wenn nicht sogar eine Personenidentität, der (Mehrheits-) Anteilseigner einerseits und der Unternehmensleitung andererseits aus. Zwar wird auch bei Familien- und Mittelstandsunternehmen mitunter ein Fremdmanagement eingesetzt;[100] selbst dann ist jedoch die Interessenlage mit derjenigen bei börsennotierten Aktiengesellschaften nur bedingt vergleichbar. Denn Familien- und Mittelstandsunternehmen – die häufig in der Rechtsform der GmbH & Co. KG organisiert sind – bleibt der Zugang zu den Kapitalmärkten in der Regel verwehrt; oftmals besteht an der freien Übertragbarkeit der Anteile auf anonyme Kapitalmarktteilnehmer auch gar kein Interesse.

100 Zu den Principal-Agent-Konflikten bei Fremdgeschäftsführern siehe Winkeljohann/Kellersmann, ZCG 2006, S. 8 (10); Lange, BB 2005, S. 2585 (2587).

Da sich die für börsennotierte Aktiengesellschaften typische Interessenlage in Familien- und Mittelstandsunternehmen folglich nicht – oder jedenfalls nicht in vergleichbarer Gestalt – wiederfindet, lassen sich die auf börsennotierte Aktiengesellschaften zugeschnittenen Corporate-Governance-Strukturen des DCGK nicht ohne Weiteres auf Familien- und Mittelstandsunternehmen übertragen.

c) »Governance Kodex für Familienunternehmen«

Aus den oben beschriebenen Gründen hat eine von der privaten Wirtschaft ins Leben gerufene Kommission namhafter Familienunternehmer unter der Leitung von *Peter May*[101] im September 2004 einen »**Governance Kodex für Familienunternehmen**« vorgelegt.[102] Im Gegensatz zum DCGK will dieser Kodex keine verbindlichen Regeln aufstellen, sondern lediglich Empfehlungen aussprechen. Der 13-seitige Verhaltenskodex, der sich in erster Linie an mittelgroße und große Familienunternehmen mit mehreren Gesellschaftern richtet, enthält zahlreiche Empfehlungen zur systematischen Vermeidung spezifischer Probleme in Familienunternehmen. Hierzu zählen etwa die Forderungen, Familienmitglieder bei der Besetzung von Führungspositionen nicht gegenüber externen Bewerbern zu bevorzugen, die Unternehmensstrukturen so zu gestalten, dass die Finanz- und Ertragslage des Unternehmens und seiner wesentlichen Aktivitäten jederzeit zutreffend beurteilt werden kann und die Einrichtung eines Kontrollorgans für Gesellschaften mit mehreren Teilhabern.

Im Einzelnen setzt sich der Kodex aus folgenden Hauptpunkten zusammen:

- Bekenntnis zu verantwortungsvollem Unternehmertum
- Transparenz der Unternehmensstrukturen
- Sicherung einer qualifizierten Führung und Führungsnachfolge
- Sicherung einer qualifizierten Kontrolle der Unternehmensführung
- Mitwirkungsrechte der Gesellschafter
- Rechnungslegung, Gewinnverwendung
- Maßnahmen zum Erhalt des Unternehmens im Familienbesitz
- Family Governance als unverzichtbare Ergänzung zur Corporate Governance im Familienunternehmen.

In der Tat sprechen gute Gründe für die Einführung eines spezifischen Kodex für Familienunternehmen. So kann ein solches Regelungswerk grundsätzlich geeignet sein, die besonderen Stärken des jeweiligen Unternehmens auszubauen sowie bestehende Schwächen aufzudecken und effektiv anzugehen. Allerdings sollte dies nicht dazu führen, dass an mittelständische Familienunternehmen zusätzliche (bürokratische) Anforderungen gestellt werden, die ihre Wettbewerbsfähigkeit schwächen könnten. Solange man den Kodex nicht als Instrument der Regulierung, sondern – wie von den Initiatoren gefordert – als Leitfaden begreift, scheint diese Gefahr nicht zu bestehen.

---

101 Mitglieder der Kommission sind Prof. Dr. Peter May (Vorsitzender), Dieter Ammer, Stefan Dräger, Klaus Greinert, Franz Haniel, Karl-Erivan Haub, Christoph Henkel, Dr. Jürgen Heraeus, Dr. Klaus Murmann und Dr. Reinhard Zinkann.

102 Der Kodex ist im Internet abrufbar unter www.kodex-fuer-familienunternehmen.de.

Literatur

Baumbach, Adolf/Hueck, Alfred, GmbH-Gesetz, 18. Auflage, 2006;
Baums, Theodor, Aktuelle Entwicklungen im Europäischen Gesellschaftsrecht, AG 2007, S. 57–65;
Bayer, Walter/Schmidt, Jessica, Aktuelle im Europäischen Gesellschaftsrecht (2004–2007), BB 2008, S. 454–460;
Becker, Patricia, EU-Kommission: Bericht über Vergütung und Unabhängigkeit von Direktoren, GmbHR 2007, S. R 250-R 251;
Bedkowski, Dorothea, Erweiterte Berichtspflicht des Aufsichtsrats als Folge von Ziffer 5.5.3 DCGK?, AG 2007, S. R 527-R 528;
Bischof, Jannis, Zweckmäßigkeit erfolgsabhängiger Aufsichtsratsvergütung, BB 2006, S. 2627–2633;
Böttcher, Lars, Organpflichten beim Unternehmenskauf, NZG 2007, S. 481–485;
Bürkle, Jürgen, Corporate Compliance als Standard guter Unternehmensführung des Deutschen Corporate Governance Kodex, BB 2007, S. 1797–1801;
Bürkle, Jürgen/Fecker, Jörg, Business Judgement Rule: Unternehmerischer Haftungsfreiraum für leitende Angestellte, NZA 2007, S. 589–596;
Classen, Frauke/Classen, Dirk, Gesellschaftsrechtliche Gestaltung, Handbuch für Familien- und Mittelstandsunternehmen, Stuttgart 2008, S. 36–87;
Claussen, Carsten Peter, Wie ändert das KonTraG das Akteingesetz?, DB 1998, S. 177–186;
Claussen, Carsten Peter/Bröcker, Norbert, Der Corporate Governance Kodex aus der Perspektive der kleinen und mittleren Börsen-AG, DB 2002, S. 1199–1206;
Dörrwächter, Jan/Trafkowski, Armin, Anmerkungen zum Abfindungs-Cap in Nummer 4.2.3 n.F. des Deutschen Corporate Governance Kodex, NZG 2007, S. 846 - 851;
Drygala, Tim, Aufsichtsratsbericht und Vertraulichkeit im System der Corporate Governance, AG 2007, S. 381–392;
Ettinger, Jochen/Grützedick, Elke, Haftungsrisiken im Zusammenhang mit der Abgabe der Corporate Governance Entsprechenserklärung gemäß § 161 AktG, AG 2003, S. 353–366;
Gruson, Michael/Kubicek, Matthias, Der Sarbanes-Oxley Act, Corporate Governance und das deutsche Aktienrecht (Teil II), AG 2003, S. 393–406;
Habersack, Mathias, Europäisches Gesellschaftsrecht im Wandel – Bemerkungen zum Aktionsplan der EG-Kommission betreffend die Modernisierung des Gesellschaftsrechts und die Verbesserung der Corporate Governance in der Europäischen Union, NZG 2004, S. 1–9;
Habersack, Mathias, Aufsichtsrat und Prüfungsausschuss nach dem BilMoG, AG 2008, S. 98–107;
Heintzen, Markus, Der Deutsche Corporate Governance Kodex aus der Sicht des deutschen Verfassungsrechts, ZIP 2004, S. 1933–1938;
Hoffmann-Becking, Michael/Austmann, Andreas/Herfs, Achim/Kraft, Ernst-Thomas/Krieger, Gerd/Semler, Franz-Jörg/Wiesner, Georg, Münchener Handbuch des Gesellschaftsrechts, Band 4, Aktiengesellschaft, 3. Auflage, 2007;
Hohaus, Benedikt/Weber, Christoph, Gesellschaftsrechtliche Probleme bei der Gewährung von Transaktionsboni durch einen Aktionär, DStR 2008, S. 104–110;
Hommelhoff, Peter/Mattheus, Daniela, Corporate Governance nach dem KonTraG, AG 1998, S. 249–259;
Hüffer, Uwe, AktG, Kommentar, 7. Auflage, 2006;
Jahn, Joachim, Erste Klage wegen mutmaßlichen Kodex-Verstoßes abgewiesen, AG 2007, S. R 527;

Kann, Jürgen van/Eigler, Mira, Aktuelle Neuerungen des Corporate Governance Kodex, DStR 2007, S. 1730–1736;

Kirschbaum, Tom/Wittmann, Martin, Selbstregulierung im Gesellschaftsrecht: Der Deutsche Corporate Governance Kodex, JuS 2005, S. 1062–1067;

Kirschbaum, Tom/Wittmann, Martin, Zur Auswirkung des Deutschen Corporate Governance Kodex auf Unternehmen und Kapitalmarkt, AG 2005, S. R 174-R 178;

Kort, Michael, Mannesmann: Das »Aus« für nachträglich vorgesehene Vorstandsvergütungen ohne Anreizwirkung?, NZG 2006, S. 131–133;

Kropff, Bruno/Semler, Johannes, Münchener Kommentar zum AktG Band 1 (§§ 1–53), 2. Auflage, 2000, Band 5/1 (§§ 148–154, 161–178 AktG, §§ 238–264c, 342, 342a HGB), 3. Auflage, 2003;

Kuthe, Thorsten/Geiser, Martina, Die neue Corporate Governance Erklärung«, NZG 2008, S. 172–175;

Lanfermann, Georg/Maul, Silja, Auswirkungen des Sarbanes-Oxley Acts in Deutschland, DB 2002, S. 1725–1732;

Lange, Knut Werner, Corporate Governance in Familienunternehmen, BB 2005, S. 2585–2590;

Lange, Knut/Wall, Friederike, Risikomanagement nach dem KonTraG, 2001;

Maul, Silja, Vorschläge der Expertengruppe zur Reform des EU-Gesellschaftsrechts, DB 2003, S. 27–31;

Maul, Silja/Lanfermann, Georg/Eggenhofer, Erich, Aktionsplan der Europäischen Kommission zur Reform des Europäischen Gesellschaftsrechts, BB 2003, S. 1289–1295;

Mutter, Stefan, Compliance im Corporate Governance Kodex, AG 2007, S. R 352-R 353;

Peltzer, Martin, Deutsche Corporate Governance, 2. Auflage, 2004;

Peltzer, Martin, Handlungsbedarf in Sachen Corporate Governance, NZG 2002, S. 593–599;

Picot, Gerhard/Classen, Dirk, Die Verbesserung der Corporate Governance und die Modernisierung des Gesellschaftsrechts in der Europäischen Union, M&A Review 2008, S. 22–27;

Picot, Gerhard/Classen, Dirk, Corporate Governance, Handbuch für Familien- und Mittelstandsunternehmen, Stuttgart 2008, S. 117–132;

Pöllath, Reinhard, Corporate Governance in M&A-Situations: Focus an Germany, 2005, S. 5–10;

Ringleb, Henrik-Michael/Kremer, Thomas/Lutter, Marcus/v. Werder, Axel, Deutscher Corporate Governance Kodex Kommentar, 3. Auflage, 2007;

Rodewald, Jörg/Unger, Ulrike, Die Haftung des Geschäftsführers oder Vorstands für die Informationserteilung im Rahmen von Unternehmensveräußerungen, DB 2007, S. 1627–1631;

Schaefer, Hans, Shareholder Activism und Corporate Governance, NZG 2007, S. 900–903;

Schiessl, Maximilian, Deutsche Corporate Governance post Enron, AG 2002, S. 593–604;

Schneider, Uwe, Kapitalmarktorientierte Corporate Governance-Strukturen, DB 2000, S. 2413–2417;

Schwarz, Günther Christian/Holland, Björn, Enron, Worldcom – und die Corporate Governance-Diskussion, ZIP 2002, S. 1661–1662;

Seibt, Christoph H., Deutscher Corporate Governance Kodex und Entsprechens-Erklärung (§161 AktG-E), AG 2002, S. 249–259;

Seidel, Wolfgang, Der Deutsche Corporate Governance Kodex – eine private oder doch eine staatliche Regelung?, ZIP 2004, S. 285–294;

Seidel, Wolfgang, Kodex ohne Rechtsgrundlage, NZG 2004, S. 1095–1096;

Sieger, Jürgen/Hasselbach, Kai, Die Haftung des GmbH-Geschäftsführers bei Unternehmenskäufen, GmbHR 1998, S. 957–963;

Spindler, Gerald, Das Gesetz über die Offenlegung von Vorstandsvergütungen – VorstOG, NZG 2005, S. 689–692;

Strauch, Mark, Der Sarbanes-Oxley Act und die Entwicklungen im US-Aufsichtsrecht, NZG 2003, S. 952–956;

Theisen, Manuel René/Raßhofer, Martin, Wie gut ist Gute Corporate Governance? – Ein aktueller Praxistest, DB 2007, S. 1317–1320;

Thümmel, Roderich C., LG München I: Verstoß gegen den Deutschen Corporate Governance Kodex kann eine Wahlanfechtung nicht begründen, BB 2008, S. 10–13;

Ulmer, Peter, Der Deutsche Corporate Governance Kodex – ein neues Regulierungsinstrument für börsennotierte Aktiengesellschaften, ZHR 166 (2002), S. 150–181;

Vetter, Eberhard, Die Änderungen 2007 des Deutschen Corporate Governance Kodex, DB 2007, S. 1963–1968;

Vetter, Eberhard, Der Deutsche Corporate Governance Kodex nur ein zahnloser Tiger? – Zur Bedeutung von § 161 AktG für Beschlüsse der Hauptversammlung, NZG 2008, S. 121–126;

Vetter, Eberhard, Update des Deutschen Corporate Governance Kodex, BB 2005 S. 1689–1695;

Vetter, Eberhard, Deutscher Corporate Governance Kodex, DNotZ 2003, S. 748–764;

Weber, Martin, Die Entwicklung des Kapitalmarktrechts im Jahre 2006, NJW 2006, S. 3685–3693;

Weber-Rey, Daniela, Auswirkungen guter Corporate Governance und Better Regulation auf den M&A Markt, AG 2006, S. R 68-R 70;

Werder, Axel von/Talaulicar, Till, Kodex Report 2008: Die Akzeptanz der Empfehlungen und Anregungen des Deutschen Corporate Governance Kodex, DB 2008, S. 825–832;

Werder, Axel von/Talaulicar, Till, Kodex Report 2007: Die Akzeptanz der Empfehlungen und Anregungen des Deutschen Corporate Governance Kodex, DB 2007, S. 869–875;

Werder, Axel von/Talaulicar, Till, Kodex Report 2006: Die Akzeptanz der Empfehlungen und Anregungen des Deutschen Corporate Governance Kodex, DB 2006, S. 849–856;

Wiesner, Peter M., Neue Brüsseler Impulse für Corporate Governance und Gesellschaftsrecht – Zum Endbericht der Hochrangigen Expertengruppe (Winter-Gruppe), BB 2003, S. 213–217;

Winkeljohann, Norbert/Kellersmann, Dietrich, Corporate Governance im Mittelstand, insbesondere in Familienunternehmen, ZCG 2006, S. 8–12;

Wolf, Martin, Corporate Governance – Der Import angelsächsischer »Self-Regulation« im Widerstreit zum deutschen Parlamentsvorbehalt, ZRP 2002, S. 59–60.

III. Mergers & Acquisitions als strategisches Instrument im Rahmen der Branchenkonsolidierung

1. Einleitung

Unternehmenstransaktionen werden mehr und mehr zum Standardinstrument in der Umsetzung der jeweiligen Unternehmensstrategie. Dieses Phänomen lässt sich nicht nur bei börsennotierten Konzernen beobachten, sondern auch verstärkt bei Familien- und Mittelstandsunternehmen. Dabei lässt sich eine Vielzahl von Aktivitäten unter dem Begriff »Unternehmenstransaktion« subsumieren. So gehören Carve-outs und Spin-offs im Zusammenhang mit der Veräußerung von Teilbereichen ebenso dazu wie die Übernahme von direkten Wettbewerbern oder in der Wertschöpfungskette vor- bzw. nachgelagerten Unternehmen. Auch die Fusion, also das Zusammengehen von zwei oder mehr gleichberechtigten Parteien, stellt eine Unternehmenstransaktion dar. In der öffentlichen Wahrnehmung stehen solche Unternehmenstransaktionen nicht selten in der Kritik, da sich die regelmäßig verfolgten (Kosten-)Synergien häufig nur durch intensive Restrukturierungsmaßnahmen realisieren lassen. Insbesondere der Abbau von Arbeitsplätzen stellt dabei einen Aspekt dar, der negativ gesehen wird. Auf der anderen Seite muss den involvierten Unternehmen zugestanden werden, dass vor dem Hintergrund globalisierter Märkte und zunehmenden Wettbewerbsdrucks kaum Alternativen zur Verfügung stehen.

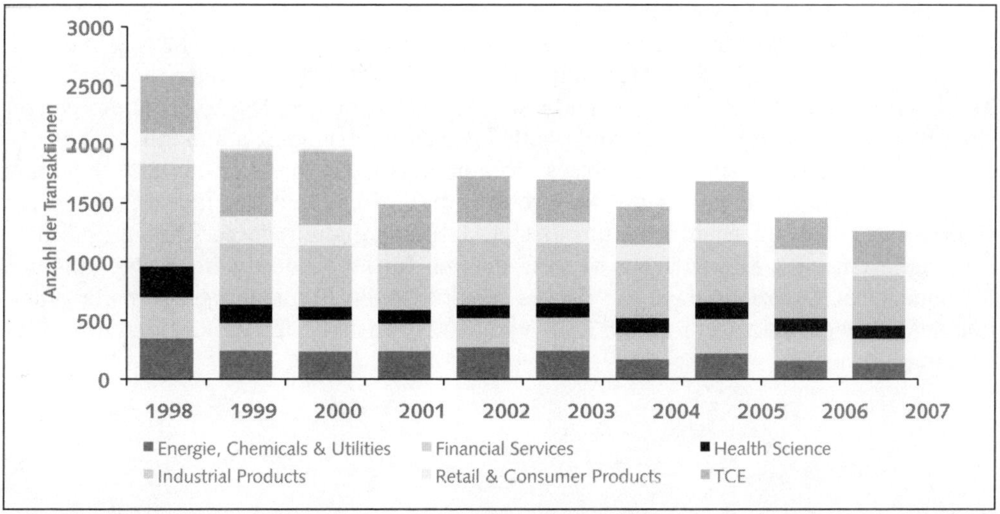

Abbildung 1: M&A-Aktivitäten 1998 – 2007 mit deutscher Beteiligung nach Branchen[1]

1 Quelle: Eigene Darstellung auf Basis der publizierten Zahlen von M&A Review.

Es ist zu beobachten, dass sich die M&A-Aktivität einer Branche in ihrer Intensität über den Zeitverlauf verändert. Dies ist keine reine Modeerscheinung, sondern häufig Ausdruck des Konsolidierungsgrades der jeweiligen Branche. Neben den unterschiedlichen Motivationen zur Konsolidierung, die teilweise durch exogene Faktoren bedingt sind, spielt auch die aktuelle Konsolidierungsphase der Branche eine wichtige Rolle. Die Profitabilität von Unternehmen ist u. a. von Marktanteilen und Wachstum abhängig. Externes Wachstum hat im Sinne von Time-to-market oder auch Best-of-both erhebliche Vorteile im Vergleich zum internen bzw. organischen Wachstum. Damit werden M&A-Aktivitäten zu einem Hauptbestandteil jeder Unternehmensstrategie.

Der vorliegende Beitrag wird auf Basis unterschiedlicher Theorieansätze die Relevanz von Unternehmenstransaktionen zur Umsetzung von Unternehmensstrategien erläutern. Anschließend soll unter Berücksichtigung der jeweiligen Motivation bzw. der exogenen Faktoren auf die unterschiedlichen Arten von Branchenkonsolidierungen eingegangen werden. Abschließend wird der Prozess der Branchenkonsolidierung am Beispiel der Automobilindustrie behandelt.

2. Unternehmensstrategie als Resultat ökonomischer Theorien

Als Unternehmensstrategie wird die unternehmerische Verhaltensweise bezeichnet, die zur Erreichung der Unternehmensziele als optimal erachtet wird. Die beiden Kernfragen, die im Rahmen der Unternehmensstrategie zu beantworten sind, lauten: »In welchen Geschäftsfeldern soll das Unternehmen aktiv sein?« und »Wie sollen die Ressourcen auf diese Geschäftsfelder verteilt werden?« Festgelegt und formuliert wird die Unternehmensstrategie i.d.R. vom Top-Management eines Unternehmens und/oder dem Gesellschafterkreis. Die Umsetzung der Unternehmensstrategie führt zu Investitionen bzw. Desinvestitionen.[2] Dabei handelt es sich nicht nur um Investitionen in Sachanlagen, sondern auch in Humankapital, den Aufbau einer Marke oder eines Images. Die Übernahme ganzer Unternehmen oder Unternehmensteile etabliert sich immer mehr als mögliche Alternative bzw. Ergänzung dazu. Hier geht es um eine klassische Make-or-buy-Entscheidung. Gerade in der Erschließung neuer Märkte fällt die Entscheidung häufig zugunsten der Übernahme eines Unternehmens, um dessen Marktzugang nutzen zu können und nicht langfristig ein eigenes Vertriebsnetz aufzubauen. Im Folgenden werden die gängigen ökonomischen Theorien sowie die daraus resultierenden Empfehlungen für die Unternehmensstrategie skizziert und die Rolle von M&A-Transaktionen im Rahmen ihrer Umsetzung beleuchtet.

2 Siehe hierzu Timmreck, Christian (2008): Strategisches Investitions- und Finanzmanagement, in: Picot, Gerhard (Hrsg.): Handbuch für Familien- und Mittelstandsunternehmen, Teil XI, S. 338 ff.

a) Die fünf maßgeblichen Wettbewerbskräfte nach Michael Porter

Michael Eugene Porter hat sich als Professor an der Harvard Business School intensiv mit dem Thema der Unternehmensstrategie beschäftigt. Seine Erkenntnisse lassen sich vereinfachend in drei Kernaussagen zusammenfassen: Wähle eine attraktive Industrie, entwickle Wettbewerbsvorteile (Kostenführerschaft, Differenzierung, Fokussierung) und konfiguriere eine effiziente Wertkette.[3] Insbesondere die Wettbewerbstheorie stand bei Porter im Mittelpunkt. Hier identifizierte er fünf Kräfte, die ein Unternehmen am Markt berücksichtigen muss. Abbildung 2 fasst die Wettbewerbskräfte zusammen und stellt die daraus resultierenden Unternehmensstrategien dar.

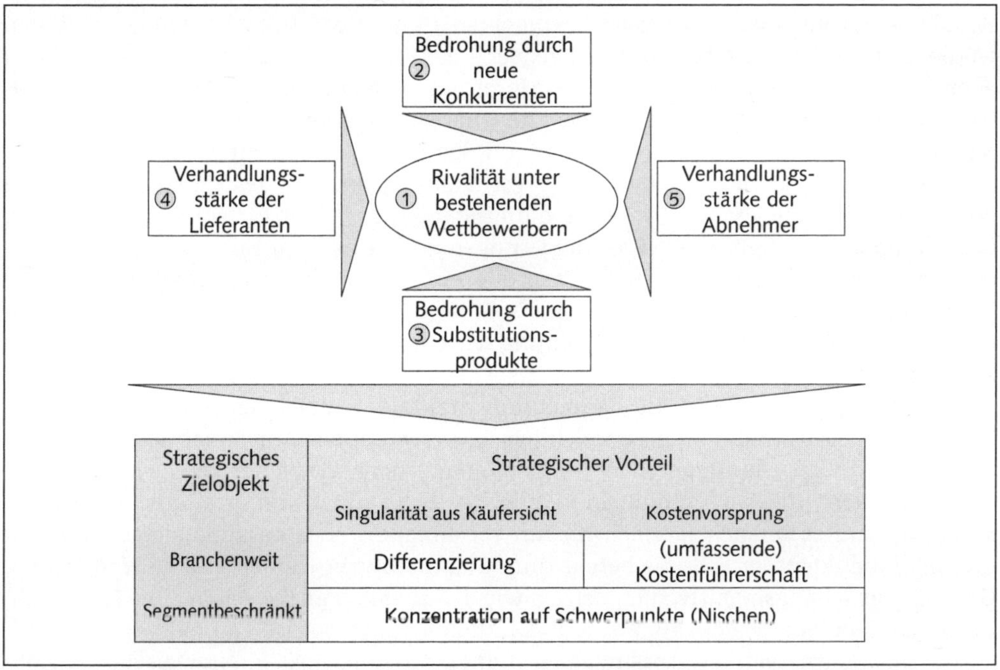

Abbildung 2: Wettbewerbskräfte und Unternehmensstrategie nach Porter[4]

Die Wettbewerber in einer Branche stehen regelmäßig in Rivalität zueinander und versuchen sich gegenseitig Marktanteile abzunehmen (1). In diesem Zusammenhang ist es für die Unternehmen wichtig, durch hohe Profitabilität wettbewerbsfähig zu bleiben. Gerade zum Erreichen der notwendigen Profitabilität ist es in vielen Branchen wichtig, die kritische Größe zu erreichen. Außerdem haben größere Unternehmen auch die Möglichkeit über umfangreichere Marketingaktivitäten oder zeitlich begrenzte Tiefstpreisangebote Marktanteile zu gewinnen.

---

3 Vgl. Porter, Michael (1999): Wettbewerb und Strategie
4 Quelle: Eigene Darstellung in Anlehnung an Porter, Michael (1999): Wettbewerb und Strategie

Neben dem Wettbewerb innerhalb einer Branche müssen sich die Unternehmen einer gewissen Bedrohung durch neue Konkurrenten ausgesetzt sehen (2). Diese Bedrohung ist abhängig von evtl. bestehenden Markteintrittsbarrieren. Eine Branche mit relativ hohen Markteintrittsbarrieren, wie bspw. die Energiebranche, ist weniger stark betroffen als eine Branche, die kaum über solche Hürden verfügt, wie z. B. die Software-Branche. So ist die Energiebranche durch sehr hohe Investitionen (mehrere Hundert Millionen Euro für ein neues Kraftwerk) sowie die Notwendigkeit zur Unterhaltung entsprechender Verteilungsnetze geprägt. Zur Entwicklung einer neuen Software reicht häufig ein ideenreicher Programmierer mit entsprechender Hardware-Ausstattung aus.

Die Bedrohung kann allerdings auch durch Substitutionsprodukte entstehen (3). Darunter werden in der Mikroökonomie Güter verstanden, die dieselben oder ähnlichen Bedürfnisse stillen und daher vom Konsumenten als gleichwertige Alternative angesehen werden. Abgesehen vom klassischen Beispiel – der Margarine als Buttersatz – können auch wirtschaftsnähere Beispiele – wie Aluminium oder Kunststoff statt Stahl im Automobilbau – gefunden werden. Die reine Existenz von Substitutionsprodukten führt i.d.R. zu einer eingeschränkten Preisgestaltung auf Seiten der Produzenten.

Eine weitere wichtige Rolle spielt die Verhandlungsposition des Unternehmens. Auf der einen Seite geht es um die Verhandlungsstärke gegenüber Lieferanten (4) und die evtl. vorhandene Möglichkeit, Preissteigerungen an die eigenen Kunden weiterzubelasten. Häufig ist die reine Unternehmensgröße ein maßgeblicher Einflussfaktor für die Verhandlungsstärke. So hat der stark konsolidierte Lebensmitteleinzelhandel nicht unerheblichen Einfluss auf die Preisgestaltung der eher fragmentierten lebensmittelproduzierenden Industrie.

Auf der anderen Seite ist die Verhandlungsstärke der Abnehmer und die damit verbundene Preissensitivität zu berücksichtigen (5). Verfügt der Abnehmer über einen entsprechend großen Umsatzanteil beim Lieferanten, oder existieren genügend viele Alternativanbieter, die das Produkt in vergleichbarer Qualität und zu ähnlichen Preisen anbieten, wird er versuchen, einen für ihn vorteilhaften Preis auszuhandeln. Häufig ist dies bei Produkten der Fall, die bereits zum Commodity (Allgemeingut) geworden sind. Gerade in forschungsintensiven Industrien wie der Chemiebranche gehören die High-Tech-Entwicklungen von gestern (wie z. B. PVC) zu den Commodities von morgen.

Die möglichen Wettbewerbsstrategien ordnet Porter nach dem strategischen Zielobjekt (also der Frage, was das Unternehmen erreichen möchte)[5] und dem strategischen Vorteil (also der Frage, wie das Unternehmen sein Ziel erreichen möchte). Für beide Dimensionen hat Porter zwei maßgebliche Ausprägungen identifiziert. Als strategisches Ziel kommt entweder eine branchenweite oder eine auf ein bestimmtes Segment beschränkte Positionierung des Unternehmens in Betracht. Der strategische Vorteil ergibt sich entweder auf Basis der Singularität aus Käufersicht oder eines Kostenvorsprungs im Verhältnis zum Wettbewerb. Grundlegend können drei unterschiedliche Unternehmensstrategien unterschieden werden: die Differenzierung, die Kostenführerschaft und die Nischenstrategie.

Bei der Differenzierung geht es um die Erzielung eines (wahrgenommenen) Unterschieds zu den Wettbewerbern, der z. B. in der Qualität, dem Service, dem Design oder

5 Vgl. Porter, Michael (1999): Wettbewerb und Strategie

dem Image liegen kann und zur Realisierung von Preisprämien führt. Voraussetzung für eine erfolgreiche Differenzierungsstrategie ist eine hohe Loyalität der Abnehmer und die Bereitschaft dieser, für den Unterschied einen höheren Preis zu bezahlen. Gerade in der Modeindustrie ist dieses Verhalten zu beobachten. So können bestimmte Modelabel deutlich höhere Preise durchsetzen als Nichtmarkenanbieter.

Im Rahmen der Kostenführerschaft wird das Ziel verfolgt, durch geringe Kosten einen Wettbewerbsvorteil zu erlangen. Insbesondere in einem Preiskrieg sind die Kostenführer im Vorteil, da sie selbst dann noch profitabel agieren können, wenn andere Wettbewerber bereits in der Verlustzone angelangt sind. Als mögliche Gründe bzw. Instrumente der Kostenführerschaft können Größen- und Verbundeffekte (Economies of Scale und Economies of Scope), Erfahrungseffekte (insbesondere in der Prozesstechnik) aber auch verbessertes Produkt- oder Prozessdesign angeführt werden. Häufig zielen die Anstrengungen auch auf eine optimale Kapazitätsauslastung und die Reduzierung der Kosten für Input-Faktoren ab. Allerdings erfordern die genannten Instrumente hohe Investitionen in moderne Produktionsanlagen und einen kontinuierlichen Verbesserungsprozess.

In der Nischenstrategie legt das Unternehmen seine Schwerpunkte auf bestimmte Kundengruppen, Produktgruppen und/oder geografische Märkte. Durch diese Konzentration kann entweder eine Differenzierung oder eine Kostenführerschaft realisiert werden, manchmal auch beides zusammen. Gerade familiengeführte Mittelständler haben es geschafft, einige sehr attraktive Nischen zu besetzen.[6]

Wie schon bei den fünf Wettbewerbskräften durch die Berücksichtigung der Verhandlungsstärke von Lieferanten und Abnehmern deutlich wurde, sieht Porter einen Zusammenhang zwischen den Wertketten einzelner Unternehmen, insbesondere wenn die Unternehmen vor- bzw. nachgelagerte Arbeiten erbringen. Diesbezüglich bieten sich zwei Möglichkeiten für die Unternehmensstrategie. Zum einen die vertikale Integration der vor- bzw. nachgelagerten Stufe oder aber die Positionierung als Unternehmen, welches die Wertketteneffizienz beim Kunden steigern kann.

Auch wenn bei der letztgenannten Strategie der Wertkettenintegration der Bezug zum Thema M&A am deutlichsten ist, so haben doch alle Strategieoptionen nach Porter mehr oder weniger M&A-Bezug. Grundvoraussetzung für die Kostenführerschaft ist die Größe, wodurch dem Thema des externen oder anorganischen Wachstums eine besondere Relevanz zukommt. Ein aktuelles Beispiel bietet die sich konsolidierende Finanzdienstleistungsbranche, die aufgrund ihres vergleichsweise hohen Fixkostenanteils besonders von Größenvorteilen profitiert. Im Rahmen der Differenzierung ist häufig zu beobachten, dass die Differenzierung selbst zwar in der kleinen Einheit besser möglich ist, aber der Kostendruck auf anderer Ebene zu Kooperationen oder Zusammenschlüssen drängt. So steht ein zu starkes Wachstum der notwendigen Exklusivität bei der Differenzierung entgegen. Im Rahmen eines Markenportfolios lassen sich (Kosten-)Vorteile im Vertrieb dennoch realisieren. Bei der Nischenstrategie konnte in den letzten Jahren eine deutliche Fokussierung im Stahlbereich beobachtet werden. So konzentrierten sich einige Anbieter auf Edelstahlprodukte, andere auf Röhren und wieder andere auf Flachprodukte und sind heute vollintegrierte Anbieter in ihrem speziellen Segment.

6 Siehe hierzu Simon, Hermann (2007): Hidden Champions des 21. Jahrhunderts: Die Erfolgsstrategien unbekannter Weltmarktführer

b) Economies of Scale und Economies of Scope – Gibt es einen Zusammenhang zwischen Größe und Profitabilität?

Grundlegend für die Econmies of Scale (Skaleneffekte) ist die Möglichkeit der Kostendegression, also die Reduktion der Stückkosten bei Vorliegen hoher Fixkosten durch Erhöhung der Ausbringungsmenge. Auch wenn dieser Zusammenhang auf den ersten Blick eher eine Argumentation für internes bzw. organisches Wachstum bietet, dienen Economies of Scale auch beim externen Wachstum als Begründung. So können Einkaufsvorteile und geringere Entwicklungskosten auch über Unternehmen hinweg realisiert werden, und sich die einzelnen Unternehmen nach einem Zusammenschluss auf unterschiedliche Produkte spezialisieren und somit Skaleneffekte erzielen. Außerdem dienten Skaleneffekte als ökonomische Erklärung für die Massenproduktion und damit für die Einführung der Fließbandproduktion Anfang des 20. Jahrhunderts (Taylorismus).

Bei den Economies of Scope (Verbundeffekte) handelt es sich um Kostenvorteile, die sich aufgrund eines heterogenen Produktionsprogramms ergeben. Der Begriff ist weniger scharf definiert als der der Skaleneffekte. So könnte bspw. allein der Kostenvorteil im Rahmen einer Finanzierung durch eine Finanzholding oder der Nutzen von unternehmensübergreifend genutzten Stabstellen hierunter subsumiert werden. Fokussierter sind allerdings Beispiele aus dem Dienstleistungssektor, in dem sich immer mehr die sogenannten One-stop-shop-Konzepte etablieren oder das Thema Allfinanz immer noch aktuell ist. Für Banken kann es interessant sein, auch Versicherungsdienstleitungen anzubieten, um den Kunden (z. B. in Bezug auf eine Riesterrente) umfassend beraten zu können. Für Werbeagenturen könnte es vorteilhaft sein, Internetagenturen mit entsprechender Technologie (vor allem Serverkapazitäten) für ihre Kunden vorzuhalten, um alles aus einer Hand anbieten zu können. Im Gegensatz zu den Skaleneffekten liegen die Kostenvorteile bei den Verbundeffekten nicht primär auf der Einkaufs- und Produktionsseite, sondern eher im Marketing und Vertrieb. Daher spielt auch die Realisierung von Cross-Selling-Potenzialen eine nicht unbedeutende Rolle. In der Produktion hingegen ist die interne Flexibilisierung Grundlage für das Erzielen von Verbundvorteilen. Bezogen auf das Allfinanzkonzept heißt dies, dass der Berater eben nicht nur seine Bankprodukte kennen muss, sondern auch die mitangebotenen Versicherungsprodukte. In der industriellen Produktion sind kurze Rüstzeiten und computergestütze Maschinen Voraussetzung für das Realisieren von Kostenvorteilen aufgrund der Produktvielfalt. Hier geht es darum, dem Kunden ein individuelles Produkt bei möglichst geringen Kosten anbieten zu können. In der Automobilindustrie wird dies bspw. durch die Plattformstrategie erreicht, bei der – z. B. auf Basis der gleichen Bodengruppe – unterschiedliche Fahrzeugvarianten gefertigt werden können.

Wird von der Existenz von Skalen- und Verbundeffekten ausgegangen, ist die logische Konsequenz, das Unternehmensgröße entscheidend für den wirtschaftlichen Erfolg eines Unternehmens und damit für seine Profitabilität ist. Beispielhaft soll eine Untersuchung der Unternehmensberatung McKinsey & Company vorgestellt werden, in der die Profitabilität (gemessen als EBIT-Marge = operativer Gewinn vor Zinsen und Steuern im Verhältnis zum Umsatz) innerhalb der IT-Branche erhoben und mit der Unternehmensgröße verglichen wurde. Im Ergebnis lässt sich über die gesamte Branche hinweg ein signifikanter Zusammenhang erkennen, der für Unternehmen des Subsegments Software am deutlichsten ausfällt. Hier sind Unternehmen mit einem Umsatz von mehr als USD

5 Mrd. mit einer EBIT-Marge von 29 % ca. dreimal so profitabel wie die Unternehmen mit Umsätzen zwischen USD 50 Mio. und USD 5 Mrd.

	Ø EBIT-Marge der Subsegmenten der IT-Branche in %			
Umsatz	Software	Hardware	IT Services	Semiconducters
< USD 50 Mio.	-320	-167	-29	-59
USD 50 Mio. – 99 Mio.	-1	-1	-3	-13
USD 100 Mio. – 299 Mio.	2	-1	4	-9
USD 300 Mio. – 499 Mio.	-2	2	5	-15
USD 500 Mio. – 999 Mio.	12	4	6	2
USD 1000 Mio. – 5000 Mio.	11	3	6	-4
> USD 5000 Mio.	29	5	6	11

Abbildung 3: Profitabilität nach Größenklassen in der IT-Branche[7]

Allerdings soll an dieser Stelle auch darauf hingewiesen werden, dass Größe allein noch kein Erfolgskriterium ist. Dies belegen eindrucksvoll die großen Unternehmenspleiten der letzten Jahre.

c) Die erweiterte Produkt-Markt-Matrix nach Ansoff

Die häufig als Hilfsmittel zur Planung des Wachstums bezeichnete Produkt-Markt-Matrix geht auf Harry Igor Ansoff zurück, der an verschiedenen US-amerikanischen und europäischen Universitäten wirkte. Die Produkt-Markt-Matrix stellt ein Analysemodell dar, welches Strategieempfehlungen in einem wachsenden Markt gibt. So unterscheidet es in seiner Urform bereits bestehende Märkte und Produkte von neuen und empfiehlt für bestehende Produkte in bestehenden Märkten die Marktdurchdringung als richtige Strategie. Neue Produkte in bestehenden Märkten sollen nach Ansoff durch Produktentwicklung platziert und neue Märkte mit bestehenden Produkten entwickelt werden. Als Diversifikation wird das Engagement mit neuen Produkten in neuen Märkten bezeichnet.[8] Erweitert wurde die Produkt-Markt-Matrix durch Philip Kotler, der zwischen bestehenden und neuen Produkten noch die Kategorie »modifizierte Produkte« einfügte und in Bezug auf einen neuen Markt den geografisch neuen Markt von einer neuen Zielgruppe

7 Quelle: Eigene Darstellung in Anlehnung an Chappuis, Bertil E./Frick, Kevin A./Roche, Paul J. (2004): High tech's coming consolidation, in: McKinsey on Finance, No. 11, Spring 2004

8 Vgl. Ansoff, Igor (1966): Management-Strategie

abgrenzte.[9] Diese Erweiterung scheint vor dem Hintergrund der Globalisierung und bei immer kürzeren Produktlebenszyklen als durchaus sinnvoll.

	Bestehende Produkte	Modifizierte Produkte	Neue Produkte
Bestehende Zielgruppe und bestehender geografischer Markt	Marktdurchdringung (bestehende Produkte an bestehende Kunden verkaufen)	Bestehende Produkte für bestehende Kunden modifizieren	Produkt-entwicklung (neue Produkte für bestehende Kunden)
Neuer geografischer Markt	Markteintritt (geografische Expansion)	Modifizierte Produkte in neuen geografischen Regionen anbieten	Entwicklung neuer Produkte für neue geografische Regionen
Neue Zielgruppe	Marktentwicklung (neue Kunden-gruppen erschließen)	Modifizierte Produkte neuen Kundengruppen anbieten	Diversifikation (neue Produkte für neue Kunden)

Abbildung 4: Erweiterte Produkt-Markt-Matrix[10]

Die Rolle von M&A-Transaktionen zur Realisierung der jeweiligen Strategie soll im Folgenden anhand der ursprünglichen Produkt-Markt-Matrix nach Ansoff (also bezogen auf die vier schraffierten Produkt-Markt-Kombinationen) beleuchtet werden.

Bei der Marktdurchdringung geht es einzig und allein darum, im bestehenden Markt mit den bestehenden Produkten Marktanteile zu gewinnen. Hierzu kann der Umsatz mit bestehenden Kunden erhöht oder dem Wettbewerb Kunden abgeworben werden. Das Risiko dieser Strategie wird als relativ gering eingestuft, da sowohl der Markt als auch das Produkt bekannt ist. Die Übernahme von Wettbewerbern kann hier ein interessanter und schneller Weg sein, um die Marktdurchdringungsstrategie umzusetzen. Häufig wird im Rahmen der Marktdurchdringung auch die Beseitigung von Überkapazitäten angestrebt.

Mit der Produktentwicklung sollen die sich verändernden Bedürfnisse eines bestehenden Marktes mit neuen Produkten bedient werden. Häufig lässt sich dies über die Modifikationen bestehender Produkte realisieren. Auch wenn die Produktentwicklung ein Thema ist, welches maßgeblich von internen Fähigkeiten geprägt ist, können kleinere Akquisitionen hier helfen und den Entwicklungsprozess beschleunigen. So gibt es

9 Vgl. Kotler, Philip (1999): Kotler on Marketing: How to Create, Win, and Dominate Markets.
10 Quelle: Eigene Darstellung in Anlehnung an Kotler, Philip: Kotler on Marketing

Unternehmen, die innovative Mitbewerber übernehmen, selbst wenn interne Teams an ähnlichen Lösungen arbeiten. Anschließend wird das bessere Produkt zur Marktreife gebracht und mit den notwendigen Ressourcen ausgestattet.

Für die Marktentwicklung stellen M&A-Transaktionen ein sehr wichtiges Instrument zur Strategieumsetzung dar. Ziel ist es, neue Marktsegmente oder geografische Regionen zu erschließen. Ähnlich wie bei der Produktentwicklung unterliegt diese Strategie einem gewissen Risiko. Allerdings kann bei der Übernahme eines bereits bestehenden Unternehmens dieses im Vorfeld ausführlich analysiert werden. Dadurch lassen sich Risiken, die bei der Marktentwicklung aus eigener Kraft bestehen würden, reduzieren und vor allem die sogenannte Time-to-market auf ein Minimum kürzen. Gerade bei der Erschließung neuer geografischer Region ist dies ein nicht zu unterschätzender Vorteil. So ist der Aufbau einer eigenen Vertriebsorganisation sehr zeitaufwendig. Das Eingehen eines Joint-Ventures ist dagegen erfahrungsgemäß von hohen Risiken begleitet und mit Informationsasymmetrien verbunden, wenn die Beteiligten nicht die gleichen Ziele verfolgen oder ein (Handels-)Vertreter beauftragt wird. Im Gegensatz dazu bringt das übernommene Unternehmen sogar Bestandskunden mit. Der Markteintritt einer US-amerikanischen Großbank in Deutschland erfolgte bspw. nicht über den langwierigen Aufbau eigener Filialen, sondern durch die Übernahme einer lokalen Bank mit bestehendem Filialnetz und Kundenstamm.

Die Diversifikation als risikoreichste Wachstumsstrategie ist ebenfalls stark von M&A-Transaktionen geprägt. Im Licht der Erkenntnisse der Portfoliotheorie von Harry Max Markowitz wurde der Diversifizierung sogar eine risikoreduzierende Wirkung zugesprochen.[11] In der strategischen Umsetzung beinhaltet dieses Vorgehen für ein Unternehmen aber die größten Unwegsamkeiten.

d) Die BCG-Portfoliomatrix – Lernkurveneffekt und Produktlebenszyklus

Die Portfolioanalyse im Sinne der Marktanteils-Marktwachstums-Matrix geht ursprünglich auf die Unternehmensberatung The Boston Consulting Group (BCG) zurück und wurde im Laufe der Jahre von anderen Unternehmensberatungen adaptiert und erweitert. Ziel ist es, das Unternehmen auf seine strategische Position hin zu analysieren und Handlungsempfehlungen in Bezug auf das Unternehmensportfolio im Sinne von Produkten oder ganzen Geschäftsfeldern zu identifizieren.[12] Dabei basiert die BCG-Portfoliomatrix auf den Erkenntnissen des Lernkurveneffektes (Erfahrungskurve) und des Produktlebenszyklus, mit denen sich der BCG-Gründer Bruce D. Henderson ausführlich beschäftigt hat. Mit der Lernkurve wird der Effekt bezeichnet, dass sich die Stückkosten bei steigender kumulierter Produktionsmenge reduzieren. Maßgeblich hierfür sind neben den bereits diskutierten Skaleneffekten vor allem Lerneffekte (z. B. im Produktionsprozess) und die Realisierung von technologischem Rationalisierungspotenzial. Hieraus folgt, dass der Marktführer einen nachhaltigen Kostenvorteil generieren kann. Im Rahmen des Pro-

11 Siehe hierzu Markowitz, Harry M. (2008): Portfolio Selection. Die Grundlagen der optimalen Portfolio-Auswahl

12 Vgl. Oetinger, Bolko von (Hrsg.) (2000): Das Boston Consulting Group Strategie-Buch

duktlebenszyklus erfolgt eine Einteilung in vier Phasen: die Forschungs- und Entwicklungsphase (Einführung eines Produktes), die Wachstumsphase, die Reifephase und die Sättigungsphase. Je nach Betrachtung wird der Produktlebenszyklus um die sogenannte Auslaufphase ergänzt, in der eine Exit-Strategie umzusetzen ist.

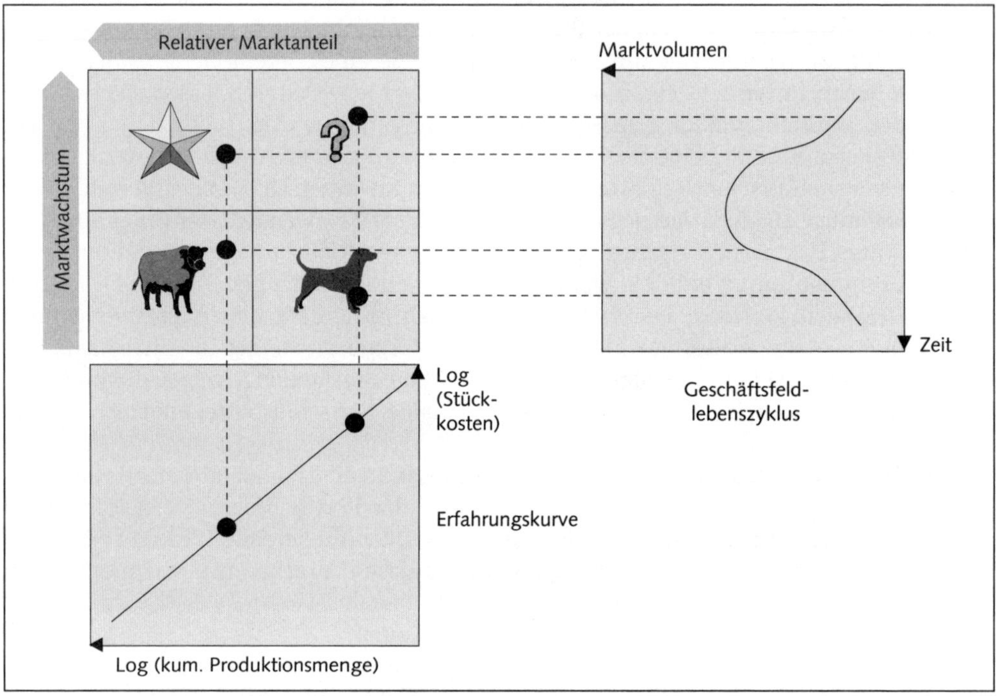

Abbildung 5: Erfahrungskurve und Geschäftsfeldlebenszyklus als Fundament der BCG-Portfoliomatrix[13]

Die BCG-Portfoliomatrix fasst nun beide Aspekte in einer Abbildung zusammen, bei der die Abszisse den relativen Marktanteil und die Ordinate das relative Marktwachstum darstellt. Im relativen Marktanteil gehen die Erkenntnisse des Lernkurveneffektes ein. Das relative Marktwachstum ergibt sich aus dem Produkt- bzw. Geschäftsfeldlebenszyklus. Der eigene Marktanteil wird ins Verhältnis zum Marktanteil des nächstbesten Wettbewerbers gesetzt um den relativen Marktanteil zu erhalten. Annahmegemäß ist der relative Marktanteil positiv mit der Rendite (ROI = Return of Investment) korreliert. Je höher der relative Marktanteil ist, desto niedriger sollten die Stückkosten sein, was sich in einer besseren Profitabilität niederschlägt und somit etwas zur Cash-Generierung des Produktes bzw. des Geschäftsbereiches aussagt. Als Benchmark für das relative Marktwachstum wird i.d.R. die 1,5-fache Inflationsrate angelegt. Hier findet der Gedanke des Produktlebenszyklus Eingang.

13 Quelle: Eigene Darstellung in Anlehnung an Oetinger, Bolko von (Hrsg.): Das Boston Consulting Group Strategie-Buch

Auf Basis der BCG-Portfoliomatrix lassen sich Normstrategien für die Produkte bzw. Geschäftsbereiche ableiten. Im Quadranten mit dem Fragezeichen sollte die Position entweder weiter ausgebaut oder das Produkt/der Geschäftsbereich desinvestiert werden. Hier finden sich Produkte mit geringem Marktanteil in stark wachsenden Märkten. Das Ziel kann nur darin liegen, eine dominante Marktstellung zu erreichen oder die mit der Aktivität verbundenen Kosten frühzeitig durch eine Desinvestition zu stoppen. Die Produkte im Quadrant mit dem Hund weisen weder hohes Wachstum noch hohe Marktanteile auf, weshalb sie desinvestiert werden sollten, um nicht unnötig Ressourcen zu belegen. Der Quadrant mit der Kuh steht für Produkte/Geschäftsbereiche, die einen hohen Marktanteil aufweisen, sich aber in wachstumsschwachen Märkten befinden. In dieser Position lassen sich attraktive Deckungsbeiträge realisieren, die durch eine Haltestrategie (nur noch Ersatzinvestitionen durchführen) abgeschöpft werden sollten, um zentrale Gemeinkosten sowie Forschungs- und Entwicklungskosten für neue Produkte aus eigener Kraft finanzieren zu können. Abschließend sind die Produkte/Geschäftsbereiche im Quadranten mit dem Stern zu betrachten, die in stark wachsenden Märkten bereits einen hohen Marktanteil erzielen können. Hier ist die Position zu halten bzw. – falls möglich – weiter auszubauen. Wie bereits durch die Formulierung (Produkte/Geschäftsbereiche) angedeutet, gilt die BCG-Portfoliomatrix nicht ausschließlich für Produkte, sondern ebenso für strategische Geschäftsbereiche bzw. ganze Unternehmen. Mit der Indikation desinvestieren/halten/ausbauen lassen sich auch Rückschlüsse auf die empfohlene M&A-Aktivität für den jeweiligen Bereich ziehen. Zu berücksichtigen ist dabei allerdings, dass ein optimales Portfolio nicht nur aus Sternen bestehen kann. Da Unternehmen in einem dynamischen Umfeld agieren, sollte ein ausgeglichenes Portfolio (zwischen Cash-Generierung und Cash-Bedarf) angestrebt werden, welches es dem Unternehmen ermöglicht immer wieder neue Innovationen zu platzieren.

e) Merger Endgames – M&A als Unternehmenszweck?

Die Unternehmensberatung A.T. Kearney hat über einen Zeitraum von elf Jahren mehr als 25.000 Unternehmen sowie deren M&A-Aktivitäten analysiert und daraus die Gesetzmäßigkeiten der Endgames-Kurve abgeleitet. Als Schlussfolgerung wird die These aufgestellt, dass es keine optimale Unternehmensgröße gibt, sondern die Unternehmen immer weiter wachsen müssen, wenn sie überleben wollen.[14] Und die Autoren der Studie gehen noch einen Schritt weiter und betonen, dass organisches Wachstum nicht ausreicht: »Wer den Wettbewerb übertreffen will, muss akquirieren!« Im Gegensatz zu den Strategieempfehlungen von Porter glaubt man hier auch nicht an Nischenmärkte, die verteidigt werden könnten. Der Prozess der Konsolidierung verläuft demnach in vier Phasen über einen Gesamtzeitraum von ca. 25 Jahren. Dabei wird der Konzentrationsgrad einer Branche mit Hilfe von zwei unterschiedlichen Indizes gemessen. Auf der einen Seite wird der übliche CR3-Index verwendet, der den prozentualen Marktanteil der drei größten Unternehmen einer Branche als Summe heranzieht. Zur Berücksichtigung kleinerer Unternehmen wird

14 Vgl. Deans, Graeme/Kröger, Fritz/Zeisel, Stefan (2002): Merger Endgames – Strategien für die Konsolidierungswelle

zusätzlich der Hirschmann-Herfindahl-Index – als Summe der quadrierten Marktanteile aller Unternehmen einer Branche – verwendet.

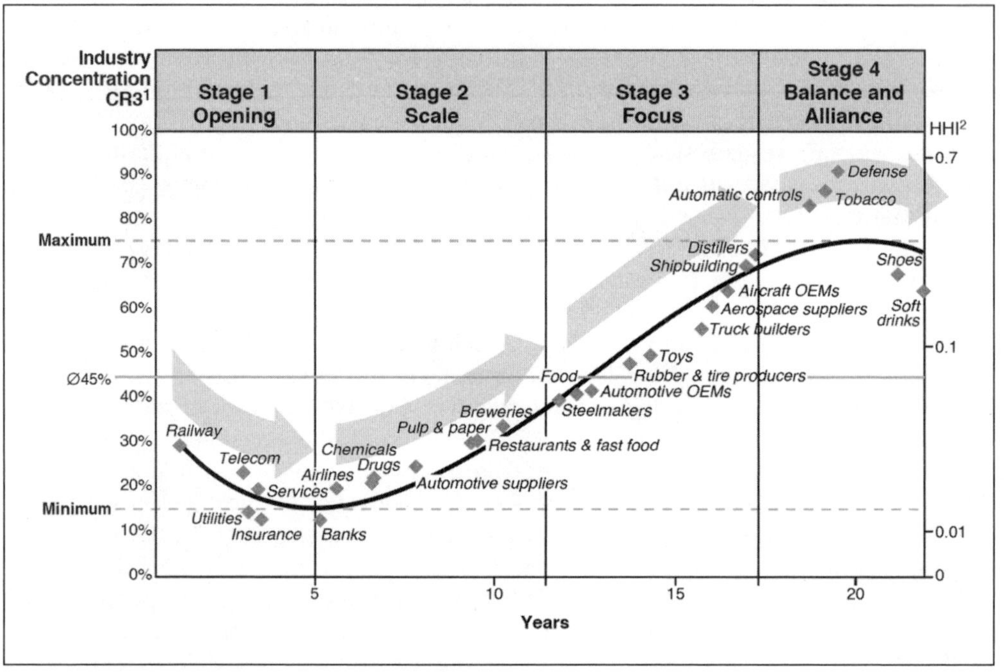

Abbildung 6: Die S-Kurve im Merger Endgame[15]

Die erste Phase wird als Öffnungsphase bezeichnet, in der der Markt kaum konzentriert ist und die Unternehmen versuchen Markteintrittsbarrieren aufzubauen. Im Verlauf der ersten Phase fangen die Unternehmen an, ihren Umsatz zu steigern und ihre Marktanteile auszubauen. Zum Ende dieser Phase sind die ersten Konsolidierungstendenzen zu erkennen. Daran schließt sich die Kumulationsphase an, in der die Unternehmensgröße entscheidend wird. Nun geht es darum, Skaleneffekte zu realisieren. Die Konsolidierungsgeschwindigkeit erreicht in dieser zweiten Phase ihr Maximum, weshalb der Integrationskompetenz eines Unternehmens hier besondere Bedeutung zukommt. Außerdem bieten sich hier besonders attraktive Einstiegschancen für Finanzinvestoren, die von den noch geringen Unternehmensbewertungen profitieren und eine aktive Rolle in der Konsolidierung einnehmen können. Als dritte Phase folgt dann die Fokussierung. Nach der erfolgten Konsolidierung haben sich die erfolgreichen Marktteilnehmer herauskristallisiert und bauen ihr Kerngeschäft weiter aus. M&A-Transaktionen nehmen in ihrer Häufigkeit ab, aber in ihrem wertmäßigen Volumen deutlich zu. Dies ist die Zeit der Megafusionen. Im Anfangsstadium der Fokussierungsphase bietet sich der beste Exit-Zeitpunkt für Finanzinvestoren, da hier häufig Premiumpreise zu erzielen sind. Die vierte Phase wird

15 Quelle: Deans/Kröger/Zeisel: Merger Endgames

als Balancephase bezeichnet, in der nur noch wenige Spieler die Branche dominieren. Da es kaum noch geeignete Übernahmekandidaten gibt, treten strategische Allianzen an die Stelle von M&A-Transaktionen. Die Profite sind kaum noch zu steigern, weshalb wachstumsstarke Bereiche ausgegliedert werden. Damit startet eine neue Endgameskurve mit der Öffnungsphase. Da sich sowohl die Konsolidierungsgeschwindigkeiten erhöht haben, und die Produktlebenszyklen kürzer werden, ist damit zu rechnen, dass sich der bisher auf 25 Jahre geschätzte Zeitraum für das Durchleben aller vier Phasen auf zehn bis fünfzehn Jahre verringern wird. Vor dem Hintergrund dieser Erkenntnisse wird schnell klar, dass ein Unternehmen nicht nur auf Umweltveränderungen reagieren darf. Jedes Unternehmen muss sich proaktiv der Herausforderung des Merger Endgames stellen und (unter dem Stichwort »Shape the industry!«) aktiv an der Konsolidierung seiner Branche teilnehmen.

3. Die verschiedenen Arten von Branchenkonsolidierung

Konsolidierung wird häufig gleichgesetzt mit der Beseitigung von Überkapazitäten und der daraus resultierenden Kostenreduktion. Daher findet sich auch oft die synonyme Verwendung von Restrukturierung, Rationalisierung oder Reengineering im Zusammenhang mit der Branchenkonsolidierung. Der Begriff der Konsolidierung stammt eigentlich aus der Finanzwelt und steht bspw. für das Nachgeben und Stabilisieren von Aktienkursen nach einem übermäßig starken Anstieg. In der Computertechnik vor allem die Vereinheitlichung als Konsolidierung bezeichnet. In unserer Betrachtung steht die Optimierung der Gesamtkapitalrentabilität (des ROI = Return on Investment) im Mittelpunkt. Ziel der konsolidierenden Unternehmen ist es, einen möglichst großen Teil der Nachfrage abzudecken und von der dann vorhandenen Marktmacht, den Größenvorteilen und den erhöhten Markteintrittsbarrieren zu profitieren. Dabei kann die Konsolidierungstendenz in einer Branche von unterschiedlichen Faktoren beeinflusst werden. Häufig ergeben sich Konsolidierungstendenzen, nachdem eine Branche liberalisiert wurde bzw. nachdem sich neue Geschäftsmodelle etabliert haben. Auch die Professionalisierung oder Industrialisierung kann die Konsolidierung in einer Branche vorantreiben. Vor dem Hintergrund einer immer stärker zusammenwachsenden Welt nimmt auch das Thema der Globalisierung einen wichtigen Stellenwert ein. Letztlich hat die Konsolidierung einer Branche regelmäßig Auswirkungen auf – in der Wertschöpfungskette – vor- und nachgelagerte Branchen, die in diesem Sog ebenfalls Konsolidierungstendenzen ausgesetzt sind.

a) Konsolidierungstendenzen nach der Liberalisierung von Märkten

Solange eine Branche staatlich reguliert oder gar kontrolliert wird, ist der Wettbewerb eingeschränkt. In vielen Fällen geht es sogar soweit, dass regelrechte Monopolstellungen der Unternehmen vorhanden sind, wie es bei den ehemaligen Post- und Telekommunikationsunternehmen der Fall war. In einem ersten Schritt erfolgen hier Privatisierungen, die den Weg in die freie Marktwirtschaft und eine Wettbewerbslandschaft ebnen. Teilweise werden solche Märkte aufgrund ihrer gesamtwirtschaftlichen Bedeutung noch durch Regulierungsmaßnahmen geschützt, allerdings ist eine zunehmende Deregulierung und Liberalisierung die logische Folge. Dies zeigt sich derzeit insbesondere bei den Versorgungsunternehmen. Ein sehr gutes Beispiel für die Konsolidierungstendenz, die aus der Liberalisierung von Märkten entstehen kann, stellt die europäische Stahlindustrie dar. So waren Ende der 1980er-Jahre noch die meisten europäischen Stahlhersteller in staatlicher Hand. Vor dem Hintergrund der hohen Relevanz der Stahlherstellung für die Rüstungsindustrie und Schlüsselindustrien wie den Automobil- sowie den Anlagen- und Maschinenbau, ist dies nicht verwunderlich. Nach der Privatisierung erfolgten in den 1990er- und zu Anfang der 2000er-Jahre die ersten Zusammenschlüsse. In Deutschland gab es eine nationale Konsolidierungswelle, während es im übrigen Europa vermehrt grenzüberschreitende Zusammenschlüsse gab. Mittlerweile befinden wir uns in einer globalen Konsolidierungswelle, die maßgeblich von asiatischen Unternehmen getrieben wird. Die Motivation für solche Konsolidierungswellen ergibt sich vor allem aus dem Zwang der Profitabilität heraus. Ineffiziente Strukturen müssen beseitigt, eine Marktorientierung geschaffen und die Mitarbeiter motiviert sowie incentiviert werden.

b) Konsolidierungstrends nach erfolgreicher Etablierung neuer Geschäftsmodelle

Wenn gänzlich neue Geschäftsmodelle auf den Markt kommen, entwickelt sich zuerst ein fragmentiertes Angebot. Die Markteintrittsbarrieren sind i.d.R. gering und die erzielbaren Margen noch recht attraktiv. In der jüngeren Vergangenheit ließ sich dieses Phänomen insbesondere bei der Interneteuphorie in der zweiten Hälfte der 1990er-Jahre beobachten und in den letzten Jahren bei Dienstleistungsunternehmen wie bspw. der Zeitarbeit oder den Call Centern. Nach erfolgreicher Etablierung solcher Geschäftsideen tritt sehr schnell eine Konsolidierung der Branche ein. Als Ziel steht hier die Erreichung einer uneinholbaren Marktposition im Vordergrund. So ist aus den Internet-Pionieren von gestern die etablierte Online-Industrie von heute geworden.

Neben der Konsolidierung, die unter den existierenden Wettbewerbern stattfindet, werden auch Unternehmen anderer Branchen nach der Etablierung von Geschäftsmodellen auf solche Unternehmen aufmerksam und könnten sich für eine Akquisition interessieren. So kaufte kürzlich eine renommierte Verlagsgruppe ein studentisches Online-Portal. Diese Strategie des »Abwartens« kann auch bei Chemie bzw. Pharmaunternehmen beobachtet werden. So entwickeln neu gegründete Biotech-Unternehmen zwar hochinteressante und innovative Produkte, sind aber häufig nicht in der Lage, diese Produkte global zu vermarkten. Allerdings können die hohen Forschungs- und Entwicklungskosten oft erst über das Absatzpotenzial des Weltmarktes wieder verdient werden. So ging das drittgrößte Biotechnologie-Unternehmen der Welt im Jahr 2006 in einem deutschen Pharmaunternehmen auf.

c) Professionalisierung bzw. Industrialisierung als Treiber für die Konsolidierung

Auch Branchen, die sich lange als Nischen in lokalen Märkten behaupten konnten, geraten immer mehr unter einen Konsolidierungsdruck. Ein klassisches Beispiel hierfür sind Handwerksbranchen, wie Bäckereien, Optiker oder auch Kfz-Werkstätten. Früher hatten die einzelnen Kleinstunternehmen dieser Branchen einen festen und loyalen Kundenstamm und mussten kaum die Bedrohung durch nationale oder globale Wettbewerber fürchten. Allerdings durchleben diese Branchen aktuell eine bisher nicht gekannte Phase der Professionalisierung und Industrialisierung, die eine deutliche Konsolidierung mit sich bringt. Neben der erhöhten Einkaufsmacht profitieren solche Unternehmen vor allem von gemeinsamen Marketingaktivitäten und der daraus resultierenden (gefühlten) Seriosität. Liegt ein fragmentierter Markt und eine gewisse Skalierbarkeit des Geschäftsmodells vor, sind diese Konsolidierungstendenzen ein gern gesehenes Betätigungsfeld für Finanzinvestoren, die als Katalysator im Rahmen der Konsolidierung fungieren können. Unter dem Begriff Buy-and-build werden dann solche Märkte durch Finanzinvestoren konsolidiert.

Eine Alternative zu M&A-Transaktionen bietet das sogenannte Franchise. Im Bereich der Systemgastronomie erweist sich dieses Konzept als adequate Alternative zu der Akquisition von Unternehmen bzw. dem Aufbau eines großen Vertriebsnetzes mit eigenen Ressourcen. So ist es möglich, ohne großes Eigenkapital und mit begrenztem Risiko ein schnelles Wachstum oder auch eine Internationalisierung umzusetzen.

d) Globalisierung als Konsolidierungstreiber

Die immer stärker zusammenwachsende Weltwirtschaft führt auf der Unternehmensseite zu einer globalen Ausrichtung. So ist der Markt für Konsumgüter (Mode, Lebensmittel, Unterhaltungselektronik und Kosmetik) längst globalisiert, ebenso wie die Chemiebranche, die Automobilindustrie oder die Pharmaindustrie. Seit 1950 ist der globale Warenexport um 2.650 % gestiegen.[16] Neben der Erschließung globaler Absatzmärkte kommt der weltweiten Ausnutzung von Forschungs- und Entwicklungsleistungen eine wichtige Rolle zu. Die Global Player zeichnen sich vor allem durch eine Kompetenz aus: Effizienz.

e) Konsolidierung zweiter Ordnung

Im Zuge der Globalisierung bzw. durch die Konsolidierung in vor- oder nachgelagerten Branchen kommt es zur Konsolidierung zweiter Ordnung. Wie bereits erwähnt, ist es notwendig, eine ausreichende Verhandlungsstärke gegenüber Lieferanten und Abnehmern aufzubauen. Dies erfolgt u. a. durch das Erreichen einer entsprechenden Unternehmensgröße. Ansonsten gerät das Unternehmen in die sogenannte »Sandwichposition«

16 Vgl. Bundeszentrale für politische Bildung: Zahlen und Fakten Globalisierung http://www.bpb.de/wissen/Y6I2DP,0,Globalisierung.html

und wird sowohl von Lieferanten als auch von Abnehmern zu Zugeständnissen bei der Preisgestaltung gedrängt. In solch einer Situation befinden sich derzeit viele Automobilzulieferer. Auf der Abnehmerseite steht ein bereits stark konsolidiertes Feld von Automobilherstellern und auf der Lieferantenseite existieren mit Quasimonopolisten wie den großen Kunsstoffgranulat-Anbietern und den verbliebenen Stahlherstellern ungleich größere Verhandlungspartner. Daher sehen die Automobilzulieferer u.a. in Zusammenschlüssen eine Chance, wieder an Verhandlungsmacht zu gewinnen.

Abgesehen von der Notwendigkeit zur Konsolidierung zweiter Ordnung entwickeln sich in einigen Branchen auch neue Absatzchancen durch die Konsolidierung auf Abnehmerseite. So entstehen im Markt für Außenwerbung immer größere Einheiten. Maßgeblich für diese Konsolidierung ist der Wunsch der bereits konsolidierten Kunden (insbesondere der Markenartikler) einen Ansprechpartner für ihre bundesweiten Werbekampagnen zu haben, um nicht in jeder Region mit einem anderen Anbieter verhandeln zu müssen.

4. Der Prozess der Branchenkonsolidierung am Beispiel der Automobilindustrie

Das Branchensegment der Automobilhersteller hat in den letzten Jahrzehnten eine nachhaltige Konsolidierung erfahren. So ist die Anzahl der unabhängigen Serienhersteller weltweit von 30 im Jahr 1980 auf 13 in 2000 zurückgegangen. Während einige Hersteller gänzlich vom Markt verschwanden, waren andere Gegenstand von M&A-Transaktionen und gingen als Marke in anderen Automobilkonzernen auf. Die Erfahrung der jüngsten Zeit sowie der Ausblick in die nahe Zukunft geben jedoch Hinweise auf eine regelrechte Dekonsolidierungswelle, bei der zum einen Zusammenschlüsse rückgängig gemacht werden und zum anderen neue Teilnehmer insbesondere aus den Emerging Markets wie Russland, China und Indien auf den Markt drängen.

Im Folgenden sollen zunächst die Gründe für die in der Vergangenheit beobachtete Konsolidierung bei Automobilherstellern und -zulieferern diskutiert werden, bevor dann auf die momentan festzustellende Dekonsolidierung der Automobilhersteller eingegangen wird. Zudem sollen alternative Kooperationsformen und die Rolle der Finanzinvestoren in der Automobilbranche näher betrachtet werden.

a) Konsolidierung auf Ebene der Automobilhersteller

Die Gründe für die Branchenkonsolidierung unter den Herstellern sind vielschichtig. Die zunehmende Konkurrenz durch asiatische Hersteller in den 1970er- sowie insbesondere 1980er-Jahren erhöhte den Kostendruck auf europäische und amerikanische Hersteller und steigerte die Bedeutung von Skaleneffekten in der gesamten Branche. Diese ließen sich neben klassischen Kosteneinsparungen in Einkauf, Produktion und Vertrieb auch durch die Entwicklung von markenübergreifenden Fahrzeugplattformen oder Modulen generieren. Die Plattformstrategie wurde insbesondere in den 1990er-Jahren von vielen Automobilherstellern aufgegriffen, um den teilweise relativ eng definierten Zielgruppen

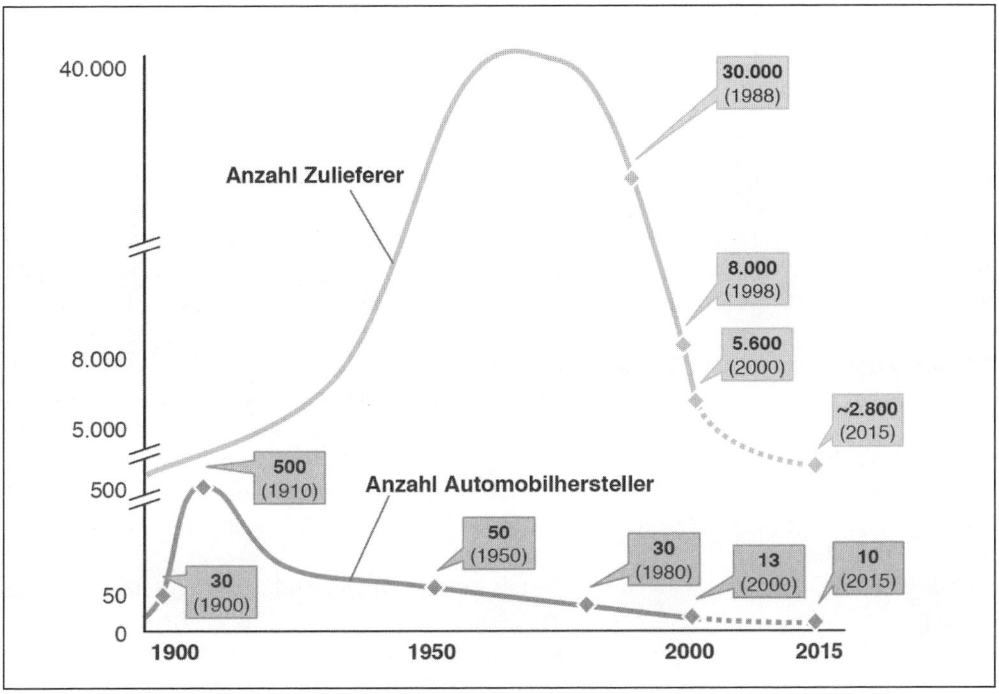

Abbildung 7: Anzahl der unabhängigen Unternehmen in der Automobilindustrie weltweit[17]

in einer Fahrzeugklasse markenspezifisch differenzierte Angebote zu wettbewerbsfähigen Preisen unterbreiten zu können. Fahrzeugkomponenten und Module wie beispielsweise Motor- und Getriebeeinheiten oder Achsen lassen sich sogar über Fahrzeuggrößen- und Preisklassen hinweg verbauen.[18]

Neben dem Streben nach Kostenvorteilen waren auch Wachstumsaspekte ausschlaggebend für die Akquisitionsentscheidungen. Neben dem Vorstoß in neue regionale Märkte dienten viele Akquisitionen auch der Besetzung neuer Preissegmente, um auch die Abhängigkeit von bestehenden Märkten zu reduzieren.

In der jüngeren Vergangenheit wurden Themen wie Flottenverbrauch und CO2-Ausstoß immer wichtiger und stellen inzwischen ebenfalls ein wichtiges Kriterium für Portfolioüberlegungen der Automobilhersteller dar. Die hohen Kosten für die Entwicklung alternativer Antriebskonzepte könnten dabei durch Akquisitionen auf eine größere Stückzahl verteilt werden und sich schneller amortisieren. Die Vielfalt der verschiedenen derzeit von den Automobilherstellern forcierten Antriebskonzepte und die Unklarheit über die

17 Quelle: Oliver Wyman & Fraunhofer-Instituten für Produktionstechnik und Automatisierung (IPA) sowie für Materialfluss und Logistik (IML): »Future Automotive Industry Structure (FAST) 2015« Anmerkung: Aufgrund der fehlenden historischen Vergleichbarkeit ohne China, Indien und Russland

18 Vgl. Heitmann, Marcus (2007): »IT-Sicherheit in vertikalen F&E-Kooperationen der Automobilindustrie«, Wiesbaden 2007

sich durchsetzende Technologie, lässt auch die Teilung von Entwicklungsrisiken zu einem wichtigen Aspekt werden.[19]

Im Rahmen der vertikalen Integration der Wertschöpfungskette ist zu bemerken, dass der Fokus – abgesehen von Einzelfällen – nicht mehr nur auf den vorgelagerten Stufen nämlich den Zulieferern liegt, sondern der nachgelagerte Aftersales-Markt (z. B. Service-Bereiche wie Werkstatt oder Finanzdienstleistungen) in den Vordergrund getreten ist.

Der Aftersales-Markt scheint ein Bereich zu sein, in dem die Automobilhersteller teilweise höhere Profite sehen als in der eigentlichen Herstellung der Fahrzeuge. Zum einen ist deutlich erkennbar, dass Automobilhersteller mit eigenen Werksniederlassungen selbstständige Vertragshändler aufkaufen, um somit einen Teil der Marge zu integrieren. Zum anderen nutzen Automobilhersteller maßgeschneiderte Finanzierungslösungen, um die Kundenbindung zu erhöhen und zusätzlich zum Kerngeschäft ein attraktives selbstständiges Geschäftsmodell zu etablieren.[20] Automobilhersteller mit mehreren Marken können hier Skaleneffekte nutzen, indem die Finanzdienstleistungsgesellschaft markenübergreifend Produkte anbietet und verwaltet. Aufgrund der in den meisten Ländern für das Angebot von Finanzdienstleistungen notwendigen Lizenzen, könnten auch gezielte Akquisitionen in bestimmten geografischen Regionen sinnvoll sein, um das Geschäft regional auszubauen.

Innerhalb der Europäischen Union deuten sich zudem signifikante regulatorische Änderungen im Aftersales-Bereich an.[21] Das in der Regel sehr profitable Ersatzteilgeschäft der Automobilhersteller ist aufgrund der momentan uneinheitlichen Regelung und den daraus resultierenden Liberalisierungsbestrebungen innerhalb der Europäischen Union bedroht. Im Zuge der geplanten europaweiten Vereinheitlichung und Liberalisierung des Designschutzes für sichtbare Ersatzteile würden Zulieferer und unabhängige Hersteller den Automobilherstellern bei den bislang durch Geschmacksmuster geschützten Ersatzteilen Konkurrenz machen. Die Automobilhersteller könnten sich dadurch veranlasst sehen, Ihre Strategie im Ersatzteilgeschäft anzupassen. Eine denkbare Handlungsoption ist in diesem Zusammenhang die Verstärkung der Aktivitäten beispielsweise im freien Werkstattgeschäft.[22] Inwieweit vor dem Hintergrund bereits bestehender freier Werkstattketten eine Akquisition dem Aufbau eigener Werkstätten im Discountbereich vorzuziehen ist, bleibt abzuwarten.

Es wird somit deutlich, dass es insbesondere durch Wachstums- und Kostenmotive eine klare langfristige Konsolidierungstendenz unter den Automobilherstellern gibt. Im weiteren Beitrag wird jedoch aufgezeigt, dass einige Zukäufe der Automobilhersteller nicht zu den gewünschten Zielen und somit zu der momentan beobachtbaren Dekonsolidierungswelle führten. Zudem ist abzusehen, dass die M&A-Aktivität in Zukunft nicht

---

19 Vgl. Müller-Thederan, D. (2007): »EU einigt sich auf CO2-Grenzwert für Autos«, in: Die Welt, 28.6.2007

20 Vgl. Bentenrieder, Matthias (2005): »Der Kampf um den Kundenzugang ist eröffnet«, in: Systemprofit Automobilvertrieb 2015, Mercer Management Consulting

21 Vgl. Metzger, Oswald (2007): »Staatlich organisierte Wettbewerbsverzerrung«, in: Financial Times Deutschland, 13.12.2007

22 Vgl. Schneider, Mark C. (2008): »Autohersteller fürchten um Ersatzteilgeschäft«, in: Handelsblatt, 07.04.2008

nur aus dem eigentlichen Automobilgeschäft kommen wird, sondern verstärkt auch aus dem Aftersales-Bereich.

b) Konsolidierung auf Ebene der Zulieferer

Die Konsolidierung unter den Automobilzulieferern setzte im Vergleich zu den Automobilherstellern zeitlich deutlich nachgelagert ein. Dafür war das Ausmaß der Konsolidierung seit den 1980er-Jahren wesentlich stärker (siehe Abbildung 7). Dies lag zum einen am steigenden Preisdruck durch die Hersteller zum anderen aber auch an den gestiegenen Anforderungen im Hinblick auf die Lieferung von ganzen Modulen und Systemen. Skaleneffekte und die Fähigkeit, technologische Entwicklungen auf höchstem Niveau zu leisten, wurden auch in kleinen und mittelständischen Unternehmen immer mehr zu entscheidenden Wettbewerbskriterien.[23] Hinzu kam, dass die Hersteller zunehmend globaler produzieren und einkaufen. Die Zulieferer müssen diesem Trend der Großkonzerne folgen, um am Markt bestehen zu können. Zulieferer, die dafür nicht die kritische Größe haben, sind gezwungen, (organisch oder anorganisch durch Zukäufe) zu wachsen. Ansonsten werden sie aus dem Markt ausscheiden oder zu Übernahmezielen für Wettbewerber.

Bei den Automobilzulieferern ist abzusehen, dass der bestehende Konsolidierungstrend in Zukunft anhält, auch wenn die Dynamik möglicherweise nachlassen wird. Während sich die Zulieferer über einen in der Wertschöpfungskette kontinuierlich ansteigenden Anteil freuen, zwingt sie dieser Umstand immer häufiger dazu, dass sie auch die Entwicklungsrisiken tragen.[24] Dabei leidet die Zulieferindustrie besonders unter dem wachsenden Preisdruck der Automobilhersteller auf der einen und einem Finanzierungsdilemma auf der anderen Seite.[25] Vor diesem Hintergrund sehen sich gerade kleine und mittlere Betriebe einer immer restriktiveren Kreditvergabe mit meist schlechteren Konditionen seitens der Banken ausgesetzt (z.B. Basel II). Viele Zulieferbetriebe werden dadurch ungewollt zu Übernahmekandidaten bzw. müssen sich für Teile ihres Unternehmens nach Investoren umschauen, um geplante Wachstumsstrategien, Akquisitionen im Kerngeschäft oder Generationenwechsel vollziehen zu können. Hinzu kommt, dass Zulieferer durch die starke Abhängigkeit von der Automobilindustrie in Schwierigkeiten geraten können. Insbesondere in den USA hat sich gezeigt, dass die Zulieferer, die zu sehr auf einzelne Hersteller zugeschnitten waren, im Falle der Krise am schwersten betroffen sind. Diese Erfahrungen erhöhen den Druck auf die Zuliefererindustrie in Europa, durch eine wachsende Unabhängigkeit dieser Entwicklung entgegenzuwirken. Dabei greifen sie nicht selten zu dem Mittel, durch Zusammenschlüsse und Kooperationen untereinander die nötige Größe zu generieren. Eine Alternative, die sich in vielen Fällen auch als Option

23 Vgl. Soppe, Birthe (2007): »Warum sollten Endhersteller und Zulieferer mehr innovieren als sie produzieren?«, in: Discussion Papers on Strategy and Innovation 07-02, Philipps-Universität Marburg 2007

24 Vgl. Peitsmeier, Henning (2007): »Schöne Aussicht«, in: Frankfurter Allgemeine Zeitung, 03.09.2007, Nr. 204, S. 21

25 Fuß, Peter; Kausch-Blecken von Schmeling, Thilo (2003): »Finanzierungsdilemma – Automobilzulieferer vor weiterer Fusionswelle?«, Ernst & Young AG

für bereits in der Insolvenz oder kurz davor befindliche Unternehmen eröffnete, war der Verkauf des Unternehmens oder von Unternehmensteilen an einen Finanzinvestor.

Auch bei den Automobilzulieferern wird das Wachstumsstreben weiterhin die Branchenkonsolidierung vorantreiben. Akquisitionen werden getätigt, um die Produktpalette zu erweitern, bestimmtes Know-how zu erwerben oder Zugang zu bestimmten Kundengruppen in bestimmten Regionen zu erlangen. Große Automobilzulieferer nutzen Akquisitionen, um auf bestimmten Gebieten eine kritische Größe bzw. marktführende Positionen zu erreichen.

Der oben schon erwähnte Trend in Richtung Systemlieferanten innerhalb der Automobilzuliefererindustrie wird dabei auch weiterhin Unternehmen zwingen, durch einen Zusammenschluss relativ komplementärer Produktportfolien die eigene Produktpalette auszubauen und das Angebot zu Komplettsystemen auszuweiten. Durch akquisitionsgetriebenes Wachstum können sich die Zulieferer horizontal weiter integrieren und das Risiko durch die Diversifikation der Produktpalette reduzieren. Gezielte Akquisitionen helfen dabei, sich von bestimmten Produkten und Märkten unabhängiger zu machen und neue Marktfelder zu erschließen. Vielfach haben Hersteller reifer Produkte mit wenig Wachstumspotenzial durch gezielte Investitionen in Zukunftstechnologien ihre Produktbasis verbreitert. Die Nachfrage von Systemen, insbesondere für die globalen Plattformen der Automobilhersteller, stellt die Zulieferer vor eine Herausforderung, der kleine und mittelständische Unternehmen häufig nicht mehr gewachsen sind. Systemkompetenz und globale Präsenz sind entscheidend geworden. Hierzu bilden Akquisitionen und Kooperationen oftmals die effizienteste Möglichkeit, die Bedürfnisse der Automobilhersteller weltweit zu erfüllen.

Auf der anderen Seite stehen Unternehmen aus den Schwellenländern vor der Herausforderung, dass sie zwar oftmals die Größe und das Kapital haben, ihnen aber die Technik und Qualität für die entwickelten Märkte fehlt. Die Möglichkeit, gezielt Know-how, benötigte Kapazitäten oder Produkte durch einen Zukauf zu erwerben, sind dabei immer häufiger die Gründe für M&A-Aktivitäten. Interessant sind hierbei die unterschiedlichen Wachstumsmuster bei Unternehmen aus verschiedenen Kulturen. Während asiatische Unternehmen traditionell eher endogene Wachstumsstrategien verfolgen, zeigen sich Unternehmen aus dem aufsteigenden indischen Raum stark interessiert am akquisitionsgetriebenen Wachstum. Dabei geht es ihnen insbesondere um den Zukauf von Hochtechnologien, deren Entwicklung sie sonst Jahre kosten würde. Zudem spielen natürlich auch Kapazitäten eine entscheidende Rolle. Auch aus regionalen Gesichtspunkten sind die Transaktionen der indischen Konzerne interessant. Zeigen sie doch, dass deutsche und europäische Zuliefererbetriebe durchaus von internationalem Interesse sind.

Für die erfolgreiche Realisation der erhofften Kosten- und Wachstumssynergien wird allerdings die erfolgreiche Unternehmensintegration der gekauften Unternehmen untereinander und in den Mutterkonzern entscheidend sein. Insbesondere im Automobilbereich erfordert die Umsetzung globaler Komponenten- oder Systemstrategien einheitliche und effiziente Strukturen. Fragmentierte Unternehmensstrukturen sowohl auf Käufer- als auch auf Verkäuferseite, fehlende Managementkapazitäten oder auch unterschiedliche und komplexe IT-Landschaften führen oftmals dazu, dass die Integration weitaus mehr Zeit in Anspruch nimmt, als ursprünglich geplant war, und die Synergien – wenn überhaupt – erst sehr viel später realisiert werden können.

c) Finanzinvestoren als Katalysatoren innerhalb der Konsolidierung

Das angesprochene Finanzierungsdilemma in der Automobilzulieferbranche führt dazu, dass an die Stelle klassischer Bankenfinanzierungen andere Finanzierungsformen wie beispielsweise Leasing, Factoring, Asset Backed Securities, Mezzanine Capital oder auch Private Equity getreten sind. Gerade der Anteil von Finanzinvestoren erhöhte sich dabei stetig, sodass im Jahr 2007 weltweit bei über 60 % aller M&A-Transaktionen im Automobilbereich Private-Equity-Häuser involviert waren.[26] Neben dem Finanzierungsaspekt ergeben sich noch zusätzliche Ansatzpunkte für eine Private-Equity-Beteiligung aus der Lösung von Nachfolgeproblemen oder auch aus Spin-off Situationen von Konzerngesellschaften. Im Allgemeinen verfolgen Private-Equity-Gesellschaften dabei als oberstes Ziel, eine möglichst hohe Rendite zu erwirtschaften. Branchenüblich sind Renditeziele von 15 bis 20 % pro Jahr. Dabei profitieren jedoch nicht allein die Fonds und deren Anleger. Es lässt sich nämlich insgesamt erkennen, dass Unternehmen im Besitz von Finanzinvestoren einen deutlich stärkeren Wertzuwachs verzeichneten als die börsennotierten Konkurrenten. In einer Studie der Wirtschaftsprüfungsgesellschaft Ernst & Young wurde festgestellt, dass diese mit einer Steigerung von durchschnittlich 13 % aufwarten, während Unternehmen in Private-Equity-Hand auf 23 % kamen.[27]

Zur Realisierung der angestrebten Rendite setzt der Finanzinvestor unterschiedliche Hebel ein. Zum einen kann der Unternehmenswert durch höhere Umsätze und bessere Margen gesteigert werden. Dabei nutzen die aktivistischen und managementorientierten Fonds häufig auch das Mittel umfassender Restrukturierungen.

Einen weiteren entscheidenden Hebel stellt die Finanzierung (Leverageeffekt) dar. Dieser wird durch einen hohen Anteil an Fremdkapital erzielt, welches niedriger zu verzinsen ist und im Laufe der Haltedauer teilweise oder vollständig getilgt wird. Die Folge daraus ist, dass Finanzinvestoren ein Interesse an möglichst hohen und stabilen Cashflows haben.[28]

Beteiligungen von Private-Equity-Gesellschaften an Automobilzulieferern sind häufig im Rahmen von MBOs anzutreffen, da hier auch in Zukunft auf die Unternehmens- und Marktkenntnis des bisherigen Managements zugegriffen werden kann und das Management als künftiger Miteigentümer selbst ein starkes Interesse an der erfolgreichen Weiterentwicklung des Unternehmens hat. Der steigende Wertschöpfungsanteil der Automobilzulieferer ist aus Sicht der Finanzinvestoren grundsätzlich attraktiv, dabei sind in Deutschland insbesondere mittelständisch geprägte Zulieferer von Interesse.[29] Diese oftmals als Familienunternehmen geführten Betriebe zeichnen sich durch ein vergleichsweise hohes Potenzial aus, da sie häufig in Nischen agieren. Zudem befinden sich diese oftmals in der Situation, dass sie vor dem Problem der Nachfolgeregelung stehen. In

26 Vgl. Snaveley, Brent (2008): »In gear; Private Equity, overseas companies drive M&As in auto industry«, Crain's Detroit Business, 28.01.2008

27 Spill, Joachim (2008): »Private Equity trägt zur Wertsteigerung bei«, Handelsblatt vom 07.04.2008, Seite C12

28 Vgl. Thum, Oliver/Timmreck, Christian/Keul, Thomas (2007): »Private Equity. Leitfaden zur erfolgreichen Unternehmensfinanzierung«

29 Vgl. Schwarzer, Martin (2007) Gut gefahren mit Private Equity- PKW-Zulieferer profitieren von Zusammenarbeit mit Finanzinvestoren, in: GoingPublic Magazin, Sonderbeilage »Automotive 2007«, 5. Jahrgang, September 2007

diesen Fällen kann es aus Sicht eines geschäftsführenden Gesellschafters attraktiv sein, einem MBO zuzustimmen. Hier unterscheidet sich der deutsche Zulierfierermarkt bspw. deutlich von dem US-amerikanischen, auf dem ein größerer Anteil der Unternehmen an der Börse platziert wurde und nun über ein professionelles Management verfügt.[30]

Doch nicht nur Familienunternehmen sind im Fokus von Finanzinvestoren. Der stetig ansteigende Druck der Kapitalmärkte auf die großen Konglomerate, zwingt diese häufig, sich auf ihre Kernkompetenzen zu beschränken. So haben in den letzten Jahren viele Konzerne die Möglichkeit genutzt, ihre Portfolios mithilfe von Finanzinvestoren zu bereinigen. Finanzinvestoren sind im Vergleich zu strategischen Investoren häufig im Sinne der Realisierung die schnellere und sichere Alternative.

Auf internationaler Ebene konnten in den letzten Jahren auch einige Akquisitionen von großen Zulieferunternehmen sowie Automobilherstellern durch Private-Equity-Gesellschaften beobachtet werden. Aktuell erscheinen Transaktionen in dieser Größenordnung aber vor dem Hintergrund der seit Mitte 2007 anhaltenden Krise an den Kapitalmärkten für die nahe Zukunft eher schwierig. Derzeit verfügt die Private-Equity-Branche über schätzungsweise USD 300 bis 400 Mrd. Eigenkapital, was bei üblichem Fremdkapitalanteil einem möglichen Investitionsvolumen von USD 1.500 bis 2.000 Mrd. entspricht. Diese Summe entspricht zum Vergleich ungefähr der Hälfte des deutschen Bruttoinlandsprodukts von 2007. Es erscheint allerdings zweifelhaft, dass es momentan gelingen wird, Fremdkapital dieser Größenordnung aufzunehmen. Zu vermuten ist, dass sich der Fokus der Branche weiter auf Unternehmen mittlerer Größe richten wird. Damit würden auch weiterhin die mittelständischen Automobilzulieferer im Fokus stehen.[31]

Besonders die Hersteller von Fahrzeugen befinden sich in der schwierigen Lage, dass die Anzahl der Modelle stetig steigt und damit die Stückzahlen pro Modell rückläufig sind, dass die Produktzyklen immer kürzer werden und zum anderen auch die Entwicklungskosten neuer Fahrzeuge stetig steigen. Skaleneffekte und das Erreichen der hohen technologischen Standards sind somit für die Wettbewerbsfähigkeit von Automobilherstellern kritisch geworden. Die Erfolgswahrscheinlichkeit im Falle der Akquisitionen eines Automobilherstellers durch Finanzinvestoren, die nicht in der Lage sind Synergien zu heben, wird somit eine interessante Fragestellung sein. Die Erfahrung bei Automobilherstellern mit vergleichbaren kleinen Stückzahlen hat gezeigt, dass die Entwicklung von Nachfolgeprodukten oft nicht profitabel darstellbar ist. Damit sehen sich sowohl kleine Hersteller als auch Finanzinvestoren vor der gleichen Herausforderung, dass sie strategische Partnerschaften mit einem anderen Automobilhersteller schließen müssten.

Die starke internationale Konkurrenz und der daraus resultierende Kostendruck werden vermutlich auch weiterhin den Trend zu Kooperationen zwischen den Herstellern für wesentliche Bauteile oder gar Plattformen erzwingen. Interessant ist in diesem Zusammenhang auch, dass sich Finanzinvestoren gerade bei Zukäufen in der Automobilbranche bisher wenig durch Buy-and-build-Strategien hervorgetan haben. So hatten Akquisition

30 Vgl. Linnemann, Carsten (2007): »Germany's Mittelstand – an endangered species? Focus on business succession«, Deutsche Bank Research, 06.07.2007

31 Maier, Angela (2008): »Wo spielt die Musik?«, in Financial Times Deutschland vom 27.03.2008, S. 25

in der Automobilbranche mit Buy-and-build-Hintergrund im Jahr 2007 gerade einmal einen Anteil von knapp 2,7 %.[32]

d) Kooperationen als Alternative zu M&A-Transaktionen

Eine sinnvolle Alternative zu klassischen Zukäufen oder Fusionen, mit denen ein Wechsel der Eigentümer und in der Regel auch tief greifende organisatorische und finanzielle Veränderungen im Rahmen der Unternehmensintegration notwendig sind, können Kooperationen bzw. strategische Allianzen bieten. Oftmals lassen sich damit die unternehmerischen Zielvorstellungen weitaus schneller und flexibler erreichen als über Fusionen und Übernahmen.[33] Während Fusionen und Übernahmen die Aufgabe der rechtlichen Selbstständigkeit mindestens eines Partners erfordern, besteht bei Kooperationen und strategischen Allianzen die Möglichkeit, diese zu wahren. Es ist nicht notwendig, die Prozesse sämtlicher operativer Bereiche und Zentralbereiche anzugleichen. Eine Konzentration auf die von der Kooperation unmittelbar betroffenen Prozesse und Funktionen ist möglich. Neben vertraglichen Vereinbarungen kann die entsprechende Bindungswirkung auch kapitalseitig, beispielsweise durch einen Aktientausch verstärkt werden.

Entscheidend für den Erfolg von Kooperationen und strategischen Allianzen ist aber die klare Fokussierung auf das Kooperationsziel und ein gemeinsames Interesse der Beteiligten. Kooperationen und strategische Allianzen können beispielsweise den Partnern helfen, Entwicklungskosten und -risiken zu teilen. Die hohen Investitionssummen für die Entwicklung zentraler Fahrzeugkomponenten oder sogar ganzer Fahrzeuge lassen Kooperationen oder strategische Allianzen attraktiv erscheinen. So könnten Motoren gemeinsam entwickelt und produziert werden. Eine markenspezifische Anpassung im gemeinsamen Werk kann trotzdem noch erfolgen, sodass die Wiedererkennung bei der jeweiligen Käuferschicht nicht gefährdet ist. Auch gemeinsame Plattformen lassen sich auf Basis von Kooperationen entwickeln. Für den Kunden nicht sichtbare Teile werden gemeinsam entwickelt und ggf. sogar gemeinsam produziert. Der Karosserierohbau kann dann schon wieder in den jeweils unterschiedlichen Fabriken der Hersteller erfolgen. Insbesondere die mit erheblicher Unsicherheit versehene Entwicklung verschiedener alternativer Antriebskonzepte bietet die Möglichkeit, Risiken und Kosten gemeinsam zu tragen. Entscheidend wird sein, inwieweit es den Beteiligten gelingt, sich ihrer Kernkompetenzen bewusst zu sein und ihre markentypische Differenzierung sicherzustellen.

e) Dekonsolidierung als nächste Welle

Nachdem insbesondere in den 1980er- und 1990er-Jahren der langfristige Konsolidierungstrend unter den Automobilherstellern durch zahlreiche Fusionen und Übernahmen

32 Mac Dougall, Neil/Whiley, Gareth (2008): »Buy & Build Monitor 2008«, Februar 2008, PPM Capital Limited

33 Dudenhöffer, Ferdinand (2006): »Die Ära der Kooperationen in der Automobilindustrie.« in: Börsen-Zeitung Nr. 126, 05.06.2006

weiter beschleunigt wurde, sind in der jüngeren Vergangenheit verschiedene Dekonsolidierungsfälle zu beobachten. Bei näherer Betrachtung der Transaktionen ist allerdings nicht davon auszugehen, dass die grundsätzlichen Konsolidierungstendenzen in dieser Branche gestoppt sind oder obsolet wurden, vielmehr stellten sich viele der vormals getätigten Transaktionen aufgrund unterschiedlichster endogener und exogener Faktoren als nicht lohnend heraus. In vielen Fällen zeigte sich, dass die ursprüngliche strategische Zielsetzung nicht erreichbar war bzw. mit anderen negativen Effekten für den Käufer verbunden gewesen wäre. Dabei lag es zumeist nicht daran, dass die Entscheidung für die Akquisition von Anfang an falsch war, sondern häufig wurden zum einen bei der Umsetzung Fehler begangen und zum anderen waren die Unternehmen gezwungen, ihre Strategien an eine sich schnell verändernde Umwelt anpassen zu müssen.

Gerade in Bezug auf die Besonderheiten einer so marken- und imagegetriebenen Branche, werden oftmals die emotionalen Faktoren einer Fusion unterschätzt. Im Falle der Akquisition einer im unteren und mittleren Preissegment angesiedelten Marke ist es bspw. nicht ohne Weiteres möglich, die technische Basis mit einer in höheren Preissegmenten positionierten Marke zu teilen. Auf der einen Seite wären vermutlich viele Käufer von Produkten des im unteren bis mittleren Preissegment positionierten Fahrzeuges nicht bereit, für technische Innovation und ausgefeilte Technik einen Aufpreis zu zahlen. Häufig wünschen diese Käuferschichten einfache und robuste Technik zum niedrigsten Preis. Andererseits ist die Gefahr eine Verwässerung einer Premium-Marke durch die Gleichteilestrategie mit einer akquirierten Marke des unteren und mittleren Preissegments nicht zu unterschätzen. Die Käufer von Premium-Fahrzeugen erwarten für die zu zahlende Preisprämie nicht nur höchste Qualität und technische Standards, sondern auch eine gewisse Einzigartigkeit. Wenn die gleiche Technik aber in deutlich preisgünstigeren Fahrzeugen einer schwächeren Marke erhältlich ist, ist die Alleinstellung der Premium-Marke gefährdet. Es wird deutlich, dass bei Akquisitionsszenarien in der Automobilbranche das Markenimage von entscheidender Bedeutung sein kann und der Auslöser für Akquisitionen und Veräußerungen sein kann.

Die zu beobachtenden Verkäufe von Automobilherstellern bzw. Marken in den letzten Jahren machen deutlich, dass eine Konzentration auf die Kernkompetenzen in der Automobilbranche weiter Einzug hält. Die Automobilhersteller setzen sich verstärkt mit den Profilen ihrer Kernmarken auseinander und schärfen diese. Desinvestitionen bieten sich an, um Markenportfolien zu bereinigen und die freigewordenen Ressourcen auf die Kernmarken zu fokussieren und eine Kostenführerschaft, Differenzierung oder Nischenstrategie umzusetzen.[34]

Auch wenn die Automobilzulieferer-Branche eine tief gehende Konsolidierung durchlaufen hat, sind auch hier einzelne Beispiele für Dekonsolidierungen zu beobachten, die insbesondere durch den generellen Preisdruck sowie regionale Marktentwicklungen hervorgerufen wurden. Einzelne in finanzielle Schieflage geratene Zulieferunternehmen waren in der Vergangenheit gezwungen, sich von Teilbereichen zu trennen, um so Liquidität zu schöpfen und eine überlebensfähige Struktur zu erlangen.

34 Gottschalk, Bernd/Kalmbach, Ralf/Dannenberg, Jan (2005): »Markenmanagement in der Automobilindustrie.« 2. überarbeitete u. erweiterte Auflage, Wiesbaden 2005

Es wird deutlich, dass das Vorhaben neue Märkte und Produktsegmente durch Akquisitionen zu erschließen, insbesondere von den Automobilherstellern mit Sorgfalt umzusetzen ist. Die Gründe hierfür sind vielschichtig und sie dürften, neben den auch sonst anspruchsvollen Herausforderungen einer akquisitionsgetriebenen Wachstumsstrategie, besonders im Produkt Automobil zu finden sein. In nahezu allen Fällen einer Dekonsolidierung bei den Automobilherstellern standen die Unternehmen vor dem Problem, dass die Kernmarke sich sehr stark von den akquirierten Marken unterschied. In diesen Fällen standen die Unternehmen vor dem Dilemma, zum einen eine Integration der verschiedenen Unternehmen vorantreiben zu müssen und zum anderen nicht Gefahr zu laufen, die einzelnen Marken zu verwässern.

Vor diesem speziellen Problem stehen hingegen die Zulieferer nicht. Abgesehen von einigen wenigen sichtbaren sowie markenprägenden Teilen (z.B. ESP, Getriebe oder Reifen) spielt die Marke des Zulieferers keine zentrale Rolle für den Verkauf von Autos. Beispiele hierfür sind die großen Automobilzulieferer aus dem westlichen und zunehmend auch östlichen Ausland, die sowohl Komponenten als auch Systeme an europäische Automobilhersteller liefern. In der Wahrnehmung der Konsumenten sind diese aber kaum bekannt und spielen bei der Kaufentscheidung bislang keine signifikante Rolle, solange sie keine Auswirkungen auf die Kernkompetenzen der Hersteller haben. So sind hierbei anstelle der Marke insbesondere der Preis und die Zuverlässigkeit von Bedeutung.

5. Zusammenfassung und Fazit

Der Beitrag hat gezeigt, dass Unternehmenstransaktionen heute zum Standardinstrumentarium gehören, welches vom Management eingesetzt wird, um die Unternehmensstrategie umzusetzen. Größe und/oder Spezialisierung stehen ganz oben auf der Prioritätenliste zur Profitabilitätsverbesserung und stellen letztlich das Überleben eines Unternehmens sicher. In einem sich stetig ändernden Umfeld müssen sich auch die Unternehmen immer dynamischer an ihre Umwelt anpassen und ständig neu erfinden. Das lebenslange Lernen ist nicht nur Pflichtprogramm für erfolgreiche Mitarbeiter, sondern für ganze Unternehmen. Auch wenn viele Studien zu dem Ergebnis kommen, Unternehmenstransaktionen seien eher wertvernichtend,[35] so dürfen doch nicht die langfristigen bzw. indirekten Erfolge unberücksichtigt bleiben.

Die große Herausforderung, die sich vor allem den mittelständischen Unternehmen stellt, ist die Bereitstellung der notwendigen Ressourcen für das Transaktionsmanagement sowie für die Unternehmensintegration. Eigene M&A-Abteilungen können bzw. wollen sich i.d.R. nur große (börsennotierte) Unternehmen leisten und selbst diese lassen sich von erfahrenen Transaktionsspezialisten (z.B. Wirtschaftsprüfungsgesellschaften, Anwaltskanzleien, Strategieberatern und Investmentbanken) beraten. Dabei können die Aufgaben im Rahmen einer Transaktion analog zu diesem Buch in die Planung, die Durchführung und die Integration eingeteilt werden. In der Planungsphase kommt es

35 Vgl. Jansen, Stephan A. (2001): »Mergers & Acquisitions – Unternehmensakquisitionen und -kooperationen, Wiesbaden 2001

insbesondere auf die Strategiefindung an, weshalb hier vor allem die Top-Management-Beratungen eingebunden werden. Teilweise bieten gute Corporate-Finance-Beratungen diese Dienstleistung ebenfalls an. Die eigentliche Durchführung der Transaktion – also das Prozessmanagement – erfolgt in Abhängigkeit des Transaktionsvolumens. Dabei wird das Transaktionsvolumen als Unternehmensgesamtwert (also vor Abzug der zinstragenden Verbindlichkeiten) definiert. Bei einem Volumen von bis zu EUR 15 Mio. werden Transaktionen häufig mit der Unterstützung von kleineren M&A-Boutiquen durchgeführt. Unternehmenstransaktionen mit mittleren bis großen Volumina (zwischen EUR 15 Mio. bis EUR 500 Mio.) werden primär von den Corporate-Finance-Beratungen der Wirtschaftsprüfungsgesellschaften oder nationalen Investmentbanken begleitet. Bei hohem Bezug zum Kapitalmarkt bzw. bei Megatransaktionen ab EUR 500 Mio. teilweise auch erst ab EUR 1 Mrd. sind i.d.R. die internationalen Investmentbanken involviert. Neben dem Prozessmanagement ergeben sich eine Reihe weiterer Unterpunkte, wie z. B. die Due Diligence, die wiederum je nach notwendiger Kompetenz vergeben werden. So sind die Wirtschaftsprüfungsgesellschaften über alle Transaktionsgrößen hinweg sehr stark, was insbesondere die Financial Due Diligence betrifft. Daneben kommt den Rechtsanwaltskanzleien im Rahmen der Vertragsverhandlung eine wichtige Rolle zu. Für die Integrationsphase wird dann wieder verstärkt auf Unternehmensberatungen oder die spezialisierten Einheiten der Wirtschaftsprüfungsgesellschaften zurückgegriffen.

Insgesamt kann den Unternehmen empfohlen werden, die Themenbereiche Strategie, M&A und auch Finanzierung enger miteinander zu vernetzen, um den zukünftigen Herausforderungen insbesondere vor dem Hintergrund der Branchenkonsolidierung gut gerüstet gegenüberzustehen. Ein enges Zusammenspiel zwischen CEO und CFO ist hierfür ebenso unerlässlich wie die Einbindung erfahrener Transaktionsberater. Ein Integrationsteam und ein externer Integrationsberater sollten so früh wie möglich gefunden werden. Eine enge Zusammenarbeit mit den zuvor genannten Beteiligten und den operativen Bereichen (Produkt und Vertrieb) sowie den Zentralbereichen ist für eine erfolgreiche Integration unerlässlich. Dies gilt auch für die Umsetzung von Carve-out-Projekten im Rahmen der Veräußerung von Teilbereichen. Ist es im Verkaufsprozess nicht möglich, einen klar skizzierbaren und operativ lebensfähigen Unternehmensteil darzustellen, wird beim Verkauf Unternehmenswert vernichtet.

Literatur

Buchveröffentlichungen

Ansoff, Harry Igor: Management-Strategie (1966).

Deans, Graeme/Kröger, Fritz/Zeisel, Stefan: Merger Endgames – Strategien für die Konsolidierungswelle (2002).

Gottschalk, Bernd/Kalmbach, Ralf/Dannenberg, Jan: Markenmanagement in der Automobilindustrie. Die Erfolgsstrategien internationaler Top-Manager, Betriebswissenschaftlicher Verlag Dr. Th. Gabler GmbH/GWV Fachverlage GmbH, Wiesbaden (2005).

Heitmann, Marcus: IT-Sicherheit in vertikalen F&E Kooperationen der Automobilindustrie, Deutscher Universitäts-Verlag, GWV Fachverlage GmbH, Wiesbaden (2007).

Jansen, Stephan A.: Mergers & Acquisitions – Unternehmensakquisitionen und -kooperationen, Betriebswissenschaftlicher Verlag Dr. Th. Gabler GmbH, Wiesbaden (2001).

Kotler, Philip: Kotler on Marketing: How to Create, Win, and Dominate Markets (1999).
Markowitz, Harry M.: Portfolio Selection. Die Grundlagen der optimalen Portfolio-Auswahl (2008).
Oetinger, Bolko von (Hrsg.): Das Boston Consulting Group Strategie-Buch (2000).
Porter, Michael: Wettbewerb und Strategie (1999).
Simon, Hermann: Hidden Champions des 21. Jahrhunderts: Die Erfolgsstrategien unbekannter Weltmarktführer (2007).
Timmreck, Christian: Strategisches Investitions- und Finanzmanagement, in: Picot, Gerhard (Hrsg.): Handbuch für Familien- und Mittelstandsunternehmen (2008), S. 338ff.
Thum, Oliver/Timmreck, Christian/Keul, Thomas: Private Equity. Leitfaden zur erfolgreichen Unternehmensfinanzierung, Vahlen Verlag München, (2008).

Zeitungen

Chappuis, Bertil E./Frick, Kevin A./Roche, Paul J.: High tech's coming consolidation, in: McKinsey on Finance, No. 11, Spring 2004.
Dudenhöffer, Ferdinand: Die Ära der Kooperationen in der Automobilindustrie, in: Börsen-Zeitung Nr. 126, 05.06.2006.
Maier, Angela: Wo spielt die Musik?, in: Financial Times Deutschland, 27.03.2008.
Metzger, Oswald: Staatlich organisierte Wettbewerbsverzerrung, in: Financial Times Deutschland, 13.12.2007.
Müller-Thederan, D.: EU einigt sich auf CO2-Grenzwert für Autos, in: Die Welt, 28.06.2007.
Peitsmeier, Henning: Schöne Aussicht, in Frankfurter Allgemeine Zeitung, 03.09.2007.
Schneider, Mark C.: Autohersteller fürchten um Ersatzteilgeschäft, in: Handelsblatt, 07.04.2008.
Schwarzer, Martin: Gut gefahren mit Private Equity- PKW-Zulieferer profitieren von Zusammenarbeit mit Finanzinvestoren, GoingPublic Magazin, Sonderbeilage »Automotive 2007«, 2007.
Snaveley, Brent: In gear; Private Equity, overseas companies drive M&As in auto industry, in: Crain's Detroit Business, 28.01.2008.
Soppe, Birthe: Warum sollten Endhersteller und Zulieferer mehr innovieren als sie produzieren?, in: Discussion Papers on Strategy and Innovation 07-02, Phillipps Universität Marburg, 2007.
Spill, Joachim: Private Equity trägt zur Wertsteigerung bei, in: Handelsblatt, 07.04.2008.

Studien

Bentenrieder Matthias: Der Kampf um den Kundenzugang ist eröffnet, in: »Systemprofit Automobilvertrieb 2015«, Mercer Management Consulting, 2005.
Bundeszentrale für politische Bildung: Zahlen und Fakten Globalisierung http://www.bpb.de/wissen/Y6I2DP,O,Globalisierung.html.
Fuß, Peter/Kausch-Becken von Schmeling, Thilo: Finanzierungsdilemma – Automobilzulieferer vor weiterer Fusionswelle?, Ernst & Young AG 2003.
Linnemann, Carsten: Germany's Mittelstand – an endangered species? Focus on business succession, in: Deutsche Bank Research, 06.07.2007.
Mac Dougall, Neil/Whiley, Gareth: Buy and Build Monitor 2008, PPM Capital Limited, 2008.

IV. Steuerliche Strukturierung der Transaktion*

1. Einleitung/Gang der Darstellung

Das Steuerrecht kennt – ebenso wie das Zivil- und Gesellschaftsrecht – keine besonderen Regeln für die Veräußerung und den Erwerb von »Unternehmen«. Dies liegt zunächst daran, dass das Steuerrecht selbst keine einheitlichen Vorschriften über die Besteuerung der unternehmerischen Tätigkeit vorsieht, sondern die unternehmerische Tätigkeit rechtsformabhängig besteuert.[1]

Weiterhin verknüpft der Unternehmenskauf zufällig zwei Steuerpflichtige, den Veräußerer und den Erwerber, die mit der Akquisition bzw. mit der Veräußerung eines Unternehmens unterschiedliche wirtschaftliche, aber auch steuerliche Interessen verfolgen. Die Entscheidung zur Akquisition eines Unternehmens oder zur Veräußerung desselben ist meist keine steuerliche, sondern eine unternehmensstrategische Entscheidung. Wenn diese Entscheidung einmal gefällt ist, dann treten aber die gegenläufigen wirtschaftlichen wie steuerlichen Interessen von Erwerber und Veräußerer in den Vordergrund. Während der Veräußerer einen möglichst hohen Kaufpreis *nach* Steuern erzielen will, kommt es dem Erwerber darauf an, den zu zahlenden Kaufpreis möglichst schnell *einkommensmindernd* geltend machen zu können.[2] Diese *gegenläufigen Interessen* von Käufer und Verkäufer prägen die Technik des Unternehmenskaufes und seine steuerliche Optimierung. Deshalb ist wichtig, die steuerliche Ausgangssituation von Erwerber und Veräußerer zu erfassen und im Rahmen der Vertragsverhandlungen befriedigend zu verknüpfen. Die Steuerstrukturierung und -planung ist deshalb in vielen Fällen eine gemeinsame Aufgabe von Veräußerer und Erwerber.

Nachdem zunächst allgemeine Grundsätze der steuerlichen Strukturierung von M&A-Transaktionen erläutert werden (2.), ist die steuerliche Ausgangssituation von Veräußerer und Erwerber Gegenstand des dritten Abschnitts (3.).

Danach werden im Überblick die Besteuerung der zwei Akquisitionstechniken, des Kaufes von Wirtschaftsgütern (»*Asset Deal*«) und des Anteilserwerbes (»*Share Deal*«)[3] dargestellt (4.). Im Anschluss wird die steuerfreie Veräußerung von Anteilen an Kapitalgesellschaften *gemäß § 8 b KStG*[4] behandelt, die in der Praxis erhebliche Bedeutung hat (5.). Im sechsten Abschnitt (6.) wird die *Veräußerung von Organbeteiligungen* dargestellt.

---

* Frau Caroline Hörster, Freshfields Bruckhaus Deringer Köln, danken wir für die Unterstützung bei der Vorbereitung.

1 Vgl. ausführlich zu der Forderung nach der rechtsform-unabhängigen Unternehmensbesteuerung Knobbe-Keuk, Bilanz- und Unternehmenssteuerrecht, S. 1 ff.

2 Vgl. zu dieser Ausgangssituation Hötzel, Unternehmenskauf und Steuern, S. 60 ff.; Holzapfel/Pöllath, Unternehmenskauf, Rn. 137 ff.; Koenen/Gohr, DB 1993, 2541, 2543.

3 Auf die speziellen Beteiligungsformen partieller, atypisch stiller Beteiligungen kann hier nur hingewiesen werden (»tracking stocks«; vgl. dazu Breuninger/Prinz, DStR 1996, 1761, 1764; Sieger/Hasselbach, BB 1999, 1277 ff; Tonner, IStR 2002, 317, 322 ff; Eilers, Steuerberaterjahrbuch 2001/2002, S. 413 ff.; Prinz/Schürzen, DStR 2003, 181 ff.).

Der letzte Abschnitt beinhaltet allgemeine Hinweise für die Durchführung einer *Tax Due Diligence*, die den Erwerber in die Lage versetzen soll, bestehende Steuerrisiken und -chancen des Zielunternehmens zu erkennen (7.).

2. Allgemeine Grundsätze

Aus der Sicht der Praxis sind folgende allgemeine Grundsätze von entscheidender Bedeutung für die steueroptimale Strukturierung eines Unternehmenskaufes.

a) Frühzeitige Strukturierung

Die Planungen auf der Seite des Veräußerers und des Erwerbers müssen *so früh wie möglich* die steuerliche Ausgangssituation auf beiden Seiten einer möglichen Transaktion miteinbeziehen; nur in einem mittelfristigen, z. T. auch nur in einem langfristigen Zeitrahmen, z. B. im Hinblick auf die 5-Jahresfrist in § 17 Abs. 1 S. 1 EStG und die 7-Jahresfrist in § 22 UmwStG, lassen sich Steueroptimierungen erzielen, die auch von der Finanzverwaltung akzeptiert werden. Der zeitliche Aspekt spielt ebenfalls unter dem Gesichtspunkt der Durchführung eines Verfahrens zur Erteilung einer verbindlichen Auskunft (»Ruling-Verfahren«) eine Rolle. Sowohl die Entscheidung, ob ein – seit dem VZ 2007 gebührenpflichtiges – »Ruling-Verfahren« eingeleitet werden soll und bei welcher Finanzbehörde der Antrag gestellt werden muss, als auch die Stellung des Antrages durch den steuerlichen Berater sowie die Entscheidung der Finanzbehörde über den Antrag können einen langen Zeitraum in Anspruch nehmen. Schließlich ist die Durchführung einer Due Diligence einschließlich einer Tax Due Diligence durch den Erwerber, die Bestandteil jeder Unternehmensakquisition sein sollte, in die zeitliche Planung einer M&A-Transaktion einzubeziehen.

b) Keine einseitige Strukturierung

Vor dem Unternehmenskauf sind steuerliche Gestaltungsüberlegungen nicht nur auf Erwerberseite, sondern häufig auch auf der Seite des Veräußerers geboten. Die steueroptimale Gestaltung eines Unternehmensverkaufs kann vor dem Verkauf eine Umstrukturierung des Unternehmens durch den Verkäufer erforderlich machen. Aber auch in den Fällen, in denen aus Verkäufersicht steuerorientierte Gestaltungen nicht in Betracht kommen, ist die Kenntnis der seitens des Käufers nutzbaren steuerlichen Gestaltungspotenziale im Hinblick auf die Kaufpreisbildung von Bedeutung.[4]

4 Schaumburg, in: Schaumburg (Hrsg.), Unternehmenskauf, S. 3.

c) Keine rein nationale Strukturierung

Die Mehrzahl der Unternehmenskäufe beinhaltet heute internationale Strukturelemente, sodass anstelle der früher häufig ausreichenden nationalen Strukturierung steuerliche Gestaltungsüberlegungen auch unter internationalen Gesichtspunkten zu erfolgen haben. Ändert sich beispielsweise die steuerliche Ansässigkeit einer Muttergesellschaft im Rahmen eines Unternehmenserwerbs, gehört die gesamte Steuerstruktur des erworbenen Unternehmens auf den Prüfstand. Die Dividendenflüsse müssen dann unter dieser neuen Struktur optimiert werden, gleiches gilt für die Lizenzzahlungsstruktur. Möglicherweise muss der Erwerb aber auch von einer anderen Unternehmenseinheit des Erwerbers durchgeführt werden, um Vorteile der existierenden Struktur auf Seiten des Veräußerers nicht zu gefährden.

d) Formen des Unternehmenskaufes

Neben den klassischen Grundmodellen des Unternehmenskaufes, dem Kauf von Wirtschaftsgütern und dem Anteilserwerb, sind Unternehmensübernahmen in Form von z. B. Fusionen von börsennotierten Unternehmen mittels Anteilstausch bedeutsam.[5] Der Aktientausch hat als Akquisitionsform vor allem deshalb an Bedeutung gewonnen, weil hierbei keine Zahlungen an die Gesellschafter des Zielunternehmens (»Target«) erforderlich sind. Dadurch sind auch sehr »teure« Akquisitionen (z. B. Mannesmann/Vodafone; Daimler/Chrysler; Rhone-Poulenc/Hoechst) finanzierbar geworden. Die Spezifika von fremdfinanzierten Transaktionen (Private Equity) sind nicht Gegenstand dieses Beitrags.[6]

3. Steuerliche Ausgangssituation von Veräußerer und Erwerber

a) Veräußerer

Ziel des Veräußerers ist es in den meisten Fällen, die Versteuerung eines möglichen Veräußerungsgewinnes, der aufgrund der im Kaufpreis zu berücksichtigenden stillen Reserven des Unternehmens entsteht, zu vermeiden. Er kann die *Steuerfreiheit*, eine begünstigte Besteuerung oder auch die volle Besteuerung des Veräußerungsgewinnes auslösen.[7]

---

5 Die Baums-Kommission hatte vorgeschlagen, einen sog. »triangular mergers« nach US-amerikanischem Vorbild einzuführen. Dabei handelt es sich um eine in zwei verschiedenen Varianten vorkommende Form der Übernahme einer Zielgesellschaft durch deren Verschmelzung mit einer Tochter der Erwerbsgesellschaft, die nach geltendem deutschen Recht nicht gestaltbar ist. Um dies zu ändern, bedürfte es insbesondere einer Änderung des Umwandlungsgesetzes. Diese Gestaltungsform ist allerdings bis heute nicht eingeführt worden.

6 Vgl. dazu Hasselbach/Rödding, in: Eilers/Rödding/Schmalenbach, Unternehmensfinanzierung, S. 799–831.

7 Vgl. dazu die sehr detaillierte Abbildung bei Hötzel, Unternehmenskauf und Steuern, S. 70.

aa) Steuerfreiheit

Ist der Veräußerer eine natürliche Person/Personengesellschaft, so kann er *steuerfrei* veräußern:

- Anteile an einer Kapitalgesellschaft, die bis zum 31.12.2008 angeschafft wurden, soweit er an der Kapitalgesellschaft nicht relevant[8] beteiligt war bzw. ist und es sich nicht um einbringungsgeborene Anteile i.S.v § 21 UmwStG a.F. handelt (tarifbegünstigte Veräußerung möglich[9]). Die Veräußerung sperrfristbelasteter Anteile gem. § 22 UmwStG ist grundsätzlich steuerfrei möglich. Werden die Anteile jedoch innerhalb von sieben Jahren nach der Einbringung veräußert, so ist rückwirkend auf den Einbringungsstichtag der Einbringungsgewinn zu ermitteln. Auf diese Weise wird der Gewinn oder Verlust rückwirkend besteuert. Dabei mindert sich gem. § 22 Abs. 1 S. 3 UmwStG der rückwirkend festgestellte Einbringungsgewinn um jeweils 1/7 für jedes seit dem Einbringungsvorgang abgelaufene Zeitjahr. Daraus ergibt sich ein nach § 16 EStG zu besteuernder Einbringungsgewinn I, der zugleich zu nachträglichen Anschaffungskosten auf die kapitalgesellschaftsrechtliche Beteiligung führt.[10]
  Eine i. S. d. § 17 Abs. 1 S. 1 und S. 4 EStG relevante Beteiligung liegt dann vor, wenn der Veräußerer innerhalb der letzten 5 Jahre vor der Veräußerung zu mindestens 1 v. H. unmittelbar oder mittelbar am Kapital der Kapitalgesellschaft beteiligt war. Maßgebliche Größe ist grundsätzlich der nominelle Anteil am Grund- oder Stammkapital (§§ 6, 7 AktG, § 5 GmbHG). Abweichende Regelungen über das Stimmrecht, das Gewinnbezugsrecht sowie die Verteilung des Liquidationserlöses sind unbeachtlich.[11]
  Eine »steuerschädliche« relevante Beteiligung liegt auch dann vor, wenn diese nur für eine sog. »juristische Sekunde« bestanden hat; dies ist z. B. dann der Fall, wenn ein zu unter 1 v. H. an einer Kapitalgesellschaft beteiligter Gesellschafter einen weiteren Geschäftsanteil erwirbt, den er schon vor dem Erwerb an einen Dritten veräußert hatte (Durchgangserwerb bei einer Vorausverfügung[12]). Gem. § 17 Abs. 2 S. 6 EStG ist im Hinblick auf die Abzugsfähigkeit von Verlusten zwischen entgeltlichem und unentgeltlichem Erwerb zu unterscheiden. Ein Veräußerungsverlust ist nicht zu berück-

---

8 Vgl. näher zum Begriff der relevanten (vorm. wesentlichen) Beteiligung: Weber-Grellet, in: Schmidt, EStG, 27. Auflage 2008, § 17 Rn. 35 f.; die Grenze zur wesentlichen Beteiligung lag bis zum 31.12.1998 bei »mehr als 25 v. H.« und wurde mit Wirkung zum 01.01.1999 (StSenkG v. 24.03.1999) auf eine Beteiligungsquote von »mindestens 10 v. H.« und mit Wirkung zum 01.01.2001 (StSenkG v. 23.10.2000) auf »mindestens 1 v. H.« reduziert.

9 Die Begünstigung i. S. v. §§ 16 und 34 EStG ist für diese gem. § 16 Abs. 4 UmwStG a.F. möglich. Seit dem VZ 2002 bzw. 2003 – vgl. § 52 Abs. 4b Nr. 2, Abs. 8 a EStG i. V. m. § 34 Abs. 1, 2 KStG – unterliegen Veräußerungsgewinne aus einbringungsgeborenen Anteilen unabhängig davon, ob diese im Privatvermögen oder im Betriebsvermögen gehalten werden, dem Halbeinkünfteverfahren nach § 3 Nr. 40 S.1 b) EStG. Zur Vermeidung missbräuchlicher Nutzungen hat der Gesetzgeber allerdings eine Veräußerungssperre von 7 Jahren eingeführt § 3 Nr. 40 S. 3,4 EStG a.F., der für einbringungsgeborene Anteile iSd § 21 UmwStG a.F. weiter anzuwenden ist. Darüber hinaus besteht für Veräußerungsgewinne im Sinne des § 34 Abs. 2 Nr. 1 EStG seit VZ 2004 die Möglichkeit, die Anwendung eines ermäßigten Steuersatzes (VZ 2001–2003: des halben Steuersatzes) zu beantragen.

10 Patt, in: Dötsch/Patt/Pung/Möhlenbrock, Umwandlungsteuerrecht § 22, Rz. 54; Vgl, Crezelius, NZI 2007, 200, mwN; Gröble/Adrian, in: Erle/Sauter, KStG, § 8b, Rz. 411.

11 BFH, Urteil v. 25.11.1997, VIII R 29/94, BStBl. II 1998, 257; Eilers/Schmidt, in: Herrmann/Heuer/Raupach, EStG, Stand Februar 2006, § 17 Rn. 114; Dötsch/Pung, BB 1999, 135 ff.

12 BFH, Urteil vom 16.5.1996, BStBl. II 1996, 870.

sichtigen, soweit er auf Anteile entfällt, die der Steuerpflichtige innerhalb der letzten fünf Jahre unentgeltlich erworben hatte oder die entgeltlich erworben worden sind und nicht innerhalb der gesamten letzten fünf Jahre zu einer relevanten Beteiligung (mindestens 1 %) des Steuerpflichtigen gehört haben.[13] Eine Ausnahme davon besteht nur, soweit der Veräußerungsverlust auf innerhalb der letzten fünf Jahre erworbene Anteile entfällt, deren Erwerb zur Begründung einer steuerverstrickten Beteiligung des Steuerpflichtigen geführt hat oder die nach Begründung der steuerverstrickten Beteiligung erworben worden sind.[14]
Im Falle der Veräußerung einer relevanten Beteiligung i. S. v. § 17 Abs. 1 EStG ist der steuerrelevante Veräußerungsgewinn gem. § 17 Abs. 2 EStG der Betrag, um den der Veräußerungspreis nach Abzug der Veräußerungskosten die Anschaffungskosten (ggf. bei unentgeltlichem Erwerb die des Rechtsvorgängers) übersteigt.[15] Der Gewinn unterliegt der Halb- bzw. ab VZ 2009 der Teileinkünftebesteuerung, §§ 3 Nr. 40 S. 1 lit. c), § 3c Abs. 2 EStG. Das Halbeinkünfteverfahren gem. § 3 Nr. 40 EStG wird ab dem VZ 2009 durch das Teileinkünfteverfahren ersetzt. Es sind dann nicht mehr 50 %, sondern nur noch 40 % der bezeichneten Einnahmen steuerfrei.

- Anteile an einer *vermögensverwaltenden Personengesellschaft* (KG, OHG etc.). Im Einzelfall muss aber von Veräußererseite sehr sorgfältig geprüft werden, ob die Personengesellschaft, deren Anteile veräußert werden sollen, noch vermögensverwaltend tätig ist. Die Finanzverwaltung hat zur Qualifikation der Tätigkeit von Personengesellschaften *im Immobilienbereich* und zur Zurechnung dieser Tätigkeit zu den einzelnen Gesellschaftern zahlreiche – zum Teil recht einschränkende – Regeln erlassen, auf die hier nur verwiesen werden soll.[16]
- *Immobilien* und *andere Wirtschaftsgüter* im Privatvermögen nach Ablauf der Spekulationsfrist (§ 23 Abs. 1 Nr. 1 bzw. 2 EStG), die seit dem 01.01.1999 bei Immobilien zehn Jahre und bei anderen Wirtschaftsgütern ein Jahr beträgt. Die Anwendung des § 23 EStG hat Vorrang vor § 17 EStG.[17] Eine Veräußerung einer (mindestens 1 %igen) Beteiligung an einer Kapitalgesellschaft, die innerhalb eines Jahres nach ihrer Anschaffung oder nach ihrer Entnahme aus dem Betriebsvermögen erfolgt, fällt unter den Tatbestand eines privaten Veräußerungsgeschäftes i. S. v. § 22 Nr 2, § 23 Abs. 1 EStG. Dies gilt auch für Verluste, wobei sich deren Berücksichtigung nicht nach § 17 Abs. 2 S. 6 EStG richtet, sondern den Verlustausgleichs- und Abzugsbeschränkungen des § 23 Abs. 3 S. 8 und S. 9 EStG unterliegt. Verluste aus Spekulationsgeschäften dürfen daher nur bis zur Höhe des Gewinns, den der Steuerpflichtige im gleichen Kalenderjahr aus privaten Veräußerungsgeschäften erzielt hat, ausgeglichen werden. Die zeitliche Anwendbarkeit des § 22 Nr. 2 EStG ist aufgrund ihres hohen Rückwirkungs-

---

13 Vgl. dazu Eilers/Schmidt, a.a.O., § 17 Rn. 246 ff.

14 Vgl. dazu Eilers/Schmidt, a.a.O., § 17 Rn. 247.

15 Vgl. dazu Weber-Grellet, in: Schmidt, EStG, 27. Auflage 2008, § 17 Rn. 130 ff.

16 Vgl. BMF v. 26.03.2004, IV A 6 – S 2240 – 46/04, DStR 2004, 632, Tz. 14 ff.; BMF v. 20. 12. 1990, DStR 1991, 34 ff., Tz. 12 ff.; BMF v. 27. 2. 1992, FR 1992, 224; BMF v. 20. 10. 1997, FR 1997, 876; BMF v. 9.7.2001, BStBl. I 2001, 512; vgl. auch BFH, Urteil v. 28. 11. 2002, III R 1/01, BStBl. II 2003, 250, DStRE 2003, 266; BFH, Urteil v. 04. 10. 1990, X R 148/88, FR 1991, 15; BFH, Urteil v. 13. 10. 1993, X R 49/92, DStR 1994, 322; Urteil v. 28. 10. 1993, FR 1994, 399; vgl. auch Rödder/Hötzel/Mueller-Thuns, Unternehmenskauf, § 24 Rn. 3 ff.

17 Eilers/Schmidt, a.a.O, § 17 Rn. 36.

potenzials umstritten[18], da die Verlängerung der Spekulationsfrist mit Wirkung auf alle Veräußerungen ab dem 01.01.1999 unabhängig vom Zeitpunkt der Anschaffung verfassungsrechtlich sehr problematisch ist. Das BVerfG hat bislang mit unterschiedlichen Ergebnissen über die Verfassungsmäßigkeit dieser Regelung entschieden. So ist die Besteuerung von privaten Spekulationsgeschäften bei Wertpapieren[19] aufgrund struktureller Vollzugshindernisse für die Jahre 1997/98 verfassungswidrig.[20] In seinem jüngsten Beschluss vom 10.1.2008 hat das BVerfG nun die Besteuerung privater Wertpapierveräußerungen im Jahr 1999 für verfassungsgemäß erklärt.[21] Er weist in diesem Beschluss über die Nichtannahme einer diesbezüglichen Verfassungsbeschwerde darauf hin, dass in verschiedenen Veranlagungszeiträumen unterschiedliche Tatsachen von Bedeutung oder die gleichen Tatsachen unterschiedlichen zu gewichten sein können.[22]
Ab VZ 2009 gilt § 23 Abs. 1 Nr. 2 EStG jedoch nicht mehr für die Veräußerungsgeschäfte von Wertpapieren, sodass diese grundsätzlich nicht mehr als steuerfrei behandelt werden können. Der durch die Veräußerung einer Beteiligung an einer Kapitalgesellschaft von unter 1 % erzielte Erlös unterliegt dann gem. § 32 d EStG der Abgeltungsteuer von 25 % zzgl. Solidaritätszuschlag und ggf. Kirchensteuer. Nur Anteile an Kapitalgesellschaften von unter 1 %, die vom dem 1. Januar 2009 erworben worden sind, können weiterhin nach einer Haltedauer von einem Jahr steuerfrei veräußert werden.[23]

- »Steuerfreiheit« eines Veräußerungsgewinns kann gem. § 6b EStG auch durch *Reinvestition* erreicht werden.[24] Falls ein begünstigtes Reinvestitionsobjekt (dies sind nur Grund und Boden und Gebäude im Betriebsvermögen, sofern die veräußerten Wirtschaftsgüter im Zeitpunkt der Veräußerung mindestens sechs Jahre zum Anlagevermögen einer inländischen Betriebsstätte gehört haben) dem Steuerpflichtigen zum Zeitpunkt der Veräußerung nicht zur Verfügung steht, ermöglicht § 6b Abs. 3 EStG es dem Steuerpflichtigen, den Veräußerungsgewinn in eine Rücklage einzustellen. Die Reinvestition muss dann innerhalb von vier Jahren nach der Veräußerung erfolgen (ggf. bei neu herzustellenden Gebäuden sechs Jahre). Die Bestimmung des § 6b EStG ist in der Vergangenheit stark zu Lasten des Steuerpflichtigen eingeschränkt worden.
- Ist der Veräußerer eine Kapitalgesellschaft, so kann er unter den Voraussetzungen des § 8b KStG grundsätzlich in- und ausländische Kapitalgesellschaftsanteile steuerfrei veräußern. Allerdings gelten 5 v. H. des Gewinns als nichtabziehbare Betriebsausgaben, sodass insoweit keine Steuerfreistellung erfolgt, § 8b Abs. 3 KStG.[25]

18 Vgl. dazu Groß, DStR 2001, 1553; Micker, BB 2002, 120.
19 Vgl. allgemein hierzu auch: BMF-Schreiben v. 25. 10. 2004, IV C 3 – S 2256 – 238/04: Zweifelsfragen bei der Besteuerung privater Veräußerungsgeschäfte nach § 23 Abs. 1 S. 1 Nr. 2 EStG; BStBl. I 2004, 434; DStR 2004, 2009.
20 Vgl. BVerfG v. 9.3.2004, 2 BvL 17/02, BVerfGE 110, 94, 140, DStRE 2004, 396, 408 f.
21 BVerfG, Beschluss vom 10.1.2008 – 2 BvR 294/06, DStR 2008, 197.
22 BVerfG v. 19.4.2006, 2 BvR 300/06, NVwZ-RR 2006, 570.
23 Vgl. zur Abgeltungsteuer Weber-Grellet, NJW 2008, 545; Glasenapp, BB 2008, 360; Behrens, DStR 2007, 1998; Fischer, DStR 2007, 1898.
24 Vgl. zu den Einzelheiten Glanegger, in: Schmidt, EStG, 27. Auflage 2008, § 6 b Rn. 1 ff.
25 BGBl. I 2001, S. 1812.

bb) Steuerbegünstigung von außerordentlichen Einkünften

Treffen laufend bezogen Einkünfte mit außerordentlichen, nicht regelmäßig erzielbaren Einkünften in einem VZ zusammen, so würden dadurch auch die laufenden Einkünfte von der durch die außerordentlichen Einkünfte ausgelösten Progressionswirkung erfasst und entsprechend höher besteuert, ohne dass eine nachhaltige Erhöhung der Leistungsfähigkeit eingetreten ist. Um die Unbilligkeit der erhöhten Steuerbelastung für nur einmalig auftretende außerordentliche Einkünfte abzumildern, gestaltet § 34 EStG die Besteuerung mit einem ermäßigten Steuersatz. Sind in dem zu versteuernden Einkommen außerordentliche Einkünfte gem. § 34 Abs. 2 EStG enthalten, so kann die auf diesen Teil der Einkünfte gem. § 34 Abs. 3 EStG nach einem ermäßigten Steuersatz (56 % des Durchschnittsteuersatzes) bemessen werden. Im Hinblick auf das Halb- bzw. Teileinkünfteverfahren ist der Umfang der begünstigungsfähigen Veräußerungsgewinne in § 34 Abs. 2 Nr. 1 EStG allerdings eingeschränkt. Ausgenommen sind Veräußerungsgewinne gem. § 17 EStG sowie der steuerpflichtige Teil von Veräußerungsgewinnen gem. § 16 EStG, die nach § 3 Nr. 40 S. 1 lit. b i. V. m. § 3 c Abs. 2 EStG teilweise (bis VZ 2008 zur Hälfte und ab VZ 2009 zu 40 %) steuerbefreit sind.[26] Grund für die Ausnahme aus der Vergünstigung im Sinne des § 34 Abs. 3 EStG ist die Vermeidung einer Doppelermäßigung sowohl durch das Halb- bzw. Teileinkünfteverfahren als auch durch die Steuersatzermäßigung. Während von jedem Steuerpflichtigen die Steuersatzermäßigung gem. § 34 Abs. 3 EStG nur einmal im Leben bis zu einer Höhe von EUR 5 Mio. in Anspruch genommen werden kann, kann die Progressionsmilderung gem. § 34 Abs. 1 EStG in jedem Veranlagungszeitraum erneut in Anspruch genommen werden, in dem der Steuerpflichtige außerordentliche Einkünfte i. S. d. § 34 Abs. 2 EStG erzielt.[27]

Die Progressionsmilderung gem. § 34 Abs.1 EStG oder der Steuersatz gem. § 34 Abs. 3 S. 2 EStG in Höhe von 56 v. H. des durchschnittlichen Steuersatzes können für den Veräußerungsgewinn, soweit dieser nicht laufendender Gewinn gem. § 16 Abs. 2 S. 3 EStG[28] ist, von dem Veräußerer (natürliche Person/Personengesellschaft) demzufolge in den folgenden Fallkonstellationen in Anspruch genommen werden:

- Der Veräußerer veräußert einen ganzen Gewerbebetrieb oder einen *Teilbetrieb* (§ 16 Abs. 1 Nr. 1 EStG).

  Eine Betriebsveräußerung in diesem Sinne liegt nur vor, wenn das wirtschaftliche Eigentum an allen wesentlichen Betriebsgrundlagen in einem einheitlichen Vorgang auf einen Erwerber übertragen wird und die bisher in diesem Betrieb entfaltete Betätigung des Erwerbers endet.[29] Unter einem Teilbetrieb i. S. v. § 16 Abs. 1 Nr. 1 S.1 EStG ist ein mit einer gewissen Selbstständigkeit ausgestatteter, organisch geschlossener Teil

---

26 Für den Fall der Aufgabe eines Betriebs, Teilbetriebs oder Mitunternehmeranteils gilt dies entsprechend gem. § 3 Nr. 40 S. 1 lit. b S. 2 i. V. m. § 16 Abs. 3 EStG.

27 Zur Rechtsentwicklung des § 34 EStG vgl. Seeger, in: Schmidt, EStG, 27. Auflage 2008, § 34 Rn. 3, 4.

28 Der Veräußerungsgewinn gilt in Höhe der Gewinnbeteiligungsquote des Veräußerers an der (erwerbenden) Mitunternehmerschaft als laufender Gewinn, wenn der Veräußerer an dieser als Mitunternehmer beteiligt ist.

29 Vgl. dazu BFH, Urteil vom 13.2.1996, DStR 1996, 1080, Urteil vom 12.6.1996, BStBl. II 1996, 527.

des Gesamtbetriebes zu verstehen, der für sich allein lebensfähig ist.[30] Des Weiteren setzt § 16 Abs. 1 Nr. 1 S. 2 EStG die Veräußerung eines 100 %igen Anteils an einer Kapitalgesellschaft einer steuerbegünstigten Teilbetriebsveräußerung gleich, sodass grundsätzlich § 34 EStG anwendbar wäre. Seit Inkrafttreten des Halbeinkünfteverfahrens gem. § 3 Nr. 40 lit. b, § 3 c Abs. 2 EStG liegen seit dem Veranlagungszeitraum 2002 jedoch gem. § 34 Abs. 2 Nr. 1 EStG im letzteren Fall keine außerordentlichen Einkünfte mehr vor. Das Halb- bzw. Teileinkünfteverfahren und die Steuerbegünstigung gem. § 34 EStG schließen sich im Hinblick auf eine ansonsten mögliche Doppelbegünstigung gegenseitig aus. Darüber hinaus ist die Veräußerung einer 100 %igen Kapitalgesellschaftsbeteiligung – im Gegensatz zur Veräußerung eines Teilbetriebs – gewerbesteuerpflichtig, wenn die Beteiligung in einem Betriebsvermögen gehalten und insgesamt veräußert wird.[31] Die 100 %ige Beteiligung ist schließlich kein Teilbetrieb, sondern diesem nur gleichgestellt. Der Teilbetriebsfiktion in § 16 Abs. 1 Nr. 1 S. 2 EStG kommt demzufolge nur noch für den Freibetrag nach § 16 Abs. 4 EStG Bedeutung zu.

- Der Veräußerer veräußert seinen *gesamten Anteil* an einer gewerblich tätigen Personengesellschaft (Mitunternehmeranteil) gemäß § 16 Abs. 1 Nr. 2 EStG.[32]
  Zu den begünstigten Veräußerungsvorgängen zählen auch der *Eintritt weiterer Gesellschafter* gegen Entgelt und die entgeltliche Veränderung der Beteiligungsverhältnisse sowie diejenigen Einbringungsvorgänge in eine Personengesellschaft (§ 24 UmwStG), bei denen das eingebrachte Betriebsvermögen mit dem gemeinen Wert angesetzt wird. Bei der entgeltlichen Veräußerung von Anteilen an einer Personengesellschaft unter Einbeziehung eines negativen Kapitalkontos kann ein begünstigter Veräußerungsgewinn in Höhe der Differenz zwischen dem zusätzlichen Entgelt und der Höhe des negativen Kapitalkontos entstehen.[33]
- Der Gewerbebetrieb oder Anteil i. S. v. § 16 Abs. 1 Nr. 2, 3 EStG wird aufgegeben, § 16 Abs. 3 EStG.
  Die Verpachtung eines Gewerbebetriebs führt nicht zwangsläufig zu einer Betriebsaufgabe und damit zur Aufdeckung der stillen Reserven; stellt der Steuerpflichtige zwar selbst seine Tätigkeit ein, verpachtet jedoch den Betrieb im Ganzen als geschlossenen Organismus oder zumindest alle wesentlichen Betriebsgrundlagen und erklärt gegenüber den Finanzbehörden nicht die Aufgabe des Betriebs, so handelt es sich nicht um eine Betriebsaufgabe. Die Betriebsverpachtung im Ganzen setzt eine pachtweise Fortführung des bisherigen Betriebs durch ein branchengleiches Unternehmen nicht voraus. Vielmehr kann eine Betriebsverpachtung im Ganzen einen Unterfall der Betriebsunterbrechung darstellen.[34] Für die Anerkennung einer gewerblichen

---

30 Zum Teilbetriebsbegriff vgl. BFH, Beschluss v. 18. 10. 1999, GrS 2/98, BStBl. II 2000, 123; Urteil v. 12.04.1989, TR 105/86, BStBl. II 1989, 653; Urteil v. 14.03.1989, I R 75/85, BFH/NV 1991, 291, Blumers/Siegels, DB 1996, 7.

31 Wacker, in: Schmidt, EStG, 27. Auflage 2008, § 16 Rn. 161.

32 Zur Anwendung des § 16 Abs. 1 Nr. 2 EStG i. d. F. des UntStFG v. 20.12.2001 vgl. § 52 Abs. 34 S.1 EStG.

33 BFH, Urteil v. 16.12.1992, XI R 34/92, BStBl. II 1993, 436; BMF v. 25.3.1998, IV B 7-S 1978-21/98 (Umwandlungssteuererlass), BStBl. I 1998, 268, Rn. 24.15.

34 BFH v. 28.8.2003, IV R 20/02, BStBl. II 2004, 10.

Betriebsverpachtung reicht es aus, wenn die wesentlichen, dem Betrieb das Gepräge gebenden Betriebsgegenstände verpachtet werden.[35]

Daneben kann der Veräußerer, sofern er bestimmte persönliche Voraussetzungen[36] erfüllt, die Inanspruchnahme eines *Freibetrags* gem. § 16 Abs. 4 EStG i.H.v. EUR 45.000 beantragen. Dieser Freibetrag ermäßigt sich um den Betrag, um den der Veräußerungsgewinn EUR 136.000 übersteigt. Das bedeutet, dass ab einem Veräußerungsgewinn von EUR 181.000 kein Freibetrag gewährt wird. Der Freibetrag ist dem Steuerpflichtigen (natürliche Person) nur einmal in dessen Leben zu gewähren (Objektbeschränkung), wobei die Gewährung eines Freibetrags gemäß § 16 Abs. 4 EStG vor dem 1.1.1996 auf die Objektbeschränkung nicht angerechnet wird.

cc) Abgeltungsteuer

Im Rahmen der Unternehmensteuerreform 2008 ist ein gesonderter Steuertarif für Einkünfte aus Kapitalvermögen eingeführt worden. Diese Kapitalertragsteuer hat Abgeltungswirkung und stellt somit eine Systemänderung für diesen Bereich der Einkünfte dar.[37] Mit der Einführung der Abgeltungsteuer will der Gesetzgeber den weiteren Abfluss von Kapital ins Ausland verhindern, Steuerentlastungen gewähren und die Besteuerung von Einkünften aus Kapitalvermögen vereinfachen.

Die Änderung besteht aus drei Komponenten. Die Zuordnung von Einkünften aus Kapitalvermögen im privaten Bereich eines Steuerpflichtigen ist mit der Neufassung des § 20 EStG neu geregelt. Es sind sowohl laufende Erträge als auch Veräußerungsgewinne von der Regelung erfasst. In § 32d Abs. 1 EStG findet sich der gesonderte Tarif für Einkünfte aus Kapitalvermögen. Aus dem Zusammenwirken von § 32d Abs. 1 EStG und § 20 EStG ergibt sich so eine Schedule für die Besteuerung von Kapitaleinkünften.[38] Der Tarif beträgt 25 %; hinzu kommt der Solidaritätszuschlag i.H.v. 5,5 %, sodass eine Gesamtbelastung von 26,375 % ggf. zzgl. Kirchensteuer entsteht. Die abgeltende Wirkung dieser Kapitalertragsteuer findet ihre Regelung in § 43 Abs. 5 EStG.

Die Abgeltungsteuer findet Anwendung auf Anteile an Kapitalgesellschaften, die im Privatvermögen gehalten und ab dem 1.1.2009 angeschafft werden. Ist die Beteiligungsquote kleiner als 1 %, so gilt unabhängig von der Haltedauer die Abgeltungsteuer. Ist die Beteiligungsquote *größer oder gleich* 1 %, ist § 17 EStG vorrangig und das Halb- bzw. Teileinkünfteverfahren gem. § 3 Nr. 40 lit. c EStG wird angewendet.[39]

Werden Anteile im Privatvermögen gehalten und bis zum 31.12.2008 angeschafft, so ist bei einer Beteiligungsquote von weniger 1 % die Haltedauer für die steuerlichen Folgen maßgeblich. Nach einer Haltedauer von mehr als 1 Jahr sind die Einkünfte steuerfrei. Ist die Haltedauer kürzer als 1 Jahr, so greift § 23 EStG ein und das Halb- bzw. Teilein-

---

35 BFH v. 11.10.2007, X R 39/04, DStRE 2008, 212.

36 Tatbestandliche Voraussetzung des Freibetrags ist, dass der Steuerpflichtige im Zeitpunkt der Veräußerung bzw. Aufgabe entweder das 55. Lebensjahr vollendet hat oder im sozialversicherungsrechtlichen Sinne dauernd berufsunfähig ist.

37 Blumenberg/Benz, Die Unternehmensteuerreform 2008, Kap. III, D, I.

38 Schaumburg/Rödder, Unternehmensteuerreform 2008, Teil 3, I, b), aa).

39 Vgl. zur Abgeltungsteuer Weber-Grellet, NJW 2008, 545; Glasenapp, BB 2008, 360; Behrens, DStR 2007, 1998; Fischer, DStR 2007, 1898.

künfteverfahren findet Anwendung. Liegt die Beteiligungsquote *bei größer oder gleich 1 % so gilt § 17 EStG und damit das Halb- bzw. Teileinkünfteverfahren.*

dd) Ungeminderte Einkommensteuer

Die Einkommensteuer fällt in folgenden Konstellationen in voller Höhe an:

- Sind die Einkünfte des Steuerpflichtigen bereits ohne Einbeziehung der außerordentlichen Einkünfte, z. B. Veräußerungsgewinne gemäß § 16 EStG, soweit sie nicht auf Veräußerung von Anteilen an Körperschaften, Personenvereinigungen und Vermögensmassen entfallen, mit dem Spitzensteuersatz zu besteuern, kommt es nach § 34 Abs. 1 EStG zu keiner progressionsmildernden Steuerbegünstigung mehr. Ausgenommen sind jedoch die Fälle, in denen die Möglichkeit besteht, gem. § 34 Abs. 3 EStG auf den Veräußerungsgewinn den ermäßigten Steuersatz anzuwenden.
- Der Gewinn aus *Teilveräußerungen* eines Mitunternehmeranteils oder des Anteils eines persönlich haftenden Gesellschafters gem. § 16 Abs. 1 S. 1 Nr. 2 und 3 und S. 2 EStG ist laufender Gewinn und daher nicht von den Vergünstigungen für Veräußerungsgewinne erfasst.
  Seit dem Veranlagungszeitraum 2002 sind Teilveräußerungen aus dem Katalog des § 16 Abs. 1 S. 1 Nr. 2 und 3 EStG ausgenommen, § 16 Abs. 1 S. 2 EStG. Begründet wird dies mit der fehlenden Aufdeckung der stillen Reserven anlässlich einer Teilveräußerung.[40] Der daraus erzielte Gewinn ist als laufender Gewinn zu erfassen.
- Spekulationsgewinne gem. § 23 EStG unterliegen bis VZ 2008 der ungeminderten Einkommensbesteuerung, es sei denn § 3 Nr. 40 lit. j EStG ist anwendbar.[41] Ab VZ 2009 unterliegt der Gewinn aus der Veräußerung von Wertpapieren im Privatvermögen jedoch nur noch der 25 %igen Abgeltungsteuer.
- Ebenso stellt die Veräußerung einzelner Wirtschaftsgüter im Betriebsvermögen, die weder einen Teilbetrieb im Sinne der oben beschriebenen Kriterien noch eine Beteiligung an Kapitalgesellschaften, Personenvereinigungen und Vermögensmassen ist, keine nach §§ 16, 34 EStG begünstigte Veräußerung dar.
- Ist der Veräußerer des Betriebs-, Teilbetriebs- oder Mitunternehmeranteils (§ 16 EStG) bzw. der Anteile an einer Kapitalgesellschaft (§ 17 EStG) eine Kapitalgesellschaft, so fällt grundsätzlich die ungeminderte Körperschaftsteuer auf einen Veräußerungsgewinn an, der wie bei einer Veräußerung durch eine natürliche Person oder Personengesellschaft zu ermitteln ist. Eine wichtige Ausnahme von diesem Grundsatz ist die Befreiung von Veräußerungsgewinnen aus der Veräußerung von Anteilen sowohl an inländischen als auch an ausländischen Kapitalgesellschaften gemäß § 8b Abs. 2 KStG.
- Ist der Veräußerungsgewinn entweder nach obigen Ausführungen einkommensteuer- (bei Einzelunternehmer/PersG) oder körperschaftsteuerpflichtig (bei KapG), unterliegt dieser auch der Gewerbesteuer. Es wird dann nämlich ein Gewinn aus dem Gewerbebetrieb im Sinne des § 7 GewStG erzielt. Ebenso ist der Veräußerungsgewinn aus der Veräußerung oder Aufgabe eines Betriebs oder Teilbetriebs einer Mitunterneh-

40 BFH, Beschluss v. 18.10.1999, GrS 2/98, BStBl. II 2000, 123, DStR 2000, 64.

41 Das Halbeinkünfteverfahren findet seit VZ 2002 auch auf nach § 23 EStG steuerbare Gewinne aus der Veräußerung von Anteilen an Körperschaften i. S. d. § 20 Abs. 1 Nr. 1 EStG Anwendung.

merschaft gewerbesteuerpflichtig, § 7 S. 2 Nr. 1 GewStG, soweit der Gewinn nicht auf eine natürliche Person als unmittelbar beteiligten Mitunternehmer entfällt. Der Veräußerungsgewinn ist allerdings nach Maßgabe des § 7 S. 4 GewStG[42] gewerbesteuerfrei soweit er auf Kapitalgesellschaftsanteile entfällt, die zum Betriebsvermögen der Personengesellschaft gehören. Sind natürliche Personen un-/mittelbare Gesellschafter der Personengesellschaft, bleibt der Veräußerungsgewinn entsprechend § 3 Nr. 40, § 3c Abs. 2 EStG zur Hälfte bzw. ab VZ 2009 zu 40 % steuerfrei; bei Kapitalgesellschaften als un-/mittelbare Gesellschafter[43] erfolgt regelmäßig die vollständige Freistellung entsprechend § 8b KStG, wobei 5 v. H. des Gewinns als nichtabziehbare Betriebsausgaben gelten, sodass insoweit keine Steuerfreistellung erfolgt, § 8b Abs. 3 KStG.

b) Erwerber

Gegenüber der vielfältigen Interessenlage, die sich für einen möglichen Veräußerer stellt, besteht das steuerliche Interesse des Erwerbers zumeist darin, eine möglichst *schnelle Abschreibung* des gezahlten Kaufpreises zu erzielen. Der Erwerber wird daher regelmäßig den Erwerb von Einzelwirtschaftsgütern (Asset Deal) dem Erwerb von Anteilen an einer Kapitalgesellschaft (Share Deal) vorziehen. Der Asset Deal eröffnet ihm insoweit die Möglichkeit, den sowohl auf die abnutzbaren Wirtschaftsgüter als auch auf den Geschäftswert (Good Will) entfallenden Teil des Kaufpreises in steuermindernde Abschreibung umzusetzen.[44] Im Gegensatz dazu ist beim Erwerb von Kapitalgesellschaftsanteilen eine Umsetzung des Kaufpreises in laufende Abschreibung nicht möglich, da die Beteiligung an Kapitalgesellschaften zu den nicht abnutzbaren Wirtschaftsgütern gehört.[45]

Deshalb wird der Erwerber insbesondere

- eine möglichst *steuereffektive Verteilung des Kaufpreises* auf die jeweils erworbenen abschreibungsfähigen Wirtschaftsgüter[46] oder bei dem Erwerb von Anteilen an Kapitalgesellschaften die Umsetzung der Anschaffungskosten in Abschreibungspotenzial (Step up)[47],
- eine möglichst steuereffektive Aufdeckung möglicher stiller Reserven durch Restrukturierungsmaßnahmen *nach* der Akquisition und
- ggf. eine möglichst effektive Nutzung miterworbener *Verlustvorträge* anstreben sowie

42 § 7 S. 4 GewStG wurde durch das EURLUmsG v. 09.12.2004 (BGBl. I 2004, 3310) eingefügt und findet ab einschl. EZ 2004 gem. § 36 Abs. 1 GewStG Anwendung. Die Auffassung der Finanzverwaltung, dass § 8 b Abs. 6 KStG nicht auf die Gewerbesteuer durchschlägt (so noch BMF v. 28.04.2003, IV A 2 - S 2750a - 7/03, BStBl. I 2003, 292, Rz. 57 f.), wurde nicht Gesetz; vgl. auch Ausführungen unter 5.d).

43 Vgl. BMF v. 28.04.2003, IV A 2 - S 2750a - 7/03, BStBl. I 2003, 292, Rn. 54.

44 Raupach/Weiss, in: Hölters (Hrsg.), Teil IV Rn. 17 und 38.

45 Zu Einzelheiten Hötzel, Unternehmenskauf und Steuern, S. 21 ff. und 164 ff.

46 Vgl. Hörger, in: Schaumburg (Hrsg.), Unternehmenskauf, S. 112 ff.

47 Vgl. Eilers/Rödding, in Picot (Hrsg.), Teil V. Rn. 87 ff.; Hötzel, Unternehmenskauf und Steuern, S. 167 ff.

- darauf achten, dass er durch eine steueroptimale Finanzierung des Kaufpreises[48] die Abzugsfähigkeit der Finanzierungsaufwendungen erreicht. Schließlich wird er darauf achten, dass keine zusätzlichen Belastungen durch Verkehrssteuern, wie durch die Grunderwerbsteuer, entstehen.

Bei der steueroptimalen Finanzierung des Kaufpreises möchte der Erwerber vor allem erreichen, dass Finanzierungsaufwendungen (also insbesondere Zinsen) steuerlich abgezogen werden können. Grundsätzlich sind alle mit dem Unternehmenserwerb zusammenhängenden Aufwendungen auf für den Erwerb aufgenommene Darlehen steuerlich abzugsfähig, da sie der Erzielung von Einkünften aus Gewerbebetrieb dienen und damit Betriebsausgaben i. S. v. § 4 Abs. 4 EStG darstellen.

Allerdings steht der steuerlichen Abzugsfähigkeit von *Finanzierungskosten* die Vorschrift des § 3c Abs. 2 EStG entgegen. Hiernach sind Betriebsausgaben oder Werbungskosten, die in wirtschaftlichem Zusammenhang mit den nach § 3 Nr. 40 EStG stehenden Einnahmen stehen, nur noch zur Hälfte bzw. ab VZ 2009 zu 60 % abziehbar. Die Vorschrift des § 3c Abs. 2 EStG findet auch dann Anwendung, wenn in einem VZ überhaupt keine Einnahmen nach § 3 Nr. 40 EStG angefallen sind. Der wirtschaftliche Zusammenhang kann dadurch vermieden werden, dass die Finanzierung auf die Ebene der erworbenen Gesellschaft verlagert wird.[49]

Es hat jedoch im Zuge der Unternehmensteuerreform 2008 mit Einführung der sog. Zinsschranke in § 4h EStG und § 8a KStG ein grundsätzlicher Paradigmenwechsel bei der steuerlichen Begrenzung der Fremdfinanzierung stattgefunden. Danach sind Zinsaufwendungen eines Betriebs abziehbar in Höhe des Zinsertrags, darüber hinaus nur bis zur Höhe von 30 % des EBITDA. Zinsaufwendungen, die nicht abgezogen werden dürfen, sind in die folgenden Wirtschaftsjahre vorzutragen (Zinsvortrag). Die Zinsschranke gilt aber nicht, wenn der Betrag der Zinsaufwendungen, soweit er den Betrag der Zinserträge übersteigt, weniger als EUR 1 Mio. beträgt, der Betrieb nicht oder nur anteilmäßig zu einem Konzern gehört (sog. Konzernklausel) oder der Betrieb zu einem Konzern gehört und seine Eigenkapitalquote am Schluss des vorangegangenen Abschlussstichtages gleich hoch oder höher ist als die des Konzerns (Eigenkapitalquote). Die Unterschreitung der Eigenkapitalquote des Konzerns bis zu einem Prozentpunkt ist unschädlich (sog. Escape-Klausel).[50] Für Körperschaften regelt § 8a KStG Gegenausnahmen zur Konzern- sowie zur Escape-Klausel. § 4h Abs. 2 S. 1 lit. c EStG findet auf Körperschaften nur unter der zusätzlichen Bedingung Anwendung, dass keine schädliche Gesellschafterfremdfinanzierung i. S. v. § 8a Abs. 2 KStG vorliegt. Anders als beim bisherigen § 8a KStG kommt es nun für das Vorliegen einer schädlichen Gesellschafter-Fremdfinanzierung darauf an, ob im jeweiligen VZ mehr als 10 % des gesamten Nettozinsaufwandes der Körperschaft auf

---

48 Vgl. dazu Prinz, in: Schaumburg (Hrsg.), Unternehmenskauf, S. 151 ff; Von besonderer Bedeutung ist seit 2008 dabei die Beachtung der Regelungen über die Zinsschranke, vgl. dazu Vgl. Schaumburg/Rödder, Unternehmensteuerreform 2008, 103 ff.; Blumenberg/Benz, Die Unternehmensteuerreform 2008, 107 ff., 130 ff.; zu Anwendungsproblemen vgl. Pfirmann/Schäfer/Meyering/Kussmaul, BB 2008, 135.

49 Siehe hierzu Freshfields/Bruckhaus/Deringer, NJW-Beilage 51/2000, 21, 30.

50 Vgl. Schaumburg/Rödder, Unternehmensteuerreform 2008, 103 ff.; Blumenberg/Benz, Die Unternehmensteuerreform 2008, 107 ff., 130 ff.; zu Anwendungsproblemen vgl. Pfirmann/Schäfer/Meyering/Kussmaul, BB 2008, 135.

eine Gesellschafter-Fremdfinanzierung entfällt. Gem. § 8a Abs. 3 KStG ist die Escape-Klausel für Körperschaften ebenfalls nur dann anzuwenden, wenn keine schädliche Gesellschafter-Fremdfinanzierung vorliegt. Im Unterschied zu § 8a Abs. 2 KStG sind jedoch Vergütungen auf sämtliche Finanzierungen, die sich innerhalb des Konzerns abspielen im Rahmen der 10 %-Grenze unwirksam. Zudem infiziert eine Gesellschafter-Fremdfinanzierung innerhalb des Konzerns den gesamten Konzern und schließt damit die Anwendung der Escape-Klausel für alle anderen Konzerngesellschaften aus.[51]

Zur Vermeidung der Anwendung des § 3c Abs. 2 EStG bietet sich die Begründung einer körperschaft- und gewerbesteuerlichen *Organschaft* i. S. d. § 14 KStG an. Dieses Modell führt dazu, dass keine (steuerfreien) Dividenden im Rahmen des Halb- bzw. ab VZ 2009 Teileinkünfteverfahrens erzielt werden, sondern der Gewinn der Organgesellschaft unmittelbar aufgrund des Gewinnabführungsvertrages dem Organträger zugerechnet wird. Der Anwendungsbereich des § 3c Abs. 2 S. 1 EStG ist damit ausgeschlossen.[52] Besonders im Hinblick auf die Zinsschranke ist die Begründung einer Organschaft zu empfehlen. Organträger und Organgesellschaft gelten gem. § 15 Satz 1 Nr. 3 KStG als ein Betrieb im Sinne des § 4h EStG, sodass die Zinsschranke bei der Organgesellschaft nicht anzuwenden ist.

Ist der Erwerber eine inländische Körperschaft, gelten seit dem VZ 2004 für Betriebsausgaben (also auch für Finanzierungskosten) § 8b Abs. 3 KStG (bei Gewinnen aus der Veräußerung eines Gesellschaftsanteils, § 8b Abs. 2 KStG) und § 8b Abs. 5 KStG (bei Bezügen gem. § 8b Abs. 1 KStG).[53] Nach § 8b Abs. 3 S. 1 und Abs. 5 S. 1 KStG wird eine unwiderlegliche Fiktion nichtabziehbarer Betriebsausgaben in Höhe von 5 v. H. des Veräußerungsgewinnes bzw. der Bezüge begründet. Zur Vermeidung der Fiktion der nichtabziehbaren Betriebsausgaben bieten sich Organschaftsgestaltungen[54], Verlagerung von Zinsen ins Ausland sowie die Gewährung von Gesellschafterfremdkapital statt Eigenkapital an. Gem. § 8b Abs. 3 S. 2, Abs. 5 S. 2 KStG ist § 3c Abs. 1 EStG nicht (mehr) anzuwenden.

Bei der *Gewerbesteuer* werden dem Gewerbeertrag unter bestimmten Voraussetzungen u. a. Beteiligungserträge aus Streubesitzbeteiligungen (Beteiligungen kleiner als 15 v. H.) oder von passiven Auslandsgesellschaften wieder hinzugerechnet, § 8 Nr. 5 und § 9 Nr. 2a und Nr. 7 GewStG.[55] Die gewerbesteuerliche Behandlung von Finanzierungsaufwand wird im Rahmen der Unternehmensteuerreform 2008 in Bezug auf die Hinzurechnung von Zinsaufwendungen erleichtert, bezüglich anderer Finanzierungsaufwendungen wie Mieten, Pachten, Leasinggebühren und Lizenzgebühren hingegen verschärft. Die Begrenzung der gewerbesteuerlichen Hinzurechnung auf Dauerschuldzinsen entfällt.

---

51 Vgl. Schaumburg/Rödder, Unternehmensteuerreform 2008, 238 f.; Schaden/Käshammer, BB 2007, 2259; Blumenberg/Benz, Die Unternehmensteuerreform 2008, 146, 169 ff.

52 Rödder/Hötzel/Müller-Thuns, Unternehmenskauf, § 28 Rn. 31; unzutreffende a. A. wohl nur Thiel, DB 2002, 1340 ff.

53 I.d.F. des Gesetzes zur Umsetzung der Protokollerklärung der Bundesregierung zur Vermittlungsempfehlung zum StVergAbG v. 22.12.2003, BStBl. I 2004, 14.

54 Hierdurch wird auch ein sog. Kaskadeneffekt vermieden, dadurch dass sonst bei einer (Durch-) Ausschüttung auf mehreren Stufen in jeder Stufe die Fiktion eingreift; vgl. dazu Gosch, KStG, § 8 b Rn. 505.

55 § 9 Nr. 2 a und Nr. 7 GewStG finden bei Lebens- und Krankenversicherungsunternehmen auf Gewinne, die den Kapitalanlagen zuzurechnen sind keine Anwendung.

Nach § 8 Nr. 1 GewStG sind zukünftig 25 % dieser Aufwendungen bei der Ermittlung des Gewerbeertrags hinzuzurechnen, wobei sich dieser Hinzurechnungsfaktor bei Mieten, Pachten, Leasinggebühren und Lizenzzahlungen freilich auf den in diesen Entgelten enthaltenen, als Pauschale in § 8 Nr. 1 GewStG angegebenen Finanzierungsanteil beschränkt.[56] Die Gewerbesteuerbelastung kann dadurch reduziert werden, dass die Ziel-Gesellschaft in einer Gemeinde angesiedelt wird, die einen niedrigen Hebesatz besitzt. Allerdings sind gem. § 1 GewStG seit dem Erhebungszeitraum 2004 die Gemeinden zur Erhebung einer Gewerbesteuer verpflichtet; der Hebesatz muss hierbei mindestens 200 v. H. betragen, § 16 Abs. 4 S. 2 GewStG.[57]

Ein »Asset Deal« ist daher für den Erwerber regelmäßig steuerlich günstiger als ein »Share Deal«, da er zum einen den Kaufpreis über die abnutzbaren Wirtschaftsgüter abschreiben und zum anderen erwerbsbedingte Aufwendungen Gewinn mindernd geltend machen kann. Ziel ist es in beiden Fällen immer, ein erhöhtes Abschreibungspotenzial zu erzielen. Neben den Möglichkeiten, die dafür mittels eines Share Deal bestehen, bleibt als *Gestaltungsmöglichkeit* zur Erzielung einer Buchwertaufstockung der Asset Deal oder der Erwerb von Anteilen an Personengesellschaftsanteilen.

Ggf. könnte die Ziel-GmbH vor Veräußerung in eine Personengesellschaft umgewandelt werden. Die Umwandlung der Ziel-GmbH in eine Personengesellschaft kann entweder im Wege des Formwechsels oder im Wege der Verschmelzung erfolgen. Die steuerlichen Folgen sind in beiden Alternativen gleich (§ 9 S. 1 UmwStG). Letztlich sind jedoch die steuerlichen Folgen einer Umwandlung genau im Vorhinein zu untersuchen. Insbesondere, wenn bei der Verschmelzung ein gem. § 4 Abs. 6 UmwStG nicht abzugsfähiger Übernahmeverlust entsteht, soweit er auf eine Körperschaft, Personenvereinigung oder Vermögensmasse als Mitunternehmerin der Personengesellschaft entfällt, kann die Verschmelzung nachteilhaft sein. Weiterhin ist zu beachten, dass eine Umwandlung der Ziel-GmbH in eine Personengesellschaft und die anschließende Veräußerung der Mitunternehmeranteile innerhalb von fünf Jahren dazu führt, dass der durch die Veräußerung erzielte Gewinn gem. § 18 Abs. 3 S. 1 UmwStG der Gewerbesteuer unterliegt und gem. § 18 Abs. 3 S. 3 UmwStG eine Gewerbesteueranrechnung nach § 35 EStG nicht möglich ist.[58]

Im Ergebnis hat dies zur Folge, dass der Veräußerer im Regelfall – soweit für ihn nicht die Einschränkungen des § 22 UmwStG bzw. § 8b Abs. 4 KStG a.F., § 21 UmwStG a.F. gelten – die Veräußerung von Kapitalgesellschaftsanteilen bevorzugt, um entweder in den Genuss der Steuerbefreiung des § 8b Abs. 2 KStG oder des Halb- bzw. Teileinkünfteverfahrens zu gelangen. Die steuerliche Entlastung des Veräußerers korrespondiert dann mit der steuerlichen Mehrbelastung des Erwerbers. Diese wird der Erwerber dem Veräußerer beim Erwerb der Beteiligung typischerweise kaufpreismindernd in Rechnung stellen. Das wird nur dann nicht geschehen, wenn

- die veräußerte Beteiligung für den Erwerber wirtschaftlich so interessant ist, dass er den steuerlichen Nachteil in Kauf nimmt, oder

---

56 Mit Berechnungsbeispielen zu den Neuregelungen Bergemann/Markl/Althof DStR 2007, 693 (Zinsen); Scheffler BB 2007, 874 (Leasing).

57 Der aufgehobene § 8 a GewStG verfolgte den gleichen Zweck, den Standortwettbewerb der Gemeinden zu verringern, galt aber nur für den Erhebungszeitraum 2003.

58 Vgl. dazu Förster, DB 2002, 400.

- der Erwerber lediglich eine Minderheitsbeteiligung erwirbt. Der Formwechsel kommt dann regelmäßig nicht in Betracht, weil der Erwerber nicht über die erforderliche qualifizierte Mehrheit von 75 v. H. in der Gesellschafterversammlung verfügt, um den Formwechsel gesellschaftsrechtlich zu bewirken. Dabei ist unter Formwechsel eine formwechselnde Umwandlung nach bisherigem Recht zu verstehen. Diese Art der Umwandlung beschränkt sich auf die Änderung der Rechtsform eines Rechtsträgers unter Wahrung seiner rechtlichen Identität und unter der grundsätzlichen Beibehaltung des Kreises der Anteilsinhaber.

Anderenfalls mindert sich der Gewinn des Veräußerers jedoch in Höhe der durch den Erwerber in Rechnung gestellten steuerlichen Mehrbelastung.

4. Steuerliche Auswirkungen des »Asset Deal« und des »Share Deal«

a) Veräußerung von Einzelwirtschaftsgütern (Asset Deal)

aa) Ertragsteuern

Der Veräußerungsgewinn, der bei einem Verkauf des Unternehmens im Wege der Veräußerung von *Einzelwirtschaftsgütern* (Asset Deal) entsteht, ist für den Veräußerer, egal ob es sich hierbei um eine natürliche Person, eine Personengesellschaft oder um eine Kapitalgesellschaft handelt, als laufender Gewinn grundsätzlich einkommen- bzw. körperschaftsteuerpflichtig.

Bei einer natürlichen Person bzw. einer Personengesellschaft kann die Veräußerung eine steuerbegünstigte Betriebsaufgabe (§ 16 EStG) darstellen. Der Veräußerer kann den Veräußerungsgewinn anstelle der Begünstigung[59] aber auch gemäß § 6b EStG zunächst nicht versteuern und in eine Rücklage einstellen. Diese Alternative stellt sich allerdings nur, wenn die veräußerten Einzelwirtschaftsgüter zu den durch § 6b EStG privilegierten Wirtschaftsgütern gem. § 6b Abs. 1 S. 1 EStG gehören und die Rücklage innerhalb der *Reinvestitionsfristen* gem. § 6b Abs. 3 S. 5 EStG (im Regelfall 4 Jahre, 6 Jahre bei Grundstücken) zur Durchführung der Re-Investition aufgelöst wird.

Veräußert eine *Kapitalgesellschaft* ein Unternehmen im Wege des Asset Deals, so ist ein möglicher Veräußerungsgewinn immer *in vollem Umfang* gewerbe-[60] und körperschaftsteuerpflichtig.

Gewinne aus der Veräußerung eines Teil-/Betriebes durch eine natürliche Person bzw. durch eine Personengesellschaft, an der natürliche Personen als Mitunternehmer

---

59 § 34 Abs. 1 S.4 , Abs. 3 S. 6 EStG.

60 § 2 Abs. 2 S. 1 GewStG; vgl. BFH, Urteil v. 15.06.2004, VIII R 7/01, DStRE 2004, 1032; Urteil v. 05.09.2001, I R 27/01, DStR 2002, 26.

unmittelbar[61] beteiligt sind, oder aus der Veräußerung eines gesamten[62] Mitunternehmeranteils durch eine natürliche Person unterliegen gem. § 7 S. 2 GewStG nicht der Gewerbesteuer.[63] Erfolgt die Veräußerung an einen Erwerber, an dem der Veräußerer als (Mit)Unternehmer beteiligt ist, so gilt jedoch gem. § 16 Abs. 2 S. 3 EStG der Veräußerungsgewinn wiederum als laufender Gewinn. Dieser unterliegt dann auch in Höhe der Gewinnbeteiligungsquote des Veräußerers an der (erwerbenden) Mitunternehmerschaft der Gewerbesteuer.[64]

bb) Kaufpreisaufteilung

Beim Kauf eines Unternehmens im Wege der Veräußerung von Einzelwirtschaftsgütern (Asset Deal) wird in der Regel ein einheitlicher Gesamtkaufpreis vereinbart, der zumeist die Buchwerte der einzelnen Wirtschaftsgüter des Veräußerers übersteigt. Dieser Mehrbetrag ist auf die bilanzierten und nicht bilanzierten materiellen und immateriellen Wirtschaftsgüter sachgerecht aufzuteilen.[65] Verbleibt nach der Aufteilung noch ein Restwert, so ist in dieser Höhe ein Geschäfts- oder Firmenwert anzusetzen. Eine entsprechende Aufteilung eines Minderbetrages hat zu erfolgen, wenn der Kaufpreis ausnahmsweise die Buchwerte unterschreitet (Buchwertabstockung mit Verlust von Abschreibungspontezial[66]).

Die Aufteilung des Mehr- bzw. Minderbetrages hat nach dem Teilwert der Wirtschaftsgüter zu erfolgen, § 6 Abs. 1 Nr. 7 EStG. Die Festlegung der Teilwerte ist kein exakt bestimmbarer Vorgang. Insofern gibt es in diesem Bereich einige Unklarheiten,[67] die den Vertragsparteien einen gewissen Spielraum hinsichtlich der Aufteilung des Gesamtkaufpreises durch eine kaufvertragliche Regelung ermöglichen. In Einzelfällen kann allerdings die steueroptimale Aufteilung des Mehrbetrages beim Erwerber den Interessen des Veräußerers an der Aufteilung des Kaufpreises widersprechen. Das Interesse des Veräußerers an einer bestimmten Aufteilung des Kaufpreises hängt von der von ihm gewählten Art der Versteuerung ab. Wendet er auf den Veräußerungsgewinn ganz oder

---

61 Andernfalls ist die Veräußerung gewerbesteuerpflichtig. Die Gewerbesteuerpflicht tritt somit auch bei einer doppelstöckigen Personengesellschaft ein, obwohl an dieser ggf. auch. nur eine natürliche Person beteiligt ist; zur Kritik hieran vgl. Rödder/Hötzel/Mueller-Thuns, Unternehmenskauf, § 24 Rn. 191.

62 Bei der Veräußerung eines Teils eines Mitunternehmeranteils ist insoweit fraglich, ob die Fiktion des § 16 Abs. 1 S. 2 EStG auch die Gewerbesteuerpflicht (so die Rechtsprechung zu § 16 Abs. 2 S. 3 EStG (Fn. 75)) nach sich zieht; da aber mit dem restlichen Anteil der Veräußerer noch Mitunternehmer bleibt ist von einer Gewerbesteuerpflicht auszugehen; vgl. auch BFH v. 24.08.2000, IV R 51/98, DStR 2000, 1768, 1770f.; OFD Düsseldorf v. 10.09.2002, G 1421-19-St132-K, GmbHR 2002, 986.

63 Wacker, in: Schmidt, EStG, 27. Auflage 2008, § 16 Rn. 8; Füger/Rieger, DStR 2002, 933; Rödder/Schumacher DStR 2001, 1689; DStR 2002, 105, 113; ursprünglich sollte nach dem Entwurf zum Gesetz zur Reform der Gewerbesteuer (BR-Drs. 736/03) ab dem 1.1.2004 auch diese Gewerbesteuerbefreiung weggefallen sein.

64 Nun h. M.: BFH, Urteil v. 15.06.2004, VIII R 7/01, DStRE 2004, 1032; A 39 Abs. 1 Nr. 1 S. 3 GewStR.

65 Vgl. dazu ausführlich Hörger, in: Schaumburg (Hrsg.), Unternehmenskauf, S. 109 ff.; Hötzel, Unternehmenskauf und Steuern, S. 10 ff., 145 ff.; Holzapfel/Pöllath, Unternehmenskauf, Rn. 145.

66 BFH, Urteil v. 19.02.1981, IV R 41/78, DB 1981, 2408; Holzapfel/Pöllath, Unternehmenskauf, Rn. 170.

67 Vgl. Hörger, in: Schaumburg (Hrsg.), Unternehmenskauf, S. 112 ff., 118.

teilweise § 6b EStG an und kommt deshalb eine Progressionsmilderung gem. § 34 Abs. 1 S. 4 EStG oder eine Steuersatzminderung gem. § 34 Abs. 3 S. 6 EStG nicht in Betracht, so hat er ein Interesse daran, den Kaufpreis möglichst den Wirtschaftsgütern Grund und Boden, Gebäuden und Kapitalbeteiligungen zuzuordnen. Die Aufteilung des Kaufpreises ist aus der Sicht des Veräußerers dagegen unbeachtlich, wenn er die Progressionsmilderung des § 34 EStG in Anspruch nimmt.[68] Der Erwerber ist regelmäßig daran interessiert, den Kaufpreis auf schnell abschreibbare Wirtschaftsgüter zu legen und gerade nicht auf Grund und Boden oder Gebäude. Es bestehen somit gegenläufige Interessen, wenn der Veräußerer die Regelung des § 6b EStG in Anspruch nimmt oder einen nicht geringfügigen Betrag auf eine mitveräußerte Beteiligung verwendet haben will[69] und infolgedessen eine steueroptimale vertragliche Aufteilung nicht vorgenommen werden kann. Zum anderen ist für den Fall, dass keine unterschiedlichen Interessenlagen vorliegen, zu beachten, dass eine vertraglich vereinbarte Kaufpreisaufteilung keine rechtliche Bindungswirkung für die Finanzverwaltung oder die Rechtsprechung hat.[70] Wie bereits festgestellt, richtet sich die Aufteilung nach dem Verhältnis der Verkehrs- bzw. Teilwerte und nicht nach dem der Vereinbarung zugrunde liegenden Willen der Beteiligten.[71] Eine willkürliche, ausschließlich der Zielsetzung der Steuerpflichtigen entsprechende Aufteilung, die den wirtschaftlichen Gegebenheiten nicht entspricht und für die in erster Linie Gründe der Steuerersparnis maßgebend waren, ist damit ausgeschlossen.[72] Allerdings hat eine vertragliche Aufteilung des Kaufpreises den ersten Anschein der sachlichen Richtigkeit, die dann von Bedeutung ist, wenn sie durch die Teilwertermittlung für die erworbenen Wirtschaftsgüter unterlegt ist.[73] Bei Erfüllung dieser Voraussetzung, ist eine vertragliche Regelung empfehlenswert, da sie im Rahmen einer Betriebsprüfung die Verhandlungen mit der Finanzbehörde erleichtern kann.[74] Aus der Sicht des Erwerbers sollte dem nicht gefolgt werden, wenn ihm zum Zeitpunkt des Vertragsschlusses die Detailkenntnisse fehlen, die ihm eine steuerlich optimale Aufteilung ermöglichen. Dann sollte ein einheitlicher Kaufpreis festgesetzt werden.

Die Abschreibungsmethode und Abschreibungsdauer der erworbenen Wirtschaftsgüter bestimmt sich an deren verbleibender Restnutzungsdauer nach dem Erwerb, die anhand

68 Es sei denn, der Veräußerungspreis entfällt auch auf mitverkaufte Beteiligungen. Im letzteren Fall liegt eine Aufteilung des Veräußerungspreises auch im Interesse des Veräußerers. Soweit der Kaufpreis auf Beteiligungen entfällt findet das Halbeinkünfteverfahren Anwendung, sodass insoweit kein Raum für § 34 EStG ist.

69 Im letzteren Fall kommt er in den Genuss des Halb- bzw. Teileinkünfteverfahrens.

70 Eilers/Rödding, in: Picot (Hrsg.), Teil V. Rn. 51.

71 BFH, Urteil v. 29.10.1991, VIII R 51/84, BStBl. II 1992, 512.

72 Zur Kaufpreisaufteilung nach der Stufentheorie der Rechtsprechung des BFH vgl. Eilers/Rödding, in: Picot (Hrsg.), Teil V. Rn. 47.

73 BFH Urteil v. 05.08.1970, I R 180/66, BStBl. II 1970, 804; v. 12.06.1978, GrS 1/77, BStBl. II 1978, 620.

74 Deshalb sollte eine solche Kaufpreisaufteilung, da sie unter fremden Dritten vereinbart wurde, auch nicht von der Betriebsprüfung unter dem Gesichtspunkt Interessengleichlauf »angegriffen« werden, vgl. Nolte, DB 1981, 908; zustimmend auch die Judikatur des BFH, Urteil v. 31.01.1973, I R 19/70, BStBl. II 1973, 391; BFH, Urteil v. 17.09.1987, III R 272/83, BStBl. II 1988, 441; BFH, Urteil v. 07.11.1985, IV R 7/83, BStBl. II 1986, 176 (der Aufteilung im Kaufvertrag ist zu folgen, soweit sie ernsthaft wirtschaftlich gewollt ist).

betriebsindividueller Umstände des Erwerbers neu zu bestimmen ist.[75] Eine generelle Fortführung der bisherigen Restnutzungsdauer des Veräußerers wird insoweit als nicht sachgerecht angesehen. Das gilt nicht für die Abschreibungsdauer von Grundstücken und vom Firmenwert. Die Nutzungsdauer des Firmenwertes beträgt 15 Jahre, § 7 Abs. 1 S. 3 EStG, die von Grundstücken richtet sich regelmäßig nach § 7 Abs. 4 und 5 EStG.

Bei der Abschreibung beweglicher Wirtschaftsgüter ist zu beachten, dass die degressive AfA i. S. d. § 7 Abs. 2 EStG i. R. d. Unternehmensteuerreform 2008 abgeschafft wurde und letztmalig für bewegliche Wirtschaftsgüter, die vor dem 1. Januar 2008 angeschafft wurden, anzuwenden ist. In einem späteren Zeitpunkt angeschaffte bewegliche Wirtschaftsgüter können nur gem. § 7 Abs. 1 EStG in gleichen Jahresbeträgen abgeschrieben werden.

cc) Grunderwerbsteuer

Die Veräußerung eines Grundstücks als Einzelwirtschaftsgut (Asset Deal) unterfällt gemäß § 1 Abs. 1 GrEStG der Grunderwerbsteuer, die 3,5 v. H. des Wertes der Gegenleistung für das erworbene Grundstück beträgt. Entscheidend ist auch hier wiederum die zwischen Erwerber und Veräußerer getroffene Kaufpreisaufteilung. Dabei ist ggf. zu beachten, dass vom Erwerber übernommene Belastungen der Grundstücke die steuerpflichtige Gegenleistung erhöht, die der Erwerber für das jeweilige Grundstück erbringt.

dd) Umsatzsteuer

Der Erwerb von Unternehmen bzw. wirtschaftlich selbstständigen Unternehmensteilen unterliegt gem. § 1 Abs. 1a UStG nicht der *Umsatzsteuer*.[76] Eine Geschäftsveräußerung in diesem Sinne liegt vor, wenn die wesentlichen Grundlagen eines Unternehmens oder eines gesondert geführten Betriebes an einen Unternehmer für dessen Unternehmen übertragen werden (Veräußerung aller Einzelwirtschaftsgüter (Asset Deal). Soweit einkommensteuerrechtlich eine *Teilbetriebsveräußerung* angenommen wird, kann umsatzsteuerrechtlich von der Veräußerung eines gesondert geführten Betriebes ausgegangen werden. Die Nichtübertragung einzelner wesentlicher Wirtschaftsgüter wie z. B. Betriebsgrundstücke ist mitunter unschädlich, wenn diese dem Erwerber zugleich langfristig zur Nutzung überlassen werden.[77] Voraussetzung für die nichtsteuerbare Geschäftsveräußerung nach § 1 Abs. 1a UStG ist vielmehr, dass die übertragenen Vermögensgegenstände die Fortsetzung einer bisher durch den Veräußerer ausgeübten Tätigkeit ermöglichen. Die Übertragung aller wesentlichen Betriebsgrundlagen und die Möglichkeit zur Unternehmensfortführung ohne großen finanziellen Aufwand ist keine eigenständige Voraussetzung für die Nichtsteuerbarkeit, sondern im Rahmen der Gesamtwürdigung zu berücksichtigen, aus der sich ergibt, ob das übertragene Unternehmensvermögen als hinreichendes Ganzes

75 Vgl. Hötzel, Unternehmenskauf und Steuern, S. 20 f. m.w.N.

76 Vgl. hierzu Reiß, in: Schaumburg (Hrsg.), Unternehmenskauf, S. 243 ff.

77 BFH v. 28.11.2002 - V R 3/01, BStBl. II 2004, 665; v. 4. Juli 2002 V R 10/01 = DStR 2002, 1988; v. 15. Oktober 1998 V R 69/97, BFHE 187, 93, BStBl. II 1999, 41; UStR 2000, A 5 Abs. 1 S. 8, A .264 Abs. 6; BFH v. 23.7.2007 - V R 14/05, UR 2008, 150, 153.

die Ausübung einer wirtschaftlichen Tätigkeit ermöglicht.[78] Bei einem Unternehmenskauf im Wege der Veräußerung von Einzelwirtschaftsgütern (Asset Deal), in dem ein selbstständiger Unternehmensteil Gegenstand des Unternehmenskaufvertrages ist, fällt daher unter den dargestellten Umständen keine Umsatzsteuer an.

		Veräusserer	Erwerber
Ertragsteuern	Kapitalgesellschaft	• Grds. Veräußerungsgewinn (VG) immer steuerpflichtig • Keine Begünstigung des Veräußerungsgewinns bei Veräußerung eines Betriebs bzw. Teilbetriebs • Grds. GewSt-pflichtig	• Bilanzierung der aufgestockten Anschaffungskosten der einzelnen Wirtschaftsgüter sowie des Geschäftswertes (Good Will)
	Personengesellschaft	• §§ 16, 34 EStG, Freibetrag § 16 Abs. 4 EStG/Progressionsmilderung § 34 Abs. 1 EStG/ Steuersatzreduzierung § 34 Abs. 3 EStG • oder § 6b EStG Reinvestition, Rücklagenbildung • GewSt (+) bei Veräußerung eines Betriebs oder Teilbetriebs der Mitunternehmerschaft, § 7 S. 2 Nr. 1 GewStG, soweit nicht einer natürlichen Person zuzuordnen, oder Erwerberidentität, § 16 Abs. 2 S. 3 EStG	
	Einzelkaufmann	• grds. wie bei Personengesellschaft • Ausnahme: GewSt: fällt nicht an, weil Veräußerungsgewinn nicht zum laufenden Gewinn rechnet	
GrESt	§ 1 Abs. 1 GrEStG; 3,5 % des Wertes der Gegenleistung		
USt		• kein umsatzsteuerbarer Umsatz bei Geschäftsveräußerung im ganzen, § 1 Abs. 1a UStG	

Abb. 1: Veräußerung von Einzelwirtschaftsgütern (Asset Deal)

78 BFH, Urt. v. 23.8.2007 - V R 14/05, UR 2008, 150.

b) Veräußerung von Anteilen an einer Personengesellschaft

aa) Ertragsteuern

Bei dem Erwerb von Anteilen an einer Personengesellschaft[79] wird ein solcher Erwerb *steuerrechtlich* dem Erwerb von Einzelwirtschaftsgütern, d.h. einem Asset Deal gleichgestellt.[80] Die Ausführungen zur Veräußerung von Wirtschaftsgütern gelten somit sinngemäß auch bei der Veräußerung einer Beteiligung. Personengesellschaften sind insoweit für ertragsteuerliche Zwecke transparent. Zivilrechtlich liegt allerdings ein Beteiligungserwerb vor. Erwirbt der Käufer sämtliche Anteile an einer Personengesellschaft im Rahmen einer Unternehmensakquisition (zivilrechtliche Anwachsung), so sind steuerrechtlich nicht die Anteile, sondern die erworbenen Wirtschaftsgüter mit ggf. ihren aufgestockten Werten in der Bilanz der Personengesellschaft zu aktivieren.[81] Falls der Erwerber nicht alle Anteile an der Personengesellschaft erwirbt, so sind die aufgestockten Werte für die einzelnen Wirtschaftsgüter und ggf. für einen miterworbenen Geschäftswert in einer *Ergänzungsbilanz*[82] aufzunehmen. Abschreibungen auf die Mehrwerte in der Ergänzungsbilanz sind dann ausschließlich für die steuerliche Gewinnermittlung des Erwerbers von Bedeutung,[83] belasten aber das handelsrechtliche Ergebnis der Personengesellschaft nicht.

Gewinne aus der Veräußerung von Mitunternehmeranteilen unterliegen grundsätzlich nicht der Gewerbesteuer. Die Gewerbesteuerpflicht kann sich allerdings in den Fällen von § 16 Abs. 2 S. 3 EStG, § 7 S. 2 GewStG, § 18 Abs. 3 UmwStG oder bei der nicht vollständigen Realisation von stillen Reserven in wesentlichen Betriebsgrundlagen ergeben. *Schuldner* ist in diesen Fällen gem. § 5 Abs. 1 S. 3 GewStG die *Mitunternehmerschaft*.[84] Der Gewinn aus der Veräußerung eines Mitunternehmeranteiles durch eine Kapitalgesellschaft ist mittlerweile gewerbesteuerpflichtig, § 7 S. 2 GewStG.

Wird der Betrieb einer Personengesellschaft/natürlichen Person innerhalb von 5 Jahren nach dem Vermögensübergang von einer Kapitalgesellschaft auf eine Personengesellschaft/natürliche Person (Umwandlung) veräußert oder aufgegeben, ist gem. § 18 Abs. 3 S. 1 UmwStG der Gewinn gewerbesteuerpflichtig.[85] Gleiches gilt bei der Veräußerung eines Teilbetriebes oder Mitunternehmeranteils, § 18 Abs. 3 S. 2 UmwStG.

---

79 Vgl. dazu allgemein Schulze zur Wiesche, FR 1996, 341ff.

80 Vgl. Hötzel, Unternehmenskauf und Steuern, S. 37f., 161, m.w.N.

81 Stahl, KÖSDI 1990, 7992.

82 Vgl. dazu Hübsch, DStR 2001, 11 ff.; Ley, KÖSDI 2002, 12982; Paus, FR 2003, 59 ff.; Söffing, StB 2002, 330 ff.

83 Die Ergänzungsbilanz beeinflusst allerdings die von der Gesellschaft, § 5 Abs. 1 S. 3 GewStG, zu zahlende Gewerbesteuer.

84 BFH, Urteil v. 28.02.1990, I R 92/86, BStBl. II 1990, 699; BFH, Urteil v. 27.03.1996, I R 89/65, BStBl. II 1997, 224.

85 § 18 Abs. 4 UmwStG geht nach Ansicht der Finanzverwaltung § 7 GewStG vor; § 35 EStG findet keine Anwendung, vgl. BMF-Erlasses vom 16.12.2003, IV A 2 – S 1978 –16/03, BStBl. I 2003, 786, Zweifelsfragen zu den Änderungen durch das Steuersenkungsgesetzes und das Gesetz zur Fortentwicklung des Unternehmenssteuerrechts Tz. 14; fraglich ist, ob § 18 Abs. 4 UmwStG auch dann vorrangig zu § 7 S. 1 GewStG i.V.m. § 16 Abs. 1 S. 2 Nr. 2 EStG sein soll, wenn der Bruchteil eines Mitunternehmeranteils veräußert wird.

Gewerbesteuerliche Verlustvorträge gem. § 10a GewStG gehen bei einem Kauf von Mitunternehmeranteilen regelmäßig nicht über bzw. anteilig unter,[86] da durch Wechsel in dem Bestand der Gesellschafter Unternehmens- und Unternehmeridentität als Voraussetzung für den Verlustabzug[87] nicht mehr gegeben sind.

Die Anrechnung der Gewerbesteuer gem. § 35 EStG kann mitunter bedeutend für die Kaufpreisfindung oder die Kaufvertragsgestaltung sein.[88] Seit dem VZ 2008 ist der Anrechnungsfaktor 1,8 auf 3,8 erhöht. Dies trägt dem Umstand Rechnung, dass die Gewerbesteuer als Betriebsausgabe nun dem vollumfänglichen Abzugsverbot nach § 4 Abs. 5b EStG unterfällt.

bb) Grunderwerbsteuer

Der Erwerb von Beteiligungen an einer Personengesellschaft ist grundsätzlich auch dann nicht grunderwerbsteuerpflichtig, wenn zum Vermögen der Gesellschaft Grundstücke gehören. Nach § 1 Abs. 2a GrEStG[89] wird jedoch eine Grunderwerbsteuerpflicht auf das Grundvermögen einer Personengesellschaft ausgelöst, wenn innerhalb von fünf Jahren mindestens *95 % der Anteile* dieser *Personengesellschaft* auf *neue* Gesellschafter unmittelbar oder mittelbar übergehen.[90] Bemessungsgrundlage der Grunderwerbsteuer ist nach § 8 Abs. 2 S. 1 Nr. 3 GrEStG[91] der regelmäßig niedrigere Grundbesitzwert i. S. d. § 138 Abs. 2 oder 3 BewG. Steuerschuldner ist in den Fällen des § 1 Abs. 2a GrEStG die Personengesellschaft in ihrer jeweiligen Zusammensetzung (§ 13 Nr. 6 GrEStG).

Des Weiteren tritt eine Grunderwerbsteuerpflicht auch durch eine *Anteilsvereinigung* gem. § 1 Abs. 3 GrEStG ein, sofern sich bei Erwerbsvorgängen unmittelbar oder mittelbar mindestens 95 v. H. der Anteile an der betreffenden Gesellschaft in der Hand des Erwerbers vereinen. Soweit die Voraussetzungen des § 1 Abs. 3 GrEStG erfüllt sind, kommt als Bemessungsgrundlage nicht der Wert der Gegenleistung, sondern auch der Grundbesitzwert gemäß § 138 Abs. 2 oder 3 BewG zum Ansatz.

cc) Umsatzsteuer

Die Veräußerung von Gesellschaftsanteilen, die streng von der Geschäftsveräußerung im Ganzen zu trennen ist, ist grundsätzlich schon nicht umsatzsteuerbar, da der Gesellschafter in dieser Eigenschaft regelmäßig nicht Unternehmer ist. Jedenfalls ist die Anteilsveräußerung aber gemäß § 4 Nr. 8 lit. f UStG umsatzsteuerfrei, wenn die Beteiligung einem anderen Unternehmen des Gesellschafters dient. Im letzteren Fall hat der Unternehmer die Möglichkeit gemäß § 9 Abs. 1 UStG zur Umsatzsteuerpflicht des Vorgangs zu optieren.

---

86 Vgl. dazu im Einzelnen Güroff, in: Glanegger/Güroff, GewStG, 6. Auflage 2006, § 10a Rn. 15 ff.; beachte die seit dem 01.01.2004 geltende Begrenzung des Verlustabzuges gem. § 10 a Abs. 1, 2 GewStG.

87 BFH, Urteil v. 14.12.1989, IV R 117/88, BStBl. II 1990, 436 ff.

88 Vgl. insoweit: Rödder/Hötzel/Mueller-Thuns, Unternehmenskauf, § 24 Rn. 201 ff., 208.

89 Zu dessen Anwendbarkeit vgl. § 23 Abs. 6 S. 2 GrEStG.

90 Vgl. zur Anwendung des § 1 Abs. 2 a GrEStG: Ländererlass vom 07.02.2000 BStBl. I 2000, 344; Erlasse der obersten Finanzbehörden vom 26.02.2003 BStBl. I 2003, 271.

91 Zu dessen Anwendbarkeit vgl. § 23 Abs. 6 S. 1 GrEStG.

Veräusserer	Erwerber
• Ertragsteuerlich grundsätzlich wie die Veräußerung von Assets (Abb. 1.) • Veräußerungsgewinn bei d. Veräußerung von Mitunternehmeranteilen ist gem. § 7 S.2 Nr.2 GewStG, soweit nicht einer natürlichen Person zuzuordnen, oder bei Erwerberidentität, § 16 Abs. 2 S. 3 EStG, dem Gewerbeertrag hinzuzurechnen ⇒ GewSt (+) • Grundsätzlich keine Grunderwerbsteuer: Ausnahme: 1. Übertragung von 95 % der Anteile einer Personengesellschaft innerhalb von 5 Jahren, § 1 Abs. 2a GrEStG 2. TB der »Anteilsvereinigung«, sofern mind. 95 % der Anteile der betreffenden Gesellschaft in der Hand des Erwerbers sind, § 1 Abs. 3 GrEStG Bemessungsgrundlage ⇒ Ansatz des niedrigeren Grundbesitzwertes, § 138 Abs. 2 und 3 BewG • Umsatzsteuer (USt): Anteilsveräußerung gem. § 4 Nr. 8 lit. f UStG umsatzsteuerfrei, aber Möglichkeit gemäß § 9 Abs. 1 UStG zur Umsatzsteuerpflicht zu optieren.	• Bilanzierung der aufgestockten Anschaffungskosten der einzelnen WG ⇒ Beachte: Sofern nicht alle Anteile an der Personengesellschaft erworben werden, sind die aufgestockten Werte für einzelne Wirtschaftsgüter in einer Ergänzungsbilanz des Erwerbers zu bilanzieren.

Abb. 2: Veräußerung von Anteilen an Personengesellschaften

Hinsichtlich der nicht steuerbaren Geschäftsveräußerung gem. § 1 Abs. 1a UStG gelten die Ausführungen zur Veräußerung von Wirtschaftsgütern, wenn insoweit die Gesellschaft ihr Unternehmen oder einen in der Gliederung des Unternehmens gesondert geführten Betrieb veräußert.

c) Veräußerung von Anteilen an einer Kapitalgesellschaft (Share Deal)

aa) Ertragsteuern

Werden in einem Betriebsvermögen befindliche Anteile an einer Kapitalgesellschaft durch eine natürliche Person oder eine Personengesellschaft veräußert, unterliegt der Gewinn unter Berücksichtigung des Halb- bzw. ab VZ 2009 Teileinkünfteverfahrens insoweit der Einkommen- und Gewerbesteuer. Umfasst der Anteil 100 % des Nennkapitals, so liegt diesbezüglich eine Betriebsveräußerung i. S. v. § 16 Abs. 1 S. 1 Nr. 1 S. 2 Hs. 1 EStG vor.[92] Aufgrund des auch dann anzuwendenden Halb- bzw. Teileinkünfteverfahrens liegen gem. § 34 Abs. 2 Nr. 1 EStG keine steuerbegünstigten außerordentlichen Einkünfte vor. Allerdings kommt ggf. ein Freibetrag gem. § 16 Abs. 4 EStG in Betracht, der dann aber auch für die Gewerbesteuer gilt.[93] Erfolgt die Veräußerung im engen Zusammenhang mit der Aufgabe des Gewerbebetriebs unterfällt der Vorgang nicht der Gewerbesteuer[94], ansonsten kommt bei der Ermittlung des Gewerbeertrages das Halb- bzw. Teileinkünf-

92 Wacker, in: Schmidt, EStG, 27. Auflage 2008, § 16 Rn. 161 ff.
93 Peuker, in: Glanegger/Güroff, GewStG, 6. Auflage 2006, § 7 Rn. 15.
94 Abschn. 39 Abs. 1 Nr. 1 S. 12 GewStR.

teverfahren[95] und bei einer zwischengeschalteten Personengesellschaft § 7 S. 4 GewStG zur Anwendung.

Bei der Veräußerung einer nicht relevanten Beteiligung i.S.d. § 17 EStG durch einen nicht gewerblich tätigen Veräußerer ist u. U. der Veräußerungsgewinn steuerfrei. Bei einer natürlichen Person unterliegen sowohl Veräußerungen von relevanten Beteiligungen, § 17, § 3 Nr. 40 c) EStG, oder von Anteilen i.S.d. § 22 UmwStG bzw. einbringungsgeborenen Anteilen, § 21 UmwStG a.F. i.V.m. § 3 Nr. 40 S. 3, 4 EStG a.F., als auch Spekulationsgewinne aus der Veräußerung von Kapitalgesellschaftsanteilen, § 23 Abs. 1 Nr. 2, Abs. 2 S. 2, § 3 S. 1 Nr. 40 lit. j EStG, dem Halb- bzw. Teileinkünfteverfahren.

Für den Erwerb von Kapitalgesellschaftsanteilen nach dem 31.12.2008 ändert sich die Besteuerung aufgrund der Abgeltungsteuer, sofern die Anteile im Privatvermögen gehalten werden.[96] Werden die Anteile im Betriebsvermögen gehalten, so greift immer das Halb- bzw. Teileinkünfteverfahren ein. Ist bei Anteilen im Privatvermögen die Beteiligungsquote kleiner als 1 %, so gilt unabhängig von der Haltedauer die Abgeltungsteuer. Ist die Beteiligungsquote größer oder gleich 1 %, ist § 17 EStG vorrangig und das Halb- bzw. Teileinkünfteverfahren wird angewendet. Werden die Anteile im Privatvermögen bis zum 31.12.2008 angeschafft, sind die Einkünfte bei einer Haltedauer von mehr als 1 Jahr und einer Beteiligungsquote von weniger als 1 % steuerfrei. Ist die Haltedauer weniger als 1 Jahr, so greift § 23 EStG ein und das Halb- bzw. Teileinkünfteverfahren findet Anwendung. Liegt die Beteiligungsquote bei größer oder gleich 1 % so gilt § 17 EStG und damit das Halb- bzw. Teileinkünfteverfahren.

Gewinne aus der Veräußerung von Anteilen an einer Kapitalgesellschaft durch eine Kapitalgesellschaft sind regelmäßig gem. § 8b Abs. 2 KStG körperschaftsteuerfrei und gem. § 7 GewStG gewerbesteuerfrei. Die Gewerbesteuerfreiheit erstreckt sich gem. § 7 S. 4 GewStG auch auf die Fälle bei denen eine Personengesellschaft zwischengeschaltet ist.

Der Erwerber kann die erworbenen Kapitalgesellschaftsanteile mit ihren Anschaffungskosten aktivieren; eine Abschreibung für Abnutzung der Anteile ist nicht möglich. Daher stellt sich die Frage einer Kaufpreisaufteilung bei einem Share Deal nur, sofern postakquisitorische Restrukturierungsmaßnahmen beabsichtigt sind, durch die die stillen Reserven der Kapitalgesellschaft in Abschreibungspotenzial umgewandelt werden sollen. Eine Abschreibung ist jedoch in Form einer Teilwertabschreibung möglich. Eine solche ist nach der Rechtsprechung des Bundesfinanzhofes nur zulässig,[97] wenn

- der Substanzwert der Beteiligung infolge einer nachhaltigen Erzielung von Verlusten unter den bilanzierten Wert der Beteiligung abgesunken ist;
- sich die Anschaffung der Beteiligung als eine Fehlmaßnahme erweist sowie
- sich der Substanzwert der Beteiligung infolge von Gewinnausschüttungen erheblich unter dem aktivierten Beteiligungserwerb bewegt.

---

95 Peuker, in: Glanegger/Güroff, GewStG, 6. Auflage 2006, § 7 Rn. 55.

96 S.o. 3.a) cc).

97 BFH, BStBl. II 1988, 274; BStBl. II 1990, 343; BFH, Urteil vom 23.10.1996, FR 1997, 222; BFH, Urteil v. 14.2.1973, IR 76/71, BStBl. 1973 II, 532; Urteil v. 07. 11.1990, IR 116/86, BStBl. 1991 II, 342; Urteil v. 29.05.1996, IR 15/94, BStBl. II 1997, 63; Glanegger, in: Schmidt, EStG, § 6 Rn. 250; Herzig, in: Schaumburg (Hrsg.), Unternehmenskauf, S. 131 ff.; Piltz, Teilwertabschreibungen auf Beteiligungen an Kapitalgesellschaften, 1985; Strobl, WP-Handbuch, Rn. 1434 ff.

Bei einer erfolgten Teilwertabschreibung ist jedoch, wenn diese nicht durch eine spätere Zuschreibung wieder ausgeglichen wurde, zu beachten, dass bei einer Veräußerung durch eine Kapitalgesellschaft insoweit ein steuerpflichtiger Veräußerungsgewinn gem. § 8b Abs. 2 S. 4 KStG entsteht.

bb) Grunderwerbsteuer

Der Erwerb von Anteilen an einer Kapitalgesellschaft kann unter den Voraussetzungen der Anteilsvereinigung gemäß § 1 Abs. 3 GrEStG Grunderwerbsteuer auslösen.

cc) Umsatzsteuer

Die Veräußerung von Kapitalgesellschaftsanteilen im Privatvermögen ist schon nicht umsatzsteuerbar. Die Veräußerung von Anteilen im Betriebsvermögen ist umsatzsteuerfrei (§ 4 Nr. 8 lit. f UStG).

	Veräusserer	Erwerber
Privatvermögen	Ertragsteuern: • Veräußerungsgewinn aus der Veräußerung von Kapitalgesellschaftsanteilen, die bis zum 31.12.2008 angeschafft wurden: 1. § 23 EStG, Spekulationsgewinn (§ 23 Abs. 1 Nr. 2) ist vorrangig gegenüber § 17 EStG = Spekulationsgewinn (+), wenn Veräußerung innerhalb der Spekulationsfrist von 1 Jahr nach Anschaffung. Folge: Veräußerungsgewinn unterliegt dem Halb- bzw. Teileinkünfteverfahren gem. § 3 Nr. 40 lit. j EStG 2. § 17 EStG: Veräußerungsgewinn ist steuerpflichtig, wenn Veräußerer relevant beteiligt ist, d. h. mehr als 1 % in den letzten 5 Jahren. Folge: Veräußerungsgewinn unterliegt dem Halb- bzw. ab VZ 2009 Teileinkünfteverfahren gem. § 3 Nr. 40 lit. c EStG • Für ab dem 1.1.2009 angeschaffte Wirtschaftsgüter: 1. Veräußerung i. S. d. § 17 EStG ist vorrangig, Abgeltungsteuer kommt nur zur Anwendung, wenn Einnahmen nicht einer anderen Einkunftsart zuzurechnen sind, § 20 Abs. 8 EStG; es gilt dann das Teileinkünfteverfahren gem. § 3 Nr. 40 lit. c iVm. § 3c Abs. 2 EStG 2. Ansonsten gilt die Abgeltungsteuer: Einheitlicher Steuersatz i.H.v. 25 % auf den Veräußerungsgewinn mit abgeltender Wirkung Grunderwerbsteuer: • (+), wenn Fall der Anteilsvereinigung gem. § 1 Abs. 3 GrEStG (s. Abb. 2) Umsatzsteuer: • (-), Anteilsveräußerung ist kein umsatzsteuerbarer Umsatz	Keine steuerlichen Auswirkungen

BETRIEBS-VERMÖGEN	Ertragsteuern: • Grundsätzlich unterliegt der Veräußerungsgewinn dem Halb- bzw. Teileinkünfteverfahren, § 3 Nr.40 EStG • Besonderheiten: 1. Nat. Person/Personengesellschaft ist Veräußerer ⇒ • Kap.-Beteilung umfasst das gesamte Nennkapital der Gesellschaft, dann gilt § 16 Abs. 1 S. 1 Nr. 1 S. 2 EStG. Folge: Teilbetriebsfiktion hat nur noch Bedeutung für evt. Freibetrag § 16 Abs. 4 EStG i. H. v. 45.000 EUR 2. Kapitalgesellschaft als Veräußerer ⇒ • Veräußerungsgewinn grds. steuerfrei gem. § 8b Abs. 2 KStG (bei 5 % nichtabziehbaren Betriebsausgaben, § 8 b Abs. 3 KStG), es sei denn es liegt eine gesetzliche Rückausnahme vor: • § 8b Abs. 2 S. 4 KStG • § 8b Abs. 4 S. 1 Nr. 1 + 2 KStG a.F. und • § 8b Abs. 7, Abs. 8 Gewerbesteuer: 1. Nat. Person/Personengesellschaft: grundsätzlich gewerbesteuerpflichtig (+), soweit Befreiung vom Halb- bzw. Teileinkünfteverfahren nicht greift, auch wenn Beteiligung das gesamte Nennkapital umfasst, § 16 Abs. 1 S. 2 EStG; es sei denn, der Veräußerungsgewinn ist Teil eines Betriebsaufgabegewinns, § 7 S. 2, 4 GewStG. 2. Kapitalgesellschaft: die Steuerfreiheit des Veräußerungsgewinns gem. § 8b Abs. 2 und Abs.6 KStG gilt auch bei der Gewerbesteuer, § 7 S. 1 und S. 4 GewStG. Keine Steuerfreiheit bzgl. 5 % des Gewinns als nichtabzugsfähige Betriebsausgabe, § 8b Abs. 3 KStG. Grunderwerbsteuer: • GrESt (+), sofern Fall der Anteilsvereinigung (s. Abb. 2) § 1 Abs. 3 GrEStG Umsatzsteuer: • USt (-), Veräußerung von Anteilen im Betriebsvermögen ist umsatzsteuerfrei	Bilanziert Beteiligung als nicht abschreibungsfähiges Wirtschaftsgut mit den Anschaffungskosten

Abb. 3: Veräußerung von Anteilen an einer Kapitalgesellschaft (Share Deal)

5. Die steuerfreie Veräußerung von Anteilen an Kapitalgesellschaften gemäß § 8 b KStG

a) Bedeutung und Funktion von § 8 b Abs. 2 KStG

§ 8b Abs. 2 KStG enthält eine sachliche Steuerbefreiung für Körperschaften, die an anderen Körperschaften beteiligt sind. Diese Steuerbefreiung dient als Ergänzung zu § 8b Abs. 1 KStG, nach welchem die Ausschüttungen einer Körperschaft an den Anteilseigner, der ebenfalls eine Körperschaft ist, aus dem Einkommen ausscheiden. § 8b KStG stellt laufende und einmalige Beteiligungserträge frei.[98]

§ 8b Abs. 2 KStG erstreckt sich auch auf Beteiligungen an inländischen Kapitalgesellschaften, sodass nicht nur Veräußerungen steuerfrei gestellt, sondern auch umfangreiche Restrukturierungen und grenzüberschreitende Joint Ventures ermöglicht werden. Hierbei ist allerdings zu beachten, dass 5 v. H. des Veräußerungsgewinns gem. § 8b Abs. 3 KStG als nichtabziehbare Betriebsausgaben gelten, sodass insoweit keine Steuerfreistellung erfolgt.[99]

b) Tatbestandsmerkmale von § 8b Abs. 2 KStG

aa) Persönlicher Anwendungsbereich

§ 8b Abs. 2 KStG privilegiert *alle steuerpflichtigen Körperschaften* i. S. v. §§ 1 und 2 KStG.[100]Die Steuerbefreiung gilt auch für steuerbefreite Körperschaften, Anteilsverkäufe durch doppelt ansässige Kapitalgesellschaften sowie für beschränkte steuerpflichtige Körperschaften.[101] Gleiches gilt für sonstige juristische Personen des privaten Rechts, § 1 Abs. 1 Nr. 4 KStG, nichtrechtsfähige Vereine, Anstalten, Stiftungen und andere Zweckvermögen des privaten Rechts, § 1 Abs. 1 Nr. 5 KStG. Auch wenn Kapitalgesellschaften Kapitalgesellschaftsanteile veräußern, die sie über eine Personengesellschaft halten, sind diese Veräußerungen steuerprivilegiert, § 8b Abs. 6 KStG.[102]

bb) Sachlicher Anwendungsbereich

(1) Allgemeines

Kapitalgesellschaften können inländische wie ausländische Beteiligungen unter den Voraussetzungen des § 8b Abs. 2 KStG steuerfrei veräußern. Voraussetzung ist, dass die Leistungen der anderen Körperschaft oder Personenvereinigung beim Empfänger zu Einnahmen i. S. d. § 20 Abs. 1 Nr. 1, 2, 9 und 10 lit. a EStG gehören. Auf die Höhe der Beteiligung an der zu veräußernden Kapitalgesellschaft kommt es nicht an.[103] Auch

98 Frotscher, in: Frotscher/Maas, KStG, § 8b KStG, Rz. 30.

99 Erlass zu den Fragen der Anwendung des § 8 b KStG: BMF-Schreiben vom 28.04.2003, BStBl. 2003 I, 292, DStR 2003, 881 ff.; vgl. zu dem Erlass: Eilers/Schmidt, GmbHR 2003, 613 ff.; Rödder/Schumacher, DStR 2003, 909 ff.

100 Ursprünglich (d. h. bis zum 31.12.2001) wurde die Steuervergünstigung nach § 8 b KStG nur einer Körperschaft i. S. v. § 1 Abs. 1 Nr. 1, 2, 3 oder 6 KStG gewährt. Zu Einzelfragen (Berechtigung von Stiftungen unter § 8 b Abs. 2 KStG) vgl. Förster, DB 1994, S. 385 f., restriktiver jedoch BMF-Schreiben vom 30.12.1983, DB 1984, S. 217 sowie Eilers/Wienands, in: Flick/Wassermeyer, AStG, Stand September 1998, § 8 b KStG Rn. 172–174. Vgl. zum neueren Recht Eilers/Schmidt, GmbHR 2003, 613 f.

101 Weitere Einzelheiten zur Holding-Steuerstrukturierung für beschränkt Steuerpflichtige vgl. Eilers/Schmidt, FR 2001, 8 ff.; Eilers/Wienands, GmbHR 2000, S. 1232.

102 Anders noch die Verwaltungsauffassung zur alten Rechtslage: A 41 Abs. 13 KStR, OFD Frankfurt v. 24.05.2000 – S 2750a A – 1 – St II 11, n. v.

103 Ursprünglich richtete sich die Beteiligungshöhe an der ausländischen Tochtergesellschaft nach der im jeweiligen DBA festgelegten Mindestbeteiligungsquote sowie nach § 8 b Abs. 5 KStG a.F., wonach die Mindestbeteiligungsquote für Zwecke des § 8 b KStG auf einheitliche 10 v. H. herabgesenkt wurde.

muss die Beteiligung keine sog. Aktivitätsanforderungen erfüllen, wie sie in manchen Doppelbesteuerungsabkommen vorhanden sind.[104] Schließlich findet die Veräußerungsgewinnbefreiung gemäß § 8b Abs. 2 S. 1 KStG auch uneingeschränkt auf die Veräußerung von Anteilen an Organgesellschaften durch den jeweiligen Organträger Anwendung[105] sowie auf wirtschaftlich vergleichbare Sachverhalte, die zur Realisierung von Stillen Reserven führen.

Sie umfasst den Gewinn aus

- der Veräußerung oder der verdeckten Einlage (§ 8b Abs. 2 S. 6 KStG) eines Anteils an einer anderen (in- oder ausländischen) Körperschaft oder Personenvereinigung (= Zielgesellschaft),
- der Auflösung (§ 8b Abs. 2 S. 3 KStG) einer anderen Körperschaft oder Personenvereinigung (Liquidation),
- der Herabsetzung des Nennkapitals (§ 8b Abs. 2 S. 3 KStG) einer anderen Körperschaft oder Personenvereinigung oder
- dem Ansatz des in § 6 Abs. 1 S. 1 Nr. 2 S. 3 EStG bezeichneten Werts (Wertaufholungsgewinn).

(2) Einschränkungen der Veräußerungsgewinnbefreiung

i) Vorangegangene, gewinnwirksame Teilwertabschreibung (§ 8b Abs. 2 S. 4 KStG a.F.)

Eine Kapitalgesellschaft kann Kapitalgesellschaftsanteile dann nicht steuerfrei veräußern, wenn in den vorangegangenen Wirtschaftsjahren (bis VZ 2001) eine gewinnwirksame Teilwertabschreibung auf diese Anteile vorgenommen worden ist und die dadurch eingetretene Gewinnminderung bis zum Veräußerungszeitpunkt nicht durch eine Wertaufholung gem. § 6 Abs. 1 S. 1 Nr. 2 S. 3 EStG ausgeglichen worden ist. Ist der Veräußerungsgewinn allerdings höher als die Teilwertabschreibung, ist der die Teilwertabschreibung übersteigende Betrag steuerfrei.

ii) Einbringungsfälle, § 8b Abs. 4 S. 1 KStG a.F.

Im Zuge der Unternehmensteuerreform 2008 wurde § 8b Abs. 4 KStG a.F. aufgehoben. Bei Einbringungen, die vor dem 13.12.2007 in das Handelsregister eingetragen wurden, ist die Vorschrift weiterhin anwendbar und ist aufgrund der langen Übergangsfrist von sieben Jahren (§ 8b Abs. 4 S. 2 Nr. 1 KStG a.F.) in der Praxis bis zum 13.12.2013 von Bedeutung. Es können danach Kapitalgesellschaften Anteile an Kapitalgesellschaften dann nicht steuerfrei veräußern, wenn der Ausschlusstatbestand des § 8b Abs. 4 S. 1 KStG a.F. eingreift. Diese Vorschrift schließt Kapitalgesellschaftsbeteiligungen von der grundsätzlichen Steuerbefreiung gem. § 8b Abs. 2 KStG aus, wenn es sich bei diesen

---

104 Einige DBA sahen einen sog. Aktivitätsvorbehalt vor, der das Schachtelprivileg ggf. ausschloss. Letzteres war insoweit bedeutsam, als dass dessen Vorliegen Voraussetzung für die Steuerbefreiung des Veräußerungsgewinns war. Vgl. dazu z.B. No. 8 Ergänzungsprotokoll zum deutsch-portugiesischen DBA, BGBl. 1982 II, 129, oder beispielsweise den Ausschluss der luxemburgischen Finanzholdinggesellschaften, die nach dem Gesetz vom 31.07.1929 gegründet wurden, gem. Art. 1 des Schlussprotokolls zum deutsch-luxemburgischen DBA in der Fassung des Ergänzungsprotokolls vom 15.06.1978, BGBl. 1978 II, 109.

105 Vgl. oben S. 110, 6.; BMF-Schreiben vom 28.4.2003, BStBl. I 2003, 292, Tz. 16.

- um einbringungsgeborene Anteile gemäß § 21 UmwStG a.F. handelt
  - Einbringungsgeborene Anteile werden dadurch geschaffen, dass ein Betrieb, Teilbetrieb oder Mitunternehmeranteil gem. § 20 Abs. 1 S. 1 UmwStG a.F. gegen die Gewährung von Gesellschaftsrechten zu Buchwerten, d.h. steuerneutral, in eine Tochterkapitalgesellschaft eingebracht wird und der Einbringende im Gegenzug dazu Anteile an der Tochterkapitalgesellschaft erhält –

  oder
- es sich um Anteile einer zunächst nach § 8b Abs. 2 KStG begünstigten Körperschaft handelt, die ihrerseits aber die Anteile von einem nicht nach § 8b Abs. 2 KStG begünstigten Einbringenden (d.h. im Wesentlichen von natürlichen Personen) unter dem Teilwert erworben hat.

In der Praxis muss deshalb vor der Anwendung des § 8b Abs. 2 KStG sehr genau geprüft werden, ob die zu veräußernden Anteile nicht irgendwann (!) in der Vergangenheit durch eine steuerfreie Einbringungstransaktion geschaffen worden sind.

Die einbringungsgeborenen Anteile gem. § 21 UmwStG a.F. waren als Rückausnahme zu § 8b KStG konzipiert und bilden daher die erste Ausnahme von der Anwendung des § 8b Abs. 4 S. 1 KStG a.F. Die im Rahmen des SEStEG eingeführte Neuregelung des § 22 UmwStG versagt dagegen bei einer Veräußerung der erhaltenen Anteile nicht mehr die Anwendung des Halb-/Teileinkünfteverfahrens bzw. die Steuerfreistellung nach § 8b Abs. 2 KStG für den dabei erzielten Veräußerungsgewinn.[106]

Durch die Neuregelungen des SEStEG, welche erstmals Anwendung finden auf Umwandlungen und Einbringungen, die nach dem 12. Dezember 2006 stattfinden, ist die Figur der sperrfristbehafteten Anteile gem. § 22 UmwStG an die Stelle der einbringungsgeborenen Anteile getreten.[107] Sperrfristbelastete Anteile i.S.d. § 22 UmwStG werden dadurch geschaffen, dass ein Betrieb, Teilbetrieb oder Mitunternehmeranteil gem. § 20 Abs. 2 S. 2 UmwStG zu Buchwerten, d.h. steuerneutral, eingebracht wird und der Einbringende im Gegenzug dazu Anteile an der Kapitalgesellschaft erhält. Bei einer Veräußerung der im Zuge der Einbringung in die Kapitalgesellschaft erhaltenen neuen Anteile innerhalb von sieben Jahren nach der Einbringung ist rückwirkend auf den Einbringungsstichtag der Einbringungsgewinn zu ermitteln. Auf diese Weise wird der Gewinn oder Verlust rückwirkend besteuert. Dabei mindert sich gem. § 22 Abs. 1 S. 3 UmwStG der rückwirkend festgestellte Einbringungsgewinn um jeweils 1/7 für jedes seit dem Einbringungsvorgang abgelaufene Zeitjahr. Daraus ergibt sich ein nach § 16 EStG zu besteuernder Einbringungsgewinn I, der zugleich zu nachträglichen Anschaffungskosten auf die kapitalgesellschaftsrechtliche Beteiligung führt.[108]

Die zweite Anwendungsausnahme von § 8b Abs. 4 S. 1 KStG a.F. soll Gestaltungen verhindern, bei denen natürliche Personen die für sie nicht anwendbare Vorschrift des § 8b Abs. 2 KStG nutzen wollen. Der Gesetzgeber will hier die Veräußerungsgewinnbefreiung nicht zur Anwendung kommen lassen, wenn der Einbringende keine oder nicht

106 Blumenberg/Schäfer, Das SEStEG, E, II, 3.
107 Crezelius, NZI 2007, 220; Gröbl/Adrian, in: Erle/Sauter, KStG, § 8b, Rz. 411.
108 Patt, in: Dötsch/Patt/Pung/Möhlenbrock, Umwandlungsteuerrecht § 22, Rz. 54; Vgl, Crezelius, NZI 2007, 200, m.w.N; Gröble/Adrian, in: Erle/Sauter, KStG, § 8b, Rz. 411.

alle stillen Reserven im Zeitpunkt der Einbringung der Anteile in die veräußernde Kapitalgesellschaft aufgedeckt hat.

iii) Kapitalbeteiligung von Kredit- und Finanzdienstleistungsinstituten
Schließlich ist der Veräußerungsgewinn von Kapitalbeteiligungen dann nicht steuerfrei, wenn ein Fall des § 8 b Abs. 7 KStG vorliegt. Hierbei handelt es sich um Beteiligungen, die bei Kreditinstituten und Finanzdienstleistungsinstituten nach § 1a KWG dem Handelsbuch zuzurechnen sind. Hintergrund der Regelung ist, dass es durch die Neuregelung des § 8b KStG i. V. m. § 3c EStG insbesondere bei Banken zu Problemen gekommen wäre im Hinblick auf den Ausgleich von Gewinnen/Verlusten aus Aktiengeschäften mit den – zu deren wirtschaftlicher Absicherung abgeschlossenen – gegenläufigen Termingeschäften auf Aktien: Gewinne aus Aktienverkäufen wären während der einjährigen Behaltefrist steuerpflichtig gewesen; Verluste aus den Aktientermingeschäften hätten dagegen nach § 15 Abs. 4 S. 4 und 5 EStG nicht mit den – artfremden – Aktiengewinnen verrechnet werden können.[109] Um diesen bei Banken üblichen und teilweise auch aufsichtsrechtlich geforderten Risikoausgleich steuerlich nicht zu behindern, wurde mit dem Investitionszulagengesetz u. a.

- der § 8b Abs. 7 KStG eingeführt, mit dem für bestimmte Fälle die Regelungen des § 8b Abs. 1 bis 6 komplett abbedungen werden,
- die einjährige Behaltefrist für die Steuerfreiheit der Veräußerungsgewinne von Kapitalgesellschaftsanteilen gestrichen und
- die Verlustverrechnungsbeschränkung des § 15 Abs. 4 EStG für Termingeschäfte auf Aktien auf solche Fälle beschränkt, bei denen der Veräußerungsgewinn steuerfrei ist.

Folge ist, dass für Banken und sonstige Kreditinstitute bei kurzfristigen Verkäufen die Ergebnisse aus Grund- und Sicherungsgeschäft zwar steuerpflichtig sind, aber eben nur der – nach Verlustverrechnung – verbleibende Überschuss.

Die Anwendung der Norm setzt im persönlichen Anwendungsbereich eine veräußernde Kapitalgesellschaft voraus, die entweder ein Kreditinstitut gem. § 1 Abs. 1 KWG, ein Finanzdienstleistungsinstitut gem. § 1 Abs. 1a KWG oder ein Finanzunternehmen gem. § 1 Abs. 3 KWG ist. Der sachliche Anwendungsbereich setzt Anteile voraus, die entweder dem Handelsbuch zugerechnet werden oder der kurzfristigen Erzielung eines Eigenhandelserfolges (als Umlaufvermögen) dienen. Offen ist, ob Industrieholdings als Finanzunternehmen i. S. d. KWG erfasst werden können und damit den persönlichen Anwendungsbereich erfüllen.[110]

Kreditinstitute sind nach § 1 Abs. 1 S. 1 KWG Unternehmen, die Bankgeschäfte gewerbsmäßig oder in einem Umfang betreiben, der einen in kaufmännischer Weise eingerichteten Geschäftsbetrieb erfordert. Die entsprechenden Bankgeschäfte werden in § 1 Abs. 1 S. 2 KWG abschließend definiert. Zu ihnen gehören insbesondere das Einlage-, Kredit-, Diskont-, Finanzkommission-, Depot-, Investment- und Girogeschäft. Eine Hol-

109 Erle/Sauter, Reform der Unternehmensbesteuerung, S. 85 ff. mit weiteren Beispielen; Watermeyer, in: Herrmann/Heuer/Raupach, Steuersenkungsgesetz, Stand April 2001, § 8 b KStG Rn. 121; Bogenschütz/Tibo, DB 2001, S. 8.

110 Fülbier, in: Boos/Fischer/Schulte-Mattler, Kreditwesengesetz, § 1 Rn. 174.

dinggesellschaft, die die vorgenannten Bankgeschäfte nicht selbst ausübt, fällt nicht unter diese Regelung.

Finanzdienstleistungsinstitute sind nach § 1 Abs. 1a KWG Unternehmen, die Finanzdienstleistungen für andere gewerbsmäßig oder in einem Umfang erbringen, der einen in kaufmännischer Weise eingerichteten Geschäftsbetrieb erfordert, und die keine Kreditinstitute sind. Finanzdienstleistungen sind nach § 1 Abs. 1a S. 2 KWG die Anlage- und Abschlussvermittlung, Finanzportfolioverwaltung, der Eigenhandel, Drittstaateneinlagenvermittlung, Finanztransfergeschäft und das Sortengeschäft. Auch hierzu gehören reine Holdinggesellschaften nicht.

Finanzunternehmen sind nach § 1 Abs. 3 KWG Unternehmen, die keine Kredit- oder Finanzdienstleistungsinstitute sind und deren Haupttätigkeit u. a. darin besteht, Beteiligungen zu erwerben. Irrelevant für die persönliche Qualifizierung als Finanzunternehmen i. S. d. KWG ist, welche Tätigkeit das Beteiligungsunternehmen ausübt, d. h. es muss selbst keine Tätigkeit im Bereich des KWG entfalten, sondern es kommt jedes Unternehmen als Beteiligungsunternehmen in Betracht. Dementsprechend ist es für die Anwendung des KWG wohl unstreitig, dass normale Holding-Gesellschaften ohne KWG-Tätigkeiten vom Begriff des Finanzunternehmens i. S. d. § 1 Abs. 3 Nr. 1 KWG erfasst werden.[111] Da § 8b Abs. 7 KStG keine eigenständige Begriffsdefinition trifft, sondern nach seinem Wortlaut in dieser Beziehung in vollem Umfang auf das KWG rekurriert, muss grundsätzlich auch steuerrechtlich davon ausgegangen werden, dass die KWG-Qualifizierung als Finanzunternehmen i. S. d. § 1 Abs. 3 KWG auf § 8b Abs. 7 KStG durchschlägt. Damit wären auch *reine Holdinggesellschaften* Finanzunternehmen in diesem Sinne. Allerdings wird von einigen vertreten, dass diese Interpretation mit dem Ziel des Gesetzgebers, eine von den Banken geforderte Sonderregelung für deren Tätigkeitsbereich zu schaffen, in Widerspruch stehe. Reine, typische Holdinggesellschaften fielen deshalb bereits gar nicht unter den Begriff des Finanzunternehmens.[112] Dies ergebe sich auch aus einer Betrachtung des in diesem Zusammenhang ebenfalls geänderten § 15 Abs. 4 EStG, der den Risikoausgleich bei Banken mittels Aktientermingeschäften ermöglichen wolle. Unternehmen, die zu einem derartigen Risikoausgleich aufsichtsrechtlich nicht verpflichtet seien, fielen bei einer systematischen Betrachtung auch nicht in den Anwendungsbereich des § 8b Abs. 7 KStG.[113] Diese Auslegung ist in Bezug auf Systematik der Regelung und Ziel des Gesetzgebers durchaus überzeugend. Allerdings findet sie im objektiven Wortlaut des § 8b Abs. 7 KStG keine echte Stütze, da dieser sich an das KWG anlehnt. Im Ergebnis sind daher reine Holdinggesellschaften unter den Begriff des Finanzunternehmens zu erfassen. Dies entspricht auch der Ansicht der Finanzverwaltung.[114]

Bei der Veräußerung von Anteilen, die von reinen Holdinggesellschaften gehalten werden, sollte daher im Hinblick auf die Steuerbefreiung nach § 8b Abs. 2 KStG ein »kurzfristiger Eigenhandelserfolg« i. S. v. § 8b Abs. 7 S. 2 KStG vermieden werden. Was

111 Ausdrücklich Rundschreiben Nr. 19/99 des Bundesaufsichtsamtes für das Kreditwesen vom 23.12.1999 unter Nr. 1; Reischauer/Kleinhans, KWG, Stand Mai 1995, § 1 Rn. 92; Bogenschützz/Tibo, DB 2001, 8, 11.

112 Milatz, BB 2001, 1066 (1073); im Anschluss daran Watermeyer, in: Herrmann/Heuer/Raupach, Steuersenkungsgesetz, Stand April 2001, § 8 b KStG Rn. 124.

113 Milatz, BB 2001, 1066 (1073).

114 BMF-Schreiben v. 25.07.2002, IV A 2 - S 2750 a - 6-02, BStBl. I 2002, 712, DStR 2002, 1148.

unter dem Merkmal »*kurzfristiger Eigenhandelserfolg*« zu verstehen ist, ist jedoch noch nicht abschließend geklärt.[115] Während die Finanzverwaltung wohl davon ausgeht, dass es darauf ankommt, ob die Anteile objektiv nach Handelsrecht dem Anlagevermögen zuzuordnen sind (dann kein kurzfristiger Eigenhandelserfolg),[116] wird in der Literatur auf Haltefristen und subjektive Elemente abgestellt.[117] Für die Praxis empfiehlt es sich, dass die Holdinggesellschaft die Anteile in das Anlagevermögen (und nicht in das Umlaufvermögen) bucht und zumindest für einen Zeitraum von 12 Monaten hält.

Während die Veräußerungsgewinne nach § 8b Abs. 7 KStG steuerpflichtig sind, werden *Gewinnausschüttungen*, die in den Anwendungsbereich der Mutter-Tochter-Gesellschafts-Richtlinie des Rates[118] fallen, wiederum in einer Rückausnahme gem. § 8b Abs. 9 KStG[119] ab dem VZ 2004[120] steuerfrei gestellt. Dabei wäre eine Freistellung nach der Richtlinie nicht erforderlich gewesen, sondern auch eine Anrechnung des Teils der auf die Gewinnausschüttung entfallenden ausländischen Steuer der Tochtergesellschaft wäre möglich gewesen. Nach Ansicht des Gesetzgebers war aber die Steuerbefreiung der Gewinnausschüttungen erforderlich, um den europarechtlichen Vorgaben der Richtlinie zu genügen. Zu beachten ist aber, dass die Dividenden dann insoweit wieder der »5 %igen Hinzurechnungsbesteuerung« gem. § 8b Abs. 5 KStG unterliegen, sodass es tatsächlich zu nur zu einer 95 %igen Steuerfreistellung kommt. Auch sind insoweit § 8b Abs. 7, 8 KStG dann wieder anwendbar.[121]

iv) Lebens- und Krankenversicherungsunternehmen

Gemäß § 8b Abs. 8 KStG findet die Freistellung von Veräußerungsgewinnen und auch die Freistellung von Gewinnausschüttungen bei Anteilen, die bei Lebens- und Krankenversicherungsunternehmen den Kapitalanlagen zuzurechnen sind, keine Anwendung.[122]

Die Gewinnausschüttungen, die in den Anwendungsbereich der Mutter-Tochter-Gesellschafts-Richtlinie fallen, werden auch hier ab dem VZ 2004 durch die Rückausnahme gem. § 8b Abs. 9 KStG steuerfrei gestellt. Als Folge ist bei der Berechnung der steuerlich abziehbaren Beitragsrückerstattung gem. § 21 Abs. 1 Nr. 1 S. 1 KStG, das handelsrechtliche Jahresergebnis für das selbst abgeschlossene Geschäft auch um die steuerfreien Dividenden gem. § 8b Abs. 9 KStG zu kürzen.[123]

---

115 Vgl. zum Meinungsstand Bünning/Slabon, FR 2003, 174, 177 ff.; Dreyer/Hermann, DStR 2002, 1837, 1839; Eilers/Schmidt, GmbHR 2003, 613, 640; Stoscheck/Lauermann/Peter, NWB 2002, 3015 ff.

116 BMF-Schreiben v. 25.07.2002, a.a.O.

117 Vgl. dazu Bieg, Rechnungslegung, S. 224; Dreyer/Herrmann, DStR 2002, 1837, 1839.

118 Richtlinie 90/435/EWG (ABlEG 1990 L 225, S. 6), zuletzt geändert durch die Richtlinie des Rates 2003/123/EG (AblEU 2004 L 7, S. 41) v. 22.12.2003.

119 Eingefügt durch EURLUmsG v. 09.12.2004, BGBl. I 2004, 3310; hierdurch sollte dem Art. 4 Abs. 1 der Richtlinie Rechnung getragen werden.

120 § 34 Abs. 7 S. 9 KStG.

121 Gosch, KStG, § 8 b Rn. 620.

122 Vgl. näher zu dieser Ausnahme Rödder/Schumacher, DStR 2004, 208.

123 Melchior, DStR 2004, 2121, 2124.

(3) Wiedergewährung der Steuerfreiheit (Rückausnahmen gem. § 8b Abs. 4 S. 2 KStG a.F.)

Die Vorschrift, welche die Ausnahme zu § 8b Abs. 2 KStG normiert, ist ausschließlich für Einbringungen anwendbar, die vor dem 13.12.2007 in das Handelsregister eingetragen wurden. Bei nach diesem Stichtag vorgenommenen Einbringungen ist die Regelung ohne Bedeutung. Die wegen der siebenjährigen Sperrfrist gem. § 8b Abs. 4 S. 2 Nr. 1 KStG a.F. lange Übergangsfrist sorgt jedoch für eine Praxisrelevanz der Vorschrift bis zum 13.12.2013.

§ 8b Abs. 4 S. 2 KStG a.F. regelt unter bestimmten Voraussetzungen Rückausnahmen zu § 8b Abs. 4 S. 1 KStG a.F., wonach der Veräußerungsgewinn *wieder* steuerfrei gestellt wird.

Eine Rückausnahme liegt dann vor, wenn die in Rede stehenden Anteile

- später als *sieben Jahre* nach dem Anteilserwerb veräußert werden, § 8b Abs. 4 S. 2 Nr. 1 KStG a.F. oder
- nicht infolge eines *Einbringungsvorgangs* gem. § 20 Abs.1 S. 1 oder § 23 Abs.1 bis 3 UmwStG a.F. erworben worden sind, § 8b Abs. 4 S.2 Nr. 2 Hs. 1 KStG a.F. und
- auf einer Einbringung durch einen nicht von § 8 Abs. 2 KStG begünstigten Steuerpflichtigen beruhen und nicht binnen sieben Jahren veräußert worden sind, § 8b Abs. 4 S. 2 Nr. 2 Hs 2 KStG a.F.

Die Feststellung, ob ein Veräußerungsgewinn gem. § 8b Abs. 2 KStG steuerfrei oder steuerpflichtig ist, setzt demzufolge eine *dreistufige Prüfung* voraus: Der grundsätzlich gem. § 8b Abs. 2 KStG steuerfrei gestellte Veräußerungsgewinn ist zunächst steuerpflichtig, sofern die Voraussetzungen des § 8b Abs. 4 S. 1 Nr. 1 oder Nr. 2 KStG a.F. vorliegen. Liegen jedoch die Voraussetzungen der Rückausnahme des § 8b Abs. 4 S. 2 Nr. 1 oder Nr. 2 Hs. 1 KStG a.F. vor, wird der Veräußerungsgewinn wieder steuerfrei, es sei denn letzterer wird von § 8b Abs. 4 S. 2 Nr. 2 Hs. 2 KStG a.F. erfasst.

Die in § 8b Abs. 4 S. 2 Nr. 1 KStG a.F. enthaltene Sieben-Jahres-Frist soll verhindern, dass in einem ersten Schritt ein Betrieb oder Teilbetrieb, dessen Veräußerung steuerpflichtig gewesen wäre, in eine Kapitalgesellschaft eingebracht wird und in einem zweiten Schritt zeitnah die Anteile an der Kapitalgesellschaft steuerfrei veräußert werden können.

§ 8b Abs. 4 S. 2 Nr. 2 Hs. 1 KStG a.F., der sich sowohl auf Anteile im Sinne des § 8b Abs. 4 S. 1 Nr. 1 als auch Nr. 2 KStG bezieht, stellt den Veräußerungsgewinn steuerfrei, wenn die zu veräußernden Anteile aufgrund eines Einbringungsvorgangs nach § 20 Abs. 1 S. 1 oder § 23 Abs. 1 bis 3 UmwStG a.F. erworben wurden. Dadurch soll klargestellt werden, dass der Erwerb einer Kapitalbeteiligung von einer Kapitalgesellschaft durch eine andere Kapitalgesellschaft nach Maßgabe des § 20 Abs. 1 S. 1 UmwStG a.F. bei der aufnehmenden Kapitalgesellschaft keine Sperrfrist auslöst. Unbedeutend ist in diesem Zusammenhang die Behaltefrist von sieben Jahren. Demnach kommt § 8b Abs. 4 S. 2 Nr. 2 HS. 1 KStG a.F. nur während der siebenjährigen Frist Bedeutung zu. Nach deren Ablauf ist der Veräußerungsgewinn bereits nach § 8b Abs. 4 S. 2 Nr. 1 KStG a.F. steuerfrei. Diese Ansicht wird auch von der Finanzverwaltung vertreten.[124]

124 BMF-Schreiben vom 28.04.2003, a. a. O., Tz. 47; zu Sonderfällen der Anwendung des § 8 b Abs. 4 KStG in Fällen, in denen Beteiligungen Bestandteile eines eingebrachten Betriebsvermögens sind vgl. BMF v. 05.01.2004, IV A 2 – S 2750 a – 35/03, DStR 2004, 138, FR 2004, 176.

Dies gilt nicht für § 8b Abs. 4 S. 2 Nr. 2 Hs. 2 KStG a.F. Obwohl die eingebrachten Anteile bereits von der natürlichen Person im System des Halbeinkünfteverfahrens gehalten werden[125] und auch bei der übernehmenden Kapitalgesellschaft die stillen Reserven letztlich im System der Halbeinkünftebesteuerung verbleiben, wurde für die Einbringung in eine Kapitalgesellschaft durch eine natürliche Person nach § 20 Abs. 1 S. 2 UmwStG a.F. auf der Ebene der übernehmenden Kapitalgesellschaft die Sperrfrist ausdrücklich formuliert.

c) Gewinne im Sinne des § 8b Abs. 2 KStG

aa) Veräußerungsgewinn

Der Begriff des Veräußerungsgewinnes ist gesetzlich definiert; es handelt sich dabei um den Betrag, um welchen der Veräußerungspreis (oder der an dessen Stelle tretende Wert) nach Abzug der Veräußerungskosten den steuerlichen Buchwert zum Zeitpunkt der Veräußerung übersteigt (§ 8b Abs. 2 S. 2 KStG). Eine Veräußerung liegt vor, wenn die Beteiligung ganz oder teilweise auf einen anderen Rechtsträger gegen Entgelt übertragen wird. Keine Privilegierung gibt es für weitere im Zusammenhang mit der Anteilsübertragung erfolgende Veräußerungen, wie z.B. für den Verkauf von Wirtschaftsgütern, die bislang leih- und mietweise an die Tochtergesellschaft, die jetzt veräußert wird, überlassen werden.

bb) Konzerninterne Transaktionen (verdeckte Einlagen/ verdeckte Gewinnausschüttungen)

Das konzerninterne Umhängen von Beteiligungen im Wege der verdeckten Einlage steht gem. § 8b Abs. 2 S. 6 KStG der Veräußerung gleich.[126] Finden konzerninterne Transaktionen statt, so besteht das Risiko, dass mit derartigen Anteilsverkäufen auch verdeckte Gewinnausschüttungen ausgelöst werden. Es war umstritten, ob auch *verdeckte Gewinnausschüttungen* unter den Begriff des Veräußerungsgewinnes zu subsumieren sind. Wie schon der BFH in seinem Aussetzungsbeschluss vom 06.07.2000[127] diese Ansicht vertreten hat, so ist nach vormals gegenteiliger Sicht nunmehr auch die Finanzverwaltung[128] der Auffassung, dass verdeckte Gewinnausschüttungen ebenfalls als Veräußerungsgewinn zu behandeln sind. Es ist auch kein Grund ersichtlich ist, die verdeckte Einlage, nicht aber die verdeckte Gewinnausschüttung gem. § 8b Abs. 2 KStG zu begünstigen. Schließlich wird durch die verdeckte Gewinnausschüttung nur der Zahlungsweg abgekürzt: An Stelle eines Hin- und Herzahlens von Geld – Kaufpreis und Ausschüttung – wird die Beteiligung unmittelbar an den Anteilseigner ausgekehrt.[129]

---

125 Spätestens bei der Ausschüttung des steuerfreien Veräußerungsgewinns an den Anteilseigner kommt es zur Halbeinkünftebesteuerung.

126 Prinz, in: Schaumburg, Unternehmenskauf im Steuerrecht, S. 151 ff.

127 BFH, Beschluss v. 06.07.2000, I B 34/00, GmbHR 2000, S. 1115 = BFH/NV 2000,1430.

128 BMF-Schreiben vom 28.04.2003, IV A 2 – S 2750a – 7/03; BStBl. I 2003, 292, Tz. 21.

129 Vgl. Eilers/Wienands, GmbHR 2000, S. 1229 (1235).

cc) Gewinn aus Auflösung

Der Gewinn aus Auflösung erfasst den Gewinn aus einer *Liquidation* einer Kapitalgesellschaft oder Personenvereinigung. Das sind lediglich die ausgekehrten Liquidationsgewinne, denn nur diese unterliegen gem. § 11 KStG bei der Liquidationsgesellschaft der Besteuerung. Dass auch die Gewinne aus einer Auflösung steuerfrei zu stellen sind rechtfertigt sich daraus, dass die Veräußerung von Anteilen an einer Kapitalgesellschaft einer Vollausschüttung gleichzusetzen ist. Nichts anderes gilt für den Fall der Auflösung einer Kapitalgesellschaft, an der sperrfristbehaftete (§ 22 UmwStG) oder einbringungsgeborene (§ 21 Abs. 2 Nr. 3 UmwStG a.F.) bestehen,. Zahlungen aus dem steuerlichen Einlagenkonto (§ 27 Abs. 1 KStG) unterliegen der Steuerbefreiung gem. § 8b Abs. 2 KStG. Liquidationsraten, die nicht in der Rückzahlung vom Nennkapital (mit Ausnahmen des Nennkapitals i.S.d. § 28 Abs. 2 S. 2 KStG, Sonderausweis) bestehen und nicht aus dem Bestand des steuerlichen Einlagenkontos stammen, gehören zu den Einkünften aus Kapitalvermögen und fallen daher unter die Beteiligungsertragsbefreiung gem. § 8b Abs. 1 KStG.[130]

dd) Gewinn aus der Herabsetzung des Nennkapitals

Ein Gewinn aus der Herabsetzung des Nennkapitals wird dann realisiert, wenn die Kapitalherabsetzung den Buchwert der Beteiligung übersteigt. Dies ist beispielsweise dann der Fall, wenn die Beteiligung auf den niedrigeren Teilwert *abgeschrieben* wird.

ee) Wertaufholungsgewinne

Wertaufholungsgewinne im Sinne des § 6 Abs. 1 S. 1 Nr. 2 S. 3 EStG werden dann realisiert, wenn die Mutterkapitalgesellschaft auf ihre Beteiligung an einer Kapitalgesellschaft oder Personenvereinigung eine Abschreibung auf den niedrigeren Teilwert vorgenommen hat. Folgt eine Rückgängigmachung des bislang angesetzten niedrigeren Teilwerts durch Ansatz eines höheren Teilwerts, höchstens der Anschaffungskosten, ergibt sich aus dem Differenzbetrag ein steuerfreier Gewinn im Sinne des § 8b Abs. 2 S. 1 KStG.

Zu beachten ist in diesem Zusammenhang, dass Wertaufholungsgewinne dann nicht steuerfrei im Sinne des § 8b Abs. 2 S. 1 KStG sind, soweit diese auf bis einschließlich 2001 steuerwirksam vorgenommenen Teilwertabschreibungen beruhen. Durch § 8b Abs. 2 S. 4 KStG sollen Doppelbegünstigungen vermieden werden.

ff) Veräußerungsgewinnbesteuerung

Seit 2004 werden die Gewinne, die eine Körperschaft aus der Veräußerung eines Anteils an einer anderen Körperschaft erzielt, ebenfalls der 5 %igen »Hinzurechnungsbesteuerung« unterworfen. Technisch erfolgt auch hier diese »Hinzurechnungsbesteuerung« dadurch, dass in Höhe von 5 % eines erzielten Veräußerungsgewinns fiktiv Betriebsausgaben angenommen werden, die weder für Zwecke der Körperschaftsteuer noch der Gewerbesteuer abziehbar sind und damit die jeweiligen steuerlichen Bemessungsgrund-

130 BMF-Schreiben vom 28.04.2003, BStBl. I 2003, 292, Tz. 7.

lagen erhöhen (§ 8b Abs. 3 S. 1 KStG). Die Regelung betrifft sowohl inländische als auch ausländische Beteiligungen, unabhängig von der Beteiligungshöhe oder einer bestimmten Besitzzeit. Vom Konzept her entspricht die »5 %-Hinzurechnungsbesteuerung« bei Veräußerungsgewinnen dem bekannten Konzept der »5 %-Hinzurechnungsbesteuerung« bei Dividendenbezügen. Erträge aus Wertaufholungen sind ebenfalls Gegenstand der 5 %igen »Hinzurechnungsbesteuerung« (§ 8b Abs. 3 S. 1 KStG i. V. m. § 8b Abs. 2 S. 3 KStG). Dies führt dann zu einer Doppelbesteuerung, wenn die der Wertaufholung vorangehende Teilwertabschreibung selbst steuerlich nicht geltend gemacht werden konnte, wie im Falle des § 8b Abs. 3 S. 3 KStG. Die Steuerlast beträgt ab dem VZ 2008 etwa 1,5 % des Veräußerungsgewinnes. Dieses ergibt sich daraus, dass die 5 % des Veräußerungsgewinnes mit etwa 30 % Ertragsteuern (Körperschaftssteuer von 15 % und Gewerbesteuer von ca. 15 %) belastet werden. Die 5 %ige »Hinzurechnungsbesteuerung« (Erhöhung der steuerlichen Bemessungsgrundlage) erfolgt für jeden einzelnen erzielten Veräußerungsgewinn. Es erfolgt keine Zusammenfassung der in einem Geschäftsjahr erzielten Veräußerungsgewinne und Veräußerungsverluste.

Ein Erwerber von Anteilen an einer inländischen oder ausländischen Kapitalgesellschaft sollte prüfen, ob und in welchem Umfang er Gewinnrücklagen miterwirbt. Gegebenenfalls sollte er den Veräußerer veranlassen, bei entsprechender Reduzierung des Kaufpreises die Gewinnrücklagen vor der Veräußerung auszuschütten, da andernfalls erhebliche Steuernachteile drohen. Zum einen erfolgt die 5 %ige Hinzurechnung bei dem von dem Veräußerer erzielten Veräußerungsgewinn, der durch die mitvergüteten Gewinnrücklage höher ausfällt, und zum anderen bei einer späteren Ausschüttung der Rücklagen als Dividende an den neuen Erwerber.[131]

Ausländische Anteilseigner werden von den Neuregelungen bei der Veräußerungsgewinnbesteuerung grundsätzlich nicht berührt, da die DBA Deutschland regelmäßig daran hindern, den Veräußerungsgewinn, den ein ausländischer Anteilseigner aus der Verwertung seines Beteiligungsbesitzes erzielt, zu besteuern (Art. 13 Abs. 5 OECD-MA). Ein ausländischer Anteilseigner, der in einem Staat ansässig ist, mit dem Deutschland kein DBA hat, und der mindestens eine 1 %ige Beteiligung an einer inländischen Kapitalgesellschaft hält, ist mit einem Anteilsveräußerungsgewinn in Deutschland beschränkt steuerpflichtig gem. § 49 Abs. 1 Nr. 2 lit. e EStG bzw. als ausländische Kapitalgesellschaft gem. §§ 2, 8 Abs. 1 KStG i. V. m. § 49 EStG. Hierbei findet das Halb- bzw. ab VZ 2009 Teileinkünfteverfahren gem. § 3 Nr. 40 lit. c EStG und für Kapitalgesellschaften grundsätzlich die Veräußerungsgewinnfreistellung gem. § 8b Abs. 2 KStG Anwendung.[132] Während bei einem entsprechenden, bestehenden DBA wohl keine Besteuerung einer ausländischen Kapitalgesellschaft aufgrund der Hinzurechnung gem. § 8b Abs. 3 S. 1 KStG erfolgt, da das Besteuerungsrecht dem anderen (Sitz-) Staat obliegt, sind bei keinem bestehenden DBA 5 % des Veräußerungsgewinnes steuerpflichtig.[133]

---

131 Vgl. Beispiel bei Eilers, in: Schaumburg (Hrsg.), Unternehmenskauf, S. 60.
132 Heinicke, in: Schmidt, EStG, 27. Auflage 2008, § 49 Rn. 37.
133 Kröner, in: E&Y, KStG, April 2004, § 8 b Rn. 143; Watermeyer, in: Herrmann/Heuer/Raupach, KStG, Juli 2004, § 8 b Rn. 24, 83.

d) Gewerbesteuer

§ 8b Abs. 2 KStG gilt unmittelbar auch für die Gewerbesteuer.[134] Damit bleibt der Veräußerungsgewinn aus der Veräußerung von Kapitalbeteiligungen auch *gewerbesteuerfrei*.

Dieses gilt auch insoweit für die un-/mittelbare Beteiligung einer Kapitalgesellschaft über eine *zwischengeschaltete Personengesellschaft* gem. § 7 S. 4 GewStG i. V. m. § 8 Abs. 6 KStG[135].

e) Pauschaliertes Betriebsausgabenabzugsverbot bei Dividenden

Gem. § 8b Abs. 3 S. 1 und Abs. 5 S. 1 KStG gilt die unwiderlegliche Fiktion nichtabziehbarer Betriebsausgaben i. H. v. 5 v. H. bei Gewinnen aus der Veräußerung eines Gesellschaftsanteils, § 8b Abs. 2 KStG, und bei Bezügen gem. § 8b Abs. 1 KStG von in- und ausländischen Beteiligungen.

f) Verluste bei der Veräußerung von Beteiligungen (§ 3c Abs. 2 EStG; § 8b Abs. 3 KStG)

Aus § 3c Abs. 2 EStG bzw. § 8b Abs. 3 S. 3 KStG (gilt auch bei Organbeteiligungen) ergibt sich der Ausschluss des hälftigen/teilweisen bzw. vollen Verlustabzuges.

Veräußerungsverluste im Rahmen der Veräußerung von Beteiligungen können im Inland nicht mehr berücksichtigt und auch nicht über Gestaltungen erreicht werden.

Wird durch DBA dem Ansässigkeitsstaat des Gesellschafters das Besteuerungsrecht zugewiesen (z. B. Art. 7 DBA Österreich), kann der Veräußerungsverlust ebenfalls nicht im Ausland abgezogen werden. Ein Abzug im Ausland, der daher nur über Gestaltungen möglich ist, könnte z. B. dadurch erreicht werden, dass die ausländischen Kapitalgesellschaftsanteile über eine ausländische Betriebsstätte oder Personengesellschaft gehalten werden, die aus anderweitigen Quellen Gewinne erzielt, oder dass ausländische Tochtergesellschaften nicht unmittelbar, sondern über eine im ausländischen Staat gelegene Holding gehalten werden.[136]

---

134 Vgl. BT-Drs. 14/2683, S. 124; Bericht des BMF zur Fortentwicklung des Unternehmenssteuerrechts, zu C. IV. 2.

135 Die noch gegenteilige Ansicht der Finanzverwaltung, BMF-Schreiben v. 28.04.2003, BStBl. I 2003, 292, Tz. 57, ist insoweit nicht Gesetz geworden; vgl. dazu auch Eilers/Schmidt, GmbHR 2003, 613, 638; Goksch/Buge, DStR 2004, 1549.

136 Prinz, FR 1999, 356, 360; Thömmes/Scheipers, DStR 1999, 609, 610.

6. Veräußerung von Organbeteiligungen

a) Einleitung/Gestaltungsziele

In zahlreichen Unternehmenskaufkonstellationen besteht zwischen dem Veräußerer und der Zielgesellschaft ein Ergebnisabführungsvertrag zum Zwecke der Begründung einer (gewerbesteuerlichen und körperschaftssteuerlichen) Organschaft.[137] In einer solchen Fallkonstellation ist es wichtig, dass die Unternehmensverträge zwischen dem Veräußerer (Organträger) und der Zielgesellschaft (Organgesellschaft) vor dem dinglichen Übergang der Anteile an der Zielgesellschaft auf den Erwerber beendet werden. Denn aus zivilrechtlicher Sicht muss vermieden werden, dass die Gewinne weiterhin an den Veräußerer abgeführt werden. Aber auch aus steuerlicher Sicht ist die Aufhebung eines Gewinnabführungsvertrages bedeutsam, soweit zwischen dem Veräußerer und der Zielgesellschaft eine Organschaft besteht.

Das früher diskutierte Problem des Verlustes des Organschaftsstatus (Organträgerfähigkeit) der veräußernden Kapitalgesellschaft hat sich durch den Wegfall der Notwendigkeit der wirtschaftlichen und organisatorischen Eingliederung in § 14 KStG im Rahmen des Steuersenkungsgesetzes[138] erledigt. Eine Holding-Kapitalgesellschaft, die Gewerbebetrieb kraft Rechtsform ist, kann jetzt in jedem Fall Organträger einer finanziell eingegliederten Organgesellschaft sein (das Bestehen eines Gewinnabführungsvertrages reicht aus, § 14 Abs. 1 KStG), und zwar unabhängig davon, ob es sich um eine vermögensverwaltende oder eine geschäftsleitende Holding handelt und unabhängig davon, ob die Holdinggesellschaft eine oder mehrere Tochtergesellschaften hält.[139]

b) Organschaft und unterjährige Anteilsveräußerung

aa) Gesellschaftrecht

Die Veräußerung einer Organgesellschaft durch den Organträger führt regelmäßig zu der Frage, ob ein bestehender Ergebnisabführungsvertrag zwischen veräußernder Gesellschaft und veräußerter Organgesellschaft aufgrund der Anteilsveräußerung gekündigt bzw. aufgehoben werden darf. Nach der heute wohl herrschenden Auffassung kann der Veräußerer den Ergebnisabführungsvertrag aufgrund der Anteilsveräußerung nicht aus wichtigem Grund kündigen.[140] Vielmehr sollte der Veräußerer regelmäßig das Wirt-

---

137 Seit dem Steuersenkungsgesetz 2000 sind die Voraussetzungen für eine körperschaft- und gewerbesteuerliche Organschaft dieselben, vgl. § 7 Abs. 2 S. 2 GewStG.

138 BGBl I 2000, S. 1433.

139 Witt, in: Dötsch/Jost/Pung/Witt, KStG, Stand April 2006, § 14 KStG n.F. Rn. 85; seit Neufassung von § 14 Abs. 1 S. 1 Nr. 2 KStG durch das StVergAbG kann eine Personengesellschaft nur noch dann Organträger sein, wenn sie eine gewerbliche Tätigkeit i. S. d. § 15 Abs. 1 Nr. 1 EStG ausübt; eine gewerbliche Prägung i. S. v. § 15 Abs. 3 Nr. 2 EStG reicht nicht aus, vgl. dazu Rödder/Schumacher DStR 2003, 805, 808 f.

140 OLG Düsseldorf, DB 1994, 2094 = BB 1994, 2125; OLG Oldenburg NZG 2000, 1138, 1140; LG Duisburg, AG 1994, 85 f.; Emmerich/Habersack, Konzernrecht, § 297 Rn. 24; Altmeppen, in: MüKo AktG, § 297 Rn. 39 f., Hüffer, AktG, § 297 Rn. 7; Krieger, in: Münchener Hdb., Bd. 4, § 70 Rn. 169;

schaftsjahr der Organgesellschaft mit Wirkung zum Veräußerungszeitpunkt brechen und im Anschluss daran den Ergebnisabführungsvertrag entweder kündigen oder den Vertrag mit der Organgesellschaft einvernehmlich aufheben. Der Erwerber kann dann – falls gewünscht – mit der erworbenen Zielgesellschaft eine neue Organschaft begründen und im Anschluss daran das Wirtschaftsjahr der Zielgesellschaft wieder auf das Kalenderjahr umstellen. Zu beachten ist, dass die Umstellung des Wirtschaftsjahres der Zielgesellschaft in beiden Fällen als Satzungsänderung in das Handelsregister einzutragen ist. Wichtig ist, dass die Satzungsänderung vor Ablauf des Wirtschaftsjahres, das gebrochen werden soll, in das Handelsregister eingetragen wird. Eine rückwirkende Satzungsänderung ist nicht möglich.

Denkbar wäre auch, dass der Ergebnisabführungsvertrag nicht unterjährig, sondern erst zum Ende des laufenden Geschäftsjahres aufgehoben bzw. gekündigt wird. Der Veräußerer würde in diesem Fall bis zum Ende des Geschäftsjahres der Zielgesellschaft die Gewinne auf der Grundlage des Ergebnisabführungsvertrages abgeführt bekommen und wäre auch bis dahin zur Verlustübernahme verpflichtet. In dem Unternehmenskaufvertrag zwischen dem Veräußerer und dem Erwerber könnte geregelt werden, dass die Gewinne bzw. die Verluste ab dem in dem Unternehmenskaufvertrag bestimmten wirtschaftlichen Übergangsstichtag dem Erwerber zuzurechnen und separat vom Ergebnisabführungsvertrag auszugleichen sind.

Letztlich wird sich diese Vorgehensweise allenfalls nur in Ausnahmefällen empfehlen lassen. Denn dies hätte zur Folge, dass der Erwerber bereits vollständig den gesellschaftsrechtlichen Einfluss auf die Zielgesellschaft hat, ohne gesellschaftsrechtlich zur Verlustübernahme verpflichtet zu sein. Das Insolvenzrisiko der Zielgesellschaft und des Erwerbers würde daher auf den Veräußerer verlagert. Außerdem wäre zum Ende des Geschäftsjahres der Zielgesellschaft ein gemeinsamer Jahresabschluss der Zielgesellschaft zu erstellen, um Streitigkeiten über die Höhe des abzuführenden Gewinns oder des auszugleichenden Gewinnes zu vermeiden. Steuerlich würde die Gewinnabführung/Verlustübernahme bei dem Veräußerer nicht berücksichtigt, da die finanzielle Eingliederung (Mehrheit der Stimmrechte) der Organgesellschaft (Zielgesellschaft) bis zum Ende des laufenden Wirtschaftsjahres bestehen muss.[141]

bb) Steuerrechtliche Beurteilung

Die Umstellung des Wirtschaftsjahres auf ein von dem Kalenderjahr abweichendes Wirtschaftsjahr bedarf gemäß § 7 Abs. 4 S. 3 KStG der Zustimmung der Finanzverwaltung. Die Finanzverwaltung ist zur Erteilung der Zustimmung in Veräußerungsfällen gemäß Abschnitt 59 Abs. 3 S. 1 KStR verpflichtet. Nach § 14 Abs. 1 Nr. 3 S. 3 KStG wirkt die auf einen Zeitpunkt während des laufenden Wirtschaftsjahres der Organgesellschaft ausgesprochene Kündigung des Ergebnisabführungsvertrages aus wichtigem Grund auf den Beginn dieses Wirtschaftsjahres zurück. Aus Sicht des Steuerrechts – im Gegensatz zum Zivilrecht – ist demnach eine Kündigung des Ergebnisabführungsvertrages aus wichtigem Grund bei einer Anteilsveräußerung zulässig. Hier gelten für eine AG und

Knott/Rodewald, BB 1996, 472 ff.; Krieger/Jannott, DStR 1995, 1473 ff.; a. A. wohl Raiser, Recht der Kapitalgesellschaften, § 54 Rn. 115.

141 Vgl. Abschnitt 59 Abs. 1 KStR; Streck, KStG, 6. Auflage 2004, § 14, Anm. 33.

– unter Beachtung der zusätzlichen Voraussetzungen in § 17 S. 2 KStG – auch für eine GmbH als abhängige Gesellschaften die vorstehenden Ausführungen. Zu beachten ist, dass die körperschaftssteuerliche und gewerbesteuerliche Organschaft auf mindestens fünf Jahre abgeschlossen und darüber hinaus während der gesamten Geltungsdauer durchgeführt werden muss (vgl. § 14 Abs. 1 Nr. 3 S. 1 KStG). Eine vorzeitige Beendigung durch Kündigung ist unschädlich, wenn die Kündigung durch einen wichtigen Grund gerechtfertigt ist (§ 14 Abs. 1 Nr. 3 S. 2 KStG). Wegen der Rückwirkung der Kündigung bzw. Aufhebung des Gewinnabführungsvertrages (§ 14 Abs. 1 Nr. 3 S. 3 KStG) sollten die Parteien als Zeitpunkt, zu dem die Kündigung oder Aufhebung wirksam wird, das Ende eines Geschäftsjahres bestimmen.[142]

Maßgebend für den Beginn der Organschaft ist die Eintragung des Gewinnabführungsvertrages in das Handelsregister. Diese muss erfolgen bis zum Ende des Wirtschaftjahres, für das Organschaftsfolgen erstmals eintreten sollen (vgl. § 14 Abs. 1 Nr. 3 S. 1 KStG).[143] Damit sind die beteiligten Gesellschaften verstärkt von der Geschwindigkeit der Registergerichte abhängig. In den meisten Fällen sollte es jedoch möglich sein, bei dem Erwerb von Organbeteiligungen eine nahtlose Anschlussorganschaft zu erreichen, also beispielsweise – nach Umstellung des Geschäftsjahres – Ende der Organschaft zum 30. Juni und Beginn der neuen Organschaft zum 1. Juli.

7. »Tax Due Diligence«

a) Ziele und Inhalt der Tax Due Diligence

Zur Feststellung und Beurteilung von Risiken bei Unternehmenskäufen hat sich das Institut der Due Diligence entwickelt, die sich auf verschiedene Bereiche in einem Unternehmen beziehen kann.

Mit der Tax Due Diligence[144] verschafft sich der Erwerber einen Einblick in die Struktur und die steuerliche Situation der Zielgesellschaft. Die Due Diligence soll ihn in die Lage versetzen, bestehende Steuerrisiken, die sich aus der Haftung gem. § 75 AO (Haftung des Betriebsübernehmers) oder der Struktur des Zielunternehmens ergeben, aufzudecken und zu bewerten. Sie kann aber auch Strukturchancen im Zielunternehmen aufzeigen. Deshalb sollte sich die Due Diligence nicht allein auf die Aufdeckung von (Steuer-) Risiken konzentrieren. Das Ergebnis der Due Diligence ermöglicht dem Erwerber, eine Kaufentscheidung auf einer objektivierten Datengrundlage zu treffen. Im Rahmen der Prüfung haben aufgedeckte Steuerrisiken damit auch Einfluss auf die Kaufpreisgestaltung und -höhe sowie insbesondere auf die Ausgestaltung der im Unternehmens- bzw. Anteilskaufvertrag zu vereinbarenden Gewährleistungsklauseln.

Die Due Diligence einschließlich einer Tax Due Diligence sollte heutzutage Bestandteil jeder Unternehmensakquisition sein. Die Durchführung erfordert intensive Vorbereitungs-

---

142 Rödder/Hötzel/Mueller-Thuns, Unternehmenskauf, § 21 Rn. 79.
143 Vgl. Rödder/Schumacher, DStR 2003, 805, 806.
144 Vgl. ausführlich Eilers, in: Schaumburg (Hrsg.), Unternehmenskauf, S. 83 ff.

arbeiten. Der Investor wird sich typischerweise mit seinem Berater darüber verständigen, welche Bereiche schwerpunktmäßig zu untersuchen sind, und sich auf eine Liste mit Prüfungspunkten einigen, die Grundlage für die von dem Berater durchzuführende Due Diligence bildet. Wir empfehlen – entgegen der in der Praxis häufig anzutreffenden Verwendung von Formular-Checklisten – die Überprüfung anhand einer speziell für den Einzelfall erstellten Checkliste, denn jede einzelne Unternehmensakquisition hat ihre Besonderheiten.

Im Rahmen einer steuerlichen Due Diligence sollten folgende (nicht abschließend genannte) Gesichtspunkte für einen Zeitraum von mindestens fünf Jahren vor dem Akquisitionszeitpunkt untersucht werden:

- Prüfung der Anteilseignerstruktur der Zielgesellschaft in den letzten 10 Jahren[145];
- Prüfung der gesellschaftsrechtlichen und steuerrechtlichen Struktur (z.B. Gesellschaftsverträge, Unternehmensverträge etc.);
- Prüfung der Jahresabschlüsse, Geschäftsberichte;
- Betriebsprüfungsberichte der zwei bis drei letzten Betriebsprüfungen;
- Berichte der letzten Lohnsteuer- und Umsatzsteueraußenprüfung;
- Prüfung der letzten Steuererklärungen und Steuerbescheide (sämtliche Steuerarten);
- Prüfung sämtlicher (un-/entgeltlicher) Liefer- und Leistungsbeziehung zwischen dem Zielunternehmen und den Gesellschaftern bzw. anderen Konzerngesellschaften im Hinblick auf das Risiko möglicher verdeckter Gewinnausschüttungen und im Hinblick auf die konzerninterne Verrechnungspreispolitik;
- Prüfung des Ausschüttungsverhaltens während der letzten Wirtschaftsjahre (insbesondere im Hinblick auf § 27 KStG);
- Prüfung des bilanzmäßigen Eigenkapitals, insbesondere Angaben über Körperschaftssteuerminderungsguthaben und Körperschaftssteuererhöhungspotenzial;
- Prüfung der Vollständigkeit der passivierten Verbindlichkeiten und Rückstellung;
- Prüfung der Werthaltigkeit der Aktiva (Zeitwert mindestens gleich Bilanzansatz);
- Prüfung der steuerlichen Wirksamkeit von Unternehmensverträgen (Ergebnisabführungs- und Beherrschungsverträge);
- Prüfung von Investitionszulagen und anderen Steuervergünstigungen, die dem Zielunternehmen gewährt wurden und werden, einschließlich Behaltefristen;
- Prüfung evtl. vorhandener Verlustvorträge, damit zusammenhängend Prüfung der Entwicklung oder Veränderung wirtschaftlicher Aktivitäten oder Geschäftsfelder (§ 8 Abs. 4 KStG a.F. (gemäß der Übergangsvorschrift weiterhin anwendbar neben § 8c KStG bis zum 1.1.2013), § 12 Abs. 3 i.V.m. § 4 Abs. 2, 3 UmwStG);
- Prüfung der Finanzierungsstruktur im Inland und im Ausland bzw. in Crossboarder-Fällen (z.B. Darlehensverzichte[146]) insbesondere mit Blick auf die Vorschriften über die Zinsschranke, § 4h EStG, § 8a KStG;
- Informationen über Steuerplanung des Unternehmens, insbesondere Korrespondenz mit Steuerberater der Zielgesellschaft;
- Prüfung von Teilwertabschreibungen im Beteiligungskreis der Zielgesellschaft.

---

145 Beachte insoweit § 52 Abs. 59 EStG zur weiteren Anwendbarkeit des § 50 c EStG. § 50 c EStG wurde durch das StSenkG vom 23.10.2000 aufgehoben. Da die Sperrfrist des § 50 c EStG zehn Jahre beträgt, ist dieser weiter anzuwenden, wenn vor dem 01.01.2002 ein Sperrbetrag zu bilden war.

146 Vgl. dazu BFH GrS vom 09.06.1997, BStBl. 1998 II, S. 307.

Nach Durchführung der Due Diligence erstellt der Berater einen Due-Diligence-Report über den Umfang und die Ergebnisse der Untersuchung. Typische Elemente eines Tax-Due-Diligence-Report sind:

- Eingrenzung des Untersuchungsgegenstands, Beschreibung der geprüften Unterlagen;
- Darstellung der steuerlichen Verhältnisse: Organschaftsverhältnisse, steuerliche Verlustvorträge, Steuerstruktur etc.;
- Betriebsprüfungen in den letzten 5 Jahren, Analyse der Betriebsprüfungsberichte;
- Analyse der Steuerbescheide der letzten 5 Jahre; Trennung nach Steuerarten;
- Eigenkapitalgliederung, ggf. vorhandenes Körperschaftsteuer-Guthaben;
- Risikoanalyse.

Schließlich muss der Due-Diligence-Report abschließend eine umfassende Risikoeinschätzung der Akquisition beinhalten. Dies gilt auch im Hinblick auf eine nach der Akquisition geplante Restrukturierung (Steuerchancen der Akquisition).

b) Vertragliche Begleitmaßnahmen aus der Sicht des Erwerbers

Wegen der häufig nur stichprobenartigen Durchführung einer Due Diligence wird der Erwerber Wert darauf legen, vom Veräußerer umfangreiche Garantien zu erhalten, da der Veräußerer aufgrund einer Garantie auch dann in Anspruch genommen werden kann, wenn der Käufer den Umstand bei Abschluss des Unternehmenskaufvertrages bereits kannte.[147] Deshalb nehmen Regelungen über Garantien in vielen Unternehmenskaufverträgen einen breiten Raum ein. Die Due Diligence versetzt den Erwerber in die Lage, sich im Zuge der Kaufvertragsverhandlungen gegen einzelne, im Rahmen der Due Diligence aufgedeckte, Risiken abzusichern. Dies erfolgt in der Praxis über ein ausdifferenziertes System von Bilanz- und Eigenkapitalgarantien sowie Steuerklauseln.

c) Typische Problemfelder für die Tax Due Diligence

Im Rahmen der Tax Due Diligence muss das Zielunternehmen wie bei einer Betriebsprüfung geprüft werden. Dabei lässt sich regelmäßig von den jüngsten Betriebsprüfungsberichten ausgehen. Diese sind darauf hin zu untersuchen, welche Risiken durch die Betriebsprüfung aufgedeckt wurden. Wenn beispielsweise die Betriebsprüfung die Angemessenheit des konzerninternen Lieferungs- und Leistungsverkehrs in Ermangelung einer entsprechenden Dokumentation beanstandet hat, gilt es als erstes zu prüfen, wie die Gesellschaft darauf reagiert und welche Maßnahmen sie unternommen hat, um zukünftig keine Beanstandungen mehr hervorzurufen, im Beispielsfall etwa, ob die fehlende Dokumentation für die noch offenen Jahre ordnungsgemäß vorliegt.

---

147 Eilers/Rödding, in: Picot (Hrsg.), Teil V. Rn. 152; vgl. auch Löffler, Wpg. 2004, S. 581 f.

Die typischerweise zu untersuchenden steuerlichen Problemfelder, die hier nur stichpunktartig aufgeführt werden können,[148] sind:

- Strukturanalyse des Zielunternehmens;
- Der Bereich der verdeckten Gewinnausschüttung;
- Die angemessene Bildung von Rückstellungen;
- Die Zusammensetzung des steuerlichen Eigenkapitals;
- Das Wertaufholungsgebot für Teilwertabschreibungen;
- Verlustvorträge und deren Verfügbarkeit für den Erwerber;
- Das Vorhandensein von Gesellschaftsbeteiligungen (§ 8b Abs. 2 KStG);
- Die Vorsteuerkorrektur gemäß § 15a Abs. 10 UStG;
- Die Gewährung von Investitionszulagen und Sonderabschreibungen an den Veräußerer;
- Die Überprüfung der Absetzungen für Abnutzung;
- Organschaftsfragen;
- Die Hinzurechnungsbesteuerung nach §§ 7 ff. AStG;
- Die Prüfung von Behaltefristen nach z.B. § 18 Abs. 3; § 15 Abs. 2; § 22 Abs. 1, 2 UmwStG oder § 6 Abs. 3, 5; § 16 Abs. 3 EStG.

Literatur

Altmeppen: Münchner Kommentar zum Aktiengesetz, Band 8, 2. Auflage, München 2000, zit. Verfasser, in: MüKo AktG § Rn.

Bieg: Die externe Rechnungslegung der Kreditinstitute und Finanzdienstleistungsinstitute, Karlsruhe 1999, zit. Bieg, Rechnungslegung, Seite

Blumenberg/Benz: Die Unternehmensteuerreform 2008, Erläuterungen und Gestaltungshinweise, zit. Blumenberg/Benz, Unternehmensteuerreform 2008, Köln 2007, Seite

Blümich: EStG KStG GewStG, Loseblattsammlung in 5 Bänden, zit. Verfasser, in: Blümich, KStG, Stand, § Rn.

Boos/Fischer/Schulte-Mattler: Kreditwesengesetz, 2. Auflage, München 2004, zit. Verfasser, in Boos/Fischer/Schulte-Mattler, Kreditwesengesetz, § Rn.

Dötsch/Eversberg/Jost/Witt: Die Körperschaftsteuer, Kommentar zum Körperschaftsteuergesetz, Umwandlungssteuergesetz und zu den einkommensteuerrechtlichen Vorschriften der Anteilseignerbesteuerung; Loseblattsammlung in 5 Bänden, zit. Verfasser, in Dötsch/Eversberg/Jost/Witt, KStG, Stand, § Rn.

Dötsch/Patt/Pung/Möhlenbrock, Umwandlungsteuerrecht, Umstrukturierung von Unternehmen, Verschmelzung, Spaltung, Formwechsel, Einbringung, 6. Auflage, Stuttgart 2007, zit. Verfasser, in Dötsch/Patt/Pung/Möhlenbrock, §, Rz.

Eilers/Rödding/Schmalenbach: Unternehmensfinanzierung, München 2008, zit. Verfasser, in Eilers/Rödding/Schmalenbach, S.

Eilers: Steuerberaterjahrbuch 2001/2002, zit. Eilers, Steuerberaterjahrbuch 2001/2002, Seite

Eilers/Rödding: Unternehmenskauf und Restrukturierung, in: Picot (Hrsg.), 3. Auflage, München 2005, zit. Eilers/Rödding, in: Picot (Hrsg.), Teil V. Rn.

---

148 Vgl. ausführlich Eilers, in: Schaumburg (Hrsg.), Unternehmenskauf, S. 91 ff.

Emmerich/Habersack: Aktien- und GmbH-Konzernrecht, 3. Auflage, München 2003, zit. Emmerich/Habersack, Konzernrecht, § Rn.
Erle/Sauter: Reform der Unternehmensbesteuerung, Kommentar zum Steuersenkungsgesetz mit Checklisten und Materialiensammlung, Köln 2000, zit. Erle/Sauter, Reform der Unternehmensbesteuerung, Seite
Flick/Wassermeyer/Baumhoff: Außensteuerrecht, Kommentar, Loseblattsammlung in 3 Bänden, zit. Verfasser, in: Flick/Wassermeyer, AStG, Stand, § Rn.
Glanegger/Güroff: Gewerbesteuergesetz, Kommentar, 6. Auflage, München 2006, zit. Verfasser, in: Glanegger/Güroff, GewStG, § Rn.
Gosch: Körperschaftsteuergesetz, Kommentar, München 2005, zit. Gosch, KStG, § Rn.
Hachenburg/Ulmer: GmbHG, 8. Auflage, Berlin 1997, zit. Hachenburg/Ulmer, GmbHG, § Rn.
Haritz/Benkert: Kommentar zum Umwandlungssteuerrecht, 2. Auflage 2000, zit. Verfasser, in: Haritz/Benkert, Umwandlungssteuergesetz, § Rn.
Herrmann/Heuer/Raupach: Einkommensteuergesetz, Kommentar, zit. Verfasser, in: Herrmann/Heuer/Raupach, EStG, Stand, § Rn.
Herrmann/Heuer/Raupach: Jahresband 2004, Kurzkommentar und Materialien, zit. Verfasser, in: Herrmann/Heuer/Raupach, Jbd. 2004, Stand, § Rn.
Herrmann/Heuer/Raupach: Körperschaftsteuergesetz, Kommentar, zit. Verfasser, in: Herrmann/Heuer/Raupach, KStG, Stand, § Rn.
Herrmann/Heuer/Raupach: Steuersenkungsgesetz, Kurzkommentar und Materialien, zit. Verfasser, in: Herrmann/Heuer/Raupach, Steuersenkungsgesetz, Stand, § Rn.
Hölters (Hrsg.): Handbuch des Unternehmens- und Beteiligungskaufs, 5. Auflage, Köln 2002, zit. Verfasser, in: Hölters (Hrsg.), Teil IV. Rz.
Hötzel: Unternehmenskauf und Steuern, 2. Auflage, Düsseldorf 1997, zit. Hötzel, Unternehmenskauf und Steuer, Seite
Holzapfel/Pöllath: Unternehmenskauf in Recht und Praxis, 10. Auflage, Köln 2001, zit. Holzapfel/Pöllath, Unternehmenskauf, Rn.
Hüffer: AktG, 6. Auflage, München 2004, zit. Hüffer, AktG, § Rn.
Knobbe-Keuk: Bilanz- und Unternehmenssteuerrecht, 9. Auflage, Köln 1993, zit. Knobbe-Keuk, Bilanz- und Unternehmenssteuerrecht
Krieger: Münchner Handbuch des Gesellschaftsrechts, Band 4, 2. Auflage, München 1999, zit. Verfasser, in: Münchner Hdb., Bd. 4, § Rn.
Kröner: Ernst & Young, Körperschaftsteuergesetz, Kommentar, Loseblattsammlung, zit. Verfasser, in: E&Y, KStG, Stand, § Rn.
Piltz: Teilwertabschreibungen auf Beteiligungen an Kapitalgesellschaften, 1985, zit. Piltz, Teilwertabschreibungen auf Beteiligungen an Kapitalgesellschaften, 1985
Raiser: Recht der Kapitalgesellschaften, 4. Auflage, München 2006, zit. Raiser, Recht der Kapitalgesellschaften, § Rn.
Reischauer/Kleinhans: Kreditwesengesetz, Losebalttsammlung, zit. Reischauer/Kleinhans, KWG, § Rn.
Rödder/Hötzel/Müller-Thuns: Unternehmenskauf Unternehmensverkauf, Zivilrechtliche und steuerrechtliche Gestaltungspraxis, München 2003, zit. Rödder/Hötzel/Müller-Thuns, Unternehmenskauf, § Rn.
Schaumburg (Hrsg.): Unternehmenskauf im Steuerrecht, 3. Auflage, Stuttgart 2004, zit. Verfasser, in: Schaumburg (Hrsg.), Unternehmenskauf, Seite
Schaumburg/Rödder: Unternehmenssteuerreform 2001, Gesetze Materialien, Erläuterungen, München 2000, zit. Schaumburg/Rödder, Unternehmenssteuerreform 2001, Seite
Schaumburg/Rödder: Unternehmensteuerreform 2008, Gesetze, Materialien, Erläuterungen, München 2007, zit. Schaumburg/Rödder, Unternehmensteuerreform 2008, Seite

Schmidt: Einkommensteuergesetz Kommentar, 27. Auflage, München 2008, zit. Verfasser, in: Schmidt, EStG, § Rn.

Streck: KStG, 6. Auflage, München 2003, zit. Streck, KStG, Anm.

Strobl: WP – Handbuch der Unternehmensbesteuerung, 2. Auflage, Düsseldorf 1994, zit. Strobl, WP-Handbuch, Rn.

B. Durchführung der Mergers & Acquisitions

V. Das vorvertragliche Verhandlungsstadium bei der Durchführung von Mergers & Acquisitions

1. Einführung in die wirtschaftsrechtlichen Aspekte der Durchführung von Mergers & Acquisitions

Unternehmen sind komplexe Transaktionsgegenstände. Der Begriff des Unternehmens ist im deutschen Recht nicht definiert. Die Versuche einer treffenden Definition sind zahlreich: Vom Bundesgerichtshof[1] wird das Unternehmen als ein Gebilde bezeichnet, das sich institutionell und funktionell als Unternehmen im hergebrachten Sinne darstellt. In der Betriebswirtschaftslehre wird es als ökonomische Einheit der Gesamtwirtschaft verstanden, die von einem Unternehmer auf eigene Rechnung und Gefahr zum Zwecke des Erwerbs betrieben wird.[2] Jedenfalls ist ein Unternehmen weder eine Sache noch ein Recht im Sinne des deutschen Zivilrechts. Es ist vielmehr eine Gesamtheit von immateriellen und materiellen Sachen bzw. Rechten, tatsächlichen Beziehungen und Erfahrungen sowie unternehmerischen Handlungen.[3] Dabei ist nicht zu übersehen, dass auch diese Definition Begriffe enthält, die ihrerseits einer näheren Bestimmung bedürfen. Merkmale, wie zum Beispiel Marktanteile, Ressourcen, Geschäftschancen, Vertragsbeziehungen und Arbeitsverträge geben zwar Hinweise zur Ausfüllung dieser Begriffe. Allerdings können auch diese nicht darüber hinwegtäuschen, dass eine umfassende Definition des Unternehmens und damit auch des Unternehmenskaufs nicht möglich ist.[4]

Aufgrund dieser Komplexität bedürfen Mergers & Acquisitions einer sehr sorgfältigen Planung und Durchführung, insbesondere einer präzisen Verhandlung und des Transaktionsvertrages.[5]

Die bloße Aufnahme von Vertragsverhandlungen begründete bis zum Inkrafttreten des Gesetzes zur Modernisierung des Schuldrechts am 01.01.2002[6] lediglich ein ver-

---

1 BGHZ 74, 359, 364; BGHZ 69, 334, 336.

2 Handwörterbuch der Betriebswirtschaft I/1, S. 551.

3 Ebenso Ballerstedt, ZHR 134 (1970), 251, 260. Hommelhoff/Schwab (Festschrift für Zimmerer, S. 267, m.w.Nachw.) bezeichnen das Unternehmen als einen »lebenden Organismus mit all' seinen Außenbeziehungen«.

4 Ebenso Schmidt, ZGR 1980, 277, 280; Quack ZGR 1982, 350,351; Wessing, ZGR 1982, 455, 460 ff.

5 Eingehend dazu: Gerhard Picot, Unternehmenskauf und Restrukturierung, Teil I. (Vertragsrecht); Gerhard Picot Handbuch für Familien- und Mittelstandsunternehmen; Gerhard Picot, Rechtliche Grundlagen grenzüberschreitender Transaktionen, in: Jansen/Picot/Schiereck, Internationales Fusionsmanagement – Erfolgsfaktoren grenzüberschreitender Unternehmenskäufe, Stuttgart, 2001, S. 35-56; Gerhard Picot, Mergers & Acquisitions in Germany; Gerhard Picot, Handbook of international Mergers & Acquisitions; Gerhard Picot, Mergers & Acquisitions in Telekommunikation und Internet, Finanz Betrieb (FB) 1999, S. 61 ff.; Gerhard Picot/Land, Der internationale Unternehmenskauf, DB 1998, S. 1600 ff.

6 BGBl. I 2001, 3238. Das Gesetz zur Modernisierung des Schuldrechts vom 26.11.2001 will die Rechte der Käufer seit dem 01.01.2002 deutlich stärken und das deutsche Recht an die europäischen Richtlinien sowie insbesondere an das UN-Kaufrecht, die UNIDROIT Principles und die Principles of European Contract Law anpassen.

tragsähnliches Vertrauensverhältnis, das den Vertragspartnern Pflichten zur gegenseitigen Rücksichtnahme, Fürsorge und Loyalität auferlegte und ihnen die Sorgfalt von Schuldnern abverlangte; im Falle einer vorvertraglichen Pflichtverletzung standen dem Verhandlungspartner Ansprüche allenfalls im Rahmen des gewohnheitsrechtlich anerkannten Institutes des sog. Verschuldens bei Vertragsschluss (**culpa in contrahendo** – c.i.c.) zu.[7] Das Schuldrechtsmodernisierungsgesetz hat die vorvertraglichen Verhaltenspflichten der Vertragspartner erheblich erweitert.

Im Vorfeld des Vertragsschlusses müssen zahlreiche rechtlich relevante Einzelheiten beachtet werden, die sowohl für das Zustandekommen und die Durchführung des Vertragswerkes bzw. der Transaktion als auch für etwaige Ansprüche oder deren Abwehr beim Scheitern der Vertragsverhandlungen bedeutsam sind. Bei größeren Mergers & Acquisitions ist es nicht ungewöhnlich, dass der Abfassung eines **Letter of Intent** (LoI) oder eines **Memorandum of Understanding** (MoU) längerwierige Verhandlungen und Absprachen über die Details und Konditionen der Transaktion folgen. Die Ergebnisse all dieser Vorgespräche und der sich daran anschließenden Due-Diligence-Prüfungen müssen dann möglichst genau in dem Transaktions- bzw. Unternehmenskaufvertrag rechtlich abgebildet werden. Der Transaktionsvertrag ist damit das wesentliche Kernstück für die optimale Gestaltung der Mergers & Acquisitions sowie für ihre Umsetzung.

2. Vorvertragliches Verhandlungsstadium, insbesondere Aufnahme von Vertragsverhandlungen als Schuldverhältnis gemäß § 311 Abs. 2 BGB mit Pflichten nach § 241 Abs. 2 BGB

Wie bereits angesprochen hat das Schuldrechtsmodernisierungsgesetz die vorvertraglichen Verhaltenspflichten der Vertragspartner erheblich erweitert. Während § 311 Abs. 1 des Bürgerlichen Gesetzbuches (BGB) bestimmt, dass zur Begründung eines Schuldverhältnisses durch Rechtsgeschäft ein Vertrag erforderlich ist, soweit nicht das Gesetz ein anderes vorschreibt, kann nun nach § 311 Abs. 2 BGB bereits durch die Aufnahme von Vertragsverhandlungen oder die Anbahnung eines Vertrages oder ähnliche geschäftliche Kontakte ein Schuldverhältnis mit Pflichten zur Rücksicht auf die Rechte, Rechtsgüter und Interessen des anderen Teils nach § 241 Abs. 2 BGB begründet werden. Derartige »vorvertragliche« Schuldverhältnisse haben selbstverständlich, ebenso wie rechtsgeschäftliche Schuldverhältnisse, in erster Linie gemäß § 241 Abs. 1 BGB leistungsbezogene Pflichten zum Inhalt. Durch die ausdrückliche Bezugnahme auf § 241 Abs. 2 BGB will § 311 Abs. 2 BGB aber betonen, dass auch das vorvertragliche Schuldverhältnis jeden Teil zur Rücksicht auf die Rechte, Rechtsgüter und Interessen des anderen Teils verpflichtet. Verletzt ein Partner seine Pflichten aus dem Schuldverhältnis schuldhaft, so kann der Gläubiger

7 Nach der bisher anwendbaren c.i.c. wurde der Käufer in seinem Vertrauen auf die Richtigkeit und die Vollständigkeit der Angaben so gestellt, wie er bei richtiger Offenbarung der für seinen Kaufentschluss erheblichen Umstände stünde. Der Käufer konnte daher entweder am Vertrag festhalten und lediglich zusätzlich Schadensersatz beanspruchen oder aber Rückgängigmachung des Vertrags verlangen, vgl. BGH, GmbHR 2001, 516, 519; BGHZ 69, 53, 56; BGHZ 111, 75, 82.

zwar noch keine Ansprüche auf Vertragserfüllung, immerhin aber gemäß §§ 311, 241, 280 ff. BGB Ersatz des ihm hierdurch entstehenden Schadens verlangen.[8] Zentraler Schadensposten sind in der Regel die Kosten der M&A-Berater.

Beim Unternehmenskauf liegt der hauptsächliche Anwendungsbereich vorvertraglicher Pflichtverletzungen im Bereich unrichtig erteilter »Wissensübertragungen« bzw. Informationen des Verkäufers gegenüber dem Käufer.[9] Grundsätzlich muss sich ein Käufer selbst die für seinen Kaufentschluss maßgeblichen Informationen beschaffen; das Verschweigen von Tatsachen bzw. mangelhafte Aufklärung stellt daher regelmäßig keine Pflichtverletzung des Verkäufers dar.

Während eine Pflichtverletzung bei unrichtigen Angaben des Unternehmensverkäufers (positives Tun) nur bei einem Verschulden des Verkäufers zu seiner Einstandspflicht führt, ist für das Verschweigen von Tatsachen (Unterlassen) als Pflichtverletzung nur dann eine Einstandspflicht des Verkäufers anzunehmen, wenn für diesen – wie zum Beispiel aufgrund eines fehlerhaften Daten-Raumes – gegenüber dem Käufer eine Pflicht zur Aufklärung bestand.

Bei der Beurteilung der Frage, ob und inwieweit (bereits) durch die Aufnahme von Vertragsverhandlungen gemäß § 311 Abs. 2 Nr. 1 BGB ein **vorvertragliches Schuldverhältnis** mit Pflichten nach § 241 Abs. 2 BGB zustande gekommen ist, ist es von außerordentlicher Bedeutung, sich zu verdeutlichen, dass es sich bei dem Zustandekommen eines vorvertraglichen und vertraglichen Schuldverhältnisses um einen **dynamischen Entwicklungsprozess** des Sich-aufeinander-Zubewegens natürlicher oder juristischer Personen handelt, der darauf abzielt, in einem **sich stetig verdichtenden Vertrauensverhältnis** miteinander einen (engen) rechtlich-sozialen Kontakt aufzubauen. Dieser Kontakt ist auf das in § 311 Abs. 1 BGB geregelte Ziel gerichtet, zur Begründung eines Schuldverhältnisses durch Rechtsgeschäft oder zur Änderung des Inhaltes eines Schuldverhältnisses einen Vertrag abzuschließen. Daher ist bei der Bewertung vorvertraglicher Schuldverhältnisse die folgende **Grundregel** zu beachten: Je mehr sich bei objektiver Betrachtungsweise das durch die Aufnahme von Vertragsverhandlungen, die Anbahnung eines Vertrages oder ähnliche geschäftliche Kontakte begründete Vertrauensverhältnis der Verhandlungspartner im Hinblick auf den Abschluss des Vertrages verdichtet und je wahrscheinlicher der Vertragsabschluss erscheint, umso intensiver und umfangreicher werden die Pflichten der Verhandlungspartner zur gegenseitigen Rücksichtnahme, Fürsorge und Loyalität und umso mehr wird man von ihnen die Sorgfalt von Schuldnern verlangen müssen.[10]

Für die Annahme des Tatbestandsmerkmales »Aufnahme von Vertragsverhandlungen« brauchen deshalb nicht schon zweiseitige konkrete Verhandlungen vorzuliegen, vielmehr können bereits **einseitige Maßnahmen** eines Vertragsteils genügen, die den anderen veranlassen sollen, den geschäftlichen Kontakt zu suchen.[11]

---

8 Vgl. Teichmann, BB 2001, 1485, 1492. Der Anspruch auf Schadensersatz folgt dann aus § 280 I BGB und kann beispielsweise wie bisher zum Inhalt haben, dass der im Rahmen von Vertragsverhandlungen unzureichend Informierte so zu stellen ist, als hätte er den Vertrag nicht geschlossen.

9 Vgl. BGH, NJW-RR 1991, 439, 440; BGH, NJW 1989, 763, 764; Vgl. BGH, NJW-RR 1996, 429 m.w.N.; BGH, NJW-RR 1988, 394.

10 Gerhard Picot, Unternehmenskauf und Restrukturierung, Handbuch zum Wirtschaftsrecht, Teil I (Vertragsrecht).

11 BGH, GmbHR 2001, 516, 518.

Führt man sich diesen dynamischen Entwicklungsprozess vor Augen, so lassen sich auch die insbesondere von der internationalen, vor allem anglo-amerikanischen Transaktionspraxis übernommenen **Legal Transplants**[12], wie z. B.

- Letter of Intent
- Term Sheet
- Verhandlungsprotokoll
- Positionspapier
- Punktation
- Heads of Agreement
- Mile Stones
- Gentlemen Agreement
- Letter of Understanding (LoU) und
- Memorandum of Understanding

je nach Ausgestaltung und als besonderer Ausdruck und als *Indiz* für die Bildung bzw. das Vorliegen eines derartigen Vertrauensverhältnisses bewerten.

Das aus dem angelsächsischen Rechtskreis stammende Institut des »**Letter of Intent**«[13] entzieht sich einer allgemeingültigen Definition. Grundsätzlich wird er als rechtlich unverbindliche, formfreie **Absichtserklärung** verstanden, mit der der erklärende Verhandlungspartner seine Bereitschaft signalisiert, mit dem Adressaten unter Skizzierung der wirtschaftlichen und rechtlichen Strukturen der Gestaltung und unter bestimmten Voraussetzungen zu einem bestimmten rechtsgeschäftlichen Ergebnis, nämlich dem Transaktionsvorhaben kommen zu wollen oder einen bereits in gewissen Modalitäten skizzierten Vertrag abschließen zu wollen. Der Letter of Intent ist in der Regel eine einseitige Erklärung eines Verhandlungspartners, die vielfach auch mit der Bitte um Bestätigung durch den Empfänger abgegeben wird. Eigentlicher Grund für eine solche Erklärung ist deren verhandlungspolitische und -psychologische Wirkung. Immerhin schreibt ein Letter of Intent faktisch eine rechtsgeschäftliche Absicht oder ein bereits erreichtes Verhandlungsergebnis fest. Ferner kann er als Grundlage für Überlegungen sowie Entscheidungen von Gremien dienen, deren Zustimmungen möglicherweise erforderlich sind. Denkbar ist dabei auch eine gemeinsame Erklärung beider Verhandlungspartner in einem zweiseitigen Letter of Intent.[14]

12 Siehe dazu: Gerhard Picot/Raoul Duggal, MAC-Klauseln beim Unternehmenskauf, Der Betrieb 2003, 2635 ff.; Martin Henssler, MAC-Klauseln in deutschen Unternehmenskaufverträgen – (r)eine Modeerscheinung?, Festschrift für Ulrich Huber, 2006, 739 ff.; Holger Fleischer, Legal Transplants im deutschen Aktienrecht, NZG 2004, 1129 ff.; Mattei, Efficiency in Legal Transplants, International Review of Law and Economics, 1994, 14, 3 ff.; Mistelis, Regulatory Aspects: Globalization, Harmonization, Legal Transplants and Law Reform – Some fundamental Observations, Volltext in http://www.cisg.law.pace.edu/cisg/biblio/mistelis.html; Watson, Legal Transplants and European Private Law, 2000; Krecek, Eine rechtsvergleichende Untersuchung zur Gewährleitungshaftung beim Unternehmenskauf, Inaugural-Dissertation, http://ub.uni-koeln.de/ediss/archiv/2001/11v4292.pdf.

13 Ausführlich dazu Lutter, Der Letter of Intent. Siehe auch das Muster eines LoI bei Liebs, S. 33 sowie die länderübergreifende Studie »Letters of Intent« in European Councel, März 1997 S. 30 ff. mit einer Checkliste und einem englischsprachigen Muster.

14 Beisel/Klumpp, 1. Kapitel, RN 66 ff.; Rödder/Hötzel/Müller-Thuns, § 3, RN 13 ff.

Ein Letter of Intent hat demgemäß in der Regel etwa folgenden Inhalt:

- Bezeichnung der potenziellen Kaufvertragsparteien
- Bezeichnung des Zielobjektes (Target)
- Absichtserklärung, vorbehaltlich einer Einigung über noch offene Punkte und der Ergebnisse der Due Diligence, einen Unternehmenskaufvertrag abschließen zu wollen
- Grundzüge des beabsichtigten Vertrages
- Fixierung von Erwartungen und Eckdaten
- Ablauf und Verfahren der Due Diligence
- Vertraulichkeits- bzw. Geheimhaltungsklausel
- Exklusivität (Reichweite, Dauer)
- »Non-Binding«-Clause: Erklärung, dass LoI bzw. MoU grundsätzlich weder rechtsgeschäftliche noch rechtsgeschäftsähnliche Wirkung entfaltet
- »Binding«-Clause: Erklärung, welche Klauseln (z. B. Vertraulichkeitsabrede, Exklusivität, Vertragsstrafenregelung) mit welcher Reichweite und Haftungsfolge rechtsgeschäftsähnlich oder sogar rechtsgeschäftlich gemäß § 311 Abs. 1 BGB bindend sein sollen
- Sonstiges (Schriftform, Rechtswahl, Gerichts- bzw. Schiedsklausel).

Mit dem Letter of Intent darf nicht der sog. **Side Letter** verwechselt werden.[15] Während der Letter of Intent Erklärungen im Vorfeld eines noch zu schließenden Vertrages enthält, ist der Side Letter regelmäßig mit einem bestehenden Haupt-Vertrag und dessen Schicksal verknüpft.

Die rechtliche Qualifizierung, ob es sich um z. B. bei einem LoI, MoU etc. um kein Schuldverhältnis oder um ein rechtsgeschäftsähnliches (vorvertragliches) Schuldverhältnis gemäß § 311 Abs. 2 BGB mit den Pflichten nach § 241 Abs. 2 BGB oder bereits um ein durch vertragliches Rechtsgeschäft begründetes Schuldverhältnis mit Erfüllungspflichten gemäß § 311 Abs. 1 BGB handelt, ist gemäß §§ 133, 157 BGB nach dem Inhalt der Erklärung und dem Parteiwillen zu beantworten.[16] Dabei ist zu beachten, dass die **Bezeichnung** eines Schreibens als »Letter of Intent« in der Überschrift eines Dokumentes nur als Indiz für die rechtliche Wertung heranzuziehen ist und der Bezeichnung allein für die rechtliche Beurteilung keine entscheidende Bedeutung zukommt. Nach §§ 133, 157 BGB ist vielmehr trotz des in § 133 BGB enthaltenen Verbots der »Buchstabeninterpretation« zunächst vom Wortlaut der Erklärung auszugehen und auf den Parteiwillen abzustellen. Ein als »Letter of Intent« bezeichnetes Schreiben kann deshalb im Einzelfall durchaus eine **Verhaltens- bzw. Vertrauensbindung** im Sinne des § 311 Abs. 2 BGB beinhalten. Dies kann z. B. dann der Fall sein, wenn sich einer der Beteiligten durch die von ihm abgegebenen Erklärungen, wie zum Beispiel die Zusicherung der grundsätzlichen Kauf- oder Veräußerungsbereitschaft oder die Zusicherung, keine (verdeckten) Parallelverhandlungen mit Dritten zu führen, zwar nicht im Sinne einer (vor-)vertraglichen Verpflichtung bindet, aber doch seine Verhandlungsposition derart konkretisiert, dass er den Vertragsabschluss nur noch aus bestimmten Gründen verweigern darf und ein

15 Siehe dazu Duhnkrack/Hellmann, Der Side Letter, ZIP, 32/2003, 1425; Blaurock, ZHR 147/1983, 334.

16 OLG Köln, OLG Report Köln 1994, 61.

Abweichen von dieser Verhaltensgrundlage ohne einen triftigen Grund eine Schadensersatzhaftung auslösen kann. Darüber hinaus kann ein als »Letter of Intent« bezeichnetes Schreiben aber auch sogar eine *(vor-)vertraglich verbindliche Vereinbarung* im Sinne des § 311 Abs. 1 BGB beinhalten.[17]

Dabei ist stets zu beurteilen, ob sich das Vertrauensverhältnis der Verhandlungspartner bei objektiver Betrachtungsweise bereits in einer solchen Weise zu einem vorvertraglichen Schuldverhältnis verdichtet hat, dass von den Verhandlungspartnern die Erfüllung von Pflichten gemäß § 241 Abs. 2 BGB zur gegenseitigen Rücksichtnahme, Fürsorge und Loyalität in der Weise erwartet werden kann und dass eine schuldhafte Verletzung eine *Vertrauenshaftung* nach den allgemeinen Vorschriften der §§ 280 ff. BGB auslöst. Darüber hinaus wird freilich auch stets zu prüfen sein, ob z. B. zweiseitig unterzeichnete derartige Erklärungen möglicherweise bereits die rechtliche Qualität eines (Vor-) Vertrages im Sinne des § 311 Abs. 1 BGB mit der Folge der **Erfüllungshaftung** aufweisen.

Bei der Bezeichnung eines Letter of Intent als – oft missverständlich – »nicht bindend« oder »non-binding« wird im Rahmen der **Formulierung** deshalb stets besonders darauf zu achten sein, dass er grundsätzlich nur die rechtlich nicht verbindliche Fixierung der Verhandlungspositionen des Erklärenden darstellen soll und es in diesem frühen Verhandlungsstadium regelmäßig noch an einem rechtlichen **Bindungswillen** des Verhandlungspartners im Sinne

- eines Schuldverhältnisses,
- eines rechtsgeschäftsähnlichen (vorvertraglichen) Schuldverhältnisses gemäß § 311 Abs. 2 BGB mit den Pflichten nach § 241 Abs. 2 BGB und – erst recht –
- eines durch vertragliches Rechtsgeschäft begründeten Schuldverhältnisses mit Erfüllungspflichten gemäß § 311 Abs. 1 BGB

fehlt.

Zur Vermeidung von Missverständnissen sollte bei der Formulierung stets an den oben genannten Grundsatz gedacht werden: »Je mehr sich bei objektiver Betrachtung das durch die Aufnahme von Vertragsverhandlungen, die Anbahnung eines Vertrages oder ähnliche geschäftliche Kontakte begründete Vertrauensverhältnis der Verhandlungspartner im Hinblick auf den Abschluss des Unternehmenskaufvertrages verdichtet, und je wahrscheinlicher der Vertragsabschluss erscheint, umso intensiver und umfangreicher werden die Pflichten der Verhandlungspartner zur gegenseitigen Rücksichtnahme, Fürsorge und Loyalität und umso mehr wird man ihnen die Sorgfalt von Schuldnern abverlangen müssen.« Es sollte deshalb klar und eindeutig geregelt werden, ob und gegebenenfalls inwieweit und hinsichtlich welcher Klauseln (z. B. Vertraulichkeit, Exklusivität, Beendigung der Vertragsverhandlungen, Kosten etc.) ein Letter of Intent eine rechtliche Bindungs- oder (Vertrauens-) Haftungswirkung in dem vorbeschriebenen Sinne entfalten soll.[18] In diesen Zusammenhang gehören natürlich auch Erklärungen eines Verhandlungspartners, mit denen er in den von ihm verfassten Dokumenten gerade eine gewisse **Beschränkung eines Vertrauenstatbestandes** bei seinem Verhandlungspartner herbeiführen will und durch einen unter Berücksichtigung des § 309 Nr. 7 und 8 lit. a) BGB formulierten separaten

17 OLG Köln, OLG Report Köln 1994, 61.
18 Siehe dazu Palandt-Heinrichs, Einf. vor § 145, RN 21.

Verzicht des Erklärungsempfängers oder beider Verhandlungspartner auch rechtswirksam herbeiführen kann. Hierzu zählt z. B. auch ein sog. **Disclaimer**, der vielfach bei einer **Due Diligence**, zu einem **Informations-Memorandum** oder auch einem **Engagement Letter**, d. h. einem an eine Investmentbank oder auch an einen Unternehmensberater gerichteten Beauftragungsschreiben, erklärt wird, und mit dem regelmäßig der **Dokumentenersteller** den Tatbestand besonderen Vertrauens als Grundlage seiner etwaigen Eigenhaftung aus § 311 Abs.3 S. 2 BGB ausschließen will.[19]

3. Due Diligence

a) Ursprünge der »Due Diligence« und des Due-Diligence-Konzeptes

Der Begriff »Due Diligence« bzw. das Due-Diligence-Konzept hat seinen Ursprung im angloamerikanischen Rechtswesen, speziell in den kapitalmarktrechtlichen Vorschriften der USA.[20] Ursprünglich sollte die Due Diligence der Kompensation fehlender Gewährleistungsrechte im US-amerikanischen Recht dienen.[21] In jener Rechtsordnung gilt der Grundsatz des »caveat emptor«, der dem Käufer die Pflicht auferlegt, vor dem Kauf die Kaufsache zu untersuchen, zu beurteilen und zu prüfen, und somit dem Käufer das Mängelrisiko überträgt. Um dieses Risiko einzudämmen, führt der Käufer eine »sorgfältige Prüfung« (Due Diligence) durch. Die Due Diligence ist deshalb dem Ursprung nach eine Obliegenheit[22] des Käufers und Ausgangsbasis für vertragliche Gewährleistungsrechte.

In den USA schützt die Securities Exchange Commission (SEC) die Interessen der Kapitalanleger. Von besonderer Bedeutung für den M&A-Bereich sind innerhalb der Securities Laws

- der Securities Act (1933) sowie
- der Securities Exchange Act (1934).

Während der Securities Exchange Act (SEA) den Handel (und damit auch den Verkauf) von bereits zugelassenen Wertpapieren behandelt, betrifft der Securities Act (SA) die Belange der Kapitalanleger bei der erstmaligen Ausgabe von Effekten. Der Securities Act regelt bei Neuemissionen »form, content and requirements of financial statements« im Rahmen der Emissionsproblematik. Die Emissionsprospekt*haftung* nach dem Securities

19 Siehe dazu Seibt/Reiche, Unternehmens- und Beteiligungskauf nach der Schuldrechtsreform (Teil I), DStR 2002,1135,1139 f. mit einem Formulierungsvorschlag für einen Disclaimer. Anderer Ansicht Triebel/Hölzle, BB 2002, 521, 534 für den Fall der Vertrauenshaftung einer Investmentbank und ihrer Nähe zu den Grundsätzen bürgerlichrechtlicher Prospekthaftung für typisiertes Vertrauen. Siehe allgemein zur Prospekthaftung Staudinger/Löwisch, Kommentar zu Bürgerlichen Gesetzbuch, 2001, vor §§ 275 bis 283 RN 104 mit weiteren Nachweisen.

20 Eine ausführliche Betrachtung der historischen Entwicklung der Due Diligence findet sich bei Berens/Strauch, S. 6–10.

21 Vgl. Fox (1992), S. 143.

22 Die Befolgung einer Obliegenheit ist ein Gebot des eigenen Interesses, da der Belastete bei ihrer Verletzung einen Rechtsverlust oder rechtlichen Nachteil erleidet, vgl. Heinrichs (2006), Einl. v § 241 BGB Rn. 16.

Act betrifft neben den Emittenten und dem Übernehmer auch Abschlussprüfer, Berater und alle beteiligten Experten, wobei kein unmittelbares Vertragsverhältnis (privity of contract) zwischen diesen und dem Käufer des Wertpapiers vorausgesetzt ist. Diese Dritthaftung wird dadurch verschärft, dass die Beweislast nahezu vollständig auf Seiten des Haftenden liegt. Für den Kapitalanleger genügt es nachzuweisen, dass das »Registration Statement«

- eine wesentliche Falschdarstellung (untrue statement),
- eine irreführende Tatsache (misleading fact),
- eine Unterlassung (omission),

beinhaltet.

Einen Entlastungsbeweis kann der Haftende dadurch erreichen, dass er nachweist,

»*he had after reasonable* **investigation**, *reasonable ground to believe and did believe*, at the time such part of the registration statement became effective, that the statements therein were true and that there was no omission to state a material fact required to be stated therein or necessary to make the statements therein not misleading...«

Eine Präzisierung der Begriffe **reasonable investigation und reasonable ground to believe** erfolgt in SA sec. 11c:

»In determining for the purpose of paragraph (3) of subsection (b) of this section, what constitutes **reasonable investigation** and **reasonable ground** *for belief*, the standard of reasonableness shall be that required of a prudent man in the management of this own property.«

Dieser Entlastungsbeweis für Abschlussprüfer, Rechtsanwälte oder andere Experten im Rahmen der Emissionsprospekthaftung nach SA sec. 11 »has come to be called the **»due diligence«** or **»reasonable investigation defense«**.[23] Im Securities Act der Securities Exchange Commission hat die »Due Diligence« mithin die Funktion einer Verteidigung (defense) **im Rechtsstreit**.

b) Rechtliche Pflicht zur Durchführung einer Due Diligence?

In Deutschland hat die Rechtsprechung – wie oben dargestellt – in einer vielfach bestätigten Formel den Grundsatz herausgebildet, dass bei gegenseitigen Verträgen grundsätzlich jeder Vertragspartner selbst zu prüfen hat, ob das Geschäft für ihn vorteilhaft ist oder nicht.[24] Der Käufer eines Unternehmens muss sich daher grundsätzlich selbst die für seinen Kaufentschluss maßgeblichen Informationen beschaffen. Ein bloßes Verschweigen von Tatsachen bzw. eine mangelhafte Aufklärung seitens des Verkäufers beinhaltet deshalb regelmäßig noch keine Pflichtverletzung des Verkäufers. Nur bei einem beider-

23 Berens/Brauner, aaO, S. 8.
24 Vgl. BGH NJW-RR 1991, S. 439, 440; BGH NJW 1989, S. 763, 764; Stengel/Scholderer (1994), S. 160.

seitigen Handelsgeschäft, zu dem auch die Veräußerung eines Unternehmens gehört, [25] und erst für die Zeit nach der Ablieferung der Kaufsache sieht das deutsche Recht gemäß § 377 des Handelsgesetzbuches (HGB) eine Obliegenheit des Käufers zur Untersuchung der Kaufsache auf mögliche Mängel und zur Rüge der Mängel vor.

Dennoch ist auch in Deutschland die Durchführung einer Due Diligence auch bei Unternehmenstransaktionen deutscher Unternehmen weit verbreitet. Diese Tatsache beruht insbesondere auf dem Umstand, dass das deutsche Gewährleistungsrecht nicht ausreichend ist, um sämtliche Risiken eines Unternehmenskaufes abzusichern. Denn im deutschen Recht existieren keine Spezialvorschriften für den Unternehmenskauf.[26]

Dabei stellt sich auch nach deutschem Recht die Frage nach einer Verpflichtung der Geschäftsführer einer GmbH bzw. des Vorstands einer AG zur Durchführung einer Due Diligence. In diesem Zusammenhang stellt sich die Frage, ob sich im Innenverhältnis eine Verpflichtung der Geschäftsführer einer GmbH bzw. des Vorstandes einer AG zur Durchführung einer Due Diligence ergeben kann. Ausgangspunkt ist zum einen § 43 Abs. 1 Gesetz betreffend die Gesellschaften mit beschränkter Haftung (GmbHG), der normiert, dass die Geschäftsführer in den Angelegenheiten der Gesellschaft die Sorgfalt eines ordentlichen Geschäftsmannes anzuwenden haben. Zum anderen bestimmt § 76 Abs. 1 Aktiengesetz (AktG), dass der Vorstand unter eigener Verantwortung die Gesellschaft zu leiten hat.

Den Geschäftsführern bzw. dem Vorstand steht daher bei der Prüfung der Frage, ob eine von ihm zu treffende Maßnahme im Interesse des Unternehmens geboten ist, ein Ermessensspielraum zu. Die Ermessensausübung wird aber durch die Pflicht des Vorstandes begrenzt, für den Bestand des Unternehmens zu sorgen.

Nach einem Urteil des Bundesgerichtshofes[27] zum Ermessensspielraum des Vorstandes bzw. dessen Einschränkung ist eine Entscheidung des Vorstandes dann nicht mehr von seinem Entscheidungsspielraum gedeckt, wenn

- die Grenzen, in denen sich ein von Verantwortungsbewusstsein getragenes, ausschließlich am Unternehmenswohl orientiertes, auf sorgfältiger Ermittlung der Entscheidungsgrundlagen beruhendes unternehmerisches Handeln bewegen muss, deutlich überschritten sind,
- die Bereitschaft, unternehmerische Risiken einzugehen, in unverantwortlicher Weise überspannt worden ist oder
- das Verhalten des Vorstandes aus anderen Gründen als pflichtwidrig gelten muss.

Aufgrund der Einfügung des § 93 Abs. 1 Satz 2 AktG durch das Gesetz zur Unternehmensintegrität und zur Modernisierung des Anfechtungsrechts (UMAG) knüpft die aktuelle Gesetzeslage nunmehr an diese Rechtsprechung an. § 93 Abs. 1 AktG regelt die allgemeinen Verhaltenspflichten des Vorstandes sowie dessen Verschuldensmaßstab wie folgt: »Die Vorstandsmitglieder haben bei ihrer Geschäftsführung die Sorgfalt eines or-

25 Vgl. §§ 344ff. HGB, wonach Handelsgeschäfte alle Geschäfte eines Kaufmanns sind, die zum Betrieb seines Handelsgewerbes gehören. Auch die Veräußerung eines Unternehmens ist als ein Handelsgeschäft in diesem Sinne anzusehen, vgl. RGZ (72), S. 435, 436; Hopt (2006), § 343 HGB Rn. 3.

26 Anders z. B. in Frankreich, wo es Spezialvorschriften zum Unternehmenskauf gibt, s. Fleischer (1998), S. 849ff.

27 ARAG/Garmenbeck-Urteil des BGH vom 21.02.1997, BGHZ 135, 244 ff.

dentlichen und gewissenhaften Geschäftsleiters anzuwenden (Satz 1). Eine Pflichtverletzung liegt nicht vor, wenn das Vorstandsmitglied bei einer unternehmerischen Entscheidung vernünftigerweise annehmen durfte, auf der Grundlage angemessener Information zum Wohl der Gesellschaft zu handeln (Satz 2).«[28]

Eine Haftung des Vorstandes gegenüber der Gesellschaft scheidet demnach dann aus, wenn er nach bestem Wissen und Gewissen eine Entscheidung getroffen hat, die sich später als unternehmerische Fehlentscheidung erweist. Eine sorgfältige Vorbereitung der unternehmerischen Entscheidung beinhaltet die Pflicht des Vorstandes zur sorgfältigen Ermittlung der Entscheidungsgrundlagen zum Wohle der Gesellschaft. Dies wiederum impliziert die Verpflichtung des Vorstandes, alle verfügbaren und der Tragweite der Entscheidung angemessenen Informationen einzuholen.[29]

Da Unternehmenstransaktionen vielfach mit unkalkulierbaren Risiken verbunden sind, kann davon ausgegangen werden, dass eine sorgfältige Ermittlung der Entscheidungsgrundlagen zum Wohle der Gesellschaft im Falle des bewussten Eingehens von Risiken nicht stattgefunden hat. Daher besteht grundsätzlich eine Verpflichtung des Vorstandes zur Durchführung einer Due Diligence, wobei der Umfang der Due Diligence vom Einzelfall abhängt.

Unterlässt der Vorstand die Durchführung einer Due Diligence, ist eine Pflichtwidrigkeit und ein Verschulden im Sinne der §§ 76, 93 Abs. 1 AktG regelmäßig zu bejahen, sodass sich eine Schadensersatzpflicht des Vorstandes gegenüber der Aktiengesellschaft bzw. des Geschäftsführers gegenüber der GmbH gemäß § 93 Abs. 2 AktG ergeben kann.[30]

Um Klarheit über einerseits den Inhalt bzw. Umfang und andererseits den Wert des Transaktionsgegenstandes zu erlangen, ist es in der Praxis daher üblich und empfehlenswert, in einem möglichst frühen Verhandlungsstadium und vor der Abgabe eines bindenden Angebotes eine sorgfältige Unternehmensprüfung (sog. **Due Diligence**) durchzuführen und sowohl hinsichtlich der rechtlichen als auch der wirtschaftlichen Gegebenheiten, Chancen und Risiken eine eingehende Analyse (sog. **Pre Acquisition Audit**) vorzunehmen. Meist erfolgt die Due Diligence daher auf Wunsch und Betreiben des Kauinteressenten. Gleichwohl ist zu unterscheiden zwischen der sogenannten Käufer-Due-Diligence (**Buyer Initiated Due Diligence – BIDD),**) und der sog. Verkäufer-Due-Diligence (**Vendor Initiated Due Diligence – VIDD**).

Um den Transaktionsprozess effizienter und schneller zu gestalten, kann es aber auch sachdienlich sein, dass der Verkäufer bereits selbst eine Verkäufer-Due-Diligence durchführt, deren Ergebnisses er dann den Kaufinteressenten und potenziellen Bietern zur Verfügung stellt. Die Vorteile dieser Verkäufer-Due-Diligence können darin liegen, dass sie zwar vom Verkäufer initiiert wird, jedoch auf die Bedürfnisse mehrerer möglicher Kaufinteressenten zugeschnitten ist. Dies bedeutet zugleich, dass die Verkäufer-

28 In der Gesetzesbegründung des Regierungsentwurfs vom 17.11.2004 zum UMAG wird ausdrücklich auf die Ausführungen des BGH im ARAG/Garmenbeck-Urteil Bezug genommen. Ferner erfolgt ein ausdrücklicher Hinweis auf die Inhalte der US-amerikanischen Business Judgment Rule, sog. »BJR«, wonach die Direktoren einer Gesellschaft die Verpflichtung trifft, sich im Rahmen der Entscheidungsfindung angemessen über alle entscheidungsrelevanten Umstände zu informieren.

29 Die Bestimmung der Angemessenheit der Informationsdichte erfolgt anhand des Zeitvorlaufs, des Gewichts und der Art der zu treffenden Entscheidung und unter Berücksichtigung einer betriebswirtschaftlichen Kosten-Nutzen-Analyse – »Fairness Opinion«.

30 Eingehend dazu: Böttcher (2005); Dinkel/Kock (2004).

Due-Diligence von objektiven Dritten (z.B. unter Einschaltung renommierter und als neutral einzuschätzender Berater) durchgeführt werden sollte. Sie wird bereits vor den ersten Vertragsgesprächen durchgeführt, um den Kaufinteressenten Informationen zum Kaufgegenstand geben zu können, während der Kaufinteressent in der Regel seine Käufer-Due-Diligence erst nach den ersten vorvertraglichen Gesprächen und der Unterzeichnung einer Vertraulichkeitsvereinbarung (Confidentiality-Agreement) beginnen kann.

Ausnahmsweise, z.B. aus zeitlichen Gründen oder aus Gründen der besonderen Geheimhaltung, kann eine derartige Prüfung aber auch als Post Acquisition Audit nach dem Abschluss des Transaktionsvertrages durchgeführt werden; in den Transaktionsvertrag sollten dann entsprechende Vorbehalte in Form von rechtlichen Bedingungen, Annahmen etc. aufgenommen werden.

c) Inhalt der Due Diligence

Die eingangs erwähnte hohe Misserfolgsquote der Unternehmenstransaktionen hängt nicht unwesentlich davon ab, ob das Bild, das der Akquisiteur vom zu erwerbenden Unternehmen hat, mit der Wirklichkeit übereinstimmt. Dem Käufer fehlt in der Regel eine Vielzahl von Informationen, die er benötigt, um etwa den Kaufpreis zu fixieren, Synergien zu bestimmen oder Risiken zu minimieren. Der Verkäufer dagegen ist offen oder latent im Besitz derartiger Informationen. Die Vereinbarung einer »Due Diligence« charakterisiert daher die Bereitschaft des Verkäufers sein Wissen auf den Käufer zu übertragen und somit die natürlicherweise vorhandenen Informations-Asymmetrie bzw. das Informations-Ungleichgewicht zwischen dem Verkäufer einerseits und dem Kaufinteressenten andererseits auszugleichen. Niemand kennt das Unternehmen so gut, wie der bisherige Eigentümer bzw. das bisherige Management. In diesem Sinne kann die Durchführung einer Due Diligence als Prozess des kombinierten Einsatzes von Wissensübertragung seitens des Verkäufers sowie Wissenserarbeitung seitens des Käufers verstanden werden.[31] Für den Transaktionspartner, insbesondere den Unternehmenskäufer und Joint-Venture-Partner ist die sorgfältige Prüfung des Zielunternehmens nicht nur eine Grundvoraussetzung für das Gelingen eines Deals, sondern erforderlich für die angemessene Bewertung des Zielunternehmens, die Fixierung eines verbindlichen Gegenleistungs-Angebotes und die Vertragsverhandlung, insbesondere auch im Hinblick auf das zu vereinbarende Gewährleistungs- und Haftungssystem. Eine gewisse Einschränkung der Due Diligence mag dann in Betracht kommen, wenn z.B. ein Wettbewerber als Kaufinteressent auftritt, der bereits gewisse Vorstellungen über den Gegenstand und das Umfeld der Transaktion hat. Gleiches gilt auch beim Management-Buy-Out (MBO) oder Management-Buy-In (MBI), bei dem sich die Investoren die Insider-Kenntnisse der internen oder externen Manager über das Targetunternehmen, den Unternehmenswert, die Entwicklungsressourcen und den Markt durch eine wirtschaftliche Beteiligung der Manager an dem Zielunternehmen zunutze machen.

31 Berens/Strauch (2008), S. 5.

In der Weiterentwicklung der Securities Laws im Securities Exchange Act von 1934 hat sich das Konzept der »Due Diligence« demgemäß zu einer vorbeugenden Maßnahme zur Aufdeckung und Begrenzung von Risiken gewandelt. Diese Weiterentwicklung kommt der heute im M&A-Bereich geläufigen Anwendung des Begriffs »Due Diligence« schon sehr nahe. Ausgehend von der wörtlichen Übersetzung »mit gebührender oder angemessener Sorgfalt« hat sich die Due Diligence herauskristallisiert als eine bewusste, systematische, professionelle Untersuchung der Unternehmenschancen und -risiken während der laufenden Kaufverhandlungen. Sie beurteilt mit möglichst präzisen Analysen, ob und wieweit der Wert der zu erwerbenden Gesellschaft – unter Berücksichtigung der strategischen Ziele und der kostenreduzierenden Synergien – zu erhöhen oder eben zu diskontieren ist. Ein noch weiter reichender Ansatz findet sich bei Rockholtz[32], der der Due Diligence zum einen die Rolle eines Frühwarnsystems für Akquisitionsrisiken zuordnet, während sie zum anderen durch die Identifikation und Beurteilung von akquisitionsbedingten Wertsteigerungspotenzialen die elementare Informationsgrundlage für die sich anschließende Bewertung und Realisierung dieser Potenziale generieren soll.

Einer Due-Diligence-Prüfung kommen demgemäß mehrere Aufgaben zu: Erstens dient sie dem potenziellen Käufer (aber auch dem potenziellen Verkäufer) dazu, die anfangs zu seinen Lasten vorliegende Informationsasymmetrie soweit wie möglich auszugleichen und seine Verhandlungsbasis zu verbessern, zweitens lassen sich auf diese Weise bei dem Kaufinteressenten die Chancen, Risiken und Schwachstellen des Transaktionsgegenstandes besser erkennen und drittens wird durch die Due Diligence das Kaufobjekt auch zu Beweiszwecken offengelegt und dokumentiert. Die aufgedeckten Besonderheiten und Eigenheiten des Transaktionsobjektes können aber ebenso eine spätere Integration des Unternehmens oder Unternehmensteils erleichtern.

Zwischen der Due Diligence einerseits und den gesetzlichen sowie vertraglichen Gewährleistungs-, Garantie- und Haftungspflichten des Verkäufers andererseits besteht ein enges Wechselspiel, das bei den Vertragsverhandlungen genau beachtet werden muss. Dabei gilt der Grundsatz: Je weniger Daten und Informationen von einem Vertragspartner zur Verfügung gestellt werden, umso umfangreicher und detaillierter werden die Forderungen des anderen Vertragspartners nach vertraglichen Gewährleistungs-, Garantie- und Haftungsversprechen ausfallen. Zugleich dient sie als Grundlage für die Bestimmung des Unternehmenswertes und als Basis für die Bildung einer filigranen vertraglichen Äquivalenz zwischen einerseits dem Kaufpreis sowie andererseits dem Unternehmen als Kaufgegenstand und den gewährten Garantien.

Umgekehrt wird z.B. der Verkäufer dem Käufer nach der Due Diligence regelmäßig entgegenhalten, dass er nunmehr den gleichen Kenntnisstand habe, wie der Verkäufer selbst. Der Verkäufer wird demgemäß unter Bezugnahme auf die Kenntnis des Käufers und die Bestimmung des § 442 BGB bemüht sein, seine Haftung für offengelegte Risiken bereits im Unternehmenskaufvertrag auszuschließen, oder jedenfalls die Geltendmachung von Ansprüchen durch den Käufer zurückzuweisen. Dementsprechend können bereits an diesem Punkt Anknüpfungspunkte für eine Haftung des Verkäufers wegen einer Verletzung des vorvertraglichen Schuldverhältnisses entstehen.

32 Rockholtz (2008), S. 179.

d) Planung und Ablauf der Due Diligence

aa) Informationsquellen

Die Machbarkeit und die Qualität einer Due Diligence hängt ganz wesentlich von den Informationen ab, die zur Verfügung stehen. Informationen über ein Unternehmen, zumal wenn es sich um sensible Tatbestände handelt, sind aber normalerweise nicht öffentlich verfügbar. Der Zugang zu derartigen Informationen kann daher nur durch Einwilligung und mithilfe des Verkäufers erfolgen.

Die – juristisch gesehen – schwache Position des Käufers aus einem Confidentiality Agreement bzw. einem Letter of Intent *kann ein* **Hemmnis** *bei der Erlangung* von Information sein. Insofern empfiehlt es sich, im Letter of Intent bei der Formulierung zur Due Diligence einen hinreichenden Spielraum zu vereinbaren, der den Verkäufer verpflichtet, für die Bereitstellung der entsprechenden Informationen zu sorgen. Vertrauensbildende Maßnahmen seitens des Käufers können dabei durchaus hilfreich sein. Andererseits sollte aber auch der Verkäuferseite klar sein, dass ein Zurückhalten von (bewertungsrelevanten) Informationen den Käufer misstrauisch macht, mit der Folge, dass ein Abschlag beim Kaufpreisangebot vorgenommen oder aber eine Forderung nach umfangreicheren Garantien erhoben wird.

Externe Daten über das »Zielunternehmen« sind unabhängig vom Verkäufer zu erreichen. Es liegt damit im Geschick des Käufers, entscheidungs- und damit bewertungsrelevante Daten bereits vorab z. B. per Internet oder durch andere öffentlich zugängliche Publikationen, wie z. B. Handelsregister, Grundbuch etc., ausfindig zu machen und zu analysieren.

Ohne Zweifel sind aber die internen Daten für die Beurteilung von entscheidender Bedeutung.

bb) Due-Diligence-Team

Die Durchführung der Due Diligence wird in den meisten Fällen durch eine Projektorganisation realisiert. Das bedeutet, dass neben einem detaillierten Zeitplan von Anfang an eine klare Bestimmung des Prüfungsumfanges, der Tätigkeitsbereiche und der Verantwortlichkeiten erforderlich wird. Hierzu wird zweckmäßigerweise ein Team gebildet, dem Personen aus dem Unternehmen des Käufers und in den meisten Fällen externe Berater angehören. Ob auch Mitarbeiter aus dem Verkäufer-Unternehmen beteiligt sind oder ob der Verkäufer lediglich »Informationsmaterial« zur Verfügung stellt, hängt von der Art des Kaufes und vom gegenseitigen Vertrauen ab.

Zur Ausgestaltung eines derartigen Teams finden sich in der Literatur zum aufbauorganisatorischen Aspekt folgende Ansätze:[33]

- der Experten-Ansatz,
- der Team-Ansatz,
- der Abteilungs-Ansatz.

33 Vgl. Müller-Stewens/Schreiber (1993), S. 277–280.

Die Unterschiede in den einzelnen Ansätzen erscheinen gering, in der praktischen Umsetzung (d.h. ablauforganisatorisch) zeigen sich jedoch erhebliche Differenzen: Beim **Experten-Ansatz** wird die Akquisition selbst durch die Geschäftsführung des Käufers betrieben. Lediglich für den Zweck der Due Diligence (sowie für Bewertungsfragen) wird ein Team aus Experten verschiedener Fachbereiche zusammengestellt. Bei Bedarf können auch unternehmensfremde Berater hinzugezogen werden. Beim **Team-Ansatz** wird (für jede Akquisition individuell) ein Team eingesetzt, das die Akquisition während des gesamten Prozesses begleitet. Auch hier besteht das Team aus Fachleuten des akquirierenden Unternehmens und möglicherweise aus fremden Experten. Der Team-Leiter übernimmt den wesentlichen Teil der Verantwortung, die Geschäftsführung schaltet sich nur bei Streitfällen bzw. in die Endverhandlung ein. Beim **Abteilungs-Ansatz** verfügen die akquirierenden Unternehmen über eine eigene M&A-Organisationseinheit (Abteilung), die die Unternehmensführung im gesamten Prozess unterstützt.

Eine Bewertung dieser Ansätze untereinander ist kaum möglich, dominierend in der Praxis dürfte aber der Team-Ansatz sein.

Müller-Stewens[34] kommt auf Grund spezifischer Untersuchungen zu zwei interessanten Ansätzen:

In Bezug auf die **Akquisitionshäufigkeit** findet sich bei Unternehmen, die bisher wenige Akquisitionen realisiert haben, der Experten-Ansatz; Unternehmen mit deutlich höherer Akquisitionsfrequenz wählen vornehmlich den Team-Ansatz, Unternehmen, die mit sehr vielen Transaktionen befasst waren (für die Akquisitionen eine wichtigte, permanente, systematisch betriebene Form der Weiterentwicklung war) präferieren den Abteilungsansatz.

Bezogen auf die **Akquisitionspolitik** geht der Experten-Ansatz häufig mit horizontalen Akquisitionen einher. Auch beim Teamansatz überwiegt die horizontale Akquisitionsrichtung; daneben werden auch vertikale Transaktionen durchgeführt. Im Vordergrund der Unternehmenspolitik steht die Ausweitung bzw. Ergänzung des Produkt- bzw. Marktbereiches. Beim Abteilungsansatz werden neben den horizontalen und vertikalen auch konzentrische oder konglomerate Akquisitionen behandelt.

Für das Käufer-Unternehmen hat der Team-Ansatz den Vorteil, dass während des gesamten Akquisitionsprozesses die gleichen Ansprechpartner gegeben sind. Die organisatorische Einbindung des Due-Diligence-Teams könnte dementsprechend folgendes Aussehen haben:

34 Müller-Stewens/Schreiber (1993), S. 290.

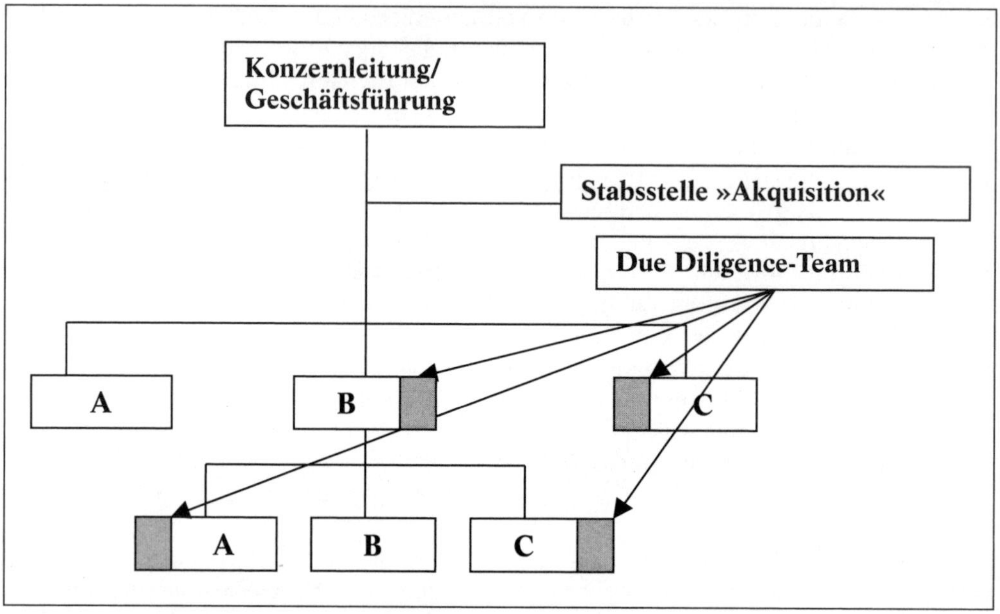

Abb. 1: Organisatorische Einbindung des Due-Diligence-Teams

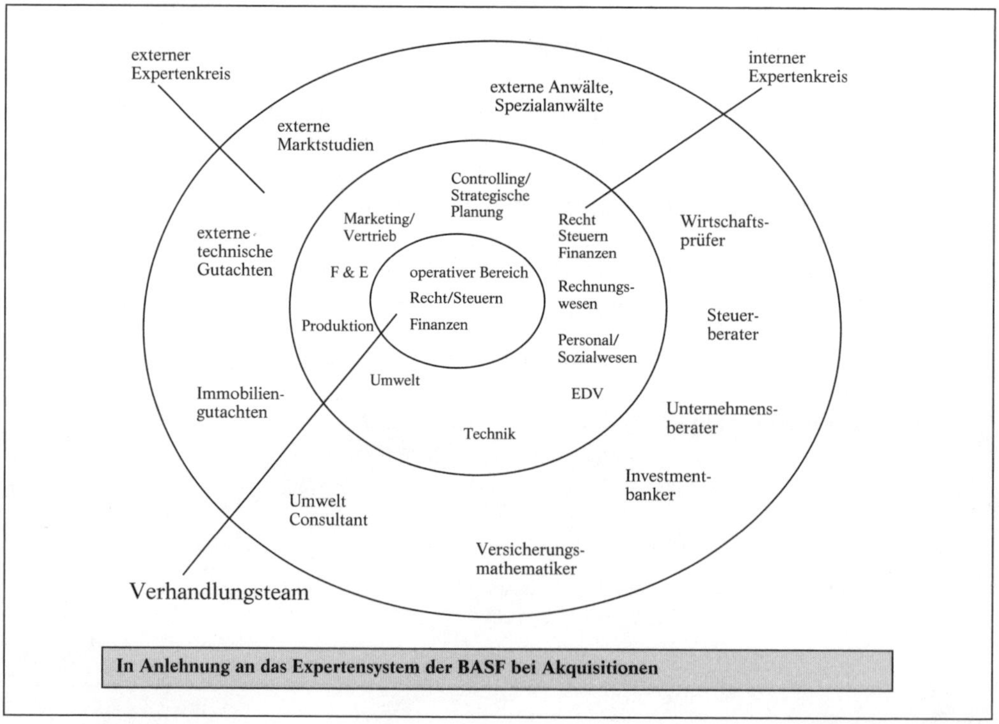

Abb. 2: Expertensystem

Im Regelfall setzt sich das Team zusammen aus Mitarbeitern der Bereiche Rechnungswesen, Personal, Steuern, Recht und Vertrieb. Zu den von externer Seite herangezogenen Experten gehören in erster Linie Rechtsanwälte, Wirtschaftsprüfer oder Investmentbanker.

cc) Ablauforganisation der Due Diligence

Die Ablauforganisation der Due Diligence kann grundsätzlich unterteilt werden in die
- Informationssammlung,
- Informationsverarbeitung,
- Informationsanalyse.

Die zeitlichen und inhaltlichen Aspekte der Due Diligence sind häufig im Letter of Intent weitgehend fixiert.

Der typische Ablauf einer Due Diligence gestaltet sich wie folgt:[35]

1. Audit-Vorbereitung
- Auswahl des Standorts
- Fixierung des Audit-Ziels
- Zusammenstellung des Audit-Teams
- Erstellung des Audit-Plans (Umfang, Prioritäten, Prozesse, Zeitplan)
- Auswertung bereits vorliegender Dokumente
- evtl. Versand von Fragebögen bzw. Checklisten

2. Audit-Durchführung
- Management-Präsentation und Gespräche mit Mitarbeitern
- Betriebsbesichtigung und Analysen im Data-Room
- Überprüfung der definierten Untersuchungselemente
- Vorläufige Auswertung der Audit-Resultate
- Diskussion der vorläufigen Resultate mit Management des Verkäufers

3. Audit-Nachbereitung
- Detaillierte Analyse und zusammenfassende Bewertung
- Prognose von Cash-Flow in Finanzplänen
- Koordination und Erstellung des Due Diligence-Memorandums
- Vorschlag von akquisitionsobjektspezifischen Problemlösungsstrategien
- ggf. Entwicklung eines Aktionsplans nach Prioritäten

35 Rockholtz (2008), S. 87.

dd) Teilbereiche der Due Diligence

Im Rahmen einer Due Diligence wird das Unternehmen sowohl hinsichtlich der rechtlichen als auch der wirtschaftlichen **Unternehmensgrundlagen** einer eingehenden Analyse **(Pre Acquisition Audit)** unterzogen, und zwar insbesondere hinsichtlich

- Gesellschaftsverfassung
- Beteiligungsstruktur
- Wirtschaft, Finanzen und Steuern
- Operatives Geschäft, Technik, Logistik
- Einkauf, Absatz, Wettbewerb
- Versicherungen
- Betriebsstätten und -Anlagen, Grundstücken
- IT/IP (Geistiges Eigentum)
- Personal
- Förderungen und Zuschüssen
- Recht, Rechtsstreitigkeiten insbesondere:
  - Vertragsrecht
  - Gesellschaftsrecht
  - Arbeitsrecht
  - Betriebsrentenrecht
  - Steuerrecht
  - Umweltrecht - Altlasten
- Sonstiger wichtiger Unternehmensgrundlagen

Die Due Diligence erfolgt vor allem in Form einer

- Legal and Tax Due Diligence
- Financial Due Diligence
- Marketing Due Diligence
- Human Resources Due Diligence
- Cultural Due Diligence
- Organizational Due Diligence
- IT Due Diligence
- Environmental Due Diligence,

wobei eine klare Trennung dieser Bereiche in der Praxis nicht möglich ist.

Die folgende Darstellung zeigt eine Systematisierung der einzelnen Gebiete, wobei nicht in jedem Akquisitionsfall alle Teilgebiete betrachtet werden müssen. Daneben ist zu berücksichtigen, dass die einzelnen Gebiete hohe Interdependenzen aufweisen, die in den Einzeluntersuchungen zu berücksichtigen sind.

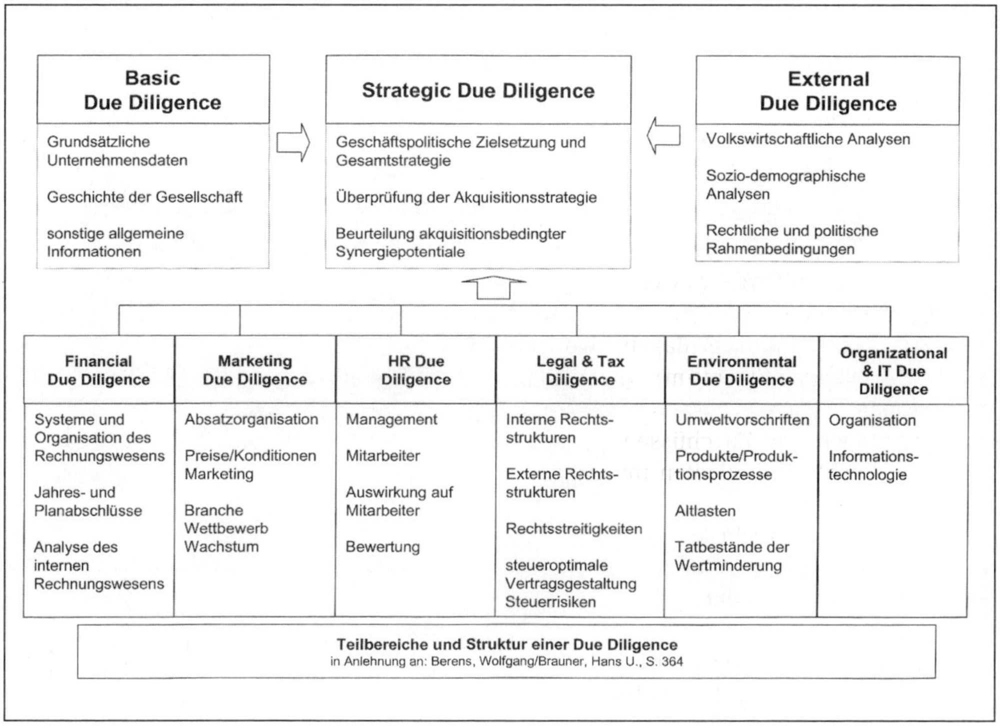

Abb. 3: Teilbereiche und Struktur einer Due Diligence in Anlehnung an Berens/Brauner (2008), S. 364

e) Funktionen der Due Diligence

aa) Basic und External Due Diligence

Sowohl bei der Basic als auch bei der External Due Diligence handelt es sich nur bedingt um Teilbereiche der eigentlichen Due-Diligence-Prüfung. Der besondere Status beider Gebiete ergibt sich daraus, dass zum einen Daten über das zu akquirierende Unternehmen gesammelt werden, die **vor** der Due Diligence (folglich auch ohne Mitwirkung des Verkäufers) erhoben werden können, und zum anderen Informationen analysiert werden, die funktionsübergreifend sind und somit nicht in die einzelnen Teilbereiche der Due Diligence verlagert werden können.

- **Grunddaten der Basic Due Diligence**
  - Firma und Rechtsform der Gesellschaft
  - Sitz der Gesellschaft
  - Adresse, Telefonnummer, Fax
  - E-Mail-Adressen, Internet-Präsentation der Gesellschaft
  - Ansprechpartner für die Kaufpreisverhandlungen und die einzelnen Audits
  - Namen der Vorstände, Geschäftsführer und von M&A-Verantwortlichen
  - Datum und Ort der Gründung, Eintragung ins Handelsregister
  - Gründer und bisherige Eigentümer der Gesellschaft
  - Kurze Geschichte der Gesellschaft
  - Kurze Beschreibung der Geschäftstätigkeit

So handelt es sich bei der Zusammenstellung der Grunddaten auch im Wesentlichen um Informationen, die bereits **vor der Durchführung der Due Diligence** bei der Auswahl von Kauf-Kandidaten gesammelt und zusammengestellt werden. Bei den übrigen Unterlagen, die in den Basic-Bereich gehören, ist zu unterscheiden zwischen den unternehmensinternen und den öffentlich verfügbaren Daten.

- **Sonstige Daten der Basic Due Diligence**
  - *unternehmensintern*
    - Protokolle der Vorstands-/Geschäftsführungssitzungen
    - Protokolle der Haupt-/Gesellschafterversammlung
    - Gesellschaftsvertrag/Satzung der Gesellschaft
    - Unternehmensgutachten
    - Gründe für einen Verkauf der Gesellschaft
  - *öffentlich verfügbare Unternehmensdaten*
    - Pressemitteilungen
    - Image/Ruf der Gesellschaft
    - Stellung bei Informationsdiensten

Die öffentlich verfügbaren Daten haben im Prinzip den gleichen Status wie die Grunddaten: Ihre Sammlung ist bereits im Vorfeld (ohne Due Diligence) organisierbar. Die unternehmensinternen Daten dagegen sind nur über die Due Diligence verfügbar, sie sind jedoch keinem Teilbereich zurechenbar.

Aufgrund der hohen Sensibilität, die beispielsweise den Protokollen der Vorstands- oder Geschäftsführungssitzung anhaften, ist es ohnehin fraglich, ob der Verkäufer in diesem Stadium der Verhandlungen bereit ist, diese offenzulegen.

Die External Due Diligence beschäftigt sich mit der Analyse der Fakten und Faktoren, die außerhalb des Einflussbereiches von Ziel- und Käuferunternehmen liegen. Nicht einbezogen sind die Analysen über den Markt bzw. die Branche, in der das Akquisitionsobjekt tätig ist bzw. sein wird. Diese Daten sind Bestandteil der Marketing Due Diligence. Die wesentlichen Inhalte der External Due Diligence liegen demzufolge in der Entwicklung gesamtwirtschaftlicher Rahmendaten. Eine Auswahl der dazu notwendigen Erhebungen ist der folgenden Aufstellung zu entnehmen.[36]

Daten der External Due Diligence

- Analyse der volkswirtschaftlichen Lage der Länder, in denen die Gesellschaft tätig ist oder beabsichtigt tätig zu werden im Bezug auf
  - Entwicklung des Bruttosozialprodukts und der Kaufkraft
  - Zahlungsbilanzentwicklung und Wechselkurse
  - Staatsausgaben, Staatsdefizite, Inflation
  - Steuern, Subventionen
  - Kapitalmarktentwicklung
  - Kompensatorische oder verstärkende Wirkung der Konjunkturzyklen in Verhältnis zu denen des Stammlandes
- Analyse der demographischen Struktur und des Ausbildungsniveaus dieser Länder, insbesondere der Regionen, in denen die Zielgesellschaft tätig ist
- Analyse der Infrastruktur und deren zukünftige Entwicklung, insbesondere im Transport- und Telekommunikationsbereich
- Identifikation des Ausmaßes von Korruption und Repression in den einzelnen Ländern
- Untersuchung der gesellschafts-, steuer- und arbeitsrechtlichen Rahmenbedingungen
- Entwicklungstendenzen bei Gesetzen und Rechtsverordnungen
- Identifikation von:
  - Gefahren politischer Einflussnahme
  - bestehenden oder zu erwartenden protektionistischen Maßnahmen
  - Repatriierungsproblemen oder drohenden Repatriierungsproblemen
- und Bewertung, welche Auswirkungen diese auf die Geschäftstätigkeit der Zielgesellschaft haben

36 Vgl. auch die Checkliste External Due Diligence bei Berens/Brauner, S. 368.

bb) Financial Due Diligence

Die Financial Due Diligence – häufig als »Fokus« der gesamten Due Diligence bezeichnet – dient der Beschaffung und Analyse von Informationen zur wirtschaftlichen bzw. finanziellen Situation des Akquisitionsobjektes. Obwohl die Datenbasis der Financial Due Diligence überwiegend vergangenheits- bzw. gegenwartsorientiert ist, dürfen die Aussagen der Due Diligence nicht in diesem Rahmen stehen bleiben. Die Analyse der Ist-Daten muss vielmehr eine entscheidende Grundlage für die Erstellung bzw. die Überprüfung von Plandaten sein. Im Zusammenhang mit anderen Teilgebieten der Due Diligence – insbesondere mit einer Wechselwirkung zur Market Due Diligence – können dann vorhandene Planungen auf ihre Plausibilität überprüft oder aber Plandaten erstmals erstellt werden. Die Financial Due Diligence stützt sich im Wesentlichen auf die Daten des externen Rechnungswesens, d.h. auf

- die Bilanz,
- die Gewinn- und Verlustrechnung sowie, falls vorhanden, auch
- den Lagebericht und Anhang.

Übergeordnet sollte allerdings die **Organisation und IT** des Rechnungswesens bei der Prüfung werden. Hinweise der Wirtschaftsprüfer (Testate, Management Letter, usw.) können dabei von entscheidender Bedeutung sein. Eine besondere Quelle für Informationen (auch im Hinblick auf die Erstellung von Planwerten) können die Daten des internen Rechnungswesens sein.

Da die Bilanz bzw. GuV in aller Regel auf der Aggregationsebene »Gesamtunternehmen« erstellt wird, fehlen im externen Rechnungswesen häufig Informationen über die einzelnen Produkte. Falls vorhanden bzw. verfügbar sollten daher Produktergebnisse, Deckungsbeitragsrechnungen, Kosten-Budgets und ähnliche Daten aus dem internen Rechnungswesen in die Due-Diligence-Analyse mit einbezogen werden.

Die Durchführung der Financial Due Diligence erfolgt zumeist mithilfe strukturierter Checklisten. Diese Vorgehensweise hat sich durchgesetzt, da auch das Ausgangsmaterial (Bilanz, GuV) durch gesetzliche Vorschriften stark vorstrukturiert ist.[37] Deshalb sei an dieser Stelle nur auf einige Teilaspekte hingewiesen, die besonders wichtig erscheinen.

Wie schon erwähnt, werden die Daten überlagert von der Organisation des Rechnungswesens. Insofern steht am Anfang der Financial Due Diligence eine Beschreibung der Buchhaltungs- und Bilanzierungs- sowie der Berichtssysteme. Dabei stellen sich Fragen zu

- den angewandten Bilanzierungs- und Bewertungsgrundsätzen,
- der Stetigkeit der angewandten Bilanzierungs- und Bewertungsregeln,
- möglichen Verstößen im Rahmen der Bilanzierungs- und Bewertungsmethoden.

Bei testierten Abschlüssen kann dabei auf die Kommentare und Bemerkungen der Wirtschaftsprüfer (Management Letter) zurückgegriffen werden. Vorsicht ist geboten bei Unternehmenserwerben im Ausland. Bei international geläufigen »Accounting Standards« wie etwa IAS oder GAAP sind die Bilanzierungsgrundsätze noch überschaubar, bei der

37 Ausführliche Checklisten finden sich u.a. bei Jansen, S. 215/216; Brauner/Behrens, S. 369; Gerhard Picot, Unternehmenskauf und Restrukturierung, IV.6. (RN 41 ff.).

Anwendung davon abweichender nationaler Bilanzierungs- und Bewertungsregeln ist eine Beurteilung und evtl. eine Transformation in die deutsche GOB zum Teil sehr schwierig.

Die Analyse des Jahresabschlusses umfasst

- die Bilanz und
- die GuV.

Für die Analyse der Bilanz sollte auf die Jahresabschlüsse der letzten 3–5 Jahre sowie auf einen zeitaktuellen Zwischenabschluss Wert gelegt werden. Grundsätzlich geht es darum

- die **Vermögenspositionen** auf stille Reserven/Lasten sowie auf nicht betriebsnotwendige Positionen und
- das **Eigenkapital** und die **Schulden** der Gesellschaft auf vollständigen Ausweis zu überprüfen.

Im Anlagevermögen ist es sicherlich schwierig, aus den (historischen) Anschaffungskosten einen Marktwert zu generieren. Stille Reserven liegen aufgrund der konservativen deutschen GOB häufig

- in Grundstücken und Gebäuden und
- in Maschinen und Anlagen,

wobei zu überprüfen ist, ob ein höherer Markt- oder Verkehrswert bei **Grundstücken** und **Gebäuden** tatsächlich realisierbar ist. Bei Maschinen und Anlagen ist die Ursache für einen den Buchwert überschreitenden Marktwert häufig darin begründet, dass die Nutzungszeit die Abschreibungsdauer übersteigt.

Besonderer Beachtung bedarf das **immaterielle Anlagevermögen**. Ansatz- und Bewertungswahlrechte machen eine Einschätzung dieser Positionen kompliziert.

Große Sorgfalt sollte im **Umlaufvermögen** auf den Ansatz und die Bewertung der **Vorräte** gelegt werden. Im Bereich der RHB-Stoffe bzw. der Halbfabrikate ist darauf zu achten, dass hinreichend hohe Korrekturen (in der Praxis zumeist Abschläge) wegen der Nichtgängigkeit, wegen technischer Veralterung oder wegen Überbeständen gebildet werden. Aufwertungen bzw. Zuschreibungen sind wesentlich seltener. Auftragsbezogene Bestände lassen sich aus der Bilanz heraus nicht analysieren. Nur im Zusammenhang mit den entsprechenden Informationen aus dem internen Rechnungswesen (Vor- und Mitkalkulation) lässt sich überprüfen, ob entsprechende Vorsorge für Verlustaufträge getroffen ist. Die Dotierung der Rückstellungen steht im direkten Zusammenhang hierzu.

Von ähnlich großer Bedeutung wie die Bewertung der Vorräte ist die **Analyse des Forderungsbestandes**. Die Angemessenheit von Einzel- und Pauschalwertberichtigungen lässt sich durch Vergangenheitsbetrachtungen (Pauschalwertberichtigungen) sowie eine ABC-Analyse der wichtigsten Forderungsnehmer (Einzelwertberichtigung) überprüfen.

Auf der Passivseite liegt die im Due-Diligence-Bereich kritische Größe bei den **Rückstellungen**. Die schon angesprochenen Verlustrückstellungen, aber auch die Rückstellungen für Gewährleistungen, Pensionen und andere personalbezogene Sachverhalte sind gewichtig. Auch hierbei ist der Ansatz in der Bilanz durch Informationen aus dem internen Rechnungswesen bzw. durch externe Gutachten zu überprüfen. Für den Fall, dass trotz entsprechender Recherchen eine Unsicherheit verbleibt, muss an dieser Stelle über Bilanzgarantien nachgedacht werden.

Bei der Analyse des Ergebnisses anhand der Gewinn- und Verlustrechnung ist die **Kontinuität der Ergebnisse** ein wichtiges Kriterium. Darüber hinaus sollten die Ergebnis*arten* separiert werden, insbesondere Sondereinflüsse oder Einmaleffekte müssen sichtbar gemacht werden. Vom Vorhandensein und der Verfügbarkeit der Informationen aus dem internen Rechnungswesen wird es abhängen, ob und wieweit Ergebnisse bestimmter Produkte bzw. Regionen zur Verfügung stehen.

Bei der Überprüfung der **Planungsrechnungen** geht es um die Qualität, Plausibilität und damit um die Verlässlichkeit der Planung. Wegen des hohen Einflusses der Planergebnisse auf die strategische Zielerreichung und damit auf den Kaufpreis, erfordert die Auseinandersetzung mit den Planungsprämissen sowie der Abstimmung der Teilpläne (Umsatz, Kosten, Investitionen, usw.) eine hohe Aufmerksamkeit. Die marktseitig in die Planung einfließenden Prämissen müssen darüber hinaus mit den Ergebnissen der Market Due Diligence abgeglichen werden.

Die Ergebnisse der Financial Due Diligence sind sicherlich unverzichtbar. Gleichwohl sei aber nicht verschwiegen, dass es auch Kritik an einer einseitig auf das Rechnungswesen ausgelegten Due Diligence gibt.

Bei Huemer[38] aber auch bei Bühner[39] wird den Daten des Rechnungswesens – speziell des externen Rechnungswesens – ein erhebliches Misstrauen entgegengebracht. Die Gründe hierfür sind zusammengefasst:

- die Vergangenheitsorientierung von Bilanz und GuV,
- der durch die gewählte Bilanzierungspolitik beeinflussbare Ausweis des Ergebnisses,
- das Fehlen von Ertragsgrößen, die wertbildend, aber aus dem Rechnungswesen nicht herleitbar sind (Geschäftsrisiko, Finanzierungsrisiko, Investitionserfordernisse).

cc) Marketing Due Diligence

Die **Marketing (Commercial)** *Due Diligence* schließt sich nahtlos an die Financial Due Diligence an. Ihre Aufgabe ist es, einen Brückenschlag zwischen der stark vergangenheitsorientierten Financial Due Diligence und der auf die künftigen Erfolgspotenziale ausgerichteten Strategie zu bilden. Eine der ganz konkreten Zielsetzungen in der Marketing Due Diligence ist es daher herauszufinden, ob die Prämissen, die für eine Unternehmensplanung zugrunde gelegt sind, glaubwürdig und stichhaltig sind. Damit leistet die Marketing Due Diligence einen erheblichen Beitrag zur Absicherung des Kaufpreises, da die Unternehmensbewertung (unabhängig von der Bewertungsmethode) maßgeblich von den Zukunftserträgen beeinflusst wird. Die generelle Zielsetzung der Marketing Due Diligence besteht daher in dem **Aufdecken der unternehmens- und marktbezogenen Chancen und Risiken, die die zukünftige Entwicklung des Unternehmens bestimmen und damit den Akquisitionserfolg der Transaktion absichern.**

Neben der zeitlichen Dimension (vergangenheits- bzw. zukunftsorientiert) gibt es noch einen weiteren Unterschied der **Marketing (Commercial) Due Diligence** gegenüber der Financial Due Diligence: Während die Financial Due Diligence durchweg inneno-

38 Huemer, Mergers & Acquisitions, S. 44.
39 Bühner, Das Management-Konzept, S. 14–29.

rientiert ist und sich dementsprechend ausschließlich mit internen Unternehmensdaten beschäftigt, schließt die Marketing Due Diligence die Analyse der Umwelt mit ein. Auf diese Weise verbindet die Marketing Due Diligence die Kunden-, Markt- und Unternehmensperspektiven.

Im Einzelnen behandelt die Marketing Due Diligence folgende Ziele:[40]

- Ermittlung der Wettbewerbsposition des Akquisitions-Objekts
- Analyse der Zukunftsträchtigkeit der Branche bzw. des Marktes
- Ermittlung des Synergiepotenzials bzw. Verifizierung der strategischen Planung.

(1) Interne Unternehmensanalyse

Im Rahmen der internen Analyse werden alle Teilbereiche des Unternehmens untersucht, die marketing-relevant sind. Die hierzu in Frage kommenden Felder zeigt die nachfolgende Abbildung.

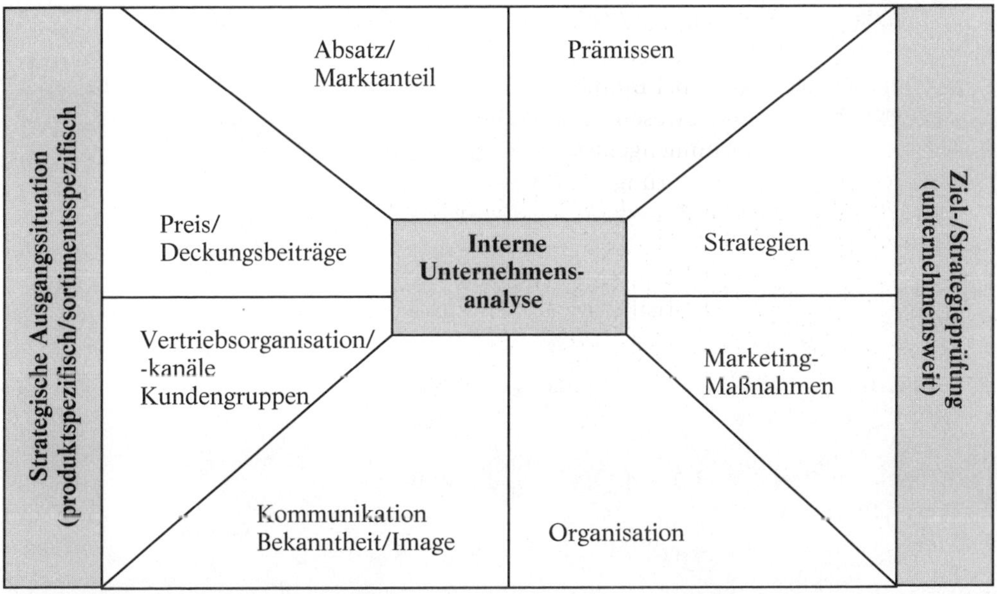

Abb. 4: Felder der internen Unternehmensanalyse
Quelle: Interne Unternehmensanalyse im Rahmen der MDD, vgl. Sebastian/Niederdrenck/Tesch, S. 297

Eine der ganz wesentlichen Analysen betrifft das **Produktprogramm des Unternehmens**, und zwar z.B.

- die Struktur der einzelnen Produkte im Gesamt-Portfolio
- das Gewicht der einzelnen Produkte im Gesamt-Portfolio
- das Wachstum der Hauptprodukte,
- die Marktanteile der verschiedenen Produkte,

40 Vgl. Sebastian, S. 295.

- das Alter der Produkte,
- der Produktlebenszyklus einzelner Produkte,
- der Anteil neuer Produkte (jünger als 5 Jahre) im Produktprogramm,
- die Absatzstruktur.

Wichtig sind aber auch sogenannte »**Soft Facts**« wie z. B.
- das Produktimage,
- die Substitutionsgefahren,
- die Funktionen und Eigenschaften bestimmter Produkte,
- die saisonalen Schwankungen/Konjunkturzyklen

Auch auf der **Absatzseite** interessieren die Fragen zu
- Kundenstruktur,
- Anzahl der Kunden,
- Abhängigkeit von Kunden (mehr als 10 % vom Umsatz eines Produktes),
- Regionale Verteilung der Umsätze,
- Grundstrategien im Absatzbereich,
- Beschreibung der Absatzorganisation,
- Vertriebsarten/Vertriebskanäle,
- Lieferverpflichtungen,
- Eigener Vertrieb/Vertretungen,
- Vertriebspersonal

sowie Fragen zu den **Marketing-Maßnahmen**
- Höhe und Verteilung des Werbebudgets,
- Marktforschung,
- Teilnahme an Messen, Ausstellungen, Kataloge,
- Beiträge in Fachzeitschriften u.Ä.

Im Bereich der **Preise und Konditionen** sind von Bedeutung
- Preisentwicklung einzelner Produkte,
- Preisentwicklung auf bestimmten Märkten,
- Eigene Preispolitik,
- Mengen-/Großkundenrabatte,
- Zahlungsziele,
- Gutschriften, Boni, Skonti, usw.,
- Garantieverpflichtungen.

(2) Externe Unternehmensanalyse

Gegenstand der externen Unternehmensanalyse im Rahmen der Due Diligence ist
- einerseits die Durchleuchtung des Marktes bzw. der Branche und
- andererseits die Wettbewerbsposition, in der sich das Unternehmen befindet.

Die Informationen zur Branche bzw. zum relevanten Markt lassen sich verhältnismäßig einfach ermitteln, da in aller Regel sowohl im Unternehmen aber auch in frei verfügbaren Unterlagen statistische Daten vorliegen. Die wesentlichen Erhebungen beziehen sich auf

- die Branchenstruktur (Anzahl der Unternehmen, Größenordnung der Unternehmen, Konzentration der Branche),
- das Wachstum der Branche sowie
- die Branchenattraktivität (Wachstumsprognose, Wachstumsmärkte, Konzepte zur Ausschöpfung des Wachstumspotenzials).

Zur Bestimmung der Stärken und Schwächen des betrachteten Unternehmens im Verhältnis zu seiner Umwelt müssen daher die Faktoren, die den Wettbewerb ausmachen, lokalisiert werden. Nach Porter[41] sind die Charakteristika dieses Wettbewerbes
- die Bedrohung durch (neue) Konkurrenten,
- die Verhandlungsmacht auf der Abnehmer-/Kundenseite,
- die Verhandlungsstärke der Lieferanten,
- die mögliche Bedrohung durch Ersatzprodukte.

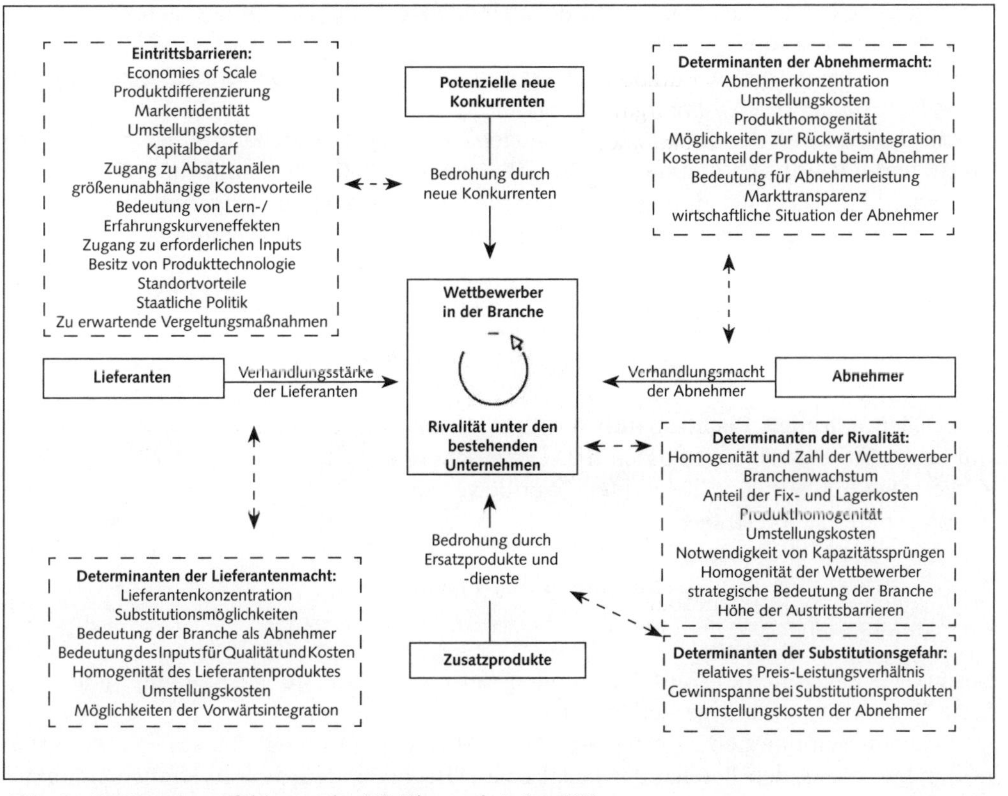

Abb. 5: Bestimmungsfaktoren der Wettbewerbsintensität
Quelle: in Anlehnung an Porter (Wettbewerbsstrategie), S. 26

41 Porter, Wettbewerbsstrategie, S. 26.

dd) Legal und Tax Due Diligence

(1) Legal Due Diligence[42]

Die rechtliche Einordnung des Zielunternehmens, die Überprüfung der gesellschaftsrechtlichen Strukturen sowie die Rechtsbeziehungen zu Dritten kennzeichnen die Aufgabenstellung der Legal Due Diligence. Eine andere Darstellung unterteilt die Legal Due Diligence in eine Untersuchung der internen sowie der externen Rechtsstrukturen. Bei den **unternehmensinternen** Rechtsstrukturen handelt es sich um

- gesellschaftsrechtliche Belange,
- vermögensrechtliche Belange,
- vertragsrechtliche Belange (mit der Einschränkung, dass hier nur unternehmensinterne Verträge gemeint sind).

Bei den gesellschaftsrechtlichen Aspekten geht es um die Rechtsform der Gesellschaft, um den Gesellschaftsvertrag, um aktuelle Handelsregisterauszüge, um Beteiligungsverhältnisse und um interne Vollmachten.

Diese Sachverhalte haben häufig deskriptiven Charakter, Überschneidungen mit der Basic Due Diligence sind möglich.

Mit der Analyse des Immobilienvermögens wird eine Absicherung der bilanziellen Werte verfolgt. Einsichtnahmen in Grundbuchauszüge, Grundschuld- und Sicherungsurkunden, Flur- und Bebauungspläne gehören zu den einzelnen Aufgaben. Wechselwirkungen zur Bilanzanalyse innerhalb der Financial Due Diligence sind möglich.

Unternehmensinterne Verträge beziehen sich im Wesentlichen auf die Durchsicht der Arbeitsverträge. Besondere Aufmerksamkeit ist dabei auf die Verträge der Führungskräfte bzw. Organmitglieder zu legen.

Ausführliche Hinweise hierzu sind in der Human Resources Due Diligence beschrieben.

Bei den **externen Rechtsstrukturen** geht es um die Verträge, die das Unternehmen mit seiner Außenwelt geschlossen hat. Dazu gehören

- Verträge mit Kunden, Lieferanten, Wettbewerbern,
- Miet- und Pachtverträge,
- Kooperation/Allianzen,
- Gewährleistungs- bzw. Garantievereinbarungen,
- prozessuale Risiken.

Besonderes Augenmerk ist auf den Kunden-Auftragsbestand zu legen, da hier eine mögliche Quelle für zukünftige Verluste liegt.

Neben diesen internen/externen Rechtsstrukturen gibt es eine Vielzahl von Sondertatbeständen, die in den Bereich der Legal Due Diligence fallen. Hierzu können gehören

- behördliche Genehmigungen (belastende Auflagen, drohender Widerruf),
- Rückzahlung von Subventionen/Zulagen/Beihilfen etc.,
- strittige Verfahren,

---

42 Siehe dazu bereits B.V.3.e)dd) sowie Gerhard Picot, Unternehmenskauf und Restrukturierung, Teil I Vertragsrecht, IV.6. RN 41 ff.

- nicht ausreichende Versicherungen,
- Risiken aus Haftungsübernahmen (Bürgschaften, Garantien, Patronatserklärungen),
- Risiken aus Arbeitsgemeinschaften/Konsortien (Leistungsabgrenzung, gesamtschuldnerische Haftung),
- Wettbewerbsvereinbarungen, kartellrechtlich relevante Absprachen,
- Risiken aus der Betriebsfortführung bis zur effektiven Übernahme.

(2) Tax Due Diligence[43]

Bei der Tax Due Diligence geht es um zwei voneinander völlig unabhängige Aufgabenstellungen

a) die steuerlich optimale Gestaltung der Akquisition für Käufer und Verkäufer und
b) den Schutz des Käufers vor steuerlich begründeten finanziellen Risiken aus der Vergangenheit.

An einer steuerlich optimalen Gestaltung des Unternehmenskaufes hat im Wesentlichen der Verkäufer ein hohes Interesse. Aber auch beim Käufer können Gestaltungsüberlegungen Vorteile ergeben. Hierzu gehören

- die steuerliche Nutzung von Verlustvorträgen,
- eine steuerneutrale Aufdeckung von stillen Reserven,
- eine steuermindernde Behandlung der Finanzierungskosten (Zinsen),
- ergebnisbelastende Fördermaßnahmen (z. B. Sonderabschreibungen),
- ergebnisverbessernde Fördermaßnahmen (z. B. Zulagen, Zuschüsse).

Zudem muss dem Käufer auch daran gelegen sein, den Verkäufer in steuerlicher Hinsicht zu unterstützen, da sich hierdurch eine bessere Position bei der Kaufpreisverhandlung ergibt.

Der aus Käufer-Sicht wichtigere Teil der Tax Due Diligence bezieht sich aber auf die Vermeidung von Risiken, die durch nicht steuerkonforme Behandlung von Sachverhalten entstanden sind und die dementsprechend zu Steuernachzahlungen führen können.

Ausgangspunkt für die Untersuchungen sind auf der einen Seite die Steuererklärungen der letzten Jahre und auf der anderen Seite die letzte Betriebsprüfung. Steuererklärungen **nach** der letzten Betriebsprüfung müssen auf finanzielle Risiken überprüft werden (evtl. Bildung von Rückstellungen). Bei schwerwiegenden Verdachtsmomenten sollten mögliche Risiken durch Garantieklauseln im Kaufvertrag abgedeckt werden.

Untersuchungsgegenstand sollten die relevanten Steuerlasten sein wie

- Körperschaftssteuer,
- Gewerbesteuer,
- Umsatzsteuer.

Für den Fall, dass zu dem Vermögen des erworbenen Unternehmens Grundvermögen gehört, sollte eine Regelung für die Grunderwerbsteuer getroffen werden.

Im Tax Due-Diligence-Report sollten demnach festgeschrieben werden

43 Zur Tax Due Diligence siehe eingehend Eilers/Ortmann Teil A.IV.7 in diesem Handbuch.

- eine Vereinbarung darüber, wer die erwarteten, bis zum Übergangsstichtag (Closing) wirtschaftlich verursachten Steuerbeträge trägt,
- eine Vereinbarung, wer nicht erwartete, daher im Kaufpreis nicht berücksichtigte Steuernachforderungen oder Steuererstattungen trägt (sog. Betriebsprüfungsklausel) und
- eine Vereinbarung über die Haftung für steuerliche Mehrbelastungen aufgrund von verdeckten Gewinnausschüttungen.

Gegebenenfalls sind diese Sachverhalte in den Kaufvertrag zu übernehmen.

ee) Human Resources[44]

»Die Führungsqualifikation des Managements und die Qualifikation der Mitarbeiter, die Unternehmenskultur, die Loyalität und damit einhergehend die Fluktuationsgefährdung der Führungskräfte und Mitarbeiter, insbesondere deren Auseinandersetzung mit der Akquisition bzw. die persönliche Einstellung zum Merger- oder Integrationsprozess sind letztlich wesentliche Faktoren, die über Erfolg oder Misserfolg eines Unternehmenszusammenschlusses entscheiden.«[45]

Die in dieser Aussage enthaltene Bedeutung der Human Resources beim Unternehmenskauf hat sich in der Praxis noch nicht durchgesetzt. Human-Resources-Analysen mit den oben beschriebenen »weichen Faktoren« kommen im Gesamtrahmen der Due Diligence noch nicht die Bedeutung zu, die ihr eigentlich zustehen. Andererseits beschäftigt sich in letzter Zeit die Forschung mit einer isolierten Bewertung des Human-Kapitals.

Erste Ansätze eines »Value accounting Modell des Human Resource Accounting« finden sich bei Flamholtz/Coff.[46] Der Vorteil dieses Ansatzes liegt darin, dass der Wert der Human Resources als der auf die Gegenwart abdiskontierte Wert ihrer künftigen Nutzung definiert wird. »Dadurch wird das zukünftige Leistungspotenzial und die stellenbezogenen Wiederbeschaffungskosten der Mitarbeiter berechnet.«[47]

Parallelen zur DCF-Methode in der normalen Unternehmensbewertung sind unverkennbar. Allerdings verstärken sich die Probleme der DCF-Methode in der Übertragung auf eine HR-Bewertung noch erheblich (z. B. wertmäßige Bestimmung der Leistungsbeiträge einzelner Mitarbeiter in der Zukunft). Insofern ist es nicht verwunderlich, dass quantifizierbare Aussagen über den Wert der Human Resources noch keinen Eingang in die Praxis gefunden haben.

Die in der Due Diligence gängigen und gebräuchlichen HR-Checklisten lassen darüber hinaus den Schluss zu, dass der Faktor Personal immer noch mehr als Risiko denn als Potenzial gesehen wird (siehe die nachstehende Checkliste).

Diese negative Einstellung hat ihre Ursache sicherlich in den M&A-Aktivitäten der Vergangenheit, bei denen die Kostensenkung als Synergiepotenzial im Vordergrund stand. In aller Regel handelte es sich hierbei um Zusammenschlüsse auf horizontaler Ebene,

---

44 Siehe dazu ausführlich Gerhard Picot, Personelle und kulturelle Integration, Teil C.XII in diesem Handbuch.

45 Aldering/von Hutten, S. 316.

46 Flamholtz/Coff, S. 43.

47 Gut-Villa, S. 187.

einhergehend mit der Freisetzung einer hohen Anzahl von Mitarbeitern. Problemfelder wie Kündigungsfristen, Kündigungsmöglichkeiten, soziale und gesellschaftspolitische Verpflichtungen spielten hierbei (verständlicherweise) eine große Rolle. Als Synonym für die so beschriebene Problematik gilt der § 613a BGB und die rechtlichen Parameter der Restrukturierung[48] sowie daraus folgend in vielen Fällen die generelle Unterordnung der HR in die rechtliche Due Diligence. Hieran sind in der Vergangenheit nicht wenige Deals gescheitert (Deal breaker).

Eine grundlegend andere Situation tritt ein, wenn das akquirierte Unternehmen sein wesentliches »Kapital« im Mitarbeiter-Bereich hat. Dies gilt insbesondere für M&A-Transaktionen im Dienstleistungsbereich (Technologie, Telekommunikation, Neue Medien, usw.). Hier kann das Gelingen oder Scheitern einer Transaktion davon abhängen, ob das vorhandene Personal gehalten werden kann. Anders als im zuvor beschriebenen Fall wird das Verbleiben aller (mindestens aber einer sehr hohen Anzahl) Mitarbeiter für das Zustandekommen des Deals zur »conditio sine qua non«.

(1) Checkliste zur HR-Due-Diligence

Human Resource-Checkliste

- Personalstruktur (Anzahl, Qualifikation, Funktion, Alter, Fluktuation)
- Kollektive Regelungen (z.B. Tarifverträge, Betriebsvereinbarungen, Gesamtzusagen)
- Einzelvertragliche Regelungen
- Lohn- und Gehaltsregelungen, Entwicklung der Personalaufwandsstruktur der letzten fünf Jahre Betriebs- und Arbeitszeitregelungen, Mehrarbeits-, Kurzarbeitsübersichten
- Regelungen der betrieblichen Altersversorgung und sonstiger betrieblicher Sozialeinrichtungen und -leistungen Fehlzeiten der letzten fünf Jahre wegen Krankheit, Unfällen und sonstiger Gründe; Unfallstatistiken
- Unternehmenskultur; Betriebsklima; Beteiligungsgrad bei Verbesserungsprozessen (z.B. Ideenmanagement, Betriebliches Vorschlagswesen)
- Personalplanung unter Berücksichtigung der Arbeitsmarktsituation (z.B. Einstellungen, Entlassungen, Qualifizierungen)
- Mitgliedschaft in Arbeitgeberverbänden; Gewerkschaftszugehörigkeit; gewerkschaftlicher Organisationsgrad der Mitarbeiter
- Betriebsverfassungsrechtliche Gremien, Sprecherausschüsse
- Beurteilung der auf Seiten des Verkäufers notwendigen arbeitsrechtlichen Abläufe
- Bei Akquisition im Ausland: arbeits- und sozialrechtliche Rahmenbedingungen

48 Siehe dazu Gerhard Picot/Achim Fuhrmanns, Handbuch für Familien- und Mittelstandsunternehmen, Teil XI.

Synergie-/Risikopotenziale

- Einstellung des Managements und anderer Know-how-Träger zur Akquisition und zum Verbleib in Unternehmen
- Notwendigkeit von Personalanpassungsmaßnahmen (Interessenausgleich und Sozialplan)
- Doppelbesetzung von Funktionen
- Anpassungsbedarf bezüglich kollektiver und einzelvertraglicher Regelungen
- Unterschiedliche Unternehmensstrukturen, Demotivation, Widerstände

Quelle: Akquisitionscontrolling Mannesmann AG

(2) HR in der Due-Diligence-Phase

Wenn der nachhaltige Wettbewerbsvorteil in einer Resource-based-View[49] durch Vorteile in der Resource-Ausstattung eines Unternehmens begründet ist, dann kommt den Human Resources eine immer größere Bedeutung zu, da alle übrigen Ressourcen, wie z. B. Maschinen, Finanzmittel, Informationen für alle Marktteilnehmer zu vergleichbaren Konditionen zur Verfügung stehen. Die personelle Ausstattung eines Unternehmens bekommt hierdurch einen höheren Wert und wird zum möglicherweise entscheidenden Strategiefaktor. Dies erfordert, dass dem HR-Aspekt auch (oder gerade) in der Frühphase eine gesteigerte Aufmerksamkeit zukommt.

Das wesentliche Problem einer HR-Analyse während der Due-Diligence-Phase ist geprägt durch die notwendige Geheimhaltung wie sie etwa im Confidentialty Agreement zum Ausdruck kommt. In der vorvertraglichen Phase, in der nur ein ganz begrenzter Kreis von Personen in die Akquisitionsüberlegungen eingeweiht ist, ist es schwierig, eine zur Potenzialerkennung notwendige Überprüfung vorzunehmen. »Competency-basierte Beurteilungen« wie sie von Aldering/von Hutten vorgeschlagen werden,[50] sind nicht oder nur eingeschränkt möglich, sollten aber bei der Post Merger Integration (PMI) unbedingt gemacht werden. Trotz dieser Einschränkungen verbleiben doch eine Reihe von guten Möglichkeiten, im Due-Diligence-Prozess »Wertsteigerungspotenziale« ausfindig zu machen.

An erster Stelle steht hier sicherlich, den HR-Aspekt im Due-Diligence-Team dadurch zu würdigen, dass ein »Personal-Sachverständiger« im Team integriert ist. Ob dies ein Linienverantwortlicher des akquirierenden Unternehmens, ein externer Berater oder sogar beide sind, hängt im Wesentlichen von der Charakteristik der Akquisition ab. Die Aufgabenstellung für den Teilbereich Human Resources im gesamten Due-Diligence-Prozess lässt sich dann wie folgt zusammenfassen:

a) Auswirkungen einer Übernahme auf die Mitarbeiter,
b) Analyse und Beurteilung des vorhandenen HR-Vermögens.

---

49 Zum Ansatz Market-based-View oder Resource-based-View vgl. Schaper-Rinkel, S. 32–43.
50 Aldering/von Hutten, S. 322.

Die Abschätzung der Auswirkung von Mitarbeiterverhalten im Falle einer Akquisition sind seit langem unter dem Schlagwort **Merger-Syndrom** bekannt. Darunter werden die psychologischen Auswirkungen von Transaktionen auf die Mitarbeiter und die daraus resultierenden Folgen verstanden. Das Merger-Syndrom beschreibt also die kollektive Befindlichkeit der Mitarbeiter und somit das Klima in der Unternehmung vor, während und nach der Akquisition.[51]

Aus empirischen Untersuchungen ist bekannt, dass etwa 30 % der Mitarbeiter der Veränderung positiv gegenüberstehen, ein etwas geringerer Anteil (20 %) ist strikt gegen solche Veränderung. Der weitaus größere Teil der Mitarbeiter ist in dem Bereich anzusiedeln, der neutral ist und dementsprechend noch keine Position bezogen hat. Für das »Gesamtklima« ist entscheidend, in welcher Gruppe sich die Meinungsmacher des Unternehmens befinden.

	pro change	nicht festgelegt	contra change	
aktiv	Innovatoren change agents	distanziert - engagiert	Boykotteure Dogmatiker	60%
passiv	Assistenten Produzenten	'träge Masse' Mitläufer	Skeptiker 'Kopf in den Sand'	40%
	30%	50%	20%	

Abb. 6: Einstellung der Mitarbeiter im Veränderungsprozess
(Darstellung nach Kienbaum Management Consultants GmbH in: Aldering/von Hutten, S. 318)

Die Kenntnis um dieses Merger-Syndrom und somit die Offenlegung in der Due Diligence sind eminent wichtig, weil hieraus die personalwirtschaftlichen Folgen abgeleitet werden können, wie z. B.

- Leistungs- bzw. Produktivitätsveränderung,
- Veränderung der Fehlzeiten,
- Erhöhung der Fluktuationsrate und
- Abnahme der Arbeitszufriedenheit und der Loyalität.

Die Analyse und Beurteilung des vorhandenen Human-Resources-Vermögens bildet den Kern der HR-Due Diligence. Wie schon erwähnt, erschwert das hohe Maß an Vertraulichkeit im vorvertraglichen Stadium die Analyse erheblich. Dennoch gibt es verschie-

51 Gut-Villa, S.121.

dene Instrumente, mit denen trotz der genannten Einschränkungen Spielraum für die Durchführung der HR-Due Diligence gegeben ist.

Instrumente der sog. Hard Facts
Eine Absicherung innerhalb der Due Diligence gegenüber Problemen aus sogenannten **Hard Facts** ist durch die Erstellung einer Checkliste machbar. Schwerpunkte dieser Checkliste, mithilfe derer die formalen Unsicherheiten abgesichert werden können, enthält die Beschreibung unter (1).[52]

Instrumente der Soft Facts
Wichtige Hinweise auf die Funktionsfähigkeit ergeben sich als **Soft Facts** aus der Organisation des Personalwesens. Zwar wird kein Hinweis auf die Stärken und Schwächen des einzelnen Mitarbeiters zu erwarten sein, aber auch aus den organisatorischen Einbindungen lassen sich wesentliche Erkenntnisse ableiten.

Hierzu gehört eine entsprechende **Dokumentenanalyse** zu

- Jahresberichten (Personalaufwendungen, Lohnkosten, usw.),
- Aus-/Fort- und Weiterbildungsstatistiken,
- Analyseberichten zu Fluktuation, Krankenstand, Loyalität, Mitarbeiterzufriedenheit,
- Personal-Entwicklungsprogrammen sowie
- Verbesserungsvorschlagswesen
- und ähnlichen im Unternehmen verfügbaren Unterlagen.

Aussagen über die individuellen Stärken und Schwächen des Personals sind im Due Diligence Prozess besonders schwierig. Möglichkeiten, die Repräsentanten des Führungskreises kennenzulernen, bietet die Management-Präsentation, die häufig als fester Bestandteil in die vorvertraglichen Phase eingebaut ist. Ist dies der Fall, so hat der Erwerber die Möglichkeit, die Führungsmannschaft kennenzulernen und einen ersten Einschätzungsversuch zu unternehmen.

Des Weiteren kann die Präsentation des Managements einen Überblick über die Schwerpunkte und strategische Ausrichtung der vorhandenen Führungsmannschaft geben. »Professionalität der Präsentation, Strukturierung sowie Art und Anzahl der eingesetzten Führungsinstrumente (beispielsweise produktorientierte Deckungsbeitragsrechnungen oder Portfolio-Analysen) können dem Erwerber weitere Hinweise geben, welches führungsmäßige Verbesserungspotenzial das Akquisitionsobjekt aufweist.«[53]

Darüber hinaus sind weitere Quellen zur Beurteilung des HR-Vermögens:

- Mitarbeiterbefragung,
- Management-Audit,
- Einzel-Assessments.

Ob und inwieweit diese an sich nützlichen Instrumente einsetzbar sind, hängt vom Stadium der Vertraulichkeit ab.

---

52 Eine ausführliche Checkliste befindet sich bei Berens/Brauner, S. 378.
53 Funk, S. 501.

ff) Environmental Due Diligence[54]

Aufgabe der Environmental Due Diligence ist die Identifizierung und Bewertung von Umweltrisiken.

Ursprünglich auf den Bereich »Altlastenproblematik« beschränkt, hat sich die Umwelt Due Diligence zu einer komplexen Analyse entwickelt, die neben einer Vielzahl umweltrelevanter Sachverhalte auch die rechtlichen Grundlagen des Umweltschutzes einschließt. Ziel der Umwelt Due Diligence im Einzelnen ist es

- dem Erwerber einen Überblick über die Umweltsituation des zu akquirierenden Unternehmens zu verschaffen und Umweltrisiken zu erkennen sowie
- Wertminderungstatbestände und erforderliche Anpassungen von Umweltschutzeinrichtungen kostenmäßig zu bewerten.

Im ersten Teil geht es im Wesentlichen um einen systematischen, im zweiten Teil um einen einzelfallorientierten Ansatz der Prüfung. Die Analyse der Umweltsituation versucht (u. a. durch eine Betriebsbegehung) Risikopotenziale des Unternehmens zu identifizieren. Hierzu gehören

- die Lage des Standortes,
- die Gebäudemorphologie (evtl. als Hinweis für künstliche Auffüllungen),
- die historische Nutzung des Standortes (Eigentümer, Branche),
- die Bebauungsart,
- die maschinelle Ausstattung.

Im weiteren Verlauf geht die Analyse aber weit über die physische Betrachtung des Standortes hinaus. Sie schließt die Aufbau- und Ablauforganisation des zu kaufenden Unternehmens (Umweltbeauftragter, Umweltberichte) ebenso ein wie die Umweltverträglichkeit der Produkte und Produktionsverfahren.

Ein weiterer Schwerpunkt der Analyse der Umwelt ist die »Legal Compliance«. Im Rahmen dieser Legal Compliance wird überprüft, ob und inwieweit Umweltvorschriften eingehalten werden. In diesen Bereich gehören insbesondere gesetzliche Verpflichtungen, Genehmigungen, behördliche Auflagen und Verwaltungsvorschriften.

Zur Zeit existieren in Deutschland ca. 800 Umweltgesetze, 3000 Verordnungen und rund 500 Verwaltungsvorschriften. Wegen der hohen Volatilität der gesetzlichen Rahmenbedingungen empfiehlt sich darüber hinaus eine Überprüfung der erwarteten Entwicklungen und beabsichtigten Gesetzesänderungen.

Bei der einzelfallorientierten Prüfung geht es darum, konkrete Risikopotenziale zu identifizieren und zu bewerten. Neben den Kosten für die Sanierung von Altlasten sind daher in diesem Rahmen

- Kosten für Ersatzinvestitionen (wenn Anlagen absehbar oder bereits nicht mehr behördlichen Auflagen entsprechen),

54 Siehe dazu ausführlich Kummer, in: Gerhard Picot, Unternehmenskauf und Restrukturierung, Teil VII Umweltrecht.

- Kosten für Abriss und Entsorgung,
- Kosten für Sanierungen

zu ermitteln.

Eine wichtige Frage in diesem Zusammenhang ist, ob und in welchem Maße in diesem Stadium der Due Diligence tief gehende Analysen, wie z. B. Probebohrungen, eingesetzt werden sollen. Da Unternehmensakquisitionen in aller Regel unter hohem Zeitdruck stehen, wird häufig auf zeitraubende Untersuchungen verzichtet. Andererseits sind die Erkenntnisse dieser ersten Phase der Umwelt Due Diligence Grundlage für die Bewertung von Risiken. Aufgrund der großen Interpretationsspielräume bei der Auswertung nicht weiter konkretisierbarer Verdachtsmomente wird man bei der Kostenbewertung mit Best- und Worst-Case Szenarien operieren.

Bedingt durch die Vielzahl und Aktualität der zu beachtenden Vorschriften und Gesetze kann die Umwelt Due Diligence nur von erfahrenen Fachleuten und Gutachtern durchgeführt werden. Der Zusammensetzung des Prüfungsteams kommt daher eine besondere Bedeutung zu. Das Prüfungsteam sollte daher bedarfsgerecht – also regelmäßig interdisziplinär – zusammengesetzt sein; die Hinzuziehung externer Berater erscheint im Bereich der Umwelt Due Diligence sinnvoll und notwendig.

gg) Organizational und IT Due Diligence

Bei der Organizational und IT Due Diligence steht die Frage im Vordergrund, ob die Organisation des Akquisitionskandidaten zweckmäßig und wirtschaftlich ist bzw. ob die Informationstechnologie angemessen ist.

Im Rahmen der Organisations-Überprüfung werden die Strukturen des Unternehmens sowohl in aufbau- wie auch in ablauftechnischer Hinsicht untersucht. Bei der Aufbauorganisation interessiert die Frage, ob die Größe der Organisation dem Umfang des operativen Geschäftes angemessen ist. Gegenstand der Ablaufanalyse ist die zeitliche, räumliche und sachliche Zuordnung der Arbeitsprozesse sowie die Koordination der Teilaufgaben zu Arbeitsabläufen.

Ziel ist es, die Ausgewogenheit der Organisation auf der einen und klare Zuständigkeiten bei der Aufgabenerfüllung auf der anderen Seite zu hinterfragen.

Eng verbunden mit der Organisation des Akquisitionskandidaten ist die Informationstechnologie. Im Zuge einer späteren Integration in die IT-Umwelt des akquirierenden Unternehmens können Probleme auftreten, zu deren Beseitigung es erheblicher Mittel bedarf. Die von Berens/Brauner entwickelte Checkliste zur IT-Technolgie bildet eine gute Grundlage zur Sicherheit in diesem Bereich. [55]

---

55 Vgl. Berens/Hoffjan/Strauch, aa0, S. 144.

Checkliste zur IT-Technologie

- Liste der verwendeten Hard- und Software in den verschiedenen Bereichen
- Vertragslaufzeit und Kosten bisheriger Verträge mit Anbietern von Hard- und Software
- Beurteilung der Qualität der Informationstechnologie in den einzelnen Funktionsbereichen
- Überprüfung, ob ein ausreichender Notfallplan für einen Systemausfall besteht
- Beurteilung der Gesamtsituation der Informationstechnologie, insbesondere der Kompatibilität und Vernetzung der einzelnen Funktionalbereiche
- Identifikation wesentlicher »Altlasten« im Hard- und Softwarebereich, die eine Integration der Informationssysteme von Zielgesellschaft und Käuferunternehmung erschweren
- Umfang speziell für die Zielunternehmung entwickelter Software, die i.d.R. größere Integrationsprobleme beinhaltet als Standardsoftware
- Qualität bestehender Management-Informationssysteme (MIS)
- Kompatibilität zu den Systemen der Käuferunternehmung
- Abschätzung der Integrationskosten
- Identifikation wesentlicher Verbesserungspotenziale und Umfang der hierfür notwendigen Informationen
- Abschätzung des gesamten Investitionsbedarfs in Informationstechnologie in den nächsten drei Jahren

hh) Due Diligence und Unternehmensbewertung[56]

»Abbildungsobjekt der Due Diligence ist das Unternehmen selbst, seine Struktur, die Fähigkeiten seiner Mitarbeiter sowie seine Marktchancen und -risiken und zunächst nicht eine Wahrscheinlichkeitsverteilung zukünftiger Entnahmeerwartungen«.[57] Diese Aussage scheint eine klare Trennung zwischen den Aufgaben der Due Diligence und einer Unternehmensbewertung zu belegen. Andererseits schließt sie aber nicht aus, dass bei der Ermittlung zukünftiger Entnahmeerwartungen die Ergebnisse der Due Diligence maßgeblichen Anteil haben. Die Bedeutung der Due Diligence für die Bewertung eines Unternehmens hängt dabei sicherlich von der Bewertungsmethode ab. Grundsätzlich können zur Wertfindung eines Unternehmens drei Ansatzpunkte (Bewertungskategorien) gewählt werden:

1. die Substanzwertmethode, als Vergleich mit den Kosten, die bei der Herstellung bzw. der Errichtung eines Unternehmens entstehen bzw. entstanden sind,
2. die Ertragswertmethode, d.h. der Vergleich mit den Eigenschaften, insbesondere des Nutzens, den Unternehmen bieten,
3. die Marktwertmethode, d.h. den Vergleich mit Preisen, die andere für gleiche oder ähnliche Unternehmen gezahlt haben.

56 Dazu ausführlich Ulrich Hommel und Gunnar Grass, Unternehmensbewertung, Teil B.VIII. dieses Handbuches.
57 Berens/Brauner/Strauch, S. 18.

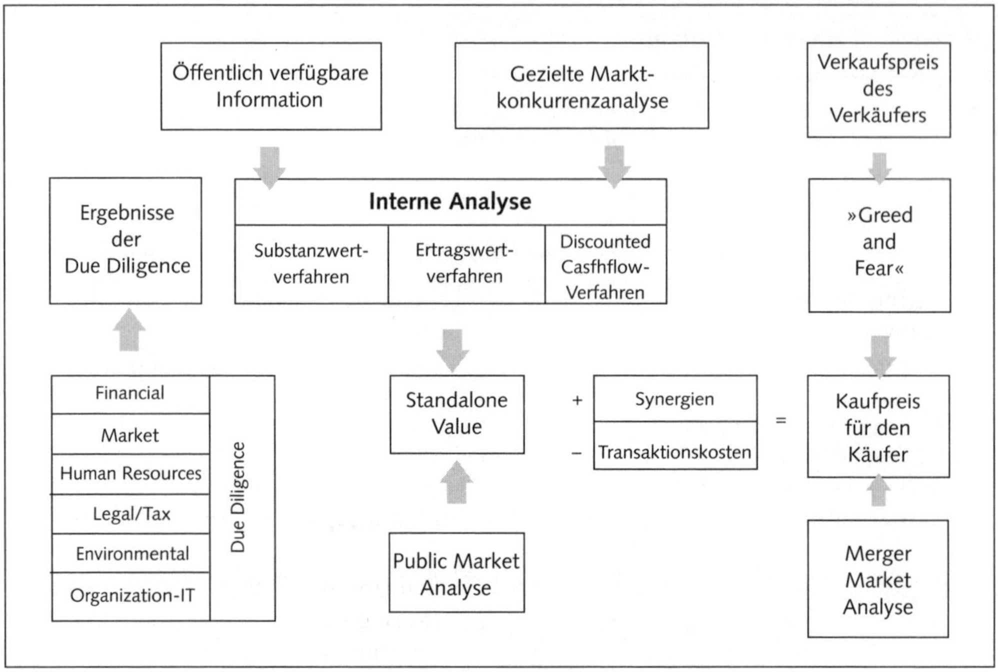

Abb. 7: Prozess der Unternehmensbewertung und Kaufpreisermittlung

Der Wert der Due Diligence für eine Unternehmensbewertung ist sehr stark von der gewählten Methode abhängig.

Bei der Ermittlung des Substanzwertes ist die Beziehung zwischen Due Diligence und Unternehmenswert am deutlichsten. Innerhalb der Financial Due Diligence werden die Buchwerte mit ihren Wiederbeschaffungswerten bzw. Marktwerten angesetzt, die nicht betriebsnotwendigen Vermögenspositionen bleiben unberücksichtigt. Mithin ist das Ergebnis einer so durchgeführten Financial Due Diligence der Substanzwert.

Bei der Ermittlung eines Ertragwertes, unabhängig, ob vereinfachend eine Ertragsgröße wie z. B. EBIT oder aber eine Cashflow-Größe angesetzt wird, kann die Due Diligence ebenfalls eine wesentliche Hilfestellung leisten. Angesprochen ist hier ebenfalls die Financial Due Diligence mit dem Element der Planungsrechnung, aber auch die Market Due Diligence mit der Bewertung der zukünftigen Potenziale aus Markt- und Wettbewerbssicht. Auf das im Rahmen der Financial und Market Due Diligence ermittelte und überprüfte Datenmaterial braucht dann nur noch ein standardisiertes Bewertungsmodell aufgesetzt werden, um den Ertragswert bzw. den DCF zu ermitteln. Die Ertragswert-Methode ist gleichsam das Instrument zur Errechnung der Wertvorstellung, die Due Diligence das Verfahren, das die Inputs für das Instrument maßgeblich bestimmt.

Schwieriger ist die Beziehung zwischen Due Diligence und Unternehmensbewertung bei Anwendung von Marktwert-Methoden (Merger-Market- und Public-Market-Methoden), d. h. der Bewertung des Unternehmens anhand des aktuellen Börsenkurses bzw. mit EBIT-Multiplikatoren, die aus vergleichbaren Transaktionen der Vergangenheit abgeleitet sind. Die Due Diligence kann in diesen Fällen nur eine begrenzte Hilfestellung leisten.

So können z. B. durch die bei der Due Diligence gewonnenen Informationen Abschläge gemacht oder Multiplikatoren verändert werden.

Zusammenfassend lässt sich somit festhalten, dass die Due Diligence eine entscheidende Hilfe bei der Wertermittlung sein kann (insbesondere bei der Ertragswertmethode), aber darüber hinaus auch eine Argumentationshilfe bei der sich anschließenden Preisverhandlung.

ii) Due-Diligence-Report und Executive Summary

Die Ergebnisse der vorbereitenden Due-Diligence-Prüfung werden in der Regel durch Rechtsanwälte, Wirtschaftsprüfer und andere Fachberater in einem sogenannten **Due-Diligence-Report** zusammengefasst und in der Form einer **Executive Summary** den Entscheidungsgremien des Verhandlungspartners, d. h. in der Regel des potenziellen Käufers vorgelegt.[58]

f) Due Diligence als fester Bestandteil bei M&A-Projekten

Mit Ausnahme der »hostile takeover«, der feindlichen Übernahmen, bei denen eine Due Diligence nicht möglich ist, sollte das Instrument der Due Diligence zum festen Bestandteil bei M&A-Projekten gehören. Eine systematische Prüfung im Rahmen einer geordneten Einbindung in den gesamten Akquisitionsprozess kann die Gefahr eines Misserfolges deutlich verringern, indem

- ein wesentlicher Input für die Vertragsgestaltung, insbesondere bei der Berücksichtigung und Formulierung von Gewährleistungen/Garantien und
- entscheidende Informationen und Hilfestellung zur Unternehmensbewertung sowie zur Preis-Verhandlung

gegeben werden. Daneben können die Ergebnisse aus der Due Diligence auch dazu beitragen, ein erfolgreiches Integrationsmanagement vorzubereiten.

Die Trennung der Due Diligence in Teilbereiche ist ratsam, allerdings wird sich die Gewichtung einzelner Teil-Due Diligences von Fall zu Fall verschieben.

- Die Financial Due Diligence ist unverzichtbar, um einen Überblick über das Unternehmen zu erhalten: Sie ist wichtig für Substanzwertüberlegungen wie für Auswirkungen auf mögliche Integrationen des Rechnungswesens (Equity, Good Will).
- Die strategische Analyse von Chancen und Risiken wird geprägt von der Market Due Diligence sowie von der Human Resources Due Diligence, die im Rahmen der Zusammenschlüsse im Dienstleistungsbereich mehr und mehr an Bedeutung gewinnt.
- Die Legal-, Tax- und Environmental Due-Diligence-Bereiche dienen im Wesentlichen dazu, durch den Kaufvertrag möglicherweise entstehende Schäden abzuwenden.

58 Ausnahmsweise, z. B. aus zeitlichen Gründen, kann eine derartige Prüfung aber auch als *Post-Acquisition Audit* nach dem Abschluss des Transaktionsvertrages durchgeführt werden.

- Die Erweiterung um eine Due-Diligence-Konzeption zur Identifikation, Beurteilung und Realisation akquisitionsbedingter Synergiepotenziale passt sehr gut in diesen Rahmen.[59]

Die in allen Teilbereichen üblichen Checklisten sind ein gutes Hilfsmittel, dürfen aber auch nicht überbewertet werden. Die Due Diligence sollte bei allen M&A-Projekten als ein notwendiges Instrument eingesetzt werden, ihre Anwendung bedeutet keine Erfolgsgarantie, ihr Unterlassen erhöht aber das Risiko, dass das Projekt fehlschlägt.

4. Die Verletzung vorvertraglicher Pflichten

Beim Unternehmenskauf liegt der hauptsächliche Anwendungsbereich vorvertraglicher Pflichtverletzungen, die im Zusammenhang mit einer Due Diligence erfolgen, im Bereich unrichtig erteilter »Wissensübertragungen« bzw. Informationen des Verkäufers gegenüber dem Käufer.[60] Während der Tatbestand der Pflichtverletzung bei unrichtigen Angaben des Unternehmensverkäufers (positives Tun) zu seiner Einstandspflicht führt, wenn die unrichtigen Angaben schuldhaft erfolgt sind, ist für das Verschweigen von Tatsachen (Unterlassen) als Pflichtverletzung nur dann seine Einstandspflicht anzunehmen, wenn für ihn eine Aufklärungspflicht gegenüber dem Käufer bestanden hat.[61]

a) Pflichtverletzung bei unrichtigen Angaben des Unternehmensverkäufers, insbesondere im Rahmen der Due Diligence (positives Tun)[62]

In einer vielfach bestätigten Formel hat die Rechtsprechung den Grundsatz herausgebildet, dass bei gegenseitigen Verträgen grundsätzlich jeder Vertragspartner – und damit auch der Käufer – selbst zu prüfen hat, ob das Geschäft für ihn vorteilhaft ist oder nicht.[63] Das Verschweigen von Tatsachen bzw. die mangelhafte Aufklärung ist in der Regel keine Pflichtverletzung des Verkäufers. Allerdings haben vorvertragliche Schuldverhältnisse beim Unternehmenskauf – wie vorstehend gesagt – zunächst in Anlehnung an § 241 Abs. 1 BGB **leistungsbezogene Pflichten** zum Inhalt. Solche leistungsbezogenen Pflichten können beim Unternehmenskauf z. B. dazu führen, dass der Verkäufer verpflichtet ist, den (potenziellen) Käufer über Eigenschaften der angebotenen Sache oder ihre Handhabung zu informieren.[64]

---

59 Vgl. Rockholtz, S. 245 ff.
60 Siehe zu den Voraussetzungen der bisherigen culpa in contrahendo insbesondere Baur (1979), S. 381ff. Vgl. zur Abgrenzung zwischen den gesetzlichen Vorschriften und der früheren c.i.c. Stengel/Scholderer (1994), S. 159f. sowie Müller (1993), S. 1045.
61 Vgl. Heinrichs (2006), § 276 BGB Rn. 78 m.w.N.
62 Die Formulierungen in diesem und dem folgenden Abschnitt gleichen dem Text von Gerhard Picot in dem Teil »Vertragsrecht« in dem Handbuch Unternehmenskauf und Restrukturierung.
63 Vgl. BGH NJW-RR 1991, S. 439, 440; BGH, NJW 1989, S. 763,764.
64 Vgl. Teichmann (2001), S. 1492.

Eine erste wichtige Fallgruppe vorvertraglicher Pflichtverletzungen durch positives Tun bilden daher schuldhaft **unrichtige Angaben** bzw. Informationen des Verkäufers gegenüber dem Käufer.[65] Macht ein potenzieller Verkäufer Angaben, bspw. auch durch die Zurverfügungstellung inhaltlich fehlerhafter oder nicht vollständiger[66] Unterlagen für eine **Due Diligence** im **Data Room**[67], die für den **Kaufentschluss** des anderen Teils von Bedeutung sind, so haftet er nach §§ 311 Abs. 2, 241 Abs. 2 BGB für schuldhaft **unrichtige Angaben**.[68] Insbesondere kann der Käufer bei **vorsätzlich falschen Informationen** des Verkäufers einen Anspruch auf Schadensersatz geltend machen, der sich auch auf seine darauf beruhenden **Fehlinvestitionen** erstreckt.[69] Führt der Käufer eine Due Diligence durch, so müssen die Informationen ausnahmslos richtig und vollständig sein. Legt der Käufer im Rahmen der Due Diligence eine eigene Checkliste, möglicherweise konkretisiert auf bestimmte Bereiche, vor, muss der Verkäufer auch über solche Umstände informieren, die die auf der Liste enthaltenen Punkte nicht unmittelbar erfassen, mit ihnen aber im Zusammenhang stehen.[70]

Welche Auswirkungen die Durchführung einer Due Diligence auf die grundsätzlichen Erklärungspflichten des Verkäufers hat, ist bislang wenig diskutiert. Es stellt sich insbesondere die Frage, ob die umfangreiche und systematische Prüfung im Rahmen einer Due Diligence die Aufklärungspflichten des Verkäufers und damit seine haftungsrechtliche vorvertragliche Verantwortlichkeit beschränkt oder ob diese Prüfung gerade zu einer Haftungserweiterung des Verkäufers führen kann.

Soweit der Käufer die Intensität und den Inhalt der Due Diligence selbst z.B. durch Vorlage einer Checkliste bestimmt, könnte argumentiert werden, der Käufer sei in diesem Fall weniger schutzwürdig.[71] Eine solche Ansicht wird damit begründet, dass der Käufer durch seine Angaben zu erkennen gebe, er könne und wolle die für ihn wichtigen Umstände selbst beurteilen. Der Verkäufer dürfe sich daher darauf verlassen, dass der Käufer selbst in der Lage sei, die relevanten Umstände zu erkennen und zu beurteilen. Auch dürfe sich der Verkäufer darauf verlassen, dass ihm der Käufer bei Zweifeln Fragen stellen werde.[72] Zudem wird argumentiert, der Käufer habe überdies in der Regel einen Anspruch gegen die von ihm eingeschalteten externen Berater für den Fall, dass diese im Rahmen der Prüfung wichtige, für die Kaufentscheidung relevante Aspekte nicht erkannt haben.[73]

---

65 Vgl. BGH NJW-RR 1996, S. 429 und BGH NJW 1992, S. 2564 (»Stundenhotel«). Eine Übersicht über die Aufklärungspflichten beim Beteiligungs- und Unternehmenskauf geben Stengel/ Scholderer (1994), S. 158ff.

66 Siehe dazu BGH v. 6.2.2002 – VIII ZR 185/00, ZIP 16/2002, S. A31; BGH NJW 2001, S. 2163, 2165; vgl. auch BGH NJW-RR 1996, S. 429; BGH NJW 2002, S. 1042ff.; BGH DB 1981, S. 1816; BGH NJW 1970, S. 653, 655; OLG Hamburg WM 1994, S. 1378, 1387.

67 Ebenso Gaul (2002), S. 65; Triebel/Hölzle (2002), S. 533.

68 Siehe dazu BGH v. 04.06.2003 – VIII ZR 91/02, ZIP 2003, S. 1399 sowie die Anmerkung von Wagner, BGH, EwiR § 278 BGB 1/03, 1005 sowie BGH v. 26.09.1997 – V ZR 29/96, NJW 1998, S. 302 unter II. 1.b aa m.w.N.

69 Siehe dazu BGH, NJW-RR 1996, 429 und BGH NJW 1992, S. 2564 (»Stundenhotel«).

70 Vgl. Loges (1997), S. 968.

71 Vgl. Semler (1992), Rn. 14.

72 Vgl. Werner (2000), S. 990; Loges (1997), S. 969.

73 So Loges (1997), S. 969. Loges weist insbesondere daraufhin, dass sich die Berater des Unternehmenskäufers gegen derartige Risiken versichern könnten.

Hiergegen ist allerdings einzuwenden, dass sich der Käufer mit der Durchführung der Due Diligence gegen einen Informationsrückstand schützen, nicht hingegen seine Rechtsposition verschlechtern möchte. Vielmehr gibt der Käufer durch die Unternehmensprüfung gerade zu erkennen, dass er ein gesteigertes Aufklärungsinteresse hat. Hinzu kommt, dass der Käufer angesichts der oftmals geringen Zeit nicht in der Lage ist, sämtliche für ihn wissenswerten Details des für ihn fremden Target-Unternehmens zum Beispiel in der Checkliste zu definieren sowie alle Einzelheiten beziehungsweise Mängel des zu kaufenden Unternehmens festzustellen und ihnen auf die Spur zu kommen.[74] Außerdem kann der Umfang der Aufklärungspflichten des Verkäufers nicht davon abhängen, inwieweit der Käufer Regress bei Dritten nehmen und somit das Risiko »sozialisieren« kann.[75]

In der Praxis kann dem gesteigerten Informationsbedürfnis des Käufers vorsorglich dadurch Rechnung getragen werden, dass in den Transaktionsvertrag eine Klausel aufgenommen wird, wonach der Verkäufer keine Rechte aus der Durchführung einer Due Diligence durch den Käufer ableiten kann.[76]

Im Ergebnis bleibt daher festzuhalten, dass die Durchführung einer Due Diligence auf die Aufklärungspflichten des Verkäufers keinen Einfluss haben darf. Es kann nicht sein, dass die Durchführung einer Due Diligence durch den Käufer die Aufklärungspflichten des Verkäufers vermindert. Denn die Due Diligence dient allein dem Schutz des Käufers, der damit nicht auf seine Aufklärungsrechte gegenüber dem Verkäufer verzichten möchte. Umgekehrt kann in der Durchführung einer Due Diligence durch den Käufer aber auch kein gesteigertes Informationsbedürfnis des Käufers dergestalt gesehen werden, dass dies zu einer gesteigerten Aufklärungspflicht des Verkäufers führen würde. Es ist nicht einzusehen, warum der Verkäufer gesteigerte Aufklärungspflichten gegenüber dem Käufer haben soll, wenn er ihm bereits Unterlagen im Rahmen der Due Diligence zur Prüfung zur Verfügung gestellt hat. Infolgedessen muss die Durchführung einer Due Diligence im Hinblick auf die Aufklärungspflichten des Verkäufers als neutral angesehen werden.[77]

Natürlich verbleibt es – wie bereits oben ausgeführt – bei der Pflicht des Verkäufers, dem Käufer vollständig, richtig, zeitgerecht und geordnet Angaben zu machen **(Wahrheitspflicht)**, und zwar unabhängig davon, ob die Angaben freiwillig oder auf Nachfrage erfolgen.[78] Insbesondere hat der Verkäufer dem Interessenten zumindest diejenige **Due-Diligence-Dokumentation** richtig und vollständig[79] im **Data Room**[80] zur Prüfung zur

---

74 Vgl. Stengel/Scholderer (1994), S. 164.

75 Siehe oben Fn. 89.

76 Beispiel einer solchen Klausel: »Kenntnisse, die der Käufer infolge einer durchgeführten Prüfung beim Verkäufer (Due Diligence) oder aus anderen Gründen hat oder haben konnte, schränken die Haftung des Verkäufers nicht ein. Die Vorschriften der §§ 442 BGB, 377, 378 HGB sowie die darin zum Ausdruck kommenden Rechtsgedanken finden auf die Haftung des Verkäufers keine Anwendung.«

77 So auch Stengel/Scholderer (1994), S. 164.

78 Vgl. §§ 239 Abs. 2, 238 Abs. 1 S. 2 HGB als Orientierungshilfe sowie BGH NJW-RR 1988, S. 744; Huber (1991), § 459 BGB Rn. 265; Fleischer/Körber (2001), S. 843.

79 Dabei ist zu berücksichtigen, dass die jüngste Rechtsprechung des Bundesgerichtshofs dem Verkäufer weitreichende Aufklärungspflichten auferlegt. Siehe dazu BGH v. 6.2.2002 – VIII ZR 185/00, ZIP 16/2002, S. A31; BGH NJW 2001, S. 2163, 2165; vgl. auch BGH NJW-RR 1996, S. 429; BGH NJW 2002, S. 1042ff.; BGH DB 1981, S. 1816; BGH NJW 1970, S. 653, 655; OLG Hamburg WM 1994, S. 1378, 1387.

80 Ebenso Gaul (2002), S. 65; Triebel/Hölzle (2002), S. 533.

Verfügung zu stellen, die für seinen **Kaufentschluss** von Bedeutung ist. Darüber hinaus trifft den Verkäufer die Pflicht, den Käufer unverzüglich von einer nachträglichen Veränderung der Vertragsumstände zu unterrichten **(Berichtigungspflicht)**.[81]

Eine Pflichtverletzung kann auch dann anzunehmen sein, wenn ein Verhandlungspartner ein erhebliches, qualifiziertes Vertrauen des anderen auf den späteren Vertragsabschluss begründet hat und dann die Vertragsverhandlungen ohne triftigen Grund abbricht. Dies ist zum Beispiel dann der Fall, wenn dem potenziellen Vertragspartner eine tatsächlich nicht vorhandene Abschluss-Bereitschaft vorgespiegelt wird.[82] Dies gilt auch dann, wenn der Vertragsabschluss formbedürftig war, sofern die Berufung auf den Formmangel nach den gesamten Umständen mit Treu und Glauben schlechthin nicht zur vereinbaren wäre.[83]

b) Pflichtverletzung durch Verschweigen von Tatsachen (Unterlassen)

Anstelle eines positiven Verhaltens kann auch ein **Unterlassen** des potenziellen Veräußerers eine Verletzung der Pflichten gemäß §§ 311 Abs. 2, 241 Abs. 2 BGB zur Rücksichtnahme auf die Rechte, Rechtsgüter und Interessen des anderen Teils begründen. Zwar ist es bereits wegen des vorgegebenen Interessenwiderstreits der Parteien grundsätzlich Sache des Käufers, sich selbst einen Überblick über das Unternehmen und dessen Bewertung zu verschaffen sowie den Bedarf an weiteren notwendigen Auskünften zu ermitteln. Obwohl deshalb eine allgemeine Aufklärungspflicht des Verkäufers vor Vertragsschluss regelmäßig nicht besteht,[84] kann im Einzelfall z.B. ein Verschweigen von Tatsachen **(Unterlassen)** oder eine unterlassene bzw. mangelhafte Aufklärung[85] zu einer schuldhaften Pflichtverletzung seitens des Verkäufers führen.[86] Eine für eine Pflichtverletzung erforderliche Aufklärungspflicht ist aber nur dann anzunehmen, wenn das Verschweigen von Tatsachen gegen den Grundsatz von Treu und Glauben (§ 242 BGB) verstößt und der Vertragspartner die (ungefragte) Aufklärung nach der Verkehrsauffassung erwarten darf.[87] Ein Verhandlungspartner hat den anderen stets, und zwar auch ungefragt, über solche Umstände aufzuklären, die den Vertragszweck des anderen vereiteln können und daher für seinen Entschluss von wesentlicher Bedeutung sind, sofern dieser nach

---

81 Vgl. Fleischer (2001), S. 308ff.; Fleischer/Körber (2001), S. 843.

82 Vgl. OLG Stuttgart, WM 2007, 1743; BGH, NJW 1967, 2199; OLG Saarbrücken, NJW-RR 1998, 341; OLG München OLGR München 2001, 18 f.; OLG Köln NJW-RR 1987, 801.

83 Vgl. OLG Stuttgart, WM 2007, 1743; vgl. BGH DB 1979, 741 sowie BGH DStR 2001, 802 f. Siehe dazu Ziegler/Stancke, Kostenersatz beim Abbruch von Vertragsverhandlungen in M&A-Transaktionen, M&A-Review 1/2008 S.28 ff.

84 Vgl. Roth (2001), § 242 BGB Rn. 269; BGH NJW 1970, S. 655; BGH NJW 1983, S. 2493.

85 Vgl. Picot (2005), S. 121ff.

86 Nach der bisher anwendbaren c.i.c. wurde der Käufer in seinem Vertrauen auf die Richtigkeit und die Vollständigkeit der Angaben so gestellt, wie er bei richtiger Offenbarung der für seinen Kaufentschluss erheblichen Umstände stünde. Der Käufer konnte daher entweder am Vertrag festhalten und lediglich zusätzlich Schadensersatz beanspruchen oder aber Rückgängigmachung des Vertrages verlangen, vgl. BGH GmbHR 2001, S. 516, 519; BGH BGHZ 69, S. 53, 56 und BGH BGHZ 111, S. 75, 82.

87 Vgl. RG RGZ 62, S. 149, 150f.; BGH BGHZ 47, S. 207, 211f.; BGH NJW-RR 1991, S. 439, 440; BGH DB 1991, S. 496, 497.

der Verkehrsauffassung die Aufklärung erwarten kann; dies gilt selbst dann, wenn die Verhandlungspartner entgegengesetzte Interessen verfolgen.[88]

Mangels eines einheitlichen und allgemeingültigen Maßstabes für die Beurteilung von Unternehmen und aufgrund der unterschiedlichen Intentionen, die ein Käufer beim Erwerb eines Unternehmens verfolgt, sind bei der **Interessenabwägung** bezüglich der Darlegungs-, Hinweis- und Aufklärungspflichten jeweils die Besonderheiten des Einzelfalles zu berücksichtigen.[89] Als Abwägungskriterien[90] kommen in Betracht: die Intensität der Vertragsverhandlungen[91], Irrtumserregung vor Vertragverhandlungen[92], Geschäftsgewandtheit des Käufers[93], Vorliegen eines Risikogeschäftes[94], Bestehen von Geheimhaltungspflichten[95] sowie das Vorliegen einer Selbstbezichtigung[96]. Dabei ist zu beachten, dass der Bundesgerichtshof dazu tendiert, dem Verkäufer eines Unternehmens immer **weiter reichende Aufklärungspflichten** aufzuerlegen.[97] Danach ist von dem Grund-

---

88 Bei Umständen betreffend Überlebensfähigkeit ständige Rspr., vgl. BGH, NJW 2001, 2163 = NZG 2001, 751 = LM H. 9/2001 § 276 [Fb] BGB Nr. 84 = WM 2001, 1118 und NJW 2001, 483, jeweils unter II 3b m.w.Nachw., GmbHR 2001, 516 ff.
Bei Verlusten, die den Kaufentschluss beeinflussen, BGH, WM 2002, 446 ff.

89 Vgl. BGH NJW 1986, S. 918, 919; RG RGZ 111, S. 233, 234; BGH WM 1983, S. 1006, 1007 m.w.N.; BGH WM 1984, S. 815, 817.

90 Vgl. umfassend zu dem Gegenstand der Aufklärungspflichten sowie zu den einzelnen Wertungsgesichtspunkten Stengel/Scholderer (1994), S. 158ff.

91 Eine Aufklärungspflicht vor Abschluss des Kaufvertrages wird angenommen, wenn sich die über einen längeren Zeitraum hinziehenden Vertragsverhandlungen zu einem bestimmten – qualifizierten – Vertrauensverhältnis zwischen den Vertragspartnern entwickelt haben, und von Seiten des Verkäufers im Rahmen dieser Verhandlungen Angaben gemacht wurden, die für die Kaufentscheidung erkennbar von wesentlicher Bedeutung gewesen sind, deren tatsächliche Grundlagen aber noch vor Vertragsschluss entfallen sind und die sich damit als unrichtig herausstellen, vgl. BGH NJW 1983, S. 2493, 2494.

92 Hat der Verkäufer bei dem Käufer einen Irrtum erregt und führt dieser zum Vertragsschluss, so ist der Verkäufer verpflichtet, den Käufer hierüber aufzuklären, vgl. Emmerich (1985), Vorbem. zu § 275 BGB Rn. 49.

93 Eine Aufklärungspflicht des Verkäufers wird verneint, wenn auf der Käuferseite ein »wirtschaftlich äußerst bedeutsames und versiertes Konzernunternehmen« beteiligt ist und es sich »zusätzlich einer Beratung und Unterstützung eines bekannten und anerkannten Wirtschaftsprüfungsunternehmens« bedient, vgl. OLG Hamburg WM 1994, S. 1378, 1387. Mit der jüngsten Rechtsprechung des BGH vom 04.04.2001NJW 2001, S. 2163ff., kann jedoch gefolgert werden, dass es den bisherigen Rechtsgrundsatz, eine Aufklärungspflicht bestehe nicht, wenn der Erwerber »geschäftsgewandt« sei, nicht mehr gibt, vgl. Bärwaldt (2001), S. 519f.

94 Es kann davon ausgegangen werden, dass die Aufklärungspflichten umso niedriger anzusetzen sind, je höher der spekulative Charakter eines Geschäfts ist; vgl. Emmerich (1985), Vorbem. zu § 275 BGB Rn. 43, wonach bei Spekulationsgeschäften eine Aufklärungspflicht sogar »nahezu ganz entfallen könne«.

95 Grundsätzlich kollidiert die Pflicht des Verkäufers zur Aufklärung mit seiner Pflicht zur Geheimhaltung, die dem Verkäufer insbesondere als Organ einer Kapitalgesellschaft obliegt. Vgl. hierzu Volhard/Weber (1993), S. 387ff.; Larenz (1975), S. 397ff.

96 Insbesondere, wenn strafrechtliche Verfehlungen eine Rolle spielen, kann von dem Verkäufer nicht verlangt werden, dass er diese gegenüber dem Käufer aufdeckt, vgl. Emmerich (1985), Vorbem. zu § 275 BGB Rn. 47; a.A. Stengel/Scholderer (1994), S. 163, die der Auffassung sind, dass der vorgenannte Grundsatz nicht gelten könne, wenn frühere Verfehlungen dazu ausgenutzt würden, um den Käufer zum Abschluss zu bewegen.

97 Der BGH hat in drei Entscheidungen (Urt. v. 04.04.2001 – VIII ZR 32/00, ZIP 2001, S. 918; Urt. v. 28.11.2001 –VIII ZR 37/01, ZIP 2002, S. 440, dazu EwiR § 276 BGB a.F. 2/02, S. 327 (Wagner); Urt. v. 06.02.2002 – VIII ZR 185/00, ZIP 2002, S. 853, dazu EwiR § 123 BGB 1/2 , S. 603 (Eckardt)),

satz auszugehen, dass bei Verhandlungen über einen Unternehmenskauf der Verkäufer den Kaufinteressenten auch ungefragt über solche Umstände aufzuklären hat, die den Vertragszweck (des anderen) vereiteln können und daher für seinen Entschluss **von wesentlicher Bedeutung** sind, sofern er die Mitteilung nach der Verkehrsauffassung erwarten konnte. Überdies trifft den Verkäufer in solchen Fällen im Hinblick auf die wirtschaftliche Tragweite des Geschäfts und die regelmäßig erschwerte Bewertung des Kaufobjekts durch den Kaufinteressenten grundsätzlich eine gesteigerte Aufklärungs- und Sorgfaltspflicht. Diese Aufklärungspflicht kann sich aber wiederum z. B. dann reduzieren, wenn der Käufer keine Schulden übernimmt und das Unternehmen in seinen eigenen branchengleichen Betrieb eingliedern will, und es sich insoweit nicht (mehr) um einen Unternehmenskauf im eigentlichen Sinne handelt.[98]

Zu berücksichtigen sind zum Beispiel auch etwaige Besonderheiten in der **Käuferpersönlichkeit**, wie z. B. seine Sachkunde bzw. seine Erfahrung mit dem Erwerb von Unternehmen[99], sowie die Zuhilfenahme der Beratung und Unterstützung fachkundiger Berater: **Je geringer die Erfahrung** und der **Kenntnisstand** eines Käufers beim Erwerb von Unternehmen sind, umso umfangreicher werden die **Offenlegungspflichten** eines Verkäufers sein. Dies kann zum Beispiel auch bei Altlasten eines Grundstückes der Fall sein, wenn lediglich der Verdacht einer Bodenverunreinigung besteht.[100] Dabei zeigt der Bundesgerichtshof eine beachtliche Tendenz, vorvertragliche Offenlegungspflichten des Verkäufers bei einem geringen Kenntnisstand des Käufers anzunehmen.[101] **Je größer hingegen die Erfahrung** und der **Kenntnisstand** eines Käufers beim Erwerb von Unternehmen sind, umso konkreter, ausdrücklicher und unmissverständlicher wird er sein Informationsinteresse gegenüber dem Verkäufer deutlich machen müssen.

Zu berücksichtigen ist auch, welch großen **Wert auf Informationen** der Käufer in einer für den Verkäufer erkennbaren Weise legt: Je größeren Wert der Käufer auf bestimmte Angaben legt, umso umfassender, ausführlicher und sorgfältiger muss der Verkäufer ihm die entsprechenden Informationen erteilen.[102]

Grundsätzlich, aber je nach den Umständen des Einzelfalles, ist es Sache des Käufers, sich vom Verkäufer konkrete und verbindliche Angaben auch über solche Eigenschaften bzw. Umstände und Verhältnisse eines Kaufobjektes machen zu lassen, die zwar keinen Fehler des Kaufobjektes darstellen, aber für die **Preiskalkulation** des Käufers und seine Vertragsgestaltung von Bedeutung sind.[103] Ein Unternehmensverkäufer verletzt daher nicht ohne Weiteres ihm obliegende, vorvertragliche Pflichten, wenn er dem Käufer einen

---

den Unternehmensverkäufer in hohem Maße für informationspflichtig erklärt (zusammenfassend Wagner, DStR 2002, S. 958). Dem hingegen hat der BGH sein Urteil vom 04.06.2003 (VIII ZR 91/02, ZIP 2003, S. 1399 m. Anm. Wagner, EwiR § 278 BGB 1/03, S. 1005) nicht über die Verletzung von Aufklärungspflichten, sondern darüber gelöst, dass der Verkäufer falsch informiert habe.

98 BGH v. 28.11.2001, NJW 2002, S. 1042ff.

99 Bei überlegener Sachkunde des Verkäufers kann eine Aufklärungspflicht bestehen, wenn der Verkäufer bei den Vertragsverhandlungen Vertrauen darauf in Anspruch nimmt, vgl. BGH BGHZ 47, S. 207, 210.

100 BGH, NJW 1995, S. 1549f.; vgl. dazu Knoche (1995), S. 1986, 1989.

101 BGH, NJW 1995, S. 1549f.; vgl. dazu Knoche (1995), S. 1986, 1989.

102 Vgl. BGH, DB 1978, S. 979.

103 OLG Hamburg, WM 1994, S. 1378; siehe auch OLG Naumburg, BB 1995, S. 1816.

fehlerhaften und unter Umständen sogar **nichtigen Jahresabschluss** übergibt.[104] Ebenso reicht die bloße Übergabe einer fehlerhaften bzw. nichtigen **Bilanz** durch den Verkäufer nicht zur Begründung seiner Haftung aus; allerdings kann dies dann anders zu beurteilen sein, wenn der Verkäufer im Bewusstsein gehandelt hat, dass es dem Käufer auf bestimmte Angaben und deren Richtigkeit ankomme.[105]

Ein Verkäufer braucht den Käufer aber nicht auf Umstände hinzuweisen, von denen er annehmen darf, dass der Käufer nach ihnen fragt, falls er Wert auf sie legt.[106] Deshalb ist ein Unternehmensverkäufer unter Umständen auch nicht verpflichtet, dem Käufer bei den Kaufvertragsverhandlungen zu offenbaren, dass seine Ehefrau alsbald ein **Konkurrenzgeschäft** eröffnet.[107]

Eine Aufklärungspflicht trifft den Verkäufer allerdings insbesondere hinsichtlich solcher Umstände, die den **Vertragszweck vereiteln** können und daher für den Käufer von wesentlicher Bedeutung sind, sofern er nach der Verkehrsauffassung die Mitteilung erwarten kann. Dies kann selbst dann gelten, wenn die Parteien **entgegengesetzte Interessen** verfolgen,[108] wie zum Beispiel beim Verkauf eines Computerunternehmens, wenn kurz vor Vertragsschluss 40 % des vorher üblichen **Warenumsatzes** durch Kündigung entfallen sind.[109]

Auch muss der Verkäufer den Käufer jedenfalls dann auf **rückständige Umsatzsteuerschulden** einer GmbH gemäß § 75 AO hinweisen, wenn sich aus den Kaufverhandlungen ergibt, dass der Käufer Wert darauf legt, das Unternehmen schuldenfrei zu erwerben; handelt es sich bei dem Verkäufer um eine GmbH und kennt der Geschäftsführer die Umstände, so kommt auch eine persönliche Haftung des Geschäftsführers gemäß § 826 BGB in Betracht.[110] Neuerdings erstreckt der Bundesgerichtshof die Aufklärungspflicht des Verkäufers sogar auf alle Umstände, welche die **Überlebensfähigkeit** des zu kaufenden Unternehmens ernsthaft gefährden; dies gilt insbesondere dann, wenn eine drohende oder bereits eingetretene Zahlungsunfähigkeit oder Überschuldung vorliegt.[111]

c) Das Vertretenmüssen der Pflichtverletzung

Verletzt ein Verhandlungspartner eine Pflicht aus dem vorvertraglichen Schuldverhältnis, so kann der Gläubiger gemäß § 280 Abs. 1 Satz 1 BGB Ersatz des hierdurch entstandenen Schadens verlangen. Dies gilt gemäß § 280 Abs. 1 Satz 2 BGB nicht, wenn der verletzende Schuldner die Pflichtverletzung nicht zu vertreten hat. Der Haftungsmaßstab ergibt sich dabei aus § 276 BGB. Nach § 276 Abs. 1 BGB hat der Schuldner Vorsatz und Fahrlässigkeit zu vertreten, wenn eine strengere oder mildere Haftung weder bestimmt noch aus dem sonstigen Inhalt des Schuldverhältnisses, insbesondere aus der Übernahme einer

---

104 OLG Hamburg, WM 1994, S. 1378.
105 BGH, DStR 1994, S. 1019ff. = WM 1994, S. 1378.
106 BGH, WM 1981, S. 1224, 1225 unter 2 c).
107 BGH, NJW 1987, S. 909f.
108 Vgl. BGH, NJW-RR 1996, S. 429 m.w.N.; BGH, NJW-RR 1988, 394.
109 BGH, WiB 1996, S. 313 m. Anm. von Bosch.
110 OLG Köln, NJW-RR 1994, S. 1064.
111 Ständige Rspr., vgl. BGH, NJW 2001, S. 2163 = NZG 2001, S. 751; BGH, NJW 2001, S. 483; BGH, GmbHR 2001, S. 516; BGH, WM 2002, S. 446; BGH (VIII ZR 118/03), BeckRS 2005, 30358080.

Garantie oder eines Beschaffungsrisikos zu entnehmen ist. Gemäß § 276 Abs. 2 BGB handelt fahrlässig, wer die im Verkehr erforderliche Sorgfalt außer Acht lässt.

d) Geheimhaltungsvereinbarungen

Der potenzielle Verkäufer legt bereits im vorvertraglichen Verhandlungsstadium (insbesondere bei einer Due Diligence) eine Vielzahl **vertraulicher Informationen** offen, die den Kernbereich der unternehmerischen Tätigkeit des Zielunternehmens oder gar **Geschäftsgeheimnisse** betreffen können. Er wird daher ein großes Interesse daran haben, diese vertraulichen Informationen so gut wie möglich vor Dritten zu schützen und den Verhandlungspartner daran zu hindern, im Falle des Scheiterns der Verhandlungen die gewonnenen Informationen Dritten mitzuteilen oder für sich zu verwerten. Auch wird er versuchen, ein allzu frühes Bekanntwerden der beabsichtigten Transaktion zu verhindern, da anderenfalls Kunden, Lieferanten und Kreditgeber aus dessen Verkaufsabsicht eventuell nachteilige Schlüsse hinsichtlich des wirtschaftlichen Zustandes seines Unternehmens ziehen könnten. Umgekehrt besteht für den Erwerbsinteressenten im Falle des frühen Bekanntwerdens der Transaktion die Gefahr, dass sich dessen Wettbewerber auf die Akquisition einstellen und deren wirtschaftliche Auswirkungen zu neutralisieren versuchen.

Vor diesem Hintergrund sollten die Verhandlungspartner noch im Vorverhandlungsstadium die Geheimhaltungs- und Unterlassungspflichten in einer sogenannten **Geheimhaltungs- oder Vertraulichkeitsvereinbarung** (sog. Non Disclosure Agreement – NDA) vertraglich festzulegen.[112] Auf diese Weise wird zugleich das Risiko eines frühzeitigen Bekanntwerdens der beabsichtigten Transaktion zwar nicht beseitigt, aber zumindest gemindert.[113]

e) Option

Optionen geben einem Vertragspartner das Recht, den Vertragsschluss durch einseitige Erklärung herbeizuführen, z. B. das Unternehmen entweder zu kaufen (**Call Option**) oder zu verkaufen (**Put Option**). Durch die Abgabe der Optionserklärung erlangt ein aufschiebend bedingter Vertrag seine endgültige Wirksamkeit.[114]

---

112 Muster von Vertraulichkeitsvereinbarungen zwischen Verkäufer und Käufer sind beispielsweise abgedruckt bei Hopt, in: Vertrags- und Formularbuch zum Handels-, Gesellschafts- und Bankrecht, S. 171 ff. und Hettler/Stratz/Hörtnagel, Beck'sches Mandats-Handbuch Unternehmenskauf, § 1 Rn. 130.

113 Zwar sind die Verhandlungspartner bereits aufgrund des vorvertraglichen Schuldverhältnisses verpflichtet, die Vertragsverhandlungen vertraulich zu behandeln und die gewonnenen Erkenntnisse nicht zum Nachteil des Verhandlungspartners zu verwenden; die Reichweite solcher vorvertraglicher Geheimhaltungspflichten kann jedoch im Einzelfall zweifelhaft sein.

114 Vgl. BGHZ 47, 388, 391; OLG Bamberg, NJW-RR 1989, 1449. Siehe auch Palandt-Heinrich, Einf. § 145 RN 19 ff. sowie Giorgiades, S. 409, 423 f.

f) Vorvertrag

Ein weiterer Schritt zur Vorbereitung einer Unternehmenstransaktion ist die Unterzeichnung eines **Vorvertrages über die Verpflichtung zum Abschluss des Hauptvertrages**, der unter Umständen deswegen noch nicht vereinbart werden kann, weil bestimmte, von den Vertragspartnern als klärungsbedürftig angesehene Punkte noch offen sind. Für die Wirksamkeit eines Vorvertrages müssen **alle für einen Vertragsschluss wesentlichen Punkte** (sog. Essentialia Negotii) **hinreichend bestimmt** sein.[115] Diese hinreichende Bestimmtheit ist gegeben, wenn Kaufgegenstand und Kaufpreis sowie die von den Vertragspartnern als wesentlich angesehene Nebenpunkte geregelt sind oder sich im Wege der Auslegung bestimmen lassen.[116] Bedarf der Hauptvertrag der notariellen Form, so genügt für die Wirksamkeit eines Vorvertrages nicht eine nur schriftlich getroffene Vereinbarung. [117]

Zwar bietet bietet ein Vorvertrag im Falle der Veräußerung eines Unternehmens die Möglichkeit, bestimmte, dem Veräußerer wichtig erscheinende Punkte bereits im Vorfeld bindend festzulegen. Da allerdings bereits die hinreichende Bestimmtheit der für einen Vertragsschluss wesentlichen Punkte für die Wirksamkeit eines Vorvertrages genügt und durch einen Vorvertrag – im Gegensatz zu einem Letter of Intent – gemäß § 311 Abs. 1 BGB Erfüllungsansprüche begründet werden, ohne dass sich die Vertragspartner über sämtliche Vertragsdetails geeinigt haben, sollte mit diesem rechtlichen Instrument äußerst zurückhaltend umgegangen werden.[118]

Literatur

Achleitner, Handbuch des Investment Banking, 1999, 35 ff.

Aldering/Freiin von Hutten, Due Diligence u. Human Resources, in: *Berens/Brauner (Hrsg.)*, Die Due Diligence bei Unternehmensakquisitionen, Stuttgart 2008

Bastuck/Mentz, FAZ v. 28.11.2001, 29.

Beisel/Klumpp, Der Unternehmenskauf, 3. Auflage, 1996

Berens/Brauner (Hrsg.), Die Due Diligence bei Unternehmensakquisitionen, Stuttgart 2008

Berens/Hoffjan/Strauch, Planung und Durchführung der Due Diligence, in: *Berens/Brauner (Hrsg.)*, Die Due Diligence bei Unternehmensakquisitionen, Stuttgart 2008

Berens/Strauch, Herkunft und Inhalt des Begriffes Due Diligence, in: *Berens/Brauner (Hrsg.)*, Die Due Diligence bei Unternehmensakquisitionen, Stuttgart 2008

Brauner/Grillo, Die Due Diligence aus strategischer Sicht, in: *Berens/Brauner (Hrsg.)*, Die Due Diligence bei Unternehmensakquisitionen, Stuttgart 2008

Bühner, Das Management-Wert-Konzept, Stuttgart 1990

Button/Bolton, A practitioner's guide to Takeovers and Mergers in the European Union, 1999/2000

Born, Unternehmensanalyse und Unternehmensbewertung, Stuttgart 1995

115 RGZ 106, 174, 177; RGZ 124, 81; BGH WM 1976, 180, 181; OLG Bremen NJW-RR 1995, S. 1453.

116 BGH NJW 1990, S. 1234, 1235.

117 RGZ 124, 81, 83; RGZ 169, 185, 188.

118 Picot in: Picot, Handbuch M&A, S. 137; ebenso Böx, in: Hettler/Stratz/Hörtnagel, Beck'sches Mandats-Handbuch Unternehmenskauf, § 1 Rn. 187.

Danner-Lieb/Thiessen, Garantiebeschränkungen in Unternehmenskaufverträgen nach der Schuldrechtsreform, ZIP 2002, 108 ff.

Dabui, Postmerger – Management, Wiesbaden 1998

Däubler-Gmelin, Die Entscheidung für die sogenannte Große Lösung bei der Schuldrechtsreform, NJW 2001, 2281 ff.

Dielmann, Unternehmenskauf und Human Resourcen Due Diligence-Prüfung, Personal 9/1997

Flamholtz/Coff, Valuing human resources in buying service companies, Mergers & Acquisitions 4/1989

Fleischer/Körber, Due Diligence u. Gewährleistung beim Unternehmenskauf, BB 2001, 841 ff.

Fleischer, Zum Begriff des öffentlichen Angebots im Wertpapiererwerbs- und Übernahmegesetz, ZIP 2001, 1654.

Funk, Aspekte der Unternehmensbewertung in der Praxis, Zfbf 47, 5/1995

Gaul, Björn (2002): Schuldrechtsmodernisierung und Unternehmenskauf, Zeitschrift für das gesamte Handelsrecht und Wirtschaftsrecht (ZHR), 1/2002, S. 35–71.

Günther, Unternehmenskauf, in: Münchener Vertragshandbuch, Bd. 2, 4. Auflage 1997, II. 1.

Gut-Villa, Human Resource Management bei Mergers & Acquisitions, Bern/Stuttgart/Wien 1997

Hewitt, Joint Ventures, Second Edition, 2002

Hölters, Handbuch des Unternehmens- und Beteiligungskaufs, 5. Auflage, 2002

Holzapfel/Pöllath, Unternehmenskauf in Recht und Praxis, 10. Auflage, 2001

Hommelhoff, Der Unternehmenskauf als Gegenstand der Rechtsgestaltung, ZHR 1986, 254 ff.

Horn, Internationale Unternehmenszusammenschlüsse, ZIP 2000, 473 ff.

Huber, in: Soergel, Kommentar zum BGB, § 459 Rdn. 240 bis 286 (D. II. Unternehmen) und § 459 Rdn. 287 - 296 (D. III. Gesellschaftsanteile), 12. Auflage 1991

Huemer, Mergers & Acquisitions, Strategische und finanzielle Analyse von Unternehmensübernahmen, Frankfurt a.M. 1991

Jansen, Mergers & Acquisitions, Unternehmensakquisitionen und -kooperationen, 4. Auflage, 2002

Jansen/Gerhard Picot/Schiereck, Internationales Fusionsmanagement – Erfolgsfaktoren grenzüberschreitender Unternehmenskäufe, Stuttgart, 2001

Kittner, »Human Resources« in der Unternehmensbewertung, Der Betrieb 46/1997

Kleinert/Klodt, Megafusionen, Kieler Studien 102, 2000

Koch/Wegmann, Praktiker-Handbuch Due Diligence, Stuttgart 1998

Kösters, Letter of Intent – Erscheinungsformen und Gestaltungshinweise, NZG 1999, 623 ff.

Land, Das neue deutsche Wertpapiererwerbs- und Übernahmegesetz, DB 2001, 1707 ff.

Land/Hasselbach, Das neue Übernahmegesetz, DB 2000, 1747 ff.

Lehnert, Unternehmensübernahmen in den USA in den 80er Jahren, Wiesbaden 1997

Liebscher, Das Übernahmeverfahren nach dem neuen Übernahmegesetz, ZIP 2001, 853 ff.

Loges, Rainer, Der Einfluß der »Due Diligence« auf die Rechtsstellung des Käufers eines Unternehmens, Der Betrieb (DB), 19/1997, S. 965–969.

Merkt, Internationaler Unternehmenskauf, 1997

Merkt, Due Diligence und Gewährleistung beim Unternehmenskauf, BB 1995, 1041 ff.

Müller-Stewens/Schreiber, Zur organisatorischen Anbindung des Akquisitionsprozesses im Käuferunternehmen, Die Unternehmung 4/1993

Niewiarra, Unternehmenskauf, 2002

Oechsler, Der RegE zum Wertpapiererwerbs- und Übernahmegesetz – Regelungsbedarf auf der Zielgeraden, NZG 2001, 817 ff.

Picot, Arnold/Reichwald/Wigand, Die grenzenlose Unternehmung, – Information, Organisation und Management – 3. Auflage 1998

Picot, Gerhard, Unternehmenskauf und Restrukturierung, – Handbuch zum Wirtschaftsrecht – 4. Auflage, 2004
Teil I: Vertragsrecht (Picot)
Teil II: Gesellschaftsrecht (Picot/Müller-Eising)
Teil III: Arbeitsrecht (Picot)
Teil IV: Betriebsrentenrecht (Heubeck)
Teil V: Steuerrecht (Eilers)
Teil VI: Kartellrecht (Montag)
Teil VII: Umweltrecht (Kummer)
Teil VIII: Insolvenzrecht (Picot/Aleth)
Teil IX: Internationales Recht (Picot)
Picot, Gerhard, Mergers & Acquisitions in Germany, – Handbook –, Second Edition, 2000
Picot, Gerhard, Handbook of international Mergers & Acquisitions, 2002
Picot, Gerhard/Schnitker, Arbeitsrecht bei Unternehmenskauf und Restrukturierung, 2001
Picot, Gerhard/Aleth, Unternehmenskrise und Insolvenz – Vorbeugung, Turnaround, Sanierung – Handbuch zum Wirtschaftsrecht, 1999
Picot, Gerhard, Wirtschaftsrechtliche Parameter des Akquisitionsmanagements, in: Arnold Picot/Nordmeyer/Pribilla, Management von Akquisitionen, 2000, 121 ff.
Picot, Gerhard/Duggal, MAC-Klauseln beim Unternehmenskauf, DB 2003, H. 9.
Picot, Gerhard, Mergers & Acquisitions in Telekommunikation und Internet, Finanz Betrieb (FB), 1999, 61 ff.
Picot, Gerhard/Land, Der internationale Unternehmenskauf, Der Betrieb 1998, S. 1600 ff.
Picot, Gerhard/Land, Management Buy-Outs in Germany Booming, International Business Lawyer, 1998, 278 ff.
Picot, Gerhard/Land, Going Public – Typische Rechtsprobleme des Ganges an die Börse, DB 1999, 570 ff.
Picot, Gerhard/Russenschuck, Familienunternehmen im Sog von Mergers & Acquisitions, M&A-Review 2001, 500 ff.
Picot, Gerhard/Russenschuck, Unternehmenskaufverträge: Gibt es noch selbstständige Garantien?, M&A-Review 2002, 64 ff.
Pluskat, Das Scheitern der europäischen Übernahmerichtlinie, WM 2000, 1937 ff.
Pföhler/Hermann, Grundsätze zur Durchführung von Umwelt-Due Diligence, Die Wirtschaftsprüfung 18/1997
Porter, Wettbewerbsstrategie, Frankfurt a.M. 1992
Rockholtz, Marktwertorientiertes Akquisitionsmanagement, Frankfurt a.M. 1990
Rockholtz, Due Diligence-Konzeption zum synergieorientierten Akquisitionsmanagement, in: *Berens/Brauner (Hrsg.),* Die Due Diligence bei Unternehmensakquisitionen, Stuttgart 2008
von Rosen/Seifert, Die Übernahme börsennotierter Unternehmen, 1999
Schaper-Rinkel, Akquisitionen und strategische Allianzen, Wiesbaden 1998
Scholderer, Arndt/Stengel, Fraunk, Kaufrecht; Unternehmen, LSK 1994, 313.
Schuberth, Alle Angaben ohne Gewähr, Financial Times Deutschland v. 08.01.2001, Recht und Steuern
Schulte (Hrsg.), Beteiligungscontrolling, Wiesbaden 1994
Sebastian/Niederdrenk/Tesch, Market Due Diligence – Die Sorgfältigkeitsprüfung aus der Sicht des Marktes, in: *Berens/Brauner (Hrsg.),* Die Due Diligence bei Unternehmensakquisitionen, Stuttgart 2008
Semler/Volhard, Arbeitshandbuch für Unternehmensübernahmen, München 2001.
Sieger/Hasselbach, Break Fee-Vereinbarung bei Unternehmenskäufen, BB 2000, 625 ff.

Sudhoff, Unternehmensnachfolge, 4., völlig neubearbeitete Auflage, 2000
Teichmann, Strukturänderungen im Rech der Leistungsstörungen nach dem Regierungsentwurf eines Schuldrechtsmodernisierungsgesetzes, BB 2001, 1485 ff.
Thaeter/Bart, »RefE eines Wertpapiererwerbs- und Übernahmegesetzes«, NZG 2001, 545 ff.
Triebel, Volker/*Hölzle*, Gerrit, Schuldrechtsreform und Unternehmenskaufverträge, Betriebs-Berater (BB) 2002, 521, 534.
Vater, Die abwehrfeindliche Übernahme, M&A-Review 2002, 9 ff.
Werner, Rüdiger, Haftungsrisiken bei Unternehmensakquisitionen: die Pflicht des Vorstands zur Due Diligence, Zeitschrift für Wirtschaftsrecht (ZIP), 23/2000, S. 989–996.

VI. Vertragliche Gestaltung des Unternehmenskaufs

1. Der Unternehmenskaufvertrag – Vertragliche Gestaltung und Abschluss

a) Der Unternehmenskauf als gesetzlich typisierte Erscheinungsform der Mergers & Acquisitions

Unternehmen sind – wie oben dargestellt – komplexe Transaktionsgegenstände. **Mergers & Acquisitions** d.h.

- der Unternehmenskäufe und -verkäufe
- die Kooperationen, Allianzen und Joint Ventures
- der Unternehmenszusammenschluss (Umwandlung)
- die feindlichen Übernahmen (Hostile Takeover)
- die Unternehmenssicherungen und -nachfolgen
- der Management Buy-out und Buy-in (Private Equity)
- die Public Private Partnerships (PPP)
- der Börsengänge (Initial Public Offering – IPO)
- Internationale (crossborder) Mergers & Acquisitions

bedürfen daher einer sehr sorgfältigen Planung und Durchführung, insbesondere einer präzisen Verhandlung und Gestaltung, d.h. einer genauen Abbildung der Verhandlungsergebnisse in dem Transaktionsvertrag.

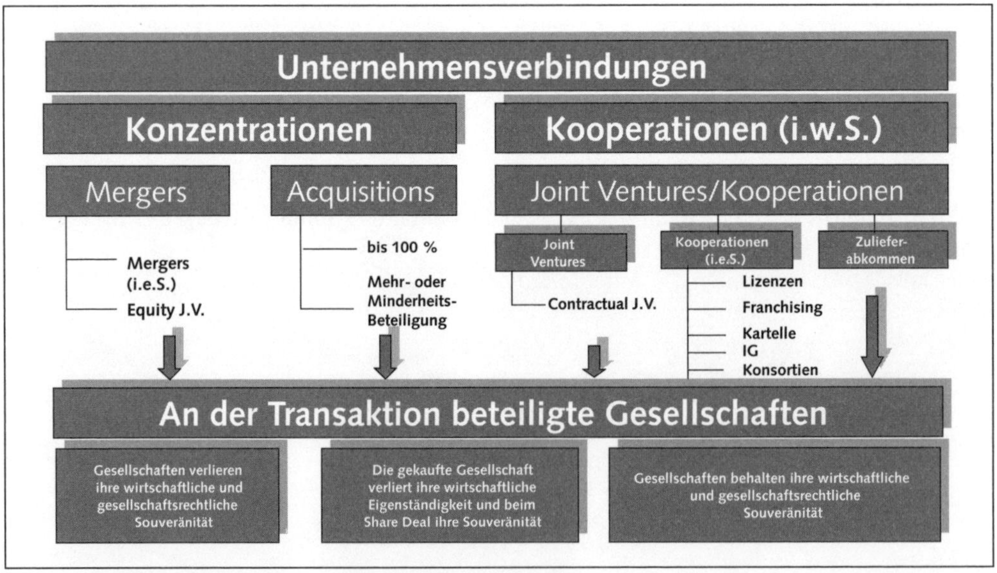

Abb. 1: Erscheinungsformen der Mergers & Aquisitions

Aufgrund der vom Gesetzgeber in den §§ 433 ff. BGB **typisierten Struktur des Kaufvertragsrechtes** erscheint es zweckmäßig, die Gestaltung, den Abschluss und die Durchführung von Mergers & Acquisitions zunächst am Beispiel des Unternehmenskaufvertrages (Sales- & Purchase Agreement/SPA) darzustellen. Dabei werden sich die nachfolgenden Ausführungen zunächst den wesentlichen Bestimmungen und Aspekten eines Unternehmenskaufvertrages zuwenden, zu dessen **typischem Inhalt** etwa folgende Regelungen zählen:

- Konkrete Bezeichnung der Vertragspartner
- Vertragsgegenstand (z. B. Übertragung von Beteiligungen, Geschäftsanteilen, Betrieben, Betriebsteilen und Gesellschaften)
- Gegenleistung, insbesondere den Kauf- oder (Aktien-) Tauschpreis und Earn-out
- Zeitpunkt des rechtlichen und des wirtschaftlichen Überganges, Call- und Put-Options
- Übernahme von Rechten und Pflichten aus Vertragsverhältnissen, insbesondere aus Arbeitsverhältnissen (§ 613a BGB)
- Mängel- und Haftungsrecht – Selbstständige verschuldensunabhängige Garantien
- Haftung für Altverbindlichkeiten
- Umfang der Haftung – Beschränkung der Haftung z. B. durch Bagatell- und Cap-Klauseln
- Zurechenbarkeit einer Kenntnis des Käufers von einem Mangel (§ 442 BGB)
- Störung der Geschäftsgrundlage – Regelung eines Material Adverse Change
- Verjährung der Gewährleistungsrechte beim Kauf – Hemmung der Verjährung (§ 203 BGB)
- Wettbewerbs- und Geheimhaltungsvereinbarungen
- Verfügungsbeschränkungen, Zustimmungs- und Genehmigungserfordernisse
- Aufschiebende Bedingungen, insbesondere nach deutschem und europäischem Kartellrecht
- Regelung der Kostentragung
- Deal Protection einschließlich Break Fees
- Schiedsgerichtsklausel
- Formale Aspekte – Sonstiges
- Closing.

Danach sollen in Kapitel VII dieses Handbuches auch die **Sonderformen der Mergers & Acquisitions** erläutert werden und zwar

- Feindliche Übernahmen (Hostile Takeover)
- Unternehmenszusammenschlüsse
- Kooperationen, Allianzen und Joint Ventures
- Unternehmenssicherungen und -nachfolgen
- Management-Buy-out und Management-Buy-in
- Going Public/Börsengänge (IPO)
- Internationale (crossborder) Mergers & Acquisitions.

b) Allgemeines zur Vertragsgestaltung

Angesichts der immer internationaler und globaler werdenden Transaktionsprozesse können sich die deutschen Wirtschaftsjuristen nicht dem Trend entziehen, die Transaktionsverträge zunehmend **nach anglo-amerikanischem Vorbild** und in englischer Sprache zu konzipieren.[1] Dabei ist es weitgehend üblich geworden, den Transaktionsvertrag nach dem Vorbild des angelsächsischen Case Law als **eigenständiges und umfassendes Regelungssystem** auszugestalten.

In der Praxis haben sich für die Gestaltung und den Inhalt der Transaktionsverträge gewisse Standards herausgebildet. Aufgrund einerseits der Komplexität der Unternehmen als Gesamtheit von Sachen und Rechten, tatsächlichen Beziehungen, Erfahrungen und unternehmerischen Handlungen sowie andererseits der im Einzelfall zu berücksichtigenden wirtschaftlichen Gegebenheiten, Bestrebungen und unter den Vertragspartnern auszugleichenden Chancen und Risiken ist es nicht möglich, die vielfältigen Facetten einer Transaktion mit einem »guten« Standardvertrag zu erfassen und zu bewältigen. Gleichwohl können natürlich **Musterverträge** ein hilfreiches Grundgerüst bei der Gestaltung der Transaktionsverträge darstellen.[2]

Während nach unserer deutschen **abstrahierend-generalisierenden Regelungsmethodik** bei der Vertragsgestaltung grundsätzlich abstrakt-generelle Begriffe verwendet werden, die die Subsumption einer unbestimmten Vielzahl von Anwendungsfällen ermöglichen, werden in den (internationalen) Transaktionsverträgen zunehmend nach dem Vorbild des angelsächsischen Common-Law bzw. Case-Law im Wege der **konkret-individualisierenden Regelungsmethodik** alle erkennbaren und erkannten regelungsbedürftigen Chancen und Risiken möglichst konkret und abschließend geregelt; dies geschieht vor allem durch die Beschreibung und Aufzählung aller denkbaren Gegebenheiten bzw. Situationen – freilich auch unter Zuhilfenahme generalklauselartiger und abstrakter Rechtsbegriffe oder (Gattungs-) Beschreibungen.

Da der Übertragungsvertrag den lebenden unternehmerischen Organismus mit allen seinen Außenbeziehungen zum Gegenstand hat, empfiehlt es sich vor dem Hintergrund dieser Vertragstechnik, möglichst alle für die Vertragspartner bedeutsamen rechtlichen und wirtschaftlichen Aspekte vertraglich so detailliert zu regeln, dass Überraschungen ausgeschaltet werden. Insbesondere müssen erkannte und erkennbare Risiken und Risiko-Situationen, wie z. B. dringend erforderliche Restrukturierungsmaßnahmen des Targetunternehmens, durch Zusicherungen oder Garantien bzw. entsprechende Verzichtsvereinbarungen möglichst klar unter den Vertragspartnern abgegrenzt und (z. B. im Kaufpreis) berücksichtigt werden.

Dabei sollten zum Zwecke der besseren Übersichtlichkeit an den Anfang umfangreicherer Transaktionsverträge

---

1 Vgl. Gerhard Picot, Wirtschaftsrechtliche Parameter des Akquisitionsmanagements, in: Arnold Picot/ Nordmeyer/Pribilla, Management von Akquisitionen, S. 121 ff.; Merkt, Internationaler Unternehmenskauf, RN. 999 ff.

2 Beck'sches Formularbuch Mergers & Acquisitions, 2008.

- ein detailliertes Inhaltsverzeichnis
- ein Verzeichnis der verwendeten Definitionen und
- ein Anlagenverzeichnis

aufgenommen werden.

c) Arten und Gegenstände des Unternehmenskaufs: Kauf einzelner Wirtschaftsgüter (Asset Deal) und Kauf einer Beteiligung an einer Gesellschaft (Share Deal)

Der **Unternehmenskauf** ist zwar ein Kauf im Sinne der §§ 433 ff. BGB. Unternehmenskaufverträge lassen sich aber nicht mit den einfachen Kategorien des Sach- und Rechtskaufes erfassen, sondern beinhalten regelmäßig ein ganzes Bündel besonderer Rechte und Pflichten. In der Literatur wird deshalb vorgeschlagen, den Unternehmenskauf zumindest teilweise der Einordnung als Kauf im Sinne des BGB zu entziehen. Eine dem wirtschaftlichen Tatbestand und den gesellschaftlichen Anschauungen angepasste Betrachtungsweise lässt es jedoch als sachgerecht erscheinen, das Unternehmen als Gegenstand des Kaufrechts anzuerkennen.[3]

Oftmals liegt es im Interesse des Veräußerers oder des Erwerbers, dass das zu veräußernde Verkaufsobjekt, d.h. das Unternehmen, der Unternehmensteil, der Betrieb, der Betriebsteil, der Geschäftsbereich oder die Produktlinie vor dem konkret beabsichtigten Unternehmensverkauf in der Weise strukturiert wird, dass eine Veräußerung erst möglich oder jedenfalls erleichtert wird. Sinn dieser **Strukturierung des Verkaufsobjektes** kann es sein, das Verkaufsobjekt zum Beispiel hinsichtlich der Rechtsform, Organisation oder der Beziehungen (z. B. Verwaltung, Finanzen, Lieferungen, Service, Energieversorgung, Sicherheitseinrichtungen oder Sozialeinrichtungen) zum übrigen Unternehmen derart zu gestalten, anzupassen oder auszugliedern, dass eine überschaubare, in sich geschlossene, eventuell auch rechtlich selbstständige und verkaufsfähige Einheit entsteht. Auf diese Weise kann der Verkäufer das Verkaufsobjekt sozusagen als Paket dem Kaufinteressenten zum Kauf offerieren und zugleich die Verkaufsverhandlungen vorstrukturieren und vereinfachen. Dabei ergibt sich als Folge der Konzentration der Unternehmen auf ihr Kerngeschäft vielfach auch die Notwendigkeit, an ihren Standorten eigene Produktionsbetriebe stillzulegen oder diese mitsamt der betrieblichen Infrastruktur und Betriebsfläche zum Beispiel durch die Schaffung sog. Industrieparks an dritte Unternehmen im Wege des Verkaufs oder des Tausches gegen kernbereichsbezogene Betriebe (sog. Swap) weiterzugeben. Insgesamt sind die Unternehmen bemüht, kostensparende und flexible Produktions-, Vertriebs- und Organisationsstrukturen zu schaffen, die ihre kundenorientierte Innovationsfähigkeit, Leistungsqualität und Effizienz im Rahmen globaler Unternehmensstrategien optimieren.

Je nach der rechtlich und vor allem auch steuerrechtlich gewünschten Struktur kann die Transaktion durchgeführt werden als

3 BGH, BB 1998, 1171 ff. m. Anm. Gerhard Picot, BB 1998, 1174 f.

- Übertragung einzelner Wirtschaftsgüter (sog. **Asset Deal**) oder als
- Übertragung von Gesellschaftsbeteiligungen (sog. **Share Deal**).

Dabei ist der Vertragsgegenstand beim Asset Deal und beim Share Deal jeweils gesondert zu betrachten.

aa) Vertragsgegenstand beim Asset Deal

Der Kauf eines Unternehmens im Wege des **Kaufes der Gesamtheit der Wirtschaftsgüter eines Unternehmens** (**Asset Deal**) stellt entsprechend seiner Bedeutung als Kauf einer Gesamtheit von Sachen und Rechten, tatsächlichen Beziehungen und Erfahrungen sowie unternehmerischen Handlungen erheblich mehr dar, als den bloßen Kauf einzelner Wirtschaftsgüter. Grundsätzlich handelt es sich aber bei dem Kauf der Wirtschaftsgüter eines Unternehmens um einen **Sachkauf** im Sinne der §§ 433 ff. BGB. Gemäß § 433 Abs. 1 BGB steht dem Käufer daher ein **Erfüllungsanspruch** dahingehend zu, dass der Verkäufer ihm die **Sache frei von Sach- (§ 434 BGB) und Rechtsmängeln (§ 435 BGB)** übergibt und ihm das Eigentum an der Sache verschafft. Zu beachten ist, dass eine **Firma** nicht ohne das Handelsgeschäft, für welches sie geführt wird, veräußert werden kann (§ 23 HGB).[4]

Soweit es sich bei den Wirtschaftsgütern um Rechte, wie z. B. Markenrechte, Patentrechte, Urheberrechte oder Domains handelt, handelt es sich zugleich um einen **im Sinne des § 453 BGB**.[5] Nach dieser Bestimmung finden die Vorschriften über den Kauf von Sachen auf den Kauf von Rechten und sonstigen Gegenständen entsprechende Anwendung. Der Verkäufer hat dem Käufer daher nicht nur (wie früher) für den rechtlichen Bestand des veräußerten Rechtes einzustehen, sondern auch für seinen wirtschaftlichen Wert. In der Regel kommt aber beim Rechtskauf eine Sachmängelhaftung des Verkäufers nach §§ 434 ff. BGB nicht in Betracht; denn während eine Sache Rechtsmängel haben kann, kann ein Recht i.d.R. keine Sachmängel aufweisen.

Will der Unternehmenskäufer sicherstellen, dass der in dem Unternehmen verkörperte Wert übertragen wird, so sollte eine entsprechende Verpflichtung des Veräußerers vertraglich vereinbart werden, eben diejenigen Vermögensgegenstände und Rechte zu übertragen, die im Zeitpunkt des Vertragsschlusses diesen **Unternehmenswert** ausmachen. Darüber hinaus wird der Übertragungsvertrag regelmäßig Bestimmungen enthalten müssen, die dem Erwerber die Übertragung des unternehmerischen Know-how sowie die Erhaltung der unternehmerischen Werte auch für die Zeit nach der Übertragung sichern. Zu diesem Zweck können Wettbewerbsvereinbarungen getroffen werden, die dem Verkäufer und eventuell auch seinen Angehörigen konkurrierende Tätigkeiten in dem Geschäftsbereich des veräußerten Unternehmens für einen gewissen Zeitraum untersagen.

Da der Kauf eines Unternehmens den Kauf einer Gesamtheit von Sachen und Rechten, tatsächlichen Beziehungen und Erfahrungen sowie unternehmerischen Handlungen beinhaltet, bedeutet die Übertragung eines Unternehmens zugleich die **Überleitung des**

---

4 Vgl. BGH, DB 1991, 590, 591.
5 RGZ 63, 57 (62); RGZ 67, 86/88.

gesamten Organismus »Unternehmen«. Neben der Übertragung von Sachen und Rechten ist daher auch die Einweisung des Erwerbers in den Tätigkeitsbereich des Unternehmens geschuldet.[6]

Ebenfalls muss die Übertragung von **Vertragsbeziehungen mit Dritten**, vor allem Lieferanten, Kunden, Vermietern, Leasingunternehmen etc., individuell vereinbart werden. Will der Unternehmensverkäufer seine Pflichten aus laufenden Verträgen mit befreiender Wirkung auf den Unternehmenskäufer übertragen, so bedarf es hierfür in der Regel der Zustimmung des Vertragspartners nach § 415 BGB und eines sog. **dreiseitigen Rechtsgeschäftes** aller Beteiligten. Problematisch ist insbesondere die Überleitung von Rechten und Pflichten aus Dauerschuldverhältnissen.[7] Das Gesetz hält z. B. für Mietverhältnisse mit dem § 571 BGB und für Versicherungsverträge mit den §§ 69, 151 Abs. 2 VVG Sondervorschriften bereit. Für den Fall, dass der (dritte) Partner eines solchen Vertrages seine Zustimmung zu dem Übergang des Vertrages auf den Unternehmenskäufer versagen sollte, können die Vertragspartner nur im Innenverhältnis (ohne Außenwirkung und daher nicht zulasten der dritten Vertragspartner) klarstellende und (wirtschaftlich) ausgleichende Regelungen vornehmen.

Besonderheiten gelten beim Asset Deal für den **Übergang der Arbeitsverhältnisse**: Wird nämlich ein Betrieb oder Betriebsteil durch Rechtsgeschäft erworben, so tritt der Erwerber aufgrund des § 613a BGB (**Betriebsübergang**) »automatisch« in die Rechte und Pflichten aus den im Zeitpunkt des Übergangs bestehenden Arbeitsverhältnissen ein. Auch bei der Umwandlung von Unternehmen im Wege der Verschmelzung, Spaltung und Vermögensübertragung nach dem Umwandlungsgesetz ist § 613a BGB anwendbar.[8]

Zu unterscheiden von dem schuldrechtlichen Unternehmenskaufvertrag, der sich auf ein Unternehmen als Sach- und Rechtsgesamtheit bezieht, ist die **sachenrechtliche Vereinbarung und Übertragung**: Das Unternehmen als solches kann nicht Gegenstand eines Übertragungsvorgangs sein. Vielmehr müssen die dem Unternehmensträger gehörenden Sachen und Rechte jeweils im Wege der **Singularsukzession** nach Maßgabe der zivilrechtlichen Vorschriften (§§ 873 ff., 929 ff. BGB) übertragen werden. Es bedarf daher nach dem sog. **Bestimmtheitsgrundsatz** der klaren, zweifelsfreien und unterscheidbaren Festlegung, welche Einzelbestandteile des Unternehmens im Wege des sachenrechtlichen Geschäftes übertragen werden sollen. Besonderheiten ergeben sich dabei hinsichtlich der Übertragung von Forderungen (§§ 398 ff. BGB). Hat das zu übertragende Unternehmen bilanziert, so kann zur Bestimmung und Übertragung der zu übertragenden Sachen und Rechte auf die Bilanz nebst Inventarverzeichnis Bezug genommen werden. Um Zweifelsfälle auszuschließen, empfehlen sich Auffangklauseln. Eine bloß wert- oder zahlenmäßige Bestimmung genügt nicht.[9]

Dabei kann es für die Ausgestaltung des Unternehmenskaufvertrages einen erheblichen Unterschied machen, ob zum Beispiel ein Dienstleistungsunternehmen[10] oder ein Produktionsunternehmen erworben wird. Insofern wird in unterschiedlichem Maße zu

6 Siehe BGH, NJW 1968, 392, 393.
7 Vgl. BGHZ 171, 189, 194; BGH, DB 1996, 1278.
8 Siehe dazu die ausführliche Darstellung nachfolgend unter VI.1.e).
9 Siehe dazu auch Rock, Checkliste beim Asset-Deal, M&A 1/2000, 8 ff.
10 Vgl. Gerhard Picot, Mergers & Acquisitions in Telekommunikation und Internet, Finanzbetrieb, 6/1999, S. 61–70.

beachten sein, dass die Mitarbeiter als Grundlage für die Erbringung von Dienstleistungen, die Produktionsanlagen, die Maschinen und Einrichtungsgegenstände, die immateriellen Betriebsmittel, Schutzrechte, Geschäftspapiere und Kundenlisten sowie das Know-how und der Goodwill sowie die Liefer- und Kundenbeziehungen im Rahmen der Transaktion tatsächlich übergehen.

bb) Vertragsgegenstand beim Share Deal

Erfolgt der Kauf eines Unternehmens im Wege des Anteils- bzw. Beteiligungserwerbs durch den **Kauf einer Beteiligung oder sämtlicher Geschäftsanteile an einer Gesellschaft** (sog. **Share Deal**), so stellt die gesellschaftsrechtliche Beteiligung des Verkäufers den unmittelbaren rechtlichen Kaufgegenstand dar. Mit dem Erwerb der Beteiligung oder der Geschäftsanteile tritt der Käufer in die Rechtsposition des bisherigen Rechte-Inhabers ein und erlangt dadurch eine unmittelbare Beteiligung am Vermögen der Gesellschaft bzw. des Rechtsträgers. Die **Identität des Unternehmens** bleibt daher von der Transaktion unberührt. Rechtsträger eines Unternehmens kann eine juristische Person (z. B. AG, GmbH), eine Personengesellschaft (OHG, KG, GmbH & Co. KG, GmbH & Co. KGaA) oder ein Einzelunternehmen sein. Bei der Kapital- und Personengesellschaft ist das dem Unternehmen zugeordnete Vermögen eindeutig vom Privatvermögen der Gesellschafter getrennt.

Ein Share Deal beinhaltet daher einen **Rechtskauf im Sinne des § 453 BGB.**[11] Nach dieser Bestimmung gelten nunmehr für den **Kauf von Rechten und sonstigen Gegenständen** die Vorschriften über den Kauf von Sachen entsprechend. Der Verkäufer eines Inhaberrechts an einer Gesellschaft hat daher – entgegen der früheren Rechtslage – nicht nur für den rechtlichen Bestand der verkauften Rechte bzw. Beteiligungen, sondern auch für ihren wirtschaftlichen Wert einzustehen. Er ist verpflichtet, dem Käufer das Recht frei von Sach- (§ 434 BGB) und Rechtsmängeln (§ 435 BGB) zu übergeben. Im Rahmen des gesetzlichen Haftungssystems hat daher die Unterscheidung zwischen dem Asset Deal und dem Share Deal ihre frühere Bedeutung verloren.

Wird das Mitgliedschaftsrecht zugleich in einem Wertpapier verkörpert (z. B. Aktie), so liegt zugleich auch ein **Sachkauf** vor. Ist z. B. die Mitgliedschaft des Aktionärs in dem Wertpapier verbrieft, so wird die Inhaberaktie nach den Vorschriften über die Übereignung beweglicher Sachen übertragen. Ist es (noch) nicht zu einer Verbriefung der Mitgliedschaftsrechte gekommen, so erfolgt die Übertragung gemäß § 413 BGB in Verbindung mit § 398 BGB durch Abtretung.[12] Ist das Stammkapital einer GmbH in mehrere Geschäftsanteile unterteilt, so behalten diese ihre rechtliche Selbstständigkeit auch dann, wenn sie einem Gesellschafter allein zustehen (§ 15 Abs. 2 GmbHG). Die zu übertragenden Geschäftsanteile müssen daher im Unternehmenskaufvertrag einzeln mit ihrem Nennbetrag aufgeführt werden. Gemäß §§ 16 Abs. 1, 35 Abs. 2 GmbHG ist es für die rechtswirksame Übertragung der Gesellschafterrechte auf den Anteilskäufer ferner erforderlich, dass dieser den Erwerb unter Nachweis des Überganges mindestens einem Geschäftsführer anzeigt.[13]

---

11 RGZ 86, 146 (148 f.).
12 Siehe LG Berlin, NJW-RR 1994, 842.
13 BGH, DB 1990, 1709, 1711; BayObLG, DB 1990, 167.

Da beim Share Deal lediglich ein **Inhaberwechsel** bei der Gesellschaft stattfindet, ist eine Bezeichnung der (übertragenen) Wirtschaftsgüter (i.w.S.) des Unternehmens entbehrlich. Die Gesellschaft bleibt Partner der von ihr abgeschlossenen Verträge, sodass weder die Vertragsbeziehungen mit Dritten (mit ihrer Zustimmung) übertragen zu werden brauchen, noch durch einen Betriebsübergang ein Wechsel des Betriebsinhabers bzw. Arbeitgebers mit den Rechtsfolgen des § 613a BGB stattfindet.

Zu beachten ist allerdings, dass oftmals insbesondere Verträge mit Banken, Lieferanten und Lizenzgebern sog. »**Change of Control-Klauseln**« enthalten, die für den Fall eines Wechsels in der Inhaberschaft des Vertragspartner-Unternehmens ein Anpassungs- oder gar ein Kündigungsrecht vorsehen; in diesen Fällen sollte schon vor der Unterzeichnung des Unternehmenskaufvertrages von dem Dritten die Erklärung eingeholt werden, ob und gegebenenfalls in welche Weise er seine Rechte ausüben möchte, oder eine entsprechende Vorbehaltsklausel für die Übertragung der Shares, z. B. in die sog. Closing-Conditions, in den Vertrag aufgenommen werden.

Bei dem **Erwerb eines Konzernunternehmens** ist ferner zu berücksichtigen, dass das einzelne Konzernunternehmen z. B. auf Lieferungen und Leistungen von Energien und Rohstoffen durch andere Unternehmen des Konzerns angewiesen sein kann. Der Unternehmenskaufvertrag ist dann zumindest für einen Übergangszeitraum durch Liefer- und Leistungsverträge (sog. Term-Sheets) mit den betreffenden Konzernunternehmen zu ergänzen, sodass eine Fortführung des Unternehmens unter den bisherigen Rahmenbedingungen gewährleistet ist. Dies gilt insbesondere auch dann, wenn das erworbene Unternehmen in einem sog. Industriepark angesiedelt ist, der am Standort eine bestimmte und von dem Unternehmenskäufer nicht oder nur wenig zu beeinflussende Infrastruktur aufweist, und auf Lieferungen und Leistungen anderer Unternehmen angewiesen ist.

d) Kaufpreis

aa) Die Bestimmung des Kaufpreises

Eine zentrale Problematik der Verhandlung eines Unternehmenskaufvertrages ist oftmals die Bestimmung des Kaufpreises. Vom **Kaufpreis** zu unterscheiden ist der Unternehmenswert (siehe oben A.I. sowie nachfolgend B.VIII.), der jedoch in der Regel für die Kaufpreisfindung von entscheidender Bedeutung ist. Die Bestimmung des Kaufpreises erfolgt durch die Vertragspartner im Wege der **Unternehmensbewertung**[14] auf der Grundlage der beiderseitigen Wertvorstellungen. Die Vertragspartner müssen dabei dem schwierigen Umstand Rechnung tragen, dass bei der Bewertung regelmäßig die Zukunftsentwicklungen des Unternehmens zu berücksichtigen sind. Gleiches gilt, wenn anstelle oder neben einer Barzahlung Aktien des Käufer-Unternehmens als Gegenleistung übertragen werden.[15] Ein

14 Siehe dazu den Beitrag von Hommel/Grass »Unternehmensbewertung«, Teil B.VIII in diesem Handbuch.

15 Gerhard Picot: Die Bewertung von Unternehmen und Aktien als Akquisitionswährung in der Rechtsprechung, in: Richter/Timmreck, Handbuch Unternehmensbewertung, Stuttgart 2004.

Unternehmenskaufvertrag kann gegen die guten Sitten verstoßen und aufgrund einer Inhaltskontrolle gemäß § 138 BGB nichtig sein.[16]

Bei Unternehmenszusammenschlüssen oder Akquisitionen kann ein erheblicher Zeitraum zwischen dem Zeitpunkt der ersten Bewertung des Unternehmens, dem Abschluss des Transaktionsvertrages und der tatsächlichen Übertragung des Unternehmens liegen. Bei größeren Akquisitionen wird dies oftmals schon dadurch bedingt, dass die Zustimmung der Kartellbehörden zu der Akquisition eingeholt werden muss und bis dahin ein Vollzugsverbot besteht (siehe nachfolgend B. IX.). Bis zu dem Übertragungsstichtag kann der Wert des Unternehmens erheblichen Schwankungen unterliegen. Aus diesem Grund vereinbaren die Vertragspartner häufig, dass der endgültige Kaufpreis anhand einer auf den Übergangsstichtag aufzustellenden **Abrechnungs- bzw. Stichtagsbilanz** ermittelt wird. Bestand und Wert des Unternehmens können vom Beginn der Verhandlungen, über den Abschluss des Kaufvertrages bis hin zum Übertragungsstichtag erheblichen Schwankungen unterliegen. Der **Festlegung des Übergangsstichtages** kommt daher besondere Bedeutung zu. Ergibt sich aus der Stichtagsbilanz, dass die vereinbarten Mindestwerte für das Eigenkapital, das Working Capital etc. nicht erreicht werden, so hat eine Kaufpreisanpassung bzw. Ausgleichszahlung zu erfolgen. In Abweichung von den Bilanzierungsregeln der §§ 238 ff. HGB können die Parteien andere – auch globale – Bewertungs- und Bilanzierungsstandards vertraglich festlegen, wie zum Beispiel die »International Accounting Standards – IAS« und die häufig verwendeten »US – Generally Accepted Accounting Principles – US-GAAP«.

Nach Ansicht des Bundesverfassungsgerichts[17] schreibt Art. 14 Abs. 1 des Grundgesetzes keine bestimmte **Methode für die Wertermittlung von Unternehmen** bzw. Unternehmensbeteiligungen vor. Die Gesetzgebung geht von der existierenden Methodenvielfalt sowie von den Kriterien »Vermögen und Ertrag« aus. In der Praxis hat sich allerdings für die Ermittlung des »wahren« Unternehmenswerts die sog. **Ertragswert-Methode** durchgesetzt.[18] Dabei weichen einige Gerichte zunehmend von der Auffassung des Bundesgerichtshofes[19] ab und gehen davon aus, dass die richtige Methode der Unternehmensbewertung eine Rechtsfrage und nicht nur eine von Sachverständigen zu klärende und von den Gerichten lediglich auf Plausibilität zu prüfende Tatsachenfrage sei;[20] jedoch stellen auch diese Gerichte bei der Ermittlung des Unternehmenswertes praktisch allein auf die Ertragswert-Methode ab.

Die steigende Zahl aktien- und umwandlungsrechtlicher Spruchstellenverfahren veranlasst die Gerichte immer häufiger, zu den Problemen der Unternehmensbewertung Stellung zu beziehen, wobei eine Bewertung des Anteilseigentums nach anderen Methoden, etwa anhand des Börsenkurses, weitgehend abgelehnt wird, da der Wert eines Unternehmens in erster Linie von seiner Fähigkeit abhänge, künftig Erträge zu erwirtschaften.[21] Nach Auffassung des Bundesverfassungsgerichtes muss freilich bei der Ermittlung

16 So OLG München, BB 1995, 2235 bei einem um 220 % überhöhter Kaufpreis.
17 BVerfG, WM 1999, S. 1666.
18 Siehe dazu ausführlich den Beitrag von Hommel/Grass »Unternehmensbewertung«, Teil B.VIII in diesem Handbuch.
19 BGH, AG 1978, 196, 199 »Kali und Salz«.
20 Vgl. BayOLG, AG 1996, 127 »Paulaner«; AG 1996, 176.
21 Vgl. OLG Celle NZG 1998, 987, 988; ferner die Nachweise bei Hüffer, a.a.O., § 305 Rdn. 19 f.

des Wertes einer Unternehmensbeteiligung an einer börsennotierten Aktiengesellschaft, insbesondere zur Bestimmung einer angemessenen Abfindung und des angemessenen Ausgleichs nach dem Aktiengesetz, ein existierender **Börsenkurs der Aktien** berücksichtigt werden. Dies ergibt sich daraus, dass die Entschädigung und folglich auch die Methode ihrer Berechnung dem entzogenen Eigentumsobjekt gerecht werden muss. Das Aktieneigentum ist im Vergleich zu einer Beteiligung an einer Personenhandelsgesellschaft oder an einer Gesellschaft mit beschränkter Haftung nicht zuletzt durch seine Verkehrsfähigkeit geprägt. Das gilt vor allem für die börsennotierte Aktie. Sie wird an der Börse gehandelt und erfährt dort aus dem Zusammenspiel von Angebot und Nachfrage eine Wertbestimmung, an der sich die Aktionäre bei ihren Investitionsentscheidungen orientieren. Insbesondere Kleinaktionären, die regelmäßig nicht über alle relevanten Informationen verfügen, steht nämlich kein anderer Maßstab zur Verfügung, an dem sie den Wert dieses spezifischen Eigentumsobjekts messen können.

Im Zusammenhang mit Unternehmenszusammenführungen, insbesondere in der Form von Gemeinschaftsunternehmen bzw. Joint Ventures, stellt sich die Frage, ob die Unternehmensbewertung unter Ausschluss oder unter Berücksichtigung der Verbund- und **Synergie-Vorteile** auf der Grundlage des sog. **Stand-alone-Prinzips** bzw. unter Anwendung des sog. **Verbundberücksichtigungs-Prinzips** erfolgen soll.

Zur Sicherung gegen Wertverlust bei Ratenzahlung des Kaufpreises stehen die Instrumente der **Wertsicherungs- bzw. Gleitklauseln** zur Verfügung.

Die **Übertragung von Personengesellschaftsanteilen** wird grundsätzlich wie die Übertragung von Kapitalgesellschaften behandelt.[22] Allerdings kann zweifelhaft sein, ob und inwieweit neben dem Gesellschaftsanteil weitere Rechte und Pflichten aus dem Gesellschaftsverhältnis, wie z.B. Darlehens-, Kapitalrücklage-, oder Allgemeine Verrechnungskonten, Stimmrechte, Informationsrechte, Kündigungsrechte, Rechte auf Gewinn und Auseinandersetzungsguthaben übergehen sollen. Deshalb empfiehlt sich auch insoweit eine detaillierte vertragliche Regelung.[23] Im Falle einer bloßen Teilübertragung eines Personengesellschaftsanteils wird die Annahme eines – ebenfalls – nur anteiligen Überganges der Rechte und Pflichten sachgerecht sein. Der bis zum Übergangsstichtag erwirtschaftete Gewinn steht grundsätzlich dem Veräußerer zu. Entsteht bis zum Übergangsstichtag ein Verlust, so kann dieser kaufpreismindernd berücksichtigt werden. Weichen der Zeitpunkt des Vertragsschlusses und der Übergangsstichtag voneinander ab, so sollten in jedem Falle die Entnahmerechte des Veräußerers für die Zwischenzeit vertraglich geregelt werden.

Bei der **Übertragung von Geschäftsanteilen an einer GmbH** steht der **Gewinnanspruch** gemäß §§ 29, 46 Nr. 1 GmbHG grundsätzlich demjenigen zu, der im Zeitpunkt des Gewinnverwendungsbeschlusses Gesellschafter ist. GmbH-Anteile werden daher in der Regel mit den Gewinnbezugsrechten übertragen. Die Vertragspartner können abweichende schuldrechtliche und dingliche Vereinbarungen[24] über den schuldrechtlichen Anspruch auf Gewinnbezug oder über eine teilweise oder vollständige Abtretung des Gewinnauszahlungsanspruches treffen.[25] Bei der Veräußerung eines GmbH-Anteils während eines Geschäftsjahres hat der Verkäufer gemäß § 101 Nr. 2 Halbs. 2 BGB einen

22 Zur wirksamen Übertragung von GbR-Gesellschaftsrechten siehe OLG Köln, BB 1996, 2058 f.
23 BGH, NJW 1966, 1307, 1309; BGH, NJW 1969, 133.
24 Vgl. BGH, NJW 1995, 1027.
25 Vgl. BGH, NJW 1995, 1027.

schuldrechtlichen Anspruch gegen den Käufer auf den während seiner Zugehörigkeit zur Gesellschaft angefallenen anteiligen Gewinn, sofern er ausgeschüttet wird. Ein bis zum Übergangsstichtag erwirtschafteter Verlust mindert das Vermögen der Gesellschafter. Es empfiehlt sich daher eine vertragliche Regelung, insbesondere auch im Hinblick auf eine mögliche Kaufpreisminderung.

bb) Die Vereinbarung variabler Kaufpreisklauseln

Variable Kaufpreisklauseln[26] dienen regelmäßig der Erfassung von Wertänderungen nach dem Vollzug des Kaufvertrages, also einer zukunftsorientierten Anpassung der Gegenleistung und sollen den Verkäufer am künftigen Erfolg des verkauften Unternehmens teilhaben lassen. Grundsätzlich sind folgende zwei Gestaltungsformen möglich: Die Erhöhung des Kaufpreises in Abhängigkeit vom Unternehmenserfolg in der Form des sog. **Earn-out** oder des **Besserungsscheins** sowie die Vereinbarung einer Beteiligung oder eines Optionsrechtes des Verkäufers, deren bzw. dessen Wert sich bei einem Verkauf des Unternehmens oder nach einem festgelegten Zeitraum realisiert (sog. Wandelschuldverschreibungen i. S. d. §§ 793 ff. BGB – Vendor Warrants). Bei der GmbH ist die Vereinbarung schuldrechtlicher Optionsrechte möglich. Bei der Aktiengesellschaft können Optionsrechte grundsätzlich gestaltet werden in Form

- der Wandelanleihe, bei der der Gläubiger gegen Aufgabe seiner Rechte aus der Schuldverschreibung Aktionär der Gesellschaft wird, oder
- der Optionsanleihe, bei der der Gläubiger unter Beibehaltung seiner Rechte aus der Schuldverschreibung ein Bezugsrecht auf Aktien erhält.

Die **Vorteile einer erfolgsbezogenen Kaufpreisanpassung** bestehen

- für den Verkäufer darin, dass er unter Umständen einen besseren Kaufpreis erzielen kann, als ohne eine solche Kaufpreisanpassung, da er keinen Sicherheitsabschlag für die Ungewissheit zukünftiger Entwicklungen zu gewähren braucht, und die Möglichkeit erhält, an Ertragssteigerungen aus (zukünftigen) Synergieeffekten auf Seiten des Käufers teilzuhaben, und
- für den Käufer darin, dass er eine höhere Sicherheit bezüglich der Angemessenheit des bezahlten Kaufpreises erhält, da der Kaufpreis sich letztlich nach der tatsächlichen Ertragskraft des erworbenen Unternehmens richtet und er eine gewisse Kaufpreisstundung erzielt.

Die **Nachteile einer erfolgsbezogenen Kaufpreisanpassung** bestehen

- für den Verkäufer darin, dass er weiterhin ein erhebliches Interesse und Bedürfnis an der Einflussnahme oder zumindest an einer Kontrolle des Zielunternehmens und seiner Führung hat und

---

26 Eingehend dazu: Philipp von Braunschweig, Variable Kaufpreisklauseln in Unternehmenskaufverträgen, DB 2002, 1815 ff.; Johannes Bruski, Kaufpreisbemessung und Kaufpreisanpassung im Unternehmenskaufvertrag, BB 2005, H. 30, Beilage 17 und BB 2005, Sonderbeilage 7, S. 19; Gerhard Picot, Die Bewertung von Unternehmen und Aktien als Akquisitionswährung in der Rechtsprechung, in: Richter/Timmreck, Handbuch Unternehmensbewertung, Stuttgart 2004.

- für den Käufer darin, dass er in einem gewissen Umfang eine Einflussnahme oder zumindest eine Kontrolle der Verkäufers auf das Zielunternehmen nicht vermeiden kann.

Die Schwierigkeit der Verhandlung variabler Kaufpreisklauseln besteht vor allem darin, dass in der Zeit nach dem Closing bzw. in der Bemessungsperiode Faktoren das Unternehmensergebnis sowohl positiv als auch negativ beeinflussen können, die mit der Leistungsfähigkeit oder Ertragskraft des Zielunternehmens nichts zu tun haben. Zudem ist es i.d.R. schwierig, derartige unsystematische Einflüsse getrennt zu erfassen und aus der Formel für die erfolgsbezogene Kaufpreisanpassung herauszunehmen.

Bei der **Gestaltung variabler Kaufpreisklauseln** sind vor allem folgende Aspekte vertraglich zu regeln:

- Bemessungsgrundlage
- Berechnungsverfahren
- Bemessungsperiode
- Berücksichtigung von Sonderfaktoren, z. B. weiteren Unternehmenskäufen bzw. Zusammenschlüssen
- Berücksichtigung und Zurechnung von Synergien
- Veränderungsmöglichkeiten
- Kontrollbedürfnisse
- Beilegung von Meinungsverschiedenheiten über die Angemessenheit der tatsächlich vorgenommenen Kaufpreisanpassung.

cc) Die Vereinbarung von Cash-free- und Debt-free-Klauseln

Häufig entstehen im Anschluss an die Übertragung Meinungsverschiedenheiten darüber, was mit **»Cash-free«- und »Debt-free«-Klauseln** im Unternehmenskaufvertrag gemeint ist.[27]

Bei Cash-free-Klauseln ist der **Begriff »Cash«** nicht als konkrete Bilanzposition im Sinne des § 266 Abs. 2 HGB zu verstehen, sondern als ausschüttungsfähige Liquidität des (Ziel-) Unternehmens. Daher ist es zu empfehlen, den Begriff »Cash« entsprechend der konkreten liquiden Vermögensgegenstände auf der Aktivseite der Bilanz zu definieren. Dabei kommen folgende Positionen in Betracht: Forderungen gegenüber verbundenen Unternehmen oder Unternehmen, mit denen ein Beteiligungsverhältnis besteht sowie Wertpapiere, Schecks, Kassenbestand und Guthaben bei Kreditinstituten. Der **Begriff »Cash-free«** bedeutet daher frei von ausschüttungsfähiger Liquidität, die vertraglich unter Bezugnahme auf Bilanzpositionen zu definieren ist. Dabei bedarf es der klaren Regelung, ob vorab die gesamte freie Liquidität oder nur die nicht betriebsnotwendige Liquidität ausgeschüttet werden soll; insbesondere bedarf es der Klarstellung, dass die Liquidität unter Berücksichtigung des Grundsatzes der Kapitalerhaltung gemäß § 30 Abs. 1 GmbHG nur insoweit ausgeschüttet werden darf, wie Eigenkapital vorhanden ist.

27 Hilgard, Cash-free/Debt-free-Klauseln beim Unternehmenskaufvertrag, DB 2007, 559 ff.

Bei Debt-free-Klauseln kommen für den **Begriff »Debt«** als Positionen Verbindlichkeiten gegenüber Gesellschaftern und Kreditinstituten, Verbindlichkeiten aus der Annahme gezogener Wechsel und Ausstellung eigener Wechsel oder Verbindlichkeiten gegenüber Unternehmen, mit denen ein Beteiligungsverhältnis besteht, in Betracht. Der Begriff **»Debt-free«** bedeutet daher »Schuldenfreiheit« bzw. Freiheit von Fremdverbindlichkeiten, insbesondere langfristigen Bankverbindlichkeiten. Ebenso kann auch nur das Fehlen zinstragender bzw. verzinster Verbindlichkeiten vereinbart werden.

Gebräuchliche Klauseln sind **stichtagsbezogene Berechnungen**, bei denen der Kaufpreis für das Target auf der Basis »Cash-free/Debt-free« z. B. wie folgt festgelegt wird: »Der Kaufpreis für das Target beträgt, berechnet auf der Basis »Cash-free/Debt-free«, EUR x.« Daneben sind auch statische Berechnungen denkbar mit der Regelung einer **Cash-/Debt-Kaufpreisanpassung** im Wege eines Vergleiches zwischen dem Saldo zum Übergangsstichtag und dem Saldo zum Zeitpunkt des Signing, wie z. B.: »Der Saldo aus Kassenbestand, Forderungen bzw. Verbindlichkeiten gegenüber Kreditinstituten sowie Gesellschaftern zum [Datum] wird dem Saldo aus Kassenbestand, Forderungen bzw. Verbindlichkeiten gegenüber Kreditinstituten sowie Gesellschaftern (nicht aus Liefer- und Leistungsverkehr, sondern Finanzierungen) zum Übergangsstichtag gegenübergestellt. Ist letzterer höher als zum [Datum], erhöht sich der Kaufpreis entsprechend dieser Differenz zum Übergangsstichtag, ist er niedriger, vermindert er sich entsprechend.«

Für den Käufer besteht bei derartigen Klauseln die Gefahr, dass der Verkäufer zwischen dem Signing und dem Closing **auf die Liquidität Einfluss** nehmen kann durch die Entnahme von Gewinnen, das Hinauszögern der Bezahlung von Rechnungen, den Abschluss von Vorauszahlungsvereinbarungen mit Kunden, den Verkauf von Vermögensgegenständen des Targets, den Verkauf von Forderungen des Unternehmens an Dritte (sog. Factoring) oder das Unterlassen von Wartungen, Reparaturen sowie Investitionen. Ebenso kann der Verkäufer zwischen dem Signing und dem Closing auf die Verbindlichkeiten Einfluss nehmen durch die Vermeidung von Bankverbindlichkeiten (Beispiel: Gesellschafter übernimmt selbst die Verbindlichkeiten gegenüber Kreditinstituten), die Gewährung von Gesellschafterdarlehen als Form der Fremdfinanzierung, die Auflösung von Rückstellungen oder die Eingehung von Leasinggeschäften anstelle fremdkapitalfinanzierter Investitionen.

Zur Vermeidung von Unklarheiten ist die Aufnahme einer **»Past Practice«-Klausel** in den Unternehmenskaufvertrag als Auffangvorschrift zum Schutz des Käufers zu empfehlen, und zwar mit einer Verpflichtung des Verkäufers, für die Zeit zwischen Signing und Closing das Target weiterhin in Übereinstimmung mit der bisherigen Praxis und dem normalen Umfang mit der Sorgfalt eines ordentlichen Kaufmannes zu führen. Es sind möglichst genaue Regelungen im Unternehmenskaufvertrag erforderlich, welche Maßnahmen der Verkäufer betreffend Liquidität oder Verschuldung des Unternehmens vornehmen darf bzw. was ihm untersagt ist.[28] Der Zweck einer entsprechenden Regelung besteht in der Anpassung des durch eine »Cash-free/Debt-free«-Bewertung ermittelten Kaufpreises an das veränderte Finanzierungsverhalten bzw. Ausgleichszahlung mit Hilfe einer Garantie. Ein Verstoß des Verkäufers führt dann zur Kaufpreisanpassung.

---

28 Siehe dazu auch Mielke/Welling, Kartellrechtliche Zulässigkeit von Conduct of Business-Klauseln in Unternehmenskaufverträgen, BB 2007, 277 ff.

Denkbar ist auch die **Kombination einer Past-Practice-Klausel mit einer Ordinary Course of business-Klausel**. Dies gilt insbesondere in Fällen, in denen sich die Unternehmensleitung gezwungen sieht oder es als notwendig ansieht, anders als in der Vergangenheit zu handeln und dies auch kaufmännisch zulässig und gegebenenfalls geboten ist.[29]

e) Sonderregelung beim Asset Deal: Übergang von Rechten und Pflichten aus Arbeitsverhältnissen (Betriebsübergang gemäß § 613a BGB) und bei der Umwandlung nach Umwandlungsgesetz[30]

Wie bereits oben dargestellt, gilt **beim Asset Deal** für den **Übergang der Arbeitsverhältnisse** die gesetzliche Besonderheit, dass der Erwerber aufgrund des § 613a BGB (**Betriebsübergang**) »automatisch« in die Rechte und Pflichten aus den im Zeitpunkt des Übergangs bestehenden Arbeitsverhältnissen eintritt, wenn ein Betrieb oder Betriebsteil durch Rechtsgeschäft auf einen neuen Inhaber übergeht. Auch bei der Umwandlung von Unternehmen im Wege der Verschmelzung, Spaltung und Vermögensübertragung nach dem Umwandlungsgesetz ist § 613a BGB anwendbar.[31]

Die Erfahrungen der letzten Jahre bei der Bewältigung nationaler und internationaler Integrationsaufgaben im Rahmen von Zusammenschlüssen und Übernahmen haben das Bewusstsein dafür geschärft, dass für den Erfolg der Transaktionen nicht allein die sog. harten Faktoren, wie z. B. Management, Organisation, Finanzen und Investitionen, maßgebend sind, sondern auch die sog. weichen Faktoren, wie z. B. Unternehmens-

---

29 Als unverbindlicher Formulierungsvorschlag kommt insoweit folgende Garantie-Klausel in Betracht: »Der Verkäufer garantiert Folgendes für den Zeitraum zwischen dem Tag der Unterzeichnung dieses Vertrages und dem Übergangsstichtag:

1. Die Geschäfte des Targets werden im Wesentlichen so weitergeführt wie bisher, und zwar mit der Sorgfalt eines ordentlichen Kaufmannes sowie in Übereinstimmung mit allen anwendbaren Vorschriften. Das Target wird stets nur mit vorheriger schriftlicher Zustimmung des Käufers Verträge eingehen, sofern diese nicht zum normalen Geschäftsbetrieb gehören. Über das Eingehen wesentlicher Verträge ist der Käufer vom Verkäufer zu unterrichten.
2. Über die Vermögensgegenstände des Targets werden – außerhalb des normalen Geschäftsbetriebes – keine Verfügungen getroffen. Das Target wird bestehende Finanzierungsvereinbarungen nicht ausweiten bzw. neue begründen.
3. Vor dem Übergangsstichtag vorgenommene Kundenbestellungen werden vertragsgemäß und unter Beachtung üblicher kaufmännischer Gepflogenheiten durchgeführt.
4. Das Target wird Bestellungen für Gegenstände des Anlagevermögens (über jeweils EUR [•] nur nach vorheriger schriftlicher Zustimmung des Käufers erteilen, Verbindlichkeiten – abweichend von bisherigen Verbindlichkeiten gegenüber Mitarbeitern – nur nach vorheriger schriftlicher Zustimmung des Käufers eingehen und nur innerhalb des normalen Geschäftsverlaufes ohne vorherige Zustimmung des Käufers Bestellungen an Lieferanten erteilen bzw. solche annehmen sowie Verpflichtungen aus wesentlichen Verträgen eingehen.«

Siehe dazu Mark Hilgard, Cash-free/Debt-free-Klauseln beim Unternehmenskauf, DB 2007, 559 ff.

30 Siehe dazu eingehend Gerhard Picot/Schnitker, Arbeitsrecht bei Unternehmenskauf und Restrukturierung, Teil I, S. 6 ff. sowie der Beitrag von Picot/Fuhrmanns »Rechtliche Parameter der Integrations- bzw. Implementierungsmaßnahmen, insbesondere der Restrukturierungsmaßnahmen«, Teil C.XI, in diesem Handbuch und Picot/Fuhrmanns, in: Handbuch für Familien- und Mittelstandsunternehmen, Teil XI (Betriebsübergang).

31 Siehe dazu die ausführliche Darstellung nachfolgend unter e).

Kommunikation und -Kultur (Selbstverständnis, Sozialstruktur, Arbeitsklima), sowie nicht zuletzt die Personalfragen. Den rechtlichen Rahmen der notwendigen integrativen Maßnahmen, die bereits bei der Abfassung des Transaktionsvertrages zu berücksichtigen sind, bieten vor allem die europäischen und deutschen Schutzbestimmungen zugunsten der Arbeitnehmer. Bereits im Jahre 1972 hat der deutsche Gesetzgeber durch die Vorschrift des § 613a BGB die Rechte und Pflichten der Arbeitnehmer und Arbeitgeber beim Betriebsübergang geregelt. 1980 hat er diese Bestimmung ergänzt, um die europäische Richtlinie 77/187 EWG vom 14.02.1977 über die Wahrung von Ansprüchen der Arbeitnehmer beim Übergang von Unternehmen, Betrieben und Betriebsteilen in nationales Recht umzusetzen. Die Europäische Kommission hat diese Richtlinie am 29.06.1998 durch die Richtlinie 98/50/EG in Teilbereichen präzisiert. Da die Vorschrift des § 613a BGB auf europäischem Recht beruht, ist sie im Zweifel richtlinienkonform auszulegen. Eine weitere Änderung des § 613a BGB erfolgte aufgrund Art. 2 des UmwRBerG vom 28.10.1994. Sie diente der Anpassung der Terminologien in § 613a Abs. 3 BGB an das neue Umwandlungsrecht.

Zum Schutz der Arbeitnehmer beim Betriebsübergang schreibt § 613a Abs. 1 Satz 1 BGB zwingend vor, dass der Erwerber eines Betriebes oder Betriebsteiles **im Falle des Betriebsüberganges durch Rechtsgeschäft** »automatisch« in die Rechte und Pflichten aus den bestehenden Arbeitsverhältnissen eintritt. Bei dieser Bestimmung handelt es sich um eine zwingende gesetzliche Regelung, die weder durch einen Vertrag zwischen Arbeitgeber und Arbeitnehmer noch durch eine vertragliche Vereinbarung zwischen dem Arbeitgeber und dem Unternehmenserwerber abbedungen werden kann. Die Arbeitnehmer bleiben auf diese Weise grundsätzlich mit dem Betrieb bzw. Betriebsteil verbunden, dem sie nach dem Schwerpunkt ihrer Tätigkeit objektiv zuzuordnen sind, sofern sie dem Übergang ihrer Arbeitsverhältnisse auf den neuen Arbeitgeber nicht widersprechen.

§ 613a Abs. 1 Satz 2–4 BGB enthalten Regelungen betreffend die **Fortgeltung von Kollektivvereinbarungen** sowie die Möglichkeit des neuen Betriebsinhabers, die Arbeitsbedingungen zu verändern und sie denjenigen in dem »übernehmenden« Betrieb anzupassen.

§ 613a Abs. 2 BGB regelt die **Haftungsverteilung zwischen Veräußerer und Erwerber**.

§ 613a Abs. 4 BGB beinhaltet einen **besonderen Kündigungsschutztatbestand**, nach dem eine Kündigung »wegen« des Überganges des Betriebes oder eines Betriebsteils unzulässig ist.

Schließlich schreibt § 613a Abs. 5 BGB vor, dass der bisherige Arbeitgeber oder der neue Inhaber die von einem Übergang betroffenen Arbeitnehmer vor dem Übergang in Textform zu unterrichten hat über den Zeitpunkt oder den geplanten Zeitpunkt des Übergangs, den Grund für den Übergang, die rechtlichen, wirtschaftlichen und sozialen Folgen des Übergangs für die Arbeitnehmer und die hinsichtlich der Arbeitnehmer in Aussicht genommenen Maßnahmen.

Angesichts der Komplexität der mit dem Betriebsübergang verbundenen Rechtsfragen verwundert es nicht, dass trotz des mehr als 30-jährigen Bestehens der Vorschrift immer noch heftige Diskussionen und vielfältige gerichtliche Auseinandersetzungen insbesondere über die Frage geführt werden, unter welchen Voraussetzungen ein **Betriebsübergang** im Sinne des § 613a BGB vorliegt. Die Vorschrift des § 613a BGB ist nicht auf sämtliche Formen der Unternehmenstransaktionen anwendbar, sondern nur auf diejenigen, bei denen der Inhaber des Betriebes wechselt. Ein solcher Inhaberwechsel liegt im Falle eines

Asset Deals vor, da die Wirtschaftsgüter und Verbindlichkeiten im Wege der Singularsukzession auf einen neuen Erwerber übertragen werden. Auch bei der **Umwandlung von Unternehmen** im Wege der Verschmelzung, Spaltung und Vermögensübertragung nach dem Umwandlungsgesetz ist § 613a BGB anwendbar. Die Besonderheit der Umwandlung besteht darin, dass der Übertragungsvorgang – im Gegensatz zum normalen Asset Deal – im Wege der Gesamtrechtsnachfolge bzw. partiellen Gesamtrechtsnachfolge und nicht im Wege der Singularsukzession erfolgt. Hierzu trifft § 324 UmwG die Sonderregelung, dass die Vorschrift des § 613a BGB von den Wirkungen der Eintragung einer Verschmelzung oder Spaltung unberührt bleibt. Diese Sonderregelung ist nach heute ganz herrschender Auffassung dahingehend auszulegen, dass § 613a BGB auf Umwandlungen nach dem Umwandlungsgesetz Anwendung findet. Lediglich im Falle des Formwechsels findet § 613a BGB keine Anwendung, da es hier an einem Übertragungsvorgang und somit an einem Wechsel des Inhabers fehlt. Voraussetzung für die Anwendung des § 613a BGB ist aber auch in den Fällen der Verschmelzung, der Spaltung und Vermögensübertragung, dass die übertragenen Gegenstände des Aktiv- und Passivvermögens einen Betrieb oder Betriebsteil darstellen. Damit ist es insbesondere im Fall der Spaltung und Vermögensteilübertragung nicht möglich, die Arbeitsverhältnisse gemäß § 126 UmwG frei den im Zuge der Umwandlung entstehenden Betrieben oder Betriebsteilen zuzuordnen. Die Arbeitsverhältnisse bleiben vielmehr mit dem Betrieb bzw. Betriebsteil verbunden, dem sie objektiv nach dem Schwerpunkt ihrer Tätigkeit zuzuordnen sind.

Dem hingegen kann **im Fall eines Share Deals niemals ein Betriebsübergang** im Sinne des § 613a BGB vorliegen, da nicht die Wirtschaftsgüter und Verbindlichkeiten, sondern die Gesellschaftsanteile übertragen werden. Auf Seiten des Unternehmens tritt daher für die Arbeitnehmer kein Vertragspartnerwechsel und damit kein Inhaberwechsel mit den Rechtsfolgen des § 613a BGB ein.[32]

aa) Die Tatbestandsvoraussetzungen des § 613a Abs. 1 BGB

In jedem Fall eines Asset Deals oder der Umwandlung eines Unternehmens ist zu prüfen, ob die **tatbestandlichen Voraussetzungen des § 613a BGB** erfüllt sind.

Voraussetzung ist, dass ein Betrieb oder Betriebsteil durch Rechtsgeschäft auf einen anderen Inhaber übertragen wird. Hat der Übertragungsvorgang nicht einen Betrieb oder Betriebsteil zum Gegenstand, liegt ein Sach- oder Rechtskauf vor, der keine Auswirkungen auf die Arbeitsverhältnisse hat.

(1) Der Begriff des Betriebes oder Betriebsteils

Der **Begriff des Betriebes oder Betriebsteils** ist im deutschen Recht nicht gesetzlich definiert. Traditionell wird unter einem Betrieb eine organisatorische Einheit verstanden, mit der ein Arbeitgeber allein oder mit seinen Arbeitnehmern mit Hilfe sächlicher und immaterieller Betriebsmittel bestimmte, über den Eigenbedarf hinausgehende arbeitstechnische Zwecke verfolgt. Eine Betriebsübertragung liegt danach insbesondere dann vor, wenn das gesamte Betriebsvermögen, d.h. alle sächlichen und immateriellen Betriebsmittel bzw. Wirtschaftsgüter, insbesondere Produktionsanlagen übertragen werden.

32 Vgl. BAG, NJW 1991, 247.

Es genügt aber auch, wenn nur einzelne, jedoch die für die Fortführung des Betriebes wesentlichen Wirtschaftsgüter bzw. Teile des Betriebsvermögens übergehen.

Eine gesetzliche **Definition des Betriebsüberganges** enthält die durch die Richtlinie 98/50/EG vom 29.07.1998[33] neu gefasste Richtlinie 77/187 EG vom 14.02.1977.[34] Danach liegt ein Betriebsübergang vor, wenn eine **wirtschaftliche Einheit** im Sinne einer organisierten Zusammenfassung von Ressourcen zur Verfolgung einer wirtschaftlichen Haupt- oder Nebentätigkeit unter Wahrung ihrer Identität auf einen anderen Inhaber übergeht. Diese Definition lehnt sich eng an die Rechtsprechung des EuGH zum Betriebsbegriff an. Danach kommt es für das Vorliegen eines Betriebsübergangs wesentlich darauf an, ob eine wirtschaftliche Einheit **unter Wahrung ihrer Identität** dergestalt auf einen neuen Inhaber übertragen wird, dass sie von dem neuen Inhaber mit derselben oder einer gleichartigen Geschäftstätigkeit tatsächlich weitergeführt oder wieder aufgenommen werden kann.[35] Für die Annahme eines Betriebsübergangs ist somit nach der Auffassung des EuGH eine Übertragung sächlicher Betriebsmittel nicht erforderlich, wenn gleichwohl das wesentliche Substrat einer wirtschaftlichen Einheit unter Wahrung ihrer Identität übertragen wird.

Für die Frage, welche Faktoren für die **Bestimmung der Identität** wesentlich sind, ist auf die Eigenart des Betriebes abzustellen. Danach können für Produktionsbetriebe die – beweglichen – sächlichen Betriebsmittel, wie Maschinen und Einrichtungsgegenstände prägend sein.[36] Für Handels- und Dienstleistungsbetriebe, deren Betriebsvermögen hauptsächlich aus Rechtsbeziehungen besteht, sind es dagegen in erster Linie die immateriellen Betriebsmittel, wie zum Beispiel Schutzrechte, Geschäftspapiere, Kundenlisten, Liefer- und Abnahmeverträge mit Dritten, das Know-how und der Goodwill, also die Einführung des Unternehmens auf dem Markt.[37]

Werden lediglich bestimmte **Funktions- oder Aufgabenbereiche** auf einen Dritten im Wege des sog. **Outsourcing** übertragen, ohne dass eine wirtschaftliche Einheit unter Wahrung ihrer Identität auf einen neuen Inhaber übertragen wird, so liegt kein Betriebsübergang vor.[38]

Besondere Bedeutung für die Beurteilung der Frage, ob ein Betriebsübergang vorliegt, kann nach der Rechtsprechung des EuGH auch die **Übernahme der Hauptbelegschaft**, d.h. eines nach Zahl und Sachkunde wesentlichen Teils des Personals haben. Dieser Auffassung hat sich nunmehr auch das Bundesarbeitsgericht unter ausdrücklicher Aufgabe seiner früheren Rechtsprechung angeschlossen. Nach der nunmehr geltenden Rechtsprechung kommt der Übernahme des Personals somit neben anderen Indizien für das Vorliegen eines Betriebsübergangs ein gleichwertiger Rang zu. Insbesondere in Branchen, in denen es im Wesentlichen auf die menschliche Arbeitskraft ankommt, kann daher eine Gesamtheit von Arbeitnehmern, die durch ihre Tätigkeit dauerhaft verbunden ist,

---

33 ABl. 1998 L 201 S. 88.

34 ABl. 1977 L 61 S. 26.

35 Vgl. EuGH v. 11.03.1997 – Rs C-13/95 (Ayse Süzen), ZIP 1997, 516, 517; vgl. auch EuGH v. 18.03.1986/ Rs. 24/85, Slg. 1986, 1124 ff. (Spijkers); EuGH v. 19.05.1992 Rs. C/29/91, NZA 1994, 207(Redmond Stichting); EuGH v. 07.03.1996 /Rs. C/171/94 und C/172/94 (Albert Merckx und Patrick Neuhuys), DB 1996, 683 ff.

36 Vgl. BAG, 29.10.1975, AP Nr. 2 zu § 613a BGB.

37 Vgl. BAG, AP Nr. 23 zu § 7 BetrAVG; BAG, AP Nr. 58 zu § 613a BGB.

38 Vgl. EuGH v. 11.03.1997 (Ayse Süzen), ZIP 1997, 516, 518.

eine wirtschaftliche, betriebliche Einheit darstellen. Dies gilt insbesondere dann, wenn sich unter den übernommenen Arbeitnehmern die Know-how-Träger und Führungskräfte befinden, deren Übernahme eine wesentliche Bedeutung für die Fortführung des Geschäftsbetriebes zukommt.

Unter Berücksichtigung der aktuellen Rechtsprechung des Europäischen Gerichtshofes und des Bundesarbeitsgerichts sind bei der Prüfung, ob eine wirtschaftliche Einheit unter Wahrung ihrer Identität auf einen neuen Inhaber übergeht, somit **folgende Indizien** zu berücksichtigen:

- Übergang der materiellen Betriebsmittel, wie Gebäude, Produktionsmittel, Maschinen, Warenlager etc.
- Übernahme des Kundenstamms bzw. Eröffnung des Zugriffs auf den Kundenstamm
- Übertragung von Patent- und Gebrauchsmusterrechten, Know-how und Goodwill
- Eintritt in bestehende Verträge
- Wert der immateriellen Wirtschaftsgüter
- Übernahme der Hauptbelegschaft, d. h. eines nach Zahl und Sachkunde wesentlichen Teils des Personals, der durch eine gemeinsame Tätigkeit zu einer wirtschaftlichen Einheit verbunden ist
- Fortführung des Betriebes unter identischer Firma
- Grad der Ähnlichkeit zwischen den vor und nach dem Übergang verrichteten Tätigkeiten.

(2) Die Übertragung durch Rechtsgeschäft

Dem Kriterium der **Übertragung durch Rechtsgeschäft** kommt lediglich eine Abgrenzungsfunktion gegenüber denjenigen Fällen zu, in denen der Übergang auf Gesetz (gesetzliche Erbfolge) oder Hoheitsakt (Zuschlag eines Grundstückes mitsamt Zubehör in der Zwangsversteigerung) beruht.[39]

Insbesondere in Fällen der **Umwandlung**, in denen sich der Übertragungsvorgang im Wege einer rechtsgeschäftlich veranlassten Gesamtrechtsnachfolge vollzieht, ist § 613a BGB somit anwendbar. Bei dem Rechtsgeschäft muss es sich nicht um einen Kauf handeln. Ausreichend ist im Ergebnis jedes Rechtsgeschäft, das zu einem Übergang der Organisations- und Leitungsmacht über den betreffenden Betrieb auf einen neuen Erwerber führt.[40] In Betracht kommen insoweit zum Beispiel Kauf, Miete, Pacht, Schenkung, Nießbrauch, Vermächtnis, Gesellschaftsvertrag und öffentlich-rechtlicher Vertrag. Es ist nicht erforderlich, dass sich das Rechtsgeschäft auf die Übertragung der Arbeitsverhältnisse bezieht. Der Übergang der Arbeitsverhältnisse ist grundsätzlich Rechtsfolge des Betriebsübergangs. Lediglich in den Fällen, in denen die einvernehmliche Übertragung der Hauptbelegschaft das wesentliche Kriterium für oder gegen die Annahme des Betriebsübergangs darstellt, weil die anderen Indizien nicht ausreichen, kommt der vertraglichen Übernahme der Hauptbelegschaft entscheidende Bedeutung zu. Konsequenterweise wird man davon ausgehen müssen, dass es die Parteien in diesen Fällen in der Hand haben, durch die vertragliche Gestaltung einen Betriebsübergang auszulösen oder zu vermeiden. Dies ist nicht rechtsmissbräuchlich, selbst wenn die vertragliche Gestaltung bewusst so

39 BAG, DB 1985, 2412.
40 BAG, ZIP 1989, 795.

gewählt wird, um einen Übergang der Arbeitsverhältnisse zu vermeiden, denn die Parteien gestalten ihre Rechtsbeziehungen im Rahmen der allgemeinen Vertragsfreiheit in einer Weise, dass ein Tatbestandsmerkmal für die Annahme des § 613a BGB nicht erfüllt ist. Eine »Gesinnungsprüfung« findet im Rahmen des § 613a BGB nicht statt.

Ein Betriebsübergang liegt auch dann vor, wenn das **Rechtsgeschäft nichtig** ist.[41] Es kommt allein auf die willentliche Übernahme der Organisations- und Leitungsmacht an. Erfolgt allerdings eine Rückabwicklung zwischen den Parteien unter Rückübertragung der Organisations- und Leitungsmacht, so führt dies zu einem zweiten Betriebsübergang auf den vormaligen Veräußerer.

Kein Betriebsübergang liegt vor, wenn der **Insolvenzverwalter** aufgrund seiner Verwaltungsverpflichtung den Betrieb fortführt.[42]

Eine **Betriebsstilllegung** schließt die Annahme eines Betriebsüberganges aus. Voraussetzung für das Vorliegen einer Betriebsstilllegung ist allerdings das Vorhandensein eines ernsthaften und endgültigen Entschlusses des Betriebsinhabers, die Betriebs- und Produktionsgemeinschaft für einen wirtschaftlich nicht unerheblichen Zeitraum einzustellen. Wird der Betrieb alsbald wiederöffnet, so spricht eine tatsächliche Vermutung gegen eine Stilllegungsabsicht.[43] In diesem Fall ist eine Umgehung des § 613a BGB anzunehmen.

Im Fall einer nicht unerheblichen räumlichen **Verlagerung des Betriebs** soll eine Stilllegung (und kein Betriebsübergang) dann anzunehmen sein, wenn die alte Betriebsgemeinschaft tatsächlich und rechtsbeständig aufgelöst wird und der Betrieb an dem neuen Ort mit einer im Wesentlichen neuen Belegschaft fortgeführt wird.[44] Dies wird sich oftmals jedoch erst nachträglich herausstellen, wenn klar ist, wie viele Arbeitnehmer an den neuen Standort folgen. Dogmatisch überzeugend ist diese Auffassung nur in den Fällen, in denen der Übernahme der Belegschaft ein entscheidendes Gewicht für die Annahme eines Betriebsübergangs zukommt. In allen anderen Fällen wird es richtigerweise darauf ankommen müssen, ob die wirtschaftliche Einheit an dem neuen Standort im Wesentlichen unverändert fortgeführt wird.[45] In der Praxis ist allerdings bereits ab einer Entfernung zwischen den Standorten von mehr als 100 km eine deutliche Tendenz der Arbeitnehmer festzustellen, nicht an den neuen Standort zu wechseln, sodass sich das Problem in der Regel dadurch erledigt, dass die Arbeitnehmer das Angebot eines Arbeitsplatzes an dem neuen Standort ablehnen.

(3) Der Zeitpunkt des Übergangs

Für den Zeitpunkt des Übergangs kommt es nicht darauf an, wann die entsprechenden Verträge geschlossen oder die Betriebsmittel übereignet werden. Entscheidend ist der Zeitpunkt, an dem der Erwerber in der Lage ist, die **Organisations- und Leitungsmacht** auszuüben.[46] Hängt die Übernahme von der Zustimmung der Gläubiger oder Banken ab,

---

41 BAG 6.2.1985, AP Nr. 44 zu § 613a BGB.
42 BAG 30.1.1991, AP Nr. 18 zu § 630 BGB.
43 BAG 12. 2.1987 AP Nr. 67 zu § 613a BGB.
44 BAG 12. 2.1987 AP Nr. 67 zu § 613a BGB.
45 So auch Preis, in: Erfurter Kommentar § 613a BGB Rdn. 30.
46 BAG 26.3.1996 AP Nr. 148 zu § 613a BGB.

so ist die Voraussetzung erfüllt, wenn die Zustimmung erteilt ist.[47] Bei einer Übernahme in mehreren zeitlich gestaffelten Schritten kommt es darauf an, wann die wesentlichen zur Fortführung des Betriebs erforderlichen Betriebsmittel übergegangen sind.[48]

bb) Übergang der individuellen arbeitsvertraglichen und kollektivrechtlichen Rechte und Pflichten

§ 613a Abs. 1 Satz 1 BGB bestimmt, dass der rechtsgeschäftliche Erwerber des Betriebs oder Betriebsteils im Fall des Betriebsübergangs die **arbeitsvertragliche Position des früheren Betriebsinhabers und Veräußerers** übernimmt und in alle individuellen arbeitsvertraglichen Rechte und Pflichten aus dem Arbeitsverhältnis eintritt. Die Übernahme der Rechte und Pflichten ist nicht von der Zustimmung des Erwerbers oder des Arbeitnehmers abhängig. § 613a BGB ist zwingendes Recht. Die Rechtsfolgen können somit nicht zu Lasten des Arbeitnehmers abbedungen werden. Dies gilt auch für Vereinbarungen mit dem Arbeitnehmer selbst. Die wirtschaftlichen Folgen des Betriebsüberganges können **allenfalls im Innenverhältnis der Vertragspartner** (ohne Außenwirkung und daher nicht zulasten der Arbeitnehmer), z. B. im Wege von Freistellungs- oder Ausgleichsvereinbarungen, geregelt werden.

§ 613a BGB erfasst **alle Arbeitnehmer, d. h. Arbeiter, Angestellte, Auszubildende und auch die leitenden Angestellten**. Wird ein Betriebsteil übertragen, so kommt es darauf an, ob der Arbeitnehmer schwerpunktmäßig in dem übertragenen Betriebsteil arbeitet. Organmitglieder sind keine Arbeitnehmer. Ihre Anstellungsverhältnisse gehen somit nicht gemäß § 613a BGB auf den Erwerber über. Das gleiche gilt für die im Zeitpunkt des Übergangs bereits **ausgeschiedenen Arbeitnehmer**. Der Erwerber haftet somit nicht für die Pensionsanwartschaften und -ansprüche ehemaliger Arbeitnehmer. Anders ist dies für die Pensionsanwartschaften der aktiven Arbeitnehmer zu beurteilen. Der Erwerber tritt kraft Gesetzes in die Verpflichtungen aus den **Versorgungszusagen** ein.[49] Dabei kommt es nicht darauf an, ob die Zusagen bereits unverfallbar oder noch verfallbar sind.[50] Nicht kraft Gesetzes übertragen werden die finanziellen Mittel, die benötigt werden, um die Verpflichtungen aus den übergegangenen Anwartschaften zu erfüllen. Aus diesem Grunde ist es unerlässlich, diese Frage im Transaktionsvertrag zu regeln. In Betracht kommen dabei entweder eine Minderung des Kaufpreises oder eine Ausgleichszahlung. Dabei sollte aus Sicht des Käufers stets auf den versicherungsmathematischen Wert der Verbindlichkeiten und nicht etwa auf die Buchrückstellungen abgestellt werden. Denn die Buchrückstellungen nach § 6a EStG bleiben oftmals hinter dem wahren Umfang der Verbindlichkeiten zurück. Erfolgt die betriebliche Altersversorgung im Wege von Kapitallebensversicherungsverträgen, so geschieht die Fortführung in der Praxis häufig in der Weise, dass der Erwerber in diese Verträge eintritt. Im Fall von Unterstützungskassen oder Pensionskassen kann es vorkommen, dass der Erwerber die Versorgung nicht in dieser Form fortführen kann, etwa weil er nach der Kassensatzung

47 BAG 23.7.1991 AP Nr. 11 zu § 1 BetrAVG Betriebsveräußerung.
48 BAG 16.2.1993 AP Nr. 15 zu § 1 BerAVG.
49 BAG 29.11.1988 AP Nr. 7 zu § 1 BetrAVG Betriebsveräußerung.
50 Siehe dazu Heubeck, in: Gerhard Picot, Unternehmenskauf und Restrukturierung, Teil IV (Betriebsrentenrecht).

nicht Mitglied in der Kasse werden kann. Er ist dann verpflichtet, eine gleichwertige Altersversorgung sicherzustellen.

Da der Erwerber in alle Rechte und Pflichten eintritt, gilt dies auch für solche Rechte und Pflichten, die auf einer **betrieblichen Übung** beruhen.

Auch die **Dauer der Betriebszugehörigkeit beim Veräußerer** wird dem Arbeitnehmer beim Erwerber angerechnet. Dies hat Bedeutung für Ruhegeldanwartschaften aus bereits bestehenden Zusagen sowie für Fragen des Kündigungsschutzes (insb. Sozialauswahl). Hingegen erfolgt keine Anrechnung der Betriebszugehörigkeit, wenn der Arbeitnehmer erst beim Erwerber einer betrieblichen Altersversorgung – etwa aus einer dort geltenden Betriebsvereinbarung – unterfällt. § 613a BGB bezweckt nur die Sicherung bestehender Rechte, nicht jedoch einen Erwerb vorher nicht vorhandener Rechte.

Die übernommenen Arbeitnehmer haben **keinen Anspruch auf Angleichung der vertraglichen Konditionen**, sofern im aufnehmenden Unternehmen bessere vertragliche Konditionen gewährt werden. Die Ungleichbehandlung basiert auf einem sachlichen Grund. Umgekehrt kann sich der Erwerber jedoch auch nicht mit Erfolg auf eine beabsichtigte Gleichbehandlung der Arbeitnehmer berufen, um vertragliche Rechte der übernommenen Arbeitnehmer abzubauen. Will er eine Anpassung der Arbeitsbedingungen erreichen, so muss er entweder eine einvernehmliche Vertragsänderung herbeiführen oder aber eine Änderungskündigung aussprechen. Für die Angleichung kollektivrechtlicher Rechte und Pflichten enthält § 613a Abs. 1 Satz 2–4 BGB eine Sonderregelung.

Neben den individualarbeitsvertraglichen Rechten und Pflichten übernimmt der Erwerber gemäß § 613a BGB auch solche Verpflichtungen und Rechte, die ihre Grundlage in einer **Kollektivvereinbarung**, d. h. einem **Tarifvertrag** oder einer **Betriebsvereinbarung** haben. Sind Rechte oder Pflichten durch Rechtsnormen eines Tarifvertrages oder durch eine Betriebsvereinbarung geregelt, so werden diese Inhalte des Arbeitsverhältnisses zwischen dem neuen Inhaber und dem Arbeitnehmer. Die Regelungen verlieren somit ihren normativen Charakter und werden in individualarbeitsvertragliche Regelungen transformiert. Die Transformationslösung des § 613a BGB stellt allerdings lediglich einen Auffangtatbestand dar. So kommt es zu keiner Transformation der betriebsverfassungsrechtlichen Rechte und Pflichten, wenn der übertragene Betrieb in seiner Identität unverändert bleibt. In einem solchen Fall verlieren die Betriebsvereinbarungen ihre kollektivrechtliche Wirkung nicht, d. h. sie gelten nicht auf individualarbeitsvertraglicher Ebene, sondern als Betriebsvereinbarung fort. Tarifvertragliche Rechte gelten ebenfalls kollektivrechtlich fort, wenn auch der Erwerber an den bislang geltenden Tarifvertrag unmittelbar gebunden ist. Diese Rechtsauffassung geht auf die Rechtslage vor Einfügung des § 613a BGB zurück. Bereits damals war anerkannt, dass allein die Veräußerung des Betriebes keinen Einfluss auf den Fortbestand von Kollektivvereinbarungen hat. Da der Gesetzgeber mit der Einführung des § 613a BGB diese rechtliche Position der Arbeitnehmer nicht schwächen, sondern stärken wollte, ist mit der herrschenden Meinung davon auszugehen, dass § 613a BGB nur als Auffangtatbestand für solche Fälle anzusehen ist, in denen eine kollektivrechtliche Fortgeltung nicht in Betracht kommt.

Gemäß § 613a Abs. 1 Satz 2 BGB dürfen die transformierten Rechte und Pflichten nicht vor Ablauf eines Jahres nach dem Zeitpunkt des Übergangs zum Nachteil der Arbeitnehmer geändert werden. Diese **Änderungssperre** bezieht sich nicht auf die vertraglichen Rechte und Pflichten, die nach § 613a Abs. 1 Satz 1 BGB übernommen werden. Die Änderungssperre gilt ferner gemäß § 613a Abs. 1 Satz 3 BGB dann nicht, wenn die Rechte und Pflichten bei dem neuen Inhaber durch Rechtsnormen eines anderen Tarifvertrages oder durch eine andere Betriebsvereinbarung geregelt werden. Vor Ablauf der Jahresfrist können transformierte Rechte und Pflichten gemäß § 613a Abs. 1 Satz 4 BGB geändert werden, wenn der Tarifvertrag oder die Betriebsvereinbarung nicht mehr gilt. Der Gesetzgeber hat somit der Kollektivordnung im aufnehmenden Betrieb bzw. Unternehmen den Vorrang eingeräumt. Ein Günstigkeitsvergleich findet nicht statt. Unerheblich ist, ob die Kollektivnormen bereits im Zeitpunkt des Übergangs bestanden haben oder erst nachträglich vereinbart werden.[51] Erforderlich ist jedoch, dass sich die beim Erwerber geltende Kollektivvereinbarung auf einen identischen Regelungsgegenstand bezieht. Fehlt beim Erwerber eine entsprechende Regelung der in Frage stehenden Materie vollständig, so kann darauf eine ablösende Wirkung nicht gestützt werden. Anders ist dies, wenn eine Regelung besteht und lediglich einzelne Rechte und Pflichten nicht vorgesehen sind. In diesem Fall wird der gesamte Regelungskomplex durch die beim Erwerber geltende Regelung abgelöst. Dies ist relativ unproblematisch im Fall von Betriebsvereinbarungen, da diese automatisch alle im Betrieb beschäftigten Arbeitnehmer erfassen.

Anders ist dies im Fall von tarifvertraglichen Rechten und Pflichten. Hier kommt es nach bislang herrschender Auffassung nur dann zu einer Ablösung, wenn auch eine beiderseitige **Tarifbindung an den neuen Tarifvertrag** vorliegt. Dies setzt voraus, dass der Tarifvertrag des Erwerbers mit derselben Gewerkschaft abgeschlossen wurde, in der die Arbeitnehmer organisiert sind. Ist dies nicht der Fall, so kann das transformierte Tarifsystem neben dem Erwerbertarifsystem bestehen. Wird der erworbene Betrieb in einen anderen Betrieb eingegliedert, so kann jedoch eine Ablösung des transformierten Tarifsystems nach dem Prinzip der Tarifeinheit erfolgen.[52] Dies ist nicht unumstritten. Nach zutreffender Auffassung stellt § 613 Abs. 1 Satz 2–4 BGB jedoch keine abschließende Sonderregelung dar, die den Rückgriff auf dieses ansonsten weitgehend anerkannte Rechtsinstitut verbietet. Denn der Regelung in § 613a Abs. 1 Satz 2–4 BGB ist gerade der allgemeine Rechtsgedanke zu entnehmen, eine Vereinheitlichung der kollektiven Arbeitsbedingungen auf der Grundlage der bei dem Erwerber geltenden Regelungen zu fördern.

Probleme im Fall der Tarifablösung bereiten auch **arbeitsvertragliche Verweisungsklauseln**, die auf einen beim Veräußerer geltenden Tarifvertrag Bezug nehmen. Da im Verhältnis von Arbeitsvertrag und Tarifvertrag gemäß § 4 Abs. 3 TVG das Günstigkeitsprinzip gilt, könnten sich die übertragenen Arbeitnehmer auf den Standpunkt stellen, die arbeitsvertragliche Verweisung auf den alten Tarifvertrag ginge dem neuen Erwerbertarifvertrag infolge dieses Günstigkeitsprinzips vor. Solche Verweisungsklauseln sind allerdings in aller Regel dahingehend auszulegen, dass sie auf den jeweils bei dem Arbeitgeber geltenden Tarifvertrag verweisen. Lediglich dann, wenn mit der Verweisungsklausel eindeutig eine Besitzstandswahrung auf dem alten Tarifniveau beabsichtigt war und nicht etwa – wie üblich – eine Gleichbehandlung aller Arbeitnehmer auf dem jeweils geltenden betrieblichen Tarifniveau, kann einer solchen Klausel besitzstandswahrende Wirkung zukommen.[53]

---

51 BAG, NZA 1986, 687.

52 Vgl. hierzu BAG 20.3.1991 AP Nr. 20 zu § 4 TVG Tarifkonkurrenz.

53 BAG 1.4.1987 AP Nr. 64 zu § 613a BGB.

cc) Gesamtschuldnerische Haftung

Neben der Regelung des Übergangs der Rechte und Pflichten enthält § 613a BGB in Absatz 2 eine Regelung, wonach der **bisherige Arbeitgeber neben dem neuen Inhaber** für Verpflichtungen, soweit sie vor dem Zeitpunkt der Übertragung entstanden sind und vor Ablauf von einem Jahr nach diesem Zeitpunkt fällig werden, als **Gesamtschuldner** haftet.

Soweit die Verbindlichkeiten nach dem Zeitpunkt des Übergangs fällig werden, gilt die Haftung des bisherigen Arbeitgebers jedoch nur pro rata temporis, d.h in dem Umfang, der dem im Zeitpunkt des Übergangs abgelaufenen Teil des Bemessungszeitraumes entspricht.

Gemäß § 613a Abs. 3 BGB tritt – selbstverständlich – keine gesamtschuldnerische Haftung nach § 613a Abs. 2 BGB ein, wenn eine juristische Person durch Umwandlung erlischt.

Nicht abschließend geklärt ist die Frage, in welchem **Verhältnis die Haftung gemäß § 613a Abs. 2 BGB zu der umwandlungsrechtlichen Haftung nach § 133 UmwG** steht. Überwiegend wird ein Nebeneinander der beiden Vorschriften angenommen. Es spricht allerdings einiges dafür, die Regelung des § 613a Abs. 2 BGB als die speziellere Vorschrift anzusehen, soweit es sich um die Haftung für Verbindlichkeiten aus den übertragenen Arbeitsverhältnissen handelt. Denn die Arbeitsverhältnisse können nicht gemäß § 126 Abs. 1 UmwG isoliert übertragen werden. Folglich besteht auch keine Veranlassung, sie den speziellen Haftungsregeln des § 133 UmwG zu unterwerfen, die zum Zwecke des Gläubigerschutzes als Gegengewicht zu der freien Übertragbarkeit der Vermögensgegenstände geschaffen worden sind.

dd) Der besondere Kündigungsschutz

§ 613a Abs. 4 BGB sieht einen besonderen Kündigungsschutz für den Fall des Betriebsübergangs vor. Danach ist die **Kündigung des Arbeitsverhältnisses** eines Arbeitnehmers durch den bisherigen Arbeitgeber oder den neuen Inhaber **»wegen« des Übergangs** des Betriebes oder eines Betriebsteils unwirksam. Die Ausschlussfrist des § 4 KSchG von 3 Wochen gilt nicht, da es sich um einen eigenständigen Kündigungsschutz handelt.[54]

Das Recht zur Kündigung des Arbeitsverhältnisses aus anderen Gründen bleibt von § 613a Abs. 4 BGB unberührt. Damit ist nicht jede betriebsbedingte Kündigung im Sinne des § 1 Abs. 3 KSchG ausgeschlossen. Unwirksam ist lediglich eine Kündigung, die aufgrund des Betriebsübergangs ausgesprochen wird.[55] Der Ausspruch betriebsbedingter Kündigungen, die auf einer **eigenständigen Restrukturierungsentscheidung** des Erwerbers oder Veräußerers beruhen, ist somit weiterhin möglich. Dies ist auch dann der Fall, wenn die Restrukturierung lediglich deshalb erforderlich ist, weil infolge des Betriebsübergangs Arbeitsplatzüberhänge entstanden sind oder Synergien genutzt werden sollen.

54 BAG, BB 1988, 2142.
55 BAG, AP Nr. 34 zu § 613a BGB; BAG, ZIP 1996, 2028.

ee) Das Widerspruchsrecht der Arbeitnehmer

Dem Arbeitnehmer wird jedoch nach der Rechtsprechung des Bundesarbeitsgerichts ein Widerspruchsrecht eingeräumt.[56] Dieses Recht ist nach herrschender Auffassung binnen 3 Wochen beginnend mit der Unterrichtung über den Betriebsübergang auszuüben.[57] Der rechtzeitige Widerspruch hat zur Folge, dass das Arbeitsverhältnis nicht auf den Erwerber übergeht, sondern bei dem Veräußerer verbleibt. In der Regel wird in diesem Fall eine betriebsbedingte Kündigung gerechtfertigt sein, da der Arbeitsplatz weggefallen ist. Auf die Grundsätze der Sozialauswahl kann sich der Arbeitnehmer nur berufen, wenn ein sachlicher Grund für den Widerspruch vorlag.[58]

ff) Die Betriebsänderung[59]

Der rechtsgeschäftliche Betriebsübergang als solcher stellt **keine Betriebsänderung** im Sinne des Betriebsverfassungsgesetzes dar. Die Übertragung ist somit nicht interessenausgleichs- und sozialplanpflichtig gemäß § 111 BetrVG.

Allerdings kann mit dem Betriebsübergang eine weitere Maßnahme verbunden sein, die sich ihrerseits als Betriebsänderung darstellt. Dies ist zum Beispiel dann der Fall, wenn der Betrieb im unmittelbaren Zusammenhang mit der Übertragung restrukturiert oder verlagert werden soll. Auch in diesem Fall bezieht sich jedoch die Mitbestimmung des Betriebsrates allein auf die Restrukturierung bzw. Verlagerung und nicht auf den Übertragungsvorgang. Dies ist insoweit von Bedeutung, als – wie unter C.XI. näher ausgeführt – die interessenausgleichspflichtigen Maßnahmen erst dann umgesetzt werden dürfen, wenn das Interessenausgleichsverfahren ordnungsgemäß abgeschlossen worden ist.

Die **Übertragung eines Betriebsteils** ist in aller Regel interessenausgleichspflichtig, da es sich um eine Spaltung von Betrieben im Sinne des § 111 Nr. 3 BetrVG handelt. Eine Ausnahme gilt nur dann, wenn der Veräußerer und der Erwerber den Betrieb auch nach der Veräußerung des Betriebsteils als Gemeinschaftsbetrieb unter einer einheitlichen Leitung führen. In diesem Fall hat die Veräußerung keine Auswirkungen auf die betrieblichen Strukturen. Wird der Gemeinschaftsbetrieb allerdings später aufgelöst, so unterliegt dieser Vorgang als Spaltung des Gemeinschaftsbetriebs der Mitbestimmung. Dies kann insbesondere in den Fällen vorkommen, in denen die Veräußerung lediglich infolge konzerninterner Restrukturierungen erfolgt.

gg) Informationspflichten nach dem Umwandlungsgesetz

Erfolgt die Veräußerung eines Betriebes oder Betriebsteils im Rahmen einer Verschmelzung, Spaltung oder Vermögensübertragung nach Maßgabe des **Umwandlungsgesetzes**, so sind die Vorschriften der §§ 5 Abs. 3, 126 Abs. 3 UmwG zu beachten.

---

56 Vgl. BAG, AP Nr. 1, 8, 10, 21 zu § 613a BGB; EuGH, BB 1993, 230.
57 Siehe BAG, ZIP 1994, 391.
58 BAG, DB 1993, 1877.
59 Siehe eingehend dazu nachfolgend Teil C.XI.; siehe ferner Gerhard Picot/Schnitker, Arbeitsrecht bei Unternehmenskauf und Restrukturierung, Teil I, S. 6ff. sowie Teil II, S. 156ff.

Danach muss der **Umwandlungsvertrag oder -plan** spätestens einen Monat vor dem Tag der Versammlung der Anteilsinhaber jedes beteiligten Rechtsträgers, die über die Zustimmung zum Umwandlungsvertrag bzw. -plan beschließen soll, dem zuständigen Betriebsrat dieses Rechtsträgers zugeleitet werden. In dem Umwandlungsvertrag müssen die Folgen der Umwandlung für die Arbeitnehmer und ihre Vertretungen bezeichnet werden. Die rechtzeitige Erfüllung dieser Pflichten muss gegenüber dem Registergericht nachgewiesen werden. Kann dieser Nachweis nicht erbracht werden, so besteht ein Eintragungshindernis. Bislang ist ungeklärt, ob auch bereits die zukünftig ins Auge gefassten Restrukturierungen in den Vertrag aufgenommen werden müssen oder nur die unmittelbaren Folgen der Umwandlung. Letzteres wird wohl zutreffend sein, da die Unterrichtungspflichten nach dem Betriebsverfassungsgesetz den Arbeitnehmern bereits einen angemessenen Schutz bieten.

Daneben enthält das Umwandlungsgesetz in den §§ 321 bis 325 einige **Spezialvorschriften** betreffend die Fortgeltung des Kündigungsschutzes, die Bildung von Gemeinschaftsbetrieben, die Zuordnung von Arbeitnehmer sowie den Fortbestand der Mitbestimmung. Die vormals in § 321 UmwG enthaltene Regelung betreffend ein Übergangsmandat des Betriebsrates findet sich nunmehr in §§ 21a, b BetrVG wieder.

f) Das Gewährleistungs- und Haftungssystem

Fusionseuphorie, vorschnelles Handeln, Unachtsamkeit und unzureichende Regelungen im Transaktionsvertrag können erfolgreich erscheinende Transaktionen rasch zu einem Alptraum werden lassen. Von der Öffentlichkeit und den Medien weitgehend unbemerkt, führen die früheren Vertags*partner* dann unter Umständen langjährige und kostspielige Auseinandersetzungen vor den ordentlichen **Gerichten** oder nationalen und internationalen Schiedsgerichten. Im Vordergrund dieser Auseinandersetzungen stehen Fragen der Nichterfüllung einzelner Leistungspflichten, der Schlechtleistung oder der verspäteten Leistung eines Vertragspartners. Recht häufig streiten sich die Vertragspartner auch darüber, dass falsche Angaben über wesentliche Eigenschaften des Unternehmens gemacht oder notwendige Aufklärungen oder Hinweise nicht gegeben worden sind, wie z. B. Angaben über die Umsatz- und Ertragslage des Zielunternehmens. In solchen Fällen haftet unter Umständen nicht nur der Verkäufer, sondern es haften eventuell auch die Geschäftsführer des verkaufenden Unternehmens und möglicherweise sogar die Geschäftsführer des verkauften Zielunternehmens persönlich.

Im Falle der **Anwendbarkeit deutschen Rechtes** sind dabei die Besonderheiten vor allem des Gesetzes zur Modernisierung des Schuldrechts vom 01.01.2002[60] zu beachten, das auf die Vertragsgestaltung erheblichen Einfluss genommen hat.

60 BGBl. I 2001, 3238. Das Gesetz zur Modernisierung des Schuldrechts vom 26.11.2001 will die Rechte der Käufer seit dem 01.01.2002 deutlich stärken und das deutsche Recht an die europäischen Richtlinien sowie insbesondere an das UN-Kaufrecht, die UNIDROIT Principles und die Principles of European Contract Law anpassen.

aa) Allgemeines zum Mängel- und Haftungsrecht

Eine grundlegende Änderung des Kaufrechts besteht darin, dass § 433 Abs. 1 S. 2 BGB nunmehr dem Käufer einen **Erfüllungsanspruch** dahingehend gewährt, dass der Verkäufer ihm den **Kaufgegenstand frei von Sach- (§ 434 BGB) und Rechtsmängeln (§ 435 BGB)** liefert. Die Leistung einer mangelhaften Kaufsache bewirkt also nicht die »geschuldete Leistung« im Sinne des § 362 Abs. 1 BGB, sondern stellt einen Fall der (teilweisen) Nichterfüllung dar, auf die das allgemeine Leistungsstörungsrecht Anwendung findet. Entscheidend ist danach grundsätzlich, dass die Sache bei Gefahrübergang die vereinbarte Beschaffenheit hat bzw. sich im Falle fehlender Vereinbarung für die vorausgesetzte oder gewöhnliche Verwendung eignet.

Die Regelungen des Mängel- und Haftungsrechts gehören zu den schwierigsten und umstrittensten Rechtsfragen im Zusammenhang mit Unternehmenszusammenschlüssen und Unternehmensübernahmen. Die Vertragspartner müssen dabei abwägen, ob das gesetzliche Mängel- und Haftungsrecht ihnen ausreichende Regelungsmechanismen bietet oder ob sie zusätzliche Vereinbarungen treffen müssen, um in Streitfällen einen angemessenen Ausgleich ihrer gegenläufigen Interessen zu erreichen. Da die gesetzlichen Gewährleistungs- und Haftungsregeln nicht auf den Erwerb eines Unternehmens, sondern vornehmlich auf die Käuferinteressen zugeschnitten sind, ist es weitgehend üblich geworden, – entsprechend internationaler Handhabung – in den Unternehmenskaufvertrag unter Ausschluss des gesetzlichen Haftungssystems umfangreiche **selbstständige und verschuldensunabhängige Garantieerklärungen** (sog. Guarantees) der Vertragspartner mit konkreten Bestimmungen zum Garantiefall, zur Haftungsfolge und zum Umfang der Haftung bzw. zu ihrer Beschränkung aufzunehmen. Der Veräußerer garantiert dabei regelmäßig, dass das Unternehmen in einem zu definierenden Zeitpunkt bestimmte Gegebenheiten bzw. Eigenschaften aufweist. Der Haftungsrahmen ist dabei ein gewisses **Spiegelbild derjenigen Chancen und Risiken** des Unternehmens, die der Käufer im Rahmen seiner Due-Diligence-Prüfung im Datenraum zur Kenntnis genommen hat und sicherstellen will. Grundsätzlich geht erst mit der Übergabe beim Kauf beweglicher Sachen die **Gefahr des zufälligen Unterganges oder der zufälligen Verschlechterung** auf den Käufer über (§ 446 Abs. 1 BGB). Zur Einräumung der Inhaberschaft über das Unternehmen gehört es, dass der Veräußerer sich zurückzieht und dem Erwerber die tatsächliche und rechtliche Möglichkeit einräumt, sich über sämtliche Geschäftsvorgänge zu unterrichten und die Geschicke des Unternehmens in die Hand zu nehmen. Damit erlangt er die Herrschaft über das Unternehmen als den erworbenen Gegenstand im Sinne des § 446 BGB, sodass es gerechtfertigt ist, ihm die Gefahr des zufälligen Untergangs oder der zufälligen Verschlechterung des Unternehmens aufzuerlegen.

Bislang waren bei der Übernahme von Unternehmen wesentliche Unterschiede zwischen dem **Asset Deal** und dem **Share Deal** zu beachten. Grundsätzlich fanden nämlich beim Asset Deal die Regeln über die Sachmängelhaftung Anwendung, mit dem Recht zur Minderung des Kaufpreises oder gar zur Rückabwicklung des Unternehmenskaufvertrages. Beim Share Deal hatte der Veräußerer hingegen nur für den Bestand der verkauften Rechte bzw. Beteiligungen einzustehen, ohne für ihren wirtschaftlichen Wert zu haften (vgl. hierzu die folgenden Ausführungen). Gemäß § 453 BGB gelten für den Kauf von Rechten und sonstigen Gegenständen die Vorschriften über den Kauf von Sachen entsprechend, sodass diese Unterscheidung für das Haftungssystem nicht mehr so bedeutsam ist, wie nach der bisherigen Rechtslage.

(1) Mangelbegriff

Da die Leistung einer mangelhaften Kaufsache gemäß § 433 Abs.1 S. 2 BGB nicht die Sache bei Gefahrübergang die »geschuldete Leistung« im Sinne des § 362 Abs. 1 BGB bewirkt, stellt sich zunächst die Frage, wann gemäß § 434 BGB ein **Sachmangel** und gemäß § 435 BGB ein **Rechtsmangel der gekauften Assets oder Shares** vorliegt.

Ein **Sachmangel** liegt gemäß § 434 BGB grundsätzlich vor,

- wenn die Sache nicht die **vereinbarte Beschaffenheit** hat (§ 434 Abs. 1 S. 1 BGB), oder
- **soweit eine Beschaffenheit nicht vereinbart ist** (§ 434 Abs. 1 S. 2 BGB)
  - die Sache sich nicht für die **nach dem Vertrag** vorausgesetzte Verwendung eignet (§ 434 Abs. 1 S. 2 Nr.1 BGB), oder
  - die Sache sich nicht **für die gewöhnliche Verwendung** eignet und nicht die Beschaffenheit aufweist, die bei Sachen der gleichen Art üblich ist und die der Käufer nach der Art erwarten kann (§ 434 Abs. 1 S. 2 Nr.2 BGB).
    => Dazu gehören auch Eigenschaften, die der Käufer nach den »öffentlichen Äußerungen des Verkäufers ... oder seines Gehilfen, insbesondere in der Werbung oder bei der Kennzeichnung über bestimmte Eigenschaften der Sache erwarten kann...«, d.h. z.B. auch nach den Äußerungen der M&A-Berater in einer Pressekonferenz, in einer Unternehmenspräsentation oder in einem Informationsmemorandum (§ 434 Abs. 1 S. 3 BGB).

Weiterhin ist entscheidend, dass die Sache keinen **Rechtsmangel** aufweist (§ 435 BGB), d.h. dass Dritte in Bezug auf die Kaufsache keine oder nur die im Kaufvertrag übernommenen Rechte gegen den Käufer geltend machen können.

(2) Pflicht zur Lieferung einer mangelfreien Sache

Liegen die vorgenannten Voraussetzungen nicht vor, so hat der Verkäufer – wie bereits gesagt – seine Erfüllungs-Verpflichtung gemäß § 433 Abs. 1 S. 2 BGB, dem Käufer die Sache frei von Sach- und Rechtsmängeln zu verschaffen, nicht erfüllt. Die Leistung einer mangelhaften Kaufsache bewirkt **nicht die »geschuldete Leistung«** im Sinne des § 362 Abs. 1 BGB und stellt zugleich eine »**Pflichtverletzung**« dar.

Über diese Pflichtverletzung bei Vorliegen eines Mangels ist nunmehr der Anknüpfungspunkt für die **Anwendbarkeit des allgemeinen Leistungsstörungsrechts** eröffnet, und zwar unabhängig davon, ob es sich um einen Sach- oder um einen Rechtsmangel handelt. Mit dieser Haftungsfolge hat der Gesetzgeber ein wesentliches systematisches Ziel der Reform des Leistungsstörungsrechts, nämlich den Wegfall eines besonderen Gewährleistungsrechts beim Kauf verwirklicht: Die kaufrechtliche Sachmängelgewährleistung schließt an das allgemeine Leistungsstörungsrecht an und geht weitestgehend in ihm auf.

Bei **Mängeln einzelner Vermögensgegenstände** stellt sich beim Asset Deal trotz einer bestehenden Beschaffenheitsvereinbarung die Frage, ob diese Mängel einen **Sach- oder Rechtsmangel der (gesamten) gekauften Assets oder Shares** und damit der (gesamten) gekauften Beteiligung bzw. des (gesamten) gekauften Unternehmens darstellen. Mit anderen Worten stellt sich hier die Frage nach der Angemessenheit der Anwendung der

Regeln über den Sachkauf auf das gesamte Unternehmen, obwohl nur einzelne Vermögensgegegnstände einen Mangel aufweisen.

Fehlt eine entsprechende Vereinbarung, so spricht viel dafür, bei einem **Asset Deal** – in Übereinstimmung mit der bisherigen Rechtsprechung – **Sachmängel einzelner Vermögensgegenstände nur dann als einen Mangel des (gesamten) Unternehmens** anzusehen, wenn die Abweichung von der Sollbeschaffenheit auf den Wert des Unternehmens oder die Tauglichkeit des Unternehmens im Ganzen durchschlägt und infolgedessen die wirtschaftliche Grundlage des Unternehmenskaufs erschüttert ist (sog. **»Gesamterheblichkeitstheorie«**).[61]

Bei einem **Share Deal** (als Rechtskauf) stellt sich die Frage, ob ein bloßer Anteils- oder Beteiligungskauf wie ein Unternehmenskauf zu beurteilen ist und ob § 453 Abs. 1 BGB nur auf die Rechtsfolgen der §§ 434, 437 BGB oder auch auf die Voraussetzungen für das Vorliegen von Mängeln verweist. Entsprechend der bisherigen Rechtsprechung wird man davon ausgehen können, dass der **Käufer einer Mehrheitsbeteiligung** an einem Unternehmen gemäß § 453 Abs. 1 BGB i. V. m. §§ 434, 437 BGB Sach- und Rechtsmängel geltend machen kann, wenn diese für das Unternehmen »gesamterheblich« sind. Rechtlich gibt es nämlich keinen Grund, den Käufer, der eine Mehrheitsbeteiligung an einem Unternehmen und damit – wirtschaftlich betrachtet – **»das« Unternehmen erworben** hat, rechtlich anders zu behandeln, als einen Käufer, der (im Wesentlichen) sämtliche Assets eines Unternehmens erworben hat.[62] Fraglich ist lediglich, ab welcher Höhe der Beteiligungsquote eine solche **»Gleichbehandlung« des Kaufes einer Mehrheitsbeteiligung** mit dem Kauf (der Assets) eines Unternehmens angenommen werden kann. Daraus ergibt sich die Frage, ob der Käufer von (nur) 30 % oder 51 % der Shares eine Sachmängelhaftung beanspruchen kann oder ob er erst dann rechtlich als Käufer »des« Unternehmens betrachtet werden kann, wenn er z.B. diese wirtschaftliche und damit rechtliche bzw. 90 % der Shares erworben hat. Unter Berücksichtigung der wirtschaftlichen Betrachtungsweise des Bundesgerichtshofes wird man wohl annehmen müssen, dass ein Käufer nur im Falle des Erwerbs einer wirklichen »Mehrheitsbeteiligung« von 75,1 % und einer nach dem Gesetz und Gesellschaftvertrag beherrschenden Stellung die dargestellte Gleichbehandlung verlangen kann; nur dann kann er vom Verkäufer verlangen, auch im Rahmen der Mägelhaftung so behandelt zu werden, als hätte er »das« im Sinne der »Gesamterheblichkeitstheorie« mangelhafte Unternehmen erworben und daher nicht die »geschuldete Leistung« im Sinne des § 362 Abs. 1 BGB erhalten.

Aus den vorstehenden Ausführungen ergibt sich zugleich, das der **Käufer einer Minderheitsbeteiligung** (z.B. beim Kauf von 1000 Aktien eines Großunternehmens) gemäß § 453 Abs. 1 BGB i. V. m. §§ 434, 437 BGB neben Rechtsmängeln des verkauften (Mitgliedschafts-) Rechts grundsätzlich keine Sachmängel des Unternehmens geltend machen. Beim Kauf einer Minderheitsbeteiligung an Shares (jedenfalls unter 75,1 %) empfiehlt sich deshalb eine **ausdrückliche kaufvertragliche Beschaffenheitsvereinbarung** oder eine **selbstständige Garantie** im Hinblick auf die Minderheitsbeteiligung im Sinne eines »Teil«-Unternehmenskaufes gemäß § 434 Abs. 1 S. 1 BGB. Es bedarf dabei der konkreten Festlegung der rechtlichen, sachlichen und wirtschaftlichen Beschaffen-

61 Siehe BGH, BB 1995, 1258.
62 Vgl. BGH NJW 2001, 2163.

heit der Vermögensgüter, der Haftung im Falle der Mangelhaftigkeit der Vermögensgüter sowie des Umfanges der Haftung des Verkäufers, wobei grundsätzlich eine quotale Beschränkung der Haftung des Verkäufers entsprechend der anteiligen Höhe der verkauften (Minderheits-) Beteiligung vorzunehmen ist. Beim **Kauf einzelner Aktien** ist grundsätzlich davon auszugehen, dass weder eine gewährleistungsbegründende vertraglich vorausgesetzte Verwendung der erworbenen Aktien gemäß § 434 Abs. 1 S. 2 Nr. 1 BGB ausgemacht ist, noch der Erwerber angesichts des anonymen Massengeschäftes gemäß § 434 Abs. 1 S. 2 Nr. 2 BGB eine bestimmte objektive Beschaffenheit des Unternehmens erwarten kann.

(3) Rechte des Käufers bei Vorliegen eines Mangels

§ 437 BGB gibt einen Überblick über die Rechte, die der Käufer im Falle eines Mangels geltend machen kann. Der Käufer kann nach dieser Bestimmung **innerhalb einer Frist von zwei Jahren nach Ablieferung der Kaufsache,**[63] wenn die Voraussetzungen der folgenden Vorschriften vorliegen und soweit nicht etwas anderes bestimmt ist,

1. **(vorrangig) nach § 439 BGB Nacherfüllung** verlangen und zwar nach seiner Wahl
   - die Beseitigung des Mangels

   oder
   - die Lieferung einer mangelfreien Sache
2. **(erst) nach dem Ablauf einer angemessenen Nachfrist und erfolglosem Fristablauf**
   - vom Vertrag zurücktreten (§§ 440, 323, 326 Abs. 5 BGB)[64] **oder**
   - den Kaufpreis mindern (§ 441 BGB)

   und
   - Schadensersatz verlangen (§§ 440, 280, 281, 283, 311 a BGB)[65] **oder**
   - Ersatz vergeblicher Aufwendungen verlangen (§ 284 BGB)

Zwar ist die gesetzliche Mängelhaftung auf den Unternehmenskauf grundsätzlich anwendbar.

Allerdings dürfte bereits die **Beschreibung und Vereinbarung der Beschaffenheit** eines Unternehmens mit seinen komplexen Inhalten sowie Innen- und Außenbeziehungen **in der Praxis regelmäßig kaum machbar** sein.

---

63 Vor dem Inkrafttreten des Schuldrechtsmodernisierungsgesetzes zum 01.01.2002 verjährten die Sachmängelgewährleistungsansprüche gegen den Verkäufer gemäß § 477 BGB a. F. in sechs Monaten. Dies war ein gewichtiger Grund für die restriktive Behandlung des damaligen Fehlerbegriffes durch die Rechtsprechung, um auf diese Weise den Anwendungsbereich für die culpa in contrahendo (c.i.c.) zu eröffnen. Ansprüche aus c.i.c. verjährten nach bisherigem Recht erst nach 30 Jahren, was insbesondere für Mängel beim Unternehmenskauf zu sachgerechteren Ergebnissen führte.

64 Das Rücktrittsrecht des Gläubigers/Käufers für den Fall des Ausbleibens bzw. der mangelhaften Leistung ist nunmehr unabhängig vom Vertretenmüssen des Schuldners/Verkäufers ausgestaltet und erfasst daher auch die bisherige Wandlung, vgl. § 323 BGB. In Abweichung vom bisherigen Recht gestattet § 325 BGB darüber hinaus ausdrücklich eine Kombination von Rücktritt und Schadensersatz statt der Leistung.

65 Schadensersatz »statt der ganzen Leistung« (den sog. »großen Schadensersatz«) kann der Käufer nach der Neuregelung allerdings bei einem unerheblichen Mangel nicht verlangen, vgl. § 281 Abs. 1 Satz 3 BGB.

Zudem führt die **gesetzliche Mängelhaftung beim Unternehmenskauf nicht zu sachgerechten Ergebnissen**: Dies gilt zunächst für das (vorrangige) Recht des Käufers auf Nacherfüllung. Denn die (wahlweise) Beseitigung des (gesamterheblichen) Mangels eines Unternehmens ist in der Regel kaum und allenfalls unter erheblichem Zeit- und Kostenaufwand möglich, und die Lieferung eines mangelfreien Unternehmens ist aufgund der Einzigartigkeit des verkauften Unternehmens überhaupt nicht möglich.

Ferner muss der Unternehmenskäufer nach Ausübung seines (vorrangigen) Rechtes auf Nacherfüllung dem Verkäufer zunächst eine angemessene und – bei einem komplexen Unternehmens-Gebilde – **erhebliche Zeit** (von in der Regel mehreren Monaten) für die Nacherfüllung gewähren. Falls der Verkäufer die Nacherfüllung innerhalb dieses Zeitraumes nicht ordnungsgemäß erfüllt, muss der Käufer ihm eine weitere angemessene – ebenfalls erhebliche – Nachfrist für die Nacherfüllung setzen. Erst nach dem erfolglosen Ablauf dieser (weiteren) Nachfrist ist der Unternehmenskäufer dann berechtigt, vom Vertrag zurückzutreten oder den Kaufpreis zu mindern sowie Schadensersatz oder Ersatz seiner vergeblichen Aufwendungen zu verlangen.

Insgesamt spiegelt auch das Recht auf Rücktritt und Minderung sowie Schadens- und Aufwendungsersatz die Interessenlage des Unternehmenskäufers regelmäßig nicht hinreichend wieder,[66] zumal eine Rückabwicklung des Unternehmenskaufvertrages – insbesondere nach dem Ablauf einer zu setzenden längeren Frist – erhebliche praktische Schwierigkeiten mit sich bringt und in vielen Fällen kaum machbar sein wird, zumal das Unternehmen in dieser Zeit erheblichen Veränderungen unterliegt.

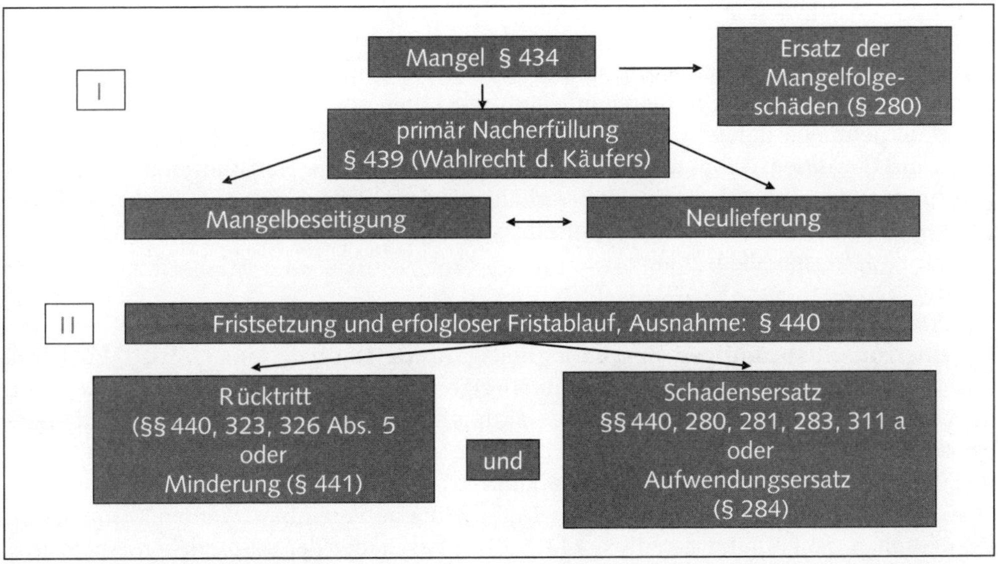

Abb. 2: Übersicht über das (für den Unternehmenskauf ungeeignete) gesetzliche Haftungssystem

66 Westermann, in: MüKo, BGB, § 453, Rn. 17; Picot, in: Picot, Handbuch M&A, S. 165.

Insgesamt bleibt festzustellen, dass das Schuldrechtsmodernisierungsgesetz keine speziellen und sachgerechten Regelungen zum Unternehmenskauf eingeführt hat und grundsätzlich nicht in der Lage ist, umfassende und sachgerechte Lösungen bei Mängeln eines verkauften Unternehmens anzubieten.

Entsprechend der bisher international üblichen **Vertragspraxis** ist daher ein vollständiger vertraglicher **Ausschluss des für Unternehmenstransaktionen ungeeigneten gesetzlichen Mängelhaftungs-Systems** und die **Ersetzung durch ein eigenständiges vertragliches Haftungs-System** mit möglichst umfassenden und auf den Einzelfall ausgerichteten Regelungen im Transaktionsvertrag anzuraten.[67] Auch der Bundesgerichtshof hat wiederholt empfohlen, individuelle vertragliche, von der gesetzlichen, bzw. außergesetzlichen Haftungsregelung möglichst unabhängige und umfassende Gewährleistungsregimes zu schaffen.[68]

Angesichts dieser Tatsache sieht die deutsche Vertragspraxis umfassende Regelungen in den Unternehmenskaufverträgen vor. Dabei ist es weitgehend üblich geworden, in den Unternehmenskaufvertrag umfangreiche **selbstständige und verschuldensunabhängige Garantien** (§ 311 Abs. 1 BGB) der Vertragspartner (**Warranties** oder **Guarantees**) mit konkreten Bestimmungen zum Haftungsgrund sowie zum Umfang der Haftung durch entsprechende Ausschluss- oder Beschränkungsklauseln aufzunehmen. Der Veräußerer versichert dabei regelmäßig, dass das Unternehmen in einem zu definierenden Zeitpunkt bestimmte Gegebenheiten bzw. Eigenschaften aufweist und dass sich z. B. die Produktionsanlagen in einem Zustand befinden, der eine Fortführung des Betriebes mit bestimmten Qualitätsstandards und Mengen erlaubt.

Insgesamt ergänzt das Garantie- und Haftungssystem das zwischen den Verhandlungspartnern vereinbarte **Balance- bzw. Äquivalenz-Verhältnis** zwischen dem Unternehmen als Kaufgegenstand und dem vereinbarten Kaufpreis als Gegenleistung, das zugleich ein Spiegelbild der Gegebenheiten und Daten sowie der Chancen und Risiken des Unternehmens darstellt. Für den Fall einer Abweichung der Ist-Situation von der durch die Garantien versprochenen Soll-Situation dienen die Haftungsfolgen dazu, das ursprünglich vereinbarte Äquivalenz-Verhältnis wieder in ein »faires« Gleichgewicht zu bringen. Dabei sind grundsätzlich unselbstständige Garantien von selbstständigen Garantien zu unterscheiden:

(a) Unselbstständige Garantie gemäß § 443 BGB (sog. Beschaffenheitsgarantie)

Bei einer **unselbstständigen Beschaffenheitsgarantie** statuiert § 443 Abs. 1 BGB eine gesetzlich normierte **verschuldensunabhängige Haftung** des Verkäufers für den Fall, dass der Verkäufer oder ein Dritter eine Garantie für die Beschaffenheit oder Haltbarkeit der Kaufsache übernimmt.

Eine solche **Beschaffenheitsgarantie** kann grundsätzlich auch bei einem Asset oder Share Deal für die Eigenschaften eines Unternehmens vereinbart werden.[69] Im Garantiefall stehen dem Käufer gemäß § 443 BGB unbeschadet der gesetzlichen Ansprüche

67 RGZ 146, 120; BGHZ 65, 246; Picot, in: Picot, Handbuch Mergers & Acquisitions, S. 165; Westermann, in: MüKo, BGB, § 453, Rn. 20.

68 RGZ 146, 120; BGHZ 65, 246 f.; BGH, NJW 1977, 1538 ff.

69 Westermann, in: MüKo, BGB, § 453, Rn. 20; Putzo, in: Palandt, BGB, § 434, Rn. 11; Dauner-Lieb/Thiessen ZIP 2002, 108, 110; Knott NZG 2002, 249, 251.

die Rechte aus der Garantie gemäß den in der Garantieerklärung und der einschlägigen Werbung angegebenen Bedingungen gegenüber demjenigen zu, der die Garantie eingeräumt hat.[70] Ausweislich der Gesetzesbegründung setzt eine solche Beschaffenheitsgarantie die Erklärung des Verkäufers voraus, dass die Kaufsache bei Gefahrübergang eine bestimmte Eigenschaft hat, verbunden mit der Erklärung, verschuldensunabhängig für alle Folgen ihres Fehlens einstehen zu wollen.[71]

Eine – ebenfalls in § 443 Abs. 1 BGB geregelte – **Haltbarkeitsgarantie** liegt vor, wenn der Verkäufer erklärt, dass die Sache für eine bestimmte Dauer eine bestimmte Beschaffenheit behält.[72] Die Haltbarkeitsgarantie erweitert damit die gesetzlichen Gewährleistungsrechte, weil der Verkäufer hier die Mangelfreiheit nicht nur bei Gefahrübergang, sondern für einen bestimmten Zeitraum nach dem Gefahrübergang garantiert. Die Haltbarkeitsgarantie entspricht damit der bisherigen »unselbstständigen Garantie«.

Soweit [73] der Verkäufer eine Garantie für die Beschaffenheit der Sache übernommen hat, kann er sich allerdings gemäß § 444 BGB nicht auf eine Vereinbarung berufen, durch welche die Rechte des Käufers wegen eines Mangels ausgeschlossen oder beschränkt werden. Diese Bestimmung will (aus Gründen des Konsumenten-Schutzes) sicherstellen, dass der Verkäufer einer Sache oder eines Rechtes nicht einerseits eine Beschaffenheit garantiert und dann andererseits diese Garantie durch eine Beschränkung bzw. einen Ausschluss der Haftung wieder aushebelt. § 444 BGB stellt eine zwingende Vorschrift des BGB dar und kann daher nicht durch vertragliche Vereinbarungen zwischen den Beteiligten abbedungen werden.

(b) Selbstständige Garantie gemäß § 311 Abs. 1 BGB

Anstelle der gesetzlich geregelten Beschaffenheits- oder Haltbarkeitsgarantie kann der Verkäufer auch eine **selbstständige verschuldensunabhängige Garantie** abgeben, die einen **eigenständigen Vertrag nach § 311 Abs. 1 BGB darstellt**.[74] Im Gegensatz zu der unselbstständigen Beschaffenheitsgarantie gemäß § 443 BGB kann sich ein selbstständiges Garantieversprechen nicht nur auf die Beschaffenheit der Sache oder darauf beziehen, dass die Sache für eine bestimmte Dauer eine bestimmte Beschaffenheit behält, sondern auf **alle gegenwärtigen oder zukünftigen Umstände des Kaufgegenstandes**.[75]

Ob eine Erklärung in einem Unternehmenskaufvertrag ein selbstständiges Garantieversprechen enthält, ist durch **Auslegung** gemäß §§ 133, 157 BGB zu ermitteln. Da selbst Formulierungen wie »versichern« oder »garantieren«, auch in einer notariellen Urkunde, nicht notwendig den Schluss auf eine selbstständige Garantie zulassen, empfiehlt es sich, entsprechende Erklärungen oder Angaben im Vertrag ausdrücklich als **»selbstständiges Garantieversprechen«** oder **»selbstständigen Garantievertrag«** zu kennzeichnen und getrennt von den einfachen Gewährleistungen in den Vertragstext aufzunehmen.

---

70 Westermann, in: MüKo, BGB, § 443, Rn. 8.

71 BT-Drucks. 14/6040, zu § 442 Abs. 1 S. 2, S. 236.

72 Westermann, in: MüKo, BGB, § 443, Rn. 9; Grunewald, in: Erman, BGB, § 443, Rn. 3.

73 Beschluss des Bundestages vom 01.07.2004, in § 444 BGB (a.F.) das Wort »wenn« durch das Wort »soweit« zu ersetzen (BGBl. I S. 3102) zur Beseitigung des seit Inkrafttreten des Gesetzes zur Modernisierung des Schuldrechts am 01.01.2002 andauernden Zustandes der Rechtsunsicherheit bei der Vereinbarung selbstständiger Garantien in Unternehmenskaufverträgen.

74 Picot, Unternehmenskauf und Restrukturierung, S. 94.

75 Emmerich, in: MüKo, BGB, § 311, Rn. 40.

Insgesamt eröffnet ein selbstständiges Garantieversprechen einschließlich der vertraglich geregelten Rechtsfolgen den Vertragspartnern die Möglichkeit, den Unternehmenskaufvertrag nach ihren individuellen Interessen und Bedürfnissen zu gestalten und etwaige Risiken angemessen zu verteilen. Dabei werden sie nur solche Garantien vereinbaren, die für eine im konkreten Einzelfall **angemessene Risikoverteilung** wesentlich und erforderlich sind.

Die **Arten selbstständiger Garantieversprechen** sind vielfältig. Im Wesentlichen ist der sich aus der Interessenlage der Vertragspartner ergebende **Garantienkatalog ein Spiegelbild der Due-Diligence**[76] und umfasst demgemäß vor allem die rechtlichen als auch die wirtschaftlichen Unternehmensgrundlagen, und zwar insbesondere

- Gesellschaftsverfassung
- Beteiligungsstruktur
- Wirtschaft, Finanzen und Steuern
- Operatives Geschäft, Technik, Logistik
- Einkauf, Absatz, Wettbewerb
- Versicherungen
- Betriebsstätten und -Anlagen, Grundstücke
- IT/IP (Geistiges Eigentum)
- Personal
- Förderungen und Zuschüsse
- Recht, Rechtsstreitigkeiten insbesondere:
  - Vertragsrecht
  - Gesellschaftsrecht
  - Arbeitsrecht
  - Betriebsrentenrecht
  - Steuerrecht
  - Umweltrecht – Altlasten
- Sonstige wichtige Unternehmensgrundlagen.

Die Bereiche der Garantievereinbarungen gliedert sich dabei in die Bereiche:

- Legal and Tax
- Financial
- Marketing
- Human Resources
- Cultural
- Organizational Due Diligence
- IT Due Diligence
- Real Property
- Environmental,

wobei eine klare Trennung dieser Bereiche in der Praxis oft nicht möglich ist.

---

76 Siehe dazu die Ausführungen oben im Teil V dieses Handbuches. Siehe dazu ferner: Gerhard Picot, Due Diligence und privatrechtliches Haftungssystem, in: Berens/Brauner, Due Diligence bei Unternehmensakquisitionen, 4. Auflage 2005, S. 245–271; Gerhard Picot, Due Diligence beim Börsengang, in: Wirtz (Hrsg.), IPO – Management, 2001, S. 143–172.

In der Regel werden die Vertragsparteien nur solche Garantien vereinbaren, die für eine angemessene Risikoverteilung wesentlich und erforderlich sind. Nachfolgend seien insoweit einige Beispiele genannt:

Bei einer **Erfolgsgarantie** steht der Verkäufer für den Eintritt eines bestimmten wirtschaftlichen Erfolges ein.

Durch eine **Unsicherheitsgarantie** garantiert er, dass ein definiertes Risiko sich nicht nachteilig für den Käufer auswirkt. Ein Unterfall der Unsicherheitsgarantie ist die **Bilanzgarantie**, die sich auf die Richtigkeit der bilanziellen Angaben bezieht. In aller Regel wird hierdurch nur die Einhaltung der Grundsätze ordnungsmäßiger Buchführung (GoB) zugesagt. Darüber hinaus sollte sich die Garantie aber auch auf die Ausübung von Bilanzierungs- und Bewertungswahlrechten erstrecken. Anstelle oder zusätzlich zur Bilanzgarantie können die Vertragsparteien ferner eine **Eigenkapitalgarantie** in den Vertrag aufnehmen. Hierdurch verspricht der Verkäufer das Vorhandensein eines bestimmten Eigenkapitals zu einem bestimmten Zeitpunkt. Die Höhe des Eigenkapitals wird durch eine **Abrechnungsbilanz** ausgewiesen. Sie vermag allerdings nur gegen Wertbeeinträchtigungen abzusichern; das über das reine Wertinteresse hinausgehende Tauglichkeitsinteresse ist daher gegebenenfalls durch eine spezielle **Bestandsgarantie** zu schützen. Bestandsgarantien können sich ferner auf Art und Lage von Grundstücken, betriebliche Anlagen, Beteiligungen an und Beziehungen zu Unternehmen sowie auf Vorräte und Personalbestand beziehen. Wird bei Abschluss des Unternehmenskaufvertrages ein künftiger, erst nach dem Vertragsabschluss liegender Übergangsstichtag (Closing Date) vereinbart, so ist es in der Regel für den Käufer sinnvoll, das per Vertragsdatum vom Verkäufer zugesicherte Nichtbestehen von Verbindlichkeiten auch für den Zeitpunkt des Übergangs sicherzustellen, um das Risiko nachteiliger Veränderungen einzugrenzen. Eine derartige **Stichtagsregelung** kann zum Beispiel mit dem Inhalt vorgenommen werden, dass der Verkäufer sich verpflichtet, die veräußerte Gesellschaft von allen beim Closing Date etwa noch vorhandenen Verbindlichkeiten freizustellen. Muss die Gesellschaft trotz dieser nur internen Freistellungen Alt-Forderungen Dritter erfüllen, so kann der Unternehmenskäufer einen entsprechenden Erstattungsanspruch gegen den Verkäufer geltend machen.

Bei der Vereinbarung von Garantien, stellt sich die Frage,

- ob der Verkäufer uneingeschränkt für die objektive Richtigkeit einstehen soll (sog. **harte Garantie-Erklärung**) oder
- ob die Garantie in die Kenntnis oder Unkenntnis des Verkäufers gestellt werden soll und damit subjektiver Natur sein soll (sog. **weiche Garantie-Erklärung**).

Wird das Garantieversprechen des Verkäufers im letztgenannten Sinne dahingehend eingeschränkt, dass »nach seiner Kenntnis« oder »nach seinem besten Wissen« bestimmte Eigenschaften des Unternehmens bestehen oder nicht bestehen, so sollte zunächst eine **Definition** dieser Formulierung erfolgen. Ferner sollte auch die Frage der **Beweislast** geregelt werden, da den Käufer grundsätzlich und ohne eine abweichende vertragliche Regelung die Beweislast für die Kenntnis des Verkäufers trifft; will der Käufer dies vermeiden, so ist in den Vertrag eine Umkehr der Beweislast dahingehend aufzunehmen, dass der Verkäufer haftet, es sei denn, er weist nach, dass er von dem fraglichen Umstand tatsächlich keine Kenntnis gehabt hat.

Gesetzliche Rechtsfolge eines selbstständigen Garantieversprechens ist in erster Linie der **Erfüllungsanspruch des Käufers**. Der Verkäufer hat den Zustand herzustellen, der bestehen würde, wenn das Garantieversprechen erfüllt worden wäre (vgl. § 443 Abs. 1 BGB für die unselbstständige Garantie). Bei einer Bilanzgarantie heißt dies, dass der Zustand hergestellt werden muss, der bestehen würde, wenn die Bilanz von Anfang an dem Gesetz und den Grundsätzen ordnungsgemäßer Buchführung entsprochen hätte; dies erfolgt gegebenenfalls durch Auffüllung der Bilanz. Nur, wenn die Herstellung des garantierten Zustandes nicht möglich ist, hat der Käufer Anspruch auf Schadensersatz. Auch bei der vertraglichen Vereinbarung der **Rechtsfolgen** und der **Haftungshöhe** bei einer Verletzung der vertraglichen Garantien hat sich in Anlehnung an die internationale Vertragspraxis ein gewisser Standard herausgebildet. Üblicherweise werden dabei dem Käufer nur **Schadensersatzansprüche** zugestanden und eine Rückabwicklung des Vertrages ausgeschlossen. Ferner wird die Haftung in der Regel der Höhe nach auf einen Prozentsatz des Kaufpreises beschränkt (**Cap-Clause**), und einzelne Ansprüche werden nur jenseits einer Mindestschadenshöhe pro Einzelfall oder insgesamt erst ab einer gewissen Schadenshöhe zugelassen (**Bagatell-Clause**).[77]

Problematisch ist die **Abgrenzung zwischen einer selbstständigen Garantie und einer unselbstständigen Beschaffenheitsgarantie** vor allem auch im Hinblick auf die Anwendbarkeit des § 444 BGB mit seinem **Verbot der Haftungsbeschränkung oder -ausschlusses im Falle der unselbstständigen Beschaffenheitsgarantie**. Würde § 444 BGB nämlich auch die selbstständige Garantie erfassen, wäre eine in internationalen Transaktionsverträgen völlig übliche Haftungsbegrenzung nicht mehr möglich. Der Verkäufer könnte sich nämlich auf eine Vereinbarung, durch welche die Rechte des Käufers wegen eines Mangels ausgeschlossen oder beschränkt werden, nicht berufen, soweit er den Mangel arglistig verschwiegen oder eine Garantie für die Beschaffenheit der Sache übernommen hat.

Nach Ansicht des Verfassers umfasst bereits die Formulierung des § 444 BGB ausweislich der Gesetzesbegründung nur die Fälle der früheren Eigenschaftszusicherung.[78] Hiervon jedoch ist die selbstständige Garantie zu unterscheiden, da diese weitere Umstände betreffen kann, als »nur« die Zusicherung einer Eigenschaft.[79] Da § 444 BGB aber ausdrücklich (nur) für die Übernahme einer (unselbstständigen) Beschaffenheitsgarantie gilt, kann diese Bestimmung auf die selbstständige Garantie grundsätzlich keine Anwendung finden.

Problematisch sind insofern nur diejenigen Fälle, in denen eine **selbstständige Garantie für** einen Umstand übernommen wird, der **eine Beschaffenheit des Kaufgegenstandes** gemäß § 443 Abs. 1 BGB beinhaltet. Hierbei stellt sich die Frage, ob nicht die zwingende Bestimmung des § 444 BGB unterlaufen wird, wenn vertraglich anstelle einer unselbstständigen eine selbstständige Garantie übernommen würde. Zu dieser Frage haben Wissenschaftler und Praktiker umfassend Stellung genommen. Die Rechtsunsicherheit erscheint groß und die Empfehlungen gehen weit auseinander. So wurde beispielsweise geraten, den Garantiebegriff im Vertrag zu vermeiden bzw. ausdrücklich darauf hinzuweisen, dass eine Garantie nach §§ 443, 444 BGB nicht übernommen wird.[80]

---

77 Siehe dazu: Hilgard, Bagatell- und Cap-Klauseln beim Unternehmenskauf, BB 2004, 1233 ff.
78 Vgl. BT-Drucks. 14/6040, zu § 444, S. 240.
79 Vgl. BT-Drucks. 14/6040, zu § 443, S. 237.
80 Vgl. Handelsblatt v. 02.01.2002, S. R 2; Schuberth, Financial Times Deutschland v. 08.01.2002, Recht und Steuern.

Andere haben die Vereinbarung ausländischen Rechts empfohlen, was nicht gerade dem Bestreben der Schuldrechtsreform entspricht.[81] Schließlich haben manche Berater schon resigniert und begonnen, die Unternehmenskaufverträge zu überarbeiten und Regelungen über die Rechtsfolgen bei Verstößen gegen abgegebene Garantieerklärungen zu entwikkeln.[82] Andere sehen einen nicht ernst gemeinten Ausweg aus der Ratlosigkeit darin, »nur noch Käufer zu beraten«.[83]

Im Bundesministerium der Justiz (BMJ) wurde hierzu zunächst u.a. die Auffassung vertreten, dass eine summenmäßige Begrenzung der Haftung keine Beschränkung im Sinne des § 444 BGB darstelle, sondern eine inhaltliche Begrenzung der Garantie selbst. Allerdings kamen dem BMJ dann Bedenken hinsichtlich der Vereinbarkeit dieses Lösungsansatzes mit dem Wortlaut des § 444 BGB. Deshalb wurde dann vorgeschlagen, künftig Beschaffenheitsgarantien zu vermeiden, wenn man eine summenmäßige Begrenzung vornehmen will. Stattdessen solle man eine sog. »Beschaffenheitsvereinbarung« gemäß § 434 Abs. 1 S. 1 BGB treffen, um eine Beschränkung der Haftung zu erreichen. Nach Ansicht des Verfassers und der inzwischen überwiegenden Meinung im Schrifttum[84] wird man den Vertragspartnern auch nach dem Inkrafttreten des Schuldrechtsmodernisierungsgesetzes angesichts der Unzulänglichkeiten des gesetzlichen Mängelgewährleistungssystems die Vertragsfreiheit einräumen müssen, die Lücken des gesetzlichen Gewährleistungssystems in der Praxis durch spezielle Regelungen im Transaktionsvertrag zu schließen.[85]

Um diese Rechtsunsicherheit zu beseitigen, hat der Bundestag am 01.07.2004 beschlossen, in § 444 BGB (a.F.) das Wort »wenn« durch das Wort »soweit« zu ersetzen.[86] Angesichts der enormen praktischen Relevanz der Frage und der Heftigkeit des Streites um die Auslegung der Vorschrift muss es dem juristischen Laien allerdings als merkwürdig anmuten, mit welch minimalistischen »mikro-invasiven« Mitteln der Gesetzgeber den Versuch einer Klarstellung unternommen hat. Die Vorschrift lautet nämlich nunmehr: »Auf eine Vereinbarung, durch welche die Rechte des Käufers wegen eines Mangels ausgeschlossen oder beschränkt werden, kann sich der Verkäufer nicht berufen, *soweit* (Verf.: bisheriger Wortlaut »wenn«) er den Mangel arglistig verschwiegen oder eine Garantie für die Beschaffenheit der Sache übernommen hat«.

Immerhin geht aber nun aus der Neufassung hervor, dass eine **Garantie von vornherein mit beschränktem Umfang vereinbart** werden kann. Die Beschränkung ist damit ein Teil der Garantie und bestimmt deren Reichweite; sie ist somit keine nachträgliche Beschneidung der Rechte des Käufers, mit der dieser nicht hätte rechnen müssen. Die Gesetzesbegründung weist ausdrücklich daraufhin, dass es sich bei der Änderung um eine gesetzliche Klarstellung der ohnehin bereits herrschenden Auslegung des § 444 BGB, nicht hingegen um eine inhaltliche Neuregelung handele, so dass auch keine Übergangs-

81 Vgl. v. Westphalen, ZIP 2001, 2107.

82 Vgl. Gasteyer, wiedergegeben in Handelsblatt v. 02.01.2002, S. R 2.

83 So die Anmerkung von de Lousanoff, wiedergegeben in Handelsblatt v. 02.01.2002, S. R 2.

84 Gerhard Picot/Russenschuck, Unternehmenskauf – Gibt es noch selbstständige Garantien?, M&A Review, 2/2002, S. 64 ff.; siehe auch Gronstedt/Jörgens, ZIP 2002, 52, 56 ff.; Dauner-Lieb, ZIP 2002, 108 ff.

85 So auch die höchstrichterliche Rechtsprechung, vgl. bereits RGZ 146, 120; BGHZ 65, 246 ff.

86 Beschluss des Bundestages vom 01.07.2004 (BGBl. I S. 3102).

vorschrift notwendig sei. Damit ist gleichzeitig geklärt, dass auch **Beschränkungen von Garantieversprechen** in Unternehmenskaufverträgen, die zwischen dem 01.01.2002 und der erfolgten Änderung abgeschlossen wurden, wirksam sind.

In der Praxis wird man somit in Zukunft nach persönlicher Ansicht des Verfassers auf die nach dem 01.01.2002 verwendeten artifiziellen und spitzfindigen Vertragsklauseln verzichten können, mit denen versucht wurde, die auf § 444 BGB basierende Rechtsunsicherheit zu minimieren. Stattdessen wird man wieder zu der bisherigen und auch international üblichen Struktur der vertraglichen Garantien zurückkehren können, sollte daher aber vorsorglich die Formulierung verwenden, dass sowohl die Garantiezusage selbst wie auch (in gleicher Weise) der Umfang der daraus resultierenden Haftung beschränkt werden. Dabei ist zu hoffen, dass auch die richterliche – stets wirtschaftlich geprägte – Entscheidungspraxis dem Bedürfnis nach vertraglicher Flexibilität bei Unternehmenskäufen Rechnung tragen und den § 444 BGB nicht auf selbstständige Garantien mit Haftungsbeschränkungen bzw. -ausschlüssen ausdehnen wird.

Nicht zuletzt sollten in den vertraglichen Garantievereinbarungen auch die **Verjährungsfristen** für die einzelnen Gewährleistungsansprüche unter Berücksichtigung der jeweiligen Interessensituation der Vertragspartner geregelt werden. Diese können je nach Art der garantierten Gegebenheiten z. B. für Altlasten und Steuern differenziert gestaltet werden.[87]

bb) Die Haftung der Geschäftsführer

Der umfassende Katalog der vertraglichen Garantien, wie er inzwischen auch in Deutschland zum Standard geworden ist, kann neben der Haftung des verkaufenden Unternehmens, auch zur **persönlichen Haftung der Geschäftsführer** des Verkäufers und/oder – bei einem Share Deal – der Geschäftsführer des Zielunternehmens führen. Es gehört zur gebotenen Sorgfalt eines ordentlichen Geschäftsführers, vertragliche Garantien nicht ohne interne Prüfung zu akzeptieren. Verletzt ein Geschäftsführer diese Pflicht und übernimmt er für den Verkäufer vertragliche Garantien »ins Blaue hinein«, ist er seinem Unternehmen für den daraus entstehenden Schaden ersatzpflichtig, d. h. er hat den Verkäufer von den Ansprüchen des Käufers aus der Verletzung dieser Garantien freizustellen. Gleichzeitig kommt eine Haftung der beteiligten Geschäftsführer auch unmittelbar gegenüber dem Käufer in Betracht, wenn sie diesem gegenüber eine besondere Vertrauensstellung im Sinne des § 311 Abs. 3 BGB eingenommen haben oder von dem Unternehmenskauf auch persönlich – etwa durch den Bezug eines sogenannten Stay-Bonus – wirtschaftlich profitieren. Eine solche Schadensersatzpflicht der Geschäftsführer ist erst recht bei bewusst falschen Angaben begründet und führt bis hin zu ihrer strafrechtlichen Verantwortlichkeit. Daher ist es den Geschäftsführern des Verkäufers und/oder des Zielunternehmens anzuraten, bereits vor den eigentlichen Vertragsverhandlungen eingehend zu prüfen, welche vertraglichen Garantien der Verkäufer sinnvoll übernehmen kann. In der Praxis ist es üblich, den jeweiligen Leitern der verschiedenen Unternehmensbereiche hierzu detaillierte Fragenkataloge zu unterbreiten, um schriftlich zu dokumentieren, dass die

87 Hierzu ausführlich Lips/Stratz/Rudo, in: Hettler/Stratz/Hörtnagel, Beck'sches Mandats-Handbuch Unternehmenskauf, § 4 Rn. 198 ff.; Picot, Unternehmenskauf und Restrukturierung, S. 149 ff.

Geschäftsführer bei den Verhandlungen und dem Abschluss des Vertrages sorgfältig gehandelt haben.

cc) Die Haftung der Berater

Berater der Vertragspartner eines Unternehmenskaufs haften grundsätzlich nur ihren Auftraggebern nach vertraglichen Grundsätzen aus dem jeweiligen Auftragsverhältnis.

Ausnahmsweise können die Berater gemäß § 311 Abs. 3 BGB Partner eines **vorvertraglichen rechtsgeschäftsähnlichen Schuldverhältnisses** sein, wenn sie in besonderem Maße Vertrauen für sich in Anspruch genommen und dadurch die Vertragsverhandlungen oder den Vertragsschluss erheblich beeinflusst haben. Insofern können z. B. Äußerungen der M&A-Berater in einer Pressekonferenz, Unternehmenspräsentation oder in einem Informationsmemorandum für einen nicht beschränkten Teilnehmerkreis ein Schuldverhältnis der Berater mit Pflichten nach § 241 Abs. 2 BGB und eine entsprechende Haftung begründen. Dabei ist bislang unkar, ob und inwieweit die gesetzliche Haftung zwingendes Recht beinhaltet oder ein Haftungsausschluss z. B. durch einen sog. **Disclaimer** möglich ist.

Unter den engen Voraussetzungen eines »**Vertrages mit Schutzwirkung zugunsten Dritter**« haftet der Berater auch einem am Vertrag formal nicht Beteiligten.

Darüber hinaus kann sich eine Haftung des Beraters aus der **Verletzung öffentlich-rechtlicher Pflichten** ergeben, wenn beispielsweise bei der Bearbeitung eines anmeldepflichtigen Zusammenschlusses von Unternehmen die kartellrechtliche Anmeldepflicht des Zusammenschlusses schuldhaft verletzt wird.

g) Die Kenntnis des Käufers gemäß § 442 BGB und die Auswirkungen der Due Diligence auf das Haftungssystem

Gemäß § 442 Abs. 1 S. 1 BGB sind die Rechte des Käufers sowohl beim Sachkauf als (nunmehr) auch beim Rechts- bzw. Beteiligungskauf wegen eines Mangels ausgeschlossen, wenn er **bei Vertragsschluss**[88] den Mangel kennt. Die Erlangung der **Kenntnis des Käufers** von fehlerbegründenden Umständen zwischen Vertragsschluss (Signing) und Übergabe der Kaufsache (Closing)[89] ist für den Käufer hingegen unschädlich.[90] Ist dem Käufer ein Mangel infolge grober Fahrlässigkeit unbekannt geblieben, kann der Käufer gemäß § 442 Abs. 1 S. 2 BGB Rechte wegen dieses Mangels nur geltend

88 Insofern ist für den Verkäufer eine vertragliche Regelung günstig, wonach es auf die Kenntnis des Käufer in dem späten Zeitpunkt der **Annahme der Kaufsache** ankommt (so auch § 464 BGB a.F. Vgl. Picot/Vondenhoff-Mertens (o.J.), S. 14.

89 Zu berücksichtigen ist, dass der Gebrauch des aus der anglo-amerikanischen Vertragspraxis stammenden Begriffs des *Closing* uneinheitlich ist. Überwiegend wird der Übergangsstichtag als *Closing* bezeichnet. Vereinzelt wird darunter aber auch die zusammenfassende Beschreibung der an diesem Stichtag vorzunehmenden Rechtshandlungen verstanden.

90 Insoweit entspricht diese Regelung der bisherigen Fassung des § 460 S. 1 BGB a.F. Danach hatte der Verkäufer einen Mangel der verkauften Sache nicht zu vertreten, wenn der Käufer den Mangel beim Abschluss des Kaufes kannte.

machen, wenn der Verkäufer den Mangel arglistig verschwiegen oder eine Garantie für die Beschaffenheit der Sache übernommen hat.

Vorbehaltlich abweichender vertraglicher Regelungen behält der Käufer demgemäß bei (leicht) fahrlässiger Unkenntnis seine Gewährleistungsrechte wegen eines Mangels. Bei grob fahrlässiger Unkenntnis verliert er seine Gewährleistungsrechte, es sei denn, der Verkäufer hat den Mangel arglistig verschwiegen oder der Verkäufer hat eine Beschaffenheitsgarantie erteilt. Bei (positiver) **Kenntnis** hat der Käufer keine Gewährleistungsrechte.

Die Frage, ob der Käufer trotz **grob fahrlässiger Unkenntnis** einen Anspruch wegen des Mangels geltend machen kann, hängt somit insbesondere davon ab, ob der Verkäufer eine Beschaffenheitsgarantie oder eine selbstständige Garantie übernommen hat. Denn § 442 Abs. 1 S. 2 BGB findet im Falle der Erteilung einer selbstständigen Garantie keine Anwendung, d.h. bei grob fahrlässiger Unkenntnis verliert der Käufer seine Gewährleistungsrechte auch dann, wenn der Verkäufer ihm eine selbstständige Garantie erteilt hat.

Insofern empfiehlt sich aus der Sicht des Käufers eine ausdrückliche vertragliche Regelung, derzufolge er trotz Kenntnis bzw. Kennenmüssen und trotz grob fahrlässiger Unkenntnis des Mangels seine Gewährleistungsrechte nicht verliert, wenn der Verkäufer ihm eine selbstständige Garantie erteilt hat.

aa) Due Diligence und vertragliche Haftungsregelungen

Die sorgfältige Prüfung des Zielunternehmens dient nicht nur der angemessenen Bewertung des zu kaufenden Unternehmens und seiner Chancen; vielmehr beeinflusst die Qualität der Prüfung auch den Erfolg oder Misserfolg des Transaktionsvertrages und begrenzt die Gefahr unerwarteter und eventuell unüberschaubarer Risiken. Insoweit dient die Due Diligence neben der Fixierung eines verbindlichen Kaufpreisangebotes auch der Entscheidung über die Intensität des zu vereinbarenden Gewährleistungs- und Haftungssystems. Während der Kaufinteressent bemüht sein wird, sich möglichst umfassende Informationen über das Kaufobjekt zu beschaffen und zu dokumentieren, wird der Verkäufer regelmäßig einem allzu forschen Informationsbegehren des Verhandlungspartners mit einer gewissen Zurückhaltung begegnen. Denn solange der Vertrag noch nicht abgeschlossen worden ist, muss der Verkäufer stets mit einem Scheitern der Verhandlungen oder gar damit rechnen, dass sich der Kaufinteressent nur deshalb an einem Bietungsverfahren beteiligt, um seine eigene Marktposition genauer einschätzen zu können oder sich durch die zusätzlichen Information einen Wettbewerbsvorteil zu verschaffen.

Bei den Vertragsverhandlungen und der Vertragsgestaltung darf deshalb das **Wechselspiel zwischen der Due Diligence einerseits sowie den vertraglichen Gewährleistungs-, Garantie- und Haftungspflichten des Verkäufers andererseits** nicht unterschätzt werden. Insoweit gilt der Grundsatz: Je weniger Daten und Informationen dem Käufer von dem Verkäufer zur Verfügung gestellt worden sind, um so umfangreicher und detaillierter werden seine Forderungen nach vertraglichen Gewährleistungs-, Garantie- und Haftungsversprechen des Verkäufers ausfallen.[91] Andererseits wird der Verkäufer dem Käufer

91 Hierzu eingehend Picot, Unternehmenskauf und Restrukturierung, S. 154ff.

regelmäßig das Argument entgegenhalten, der Käufer habe aufgrund der Due Diligence den gleichen Kenntnisstand wie er selbst, so dass er ein Recht habe, seine Haftung für offen gelegte Risiken im Unternehmenskaufvertrag auszuschließen.

Vereinbaren die Vertragspartner anstelle einer eingehenden Analyse vor dem Kaufvertrag (Pre-Acquisition-Audit) einen sogenannten **Post-Acquisition-Audit**, so sollte der Transaktionsvertrag z. B. eine Regelung über eine Reduzierung des Kaufpreises, ein befristetes Recht des Käufers zum Rücktritt vom Vertrag oder eine auflösende Bedingung vorsehen. Dies gilt insbesondere für den Fall des Eintrittes extremer Mängel bzw. Risiken oder für den Fall, dass bestimmte, in dem Vertrag näher zu beschreibende Annahmen nicht gegeben oder später nicht erfüllt sein sollten.[92]

bb) Die Auswirkungen einer nicht durchgeführten Due Diligence

(1) Kenntnis des Käufers von einem Mangel gemäß § 442 BGB

Gemäß § 442 Abs. 1 Satz 1 BGB sind die Rechte des Käufers wegen eines Mangels also sowohl beim Sachkauf als auch beim Rechts- bzw. Beteiligungskauf ausgeschlossen, wenn er bei Vertragsschluss den Mangel kennt. **Führt der Käufer keine Due Diligence durch, kennt er aber gleichwohl bei Vertragsschluss einen Mangel** des Unternehmens, so findet § 442 Abs. 1 S. 1 BGB Anwendung mit der Folge, dass die Rechte des Käufers wegen des Mangels ausgeschlossen sind. Insofern empfiehlt sich aus der Sicht des Käufers eine ausdrückliche vertragliche Regelung, derzufolge er trotz Kenntnis bzw. Kennenmüssen seine Gewährleistungsrechte nicht verliert, wenn der Verkäufer ihm eine selbstständige Garantie erteilt hat.

(2) Grob fahrlässige Unkenntnis des Käufers von einem Mangel

Ist dem Käufer im Falle einer nicht durchgeführten Due Diligence ein **Mangel infolge grober Fahrlässigkeit unbekannt** geblieben, kann der Käufer gemäß § 442 Abs. 1 S. 2 BGB Rechte wegen dieses Mangels nur geltend machen, wenn der Verkäufer den Mangel arglistig verschwiegen oder eine Garantie für die Beschaffenheit der Sache übernommen hat. Der Käufer verliert bei grob fahrlässiger Unkenntnis seine Gewährleistungsrechte auch im Falle einer nicht durchgeführten Due Diligence, und zwar auch dann, wenn der Verkäufer ihm eine selbstständige Garantie erteilt hat. Insofern empfiehlt sich im Falle der Erteilung einer selbstständigen Garantie durch den Verkäufer aus der Sicht des Käufers eine ausdrückliche vertragliche Regelung, derzufolge er trotz grob fahrlässiger Unkenntnis des Mangels seine Gewährleistungsrechte nicht verliert.

Dabei erhebt sich jedoch die weitergehende Frage, ob bereits die **bloße Nichtdurchführung einer Due Diligence eine grobe fahrlässige Unkenntnis** im Sinne des § 442 Abs. 1 S. 2 BGB begründen kann. Grundsätzlich trifft den Käufer – wie bereits oben ausgeführt – im deutschen Kaufrecht vor Vertragsschluss keine Prüfungsobliegenheit. Dies lässt sich rechtssystematisch aus § 377 HGB ableiten, wonach beim beiderseitigen Handelskauf erst ab der Zeit *nach* Ablieferung der Kaufsache eine Obliegenheit zur Un-

92 Eingehend zum Wegfall der Geschäftsgrundlage sowie zur wesentlich nachteiligen Veränderung des Vertragsverhältnisses (sog. Material Adverse Change – MAC) Picot, Unternehmenskauf und Restrukturierung, S. 197ff.; Picot/Duggal, DB 2003, S. 2635ff.

tersuchung derselben auf mögliche Mängel vorgesehen ist. [93] Infolgedessen hängen die Gewährleistungsansprüche des Käufers nicht davon ab, ob der Käufer das Kaufobjekt vor Vertragsschluss untersucht hat.[94] Die Nichtdurchführung einer Due Diligence kann infolgedessen grundsätzlich nicht als grob fahrlässiges Handeln des Käufers angesehen werden und auch nicht zu einem Verlust seiner Gewährleistungsansprüche führen.

Allerdings ist zu beachten, dass zu den Handelsgeschäften (vgl. §§ 344ff. HGB) - wie bereits oben ausgeführt - alle Geschäfte eines Kaufmannes zu zählen sind, die zum Betrieb seines Handelsgewerbes gehören. Demgemäß ist auch die **Veräußerung eines Unternehmens als Ganzes ein Handelsgeschäft**. Der Käufer hat deshalb gemäß § 377 HGB bei einem beiderseitigen Handelsgeschäft **nach der Ablieferung der Kaufsache eine Untersuchungs- und Rügeobliegenheit**, sodass insoweit ein vertraglicher Ausschluss des § 377 HGB zu erwägen ist.

Ingesamt bleibt festzuhalten, dass der **Käufer vor dem Vertragsschluss nach deutschem Kaufrecht grundsätzlich keine Prüfungspflicht** hat.[95] Infolgedessen hängen die Rechte des Käufers nicht davon ab, ob er das Kaufobjekt vor dem Vertragsschluss untersucht hat.[96] Diese Wertung des Gesetzgebers darf auch nicht dadurch unterlaufen werden, dass dem Käufer im Falle der nicht oder nicht vollständig oder grob fahrlässig durchgeführten Due Diligence eine grob fahrlässige Unkenntnis des Mangels entgegengehalten wird.[97] Vielmehr kann die bloße Nichtdurchführung einer Due Diligence grundsätzlich nicht als grob fahrlässig angesehen werden und auch nicht zu einem Verlust der Rechte des Käufers wegen eines Mangels des Unternehmens führen.

Eine grobe Fahrlässigkeit könnte deshalb im Falle der Nichtdurchführung einer Due Diligence allenfalls dann anzunehmen sein, wenn in Deutschland bereits **eine Verkehrssitte zur Prüfung des Kaufobjektes** entstanden wäre und von dem Käufer nach Treu und Glauben und mit Rücksicht auf eine solche Verkehrssitte die Durchführung einer Due Diligence verlangt werden könnte.[98] Eine Verkehrssitte ist allerdings nur dann anzunehmen, wenn es sich um eine im Verkehr der beteiligten Kreise herrschende tatsächliche Übung handelt.[99] Diese Übung muss bereits eine gewisse Festigkeit erreicht haben.[100] Es genügt nicht, wenn ein Geschäftsgebrauch zwar überwiegend befolgt, häufig aber auch nicht befolgt wird.[101] Eine derartige Verkehrssitte und Rechtspflicht zur Prüfung des Kaufobjektes wird beispielsweise beim Erwerb von Häusern, Kunstwerken und Antiquitäten angenommen,[102] bei denen einerseits nach der Natur des Kaufobjektes

---

93 Vgl. RG RGZ 131, S. 343, 353; Huber, in Soergel, BGB, § 460 BGB, Rn. 7, 19; Honsell, in Staudinger, BGB, § 460 BGB, Rn. 7, § 459 BGB, Rn. 181.

94 Siehe Fleischer/Körber, BB 2001, S. 841, 844.

95 Vgl. dazu RG RGZ 72, S. 435, 436; RG RGZ 131, S. 343, 353; Hopt in Baumbach/Hopt, HGB, § 343 HGB, Rn. 3; Huber, in Soergel, BGB, § 460 BGB, Rn. 7, 19; Honsell, in Staudinger, BGB, § 460 BGB, Rn. 7, § 459 BGB, Rn. 181. Siehe dazu bereits die vorstehenden Ausführungen.

96 Siehe Fleischer/Körber, BB 2001, S. 841, 844; Fleischer, in Dauner-Lieb/Henssler, Unternehmenskauf und Schuldrechtsmodernisierung, S. 103 ff.

97 Anderer Ansicht sind Rödder/Hötzel/Mueller-Thuns, Unternehmenskauf, Unternehmensverkauf, Rn. 49.

98 Vgl. Loges, DB 1997, S. 965, 967.

99 Vgl. RG RGZ 49, S. 162; BGH, LM § 157 (B) Nr. 1.

100 BGH, NJW 1990, S. 1724.

101 Siehe RG RGZ 75, S. 340.

102 Vgl. Putzo, in: Palandt, BGB, § 460 BGB, Rn. 12.

und der Lebenserfahrung typischerweise mit einer Mangelhaftigkeit gerechnet werden muss und sich andererseits tatsächlich eine entsprechende Verkehrssitte zur Prüfung des Kaufobjektes herausgebildet hat.[103] Ebenso wird aber auch von einem Käufer eines Gebrauchtwagens verlangt, dass er vor dem Abschluss des Kaufvertrages eine Probefahrt unternimmt.[104] Der Käufer hat in diesen Fällen zumindest geringfügige Anstrengungen zur Informationsbeschaffung zu unternehmen; unterlässt er diese, so handelt er grob fahrlässig.[105]

Für die Due Diligence bedeutet dies, dass eine Verkehrssitte nur dann angenommen werden könnte, wenn sie im Rahmen des Unternehmenskaufes eine ständige und hinreichend verfestigte Übung darstellen würde.[106] Wäre dies der Fall, so hätte der Käufer zumindest gewisse Anstrengungen zur Informationsbeschaffung zu unternehmen; würde er diese unterlassen, so würde er grob fahrlässig handeln.

Das Meinungsbild, ob im Rahmen eines Unternehmenskaufs eine Due Diligence schon heute zu einer Verkehrssitte geworden ist, ist uneinheitlich. Zwar lässt sich auch in Deutschland die Tendenz feststellen, dass immer öfter im Rahmen der Vorbereitung einer Unternehmenstransaktion eine Due Diligence durchgeführt wird, und zwar auch dann, wenn es sich um rein innerdeutsche Transaktionen ohne Auslandsbezug handelt.[107] Nach einer Studie aus dem Jahre 2002 führten Kaufinteressenten in etwa 78 % der Akquisitionen eine Due Diligence durch, für die sie bei einer durchschnittlichen Dauer von 16 Tagen Kosten für eigenes und fremdes Personal in Höhe von 215.000 Euro aufwendeten.[108] Je nach Unternehmensgegenstand kommen eine wirtschaftliche, finanzielle, rechtliche, steuerliche, technische und umweltbezogene Prüfung in Betracht.[109] Dabei kam eine erste empirische Studie aus dem Jahr 1999 auf durchschnittliche Verbreitungsgrade zwischen 47 % für die Environmental Due Diligence, 81 % für die Legal Due Diligence[110] sowie 93 % für die Financial Due Diligence. Allerdings ist mit Nachdruck darauf hinzuweisen, dass auch diese empirische Studie keineswegs repräsentativ war, zumal bei 3.926 versendeten Fragebögen nur eine Rücklaufquote von 11,3 % zu verzeichnen war.[111]

Legt man diesen rechtstatsächlichen Befund einerseits und die – angesichts der erheblichen Rechtsfolgen – notwendigerweise strengen Anforderungen der Rechtsprechung

---

103 Ebenso wird aber auch von einem Käufer eines Gebrauchtwagens verlangt, dass er vor dem Abschluss des Kaufvertrages eine Probefahrt unternimmt, OLG Köln, NJW-RR 1992, 49ff.

104 Vgl. OLG Köln NJW-RR 1992, S. 49ff. Hier wird eine Besichtigungspflicht, nicht hingegen eine Pflicht zur gründlichen Untersuchung bejaht. Vgl. auch Reinking/Eggert, Der Autokauf, Rn. 1933ff.

105 Vgl. Heinrichs, in: Palandt, BGB, § 133 BGB, Rn. 21.

106 Vgl. Fleischer/Körber, BB 2001, S. 841, 845. Grobe Fahrlässigkeit ist dann anzunehmen, wenn die im Verkehr erforderliche Sorgfalt in besonders schwerem Maße verletzt worden ist, und schon einfachste, ganz naheliegende Überlegungen nicht angestellt werden, und das nicht beachtet wird, was im gegebenen Fall jedem einleuchten musste, vgl. BGH BGHZ 10, S. 16; BGH NJW-RR 1994, S. 1471. Vgl. Loges, DB 1997, S. 965, 967.

107 Vgl. Harrer, DStR 1993, S. 1673–1675; Merkt, BB 1995, S. 1046; a.A. Wegen, WiB 1994, S. 291, der der Ansicht ist, eine Due Diligence spiele im rein deutschen Bereich »keine entscheidende Rolle«.

108 Vgl. Berens/Strauch, WPg 2002, S. 511, 517ff.; als vollständige Dokumentation ihrer Studie Berens/Strauch, Due Diligence bei Unternehmensakquisitionen.

109 Zu den verschiedenen Teilreviews etwa Krüger/Kalbfleisch, DStR 1999, S. 174, 175ff.

110 Vgl. Marten/Köhler, Finanz Betrieb 1999, 337, 342.

111 Siehe Berens/Strauch, WPg 2002, S. 511, 515. Vgl. dazu Fleischer, in Dauner-Lieb/Henssler, Unternehmenskauf und Schuldrechtsmodernisierung, S. 105 und 108, Fn. 36.

an den Begriff der Verkehrssitte zugrunde, so kann es nur verwundern, dass in der Literatur zum Teil[112] schon jetzt eine ständige und hinreichend verfestigte Übung der Due Diligence angenommen und davon ausgegangen wird, dass eine Due Diligence im Rahmen eines Unternehmenskaufes schon heute zu einer Verkehrssitte geworden sei.[113] Diese Auffassung übersieht ferner neben den auf völlig unzureichenden Daten basierenden empirischen Erhebungen, dass es **bislang keinerlei generellen Prüfungsmaßstab für die Durchführung einer Due Diligence** gibt und die Arten der Due Diligence-Prüfungen – wie auch die genannte Studie zeigt – sehr unterschiedlich sind und zudem sehr unregelmäßig zur Anwendung gelangen. Insbesondere die außerordentlich unterschiedlichen und zahlreichen Ausprägungen der für die Praxis angebotenen Muster von Due Diligence-Checklisten (die keinesfalls als bereits vorhandene »Standards« angesehen werden dürfen)[114] zeigen, dass sich Art und Umfang der Due Diligence (zwangsläufig) an den spezifischen Branchen und Gegebenheiten der Unternehmen zu orientieren haben und sich demgemäß nach den Umständen des jeweiligen Einzelfalles richten müssen.[115]

Im Übrigen sind in der Praxis Art, Intensität, Umfang und Dauer der Due Diligence-Prüfungen häufig Gegenstand äußerst kontroverser Diskussionen und Vertragsverhandlungen. Wenn aber das »Ob« und das »Wie« einer Due Diligence erst einmal verhandelt werden müssen, so kann diese nicht als ständige, sich wiederholende Übung und erst recht nicht als bereits bestehende Verkehrssitte angesehen werden.

Insofern ist der Unternehmenskauf auch nicht mit den oben genannten Fällen vergleichbar, in denen die Rechtsprechung eine Untersuchungsobliegenheit als Verkehrssitte angenommen hat. Während diese Fälle die Besonderheit aufweisen, dass nach der Lebenserfahrung von einer Mangelhaftigkeit der Kaufsache auszugehen ist und dem Käufer lediglich geringe Informationsanstrengungen aufzuerlegen sind, um diese Mängel zu erkennen, sind bei einem Unternehmenskauf beide Voraussetzungen nicht gegeben.[116] Insbesondere muss der Käufer beim Unternehmenskauf nicht nur geringfügige, sondern

---

112 Vgl. zur (Möglichkeit der) Annahme einer Verkehrssitte: Berens/Schmitting/Strauch, in: Berens/Strauch, Due Diligence bei Unternehmensakquisitionen, Abschnitt 3.4; Vischer, SJZ S. 229, 235; offen lassend Merkt, BB 1995, S. 1041, 1047; Merkt, in: Berger, Festschrift für Otto Sandrock, 2000, S. 657-. Mit erheblicher Rechtsunsicherheit verbunden und fragwürdig erscheint die Unterscheidung von Semler, in: Hölters, Handbuch des Unternehmens- und Beteiligungskaufs, Rn. 43, der für den »Bereich des professionellen Unternehmenserwerbes durch geschäftsgewandte Käufer« das Bestehen einer Verkehrssitte annimmt, während er sie »bei Kleinunternehmen oder dem Erwerb einer freiberuflichen Praxis« (z.B. einer Anwaltspraxis?) verneint.

113 Das Bestehen einer Verkehrssitte der Due Diligence beim Unternehmenskauf ebenfalls ablehnend: Beisel/Klumpp, Der Unternehmenskauf, S. 2 Rn. 9; Dietzel, in: Semler/Volhard, Arbeitshandbuch für Unternehmensübernahmen, § 9 Rn. 25 und 69; Holzapfel/Pöllath, Unternehmenskauf in Recht und Praxis, S. 23; Fleischer, in Dauner-Lieb/Henssler, Unternehmenskauf und Schuldrechtsmodernisierung, S. 108; Loges, DB 1997, S. 965, 967.

114 Vgl. ebenso Fleischer, in Dauner-Lieb/Henssler, Unternehmenskauf und Schuldrechtsmodernisierung, S. 108.

115 Vgl. Werner ZIP), 23/2000, S. 989, 990; Merkt, WiB 1996, S. 145, 148. Einer anderen Ansicht ist Vischer, SJZ 2000, S. 229, 235, der zumindest einen »Kernbereich« der Prüfung auf »elementare Mängel« bejaht. Vgl. auch Fleischer/Körber, BB 2001, S. 841, 846.

116 Ebenso Fleischer, in Dauner-Lieb/Henssler, Unternehmenskauf und Schuldrechtsmodernisierung, S. 107; Fleischer/Körber, BB 2001, S. 841, 845; Beisel/Klumpp, Der Unternehmenskauf, Rn. 9; Holzapfel/Pöllath, Unternehmenskauf in Recht und Praxis, Rn. 17; Knott/Mielke/Weidlich, Unternehmenskauf, RWS 2001 Rn. 14, 455; Rödder/Hötzel/Mueller-Thuns, Rn. 48; Loges, DB 1997, S. 965, 968.

erhebliche Anstrengungen zur Informationsbeschaffung und zur Erkennung von Chancen und Risiken unternehmen, bei deren Unterlassung dann ein grob fahrlässiges Verhalten des Käufers angenommen werden müsste.

Schließlich kommen jedoch auch – neben der Verkehrssitte – andere Umstände in Betracht, die im Einzelfall **nach Treu und Glauben eine Untersuchungspflicht** des Käufers vor dem Abschluss des Kaufvertrages begründen können und deren Vernachlässigung unter Umständen zu einer groben Fahrlässigkeit des Käufers führen können.[117] Ein solch besonderer Umstand ist z. B. anzunehmen, wenn der Mangel der Kaufsache offensichtlich ist und ohne Weiteres vom Käufer erkannt werden kann, der Käufer aber gleichwohl (grob fahrlässig) eine Prüfung unterlässt.[118] Weiterhin können auch besondere Verdachtsmomente den Käufer dazu veranlassen, bereits vor Abschluss des Kaufvertrages eine Prüfung der Kaufsache durchzuführen.[119] Zum Teil wird angenommen, den Käufer treffe auch dann eine besondere Untersuchungsobliegenheit vor Abschluss des Kaufvertrages, wenn er im Verhältnis zum Verkäufer eine besondere **Sachkunde** besitze.[120] Im Rahmen eines Unternehmenskaufes kann dies jedoch nicht überzeugen. Vielmehr ist grundsätzlich – gerade umgekehrt – davon auszugehen, dass der Verkäufer eines Unternehmens gegenüber dem Käufer eine überlegene Sachkunde im Hinblick auf die Unternehmensmängel besitzt. Hinzu kommt, dass sich der Käufer in der Praxis externer Berater bedient, um überhaupt die zahlreichen Facetten im Rahmen einer Due Diligence und somit im Rahmen des Aufspürens von Unternehmensmängeln erkennen zu können. Eine überlegene Sachkunde des Käufers gegenüber dem Verkäufer ist somit im Rahmen von Unternehmenstransaktionen grundsätzlich ausgeschlossen.[121]

Die **Nichtdurchführung einer Due Diligence** durch den Käufer kann deshalb grundsätzlich **nicht als grob fahrlässig** angesehen werden und nicht zu einem Ausschluss seiner Gewährleistungsansprüche gemäß § 442 Abs. 1 S. 2 BGB führen. Allenfalls können besondere Umstände – wie z. B. die Offensichtlichkeit eines Mangels – eine Prüfungsobliegenheit des Käufers begründen, bei deren Nichtbeachtung unter Umständen eine grobe Fahrlässigkeit des Käufers anzunehmen sein kann.

cc) Die Auswirkungen einer durchgeführten Due Diligence auf die Gewährleistungsrechte des Käufers

Die Due Diligence kann auf die Rechte des Käufers wegen eines Mangels des gekauften Unternehmens Auswirkungen insbesondere dann haben, wenn der Käufer im Rahmen

---

Zu der rechtlichen Stellung der Organe bei Unternehmenskauf und Restrukturierung, und insbesondere bei der Due Diligence siehe Becker, in: Picot/Mentz/Seydel, Die Aktiengesellschaft bei Unternehmenskauf und Restrukturierung, Teil II, S. 41ff.

117 Vgl. Honsell, in Staudinger, BGB, § 460 BGB Rn. 7.

118 Vgl. Fleischer, Informationsasymmetrie im Vertragsrecht, S. 480.

119 Bspw. offensichtliche Bodenkontaminierung des Betriebsgeländes, anhaltende Zahlungsschwierigkeiten, Presseberichte, vgl. Fleischer/Körber, BB 2001, S. 841, 845; Putzo, in: Palandt, BGB, § 460 BGB Rn. 12.

120 Vgl. RG RGZ 131, S. 343, 354; Westermann, in: Rebmann/Säcker, Münchener Kommentar zum Bürgerlichen Gesetzbuch, § 460 BGB Rn. 8.

121 Vgl. a.A. OLG Hamburg WM 1994, S. 1378, 1387, wo ein »bedeutsames und versiertes Konzernunternehmen« von einer »bekannten und anerkannten Wirtschaftsprüfungsgesellschaft« beraten wurde.

seiner Prüfung von einem Mangel Kenntnis erlangt hat oder wenn ihm ein Mangel infolge grober Fahrlässigkeit unbekannt geblieben ist.

(1) Kenntniserlangung des Käufers von einem Mangel

Wie bereits dargestellt sind die Rechte des Käufers wegen eines Mangels sowohl beim Sachkauf als auch beim Rechts- bzw. Beteiligungskauf gemäß § 442 Abs. 1 Satz 1 BGB ausgeschlossen, wenn er **bei Vertragsschluss** den Mangel kennt. Die Erlangung der **Kenntnis des Käufers** von fehlerbegründenden Umständen zwischen Vertragsschluss (**Signing**) und Übergabe der Kaufsache (**Closing**)[122] ist für den Käufer hingegen unschädlich (vgl. anders § 464 BGB a.F.: »bei Annahme der Kaufsache«).[123]

Konsequenterweise bedeutet dies, dass grundsätzlich auch die **Kenntniserlangung im Rahmen einer Due Diligence** zu einem derartigen Ausschluss der Rechte des Unternehmenskäufers führt.[124] Dabei ist allerdings zu beachten, dass der Haftungsausschluss aufgrund der Kenntnis des Käufers gemäß § 442 Abs. 1 S. 1 BGB nur dann eintritt, wenn der Käufer den konkreten Mangel und dessen Umfang tatsächlich erkannt hat und somit kennt, nicht hingegen, wenn er nur die Umstände erkannt hat, die auf einen solchen Mangel schließen lassen.[125] Bleibt somit dem Käufer die Mangelhaftigkeit des zu kaufenden Targets verborgen, so findet die genannte Vorschrift keine Anwendung und der Käufer behält seine Ansprüche. Hinzu kommt, dass der Verkäufer die (schwierige) Beweislast dafür zu tragen hat, dass der Käufer den Mangel kannte, sofern die Parteien nicht von einer ausdrücklichen Offenlegung in Form z. B. eines Disclosure Letters Gebrauch gemacht haben.[126] Wird die Due Diligence – wie meistens – nicht durch den Käufer selbst, sondern durch externe Berater durchgeführt, so ist davon auszugehen, dass sich der Käufer die Kenntnis seiner Berater **entsprechend § 166 Abs. 1 BGB zurechnen lassen muss**.[127] Denn nach dieser Bestimmung ist für das Kennen oder Kennenmüssen bestimmter Umstände nicht die Person des Vertretenen, sondern die des Vertreters maßgebend.

Vereinzelt wird gegen den hier vertretenen Ausschluss der Rechte des Käufers infolge der Kenntniserlangung anlässlich einer Due Diligence eingewendet, es könne nicht sein, dass die durchgeführte Due Diligence dem Käufer mehr schade als die unterlassene Prüfung.[128] Führe der Käufer nämlich keine Due Diligence durch und erlange er somit

---

122 Zu berücksichtigen ist, dass der Gebrauch des aus der anglo-amerikanischen Vertragspraxis stammenden Begriffs des Closing uneinheitlich ist. Überwiegend wird der Übergangsstichtag als Closing bezeichnet. Vereinzelt wird darunter aber auch die zusammenfassende Beschreibung der an diesem Stichtag vorzunehmenden Rechtshandlungen verstanden.

123 Insoweit entspricht diese Regelung der bisherigen Fassung des § 460 S. 1 BGB a.F. Danach hatte der Verkäufer einen Mangel der verkauften Sache nicht zu vertreten, wenn der Käufer den Mangel beim Abschluss des Kaufes kannte.

124 Ebenso Beisel/Klumpp, Der Unternehmenskauf, Rn. 15; Holzapfel/Pöllath, Unternehmenskauf in Recht und Praxis, Rn. 17; Huber, AcP 2002, S. 179, 199; Loges, , DB 1997, S. 965, 968; Merkt, WiB 1996 S. 148; Semler, in: Hölters, Handbuch des Unternehmens- und Beteiligungskaufs, Rn. 32.

125 Vgl. Westermann, in: Rebmann/Säcker, Münchener Kommentar zum Bürgerlichen Gesetzbuch, § 460 BGB Rn. 4; BGH NJW 1961, S. 1860ff.

126 Vgl. Putzo, in: Palandt, BGB, § 442 BGB, Rn. 6.

127 Ebenso Semler, in: Hölters, Handbuch des Unternehmens- und Beteiligungskaufs, Rn. 35; vgl. teilweise auch zu den Rechtsgedanken der §§ 164 Abs. 3 bzw. 278 BGB Baum, Die Wissenszurechnung, S. 39ff.; Koller, JZ 1998, S. 75ff.; Altmeppen, BB 1999, S. 749ff.; Hartung, NZG 1999, S. 524ff.; Fleischer/Körber, BB 2001, S. 841, 847; Huber, AcP 2002, S. 179, 199.

128 Vgl. Merkt, WiB 1996 S. 148; Holzapfel/Pöllath, Unternehmenskauf in Recht und Praxis, Rn. 15.

von den Mängeln keine Kenntnis, so blieben ihm die Gewährleistungsrechte nach § 442 Abs. 1 S. 1 BGB uneingeschränkt erhalten. Es könne daher nicht interessengerecht sein, dass der Käufer – in der Regel auf eigene Kosten und unter Einschaltung externer Berater – eine zeitaufwendige Due Diligence durchführe und im Ergebnis schlechter stehe, als wenn er eine sorgfältige Prüfung des von ihm gekauften Unternehmensgegenstandes unterlassen hätte.

Dieser Auffassung ist freilich entgegenzuhalten, dass das Mängelhaftungsrecht **keine Verschuldenshaftung** beinhaltet, sondern eine gesetzliche Garantiehaftung. Der Käufer erhält nach den gesetzlichen Vorschriften einen Ausgleich für den Informationsvorsprung, den der Verkäufer sozusagen als »Insider« gegenüber dem Käufer hat. Besteht ein solches Informationsdefizit auf Seiten des Käufers nicht, so besteht auch kein Bedürfnis nach diesem Ausgleich bzw. nach einer Gewährleistung. Der Gewährleistungsausschluss gemäß § 442 Abs. 1 S. 1 BGB knüpft deshalb ausschließlich an die Kenntnis des Käufers und nicht an die Art und Weise seiner Kenntniserlangung an.[129] Plakativ gesprochen: Der Unternehmenskäufer **verliert seine Gewährleistungsrechte nicht wegen der durchgeführten Due Diligence**, sondern **allein wegen seiner durch die Prüfung erlangten Kenntnis** von einem Mangel.

Außerdem dient die Due Diligence im Sinne der »Wissensübertragung seitens des Veräußerers« gerade dazu, dem Käufer vor Abschluss des Kaufvertrages die Chancen und Risiken des Unternehmens deutlich zu machen und somit seine Kaufentscheidung daraufhin auszurichten. Die Kenntnis des Käufers von einem Mangel eröffnet ihm die Möglichkeit, entweder den Kaufpreis zu reduzieren oder sich durch die Vereinbarung vertraglicher Abreden, insbesondere Garantien, einen Ausgleich für die vorgefundenen Risiken zu sichern. Angesichts dieser Möglichkeiten wäre es unbillig, ihm darüber hinaus die Gewährleistungsrechte hinsichtlich der erkannten Mängel zu erhalten.

Kauft somit der Unternehmenskäufer »sehenden Auges« ein mangelbehaftetes Unternehmen, so ist er nicht schutzwürdig.[130]

Mithin erscheint es interessengerecht, auch bei Kenntniserlangung von Mängeln im Rahmen der Due Diligence einen Ausschluss der Rechte des Käufers wegen eines solchen Mangels nach § 442 Abs. 1 S. 1 BGB anzunehmen.

(2) Grob fahrlässige Unkenntnis des Käufers von einem Mangel

Führt der Unternehmenskäufer eine Due Diligence durch und erkennt er dabei einen Mangel nicht, obwohl er ihn hätte erkennen müssen, stellt sich die Frage nach der Anwendbarkeit von § 442 Abs. 1 S. 2 BGB.[131]

Nach dieser Vorschrift kann der Käufer die Rechte wegen eines Mangels, die ihm **infolge grober Fahrlässigkeit unbekannt** geblieben sind, nur dann geltend machen, wenn

129 Vgl. Eggenberger, S. 266.

130 Als Ultima Ratio hat der Käufer nämlich die Möglichkeit, bei Erkennen eines gravierenden Mangels vom Unternehmenskauf Abstand zu nehmen, vgl. so auch Fleischer/Körber, BB 2001, S. 847.

131 Vgl. Loges, DB 1997, S. 965, 968, der im Einzelfall bei einem »Übersehen« von wesentlichen Umständen grobe Fahrlässigkeit annimmt, so dass Gewährleistungsansprüche nach § 460 S. 2 BGB (a.F.) ausscheiden.

der Verkäufer den Mangel arglistig verschwiegen oder eine Garantie für die Beschaffenheit der Sache übernommen hat.[132]

Die Beweispflicht und Beweislast für ein grob fahrlässiges Verhalten des Käufers liegt beim Verkäufer; gelingt ihm dieser Beweis nicht, so kann ein Käufer, dem ein Mangel z. B. infolge Fahrlässigkeit unbekannt geblieben ist, seine Rechte wegen dieses Mangels angesichts des § 442 BGB uneingeschränkt geltend machen; darüber hinaus lässt § 442 Abs. 1 S. 2 BGB auch keinen Raum für eine Anspruchsminderung wegen eines Mitverschuldens des Käufers im Sinne des § 254 BGB.[133]

In der Literatur wird zum Teil die Auffassung vertreten, ein Käufer, der eine unsorgfältige oder unvollständige Due Diligence durchführe, handele grob fahrlässig und verliere daher nach der genannten Vorschrift seine Gewährleistungsrechte.[134] Eine andere Auffassung geht dahin, dass ein Verlust der Gewährleistungsrechte nur dann zu bejahen sei, wenn der Mangel aufgrund der zur Verfügung gestellten Unterlagen für den Käufer oder seine externen Berater erkennbar gewesen sei.[135] Diesen beiden Meinungen kann jedoch nicht ohne Weiteres gefolgt werden. Denn zunächst haben beide Ansichten zur Folge, dass derjenige Käufer, der mit einer von ihm initiierten Due Diligence eine »überobligationsmäßige« Anstrengung[136] unternimmt und dabei lediglich unsorgfältig verfährt, schlechter behandelt würde, als derjenige Käufer, der eine solche Prüfung nicht durchführt. Zum anderen ist zu berücksichtigen, dass eine Due Diligence oftmals unter großem Zeitdruck durchgeführt wird, und der Unternehmenskäufer innerhalb weniger Tage die vom Verkäufer zur Verfügung gestellten Unterlagen sichten und für sich auswerten muss, so dass es ihm nur unter großen Anstrengungen möglich ist, sorgfältig und vollständig alle ihm vom Verkäufer zur Einsichtnahme bereitgestellten Unterlagen auszuwerten. Sofern der Unternehmenskäufer somit eine – wenn auch grob fahrlässige – Unternehmensprüfung durchführt, kann ihm dies grundsätzlich nicht zum Nachteil gereichen. Der Unternehmenskäufer darf insoweit nicht schlechter gestellt werden als derjenige, der eine Due Diligence gar nicht durchgeführt hat.[137]

---

132 Nach der bisherigen Rechtslage haftete der Verkäufer gemäß § 460 S. 2 BGB (a.F.) nicht, wenn dem Käufer ein Mangel in Folge grober Fahrlässigkeit unbekannt geblieben ist, es sei denn, der Verkäufer hat die Abwesenheit des Fehlers zugesichert bzw. den Fehler arglistig verschwiegen. Die Übernahme der Garantie nach § 442 Abs. 1 S. 2 BGB kann mit der bisherigen Übernahme der Zusicherung gleich gewertet werden.
Vgl. die Vorgabe des Art. 2 Abs. 3 Richtlinie 1999/44/EG, nach der ein Haftungsausschluss bereits dann angenommen wird, wenn der Käufer »vernünftigerweise« nicht in Unkenntnis sein konnte (siehe dazu auch Art. 7 Abs. 2 Richtlinie 1999/44/EG).

133 Vgl. BGH NJW 1978, S. 2240; Huber, in: Soergel, BGB, § 460 BGB Rn. 7; Huber, AcP 2002, S. 179, (190, 201, 217f.). Zum Teil eine Anwendbarkeit des § 254 BGB bejahend, BGH NJW 1960, S. 720; Fleischer/Körber, BB 2001, S. 841, 848 m.w.N.; Gaul, ZHR 2002, S. 64; Mittenzwei, JuS 1994, S. 187, 191ff.; Rödder/Hötzel/Mueller-Thuns, § 9 Rn. 142.

134 OLG Celle BB 1997, S. 910; OLG Köln NJW 1973, S. 903. Vgl. Honsell, in: Staudinger, BGB, § 460, Rn. 9; Rödder/Hötzel/Mueller-Thuns, § 3, Rn. 53.

135 So auch Fleischer/Körber, BB 2001, 841, 848.

136 Wie bereits oben ausgeführt, hat der Käufer eine Untersuchungs- und Rügeobliegenheit im deutschen Recht nur nach der Ablieferung der Kaufsache gemäß § 377 des deutschen Handelsgesetzbuches (HGB) und auch nur bei einem beiderseitigen Handelsgeschäft, vgl. §§ 344ff. HGB.

137 Ebenso Fleischer, in Dauner-Lieb/Henssler, Unternehmenskauf und Schuldrechtsmodernisierung, S. 110; Gaul, ZHR 2002, S. 64.

Allerdings ist dies dahingehend einzuschränken, dass der Käufer seiner Gewährleistungsrechte verlustig geht, wenn er den Mangel auch ohne die Durchführung einer Due Diligence hätte erkennen müssen. Dann nämlich ist der Sorgfaltsverstoß des Käufers derart gravierend, dass dieser ohne Weiteres unter § 442 Abs. 1 S. 2 BGB zu subsumieren ist und mit dem dortigen Regelungstatbestand gleich gewichtig ist.[138]

h) Störung der Geschäftsgrundlage gemäß § 313 BGB und sog. Material-Adverse-Change-Klauseln

Wenn die kaufrechtlichen Gewährleistungsvorschriften nicht zur Anwendung kommen, so kann der Kaufvertrag im Falle einer **Störung der Geschäftsgrundlage** gemäß § 313 BGB anzupassen sein.

Nach dieser Bestimmung kann eine **Anpassung des Vertrages** verlangt werden, wenn sich Umstände, die zur Grundlage des Vertrages geworden sind, nach Vertragsschluss schwerwiegend verändert haben und die Parteien den Vertrag nicht oder mit anderem Inhalt geschlossen hätten, wenn sie diese Veränderung vorausgesehen hätten; dies gilt allerdings nur, soweit einem Teil unter Berücksichtigung aller Umstände des Einzelfalles, insbesondere der vertraglichen oder gesetzlichen Risikoverteilung, das Festhalten am unveränderten Vertrag nicht zugemutet werden kann. Einer Veränderung der Umstände steht es gleich, wenn wesentliche Vorstellungen, die zur Grundlage des Vertrags geworden sind, sich als falsch herausstellen. Ist eine Anpassung des Vertrags nicht möglich oder einem Teil nicht zumutbar, so kann der benachteiligte Teil vom Vertrag zurücktreten. An die Stelle des Rücktrittsrechts tritt für Dauerschuldverhältnisse das Recht zur Kündigung.

Ein wichtiger Anwendungsfall der Störung der Geschäftsgrundlage ist der durch **unverschuldete Falschangaben des Verkäufers** zur Ertragskraft eines Unternehmens herbeigeführte beiderseitige Motiv- bzw. Kalkulationsirrtum und die dadurch entstandene **gravierende Störung des Leistungsgleichgewichtes**. In diesen Fällen kann primär eine **Vertragsanpassung** und – nur im Falle des Scheiterns der Vertragsanpassung – eine **Vertragsaufhebung** zur Beseitigung des Leistungsungleichgewichtes geboten sein.

Aus der Sicht der Vertragspartner kann es nicht zuletzt auch wegen des möglicherweise langen Zeitraumes zwischen Signing und Closing[139] und der in dieser Zeit auftretenden Unwägbarkeiten hinsichtlich der vertraglich gewünschten Leistungs-Äquivalenz sinnvoll sein, eine dem gesetzlichen (allgemeinen) Rechtsinstitut der Störung der Geschäftsgrundlage vorrangige[140] **vertragliche Risikoverteilung unter den Vertragspartnern** vorzuneh-

---

138 Vgl. Fleischer, in Dauner-Lieb/Henssler, Unternehmenskauf und Schuldrechtsmodernisierung, S. 111 sowie Gaul, ZHR 2002, S. 64.

139 Siehe dazu Seibt/Reiche, DStR 2002, 1181, 1185 unter Hinweis auf den Fall eines steuerlichen Terminverkaufs (der auch nach Inkrafttreten der §§ 3 Nr. 40 EStG, 8b Abs. 2 KStG im Hinblick auf die Fünf- bzw. Siebenjahresfristen der §§ 15 Abs. 3 S. 4 UmwStG, 8b Abs. 4 S. 2 Nr. 1 KStG und 3 Nr. 40 S. 4 lit. a EStG aus Veräußerersicht Sinn machen kann; zum Terminverkauf ausführlich Seibt, DStR 2000, 2061, 2065 m.w.N.) und etwa erforderliche kartellbehördliche Genehmigungsverfahren und Vollzugsverbote.

140 BGHZ 90, 69, 74; BGH NJW-RR 1999, 923, 924; OLG Saarbrücken NJW-RR 2001, 752, 754; Triebel/Hölzle, BB 2002, 521, 534.

men. Dabei können insbesondere Fälle einer erkennbar schwerwiegenden Veränderung der Umstände oder des Abweichens wesentlicher Vorstellungen, die zur Grundlage des Vertrags geworden sind, so weit wie möglich und denkbar vertraglich konkretisiert und detailliert werden. Dies kann zum Beispiel auch im Wege sog. **Material-Adverse-Change-Klauseln (MAC-Klauseln)** geschehen.[141]

i) Die Vereinbarung von Conduct of Business-Klauseln

Conduct of Business-Klauseln dienen der Regelung der Fortführung der Gesellschaft nach Abschluss des Unternehmenskaufvertrages bis zu dessen Vollzug. Sie begrenzen das Risiko des Käufers vor wesentlich nachteiligen Veränderungen des Zielunternehmens zwischen Signing und Closing und der Vermeidung des den Käufer treffenden Risikos im Falle eines außergewöhnlichen Geschäftsverlaufes durch

- **Verbotsklauseln** mit der Verpflichtung des Verkäufers, bestimmte Geschäftsführungsmaßnahmen bis zum Closing nicht vorzunehmen bzw. im Falle eines Share Deal dafür zu sorgen, dass die Zielgesellschaft solche Maßnahmen nicht durchführt;
- **Zustimmungsklauseln** mit der Verpflichtung des Verkäufers, bestimmte Maßnahmen nicht vorzunehmen, sofern nicht der Käufer zugestimmt hat;
- **Weisungsklauseln**, die dem Käufer einräumen, dem Verkäufer in gewissem Rahmen Weisungen hinsichtlich der Geschäftsführung des Zielunternehmens zu erteilen;
- **Informationsklauseln**, die es dem Käufer ermöglichen, sich Einblick in die Geschäftstätigkeit des Zielunternehmens zu verschaffen, z. B. durch Zugang zu den Geschäftsräumen, den Geschäftsunterlagen sowie den Mitarbeitern des Zielunternehmens.

Bei derartigen Conduct of Business-Klauseln ist je nach Einzelfall ihre gesetzliche Zulässigkeit[142] (z. B. hinsichtlich der aktienrechtlichen Organ-Kompetenzen oder des kartellrechtlichen Vollzugsverbotes nach § 41 Abs. 1 GWB bzw. Art. 7 Abs. 1 FKVO) zu prüfen.[143]

j) Haftung für Altverbindlichkeiten

Ein Unternehmenskauf hat – je nach der konkreten Ausgestaltung – zur Folge, dass der Erwerber in die zum Zeitpunkt des Unternehmensübergangs bestehende Rechtsstellung des Verkäufers eintritt. Vorbehaltlich abweichender vertraglicher Vereinbarungen kann sich dabei eine **Haftung des Unternehmenskäufers für Verbindlichkeiten** des übernommenen Unternehmens bzw. eine fortbestehende Haftung des Verkäufers aus gesetzlichen Vorschriften ergeben.

---

141 Siehe dazu Gerhard Picot/Duggal, DB 2003, H. 9.

142 Z.B. hinsichtlich der aktienrechtlichen Organ-Kompetenzen oder des kartellrechtlichen Vollzugsverbotes nach § 41 Abs. 1 GWB bzw. Art. 7 Abs. 1 FKVO.

143 Eingehend dazu Mielke/Welling, BB 2007, 277 ff.

Erfolgt der Unternehmenskauf im Wege des **Asset Deals**, so kommt eine Haftung des Unternehmenskäufers auch für solche Verbindlichkeiten des Verkäufers in Betracht, die nicht ausdrücklich vertraglich übernommen werden. Dabei sind vor allem die Firmenfortführung (§ 25 HGB), die Nachhaftung und die zeitliche Begrenzung der Haftung (§§ 159, 160 HGB)[144], der Betriebsübergang (§ 613 a BGB) sowie die Betriebssteuern (§ 75 AO) zu beachten. Die Haftung wegen Vermögensübernahme gemäß § 419 BGB ist durch Art. 32 Nr. 16 EG InsO mit Wirkung zum 01.01.1999 aufgehoben worden.[145]

Beim Unternehmenserwerb im Wege des **Share Deals** wird der Unternehmenskäufer zum neuen Unternehmensträger, sodass die Verbindlichkeiten des Rechtsträgers gegenüber Dritten rechtlich bei dem Rechtsträger verbleiben und somit allenfalls wirtschaftlich auf den Anteilskäufer übergehen. Hier ergeben sich jedoch weitergehende Fragen gesellschaftsrechtlicher Haftung u. a. dann, wenn der bisherige Anteilsinhaber seine Einlageschuld nicht erfüllt hat oder aus dem Gesichtspunkt der Differenzhaftung verpflichtet bleibt. Besonderheiten der Haftung für Altverbindlichkeiten beim Kauf von Personengesellschaften oder Beteiligungen ergeben sich vor allem bei der Übernahme einer Kommanditbeteiligung und bei einem Komplementär-Wechsel sowie beim Kauf von Kapitalgesellschaften oder Beteiligungen, insbesondere GmbH-Anteilen (Share Deal).

k) Wettbewerbsvereinbarungen

Die **Vereinbarung eines Wettbewerbsverbotes** kann dem Unternehmenskäufer dazu dienen, den Verkäufer nach der Unternehmensübertragung daran zu hindern, durch Wettbewerbshandlungen, insbesondere durch anderweitige Verwertung seines Know-hows, seiner Kundenbeziehungen etc. die wirtschaftliche Rentabilität des Unternehmenskaufes zu gefährden.

Beim Unternehmenskauf ergibt sich für den Verkäufer ein **Wettbewerbsverbot** bereits als (ungeschriebene) Nebenpflicht, soweit die Unterlassung des Wettbewerbs für eine ordnungsgemäße Überleitung des Unternehmens auf den Käufer erforderlich ist. Je nach Erforderlichkeit im Einzelfall dürfte sich jedoch die Abfassung einer klaren Wettbewerbsvereinbarung einschließlich einer konkreten Beschreibung z. B. des geschützten Know-hows etc. empfehlen.[146] Die Vereinbarung eines Wettbewerbsverbots beim Unternehmenskauf kann ein sittenwidriges Rechtsgeschäft gemäß § 138 Abs. 1 BGB darstellen. Dabei ist zu beachten, dass nach der Rechtsprechung des BGH die Sittenwidrigkeit zumindest bei einer sachlich übermäßigen Beschränkung die Nichtigkeit, d. h. die völlige Unwirksamkeit des Wettbewerbsverbots zur Folge hat.[147]

Ferner ist zu beachten, dass die im Zusammenhang mit Unternehmenskäufen vereinbarten Wettbewerbsverbote eine **Wettbewerbsbeschränkung** für den Verkäufer beinhalten und deshalb gegen § 1 GWB verstoßen können. Ein wegen zeitlich und räumlich übermäßiger Beschränkung kartellrechtswidriges Wettbewerbsverbot kann jedoch grundsätzlich im Wege der geltungserhaltenden Reduktion auf einen rechtmäßigen Umfang

---

144 Vgl. Nachhaftungsbegrenzungsgesetz-NachhBG vom 18.03.1994 (BGBl. I 1994, 560).
145 BGBl. 1994 I, 2911, 2925.
146 BGH, NJW 1987, 909.
147 BGH, BB 1984, 1826, 1827.

zurückgeführt werden.[148] Ob dies im Hinblick auf sachlich übermäßige Beschränkungen ebenfalls der Fall ist, erscheint angesichts der Rechtsprechung des BGH zu § 138 BGB als fraglich.

Wegen ihrer grundsätzlichen wettbewerbsbeschränkenden Wirkung können Wettbewerbsverbote unter das in Art. 81 Abs. 1 des Vertrages zur Gründung der Europäischen Gemeinschaft (EGV) normierte Verbot fallen. Von besonderer praktischer Bedeutung für die vertragliche Vereinbarung eines Wettbewerbsverbotes im Hinblick auf das Europäische Kartellrecht ist die durch das EU-Verfahrensrecht gegebene Möglichkeit, ein Negativ-Attest der EU-Kommission für ein Wettbewerbsverbot einzuholen. Ein solches Negativ-Attest bewirkt, dass ein unzulässiges Wettbewerbsverbot nicht mit einem Bußgeld geahndet werden kann.[149]

l) Verfügungsbeschränkungen, Zustimmungs- und Genehmigungserfordernisse

Soll die Unternehmensübertragung wirksam und ohne Störungen erfolgen, kann es erforderlich sein, **Zustimmungserfordernisse und Mitwirkungsrechte Dritter** zu beachten. Derartige Verfügungsbeschränkungen und Zustimmungserfordernisse können sich insbesondere aus der Rechtsform des zu veräußernden Unternehmens sowie aus öffentlich-rechtlichen, familien- oder vormundschaftsrechtlichen sowie erbrechtlichen Bestimmungen ergeben. In Unternehmenskaufverträgen ist häufig die Regelung eines sog. Gremienvorbehaltes erforderlich.

Nach dem gesetzlichen Leitbild sind **Geschäftsanteile an einer GmbH** grundsätzlich **frei veräußerlich** (§ 15 Abs. 1 GmbHG). Der Gesellschaftsvertrag kann die Abtretung der Geschäftsanteile jedoch an weitere Voraussetzungen, insbesondere an die Genehmigung der Gesellschaft knüpfen (§ 15 Abs. 5 GmbHG). Die Genehmigung der Gesellschaft »ist vom Geschäftsführer zu erklären«. Ein Kauf von Beteiligungen fällt grundsätzlich in den Aufgabenbereich eines Geschäftsführers. Schließen zwei gesamtvertretungsberechtigte Geschäftsführer einer Gesellschaft miteinander einen Kaufvertrag, so ist dieser wegen Verstoßes gegen § 181 BGB schwebend unwirksam. Er kann allerdings wirksam werden, wenn einer der Geschäftsführer danach ausscheidet und der andere, inzwischen alleinvertretungsberechtigte Geschäftsführer den Vertrag genehmigt.[150]

Der Vorstand von **Aktiengesellschaften** ist – in der Regel auch durch die Satzungen – zum Erwerb von Unternehmensbeteiligungen ermächtigt. Die Satzung einer Aktiengesellschaft kann die Übertragung von Namensaktien allerdings von der Zustimmung der Gesellschaft abhängig machen (§ 68 Abs. 2 AktG). Verpflichtet sich eine Aktiengesellschaft zur Übertragung ihres ganzen Gesellschaftsvermögens – ohne dass die Übertragung unter die Vorschriften des Umwandlungsgesetzes fällt, so bedarf der Kaufvertrag gemäß § 179 a AktG auch dann der Zustimmung der Hauptversammlung

---

148 BGH, BB 1984, 1826, 1827; BGH, GmbHR 1991, 17; OLG Hamm, GmbHR 1993, 655.
149 Siehe dazu den Beitrag von Bergmann, Teil B.IX. (Zusammenschlusskontrolle) in diesem Handbuch.
150 BGH, NJW-RR 1994, 291.

nach § 179 AktG, wenn damit keine Änderung des Unternehmensgegenstandes verbunden ist. § 179 a AktG will die Gesellschafter dagegen sichern, dass die Gesellschaft gegen den Willen der Gesellschafter das Gesellschaftsvermögen als die Grundlage ihrer satzungsmäßigen Unternehmenstätigkeit völlig aus der Hand gibt.[151] Deshalb kann auch die Einbringung des Unternehmens einer Aktiengesellschaft in ein anderes Unternehmen die Zustimmungspflicht nach § 179 a AktG auslösen, da es sich dabei um eine Vermögensübertragung handelt.[152]

Auch über die Regelung des § 179 a AktG hinaus hat der Vorstand die Mitgliedschaftsrechte der Aktionäre zu beachten. Ein Hauptversammlungsbeschluss ist daher erforderlich, wenn eine Aktiengesellschaft ein Unternehmen oder einen Betrieb veräußert und dies ein so wichtiger Vorgang ist, dass der Vorstand »vernünftigerweise« nicht annehmen kann, ohne Zustimmung der Hauptversammlung handeln zu dürfen. Mit seiner berühmt gewordenen **Holzmüller-Entscheidung** vom 25.02.1982[153] begründete der Bundesgerichtshof die **»ungeschriebene Hauptversammlungszuständigkeit«**. Danach war der Vorstand verpflichtet, vor der Durchführung von Strukturmaßnahmen von herausragender Bedeutung die Zustimmung der Hauptversammlung einzuholen. Das Gericht entschied, dass eine (ungeschriebene) Pflicht zur Vorlage an die Hauptversammlung bestehe, wenn der Vorstand »vernünftigerweise nicht annehmen« könne, dass er eine solch bedeutsame Entscheidung in ausschließlich eigener Verantwortung treffen dürfe. Bei einem Verstoß sollte zwar das vom Vorstand in pflichtwidriger Weise vorgenommene Rechtsgeschäft wirksam bleiben. Rechtsfolge war aber eine Schadensersatzpflicht des Vorstandes gegenüber den Aktionären. Aufgrund der Formulierung des BGH (»vernünftigerweise nicht annehmen kann«) blieb jedoch unklar, in welchen Fällen die Zustimmung der Hauptversammlung einzuholen war. Die Gerichte erster und zweiter Instanz und die Fachliteratur versuchten, dieser Unsicherheit durch die Entwicklung greifbarer Abgrenzungskriterien zu begegnen. Überwiegend wurde dabei auf Schwellenwerte zwischen 10 % und 50 % des Gesellschaftsvermögens abgestellt. Auch insoweit war das Meinungsbild allerdings derart vielfältig und uneinheitlich, dass dem Rechtsberater nichts anderes übrig blieb, als den Vorständen von Aktiengesellschaften schon bei der Übertragung geringer Teile des Gesellschaftsvermögens zu raten, vorsichtshalber die Zustimmung der Hauptversammlung einzuholen. In der Praxis führte dies in vielen Fällen zu nicht unerheblichen Verzögerungen der Transaktionen. Denn die Einberufung und Abhaltung (auch) einer außerordentlichen Hauptversammlung ist regelmäßig mit erheblichem Aufwand verbunden. Stimmt die Hauptversammlung dann dem betreffenden Vorhaben zu, so ist der Vorstand noch nicht auf der sicheren Seite, denn oftmals fechten überstimmte Minderheitsgesellschafter den Beschluss an, was zu weiteren Verzögerungen führt. Im häufig zeitkritischen Transaktionsgeschäft konnte die »ungeschriebene Hauptversammlungszuständigkeit« somit sogar zum Scheitern eines Transaktionsvorhabens führen.

Durch zwei Urteile vom 26.04.2004 hat der Bundesgerichtshof nun diesen unbefriedigenden Zustand beendet und die Rechte des Vorstandes einer Aktiengesellschaft bei

---

151 BGH, WM 1982, 86.
152 BGHZ 83, 122, 128.
153 BGHZ 83, 122 ff. (128, 133 f.).

Mergers & Acquisitions nachhaltig gestärkt (BGH, Urteile vom 26.04.2004 – II ZR 154/02 (»**Gelatine«-Urteil**) und II ZR 155/02).[154] Nach diesen Entscheidungen ist die Zustimmung der Hauptversammlung nur noch erforderlich, wenn das Vorhaben **etwa 80 % des Gesellschaftsvermögens** betrifft. Zwar hält er grundsätzlich an seiner Rechtsfigur der »**ungeschriebenen Hauptversammlungszuständigkeit**« fest. Gleichzeitig betont er aber, dass der **Vorstand der Aktiengesellschaft** nach dem gesetzlichen Modell der Verteilung der Kompetenzen unter den Organen die Geschäfte der Gesellschaft **in eigener Verantwortung** führt. Dabei wird der Vorstand von dem von der Hauptversammlung berufenen Aufsichtsrat kontrolliert. Die Aktionäre hingegen bestimmen über Inhalt und Änderung der Satzung und geben damit den Rahmen vor, innerhalb dessen sich der Vorstand bei seiner Leitungstätigkeit zu bewegen hat; im Nachhinein haben die Aktionäre dann über die Geschäftsführung des Vorstandes zu befinden. Dieses aus wohl erwogenen Gründen ausbalancierte Verhältnis dürfe nicht ohne zwingende Gründe durch im Gesetz nicht vorgesehene Mitwirkungsbefugnisse der Aktionäre gestört werden. Deshalb sei eine ungeschriebene Mitwirkungsbefugnis der Hauptversammlung bei Maßnahmen, die das Gesetz dem Vorstand als Leitungsaufgabe zuweist, nur ausnahmsweise und in engen Grenzen anzuerkennen. Sie kommen allein dann in Betracht, wenn eine von dem Vorstand in Aussicht genommene Umstrukturierung der Gesellschaft an die Kernkompetenz der Hauptversammlung, über die Verfassung der Aktiengesellschaft zu bestimmen, rührt, weil sie Veränderungen nach sich zieht, die denjenigen zumindest nahe kommen, welche allein durch eine Satzungsänderung herbeigeführt werden können. Außer für Fälle von Ausgliederungen kann diese Ausnahmezuständigkeit jedenfalls für die Umstrukturierung einer Tochter- in eine Enkelgesellschaft wegen des mit ihr verbundenen weiteren Mediatisierungseffekts in Betracht kommen. Eine **wesentliche Beeinträchtigung der Mitwirkungsbefugnisse der Aktionäre** liegt aber auch in diesen Fällen erst dann vor, wenn die wirtschaftliche Bedeutung der Maßnahme in etwa die Ausmaße wie in dem Senatsurteil BGHZ 83, 122 (»Holzmüller«-Fall, bei dem es seinerzeit um die Ausgliederung eines Teilbetriebs, der 80 % des Gesellschaftsvermögens ausmachte, auf eine Tochtergesellschaft ging) erreicht. Ist die Hauptversammlung bei einer Überschreitung dieser »Wesentlichkeitsschwelle« ausnahmsweise zur Mitwirkung berufen, bedarf ihre Zustimmung wegen der Bedeutung für die Aktionäre einer **Dreiviertel-Mehrheit**.

Für die Vorstände deutscher Aktiengesellschaften bedeuten diese Entscheidungen des Bundesgerichtshofes eine begrüßenswerte Klarstellung ihrer Kompetenzen bei der Planung und Durchführung von Mergers & Aquisitions.

Beim Erwerb eines Unternehmens in der **Rechtsform einer OHG** ist von Bedeutung, dass nach § 126 Abs. 1 und Abs. 2 HGB die Vertretungsmacht der zur Vertretung der Gesellschaft berechtigten Gesellschafter grundsätzlich unbeschränkt und nicht beschränkbar ist. Dennoch unterliegt die Vertretungsmacht der vertretungsberechtigten Gesellschafter nicht nur den im Gesetz selbst genannten Grenzen. Vielmehr erstreckt sich die Vertretungsmacht der grundsätzlich vertretungsberechtigten Gesellschafter nicht auf die Rechtsgeschäfte, die die sog. »**Grundlagen der Gesellschaft**« betreffen.[155] Zu den Rechts-

154 BGH, Urteile vom 26.04.2004 – II ZR 154/02 (»Gelatine«-Urteil), BB 2004, H. 22, 1182 ff. und II ZR 155/02, BB 2004, H. 23.; vgl. Münchener Handbuch des Gesellschaftsrechts Bd. 4 – Krieger, § 69, Rdn. 8; Lutter, FS Stimpel 1985, 825, 850.

155 Ausführlich dazu Picot, BB 1993, 13, 17 ff. Siehe auch BGHZ 26, 330, 333; RGZ 162, 370, 347.

geschäften, die die Grundlagen der Gesellschaft berühren, zählt auch die Veräußerung des Unternehmens einer Personengesellschaft; denn infolge der Veräußerung kann der Zweck, werbendes Unternehmen zu sein, nicht mehr verwirklicht werden.

Diese Grundsätze gelten entsprechend bei der Veräußerung des Unternehmens einer **Kommanditgesellschaft**. Obwohl die Kommanditgesellschaft gemäß §§ 161 Abs. 2, 125 – 127 HGB organschaftlich ausschließlich durch ihre Komplementäre vertreten wird, kann die Veräußerung des gesamten Gesellschaftsunternehmens nicht allein von den vertretungsberechtigten Gesellschaftern (Komplementären) ohne die Zustimmung der Kommanditisten wirksam vorgenommen werden.[156]

Auch der zur Vertretung einer **BGB-Gesellschaft** berechtigte Gesellschafter kann ohne ausdrückliche gesellschaftsvertragliche Regelung nicht über das Gesellschaftsvermögen im Ganzen wirksam verfügen.[157] Die Übertragung eines Personengesellschaftsanteils oder eines Teiles desselben ist nur bei genereller **Zulassung im Gesellschaftsvertrag** oder im Einzelfall **erteilter Zustimmung** der anderen Gesellschafter möglich.[158]

Beim Unternehmenskauf können ferner **familien- und vormundschaftsrechtliche Verfügungsbeschränkungen** zu beachten sein. Im gesetzlichen Güterrecht der Zugewinngemeinschaft (§§ 1363 ff. BGB) kann sich ein Ehegatte gemäß § 1365 BGB nur mit der Einwilligung des anderen Ehegatten verpflichten, über sein Vermögen als Ganzes zu verfügen. Vereinbaren die Ehegatten durch Ehevertrag Gütergemeinschaft (§§ 1415 ff. BGB), so werden das Vermögen des Mannes und das Vermögen der Frau gemeinschaftliches Vermögen (Gesamtgut). Ein Ehegatte kann dann nicht über seinen Anteil am Gesamtgut und an den einzelnen Gegenständen verfügen, die zum Gesamtgut gehören; auch ist er nicht berechtigt, Teilung zu verlangen; beide Ehegatten können deshalb nur gemeinsam verfügen (§ 1419 BGB). Vormundschaftsrechtliche Beschränkungen sind dann zu beachten, wenn Minderjährige, beschränkt Geschäftsfähige oder unter Vormundschaft stehende Personen Partei eines Unternehmenskaufvertrages sind.[159] Für diese Fälle bestimmt das Gesetz eine vormundschaftliche Genehmigungspflicht des Vertrages dahingehend, dass der Vormund der Genehmigung des Vormundschaftsgerichtes bedarf (§ 1822 Ziffer 3 BGB).[160] Soll ein Unternehmen aus dem Nachlass veräußert werden, so ist zu beachten, dass die Erben nur gemeinschaftlich wirksam über das Unternehmen verfügen können (§ 2040 Abs. 1 BGB). Allerdings kann die Veräußerung des Unternehmens eine Maßnahme zur ordnungsgemäßen Verwaltung des Nachlasses darstellen, sodass den Miterben eine Zustimmungspflicht zur Veräußerung trifft.[161]

Öffentlich-rechtliche Beschränkungen sind ebenfalls zu beachten, weil sie den Erwerber eines Unternehmens daran hindern können, den Betrieb des Unternehmens auszuüben. Die Gewerbeausübung kann an eine persönliche Konzession des Betreibers (z. B. zur Ausübung eines Bewachungsgewerbes, einer Makler-, Bauträger- oder Baubetreuertätigkeit) oder an eine sachbezogene Genehmigung (z. B. einer Anlage) gebunden sein. Im

---

156 BGH, LM Nr. 13 zu § 161 HGB.
157 RGZ 162, 370, 374.
158 Siehe dazu Picot, BB 1993, 13, 14.
159 BGH, NJW 1994, 2025.
160 RGZ 122, 370, 371; OLG Karlsruhe, NJW 1973, 1977.
161 Weniger weit gehend BGHZ 30, 391, 394.

Gegensatz zu der persönlichen Konzession gilt die dem Veräußerer erteilte sachbezogene Genehmigung grundsätzlich auch für den Erwerber.

m) Deutsches und europäisches Kartellrecht[162]

Größere Transaktionen, an denen deutsche Unternehmen beteiligt sind, können der deutschen oder europäischen **Fusionskontrolle** unterliegen. Außerdem kann eine Billigung der Fusion durch andere nationale Kartellbehörden erforderlich sein, wenn eine internationale Transaktion unter andere geltende Fusionskontrollgesetze fällt.

Zahlreiche Fusionskontrollgesetze auf nationaler und supranationaler Ebene führen zur Nichtigkeit aller Verträge der Transaktion, wenn die beteiligten Unternehmen die Anmeldungsanforderungen nicht erfüllt haben. Ferner können wegen der unerlaubten Durchführung von Transaktionen, die einem Anmeldungserfordernis vor der Fusion unterliegen, sowohl gegen die Unternehmen als auch gegen ihre Vorstände bzw. Geschäftsführer erhebliche Geldbußen verhängt werden. Darüber hinaus sind alle damit verbundenen Vereinbarungen und Transaktionen nichtig bis zur endgültigen Billigung der Kartellbehörden. Um Schwierigkeiten mit diesen Bestimmungen zu vermeiden, ist es notwendig, **»Fusionskontroll-Klauseln«** in die Transaktionsvereinbarungen aufzunehmen.

Daraus folgt, dass jede Transaktion vor dem Closing oder vor der endgültigen Durchführung der Fusion sorgfältig dahingehend überprüft werden muss, ob sie einem Anmeldungserfordernis unterliegt. Aufgrund der besonderen Bedeutung widmen sich die Ausführungen unter B.IX. dieses Handbuches den Einzelheiten der Zusammenschlusskontrolle.

n) Form des Vertrages

Der Unternehmenskaufvertrag als solcher bedarf zu seiner Wirksamkeit grundsätzlich keiner besonderen **Form**.

Eine bestimmte Form kann jedoch deshalb zu beachten sein, weil beim Unternehmenskauf durch Kauf einzelner Wirtschaftsgüter im Wege der Singularsukzession (**Asset Deal**) eine Vielzahl einzelner Sachen, Rechte und Pflichten übertragen werden, während beim Unternehmenskauf durch Beteiligungserwerb im Wesentlichen die Gesellschaftsanteile übergehen. Soll eine etwaige Nichtigkeit des gesamten Unternehmenskaufvertrages gemäß § 125 BGB vermieden werden, so ist die für das jeweilige schuldrechtliche oder dingliche Geschäft vorgeschriebene Form zu beachten. Beim Abschluss eines **Rahmenvertrages** ist eine für einen der Einzelverträge geltende Formvorschrift auch für den Rahmenvertrag einzuhalten.[163]

162 Siehe dazu den Beitrag von Bergmann, Teil B.IX. (Zusammenschlusskontrolle) in diesem Handbuch.
163 Vgl. OLG Stuttgart, BB 1989, 1932.

Gehören beim Asset Deal zum verkauften Unternehmen auch **Grundstücke oder Erbbaurechte**, so bedarf der Kaufvertrag bei der Singularsukzession **notarieller Beurkundung** (§§ 311b Abs. 1 BGB, 11 ErbbRVO). Dies gilt für das Geschäft im Ganzen und damit auch für eigentlich formlos mögliche Abreden. Voraussetzung ist, dass die unterschiedlichen Vereinbarungen »miteinander stehen oder fallen« sollen.[164] Formfrei sind nur solche Geschäfte, die auch ohne die Grundstücksgeschäfte abgeschlossen worden wären. Beim **Unternehmenskauf mit Grundbesitz** durch Anteilserwerb (**Share Deal**) ist der Grundbesitz nicht selbst Vertragsgegenstand. **§ 311b Abs. 1 BGB** findet daher **keine Anwendung**.[165] Für die Umwandlung, insbesondere die Verschmelzung gelten allerdings Sondervorschriften.

Die Verpflichtung zur **Übertragung des gesamten gegenwärtigen Vermögens** oder eines Bruchteils des gegenwärtigen Vermögens oder zur Belastung mit einem Nießbrauch bedarf der notariellen Beurkundung (§ 311b Abs. 3 BGB).[166] Übertragen **Personengesellschaften** ihr gesamtes Vermögen, so findet § 311b Abs. 3 BGB keine Anwendung, da diese Gesellschaften keine eigene Rechtspersönlichkeit besitzen, sondern nur die **gesamthänderische Vermögensbindung der Gesellschafter** repräsentieren. Es handelt sich daher nicht um die Veräußerung von Gesellschaftsvermögen, sondern um die Veräußerung gesamthänderisch gebundener Teilvermögen der Gesellschafter. Auf Verpflichtungen juristischer Personen zur Übertragung ihres gesamten Vermögens findet § 311b Abs. 2, Abs. 3 BGB Anwendung.[167]

Die Verpflichtung zur Abtretung (§ 15 Abs. 5 Satz 1 GmbHG) und die Abtretung (§ 15 Abs. 3 GmbHG) von **Geschäftsanteilen einer GmbH** bedürfen insbesondere zur Unterbindung spekulativen Handels mit GmbH-Anteilen und aus Gründen des Anlegerschutzes[168] der notariellen Beurkundung.[169] Die aus Gründen geringerer Kosten **im Ausland vorgenommene Beurkundung** wird von der h.M. für zulässig gehalten, wenn die Beurkundung im Ausland hinsichtlich Urkundsperson und -verfahren gleichwertig ist.[170] Für die Vertragspartner ist die Inanspruchnahme ausländischer Notare daher mit dem Risiko verbunden, dass diese nicht über ausreichende Kenntnisse des deutschen Rechts verfügen und im Gegensatz zu deutschen Notaren ihre Haftung begrenzen oder ausschließen können.[171] Gemäß § 15 Abs. 5 GmbHG kann die Abtretung der Geschäftsanteile durch den Gesellschaftsvertrag an weitere Voraussetzungen geknüpft werden und insbesondere von der Genehmigung der Gesellschaft abhängig gemacht werden.

Beim Erwerb von **Kommanditanteilen an einer GmbH & Co. KG** verbunden mit dem Erwerb von Geschäftsanteilen an der Komplementär-GmbH führt die Verbindung beider Verpflichtungsgeschäfte dazu, dass auch der Kauf der Kommanditanteile formbedürftig ist. Beim Verkauf aller gesellschaftsrechtlichen Beteiligungen an einer GmbH & Co. KG

---

164 BGHZ 101, 393, 396.
165 Vgl. BGH, NJW 1983, 1110 f.
166 RGZ 94, 314, 315.
167 RGZ, 137, 324, 348.
168 BGHZ 13, 49, 51 f.; BGHZ 19, 69, 71; BGHZ 76 352, 353.
169 Siehe OLG Dresden, DB, 1994, 319; KG, DB 1994, 316; OLG Hamm, DB 1994, 1130 und BayObLG, BB 1997, 1915 f.
170 Vgl. BGHZ 80, 78.
171 Siehe BGH, GmbHR 1981, 238. Eingehend dazu Gerhard Picot, Unternehmenskauf und Restrukturierung, Teil I (Vertragsrecht), Rdn. 139 ff. sowie Teil IX (Internationales Recht), Rdn. 15 ff.

wird in der Praxis aus Kostengründen regelmäßig so verfahren, dass allein die Übertragung der Geschäftsanteile an der Komplementär-GmbH beurkundet wird, während der Kaufvertrag inklusive der Übertragung der Kommanditbeteilung nur schriftlich abgeschlossen wird. Die Heilung nach § 15 Abs. 4 Satz 2 GmbHG erfasst auch die nicht notariell beurkundeten Teile der Gesamtvereinbarung.[172]

o) Closing

Der Begriff des Closing entstammt der anglo-amerikanischen Vertragspraxis. Sein Gebrauch ist uneinheitlich. Überwiegend wird der Übergangsstichtag als Closing bezeichnet. Vereinzelt wird darunter aber auch die zusammenfassende Beschreibung der an diesem Stichtag vorzunehmenden Rechtshandlungen und die **Erfüllung der sog. Closing Conditions** verstanden.

Erfolgt der Unternehmenskauf im Wege des Asset Deals, d.h. der Singularsukzession, so erstreckt sich das Closing auf eine Vielzahl von Sachen, Rechten und immateriellen Geschäftswerten. Da das Unternehmen als Ganzes übertragen werden soll, ist der Zeitpunkt des Übergangs hinsichtlich der unterschiedlichen Bestandteile möglichst zusammenzufassen. Vielfach wird der Übergangsstichtag in die Zukunft verlegt. Aus steuerlichen oder bilanztechnischen Gründen kann sich das Ende des Geschäftsjahres empfehlen. Allerdings kommt ausnahmsweise auch ein rückwirkender Übergangsstichtag in Betracht. Einer solchen Regelung kommt aber keine dingliche, sondern lediglich schuldrechtliche Wirkung zu.

p) Anmeldung des Erwerbs einer Kapitalgesellschaft oder Beteiligung (§ 16 GmbHG)

Im Hinblick auf die GmbH hat § 16 GmbHG die **Rechtsstellung bei Wechsel der Gesellschafter oder Veränderung des Umfangs ihrer Beteiligung sowie den Erwerb vom Nichtberechtigten** grundlegend neu geregelt, wobei die Bedeutung der **Gesellschafterliste** durch das MoMiG[173] erheblich aufgewertet worden ist.

Gemäß § 16 Abs. 1 Satz 1 GmbHG gilt im Fall der Veräußerung eines Geschäftsanteils nicht mehr die bei der Gesellschaft angemeldete Person[174] als Gesellschafter. Vielmehr gilt im Falle einer **Veränderung in den Personen der Gesellschafter oder des Umfanges ihrer Beteiligung als Inhaber eines Geschäftsanteils** im Verhältnis zur Gesellschaft nur derjenige, **der als solcher in der zum Handelsregister aufgenommenen Gesellschaf-**

---

172 BGH, NJW-RR 1987, 807; BGH, GmbHR 1993, 106.

173 Das **Gesetz zur Modernisierung des GmbH-Rechts und zur Bekämpfung von Missbräuchen (MoMiG)** ist am 26.06.2008 im Deutschen Bundestag verabschiedet worden (siehe BT-Drucksache 16/9737 – vorab v. 23.05.2007).
Siehe dazu Fliegner, Das MoMiG – Vom Regierungsentwurf zum Bundestagsbeschluss, DM 2008, 1668 ff.; Wälzholz, Überblick über das neue MoMiG, GmbHR 2008, 8411 ff. sowie Mayer, Der Erwerb einer GmbH nach den Änderungen durch das MoMiG, DNotZ 2008, 403 ff.

174 Vgl. BGH DB 1990, 1709, 1711; BayObLG DB 1990, 167.

terliste (§ 40 GmbHG) eingetragen ist. Durch diese Regelung ist die **Gesellschafterliste die alleinige Legitimationsbasis für die Ausübung von Gesellschafterrechten**. Anders, als nach dem bisherigen Recht, gilt dies nicht nur für die Fälle des rechtsgeschäftlichen Erwerbs, sondern auch bei jeder anderweitigen Veränderung im Gesellschafterbestand oder Beteiligungsumfang.[175] Sie dient dem Ziel der Missbrauchsbekämpfung und insbesondere dem Anliegen, eine verbesserte Transparenz über die Anteilseignerstrukturen der GmbH zu schaffen und Geldwäsche zu verhindern.

Gemäß § 40 Abs. 1 GmbHG haben die **Geschäftsführer** unverzüglich nach einer Veränderung in den Personen der Gesellschafter oder des Umfanges ihrer Beteiligung als Inhaber eines Geschäftsanteils eine von ihnen unterschriebene **Liste der Gesellschafter zum Handelsregister einzureichen**, aus welcher ihr Name, Vorname, Geburtsdatum und Wohnort sowie die Nennbeträge und die laufenden Nummern der von einem jeden derselben übernommenen Geschäftsanteile zu entnehmen sind. Hat ein **Notar**[176] an einer Veränderung in den Personen der Gesellschafter oder des Umfanges ihrer Beteiligung als Inhaber eines Geschäftsanteils mitgewirkt, so hat er gemäß § 40 Abs. 2 GmbHG unverzüglich nach deren Wirksamwerden ohne Rücksicht auf etwaige später eintretende Unwirksamkeitsgründe die Liste anstelle der Geschäftsführer zu unterschreiben, zum Handelsregister einzureichen und eine Abschrift der geänderten Liste an die Gesellschaft zu übermitteln. Die Liste muss mit der Bescheinigung des Notars versehen sein, dass die geänderten Eintragungen den Veränderungen entsprechen, an denen er mitgewirkt hat, und die übrigen Eintragungen mit dem Inhalt der zuletzt im Handelsregister aufgenommenen Liste übereinstimmen.

Zu beachten ist dabei, dass eine Gesellschafterliste erst dann im Handelsregister aufgenommen ist, wenn sie in dem für das entsprechende Registerblatt bestimmten Registerordner (§ 9 I HRV) gespeichert ist. Gleichwohl ist die Eintragung in die Liste und die Aufnahme der Liste in das Handelsregister aber **keine Wirksamkeitsvoraussetzung für den Erwerb eines GmbH-Geschäftsanteils**.[177] Daher begründet die Eintragung in die Gesellschafterliste nicht die Gesellschafterstellung und ist auch nicht Voraussetzung für deren Erwerb oder Veräußerung. Sie begründet jedoch immerhin die **unwiderlegliche Vermutung**, dass der Eingetragene in dem verzeichneten Umfang tatsächlich Gesellschafter und somit zur Ausübung der Gesellschafterrechte (Stimmrechte, Gewinnbezugsrechte)[178] materiell berechtigt ist.

Soll sofort nach dem Wirksamwerden einer Anteilsabtretung eine **Gesellschafterversammlung durch den bzw. mit dem Erwerber** (z.B. zur Abberufung der bisherigen und Bestellung neuer Geschäftsführer sowie zur Beschließung einer Satzungsänderung) durchgeführt werden, so bietet § 16 Abs. 1 Satz 2 GmbHG dem Erwerber die Möglichkeit, bereits vor der Aufnahme in der Gesellschafterliste in das Handelsregister unmittelbar nach dem Wirksamwerden des Erwerbes im Hinblick auf das Gesellschaftsverhältnis Rechtshandlungen vorzunehmen. Nach dieser Bestimmung gilt nämlich eine vom Erwer-

---

175 Siehe dazu Mayer, DNotZ 2008, 403 ff. (404) m. w. Literaturhinweisen unter Fn. 4 auf Götze/Bressler, NZG 2007,894, Heckschen, DStR 2007, 1442, 1450 sowie Peetz, GmbHR 2006, 852, 859.

176 Ausführlich zum **Inhalt der Gesellschafterliste** Mayer, DNotZ 2008, 403, 406 m. w. Nachw.

177 Vgl. dazu als Regelungsmuster den § 67 Abs. 2 AktG für die Eintragung von Namensaktien im Aktienregister.

178 Siehe dazu Peetz, GmbHR 2006, 852, 853.

ber in Bezug auf das Gesellschafterverhältnis vorgenommene Rechtshandlung als von Anfang an wirksam, wenn die Liste unverzüglich nach Vornahme der Rechtshandlung in das Handelsregister aufgenommen wird. Zwar sind derartige Rechtshandlungen also zunächst schwebend unwirksam; sie werden aber wirksam, wenn die Liste unverzüglich nach Vornahme der Rechtshandlung in das Handelsregister aufgenommen wird. Ist dies allerdings nicht der Fall und wird die Liste nach Vornahme der Rechtshandlung erst verspätet im Handelsregister aufgenommen, so ist die vorgenommene Rechtshandlung endgültig unwirksam.

Sofern die **Anteilsabtretung erst später wirksam** wird, muss der Erwerber mit der Beschlussfassung warten, bis die Anteilsabtretung wirksam geworden ist oder er muss den Veräußerer an der Beschlussfassung mitwirken lassen. Dies gilt insbesondere, wenn noch der Eintritt von Bedingungen (wie z.B. die vollständige Bezahlung des Kaufpreises oder eine fusionsrechtliche Freigabe) erforderlich ist oder wenn die Abtretung der Geschäftsanteile an weitere noch ausstehende Voraussetzungen geknüpft ist (wie z.B. durch die Vinkulierung des Geschäftsanteils (§ 15 Abs. 5 GmbHG). Nur, wenn also die Anteilsabtretung ausnahmsweise sofort mit der Beurkundung wirksam wird, führt die Sonderregelung zu einer Erleichterung.

§ 16 II GmbHG regelt eine **Mithaftung des Erwerbers für rückständige Einlageverpflichtungen**[179] neben dem Veräußerer, die in demjenigen Zeitpunkt rückständig sind, ab dem der Erwerber gemäß § 16 Abs. 1 GmbHG im Verhältnis zur Gesellschaft als Inhaber des Gesellschaftsanteils gilt.

Im Hinblick auf den **Erwerb vom Nichtberechtigten** bildet die Bedeutung der Gesellschafterliste als alleinige Legitimationsbasis die Grundlage für die Ausübung von Gesellschafterrechten.

Nach § 16 Abs. 3 Satz 1 GmbHG kann der Erwerber einen Geschäftsanteil oder ein Recht daran durch Rechtsgeschäft wirksam vom Nichtberechtigten erwerben, wenn der Veräußerer als Inhaber des Geschäftsanteils in der im Handelsregister aufgenommenen Gesellschafterliste eingetragen ist. Voraussetzung für den danach nunmehr möglichen **gutgläubigen Erwerb von Geschäftsanteilen** sind:

- die Mitteilung und der Nachweis gegenüber der Geschäftsführung (§ 40 Abs. 1 Satz 2 GmbHG), soweit nicht eine ausschließliche Zuständigkeit des Notars gegeben ist (§ 40 Abs. 1 Satz 2 GmbHG),
- die Eintragung des Neugesellschafters in die Liste sowie
- die Aufnahme der Liste im Handelsregister.

Ein gutgläubiger Erwerb ist nicht möglich, wenn

- die Liste im Zeitpunkt des Erwerbs hinsichtlich des Geschäftsanteils weniger als drei Jahre unrichtig und die Unrichtigkeit dem Berechtigten nicht zuzurechnen ist (§ 16 Abs. 3 Satz 2 GmbHG), oder
- dem Erwerber die mangelnde Berechtigung bekannt ist oder infolge grober Fahrlässigkeit unbekannt ist (§ 16 Abs. 3 Satz 3 GmbHG), oder

---

179 Zum Begriff der »rückständigen Einlageverpflichtungen« (z.B. im Hinblick auf Ansprüche auf Ausgleich von Vorbelastungen, die Verlustdeckungshaftung, die Ausfallhaftung und die Haftung für Nachschüsse und Nebenleistungspflichten) siehe Mayer, DNotZ 2008, 403, 405 m.w.N.

- der Liste ein Widerspruch zugeordnet ist (§ 16 Abs. 3 Satz 3 GmbHG); die Zuordnung eines Widerspruches erfolgt aufgrund einer einstweiligen Verfügung oder aufgrund einer Bewilligung desjenigen, gegen dessen Berechtigung sich der Widerspruch richtet; eine Gefährdung des Rechts des Widersprechenden muss nicht glaubhaft gemacht werden (§ 16 Abs. 3 Satz 4 und 5 GmbHG).

Auch trotz der dargestellten Gesetzesänderung wird es freilich zweckmäßig und sachdienlich sein, die Erwerbs- bzw. **Legitimationskette** in den Geschäftsanteilskaufvertrag aufzunehmen, damit klargestellt ist, dass der Verkäufer tatsächlich Inhaber der GmbH-Geschäftsanteile ist. Es empfiehlt sich, den Nachweis des Erwerbs durch Beifügung von Urkunden als Anlage in den Vertrag aufzunehmen.

§ 17 GmbHG (a.F.), der die **Veräußerung von Teilen eines Geschäftsanteils** betraf, ist durch das MoMiG – nicht zuletzt im Hinblick auf die grundlegende Neuordnung der Stückelung der Geschäftsanteile – ersatzlos aufgehoben worden. Diese Streichung hat erhebliche Auswirkungen auf die Abtretung von Geschäftsanteilen und insbesondere von solchen Geschäftsanteilen, die aufgrund einer Teilung entstanden sind.

Gemäß § 17 I GmbHG (a.F.) konnte die Veräußerung von Teilen eines Geschäftsanteils nur mit Genehmigung der Gesellschaft stattfinden. Aufgrund des Wegfalls dieser Bestimmung besteht nunmehr die **ausschließliche Entscheidungskompetenz der Gesellschafter**, durch formfreien, mit einfacher Mehrheit zu fassenden Gesellschafterbeschluss zu bestimmen, ob und was sie an **Teilungen, Zusammenlegungen und Einziehungen von Geschäftsanteilen** eines Gesellschafterbeschlusses zulassen wollen. Fehlt es an einer wirksamen Teilung, so sind auch keine entsprechenden Teilgeschäftsanteile entstanden. Eine schriftliche Protokollierung des Gesellschafterbeschlusses empfiehlt sich allerdings, um die Änderungen der Gesellschafterliste gemäß § 40 Abs. 1 Satz 2 GmbHG nachweisen zu können.

Gemäß § 17 Abs. 3 GmbHG (a.F.) konnte im Gesellschaftsvertrag bestimmt werden, dass für die Veräußerung von Teilen eines Geschäftsanteils an andere Gesellschafter sowie für die Teilung von Geschäftsanteilen verstorbener Gesellschafter unter deren Erben eine Genehmigung der Gesellschaft nicht erforderlich war. Da die Entscheidungskompetenz nunmehr ausschließlich bei den Gesellschaftern liegt, sind diese völlig frei, die Teilungen, Zusammenlegungen und Einziehungen von Geschäftsanteilen in der Satzung an höhere oder geringere Voraussetzungen zu knüpfen, ganz auszuschließen oder z.B. durch die Festlegung qualifizierter Beschlussmehrheiten oder Mindestbeträge, die bei der Teilung zu beachten sind, allgemein zu erschweren. Im Falle der Zusammenlegung von Geschäftsanteilen bedarf es allerdings der Zustimmung des Betroffenen.

Nachdem auch der § 17 Abs. 4 GmbHG (a.F.) entfallen ist muss bei der Teilung der **Nennbetrag jedes Teil-Geschäftsanteils auf volle Euro** lauten (§ 5 Abs. 2 Satz 1 GmbHG).

§ 17 Abs. 5 GmbHG (a.F.), wonach eine **gleichzeitige Übertragung mehrerer Teile von Geschäftsanteilen eines Gesellschafters an denselben Erwerber** unzulässig war, ist nunmehr ebenfalls entfallen.

Entfallen ist auch der § 17 Abs. 6 GmbHG (a.F.), demzufolge im Falle der Veräußerung und Vererbung eine Teilung von Geschäftsanteilen nicht erfolgte und durch den eine sog. **Vorratsteilung** ausgeschlossen war, sodass ein Gesellschafter nicht einseitig – auch nicht im Wege der Satzung – für sich selbst seinen Geschäftsanteil teilen konnte.

Durch den Fortfall des Verbotes der Vorratsteilung besteht nun auch die Möglichkeit, die **Vereinbarungstreuhand** und die **Verpfändung von Teilen von Geschäftsanteilen** praktisch vernünftig zu regeln.[180]

Literatur

Achleitner, Ann-Kristin, Handbuch des Investment Banking, 1999, 35 ff.

Altmeppen, Verbandshaftung kraft Wissenszurechnung am Beispiel des Unternehmenskaufs, in: Betriebs-Berater (BB), 15/1999, S. 749–764.

Bastuck/Mentz, FAZ v. 28.11.2001, 29.

Baum, Die Wissenszurechnung, Berlin 1999.

Baumbach/Hopt, Handelsgesetzbuch Kommentar, 32. Auflage, München 2006.

Beisel/Klumpp, Der Unternehmenskauf, 3. Auflage, 1996.

Berens/Strauch, Due Diligence bei Unternehmensakquisitionen – eine empirische Untersuchung, in: Die Wirtschaftsprüfung (WPg), 10/2002, S. 511–525.

Berens/Strauch, Due Diligence bei Unternehmensakquisitionen – eine empirische Untersuchung, Frankfurt a.M. u.a. 2002.

Button/Bolton, A practitioner's guide to Takeovers and Mergers in the European Union, 1999/2000

Dauner-Lieb/Thiessen, Garantiebeschränkungen in Unternehmenskaufverträgen nach der Schuldrechtsreform, ZIP 2002, 108 ff.

Däubler-Gmelin, Die Entscheidung für die sogenannte Große Lösung bei der Schuldrechtsreform, NJW 2001, 2281 ff.

Eggenberger, Gesellschaftsrechtliche Voraussetzungen und Folgen einer due-diligence Prüfung, Frankfurt a.M. u.a. 2001.

Fleischer, Due Diligence und Best Knowledge beim Unternehmenskauf, in: Dauner-Lieb/Henssler (Hrsg.): Unternehmenskauf und Schuldrechtsmodernisierung, Schriftenreihe der Bayer-Stiftung für deutsches und internationales Arbeits- und Wirtschaftsrecht, München, S. 103–118.

Fleischer/Körber, Due Diligence u. Gewährleistung beim Unternehmenskauf, BB 2001, 841 ff.

Fleischer, Zum Begriff des öffentlichen Angebots im Wertpapiererwerbs- und Übernahmegesetz, ZIP 2001, 1654.

Fleischer, Informationsasymmetrie im Vertragsrecht, München 2001.

Fliegner, Das MoMiG – Vom Regierungsentwurf zum Bundestagsbeschluss, DM 2008, 1668 ff.

Gaul (2002): Schuldrechtsmodernisierung und Unternehmenskauf, Zeitschrift für das gesamte Handelsrecht und Wirtschaftsrecht (ZHR), 1/2002, S. 35–71.

Götze/Bressler, NZG 2007, 894

Günther, Unternehmenskauf, in: Münchener Vertragshandbuch, Bd. 2, 4. Auflage 1997, II. 1.

Harrer, Die Bedeutung der Due Diligence bei der Vorbereitung eines Unternehmenskaufs, in: Deutsches Steuerrecht (DStR), 45/1993, S. 1673–1675.

Hartung, Wissenszurechnung beim Unternehmenskauf, Neue Zeitschrift für Gesellschaftrecht (NZG), 12/1999, S. 524–531.

180 Siehe dazu auch Mayer, DNotZ 2008, 403, 426 m. w. N.

Heckschen, DStR 2007, 1442, 1450
Hewitt, Joint Ventures, Second Edition, 2002.
Hölters, Handbuch des Unternehmens- und Beteiligungskaufs, 5. Auflage, 2002.
Holzapfel/Pöllath, Unternehmenskauf in Recht und Praxis, 10. Auflage, 2001.
Hommelhoff, Der Unternehmenskauf als Gegenstand der Rechtsgestaltung, ZHR 1986, 254 ff.
Honsell, in: J. von Staudingers Kommentar zum Bürgerlichen Gesetzbuch, 13. Bearbeitung, Berlin 1995.
Horn, Internationale Unternehmenszusammenschlüsse, ZIP 2000, 473 ff.
Huber, AcP 2002, S. 179 ff.
Huber, in: Soergel, Kommentar zum BGB, § 459 Rdn. 240 bis 286 (D. II. Unternehmen) und § 459 Rdn. 287 - 296 (D. III. Gesellschaftsanteile), 12. Auflage, 1991.
Jansen, Mergers & Acquisitions, Unternehmensakquisitionen und -kooperationen, 4. Auflage, 2002.
Jansen/Gerhard Picot/Schiereck, Internationales Fusionsmanagement – Erfolgsfaktoren grenzüberschreitender Unternehmenskäufe, 2001.
Kleinert/Klodt, Megafusionen, Kieler Studien 102, 2000.
Knott/Mielke/Weidlich, Unternehmenskauf, Köln 2001.
Kösters, Letter of Intent – Erscheinungsformen und Gestaltungshinweise, NZG 1999, 623 ff.
Koller, Wissenszurechnung, Kosten und Risiken, Juristen Zeitung (JZ), 2/1998, S. 75–78.
Krüger/Kalbfleisch (1999): Due Diligence bei Kauf und Verkauf von Unternehmen, Deutsches Steuerrecht (DStR), 4/1999, S. 174–179.
Land, Das neue deutsche Wertpapiererwerbs- und Übernahmegesetz, DB 2001, 1707 ff.
Land/Hasselbach, Das neue Übernahmegesetz, DB 2000, 1747 ff.
Liebscher, Das Übernahmeverfahren nach dem neuen Übernahmegesetz, ZIP 2001, 853 ff.
Loges, Der Einfluß der »Due Diligence« auf die Rechtsstellung des Käufers eines Unternehmens, Der Betrieb (DB), 19/1997, S. 965–969.
Mayer, Der Erwerb einer GmbH nach den Änderungen durch das MoMiG, DNotZ 2008, 403 ff.
Merkt, Grundsatz- und Praxisprobleme der Amerikanisierungstendenzen im Recht des Unternehmenskaufs, in: Berger (Hrsg.): Festschrift für Otto Sandrock, Heidelberg: Recht und Wirtschaft 2000, S. 657–688.
Merkt, Internationaler Unternehmenskauf, 1997.
Merkt, Rechtliche Bedeutung der »due diligence« beim Unternehmenskauf, Wirtschaftsrechtliche Beratung (WiB), 4/1996, S. 145–150.
Merkt, Due Diligence und Gewährleistung beim Unternehmenskauf, Betriebs-Berater (BB), 21/1995, S. 1041–1048.
Mielke/Welling, Kartellrechtliche Zulässigkeit von Conduct of Business-Klauseln in Unternehmenskaufverträgen, BB 2007, 277 ff.
Mittenzwei, Mitverschulden des Käufers bei der Bestimmung des Haftungsumfanges für Sach- und Rechtsmängel im Kaufrecht - BGHZ 110, 196, Juristische Schulung (JuS), 3/1994, S. 187–193.
Niewiarra, Unternehmenskauf, 2002.
Oechsler, Der RegE zum Wertpapiererwerbs- und Übernahmegesetz – Regelungsbedarf auf der Zielgeraden, NZG 2001, 817 ff.
Palandt – Bürgerliches Gesetzbuch, 65. Auflage, München 2006.
Peetz, GmbHR 2006, 852, 859
Petersen/Zwirner, Unternehmensbegriff, Unternehmenseigenschaft und Unternehmensformen, Der Betrieb 2008, S. 481 - 487.
Picot, Arnold/Reichwald/Wigand, Die grenzenlose Unternehmung, – Information, Organisation und Management – 3. Auflage, 1998.

Picot, Gerhard, Handbuch für Familien- und Mittelstandsunternehmen, Stuttgart 2008.

Picot, Gerhard/Kamp, »Handshake« mit der öffentlichen Hand, Unternehmermagazin Heft 6, 2007, S. 16.

Picot, Gerhard/Kamp, Sabine, Allheilmittel oder Risikofaktor für die Finanzkrisen der öffentlichen Haushalte?, ifo-Institut 2007, Heft 1, S. 3–6.

Picot, Gerhard, Unternehmenskauf und Restrukturierung, – Handbuch zum Wirtschaftsrecht – 4. Auflage, 2004.

Picot, Gerhard/Duggal, MAC-Klauseln beim Unternehmenskauf, Der Betrieb (DB) 2003, H. 9., S. 2635 ff.

Picot, Gerhard, Handbook of international Mergers & Acquisitions, 2002.

Picot, Gerhard/*Mentz/Seydel,* Die Aktiengesellschaft bei Unternehmenskauf und Restrukturierung, München 2002.

Picot, Gerhard/Russenschuck, Unternehmenskaufverträge: Gibt es noch selbstständige Garantien?, M&A-Review 2002, 64 ff.

Picot, Gerhard/Russenschuck, Familienunternehmen im Sog von Mergers & Acquisitions, M&A-Review 2001, 500 ff.

Picot, Gerhard/Schnitker, Arbeitsrecht bei Unternehmenskauf und Restrukturierung, 2001.

Picot, Gerhard, Wirtschaftsrechtliche Parameter des Akquisitionsmanagements, in: Arnold Picot/Nordmeyer/Pribilla, Management von Akquisitionen, 2000, 121 ff.

Picot, Gerhard, Mergers & Acquisitions in Germany, – Handbook –, Second Edition, 2000.

Picot, Gerhard/Ian Hewitt, Structuring the Joint Venture, in: Joint Ventures in English and German Law, S. 13 – 42, herausgegeben von E. Micheler/D.D. Prentice, Oxford – Portland Oregon 2000.

Picot, Gerhard, Mergers & Acquisitions in Telekommunikation und Internet, Finanz Betrieb (FB), 1999, 61 ff.

Picot, Gerhard/Aleth, Unternehmenskrise und Insolvenz – Vorbeugung, Turnaround, Sanierung – Handbuch zum Wirtschaftsrecht, 1999.

Picot, Gerhard/Land, Going Public – Typische Rechtsprobleme des Ganges an die Börse, DB 1999, 570 ff.

Picot, Gerhard/Land, Der internationale Unternehmenskauf, Der Betrieb (DB) 1998, S. 1600 ff.

Picot, Gerhard/Land, Management Buy-Outs in Germany Booming, International Business Lawyer, 1998, 278 ff.

Picot, Gerhard, Mehrheitsrechte und Minderheitenschutz in der Personengesellschaft, Betriebs-Berater (BB) 1993, 13, 17 ff.

Pluskat, Das Scheitern der europäischen Übernahmerichtlinie, WM 2000, 1937 ff.

Rebmann/Säcker (Hrsg.): Münchener Kommentar zum Bürgerlichen Gesetzbuch, Band 3, 5. Auflage, München 2008.

Reinking/Eggert 1996): Der Autokauf, 6. Auflage, Düsseldorf 1996.

Rödder/Hötzel/Mueller-Thuns, Unternehmenskauf, Unternehmensverkauf: zivil- und steuerrechtliche Gestaltungspraxis, München 2003.

von Rosen/Seifert, Die Übernahme börsennotierter Unternehmen, 1999.

Scholderer/Stengel, Kaufrecht; Unternehmen, LSK 1994, 313.

Schuberth, Alle Angaben ohne Gewähr, Financial Times Deutschland v. 08.01.2001, Recht und Steuern

Semler/Volhard, Arbeitshandbuch für Unternehmensübernahmen, München 2001.

Sieger/Hasselbach, Break Fee-Vereinbarung bei Unternehmenskäufen, BB 2000, 625 ff.

Sudhoff, Unternehmensnachfolge, 4., völlig neubearbeitete Auflage, 2000.

Teichmann, Strukturänderungen im Rech der Leistungsstörungen nach dem Regierungsentwurf eines Schuldrechtsmodernisierungsgesetzes, BB 2001, 1485 ff.

Thaeter/Bart, »RefE eines Wertpapiererwerbs- und Übernahmegesetzes«, NZG 2001, 545 ff.

Triebel/Hölzle, Schuldrechtsreform und Unternehmenskaufverträge, Betriebs-Berater (BB) 2002, 521, 534.

Vater, Die abwehrfeindliche Übernahme, M&A-Review 2002, 9 ff.

Vischer, Due Diligence bei Unternehmenskäufen, Schweizerische Juristen-Zeitung (SJZ), 10/2000, S. 229–236.

Wälzholz, Überblick über das neue MoMiG, GmbHR 2008, 8411 ff.

Wegen, Due Diligence-Checkliste für den Erwerb einer deutschen Gesellschaft, Wirtschaftsrechtliche Beratung (WiB), 8/1994, S. 291–296.

Werner, Haftungsrisiken bei Unternehmensakquisitionen: die Pflicht des Vorstands zur Due Diligence, Zeitschrift für Wirtschaftsrecht (ZIP), 23/2000, S. 989–996.

VII. Vertragliche Gestaltung besonderer Erscheinungsformen der Mergers & Acquisitions

Allgemeines zu den Sonderformen der Mergers & Acquisitions

Nachdem im Teil VI dieses Handbuches der **Unternehmenskauf und -verkauf** als gesetzlich typisierte Form der Unternehmenszusammenschlüsse und Unternehmensübernahmen dargestellt worden ist, sollen nun in diesem Teil des Handbuches die Sonderformen der Mergers & Acquisitions erläutert werden:

Unternehmen sind – wie oben dargestellt – komplexe Transaktionsgegenstände. **Mergers & Acquisitions** d. h.

- die Kooperationen, Allianzen und Joint Ventures
- die Unternehmenszusammenschlüsse (Umwandlung)
- die feindliche Übernahmen (Hostile Takeover)
- die Unternehmenssicherungen und -nachfolgen
- die Management Buy-out und Buy-in (Private Equity)
- die Public Private Partnerships (PPP)
- die Börsengänge (Initial Public Offering – IPO)
- Internationale (crossborder) Mergers & Acquisitions

bedürfen daher einer sehr sorgfältigen Planung und Durchführung, insbesondere einer präzisen Verhandlung und Gestaltung, d. h. einer genauen Abbildung der Verhandlungsergebnisse in dem Transaktionsvertrag.

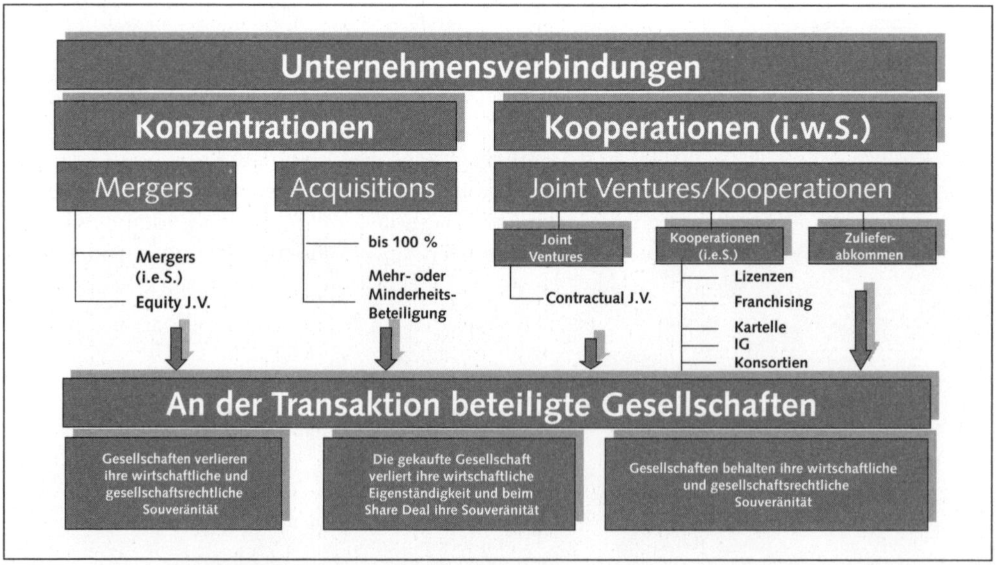

Abb. 1: Erscheinungsformen der Mergers & Acquisitions

1. Kooperationen, Allianzen und Joint Ventures

Kooperationen, Allianzen und Joint Ventures sind zu einem unverzichtbaren Bestandteil des internationalen Wirtschaftslebens geworden. Sie bieten eine wichtige Strategieoption für Unternehmen, die entweder im Rahmen von Globalisierungsbestrebungen oder aufgrund anderen Wettbewerbsdrucks jenseits von Unternehmensübernahmen eine Zusammenarbeit mit Dritt-Unternehmen suchen oder nicht selbst in ausreichendem Umfang über das Kapital, die Kenntnisse oder den Marktzugang verfügen, die zur Erreichung ihrer kommerziellen Ziele auf einem bestimmten Sektor erforderlich sind. Vor allem, nachdem die neuen Eigenkapitalregeln des Baseler Ausschusses vom 26.06.2004 (Basel II), die verstärkt die Qualität der Kredite berücksichtigen und die Eigenkapitalunterlegung von der jeweiligen Bonität des Kreditnehmers abhängig machen, setzt sich diese Erkenntnis auch im deutschen Mittelstand durch.

a) Die wirtschaftliche Bedeutung von Kooperationen, Allianzen und Joint Ventures

Kooperationen, Allianzen und Joint Ventures sind keine neuen Formen der Zusammenarbeit, sie sind so alt wie die Geschichte der Unternehmen und seit langer Zeit in unserer sozialen, geschäftlichen und technologischen Umwelt präsent.[1]

Gegenwärtig befinden sich die Unternehmen in der besonderen Situation, dass sie den **globalen Wandel der Gesellschaft zu einer Informationsgesellschaft** bewältigen müssen: Die weltweiten Kommunikationsmöglichkeiten ergeben immer weitere Dimensionen der Unternehmensführung und Veränderungspotenziale der Informations- und Kommunikationstechnik für die Struktur und das Management der Unternehmen. Die **Internetökonomie** ermöglicht es Lieferanten, Kunden und Wettbewerbern, sich in kürzester Zeit umfangreich zu informieren und neu zu orientieren. Globalisierung und Internationalisierung der Wirtschaft wirken sich deshalb, zumindest indirekt, auf nahezu jeden Marktteilnehmer aus. Als Beispiel dafür seien das Eindringen neuer Wettbewerber in deutsche Märkte und die Veränderung der Kundengewohnheiten genannt. Bisher regional orientierte mittelständische Unternehmen müssen sich heute in ein globales Umfeld einordnen, auch wenn sie selbst nicht importieren oder exportieren. Durch die Öffnung neuer Märkte, die Verlagerung von Produktionsstandorten wichtiger Kunden sowie den technologischen Fortschritt sehen sich die Unternehmen neuen Herausforderungen gegenüber. Im Zusammenhang mit dem Export muss über eine geeignete Marktbearbeitung und die Sicherstellung der Forderungsbegleichung nachgedacht werden. Zudem erhöht sich im Zuge der **Globalisierung** und somit aufgrund der internationalen Konkurrenz der Wettbewerbsdruck auf die deutschen Unternehmen. Insbesondere hat die Importkonkurrenz mit den ausländischen (Billig-) Anbietern stark zugenommen.

1 Siehe dazu ausführlich Jansen, Mergers & Acquisitions, S. 108 ff.

Durch ihre raschen und umfangreichen Informationsmöglichkeiten können sich die Kunden schnell neu orientieren sowie ihre Produktpräferenzen und Erwartungen hinsichtlich Preisniveau und Serviceleistungen ändern und auf die internationalen Angebote an End- und Zwischenprodukten auf dem globalen Markt zugreifen. Der Beschaffungsmarkt hat durch gesunkene Informations- und Transportkosten ein großes Ausmaß erreicht. Insbesondere Großkonzerne beziehen zunehmend Zwischen- und Vorprodukte aus dem kostengünstigen Ausland; hierdurch wird nicht nur der Preisdruck im nationalen Markt erhöht, sondern es werden auch die Absatzchancen der deutschen mittelständischen Unternehmen verschlechtert. Darüber hinaus haben viele Großkonzerne Teile ihrer Produktion in Form des sogenannten »**Offshoring**« ins Ausland verlagert. Dies führt zu gravierenden Folgen für diejenige mittelständische Zulieferindustrie, für die die Errichtung eigener Produktionsstätten in der Nähe der Endprodukthersteller zur Überlebensfrage geworden ist.

Die deutschen **Familien- und Mittelstandsunternehmen** reagieren in beeindruckender Weise auf diese Entwicklung, indem immer mehr Unternehmen auch im Ausland tätig sind und sich teilweise bereits beträchtliche Weltmarktanteile – und zwar nicht nur in Nischenbereichen – gesichert haben und sich mit einer immer stärkeren Exportorientierung im globalen Wettbewerb zu verankern suchen. Durch Arbeits- und Produktionsverlagerungen spüren sie weitere Kostensenkungspotenziale auf, forcieren innovative Produkte und erschließen neue Wachstumsmärkte.[2] Bei aller Flexibilität und Risikobereitschaft der Unternehmensführungen sowie ihrer Bereitschaft, ihre Geschäftsmodelle immer wieder neu zu hinterfragen, sehen sich die Familienunternehmen immer stärker in dem zunehmenden Widerstreit, zwischen der Bewahrung langjähriger Tradition und dem Neuen abzuwägen und die richtigen Entscheidungen zu treffen. Die Unternehmer haben zu entscheiden, ob innovative oder eher traditionelle Wege geeignet sind, das Unternehmen zur eigenen Zukunftssicherung fortzuführen. Sie dürfen sich dem Wandel der Zeit nicht verschließen und nicht zu lange an scheinbar Bewährtem festhalten, ohne immer wieder ihre Geschäftsmodelle neu zu hinterfragen. Dies gilt auch für die Manager, die mit den besonderen Chancen und Risiken vertraut sein müssen, andererseits aber auch mit den »Usancen« ihrer Unternehmen bzw. Familien verhaftet sind.[3]

Nur wenn die Unternehmen rechtzeitig auf sich verändernde Wettbewerbsbedingungen reagieren, neue Wege beschreiten und sich neuen Märkten öffnen, haben sie eine Chance, sich weiterhin zu behaupten. Die dynamische **technologische Entwicklung** und die **logistische Vernetzung internationaler Märkte** bergen nämlich nicht nur Gefahren für die Unternehmen in sich, sondern eröffnen ihnen auch neue Möglichkeiten, denn es stehen ihnen nunmehr weitaus mehr Märkte für Absatz, Beschaffung und Produktion zur Verfügung. Der Zugang zu neuen Märkten, weit über die eigenen Landesgrenzen hinaus, ist einer der für die deutsche Wirtschaft mit ihren gesättigten und zum Teil übersättigten Märkten größten Zugewinne: Gerade Mittelständler, die den Großteil ihrer Umsätze im Inland erzielen, haben in den vergangenen Jahren unter dem geringen Wachstum der deutschen Wirtschaft gelitten; für diese Unternehmen stellen sich die Globalisierung

---

2 Eingehend dazu: Gerhard Picot (Hrsg.), Handbuch für Familien- und Mittelstandsunternehmen, 2008

3 Siehe dazu Klein, Familienunternehmen, S. 246 ff.

und der mit ihr verbundene Zugang zu neuen Märkten in Mittel- und Osteuropa sowie in Asien als echte Chance dar.

Während die deutschen produzierenden Unternehmen früher hauptsächlich auf ihren lokalen Märkten tätig waren, haben sie heute die Möglichkeit, selbst die niedrigen **Produktionskosten** an osteuropäischen sowie asiatischen, insbesondere chinesischen und indischen Investitionsstandorten auszunutzen. Auf diese Weise können sie ihre Wettbewerbsfähigkeit auf den nationalen und internationalen Märkten – auch zugunsten ihrer Beschäftigten – stärken. Die Globalisierung eröffnet den Unternehmen damit die Chance, ihre Umsätze bei niedrigeren Kosten und höheren Gewinne zu steigern. Typische Gründe für die Entscheidung, ins Ausland zu gehen, sind aber auch die hohen Lohnnebenkosten, das Steuerrecht und zu strikte Umweltauflagen in Deutschland.[4] Zusätzlich zum Absatzmarkt eröffnet sich mit einem internationalen Marktzugang auch der Zugang zu Ressourcen personeller und materieller Art. So kann beispielsweise der deutsche Mittelstand von der Kooperation mit internationalen Partnern, dem Offshoring und dem Outsourcing von der Globalisierung profitieren. Auch können Produzenten auf dem globalen Markt nach dem günstigsten Angebot der benötigten Rohstoffe suchen und hierdurch günstigere Endabnehmerpreise bieten.

Insgesamt stellt der Wandel der Wirtschaft hohe Anforderungen an die Flexibilität der Unternehmer, die sich von ihrem lokal-nationalen Denken lösen und ihr Unternehmen entsprechend anpassen müssen. Dabei zeigen Untersuchungen, dass familiengeführte Mittelstandsunternehmen mit Verlässlichkeit und Weitsicht im Vergleich zu anderen Firmen konsequenter ihre Produktion, Forschung und Entwicklung ins Ausland verlagern und somit den internationalen Entwicklungen entgegen kommen.[5] Bedeutsam ist dabei freilich die Innovationskraft und der technische Fortschritt, die im deutschen Mittelstand bislang Grundlage des wirtschaftlichen Wachstums waren. Beide Faktoren werden dadurch erheblich beeinflusst, dass in den letzten Jahren die Produktlebens- und Innovationszyklen und damit die Zeitspanne zum Erwirtschaften der für die Entwicklung neuer Produkte erforderlichen Mittel immer kürzer geworden sind.

Seit dem Beginn der 1990er-Jahre zeigt sich, dass die **Großunternehmen** zunehmend forschungsaktiver als kleine und mittlere Unternehmen sind und die **Innovationsintensität** des Mittelstandes nachlässt.[6] Im verarbeitenden Gewerbe sank der Innovationsaufwand der mittelständischen Unternehmen seit dem Jahre 1999, in dem der Mittelstand noch 3,9 % seines Umsatzes für Innovationsprojekte ausgab, auf nur noch 3,1 % im Jahre 2005. Dem hingegen stieg der Innovationsaufwand bei Großunternehmen von 4,7 % im Jahre 1999 auf 5,0 % im Jahre 2005. Im Bereich der wissensintensiven Dienstleistungen ist ein ähnlicher Trend zu verzeichnen. Interessant ist in diesem Zusammenhang, dass international tätige Mittelstandsunternehmen höhere Innovationsaktivitäten als die allein auf inländischen Märkten aktiven Unternehmen aufweisen. Auch die Innovationserfolge mit Marktneuheiten gingen im Mittelstand in den vergangenen Jahren zurück: Während der Umsatzanteil mit Marktneuheiten im verarbeitenden Gewerbe im Jahre 2001 noch 5,8 % betrug und bei Großunternehmen 4,6 % ausmachte, verringerte er sich im Mit-

4 Frankfurter Rundschau vom 16.05.2007, »Familienunternehmen gehen ins Ausland«, S. 12.

5 Vgl. dazu auch KfW (2006): Die Globalisierung des Mittelstandes, S. 11. Vgl. dazu auch BDI, Ernst & Young, IKB (2006), BDI-Mittelstandspanel, Berlin.

6 Vgl. ZEW (2007), Innovationsverhalten der deutschen Wirtschaft, Mannheim.

telstand auf 3,1 % im Jahre 2005 und steigerte sich bei den Großunternehmen auf 5 %. Der Innovationserfolg durch Kostenreduktion mit Hilfe von Prozessinnovationen stieg bei den Familien- und Mittelstandsunternehmen hingegen von 2 % im Jahre 2001 auf 3,5 % im Jahre 2005 und bei den Großunternehmen auf 5 %.[7] Insgesamt ist festzustellen, dass der Mittelstand angesichts der kürzer gewordenen Produktions- und Innovationszyklen seine Forschungs- und Innovations-Anstrengungen wird verstärken müssen, um in seiner Innovationsintensität auf Augenhöhe mit dem nationalen und internationalen Wettbewerb zu bleiben.

Die zukünftig immer bedeutsamere **Projektwirtschaft** verlangt **zunehmend temporäre, extrem kooperative und häufig globale Wertschöpfungsprozesse**, bei denen die Projektwirtschaft mit einer Reihe wichtiger Strukturveränderungen einhergeht (Zitat)[8]:

- Angesichts konvergierender Technologien, die zunehmend die Basis für Innovationen sein werden, wird Mittelständlern in der Projektwirtschaft die Eroberung innovativer Technikfelder und Märkte erleichtert. Denn in der Regel wird kein Mittelständler den Wissenshunger zukünftiger Innovationsbereiche im Alleingang stillen können.
- Das im deutschen Mittelstand besonders breite Spektrum technologischer Nischenkompetenzen bietet in der Projektwirtschaft ein schier unerschöpfliches Repertoire für die Rekombination zu neuen Systemprodukten (bspw. im Bereich des energiebewussten Bauens: Kombinationen von Smart Home-, Solarenergie- und Dämmlösungen).
- In Zukunft wird geistiges Eigentum nicht nur ein immens wichtiger Produktionsfaktor sein, sondern auch ein breit genutztes Investmentprodukt am Kapitalmarkt (Patentfonds, Patentverbriefung etc.). Mittelständler können die neuen Finanzierungsquellen für Innovationen nutzen, ohne dabei die Kontrolle über das Unternehmen selbst an die entsprechenden Investoren abzugeben. Die Projekte werden in der Regel rechtlich und organisatorisch eigenständige Gesellschaften sein. Die Kontrolle des Kapitalmarktes wird daher nur über das Projekt ausgeübt, nicht aber über den am Projekt beteiligten Mittelständler selbst. Deshalb bietet die Projektwirtschaft dem Mittelstand ein Experimentierfeld für (neue) kapitalmarktorientierte Finanzierungsformen.
- Die zunehmende systematische Bewertung immateriellen Kapitals wird Mittelständlern neue Chancen bieten. Sie können die eigenen Wissenspotenziale transparenter darstellen (z.B. gegenüber potenziellen Mitarbeitern, Kunden oder Partnerunternehmen) und damit Wert und Image ihres Unternehmens steigern. In Deutschland und anderen Ländern gibt es bereits heute eine Reihe von Initiativen, die auf die Standardisierung und Verbreitung sogenannter »Wissensbilanzen« abzielen. (Zitatende)

Die Produktion und erfolgreiche Vermarktung innovativer Produkte wird eine Kompetenz- und Wissensbreite erfordern, die von einzelnen Familien- und Mittelstandsunternehmen kaum innerhalb der erforderlichen Produktzyklen erreicht werden kann. Um die hierfür erforderlichen Kompetenzen und Kosten aufbringen zu können, wird auch der Mittelstand in verstärktem Maße flexible **Forschungs- und Entwicklungskooperationen** eingehen müssen, wie sie in der Großindustrie bereits seit Langem gang und gäbe sind. Die sinkenden

7 Vgl. dazu z.B. KfW, Creditreform, IfM, RWI, ZEW 2007, Mittelstandsmonitor 2007, Frankfurt. Siehe auch Linnemann, Erfolgsmodell Mittelstand – Zukunft gestalten, Deutsche Bank Research 2007, S. 9f.

8 Linnemann, Erfolgsmodell Mittelstand – Zukunft gestalten, Deutsche Bank Research 2007, S. 22f.

Transaktions- und Kommunikationskosten sowie die Neuentwicklungen im Dienstleistungssektor führen dazu, dass **Produktionsverlagerungen** auch für Mittelständler möglich sind und sich auch kleinere Investitionsvorhaben lohnen. Immerhin ist bereits heute ein solcher Trend erkennbar. Denn im Jahre 2005 beteiligten sich bereits 36 % der forschenden mittelständischen Unternehmen an Forschungs- und Entwicklungs-Kooperationen, -Allianzen und -Joint Ventures mit anderen Unternehmen und Partnern aus der Wissenschaft; etwa drei Fünftel dieser Unternehmen (60,7 %) kooperierten im Netzwerk mit mehreren Partnern. In der Projektwirtschaft kommt den Familienunternehmen neben der im Vergleich zu Großunternehmen flexiblen Reaktions- und Diversifikationsmöglichkeit regelmäßig auch seine oft regional, politisch und sozial gewachsene Vernetzung mit Partnern, Kunden, Mitarbeitern und Produkten zugute, die in besonderem Maße durch die personelle Kontinuität der Eigentümerunternehmer bzw. die Geschäftsführung begründet ist.[9]

b) Die begriffliche Abgrenzung von Kooperationen, Allianzen und Joint Ventures

Angesicht der vielfältigen Arten und Mischformen von Kooperationen, Allianzen und Joint Ventures soll an dieser Stelle hinsichtlich ihrer **Begrifflichkeit** lediglich angemerkt werden, dass Kooperationen und (strategische) Allianzen lose, d. h. rein **schuldrechtliche** Formen der Zusammenarbeit von Unternehmen darstellen.[10] Ihnen ist gemeinsam, dass die beteiligten Unternehmen ihre **gesellschaftsrechtliche Souveränität** behalten. Sie beinhalten die (freiwillige) Zusammenarbeit zwischen zwei oder mehr **wirtschaftlich weitgehend selbstständigen Unternehmen**, die zum Zwecke einer effizienteren und effektiveren Zielerreichung der Beteiligten bestimmte Funktionen bündeln und diesbezüglich gemeinschaftlich agieren.

Sowohl für Kooperationen als auch für die **strategische Allianz** gibt es keine genaue Definition. Bei manchen strategischen Allianzen kann es sich einfach um einen »freundlichen« Rahmen für eine künftige Zusammenarbeit von Projekt zu Projekt handeln. Bei anderen können festere Verbindungen in Form von gemeinsamer Forschung, Austausch von Mitarbeitern und/oder Zusammenfassung von Ressourcen vereinbart sein. Strategische Allianzen können gefestigt werden, indem gegenseitig finanzielle Investitionen vorgenommen werden.

Motivationen für das Eingehen von Kooperationen und Allianzen sind dabei insbesondere

- **Zeitvorteile**
  - Entwicklungszeit
  - Durchlaufzeit
  - Reaktionszeit auf Marktveränderungen
  - bessere Lieferfähigkeit
  - schnellerer Marktzugang

9 Vgl. Maaß et al. (2006), FuE-Kooperationen von KMU – Interne und externe Erfolgsfaktoren aus organisationsökonomischer Sicht, Bonn. Ebenso Linnemann, Erfolgsmodell Mittelstand – Zukunft gestalten, Deutsche Bank Research 2007, S. 22 f.

10 Siehe dazu ausführlich Jansen, Mergers & Acquisitions, S. 108 ff.

- **Marktvorteile**
  - gemeinsame Vertriebsorganisation
  - gemeinsame Marketingmaßnahmen
  - verbesserter Marktzugang
  - Imagegewinn
  - Erlangung von Marktkenntnis
- **Technische und wirtschaftliche Risikovorteile**
  - Risikoteilung
  - Risikoreduzierung
- **Kostenvorteile**
  - Investitionen
  - Forschung und Entwicklung
  - Marktmacht
  - Erschließung staatlicher Anteile/Zuschüsse
  - Preisnachlässe
- **Ressourcenvorteile**
  - Teilung von Investitionen
  - Zugang zu Infrastruktur
  - komplementäre Produkte
  - Know-how
  - Mitarbeiter (HR)
  - Finanzmittel
  - Rohstoffe
  - Informationen.

Das Vorstehende gilt entsprechend auch für die **Joint Ventures**. Kaum verwunderlich ist es daher, dass auch für das Joint Venture eine klare begriffliche Definition nicht existiert: Allgemein lässt sich sagen, dass Joint Ventures ein weites Spektrum von Vereinbarungen abdecken, bei denen zwei oder mehr bestehende Unternehmen übereinkommen, eine gemeinschaftliche geschäftsbezogene Aktivität zu unternehmen. Als sinnvoll hat sich freilich die Unterscheidung zwischen sog. **Contractual Joint Ventures** und sog. **Equity Joint Ventures** herausgestellt.

Contractual Joint Ventures bestehen ebenso, wie Kooperationen und Allianzen aus rein schuldrechtlichen Absprachen zwischen den beteiligten Unternehmen, ohne dass es zu einer organisatorischen Verselbstständigung der beabsichtigten Zusammenarbeit z.B. in Form einer Projektgesellschaft kommt.

Equity Joint Ventures (Gemeinschaftsunternehmen) sind dagegen dadurch gekennzeichnet, dass zwei oder mehrere Unternehmen ihre wirtschaftlichen Aktivitäten ganz oder teilweise auf eine **rechtlich selbstständige Gesellschaft**, sei es in Form einer Personengesellschaft oder einer Kapitalgesellschaft und zwar entweder auf eine neu gegründete Gesellschaft oder auf einen der Vertragspartner verlagern.[11]

---

11 Vgl. hierzu: Gerhard Picot/Hewitt, Structuring the Joint Venture, in: Micheler/Prentice, Joint Ventures in English and German Law, S. 13 ff.; Stephan, in: Schaumburg, Internationale Joint Ventures, S. 99 ff.; Zacher, IStR 1997, 408 ff.

Obwohl Equity Joint Ventures weltweit als Form der gemeinsam verselbstständigten Unternehmensorganisation und -zusammenarbeit üblich geworden sind,[12] gibt es in Deutschland und in den meisten anderen Ländern **keine spezielle Unternehmensform**, die rechtlich als Joint Venture anerkannt wird, und auch **kein spezielles Joint-Venture-Recht**.[13]

c) Zentrale Regelungsbereiche eines Joint Ventures

aa) Zentrale Regelungsbereiche eines Contractual Joint Ventures

Bei einem **Contractual Joint Venture** besteht keine den Joint-Venture-Partnern gegenüber rechtlich selbstständige Einheit. Ausreichend ist dies vor allem, wenn die Parteien bezüglich eines einmaligen Projekts zusammenarbeiten. Ein Contractual Joint Venture kann aufgrund seiner schuldrechtlichen Natur ein **breites Spektrum verschiedener Bedingungen und Vereinbarungen** abdecken. Die genaue Ausgestaltung hängt im Wesentlichen von den Besonderheiten der beabsichtigten Zusammenarbeit ab. Die vertraglichen Regelungen eines Contractual Joint Venture sollten aber insbesondere folgende Aspekte umfassen:

- Präambel
- Definitionen
- Umfang des Joint Venture
- Verantwortlichkeiten der Parteien
- Zeitplan
- Hintergrund/Technologie
- Projekt-Know-how
- Verwendung des Know-how
- Vertraulichkeit
- Struktur
- Projekt-Management
- Änderungen
- Finanzierung
- Inhaberschaft/Verwendungen
- Haftung/Verantwortlichkeit
- Force Majeure
- Laufzeit/Beendigung
- Exklusivität

---

12 Siehe dazu Gerhard Picot/Ulrich Temme, Cross Border Joint Ventures, M&A Review, Heft 9/2000, S. 321 ff.

13 Siehe Gerhard Picot/Ian Hewitt, Structuring the Joint Venture, in: Joint Ventures in English and German Law, S. 13 – 42, herausgegeben von E. Micheler/D.D. Prentice, Hart Publishing, Oxford – Portland Oregon 2000; Gerhard Picot, Joint Ventures überschreiten Grenzen – Das Wirtschaftsrecht birgt in solchen Fällen zahlreiche Besonderheiten, FAZ 18.04.2000, Nr. 92, Verlags-Beilage Unternehmensbeteiligungen, S. B 10; Gerhard Picot, Joint Ventures als Sonderform der Mergers & Acquisitions, azur/Juve – Verlag für juristische Information GmbH, Sommersemester 2000 Service-Teil.

- Schiedsregelung
- Wettbewerbsvereinbarung
- Verschiedenes
- Anlagen.

Darüber hinaus sollte bei der Vertragsgestaltung Folgendes beachtet werden:

(1) Haftungsregelungen

Bei einem Contractual Joint Venture ist die **Haftung der Beteiligten** gegenüber Dritten und untereinander zu regeln.

Im **Außenverhältnis** werden die Joint-Venture-Partner zumeist **gesamtschuldnerisch** haften. Denkbar ist aber auch, dass der Projektvertrag mit dem Dritten nur durch einen Joint-Venture-Partner abgeschlossen wird, sodass auch nur dieser dem Dritten gegenüber haftet. Der Ausgleich unter den Partnern im Innenverhältnis wird dann durch den Joint-Venture-Vertrag herbeigeführt.

Umgekehrt ist es aber auch möglich, dass die Joint-Venture-Partner zwar im Außenverhältnis gesamtschuldnerisch haften, im Innenverhältnis aber wie selbstständige Dritte behandelt werden. Vor allem bei großen Bauprojekten werden etwa einzelne Bereiche den jeweiligen Joint-Venture-Partnern eigenverantwortlich zugewiesen. Bei Mängeln im jeweiligen Bereich wird dann im Innenverhältnis eine Ausgleichszahlung fällig.

(2) Ausscheiden von Mitgliedern

Typischer Fall eines Contractual Joint Venture ist die **Bewerbung für ein bestimmtes Projekt**, z.B. im Rahmen einer Arbeitsgemeinschaft (ARGE). Bis zur Abgabe der Bewerbung für das Projekt ist ein Ausscheiden eines Joint-Venture-Mitglieds zumeist ohne besonderen Grund zulässig. Sobald die Joint-Venture-Partner jedoch ihre Bewerbung abgegeben haben oder spätestens, wenn sie für das Projekt, für das sie sich zusammengeschlossen haben, den Zuschlag erhalten, sollte eine **Beendigung des Joint-Venture-Vertrages** – außer bei Vorliegen eines wichtigen Grundes – nur noch im Rahmen vertraglicher Regelungen möglich sein.

Die **wichtigen Kündigungsgründe** sollten im Joint-Venture-Vertrag ausdrücklich genannt werden. Wichtige Kündigungsgründe sollten vor allem ein drohendes Insolvenzverfahren bei einem der Vertragspartner oder wiederholte, schwerwiegende Vertragsverletzungen sein. Zudem sollte vereinbart werden, dass der verbleibende Vertragspartner das Projekt auch allein weiterführen kann. Auch eine **Regelung der finanziellen Folgen** des Ausscheidens darf nicht vergessen werden.

bb) Zentrale Regelungsbereiche eines Equity Joint Ventures

Bei der Planung und Durchführung eines Equity Joint Ventures ergeben sich regelmäßig bestimmte zentrale Regelungsbereiche, die insbesondere im Zusammenhang mit einer internationalen Unternehmung in dem **Joint-Venture-Vertrag** (»Framework Agreement«), dem eigentlichen »Grundgesetz« des Joint Ventures, zu regeln sind. Sind Konzerne an dem Joint Venture beteiligt, werden vor allem beim Equity Joint Venture häufig Tochtergesellschaften die Anteile am Joint Venture halten. Trotzdem ist für den Joint-Venture-Vertrag eine Beteiligung der Muttergesellschaft unerlässlich. Denn bei der Muttergesellschaft werden die wichtigen Entscheidungen getroffen, und sie stellt gewöhnlich die finanziellen Ressourcen.

Für das **Equity Joint Venture** sollten die vertraglichen Regelungen folgende Aspekte einbeziehen:

- Präambel
- Definitionen
  - Definitionen
  - Vertragspartner
- Errichtung des Joint Ventures
  - Gegenstand des Joint Ventures
  - Gesellschaftsstruktur des Joint Ventures
  - Gesellschaftszweck
    - Rechtsform, Firma, Sitz des Joint Ventures
    - Satzung, Geschäftsordnungen des Joint Ventures
  - Wirtschaftlicher Stichtag für die Errichtung des Joint Ventures
  - Verwaltung des Joint Ventures
    - Vorstand/Geschäftsführung
    - Besetzung
    - Leitung des Joint Ventures
    - Verwaltungssitz
    - Aufsichtsrat
    - Gesellschafterausschuss
  - Einbringung in das Joint Venture
    - Beteiligung der Vertragspartner
    - Grundsätze der beiderseitigen Zusammenführung der Geschäftsaktivitäten
    - Vermögensgegenstände
    - Know-how
    - Patente, Schutzrechte
    - Lizenz-, Kooperations- und Beratungsverträge
    - Vertriebsvereinbarungen
    - Angebote/Auftragsbestand
    - Sonstige Verträge
    - Mitarbeiter
    - Überleitung der Vertragsverhältnisse
  - Einbringung der Geschäftsbereiche sowie der Beteiligungen im In- und Ausland
- Bilanzen/Ausgleich
  - Bilanzen
  - Ausgleich/Anpassungen
- Aufschiebende Bedingung/Closing
  - Aufschiebende Bedingung
  - Closing
- Beziehungen der Vertragspartner untereinander und zum Joint Venture
  - Grundsätze
    - Parität, Einvernehmlichkeit
    - Arm's Length

- Finanzierung des Joint Ventures/Cash Management/Sicherheiten
- Partnerausschuss
- Unternehmensvertrag
- Berichtswesen, Jahresabschluss und Investor Relations
- Wettbewerbsverbot
- Lizenz- und Dienstleistungsverträge
  - Gewerbliche Schutzrechte
  - Namens- und Markenlizenzvertrag
  - Sonstige Dienstleistungsverträge
- Integrationskonzept und Management Appraisal

• Ausgleichszahlungen
  - Bewertung
  - Bilanzgarantie
  - Ausgleich

• Gewährleistungen, Due Diligence
  - Gewährleistungen
    - Gegenseitige Gewährleistungen
    - Gewährleistungszeitpunkt
  - Rechtsfolgen der Gewährleistungen
    - Nachbesserung und Schadensersatz
    - Ausschluss weitergehender Rechte
    - Freibetrag und Haftungsobergrenze
    - Verjährung
    - Aufrechnungsverbot, Zurückbehaltungsrecht
  - Due Diligence

• Freistellungen
  - Rechtsstreitigkeiten vor dem Stichtag
  - Rückrufaktionen
  - Umweltbeeinträchtigungen

• Inkrafttreten des Joint Venture
  - Aufschiebende Bedingungen, Zustimmungsvorbehalte
  - Kartellrechtliche Freigabe
  - Closing
    - Tag des Closing
    - Closing-Aktivitäten
    - Fortführung der Geschäftsbereiche bis zum Closing

• Laufzeit des Joint Venture, Beendigung der Zusammenarbeit
  - Laufzeit
  - Change of Control
  - Veräußerung von Anteilen
    - Andienungspflicht/Put Option/Call Option
    - Vorkaufsrecht
    - Rechtsnachfolge

• Verschiedenes
  - Durchsetzung der Rechte und Pflichten aus diesem Vertrag
  - Haftung

  - Kosten
  - Vertraulichkeit, Kommunikation
  - Rechtswahl, Schiedsklausel
  - Weitere Vereinbarungen, Schriftform, Überschriften
  - Salvatorische Klausel
  - Erklärungsadressaten
- Anlagen.

Neben der Frage, welche Regelungen in der **Grundsatzvereinbarung eines Joint-Venture-Vertrages** getroffen werden müssen und wie diese Regelungen inhaltlich zu fassen sind, gibt es weitere Überlegungen, die bei einem Joint Venture immer beachtet werden müssen:

(1) Die Rechtsform der Gesellschaft beim Equity Joint Venture

Gerade in der jüngeren Zeit wird für die Zusammenarbeit von Unternehmen zunehmend die Rechtsform der **selbstständigen Gemeinschaftsgesellschaft** (Equity Joint Venture) gewählt. Die Wahl der Rechtsform eines Equity Joint Ventures wird vor allem durch steuerliche Erwägungen bestimmt. Daneben sind bei der Auswahl vor allem die Flexibilität und die ausreichende Steuerungsmöglichkeit durch die Joint-Venture-Partner wichtige Kriterien.

(a) Übliche Rechtsformen

Hinsichtlich der **Gründungsformalitäten** ist festzustellen, dass eine **Personengesellschaft** in Form der OHG oder KG eine einfache vertragliche Struktur für ein Joint Venture bietet, die schnell und ohne überflüssige Formalitäten oder Kosten für die Registrierung insbesondere im Falle der Beteiligung mehrerer Gesellschafter (Publikumsgesellschaft) eingerichtet werden kann. Dies kann insbesondere hinsichtlich der Zeitplanung von Vorteil sein.

Im Vergleich hierzu sind bei der Errichtung einer Kapitalgesellschaft (GmbH und AG) mehr Formalitäten, Gründungsanforderungen und Registrierungserfordernisse zu erfüllen. Oftmals wird dabei in Deutschland die Kommanditgesellschaft in Form der **GmbH & Co. KG** als Vehikel für Joint Ventures genutzt, da sie die Flexibilität einer Personengesellschaft mit dem Vorteil der Haftungsbeschränkung des Kommanditisten verbindet. Ihre Flexibilität beruht vor allem darauf, dass es keiner Einzahlung eines bestimmten Mindestbetrags der Kommanditeinlage bedarf. Außerdem ist ein Zugriff auf das Gesellschaftsvermögen wesentlich einfacher als etwa bei einer GmbH. Darüber hinaus kann die Kommanditgesellschaft aufgrund ihrer steuerlichen Transparenz bei grenzüberschreitenden Transaktionen Steuervorteile bieten. Ein weiterer großer Vorteil der GmbH & Co. KG ist es, dass die GmbH, anders als die OHG und die KG, von einem oder mehreren Geschäftsführern anstelle der Gesellschafter geleitet werden kann, sodass die Errichtung einer GmbH & Co. KG auch die Möglichkeit bietet, ein externes Management zu etablieren.

Als weniger geeignet für ein Joint Venture ist hingegen die **Aktiengesellschaft** anzusehen. Die Weisungsungebundenheit des Vorstands gemäß § 76 Abs. 1 AktG, die Satzungsstrenge (vgl. § 23 Abs. 5 AktG) und nicht zuletzt die Kompliziertheit des deutschen Aktienrechts lassen vor allem für einen ausländischen Joint-Venture-Partner diese Gesellschaftsform als wenig attraktiv erscheinen.

(b) Die Europäische Wirtschaftliche Interessenvereinigung

Ein Rechtsvehikel über nationale Gesetze hinweg, das eine gewisse Attraktivität für die internationale Zusammenarbeit bietet, ist die **Europäische Wirtschaftliche Interessenvereinigung (EWIV)**. Zu den Vorteilen einer EWIV kann man die verhältnismäßig geringen Ausgaben für Errichtung und Verwaltung, die begrenzten Eintragungsanforderungen und die Flexibilität hinsichtlich der Regelungen über Geschäftsführung und Betrieb einer EWIV zählen, die auf die jeweilige Zusammenarbeit zugeschnitten werden können. Dennoch unterliegen EWIVs wesentlichen **Beschränkungen**, wie z. B. den folgenden:

- eine EWIV muss über Mitglieder mit Sitz in mindestens zwei Staaten der EU oder (neuerdings auch zulässig) innerhalb des weiteren Europäischen Wirtschaftsraums (EWR) verfügen;
- der Zweck einer EWIV darf nicht darin bestehen, Gewinne zu erzielen;
- die Tätigkeit einer EWIV muss den wirtschaftlichen Aktivitäten ihrer Mitglieder untergeordnet sein (d. h. sie darf nicht in einem anderen Bereich tätig sein oder selbst ein unabhängiges Geschäft/Praxis betreiben);
- eine EWIV kann nicht mehr als 500 Mitarbeiter beschäftigen;
- ein einzelnes Mitglied einer EWIV kann nicht eine Stimmenmehrheit an der Gesellschaft halten;
- bestehende Mitglieder müssen die Aufnahme neuer Mitglieder einstimmig genehmigen;
- die Mitglieder einer EWIV haften gesamtschuldnerisch unbegrenzt für deren Schulden und Verbindlichkeiten;
- ein Mitglied einer EWIV haftet für Schulden, die während seiner Mitgliedschaft eingegangen worden sind, für einen Zeitraum von fünf Jahren nach Beendigung seiner Mitgliedschaft weiter.

Eine EWIV ist daher von geringem Nutzen, wenn der Zweck des Joint Venture in erster Linie darin besteht, ein Gewinn bringendes Geschäft zu betreiben. Sie hat sich aber teilweise als geeignetes Mittel **für grenzüberschreitende berufliche Allianzen** bei Wirtschaftsprüfern, Rechtsanwälten und Wirtschaftsverbänden erwiesen. Gleiches gilt, wenn sie als Rechtsform für die grenzüberschreitende Zusammenarbeit im Bereich Forschung und Entwicklung zwischen Europäischen Gesellschaften oder für andere nicht gewinnorientierte Unternehmungen verwendet wird. Darüber hinaus hat sie sich in der Praxis jedoch als wenig sachdienlich erwiesen.

(c) Die Europäische Aktiengesellschaft

Am 08.10.2004 ist nach mehr als 30 Jahren Vorarbeit die EG-Verordnung Nr. 2157/2001 des Rates vom 08.10.2001 über das Statut der **europäischen Gesellschaft** (*Societas Europaea* – SE) in Kraft getreten.[14]

---

14 In Deutschland haben das Bundesministerium der Justiz und das Bundesministerium für Wirtschaft und Arbeit am 05.04.2004 zur Umsetzung der europarechtlichen Vorgaben einen gemeinsamen Referentenentwurf für ein »Gesetz zur Einführung der Europäischen Gesellschaft« vorgelegt, den das Bundeskabinett am 26.05.2004 beschlossen hat. Im Anschluss daran wurde das formelle Gesetzgebungsverfahren eingeleitet. Vgl. Verordnung (EG) Nr. 2157/2001 über das Statut der Europäischen Aktiengesellschaft und die Richtlinie 2001/86/EG hinsichtlich der Beteiligung der Arbeit-

Die sich aus einer solchen **supranationalen Gesellschaftsform** ergebenden Chancen liegen auf der Hand: Größere Mobilität durch grenzüberschreitende Sitzverlegung oder Verschmelzung, Verringerung des Verwaltungsaufwandes durch Einbringung diverser Tochtergesellschaften in eine europäische Aktiengesellschaft und einfachere Abwicklung paneuropäischer Transaktionen durch Vereinheitlichung des anwendbaren Rechts. Hinzu kommt, dass Unternehmen, die sich in der Rechtsform der europäischen Aktiengesellschaft organisieren, zwischen zwei verschiedenen Leitungssystemen wählen können, nämlich dem in Deutschland bestehenden dualistischen Modell mit einer Trennung von Vorstand und Aufsichtsrat einerseits und dem monistischen System, wie es etwa in England und Frankreich vorherrscht, andererseits. Das monistische System zeichnet sich dadurch aus, dass ein Verwaltungsrat die Gesellschaft leitet, indem er die Grundlinien der Unternehmenstätigkeit vorgibt und deren Umsetzung überwacht, während vom Verwaltungsrat bestellte und jederzeit abberufbare geschäftsführende Direktoren die laufenden Geschäfte der Gesellschaft führen.

Letztendlich ist der europäische Gesetzgeber im Hinblick auf die Vereinheitlichung aber hinter seinen Möglichkeiten zurückgeblieben, denn die Verordnung legt lediglich **gewisse Grundstrukturen** wie etwa die Gründungsformen und die Eckpunkte der Organverfassung fest. Alles Weitere bedarf der Regelung durch nationale Einführungsgesetze bzw. unterliegt dem nationalen Aktienrecht der jeweiligen Sitzstaaten. Auf Kapitalmaßnahmen und Strukturentscheidungen einer europäischen Aktiengesellschaft mit Sitz in Deutschland beispielsweise wird deutsches Aktienrecht Anwendung finden.

Auch die unterschiedlichen Formen der **Arbeitnehmermitbestimmung** bestehen unter dem Regime der europäischen Aktiengesellschaft grundsätzlich fort. Dieser Punkt stellte eines der wesentlichen Hindernisse auf dem Weg zur Schaffung der *Societas Europaea* dar, was sich auch in dem nach langen Verhandlungen gefundenen Kompromiss widerspiegelt. Die ebenfalls am 08.10.2004 in Kraft getretene EG-Richtlinie 2001/86 über die Beteiligung der Arbeitnehmer in der europäischen Gesellschaft sieht eine bis zu sechs Monate dauernde Verhandlungsperiode über die Mitbestimmungsrechte der Arbeitnehmer in der zu gründenden Gesellschaft vor (in Ausnahmefällen kann sich diese Periode sogar auf zwölf Monate verlängern). Kommt keine Einigung mit den Arbeitnehmern zustande, findet das strengste Mitbestimmungsrecht Anwendung, bei Sachverhalten mit deutscher Beteiligung also in der Regel die deutschen Vorschriften. Für ausländische Fusionspartner dürfte daher schon aus diesem Grunde eine Verschmelzung zur europäischen Aktiengesellschaft mit einem der Mitbestimmung unterliegenden deutschen Unternehmen ausscheiden.

Einen Teil ihrer Attraktivität hat die europäische Aktiengesellschaft aber auch durch die Rechtsprechung des Europäischen Gerichtshofes (EuGH) zur **Sitzverlegung von Gesellschaften** verloren. In den Entscheidungen »Überseering« und »Inspire Art« hat der EuGH klargestellt, dass es gegen die europarechtlich garantierte Niederlassungsfreiheit verstößt, wenn ein Mitgliedsstaat die Rechtsfähigkeit einer in einem anderen Mitgliedsstaat wirksam gegründeten juristischen Person bei Sitzverlegung nicht anerkennt. Damit kann nun beispielsweise eine britische Gesellschaft mit beschränkter Haftung ihren

---

nehmer, veröffentlicht im Amtsblatt Nr. L 294 der EG. Siehe dazu Gerhard Picot, Die europäische Aktiengesellschaft – Chance für europäische Unternehmen, M&A 11/2004, S. 455.

Verwaltungssitz unter Wahrung der Rechtspersönlichkeit ins europäische Ausland verlagern. Zur Schaffung größerer Mobilität bedurfte es der europäischen Aktiengesellschaft daher nicht mehr.

Ob sich die europäische Aktiengesellschaft in der gesellschaftsrechtlichen Praxis großer Beliebtheit erfreuen wird, bleibt angesichts der fortbestehenden Fragmentierung des anwendbaren Rechts abzuwarten. Auf jeden Fall stellt ihre Einführung einen wichtigen Schritt auf dem Weg zur **Schaffung eines europäischen Gesellschaftsrechts** dar.

In der Wirtschaftswelt hoffen viele darauf, dass diese staatenlose Gesellschaftsform in Gestalt der europäischen Aktiengesellschaft als geeignetes Vehikel für grenzüberschreitende europäische Unternehmen oder als Joint-Venture-Vehikel für Joint-Venture-Partner mit Sitz in verschiedenen europäischen Rechtssystemen dienen könnte. Das Ziel sollte es sein, ein Unternehmensvehikel für die Zusammenarbeit zwischen Unternehmen aus verschiedenen Mitgliedstaaten zur Verfügung zu stellen und so dazu beizutragen, die nationalen Barrieren zu beseitigen, die die Entwicklung des gemeinsamen Marktes behindern.

Der Vorteil der europäischen Aktiengesellschaft wird darin gesehen, dass die Unternehmen über die Grenzen hinweg fusionieren können und dabei angesichts eines einheitlichen Managements und Berichtsystems erhebliche Zeit und Kosten sparen. Eine in einem Mitgliedstaat eingetragene SE kann nämlich ihren Satzungssitz in einen anderen Mitgliedstaat verlegen, ohne – wie bisher – die Gesellschaft in dem ersten Mitgliedstaat auflösen und in dem neuen Mitgliedstaat neu gründen zu müssen. Es müssen nunmehr nicht mehr Tochtergesellschaften in verschiedenen Mitgliedstaaten nach verschiedenen nationalen Vorschriften gegründet werden. Dadurch ergeben sich deutlich geringere Verwaltungs- und Beratungskosten. Besonders interessant ist, dass auch GmbHs und Unternehmen mittlerer Größe in eine SE umgewandelt werden können. Gerade für mittelständische Unternehmen aus den verschiedenen Mitgliedstaaten ist die Rechtsform der SE bedeutsam, da das Mindestkapital für die SE auf lediglich EUR 120.000 festgesetzt wurde.

Die Aktien einer SE können an der Börse notiert werden und müssen dann ebenso behandelt werden, wie die Aktien einer Aktiengesellschaft nach innerstaatlichem Recht.

Das Hauptproblem für die Entwicklung einer europäischen Aktiengesellschaft bestand vor allem in dem Umfang, in dem Arbeitnehmer im Vorstand der SE vertreten sein oder zumindest zur Teilnahme durch Beratung, möglicherweise auch mit einem Veto-Recht unter bestimmten eingeschränkten Umständen, berechtigt sein sollten.

Der Kompromiss insbesondere in Bezug auf die Mitbestimmung sieht nunmehr vor, dass eine organbezogene Mitbestimmung bei grenzüberschreitenden Sachverhalten nicht mehr vorgegebener Teil der Unternehmensverfassung, sondern verhandelbar ist. Den Arbeitgeber- und Arbeitnehmervertretern wird gestattet, im Wege von Verhandlungen ein passendes Mitbestimmungsmodell zu vereinbaren. Die Richtlinie setzt daher Verhandlungen in einem Gremium voraus, das alle Arbeitnehmer der betroffenen Gesellschaften vertritt. Sollte dabei in diesem Gremium keine Einigung zustande kommen, sollen die Standardvorschriften im Anhang der Richtlinie gelten. Danach ist die Geschäftsleitung der SE verpflichtet, regelmäßig über Unternehmensvorgänge zu berichten und die Arbeitnehmervertretung auf der Grundlage dieser Berichte zu unterrichten und zu konsultieren.

Weitere Schlüsselmerkmale sind u.a. folgende:

- Gegründet werden kann die SE durch
  - Verschmelzung von zwei oder mehr Aktiengesellschaften aus mindestens zwei Mitgliedstaaten,
  - Bildung einer SE-Holding, an der Aktiengesellschaften oder GmbHs aus mindestens zwei verschiedenen Mitgliedstaaten beteiligt sind,
  - Gründung einer SE-Tochtergesellschaft durch Gesellschaften aus mindestens zwei verschiedenen Mitgliedstaaten oder
  - Umwandlung einer Aktiengesellschaft in eine SE, die seit mindestens zwei Jahren eine Tochtergesellschaft in einem anderen Mitgliedstaat hat.
- Die SE muss in dem Mitgliedstaat registriert werden, in dem sich ihre Hauptverwaltung befindet. Die Eintragung erfolgt entsprechend dem nach innerstaatlichen Recht gegründeten Gesellschaften, allerdings mit dem Unterschied, dass die Eintragung jeder SE im Amtsblatt der europäischen Gemeinschaften bekannt gemacht wird.
- Die Arbeitsverträge und Renten der Arbeitnehmer einer SE richten sich nach dem Recht der Mitgliedstaaten, in denen die Hauptverwaltung oder Zweigniederlassung ansässig ist. Im Hinblick auf die Betriebsrenten hat die Kommission im Oktober 2000 einen Vorschlag für eine Richtlinie über die betriebliche Altersversorgung vorgelegt, die auch für die SE von Vorteil wäre. Besonders vorteilhaft wäre hierbei auch die für ein Unternehmen bestehende Möglichkeit, einen einzigen Rentenfonds für alle in der EU beschäftigten Mitarbeiter des Unternehmens einzurichten.
- Die SE soll einer Aktiengesellschaft im jeweiligen Mitgliedstaat ähneln; dabei sollen dann Vorschriften, die für solche Aktiengesellschaften in dem jeweiligen Mitgliedstaat gelten, verwendet werden, um etwaige Lücken in dem allgemeinen Rahmen des geplanten Gesellschaftsgesetzes auszufüllen; insbesondere wäre das nationale Recht weiterhin anwendbar in so wichtigen Bereichen wie: steuerliche Behandlung (einschließlich grenzüberschreitender Aktivitäten der SE), Buchprüfungs- und Buchführungsanforderungen, Haftung des Vorstands, Aufbringung, Reduzierung und Erhaltung von Kapital.

Trotz der angestrebten Vorteile wird gegen die europäische Aktiengesellschaft deutliche Skepsis geübt. In dem SE-Statut sind viele Punkte offen gelassen worden, sodass der SE ein ähnliches Schicksal vorausgesagt wird, wie der EWIV. Kritisiert wird insbesondere, dass die SE ohne ein »geeignetes Steuerregime« nur begrenzt angenommen wird.[15] Beklagt wird auch, dass das Statut und die dazugehörige EU-Richtlinie zum Mitspracherecht der Arbeitnehmer zu komplex seien und zu viele Optionen anbieten.[16] Weiterhin werden Zweifel erhoben, dass von Unternehmerseite her überhaupt ein Interesse an dieser Rechtsform bestehe. Ein solches Interesse kann nur bestehen und die SE kann nur begrüßt werden, wenn ein wirklich einheitliches Gesellschaftsrecht geschaffen wird. Dies ist mit der Verabschiedung der SE aber noch nicht erreicht. Gerade wegen der häufigen Verweise

15 So der Präsident des europäischen Industrieverbandes (UNICE) George Jakobs, Handelsblatt vom 05.09.2001, S. 3.

16 Der spanische Lieberale Carles Alfred Gasòliba i Böhm sprach von 200 Konstellationen, die sich den Unternehmern EU-weit böten. Vgl. Handelsblatt vom 05.09.2001, S. 3.

auf die nationalen Rechte werden nicht die erhoffte einheitliche Rechtsform, sondern in Wahrheit 25 eher nationale als europäische Aktiengesellschaften errichtet werden.

Somit kann gesagt werden, dass die SE zwar eine wichtige Voraussetzung ist, um in der EU gleiche Wettbewerbsbedingungen zu schaffen und sowohl grenzüberschreitende Sitzverlegungen als auch Fusionen zu ermöglichen, jedoch kann das bislang verabschiedete Statut zur Schaffung der SE allenfalls als guter Schritt in die richtige Richtung gesehen werden. Ein einheitliches EU-Statut wird es allerdings mangels eines Konsenses in allen Punkten noch nicht geben.

Ob die SE daher in Zukunft als ein Joint-Venture-Vehikel verwendet werden kann, ist äußerst zweifelhaft.

(2) Der Sitz der Gesellschaft beim Equity Joint Venture

Eine weitere zentrale Frage bei der Errichtung eines internationalen Joint Ventures ist der **Sitz der Gesellschaft**.

Zumeist wird der Sitz der Gesellschaft in demjenigen Land liegen, in dem das Joint Venture tätig sein wird. Wollen die Joint-Venture-Partner den Sitz hingegen in einem Land errichten, in dem die Gesellschaft nicht tätig sein wird, so sind Fragen des **Internationalen Gesellschaftsrechts** zu beachten. Einige Rechtsordnungen nehmen diese Frage freilich den Joint-Venture-Partnern ab, indem sie die sog. Sitztheorie vertreten, nach der die Gesellschaft derjenigen Rechtsordnung unterliegt, in der sie tatsächlich ihren Verwaltungssitz hat.

(3) Steuerliche Belastungen

Die Einschätzung der steuerlichen Belastungen, die durch eine bestimmte Gestaltung entstehen, ist von grundlegender Bedeutung. In vielen Fällen kann durch die Errichtung einer Personengesellschaft eine größere **steuerliche Effizienz** erreicht werden. Aufgrund ihrer steuerlichen Transparenz können die anfänglichen Ausgaben unmittelbar den Joint-Venture-Partnern zugerechnet und gegen ihre Gewinne aufgerechnet werden. Dies kann insbesondere dann von Wert sein, wenn in den Anfangsjahren des Joint Ventures Verluste erwartet werden.

(4) Bilanztechnische Behandlung

Die Behandlung der Unternehmung in den **Bilanzen der Muttergesellschaften** kann von Belang sein und wird u.a. je nach Größe und Einfluss der Beteiligung der jeweiligen Muttergesellschaft an der Unternehmung unterschiedlich ausfallen. Dabei stellt sich insbesondere die Frage, ob es erforderlich – oder wünschenswert – ist, dass die Ergebnisse mit deren Bilanz als »Tochterunternehmen« konsolidiert werden.

(5) Finanzierung

Zwischen den Partnern ist zu regeln, wer die aktuelle und zukünftige **Finanzierungslast** trägt. Um die Finanzierung zu sichern, sind zudem präzise Regelungen über die Anforderung von Zahlungen, die Zahlungsfristen und die Folgen der verspäteten oder gänzlich ausbleibenden Zahlung notwendig.

(6) Leitung und Entscheidungskompetenzen
Die Leitung des Joint Venture und die Verteilung der **Entscheidungskompetenzen** (Corporate Governance[17]) muss klar geregelt werden. Beim Contractual Joint Venture bietet es sich regelmäßig an, eine Kontrollinstanz zu schaffen, an die Zweifels- und Streitfragen herangetragen werden können. Beim Equity Joint Venture wird die Frage der Besetzung des Managements und seiner Kompetenzen zentrale Bedeutung zukommen.

(7) Ausscheiden von Mitgliedern oder Beendigung des Equity Joint Venture
Einer besonderen Regelung bedarf es, unter welchen Voraussetzungen das Equity Joint Venture beendet werden soll sowie wann und unter welchen Voraussetzungen ein Vertragspartner das Recht haben soll, aus dem Equity Joint Venture auszuscheiden. Auch die Möglichkeit eines zwangsweisen Ausschlusses eines Joint-Venture-Partners muss geregelt werden. Insbesondere die finanziellen Folgen des Ausscheidens eines Partners aus dem Joint Venture bedürfen einer detaillierten Regelung.

(8) Streitbeilegung
Um das Auseinanderfallen eines Equity Joint Venture im Falle von **Meinungsverschiedenheiten** zu vermeiden, sind Regelungsmechanismen zu finden, mit denen interne Streitigkeiten gelöst werden können. Für die Praxis besonders geeignet sind z. B. die Verlagerung der Entscheidung auf eine höhere Instanz sowie die Einschaltung Dritter.

Bei der Verlagerung der Entscheidungskompetenz auf eine höhere Instanz werden höhere Entscheidungsträger der Joint-Venture-Partner eingeschaltet. Solange zwischen ihnen der Grundkonsens vorhanden ist, werden sie in den meisten Fällen eine Lösung finden. Zudem wird ein psychologischer Druck auf die am Joint Venture direkt beteiligten Personen ausgeübt, die im Regelfall vermeiden möchten, dass ihre Vorgesetzten bei jedem Streit involviert werden.

Bei der Einschaltung Dritter ist es zumeist ein Sachverständiger, der an Stelle der Vertragspartner eine Entscheidung trifft oder ein Schiedsgericht, welches verbindlich entscheidet. Staatliche Gerichte sind hingegen aufgrund der Publizität und langen Dauer der Verfahren eher ungeeignet.

cc) Genehmigungen Dritter

Für jedes Joint Venture ist es unerlässlich, bereits frühzeitig festzustellen, welche speziellen **Genehmigungen Dritter** für die Errichtung des Joint Venture erforderlich sind und welche Auswirkungen auf den zeitlichen Ablauf der Errichtung des Joint Venture diese haben können. Folgende Punkte sind zu beachten:

(1) Kartellrecht
Joint Ventures und Vereinbarungen über Zusammenarbeit bedürfen häufig **kartellrechtlicher Genehmigungen**. Die Einzelheiten werden umfassend unter B.IX. behandelt.

---

17 Siehe dazu Claasen, Teil A.II. »Corporate Governance beim Unternehmenskauf« in diesem Handbuch. Ferner: Gerhard Picot, Überblick über die Kontrollmechanismen im Unternehmen nach KonTraG, in: Lange/Wall, Risikomanagement nach dem KonTraG, 2001, S. 5 ff.

(2) Genehmigung der Gesellschafter

Ist einer der beteiligten Joint-Venture-Partner in der Rechtsform einer GmbH organisiert, kann aufgrund des Gesellschaftsvertrages die **Genehmigung der Gesellschafter** erforderlich sein.

Bei einer Aktiengesellschaft ist hingegen die Zustimmung der Aktionäre zur Errichtung des Joint Ventures im Prinzip nicht erforderlich, es sei denn, dass nahezu sämtliche Vermögensgegenstände der AG von der Joint-Venture-Vereinbarung betroffen sind (§ 179a AktG). Aber auch über diese Bestimmung hinaus muss der Vorstand in bestimmten Fällen die »ungeschriebene Hauptversammlungszuständigkeit« berücksichtigen, und zwar nach der sog. »**Holzmüller-Entscheidung**« des BGH vom 25.02.1982[18] insbesondere bei Maßnahmen des Vorstandes, die mit einem ernsthaften Eingriff in die Mitglieds- und Vermögensrechte der Aktionäre einhergehen.[19]

dd) Rechte der Arbeitnehmer

Verpflichtungen zur Beratung mit Arbeitnehmervertretern können für die zeitliche Planung des Joint Ventures ebenfalls von wesentlicher Bedeutung sein.

Bei der Durchführung der Übertragung eines Betriebes und der Übertragung der entsprechenden Arbeitnehmer auf ein Joint Venture sowie für die mit der Errichtung der Joint-Venture-Gesellschaft verbundenen Umstrukturierungs- und Reorganisierungsmaßnahmen muss ein **komplexes System arbeitsrechtlicher Vorschriften** beachtet werden. Dies gilt insbesondere, wenn das Joint Venture zu einem erheblichen Personalabbau oder einer wesentlichen Veränderung der Arbeitsbedingungen bei den Arbeitnehmern des Joint Ventures führt. Das Betriebsverfassungsgesetz, das Kündigungsschutzgesetz und die Bestimmung des § 613a BGB (Betriebsübergang) können hier wesentliche Auswirkungen auf die inhaltliche und zeitliche Gestaltung des Joint Ventures haben.

ee) Gesellschaftsverträge

Beim Equity Joint Venture ist neben dem Joint-Venture-Vertrag zusätzlich noch der Abschluss von Gesellschaftsverträgen erforderlich. Grundsätzlich wäre es beim Equity Joint Venture sogar möglich, auf einen Joint-Venture-Vertrag zu verzichten und sämtliche Regelungen im Gesellschaftsvertrag zu treffen. Die damit verbundene Publizität (der Gesellschaftsvertrag ist beim Handelsregister des jeweils zuständigen Amtsgerichtes öffentlich einsehbar) führt aber im Regelfall zum Abschluss eines vom Gesellschaftsvertrag getrennten Joint-Venture-Vertrages.

Zudem ist darauf zu achten, dass der Gesellschaftsvertrag auf den Joint-Venture-Vertrag abgestimmt werden muss. Im Joint-Venture-Vertrag sollten daher auch entsprechende Pflichten zu einer Anpassung des Gesellschaftsvertrages für den Fall enthalten sein, dass Widersprüche auftreten. Daneben sollte im Joint-Venture-Vertrag der Vorrang

---

18 BGHZ 83, 122 ff. (128, 133 f.).

19 BGH, Urteile vom 26.04.2004 – II ZR 154/02 (»Gelatine«-Urteil), BB 2004, H. 22, 1182 ff. und II ZR 155/02, BB 2004, H. 23.; vgl. Münchener Handbuch des Gesellschaftsrechts Bd. 4 – Krieger, § 69, Rdn. 8; Lutter, FS Stimpel 1985, 825, 850.

des Joint-Venture-Vertrages gegenüber dem Gesellschaftsvertrag ausdrücklich hervorgehoben werden.

ff) Gewährleistung und Due Diligence

Ein wichtiges Sonderproblem, welches sich bei den Verhandlungen für ein Joint Venture immer wieder ergibt, ist die Frage, in welchem Umfang Gewährleistungen oder Freistellungen von der jeweils anderen Joint-Venture-Partei verlangt werden können. Insbesondere, wenn wesentliche Vermögensgegenstände oder ein Betrieb in das Joint Venture eingebracht werden, besteht seitens der Joint-Venture-Partner ein berechtigtes Interesse daran, zu wissen, ob die von dem jeweils anderen Partner eingebrachten Vermögensgegenstände tatsächlich dem angenommenen Wert entsprechen und keine Mängel aufweisen. Entsprechendes gilt auch für die Forderung eines Joint-Venture-Partners, Angelegenheiten des Betriebes oder der Vermögensgegenstände, welche in das Joint Venture eingebracht werden, im Rahmen einer Due Diligence im Vorfeld der Verhandlungen oder zumindest vor Abschluss und Unterzeichnung der Verträge zu offenbaren.

Zusammenfassend lässt sich sagen, dass sowohl die Gewährleistung als auch die Durchführung einer Due Diligence mit den sich jeweils daran anschließenden Fragen ein viel diskutiertes Problem sind. Die Verhandlung eines umfangreichen Gewährleistungspaketes kann in der kooperativen oder konstruktiven Atmosphäre der Verhandlungen oft befremdlich wirken. Ebenso kann die Durchführung einer Due Diligence bis in alle Einzelheiten den Eindruck mangelnden Vertrauens hervorrufen und als überflüssige Formalität angesehen werden.

Gegen Gewährleistungen wird eingewandt, dass bei ihrer Verletzung eine Durchsetzung häufig nicht durchführbar sein dürfte. Denn wenn das Joint-Venture-Unternehmen einmal errichtet worden ist, dürfte eine Klage gegen den Geschäftspartner in den seltensten Fällen ein realistisches geschäftliches Verhalten darstellen. Denn ein gerichtliches Vorgehen gegen einen Joint-Venture-Partner wird kaum mit der Aufrechterhaltung einer kooperativen Beziehung vereinbar sein, wie sie für die Fortführung eines Joint Ventures erforderlich ist.

Vor allem bei einem inländischen Joint Venture wird daher häufig die Frage nach der Notwendigkeit einer Due Diligence und von Gewährleistungsregelungen gestellt. Unzweifelhaft ist die Wahl des Joint-Venture-Partners von entscheidender Bedeutung. Da eine spätere Durchsetzung von Gewährleistungsrechten, außer unter besonders krassen Umständen, kaum realistisch sein wird, ist es hilfreich, eine Due Diligence vor Vertragsabschluss durchzuführen, anhand derer das Unternehmen des anderen Partners und der Zustand seines Betriebes bzw. seiner einzubringenden Vermögensgegenstände beurteilt werden können.

Gewährleistungsregelungen errichten zudem – auch wenn ihre Durchsetzung eher unrealistisch ist – zumindest einen psychologischen Druck auf die Gegenseite, alle wesentlichen Umstände für das Joint Venture offen zu legen. Als Argument kann einem skeptischen Partner insoweit auch entgegengehalten werden, dass die Gewährleistungen meistens nicht nur einseitig, sondern von beiden Partnern abgegeben werden und auf diese Weise das Sicherheitsbedürfnis beider Joint-Venture-Partner befriedigt wird.

2. Unternehmenszusammenschluss (Umwandlung)

Das Gesellschaftsrecht geht vom **Begriff des Unternehmens** als einer auf Dauer angelegten und in der Regel gewinnstrebenden wirtschaftlichen Organisation aus.[20] Bei der Vorbereitung und Durchführung von Mergers & Acquisitions sowie beim **Zusammenschluss von Unternehmenseinheiten** geht es gesellschaftsrechtlich vor allem darum, einerseits das bestehende ordnungspolitische Umfeld (Rechtsformfragen) und andererseits den Interessenausgleich der Gesellschafter (interne Regelungen unter den Gesellschaftern) im Rahmen der wirtschaftlichen Zielsetzung optimal zu gestalten, anzupassen oder zu begleiten.

Die gesellschaftsrechtlichen Maßnahmen berühren dabei vornehmlich Fragen

- der Aufnahme neuer Gesellschafter,
- des Gesellschafterwechsels,
- der Veränderung des Kapitals bei Kapitalgesellschaften (die ebenfalls zur Aufnahme neuer Gesellschafter führen kann),
- der Gründung von Personen- und Kapitalgesellschaften,
- alle Formen der Umwandlung, und zwar durch
  - Verschmelzung
  - Spaltung
  - Vermögensübertragung
  - Formwechsel.

Mergers & Acquisitions wurden früher in Deutschland – im Gegensatz zu weiten Teilen des Auslandes – erheblich dadurch behindert, dass der Gesetzgeber die Möglichkeiten, Unternehmen vor, bei oder nach Transaktionen umzustrukturieren nur unzulänglich, unübersichtlich und unvollständig geregelt hatte.

Seit dem 01.01.1995 sind die früher bestehenden gesetzlichen Möglichkeiten zur Umwandlung von Unternehmen durch Vermögensübertragung im Wege der Rechtsnachfolge oder durch Wechsel der Rechtsform herausgelöst, für gleichgelagerte Sachverhalte einander angeglichen und für alle betroffenen Rechtsformen der Unternehmen in dem Gesetz zur Bereinigung des Umwandlungsrechtes (UmwBerG) zusammengefasst, systematisiert und erweitert worden. Das UmwBerG hat darüber hinaus zahlreiche **neue Möglichkeiten der Umwandlung von Unternehmen** geschaffen und sie auf bisher überhaupt nicht oder nur teilweise erfasste Rechtsformen ausgedehnt.[21]

Neben dem Umwandlungsgesetz bleibt das **traditionelle Instrumentarium der Unternehmensrestrukturierung** (Einbringung von Unternehmen, Kapitalerhöhungen sowie die Veränderung der Personengesellschaftsstruktur unter Heranziehung des Anwachsungsprinzips) weiterhin für die Praxis von Bedeutung.

Das Gesellschaftsrecht beinhaltet hierbei nicht nur rechtliche Rahmenbedingungen. Wo es zum Beispiel um Fragen der Kapitalerhöhung oder des Ausschusses von Gesell-

20 Siehe dazu Petersen/Zwirner, DB 2008, S. 481 ff. mit weiteren Nachweisen.

21 Ausführlich hierzu Picot/Müller-Eising, in: Gerhard Picot, Unternehmenskauf und Restrukturierung, Teil 2.

schaftern geht, können gesellschaftsrechtliche Aspekte vielmehr die alleinigen Beweggründe für eine Umstrukturierung darstellen.

a) Umwandlungsarten und umwandlungsfähige Unternehmen

Als **Umwandlungsarten** sieht § 1 des Umwandlungsgesetzes (UmwG) **die Verschmelzung, die Spaltung (Aufspaltung, Abspaltung, Ausgliederung), die Vermögensübertragung und den Rechtsformwechsel** vor. Diese Aufzählung ist abschließend, sodass andere Umwandlungsarten einer ausdrücklichen gesetzlichen Regelung bedürfen. Die genannten Umwandlungsarten sind im UmwG im Einzelnen sehr detailliert dargestellt; dabei werden angesichts der Vielzahl der Umwandlungsfälle aus Gründen der Übersichtlichkeit und Vereinfachung die für alle Rechtsformen geltenden Regeln jeweils vorangestellt, bevor Einzelfragen bestimmter Rechtsformen zu den verschiedenen Umwandlungsarten geregelt werden.

Als **umwandlungsfähige Unternehmen** (das Gesetz spricht von **Rechtsträgern**) werden dabei durchgehend Personenhandels- und Kapitalgesellschaften (GmbH, Aktiengesellschaft) sowie teilweise auch die übrigen Rechtsformen angesehen, sofern diese Gesellschaften ihren Sitz im Inland haben.

aa) Die Verschmelzung

Zunächst befasst sich das UmwG in seinen §§ 2 bis 122 mit der **Verschmelzung**. Bei diesem Vorgang wird das Vermögen eines oder mehrerer Unternehmen als Ganzes auf einen neuen oder bereits bestehenden Rechtsträger überführt, wofür wiederum Anteile an diesem Rechtsträger an die Inhaber des übertragenden Unternehmens gewährt werden. Die Ausgestaltung lehnt sich aufgrund der europäischen Vorgaben an die bisherige aktienrechtliche Regelung an.

Gemäß § 1 Abs. 1 UmwG konnten **bislang Verschmelzungen nur zwischen Rechtsträgern mit Sitz im Inland** erfolgen; grenzüberschreitende Vorgänge wurden von dem neuen UmwG nicht erfasst.

Angesichts dieser Situation hatte sich die Praxis bislang gezwungen gesehen, selbst Modelle zu erzeugen, um die Zusammenführung globaler Unternehmenseinheiten zu ermöglichen. Dabei bediente sie sich derjenigen nationalen Rechtsordnung, die für komplexe Transaktionsstrukturen die größtmögliche Gestaltungsfreiheit bietet. Ein Beispiel war etwa das »Business Combination Agreement« bei DaimlerChrysler, das als Modell für weitere supranationale Unternehmenszusammenschlüsse dienen mag. Obwohl dieser Kernvertrag des Unternehmenszusammenschlusses in weiten Teilen gesellschaftsrechtliche Maßnahmen nach deutschem Recht zum Gegenstand hatte, unterstellten die Vertragspartner diesen Vertrag dem flexibleren Recht des US-Bundesstaates Delaware.[22]

22 Vgl. Thoma/Reuter, M&A-Review 1999, 314 ff.

Diese Ausgangslage hat sich mit der am 25.04.2007 in Kraft getretenen Änderung des UmwG grundlegend geändert.[23] Der deutsche Gesetzgeber hat damit die gesellschaftsrechtlichen Vorgaben der Verschmelzungsrichtlinie[24] unter Berücksichtigung der neueren Rechtsprechung des Europäischen Gerichtshofes umgesetzt. Entsprechend den Vorgaben der Verschmelzungsrichtlinie und der europäischen Rechtsprechung wurden nun mit Aufnahme der §§ 122a ff. in das UmwG die **Zulässigkeit und Durchführung grenzüberschreitender Verschmelzungen unter Beteiligung deutscher Kapitalgesellschaften** ausdrücklich gesetzlich geregelt.[25]

Bereits zuvor hatte der Gerichtshof in der Rechtsache »SEVIC Systems AG« vom 13.12.2005[26] entschieden, dass der reine Inlandsbezug des UmwG im Widerspruch zu europäischem Recht steht. Der Sachverhalt betraf die SEVIC Systems AG, die mit einer in Luxemburg ansässigen Gesellschaft durch deren Aufnahme mittels Verschmelzung ohne Abwicklung fusionieren wollte. Der Eintragungsantrag wurde mit der Begründung zurückgewiesen, das deutsche Umwandlungsrecht sehe die Beteiligung nicht in Deutschland ansässiger Gesellschaften an Umwandlungsverfahren nach dem deutschen UmwG nicht vor. Im Rahmen der hiergegen eingelegten Beschwerde hatte der EuGH entschieden, dass – obwohl die Verschmelzung zum Untergang des den Rechtsschutz begehrenden Rechtsträgers führt – **Hineinverschmelzungen** von der in Art. 43, 48 EG-Vertrag garantierten **Niederlassungsfreiheit** erfasst sein können. Dabei hat der EuGH die Niederlassungsfreiheit als elementare Freiheit eines Unternehmens zur Teilnahme am Wirtschaftsleben des anderen Mitgliedstaates qualifiziert, deren Wirkung frühestens mit Auflösung des Rechtsträgers und nicht bereits mit der Absicht einer Auflösung aufhört.[27]

Der **Inhalt des Verschmelzungsvertrages** ist in § 5 UmwG geregelt. Gemäß Abs. 1 dieser Bestimmung muss der Vertrag oder sein Entwurf mindestens folgende Angaben enthalten:

1. den Namen oder die Firma und den Sitz der an der Verschmelzung beteiligten Rechtsträger;
2. die Vereinbarung über die Übertragung des Vermögens jedes übertragenden Rechtsträgers als Ganzes gegen Gewährung von Anteilen oder Mitgliedschaften an dem übernehmenden Rechtsträger;
3. das Umtauschverhältnis der Anteile und gegebenenfalls die Höhe der baren Zuzahlung oder Angaben über die Mitgliedschaft bei dem übernehmenden Rechtsträger;

---

23 Zweites Gesetz zur Änderung des Umwandlungsgesetzes vom 19.04.2007, BGBl. Teil I Nr. 15 v. 24.04.2007, S. 542 ff.

24 Richtlinie 2005/56/EG des Europäischen Parlaments und des Rates vom 26.10.2005 über die Verschmelzung von Kapitalgesellschaften aus verschiedenen Mitgliedstaaten (Verschmelzungsrichtlinie), ABl.EU Nr. L 310 v. 25.11.2005, S. 1 ff.

25 So ist z. B. die Regelung des § 132 UmwG (Vorrang des allgemeinen Rechts), die sich für Spaltungen als hinderlich erwies, weggefallen. Zu den weiteren Änderungen des UmwG betreffend nationale Verschmelzungsverfahren vgl. die Ausführungen bei Heckschen, DNotZ 2007, S. 444–465.

26 Urteil des EuGH in der Rechtssache SEVIC Systems AG v. 13.12.2005 (RS. C-411/03). Siehe dazu Gerhard Picot, Die »SEVIC«-Entscheidung des EuGH, M&A Review 2/2006 S. III.

27 Eingehend dazu Gerhard Picot/Indra Antropius, Grenzüberschreitende Verschmelzungen – Zulässigkeit und Verfahrensablauf nach Umsetzung der Richtlinie 2005/56 EG, M&A-Review, Heft 10/2007, S. 433 - 437.

4. die Einzelheiten für die Übertragung der Anteile des übernehmenden Rechtsträgers oder über den Erwerb der Mitgliedschaft bei dem übernehmenden Rechtsträger;
5. den Zeitpunkt, von dem an diese Anteile oder die Mitgliedschaften einen Anspruch auf einen Anteil am Bilanzgewinn gewähren, sowie alle Besonderheiten in Bezug auf diesen Anspruch;
6. den Zeitpunkt, von dem an die Handlungen der übertragenden Rechtsträger als für Rechnung des übernehmenden Rechtsträgers vorgenommen gelten (Verschmelzungsstichtag);
7. die Rechte, die der übernehmende Rechtsträger einzelnen Anteilsinhabern sowie den Inhabern besonderer Rechte wie Anteile ohne Stimmrecht, Vorzugsaktien, Mehrstimmrechtsaktien, Schuldverschreibungen und Genussrechte gewährt, oder die für diese Personen vorgesehenen Maßnahmen;
8. jeden besonderen Vorteil, der einem Mitglied eines Vertretungsorgans oder eines Aufsichtsorgans der an der Verschmelzung beteiligten Rechtsträger, einem geschäftsführenden Gesellschafter, [einem Partner,] einem Abschlussprüfer oder einem Verschmelzungsprüfer gewährt wird;
9. die Folgen der Verschmelzung für die Arbeitnehmer und ihre Vertretungen sowie die insoweit vorgesehenen Maßnahmen.

Befinden sich alle Anteile eines übertragenden Rechtsträgers in der Hand des übernehmenden Rechtsträgers, so entfallen gemäß § 5 Abs. 2 UmwG die Angaben über den Umtausch der Anteile (Abs. 1 Nr. 2 bis 5), soweit sie die Aufnahme dieses Rechtsträgers betreffen.

Der Vertrag oder sein Entwurf ist gemäß § 5 Abs. 3 UmwG **spätestens einen Monat** vor dem Tage der Versammlung der Anteilsinhaber jedes beteiligten Rechtsträgers, die gemäß § 13 Abs. 1 UmwG über die Zustimmung zum Verschmelzungsvertrag beschließen soll, dem **zuständigen Betriebsrat** dieses Rechtsträgers zuzuleiten.

bb) Die Spaltung

Die §§ 123–173 UmwG regeln den Vorgang der **Spaltung**. Zwar waren Spaltungsvorgänge schon bisher durch bestimmte andere rechtliche Konstruktionen, insbesondere im Wege der Einzelrechtsübertragung, möglich. Das UmwG eröffnet aber allgemein die Möglichkeit der Spaltung im Wege der Gesamtrechtsnachfolge (§§ 123 ff. UmwG).

Dabei unterscheidet das UmwG zwischen

- **Aufspaltung**
- **Abspaltung**
- **Ausgliederung.**

Bei der **Aufspaltung** (§ 123 Abs. 1 UmwG) löst sich ein Rechtsträger ohne Abwicklung auf, indem er im Wege der Sonderrechtsnachfolge **sein gesamtes Vermögen** auf mehrere andere Rechtsträger (mindestens 2) verteilt; dafür werden den Anteilsinhabern des übertragenden Rechtsträgers wie bei der Verschmelzung Anteile an den übernehmenden (u.U. neuen) Rechtsträgern gewährt.

Demgemäß kann ein Rechtsträger (übertragender Rechtsträger) unter Auflösung ohne Abwicklung sein Vermögen aufspalten

1. **zur Aufnahme durch gleichzeitige Übertragung der Vermögensteile** jeweils als Gesamtheit auf andere bestehende Rechtsträger (übernehmende Rechtsträger) oder
2. **zur Neugründung durch gleichzeitige Übertragung der Vermögensteile** jeweils als Gesamtheit auf andere, von ihm dadurch gegründete neue Rechtsträger gegen Gewährung von Anteilen oder Mitgliedschaften dieser Rechtsträger an die Anteilsinhaber des übertragenden Rechtsträgers (Aufspaltung).

Bei der **Abspaltung** (§ 123 Abs. 2 UmwG) überträgt ein Rechtsträger **nur einen Teil** oder **Teile seines Vermögens**, sodass er **weiterhin bestehen bleibt**. Für die Übertragung des Vermögensteils, in der Regel eines Betriebes oder mehrere Betriebe, werden den Inhabern **des übertragenen Rechtsträgers** wiederum **Anteile** an den empfangenden Rechtsträgern **gewährt**. Bei der Aufspaltung wird das Unternehmen, das sein Vermögen überträgt, aufgelöst. Bei der Abspaltung und der Ausgliederung bleibt das Unternehmen dagegen neben den übernehmenden Rechtsträgern bestehen. Demgemäß kann ein Rechtsträger (übertragender Rechtsträger) bei der Abspaltung (§ 123 Abs. 2 UmwG) von seinem Vermögen einen Teil oder mehrere Teile abspalten

1. **zur Aufnahme durch Übertragung dieses Teils oder dieser Teile** jeweils als Gesamtheit auf einen bestehenden oder mehrere bestehende Rechtsträger (übernehmende Rechtsträger) oder
2. **zur Neugründung durch Übertragung dieses Teils oder dieser Teile** jeweils als Gesamtheit auf einen oder mehrere, von ihm dadurch gegründeten neuen oder gegründete neue Rechtsträger gegen Gewährung von Anteilen oder Mitgliedschaften dieses Rechtsträgers oder dieser Rechtsträger an die Anteilsinhaber des übertragenden Rechtsträgers (Abspaltung).

Die **Ausgliederung** (§ 123 Abs. 3 UmwG) sieht ebenfalls vor, dass **nur ein Teil** oder **Teile des Vermögens** auf andere Rechtsträger übertragen werden. Dafür werden die **Anteile der übernehmenden** oder neuen Rechtsträger **an den übertragenden Rechtsträger selbst, nicht** dagegen an dessen **Inhaber** geleistet. Im Hinblick auf die Gegenleistung für die Vermögensübertragung weicht die Ausgliederung von der Aufspaltung und der Abspaltung insofern ab, als bei der Ausgliederung die Anteile an dem das Vermögen übernehmenden Rechtsträger an das übertragende Unternehmen selbst, bei der Auf- und Abspaltung hingegen an die Inhaber des übertragenden Unternehmens geleistet werden. Ein Rechtsträger (übertragender Rechtsträger) kann demgemäß nach § 123 Abs. 3 UmwG aus seinem Vermögen einen Teil oder mehrere Teile ausgliedern

1. **zur Aufnahme durch Übertragung dieses Teils oder dieser Teile** jeweils als Gesamtheit auf einen bestehenden oder mehrere bestehende Rechtsträger (übernehmende Rechtsträger) oder
2. **zur Neugründung durch Übertragung dieses Teils oder dieser Teile** jeweils als Gesamtheit auf einen oder mehrere, von ihm dadurch gegründeten neuen oder gegründete neue Rechtsträger gegen Gewährung von Anteilen oder Mitgliedschaften dieses Rechtsträgers oder dieser Rechtsträger an den übertragenden Rechtsträger (Ausgliederung).

Gemäß § 123 Abs. 4 UmwG kann die Spaltung auch durch gleichzeitige Übertragung auf bestehende und neue Rechtsträger erfolgen.

Der **Spaltungs- und Übernahmevertrag** oder sein Entwurf muss gemäß § 126 Abs. 1 UmwG mindestens folgende Angaben enthalten:

1. den Namen oder die Firma und den Sitz der an der Spaltung beteiligten Rechtsträger;
2. die Vereinbarung über die Übertragung der Teile des Vermögens des übertragenden Rechtsträgers jeweils als Gesamtheit gegen Gewährung von Anteilen oder Mitgliedschaften an den übernehmenden Rechtsträgern;
3. bei Aufspaltung und Abspaltung das Umtauschverhältnis der Anteile und gegebenenfalls die Höhe der baren Zuzahlung oder Angaben über die Mitgliedschaft bei den übernehmenden Rechtsträgern;
4. bei Aufspaltung und Abspaltung die Einzelheiten für die Übertragung der Anteile der übernehmenden Rechtsträger oder über den Erwerb der Mitgliedschaft bei den übernehmenden Rechtsträgern;
5. den Zeitpunkt, von dem an diese Anteile oder die Mitgliedschaft einen Anspruch auf einen Anteil am Bilanzgewinn gewähren, sowie alle Besonderheiten in Bezug auf diesen Anspruch;
6. den Zeitpunkt, von dem an die Handlungen des übertragenden Rechtsträgers als für Rechnung jedes der übernehmenden Rechtsträger vorgenommen gelten (Spaltungsstichtag);
7. die Rechte, welche die übernehmenden Rechtsträger einzelnen Anteilsinhabern sowie den Inhabern besonderer Rechte wie Anteile ohne Stimmrecht, Vorzugsaktien, Mehrstimmrechtsaktien, Schuldverschreibungen und Genussrechte gewähren, oder die für diese Personen vorgesehenen Maßnahmen;
8. jeden besonderen Vorteil, der einem Mitglied eines Vertretungsorgans oder eines Aufsichtsorgans der an der Spaltung beteiligten Rechtsträger, einem geschäftsführenden Gesellschafter, einem Partner, einem Abschlussprüfer oder einem Spaltungsprüfer gewährt wird;
9. die genaue Bezeichnung und Aufteilung der Gegenstände des Aktiv- und Passivvermögens, die an jeden der übernehmenden Rechtsträger übertragen werden, sowie der übergehenden Betriebe und Betriebsteile unter Zuordnung zu den übernehmenden Rechtsträgern;
10. bei Aufspaltung und Abspaltung die Aufteilung der Anteile oder Mitgliedschaften jedes der beteiligten Rechtsträger auf die Anteilsinhaber des übertragenden Rechtsträgers sowie den Maßstab für die Aufteilung;
11. die Folgen der Spaltung für die Arbeitnehmer und ihre Vertretungen sowie die insoweit vorgesehenen Maßnahmen.

Soweit für die Übertragung von Gegenständen im Falle der Einzelrechtsnachfolge in den allgemeinen Vorschriften eine besondere Art der Bezeichnung bestimmt ist, sind diese Regelungen gemäß § 126 Abs. 2 UmwG auch für die Bezeichnung der Gegenstände des Aktiv- und Passivvermögens (Absatz 1 Nr. 9) anzuwenden. § 28 der Grundbuchordnung ist zu beachten. Im Übrigen kann auf Urkunden wie Bilanzen und Inventare Bezug genommen werden, deren Inhalt eine Zuweisung des einzelnen Gegenstandes ermöglicht; die Urkunden sind dem Spaltungs- und Übernahmevertrag als Anlagen beizufügen.

Der Vertrag oder sein Entwurf ist gemäß § 126 Abs. 3 UmwG **spätestens einen Monat** vor dem Tage der Versammlung der Anteilsinhaber jedes beteiligten Rechtsträgers, die gemäß § 125 UmwG in Verbindung mit § 13 Abs. 1 UmwG über die Zustimmung zum Spaltungs- und Übernahmevertrag beschließen soll, **dem zuständigen Betriebsrat dieses Rechtsträgers** zuzuleiten.

cc) Die Vermögensübertragung

Die **Vermögensübertragung** (§§ 174–189 UmwG) unterscheidet sich von der Verschmelzung ebenfalls durch die **Art der Gegenleistung**.

Zwar wird auch bei der Vermögensübertragung das Vermögen als Ganzes im Wege der **Gesamtrechtsnachfolge** auf einen anderen Rechtsträger übertragen; die **Gegenleistung** besteht aber nicht in der Gewährung von Anteilen an diesem Rechtsträger, sondern **wird in anderer Form, insbesondere in Geld** erbracht.

Gemäß § 174 Abs. 1 UmwG kann ein Rechtsträger (übertragender Rechtsträger) unter Auflösung ohne Abwicklung sein Vermögen als Ganzes auf einen anderen bestehenden Rechtsträger (übernehmender Rechtsträger) gegen Gewährung einer Gegenleistung an die Anteilsinhaber des übertragenden Rechtsträgers, die nicht in Anteilen oder Mitgliedschaften besteht, übertragen (**Vollübertragung**).

Ein **Rechtsträger (übertragender Rechtsträger)** kann nach § 174 Abs. 2 UmwG

1. unter Auflösung ohne Abwicklung sein Vermögen aufspalten durch gleichzeitige Übertragung der Vermögensteile jeweils als Gesamtheit auf andere bestehende Rechtsträger,
2. von seinem Vermögen einen Teil oder mehrere Teile abspalten durch Übertragung dieses Teils oder dieser Teile jeweils als Gesamtheit auf einen oder mehrere bestehende Rechtsträger oder
3. aus seinem Vermögen einen Teil oder mehrere Teile ausgliedern durch Übertragung dieses Teils oder dieser Teile jeweils als Gesamtheit auf einen odere mehrere bestehende Rechtsträger gegen Gewährung der in § 174 Abs. 1 UmwG bezeichneten Gegenleistung in den Fällen der Nummern 1 und 2 an die Anteilsinhaber des übertragenden Rechtsträgers, im Falle der Nummer 3 an den übertragenden Rechtsträger (**Teilübertragung**).

Eine **Vollübertragung oder Teilübertragung** ist gemäß § 175 UmwG jeweils nur möglich

1. von einer Kapitalgesellschaft auf den Bund, ein Land, eine Gebietskörperschaft oder einen Zusammenschluss von Gebietskörperschaften;
2. a) von einer Versicherungs-Aktiengesellschaft auf Versicherungsvereine auf Gegenseitigkeit oder auf öffentlich-rechtliche Versicherungsunternehmen;
   b) von einem Versicherungsverein auf Gegenseitigkeit auf Versicherungs-Aktiengesellschaften oder auf öffentlich-rechtliche Versicherungsunternehmen;
   c) von einem öffentlich-rechtlichen Versicherungsunternehmen auf Versicherungs-Aktiengesellschaften oder auf Versicherungsvereine auf Gegenseitigkeit.

dd) Der Formwechsel

Beim **Formwechsel** (§§ 190–304 UmwG) geht es – anders als bei den vorgenannten Umwandlungsformen – nicht um eine Vermögensübertragung im eigentlichen Sinne; **das formwechselnde Unternehmen ändert vielmehr lediglich seine Rechtsform und die**

rechtliche Struktur, nicht aber seine Identität (§ 190 Abs. 1 UmwG). Im Zusammenhang mit der Restrukturierung von Unternehmen nach einem Unternehmenskauf ist dabei der Formwechsel von einer Kapitalgesellschaft in eine Personengesellschaft von besonderem Interesse, um dabei durch **Buchwertaufstockung** zusätzliches Abschreibungspotenzial zu schaffen. Dadurch kann der Cashflow der erworbenen Gesellschaft erhöht und damit die Finanzierung des Unternehmenskaufs erleichtert werden.

Gemäß § 191 Abs. 1 UmwG können **formwechselnde Rechtsträger** sein
1. Personenhandelsgesellschaften (§ 3 Abs. 1 Nr. 1) und Partnergesellschaften;
2. Kapitalgesellschaften (§ 3 Abs. 1 Nr. 2);
3. eingetragene Genossenschaften;
4. rechtsfähige Vereine;
5. Versicherungsvereine auf Gegenseitigkeit;
6. Körperschaften und Anstalten des öffentlichen Rechts.

Nach § 191 Abs. 2 UmwG können **Rechtsträger neuer Rechtsformen** sein:
1. Gesellschaften des bürgerlichen Rechts;
2. Personenhandelsgesellschaften und Partnerschaftsgesellschaften;
3. Kapitalgesellschaften;
4. eingetragene Genossenschaften.

Der Formwechsel ist gemäß § 191 Abs. 3 UmwG auch bei aufgelösten Rechtsträgern möglich, wenn ihre Fortsetzung in der bisherigen Rechtsform beschlossen werden könnte.

b) Das Verfahren bei den Umwandlungen

Bei allen Umwandlungsarten des UmwG ist das **Verfahren der Umwandlungen** nunmehr ähnlich ausgestaltet.

Als Grundlage ist regelmäßig ein Vertrag (**Verschmelzung- oder Spaltungsvertrag**) abzuschließen, der gemäß § 6 UmwG der notariellen Beurkundung bedarf.[28]

Bei einer Aufspaltung, bei der ausschließlich neue Rechtsträger entstehen, und beim Formwechsel muss ein entsprechender **Plan bzw. Entwurf** vorliegen. Für diese Verträge, Pläne und Entwürfe schreibt das Gesetz jeweils den oben dargestellten Mindestinhalt vor.

Darüber hinaus ist durch die Vertretungsorgane der beteiligten Unternehmen grundsätzlich ein **Umwandlungsbericht (Verschmelzungs-, Spaltungs- oder Ausgliederungsbericht)** zu erstellen, der die jeweiligen Anteilsinhaber über die Einzelheiten der Umwandlung informieren soll. Die Anteilsinhaber müssen einen **Beschluss über die Umwandlung (Verschmelzungs-, Spaltungs- oder Umwandlungsbeschluss)** fassen. Die

---

28 Die aus Kostengründen im Ausland vorgenommene Beurkundung wird von der h.M. für zulässig gehalten, wenn die Beurkundung im Ausland hinsichtlich Urkundsperson und -verfahren gleichwertig ist (vgl. BGHZ 80, 78). Jedoch besteht das Risiko, dass das Handelsregister Bedenken anmeldet und die Eintragung der Umwandlungsmaßnahme verweigert. Da die Eintragung Verschmelzung bzw. Spaltung sämtliche Formmängel heilt (§ 20 Abs. 1 Nr. 4 UmwG), empfiehlt es sich, die Anerkennung einer ausländischen Beurkundung zuvor mit dem Registergericht abzustimmen.

Klagemöglichkeiten gegen einen derartigen Beschluss sind eingeschränkt worden. Insbesondere berechtigt ein unangemessenes Umtauschverhältnis oder ein unangemessenes Barabfindungsangebot nicht zur Anfechtung des jeweiligen Beschlusses. Die Anteilsinhaber können die Angemessenheit der Gegenleistung vielmehr in einem besonderen Spruchverfahren (§§ 305–312 UmwG) nachträglich überprüfen lassen. Wirksam wird die Umwandlung jeweils erst mit Eintragung in dem zuständigen Register.

Insgesamt regelt das UmwG über die Schaffung zahlreicher neuer Umwandlungsmöglichkeiten hinaus eine Reihe von Verfahrensfragen, stärkt die Eigenverantwortlichkeit der von den Umwandlungsvorgängen betroffenen Anteilsinhaber und führt zu einem verstärkten Schutz der Arbeitnehmerinteressen.

3. Die feindliche Übernahme (Hostile Takeover)

a) Entwicklung der internationalen Regelungen zur Unternehmensübernahme

Die Entscheidung der Frage, wer die Anteile an einem Zielunternehmen hält, liegt nach unserer deutschen Rechtsvorstellung grundsätzlich in der Kompetenz der Anteilseigner und nicht in der Kompetenz der Geschäftsführung. Gleichwohl erfolgen Transaktionen regelmäßig im Wege einer »**freundlichen Übernahme**« (»**friendly takeover**«) in einem gewissen Einvernehmen mit dem Management des Zielunternehmens. Dies gilt vor allem auch in Fällen kooperativer Transaktionen, die zum Beispiel die Gründung von Gemeinschaftsunternehmen bzw. Joint Ventures zum Gegenstand haben. Im Gegensatz dazu stehen Fälle, bei denen ein Unternehmen versucht, die Aktien einer anderen Gesellschaft gegen deren Willen bzw. gegen den Willen des Managements im Wege der »**feindlichen Übernahme**« (»unfriendly takeover« oder »hostile takeover«) zu übernehmen, indem es in der Regel den Anteilseignern einen deutlich über dem Börsenkurs liegenden Preis bietet.

Das anglo-amerikanische Gesellschaftsrecht strebt schon beim Kauf von Unternehmen den Schutz der Aktionäre gegen die Folgen einer derartigen »feindlichen Übernahme« an. Dementsprechend verfügen sowohl die USA als auch Großbritannien über umfangreiche, wenn auch unterschiedliche Übernahmeregelungen. Mit dem am 01.01.2002 in Kraft getretenen »**Gesetz zur Regelung von öffentlichen Angeboten zum Erwerb von Wertpapieren und von Unternehmensübernahmen« (Wertpapiererwerbs- und Übernahmegesetz – WpÜG)**[29] gibt es nunmehr auch in Deutschland erstmals rechtlich verbindliche Übernahmevorschriften. Der bislang geltende freiwillige Übernahmekodex, der keine allgemeine Anerkennung fand, wird seit dem 31.12.2001 nur noch eingeschränkt angewendet.[30]

29 Gesetz zur Regelung von öffentlichen Angeboten zum Erwerb von Wertpapieren und Unternehmensübernahmen, BGBl. I/2002, 3822 ff. Der Text ist abrufbar unter www.bundesfinanzministerium.de. Eingehend dazu Zinser, WM 2002, 15 ff.

30 Siehe dazu Zschocke, Öffentliche Übernahmeangebote im Dezember 2001, Finance 2/2002 S. 96 ff., 98 und Thaeter/Bart, RefE eines Wertpapiererwerbs- und Übernahmegesetzes, NZG 2001, 545, 545;

In den **USA und Großbritannien** sind feindliche Übernahmen nicht ungewöhnlich und haben auch kein negativ belastetes Image. Während die US-Investmentbank J.P. Morgan in Kontinentaleuropa in den Jahren 1990 bis 1998 insgesamt nur 52 feindliche Übernahmeversuche mit einem Wert von 69 Mrd. $ registrierte, verzeichnete sie im Jahre 1999 34 unfreundliche Übernahmeangebote mit einem Gesamtwert von rund 408 Mrd. $, wobei freilich allein die Übernahme von Mannesmann durch Vodafone knapp 203 Mrd. $ ausmachte. 1999 kam es aber nicht nur zu mehr feindlichen Angeboten; die unerwünschten Käufer waren auch erfolgreicher als in früheren Jahren. In 54 % aller Fälle erreichten sie ihr Ziel, nur 25 % der angegriffenen Unternehmen gelang es, unabhängig zu bleiben.

Der »**City Code on Takeovers and Mergers**«, der 1968 auf Initiative des Governors der Bank of England und des Chairman der Londoner Börse als **Verhaltenskodex** von der Financial Services Authority (FSA) herausgegeben worden ist und der in weiten Teilen Pate für das WpÜG stand, reflektiert das angelsächsische Selbstverständnis eines »Fair Play« bei Unternehmensübernahmen und -zusammenschlüssen. Dabei geht es nicht um die materielle Prüfung, sondern um die Einhaltung von Spielregeln. Der City Code hat keine Gesetzeskraft, jedoch repräsentiert er mit seinen 10 Grundprinzipien die »kollektive Meinung derer, die professionell im Bereich Übernahmen und Zusammenschlüsse« tätig sind; er wurde schon bei mehreren tausend Übernahmen und Fusionen angewendet. Im Zentrum steht die faire und gleiche Behandlung der Aktionäre. Für das Angebot gilt eine 60-Tage-Frist. Als Tag eins gilt dabei nicht die Ankündigung, sondern die Zustellung der Übernahmedokumente an die Aktionäre. Während des laufenden Angebotes unterliegen die beteiligten Unternehmen wie in Deutschland einer Stillhaltepflicht. Um den Aktionären eine Ausstiegsmöglichkeit zu garantieren, muss ein Bieter den Aktionären eine Bar-Offerte machen, sofern er mehr als 30 % der Stimmrechte am Zielunternehmen hält. Nach dieser Regel, die bislang nur selten angewendet worden ist, muss sich die Höhe der Offerte am höchsten Aktienkurs des Zielunternehmens in den letzten zwölf Monaten orientieren. Als aktuellstes Beispiel eines Bieterwettbewerbes nach dem City Code kann der seit dem 13.12.2004 laufende erbitterte Übernahmekampf zwischen der Deutschen Börse und der Konkurrenzbörse Euronext um die London Stock Exchange (LSE) gelten (s. FAZ 01.02.2005, S. 21).[31]

b) Die EU-Übernahmerichtlinie

In Kontinentaleuropa besitzen vor allem Österreich, die Schweiz und nunmehr – wie bereits erwähnt – auch Deutschland ausführliche nationale gesetzliche Übernahmeregelungen.

Auf **europäischer Ebene** wird bereits seit mehr als 25 Jahren versucht, Unternehmensübernahmen durch die Verabschiedung einer Richtlinie zu regeln. Obwohl sich die EU-Mitgliedstaaten Anfang März 2000 zum Schutz der mit dem Übernahmeangebot konfrontierten Aktionäre nach mehreren Richtlinienentwürfen der vergangenen Jahre

---

ferner Land/Hasselbach, Das neue deutsche Übernahmegesetz, DB 2000, 1747. Zur neueren Entwicklung siehe Zschocke, Öffentliche Übernahmeangebote im Dezember 2001, Finance 2/2002 S. 96 ff., 98.

31 Siehe dazu Gerhard Picot, Kampf um die LSE – Ein Übernahmekampf nach dem »City Code«, M&A 4/2005, S. 153.

und einer grundsätzlichen Einigung im Jahre 1999 auf einen Kompromiss der Richtlinie verständigt hatten, ist der Versuch, ein einheitliches europäisches Übernahmerecht zu schaffen, am 04.07.2001 im Europäischen Parlament erneut knapp gescheitert.

Im Wesentlichen baute der gescheiterte Richtlinienentwurf auf dem britischen System auf. Im Mittelpunkt standen Mindestvorschriften, die eine verbesserte Unterrichtung der Aktionäre der Zielgesellschaft gewährleisten sollten. Auch Minderheitsaktionäre sollten ausreichend Zeit und Informationen haben, um in voller Kenntnis entscheiden zu können. Dazu sollten Mindestangaben für die Angebotsunterlagen vorgeschrieben werden. Vor allem sollten diese Unterlagen Angaben zur Finanzierung der Offerte enthalten sowie Auskunft darüber geben, welche Absichten der Bieter für die künftige Geschäftstätigkeit, die Geschäftsleitung und die Beschäftigten der Zielgesellschaft verfolgt. Die Informationspflicht sollte die Stellung der Aktionäre gegenüber dem Management des eigenen Unternehmens stärken und sicherstellen, dass die Aktionäre ein Angebot selbst beurteilen können. Die vom Bieter zu setzende Frist für die Annahme des Angebotes sollte normalerweise nicht mehr als zehn Wochen betragen; eine Verlängerung sollte aber möglich sein, um die Einberufung einer Hauptversammlung zu erleichtern. Auch die Arbeitnehmer und ihre Vertreter sollten schon in der Frühphase eines Angebotes über die Absichten des Bieters unterrichtet werden. Ferner sollte die Richtlinie sicherstellen, dass ein Angebot den Übernahmekandidaten nicht in seiner Geschäftstätigkeit über einen angemessenen Zeitraum hinaus behindert. Die Mitgliedstaaten sollten dafür sorgen, dass beim Handel mit den Aktien der an einer Übernahme beteiligten Gesellschaften keine »Marktverzerrung« in Form einer künstlichen Hausse oder Baisse der Wertpapierkurse entsteht. Für die Überwachung von Übernahmen sollten die Mitgliedstaaten besondere Aufsichtsorgane einrichten.

Gescheitert ist der Richtlinienentwurf unter anderem am Widerstand der deutschen Abgeordneten im Europaparlament. Deutschland hatte darauf bestanden, in der Richtlinie entweder die Abschaffung von in anderen Mitgliedstaaten bestehenden aktienrechtlichen Hürden gegen Übernahmen festzuschreiben oder aber es den Mitgliedstaaten zu erlauben, bei der Umsetzung der Richtlinie Abwehrmaßnahmen gegen feindliche Übernahmen in Form von »**Vorratsbeschlüssen**« vorzusehen. Da sich derzeit Aktiengesellschaften in den meisten EU-Staaten mit Mehrfachstimmrechten, Stimmrechtsbeschränkungen oder einer staatlichen »**Golden Share**« vor einer Übernahme schützen können, während in Deutschland diese Möglichkeit abgesehen vom Sonderfall der Volkswagen AG nicht besteht, befürchtete Deutschland, dass die Verabschiedung des Richtlinienentwurfs zu Ungleichheiten geführt hätte, aus denen der deutschen Wirtschaft Nachteile entstanden wären. Nach dem erneuten Scheitern der Richtlinie hat Deutschland nun im WpÜG die Möglichkeit von »Vorratsbeschlüssen« festgeschrieben, mit denen die Hauptversammlung einer Aktiengesellschaft den Vorstand zur Vornahme von der Art nach bestimmten Abwehrmaßnahmen über einen Zeitraum von bis zu 18 Monaten im Voraus ermächtigen kann. Ansonsten entspricht das WpÜG inhaltlich in weiten Teilen dem Richtlinienentwurf. Ende des Jahres 2003 hat sich der EU-Ministerrat als Vertretung der Mitgliedstaaten auf einen von Italien vorgelegten Minimal-Kompromiss für einen europaweiten Übernahmekodex geeinigt. Das europäische Parlament hat am 16.12.2003 der neuen **EU-Übernahmerichtlinie**[32] zugestimmt und damit erstmals einheitliche Regeln für Un-

32 Amtsblatt L 142 v. 30.04.2004.

ternehmensübernahmen geschaffen, die die Mitgliedstaaten innerhalb von zwei Jahren in nationales Recht umsetzen mussten. Der **Minimalkonsens** geht dahin, dass in der zentralen Frage der Abschaffung nationaler Regelungen zum Schutz vor feindlichen Übernahmen letztlich keine Einigung erzielt werden konnte; insbesondere Deutschland hatte sich stets dafür eingesetzt, Abwehrmaßnahmen gegen feindliche Übernahmen zuzulassen.

Die Richtlinie ist zumindest ein Einstieg in EU-einheitliche Übernahmeregeln. Geregelt werden unter anderem die **Transparenz bei Übernahmeangeboten** und die **Preisfestsetzung**. Auch schützt die Richtlinie **Minderheitsaktionäre**, weil die übernehmende Gesellschaft ihnen ein Angebot ihrer Aktien machen muss. Die Richtlinie sieht des Weiteren vor, dass die Hauptversammlung dem Vorstand des Unternehmens generell die Anwendung von Schutzmaßnahmen untersagen kann, auch wenn diese in dem betreffenden Mitgliedstaat zugelassen sind. Der Kompromiss definiert darüber hinaus die **Festlegung des Angebotspreises** und andere **Anforderungen an die Angebotspflicht**. Allerdings sind die Informationspflichten des Bieters gegenüber den Arbeitnehmern des Übernahmeobjektes nicht verschärft worden.

Allerdings erlaubt die EU-Richtlinie den Mitgliedstaaten ein **Nebeneinander von abwehrfeindlichem europäischen und abwehrfreundlichem nationalen Übernahmerecht:** Sie können frei entscheiden, ob sie bestehende Übernahmehindernisse beibehalten oder abbauen wollen. Soweit ein Mitgliedstaat sich dafür entscheidet, restriktive nationale Regelungen aufzustellen bzw. beizubehalten, muss er lediglich den Aktionären die Möglichkeit einräumen, sich für das abwehrfeindliche EU-Übernahmerecht zu entscheiden (sog. **Opt-in-Klausel**). Insbesondere werden die in Frankreich und Schweden existierenden Doppel- und Mehrfachstimmrechte von der EU-Direktive nicht angetastet. In Deutschland kann das angesichts der seinerzeit bestehenden Rechtsunsicherheit mit Wirkung seit dem 1.1.2002 auf nationaler Ebene erlassene **Wertpapiererwerbs- und Übernahmegesetz – WpÜG** weiter bestehen; allerdings wurde der Inhalt der Übernahmerichtlinie in Deutschland durch das sogenannte Übernahmerichtlinie-Umsetzungsgesetz mit seinem Inkrafttreten am 14.07.2006 umgesetzt.

c) Das deutsche Wertpapiererwerbs- und Übernahmegesetz (WpÜG)

Das am 15.11.2001 vom Bundestag verabschiedete und am 01.01.2002 in Kraft getretene **WpÜG** traf auf die Situation, dass in dem sich schneller drehenden Fusionskarussell mehr Übernahmen deutscher Unternehmen durch ausländische zu erwarten sind. Dabei ist ein wachsender Erfolg der unfreundlichen Übernahmen und die Käuflichkeit fast jedes Unternehmens festzustellen; die Begründung hierfür liegt, wie der Fall Vodafone/Mannesmann zeigt, in den oftmals hohen Prämien bzw. Aufpreisen von im Durchschnitt 44 %.

Für die Anteilseigner der feindlichen Bieter endete der Übernahmekampf dagegen meist mit einer Enttäuschung. Denn der Aktienkurs des Angreifers entwickelt sich regelmäßig aufgrund des gezahlten (zu) hohen Kaufpreises deutlich schlechter als der jeweilige Gesamtmarkt. Die Kursentwicklung der 13 börsennotierten Unternehmen, die 1999 eine erfolgreiche unfreundliche Übernahme durchgeführt haben, lag nach den Berechnungen von J.P. Morgan im Schnitt um 18 % unter der Performance des Gesamtmarktes.

Zielobjekt einer feindlichen Übernahme sind meistens Unternehmen, deren Kursentwicklung die Anleger nicht überzeugen konnte. So haben sich zehn der 13 übernommenen Unternehmen in den zwei Jahren vor dem Angebot um 23 % schlechter als der Marktdurchschnitt entwickelt. Angesichts dieser Situation mag es überraschen, dass der ganz überwiegende Teil der deutschen Führungskräfte, insbesondere der größeren Unternehmen, die Meinung vertritt, dass grenzüberschreitende Übernahmen nicht durch gesetzliche Regelungen erschwert werden dürfen.

aa) Gliederung, Anwendungsbereich, Begriffsbestimmungen und allgemeine Grundsätze des WpÜG

Das WpÜG ist gegliedert in folgende Abschnitte:
Abschnitt 1: Allgemeine Vorschriften
Abschnitt 2: Zuständigkeit des Bundesaufsichtsamtes für den Wertpapierhandel
Abschnitt 3: Angebote zum Erwerb von Wertpapieren
Abschnitt 4: Übernahmeangebote
Abschnitt 5: Pflichtangebote
Abschnitt 6: Verfahren
Abschnitt 7: Rechtsmittel
Abschnitt 8: Sanktionen.

Der Anwendungsbereich des Gesetzes erstreckt sich gemäß § 1 WpÜG nicht nur auf Übernahmeangebote, mit denen der Bieter versucht, die Kontrolle über die Zielgesellschaft zu erlangen, sondern auf sämtliche Angebote zum Erwerb von Wertpapieren, die von einer Zielgesellschaft ausgegeben wurden und zum Handel an einem organisierten Markt zugelassen sind.

§ 2 WpÜG regelt folgende Begriffsbestimmungen:

(1) **Angebote** sind freiwillige oder aufgrund einer Verpflichtung nach diesem Gesetz erfolgende **öffentliche Kauf- oder Tauschangebote zum Erwerb von Wertpapieren** einer Zielgesellschaft. Obwohl der Begriff der Öffentlichkeit im WpÜG nicht definiert ist, ergibt sich aus einer funktionalen Betrachtungsweise, dass ein Angebot jedenfalls dann öffentlich ist, wenn es einem größeren Personenkreis in einem jedermann zugänglichen Medium unterbreitet wird.[33]

(2) **Wertpapiere** sind, auch wenn für sie keine Urkunden ausgestellt sind,
   1. **Aktien**, mit diesen vergleichbare Wertpapiere und Zertifikate, die Aktien vertreten,
   2. **andere Wertpapiere**, die den Erwerb von Aktien, mit diesen vergleichbaren Wertpapieren oder Zertifikaten, die Aktien vertreten, zum Gegenstand haben.

---

33 Siehe dazu die Verordnung über den Inhalt der Angebotsunterlagen, die Gegenleistung bei Übernahmeangeboten und Pflichtangeboten und die Befreiung von der Verpflichtung zur Veröffentlichung und zur Abgabe eines Angebots (WpÜG-Angebotsverordnung), Bundesgesetzblatt vom 27.12.2001, Nr. 77, S. 4263.
Vgl. auch Fleischer, Zum Begriff des öffentlichen Angebots im Wertpapiererwerbs- und Übernahmegesetz, ZIP 2001, 1654, 1660.

(3) **Zielgesellschaften** sind Aktiengesellschaften oder Kommanditgesellschaften auf Aktien mit Sitz im Inland.
(4) **Bieter** sind natürliche oder juristische Personen oder Personengesellschaften, die allein oder gemeinsam mit anderen Personen ein **Angebot abgeben**, ein solches beabsichtigen oder zur Abgabe verpflichtet sind.
(5) **Gemeinsam handelnde Personen** sind natürliche oder juristische Personen, die ihr **Verhalten** im Hinblick auf den Erwerb von Wertpapieren der Zielgesellschaft oder ihre Ausübung von Stimmrechten aus Aktien der Zielgesellschaft mit dem Bieter aufgrund einer Vereinbarung oder in sonstiger Weise **abstimmen**. Tochterunternehmen des Bieters gelten als mit diesem gemeinsam handelnde Personen.
(6) **Tochterunternehmen** sind Unternehmen, die als Tochterunternehmen im Sinne des § 290 HGB gelten oder auf die ein beherrschender Einfluss ausgeübt werden kann, ohne dass es auf die Rechtsform oder den Sitz ankommt.
(7) **Organisierter Markt** sind der amtliche Handel oder geregelter Markt an einer Börse im Inland und der geregelte Markt im Sinne des Artikels 1 Nr. 13 der Richtlinie 93/22/EWG des Rates vom 10.5.1993 über Wertpapierdienstleistungen (ABl. EG Nr. L 141 S. 27) in einem anderen Staat des Europäischen Wirtschaftsraums.
(8) **Der Europäische Wirtschaftsraum** umfasst die Staaten der Europäischen Gemeinschaften sowie die Staaten des Abkommens über den Europäischen Wirtschaftsraum.

§ 3 WpÜG definiert allgemeine Grundsätze, die in Anlehnung an den britischen City Code on Takeovers and Mergers dem Gesetz vorangestellt sind und die bei der Auslegung der einzelnen Vorschriften zu beachten sind:
(1) **Inhaber von Wertpapieren der Zielgesellschaft**, die derselben Gattung angehören, sind gleich zu behandeln.
(2) **Inhaber von Wertpapieren der Zielgesellschaft** müssen über genügend Zeit und ausreichende Informationen verfügen, um in Kenntnis der Sachlage über das Angebot entscheiden zu können.
(3) **Vorstand und Aufsichtsrat der Zielgesellschaft** müssen im Interesse der Zielgesellschaft handeln.
(4) **Der Bieter und die Zielgesellschaft** haben das Verfahren rasch durchzuführen. Die Zielgesellschaft darf nicht über einen angemessenen Zeitraum hinaus in ihrer Geschäftstätigkeit behindert werden.
(5) **Beim Handel mit Wertpapieren der Zielgesellschaft**, der Bietergesellschaft oder anderer durch das Angebot betroffener Gesellschaften dürfen keine Marktverzerrungen geschaffen werden.

bb) Pflichten des Bieters

Das WpÜG sieht für Angebote im Sinne des Gesetzes hinsichtlich der Pflichten des Bieters streng formalisierte Verfahren vor. Zu unterscheiden sind:
- **Angebote zum Erwerb von Wertpapieren** (Abschnitt 3 WpÜG)
- **Übernahmeangebote** (Abschnitt 3 und 4 WpÜG) sowie
- **Pflichtangebote** (Abschnitt 3, 4 und 5 WpÜG).

(1) Angebote zum Erwerb von Wertpapieren (§§ 10 ff. WpÜG)

Der Bieter hat zunächst seine **Entscheidung zur Abgabe eines Angebotes zum Erwerb von Wertpapieren** im Sinne der dargestellten Begriffsbestimmung des § 2 Abs. 1 WpÜG unverzüglich den Geschäftsführungen der Börsen, an denen Wertpapiere oder Derivate der Zielgesellschaft gehandelt werden, und dem Bundesaufsichtsamt für den Wertpapierhandel (BAWe) mitzuteilen. Sodann muss er seine Entscheidung veröffentlichen und im Anschluss daran den Vorstand der Zielgesellschaft informieren. Innerhalb von vier Wochen, mit Genehmigung des BAWe ausnahmsweise auch von acht Wochen nach der Veröffentlichung der Entscheidung zur Abgabe eines Angebotes, hat der Bieter dem BAWe **Angebotsunterlagen** zu übermitteln, die wiederum zu veröffentlichen und dem Vorstand der Zielgesellschaft zu übersenden sind, wenn die BaFin die Veröffentlichung genehmigt. Der Vorstand unterrichtet sodann unverzüglich den Betriebsrat oder unmittelbar die Arbeitnehmer. Die Angebotsunterlagen müssen die Angaben enthalten, die notwendig sind, um in Kenntnis der Sachlage über das Angebot entscheiden zu können. Dazu gehören unter anderem **Angaben**

- zum Bieter und zur Zielgesellschaft,
- zu den Wertpapieren, die Gegenstand des Angebotes sind,
- zu Art und Höhe der angebotenen Gegenleistung,
- zu Bedingungen, von denen das Angebot abhängt,
- zum Beginn und Ende der Angebotsfrist,
- zu den Maßnahmen, die sicherstellen, dass dem Bieter die zur vollständigen Erfüllung des Angebots notwendigen Mittel zur Verfügung stehen, und zu den erwarteten Auswirkungen eines erfolgreichen Angebotes auf die Vermögens-, Finanz- und Ertragslage des Bieters,
- zu den Absichten des Bieters im Hinblick auf die künftige Geschäftstätigkeit der Zielgesellschaft sowie
- zu den Geldleistungen oder anderen geldwerten Vorteilen, die Vorstands- oder Aufsichtsratsmitgliedern der Zielgesellschaft gewährt oder in Aussicht gestellt werden.

Die **Frist für die Annahme des Angebotes** hat grundsätzlich nicht weniger als vier und nicht mehr als zehn Wochen zu betragen.

Das Angebot darf nicht unter dem Vorbehalt des Widerrufs oder des Rücktritts abgegeben werden und darf nicht von Bedingungen abhängen, deren Eintritt einzig und allein von dem Bieter abhängt (Potestativbedingung). **Teilangebote**, d. h. Angebote, die auf den Erwerb nur eines bestimmten Anteils oder einer bestimmten Anzahl der Wertpapiere der Zielgesellschaft gerichtet sind, sind nur dann zulässig, wenn sie kein Übernahmeangebot darstellen, d. h. wenn der Bieter nach erfolgreicher Durchführung des Angebotes weniger als 30 % der Stimmrechte an der Gesellschaft hält. Ein Angebot, das sich auf die Erlangung eines größeren Stimmrechtsanteils erstreckt, muss zwingenderweise an alle Aktionäre gerichtet werden. Unzulässig ist ferner eine Aufforderung des Bieters zur Abgabe von Angeboten durch die Inhaber von Wertpapieren der Zielgesellschaft (invitatio ad offerendum).

Der Bieter kann sein Angebot bis zu einem Werktag vor Ablauf der Annahmefrist **einmalig nachbessern**. Wird während der Annahmefrist von einem Dritten ein konkurrierendes Angebot abgegeben, können die Aktionäre der Zielgesellschaft, die das ursprüngliche Angebot bereits angenommen haben, bis zum Ablauf der Annahmefrist zurücktreten, sofern der Vertragsschluss vor Veröffentlichung der Angebotsunterlagen des konkurrierenden Angebotes erfolgte. Der Bieter muss regelmäßig nach Veröffentlichung der Angebotsunterlagen und unverzüglich nach Ablauf der Annahmefrist mitteilen, wie viele Aktionäre der Zielgesellschaft das Angebot angenommen haben. Soweit das Angebot unter der Bedingung eines Beschlusses der Gesellschafterversammlung des Bieters steht, hat dieser den Beschluss unverzüglich herbeizuführen. Bei vom BAWe untersagten oder anderweitig gescheiterten Angeboten besteht eine Sperrfrist von einem Jahr für ein erneutes Angebot des Bieters.

Gemäß § 12 WpÜG **haften** diejenigen, die für die Angebotsunterlage die Verantwortung übernommen haben, sowie diejenigen, von denen der Erlass der Angebotsunterlage ausgeht, für den aus der Annahme des Angebotes entstandenen Schaden. Nicht in Anspruch genommen werden kann gemäß § 12 Abs. 2 WpÜG derjenige, der den Nachweis führt, dass er die Unrichtigkeit oder Unvollständigkeit der Angaben nicht gekannt hat und die Unkenntnis nicht auf grober Fahrlässigkeit beruht. Darüber hinaus entfällt der Anspruch nach § 12 Abs. 3 WpÜG, sofern die Angebotsannahme nicht aufgrund der Angebotsunterlage erfolgt ist, oder der das Angebot Annehmende die Unrichtigkeit oder Unvollständigkeit der in der Unterlage festgeschriebenen Angaben kannte. Nach § 12 Abs. 4 WpÜG verjährt der Schadensersatzanspruch in einem Jahr ab Kenntnis von der Unrichtigkeit oder Unvollständigkeit der Angaben, spätestens jedoch in drei Jahren ab Veröffentlichung der Angebotsunterlage.

Die soeben erörterten **Regeln gelten für alle öffentlichen Angebote im Sinne des WpÜG**; sie finden als allgemeine Vorschriften auch auf die Übernahmeangebote und Pflichtangebote Anwendung, für die es die nachfolgend dargestellten Spezialregelungen gibt.

(2) Übernahmeangebote (§§ 29 ff. WpÜG)

Für **Übernahmeangebote** gemäß §§ 29 ff. WpÜG gelten neben den allgemeinen Regelungen für Angebote zum Erwerb von Wertpapieren (§§ 10 – 28 WpÜG) die Spezialregelungen der §§ 29 ff. WpÜG und zwar

- § 29 WpÜG betreffend die Begriffsbestimmung
- § 30 WpÜG betreffend die Zurechnung von Stimmrechten
- § 31 WpÜG betreffend die Gegenleistung
- § 32 WpÜG betreffend die Unzulässigkeit von Teilangeboten
- § 33 WpÜG betreffend die Handlungen des Vorstandes der Zielgesellschaft.

Übernahmeangebote sind nach der Begriffsbestimmung des § 29 WpÜG **Angebote, die auf den Erwerb der Kontrolle gerichtet sind**. Kontrolle ist das Halten von mindestens 30 % der Stimmrechte an der Gesellschaft. Dabei werden dem Bieter Anteile Dritter zugerechnet, wie beispielsweise Anteile von Tochterunternehmen, von Treuhändern gehaltene Anteile und Anteile, für die eine Kaufoption des Bieters besteht. Im Gegensatz zu den Pflichtangeboten erfolgen Übernahmeangebote freiwillig.

Im Einklang mit dem Londoner City Code erfolgte eine – gegenüber dem Übernahmekodex, der eine flexiblere Lösung vorsah – deutliche Absenkung der Kontrollschwelle für Übernahme- und Pflichtangebote. Die Vorschrift betreffend die Kontrollschwelle von 30 % ist jedoch insofern rechtspolitisch bedenklich, als sie dazu führt, dass größere Aktienpakete börsennotierter Gesellschaften nur noch schwer veräußerbar sein werden. Dadurch, dass sich nach § 32 WpÜG das Übernahmeangebot auf alle Aktien der Zielgesellschaft erstrecken und der Bieter somit auch Minderheitsgesellschaftern börsennotierter Zielunternehmen die Übernahme ihrer Aktien anbieten muss, kann sich die Transaktion massiv verteuern.[34] Mit dem Inkrafttreten des WpÜG dürfte es in Zukunft außerdem nur noch selten möglich sein, eine mehr als 30 %-ige Beteiligung an einer börsennotierten Gesellschaft zu erwerben und zugleich deren Börsennotierung aufrechtzuerhalten. Der in einem solchen Fall bestehende Zwang zur Durchführung eines auf alle Aktien gerichteten Übernahmeangebotes führt nämlich in der Regel zu einer derart starken Reduzierung des Freefloats, dass ein **Delisting** erforderlich sein kann.[35]

Im Falle eines Übernahmeangebotes kann der Bieter die **angebotene Gegenleistung** nicht frei bestimmen; diese muss vielmehr angemessen sein, wobei der durchschnittliche Börsenkurs der Aktien der Zielgesellschaft und frühere Erwerb solcher Aktien durch den Bieter zu berücksichtigen sind. Die Gegenleistung muss in Euro oder in liquiden Aktien bestehen. Sofern der Bieter weniger als drei Monate vor Veröffentlichung seiner Angebotsabsicht mindestens fünf Prozent der Aktien der Zielgesellschaft gegen Zahlung einer Geldleistung erworben hat, darf die Gegenleistung ausschließlich in Euro bestehen. Erwirbt der Bieter nach Veröffentlichung der Angebotsunterlagen und vor Veröffentlichung der endgültigen Zahl der Aktionäre, die sein Angebot angenommen haben, Aktien der Zielgesellschaft für eine wertmäßig höhere Gegenleistung als die im Angebot genannte, muss er den Aktionären, die sein Angebot angenommen haben, den Unterschiedsbetrag nachzahlen. Das gleiche gilt für den Erwerb von Aktien außerhalb der Börse innerhalb eines Jahres nach Veröffentlichung der endgültigen Zahl der annehmenden Aktionäre.

(3) Pflichtangebote (§§ 35 ff. WpÜG)

Für **Pflichtangebote** gemäß §§ 35 ff. WpüG gelten neben den allgemeinen Regelungen für Angebote zum Erwerb von Wertpapieren (§§ 10–28 WpÜG) auch die vorstehend genannten und erläuterten Vorschriften für Übernahmeangebote (§§ 29–34 WpÜG). Als Spezialregelungen für Pflichtangebote enthalten die §§ 35–39 WpÜG darüber hinaus weitere Bestimmungen, und zwar gemäß

- § 35 WpÜG betreffend die Verpflichtung zur Veröffentlichung und zur Abgabe eines Angebotes,
- § 36 WpÜG betreffend die Nichtberücksichtigung von Stimmrechten,
- § 37 WpÜG betreffend die Befreiung von der Verpflichtung zur Veröffentlichung und zur Abgabe eines Angebotes,
- § 38 WpÜG betreffend Anspruch auf Zinsen.

Zur Veröffentlichung und zur Abgabe eines Pflichtangebotes, das sich an alle Aktionäre der Gesellschaft zu richten hat, ist gemäß § 35 WpÜG **derjenige verpflichtet, der auf andere Weise als durch ein öffentliches Übernahmeangebot im Sinne der §§ 29 ff. WpÜG unmittelbar oder mittelbar die Kontrolle über eine Zielgesellschaft erlangt hat**, d.h. mindestens 30 % der Stimmrechte an der Zielgesellschaft hält. Erfasst wird

---

34 Vgl. Liebscher, Das Übernahmeverfahren nach dem neuen Übernahmegesetz, ZIP 2001, 853, 866; Land/Hasselbach, Das neue deutsche Übernahmegesetz, DB 2000, 1747, 1751.

35 Vgl. Land/Hasselbach, a.a.O. S. 1751; Pluskat, Das Scheitern der europäischen Übernahmerichtlinie, WM 2000, 1937, 1940 f.

durch diese Regelung damit auch das sogenannte »**Anschleichen**«, d.h. das sukzessive Aufkaufen einer Beteiligung am Kapitalmarkt.

Gemäß § 36 WpÜG lässt die BaFin auf schriftlichen Antrag zu, dass Stimmrechte aus Aktien der Zielgesellschaft bei der Ermittlung des Stimmrechtsanteils nicht berücksichtigt werden, wenn die Aktien erlangt wurden durch

- Erbgang, Erbauseinandersetzung oder unentgeltliche Zuwendung unter Ehegatten, Lebenspartnern oder nahestehenden Verwandten oder durch Vermögensauseinandersetzung aus Anlass der Auflösung einer Ehe oder Lebenspartnerschaft,
- Rechtsformwechsel oder
- Umstrukturierung innerhalb eines Konzerns.

Dabei trifft die BaFin keine Ermessensentscheidung; vielmehr ist sie bei Vorliegen der genannten Voraussetzungen verpflichtet, dem Antrag zu entsprechen.[36]

Darüber hinaus kann die BaFin gemäß § 37 WpÜG auf schriftlichen Antrag des Bieters diesen von den Verpflichtungen nach § 35 Abs. 1 Satz 1 und Abs. 2 Satz 1 WpÜG befreien, sofern dies unter Berücksichtigung der Interessen des Antragstellers und der Inhaber der Aktien der Zielgesellschaft gerechtfertigt erscheint im Hinblick auf

- die Art der Kontrollerlangung,
- die mit der Kontrollerlangung beabsichtigte Zielsetzung,
- ein nach Kontrollerlangung erfolgtes Unterschreiten der Kontrollschwelle,
- die Beteiligungsverhältnisse an der Zielgesellschaft oder
- die tatsächliche Möglichkeit der Ausübung der Kontrolle.

cc) Pflichten der Zielgesellschaft und ihrer Organe

Vorstand und Aufsichtsrat der Zielgesellschaft haben nunmehr im Rahmen eines öffentlichen Angebotes im Sinne des WpÜG ausdrücklich normierte Pflichten. Zum einen müssen sie unverzüglich nach Übermittlung der Angebotsunterlagen eine **begründete Stellungnahme zu dem Angebot** veröffentlichen und dem Betriebsrat oder den Arbeitnehmern übermitteln. Diese Stellungnahme muss insbesondere auf folgende Punkte eingehen:

- die Art und Höhe der angebotenen Gegenleistung,
- die voraussichtlichen Folgen eines erfolgreichen Angebotes für die Zielgesellschaft, die Arbeitnehmer und ihre Vertretungen, die Beschäftigungsbedingungen und die Standorte der Zielgesellschaft,
- die vom Bieter mit dem Angebot verfolgten Ziele sowie
- die Absicht der Mitglieder des Vorstandes und des Aufsichtsrates, soweit sie Inhaber von Wertpapieren der Zielgesellschaft sind, das Angebot anzunehmen.

Dadurch soll den Aktionären die Entscheidungsfindung im Hinblick auf das Angebot erleichtert werden.

36 Zinser, Gesetz zur Regelung von öffentlichen Angeboten zum Erwerb von Wertpapieren, WM 2002, 15, 20.

Neben dieser für alle Angebote bestehenden Pflicht normieren die §§ 33, 39 WpÜG für Übernahme- und Pflichtangebote, dass der Vorstand **keine Handlungen** vornehmen darf, **durch die der Erfolg des Angebotes verhindert werden könnte**. Damit wird die grundsätzliche **Neutralitätspflicht des Vorstandes** im Hinblick auf Übernahme- und Pflichtangebote festgeschrieben, da es nicht Aufgabe des Vorstandes ist, darüber zu entscheiden, wer die Anteile der Gesellschaft hält.

Das Verbot gilt allerdings nicht für Handlungen, die auch ein ordentlicher und gewissenhafter Geschäftsleiter einer Gesellschaft, die nicht von einer Übernahme betroffen ist, vorgenommen hätte, und für die **Suche nach einem konkurrierenden Bieter** (»White Knight«).

Nach dem Scheitern der europäischen Übernahmerichtlinie wurde in § 33 Abs. 1 WpÜG außerdem die an den Vorstand gerichtete Ermächtigung eingefügt, mit Zustimmung des Aufsichtsrates Handlungen vorzunehmen, die in den Zuständigkeitsbereich des Vorstandes fallen, ohne vorher einen Hauptversammlungsbeschluss zu der Maßnahme herbeizuführen. Soweit eine Abwehrmaßnahme jedoch in den Kompetenzbereich der Hauptversammlung fällt, bedarf deren Umsetzung während des Angebotsverfahrens einer vorherigen Genehmigung durch die Hauptversammlung. Diese Genehmigung kann im Voraus in Form eines »Vorratsbeschlusses« für höchstens 18 Monate erteilt werden. Dabei genügt es, dass die zu genehmigende Abwehrmaßnahme der Art nach bestimmt ist.

Die Neutralitätspflicht des Vorstandes hat somit während des Gesetzgebungsverfahrens in Deutschland einige Aufweichungen erfahren. Insgesamt haben deutsche Vorstände bei der Abwehr von feindlichen Übernahmen damit zwar mehr Spielraum als z. B. englische Vorstände, aber wegen des Erfordernisses eines ermächtigenden Hauptversammlungs- bzw. Aufsichtsratsbeschlusses weniger Handlungsfreiheit als US-amerikanische Vorstände, die grundsätzlich nicht zur Neutralität verpflichtet sind.[37]

dd) Die Aufsicht bei Angeboten nach dem WpÜG durch die BaFin

Die BaFin übt gemäß § 4 WpÜG die Aufsicht bei Angeboten aus; weitere Kompetenzen wurden ja durch das Wertpapierhandelsgesetz und das Wertpapier-Verkaufsprospektgesetz übertragen. Die BaFin nähert sich somit von ihrem Erscheinungsbild als **zentrale Aufsichtsbehörde** auf dem Gebiet des Wertpapierhandels mit umfassenden Befugnissen der Securities Exchange Commission (SEC) in den USA oder der Commission des Operations Boursière (COB) in Frankreich an.

Unmittelbare Folge der Übernahmeschlacht Mannesmann/Vodafone dürfte die Einführung des § 28 WpÜG sein, durch den die BaFin ermächtigt wird, zur Beseitigung von Missständen im Zusammenhang mit Angeboten zum Erwerb von Wertpapieren bestimmte Arten der Werbung zu untersagen. Gemäß § 59 WpÜG bestehen Rechte aus den dem Bieter gehörenden Aktien der Zielgesellschaft nicht, solange die sich aus § 35 Abs. 1 und 2 WpÜG ergebenden Pflichten zur Abgabe eines Pflichtangebotes nicht erfüllt werden. § 60 WpÜG enthält außerdem einen umfassenden Bußgeldkatalog.

---

37 Vgl. Land, Das neue deutsche Wertpapiererwerbs- und Übernahmegesetz, DB 2001, 1707, 1712 mit Hinweisen zur amerikanischen Rechtsprechung.

d) Der Squeeze-out von Minderheitsaktionären

aa) Der aktienrechtliche Squeeze-out von Minderheitsaktionären

Die §§ 327a ff. AktG, die am 01.01.2002 durch das WpÜG neu eingeführt worden sind, regeln den **aktienrechlichen Squeeze-out**. Gemäß § 327a AktG kann die Hauptversammlung auf Verlangen eines Aktionärs, dem Aktien der Gesellschaft in Höhe von 95 % des Grundkapitals gehören (Hauptaktionär), die Übertragung der Aktien der **übrigen »lästigen« Aktionäre** (Minderheitsaktionäre) auf den Hauptaktionär gegen Gewährung einer angemessenen Barabfindung beschließen. Dem Squeeze-out braucht kein freiwilliges Übernahmeangebot oder Pflichtangebot nach dem WpÜG vorausgegangen zu sein. Der Hauptaktionär legt die Höhe der Barabfindung fest. Auf Antrag jedes Minderheitsaktionärs kann die Angemessenheit der Abfindung erst nach dem Ausschluss im Spruchverfahren überprüft werden.

Auf diese Weise kann beispielsweise veranlasst werden, dass Aktien, die nicht durch ein öffentliches Übernahmeangebot eingesammelt werden konnten, auf den Übernehmer des Unternehmens übergehen. Die Anwendung der Squeeze-out-Regelungen ist weder auf börsennotierte Gesellschaften beschränkt, noch wird vorausgesetzt, dass die Mehrheitsbeteiligung aufgrund eines Übernahmeangebotes erworben wurde. Vielmehr sind die Regelungen unabhängig davon anwendbar, auf welche Weise der Hauptaktionär seine Mehrheitsbeteiligung erworben hat.[38]

Zur Absicherung der Verpflichtung zur Zahlung der Barabfindung hat der Hauptaktionär gemäß § 327b Abs. 3 AktG dem Vorstand der Gesellschaft von der Einberufung der Hauptversammlung an eine Bankgarantie eines in Deutschland ansässigen Kreditinstituts zu übermitteln.

Mit der Eintragung des Übertragungsbeschlusses in das Handelsregister gehen gemäß § 327e Abs. 3 AktG kraft Gesetzes alle Aktien der Minderheitsaktionäre auf den Hauptaktionär über. Eine Anfechtung des Übertragungsbeschlusses wegen einer (angeblich) nicht angemessenen Barabfindung ist gemäß § 327f AktG ausgeschlossen.[39] Beanstandungen gegen die Barabfindung können Minderheitsaktionäre nur im Spruchverfahren geltend machen, in dem das angerufene Gericht die angemessene Barabfindung festsetzen kann. Die Minderheitsaktionäre können also den Aktienübergang auf den Hauptaktionär nicht blockieren oder verzögern.

Übersicht über den Ablauf des aktienrechtlichen Squeeze-out

Unter Berücksichtigung der vorbereitenden Maßnahmen gliedert sich das Squeeze-out in die **folgenden Schritte**:

(1) Ermittlung der angemessenen Barabfindung auf der Grundlage einer – in der Regel von einem Wirtschaftsprüfer erstellten – Unternehmensbewertung (§ 327b AktG), wobei die in § 327a AktG geforderte Angemessenheit nach einem Urteil des Bundesverfassungsgerichtes impliziert, dass die Abfindung den Verkehrswert der Ak-

---

38 Ausführlich Krieger, Squeeze-out nach neuem Recht: Überblick und Zweifelsfragen, BB 2002, 53, 55.

39 Zu ansonsten möglichen Anfechtungsgründen vgl. Krieger, Squeeze-out nach neuem Recht: Überblick und Zweifelsfragen, BB 2002, 53, 60.

tien, der üblicherweise mit dem Börsenwert gleichgesetzt wird, nicht unterschreiten darf.[40]

(2) Beschaffung der Bankgarantie eines Kreditinstituts mit Sitz in der Bundesrepublik Deutschland zur Absicherung der Zahlungsverpflichtung hinsichtlich der Barabfindung (§ 327b Abs. 3 AktG).

(3) Schriftlicher Bericht des Hauptaktionärs (nicht des Vorstands der Gesellschaft) an die Hauptversammlung, in dem die Voraussetzungen für die Übertragung der Aktien dargelegt und die Angemessenheit der Barabfindung erläutert und begründet werden und in dem die Bankgarantie erläutert wird (§ 327c Abs. 2 AktG).

(4) Bestellung eines Prüfers für die Barabfindung auf Antrag des Hauptaktionärs durch das zuständige Gericht (Bestellung also nicht durch den Vorstand der Gesellschaft, § 327c Abs. 2 AktG).

(5) Prüfung der Angemessenheit der Barabfindung und Erstattung eines Prüfungsberichts durch den Prüfer.

(6) Einberufung der Hauptversammlung mit der Maßgabe, dass als Gegenstand der Tagesordnung auch Firma und Sitz des Hauptaktionärs sowie die Barabfindung anzugeben sind (§ 327c Abs. 1 AktG).

(7) Von der Einberufung der Hauptversammlung an Auslegung der folgenden Unterlagen in den Geschäftsräumen der Gesellschaft zur Einsicht der Aktionäre (§ 327c Abs. 3 AktG):
   - Entwurf des Übertragungsbeschlusses
   - Jahresabschlüsse und Lageberichte (der Gesellschaft, nicht des Hauptaktionärs) für die letzten drei Geschäftsjahre
   - Bericht des Hauptaktionärs
   - Prüfungsbericht.

   Auf Verlangen ist jedem Aktionär unverzüglich und kostenlos eine Abschrift der vorgenannten Unterlagen zu erteilen.

(8) Durchführung der Hauptversammlung, die den Übertragungsbeschluss fassen soll, mit
   - Auslegung der in der vorstehenden Ziffer genannten Unterlagen
   - Erläuterung des Entwurfes des Übertragungsbeschlusses und der Bemessung der Höhe der Barabfindung durch den Hauptaktionär.

   Das Gesetz enthält keine Angabe zur Beschlussmehrheit, also ist davon auszugehen, dass die Mehrheit von 95 % ausreicht (also Stimmen des Hauptaktionärs).

(9) Anmeldung des Übertragungsbeschlusses zur Eintragung in das Handelsregister.

(10) Eintragung des Übertragsbeschlusses in das Handelsregister mit der Folge des Übergangs der Aktien der Minderheitsaktionäre auf den Hauptaktionär gemäß § 327e Abs. 3 AktG (der Übergang der Aktien ist nicht von der Zahlung der Barabfindung an den jeweiligen Minderheitsaktionär abhängig).

(11) Zahlung der Barabfindung an die Minderheitsaktionäre, die mit Eintragung fällig wird.

(12) Gegebenenfalls auf Antrag eines Minderheitsaktionärs Durchführung eines Spruchverfahrens über die Angemessenheit der Barabfindung (§ 327f AktG).

---

40 BVerfG, 1 BvR 1613/94 vom 27.4.1999, Absatz-Nr. 68 f.

Zeitrahmen für die Durchführung eines aktienrechtlichen Squeeze-out

Der Schwerpunkt der Vorbereitungsmaßnahmen für ein Squeeze-out liegt bei der **Ermittlung der Barabfindung**. Sofern durch in der jüngeren Vergangenheit durchgeführte Umstrukturierungsmaßnahmen insoweit Vorarbeiten geleistet worden sind, kann es möglich sein, eine aktualisierte Unternehmensbewertung innerhalb von 4–6 Wochen zu erstellen.

Parallel hierzu kann die gerichtliche **Bestellung des Prüfers der Barabfindung** erfolgen. Dabei bietet es sich an, dem Gericht denjenigen Prüfer zur Bestellung vorzuschlagen, der auch bei den zurückliegenden Umstrukturierungsmaßnahmen als Prüfer tätig geworden ist. Allerdings kann nicht mit Sicherheit davon ausgegangen werden, dass das Gericht diesen Vorschlag aufgreift. Für die Prüfung der Barabfindung sollte daher vorsorglich ein weiterer Zeitraum von 4–6 Wochen einkalkuliert werden.

Sobald die Barabfindung bestimmt ist, kann die Hauptversammlung zur Fassung des Übertragungsbeschlusses einberufen werden. Unter Berücksichtigung der insoweit einzuhaltenden Fristen sind bis zum Termin der Versammlung erneut 5–6 Wochen einzuplanen.

An die Hauptversammlung schließt sich das Verfahren der **Handelsregistereintragung des Übertragungsbeschlusses** an, für das – unter Berücksichtigung des Ablaufes der Anfechtungsfrist von einem Monat – weitere acht Wochen einkalkuliert werden sollten.

Zusammenfassend kann daher damit gerechnet werden, dass unter günstigen Voraussetzungen ein Squeeze-out durchaus innerhalb eines Zeitraums von einem halben Jahr durchgeführt werden kann.

bb) Der übernahmerechtliche Squeeze-out von Minderheitsaktionären

Am 19.05.2006 hat der Deutsche Bundestag das Umsetzungsgesetz zur EU-Übernahmerichtlinie verabschiedet. Die damit in Kraft getretenen Änderungen des Wertpapiererwerbs- und Übernahmegesetzes (WpÜG) betreffen einerseits den internationalen Anwendungsbereich, die Aufsicht der BaFin bei Angeboten und die Zulässigkeit von Verteidigungsmaßnahmen der Zielgesellschaft gegen Übernahmeangebote. Darüber hinaus wurde ein **übernahmerechtlicher Squeeze-out** sowie korrespondierend ein **Andienungsrecht der Minderheitsaktionäre** (sog. Sell-out) eingeführt.

Der durch die §§ 39a, 39b WpÜG neu eingeführte **übernahmerechtliche Squeeze-out** basiert – anders als der aktienrechtliche (bzw. verbandsrechtliche) Ausschluss – allein auf **kapitalmarktrechtlichen Erwägungen** und dient vor allem als Ausgleich für die mit der Übernahme verbundenen Kosten und Risiken auf Seiten des Bieters. Gemäß § 39a WpÜG sind dem Bieter, dem Aktien der Zielgesellschaft in Höhe von mindestens 95 % des stimmberechtigten Grundkapitals gehören, **auf seinen Antrag** die übrigen stimmberechtigten Aktien gegen Gewährung einer angemessenen Abfindung **durch Gerichtsbeschluss zu übertragen**. Gemäß § 39a Abs. 6 WpÜG finden die §§ 327a bis 327f AktG nach der Stellung eines Antrages bis zum rechtskräftigen Abschluss des Ausschlussverfahrens keine Anwendung. § 39b WpÜG regelt die Einzelheiten des Ausschlussverfahrens.

Der übernahmerechtliche Squeeze-out schafft **gegenüber dem aktienrechtlichen Squeeze-out einige Vereinfachungen hinsichtlich des Ausschlussverfahrens**:

- Der Bieter muss innerhalb von drei Monaten nach Ablauf der Annahmefrist einen Antrag auf Übertragung der übrigen stimmberechtigten Aktien gegen Gewährung einer angemessenen Abfindung beim Landgericht Frankfurt a.M. stellen. Eine Antragstel-

lung ist bereits dann möglich, wenn das Übernahme- oder Pflichtangebot in einem Umfang angenommen worden ist, dass der Bieter beim späteren Angebotsvollzug die Ausschlussschwellen erreicht.
- Der Ausschluss und die Übertragung erfolgen durch Gerichtsbeschluss, ein Hauptversammlungsbeschluss ist entbehrlich. Verzögerungen können dennoch auftreten, da der Ausschluss erst mit rechtskräftigem Abschluss des Verfahrens wirksam wird. Gegen einen Squeeze-out-Beschluss ist nämlich die sofortige Beschwerde zum OLG Frankfurt innerhalb einer zweiwöchigen Notfrist nach den Regelungen der freiwilligen Gerichtsbarkeit möglich.
- Die zu gewährende Abfindung muss dem vorausgegangenen Übernahme- oder Pflichtangebot entsprechen. Wahlweise ist eine Geldleistung anzubieten. Die Abfindung gilt als angemessen, wenn der Bieter auf Grund des Angebotes Aktien in Höhe von mindestens 90 % des vom Angebot betroffenen Grundkapitals erworben hat.

Neben dem übernahmerechtlichen Squeeze-out wurde korrespondierend ein **Andienungsrecht der Minderheitsaktionäre** (sog. Sell-Out) in § 39c WpÜG eingeführt. Nach dieser Bestimmung können die Aktionäre einer Zielgesellschaft, die ein Übernahme- oder Pflichtangebot nicht angenommen haben, das Angebot innerhalb von 3 Monaten nach Ablauf der Annahmefrist annehmen, sofern der Bieter berechtigt ist, einen Antrag nach § 39a WpÜG zu stellen. Damit soll verhindert werden, dass Minderheitsaktionäre, die ein Angebot nicht angenommen haben, mit ihrer Beteiligung in der Gesellschaft »eingesperrt« bleiben.

e) Techniken und Abwehr der feindlichen Übernahme

Nachfolgend seien die Techniken und die Abwehr der feindlichen Übernahme kurz dargestellt.

aa) Techniken der feindlichen Übernahme

Für den Angreifer bestehen verschiedene Möglichkeiten, eine feindliche Übernahme zu gestalten. Die beiden potenziell am meisten Erfolg versprechenden Formen sind wohl die sog. **Tender Offer** und das sog. **Dawn Raid**.

Bei der **Tender Offer** handelt es sich um öffentliche Übernahmeangebote an die Aktionäre der Zielgesellschaft. Hierbei handelt es sich um die seit dem 01.01.2002 im Hinblick auf börsennotierte Unternehmen durch das WpÜG geregelten öffentlichen Übernahmeangebote.

Beim **Dawn Raid** versucht der Angreifer im Gegensatz zur Tender Offer, heimlich die Kontrolle über die Zielgesellschaft zu übernehmen, indem er durch den Erwerb größerer Aktienpakete die Mehrheitsverhältnisse zu seinen Gunsten ändert. In Deutschland wird dieses Vorgehen bei börsennotierten Unternehmen durch § 21 WpHG behindert, weil bei Überschreiten der Stimmrechte von 5 %, 10 %, 25 %, 50 % und 75 % dem Bundesaufsichtsamt sowie der Zielgesellschaft das Überschreiten der jeweiligen Schwelle innerhalb von sieben Tagen mitzuteilen ist. Durch diese Mitteilung steigen aber im Regelfall die Aktienkurse, wodurch die Übernahme erschwert wird. Um dies zu vermeiden, müssten daher in Deutschland – unter Umgehung der Börse – Aktienpakete von großen Finanzinvestoren gleichzeitig erworben werden. Ein Dawn Raid kann in Deutschland bei börsennotierten Gesellschaften seit dem Inkrafttreten des WpÜG zusätzlich dadurch erschwert werden, dass für den Bieter gemäß § 31 Abs. 3 Nr. 1 WpÜG eine Pflicht zur Abgabe eines Barangebotes besteht, wenn er in den drei Monaten vor Veröffentlichung der Angebotsunterlagen mindestens fünf Prozent der Aktien oder Stimmrechte an der Zielgesellschaft gegen Zahlung einer Geldleistung erworben hat. In diesem Fall hat sich das Barangebot außerdem gemäß § 4 der Ausführungsverordnung zum WpÜG (AusfVO) an den im Vorfeld gezahlten Preisen zu orientieren. Der Dawn Raid wird durch die Berücksichtigung früherer Aktienerwerbe aber nur erschwert, wenn der Aktienkurs der Zielgesellschaft in der Zwischenzeit gesunken ist, was bei Bekanntwerden der Übernahmeabsicht in der Regel nicht der Fall ist.[41]

bb) Abwehr von feindlichen Übernahmen

Die **grundsätzliche Neutralitätspflicht des Vorstandes des Zielunternehmens** während der Angebotsfrist im Sinne des § 33 WpÜG bedeutet nicht, dass der Vorstand keinerlei Abwehrmaßnahmen entwickeln könnte. Vor allem im präventiven Bereich bestehen zahlreiche Möglichkeiten zur Abwehr eines feindlichen Übernahmeversuches.

(1) Das duale System von Vorstand und Aufsichtsrat/Two tier board

Einen natürlichen Schutzwall gegen feindliche Übernahmen bildet in Deutschland das **duale System von Vorstand und Aufsichtsrat.**

Um die tatsächliche Kontrolle über das Unternehmen zu erlangen, muss der Angreifer die Mitglieder des Vorstandes bestimmen, die jedoch vom Aufsichtsrat ernannt werden. Gemäß § 103 AktG ist die Abwahl eines Aufsichtsratsmitglieds aber nur mit einer 3/4-Mehrheit der Hauptversammlung möglich. Der Vorstand kann vor Ablauf seiner Amtszeit nur bei Vorliegen eines wichtigen Grundes vom Aufsichtsrat abberufen werden. Dies führt im Zusammmenhang mit der üblichen fünfjährigen Amtszeit eines Aufsichtsrats- oder Vorstands-Mitgliedes dazu, dass ein Angreifer auch beim Erwerb der qualifizierten Mehrheit unter Umständen mehrere Jahre benötigt, bis er die Kontrolle über das operative Geschäft der Zielgesellschaft erlangt.

(2) Poison Pill

Die **Poison Pill** (»Gift Pille«) ist in vielfacher Gestaltung denkbar.

Die am meisten in den USA verbreitete Variante sind Optionen, die es den Aktionären der Zielgesellschaft ermöglichen, bei einem Übernahmeversuch Aktien weit unter Marktpreis zu erwerben. In Deutschland kommt vor allem eine Kapitalerhöhung unter Ausschluss des Bezugsrechts der Aktionäre im Rahmen des genehmigten Kapitals zum Zwecke der Ausgabe neuer Aktien – etwa an ein befreundetes Unternehmen oder einen sog. **White Knight** (»Weißen Ritter«) – in Betracht. Zu beachten ist jedoch, dass eine solche Maßnahme gemäß § 33 Abs. 1 und 2 WpÜG der Mitwirkung der Hauptversammlung

41 Vgl. Oechsler, Der RegE zum Wertpapiererwerbs- und Übernahmegesetz – Regelungsbedarf auf der Zielgeraden, NZG 2001, 817, 825.

der Zielgesellschaft in Form eines »Vorratsbeschlusses« oder aber eines Hauptversammlungsbeschlusses einer eigens für die Abwehr einberufenen Hauptversammlung bedarf.[42] Andere in den USA gängige Varianten der »Poison Pill« wie z.B. »Flip-in«, »Flip-over« oder »Back-end«-Regelungen sind in Deutschland unter anderem wegen des im deutschen Aktienrecht verwurzelten Gleichbehandlungsgrundsatzes unzulässig.[43]

(3) White Knight

§ 33 Abs. 1 WpÜG lässt ausdrücklich die aktive Suche nach einem **Weißen Ritter** (»White Knight«), der der Zielgesellschaft zu Hilfe kommt, ohne vorherige Ermächtigung durch die Hauptversammlung der Zielgesellschaft zu. Ist ein White Knight gefunden, so kann ihm die Übernahme durch Ausgabe neuer Aktien auf der Grundlage zuvor genehmigten Kapitals erleichtert werden. Zugleich wird es für den Angreifer durch die Ausgabe der neuen Aktien an einen Dritten schwieriger, die Kontrolle über das Unternehmen zu erwerben, weil er nun mehr Aktien als zuvor erwerben muss. Erfolgt die Ausgabe der Aktien an den »White Knight« unter Ausschluss des Bezugsrechts, wird außerdem der Anteil des Angreifers an dem Übernahmeobjekt verwässert. Wie bereits erwähnt, bedürfen über die Suche nach einem konkurrierenden Angebot hinausgehende Maßnahmen jedoch der Mitwirkung der Hauptversammlung der Zielgesellschaft. Die Suche nach einem »White Knight« dürfte in der Regel die ultima ratio sein, wenn bereits feststeht, dass eine Übernahme mit anderen Mitteln nicht mehr abgewehrt werden kann. Dann geht es grundsätzlich nur noch darum, die Übernahme so angenehm wie möglich zu gestalten.[44]

(4) Ausgabe von Namensaktien

Durch die **Ausgabe von Namensaktien statt Inhaberaktien** (siehe § 10 AktG) kann sich der Vorstand einen besseren Überblick über die Aktionärsstruktur verschaffen und auf diese Weise mögliche Übernahmeversuche schon im Vorfeld erkennen und Gegenmaßnahmen einleiten. Werden die Namensaktien als vinkulierte Namensaktien ausgegeben, bedarf es zudem für den Verkauf von Aktien grundsätzlich der Zustimmung des Vorstandes (§ 68 Abs. 2 AktG).

(5) Rückkauf eigener Aktien

Der **Rückkauf eigener Aktien** führt zu einer Preissteigerung der Aktien und erschwert auf diese Weise die Übernahme des Unternehmens. In Deutschland dürfte dieses Mittel allerdings zur Abwehr einer feindlichen Übernahme wenig erfolgversprechend sein, weil nach § 71 Abs. 2 AktG nur bis zu 10 % des Grundkapitals erworben werden dürfen und außerdem ein Hauptversammlungsbeschluss erforderlich ist. Dieser kann jedoch gemäß § 33 Abs. 2 WpÜG in Form eines »Vorratsbeschlusses« gefasst werden.[45]

---

42 Vgl. Vater, Die Abwehr feindlicher Übernahmen, M&A-Review 2002, 9, 14.

43 Vgl. eingehend zu diesen Varianten der »Poison Pill«: Vater, Die Abwehr feindlicher Übernahmen, M&A-Review 2002, 9, 16.

44 Vgl. Vater, Die Abwehr feindlicher Übernahmen, M&A-Review 2002, 9, 14.

45 Vgl. Vater, Die Abwehr feindlicher Übernahmen, M&A-Review 2002, 9, 11.

(6) Zukauf von Unternehmen

Kurzfristige **Zukäufe von anderen Unternehmen oder sonstigen Aktiva durch die Zielgesellschaft** können eine Übernahme in mehrfacher Hinsicht erschweren. Zum einen können als Folge des Zukaufs kartellrechtliche Bedenken gegen die Übernahme verstärkt werden. Zum anderen kann ein Unternehmen mit hoher Liquidität die eigene Liquidität verringern; dadurch werden insbesondere solche Unternehmen für einen Angreifer weniger interessant, deren Liquidität ursprünglich zur Finanzierung der Übernahme eingeplant war. Schließlich kann die Zielgesellschaft versuchen, Aktiva zu erwerben, die für den Angreifer wenig attraktiv sind. Auch bei diesen Maßnahmen wird jedoch in der Regel die Mitwirkung der Hauptversammlung bzw. des Aufsichtsrats der Zielgesellschaft erforderlich sein, § 33 Abs. 1, 2 WpÜG.

(7) Crown Jewels

Eine besonders risikoreiche Verteidigungsmaßnahme ist der **Verkauf eines oder mehrerer der rentabelsten Unternehmensbereiche** (sog. **Crown Jewels**), auf die es der Angreifer möglicherweise besonders abgesehen hat. Als außerordentlich nachteilig kann sich hierbei auswirken, dass unter Umständen die Überlebensfähigkeit des Unternehmens gefährdet wird. Es ist daher ratsam, die Unternehmensbereiche an ein befreundetes Unternehmen zu veräußern und gleichzeitig eine Rückkaufoption für den Fall der erfolgreichen Abwehr des Übernahmeversuchs zu vereinbaren.[46] Bereits vor Inkrafttreten des WpÜG war für die Veräußerung von »Crown Jewels« im Einzelfall nach den Grundsätzen der Holzmüller-Entscheidung[47] die Zustimmung der Hauptversammlung erforderlich.[48] Diese Mitwirkungspflicht der Hauptversammlung ist nun im Hinblick auf Übernahmeangebote in § 33 Abs. 1 und 2 WpÜG normiert.

(8) Pac Man

Beim **Pac Man** versucht die Zielgesellschaft, den Angreifer ihrerseits zu übernehmen. Zulässig ist dies allerdings nur, wenn der Anteil des Angreifers an der Zielgesellschaft nicht über 25 % liegt, weil andernfalls § 328 AktG (Wechselseitig beteiligte Unternehmen/Beschränkung der Rechte) die Ausübung der zur Übernahme notwendigen Rechte untersagt.

(9) Golden Shares and Golden Parachutes

Golden Shares sind Vorzugsaktien des Staates, mit denen mehr oder weniger konkret definierte Eingriffsbefugnisse des Staates in den Bereich der Unternehmensführung und -beteiligung verbunden sind, um dem Staat Einfluss auf die Aktionärsstruktur und strategische Unternehmensentscheidungen zu sichern. Typischerweise sind »goldene Aktien« als Vetorechte, Zustimmungsvorbehalte oder Organbesetzungsrechte ausgestaltet. Diese Rechte können beispielsweise in der Weise ausgestaltet sein, dass vor wichtigen gesellschaftsrechtlichen Beschlüssen (Auflösung, Spaltung, Änderung des Gesellschafts-

46 Vgl. Vater, »Die Abwehr feindlicher Übernahmen«, M&A-Review 2002, 9, 11.
47 BGHZ 83, 122 ff.
48 Siehe auch BGH, Urteile vom 26.04.2004 – II ZR 154/02 (»Gelatine«-Urteil), BB 2004, H. 22, 1182 ff. und II ZR 155/02, BB 2004, H. 23.; vgl. Münchener Handbuch des Gesellschaftsrechts Bd. 4 – Krieger, § 69, Rdn. 8; Lutter, FS Stimpel 1985, 825, 850.

zwecks, Veräußerung von Vermögensgegenständen oder Kapitalanteilen) eine staatliche Genehmigung eingeholt werden muss.

Nach Art. 56 I EG sind alle Beschränkungen des Kapitalverkehrs zwischen den Mitgliedstaaten seit dem 01.01.1994 verboten. In drei Entscheidungen vom Juni 2002 sowie in zwei Entscheidungen vom Mai 2003 hat die Rechtsprechung des EuGH zur Kapitalverkehrsfreiheit ihren vorläufigen Höhepunkt gefunden. Die Entscheidungen betreffen die Abschaffung der sog. Golden Shares und lassen in bestimmten Bereichen für potenzielle Übernehmer goldene Zeiten anbrechen.

Im Fall **Elf-Aquitaine** war zugunsten des französischen Staates mit den Anteilen an Elf-Aquitaine ein Genehmigungsvorbehalt verknüpft, sofern der Anteil eines privaten Investors einen bestimmten Schwellenwert überschreiten sollte; zugleich wurde ihm ein Widerspruchsrecht eingeräumt, falls Elf-Aquitaine ihre Mehrheitsbeteiligung an einigen Tochtergesellschaften veräußern würde.

Der EuGH hat entschieden, dass es gerechtfertigt sein kann, wenn die Mitgliedstaaten einen gewissen Einfluss auf ursprünglich öffentliche und später privatisierte Unternehmen behalten, die Dienstleistungen von allgemeinem Interesse oder von strategischer Bedeutung erbringen. Sofern diese Beschränkungen unterschiedslos sowohl auf Inländer als auch auf Gemeinschaftsbürger anwendbar seien, können sie durch zwingende Gründe des Allgemeininteresses gerechtfertigt sein. Dies setzt voraus, dass die Beschränkungen dem Grundsatz der Verhältnismäßigkeit (Übermaßverbot) entsprechen, d.h. nicht über das zur Erreichung des mit ihnen verfolgten Zieles erforderliche Maß hinausgehen.

Regelmäßig wird die Gewährung von Golden Shares damit begründet, dass auch in Krisenzeiten das Fortbestehen des Unternehmens gewährleistet bleiben muss. Ebenso können goldene Aktien aber auch als Mittel zur Abwehr feindlicher Übernahmen dienen, indem die Attraktivität einer Übernahme eines mit Golden Shares ausgestatteten Unternehmens im Vergleich zu einem Unternehmen, bei dem keine derartigen Vorzugsaktien gewährt werden, vermindert wird.

Die Entscheidungen des Europäischen Gerichtshofes können zu einer gewissen Belebung des M&A-Marktes hinsichtlich solcher Unternehmen führen, die mit Golden Shares ausgestattet sind. Denn sicherlich wird ein Großteil der betroffenen europäischen Unternehmen den Anforderungen des EuGH nicht gerecht und wird daher in naher Zukunft die Golden Shares abschaffen oder zumindest anpassen müssen.

In Deutschland haben die **Entscheidungen des EuGH** vor allem der Diskussion über die Zulässigkeit des deutschen **VW-Gesetzes** Auftrieb gegeben, welches die führende Stellung des Bundeslandes Niedersachsen als Aktionär der Volkswagen AG gefestigt und damit der Volkswagen AG zugleich einen gewissen Schutz vor Übernahmen geboten hat. Am 19.03.2003 hat die Kommission gegen die Bundesrepublik Deutschland ein Vertragsverletzungsverfahren wegen der Regelungen des VW-Gesetzes zu den Entsenderechten, Höchststimmrechten, Verschärfungen von Sperrminderheiten und Vertretungsbeschränkungen eingeleitet. Der Klageantrag zielte darauf ab, feststellen zu lassen, dass die §§ 2 Abs. 1, 4 Abs. 1 und 4 Abs. 3 VW-Gesetz gegen Artikel 56 und 43 EG verstoßen (Rechtssache C-112/05, Amtsblatt der Europäischen Union vom 11.06.2005, C 143/15). Nach dem VW-Gesetz war das Stimmrecht jedes Großaktionärs des Konzerns auf 20 % begrenzt, auch wenn dessen Anteil am Grundkapital deutlich höher lag (§ 2 des VW-Gesetzes). Nach § 4 Abs. 1 des VW-Gesetzes hatten der Bund und das Land Niedersachsen das Recht, jeweils zwei Mitglieder in den Aufsichtsrat zu entsenden, sofern sie auch nur eine einzige Aktie besaßen. Darüber hinaus wurde in dem Gesetz normiert, dass Hauptversammlungsbeschlüsse einer Mehrheit von 80 % des vertretenen Kapitals benötigen (§ 4 Abs. 3 des VW-Gesetzes), während nach dem allgemeinen Aktiengesetz lediglich 75 % ausreichen. Dieses Gesetz garantierte damit einige Privilegien für den Bund und das Land Niedersachsen, die dem deutschen Aktiengesetz fremd sind.

Aufgrund dieser Privilegien sah der EuGH in dem VW-Gesetz einen **Verstoß gegen das europäische Gemeinschaftsrecht** und hat mit seinem am 23.10.2007 ergangenen Urteil das Gesetz für ungültig erklärt. Der EuGH verlangt nunmehr, dass das VW-Gesetz entweder abgeschafft oder grundlegend modifiziert wird. Die Richter haben ihr Urteil damit begründet, dass eine **ungerechtfertigte Beschränkung des freien Kapitalverkehrs** vorliege, da private Investoren durch die staatlichen Sonderrechte vom Erwerb eines Aktienpakets der Volkswagen AG abgeschreckt werden könnten. Nach Ansicht des Gerichtshofs verstärkt das Gesetz die Stellung der Bundesregierung und des Landes Niedersachsen und verhindert somit jede Beteiligung an der Verwaltung des Unternehmens.

Jegliche Bemühungen seitens der Bundesregierung, die Sonderregelungen des VW-Gesetzes mit dem Schutz von Arbeitnehmern, Arbeitsplätzen und Minderheitsaktionären zu begründen, fanden beim EuGH kein Gehör. Verständlicherweise kämpft die Bundesregierung nun um die Beibehaltung ihrer Entsenderechte zweier Mitglieder in den Aufsichtsrat (§ 4 Abs. 1 des VW-Gesetzes). Nach der bald zu erwartenden Gesetzesnovelle der Regierung soll weiterhin erhalten bleiben, dass Hauptversammlungsbeschlüsse einer Mehrheit von 80 % des vertretenen Kapitals benötigen (§ 4 Abs. 3 des VW-Gesetzes). Diese Regelung sichert dem Land Niedersachsen ein Vetorecht, obwohl das Land nur mit 20 % an Volkswagen beteiligt ist. Ferner soll die Regelung in § 4 Abs. 2 des VW-Gesetzes bestehen bleiben, wonach für die Standortentscheidung eine Zwei-Drittel-Mehrheit im Aufsichtsrat vorgesehen ist und somit z. B. Werkschließungen nicht gegen die Arbeitnehmerseite durchgesetzt werden können. Nach dem neuen Gesetzesentwurf der Bundesregierung ist also eine Modifizierung der Kernpunkte kaum zu erkennen und wird nach allen Erwartungen eine erneute Klage der EU-Kommission nach sich ziehen.

Auch europaweit kann die Rechtsprechung des EuGH besonders in denjenigen Staaten zu einer Welle von Fusionen und Übernahmen führen, in denen Golden Shares verbreitet sind. Dies betrifft vor allem solche Gesellschaften, die in Bereichen der Daseinfürsorge tätig sind, wie z. B. Flughafenbetreiber, Versorgungsunternehmen oder Telefongesellschaften.

Durch die Vereinbarung eines sogenannten »**Golden Parachute**« (»Goldener Fallschirm«), mit dem Mitgliedern des Managements für den Fall des Ausscheidens aus dem Unternehmen hohe finanzielle Vorteile zugesichert werden, soll eine Übernahme dadurch erschwert werden, dass der nötige Austausch des Managements mit unangemessen hohen Folgekosten verbunden ist. In Deutschland ist das Instrument des »Golden Parachute« nur begrenzt einsetzbar, da die Vergütung der Vorstandsmitglieder gemäß § 87 Abs. 1 S. 1 AktG zu den Aufgaben des Vorstandsmitgliedes und zur Lage der Gesellschaft in einem angemessenen Verhältnis zur Leistung stehen muss; Entsprechendes gilt gemäß § 113 Abs. 1 S. 3 AktG für die Aufsichtsratsmitglieder.

(10) Werbekampagnen

Der Vorstand einer Zielgesellschaft kann **Werbekampagnen gegen eine geplante Übernahme** führen, mit denen er versucht, die Aktionäre von der Annahme des Angebotes abzubringen. Die Übernahmeschlacht **Vodafone/Mannesmann** bietet hierfür ein eindrucksvolles Beispiel. Solche Werbekampagnen sind auch nach der Einführung des WpÜG weiterhin gemäß § 28 Abs. 1 WpÜG grundsätzlich zulässig. Allerdings kann die BaFin bestimmte Arten der Werbung untersagen, um Missstände zu beseitigen. Voraussetzung für die Zulässigkeit von Werbekampagnen ist allerdings, dass sich ihr Aufwand in einem akzeptablen Rahmen hält und dass sie auf einer sachlichen Ebene geführt werden.

4. Unternehmenssicherungen und -nachfolgen[49]

a) Unternehmenssicherungen und -nachfolgen bei Familienunternehmen

In Deutschland stehen pro Jahr mehr als 70.000 Familienunternehmen zur **Übertragung oder Vererbung** an.[50] Obwohl fast alle Familien- und Mittelstandsunternehmer den Wunsch hegen, das Unternehmen auch in der nächsten Generation im Familienbesitz zu erhalten, wird nur in weniger als der Hälfte aller Fälle das Unternehmen tatsächlich innerhalb der Familie weitergegeben.[51] Selbst wenn die Weitergabe innerhalb der Familie gelingt, sind die Unternehmensfortführungen in der zweiten Generation nur in 60 % der Fälle erfolgreich; in der dritten Generation gelingt die Weiterführung nur noch 32 % der Unternehmen und in der vierten Generation sind es nur noch 16 % der Unternehmen, die überleben.[52]

Der Hauptgrund hierfür liegt in dem fehlenden Interesse der Kinder, die Familien- oder Mittelstandsunternehmen fortzuführen. Diese ablehnende Haltung kann sehr unterschiedliche Gründe haben: Während einige Nachfolger die Dominanz des Unternehmensinhabers fürchten, sind andere von dessen hoher Arbeitsbelastung abgeschreckt. Wieder andere erachten die Ertragsaussichten des Unternehmens als eher unbefriedigend und nehmen gerade deshalb attraktive Angebote von dritter Seite an. Teilweise ist es auch der Wunsch der Kinder, sich eine eigene, von den Eltern unabhängige Existenz aufzubauen. Neben dem fehlenden Interesse der Kinder sind es aber oftmals auch die Inhaber der Unternehmen, die es ihren Kindern nicht zutrauen, das Unternehmen in einer aus ihrer Sicht geeigneten Weise fortzuführen.[53] Des Weiteren scheitern famili-

---

49 Siehe dazu Gerhard Picot/Sabine Kamp, in: Gerhard Picot, Handbuch für Familien- und Mittelstandsunternehmen, Teil V, Interne Unternehmensnachfolge sowie Gerhard Picot/Dirk Classen, in: Gerhard Picot, Handbuch für Familien- und Mittelstandsunternehmen, Teil VII, Externe Unternehmensnachfolge – Unternehmensverkauf und Transaktionen.

50 Studie des Institutes für Mittelstandsforschung, Bonn (IfM), http://www.ifm-bonn.de. Betrachtet werden nur Unternehmen mit mehr als 50.000 Euro Jahresumsatz.

51 Studie der INTES Akademie für Familienunternehmen und der Fachhochschule der Wirtschaft, Bergisch Gladbach, 2003.

52 Felden/Klaus, Unternehmensnachfolge, S. 1.

53 Felden/Klaus, Unternehmensnachfolge, S. 25.

eninterne Unternehmensnachfolgen unter Umständen aber auch daran, dass kein Nachwuchs vorhanden ist, die Kinder (noch) nicht über das für eine Unternehmensführung erforderliche Alter oder Qualifikation verfügen. Teilweise fehlen aber auch die für eine Weiterführung des Unternehmens notwendigen finanziellen Mittel.[54] Die Familien- oder Mittelstandsunternehmen werden durch solche Nachfolgeprobleme vielfach stärker strapaziert als durch strukturelle Engpässe, technologische Entwicklungen oder den erhöhten Wettbewerbsdruck, dem sie aufgrund der zunehmenden Internationalisierung und Globalisierung ausgesetzt sind.

Ist eine Nachfolge innerhalb der Unternehmerfamilie nicht möglich, so erfolgt, wie aus dem nachfolgenden Schaubild zu ersehen ist, entweder ein Verkauf an Dritte, ein Management-Buy-in oder Buy-out oder – so zumeist bei kleineren Unternehmen – sogar eine Stilllegung des Familienunternehmens.

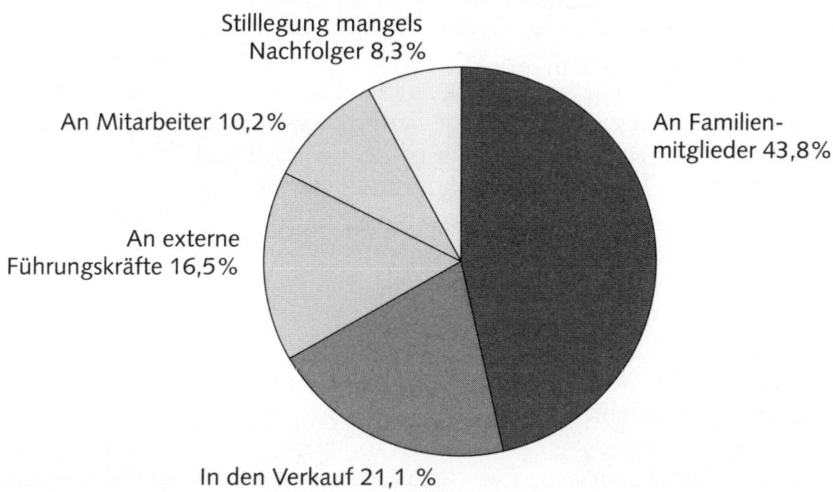

Abb. 2: Nachfolgelösungen in deutschen Familienunternehmen[55]

Als Folge dieser aktuellen Entwicklungen besteht bei den Inhabern der Familien- und Mittelstandsunternehmen ein hoher Handlungsbedarf. Jeder Unternehmer sieht sich zur Vermeidung unerwünschter Nachfolgelösungen vor die Aufgabe gestellt, sich rechtzeitig und konkret mit der Frage auseinanderzusetzen, auf welchem Weg eine Fortführung des Familien- oder Mittelstandsunternehmens optimal durchgeführt werden kann. Die Auseinandersetzung des Unternehmers mit dieser Thematik hat insbesondere deshalb sorgfältig zu erfolgen, weil von der Unternehmensnachfolge nicht nur die Familien selbst,

54 Ergebnis der PwC-Studie »Familienunternehmen Deutschland 2006«.
55 Quelle: Institut für Mittelstandsforschung, Bonn.

sondern auch die im Unternehmen beschäftigten Mitarbeiter, Geschäftspartnern, Lieferanten und Kunden betroffen sind.

Zur gründlichen Vorbereitung einer Unternehmensnachfolge sollte der Unternehmer beispielsweise die Fragen beantworten, ob das Unternehmen in der Familie weiter bestehen oder verkauft werden soll, ob es künftig von Familienmitgliedern oder familienfremden Dritten fortgeführt werden soll.

Welche Ausgestaltung der Unternehmensnachfolge den individuellen Bedürfnissen des Unternehmensinhabers am besten Rechnung trägt, lässt sich nicht verallgemeinernd beantworten, sondern bedarf der konkreten Prüfung im Einzelfall. Für einen reibungslosen Ablauf der Übergabe in die nächste Generation sind insbesondere die jeweiligen Vor- und Nachteile eines internen und externen Nachfolgemodells im Hinblick auf betriebswirtschaftliche, rechtliche und steuerliche Aspekte sowie im Hinblick auf die persönlichen Vorstellungen, Wünsche und Präferenzen des Unternehmers, insbesondere seiner Altersversorgung, gegeneinander abzuwägen. Auch sollten die Aspekte der Beteiligung bzw. die Informierung der Mitarbeiter, Geschäftspartnern, Lieferanten und Kunden berücksichtigt werden. Oftmals bringt eine Unternehmensnachfolge auch die Chance einer Neu-Formierung der Gesellschaft mit sich, sodass eine in der Vergangenheit gewählte, inzwischen aber möglicherweise ungeeignete Rechts- bzw. Gestaltungsform korrigiert werden kann[56] oder neben einem Verkauf beispielsweise auch an Kooperationen oder Zusammenschlüsse mit Dritt-Unternehmen gedacht werden kann.[57]

Insgesamt lässt sich feststellen, dass aufgrund der mannigfaltigen Aspekte und Gestaltungsmöglichkeiten der Unternehmensnachfolge in Familien- oder Mittelstandsunternehmen eine **frühzeitige Planung** sowie eine **optimale Vorbereitung** und Durchführung für den Erfolg der Nachfolge entscheidend sind.

b) Abgrenzung der familieninternen gegenüber der familienexternen Unternehmensnachfolge

Der Inhaber eines mittelständischen Familienunternehmens, der die Führung und gegebenenfalls auch die Inhaberschaft an seinem Unternehmen abgeben möchte, zunächst die Entscheidung zu treffen, ob er **eine familieninterne oder eine familienexterne Unternehmensnachfolge** anstreben möchte.

---

56 Die Begründung, es sei im Rahmen der Unternehmensnachfolge zu einer Änderung der Rechtsform der Gesellschaft gekommen, dürfte bei langjährigen Geschäftspartnern grundsätzlich auf Verständnis stoßen.

57 Insbesondere für den Wechsel in eine haftungsbeschränkte Rechtsform des Familien- oder Mittelstandsunternehmens bietet sich die Unternehmensnachfolge an, siehe hierzu etwa Berenbrok, in: Sudhoff, Unternehmensnachfolge, § 56, Rn. 3; Mayer, ZEV 2005, 325.

aa) Die familieninterne Unternehmensnachfolge[58]

Bei der **familieninternen Unternehmensnachfolge**

- überträgt der Inhaber entweder im Falle einer »**kleinen Lösung**« nur die Geschäftsführung eines Unternehmens teilweise oder vollständig auf ein Familienmitglied des Unternehmers (z. B. durch die Bestellung eines Familienmitglieds als – weiteren – Geschäftsführer),
- oder er überträgt im Falle einer »**großen Lösung**« (eventuell mit der Geschäftsführung auch) die Eigentümerschaft am Unternehmen teilweise oder vollständig auf ein Familienmitglied (z. B. durch eine Schenkung oder Erbschaft).

Die **familieninterne Unternehmensnachfolge** wirft zahlreiche gesellschafts- und erbrechtliche sowie steuerrechtliche Fragen auf. Die Komplexität der hierbei zu treffenden Regelungen zeigt sich besonders bei Personengesellschaften mit mehreren Gesellschaftern.

Nach der früheren Rechtslage vor Inkrafttreten des Handelsrechtsreformgesetzes zum 01.07.1998 führte das Versterben eines Gesellschafters einer Offenen Handelsgesellschaft beziehungsweise des Komplementärs einer Kommanditgesellschaft (§§ 161 Abs. 2, 177 HGB) zur **Auflösung der Gesellschaft**. Die Gesellschaft verwandelte sich in eine sogenannte Liquidationsgesellschaft, das heißt, der Zweck der Gesellschaft bestand von da an nur noch in ihrer Auflösung und Abwicklung. Dies bedeutete die Zerschlagung eines lebenden Unternehmens, die wegen des erheblichen Wertverlustes zumeist von keinem der verbleibenden Beteiligten gewollt war. Ziel einer sinnvollen Nachfolgeregelung musste es daher in erster Linie sein, die Fortexistenz des Unternehmens durch eine entsprechende Gestaltung des Gesellschaftsvertrages zu sichern. Dies wurde in der Weise erreicht, dass die Gesellschaft lediglich mit den bisherigen Gesellschaftern fortgesetzt wurde. Der verstorbene Gesellschafter schied dann aus der Gesellschaft aus und den Erben stand ein Abfindungsanspruch gegen die Gesellschaft zu.

Nach Inkrafttreten des Handelsrechtsreformgesetzes zum 01.07.1998 ist nunmehr für die OHG und die KG gemäß § 131 Abs. 1, Abs. 3 Nr. 1, 139 HGB die Fortsetzung der Gesellschaft unter **Ausscheiden des Verstorbenen** zum gesetzlichen Regelfall geworden, sodass sich die früheren gesellschaftsvertraglichen Regelungen erübrigt haben. Die Unternehmenskontinuität wird somit gesichert und der Praxis der Vertragsgestaltung Rechnung getragen, die ohnehin regelmäßig auf die Fortsetzung der Gesellschaft gerichtet war. Wird die Gesellschaft ohne die Erben fortgesetzt, so steht den Erben eine Abfindung zu, es sei denn, der Gesellschaftsvertrag hat dies ausgeschlossen.[59]

Der Gesellschaftsvertrag kann jedoch statt des Ausscheidens des verstorbenen Gesellschafters die Fortsetzung mit den Erben vorsehen (**Fortsetzungs- und Nachfolgeklauseln**). Wird die Gesellschaft mit sämtlichen Erben fortgesetzt, so handelt es sich um eine »**einfache Nachfolgeklausel**«. Sieht der Gesellschaftsvertrag hingegen die Fortsetzung nur mit einem oder mehreren von ihnen vor, handelt es sich um eine sogenannte »**qualifizierte Nachfolgeklausel**«. Erfolgt der Eintritt nicht ohne Weiteres mit dem Erbfall,

---

58 Siehe dazu Gerhard Picot/Sabine Kamp, in: Gerhard Picot, Handbuch für Familien- und Mittelstandsunternehmen, Teil V, Interne Unternehmensnachfolge.

59 Vgl. zur Zulässigkeit solcher Klauseln BGHZ 22, 194; BGH WM 1971, 1339.

sondern ist hierzu ein Rechtsgeschäft mit einem Dritten erforderlich, wird von einer »**Eintrittsklausel**« oder »**gesellschaftsrechtlichen Nachfolgeklausel**« gesprochen.

Bei Eintrittsklauseln stellt sich in zweierlei Hinsicht die Frage nach **Abfindungsansprüchen**: Zum einen kann ein solcher Anspruch des Erben gegen die Gesellschaft entstehen, wenn einem Dritten ein Recht auf Eintritt eingeräumt wird und der verstorbene Gesellschafter aus der Gesellschaft ausscheidet; zum anderen können erbrechtliche Ausgleichsansprüche der Miterben entstehen, wenn einem anderen Miterben ein Eintrittsrecht in die Gesellschaft gewährt wird. Als einfache Lösung akzeptiert die Rechtsprechung mit gewissen Einschränkungen, den Ausgleichsanspruch für ausscheidende Gesellschafter vollständig auszuschließen. Dies wird aber häufig nicht dem Bedürfnis der Gesellschafter entsprechen, ihre Familie und Erben an den von ihnen geschaffenen Vermögenswerten teilhaben zu lassen.

Von § 139 HGB werden Fälle erfasst, in denen der Gesellschaftsvertrag die Fortsetzung der Gesellschaft mit sämtlichen oder zumindest einem Erben, mithin also eine Nachfolgeklausel, vorsieht. Es ist daher zu überlegen, ob eine Fortsetzung der Gesellschaft mit den Erben sinnvoll erscheint.

Bei der Gestaltung des Gesellschaftsvertrages dürfen die erbrechtlichen Aspekte nicht außer Acht gelassen werden. Wird etwa die Gesellschaft nur mit einem Erben fortgesetzt, können für etwaige Miterben Ausgleichsansprüche entstehen, wenn der Wert des Gesellschaftsanteils den Wert des Erbteils des Nachfolgers übersteigt. Dies kann z. B. durch die Übertragung des Gesellschaftsanteils im Wege eines Vorausvermächtnisses vermieden werden, da hierdurch der Anteil des Nachfolgers am Nachlass vergrößert wird.

Die aus dem Erbrecht erwachsenden Ausgleichsansprüche verdeutlichen, dass gesellschaftsvertragliche Regelungen durchaus erbrechtliche Folgen haben können. Wichtig ist es daher, die Regelung der Unternehmensnachfolge als Einheit aufzufassen, die sowohl die Gestaltung der Gesellschaftsverträge als auch die testamentarischen Verfügungen umfasst. Aus steuerrechtlicher Sicht sind dabei selbstverständlich vor allem die Aspekte der Erbschafts-, Schenkungs- und Einkommensteuer eingehend zu berücksichtigen, um eine optimale Gestaltung der Unternehmensnachfolge zu erreichen.

Für die rechtliche Ausgestaltung der Unternehmensnachfolge gibt es keine Patentrezepte. Die Vielzahl der erb- und gesellschaftsrechtlichen Gestaltungsvarianten macht es vielmehr notwendig, im Einzelfall festzustellen, welche individuellen Besonderheiten und Bedürfnisse des Unternehmens zu beachten sind. Dazu gehören insbesondere die Überlegungen, ob einzelne der Gesellschafter aus bestimmten Gründen unterschiedlich zu behandeln sind oder ob überhaupt Erben vorhanden sind, die geeignet wären, die Gesellschaft weiterzuführen. In jedem Fall sollte erwogen werden, ob eine Übertragung der Unternehmensanteile bereits zu Lebzeiten im Wege einer vorweggenommenen Erbfolge Vorteile bieten kann.

bb) Die familienexterne Unternehmensnachfolge[60]

Bei der **familienexternen Unternehmensnachfolge**

- überträgt der Inhaber entweder im Falle einer »**kleinen Lösung**« nur die Geschäftsführung eines Unternehmens teilweise oder vollständig auf einen familienfremden Dritten, mit der Folge, dass die Familie (nur) die Führung teilweise oder ganz verliert,
- oder er überträgt im Falle einer »**großen Lösung**« neben der Geschäftsführung auch die Eigentümerschaft an einem Unternehmen teilweise oder vollständig auf einen familienfremden Dritten.

Nach einer Umfrage des Manager-Magazins soll in den kommenden Jahren etwa jedes zweite deutsche Familien- und Mittelstandsunternehmen verkauft werden.[61] Die Übernahme eines Familien- oder Mittelstandsunternehmens ist nicht nur für die inländischen Wettbewerber dieser Unternehmen von Interesse. Vielmehr stößt der mittelständische deutsche Unternehmensmarkt bereits seit Anfang 2003 auf ein kontinuierlich steigendes Interesse ausländischer strategischer Investoren und Finanzinvestoren. Insgesamt wird der deutsche Transaktionsmarkt für Familien- und Mittelstandsunternehmen derzeit als sehr günstig eingeschätzt.[62] Ursächlich für diese »gute Stimmung« auf dem M&A-Markt sind insbesondere folgende Faktoren: Die Erwartung überdurchschnittlicher Renditen in der deutschen Wirtschaft, die EU-Osterweiterung, die Nähe des Wirtschaftsstandortes Deutschland zu den osteuropäischen Staaten, die voranschreitende Globalisierung, die Finanzinvestoren zunehmend eine globale regionale Präsenz abverlangt und die im internationalen Vergleich günstige Bewertung deutscher Familien- und Mittelstandsunternehmen.[63] Hinzu kommt das exzellente Know-how deutscher Unternehmen (z. B. in den Bereichen der Logistik, Informationstechnik sowie der Biotechnik- und Pharmabranche), das günstige Zinsniveau sowie die hohe Liquidität am Kapital- und Private-Equity-Markt.

Die Folge dieser Entwicklungen ist, dass Inhaber von Familien- oder Mittelstandsunternehmen zunehmend von der Möglichkeit Gebrauch machen, ihr Unternehmen an ihre Manager und Mitarbeiter im Wege eines **Management-Buy-out (MBO)** oder an ein externes Management im Wege eines **Management-Buy-in (MBI)** zu verkaufen.[64] Da das interne oder externe Management nur selten in der Lage ist, die für einen solchen Unternehmenskauf nötige Liquidität aus eigener Kraft aufzubringen, wird ein MBO oder eine MBI oftmals mit Hilfe von **Private Equity**, insbesondere in Form eines **Leveraged-Buy-out (LBO)** oder eines **Leveraged-Buy-in (LBI)** fremdfinanziert.[65]

---

60 Siehe dazu Gerhard Picot/Dirk Classen, in: Gerhard Picot, Handbuch für Familien- und Mittelstandsunternehmen, Teil VII, Externe Unternehmensnachfolge – Unternehmensverkauf und Transaktionen.

61 Online-Ausgabe Manager-Magazin vom 26.07.2006: http://www.manager-magazin.de/unternehmen/mittelstand/0,2828,428494,00.html (letzter Zugriff 31.08.2007).

62 Vgl. FAZ vom 31.05.2007, S. 15, Gute Zeiten für Unternehmensverkäufe.

63 Vgl. Keller in: M&A-Review, Heft 03/2007, S. 113.

64 Siehe dazu Institut für Mittelstandsforschung Mannheim (2004), Generationswechsel in mittelständischen Unternehmen. S. 31.

65 Dazu eingehend Jens Moritz, in Gerhard Picot, Handbuch für Familien- und Mittelstandsunternehmen, Teil XIII, Private Equity und Mezzanine.

5. Management-Buy-out (MBO) und Management-Buy-in (MBI) – Private Equity

a) Unternehmensnachfolgen und Beteiligungen durch Private Equity

Nationale und internationale Beteiligungsgesellschaften, die ihr Beteiligungskapital in Form von Einlagen als stille Beteiligung oder als Stamm- bzw. Grundkapital zur Verfügung stellen, bieten zunehmend Maßnahmen zur Wertesteigerung durch originäres oder zugekauftes Wachstum, zur Stärkung der Wettbewerbsfähigkeit der Unternehmen, zur Unternehmenssicherung sowie zur Stärkung der Eigenkapitalquote des Mittelstandes. Insbesondere bei größeren mittelständischen Unternehmen und Familienunternehmen gewinnen **Private-Equity-Fonds** zunehmend an Bedeutung,[66] wenngleich ihre Bedeutung im Nachfolgemarkt noch relativ gering ist.[67]

Unter **Private Equity** werden Beteiligungen von Finanzinvestoren an zumeist nicht börsennotierten Unternehmen verstanden, wobei Übernahmen (typischerweise mit Mehrheitsbeteiligungen) etablierter Unternehmen in der Regel unter Einbeziehung der leitenden Mitarbeiter in Form des Buy-out als typischem Übergabemodell. Weiter erfolgt regelmäßig die Finanzierung eines MBO durch die Einbindung einer Beteiligungsgesellschaft.[68] Beteiligungen an jungen Unternehmen, insbesondere Start-ups, werden zumeist mit Wagniskapital oder **Venture Capital** finanziert. Vom gesamten Investitionsvolumen in Deutschland entfielen rund etwa 71 % auf Buy-outs und 29 % auf Venture Capital. Das Venture Capital ist zwar ein Teil des weiter gefassten Private Equity. Für Nachfolgelösungen spielt es jedoch eine untergeordnete Rolle.

b) Buy-out-Transaktionen

aa) Begriffsbestimmungen

Buy-out-Transaktionen als Untergruppe des Unternehmenskaufes zeichnen sich dadurch aus, dass Manager als Käufer des Unternehmens auftreten, die die Zielgesellschaft und den Markt bereits aufgrund ihrer bisherigen Tätigkeit genau kennen und das Unternehmen nach der Übernahme fortführen und eventuell optimieren möchten.[69] Handelt es sich bei dem Käufer um das bereits vorhandene Management des Unternehmens (in der Regel leitende Angestellte oder die Geschäftsführung), so spricht man allgemein von einem **Management Buy-out (MBO)**, während der Begriff des **Management Buy-in (MBI)** die Übernahme eines Unternehmens durch ein externes, d. h. betriebsfremdes Management beinhaltet.

---

66 So bereits Funke, DStR 1992, S. 1106 ff.

67 Vgl. Bundesverbandes Deutscher Kapitalbeteiligungsgesellschaften (BVK) Jahresstatistik 2006, Berlin: 2006 wurden 3,6 Mrd. Euro in 970 Unternehmen investiert, wobei nach Schätzungen des BVK von den 970 Betrieben gerade einmal 60 als Nachfolgelösung organisiert waren.

68 Hohaus/Inhester, DStR 2003, S. 1765 ff.

69 Weber-Rey, in: Semler/Volhard, Arbeitshandbuch für Unternehmensübernahmen, Band 1, § 11, Rn. 12.

Da der Personenkreis der Manager in der Regel nicht selbstständig über ausreichende Eigenkapital-Mittel verfügt, werden der MBO und der MBI meistens mit Hilfe von Investoren oder Kreditgebern im Rahmen eines sogenannten **Leveraged Buy-out (LBO)** oder eines **Leveraged Buy-in (LBI)** finanziert. Diese Begriffe sind auf die Hebelwirkung (engl. lever: Hebel) zurückzuführen, die dadurch entsteht, dass der Kauf zu einem geringen Teil mit Eigenkapital und überwiegend mit Fremdkapital finanziert wird. Die zu diesem Zweck aufgenommenen Kredite werden aus dem Cashflow der Zielgesellschaft bedient und mit Vermögenswerten der Gesellschaft besichert. Die gewünschte Hebelwirkung tritt dann ein, wenn die Gesamtrendite des für den Unternehmenskauf verwendeten Kapitals größer ist als der Zins, der für das Fremdkapital in gleicher Höhe hätte aufgebracht werden müssen. Auf diese Weise ist es dem Erwerber möglich, mit einem relativ geringen Eigenkapitaleinsatz vergleichsweise große Unternehmen zu erwerben, während gleichzeitig die Eigenkapitalrendite bei einer über dem Zinssatz des Fremdkapitals liegenden Gesamtkapitalrentabilität überproportional ansteigt.[70]

bb) Motive

Gute Gründe können für einen **Unternehmenskauf im Wege eines Buy-out-Modells** sprechen. Bei einem **Management Buy-out (MBO)** übergibt der Unternehmensinhaber sein Unternehmen nicht an einen fremden Dritten, sondern an ihm langjährig bekannte Personen des eigenen Managements. In der Regel verfügt das Management über ein langjähriges Know-how und »Insider-Wissen« über das Unternehmen und dessen Markt, sodass ihm die Stärken und Schwächen »wie dem Alt-Inhaber« bestens bekannt sind. Darüber hinaus führt eine Übergabe des Unternehmens an das Management zu einer gewissen Unternehmenskontinuität, die gerade bei Familien- und Mittelstandsunternehmen von besonderer Bedeutung ist. Einerseits erhält das Management die Chance, durch eine gute Unternehmensführung selbst am unternehmerischen Erfolg beteiligt zu werden, und andererseits wird es auch ein verstärktes Interesse daran haben, das Unternehmen weiterhin erfolgreich zu führen und das Risiko eines Misserfolges (etwa durch spekulative oder unbedachte Führungsentscheidungen) aufgrund seiner persönlichen Beteiligung am Eigenkapital gering zu halten.

Auch bei einem **Management Buy-in (MBI)** wird sich die Aussicht des neuen Managements auf eine unmittelbare Beteiligung am unternehmerischen Erfolg motivierend auswirken; gleichzeitig können die von außen kommenden Führungskräfte »neuen Wind« in das Unternehmen bringen und aufgrund ihrer »Erfahrungen von außen« alte Denkstrukturen überwinden.

Institutionelle Investoren versprechen sich durch die Fortführung und Unterstützung des Managements bei einer Buy-out-Transaktion vor allem hohe Renditen. Der Zuwachs an MBOs und MBIs ist insbesondere darauf zurückzuführen, dass Fonds-, Beteiligungs- bzw. Venture-Capital-Gesellschaften zunehmend neue Investitionsmöglichkeiten für einen breiten Anlegerkreis suchen und sich verstärkt dieser Übernahmeform bedienen.[71]

---

70 Vgl. Weber-Rey, in: Semler/Volhard, Arbeitshandbuch für Unternehmensübernahmen, Band 1, § 11, Rn. 15 f.; Weitnauer, in: Weitnauer, Management Buy-Out, Teil A, Rn. 20.

71 Siehe dazu FAZ, 01.02.2005 S. 9: »Private Equity auf ungeahnten Höhen«.

cc) Besonderheiten der MBO- oder MBI-Transaktionen

Die vorstehenden Darstellungen zum Unternehmenskauf gelten grundsätzlich auch für die MBO- oder MBI-Transaktionen, da auch bei ihnen zunächst ein Fall des Unternehmenskaufs durch einen Zusammenschluss von Privatpersonen erfolgt.[72] Auch wenn MBO- oder MBI-Transaktionen andere wirtschaftliche Voraussetzungen und Ziele haben und daher als eigenständige Transaktionen zu betrachten sind, bringen sie zunächst die gleichen Fragestellungen und Probleme wie bei einem normalen Unternehmenskauf mit sich. Auch bei ihnen bestimmen die vorstehend beschriebenen Themen, wie Letter of Intent, Due-Diligence-Prüfung durch die Erwerber bzw. Investoren, Gewährleistungen des Verkäufers etc., den Ablauf der Transaktion.

Besonderheiten der MBO- oder MBI-Transaktionen ergeben sich allerdings besonders daraus, dass Private Equity Fonds zumeist **mehrere Deals gleichzeitig** verhandeln, d.h. es besteht in der Regel ein **hoher Zeitdruck** ein großes Interesse an einer frühzeitigen Verbindlichkeitserklärung durch den Verkäufer bei einem hohen Maß an Kostenkontrolle. Zudem werden **Verhandlungen an mehreren »Fronten«** geführt, und zwar mit den Verkäufern, mit dem Management, mit den beteiligten Finanzierungs-Banken und mit den internen Gremien des PE-Investors.

Auch besteht wegen der hohen Fremdfinanzierungsquote (»Leverage«) ein erhebliches **Absicherungsbedürfnis durch die Due Diligences**, d.h. die Due Diligence geht regelmäßig sehr tief in die Risikoanalyse und weiter als bei strategischen Käufern oder sonstigen MBOs ohne Beteiligung von PE-Investoren.

Verdeckte Verbindlichkeiten sind wegen des Finanzierungsrisikos mitunter »Deal-Breaker«. Die Kaufpreisberechnung erfolgt üblicherweise **»cash free, debt free«**.

Beim **Leveraged Buy-out (LBO)** oder **Leveraged Buy-in (LBI)** stellt die Abgabe selbstständiger **Garantieerklärungen des Managements**, insbesondere eines ausscheidenden Managements gegenüber dem potenziellen Käufer beim Secondary-Buy, neben den kaufvertraglichen Garantien des Verkäufers eine wichtige Grundlage für die Fremdfinanzierung und Anlagebereitschaft von Investoren dar. Das Ziel ist die Erreichung eines stabilen Cashflows bei einem etwaigen Verkauf nicht betriebsnotwendiger Aktiva und bei produktivitätssteigernden Maßnahmen, um die hohe Fremdfinanzierung in überschaubarem Zeitraum zurückzuführen. Die Investoren verlangen daher regelmäßig eine **5-Jahres-Planung** betreffend die zukünftige Ertragskraft sowie eine Planung der Tilgungsleistungen und des Return on Investment. Dabei sei erwähnt, dass sich das Management bei der Erstellung dieser Planung in einem nicht unerheblichen Interessenkonflikt befindet. Denn während es einerseits verpflichtet ist, die Interessen der Altgesellschafter bzw. des Unternehmens zu wahren, vertritt es andererseits als (Mit-) Unternehmenserwerber handfeste Eigeninteressen. Vor diesem Hintergrund ist unbedingt darauf zu achten, dass die von dem Management im Rahmen der Verhandlungen übermittelten Zahlen und Prognosen objektiv nachvollziehbar und überprüfbar sind.

Eine weitere Besonderheit beinhaltet die »**Financing Disclosure Clause**«, d.h. die Verpflichtung des Verkäufers, dem Käufer sämtliche für die Finanzierung erforderliche Informationen offenzulegen. Eine **Equity Cap Clause** und Freistellungsklauseln garantieren dem Private-Equity-Investor ein **begrenztes »Equity Commitment«**. Andererseits

---

72 Nathusius/Bohm, in: Schmeisser/Krimphove/Nathusius, Unternehmensnachfolge, S. 433.

wird die Private-Equity-Gesellschaft eine exklusive Befugnis zur Vornahme von Kapitalmaßnahmen (z. B. Kapitalerhöhungen) für sich beanspruchen.

Die **Management-Beteiligung** erfolgt grundsätzlich über eine Beteiligungsgesellschaft, wobei auch die Möglichkeit des Eintrittes von Neu-Managern in die Beteiligungsgesellschaft zu berücksichtigen ist.

Sog. **Drag-along- und Tag-along-Klauseln** regeln die Fragen einer **Mitverkaufs-Berechtigung** bzw. Mitverkaufs-Verpflichtung für den Fall, dass einzelne Anteile des Targets in künftiger Zeit an Dritte übertragen werden.

Besondere Regelungen betreffend die Frage, wann und unter welchen Umständen die Private-Equity-Gesellschaft ein **Recht zur Bestimmung des Exit** hat, sowie welche Folgen sich aus einem unverschuldeten oder verschuldeten Exit (sog. **Good Leaver- und Bad Leaver-Klauseln**) ergeben sollen. Ebenso wird die Private-Equity-Gesellschaft auf einem Ausschluss des Erbfalls bei natürlichen Personen und einer Ehegattenzustimmung und Gütertrennung für den Fall des Exit bestehen.

Handelt es sich bei dem Zielunternehmen einer Buy-out-Transaktion um eine Aktiengesellschaft, so ist zu beachten, dass diese in der Praxis üblicherweise in eine andere Rechtsform umgewandelt wird, um es dem Management zu ermöglichen, das Unternehmen unabhängig von Zwängen des Aktienmarktes zu entwickeln.[73]

dd) Struktur einer Buy-out-Transaktion

Buy-out-Transaktionen werden gesellschaftsrechtlich in einstufiger Form oder – insbesondere aus steuerrechtlichen Gründen – in zweistufiger Form gestaltet.[74]

Beim **einstufigen MBO** erfolgt ein unmittelbarer Erwerb der Zielgesellschaft, ohne dass eine Übernahmegesellschaft eingeschaltet wird, welche die Zielgesellschaft kauft. Ein derartiger MBO kommt nur dann in Betracht, wenn bei der Zielgesellschaft keine stillen Reserven vorhanden sind, die in einer sich an die Akquisition anschließenden Umstrukturierungsmaßnahme zur Erreichung eines zusätzlichen steuerrelevanten Abschreibungspotenzials aufgedeckt werden können.

Bei dem **zweistufigen MBO** (Regelfall) wird eine Übernahmegesellschaft eingebunden, die dann ihrerseits als Holding- bzw. Erwerbergesellschaft in der ersten Stufe die Gesellschaftsanteile der Zielgesellschaft kauft. Dies kann entweder im Wege eines Asset Deal durch Übertragung der einzelnen Vermögenswerten oder durch Umwandlung der Zielgesellschaft in eine GmbH & Co KG geschehen. Handelt es sich bei der erworbenen Gesellschaft um eine GmbH, so sind die Kapitalerhaltungsvorschriften des GmbHG (§§ 30 ff. GmbHG) einzuhalten, die eine Unterbilanz der Gesellschaft verhindern sollen. Wird ein Share Deal gewählt, so ist es grundsätzlich nicht möglich, die im Kaufpreis mitbezahlten stillen Reserven der Zielgesellschaft in Abschreibungspotenzial zu verwandeln. Im Anschluss an die Akquisition wird daher in der zweiten Stufe entweder das Vermögen der Zielgesellschaft im Wege der Einzelübertragung auf eine Übernahmegesellschaft transferiert (**Asset-Deal-Modell**) oder die Zielgesellschaft in eine GmbH & Co.

---

73 In diesem Fall spricht man einem sogenannten »Privatisierungs-MBO«.

74 Eingehend zur Transaktionsstruktur eines Buy-out: Weber-Rey, in: Semler/Volhard, Arbeitshandbuch für Unternehmensübernahmen, Band 1, § 14, Rn. 28 ff.; siehe auch Weitnauer, in: Weitnauer, Management Buy-Out, Teil A, Rn. 25 ff.

KG umgewandelt (**Umwandlungsmodell**). Durch diese Vorgehensweise wird bewirkt, dass die stillen Reserven des Zielunternehmens, d.h. der Kaufpreis abzüglich des Buchwertes der Wirtschaftsgüter des Zielunternehmens, steuerneutral aufgedeckt und damit entsprechendes Abschreibungspotenzial geschaffen wird.

6. Public Private Partnership (PPP)[75]

Nach Großbritannien, den Niederlanden und anderen EU-Mitgliedstaaten entsteht nun auch in Deutschland ein beachtlicher Markt für die Public Private Partnership (PPP) und zugleich ein spezifischer Standard für diesen besonderen Bereich der Mergers & Acquisitions.

a) Begriff der Public Private Partnership (»PPP«)

Unter dem **Begriff der Public Private Partnership (»PPP«)** versteht man die langfristige, vertraglich geregelte Zusammenarbeit zwischen der öffentlichen Hand und der Privatwirtschaft, bei der die dafür erforderlichen Ressourcen (z.B. Know-how, Betriebsmittel, Kapital, Personal etc.) von den Partnern zum gegenseitigen Nutzen in einen gemeinsamen Organisationszusammenhang gestellt werden; vorhandene Projektrisiken werden dabei sachgerecht und optimal unter den Projektpartnern entsprechend ihrer Kompetenz verteilt.[76] Aufgrund der Vielfältigkeit der Erscheinungsformen und des weiten Einsatzbereiches ist diese Beschreibung von PPP nicht abschließend. Sie ist nur ein begrifflicher Ausgangspunkt zur Vermittlung der Reichweite dieses Rechtsinstitutes. PPP-Anwendungsbereiche eröffnen sich auf allen Ebenen staatlicher Aufgabenerfüllung, also auf Bundes- und Länder-, vor allem aber auch auf Kommunalebene und bei anderen verselbstständigten Verwaltungsträgern.[77] Im Rahmen der PPP kann die öffentliche Verwaltung die Planung, Finanzierung, Errichtung, Sanierung sowie den Betrieb öffentlicher Vorhaben einem privaten Unternehmen überlassen. PPP wird auf vertraglicher Basis in einer kurz- oder langfristig ausgerichteten Leistungsaustauschbeziehung oder innerhalb einer gesellschaftsrechtlichen Verbindung, z.B. eines gemischt-wirtschaftlichen Unternehmens, an denen die öffentliche Hand neben Privaten als Gesellschafterin oder Aktionärin beteiligt ist,[78] durchgeführt.

Bei der **Verhandlung und Gestaltung von PPP-Projektverträgen** sind insofern sämtliche Instrumente und Techniken zu berücksichtigen, die auch beim (Contractual- und

---

75 Vgl. hierzu den Beitrag von Gerhard Picot/Sabine Kamp, ifo-Institut 2007, Heft 1, S. 3–6 sowie von Gerhard Picot/Sabine Kamp, Unternehmermagazin Heft 6, 2007, S. 16ff.

76 BMVBW Gutachten »PPP im öffentlichen Hochbau«, 2003, Band II, S. 1; Wissenschaftsrat (WR), Empfehlungen zu Public Private Partnerships (PPP) und Privatisierungen in der universitätsmedizinischen Krankenversorgung, 2006, S. 10. Siehe dazu Gerhard Picot, »PPP« – Ein Standard für M&A?, M&A-Review, Heft 01/2005, S. 1.

77 Bonk, DVBl. 2004, 141, 144ff.

78 Becker, ZRP 2002, 303, 305.

Equity-) Joint Venture und bei der strategischen Allianz – als in der Praxis häufigste Formen der Unternehmenskooperationen – zu beachten sind.[79]

b) Abgrenzung zur Privatisierung

Im allgemeinen Sprachgebrauch wird der Begriff der PPP häufig zu weit verstanden, weil nicht exakt zwischen den **unterschiedlichen Begriffen »PPP« und »Privatisierung«** unterschieden wird. Das Zusammenwirken der öffentlichen Hand mit dem privaten Rechtssubjekt im Wege von PPP-Modellen schließt nicht jegliche Art der Privatisierung in den Anwendungsbereich von PPP mit ein. Vielmehr ist das Rechtsinstitut PPP gerade von den Begriffen »Beleihung«, »formelle Privatisierung« und »materielle Privatisierung« abzugrenzen.

Bei der **materiellen Privatisierung** überträgt die öffentliche Hand die öffentlich-rechtlichen Aufgaben privaten Rechtsträgern zur selbstständigen Erfüllung. Dadurch erfolgt eine vollständige Ausgliederung der öffentlichen Aufgabe aus dem Bereich des staatlichen Einflusses auf Private.[80] Die materielle Privatisierung wird auch als »**Aufgabenprivatisierung**« bezeichnet.[81] Ein bekannter Fall materieller Privatisierung ist beispielsweise der Verkauf der VIAG durch den Freistaat Bayern an einen privaten Investor. Auch bei dem Verkauf kommunaler Stadtwerke handelt es sich um diese Privatisierungsform.

Im Rahmen der **formellen Privatisierung** bleibt es bei der Wahrnehmung öffentlicher Aufgaben durch die öffentliche Hand. Diese bedient sich jedoch einer privatrechtlichen Gesellschaftsform. Gegenstand der Privatisierung ist mithin nur die Organisation der öffentlich-rechtlichen Aufgabe, nicht dagegen die öffentliche Aufgabe selbst.[82] Bei einer formellen Privatisierung spricht man daher auch von einer »**Organisationsprivatisierung**«.[83] Bekannte Beispiele formeller Privatisierung sind die Umwandlung der Deutschen Bundesbahn und der Deutschen Bundespost in Aktiengesellschaften. Auch die Aufgaben der Deutschen Bundesdruckerei werden mittlerweile in der Rechtsform einer GmbH wahrgenommen.

Kooperationen zwischen öffentlicher und privater Hand können auch darin bestehen, dass ein Privatrechtssubjekt im Wege einer **Beleihung mit hoheitlichen Befugnissen** ausgestattet wird (so beispielsweise der TÜV). Bei der Beleihung nehmen Privatpersonen (natürliche oder juristische Personen) Verwaltungsaufgaben selbstständig wahr, nachdem ihnen aufgrund einer gesetzlichen Ermächtigungsgrundlage Entscheidungskompetenzen übertragen werden.[84]

---

79 Siehe Gerhard Picot, Handbuch Mergers & Acquisitions, 3. Auflage, 2005.

80 Kiethe, Die Auslegung von Privatisierungsverträgen, NZG 2004, 993, 996; Stelkens/Bonk/Sachs, VwVfG, 6. Auflage, § 1, Rn. 109.

81 Kopp/Ramsauer, VwVfG, 9. Auflage, Einführung, Rn. 105; Stober, Allgemeines Wirtschaftsverwaltungsrecht, 15. Auflage, § 41 I.

82 Kiethe, Die Auslegung von Privatisierungsverträgen, NZG 2004, 993, 995; Stelkens/Bonk/Sachs, VwVfG, 6. Auflage, § 1, Rn. 104; Stober, Allgemeines Wirtschaftsverwaltungsrecht, 15. Auflage, § 41 I.

83 Kopp/Ramsauer, VwVfG, 9. Auflage, Einführung, Rn. 104; Burgi, in: Erichsen/Ehlers, Allg. Verwaltungsrecht, § 54, Rn. 10.

84 Weber/Schäfer/Hausmann, Praxishandbuch Public Private Partnership, § 2, 1.2.2.3.

Die vorgenannten Arten der Privatisierung lassen sich nicht unter den Begriff der PPP einordnen. PPP ist somit von den genannten Privatisierungsformen strikt zu trennen. PPP-Konzepte lassen sich entgegen der formellen und materiellen Privatisierung jedoch unter den Begriff der »**funktionalen Privatisierung**« subsumieren. Dabei wird PPP häufig als eine besondere Art der funktionalen Privatisierung angesehen.

Bei der funktionalen Privatisierung wird im Gegensatz zu der formellen und materiellen Privatisierung nur der **Vollzug der Aufgabe, also die Leistungserstellung oder Aufgabendurchführung**, auf den Privaten übertragen. Die Aufgabenzuständigkeit und die Verantwortung dafür bleiben bei dem Träger der öffentlichen Verwaltung.[85] Damit wird der Private als sog. **Verwaltungshelfer** tätig.[86] Einem Verwaltungshelfer werden grundsätzlich keine Entscheidungsbefugnisse eingeräumt. Trotz des Einsatzes von Verwaltungshelfern handelt es sich um unmittelbare Staatsverwaltung, wobei aus der Sicht des Bürgers die Handlungen des Privaten Handlungen der Behörde sind. Im Wege der funktionalen Privatisierung kann die staatliche Verwaltung beispielweise Hilfsaufgaben – wie IT-Dienstleistungen – auf Private als Verwaltungshelfer übertragen oder die staatliche Aufgabe der Müllabfuhr durch eine private Entsorgungsfirma durchführen lassen.

Im Rahmen der funktionalen Privatisierung ist auch die **Bildung eines gemischtwirtschaftlichen Unternehmens** denkbar, dessen Anteile sowohl von der öffentlichen Hand als auch von einem Privaten gehalten werden.[87] Die Gründung eines gemischtwirtschaftlichen Unternehmens kann zum Beispiel durch die öffentliche Hand gemeinsam mit einem Privaten oder durch einen Verkauf der Anteile der öffentlichen Hand an einer Eigengesellschaft an einen Privaten erfolgen.

c) PPP als Allheilmittel oder Risikofaktor für die Finanzkrisen der öffentlichen Haushalte

Das Marktvolumen laufender PPP-Projekte in Europa betrug im Jahre 2005 rund 50 Mrd. Euro, während das Volumen in Deutschland im gleichen Zeitraum von einem sehr niedrigen Ausgangsniveau auf rund 8 Mrd. Euro angestiegen ist.[88] Damit wuchs das Interesse an PPP-Konzepten in Deutschland im Vergleich zu seinen Nachbarländern erst sehr spät, obwohl das Risiko für die öffentliche Hand bei PPP-Modellen aufgrund der überwiegenden Vorteile, die im Folgenden näher dargestellt werden, grundsätzlich als gering einzustufen ist.

Aufbauend auf die vorherigen Ausführungen, lässt sich die Frage, ob PPP ein »Allheilmittel oder Risikofaktor für die Finanzkrisen der öffentlichen Haushalte« ist, am anschaulichsten anhand eines Beispiels aus der Praxis[89] beantworten: Ein Privatunternehmen plant und baut eigenverantwortlich, aber auf Anregung und im Zusammenwirken mit

85 Stelkens/Bonk/Sachs, VwVfG, 6. Auflage, § 1, Rn. 104.
86 Schoch, Privatisierung von Verwaltungsaufgaben, DVBl. 1994, 962, 963.
87 Siehe dazu Gerhard Picot, »PPP« – Ein Standard für M&A?, M&A-Review, Heft 01/2005, S. 1.
88 Handelsblatt 2006, Ausgabe Nr. 43, C9.
89 Aufgrund der Vielgestaltigkeit der PPP-Kooperationen zwischen der öffentlichen Verwaltung und privaten Rechtsträgern ist es nicht möglich, mit einem Beispiel alle verschiedenen PPP-Grundmodelle zu erfassen. Insofern gibt das vorgenannte Beispiel nicht abschließend wieder, was unter PPP zu

der Kommune ein von dieser benötigtes, neues Verwaltungsgebäude. Dabei übernimmt das Privatunternehmen die Bauherreneigenschaft und trägt das wirtschaftliche Risiko der Fertigung. Nach Fertigstellung betreibt das Privatunternehmen das in seinem Eigentum stehende Verwaltungsgebäude. Für die Nutzung des wunschgemäß errichteten Gebäudes zahlt die Kommune sodann an das Privatunternehmen während einer langjährigen Vertragslaufzeit ein monatliches Entgelt. Zum Vertragsende kann schließlich je nach Vertragsgestaltung (Erwerbermodell/Leasingmodell) das Eigentum an Grundstück und Gebäude auf die Kommune übergehen oder nicht.[90]

(1) Effektivitäts- und Effizienzsteigerung durch PPP

Wie eingangs erwähnt, erfolgt die Zusammenarbeit zwischen der öffentlichen Hand und der Privatwirtschaft zumeist mit dem **Ziel der Effizienzsteigerung bei der Erfüllung öffentlicher Aufgaben und der Erschließung privatwirtschaftlich möglicher Innovationen für den öffentlichen Sektor**, wobei neue Märkte und Wettbewerbsstrukturen genutzt werden können.[91]

Das partnerschaftliche Miteinander von öffentlicher Hand und dem privaten Rechtsträger bietet den öffentlichen Haushalten die Möglichkeit, durch den Austausch der verschiedenen Kompetenzen der Projektpartner, geplante Maßnahmen noch effektiver zu realisieren. Bei der Einschaltung privater Wirtschaftssubjekte beruht die Motivation des Verwaltungsträgers zumeist auf der spezifischen Fachkompetenz des privaten Unternehmens und/oder seiner Finanzstärke. Beabsichtigt ist dabei grundsätzlich die Schaffung einer besseren Infrastruktur.

Nach Untersuchungen des Deutschen Institutes für Urbanistik[92] im Jahre 2005 stellte sich heraus, dass im Wege der Durchführung von PPP-Konzepten sowohl auf Bundes- und Länderebene als auch auf Kommunalebene die **Wirtschaftlichkeitserwartungen bei den Projekten eingehalten** worden sind. Die untersuchten Projekte ergaben durchschnittlich Effizienzvorteile von ca. 10 %.[93]

---

subsumieren ist. Es weist jedoch die Zielsetzung der vertraglich geregelten Zusammenarbeit zwischen der Öffentlichkeit und dem Privaten auf.

90 Prinzipielle Unterschiede zwischen verschiedenen möglichen Vertragsmodellen der PPP bestehen insbesondere hinsichtlich der Eigentumszuordnung (vor, während und nach der Vertragslaufzeit), des vertraglichen Leistungsumfangs, der Risikoverteilung und der Entgeltstruktur. Ein PPP-Projekt liegt nicht vor, wenn sich die öffentliche Hand nur zum Bau eines neuen Verwaltungsgebäudes eines Privatunternehmens bedient. In diesem Fall handelt es sich vielmehr um ein normales öffentliches Vergabeverfahren.

91 BMVBW Gutachten »PPP im öffentlichen Hochbau«, 2003, Band II, S. 1; Wissenschaftsrat (WR), Empfehlungen zu Public Private Partnerships (PPP) und Privatisierungen in der universitätsmedizinschen Krankenversorgung, 2006, S. 10.

92 Deutsches Institut für Urbanistik, Public Private Partnership Projekte, Eine aktuelle Bestandsaufnahme in Bund, Ländern und Kommunen, 2005, S. 29 ff.

93 Nach obigem Beispiel hat die Kommune die Möglichkeit, die Planung, den Bau und den Betrieb des Verwaltungsgebäudes dem Privatunternehmen zu überlassen. Das auf solche Tätigkeiten spezialisierte Unternehmen wird aufgrund seiner Erfahrung und Arbeitskräfte sowie seines Know-how-Vorsprunges die übertragenen Aufgaben effizienter und effektiver ausüben können als die Kommune.

(2) Finanzielle Entlastung der öffentlichen Haushalte

Die **finanzielle Entlastung der öffentlichen Haushalte** ist wohl der wichtigste Aspekt bei der Umsetzung von PPP-Konzepten. Das wirtschaftliche Risiko der öffentlichen Haushalte ist bei einer Projektrealisierung im Wege von PPP in den meisten Fällen als relativ gering einzuschätzen. Durch eine Beteiligung privater Wirtschaftsträger wird es der öffentlichen Hand ermöglicht, mit einem geringeren Kostenaufwand und -risiko größere Projekte zu verwirklichen.

Meist steht die Verwaltung nicht vor der Wahl, ob sie die Realisierung eines Projektes (beispielsweise die Errichtung eines Verwaltungsgebäudes)[94] vornimmt oder nicht. Wenn sie zur Vornahme der Realisierung eines Projektes aufgrund ihrer im Rahmen der öffentlichen Daseinsvorsorge übertragenen Aufgaben verpflichtet ist, hat sie im Wege von PPP-Modellen die Möglichkeit, die dafür anfallenden Kosten entweder ganz auf das Privatunternehmen abzuwälzen oder sie zumindest mit dem Privatunternehmen zu teilen. Dies liegt vor allem daran, dass im Rahmen der Zusammenarbeit der öffentlichen Hand mit einem Privatunternehmen grundsätzlich der private Wirtschaftsträger für die Finanzierung des Vorhabens zuständig ist und damit ein Großteil des wirtschaftlichen Risikos auf seinen Schultern lastet. Dabei hängt es von der jeweiligen Ausgestaltung des Kooperationsvertrages ab, inwieweit die Verwaltung die Kostentragungspflicht übernimmt.[95]

Aus diesem Grund ist PPP grundsätzlich als alternative Finanzierungslösung zur Entlastung oder finanziellen Unterstützung der öffentlichen Haushalte zu betrachten, die sehr hilfreich sein kann, um in Zeiten der Knappheit öffentlicher Mittel die Fortentwicklung öffentlicher Vorhaben zu gewährleisten.

(3) Schnellere Realisierungsmöglichkeiten

Ein weiterer Vorteil von PPP bei privatisierten öffentlichen Infrastrukturen ist neben der Entlastung der öffentlichen Haushalte vor allem **die zeitlich schnellere Realisierungsmöglichkeit**. Weil die Leistungserbringung zumeist durch das private Unternehmen finanziert wird, entfällt der zeitliche Vorlauf staatlicher Bereitstellung. Zudem entspricht es auch dem Konzept der marktwirtschaftlich orientierten Rechtsordnung, wenn sich die öffentliche Hand auf diejenigen Aufgaben beschränkt, die ihr vom Staat übertragen worden sind, während die privaten Wirtschaftssubjekte entsprechend ihrem unternehmerischen Fokus die Planung, Finanzierung, Errichtung, Sanierung sowie den optimalen Betrieb öffentlicher Vorhaben übernehmen. Die sich daraus ergebenden Technologie-, Erfahrungs-, Konzeptions- und Informationsvorteile führen oftmals zu erheblichen Zeitgewinnen.

(4) Modernisierung

Die privaten Wirtschaftsträger bezwecken im Rahmen einer Beteiligung an PPP-Projekten vor allem **die Erschließung neuer Geschäftsfelder und Renditemöglichkeiten**, wobei die

94 Vgl. obiges Beispiel.

95 Nach obigem Beispiel sind die Kosten des PPP-Projektes für die Kommune überschaubar, weil sie nach diesem PPP-Modell für die Nutzung des Verwaltungsgebäudes an das Privatunternehmen ein zuvor fest vereinbartes Entgelt entrichtet. Die Kommune kann somit die für sie anfallenden Kosten fest einkalkulieren und geht kein finanzielles Risiko ein.

Gewinnung öffentlicher Meinungsträger für die privaten Unternehmen auch als Einstieg in die vollständige Privatisierung öffentlicher Aufgabenfelder genutzt werden kann.[96] PPP kann somit einen wichtigen Baustein für die Modernisierung der Staatsverwaltung darstellen. Insbesondere für die Kommunalverwaltungen schafft PPP die Möglichkeit neben erheblichen Einsparungen der Haushalte auch ein Mehr an Aufgaben verwirklichen zu können. Dies ist gerade im Hinblick auf die Zunahme der öffentlichen Aufgaben bei gleich bleibenden Kapazitäten der Verwaltungsträger ein guter Lösungsweg. Durch die Einführung von PPP-Modellen kann somit nicht nur eine Verbesserung der Infrastruktur, Kultur, Bildung und Lebensqualität erfolgen; auch werden Privatinitiativen Modernisierungsmöglichkeiten aufdecken können, die dem Staat möglicherweise verborgen blieben. [97]

(5) Einzelfallbetrachtung

Selbst bei der hier vorgenommenen positiven Bewertung der PPP ist allerdings zu beachten, dass diese kein »Allheilmittel« für die öffentlichen Haushalte darstellt. Bei der Durchführung von PPP-Projekten hängt es nämlich immer vom Einzelfall ab, ob die gemeinsamen Zielvorstellungen der öffentlichen Hand und des privaten Rechtsträgers tatsächlich erreicht werden können. PPP ersetzt weder eine vernünftige Haushaltspolitik, noch können mit Hilfe von PPP nicht wirtschaftlich finanzierbare, aber dennoch notwendige Vorhaben des Staates realisiert werden. Auch trägt der Staat das etwaige Risiko der aus der Unwirtschaftlichkeit eines Projektes resultierenden Insolvenz des privaten Anbieters; diese kann dem Staat letztlich während oder nach Durchführung des PPP-Projektes die Erfüllung »seiner« Aufgaben unmöglich machen.

PPP ist somit vornehmlich ein **Instrument zur Neuordnung und Optimierung der Aufgabenverteilung zwischen Staat und privater Wirtschaft**. Insofern sind im Rahmen der Planung die Vor- und Nachteile der Durchführung eines Projektes mit und ohne PPP aus der Sicht der Hoheitsträger sowie aus der Sicht des Privatunternehmers gegeneinander abzuwägen.[98]

(6) Nur eingeschränkte Abhängigkeit der Verwaltung von Privatunternehmen

In Fällen materieller Privatisierung hat die öffentliche Hand keinerlei Einfluss mehr auf die Aufgabenerfüllung, da diese vollständig auf ein privates Unternehmen übertragen wird. Der **mangelnde Einfluss des Staates auf die Erfüllung der Aufgaben** stellt einen gewissen Risikofaktor dar, weil die Aufgabenerfüllung allein in Abhängigkeit von der Führung und Wirtschaftslage des Unternehmens steht und die öffentliche Hand auch im

96 Wissenschaftsrat (WR), Empfehlungen zu Public Private Partnerships (PPP) und Privatisierungen in der universitätsmedizinschen Krankenversorgung, 2006, S. 10.

97 Auch nach obigem Beispiel kann die Kommune durch den Einfluss des Privatunternehmens bei der Planung, dem Bau und dem Betrieb des Verwaltungsgebäudes Hinweise zu Modernisierungsmöglichkeiten sowohl in Bezug auf das Gebäude selbst als auch auf weitere Ideen rund um das Projekt erhalten.

98 Nach obigem Beispiel hängt der wirtschaftliche Erfolg des PPP-Projektes beispielsweise davon ab, wie hoch während der langjährigen Vertragslaufzeit das monatliche Entgelt ist, das die Kommune an das Unternehmen zu entrichten hat. Ist die Kommune finanziell nicht in der Lage, für die laufenden Kosten aufzukommen, so kann das Ziel auch nicht mit Hilfe von PPP erreicht werden.

Falle einer schlechten Unternehmensführung nicht mehr in der Lage ist, unterstützend einzugreifen.

Im Rahmen von PPP-Projekten stellt sich diese Problematik nicht in demselben Maße, wie bei der materiellen Privatisierung. Für PPP-Vorhaben spricht vielmehr ihre **Transparenz**, denn die Verwaltung kann die Projekt-Entwicklungen und deren Resultate laufend nachvollziehen und aktiv mit gestalten, weil die Aufgabenverteilung zwischen den beteiligten Unternehmen und der Verwaltung vertraglich genau festgelegt wird. Gerade in gemischt-wirtschaftlichen Unternehmen lässt sich der Kooperationsgedanke von PPP ideal verwirklichen. Aber auch bei dem Einsatz von Verwaltungshelfern handelt es sich weiterhin um eine unmittelbare Staatsverwaltung, wobei die Handlung des Privaten im Außenverhältnis eine Handlung der Behörde darstellt. Allerdings besteht auch bei PPP-Projekten die Gefahr, dass die demokratische Kontrolle verloren geht, falls ein Projekt nicht ausreichend von der Verwaltung überwacht wird. Ein negatives Beispiel hierfür lieferte etwa die Einführung der LKW-Maut in Deutschland durch das private Unternehmen Toll-Collect.

(7) Rechtsunsicherheit

Unsicherheiten können sich aber vor allem auch daraus ergeben, dass in weiten Bereichen **gesetzliche Regelungen hinsichtlich der rechtlichen Zulässigkeit und Grenzen von PPP** fehlen und noch nicht alle Konzepte ausgereift sind.[99] In diesem Zusammenhang führt auch das »**Gesetz zur Beschleunigung der Umsetzung von Öffentlich Privaten Partnerschaften und zur Verbesserung gesetzlicher Rahmenbedingungen für Öffentlich Private Partnerschaften**« (sog. »**ÖPP-Beschleunigungsgesetz**«)[100] nicht zu einer wesentlichen Verringerung der Risiken. Das Gesetz enthält nämlich keine allgemeinen Regelungen zur Zulässigkeit von PPP. Auch mangelt es an Vorschriften betreffend die notwendigen Vertragsbestandteile (sog. essentialia negotii) eines Kooperationsvertrages zwischen der öffentlichen Hand und dem privaten Wirtschaftsträger sowie die rechtlichen Grenzen von PPP-Modellen. Vielmehr sieht das Gesetz lediglich Änderungen einiger gesetzlicher Vorschriften vor, wie beispielsweise im Bereich des Vergaberechts, der Bundeshaushaltsordnung, im Investmentgesetz und im Fernstraßenbauprivatfinanzierungsgesetz.

7. Going Public/Börsengang (Initial Public Offering – IPO)

Im Zusammenhang mit Mergers & Acquisitions stellt sich häufig im Vorfeld die Frage nach einem Börsengang. Die Börse eignet sich hervorragend als **Vehikel zur Verbesserung der Eigenkapitalausstattung** von Unternehmen. Zahlreiche Beispiele aus der Vergangenheit belegen, dass ein Börsengang zur rechten Zeit die für strategische Zukäufe benötigte »Kriegs- bzw. Akquisitionskasse« beträchtlich aufbessern kann.

99 So auch Wolff/Bachof/Stober, Verwaltungsrecht, Band 3, 5. Auflage, § 92, Rn. 33.
100 BGBl. 2005 I, 2676.

a) Die Bedeutung der Börsengänge

Zwischen 1997 und 2007 gingen in Deutschland segmentübergreifend rund 900 Unternehmen an die Börse.[101] Dabei unterlag die Entwicklung jedoch sehr starken Schwankungen. Seit der erfolgreichen Notierungsaufnahme der MobilCom AG am 10.03.1997 erlebten die deutschen Börsengänge (Going Public oder IPO) – wie insgesamt der Börsenmarkt – zunächst einen Boom, der bis Mitte 2000 andauerte. Im Jahr 1999 nahmen 168, im Folgejahr immerhin 153 Unternehmen den Schritt an die Börse. Nach dem Platzen der Börsenblase und den Niedergang der sog. New Economy ließ jedoch der Trend der deutschen Unternehmen, an die Börse zu gehen, schlagartig nach. In den Jahren 2001 bis 2003 blieben Börsengänge eine Ausnahme. Nach den Turbulenzen und Talfahrten der Aktienkurse waren die Emittenten vorsichtiger geworden. Gerade mittelständische Unternehmen, die es in den Zeiten des Aktienbooms in Scharen an die Börse trieb, überlegten sich inzwischen wieder genau, ob sie die Kosten und Mühen eines Börsenganges in Kauf nehmen. Erstmals im Jahre 2004 war jedoch eine erneute leichte Aufwärtsbewegung zu verzeichnen, die in dem darauf folgenden Jahr rasch zunahm. In den Jahren 2006 und 2007 wurden 210 bzw. 159 Neuemissionen gemeldet. Dieser Anstieg wurde allerdings im Spätsommer 2007 wieder durch den Ausbruch der US-Immobilienkrise unterbrochen, die vielen Unternehmen erneut die Lust am »Listing« nahm. Nach zum Teil heftigen Kursverlusten an den Börsen und der Risikoscheu der Anleger dürfte so mancher deutsche Börsenkandidat zunächst eine Erholung der Märkte abwarten, müsste derzeit doch ein erfolgreicher Börsengang mit erheblichen Preisabschlägen erkauft werden. Mittelfristig besteht allerdings durchaus Hoffnung auf eine Verbesserung der Perspektiven für das Emissionsgeschäft.

Insgesamt gibt es in Deutschland etwa **5.000 Aktiengesellschaften**, darunter etwa **1.000 börsennotierte Aktiengesellschaften**, gegenüber 600.000 bis 700.000 Gesellschaften mit beschränkter Haftung. Während es zum Ende 2001 in den USA mehr als 7.000 börsennotierte Unternehmen gab, gibt es in allen Ländern der Europäischen Wirtschafts- und Währungsunion insgesamt nur 5.000. Es besteht insofern durchaus ein erheblicher struktureller Nachholbedarf in Europa und in Deutschland.

b) Die Motive für den Börsengang

Die Beweggründe für einen Börsengang sind vielfältig. Das Hauptmotiv für den Going Public richtet sich auf eine **Stärkung der Eigenkapitalbasis** zur Finanzierung weiteren Unternehmenswachstums, insbesondere auch durch Mergers & Acquisitions. Ferner können Unternehmensinhaber durch den Verkauf ihrer Aktien beim oder nach dem Börsengang vielfach **beträchtliche Gewinne** erzielen.

Sie treffen auf **privates Geldvermögen**, das in Deutschland derzeit auf **rund 4,5 Billionen Euro** geschätzt wird,[102] wobei die junge »Generation der Erben« Investitionen in Aktien besonders aufgeschlossen ist. Nicht zuletzt war dies auch der Grund dafür, dass die Beteiligungsinvestitionen im europäischen Private-Equity- und Venture-Capital-

101 Vgl. hierzu die Angaben der Deutsche Börse AG für die Neuzugänge an der Frankfurter Wertpapierbörse bis Oktober 2007 unter http://www.deutsche-börse.de.

102 Vgl. Schätzungen der Deutschen Bundesbank für das Jahr 2007 (Zeitreihe CEB00I).

Markt weiter anstiegen. Besonders Deutschlands Gründerszene erlebte hierdurch Ende der 1990er-Jahre einen wahren Geldrausch. Angeschoben durch die New Economy stimulierten enorme Kursgewinne am Neuen Markt die Start-up-Unternehmen ebenso wie das Anlage suchende Risikokapital der Investoren und der Venture-Capital-Gesellschaften. Dadurch bedingt wurde den Venture-Capital-Gesellschaften das Geld der Investoren und die Business-Pläne des Management-Nachwuchses für ihre Fonds geradezu aufgedrängt. Die Talfahrt der Börse im Jahre 2000, die das Ende zahlreicher im Neuen Markt vertretener Unternehmen nach sich zog und schließlich die Deutsche Börse AG zur Einstellung des ganzen Marktsegments veranlasste, hat diese Euphorie jedoch abrupt beendet.

Gerade für **Familien- und Mittelstandsunternehmen** bringt der Börsengang aber auch andere Vorteile mit sich: Vielfach ist der Börsengang eines Unternehmens ein idealer Exit aus den Problemen der **Sicherung der Unternehmensnachfolge**. Die Verbesserung der Eigenkapitalausstattung wird für mittelständische Unternehmen auch vor dem Hintergrund der Einführung verschärfter Eigenkapitalvorschriften für Banken (»**Basel II**«) ein immer wichtigeres Thema. Angesichts der hieraus resultierenden restriktiveren Kreditvergabe der Banken stellt die Mittelbeschaffung über den Kapitalmarkt eine ernst zu nehmende Alternative dar.[103]

Andere Beweggründe sind die **Steigerung des Bekanntheitsgrades des Unternehmens** sowie die leichtere Rekrutierung qualifizierter Arbeitskräfte, nicht zuletzt durch die Schaffung unternehmenswertorientierter Vergütungsmodelle In den meisten Fällen erfolgt eine verstärkte Ausrichtung am »Shareholder Value«, und es werden in bemerkenswertem Umfang neue Arbeitsplätze geschaffen.

Zunehmend resultieren die Börsengänge aber auch aus erfolgreichen Unternehmensakquisitionen oder sind sogar das Motiv für einen Unternehmenserwerb. Vor allem kann die **Ausgliederung und Verselbstständigung von Unternehmensteilen oder von Konzerntöchtern (»Spin-off«)** und deren Börsengang im Anschluss an eine Unternehmensakquisition eine Möglichkeit zur Wertsteigerung oder zur Konzentration auf die Kernbereiche des Unternehmens und zugleich zur Finanzierung der Transaktion bieten.

c) Die Maßnahmen beim Börsengang im Einzelnen

Beim Börsengang sind vor allem folgende **Maßnahmen** zu ergreifen:

- Strategische Vorüberlegungen
- Auswahl der Banken und Berater
- Darstellung der Equity-Story und Prüfung der Börsenreife der Gesellschaft
- Rechtliche Vorbereitungsmaßnahmen (z.B. Umwandlung in eine AG, Gestaltung der Satzung etc.)
- Prüfung und Bewertung durch die Emissionsbanken (Due Diligence)
- Hauptversammlungsbeschlüsse betreffend Kapitalerhöhung etc.
- Abschluss des Übernahmevertrages

---

103 Zum Börsengang von Familien- und Mittelstandsunternehmen siehe auch Picot/Classen, Externe Unternehmensnachfolge – Unternehmenskauf und Transaktionen (Mergers & Acquisitions), in: Picot, Handbuch für Familien- und Mittelstandsunternehmen, S. 200 (235 ff.) sowie Picot/Classen, M&A-Review 2008, S. 173 (175 f.).

- Erstellung des Wertpapierprospektes
- Antrag auf Billigung des Wertpapierprospektes durch die Bundesanstalt für Finanzdienstleistungsaufsicht (»BaFin«)
- Antrag auf Börsenzulassung an die Deutsche Börse AG
- Billigung des Wertpapierprospektes durch die BaFin
- Pressekonferenz und Veröffentlichung des Verkaufsangebotes mit einer vorgegebenen Preisspanne
- Die Festsetzung des Emissionspreises im Bookbuilding-Verfahren
- Festlegung des endgültigen Bezugspreises (Emissionspreises)
- Eintragung der Kapitalerhöhung ins Handelsregister/Zeichnung der Aktien
- Zuteilung der Aktien und Veröffentlichung des Bezugspreises
- Notierungsaufnahme an der Börse (Börsenkurs).

Am **Beginn eines Börsenganges** stehen die strategischen Vorüberlegungen und die sorgfältige Auswahl der Banken und Berater, die über das notwendige (Insider-) Know-how und die erforderlichen praktischen Erfahrungen für einen erfolgreichen Börsengang verfügen. Unternehmen bzw. Alteigentümer, die sich zu einem Börsengang entschließen, werden regelmäßig nicht mit ihrem Management aus eigener Kraft und eigenem Know-how die notwendigen wirtschaftlichen, rechtlichen, steuerlichen und kommunikativen Voraussetzungen schaffen und die Börsenreife des Unternehmens herbeiführen können.

In Gesprächen zwischen der Geschäftsleitung des Unternehmens sowie den Banken und Beratern werden die Ziele und der Zeitplan des Börsenganges festgelegt, der derzeitige Zustand des Unternehmens ermittelt und mögliche Hindernisse identifiziert. Mit Hilfe von Checklisten werden dabei typische Problempunkte und die Börsenreife der Gesellschaft analysiert.

In den nachfolgenden Ausführungen werden die **wesentlichen Maßnahmen** schaubildartig dargestellt und, soweit dies sachdienlich erscheint, ausführlicher kommentiert. Die in diesem Bereich vorherrschenden englischen Fachtermini und Schlagworte werden gleichfalls »übersetzt«. Ausgegangen wird dabei von einem rein deutschen Börsengang, also ohne zeitgleiche Notierung an einer ausländischen Börse und ohne Angebot der Aktien in den USA.

(1) Aufträge an Berater/Dienstleister

Maßnahme	Erläuterung	Dokumente	Zeitpunkt/Zeitraum
Aufträge an Berater/ Dienstleister	• Ggf. IPO-Berater • Konsortialführernde Bank (»KB«) (»Lead Manager«) • Wirtschaftsprüfer (»WP«) • Rechtsanwälte (»RA«) • Werbeagentur • Drucker • Übersetzer	Mandatsverträge (»Engagement Letter(s)«)	Auswahl vor Kick-off-Meeting; Werbeagentur, Drucker und Übersetzer auch später; Engagement Letter(s) sollten möglichst vor dem Kick-off-Meeting unterzeichnet sein (in praxi aber meist erst danach)

(2) Kick-off-Meeting

Maßnahme	Erläuterung	Dokumente	Zeitpunkt/Zeitraum
Kick-off-Meeting	Vorstellung des Unternehmens durch die Unternehmensleitung für die Berater	Unterlagen ähnlich einer »Management Presentation«	Kontaktaufnahme RA und KB möglichst schon vor Kick-off-Meeting

(3) Beginn Due Diligence/Prospekterstellung

Maßnahme	Erläuterung	Dokumente	Zeitpunkt/Zeitraum
Beginn Due Diligence/ Prospekterstellung	Die Berater des Unternehmens und – je nach Absprache mit der KB auch deren Berater – (insbesondere RA/WP) prüfen die wesentlichen Dokumente/Unterlagen des Unternehmens, die mittels Anforderungslisten der Berater zusammengestellt und den Beratern in einem Datenraum zur Verfügung gestellt werden; die Ergebnisse der Due Diligence fließen in den Prospekt ein	• Due Diligence Listen für Datenraum • Ggf. Due Diligence-Bericht (jedenfalls dann erforderlich, wenn keine Due Diligence durch KB; aber auch für interne Kontrolle zu empfehlen)	Zeitnah nach Kick-off-Meeting; Due Diligence und Prospekterstellung können parallel erfolgen; die Due Diligence-Listen der RA und KB sollten aufeinander abgestimmt sein; nach ca. 2 Wochen sollten die Ergebnisse der Due Diligence im Wesentlichen vorliegen; für die Due Diligence/ Prospekterstellung ist ein Gesamtzeitraum von ca. 10 Wochen anzusetzen mit mind. 5, meistens aber deutlich mehr »drafting sessions« für den Prospekt

Ein Kernstück des Zulassungsverfahrens zum Regulierten Markt ist der abzufassende **Wertpapierprospekt**. Dieser muss zuvor von der BaFin gebilligt und geprüft werden worden sein, wobei für den Zeitpunkt der Antragsstellung zunächst ein Entwurf ausreicht. Der vom Unternehmen in Zusammenarbeit mit den Banken und Beratern zu erstellende Wertpapierprospekt gibt **Auskunft über die tatsächlichen und rechtlichen Verhältnisse der Gesellschaft und des Börsenganges**, die für die Beurteilung der angebotenen Aktien notwendig sind. Darüber hinaus stellt der Wertpapierprospekt aber auch ein entscheidendes **Marketing-Instrument** im Rahmen des Börsengangs dar.[104] Der Prospekt muss daher nicht nur vollständig und richtig, sondern zudem leicht analysierbar und in verständlicher Form gehalten sein.

104 Siehe das Wertpapierprospektgesetz vom 22.06.2005, BGBl. I, S.1698.

Hinsichtlich der inhaltlichen Mindestangaben eines Prospektes verweist § 7 Wertpapierprospektgesetz (WpPG) auf die EU-Prospektverordnung,[105] deren im Anhang enthaltenen Schemata eine Vielzahl von Pflichtangaben vorgeben. Im Einzelnen ist hierbei nach der jeweiligen Art des Wertpapiers und des Emittenten zu differenzieren. Ganz allgemein sind jedoch in den Prospekt Angaben über das Wertpapier selbst und über den Emittenten, insbesondere die Unternehmensstruktur, die Finanzlage, Produkte, Wettbewerb, Märkte, Besitzverhältnisse, mögliche Risiken, Geschäftstätigkeit sowie zu den an der Emission beteiligten Organen und Gesellschaften aufzunehmen. Maßstab muss dabei sein, dass der Anleger durch das Dokument sämtliche Informationen erhält, die für ihn erforderlich sind, damit er sich ein zutreffendes Urteil über den Emittenten und die Wertpapiere bilden kann.

Im Rahmen der sogenannten Prospekthaftung haften die Gesellschaft, die Banken und weiteren Unterzeichner des Prospektes den Anlegern für die Richtigkeit und Vollständigkeit des Prospektes.

(4) Gegebenenfalls (erste) Gesellschafterversammlung (Hauptversammlung)

Maßnahme	Erläuterung	Dokumente	Zeitpunkt/Zeitraum
Gegebenenfalls (erste) Gesellschafterversammlung	• Wenn noch keine AG: Umwandlung in AG mit Vorstands- und Aufsichtsratsbestellung; • Gegebenenfalls erste (Bar-)Kapitalerhöhung, um ein ausgewogenes Verhältnis zwischen den zu platzierenden und den bei den Altgesellschaftern verbleibenden Aktien zu erreichen	• Antrag an das Registergericht auf Bestellung eines Gründungsprüfers • Umwandlungsbeschluss mit Satzung sowie Wahl des ersten Aufsichtsrats und Vorstandsbestellung • Gründungs- und Gründungsprüfungsberichte • Kapitalerhohungsbeschluss mit Zeichnungsscheinen und Einzahlungsbelegen • Jeweils Handelsregisteranmeldung	• Als erstes: Antrag auf Bestellung eines Gründungsprüfers • Umwandlungsbeschluss so früh wie möglich (wenn Betriebsrat: Zuleitung des Entwurfs des Umwandlungsbeschlusses spätestens vier Wochen vor Beschlussfassung) • Eintragung im Handelsregister ca. 3 - 4 Wochen nach der Anmeldung

Hat das Unternehmen im Vorfeld des Börsengangs die Rechtsform einer Personengesellschaft oder GmbH, so ist eine **Umwandlung in eine börsenfähige Rechtsform**, nämlich in eine Aktiengesellschaft oder in eine Kommanditgesellschaft auf Aktien vorzunehmen. Zwar eignet sich die KGaA in besonderer Weise zur Sicherung des Einflusses der Unternehmensgründer in der börsennotierten Gesellschaft, da es mehr noch als bei der

105 Verordnung (EG) Nr. 809/2004, ABl.EG 2005, L 186/3.

Aktiengesellschaft möglich ist, dem geschäftsführenden Organ weit gehende Befugnisse zu erteilen. Trotz dieses Vorteils wurde aber bislang bei Neuemissionen von dieser Gesellschaftsform wenig Gebrauch gemacht, da sie durch einen recht hohen rechtlichen Gestaltungsaufwand gekennzeichnet ist.

Die Umwandlung in eine Aktiengesellschaft sollte in der Regel möglichst früh erfolgen. Bei jungen Aktiengesellschaften sind nämlich im Falle von Expansionsbestrebungen in den ersten zwei Jahren nach ihrer Gründung bei jeder größeren Akquisition die sog. **Nachgründungs-Formalien**, einschließlich des Erfordernisses eines zustimmenden Hauptversammlungsbeschlusses gemäß § 52 des AktG zu beachten.

Für den Vorstand einer Aktiengesellschaft, der die Börseneinführung des Unternehmens plant, stellt sich vor allem die Frage, welche Maßnahmen der **Zustimmung der Hauptversammlung** bedürfen.

Die vom Vorstand im Zuge des Börsenganges abzuschließenden Verträge (insbesondere der Übernahmevertrag mit dem Bankenkonsortium) und der Antrag auf Zulassung zum Handel an der Börse sind Geschäftsführungsmaßnahmen, für die keine gesetzliche Hauptversammlungszuständigkeit vorgesehen ist. Gleichwohl kann ein zustimmender Hauptversammlungsbeschluss nach den Grundsätzen der Holzmüller-Rechtsprechung erforderlich sein, wenn der Börsengang wesentliche Strukturmaßnahmen beinhaltet.[106]

Ist die Börseneinführung mit einer Kapitalerhöhung verbunden, so ergibt sich die Notwendigkeit eines Hauptversammlungsbeschlusses bereits aus § 182 Abs. 1 AktG; nach dieser Bestimmung ist eine Mehrheit von 3/4 des bei der Beschlussfassung vertretenen Grundkapitals erforderlich, soweit nicht aufgrund einer besonderen Regelung in der Satzung die einfache Mehrheit ausreicht. Gleiches gilt, wenn zur Börsenzulassung sonstige Strukturmaßnahmen wie etwa die Beseitigung der Vinkulierung von Aktien notwendig sind.

Daneben bringt die Börseneinführung für die Aktionäre auch Nachteile mit sich. So fallen z. B. die **Erleichterungen für eine kleine Aktiengesellschaft** weg (z. B. Einberufung der Hauptversammlung per eingeschriebenem Brief gemäß § 121 Abs. 4 AktG) und der Charakter der Gesellschaft ändert sich von einer geschlossenen in eine offene Publikumsgesellschaft. Ferner werden die Gesellschaft mit Publizitätspflichten (z. B. §§ 15, 26, 37v, 37w WpHG) und die Aktionäre mit bußgeld- bzw. strafbewehrten Pflichten nach dem Wertpapierhandelsgesetz (insbesondere §§ 14 Abs. 1, 21 Abs. 1 in Verbindung mit §§ 38, 39 WpHG) belastet. Faktisch führt ein Going Public damit zu einer erheblichen Strukturänderung der Gesellschaft. Für den Vorstand empfiehlt es sich daher, einen zustimmenden Hauptversammlungsbeschluss einzuholen.[107]

Angesichts des satzungsändernden Charakters der Börseneinführung (vgl. auch die vorgenannten Argumente) ist es im Hinblick auf § 179 AktG zu empfehlen, einen Hauptversammlungsbeschluss mit einer Mehrheit von mindestens drei Viertel des bei der Beschlussfassung vertretenen Grundkapitals einzuholen.[108]

---

106 Siehe BGHZ 83, 122 ff.; siehe dazu auch Gerhard Picot, Unternehmenskauf und Restrukturierung, Teil I: Vertragsrecht, Rdn. 150 sowie Gerhard Picot/Müller-Eising, in: Gerhard Picot, ebenda, Teil II: Gesellschaftsrecht, Rdn. 346 und 454.

107 Vgl. dazu Vollmer/Grupp, Der Schutz der Aktionäre beim Börseneintritt und Börsenaustritt, ZGR 1995, S. 460.

108 Vgl. hierzu auch BGHZ 159, 30, 45 f. (»Gelatine«).

(5) Verhandlung der wesentlichen Verträge, insbesondere des Übernahmevertrages

Maßnahme	Erläuterung	Dokumente	Zeitpunkt/Zeitraum
Verhandlung der wesentlichen Verträge, insbesondere des Übernahme-vertrages (»underwriting agreement«) mit der führenden Emissionsbank (Lead Manager/ Book Runner)	Die wesentlichen Verträge sind standardisiert und werden üblicherweise von der KB vorgeschlagen; es besteht nur eingeschränkter Verhandlungs-spielraum	• Übernahmevertrag (»underwriting agreement«) mit Anlagen (insbesondere »legal opinions« der RAe des Unternehmens und der KB sowie »letter of comfort« der WP's; Preisfestsetzungs-vertrag) • Sponsorenvertrag mit den »designated sponsors« • Zahl- und Hinter-legungsstellenvertrag • Konsortialvertrag (»agreement amongst underwriters«) • Ggf. Aktienleihe für »Greenshoe« (s.u.)	• Der Übernahme-vertrag sollte vor Prospekteinreichung (s.u.) ausverhandelt sein, ist es aber meist erst kurz vor dem Beginn des Bookbuilding (s.u.) • Werden die Sponsorenverträge nicht rechtzeitig verhandelt, stellen die Sponsoren teils absurde Geldforderungen • Das Unternehmen hat nur Einfluss auf die Auswahl der Konsortialbanken; der Konsortialvertrag selbst betrifft das Unternehmen nicht und wird diesem allenfalls zur Kenntnis gegeben

Aktienemissionen können direkt an die Öffentlichkeit (*Selbstbegebung*) oder an ein Bankenkonsortium (*Fremdbegebung*) vorgenommen werden. In der Regel erfolgen die Emissionen in Deutschland im Wege der **Fremdbegebung** in der Weise, dass ein Bankenkonsortium die Aktien auf eigene Rechnung fest übernimmt und dann selbst an das Publikum weiter veräußert. Die rechtlichen Beziehungen zwischen dem Emittenten, den abgebenden Aktionären und dem Bankenkonsortium werden dabei in einem **Übernahmevertrag (»Underwriting Agreement«)** geregelt, der regelmäßig an die Stelle der früher üblichen mehrseitigen Offerte der Banken tritt. Vom Umfang und vom Vertragsstil her ähnelt er anglo-amerikanischen Unternehmenskaufverträgen.

Ein Übernahmevertrag enthält vor allem die **Verpflichtung der Emissionsbank gegenüber dem Emittenten bzw. dem abgebenden Altaktionär zur Übernahme (Zeichnung) einer bestimmten Zahl von Aktien**. Die tatsächlichen Zuteilungsquoten werden in der Praxis hiervon abweichend und flexibel zwischen den Emissionsbanken geregelt. Neugeschaffene Aktien werden dabei zunächst von dem Konsortialführer, dem »*Global Coordinator*«, übernommen und anschließend den übrigen Konsortialbanken zugeteilt. Dies vermeidet im Falle der Beteiligung ausländischer Konsortialbanken die schwierige Beschaffung von Vertretungsnachweisen gegenüber dem Handelsregister. Mit dieser Übernahmeverpflichtung ist die weitere Verpflichtung der Emissionsbank verbunden, die Aktien im Publikum zu platzieren. **Neue Aktien** werden dabei im Rahmen einer

Kapitalerhöhung übernommen, bei der das Bezugsrecht der Altaktionäre ausgeschlossen wird.

In der Regel geschieht dies im Wege eines vereinfachten **Bezugsrechtsausschlusses** nach § 186 Abs. 3 Satz 4 AktG, wenn die Barkapitalerhöhung 10 % des Grundkapitals nicht übersteigt und der Ausgabebetrag den Börsenkurs nicht wesentlich unterschreitet, anderenfalls – so etwa bei der Erstzulassung – durch einen Bezugsrechtsausschluss gemäß § 186 Abs. 3 AktG. Im Übernahmevertrag kann auch vereinbart werden, dass die Aktien vor der Platzierung im Publikum zunächst den Altaktionären zum Bezug anzubieten sind. In diesem Fall erfolgt gemäß § 186 Abs. 5 AktG kein Bezugsrechtsausschluss.

Die **Verpflichtung zur Übernahme der zu platzierenden Aktien** steht in der Regel unter den aufschiebenden Bedingungen, dass die im Vertrag abgegebenen Gewährleistungen und Garantien des Emittenten bzw. des Altaktionärs nicht in wesentlichen Punkten unrichtig sind oder bis zur tatsächlichen Übernahme der Aktien unrichtig werden. Um die Voraussetzungen der Übernahme sicherzustellen, müssen **rechtliche Bestätigungen (»Legal Opinions«)** der beratenden Anwälte, ein vom Vorstand des Emittenten im Namen der Gesellschaft unterschriebenes **Officers'-Certificate sowie ein »Comfort Letter« des Abschlussprüfers** beigebracht werden. In diesen Dokumenten wird jeweils die Richtigkeit und Ordnungsgemäßheit der Daten und des Verfahrens zu verschiedenen Zeitpunkten bestätigt. Dabei geben die Übernahmeverträge den Banken meist die Möglichkeit, den Börsengang bis zur Festsetzung des Bezugspreises zu stoppen und rückabzuwickeln.

Eine weitere aufschiebende Bedingung für die Verpflichtung zur Übernahme der Aktien ist die **Einigung über den Emissionspreis**.

Hierbei ist zu beachten, dass die Zuteilung der Aktien an die Investoren und die Aufnahme des Börsenhandels mit den platzierten Aktien häufig bereits mehrere Tage vor der Überweisung des Emissionserlöses erfolgt. Eine Rückabwicklung der bereits über die Clearstream (hierbei handelt es sich um eine Tochter der Deutsche Börse AG) durchgeführten Aktienkaufverträge ist daher technisch nicht mehr zu bewerkstelligen.

Bei der Platzierung von neuen Aktien entstehen diese Aktien originär in der Hand der Emissionsbanken im Zeitpunkt der Zeichnung und Eintragung der entsprechenden Kapitalerhöhung in das Handelsregister. Erst nach der Eintragung der Kapitalerhöhung in das Handelsregister ist die Börsenzulassung der Aktien möglich. Ferner ist bei ihrer Einführung in den Handel gemäß § 52 Abs. 1 Börsenzulassungsverordnung (BörsZulV) zu beachten, dass diese frühestens an dem auf die erste Veröffentlichung des Wertpapierprospekts folgenden Werktag erfolgen darf (s.u.). Zudem benötigen die Emissionsbanken aus technischen Gründen einen Zeitraum von etwa 2 Tagen zwischen der Einführung und Zuteilung der Aktien einerseits und der Überweisung des Emissionserlöses an den Emittenten andererseits.

Übernahmeverträge enthalten deshalb regelmäßig Bestimmungen, wonach die vorgenannten aufschiebenden Bedingungen zum Zeitpunkt der Übergabe des Zeichnungsscheins bzw. der Einreichung der Handelsregisteranmeldung zur Eintragung der Kapitalerhöhung erfüllt sein müssen (**erstes Closing**).

Darüber hinaus sind unmittelbar vor der Überweisung des Emissionserlöses erneut eine Legal Opinion, ein Officers'-Certificate und ein Comfort-Letter beizubringen, wonach seit der Übernahme der Aktien keine Umstände eingetreten sind, die wesentliche nachteilige Folgen für die Geschäftstätigkeit oder die finanzielle Lage des Emittenten haben (**zweites Closing**).

Problematisch ist dabei, dass die zu platzierenden Aktien nach erfolgter Eintragung der Kapitalerhöhung bereits wirksam in der Hand der Konsortialbanken entstanden sind und daher eine Rückabwicklung des Vertrages nur noch dann in Betracht kommt, wenn eine der Bedingungen für die Übernahme der Aktien nicht mehr vorliegt.[109]

Verhandlungsgegenstand sind oft auch weitreichende **Force Majeure Klauseln** bzw. **Material Adverse Change Klauseln**. Auf der Grundlage solcher Klauseln können die Banken die Übernahme der Aktien unter Umständen bereits dann verweigern, wenn die Platzierung wegen des Eintritts eines unvorhergesehenen Ereignisses gefährdet erscheint.

Neu ausgegebene Aktien werden von den Konsortialbanken in der Regel zum Nennbetrag gezeichnet. Die Differenz zwischen dem Nennbetrag und dem Bezugspreis (**Emissionspreis**) der platzierten Aktien wird aufgrund einer schuldrechtlichen Verpflichtung im Übernahmevertrag von den Konsortialbanken an den Emittenten abgeführt (**zweistufiges Verfahren**).

Die **Zeichnung zum Nennbetrag** erfolgt vor allem deshalb, weil die Differenz zwischen dem Nennbetrag und einem über dem Nennbetrag liegenden Emissionspreis gemäß § 188 Abs. 2 Satz 1 i. V. m. § 36 a Abs. 1 AktG vor Anmeldung der Kapitalerhöhung vollständig einzuzahlen wäre. Als Begründung für die Zeichnung zum Nennwert wird zum Teil auch angeführt, sie ermögliche die zeitliche Flexibilität, die die Festsetzung des Emissionspreises im Wege des Bookbuilding-Verfahrens (siehe dazu (15)) erfordere. Handelsregistereintragungen erfolgen aber vielfach derart zügig, dass die Zeichnung der Aktien und die Anmeldung der Kapitalerhöhung häufig erst nach dem Abschluss der Bookbuilding-Periode erfolgt, sodass die Zeichnung zum Nennwert jedenfalls aus zeitlichen Gründen nicht erforderlich wäre.[110]

Die Konsortialbanken müssten daher bei der Zeichnung zum Emissionspreis den Differenzbetrag zwischen dem Zeitpunkt der Anmeldung der Kapitalerhöhung und dem Zeitpunkt der Gutschrift des Emissionserlöses zwischenfinanzieren. Dies wäre insbesondere amerikanischen Banken kaum verständlich zu machen, weil bei amerikanischen Emissionen üblicherweise die Banken die Aktien von der Gesellschaft Zug um Zug gegen Zahlung des Emissionserlöses kaufen. Ferner erfolgt die Zeichnung zum Nennbetrag, um auch nach der Eintragung der Kapitalerhöhung noch auf negative Einflüsse am Kapitalmarkt reagieren zu können. Zugleich wird hierdurch ein anderenfalls erforderlicher Sicherheitsabschlag für mögliche Kursschwankungen vermieden. Vor der Einführung des Bookbuilding-Verfahrens, bei dem ein Orderbuch aufgrund hereingegebener Kauforder erstellt wird, bei denen die Preisbildung und die Zuteilung der Aktien bis zum Abschluss der Orderhereinnahme offenbleibt, war es nötig, einen solchen Sicherheitsabschlag in Höhe von 15 bis 25 % des erwarteten Börsenkurses vorzunehmen; dies sollte im Interesse der Altaktionäre zur Vermeidung einer Kursverwässerung jedenfalls dann vermieden werden, wenn ihr Bezugsrecht ausgeschlossen ist. Beim Ausschluss des Bezugsrechtes nach § 186 Abs. 3 Satz 4 AktG ist die Differenz zwischen dem Börsenkurs und dem Emissionspreis bereits Kraft Gesetzes auf 3 bis 5 % begrenzt.

---

109 Siehe dazu auch Technau, Rechtsfragen bei der Gestaltung von Übernahme-verträgen (Underwriting-Agreements) im Zusammenhang mit Aktienemissionen, in: AG 1998, S. 445 (447).

110 So auch Technau, in: AG 1998, S. 445 (447) und Hoffmann-Becking, Festschrift für Lieberknecht (1997), S. 25 (39).

Die Zeichnung von Aktien zum Nennbetrag ist rechtlich zulässig. Nicht zu folgen ist der Minderansicht, wonach durch die Zeichnung von Aktien zum Nennwert die in § 36a Abs. 1 i. V. m. § 188 Abs. 2 AktG vorgesehene gesetzliche Sicherung der Aufbringung des Aufgeldes (»Agios«) umgangen werde, die nicht dispositiv sei und nicht nur den Interessen der Gesellschaft, sondern auch dem Gläubigerschutz diene. Wie den unterschiedlichen Regelungen im Aktiengesetz (§ 36 a Abs. 1 AktG) und im GmbHG (§ 57 Abs. 2 Satz 1 i. V. m. § 7 Abs. 2 Satz 1 GmbHG) zu entnehmen ist, dient nämlich das Gebot der Volleinzahlung des Aufgelds bei einer Aktiengesellschaft nicht dem Gläubiger-, sondern dem Verkehrsschutz. Da Aktien im Vergleich zu GmbH-Anteilen eine höhere Fungibilität aufweisen, soll der Erwerber einer Aktie davor geschützt werden, dass er für ein vom Zeichner nicht geleistetes Aufgeld in Anspruch genommen wird. Ferner ist zu berücksichtigen, dass auf das Grundkapital lediglich eine Einzahlung in Höhe von 25 % des Nennbetrages zu leisten ist, das Aufgeld aber in voller Höhe vor der Anmeldung einzuzahlen ist. Während Gläubiger die Höhe des Grundkapitals dem Handelsregister entnehmen können, ist ihnen die Einzahlung eines Aufgeldes in die Kapitalrücklage regelmäßig nicht einmal bekannt. Die Verpflichtung zur Volleinzahlung des Aufgeldes besteht mithin nicht zum Schutz der Gläubiger, sondern dient dem Verkehrsschutz. Damit steht § 36 a Abs. 1 AktG einer Zeichnung der Aktien zum Nennwert nicht entgegen. Denn die Abführungsverpflichtung der Emissionsbanken entfaltet rein schuldrechtliche Wirkungen, sodass der Erwerber einer Aktie nicht für die Abführung des Emissionserlöses in Anspruch genommen werden kann und der freie Aktienverkehr mithin nicht gefährdet wird.

Die Zeichnung der Aktien zum Nennwert ist auch dann zulässig, wenn das Bezugsrecht der Aktionäre nach § 186 Abs. 3 Satz 4 AktG ausgeschlossen ist, wobei allerdings der »**Ausgabebetrag**« der neuen Aktie deren Börsenkurs nicht wesentlich unterschreiten darf. Zwar wird in § 186 Abs. 3 Satz 4 AktG der Begriff »Ausgabebetrag« verwendet; jedoch herrscht Einigkeit darüber, dass es sich hierbei um ein Redaktionsversehen handelt. Mit dem »Ausgabebetrag« ist nicht der Ausgabebetrag im Sinne des § 185 Abs. 1 Satz 3 Nr. 2 AktG gemeint, der in den Zeichnungsschein aufzunehmen ist. Es wäre nämlich widersinnig, gerade dort, wo sich der Bezugspreis der Aktien weitestgehend am Börsenkurs orientieren soll, die verbindliche Festsetzung dieses Preises bereits vor der Zeichnung der Aktien vorzuschreiben. Der Bezugsrechtsausschluss nach § 186 Abs. 3 Satz 4 AktG ist deshalb bereits dann zulässig, wenn der »Bezugspreis« (Emissionspreis) den Börsenkurs nicht wesentlich unterschreitet. Dieser Bezugspreis muss dabei nicht mit dem Ausgabebetrag im Sinne des § 185 Abs. 1 Satz 3 Nr. 2 AktG übereinstimmen.

Die in Übernahmeverträgen häufig vorgesehene **Rückabwicklung des Vertrages nach Eintragung der Kapitalerhöhung** bereitet nach deutschem Recht erhebliche Probleme, weil die Banken mit der Übergabe des Zeichnungsscheines gemäß § 185 AktG ihre Verpflichtung zur Übernahme der Aktien erfüllt haben.

In jedem Falle sollten vertragliche Regelungen vermieden werden, die die Gesellschaft für den Fall eines Rücktritts der Konsortialbanken zu der Durchführung einer entsprechenden **Kapitalherabsetzung** verpflichten. Eine solche Kapitalherabsetzung, die nicht der Beseitigung einer Unterbilanz dient, ist nämlich nur nach den Regeln einer ordentlichen Kapitalherabsetzung gemäß §§ 222 ff. AktG möglich. Durch den Vorstand allein kann sie nicht wirksam vereinbart werden, da die Entscheidung über Kapitalmaßnahmen in die Kompetenz der Hauptversammlung fällt und gemäß § 222 Abs. 1 AktG ein mit qualifizierter Mehrheit zu fassender Hauptversammlungsbeschluss erforderlich ist. Außerdem haben Gläubiger binnen 6 Monaten nach der Bekanntmachung der Eintragung der Kapitalherabsetzung das Recht, Sicherheit für ihre Forderungen zu erlangen.

Ein **Rückkauf der Aktien durch die Gesellschaft** gemäß § 71 Abs. 1 Nr. 1 AktG, wonach ein Rückerwerb zur Abwendung eines schweren Schadens von der Gesellschaft zulässig ist, ist ebenfalls nicht möglich, weil drohende Kursverluste nur in Ausnahmefällen als Schaden im Sinne dieser Vorschrift anzusehen sind. Auch ein Rückerwerb gemäß dem mit dem KonTraG neu eingeführten § 71 Abs. 1 Nr. 8 AktG kommt in der Praxis nicht in Betracht, weil die Gesellschaft den übrigen Aktionären ein entsprechendes Angebot auf Erwerb ihrer Aktien unterbreiten müsste.[111]

Rechtlich unwirksam sind ferner Klauseln, wonach die Gesellschaft innerhalb einer Frist von 2 bis 3 Monaten nach einem Scheitern der Platzierung der Aktien das Recht hat, den Konsortialbanken einen Dritten zu benennen, an den die Aktien zu einem bestimmten Preis zu veräußern sind, wobei nach fruchtlosem Ablauf dieser Frist die Konsortialbanken berechtigt sind, die Aktien zu einem von ihnen zu bestimmenden Preis am Markt zu veräußern. Der Vorstand kann nämlich die Kompetenz, den Emissionspreis zu bestimmen, nicht wirksam auf die Emissionsbanken übertragen. Zudem müssen Vorstand und Aufsichtsrat im Falle eines Bezugsrechtsausschlusses sicherstellen, dass die Grenzen des § 186 Abs. 3 Satz 4 oder des § 255 AktG bei der Preisbildung berücksichtigt werden.

Die in Übernahmeverträgen enthaltenen **Gewährleistungen und Garantien des Emittenten** entsprechen in der Regel den in Unternehmenskaufverträgen enthaltenen Gewährleistungen und Garantien. Zusätzlich garantiert der Emittent bzw. der Altaktionär jedoch regelmäßig, dass sämtliche Angaben im Wertpapierprospekt, die für die Investorenentscheidung wesentlich sein könnten, richtig sind. Rechtlich bedenklich sind dabei Regelungen, die vorsehen, dass den Emissionsbanken sämtliche aus einer Garantieverletzung entstehende Schäden zu ersetzen sind, zumal hierunter auch eine mögliche Prospekthaftung der Emissionsbanken gegenüber Anlegern fällt.

Handelt es sich um die Abgabe von Aktien der Altaktionäre, so kann darin ein Verstoß gegen die Kapitalerhaltungsvorschrift des § 57 AktG wegen einer ungerechtfertigten Zuwendung an den abgebenden Aktionär liegen, wenn die Gesellschaft kein eigenes Interesse an der Veräußerung der Aktien hat. Allerdings lässt sich bei einem IPO wegen der damit verbundenen Vorteile für die Aktiengesellschaft – insbesondere höherer Bekanntheitsgrad und erleichterte Kapitalaufnahme – gut vertreten, dass auch bei der Abgabe von Aktien der Altaktionäre ein solches Eigeninteresse der Gesellschaft und damit kein Verstoß gegen § 57 AktG vorliegt.

Soweit es sich um die Platzierung neuer Aktien handelt, ist in einer solchen **Freistellung von der Prospekthaftung** zwar grundsätzlich kein Verstoß gegen § 57 AktG zu sehen. Im Hinblick auf die in § 32 Abs. 2 BörsG geregelte Verpflichtung eines Kreditinstitutes bei der Zulassung von Wertpapieren zum Börsenhandel, dem Emittenten mit finanzmarktspezifischen Know-how zur Seite zu stehen, ist bei Neuemissionen die Wirksamkeit einer derartigen Freistellung aber insoweit zweifelhaft, als die Emissions-

111 Siehe Vigelius, Aktienrückkauf am Neuen Markt, Finanz Betrieb 2000, S. 221 ff.

banken auch von der Inanspruchnahme für Fehler bei der Erstellung des Prospektes freigestellt werden, die in ihren Verantwortungsbereich fallen.

Problematisch sind schließlich Klauseln in Übernahmeverträgen, wonach der Emittent sich verpflichtet, innerhalb einer Frist von 6 bis 12 Monaten nach der Platzierung der Aktien **keine weiteren Kapitalerhöhungen** vorzunehmen. Sofern es sich nicht um die Verwendung von genehmigtem Kapital handelt, kann eine solche Verpflichtungserklärung vom Vorstand als Unterzeichner des Übernahmevertrages nur mit Zustimmung der Hauptversammlung abgegeben werden, in deren Kompetenz es fällt, Kapitalerhöhungen zu beschließen.

Wirksam ist dagegen eine Klausel, wonach sich die Gesellschaft lediglich verpflichtet, durch Kapitalerhöhungen geschaffene Aktien innerhalb eines bestimmten Zeitraums nicht öffentlich anzubieten und Aktien nicht im Wege der breiten Streuung in den Kapitalmarkt einzuführen. Derartige Klauseln dienen dem berechtigten Interesse, Kurspflegemaßnahmen nicht durch unabgestimmte Schritte der Gesellschaft zu erschweren oder zu vereiteln, ohne dass sie in die gesetzlich zugewiesenen Kompetenzen der Organe der Aktiengesellschaft eingreifen.

(6) Gegebenenfalls (zweite) Gesellschafterversammlung (Hauptversammlung)

Maßnahme	Erläuterung	Dokumente	Zeitpunkt/Zeitraum
Gegebenenfalls (zweite) Gesellschafterversammlung (Hauptversammlung)	Kapitalerhöhung für den Börsengang von KB zu zeichnen; gegebenenfalls sonstige Satzungsänderungen, insbesondere genehmigtes Kapital u.a. für den »Greenshoe« (= Mehrzuteilungsoption für KB bei Überzeichnung; die Greenshoe-Aktien werden zumeist von den Altaktionären geliehen und entweder nach Ausübung des Greenshoe diesen abgekauft oder ihnen nach Durchführung einer Kapitalerhöhung aus genehmigtem Kapital zurückgegeben) und bedingtes Kapital für Mitarbeiterbeteiligung (»stock option plan«)	• Kapitalerhöhungsbeschluss und Beschluss zu sonstigen Satzungsänderungen • Handelsregisteranmeldung	Kann bis kurz vor dem Zulassungsantrag erfolgen; die Unterlagen sind aber zuvor fertig zu stellen und dem Richter am Handelsgericht zur Kenntnis zu geben; mit ihm ist unbedingt der Tag der Eintragung (sollte unmittelbar vor der Zulassung sein) zu vereinbaren

Werden bei einem Börsengang nur Aktien der Altaktionäre veräußert, fließt der Gesellschaft daraus kein Kapital zu. Börsengänge, bei denen ausschließlich alte Aktien angeboten werden, sind deshalb selten. Zudem ist zu bedenken, dass die **Ausgabe (auch) neuer Aktien** die Kurschancen verbessert. Eine »Wachstumsstory« lässt sich ohne solch frisches Kapital nur schwer entwickeln.

Die neuen Aktien für den Börsengang können entweder **aus genehmigtem Kapital** nach § 202 ff. AktG oder im Wege einer **regulären Kapitalerhöhung** nach § 182 ff. AktG geschaffen werden. Bei genehmigtem Kapital ermächtigt die Hauptversammlung den Vorstand, mit Zustimmung des Aufsichtsrats selbst die Kapitalerhöhung zu beschließen. Der Nennbetrag des genehmigten Kapitals kann bis zur Hälfte des Grundkapitals der Gesellschaft betragen. Die Kapitalerhöhung aus genehmigtem Kapital ist insbesondere bei Aktiengesellschaften mit Streubesitz etwas leichter zu handhaben als die reguläre Kapitalerhöhung; andererseits entfällt damit die Möglichkeit, das genehmigte Kapital etwa für spätere Akquisitionen nach dem Börsengang ohne neuen Hauptversammlungsbeschluss zu nutzen.

Im Rahmen der **(zweiten) Gesellschafterversammlung**, die über die Kapitalerhöhung für den Börsengang beschließt, werden häufig weitere Kapitalmaßnahmen beschlossen, insbesondere die Schaffung von bedingtem Kapital für Mitarbeiteroptionen nach § 192 Abs. 2 Nr. 3 AktG und genehmigtem Kapital insbesondere für spätere Akquisitionen gemäß § 202 ff. AktG.[112]

(7) Analystenpräsentation

Maßnahme	Erläuterung	Dokumente	Zeitpunkt/Zeitraum
Analysten-präsentation	Vorstellung des Unternehmens / der Aktie durch die Unternehmensleitung gegenüber den Analysten der Konsortialbanken; deren Berichte (»Analystenberichte«) sind faktisch das wesentliche Marketinginstrument des IPO; die Analystenberichte werden von KB an ausgewählte institutionelle Investoren verteilt	Unterlagen für die Analysten-präsentation	Die Analystenberichte werden den potenziellen Investoren üblicherweise 3-4 Tage nach der Präsentation übersandt; die Übersendung sollte nicht zu lange vor der Notierungsaufnahme, aber in angemessenem zeitlichen Abstand vor der »Black Out Period« (s.u.) erfolgen; entsprechend ist die Analystenpräsentation zu terminieren

112 Zu den weiteren geschriebenen und ungeschriebenen Zuständigkeiten der Hauptversammlung einer Aktiengesellschaft siehe auch Classen/Classen, Gesellschaftsrechtliche Gestaltung, in: Picot, Handbuch für Familien- und Mittelstandsunternehmen, S. 36 (67 f.).

(8) Antrag auf Billigung des Wertpapierprospekts/Prospekteinreichung

Maßnahme	Erläuterung	Dokumente	Zeitpunkt/ Zeitraum
Antrag auf Billigung des Prospekts/ Prospektein-reichung	Der Prospekt in seiner Funktion als Verkaufsprospekt nach dem Wertpapier-prospektG ist durch die Bundes-anstalt für Finanz-aufsicht (BaFin) zu billigen, § 13 Abs. 1 WpPG	• Antrag auf Billigung des Verkaufsprospektes an die BaFin • Wertpapierprospekt	Ca. 3 Wochen vor Beginn des »Bookbuilding« (s.u.)

Der **Prospektentwurf ist bei der BaFin zur Billigung einzureichen**. Die BaFin prüft im Rahmen des Billigungsverfahrens die Vollständigkeit des Prospekts und die Kohärenz und Verständlichkeit (nicht aber die Richtigkeit) der enthaltenen Angaben. Dieses Prüfverfahren erfolgt völlig losgelöst von der eigentlichen Zulassung der Wertpapiere zum Börsenhandel, für die die Zulassungsstelle der jeweiligen Börse zuständig ist. Bei einer Erstzulassung teilt die BaFin ihre Entscheidung über die Billigung des Wertpapierprospekts innerhalb von 20 Werktagen nach Einreichung der vollständigen Unterlagen mit. Im Falle der Billigung muss der Prospekt sodann hinterlegt und veröffentlicht werden. Inzwischen ist für eine Veröffentlichung ausreichend, wenn diese ausschließlich über das Internet erfolgt. Druckversionen sind weiterhin auf Verlangen zur Verfügung zu stellen.

(9) Wahl des Marktsegments/Transparenzstandards

Eine wichtige Entscheidung im Zusammenhang mit dem Börsengang ist ferner die **Wahl des Marktsegmentes**, das als Plattform für den späteren Aktienhandel dienen soll. Von Gesetzes wegen besteht seit dem 01.11.2007 zunächst die **Wahl zwischen dem sog. Regulierten Markt und dem Freiverkehr (Open Market)**. Die bisherige Differenzierung zwischen Amtlichem und Geregeltem Markt ist damit zugunsten des einheitlichen Regulierten Marktes entfallen. Mit der Kategorisierung sind sowohl unterschiedliche Zulassungsvoraussetzungen, als auch Folgepflichten verknüpft. Die beiden Börsensegmente unterliegen daher unterschiedlichen gesetzlichen Regelungen. Zusätzlich ergibt sich für die Frankfurter Wertpapierbörse die **Option für unterschiedliche Transparenzstandards, nämlich den »Prime Standard«, den »General Standard« und – für den Freiverkehr – den »Entry Standard«.**

Der **Regulierte Markt** ist ein sog. organisierter Markt im Sinne des § 2 Abs. 5 WpHG. Nur die Unternehmen in diesem Segment gelten als börsennotierte Gesellschaft im Sinne des § 3 Abs. 2 AktG. Dieses Börsensegment kommt insbesondere für langjährig etablierte, insbesondere international ausgerichtete Gesellschaften mit einem größeren Emissionsvolumen in Betracht. Der Regulierte Markt unterliegt der Börsenaufsicht und findet seine rechtliche Grundlage in den §§ 30–47 BörsG sowie in der BörsZulV und der Börsenordnung der jeweiligen Börse. Es gelten für dieses Börsensegment die Zulassungsvoraussetzungen und die Folgepflichten des früheren Amtlichen Marktes: Das Unternehmen muss seit mindestens drei Jahren bestehen; der voraussichtliche Kurswert der zuzulassenden Aktien oder – falls eine Schätzung nicht möglich ist – das Eigenkapital des Unternehmens muss mindestens 1,25 Mio. Euro, sowie der Streubesitzanteil mindestens 25 Prozent betragen. Als Folgepflichten ergeben sich etwa die **Ad-hoc-Publizität** (§ 15 WpHG) und die Offenlegung von sog. **Directors' Dealings** (§ 15a WpHG). Es müssen darüber hinaus geprüfte Jahres- und Halbjahresfinanzberichte mit einer Entsprechenserklärung (»Bilanzeid«) erstellt sowie unterjährig zwei Zwischenmitteilungen der Geschäftsführung veröffentlicht werden. Schließlich müssen börsennotierte Unternehmen auch jährlich eine **Entsprechenserklärung** über die Beachtung des **Corporate Governance Kodex**[113] abgeben.

Der **Freiverkehr** stellt demgegenüber ein privatrechtlich geregeltes Börsensegment dar. Dieser wird seit 2005 an der Frankfurter Wertpapierbörse »**Open Market**« bezeichnet. In Abgrenzung zum Regulierten Markt ist der Freiverkehr kein organisierter Markt und aus der Teilnahme hieran folgt keine Börsennotierung im Sinne des § 3 Abs. 2 AktG. Soweit jedoch eine öffentliche Aktienplatzierung erfolgen soll, besteht jedoch gleichwohl die Pflicht zur Erstellung und Veröffentlichung eines Wertpapierprospekts, § 3 Abs. 1 WpPG. Neben deutschen Aktien werden im Freiverkehr insbesondere auch ausländische Aktien, Anleihen und Optionsscheine gehandelt. Grundlage für die Einbeziehung von Wertpapieren in den Freiverkehr bilden die **Allgemeinen Geschäftsbedingungen der jeweiligen Börse**, § 48 BörsG. Es ergeben sich nur wenige formale Einbeziehungsvoraussetzungen und kaum Folgepflichten für den Emittenten. So gilt etwa weder die Pflicht zur Ad-hoc-Publizität, keine Veröffentlichungspflicht von Jahresabschlüssen und Zwischenberichten und auch eine Entsprechenserklärung über die Beachtung des Corporate Governance Kodex[114] ist entbehrlich. Die Börsenaufsichtsbehörde kann den Handel im Freiverkehr jedoch untersagen, wenn ein ordnungsgemäßer Handel für die Wertpapiere nicht mehr gewährleistet erscheint.

Der bei Frankfurter Wertpapierbörse geltende Transparenzstandard **Prime Standard** ist im Vergleich zum **General Standard** mit weiteren Folgepflichten verbunden, während der General Standard den gesetzlichen Anforderungen entspricht. Beide Standards gelten für den Regulierten Markt, nicht für den Freiverkehr. Eine Aufnahme in diesen Standard erfolgt nur auf Antrag bei der Zulassungsstelle der Frankfurter Wertpapierbörse und ist gleichzeitig Voraussetzung für die Aufnahme des Emittenten in einen der Auswahlindizes der Deutschen Börse (DAX, MDAX, SDAX, TecDAX). Erforderlich für die Zulassung sind ein Abschluss nach internationalen Rechnungslegungsstandards (IFRS oder US-GAAP), die Pflege eines Unternehmenskalenders, die Durchführung mindestens einer Analystenkonferenz pro Jahr und insbesondere die Veröffentlichung von Unternehmenskalender, Halbjahres- bzw. Quartals- und Jahresfinanzberichten sowie Ad-hoc-Mitteilungen zusätzlich in englischer Sprache.

---

113 Vgl. hierzu den Beitrag von Dirk Classen in diesem Handbuch, Teil A.II.; ferner: Picot/Classen, Corporate Governance, in: Handbuch für Familien- und Mittelstandsunternehmen, S. 117 ff., sowie Picot/Classen, M&A-Review 2008, S. 22 – 27.

114 Zur Entsprechenserklärung im Einzelnen siehe den Beitrag von Dirk Classen in diesem Handbuch, Teil A.II.

Der **Entry Standard** ist demgegenüber ein Teilbereich des Freiverkehrs mit zusätzlichen Transparenzanforderungen. Dieser soll insbesondere kleinen und mittelgroßen Unternehmen einen kostengünstigen Zugang zum Kapitalmarkt eröffnen und die Transparenz im Freiverkehr erhöhen. Unternehmen in diesem Teilbereich haben Besonderheiten bezüglich der Veröffentlichung des testierten Konzern-Jahresabschlusses nebst Konzern-Lagebericht, des Zwischenberichts und wesentlicher Unternehmensdaten zu beachten.

(10) Antrag auf Börsenzulassung

Maßnahme	Erläuterung	Dokumente	Zeitpunkt/ Zeitraum
Antrag auf Börsenzulassung	Die Aktien sind zum regulierten Markt von der Börse zuzulassen	• Zulassungsantrag • Werpapierprospekt; gegebenenfalls zunächst im Entwurf	Wird üblicherweise und sinnvollerweise zusammen mit dem Antrag auf Billigung des Prospekts gestellt, kann aber auch später (bis zu 4 Tagen vor der beabsichtigten Zulassung) erfolgen

Für die Börseneinführung und die erstmalige Notierungsaufnahme der Aktien im Regulierten Markt (Einführung) ist eine **Zulassung zum Börsenhandel** erforderlich (§ 32 Abs. 1 BörsG). Hierfür ist ein formloser, schriftlicher Antrag bei der Zulassungsstelle der jeweiligen Börse zu stellen. Die Frankfurter Wertpapierbörse hat zu diesem Zweck einen **standardisierten Zulassungsantrag** entwickelt. Diesen reicht der Emittent zusammen mit einem Kreditinstitut oder Finanzdienstleister (Konsortialbank) ein. Daneben sind u.a. der Wertpapierprospekt bzw. ein Entwurf desselben, ein aktueller beglaubigter Handelsregisterauszug, eine aktuelle Satzung sowie die Jahresabschlüsse für die letzten drei Geschäftsjahre einzureichen (§ 48 Abs. 2 BörsZulV). Im hieran anschließenden **Prüfungsverfahren** werden die Vollständigkeit der Unterlagen und die Einhaltung der unter (9) genannten Zulassungsvoraussetzungen geprüft. Die Zulassung darf frühestens an dem auf das Datum der Einreichung des Zulassungsantrags bei der Zulassungsstelle folgenden Handelstag erfolgen. Wird der Zulassungsantrag positiv beschieden, wird die Zulassung sodann von der Zulassungsstelle auf Kosten der Antragsteller im elektronischen Bundesanzeiger und – bis zum 31.12.2008 – zusätzlich in dem im Antrag angegebenen Börsenpflichtblatt veröffentlicht (§§ 51, 72a BörsZulV, § 42 BörsO(FWB)).

Der **Handel der Aktien im Freiverkehr bedarf keiner Zulassung**. Stattdessen erfolgt eine sog. **Einbeziehung auf Basis eines privatrechtlichen Verfahrens**. Über den Antrag auf Einbeziehung eines Emittenten entscheidet der Freiverkehrsausschuss der jeweiligen Börse. Die Basis für die Einbeziehung von Wertpapieren in den Freiverkehr bilden für die Frankfurter Wertpapierbörse die Freiverkehrsrichtlinien der Deutsche Börse AG. Im Falle einer Erstnotierung muss der Antragsteller nähere Angaben über den Emittenten in Form eines Exposés vorlegen, das eine Beurteilung über die beantragte Einbeziehung ermöglicht.

(11) »Black-out-Period«

Maßnahme	Erläuterung	Dokumente	Zeitpunkt/Zeitraum
»Black-out-Period«	Vor dem »Bookbuilding« (s.u.) wird üblicherweise von der KB ein Zeitraum eingehalten, in dem keine Analystenberichte mehr verteilt werden	./.	Üblicherweise 14 Tage vor »Bookbuilding«

(12) Abgabe des Comfort Letter bzw. der Legal Opinions

Maßnahme	Erläuterung	Dokumente	Zeitpunkt/Zeitraum
Abgabe des Comfort Letter und der Legal Opinion	WP (comfort letter) und RA (Legal Opinion) bestätigen für ihren jeweiligen Verantwortungsbereich gegenüber der KB, dass die Angaben im Prospekt zutreffen bzw. nicht irreführend sind	• Comfort Letter • Legal Opinon	Marktpraxis variiert: Deutsche KB verlangen Abgabe des comfort letter und der Legal Opinions mehrfach und erstmals vor der Billigung des Wertpapierprospekts; amerikanischen KB reicht zumeist die Abgabe mit Unterzeichnung des Übernahmevertrages

(13) Billigung des Wertpapierprospektes

Maßnahme	Erläuterung	Dokumente	Zeitpunkt/Zeitraum
Billigung des Wertpapierprospekts	Durch die Bafin	Billigungsbescheid	Bei Erstzulassung innerhalb von 20 Werktagen

(14) Hinweisbekanntmachung auf den Wertpapierprospekt

Maßnahme	Erläuterung	Dokumente	Zeitpunkt/Zeitraum
Hinweisbekanntmachung auf § 14 Abs. 3 S. 2 WpPG	In einer oder mehreren weit verbreiteten Wirtschafts- oder Tageszeitung(en)	• Hinweisbekanntmachung • Wertpapierprospekt (muss an den designierten Stellen bereit liegen)	Üblicherweise am Tag nach der Billigung

(15) Roadshow/Bookbuilding/Auktionsverfahren

Maßnahme	Erläuterung	Dokumente	Zeitpunkt/Zeitraum
»Roadshow«/ »Bookbuilding«/ »Auktionsverfahren«	Roadshow = Besuch bei den potenziellen institutionellen Investoren zur Vorstellung des Unternehmens/der Aktien durch die Unternehmensleitung mit Unterstützung der KB; dient zugleich dem Bookbuilding = Sammlung der (verbindlichen) Kaufangebote im »Orderbuch«	Roadshow-Unterlagen	• Frühestens am Tag nach der Veröffentlichung (deshalb häufig: Billigung des Prospektes am Freitag, Hinweisbekanntmachung am Samstag, Beginn des Bookbuilding am Montag) • Spätestens zwei Tage vor dem Beginn des Bookbuilding muss der Übernahmevertrag vollständig ausverhandelt sein (sonst wird KB mit dem Bookbuilding nicht beginnen) • Dauer: Üblicherweise 3 – 20 Tage

Erst mit der **Veröffentlichung des Wertpapierprospektes** ist ein öffentliches Angebot der Aktien und damit der Beginn der eigentlichen Verkaufsaktivitäten möglich.

Der Wertpapierprospekt enthält noch keinen festen Angebotspreis (Emissionspreis) für die Aktien. Bei fast allen Börsengängen erfolgt heute die **Festsetzung des Emissionspreises im Wege des sog. Bookbuilding-Verfahrens**. Dies gilt insbesondere, wenn das Bezugsrecht der Altaktionäre ganz oder zum Teil ausgeschlossen ist.

Bookbuilding ist die **Erstellung eines Orderbuches** aufgrund hereingegebener Kauforder, bei denen die Preisbildung und die Zuteilung der Aktien bis zum Abschluss der Orderhereinnahme offenbleibt. Das Bookbuilding, welches in der Regel ca. 14 Tage andauert, wird durch eine **Marketing-Vorphase** und durch **Roadshows**, d. h. durch Präsentationen von Repräsentanten des Emittenten und der konsortialführenden Bank unmittelbar bei den Investoren, vorbereitet. In der eigentlichen Bookbuilding-Phase werden die Aktien zum Verkauf angeboten. In dieser Zeit können Investoren Kaufaufträge abgeben. Diese Order der Investoren erfolgen aufgrund einer zuvor veröffentlichten Unternehmensbewertung durch den Konsortialführer in Übereinstimmung mit dem Emittenten. Die Gesamtheit der bei dem Konsortialführer und den anderen Konsortialbanken eingehenden Aufträge bilden das **Orderbook**, welches sich im Wege der Auswertung der einzelnen Order (das Bookbuilding) entwickelt. Unmittelbar nach dem letzten Tag des Bookbuilding wird dann zwischen dem Konsortialführer, dem Emittenten und gegebenenfalls den Altaktionären der Preis fixiert. Im Anschluss daran werden die Aktien zugeteilt. Die Lieferung der Aktien gegen Zahlung der Kaufpreise an die Investoren erfolgt dann etwa 5 bis 7 Tage später.

Zu beachten ist, dass der Vorstand des Emittenten die **Festsetzung des Bezugspreises** nicht gänzlich den Konsortialbanken überlassen darf.[115] Der Bezugspreis ist zum einen eine Bedingung der Aktienausgabe i. S. d. § 204 Abs. 1 Satz 1 AktG, sodass seine Festsetzung gemäß § 204 Abs. 1 Satz 2 AktG der Zustimmung des Aufsichtsrates bedarf. Zum andern ist der Vorstand im Falle eines Bezugsrechtsausschlusses nach § 186 Abs. 3 Satz 4 AktG im Interesse der Altaktionäre für die Festsetzung eines am Börsenkurs orientierten Bezugspreises verantwortlich. Wird das Bezugsrecht außerhalb des Anwendungsbereichs des § 186 Abs. 3 Satz 4 AktG ausgeschlossen, dann ist der Vorstand gemäß § 255 Abs. 2 AktG verpflichtet, den Bezugspreis der ausgegebenen Aktien nicht unter deren Wert festzusetzen; dies ist dann der Fall, wenn der durch die Aktien repräsentierte anteilige Wert der Gesellschaft über dem Emissionskurs der neuen Aktien liegt. Dies gilt nicht nur für ordentliche Kapitalerhöhungen, sondern auch bei Kapitalerhöhungen aus genehmigtem Kapital.

Der Aufsichtsrat darf dabei die Festsetzung des Bezugspreises zwar nicht vollständig in das freie Ermessen des Vorstandes stellen. Sofern aber sichergestellt ist, dass der Bezugspreis im Wege des Bookbuilding-Verfahrens festgesetzt wird, kann der Aufsichtsrat dem Vorstand eine gewisse Bandbreite vorgeben, innerhalb derer der Vorstand den Bezugspreis festzusetzen hat. Der am Markt erzielbare Emissionspreis wird hierdurch aufgrund vorher festgelegter abstrakter Kriterien ermittelt, sodass der **Aufsichtsrat seiner Überwachungsaufgabe** gerecht wird.

Im Falle des vereinfachten Ausschlusses des Bezugsrechtes gemäß § 186 Abs. 3 Satz 4 AktG hat der Vorstand bei der Festsetzung des Bezugspreises zu beachten, dass der Bezugspreis der neuen Aktien deren Börsenpreis nicht wesentlich, d. h. um mehr als 3 bis 5 % unterschreiten darf. Darüber hinaus braucht der Vorstand beim vereinfachten Bezugsrechtsausschluss die in § 255 Abs. 2 AktG festgelegte Untergrenze des Bezugspreises nicht zu beachten. Es ist nämlich davon auszugehen, dass der Vorstand »**Paket-Aktionären**« außerhalb eines förmlichen Bezugsrechts gemäß § 186 AktG die Möglichkeit einräumen muss, eine zum Erhalt ihrer quotalen Beteiligung erforderliche Zahl neuer

115 Vgl. Marsch-Barner, AG 1994, S. 532 (537); Trapp, in: AG 1998, S. 115 (119).

Aktien zu zeichnen. Hierdurch und durch die Möglichkeit von Zukäufen über die Börse sind die Altaktionäre hinreichend geschützt.

Vor allem während des Börsenbooms Ende der 1990er-Jahre im Neuen Markt klaffte oft eine enorme Lücke zwischen dem Ausgabepreis einer Aktie und ihrem ersten Kurs. In den letzten Jahren ist diese Diskrepanz jedoch meist nur moderat ausgefallen. Vielfach **entsprach der Emissionspreis auch der ersten Notiz**.

Unternehmen	Branche	Emissionspreis (in €)	Erste Notiz (in €)
MeVis Medical Solutions AG	Technologie	55,00	55,00
Asian Bamboo AG	Energie & Rohstoffe	17,00	18,10
FrancoNoWest AG	Finanzdienstleistungen	1,80	1,79
Hamburger Hafen und Logistik AG	Transport & Logistik	53,00	59,00
centrotherm photovoltaics AG	Industrie	34,50	40,00
Homag Group AG	Industrie	31,00	32,00
EnviTec Biogas AG	Industrie	47,00	50,50
ZhongDe Waste Technology AG	Industrie	26,00	30,00
Tognum AG	Industrie	24,00	24,00
VTG Aktiengesellschaft	Transport & Logistik	18,00	19,00
InVision Software AG	Software	32,00	32,50
Gerresheimer AG	Pharma & Gesundheit	40,00	40,00
DF Deutsche Forfait AG	Finanzdienstleistungen	7,50	7,90
Wacker Construction Equipment AG	Industrie	22,00	24,60
SMT Scharf AG	Industrie	9,50	9,50
alstria office REIT-AG	Finanzdienstleistungen	16,00	16,30
ESTAVIS AG	Finanzdienstleistungen	28,00	28,30
VITA 34 International AG	Pharma & Gesundheit	15,00	14,40
POLIS Immobilien AG	Finanzdienstleistungen	14,50	14,90
HanseYachts Aktiengesellschaft	Industrie	33,00	36,00
KROMI Logistik AG	Industrie	20,00	22,00
ARISTON Real Estate AG	Finanzdienstleistungen	7,50	8,40
Symrise AG	Chemie	17,25	17,25
ALTA FIDES Aktiengesellschaft für Grundvermögen	Finanzdienstleistungen	17,00	17,00
XING AG	Software	30,00	30,00
SKW Stahl-Metallurgie Holding AG	Chemie	29,00	29,05
Francotyp-Postalia Holding AG	Industrie	19,00	19,00
WILEX AG	Pharma & Gesundheit	13,80	13,80
PETROTEC AG	Industrie	17,00	17,00
HAHN-Immobilien-Beteiligungs AG	Finanzdienstleistungen	10,00	10,20
Delticom AG	Handel	36,00	37,00
LHS Aktiengesellschaft	Software	8,00	8,50

Unternehmen	Branche	Emissions-preis (in €)	Erste Notiz (in €)
hotel.de AG	Konsumgüter	21,50	22,00
GAGFAH S.A.	Finanzdienstleistungen	19,00	22,00
VERBIO Vereinigte BioEnergie AG	Industrie	14,50	15,00
GWB Immobilien AG	Finanzdienstleistungen	12,50	12,50
CropEnergies AG	Industrie	8,00	7,50
BDI – BioDiesel International AG	Industrie	58,00	58,50
ItN Nanovation AG	Industrie	20,00	25,00
OVB Holding AG	Finanzdienstleistungen	21,00	21,40
SMARTRAC N.V.	Technologie	17,00	17,00
emQtec AG	Chemie		6,10
aleo solar Aktiengesellschaft	Industrie	13,50	13,50
BAUER Aktiengesellschaft	Bauindustrie	16,75	16,60
Klöckner & Co Aktiengesellschaft	Industrie	16,00	15,00
Demag Cranes AG	Industrie	22,00	22,30
10TACLE STUDIOS AG	Software	11,75	11,50
Schmack Biogas AG	Industrie	31,00	33,00
Air Berlin PLC	Transport & Logistik	12,00	12,65
Viscom AG	Industrie	18,50	20,40
C.A.T. oil AG	Energie & Rohstoffe	15,00	17,20
Dresdner Factoring AG	Finanzdienstleistungen	11,50	11,61
Wacker Chemie AG	Chemie	80,00	90,00
SAF AG	Software	17,60	17,20
MAGIX AG	Software	16,40	16,40
PATRIZIA Immobilien AG	Finanzdienstleistungen	18,50	21,50
primion Technology AG	Industrie	14,50	14,75

Abb. 3: Beispiele von Emissionsgewinnen 2006 bis April 2008
Quelle: Deutsche Börse AG

Die **hohen Zeichnungsgewinne** erfreuen zwar die Anleger, nicht jedoch den Börsenkandidaten selbst, zumal der Börsengang bei einem höheren Ausgabekurs deutlich mehr Geld in die Kassen des Unternehmens hätte bringen können. Aber auch für die Privatanleger hat das übliche Bookbuildingverfahren Nachteile: Sie kommen bei der Zuteilung oft zu kurz. Bei deutlicher Überzeichnung muss häufig das Los entscheiden.

Ein Ausweg kann es sein, wie erstmals bei der Trius AG, einem Spezialisten für Computer- und Internettelefonie beim Gang an den Neuen Markt unternommen, den **Emissionspreis in einem Auktionsverfahren** zu ermitteln.

Bei dem Auktionsverfahren wird bei der Emission auf eine Preisspanne verzichtet. Jeder Interessent soll sich intensiv mit dem Unternehmen beschäftigen und dann limitiert zeichnen. Nach Abschluss der Zeichnungsfrist bekommen alle Interessenten, angefangen vom höchsten Gebot so lange eine Zuteilung, bis das Emissionsvolumen »aufgebraucht«

ist. Die Höhe des niedrigsten Gebotes, das noch zum Zuge kommt, bestimmt den Zuteilungspreis. Das Auktionsverfahren kann auf diese Weise vom Börsenstart an zu einer marktgerechteren Bewertung und Chancengleichheit für die Zeichner führen und solche Investoren binden, die an einer dauerhaften Anlage interessiert sind.

Gemeinsam mit der **Deutschen Schutzvereinigung für Wertpapierbesitz (DSW)** ist gegenüber diesem Verfahren kritisch anzumerken, dass es selbst Analysten schwer fällt, Wachstumsunternehmen korrekt zu bewerten. Nur ein sehr kleiner Teil der Privatanleger wird in der Lage sein, einen angemessenen Preis für die Aktie zu bestimmen. In jedem Fall müssten die Informationen im Emissionsprospekt weitaus detaillierter ausfallen als bislang üblich, und unter anderem umfassende Schätzungen zur Umsatz- und Gewinnentwicklung sowie ausführliche Vergleichsdaten zu anderen Unternehmen der Branche enthalten. Darüber hinaus fürchtet die DSW, dass durch das Auktionsverfahren die Kursphantasie bei Neuemissionen verloren gehen könnte. Die vermeintlichen Vorteile des Auktionsverfahrens könnten durch eine Anpassung der Preisspanne während der Zeichnungsfrist ausgeglichen werden. Darüber hinaus gibt der Emissionskandidat die Möglichkeit aus der Hand, die Aktionärsstruktur selbst zu bestimmen und damit für eine ausgewogene Mischung zwischen privaten und institutionellen Anlegern zu sorgen.

Zumindest sind deshalb gewisse Modifikationen des Auktionsverfahrens erforderlich. Bei erheblichen Überzeichnungen könnte es im Übrigen in Zukunft zu einer Anhebung der Preisspanne kommen; ein Verfahren, das in den USA bereits seit langem üblich ist, sich in Deutschland aber noch nicht durchgesetzt hat.

(16) Unterzeichnung des Übernahmevertrages

Maßnahme	Erläuterung	Dokumente	Zeitpunkt/ Zeitraum
Unterzeichnung des Übernahmevertrages	Erst mit der Unterzeichnung des Übernahmevertrages verpflichtet sich die KB, die Aktien zu übernehmen und zu platzieren; der Übernahmevertrag ist der zentrale Vertrag des IPO, der insbesondere auch die wesentlichen Pflichten der abgebenden Aktionäre und der Gesellschaft enthält (inkl. umfassender Gewährleistungen und häufig mit freiwilligem »Lock-up«)	Übernahmevertrag mit allen Anlagen, insbesondere legal opinions und comfort letter	Erfolgt frühestens kurz vor Beginn des Bookbuilding (nach Festsetzung der Preisspanne), meist aber erst mit dem Ende des Bookbuilding (denn KB weiß erst zu diesem Zeitpunkt, ob die Platzierung erfolgreich sein wird)

(17) Gegebenenfalls Unterzeichnung des Zeichnungsscheines/ Einzahlung der Kapitalerhöhung/Handelsregisteranmeldung

Maßnahme	Erläuterung	Dokumente	Zeitpunkt/ Zeitraum
Gegebenenfalls Unterzeichnung des Zeichnungsscheins/ Einzahlung der Kapitalerhöhung/ Handelsregister-anmeldung	Die KB zeichnet bei einer Platzierung von neuen Aktien die Aktien selbst und muss deshalb den Nennkapitalbetrag der Aktien der Gesellschaft zur Verfügung stellen; die Handelsregisteranmeldung ist erst mit Einreichung des Zeichnungsscheins vollständig	• Zeichnungsschein • Handelsregister-anmeldung	Sollte möglichst erst unmittelbar vor der Zulassung der Aktien erfolgen, um den Zeitraum zwischen der Einzahlung auf die Kapitalerhöhung und des Erhalts des Platzierungserlöses durch KB möglichst kurz zu halten

(18) Gegebenenfalls Eintragung der Kapitalerhöhung im Handelsregister

Maßnahme	Erläuterung	Dokumente	Zeitpunkt/ Zeitraum
Gegebenenfalls Eintragung der Kapitalerhöhung im Handelsregister	Erst mit der Eintragung enstehen die neuen Aktien; die Eintragungsbekanntmachung ist Voraussetzung für die Zulassung der Aktien	Eintragungs-bekanntmachung	Zeitkritischer Moment; bei Kooperation am Tag vor oder sogar erst am Tag der Zulassung; nur wenn der Richter am Registergericht eine taggenaue Eintragung zusagt, ist der Zeitraum zwischen Zeichnung der Aktien und Zulassung kurz zu halten

Der Zeitpunkt der **Eintragung der Kapitalerhöhung** für den Börsengang ist ein zeitkritischer Moment, wenn nicht ausschließlich alte Aktien veräußert werden. Die Konsortialbank, die die neuen Aktien ausschließlich zeichnet, um diese dann anschließend beim Publikum zu platzieren, muss den Nennwert der Kapitalerhöhung in voller Höhe einzahlen. Der Nachweis der Einzahlung ist eine Voraussetzung für die Eintragung der Kapitalerhöhung. **Erst mit der Eintragung der Kapitalerhöhung entstehen die neuen Aktien und können zur Börse zugelassen werden.**

Der gesamte Zeitplan des Börsenganges hängt also jedenfalls bei der Platzierung neuer Aktien an der zeitgerechten Eintragung der Kapitalerhöhung. Der Zeitpunkt der Eintragung liegt aber nicht im Ermessen der Beteiligten, sondern allein beim zuständigen Registerrichter. Es ist deshalb unerlässlich, dass insbesondere die den Emittenten beratenden Rechtsanwälte in enger Abstimmung mit dem Registerrichter handeln.

Erfreulicherweise sind die meisten **Registerrichter** im Zusammenhang mit Börsengängen bereit, eine taggenaue Eintragung – den Erhalt der vollständigen Dokumentation vorausgesetzt – zuzusagen. Ein Anspruch darauf besteht allerdings nicht. Ein unkooperativer Registerrichter kann erhebliche Probleme für einen erfolgreichen Börsengang herbeiführen.

(19) Ende Bookbuilding/Preisfestsetzung/Zuteilung

Maßnahme	Erläuterung	Dokumente	Zeitpunkt/ Zeitraum
Ende Bookbuilding/ Preisfestsetzung/ Zuteilung	Das Orderbuch wird ausgewertet, der Verkaufspreis festgelegt und die Zuteilung der Aktien auf die Erwerber bestimmt; Unterzeichnung des Preisfestsetzungsvertrages	Preisfestsetzungsvertrag	Am Vortag der Zulassung

(20) Zulassung der Aktien zum Handel

Maßnahme	Erläuterung	Dokumente	Zeitpunkt/ Zeitraum
Zulassung der Aktien zum Handel	Zulassung zum regulierten Markt	Zulassungsbescheid	Am Tag nach dem Ende des Bookbuilding

(21) Hinweisbekanntmachung

Maßnahme	Erläuterung	Dokumente	Zeitpunkt/ Zeitraum
Hinweisbekanntmachung	Veröffentlichung der Zulassung	Hinweisbekanntmachung (erfolgt durch die Börse)	Am Folgetag der Zulassung

(22) Notierungsaufnahme

Maßnahme	Erläuterung	Dokumente	Zeitpunkt/ Zeitraum
Notierungs-aufnahme	Aufnahme der Notierung der Aktien	./.	Frühestens an dem auf die erste Veröffentlichung folgenden Werktag

Mit der **Notierungsaufnahme** ist der Börsengang vollendet. Den Emittenten treffen hiermit verschiedene neue Verpflichtungen. So muss der Emittent nach der Notierung an der Börse regelmäßig **Quartalsberichte** veröffentlichen, die Zahlenangaben über seine Geschäftstätigkeit und Ergebnisse im Berichtszeitraum (insbesondere Gewinn- und Verlustrechnung, Jahresüberschuss/-fehlbetrag sowie Kapitalflussrechnung) enthalten. Ferner sollen die Quartalsberichte die Umsätze, die Auftragslage, die Entwicklung der Kosten und Preise, die Forschungs- und Entwicklungsaktivitäten sowie die Zahl der Arbeitnehmer und die Höhe von Investitionen erläutern.

Die Einberufung von Hauptversammlungen sowie die Mitteilungen über die Ausschüttung von Dividenden, über die Ausgabe neuer Aktien und die Ausübung von Umtausch-, Bezugs- oder Zeichnungsrechten sind zu veröffentlichen.

Der Jahresabschluss ist entweder nach International Financial Reporting Standards (IFRS), nach US-amerikanischen Generally Accepted Accounting Principles (US-GAAP) oder nach nationaler **Rechnungslegung mit Überleitungsrechnung** aufzustellen und mit dem **Lagebericht** zu veröffentlichen. Außerdem sind hinsichtlich der Aktien des nun gelisteten Unternehmens die Regelungen des Wertpapiererwerbs- und Übernahmegesetzes (WpÜG) zu beachten.

Zu Beginn eines jeden Geschäftsjahres ist ein **Unternehmenskalender** in deutscher und englischer Sprache zu erstellen, der Angaben über wichtige Termine wie z.B. Ort und Zeit der Hauptversammlung, der Bilanzpressekonferenz und der Analystenveranstaltungen enthält.

Schließlich obliegen dem Management der Gesellschaft nach Notierungsaufnahme generell weitere Pflichten zur Publizität; so haben sie z.B. im Rahmen ihrer **Ad hoc Publizitäts-Pflicht** gemäß § 15 WpHG unverzüglich Umstände zu veröffentlichen, die einen erheblichen Einfluss auf den Börsenkurs der Gesellschaft haben können.

(23) »Closing«

Maßnahme	Erläuterung	Dokumente	Zeitpunkt/ Zeitraum
»Closing«	Abrechnung und Überweisung des Platzierungserlöses	. / .	Üblicherweise zwei Tage nach Notierungsaufnahme

Wie bereits oben ausgeführt, enthalten Übernahmeverträge regelmäßig Bestimmungen, wonach die aufschiebenden Bedingungen zum Zeitpunkt der Übergabe des Zeichnungsscheins bzw. der Einreichung der Handelsregisteranmeldung zur Eintragung der Kapitalerhöhung erfüllt sein müssen (**erstes Closing**).

Darüber hinaus sind unmittelbar vor der Überweisung des Emissionserlöses erneut eine Legal Opinion, ein Officers'-Certificate und ein Comfort Letter beizubringen, wonach seit der Übernahme der Aktien keine Umstände eingetreten sind, die wesentliche nachteilige Folgen für die Geschäftstätigkeit oder die finanzielle Lage des Emittenten haben (**zweites Closing**).

Erst danach wird der **Emissionserlös** (Differenz zwischen Nennbetrag und Bezugspreis) nach Abzug von Provisionen und Kosten an die Gesellschaft und die veräußernden Aktionäre überwiesen.

(24) Greenshoe-Ausübung

Maßnahme	Erläuterung	Dokumente	Zeitpunkt/ Zeitraum
Gegebenenfalls Ausübung einer Greenshoe-Option	Die von KB geliehenen Aktien werden fast immer zugeteilt; der Greenshoe wird zur Marktpflege ausgeübt, also nur dann, wenn der Kurs seit Notierungsaufnahme gestiegen ist	Nach Greenshoe-Ausübung: Entweder Kauf der geliehenen Aktien oder Kapitalerhöhung aus genehmigtem Kapital (= Vorstands- und Aufsichtsratsbeschluss und Handelsregisteranmeldung)	Binnen ca. 30 Tagen nach Notierungsaufnahme

Bei einem Börsengang wird den Emissionsbanken regelmäßig eine **Greenshoe-Option (oder Mehrzuteilungs-Option)** eingeräumt.

Der **Begriff Greenshoe** geht zurück auf die Emission der Greenshoe Manufacturing Company, bei der dieses Instrument zur Kurspflege zum ersten Mal eingesetzt wurde. Dabei erhält das Konsortium der Emissionsbanken die Mehrzuteilungsoption, innerhalb eines Zeitraumes von regelmäßig ca. 20 bis 45 Tagen nach der Platzierung der Aktien (sog. Greenshoe-Periode), über das zunächst angenommene Emissionsvolumen weitere Aktien im Gesamtnennwert von 10 bis 15 % der ursprünglich gezeichneten Aktien zu demselben Preis, der durch das Bookbuilding festgesetzt worden ist, zu beziehen und zuzuteilen.

Obwohl diese weiteren Aktien noch nicht gezeichnet sind, werden sie bereits mit den anderen Aktien kurz vor der Notierungsaufnahme zugeteilt, indem entweder die veräußernden Altaktionäre entsprechende Wertpapierleihverträge mit den Banken abschließen oder institutionelle Investoren bis zum Abschluss der Greenshoe-Periode auf die Lieferung einer entsprechenden Anzahl von Aktien verzichten. Auf diese Weise können die Banken eine gewisse Kurspflege betreiben und im Falle eines Sinkens des Börsenkurses der platzierten Aktien unter den Bezugspreis Aktien im Wege von Stützungskäufen vom

Markt nehmen, um hierdurch den Börsenkurs wieder zu stabilisieren. Sofern Stützungskäufe nicht oder nur zum Teil erforderlich sind, üben die Emissionsbanken am Ende der Greenshoe-Periode ihre Option aus und können damit ihre Verpflichtung aus den Leihverträgen oder ihre Lieferpflicht gegenüber den institutionellen Investoren erfüllen, d.h. sie können die geliehenen Aktien zurückübertragen bzw. die mehr zugeteilten Aktien effektiv liefern. Sowohl die bloße Möglichkeit solcher Stützungskäufe als auch die Ausübung der Greenshoe-Option am Ende der Greenshoe-Periode werden vom Kapitalmarkt als positives Zeichen aufgenommen und führen in aller Regel zu einer günstigen Kursbewertung.

Die Durchsetzbarkeit der Greenshoe-Option kann durch eine bereits zu einem früheren Zeitpunkt beschlossene genehmigte Kapitalerhöhung abgesichert werden, in deren Rahmen der Vorstand ermächtigt wird, das Kapital unter Ausschluss des Bezugsrechts der Aktionäre zu erhöhen. Nach der »Kali + Salz«-Rechtsprechung bedarf eine derartige Ermächtigung des Vorstandes zum Ausschluss des Bezugsrechts der Altaktionäre gemäß § 203 Abs. 2 AktG ebenso wie ein Bezugsrechtsausschluss gemäß § 186 Abs. 3 AktG der sachlichen Rechtfertigung. Bei einer Börseneinführung ist ein Bezugsrechtsausschluss grundsätzlich sachlich gerechtfertigt, wenn die erforderliche Aktienzahl nur auf diese Weise zur Verfügung gestellt werden kann und die Gesellschaft sachliche, die Interessen der Altaktionäre überwiegende Gründe für die Börseneinführung vorweisen kann. Dabei reicht es aus, der Hauptversammlung die Maßnahme, in deren Zusammenhang der Bezugsrechtsausschluss erfolgen soll, zum Zeitpunkt der Beschlussfassung über die Ermächtigung des Vorstandes allgemein und abstrakt zu umschreiben.

Im Zeitpunkt der Ausübung der Greenshoe-Option liegt der Börsenkurs der platzierten Aktien regelmäßig über dem ursprünglichen Bezugspreis; fällt nämlich der Börsenkurs in der Greenshoe-Periode unter den Bezugspreis, so erfolgen Stützungskäufe mit der Folge, dass die Greenshoe-Option später nicht oder nur zum Teil ausgeübt wird. Fraglich ist insofern, ob ein Ausschluss des Bezugsrechtes nach § 186 Abs. 3 Satz 4 AktG noch zulässig ist, wenn zum Zeitpunkt der Ausübung der Greenshoe-Option die Differenz zwischen Börsenkurs und Bezugspreis den zulässigen Rahmen von 3 bis 5 % überschreitet. Maßgeblich für die Beantwortung dieser Frage ist, ob hierfür auf den Zeitpunkt der Ausübung der Greenshoe-Option, auf den Zeitpunkt des Vorstands- und Aufsichtsratsbeschlusses oder auf den Zeitpunkt der Zuteilung der Aktien an die Investoren abzustellen ist. Entscheidend sollte der Schutzzweck des § 186 Abs. 3 Satz 4 AktG sein, wonach die Altaktionäre vor einer Kursverwässerung geschützt werden sollen; demzufolge ist der Zeitpunkt der Zuteilung der Greenshoe-Aktien an die Anleger als maßgebend anzusehen, die zeitgleich mit der Zuteilung der Aktien der Haupttranche erfolgt. Zu einer Verwässerung des Kurses kommt es nämlich nur dann, wenn Aktien aus einer Kapitalerhöhung zu günstigeren Preisen als dem Börsenkurs am Markt erhältlich sind.

(25) Greenshoe-Closing

Maßnahme	Erläuterung	Dokumente	Zeitpunkt/ Zeitraum
Ggf. Greenshoe-Closing	Abrechnung und Überweisung des Platzierungserlöses der Greenshoe-Aktien	Der Übernahmevertrag sieht häufig nochmals Letter of Comfort/ Legal Opinions vor, deren Abgabe aber selten verlangt wird	Unverzüglich nach Eintragung der Kapitalerhöhung

(26) Ende Black-out-Period

Maßnahme	Erläuterung	Dokumente	Zeitpunkt/ Zeitraum
Ende der Black-out-Period	Analystenberichte können wieder verteilt werden	. / .	40 Tage nach Notierungsaufnahme

d) Gesamt-Ablaufplan des Börsenganges

Insgesamt ergibt sich daraus der nachfolgend **schematisiert dargestellte Ablaufplan für den Gang an eine deutsche Börse (Initial Public Offering – IPO)**:

(1) Vom »Kick-off-Meeting« bis zur Prospekteinreichung

Maßnahme	Erläuterung	Dokumente	Zeitpunkt/ Zeitraum
Aufträge an Berater/ Dienstleister	• Ggf. IPO-Berater • Konsortialführende Bank (»KB«) (»Lead Manager«) • Wirtschaftsprüfer (»WP«) • Rechtsanwälte (»RA«) • Werbeagentur • Drucker • Übersetzer	Mandatsverträge (»Engagement Letter(s)«)	Auswahl vor Kick-Off-Meeting; Werbeagentur, Drucker und Übersetzer auch später; Engagement Letter(s) sollten möglichst vor dem Kick-Off-Meeting unterzeichnet sein (in praxi aber meist erst danach)
Kick-off-Meeting	Vorstellung des Unternehmens durch die Unternehmensleitung für die Berater	Unterlagen ähnlich einer »Management Presentation«	Kontaktaufnahme RA und KB möglichst schon vor Kick-off-Meeting

Maßnahme	Erläuterung	Dokumente	Zeitpunkt/ Zeitraum
Beginn Due Diligence/ Prospekterstellung	Die Berater des Unternehmens und – je nach Absprache mit der KB auch deren Berater – (insbesondere RA/WP) prüfen die wesentlichen Dokumente/ Unterlagen des Unternehmen, die mittels Anforderungslisten der Berater zusammengestellt und in einem Datenraum den Beratern zur Verfügung gestellt werden; die Ergebnisse der Due Diligence fließen in den Prospekt ein	• Due Diligence Listen für Datenraum • Ggf. Due Diligence Bericht (jedenfalls dann erforderlich, wenn keine Due Diligence durch KB; aber auch für interne Kontrolle zu empfehlen)	Zeitnah nach Kick-off- Meeting; Due Diligence und Prospekterstellung können parallel erfolgen; die Due Diligence Listen der RA und KB sollten aufeinander abgestimmt sein; nach ca. 2 Wochen sollten die Ergebenisse der Due Diligence im Wesentlichen vorliegen; für Due Diligence/ Prospekterstellung ist ein Gesamtzeitraum von ca. 10 Wochen anzusetzen mit mind. fünf, meistens aber deutlich mehr »drafting sessions« für den Prospekt
Ggf. (erste) Gesellschafterversammlung	• Wenn noch keine AG: Umwandlung in AG mit Vorstands- und Aufsichtsratsbestellung; • Ggf. erste (Bar-)Kapitalerhöhung, um ein ausgewogenes Verhältnis zwischen den zu platzierenden und den bei den Altgesellschaftern verbleibenden Aktien zu erreichen	• Antrag an das Registergericht auf Bestellung eines Gründungsprüfers • Umwandlungsbeschluss mit Satzung sowie Wahl des ersten Aufsichtsrats und Vorstandsbestellung • Gründungs- und Gründungsprüfungsberichte • Kapitalerhöhungsbeschluss mit Zeichnungsscheinen und Einzahlungsbelegen • Jeweils Handelsregisteranmeldung	• Als erstes: Antrag auf Bestellung eines Gründungsprüfers • Umwandlungsbeschluss so früh wie möglich (wenn Betriebsrat: Zuleitung des Entwurfs des Umwandlungsbeschlusses spätestens vier Wochen vor Beschlussfassung) • Eintragung im Handelsregister ca. 3 – 4 Wochen nach der Anmeldung

Maßnahme	Erläuterung	Dokumente	Zeitpunkt/ Zeitraum
Verhandlung der wesentlichen Verträge, insbesondere der Übernahmeverträge (»underwriting agreement«) mit der führenden Emissionsbank (Lead Manager/ Book Runner)	Die wesentlichen Verträge sind standardisiert und werden üblicherweise von der KB vorgeschlagen; es besteht nur eingeschränkter Verhandlungsspielraum	• Übernahmevertrag (»underwriting agreement«) mit Anlagen (insbesondere »legal opinions« der RAe des Unternehmens und der KB sowie »letter of comfort« der WP's; Preisfestsetzungsvertrag) • Sponsorenvertrag mit den »designated sponsors« • Zahl- und Hinterlegungsstellenvertrag • Konsortialvertrag (»agreement amongst underwriters«) • Ggf. Aktienleihe für »Greenshoe« (s. u.)	• Der Übernahmevertrag sollte vor Prospekteinreichung (s. u.) ausverhandelt sein, ist es aber meist erst kurz vor dem Beginn des Bookbuilding (s. u.) • Werden die Sponsorenverträge nicht rechtzeitig verhandelt, stellen die Sponsoren teils absurde Geldforderungen • Das Unternehmen hat nur Einfluss auf die Auswahl der Konsortialbanken; der Konsortialvertrag selbst betrifft das Unternehmen nicht und wird diesem allenfalls zur Kenntnis gegeben
Ggf. (zweite) Gesellschafterversammlung (Hauptversammlung)	Kapitalerhöhung für den Börsengang von KB zu zeichnen; gegebenenfalls sonstige Satzungsänderungen, insbesondere genehmigtes Kapital u. a. für den »Greenshoe« (= Mehrzuteilungsoption für KB bei Überzeichnung, die Greenshoe-Aktien werden zumeist von den Altaktionären geliehen und entweder nach Ausübung des Greenshoe diesen abgekauft oder ihnen	• Kapitalerhöhungsbeschluss und Beschluss zu sonstigen Satzungsänderungen • Handelsregisteranmeldung	Kann bis kurz vor dem Zulassungsantrag erfolgen; die Unterlagen sind aber zuvor fertig zu stellen und dem Richter am Handelsgericht zur Kenntnis zu geben; mit ihm ist unbedingt der Tag der Eintragung (sollte unmittelbar vor Zulassung sein) zu vereinbaren

Maßnahme	Erläuterung	Dokumente	Zeitpunkt/ Zeitraum
	nach Durchführung einer Kapitalerhöhung aus genehmigtem Kapital zurückgegeben) und bedingtes Kapital für Mitarbeiterbeteiligung (»stock option plan«)		
Analystenpräsentation	Vorstellung des Unternehmens/ der Aktie durch die Unternehmensleitung gegenüber den Analysten der Konsortialbanken; deren Berichte (»Analystenberichte«) sind faktisch das wesentliche Marketinginstrument des IPO; die Analystenberichte werden von KB an ausgewählte institutionelle Investoren verteilt	Unterlagen für die Analystenpräsentation	Die Analystenberichte werden den potenziellen Investoren üblicherweise 3–4 Tage nach der Präsentation übersandt; die Übersendung sollte nicht zu lange vor der Notierungsaufnahme, aber in angemessenem zeitlichen Abstand vor der »Black-out-Period« (s. u.) erfolgen; entsprechend ist die Analystenpräsentation zu terminieren.
Antrag auf Billigung / Einreichung des Prospekts	Siehe Ablaufplan 2.		

(2) Von der Antragstellung bis zum Closing

Maßnahme	Erläuterung	Dokumente	Zeitpunkt/ Zeitraum
Antrag auf Billigung des Prospekts / Prospekteinreichung	Der Prospekt in seiner Funktion als Verkaufsprospekt nach dem WertpapierprospektG durch die Bundesanstalt für Finanzaufsicht (Bafin) zu billigen, § 13 Abs. 1 WpPG	• Antrag auf Billigung des Verkaufsprospekts an die Bafin • Wertpapierprospekt	Ca. 3 Wochen vor Beginn des »Bookbuilding« (s. u.)

Maßnahme	Erläuterung	Dokumente	Zeitpunkt/ Zeitraum
Antrag auf Börsenzulassung	Die Aktien sind zum amtlichen Handel oder zum deregulierten Markt von der Börse zuzulassen	• Zulassungsantrag Wertpapierprospekt, gegebenenfalls zunächst im Einkauf	Wird üblicher- und sinnvollerweise zusammen mit dem Antrag auf Billigung des Prospekts gestellt, kann aber auch später (bis zu 4 Tage vor der beabsichtigten Zulassung) erfolgen
»Black-out-Periode«	Vor dem »Bookbuilding« (s. u.) wird üblicherweise von der KB ein Zeitraum eingehalten, in dem keine Analystenberichte mehr verteilt werden	./.	Üblicherweise 14 Tage vor »Bookbuilding«
Abgabe des Comfort Letter und der Legal Opinions	WP Comfort Letter und RA's (Legal Opinion) bestätigen für ihren jeweiligen Verantwortungsbereich gegenüber der KB, dass die Angaben im Prospekt zutreffen bzw. nicht irreführend sind	• Comfort Letter • Legal Opinons	Marktpraxis variiert: Deutsche KB verlangen Abgabe des comfort letter und der Legal Opinion mehrfach und erstmals vor der Billigung des Wertpapierprospekts; amerikanischen KB reicht zumeist die Abgabe mit Unterzeichnung des Übernahmevertrages
Billigung des Wertpapierprospekts	Durch Bafin	Billigungsbescheid	Bei Erstzulassung innerhalb von 20 Werktagen
Hinweisbekanntmachung auf Wertpapierprospekt, § 14 Abs. 3 S. 2 WpPG	In einer oder mehrereh weit verbreiteten Wirtschafts- oder Tageszeitung(en)	• Hinweisbekanntmachung • Wertpapierprospekt (muss an den designierten Stellen bereit liegen)	Üblicherweise am Tag nach der Billigung

Maßnahme	Erläuterung	Dokumente	Zeitpunkt/ Zeitraum
»Roadshow«/ »Bookbuilding«/ »Auktionsverfahren«	Roadshow = Besuch bei den potenziellen institutionellen Investoren zur Vorstellung des Unternehmens/ der Aktie durch die Unternehmensleitung mit Unterstützung der KB; dient zugleich dem Bookbuilding = Sammlung der (verbindlichen) Kaufangebote im »Orderbuch«	Roadshow-Unterlagen	• Frühestens am Tag nach der Veröffentlichung (deshalb häufig: Billigung des Prospekts am Freitag, Hinweisbekanntmachung am Samstag, Beginn des Bookbuilding am Montag) • Spätestens zwei Tage vor dem Beginn des Bookbuilding muss der Übernahmevertrag vollständig ausverhandelt sein (sonst wird KB mit dem Bookbuilding nicht beginnen) • Dauer: Üblicherweise 3–20 Tage
Unterzeichnung des Übernahmevertrages	Erst mit der Unterzeichnung des Übernahmevertrages verpflichtet sich die KB, die Aktien zu übernehmen und zu platzieren; der Übernahmevertrag ist der zentrale Vertrag des IPO, der insbesondere auch die wesentlichen Pflichten der abgebenden Aktionäre und der Gesellschaft enthält (inkl. umfassender Gewährleistungen und häufig mit freiwilligem »Lock-up«)	Übernahmevertrag mit allen Anlagen, insbesondere legal opinions und Comfort Letter	Erfolgt frühestens kurz vor Beginn des Bookbuilding (nach Festsetzung der Preisspanne), meist aber erst mit dem Ende des Bookbuilding (denn KB weiß erst zu diesem Zeitpunkt, ob die Platzierung erfolgreich sein wird)

Maßnahme	Erläuterung	Dokumente	Zeitpunkt/ Zeitraum
Ggf. Unterzeichnung des Zeichnungsscheines/ Einzahlung Kapitalerhöhung/ Handelsregisteranmeldung	Die KB zeichnet bei einer Platzierung von neuen Aktien die Aktien selbst und muss deshalb den Nennkapitalbetrag der Aktien der Gesellschaft zur Verfügung stellen; die Handelsregisteranmeldung ist erst mit Einreichung des Zeichnungsscheins vollständig	• Zeichnungsschein • Handelsregisteranmeldung	Sollte wenn möglich erst unmittelbar vor der Zulassung der Aktien erfolgen, um den Zeitraum zwischen der Einzahlung auf die Kapitalerhöhung und des Erhalts des Platzierungserlöses durch KB möglichst kurz zu halten
Ggf. Eintragung der Kapitalerhöhung im Handelsregister	Erst mit der Eintragung enstehen die neuen Aktien; die Eintragungsbekanntmachung ist Voraussetzung für die Zulassung der Aktien	Eintragungsbekanntmachung	Zeitkritischer Moment; bei Kooperation am Tag vor oder sogar erst am Tag der Zulassung; nur wenn der Richter am Registergericht eine taggenaue Eintragung zusagt, ist der Zeitraum zwischen Zeichnung der Aktien und Zulassung kurz zu halten
Ende Bookbuilding/ Preisfestsetzung/ Zuteilung	Das Orderbuch wird ausgewertet, der Verkaufspreis festgelegt und die Zuteilung der Aktien auf die Erwerber bestimmt; Unterzeichnung des Preisfestsetzungsvertrags	Preisfestsetzungsvertrag	Am Vortag der Zulassung
Zulassung der Aktien zum Handel	Zulassung zum regulierten Markt	Zulassungsbescheid	Am Tag nach dem Ende des Bookbuilding
Hinweisbekanntmachung	Veröffentlichung der Zulassung	Hinweisbekanntmachung (erfolgt durch die Börse)	Am Folgetag der Zulassung

Maßnahme	Erläuterung	Dokumente	Zeitpunkt/ Zeitraum
Notierungsaufnahme	Aufnahme der Notierung der Aktien	./.	Frühestens an dem auf die erste Veröffentlichung folgenden Werktag
»Closing«	Abrechung und Überweisung des Platzierungserlöses	./.	Üblicherweise zwei Tage nach Notierungsaufnahme
Ggf. Ausübung einer Greenshoe-Option	Die von KB geliehenen Aktien werden fast immer zugeteilt; der Greenshoe wird zur Marktpflege ausgeübt, also nur dann, wenn der Kurs seit Notierungsaufnahme gestiegen ist	Nach Greenshoe-Ausübung: Entweder Kauf der geliehenen Aktien oder Kapitalerhöhung aus genehmigtem Kapital (= Vorstands- und Aufsichtsratsbeschluss und Handelsregisteranmeldung)	Binnen ca. 30 Tagen nach Notierungsaufnahme
Ggf. Greenshoe-Closing	Abrechnung und Überweisung des Platzierungserlöses der Greenshoe-Aktien	Der Übernahmevertrag sieht häufig nochmals Letter of Comfort/Legal Opinions vor, deren Abgabe aber selten verlangt wird	Unverzüglich nach Eintragung der Kapitalerhöhung
Ende Black-out Period	Analystenberichte können wieder verteilt werden	./.	40 Tage nach Notierungsaufnahme

e) Nachgründungsvorschriften

Erfolgt die Umwandlung in eine AG, so muss in der Folgezeit, insbesondere nach der Börsennotierung, die **Nachgründungsvorschrift** des § 52 AktG beachtet werden.

Nach Absatz 1 dieser Vorschrift sind bei Verträgen, die in den ersten 2 Jahren seit der Eintragung der neuen Aktiengesellschaft in das Handelsregister geschlossen werden, nicht nur ein Hauptversammlungsbeschluss, sondern auch eine Nachgründungsprüfung, ein Nachgründungsbericht des Aufsichtsrats und die Eintragung ins Handelsregister erforderlich, sofern die Gesellschaft Anlagen oder andere Vermögensgegenstände für eine den zehnten Teil des Grundkapitals übersteigende Vergütung erwirbt; insbesondere wegen der im Zuge des Börsenganges regelmäßig erfolgenden Eigenkapitalbeschaffung der Aktiengesellschaft wird diese 10 %-Grenze beim Abschluss von Verträgen relativ schnell erreicht, sodass die vorgenannten Formalitäten zu beachten sind. Nach Änderung des Absatzes 1 durch das Namensaktiengesetz vom 18.01.2001 sind von § 52 AktG nur noch Verträge zwischen der Gesellschaft und einem Gründungsmitglied oder einem Aktionär, der mehr als 10 % des Grundkapitals hält, erfasst.

Der Hauptversammlungsbeschluss bedarf nach § 52 Abs. 5 AktG einer Mehrheit, die mindestens drei Viertel des bei der Beschlussfassung vertretenen Grundkapitals umfasst. Eine Ausnahme von der Nachgründungspflicht wird gemäß § 52 Abs. 9 AktG nur zugelassen, wenn der Erwerb der Vermögensgegenstände im Rahmen der laufenden Geschäfte der Gesellschaft, in der Zwangsvollstreckung oder an der Börse erfolgt. In neugegründeten oder durch Formwechsel entstehenden Aktiengesellschaften finden sich deshalb zunehmend Satzungsbestimmungen, die umfassend den Erwerb von Unternehmen und sonstigen Vermögensgegenständen zum Unternehmensgegenstand der Gesellschaft erklären. Der Ausnahmetatbestand des § 52 Abs. 9 AktG wird aber bislang restriktiv ausgelegt, sodass zweifelhaft ist, ob solche allgemeinen Klauseln ausreichen.

Ohne die Zustimmung der Hauptversammlung bzw. die Eintragung im Handelsregister sind Verträge nach § 52 Abs. 1 AktG unwirksam.

Die Umgehung des § 52 AktG durch Aufspaltung eines Vertrages in mehrere Einzelverträge ist nicht zulässig.

Fraglich ist, ob der Erwerb von Vermögensgegenständen durch eine Tochter-GmbH als mittelbarer Vermögenserwerb durch die Muttergesellschaft zu qualifizieren ist. Dies hätte zur Folge, dass die Vorschrift des § 52 AktG entsprechend anzuwenden wäre.

Diese Frage hat die Gerichte – soweit ersichtlich – noch nicht beschäftigt. Die wohl herrschende Auffassung in der Literatur[116] verneint in diesem Fall eine analoge Anwendung dieser Vorschrift, da der Schutzzweck des § 52 AktG, eine Umgehung der Sachgründungsvorschriften bei der Muttergesellschaft zu verhindern, keine Erstreckung der Norm auf die Tochtergesellschaften verlangt. Zudem ist eine derartige rechtsformübergreifende Anwendung des § 52 AktG mit dem »nachgründungsfreien« Recht der GmbH nicht vereinbar.[117] Nach der derzeit vorherrschenden Auffassung lösen daher Erwerbsgeschäfte der Tochtergesellschaft grundsätzlich keine Nachgründungspflicht der Muttergesellschaft nach § 52 AktG aus.

8. Internationale (crossborder) Mergers & Acquisitions

Die Internationalisierung der Wirtschaft und nicht zuletzt der zunehmende Einfluss der Investmentbanken, der Corporate-Finance-Abteilungen der großen Wirtschaftsprüfungsgesellschaften und der internationalen Anwaltspraxen führen dazu, dass zunehmend das anglo-amerikanische Recht den Inhalt, zumindest aber den Stil der Abwicklung internationaler Bietungsverfahren und Mergers & Acquisitions bestimmt.

Dies gilt auch für die Gestaltung der Unternehmenskaufverträge, die entsprechend den Grundsätzen des anglo-amerikanischen Vertragsrechts von erheblich umfangrei-

116 Vgl. Krieger, in Münch. Hdb. GesR IV, § 69, Rn. 46 mwN.
117 Vgl. Kubis, AG 1993, S. 118, 120.

cheren und detaillierteren Regelungen geprägt sind als die deutschen Verträge. Anders als nach den deutschen Vorschriften der §§ 133, 157 BGB sind nämlich nach der sog. »**parol evidence rule**« des anglo-amerikanischen Vertragsrechtes grundsätzlich weder die vorvertragliche Korrespondenz noch die Verhandlungen der Vertragspartner als ergänzender Beweis (»parol evidence«) zum Nachweis oder zur Auslegung des Vertragsinhaltes zugelassen. Im Interesse der Rechtsklarheit und ihrer eigenen Sicherheit sind die Vertragspartner deshalb gehalten, alle Regelungen ausführlich, vollständig und detailliert in den schriftlichen Vertrag aufzunehmen. Ferner erstrecken sich Vertragsklauseln, die bestimmte Tatbestände enumerativ auflisten, nur auf solche Sachverhalte, die zur Art der aufgelisteten Tatbestände gehören. Insbesondere gilt dies auch für Haftungsfragen, sodass es sich aus Sicht der **Common-Law-Vertragspraxis** dringend empfiehlt, sämtliche Haftungs- bzw. Haftungsausschlusstatbestände (Representations und Warranties) ausführlich und in allen Einzelheiten in den Vertragstext aufzunehmen.

Der hieraus resultierende erhebliche Umfang internationaler Unternehmenskaufverträge erweckt leicht den Eindruck, alle die Transaktion betreffenden Vereinbarungen und Bestimmungen seien im Vertrag abschließend geregelt; ferner besteht vielfach die Vorstellung, alle rechtlichen Fragen der Transaktion durch eine **Rechtswahlklausel** einer gewünschten Rechtsordnung unterstellen zu können. Dabei wird jedoch verkannt, dass grenzüberschreitende Transaktionen zahlreiche Rechtsgebiete berühren, die einer Rechtswahl durch die Parteien nicht zugänglich sind. Dies gilt insbesondere für Fragen des internationalen Sachenrechts, Gesellschaftsrechts und Arbeitsrechts. Trotz einer entsprechenden Rechtswahlklausel kann es nämlich fraglich sein, welches nationale Recht beim sog. Share Deal auf die Übertragung der Gesellschaftsanteile und beim sog. Asset Deal auf die Übertragung der Vermögensgegenstände, auf den Übergang der Arbeitsverträge, auf die Finanzierung und nicht zuletzt auf die zu beachtenden Formvorschriften Anwendung findet. Dies gilt auch schon bei der Abgabe einer entsprechenden Absichtserklärung bzw. eines Letter of Intent.

Dies macht es erforderlich, die insoweit beim internationalen Unternehmenskauf auftretenden **international-privatrechtlichen Aspekte** zu berücksichtigen, und zwar

- Vertragsrecht
  - Grundsätze der Rechtswahl
  - Umfang der Rechtswahl
  - Mangels Rechtswahl anzuwendendes Recht
- Verfügungsgeschäfte
  - Grundsatz
  - Mobilien
  - Sonstige dingliche Rechte
- Vertretung einer Gesellschaft im Rahmen einer Transaktion
- Formvorschriften
  - Verpflichtungsgeschäft
  - Verfügungsgeschäft
  - Beurkundung durch ausländischen Notar
  - Side Letter mit vertraulichen Nebenabreden zum Kaufvertrag
- Haftung aus Vermögensübernahme und Firmenfortführung
- Arbeits- und Mitbestimmungsrecht
- Finanzierung

- Gesellschaftsrecht
  - Gesellschaftsstatut
  - Sitzverlegung
  - Internationales Konzernrecht
  - Grenzüberschreitende Umwandlungen.

Literatur

Achleitner, Ann-Kristin, Handbuch des Investment Banking, 1999, 35 ff.

Bastuck/Mentz, FAZ v. 28.11.2001, 29

Beisel/Klumpp, Der Unternehmenskauf, 3. Auflage, 1996

Button/Bolton, A practitioner's guide to Takeovers and Mergers in the European Union, 1999/2000

Dauner-Lieb/Thiessen, Garantiebeschränkungen in Unternehmenskaufverträgen nach der Schuldrechtsreform, ZIP 2002, 108 ff.

Däubler-Gmelin, Die Entscheidung für die sogenannte Große Lösung bei der Schuldrechtsreform, NJW 2001, 2281 ff.

Günther, Unternehmenskauf, in: Münchener Vertragshandbuch, Bd. 2, 4. Auflage 1997, II. 1.

Fleischer/Körber, Due Diligence u. Gewährleistung beim Unternehmenskauf, BB 2001, 841 ff.

Fleischer, Zum Begriff des öffentlichen Angebots im Wertpapiererwerbs- und Übernahmegesetz, ZIP 2001, 1654

Hewitt, Joint Ventures, Second Edition, 2002

Hölters, Handbuch des Unternehmens- und Beteiligungskaufs, 5. Auflage, 2002

Holzapfel/Pöllath, Unternehmenskauf in Recht und Praxis, 10. Auflage, 2001

Hommelhoff, Der Unternehmenskauf als Gegenstand der Rechtsgestaltung, ZHR 1986, 254 ff.

Horn, Internationale Unternehmenszusammenschlüsse, ZIP 2000, 473 ff.

Huber, in: Soergel, Kommentar zum BGB, § 459 Rdn. 240 bis 286 (D. II. Unternehmen) und § 459 Rdn. 287 – 296 (D. III. Gesellschaftsanteile), 12. Auflage, 1991

Jansen, Mergers & Acquisitions, Unternehmensakquisitionen und -kooperationen, 4. Auflage, 2002

Jansen/Gerhard Picot/Schiereck, Internationales Fusionsmanagement – Erfolgsfaktoren grenzüberschreitender Unternehmenskäufe, Stuttgart, 2001

Kleinert/Klodt, Megafusionen, Kieler Studien 102, 2000

Kösters, Letter of Intent – Erscheinungsformen und Gestaltungshinweise, NZG 1999, 623 ff.

Land, Das neue deutsche Wertpapiererwerbs- und Übernahmegesetz, DB 2001, 1707 ff.

Land/Hasselbach, Das neue Übernahmegesetz, DB 2000, 1747 ff.

Liebscher, Das Übernahmeverfahren nach dem neuen Übernahmegesetz, ZIP 2001, 853 ff.

Merkt, Internationaler Unternehmenskauf, 1997

Merkt, Due Diligence und Gewährleistung beim Unternehmenskauf, BB 1995, 1041 ff.

Niewiarra, Unternehmenskauf, 2002

Oechsler, Der RegE zum Wertpapiererwerbs- und Übernahmegesetz – Regelungsbedarf auf der Zielgeraden, NZG 2001, 817 ff.

Petersen/Zwirner, Unternehmensbegriff, Unternehmenseigenschaft und Unternehmensformen, Der Betrieb 2008, S. 481 – 487

Picot, Arnold/Reichwald/Wigand, Die grenzenlose Unternehmung, – Information, Organisation und Management – 3. Auflage 1998

Picot, Gerhard, Handbuch für Familien- und Mittelstandsunternehmen, 2008
Picot, Gerhard/Kamp, Sabine, »Handshake« mit der öffentlichen Hand, Unternehmermagazin Heft 6, 2007, S. 16.
Picot, Gerhard/Kamp, Sabine, Allheilmittel oder Risikofaktor für die Finanzkrisen der öffentlichen Haushalte?, ifo-Institut 2007, Heft 1, S. 3–6
Picot, Gerhard, Unternehmenskauf und Restrukturierung, – Handbuch zum Wirtschaftsrecht – 4. Auflage, 2004
Teil I: Vertragsrecht (Picot)
Teil II: Gesellschaftsrecht (Picot/Müller-Eising)
Teil III: Arbeitsrecht (Picot)
Teil IV: Betriebsrentenrecht (Heubeck)
Teil V: Steuerrecht (Eilers)
Teil VI: Kartellrecht (Montag)
Teil VII: Umweltrecht (Kummer)
Teil VIII: Insolvenzrecht (Picot/Aleth)
Teil IX: Internationales Recht (Picot)
Picot, Gerhard, Mergers & Acquisitions in Germany, – Handbook –, Second Edition, 2000
Picot, Gerhard, Handbook of international Mergers & Acquisitions, 2002
Picot, Gerhard/Schnitker, Arbeitsrecht bei Unternehmenskauf und Restrukturierung, 2001
Picot, Gerhard/Aleth, Unternehmenskrise und Insolvenz – Vorbeugung, Turnaround, Sanierung – Handbuch zum Wirtschaftsrecht, 1999
Picot, Gerhard, Wirtschaftsrechtliche Parameter des Akquisitionsmanagements, in: Arnold Picot/Nordmeyer/Pribilla, Management von Akquisitionen, 2000, 121 ff.
Picot, Gerhard/Ian Hewitt, Structuring the Joint Venture, in: Joint Ventures in English and German Law, S. 13 – 42, herausgegeben von E. Micheler/D.D. Prentice, Hart Publishing, Oxford – Portland Oregon 2000
Picot, Gerhard/Duggal, MAC-Klauseln beim Unternehmenskauf, DB 2003, H. 9.
Picot, Gerhard, Mergers & Acquisitions in Telekommunikation und Internet, Finanz Betrieb (FB), 1999, 61 ff.
Picot, Gerhard/Land, Der internationale Unternehmenskauf, in: Der Betrieb 1998, S. 1600 ff.
Picot, Gerhard/Land, Management Buy-Outs in Germany Booming, in: International Business Lawyer, 1998, 278 ff.
Picot, Gerhard/Land, Going Public Typische Rechtsprobleme des Ganges an die Börse, DB 1999, 570 ff.
Picot, Gerhard/Russenschuck, Familienunternehmen im Sog von Mergers & Acquisitions, M&A-Review 2001, 500 ff.
Picot, Gerhard/Russenschuck, Unternehmenskaufverträge: Gibt es noch selbstständige Garantien?, M&A-Review 2002, 64 ff.
Pluskat, Das Scheitern der europäischen Übernahmerichtlinie, WM 2000, 1937 ff.
von Rosen/Seifert, Die Übernahme börsennotierter Unternehmen, 1999
Sieger/Hasselbach, Break Fee-Vereinbarung bei Unternehmenskäufen, BB 2000, 625 ff.
Schuberth, Alle Angaben ohne Gewähr, Financial Times Deutschland v. 08.01.2001, Recht und Steuern
Sudhoff, Unternehmensnachfolge, 4. Auflage 2000
Teichmann, Strukturänderungen im Rech der Leistungsstörungen nach dem Regierungsentwurf eines Schuldrechtsmodernisierungsgesetzes, BB 2001, 1485 ff.
Thaeter/Bart, »RefE eines Wertpapiererwerbs- und Übernahmegesetzes«, NZG 2001, 545 ff.
Vater, Die abwehrfeindliche Übernahme, M&A-Review 2002, 9 ff.

VIII. Unternehmensbewertung*

Einleitung

Das folgende Kapitel gibt einen Überblick über die Wirtschaftlichkeitsanalyse von Unternehmenskäufen, -verkäufen und Fusionen (M&A-Transaktionen). Die Wirtschaftlichkeit einer Transaktion definiert sich über den für das erworbene Unternehmen gezahlten Transaktionspreis einerseits und den aus der Transaktion für das kaufende Unternehmen entstehenden Wert andererseits. Letzterer wiederum ergibt sich als Summe des Wertes des gekauften Unternehmens, bewertet als eigenständiges Unternehmen und den aus dem Zusammenschluss resultierenden Synergien abzüglich der direkt mit der Transaktion verbundenen Kosten:

$$\text{M\&A-Wertschaffung} = \begin{array}{c}\text{Wert des gekauften Unternehmens} - \text{Verkaufspreis} \\ + \text{ Synergien} - \text{Transaktionskosten}\end{array}$$

Die Wertschaffung in Unternehmenstransaktionen ist somit mit zwei zentralen Fragestellungen verknüpft, die für sich eigene akademische Themenkomplexe bilden.

Erstens: Entspricht der Wert des gekauften Unternehmens vor dem Zusammenschluss dem Verkaufspreis? Sollten Differenzen bestehen, wie sind diese zu begründen? Sieht man von Marktfriktionen ab – besteht also ausreichend Wettbewerb um den Kauf des Unternehmens – sollten rationale Verkäufer eines Unternehmens dieses nicht mit einem Abschlag hergeben. Auf der anderen Seite dürfte – abhängig von der Verhandlungsmacht der beiden Parteien – der von rationalen Käufern gezahlte Aufpreis maximal den erwarteten Synergien entsprechen. Liegen letztere unter den Transaktionskosten, würde unter den genannten Annahmen keine Transaktion stattfinden.

Zweitens: Geht man basierend auf oben genannter Argumentation davon aus, dass Verkaufspreis und der tatsächliche Wert bei Transaktionen stark positiv korreliert sind, lassen sich Synergien als wichtiger Wertschaffungstreiber von M&A-Transaktionen identifizieren. Sind die durch M&A-Transaktionen gehobenen Synergien tendenziell tatsächlich positiv und signifikant größer als die mit der Transaktion verbundenen Kosten? Während vor Transaktionen in der Regel von positiven Synergien ausgegangen wird, wurden im Rahmen der in der Mitte der 1990er-Jahre angestoßenen akademischen Debatte um den Diversifizierungsdiscount gute Argumente für potenzielle negative Werteffekte von Unternehmenszusammenschlüssen genannt.

---

* Dieses Kapitel basiert in Teilen auf der Arbeit von Prof. Dr. Frank Richter und Dr. Alexander Dibelius, welchen besonderer Dank gebührt. Mit Einverständnis beider Autoren wurden Teile ihrer Beiträge aus der vorherigen Auflage dieses Handbuches zusammengefasst und erweitert.

Zur Bewertung der M&A-Wertschaffung werden gemäß oben stehender Gleichung Methoden sowohl zur Bestimmung von Unternehmenswerten als auch zur Schätzung von potenziellen Transaktionspreisen benötigt. Eine Auswahl verschiedener solcher Methoden wird im Folgenden dargestellt. Den Schwerpunkt bildet dabei die kapitalmarktorientierte Unternehmensbewertung. Da die Schätzung von Synergien in der Regel sehr komplex und unternehmensspezifisch ausfällt, wird nicht separat auf die quantitative Bewertung von Synergien eingegangen, sondern diese im Rahmen diverser Beispiele als gegeben angenommen.

Dieser Beitrag befasst sich weniger mit der Darstellung der technischen Details für die Durchführung von Unternehmensbewertungen, sondern konzentriert sich vielmehr auf die Vermittlung der prinzipiellen Vorgehensweise, wenngleich die Details für die praktische Durchführung natürlich wichtig sind. Diesbezüglich kann aber auf eine reichhaltige Literatur verwiesen werden, die sich über die oben genannten Quellen erschließt. Hierzu werden im Hauptteil des vorliegenden Beitrags eine Übersicht über die gängigsten Bewertungsverfahren gegeben, welche sich in Substanzwertverfahren, marktorientierte Verfahren und fundamentale Verfahren aufgliedern lassen. Die Schwerpunktsetzung erfolgt ausgerichtet an der praktischen Relevanz der jeweiligen Bewertungsmethode. Während beispielsweise dem DCF-Verfahren im Rahmen eines ausführlichen Fallbeispiels hohe Aufmerksamkeit gewidmet wird, wird die Darstellung der selten genutzten substanzwertorientierten Verfahren auf ein Minimum reduziert. Das Kapitel abschließend werden die zwei oben genannten, eng mit der Thematik verknüpften akademischen Diskussionen ansatzweise skizziert, um dem Leser eine von Bewertungsmethoden unabhängige Intuition für zentrale Argumente für und gegen die Durchführung von M&A-Transaktionen zu vermitteln.

1. Fundamentale Verfahren

Während marktorientierte Methoden mit unternehmensexternen Wertgrößen arbeiten, orientieren sich fundamentale Methoden am »inneren Wert« eines Unternehmens. Analog einer jeden Investitionsentscheidung ergibt sich der Wert gemäß der Kapitalwertmethode aus der Summe der diskontierten zukünftigen Einzahlungsüberschüsse, die den Anteilseignern zustehen. Damit basieren fundamentale Ansätze auf Zukunftsgrößen. Das subjektive Risiko einer Transaktion aus Sicht des Käufers kann dabei im risikoadjustierten Zinsfuß, der zur Diskontierung genutzt wird, berücksichtigt werden.

Im angelsächsischen Raum ist die Discounted-Cashflow-Methode (DCF) weit verbreitet, während vor allem in Deutschland auch die Ertragswertmethode Anwendung findet. Unterschiede ergeben sich vor allem hinsichtlich der zu verwendenden Einzahlungsgrößen und des Diskontierungszinssatzes.

a) Discounted-Cashflow-Methode

Bei den DCF-Methoden werden die prognostizierten Zahlungsströme mit dem gewichteten Mittel aus Eigen- und Fremdkapitalkosten, der sogenannten Weighted Cost of Capital

(WACC) abgezinst. Je nach Wahl der Cashflow-Größen und des entsprechenden WACC kann so der Gesamtunternehmenswert oder aber der Wert des Eigenkapitals direkt errechnet werden. Während sich die Fremdkapitalkosten aus den tatsächlichen Konditionen der Unternehmensschulden ergeben, leiten sich die Eigenkapitalkosten aus dem Capital Asset Pricing Model (CAPM) ab. Dieses theoretische Modell basiert auf der Annahme, dass Anleger auf vollkommenen Kapitalmärkten ihr Risiko optimal diversifizieren können und deshalb lediglich die Übernahme des firmenunspezifischen Risikos berücksichtigt werden darf. Dieses orientiert sich wiederum an der Volatilität der Kursentwicklung einer Aktie im Vergleich zur Bewegung des Marktportfolios, das vereinfachend durch einen Aktienindex dargestellt wird. Diese Abhängigkeit wird durch den Beta-Faktor angegeben, der meist anhand der historischen Volatilität berechnet wird. Neben den individuell prognostizierten Unternehmenszahlen fließen somit ebenfalls Marktinformationen in die Bewertung ein und übernehmen eine gewisse Objektivierungsfunktion, die wiederum auf die Kapitalmärkte und damit implizit auf die Gesamtheit aller Investoren zurückgeht.

Die DCF Methode hat ein robustes theoretisches Fundament und ist – neben den später erläuterten marktbasierten Verfahren – die in der Praxis am weitesten verbreitete Methode zur Unternehmensbewertung im M&A Kontext. Im Folgenden wird daher vergleichsweise detailliert auf einzelne, im Rahmen einer DCF-Methode durchzuführende, Schritte eingegangen. Im ersten Schritt sind die bewertungsrelevanten Cashflows zu definieren und für einen Zeitraum von fünf bis zehn Jahren zu planen. Diese Cashflows sind anschließend mit den durchschnittlichen Kapitalkosten (WACC = Weighted Average Cost of Capital) abzuzinsen (Schritt 2). In Schritt drei wird der Fortführungswert geschätzt, der die Cashflows jenseits der Detailplanungsperiode erfasst. Schritt vier enthält die Berechnung des Bewertungsergebnisses und eine Sensitivitätsanalyse.

aa) Definition und Planung der bewertungsrelevanten Cashflows

Das zentrale Problem bei der Unternehmensbewertung besteht in der Erstellung eines Geschäftsplans, aus dem die zukünftigen Cashflows des Unternehmens abgeleitet werden können. Dieser Geschäftsplan sollte für die Zwecke der Unternehmensbewertung eine vollständige Finanzflussrechnung ermöglichen. Dazu werden vereinfachte, aber dennoch vollständige und konsistente Bilanzen mit Gewinn- und Verlustrechnung benötigt. Allein mit der Planung von Finanzdaten ist es jedoch nicht getan. Es werden branchen- oder unternehmensspezifische Planungsmodelle benötigt, die z. B. die Erwartungen hinsichtlich der Umsatzerlöse und Kostenstrukturen mit der Entwicklung des Wettbewerbs in der Branche verknüpfen.

Definition des Cashflows

Prinzipiell bestehen Freiheitsgrade bei der Definition des Cashflows. Wichtig ist der konsistente Aufbau des Bewertungskalküls. Wählt man eine Cashflow-Definition, ist damit die Berechnung der Diskontierungsrate ebenso festgelegt wie die Überführung des Bewertungsresultats in den Wert des Eigenkapitals. Der hier primär betrachteten Discounted-Cashflow-Methode liegt folgende Definition zu Grunde:

	Operatives Ergebnis (vor Zinsergebnis)
–	Unternehmenssteuern auf operatives Ergebnis
+	Abschreibungen
+/–	Veränderung der Rückstellungen
=	**Operativer Brutto-Cashflow**
–	Investitionen
–/+	Veränderungen des Netto-Umlaufvermögens (Working Capital)
=	**Operativer Freier Cashflow**
+	Nicht operativer Cashflow
=	**Freier Cashflow insgesamt**

Tab. 1.: Definition des freien Cashflows – operative Sicht

Der gesamte freie Cashflow entspricht nach Abzug der Unternehmenssteuern stets den Zahlungen an die Kapitalgeber des Unternehmens. Den freien Cashflow kann man aus finanzwirtschaftlicher Perspektive deshalb auch so berechnen:

	Zinszahlungen
–	Unternehmenssteuern auf Zinszahlungen
+	Tilgungen
–	Zuführung neues Fremdkapitals
=	**Netto-Zahlungen an Gläubiger**
	Ausschüttungen
(+	Anrechenbare Körperschaftssteuer)
+	Aktienrückkäufe und andere Zahlungen an die Eigentümer
–	Kapitalerhöhungen und andere Einzahlungen der Eigentümer
=	**Netto-Zahlung an Eigentümer**
	Netto-Zahlungen an Gläubiger
+	Netto-Zahlung an Eigentümer
=	**Freier Cashflow insgesamt**

Tab. 2.: Definition des freien Cashflows – finanzwirtschaftliche Sicht

Beide Berechnungsweisen (Tabelle 1 und 2) müssen zum gleichen Resultat führen und sollten stets ausgeführt werden, um die Konsistenz der Cashflow-Definition sicherzustellen.

Entwicklung branchenspezifischer Planungsmodelle

Die Planung der bewertungsrelevanten Cashflows stellt das zentrale Problem der Unternehmensbewertung und damit der Wertsteigerungsanalyse dar. Sie sollte im Zentrum der Überlegungen stehen, lässt sich jedoch nur schwer verallgemeinern. Ein Beispiel aus dem Pharmabereich soll das prinzipielle Vorgehen erläutern.

Die Entwicklung der zukünftigen Umsatzerlöse hat einen erheblichen Einfluss auf den Wert des Unternehmens, sodass eine möglichst fundierte Planung bezüglich aller relevanten Faktoren zu erstellen ist. Im Beispiel wird von der Bevölkerungsentwicklung ausgegangen. Im nächsten Schritt wird analysiert, mit welcher Geschwindigkeit sich die vorliegende Krankheit ausbreitet. Damit liegt die Anzahl der potenziellen Patienten fest. Als Nächstes werden die Arztbesuchsrate und die Diagnoserate sowie die Arzneimittelbehandlungsrate analysiert. Dies führt schließlich zur potenziellen Zahl der medikamentös behandelten Patienten. Eine weitere zentrale Annahme muss in Bezug auf den »Marktanteil« formuliert werden. Diesbezüglich kann das breite Instrumentarium der strategischen Planung eingesetzt werden. Die Analyse der relativen Produkteigenschaft aus Kundensicht im Verhältnis zum relativen Preis bildet die Basis für die Begründung der Marktanteilserwartungen. Schließlich sind die Behandlungsdauer und der Preis pro Einheit festzulegen, um den Umsatz für das betreffende Jahr zu bestimmen.

Hierbei handelt es sich freilich um ein spezielles Beispiel; das Grundprinzip der Analyse der realwirtschaftlichen Faktoren sollte aber prinzipiell angewendet und auch auf die wichtigsten Kostenpositionen übertragen werden. Dies verbessert die Qualität der Planung, macht implizite Annahmen oft transparent und liefert Ansätze für Wertsteigerungsoptionen.

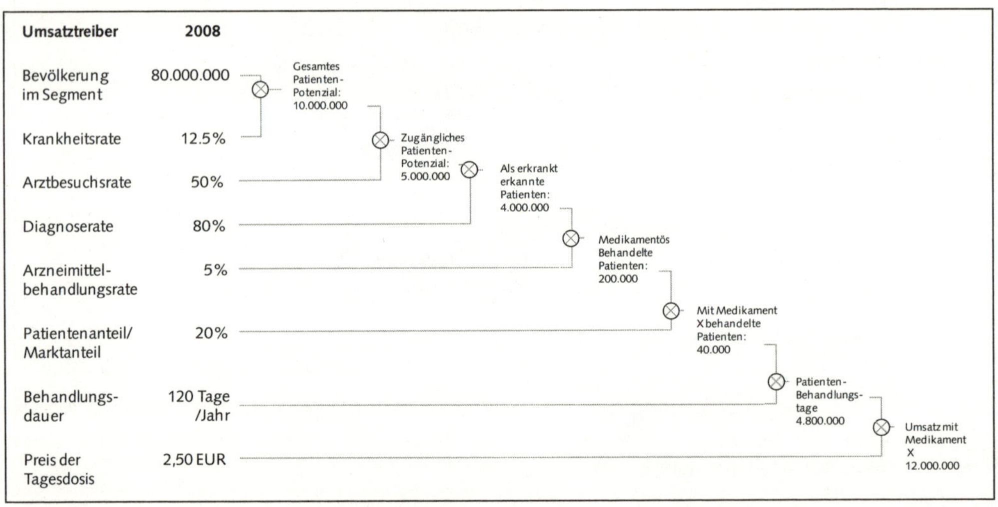

Abb.1: Umsatzprognose für ein Medikament

Festlegung des expliziten Planungszeitraums

Der Zeitraum, für den eine explizite und detaillierte Planung vorgenommen wird, wird als Detailplanungsperiode bezeichnet. Dieser Zeitraum beträgt regelmäßig fünf bis zehn Jahre, innerhalb derer explizite Annahmen getroffen werden sollen bezüglich der Zusammensetzung und des Verlaufs des operativen Brutto-Cashflows, der Investitionen und der Veränderungen des Netto-Umlaufvermögens.

Bei der Festlegung der Länge der Detailplanungsperiode ist einerseits die Verfügbarkeit und Qualität der Daten von Bedeutung, die zur Modellierung des freien Cashflows benötigt werden. Sind robuste Schätzungen für einen längeren Zeitraum möglich, sollte der Planungshorizont entsprechend definiert werden, um ein tieferes Verständnis des Unternehmenswertes und seiner Einflussfaktoren zu ermöglichen. Bei geringer Verfügbarkeit bzw. Qualität des Datenmaterials führt eine lange Detailplanungsperiode jedoch zu Scheingenauigkeit, die zum Verständnis des Wertes wenig beiträgt.

Andererseits ist zu beachten, dass das Ende der Planungsperiode implizit einen Gleichgewichtszeitpunkt in Bezug auf das Umfeld und den wirtschaftlichen Zustand des zu bewertenden Unternehmens markiert. In diesem Sinne muss es also weit genug in der Zukunft liegen, sodass vorhersehbare Veränderungen von Wettbewerbsstruktur und institutionellen Rahmenbedingungen innerhalb der Periode als wahrscheinlich abgeschlossen gelten können. Gleichzeitig muss der Endzeitpunkt der Planungsperiode der Bedingung genügen, dass das Unternehmen in wirtschaftlicher Hinsicht einen Gleichgewichtszustand erreicht hat, insbesondere in Bezug auf Wachstum, Kostenstruktur und Investitionsverhalten.

bb) Definition und Planung der Kapitalkosten

Die Verzinsungsansprüche der Kapitalgeber werden aus den Preisen für am Markt gehandelte Wertpapiere abgeleitet, die im Hinblick auf Risikostruktur und Kapitalbindung vergleichbar sind. Wählt man die in den Tabellen 4 und 5 gewählte Cashflow-Definition als Bezugspunkt, sind die gewichteten Verzinsungsansprüche von Eigentümern und Gläubigern heranzuziehen. Der durchschnittliche Kapitalkostensatz berechnet sich wie folgt:

Durchschnittlicher Kapitalkostensatz (WACC)
= Eigenkapitalkosten(satz) × Eigenkapitalanteil
+ Fremdkapitalkosten(satz) × Fremdkapitalanteil
Eigenkapitalanteil = Wert des Eigenkapitals ÷ Unternehmensgesamtwert
Fremdkapitalanteil = 1 – Eigenkapitalanteil

Die Bestimmung der Eigen- und Fremdkapitalkosten wird im Folgenden erläutert. Zu beachten ist, dass die Kapitalanteile auf Basis der Marktwerte berechnet werden, in denen sich die jeweils aktuellen Verhältnisse der Verzinsungsansprüche widerspiegeln. Querschnittsuntersuchungen, die auf Basis der börsennotierten Industrieunternehmen über den Zeitraum von 1987 bis 1998 durchgeführt wurden, ergaben durchschnittliche Kapitalkostensätze zwischen 8,7 % und 11,6 %, der Mittelwert über diesen Zeitraum lag bei 9,8 %.[1]

Danach ergibt sich ein mittlerer, auf den Unternehmensgesamtwert bezogener Kapitalkostensatz von 9,8 %. Hierbei handelt es sich um einen nominalen Kapitalkostensatz

1 Der Stichprobe liegen die Industrieunternehmen des CDAX zu Grunde, für die die erforderlichen Daten vollständig zur Verfügung standen. Es wurden insgesamt 295 Unternehmen berücksichtigt. Die Kapitalmarkt- und Bilanzdaten stammen aus Datastream, die Zinssätze wurde den Statistiken der Deutschen Bundesbank entnommen.

nach Unternehmens- und vor persönlicher Besteuerung.[2] Trotz des rückläufigen Zinsniveaus in den Jahren 1996 und 1997 stiegen die durchschnittlichen Kapitalkostensätze auf Grund von Verschiebungen in den Kapitalstrukturen und 1997 außerdem wegen des Wegfalls der Substanzsteuern.

Kosten des Eigenkapitals

Die Eigentümer erwarten für ihr Engagement eine Verzinsung, die mindestens dem Zins für risikolose Geldanlagen entspricht. Dieser Basiszinssatz lässt sich aus der Rendite langfristiger Bundesanleihen ableiten. Da die Rückflüsse aus der Beteiligung an einem Unternehmen aber unsicher sind, fordern die Eigentümer eine Kompensation für das übernommene Risiko. Unterstellt man, dass sie nicht nur Aktien eines Unternehmens halten, sondern ihr Portefeuille breit diversifizieren, um so einen Teil des Risikos abzubauen, gilt unter den idealisierten Bedingungen vollkommener Kapitalmärkte das bekannte und mit dem Nobelpreis prämierte Capital Asset Pricing Model (CAPM). Darin ist nur das *nicht* durch Portefeuille-Diversifikation eliminierbare Risiko zur Formulierung des Verzinsungsanspruchs von Bedeutung. Diese Risikomenge lässt sich aus der Korrelation der Aktienrenditen des betreffenden Unternehmens mit der Rendite des Marktportefeuilles ableiten. Mit dem CAPM lässt sich der Verzinsungsanspruch wie folgt schätzen:

Eigenkapitalkosten (»erwartete Rendite der Eigentümer«)
= Risikoloser Zinssatz
+ Korrelationskoeffizient × Standardabweichung der Aktienrendite
× (Marktrisikoprämie ÷ Standardabweichung der Rendite des Marktportefeuilles)

Der Korrelationskoeffizient stellt den Zusammenhang zwischen der Aktienrendite des Unternehmens und der Rendite des Marktportefeuilles her. Bei einem Koeffizienten von eins bewegen sich die Renditen im Gleichlauf, bei minus eins entwickeln sie sich gegenläufig, und bei einem Koeffizienten von null besteht kein (linearer) Zusammenhang. Dieser Korrelationskoeffizient ist zu multiplizieren mit der Standardabweichung als Maß für die Volatilität der Aktie. Schließlich ist noch der Marktpreis pro Einheit Risiko zu berücksichtigen.

Sichere Anlagen weisen eine Varianz von null und damit einen Verzinsungsanspruch in Höhe des risikolosen Zinses auf. Gleiches gilt bei einem Korrelationskoeffizienten von null. Die Renditen sind in diesem Fall zwar nicht mit Sicherheit bekannt, das Risiko kann aber im Rahmen der Portefeuille-Bildung ausgeschaltet werden.

Das Produkt aus Korrelationskoeffizient und Verhältnis der Standardabweichungen wird häufig zum sogenannten Betafaktor[3] zusammengefasst, sodass man die Eigenkapitalkosten auch folgendermaßen ausdrücken kann:

Eigenkapitalkosten = Risikoloser Zinssatz + Beta × Marktrisikoprämie

---

2 Zu den Unternehmenssteuern werden hier die Gewerbeertragsteuer und die Körperschaftsteuer auf einbehaltene Gewinne gezählt. Zu den persönlichen Steuern der Kapitalgeber gehören die Einkommensteuer und die Körperschaftsteuer auf ausgeschüttete Gewinne.

3 Beta = Korrelationskoeffizient × Standardabweichung der Aktienrendite ÷ Standardabweichung der Rendite des Marktportefeuilles.

Der durchschnittliche Betafaktor aller im Marktportefeuille enthaltenen Aktien beträgt eins. Unternehmen mit einem Risikofaktor größer als eins weisen ein überdurchschnittliches Risiko auf, Unternehmen mit Beta kleiner als eins ein unterdurchschnittliches Risiko.

In verschiedenen Veröffentlichungen finden sich Betas für Branchen, die nach Anpassung auch zur Bewertung von nicht notierten Unternehmen und Geschäftsbereichen benutzt werden können. Daneben existieren aber auch neuere Ansätze, mit deren Hilfe zukunftsgerichtete Betas bestimmt werden können, die nicht auf die Existenz historischer Renditen von vergleichbaren Unternehmen angewiesen sind.

Die Marktrisikoprämie belief sich in der Vergangenheit auf ca. 6 bis 8 % pro Jahr. Die folgende Tabelle zeigt einige Untersuchungen, die diese Schätzung stützen.

Untersuchung	Zeitraum	Nominale Renditen		Risikoprämie
		Aktien	Renten	
Stehle, R. (1998)	1948–1997	14,5 %	6,7 %	7,8 %
Birnberg, L. (1993)	1954–1992	14,1 %	6,8 %	7,3 %
Uhlir/Steiner (1991)	1953–1984	14,4 %	7,9 %	6,5 %

Tab. 3: Risikoprämien am deutschen Aktienmarkt

In der Praxis werden häufig Risikoprämien von 3 bis 5 % benutzt, die am unteren Ende des Spektrums der empirischen Beobachtungen liegen. Die Berechnung in der oben zitierten Untersuchung unterstellte eine Prämie von 5 %. Der Grund für die Abweichung von den empirischen Daten liegt in statistischen Schätzproblemen. Die zu Grunde liegenden Indizes enthalten nicht das gesamte Portefeuille risikobehafteter Aktien. Unternehmen, die z. B. wegen Konkurs oder aus anderen Gründen aus dem Index ausscheiden, werden durch andere Unternehmen ersetzt. Damit wird – vereinfachend ausgedrückt – ein Index der erfolgreichen Unternehmen erzeugt, mit der Folge eines überhöhten Ausweises der Rendite. Erste empirische Analysen kommen zu dem Schluss, dass dieser »Survival Bias« in der Größenordnung von zwei Prozentpunkten pro Jahr liegen könnte.

Wichtig ist auch, dass die auf Basis dieser Daten berechneten Eigenkapitalkosten Verzinsungsansprüche darstellen, die nach Unternehmenssteuern (Gewerbesteuer, Körperschaftsteuer auf thesaurierte Gewinne) berechnet sind, von denen die Einkommensteuer der Eigenkapitalgeber hingegen noch nicht abgezogen ist. Es handelt sich also um einen Verzinsungsanspruch nach Unternehmenssteuern und vor persönlicher Besteuerung. Auch diesbezüglich ist auf Konsistenz zwischen Cashflow und Diskontierungsrate zu achten.

Kosten des Fremdkapitals

Die Kosten des Fremdkapitals lassen sich aus den verfügbaren Statistiken der Bundesbank ableiten. Die Bundesbankstatistik weist Umlaufrenditen von Industrieobligationen auf. Der durchschnittliche Zins lag zwischen 87 und 97 mit 7,2 % etwa um 0,4 Prozentpunkte über der Rendite von Bundesanleihen, die als risikolose Verzinsung zu Grunde gelegt wird. Bei diesen Renditen handelt es sich um nominale Zinssätze vor Berücksichtigung jeglicher Steuern. Für die Berechnung der *effektiven* Fremdkapitalkosten, die mit den Eigenkapitalkosten (nach Unternehmens-, vor persönlichen Steuern) kompatibel sind, müssen entsprechend die Unternehmenssteuern berücksichtigt werden. Die Fremdkapitalkosten nach Steuern betragen damit:

Fremdkapitalkosten
= Risikoloser Zinssatz
+ Risikozuschlag
– Steuersatz × (Risikoloser Zinssatz + Risikozuschlag)

Dabei wird unterstellt, dass der Risikozuschlag bereits in den Renditen der Industrieobligationen enthalten ist. Die nachstehende Tabelle zeigt die Risikozuschläge im August 1999, die für eine differenzierte Analyse genutzt werden können.

Fälligkeit	**Rating**			
	AAA	**AA**	**A**	**BBB**
Alle	33	45	68	92
1–5 Jahre	27	37	61	88
5–10 Jahre	38	52	73	97
über 10 Jahre	36	47	88	k.A.

Tab. 4: Euro Corporate Spreads in Basispunkten
Quelle: Handelsblatt

Sonstige Finanzierungen: Beispiel Pensionsrückstellungen

Neben zinspflichtigem Fremdkapital nutzen Unternehmen weitere Finanzierungsquellen wie z.B. Pensionsrückstellungen, die in das Konzept auf unterschiedliche Weise integriert werden können:

- Auf Grund der gewählten Definition des freien Cashflows im Sinne der Zahlungen an die Eigentümer und an die Gläubiger sind keine Anpassungen wegen des Vorhandenseins von Pensionsrückstellungen erforderlich. Der freie Cashflow wird diskontiert mit den Alternativrenditen der Eigentümer und der Gläubiger. Das Ergebnis der Cashflow-Berechnung nach Tabelle 1 entspricht dem Ergebnis nach Tabelle 2. In der Cashflow-Definition aus finanzwirtschaftlicher Sicht gibt es keine Komponente »Zahlungen an Pensionäre«, sodass auch keine diesbezügliche Berücksichtigung im durchschnittlichen Kapitalkostensatz erfolgt.
- Die Definition des freien Cashflows kann modifiziert werden, sodass dieser den Zahlungen an Eigentümer, Gläubiger und Pensionäre entspricht. Dabei sind freilich die steuerlichen Details der Rückstellungsbildung sowie deren Auflösung zu berücksichtigen. Die Berechnung des durchschnittlichen Kapitalkostensatzes stellt sich damit so dar:

Durchschnittlicher Kapitalkostensatz

= Eigenkapitalkosten × Eigenkapitalanteil
+ Fremdkapitalkosten × Fremdkapitalanteil
+ Kapitalkosten der Pensionsrückstellung vor Steuern × (1 – Steuersatz)
× Anteil der Pensionsrückstellung

Die Schwierigkeit in der Anwendung dieses Ansatzes besteht insbesondere in der Festlegung des marktwertbasierten Anteils der Pensionsrückstellung, die nicht am Kapitalmarkt gehandelt wird. Als rechnerischer Marktwert müsste der Barwert der zukünftigen Rentenzahlungen angesetzt werden, der sich auf Basis von versicherungsmathematischen Gutachten ableiten ließe. Bei diesem Vorgehen wäre als Kapitalkostensatz die Diskontierungsrate zur Berechnung dieses Barwertes anzusetzen.

Bei korrekter Anwendung müssen beide Ansätze zum gleichen Resultat führen. Zur Anwendung des zweiten Ansatzes sind die Annahmen bezüglich der Pensionsverpflichtungen jedoch explizit zu formulieren. Hierfür benötigt man in der Regel interne Daten.

Festlegung der Zielkapitalstruktur

In diesem Beitrag wird davon ausgegangen, dass die Unternehmensleitung die Finanzierungspolitik spezifiziert hat. Die Frage, wie eine ggf. optimale Kapitalausstattung festgelegt werden könnte, ist ein komplexes finanzwirtschaftliches Problem, das hier nicht diskutiert werden soll. Wichtig ist vielmehr, dass es sich bei der Kapitalstruktur um einen Zielparameter handelt, den die Unternehmensleitung definiert. Sieht die Finanzierungspolitik des Konzerns etwa ein AAA-Rating vor, müssen bestimmte Grenzwerte hinsichtlich verschiedener Kennzahlen und Relationen auch auf der Ebene der Geschäftseinheiten eingehalten werden, um die Kriterien der Rating-Agenturen erfüllen zu können.

»Zirkularitätsproblem« und periodenspezifische Kapitalkosten

Die Höhe der Kapitalkosten als Diskontierungsrate für die freien Cashflows hat einen nicht unerheblichen Einfluss auf das Bewertungsergebnis, sodass insbesondere dieser Parameter häufig Gegenstand von Diskussionen ist. Dabei werden u. a. zwei Problembereiche in den Vordergrund gestellt:

- Bei der Berechnung des durchschnittlichen Kapitalkostensatzes müsse iterativ vorgegangen werden, da der WACC vom Verschuldungsgrad abhänge, und der Verschuldungsgrad wiederum vom Verhältnis des Fremdkapitals zum Unternehmensgesamtwert. Letzterer ist aber das Ergebnis der Bewertung.
- Veränderungen in der Kapitalstruktur, die sich auf Grund der in der Planbilanz dargestellten Fremdkapitalbestände im Verhältnis zum fortgeschriebenen Unternehmensgesamtwert ergeben, müssten zu einer Anpassung des durchschnittlichen Kapitalkostensatzes führen. Jener sei dann im Detailplanungszeitraum regelmäßig periodenspezifisch.

Beide Argumente sind nachvollziehbar, beruhen teilweise aber auf unrealistischen Annahmen und sind für die praktische Anwendung oft nicht relevant:

- Bei der Zielkapitalstruktur handelt es sich um einen Planungsparameter, der ebenso wie die erwartete Umsatzwachstumsrate, die Kostenstruktur, der Reinvestitionsbedarf und andere Parameter festgelegt wird. Die Ausschüttungspolitik des Unternehmens ist freilich so einzustellen, dass die Investitions- und Finanzierungspolitik auch realisiert werden kann. Der zum Bewertungszeitpunkt auf Basis des Börsenwertes beobachtete Verschuldungsgrad kann von der Zielkapitalstruktur abweichen. Für die Bewertung ist aber die zukünftige und nicht die aktuelle Finanzierung relevant. Ein Zirkularitätsproblem existiert folglich nicht.

- Veränderungen im Verschuldungsgrad sind zwar prinzipiell bei der Bestimmung der dann periodenspezifischen Kapitalkosten zu berücksichtigen. Dazu ist zunächst der Zusammenhang zwischen dem durchschnittlichen Kapitalkostensatz und dem Verschuldungsgrad herzustellen. Oft werden hierzu die Thesen von Modigliani und Miller herangezogen, die implizieren, dass die durchschnittlichen Kapitalkosten mit steigendem Verschuldungsgrad stetig sinken. Ursächlich hierfür sind die in der Analyse berücksichtigten steuerlichen Vorteile der Fremdfinanzierung gegenüber der Eigenfinanzierung. Dieser Ansatz beachtet jedoch nicht, dass mit steigendem Verschuldungsgrad die Wahrscheinlichkeit abnimmt, mit der die Unternehmen wegen des gestiegenen Verlustrisikos diese Steuervorteile auch realisieren können. Berücksichtigt man Verlust- und Insolvenzrisiken, zeigt sich eine vergleichsweise geringe Sensitivität der durchschnittlichen Kapitalkosten gegenüber kleineren Veränderungen des Verschuldungsgrades. Eine Anpassung ist daher vor dem Hintergrund der generellen Unsicherheit nur in Ausnahmen erforderlich.

Abschließend sei auf einen allgemeinen Ansatz zur Berücksichtigung finanzwirtschaftlicher Werteffekte hingewiesen: Die sogenannte Adjusted-Present-Value-Methode erfasst u. a. die mit der Fremdfinanzierung verbundenen Steuervorteile in einem separaten Barwert. Auf diesem Weg können Veränderungen in der Finanzierungspolitik einfacher und ggf. transparenter erfasst werden.

cc) Schätzung des Fortführungswertes

Der zu berechnende Unternehmenswert lässt sich grundsätzlich aufspalten in den Barwert der Cashflows während der Detailplanungsperiode und den Barwert der Cashflows nach der Detailplanungsperiode, der als Fortführungswert bezeichnet wird und dessen Schätzung Gegenstand der folgenden Anmerkungen ist.

Zur Schätzung des Fortführungswertes werden drei Methoden empfohlen: Lange Detailplanungsperiode, ewig konstant wachsende Cashflows und ewig konstant wachsende Cashflows unter expliziter Berücksichtigung der Reinvestition. Von diesen drei Methoden hat sich insbesondere die dritte bewährt.

Lange Detailplanungsperiode

Eine Möglichkeit, den Fortführungswert einzubeziehen, besteht in einer langfristigen expliziten Modellierung des Cashflows im Rahmen der Detailplanungsperiode z. B. über $T = 100$ Perioden, wobei durch den Diskontierungseffekt die weit in der Zukunft liegenden Cashflows einen vergleichsweise niedrigen Beitrag zum Gesamtwert leisten. Der Vorteil der expliziten Herleitung des Unternehmenswertes besteht in der Vermeidung von Strukturbrüchen im Übergang von der Detailplanungsperiode auf den Zeitraum danach. Dabei kann der Detaillierungsgrad der Planung im Zeitablauf reduziert werden. So können z. B. die Cashflows der ersten vier Jahre auf Basis vollständiger Bilanzen mit GuV hergeleitet werden, die ihrerseits auf einer detaillierten Planung der Einzelpositionen beruhen. Danach kann die Planung auf die wesentlichen Faktoren wie Umsatzwachstum (g), Kapitalumschlag (CTO) und Umsatzrendite (ROS) beschränkt werden; folgende Definitionen liegen zugrunde:

Investiertes Kapital = IK = Sachanlagen + Working Capital

CTO = Umsatz ÷ IK   ROS = Operatives Ergebnis nach Steuern ÷ Umsatz

$IK_t = [(1+g_t) \times Umsatz_{t-1}] \div CTO_t$

Mit diesen drei Parametern – g, ROS, CTO – ist der freie Cashflow (FCF) festgelegt:

$$FCF_t = ROS_t \times Umsatz_{t-1} \times (1+g_t) - g_t \times IK_{t-1}$$

Auf dieser Basis lässt sich der Unternehmensgesamtwert *V* dann so berechnen:

$$V = \frac{FCF_1}{1+WACC} + \underbrace{\frac{FCF_2}{(1+WACC)^2} + \frac{FCF_3}{(1+WACC)^3} + \frac{FCF_4}{(1+WACC)^4}}_{\text{Basis: Planbilanz mit GuV}} + \underbrace{\frac{FCF_T}{(1+WACC)^T}}_{\text{Basis: Annahmen zu g, CTO, ROS}}$$

Bei diesem Vorgehen entfällt also die explizite Bestimmung des Fortführungswertes.

Ewig konstant wachsende Cashflows

Sind die Parameter Umsatzwachstum (g), Kapitalumschlag (CTO) und Umsatzrendite (ROS) jenseits der Detailplanungsperiode konstant, können die entsprechenden Cashflows mit einer Formel aggregiert werden. Bezeichnet T = 4 das Ende der Detailplanungsperiode, gilt:

$$V = \underbrace{\frac{FCF_1}{1+WACC} + \frac{FCF_2}{(1+WACC)^2} + \frac{FCF_3}{(1+WACC)^3} + \frac{FCF_4}{(1+WACC)^4}}_{\text{Basis: Planbilanz mit GuV}} + \underbrace{\frac{FCF_4 \cdot (1+g)}{(WACC-g)\,(1+WACC)^4}}_{\text{Fortführungswert}}$$

In der zweiten Zeile ist die Berechnung des Fortführungswertes dargestellt. Der freie Cashflow des vierten Jahres der Planung wird um das erwartete Wachstum erhöht. Die Diskontierung aller Cashflows nach dem Jahr 4 erfolgt durch Kapitalisierung mit der Differenz aus Kapitalkosten und Wachstumsrate.[4] Damit ergibt sich der Fortführungswert zum Ende des vierten Jahres, der noch entsprechend auf den Bewertungszeitpunkt abzuzinsen ist.

Der Vorteil dieses Ansatzes besteht in seiner prinzipiellen Einfachheit; nachteilig ist hingegen, dass der Fortführungswert und damit der Unternehmenswert ganz wesentlich von der Annahme der langfristigen Wachstumsrate abhängt. In der Praxis wird für *g* häufig die langfristig erwartete Inflationsrate von 1 bis 3 % pro Jahr angesetzt. In vielen Fällen führt dies jedoch zu einer erheblichen Unterschätzung des Unternehmenswertes. Dies wird deutlich, wenn man die langfristigen Wachstumserwartungen betrachtet, die in Aktienkursen implizit enthalten sind: Basierend auf den Aktienkursen im Juli 1998

4 Diese Formel lässt sich nur auf den Fall anwenden, in dem $WACC > g$ gilt.

ergaben sich für Unternehmen im Bereich Netzwerke langfristige Wachstumsraten von 9 %, für Pharmaunternehmen von ca. 7 % und für Handelsunternehmen von 5 %. Eine Möglichkeit, die Annahme über die langfristige Wachstumsrate zu konkretisieren, besteht also darin, die impliziten Kapitalmarkterwartungen von vergleichbaren Unternehmen zu analysieren.

Ewig konstant wachsende Cashflows unter expliziter Berücksichtigung der Reinvestitionrenditen

Ein weiterer Ansatz zur Konkretisierung langfristiger Wachstumserwartungen besteht in einer einfachen Modellierung der Auswirkungen eines uneingeschränkten Wettbewerbs auf Gütermärkten. Die Annahme lautet, dass Unternehmen auf Märkten mit intensivem Wettbewerb langfristig keine Erweiterungsinvestitionen durchführen können, die zu Renditen oberhalb der Kapitalkosten führen. Der Wettbewerb führt in diesem Szenario zu einem gleichgewichtigen Zustand, in dem die Grenzerlöse den Grenzkosten bzw. die Grenzrenditen den Grenzkapitalkosten entsprechen.

Um die Auswirkung dieser Annahmen zu sehen, sei unterstellt, dass das operative Ergebnis nach Steuern am Ende der Detailplanungsperiode konstant bleibt, wenn die darin nicht mehr enthaltenen Abschreibungen zur Reinvestition genutzt werden. Wachstum kann nur entstehen, indem über die Abschreibungen hinaus investiert wird. Das Wachstum der freien Cashflows hängt dann von der Höhe der Erweiterungsinvestition und deren Rendite ab. Beträgt z.B. das operative Ergebnis nach Steuern 100 Mio. Euro und der durchschnittliche Kapitalkostensatz 10 %, ergibt sich ein Unternehmenswert ohne Wachstum von 1 Mrd. Euro. Unterstellen wir nun eine Erweiterungsinvestition von 20 % des operativen Ergebnisses, beträgt der Cashflow in der ersten Periode 80 statt 100 Mio. Euro. Bei einer Rendite von 10 % auf die Erweiterungsinvestition ergibt sich in der Folgeperiode ein Cashflow von 102 Mio. Euro (Wachstum = 2 %) und ein Unternehmenswert von ebenfalls 1 Mrd. Euro:

$$V = \frac{80}{10\% - 2\%} = 1.000$$

Das durch Erweiterungsinvestitionen induzierte Wachstum von 2 % schafft offenbar keinen zusätzlichen Unternehmenswert. Die Ursache liegt in der Rendite der Erweiterungsinvestition, die genau dem Kapitalkostensatz entspricht. Damit beträgt der Kapitalwert der Investition null.

Diese Zusammenhänge lassen sich wie folgt verallgemeinern:

$$V = \frac{\textit{Operatives Ergebnis nach Steuern} \times \left(1 - \frac{g}{r}\right)}{WACC - g}$$

mit:

g Wachstum des operativen Ergebnisses und des investierten Kapitals
r Rendite der Erweiterungsinvestitionen
WACC Durchschnittlicher Kapitalkostensatz

Darin bezeichnet g die Wachstumsrate der freien Cashflows unter der Annahme, dass das operative Ergebnis nach Steuern bei Reinvestition konstant bleibt und die Erweiterungsinvestitionen eine konstante Rendite von r erbringen.

In dem eingangs beschriebenen Wettbewerbsszenario gilt nun r = WACC, d.h. die Grenzrendite konvergiert langfristig gegen die Kapitalkosten. Damit reduziert sich die Bestimmung des Fortführungswertes auf V = operatives Ergebnis nach Steuern dividiert durch Kapitalkosten, und die Bewertung kann in diesem Ansatz so vorgenommen werden:

$$V = \underbrace{\frac{FCF_1}{1+WACC} + \frac{FCF_2}{(1+WACC)^2} + \frac{FCF_3}{(1+WACC)^3} + \frac{FCF_4}{(1+WACC)^4}}_{\text{Basis: Planbilanz mit GuV}} + \underbrace{\frac{\textit{Operatives Ergebnis nach Steuern}_4\,(1+g)}{WACC\;(1+WACC)^4}}_{\text{Fortführungswert bei r = WACC}}$$

Zu beachten ist, dass diese Berechnung des Fortführungswertes kein Nullwachstum unterstellt, sondern davon ausgeht, dass aus dem Wachstum langfristig kein zusätzlicher Wertbeitrag generiert werden kann.

Die Wahl zwischen den genannten Methoden sollte sich danach richten, über welche der relevanten Parameter leichter Annahmen getroffen werden können. Allgemein gültige Aussagen lassen sich diesbezüglich nicht formulieren. Für Unternehmen, bei denen die Annahme konvergierender Grenzrenditen zutrifft, ist keine explizite Formulierung der Wachstumserwartungen erforderlich. Tendenziell dürfte dies eher auf Unternehmen in reifen Märkten (z.B. Stahl, Chemie) zutreffen. Für Unternehmen in Hochtechnologiebereichen (z.B. Software, Internet, Pharma) wird der Zeitpunkt der Konvergenz demgegenüber wesentlich weiter in der Zukunft liegen, was tendenziell längere Detailplanungsperioden erfordert. Wichtig ist insbesondere bei den formelbasierten Ansätzen, dass die Ausgangshöhe des Cashflows konsistent definiert wird. In zyklischen Industrien sollten phasenbereinigte Werte zu Grunde gelegt werden.

dd) Zusammenfassung des Bewertungsergebnisses

Um die Bewertung abzuschließen, sind zwei finale Schritte notwendig.

Zum einen müssen die oben berechneten Wertkomponenten in den Eigenkapitalwert übergeleitet werden; das geschieht folgendermaßen: Der Barwert der freien Cashflows während der Detailplanungsperiode und der auf den Bewertungszeitpunkt abgezinste Fortführungswert summieren sich zum Barwert der (operativen) freien Cashflows. Wird diesem Betrag der Wert der nicht betriebsnotwendigen Vermögensgegenstände und überschüssigen liquiden Mittel zugefügt, ergibt sich der Unternehmensgesamtwert. Durch Abzug des Marktwertes des gesamten zu verzinsenden Kapitals, aller hybriden Wertpapiere, der Minderheitsbeteiligungen und ähnlicher Ansprüche, die vorrangig dem verbleibenden Eigenkapital zu bedienen sind, ergibt sich schließlich der Eigenkapitalwert des Unternehmens. Zu beachten ist dabei, dass mit der Definition des freien Cashflows und der Kapitalkosten eindeutig festgelegt ist, welche Komponenten vom Unternehmensgesamtwert abzusetzen sind, um den Wert des Eigenkapitals herzuleiten. Die nachstehende Abbildung fasst den Zusammenhang zwischen den Cashflows, Kapitalkosten und der Ergebnisberechnung zusammen.

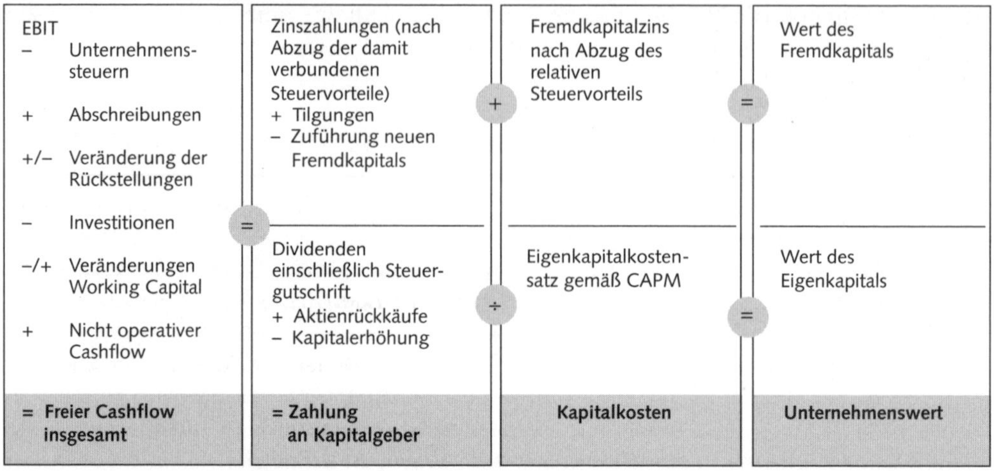

Abb. 2: Bewertung mit dem WACC-Ansatz

Zum anderen muss die so formal abgeschlossene Bewertung einer umfassenden Plausibilitätskontrolle unterworfen werden. Bei Unternehmen, die am Markt gehandelt werden, bietet die Marktkapitalisierung einen ersten Anhaltspunkt. Weicht der errechnete Wert signifikant von dieser ab, sollte nach den Ursachen geforscht werden.

Mit der vollendeten Bewertung ist eine Reihe von Kennzahlen verfügbar (z. B. die Rendite auf das investierte Kapital, Markt- zu Buchwert des Unternehmens, voraussichtliche Ergebnismargen, Kapitalumschlag etc.). Diese Kennzahlen liefern die Basis für eine Vielzahl von Vergleichen (z. B. Branchen- und Zeitreihenvergleiche), die zum Verständnis und zur Plausibilisierung der Bewertung unabdingbar sind. Schließlich kann eine Sensitivitätsanalyse, die den Einfluss sämtlicher Annahmen auf den Unternehmenswert quantifiziert, das Verständnis für die Zusammensetzung desselben vertiefen.

Nur wenn die formale Darstellung der Wertkomponenten mit einer umfassenden Plausibilitätskontrolle ergänzt wird, kann letztendlich die Bewertung als abgeschlossen bezeichnet werden.

b) Ertragswertverfahren

Das deutsche Ertragswertverfahren verwendet an Stelle von Cashflows dem Unternehmen nachhaltig entziehbare Ertragsüberschüsse. Durch das Kriterium der Nachhaltigkeit soll sichergestellt werden, dass rechnungslegungspolitische Einflüsse keinen Einfluss auf die Bewertung haben. Dieses Verfahren wird im Rahmen der Gutachtertätigkeit von Wirtschaftsprüfern eingesetzt und beeinflusst vor allem Transaktionen im deutschen Rechtsraum im Rahmen von Verschmelzungsgutachten. Der HFA hat dazu entsprechende Richtlinien erlassen.

Zwischen der im Wirtschaftsprüfer-Handbuch dokumentierten Ertragswertmethode und der oben diskutierten Discounted-Cashflow-Methode bestehen Gemeinsamkeiten und Unterschiede. Die WACC- bzw. Entity-Methode führt zu gleichen Ergebnissen wie die sogenannte Equity-Methode. Dabei wird die Definition des freien Cashflows erweitert um die Zahlungen an Gläubiger. Im Ergebnis erhält man die Cashflows an die Eigentümer (deshalb Equity-Methode), die mit den Eigenkapitalkosten (und nicht mit WACC) abzuzinsen sind. Damit erhält man den Wert des Eigenkapitals ohne den »Umweg« über den Unternehmensgesamtwert.

Bei der Ertragswertmethode handelt es sich um eine Variante der Equity-Methode, da auch hier die Zahlungen an die Eigentümer diskontiert werden. Prinzipiell sollte damit kein Unterschied zwischen Ertragswert und Unternehmenswert nach Discounted Cashflow bestehen. Unterschiede ergeben sich aber regelmäßig bei folgenden Detailfragen:

- *Berücksichtigung der Einkommensteuer:* Im Rahmen der Ertragswertmethode soll die Einkommensteuer der Eigentümer berücksichtigt werden, bei den Discounted-Cashflow-Methoden unterbleibt dies regelmäßig. Prinzipiell ist der Ansatz von Einkommensteuern vor dem Hintergrund des deutschen Steuersystems nachvollziehbar. Es lassen sich jedoch nicht generell unrealistische Konstellationen nennen, in denen die Einkommensteuer nicht bewertungsrelevant ist. Dies ist z. B. der Fall, wenn das zu bewertende Unternehmen einen Betafaktor (siehe Eigenkapitalkosten) von eins aufweist und mit der gleichen Rate wächst, wie der Durchschnitt der übrigen Unternehmen im Marktportefeuille. Liegt ein Bewertungsfall mit prinzipieller Relevanz der Einkommensteuer vor, stellt sich die Frage nach der Quantifizierung des präferenzengewichteten, durchschnittlichen Grenzeinkommensteuersatzes der Eigentümer. Diesbezüglich fehlt es an empirischen Erkenntnissen.
- *Abbildung von Ausschüttungssperren:* Die Zahlungen an die Eigentümer werden im Rahmen der Ertragswertmethode oft aus dem Jahresüberschuss abgeleitet, der unter der Annahme einer Ausschüttungshypothese in potenzielle Dividendenzahlungen überführt wird. Die Ausschüttungen entsprechen aber regelmäßig nicht dem freien Cashflow abzüglich der Zahlungen an die Gläubiger. Ursächlich hierfür sind Ausschüttungssperren, die z. B. durch Abschreibungen und Zuführungen zu Rückstellungen hervorgerufen werden. Im Rahmen der Discounted-Cashflow-Methoden wird unterstellt, dass diese Ausschüttungssperren überwunden werden können (z. B. durch Aktienrückkäufe). Bei der Ertragswertmethode gelten die Ausschüttungssperren als unüberwindlich mit der Folge, dass auf Unternehmensebene noch verbleibende Zahlungsmittelüberschüsse entweder zur Tilgung von Fremdkapital oder für Investitionszwecke (z. B. in Wertpapiere) verwendet werden. Diese Modifikation des Finanzierungs- oder Investitionsprogramms kann Auswirkungen auf den Ertragswert haben, die im Rahmen der Discounted-Cashflow-Methode bewusst ausgeblendet werden.

Unabhängig von diesen eher formalen Aspekten unterscheiden sich auch regelmäßig die Anwendungsgebiete und damit die Ausgestaltung der Bewertungen. Die Ertragswertmethode wird besonders häufig zur formaljuristischen Bestimmung von Austauschverhältnissen z. B. bei der Fusion von Aktiengesellschaften benutzt, die Discounted-Cashflow-Methoden werden primär als Instrument der Entscheidungsfindung eingesetzt. Dementsprechend weisen Ertragswertgutachten regelmäßig rein »finanzwirtschaftliche« Bewertungen auf Basis von Gewinn- und Verlustrechnungen auf. Anwender der Discounted-Cashflow-Methoden betonen demgegenüber die Planung der Cashflows auf Basis von Industriemodellen als zentralen Aspekt. Vertreter der Ertragswertmethode wollen gelegentlich eine Abkopplung von der kapitalmarktorientierten Bewertung, da sie der Bewertungsleistung des Marktes skeptisch gegenüberstehen. Damit ist diese Methode – per definitionem sozusagen – für den vorliegenden Zweck nur bedingt geeignet.

c) Beurteilung

In der Bewertungspraxis setzen sich DCF-Verfahren vermehrt durch. Schwächen des Konzepts sind vor allem bei der Übertragbarkeit des CAPM auf die Bewertungspraxis zu sehen. Als theoretisch fundiertes Verfahren verwendet dieses Modell sehr restriktive Annahmen, wie beispielsweise die Existenz vollkommener Kapitalmärkte. Darüber hinaus erweist sich die Ermittlung der Beta-Faktoren als problematisch. Zahlreiche Studien haben ergeben, dass sich Betas im Zeitverlauf ändern, was eine Verwendung historischer Zahlenreihen zweifelhaft macht. Der große Vorteil des Verfahrens liegt in der gleichzeitigen Beachtung unternehmensinterner und -externer Bewertungsinformationen und der Zukunftsorientierung. Die jeweiligen subjektiven Prognosen aller relevanten monetären Größen einer M&A-Transaktion können so transparent dargestellt und relativ objektiv verglichen werden. Auch Synergieeffekte oder subjektiv empfundene Risiken fließen in die Bewertung ein. Ergibt sich bei der Anwendung des DCF-Verfahrens ein höherer Wert für ein Unternehmen als aus den marktorientierten Verfahren, so kann das Management Indikationen für eine Wertschaffung im Sinne des Shareholder-Value gewinnen, indem man solche Wertlücken durch entsprechende M&A-Transaktionen schließt. Einen weiteren Pluspunkt stellt der relativ lange Zeithorizont der verwendeten Vorhersagen dar.

Allen am Kapitalmarkt orientierten Wertfindungsverfahren ist gemein, dass sie sich aus dem Urteil und der Entscheidung der Marktteilnehmer ergeben. Transaktionen haben zu den beobachteten Preisen faktisch stattgefunden. Die laufende Preisbildung aus Nachfrage und Angebot ist eine wertvolle Orientierung. Fundamentale Verfahren, wie die DCF-Analyse, helfen diese Entscheidungen zu plausibilisieren und zukunftsorientierte Wertentwicklungsmöglichkeiten einzubeziehen. Es lässt sich nachweisen, dass die Korrelation zwischen der Entwicklung von Cashflow (»Free Cashflow«) und Börsenwerten mittel- und längerfristig sehr hoch ist, wenngleich die unmittelbare Auswirkung einer Transaktion auf den Gewinn pro Aktie (»Earnings per Share«) in vielen Fällen eher als Indikator für die Entwicklung des künftigen Aktienkurses gesehen wird.

2. Marktorientierte Verfahren

Weit verbreitet sind Bewertungsmethoden, die den Wert eines Unternehmens anhand des aktuellen Aktienkurses des Zielunternehmens oder von Wertrelationen vergleichbarer Börsenunternehmen oder Transaktionen ermitteln, sogenannte Multiple-Bewertung. Multiples basieren auf realisierten Preisen, die auf eine definierte Bezugsgröße bezogen werden. Hierzu werden Umsatzerlöse, Cashflows, Ergebnis- oder Kapitalgrößen benutzt. Die zu Grunde liegenden Preise stammen dabei entweder aus Börsenwerten oder aus Transaktionen der Vergangenheit, wie in den beiden nachfolgenden Abschnitten ausgeführt. Erstere sind ggf. um Transaktionsprämien zu erhöhen. Aufgrund der hohen

Praxisrelevanz wird nachfolgend detailliert auf wichtige Faktoren bei der Anwendung des Verfahrens eingegangen.

Zum einen können Multiples dahingehend unterschieden werden, ob der Preis des Eigenkapitals oder des Eigen- und Fremdkapitals zu Grunde liegt (Equity bzw. Entity oder Enterprise Multiples, siehe Tabelle 5). Zum anderen kann nach der Einheit der Bezugsgröße differenziert werden. Verwendet man Stromgrößen mit der Dimension Geldeinheiten pro Zeiteinheit, erlauben die Multiples eine Interpretation als »Payback«. Die auf Bestandsgrößen basierenden Multiples sind hingegen dimensionslos.

Bezugsbasis	**Equity**	Kurs-Gewinn-Verhältnis	Marktwert/Buchwert
	Entity/ Enterprise	Enterprise/Umsatz Enterprise/EBIT Enterprise/EBITDA	Enterprise/Buchwert des investierten Kapitals
		Basierend auf Stromgrößen[5]	**Basierend auf Bestandsgrößen**

Tab. 5: Kategorien und Beispiele von Multiples

a) Methode vergleichbarer börsennotierter Unternehmen

Bei diesem Verfahren wird in einem ersten Schritt ein Universum von Unternehmen ermittelt, die mit dem zu bewertenden Unternehmen vergleichbar sind, die sogenannten Vergleichsunternehmen (»Comparables«). Vergleichbarkeit macht sich hierbei an Kriterien wie Produktportfolio, den eingesetzten Produktionsverfahren, der Größe und geografischen Verteilung der bearbeiteten Märkte sowie dem Wachstums- und Risikoprofil der Cashflows fest. Für diese Vergleichsunternehmen werden Verhältniszahlen (Multiples) als Vielfache zwischen der Börsenbewertung und bestimmten Leistungskennzahlen errechnet.

Üblicherweise wird der an der Börse beobachtbare Unternehmenswert mit der Umsatzzahl, dem EBITDA, dem EBIT sowie der Höhe des Gewinnes ins Verhältnis gesetzt. Auch der Buchwert der Vermögensgegenstände als Bestandszahl findet in der Praxis Anwendung, insbesondere wenn es sich um kapitalintensive Branchen handelt. Bei jungen Unternehmen, vor allem in der Telekommunikations-, Software- und Internetbranche, die sich noch in der Phase eines starken Wachstums befinden und demzufolge oftmals negative Gewinne erwirtschaften, greift man üblicherweise auf andere Vergleichsmaßstäbe wie die Anzahl der Anschlüsse, der Abonnenten oder gar der hoch qualifizierten Mitarbeiter zurück. Mittels der so errechneten Multiples lässt sich in einem weiteren Schritt ein Wert für das Unternehmen, das Ziel einer M&A-Transaktion ist, projizieren. Meist verwendet man hierzu den Median einer Verhältniszahl und multipliziert diesen mit der entsprechenden Kennzahl des Zielunternehmens.

5 EBIT = Earnings Before Interest and Taxes; EBITDA = Earnings Before Interest, Taxes, Depreciation and Amortization.

b) Methode vergleichbarer Transaktionen

Analog geht man bei der Methode vergleichbarer Transaktionen vor. Zur Wertermittlung werden Transaktionen aus der Vergangenheit herangezogen, bei denen hinreichende Vergleichbarkeit bezüglich der beteiligten Unternehmen und der Unternehmensgröße gegeben ist. Anstelle der aktuellen Börsenbewertung wird der Kaufpreis mit den entsprechenden historischen Kennzahlen ins Verhältnis gesetzt und der sich ergebende Multiple für die Bewertung verwendet. Gerade für das M&A-Geschäft hat diese Methode den großen Vorteil, dass auch Akquisitionsprämien und Synergien in die Wertanalyse mit einfließen, da diese bei abgeschlossenen Unternehmenskäufen in der Vergangenheit im bezahlten Preis berücksichtigt wurden.

c) Anwendung

Zur Anwendung von Multiples muss zunächst eine Stichprobe vergleichbarer Unternehmen gebildet werden. Für die Unternehmen der Stichprobe werden dann die Multiples berechnet und auf den Median verdichtet. Auf diese Weise erhält man z. B. auf Basis von Börsenwerten im Dezember 1997 das häufigste Enterprise/Umsatz-Multiple von etwa 0,5.[6] Dieser Multiplikator kann ggf. unter Berücksichtigung einer Prämie auf den Umsatz des Unternehmens bezogen werden, das es im Rahmen einer Transaktion zu beurteilen gilt.

	1993	1994	1995	1996	1997
Mittelwert	0,5368	0,5541	0,6046	0,6141	0,7830
Median	0,3850	0,3644	0,3083	0,3865	0,5030
Standard-abweichung	0,5350	0,8653	1,3072	0,9430	1,5247
Korrelation	0,7915	0,8018	0,7012	0,6847	0,6476

Tab. 6: Börsenwert-Umsatz-Multiplikatoren 1993 – 1997

Die Identifikation tatsächlich vergleichbarer Unternehmen stellt ein ganz wesentliches Problem dar. Ein Lösungsweg besteht darin, nur die Unternehmen heranzuziehen, die in der gleichen Branche aktiv sind wie das zu analysierende Zielunternehmen. »Vergleichbarkeit« wird also mit »Branchenzugehörigkeit« gleichgesetzt.

6 Basis: deutsche börsennotierte Industrieunternehmen mit mehr als 5 Mrd. DM Umsatz, vollständigen Finanzdaten und kontinuierlicher Börsennotiz.

Eine fundierte Auswahl von Vergleichsunternehmen erhält man, wenn weitere Eigenschaften wie Profitabilität, Wachstum und Risiko berücksichtigt werden. Man könnte sogar argumentieren, dass die Branchenzugehörigkeit irrelevant ist, wenn die Vergleichsunternehmen hinsichtlich der wertbestimmenden Faktoren weitestgehend übereinstimmen. Diese wert- und damit preisbestimmenden Faktoren lassen sich auf Basis einfacher Bewertungsmodelle leicht isolieren. Auf Basis des Fortführungsmodells aus dem vorherigen Abschnitt lässt sich folgender Zusammenhang für das Enterprise/Umsatz-Multiple herleiten:

$$\frac{V}{U} = ROS\,(1+g)\left(1-\frac{g}{r}\right)\frac{1}{WACC-g}$$

mit:

V	Marktwert von Eigen- und Fremdkapital (Enterprise)
U	Umsatz
ROS	Umsatzrendite (Return on Sales, nach Steuern)
g	Langfristige Wachstumsrate
r	Rendite der Erweiterungsinvestitionen
WACC	Durchschnittliche Kapitalkosten

Unternehmen sollten danach ein vergleichbares Enterprise/Umsatz-Multiple aufweisen, wenn sie hinsichtlich der Umsatzrendite, Wachstumsrate, Reinvestitionsrendite und der durchschnittlichen Kapitalkosten übereinstimmen.

Die Abhängigkeit des Enterprise/Umsatz-Multiples von der Umsatzrendite (EBIT/Umsatz) ist auch empirisch nachvollziehbar.

Die Anwendung der sogenannten »Fundamental-Multiples« kann man sich nun wie folgt vorstellen: Zunächst werden die Daten aller verfügbaren, börsennotierten Unternehmen herangezogen. Für jedes dieser Unternehmen werden nun die Umsatzrenditen, Wachstumsraten, Reinvestitionsrenditen und Kapitalkosten bestimmt. Dabei werden idealerweise zukunftsgerichtete Daten auf Basis der Analystenerwartungen zu Grunde gelegt. Hinsichtlich der Reinvestitionsrendite könnte bei fehlenden Daten von der momentanen Rendite des Unternehmens ausgegangen werden. Sind alle wertrelevanten Parameter bestimmt, erfolgt dies im nächsten Schritt für das zu analysierende, ggf. nicht börsennotierte Unternehmen. Im darauf folgenden Schritt wird ein Toleranzfaktor festgelegt, der angibt, um wie viel Prozent die Ausprägung der wertrelevanten Faktoren voneinander abweichen darf.

Beträgt z. B. die Umsatzrendite unseres Zielunternehmens 12 % und der Toleranzfaktor 20 %, werden sämtliche Unternehmen aus der Grundgesamtheit *aller* am Markt notierten Unternehmen herausgefiltert, die eine Umsatzrendite zwischen 9,6 und 14,4 % aufweisen. Dann werden die Unternehmen aus der Stichprobe entfernt, die nicht im Toleranzband der Wachstumsraten, Reinvestitionsrenditen und Kapitalkosten liegen. Am Ende erhält man eine Stichprobe von Unternehmen, die hinsichtlich aller wertrelevanten Faktoren tatsächlich vergleichbar sind. Nur diese Unternehmen werden dann zur Bestimmung des Multiple benutzt. Erste Erfahrungen mit diesem neuen Multiple-Ansatz zeigen, dass damit weitaus genauere Ergebnisse als auf Basis von Branchen-Multiples erreichbar sind.

Insgesamt betrachtet lässt sich festhalten, dass mit den heute vorhandenen, relativ weit entwickelten Discounted-Cashflow-Methoden sowie verfeinerten Multiple-Ansätzen ein Instrumentarium zur Verfügung steht, das die Durchführung einer vergleichsweise zuverlässigen Wertsteigerungsanalyse ermöglicht und damit die Erfolgsaussichten von M&A-Transaktionen verbessern sollte.

d) Beurteilung

Marktwertorientierte Verfahren nutzen die Sichtweise des Kapitalmarktes als Instrument der Unternehmensbewertung. Der starken Bedeutung der Einschätzung von Transaktionen durch die Anleger kann Rechnung getragen werden, indem man auf Erfahrungswerte aus der Vergangenheit zurückgreift. Implizit werden alle wertbeeinflussenden Faktoren der betrachteten Unternehmen und Transaktionen berücksichtigt. Die Prämien, die bei historischen Transaktionen bezahlt wurden, spiegeln etwaige Synergien oder Markteintrittsbarrieren, die überwunden werden konnten, wider.

Allerdings sind solche Verfahren mit einigen Schwierigkeiten und Nachteilen behaftet. Zunächst erweist es sich meist als problematisch, eine genügend große Anzahl an hinreichend vergleichbaren Unternehmen und Transaktionen zu identifizieren. Unterschiede in den Unternehmensgrößen, in der Zusammensetzung der Produktpaletten oder bezüglich der verwendeten Geschäftsmodelle beschränken die Vergleichbarkeit oft erheblich. Die Methoden basieren zudem auf der sehr restriktiven Annahme effizienter Kapitalmärkte (»Efficient Market Theory«). Demnach erkennt der Kapitalmarkt beispielsweise Inhomogenitäten in der Buchführung verschiedener Unternehmen und lässt diese in die Bewertung einfließen. Ein weiterer Nachteil besteht in der fehlenden Berücksichtigung des jeweiligen transaktionsspezifischen Risikos sowie, im Falle der Methode vergleichbarer Transaktionen, in der fehlenden Zukunftsorientierung. Trotz alledem liefern marktbezogene Bewertungsmethoden wertvolle Orientierungsmaßstäbe für die Bewertung von M&A-Transaktionen. Gerade bei Mischkonzernen dienen diese Verfahren im Rahmen einer »Sum-of-the-Part«-Analyse dazu, eine Unterbewertung des gesamten Konzerns im Vergleich zu dem Wert der einzelnen Geschäftsfelder zu ermitteln, indem man passende Vergleichsunternehmen für die einzelnen Teile des Gesamtgebildes verwendet

3. Substanzwertorientierte Bewertungsverfahren

Substanzwertorientierte Verfahren basieren auf der Annahme, dass ein Unternehmen nach dem Bestand und der Qualität seiner Aktiva beurteilt werden soll. In der Praxis kommt diesen Bewertungsverfahren – insbesondere im Kontext der Unternehmensbewertung im Rahmen von M&A-Transaktionen – eine geringe Bedeutung zu. So werden die Verfahren auch im Folgenden nur sehr grob umrissen.

a) Methodik

Ein potenzieller Käufer wird demnach genau den Preis bezahlen, der dem Wert der Vermögensgegenstände eines Unternehmens für ihn entspricht. Falls das Unternehmen fortgeführt werden soll, ist dies der Wiederbeschaffungswert, im Falle der Stilllegung ist dies der Liquidationswert, der sich im entsprechenden Zeitrahmen erzielen lässt. Dabei lassen sich auch immaterielle Vermögensgegenstände berücksichtigen, indem ein entsprechender Verkaufspreis für solche Werte berechnet wird. Methoden, die an der Unternehmenssubstanz ansetzen, basieren somit auf der Einschätzung des Wertes eines Unternehmens durch den Käufer. Dieser sieht sich den Alternativen gegenüber, die entsprechenden Vermögensgegenstände als Gesamtheit zu erwerben oder aber schrittweise das gleiche Ergebnis zu erzielen (build-or-buy).

b) Beurteilung

Die große Schwäche dieses Ansatzes liegt vor allem darin, dass viele wichtige wertbestimmende Faktoren, wie die Überwindung von Markteintrittsbarrieren durch die Akquisition eines Wettbewerbers oder die mögliche Realisierung von Synergien im Rahmen einer M&A-Transaktion, keine Berücksichtigung finden. Die Anwendbarkeit dieser Verfahren beschränkt sich im Regelfall auf die Bewertung unselbstständiger Unternehmensteile oder einzelner Anlagegüter und stellt in diesem Zusammenhang meist die Preisuntergrenze dar. Andererseits zeichnen sich substanzwertorientierte Verfahren durch eine relativ einfache Wertermittlung aus. Im Falle einer gerichtlichen Überprüfung lassen sich die ermittelten Kaufpreise stichhaltig begründen und verteidigen. Trotzdem hat die Bedeutung dieser Methoden in der Praxis mit der Entwicklung der Kapitalmärkte abgenommen.

4. Akademischer Diskurs

Wie anfangs ausgeführt, gibt es zwei wesentliche Treiber der Wertschaffung durch M&A-Transaktionen. Zum einen kann die Differenz zwischen tatsächlichem Wert des gekauften Unternehmens – bewertet vor Unternehmenszusammenschluss und damit verbundenen gesamtwirtschaftlichen Werteffekten – und dem Verkaufspreis einen Mehrwert für Käufer oder Verkäufer bedeuten, insgesamt impliziert die ex-ante ausgerichtete Transaktions-Bewertung ein Nullsummenspiel. Zum anderen können positive Synergien, aber auch negative Effekte den Gesamtwert der Transaktion (ex-post Betrachtung) beeinflussen. Nachfolgend werden zentrale, aus dem aktuellen akademischen Diskurs abgeleitete Argumente für mögliche Abweichungen zwischen Preis und Wert sowie für positive und negative M&A-Effekte umrissen.

a) Unterschiede zwischen Transaktionspreis und Unternehmenswert

Es sei angenommen, dass (i) an der Transaktion beteiligte Akteure rational handeln, (ii) sich das kaufende Unternehmen in intensiven Wettbewerb mit weiteren Unternehmen um das zu verkaufende Unternehmen befindet, bzw. das Zielunternehmen in einem liquiden Markt gehandelt wird, und (iii) von Informationsasymmetrien abgesehen werden kann. Für diesen hypothetischen Fall sollte sich der verhandelte Verkaufspreis ($P_{M\&A}$) zwischen dem Wert des Unternehmens vor Transaktion ($V_{ex\text{-}ante}$) – ohne M&A-Effekte – und dem Wert des Unternehmens nach Transaktion – also zuzüglich Synergien und abzüglich negativer M&A-Werteffekte (in Summe $\Delta V_{M\&A}$) – bewegen:

$$V_{ex\text{-}ante} \leq P_{M\&A} \leq V_{ex\text{-}ante} + \Delta V_{M\&A}$$

Seit Ende der 1990er-Jahre wird jedoch zunehmend argumentiert, dass Informationsasymmetrien eine substanzielle Rolle im Kontext von Unternehmenstransaktionen spielen. Basierend auf der Beobachtung von Transaktionswellen, welche von Marktwerten börsennotierter Unternehmen getrieben sind, wurden M&A Transaktionen mit fehlerhafter Marktbewertung von Unternehmen verknüpft. Abbildung 3 stellt den Verlauf des DowJones Industrial 30 Index als Marktbewertungsindikator der Anzahl der getätigten M&A-Transaktionen gegenüber; eine klare positive Korrelation zwischen beiden Zeitreihen ist erkennbar.

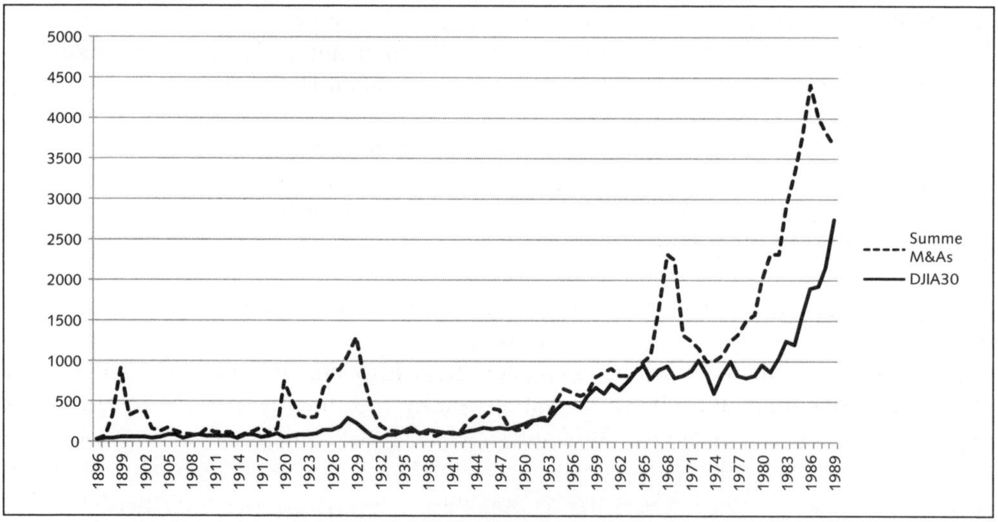

Abb. 3: Anzahl von Unternehmenszusammenschlüssen von 1895 bis 1989 und Stand des Dow Jones Industrial Average 30 Index

Quelle: Golbe/White (1993), DowJones

Auf Basis dieses Zusammenhanges leiten beispielsweise Shleifer und Vishny (2003) ein Modell ab, welches einen Informationsvorsprung der Geschäftsführung des kaufenden Unternehmens vor weiteren Investorengruppen impliziert. Gemäß Modell kann die Geschäftsführung mit Hilfe dieses Informationsvorsprungs temporäre Fehlbewertungen von Unternehmen oder ganzen Industrien nutzen, um den für ihr Unternehmen resultierenden Wert der M&A-Transaktion zu steigern.

Während eine detaillierte Diskussion der relevanten Literatur den Rahmen dieses Beitrags klar überschreitet, sei auf die hohe Relevanz der Wahl des Zeitpunktes für eine Transaktion verwiesen. Sowohl Käufer als auch Verkäufer müssen sich in der Vorbereitungsphase einer Transaktion intensiv mit dem aktuellen Marktumfeld und der zukünftigen Wertentwicklung ihres Unternehmens ohne Transaktion auseinandersetzen.

b) Positive und negative Werteffekte im M&A-Kontext

Geht man davon aus, dass mit einem Unternehmenskauf, -verkauf oder -zusammenschluss signifikante Transaktionskosten verbunden sind, macht eine solche Transaktion aus gesamtwirtschaftlicher Perspektive nur dann Sinn, wenn erhebliche Synergien daraus hervorgehen. Solche Synergien umfassen unter anderem die Reduzierung des relativen Fixkostenanteils der Produktion, beispielsweise durch Zusammenlegen von Administration und Marketing, oder der besseren Steuerung von Überkapazitäten. In diesem Kontext lassen sich »Economies of Scale« von »Economies of Scope« unterscheiden. Erstere bedeuten, dass für ein bestimmtes Produktionsniveau weniger Produktionsfaktoren eingesetzt werden müssen und beziehen sich demnach auf einzelne Produktarten und treten insbesondere bei Zusammenschlüssen von Unternehmen ähnlicher Struktur und Produktpalette auf. Letztere hingegen bedeuten, dass die Ausweitung der Produktion auf unterschiedliche Produkttypen Kostenvorteile mit sich bringt. Demnach ist diese Art von Synergien insbesondere im Kontext von diversifizierenden Unternehmenstransaktionen zu beobachten.

Die Mitte der 1990er-Jahre angefangene Debatte um den Konglomerate-Abschlag – Berger und Ofek (1995) veröffentlichen eine Studie, gemäß welcher Konglomerate an Aktienmärkten geringer bewertet sind als die Summe ihrer einzelnen Geschäftsbereiche – brachte jedoch vermehrt Argumente für Wertvernichtung bei Unternehmenszusammenschlüssen hervor. Während die Aussage über Wertschaffung oder -vernichtung offensichtlich sehr fallspezifischen Charakter besitzt, werden nachfolgend zwei zentrale Argumente für potenzielle negative Werteffekte skizziert.

Ein eigener Themenkomplex befasst sich mit der Effizienz von internen Kapitalmärkten. Es stellt sich die Frage, ob die Allokation von Kapital innerhalb eines Unternehmens mehr oder weniger effizient verläuft, als extern. Lamont (1997) beispielsweise weist für den Fall von Ölförderfirmen nach, dass die Höhe der Ausgaben für Investitionen eines Segmentes an den Erfolg weiterer Segmente geknüpft ist. Seine Schlussfolgerung stimmt mit den Annahmen von Scharfstein und Stein (2000) überein, welche unternehmensinterne Kapitalallokation für Konglomerate als Sozialismus modellieren. Schwache Unternehmensbereiche werden von starken unterstützt, was einen auf Dauer gesunden Unternehmensdarwinismus verhindert.

Eine noch intuitivere Quelle negativer Werteffekte ist die durch eine M&A-Transaktion gesteigerte Unternehmenskomplexität. Damodaran (2006) argumentiert, dass Komplexitätssteigerungen durch Kauf oder Zusammenschluss von Unternehmen signifikant höher sind als solche, welche durch internes Wachstum bedingt sind. Erhöhte Unternehmenskomplexität erschwert Investoren die Einschätzung und Bewertung eines Unternehmens. Diese Intransparenz kann laut Autor einen signifikanten Aufschlag auf die Kapitalkosten mit sich bringen, welcher gemäß DCF-Methode den Wert eines Unternehmens reduziert.

5. Zusammenfassung

In dem vorliegenden Kapitel wurden zentrale Aspekte der Unternehmensbewertung im M&A-Kontext erläutert. Der Fokus des Beitrages wurde hierbei auf die übersichtsartige Beschreibung von Bewertungsverfahren gesetzt, wobei zwischen fundamentalen Verfahren, marktbasierten Verfahren und substanzwertorientierten Verfahren unterschieden wurde. Die beiden in der Praxis am weitesten verbreiteten Verfahren – Discounted Cash Flow und Multiplikator-Bewertung – wurden vergleichsweise ausführlich beschrieben und in Teilen anhand numerischer Beispiele dargestellt. Die »Multiple«-Bewertung bietet hierbei eine sehr intuitive und einfache Ableitung des Unternehmenswertes auf Basis eines Vergleiches mit ähnlichen Unternehmen. Die tendenziell komplexere DCF-Bewertung erlaubt eine sehr spezifische Modellierung des Unternehmensprofils über erwartete Zahlungsströme und Kapitalkosten. Abschließend wurden ausgewählte, im Kontext der Wertschaffung durch M&A-Transaktionen verwendete Argumente aus der akademischen Diskussion knapp ausgeführt, um dem Leser ein weitergehendes Verständnis für Treiber des Unternehmenswertes zu vermitteln.

Literatur

Ballwieser, W. (1993): Methoden der Unternehmensbewertung, in: Gebhardt/Gerke/Steiner (Hrsg.), Handbuch des Finanzmanagements, München;

Berger/Ofek (1995): Diversification's Effect on Firm Value, in: Journal of Financial Economics, 37. Jg., S. 39–65

Born, K. (1995): Unternehmensbewertung und Unternehmensanalyse, Stuttgart;

Copeland/Koller/Murrin (1998): Unternehmenswert – Methoden und Strategien für eine wertorientierte Unternehmensführung; Frankfurt/Main;

Damodaran(2006): The Value of Transparency and the Cost of Complexity, Working Paper, New York University;

Drukarczyk, J. (1998): Unternehmensbewertung, München;

Institut der Wirtschaftsprüfer (1998): Handbuch für Rechnungslegung, Prüfung und Beratung, Band II, Düsseldorf;

Golbe/White (1993): Catch a Wave: The Time Series Behavior of Mergers, in: Review of Economics & Statistics, 75. Jg., S. 493–499;

Lamont(1997): Cash Flow and Investment: Evidence from Internal Capital Markets, in: Journal of Finance, 52. Jg., S.83–109;

Modigliani/Miller (1963): Corporate Income, Taxes and the Cost of Capital, in: American Economic Review, 53. Jg., S. 433–443;

Moxter, A. (1983): Grundsätze ordnungsmäßiger Unternehmensbewertung, Wiesbaden;

Ollmann/Richter (1999): Kapitalmarktorientierte Unternehmensbewertung und Einkommensteuer – Eine deutsche Perspektive im Kontext internationaler Praxis, in: Kleineidam, H.-J. (Hrsg.): Unternehmenspolitik und Internationale Besteuerung, Berlin, S. 159–178;

Richter, F. (1998): Unternehmensbewertung bei variablem Verschuldungsgrad, in: Zeitschrift für Bankrecht und Bankwirtschaft, 10. Jg., S. 379–389;

Rock, K. (1984): Why new issues are underpriced, in: Journal of Financial Economics, 15. Jg., S. 187–212;

Shleifer/Vishny (2003): Stock Market Driven Acquisitions, in: Journal of Financial Economics, 70. Jg., S. 295–311;

Scharfstein/Stein(2000): The Dark Side of internal Capital Markets: Divisional Rent-Seeking and inefficient Investment, in: Journal of Finance, 55. Jg., S. 2537–2564

Schwetzler, B. (1998): Gespaltene Besteuerung, Ausschüttungssperrvorschriften und bewertungsrelevante Überschüsse bei der Unternehmensbewertung, in: Die Wirtschaftsprüfung, 51. Jg., S. 695–705.

IX. Zusammenschlusskontrolle

1. Vorbemerkungen

Das Kartellrecht und insbesondere das Recht der Zusammenschlusskontrolle ist für die Planung und Durchführung von Mergers & Acquisitions von zentraler Bedeutung. Immer mehr Transaktionen müssen vor ihrem Vollzug bei den zuständigen Kartellbehörden angemeldet werden und ihre Durchführung ist häufig von der Genehmigung durch eine Vielzahl von Kartellbehörden abhängig. Deshalb ist es unerlässlich, bereits in einem frühen Planungsstadium eines Unternehmenskaufs, einer Fusion oder der Gründung eines Gemeinschaftsunternehmens kartellrechtliche Fragestellungen aufzuwerfen und in die Planung einzubeziehen. Dabei ist zunächst zu fragen, ob bzw. bei welchen Kartellbehörden die geplante Transaktion anzumelden und ob mit kartellrechtlichen Problemen bei der Prüfung des Zusammenschlusses zu rechnen ist. Führt ein Zusammenschluss etwa zur Entstehung oder Verstärkung einer marktbeherrschenden Stellung in einem oder mehreren Märkten, so ist frühzeitig zu überlegen, ob ein Verkauf von Teilen des zu übernehmenden Unternehmens oder bestimmter kritischer Geschäftsbereiche des Erwerbers erforderlich und möglich ist, um die Genehmigung zur Durchführung der Transaktion im Übrigen zu erhalten. Auch bei der Bewertung des zu übernehmenden Unternehmens und der Bestimmung seines Kaufpreisangebots sollte der Käufer hinreichende Klarheit darüber haben, ob er Teile des Targets aus kartellrechtlichen Gründen nicht miterwerben darf bzw. nach dem Erwerb wieder veräußern muss. Dies gilt insbesondere dann, wenn zu besorgen ist, dass die fusionskontrollrechtliche Genehmigung gerade wegen eines für den Käufer besonders interessanten Geschäftsbereichs bzw. für sog. »crown jewels« versagt wird.

Umgekehrt sucht nicht selten der Verkäufer eines Unternehmens den Käufer auch unter kartellrechtlichen Gesichtspunkten aus. Ist bei einem bestimmten Käufer aufgrund hoher Marktanteilsadditionen mit Problemen bzw. Verzögerungen im Zusammenschlussverfahren zu rechnen oder ist die Erteilung einer Genehmigung sogar ungewiss, so wird ein Verkäufer häufig einen kartellrechtlich unbedenklichen Käufer vorziehen, auch wenn er in jedem Fall versuchen wird, die fusionskontrollrechtlichen Risiken soweit wie möglich auf den Käufer zu verlagern.

Seit Einführung der europäischen Fusionskontrolle im Jahr 1990 sind Zusammenschlüsse von gemeinschaftsweiter Bedeutung ausschließlich bei der Europäischen Kommission in Brüssel anzumelden. Die nationalen Kartellbehörden der EU-Mitgliedstaaten haben bei solchen Zusammenschlüssen grundsätzlich keine Prüfungskompetenz. Fallen Zusammenschlüsse nicht unter die europäische Fusionskontrolle, so müssen sie, wenn sie mehrere Mitgliedstaaten der EU betreffen, meist bei einer Vielzahl von nationalen Kartellbehörden angemeldet werden. Bei transatlantischen Transaktionen ist häufig eine enge Zusammenarbeit zwischen den Kartellrechtsberatern in den USA und in Europa sinnvoll und erforderlich, insbesondere wenn globale Märkte betroffen sind. Insgesamt verfügen heute weltweit mehr als 90 Staaten über Fusionskontrollvorschriften.

Die europäische Zusammenschlusskontrolle hat in den letzten Jahren zunehmend an Bedeutung gewonnen. Bis Januar 2008wurden 3.696 Zusammenschlussvorhaben bei der

Europäischen Kommission angemeldet, wobei die Zahl förmlicher Zusammenschlussentscheidungen zunächst deutlich – von 7 im Jahr 1990 auf 471 im Jahr 2001 angestiegen ist. Mit 361 bzw. 332 Entscheidungen in den Jahren 2002 bzw. 2003 ist deren Zahl jedoch zurückgegangen. Seit 2004 steigt die Zahl der förmlichen Entscheidungen allerdings wieder deutlich (2004: 376, 2005: 463, 2006: 553, 2007: 634). Seit Inkrafttreten der europäischen Fusionskontrolle hat die Kommission lediglich 20 Zusammenschlussvorhaben untersagt, allerdings in 183 Fällen die Erteilung der Genehmigung von Auflagen oder Bedingungen abhängig gemacht. Seit Einführung der Fusionskontrolle in Deutschland 1973 hat das Bundeskartellamt weit über 30.000 Fälle geprüft, von denen bis Ende des Jahres 2007 lediglich 171 Transaktionen untersagt wurden. Die relativ niedrige Untersagungsrate darf jedoch nicht darüber hinwegtäuschen, dass allein das Bestehen einer Fusionskontrolle dazu führt, dass die beteiligten Unternehmen nicht selten von der Durchführung eines Vorhabens und der förmlichen Anmeldung Abstand nehmen. Dies ist insbesondere dann der Fall, wenn sich nach eingehender Prüfung durch Kartellanwälte und nach informellen Vorgesprächen mit der zuständigen Kartellbehörde herausstellt, dass die geplante Transaktion nicht genehmigungsfähig und die Veräußerung von Teilen des Unternehmens rechtlich, tatsächlich oder ökonomisch nicht machbar ist. Insofern kommt der Fusionskontrolle eine erhebliche präventive Wirkung zu.

Die nachfolgende Darstellung erläutert die wichtigsten Vorschriften des europäischen und des deutschen Fusionskontrollrechts, die bei der Planung und Durchführung von Mergers & Acquisitions von Bedeutung sind. Der Schwerpunkt liegt dabei auf den Voraussetzungen, unter denen Transaktionen bei der Kommission in Brüssel oder dem Bundeskartellamt in Bonn anzumelden sind, sowie auf der Darstellung der grundlegenden materiellen Vorschriften und der Grundzüge des Verfahrens in der EU und in Deutschland. Die Erläuterung anderer wichtiger Kartellrechtsordnungen, z. B. der USA und Kanada,[1] würde den Rahmen dieses Handbuches sprengen.

2. Europäische Fusionskontrolle

a) Anwendungsbereich

Mergers & Acquisitions, die sich auf das Gebiet der Europäischen Union auswirken, unterliegen seit der Auflösung der Merger Task Force der Europäischen Kommission im Jahr 2003 der Kontrolle der in den jeweiligen Direktoraten der Generaldirektion Wettbewerb angesiedelten Fusionskontrollreferate, soweit der Anwendungsbereich der Europäischen Fusionskontrollverordnung[2] (nachfolgend »FKVO«) eröffnet ist. Insoweit genießt die FKVO Vorrang vor der jeweiligen nationalen Fusionskontrolle der EU-Mitgliedstaaten. Hat eine

---

1 Vgl. zur Fusionskontrolle in den USA und Kanada *Rowley/Baker*, International Mergers, Band 1 und 3 sowie *Campbell/Davies*, Getting the deal through, S. 42 ff. und 219 ff.

2 Verordnung Nr. 139/2004 des Rates vom 20. Januar 2004 über die Kontrolle von Unternehmenszusammenschlüssen, ABl. 2004, L 24/1, die die Verordnung Nr. 4064/89 vom 21.12.1989 über die Kontrolle von Unternehmenszusammenschlüssen, ABl. 1990, L 257/13 (zuletzt geändert durch die Verordnung Nr. 1310/97 vom 30.06.1997, ABl. 1997, L 180, Berichtigung im ABl. 1998, L 40/17) zum 1. Mai 2004

Konzentration Auswirkungen auf die zum Europäischen Wirtschaftsraum (EWR) gehörenden EFTA-Staaten (Norwegen, Island, Liechtenstein) und ist die FKVO anwendbar, ist die Kommission nach dem EWR-Abkommen grundsätzlich ebenfalls ausschließlich zuständig. Eine Ausnahme besteht lediglich für Mergers & Acquisitions, die bestimmte landwirtschaftliche Produkte zum Gegenstand haben.[3] Unternehmenstransaktionen fallen immer dann in den Anwendungsbereich der FKVO und dürfen erst nach Genehmigung durch die Europäische Kommission vollzogen werden, wenn sie als Zusammenschluss im Sinne von Art. 3 FKVO zu qualifizieren sind und die an dem Zusammenschluss beteiligten Unternehmen die Umsatzschwellen des Art. 1 FKVO erfüllen.

aa) Zusammenschlusstatbestände

(1) Allgemeines

Aufgabe der Fusionskontrolle ist es, strukturelle und dauerhafte Veränderungen der Wettbewerbssituation in den betroffenen Märkten zu überwachen und ggf. regulierend einzugreifen. Vereinbarungen, Absprachen oder sonstige Verhaltensweisen, die keine Veränderung der externen Unternehmensstrukturen herbeiführen, sind für die Zusammenschlusskontrolle genauso ohne Bedeutung wie bloßes internes Unternehmenswachstum.

Art. 3 FKVO nennt die Transaktionen, mit denen strukturelle Veränderungen verbunden sind. Die europäische Fusionskontrolle kennt – anders als das deutsche Recht – grundsätzlich nur zwei Zusammenschlusstatbestände: die Fusion und den Erwerb der Kontrolle über ein anderes Unternehmen. Die Kommission hat ihre bisherige Entscheidungspraxis zum Begriff des Zusammenschlusses in einer Mitteilung zusammengefasst.[4]

(2) Fusion

Der Zusammenschlusstatbestand der Fusion ist erfüllt, wenn sich zwei oder mehr bisher voneinander unabhängige Unternehmen zu einem neuen Unternehmen verschmelzen. Eine solche Verschmelzung kann durch Neugründung oder durch Aufnahme des einen durch das andere Unternehmen erfolgen. Darüber hinaus genügt nach Auffassung der Kommission auch, dass zuvor unabhängige Unternehmen ihre Aktivitäten zusammenlegen und sich auf Dauer einer gemeinsamen wirtschaftlichen Leitung unterstellen. Als Kriterien für eine solche faktische Verschmelzung sieht die Kommission den internen Gewinn- und Verlustausgleich zwischen den beteiligten Unternehmen, eine gesamtschuldnerische Haftung nach außen sowie Kapitalverflechtungen zwischen den Unternehmen an.

---

abgelöst hat. Eine deutsche Fassung der Verordnung findet sich unter http://europa.eu.int/comm/competition/mergers/legislation/regulation«.

3 Nähere Einzelheiten hierzu ergeben sich aus den Art. 57 und 8 Abs. 3 des EWR-Abkommens (BGBl. II 1993, S. 267 ff.) sowie dem Protokoll Nr. 3 zum EWR-Abkommen (BGBl. II 1993, S. 286 ff.).

4 Konsolidierte Mitteilung der Kommission zu Zuständigkeitsfragen gemäß der Verortdnung (EG) Nr. 139/2004 des Rates über die Kontrolle von Unternehmenszusammenschlüssen, S. 5 ff., verfügbar unter http://ec.europa.eu/comm/competition/mergers/legislation/draft_jn.html. Dadurch wird die Mitteilung über den Begriff des Zusammenschlusses, ABl. 1998, C 66/5 ersetzt.

(3) Erwerb der Kontrolle

Der in der Praxis weitaus häufigere Fall des Zusammenschlusses ist der Erwerb der Kontrolle über ein anderes Unternehmen. Regelmäßig erfolgt der Kontrollerwerb durch ein oder mehrere Unternehmen bzw. eine oder mehrere Personen, die bereits mindestens ein Unternehmen kontrollieren, durch den Erwerb von Anteilsrechten (Share Deal) oder Vermögenswerten (Asset Deal). Daneben kann die Kontrolle auch in sonstiger Weise begründet werden, soweit unmittelbare oder mittelbare Einflussmöglichkeiten erlangt werden.

Ausschlaggebend für die Annahme eines Kontrollerwerbs sind Rechte, Verträge oder andere Mittel, die einzeln oder zusammen unter Berücksichtigung aller tatsächlichen oder rechtlichen Umstände die Möglichkeit gewähren, einen bestimmenden Einfluss auf die Tätigkeit eines Unternehmens auszuüben. Hierzu zählen insbesondere Eigentums- oder Nutzungsrechte an der Gesamtheit oder an Teilen des Vermögens des Unternehmens sowie Rechte oder Verträge, die einen bestimmenden Einfluss auf die Zusammensetzung, die Beratung oder Beschlüsse der Organe des Unternehmens ermöglichen.

Zu unterscheiden ist zwischen dem Erwerb der alleinigen Kontrolle (einschließlich des Übergangs von gemeinsamer zu alleiniger Kontrolle) einerseits und dem Erwerb der gemeinsamen Kontrolle durch mehrere Unternehmen (einschließlich des Übergangs von alleiniger zu gemeinsamer Kontrolle) andererseits. Maßgeblich für die Erlangung der Kontrolle ist der Übergang von einzelnen oder mehreren Unternehmen auf ein anderes bzw. mehrere andere Unternehmen. Eine interne Reorganisation innerhalb einer Unternehmensgruppe bzw. eines Konzerns ist daher kein Zusammenschluss und unterliegt nicht der europäischen Fusionskontrolle.

Typischer Fall des Erwerbs der alleinigen Kontrolle ist die Begründung einer Mehrheitsbeteiligung an einem anderen Unternehmen, d.h. der Erwerb der Mehrheit der Stimmrechte in der Gesellschafterversammlung eines anderen Unternehmens.

Demgegenüber wird, anders als im deutschen Recht, eine bloße Minderheitsbeteiligung in der Regel nicht als Zusammenschluss gewertet, da diese dem Erwerber grundsätzlich nicht die Möglichkeit eröffnet, einen bestimmenden Einfluss auf ein anderes Unternehmen auszuüben. Ein solcher Einfluss ist beim Erwerb einer Minderheitsbeteiligung nur in Ausnahmefällen denkbar, in denen aus rechtlichen oder tatsächlichen Gründen eine entsprechende Einflussnahmemöglichkeit besteht. Typische Beispiele hierfür sind qualifizierte Rechte eines Minderheitsgesellschafters oder eine geringe Präsenz in der Gesellschafterversammlung bei breiter Streuung der Anteile, die dem Minderheitsgesellschafter eine sogenannte »faktische Hauptversammlungsmehrheit« sichert. Die Kommission macht ihre Beurteilung, ob der Erwerber künftig über eine faktische Hauptversammlungsmehrheit verfügt, von den tatsächlichen Verhältnissen der letzten drei bis fünf Jahre abhängig.

Schon der Übergang von gemeinsamer zu alleiniger Kontrolle verändert bestehende Einflussmöglichkeiten in erheblicher Weise und erfüllt damit den Zusammenschlussbegriff der europäischen Fusionskontrolle. Typische Fälle für einen solchen Zusammenschluss sind der Erwerb von Gesellschaftsanteilen durch einen der (Mit-) Gesellschafter, wodurch der Erwerber die alleinige Kontrolle über das Unternehmen erwirbt, oder die Aufspaltung und Aufteilung eines Gemeinschaftsunternehmens unter den bisherigen Gesellschaftern in voneinander unabhängige Teile.

Von gemeinsamer Kontrolle spricht man, wenn mehrere Anteilsinhaber bei allen wichtigen Entscheidungen der Unternehmensführung zusammenwirken und Übereinstimmung erzielen müssen. Ein entsprechender Zwang zur Abstimmung, der eine gemeinsame Kontrolle begründen kann, ist bereits bei Stimmengleichheit gegeben. Er liegt aber auch dann vor, wenn ein Gesellschafter bei Entscheidungen, die nicht nur die alltäglichen Geschäfte, sondern das strategische Wirtschaftsverhalten des Unternehmens betreffen, ein Vetorecht besitzt. Entscheidend ist, dass seine Einflussmöglichkeiten über die Rechte hinausgehen, die in der Regel einem Minderheitsgesellschafter eingeräumt werden. Gemeinsame Kontrolle liegt daher dann vor, wenn ein Gesellschafter mit Hilfe seines Vetorechts Entscheidungen über die Finanzplanung, Investitionen und die Besetzung der Unternehmensleitung beeinflussen kann. Daneben können aber auch Vetorechte im Hinblick auf die Entwicklung neuer Produkte oder die Positionierung des Unternehmens einen kontrollierenden Einfluss vermitteln. Ob ein solcher Einfluss besteht, ist im Wege der Gesamtschau unter Berücksichtigung der tatsächlichen Entscheidungsprozesse zu beurteilen. Darüber hinaus können Stimmrechtsbindungen zwischen einzelnen oder mehreren Gesellschaftern eine gemeinsame Kontrolle begründen. Diese können das Ergebnis rechtsverbindlicher Vereinbarungen (Stimmen-Pooling) sein oder sich faktisch aus den bestehenden Einflussmöglichkeiten ergeben.

Ein Unterfall des Erwerbs der gemeinsamen Kontrolle stellt die Gründung eines Gemeinschaftsunternehmens dar, wenn dieses auf Dauer alle Funktionen einer selbstständigen wirtschaftlichen Einheit erfüllt. Solche Unternehmen werden als »Vollfunktions-Gemeinschaftsunternehmen« bezeichnet und unterliegen wegen der mit ihnen verbundenen dauerhaften Veränderungen in der Struktur der beteiligten Unternehmen ebenfalls der Fusionskontrolle.

Ob das Gemeinschaftsunternehmen darüber hinaus auch zu einer Koordinierung des Wettbewerbsverhaltens der Muttergesellschaften führt, ist seit der FKVO-Novelle 1998 für das Verfahren ohne Bedeutung. Vor der im März 1998 in Kraft getretenen Neufassung war die FKVO auf sogenannte kooperative Gemeinschaftsunternehmen nicht anwendbar. Heute unterliegen kooperative und konzentrative Gemeinschaftsunternehmen gleichermaßen dem Verfahren nach der FKVO. Lediglich die materielle Prüfung unterscheidet sich insofern, als kooperative Gemeinschaftsunternehmen zusätzlich auch nach Maßgabe des Kartellverbots in Art. 81 EG-Vertrag zu beurteilen sind.[5]

Die Kommission hat die Kriterien, nach denen sie beurteilt, ob die Gründung eines Gemeinschaftsunternehmens in den Anwendungsbereich der europäischen Fusionskontrolle fällt, in einer Mitteilung über den Begriff des Vollfunktions-Gemeinschaftsunternehmens zusammengefasst.[6] Ausschlaggebend ist danach, ob das Gemeinschaftsunternehmen selbstständig und dauerhaft am Markt auftritt. Daran fehlt es, wenn das Gemeinschaftsunternehmen nur bestimmte Funktionen innerhalb der Geschäftstätigkeiten seiner Mütter ausübt. Ein Vollfunktionsgemeinschaftsunternehmen verfügt über ein eigenes Management und ausreichende Ressourcen wie z. B. finanzielle Mittel, Personal sowie materielle und immaterielle Vermögenswerte.

5 Vgl. Art. 2 Abs. 4 FKVO.
6 Konsolidierte Mitteilung der Kommission zu Zuständigkeitsfragen gemäß der Verordnung (EG) Nr. 139/2004 des Rates über die Kontrolle von Unternehmenszusammenschlüssen, S. 37 ff. Dadurch wird die Mitteilung über den Begriff des Vollfunktionsgemeinschaftsunternehmens, ABl. 1998, C 66/1, ersetzt.

Allein die starke Präsenz eines oder mehrerer Mutterunternehmen in vorgelagerten oder nachgeordneten Märkten des Gemeinschaftsunternehmens und ein umfangreicher vertikaler Waren- oder Dienstleistungsaustausch zwischen dem Gemeinschaftsunternehmen und seinen Müttern widersprechen dem Vollfunktionscharakter nach Ansicht der Kommission zumindest dann nicht, wenn diese Beziehungen auf eine Anlaufphase beschränkt bleiben. Ebenso kann das Gemeinschaftsunternehmen die Vertriebseinrichtungen der Muttergesellschaften nutzen, ohne seinen Charakter als Vollfunktionsgemeinschaftsunternehmen zu verlieren, solange die Mütter als Verkaufsvertreter des unternehmerisch allein verantwortlichen Gemeinschaftsunternehmens handeln.

(4) Ausnahmen vom Zusammenschlusstatbestand

Die FKVO kennt eine Reihe von Ausnahmen vom Zusammenschlusstatbestand. Erwerben Kreditinstitute, Finanzinstitute oder Versicherungsunternehmen Gesellschaftsanteile an einem anderen Unternehmen zum Zwecke der Weiterveräußerung an Dritte, so stellt dies gemäß Art. 3 Abs. 5 FKVO keinen Zusammenschluss dar, wenn die Veräußerung innerhalb eines Jahres erfolgt und bis dahin die mit den Anteilen verbundenen Stimmrechte nicht ausgeübt werden, um das Wettbewerbsverhalten des anderen Unternehmens zu bestimmen. Außerdem regelt Art. 3 Abs. 5 Buchstabe b) FKVO (sogenannte »Insolvenzklausel«), dass kein Zusammenschluss vorliegt, wenn beispielsweise ein Insolvenzverwalter im Falle der Insolvenz die Kontrolle über ein Unternehmen erwirbt. Ein Zusammenschlusstatbestand ist auch dann nicht erfüllt, wenn Beteiligungsgesellschaften die Kontrolle über andere Unternehmen erwerben und ihr Stimmrecht lediglich zur Erhaltung des Wertes der getätigten Investition ausüben, ohne dabei auf das Wettbewerbsverhalten des betreffenden Unternehmens einzuwirken.

Weiter stellen reine unternehmens- bzw. konzerninterne Unternehmenstransaktionen regelmäßig keinen Zusammenschluss im Sinne der FKVO dar, da hiermit keine Veränderung der Wettbewerbsstrukturen einhergeht. Die Fusion oder der Kontrollerwerb zwischen Unternehmen, die jeweils von derselben Muttergesellschaft oder denselben Muttergesellschaften kontrolliert werden, unterliegen also nicht der Fusionskontrolle.

bb) Umsatzschwellen

Zusammenschlüsse im Sinne des Art. 3 FKVO unterliegen nur dann der europäischen Fusionskontrolle, wenn ihnen eine gemeinschaftsweite Bedeutung im Sinne des Art. 1 Abs. 2 und 3 FKVO zukommt. Maßgebliches Kriterium hierfür ist die Größe der an dem Zusammenschluss beteiligten Unternehmen, die anhand des Umsatzes bestimmt wird. Erst ab Erreichen bestimmter Umsatzschwellen wird der Zusammenschluss der europäischen Fusionskontrolle unterworfen. Sind diese Umsatzschwellen nicht erfüllt, so sind die jeweiligen nationalen Vorschriften zur Zusammenschlusskontrolle zu prüfen.

Nach Art. 1 Abs. 2 FKVO hat ein Zusammenschluss gemeinschaftsweite Bedeutung, wenn

- alle beteiligten Unternehmen zusammen einen weltweiten Gesamtumsatz von mehr als Euro 5 Mrd. erzielen und
- der Umsatz von mindestens zwei der an dem Zusammenschluss beteiligten Unternehmen in der Europäischen Union jeweils mehr als Euro 250 Mio. beträgt (sogenannte »de-minimis«-Schwelle).

Daneben haben Zusammenschlüsse nach Art. 1 Abs. 3 FKVO auch dann gemeinschaftsweite Bedeutung, wenn zwar nicht die genannten Umsatzschwellen erfüllt sind, die beteiligten Unternehmen jedoch in mehreren Mitgliedstaaten der EU aktiv sind und dort bestimmte Mindestumsätze erreichen. Ein Zusammenschluss unterliegt danach auch dann der europäischen Fusionskontrolle, wenn

- der weltweite Gesamtumsatz aller beteiligten Unternehmen zusammen mehr als Euro 2,5 Mrd. beträgt,
- der Gesamtumsatz aller beteiligten Unternehmen in mindestens drei Mitgliedstaaten jeweils Euro 100 Mio. übersteigt,
- in jedem von mindestens drei der vorstehend erfassten Mitgliedstaaten der Gesamtumsatz von mindestens zwei beteiligten Unternehmen jeweils mehr als Euro 25 Mio. beträgt und
- der gemeinschaftsweite Gesamtumsatz von mindestens zwei beteiligten Unternehmen jeweils Euro 100 Mio. übersteigt.

Diese zusätzliche sogenannte »Drei-Länder-Regel« wurde mit der Reform der FKVO von 1998 eingeführt, um Mehrfachanmeldungen in mehreren Mitgliedstaaten zu reduzieren. Ohne die Umsatzschwellen generell abzusenken, wurde hierdurch die europäische Fusionskontrolle auf jene Zusammenschlüsse erweitert, welche mit erheblichen Auswirkungen auf den Wettbewerb in mehreren Mitgliedstaaten verbunden sind.

Sind die in Art. 1 Abs. 2 oder die in Abs. 3 FKVO genannten Umsatzschwellen überschritten, unterliegen Zusammenschlüsse mit überwiegend nationalem Charakter ausnahmsweise dann nicht der europäischen Fusionskontrolle, wenn die beteiligten Unternehmen jeweils mehr als zwei Drittel ihres gemeinschaftsweiten Gesamtumsatzes in ein und demselben Mitgliedstaat erzielen (sogenannte »Zwei-Drittel-Regel«). In einem solchen Fall ist die jeweilige nationale Fusionskontrolle anzuwenden.

Ausschlaggebend für die Berechnung der Umsatzschwellen sind die Umsätze der an dem Zusammenschluss beteiligten Unternehmen. Dieser Begriff wird in einer Mitteilung der Kommission[7] näher erläutert. Welche der an der Transaktion beteiligten Unternehmen bei der Umsatzberechnung als »Beteiligte« berücksichtigt werden, hängt von der Art des jeweiligen Zusammenschlusstatbestandes ab. Bei Fusionen sind die miteinander fusionierenden Unternehmen Beteiligte. Im Fall des Erwerbs der alleinigen Kontrolle sind Beteiligte sowohl das die Kontrolle erwerbende als auch das zu übernehmende Unternehmen bzw. der zu übernehmende Unternehmensteil. Der Veräußerer ist nicht beteiligt, sodass seine Umsätze nicht berücksichtigt werden. Wird durch den Zusammenschluss eine gemeinsame Kontrolle durch mehrere Unternehmen begründet, sind neben dem erworbenen Unternehmen oder Unternehmensteil sämtliche die Kontrolle erwerbenden Unternehmen Beteiligte. Ähnlich sind bei der Gründung von Gemeinschaftsunternehmen sämtliche kontrollierenden Muttergesellschaften Beteiligte. Das neu zu gründende Gemeinschaftsunternehmen ist jedoch nicht beteiligt.

---

7 Konsolidierte Mitteilung der Kommission zu Zuständigkeitsfragen gemäß der Verordnung (EG) Nr. 139/2004 des Rates über die Kontrolle von Unternehmenszusammenschlüssen, S. 53 ff. Dadurch wird die Mitteilung über den Begriff der beteiligten Unternehmen, ABl. 1998, C 66/14, ersetzt.

Für die Berechnung der Umsatzschwellen sind nach Art. 5 Abs. 1 FKVO die Gesamtumsätze aller beteiligten Unternehmen zusammenzurechnen. Dabei ist auf die im letzten Geschäftsjahr mit Waren oder Dienstleistungen erzielten Umsätze abzustellen, die dem normalen geschäftlichen Tätigkeitsbereich zuzuordnen sind. Von den in der Bilanz ausgewiesenen Umsätzen sind Erlösschmälerungen, Umsatz- bzw. Mehrwertsteuer und andere unmittelbar auf den Umsatz bezogene Steuern abzuziehen. Einzelheiten zur Umsatzberechnung hat die Kommission in einer Mitteilung[8] bekannt gegeben.

Bei der Umsatzberechnung werden die beteiligten Unternehmen ähnlich wie bei der materiellen Beurteilung nicht isoliert gesehen. Maßgeblich sind vielmehr die Umsätze des jeweiligen Konzerns, dem das beteiligte Unternehmen angehört. Dem beteiligten Unternehmen werden daher die Umsätze seiner Töchter-, Mutter- und Schwestergesellschaften sowie von Gemeinschaftsunternehmen zugerechnet.

Für die Berechnung gemeinschaftsweiter Umsätze und der Umsätze in einzelnen Mitgliedstaaten ist eine gebietsmäßige Zuordnung der Umsätze erforderlich. Hierfür wird auf den Umsatz abgestellt, der mit Waren und Dienstleistungen für Unternehmen oder Verbraucher in einem bestimmten Gebiet erzielt wird. Entscheidend ist daher nicht der Sitz des Unternehmens, das die Umsätze erzielt, sondern das Gebiet, in dem sich die Abnehmer befinden, mit denen die Umsätze erzielt werden.[9]

Sonderregeln gelten nach Art. 5 Abs. 3 FKVO für Kredit- und sonstige Finanzinstitute sowie Versicherungsunternehmen. Bei diesen werden die in der Richtlinie 86/635/EWG[10] im Einzelnen definierten Erträge bzw. bei Versicherungsunternehmen die Summe der Bruttoprämien berücksichtigt.

Sind die Umsatzschwellen in Art. 1 Abs. 2 bzw. Abs. 3 FKVO erfüllt und kommt einem Zusammenschluss gemeinschaftsweite Bedeutung zu, finden die Regeln der europäischen Fusionskontrolle auch bei außereuropäischen Zusammenschlüssen Anwendung. Damit unterliegen auch Unternehmen, die nicht innerhalb der Europäischen Union ansässig sind, der europäischen Fusionskontrolle, wenn sich ein Zusammenschluss innerhalb der Europäischen Union auswirkt (sogenanntes »Auswirkungsprinzip«). Werden die Umsatzschwellen der FKVO überschritten, geht die Kommission regelmäßig davon aus, dass ein Zusammenschluss relevante Auswirkungen innerhalb der Europäischen Union hat.

Die europäische Fusionskontrolle kann zudem ausnahmsweise auch dann Anwendung finden, wenn die Umsatzschwellen nicht erreicht werden. Voraussetzung ist, dass ein den zwischenstaatlichen Handel beeinträchtigender Zusammenschluss von dem zunächst zuständigen Mitgliedstaat an die Kommission verwiesen wurde. Die Verweisung kann dabei gemäß Art. 22 FKVO auf Antrag des Mitgliedstaates erfolgen. Die Kommission informiert gegebenenfalls die weiteren betroffenen Kartellbehörden der anderen Mitgliedstaaten, die dem Verweisungsantrag beitreten können. Lehnt die Kommission den Verweisungsantrag nicht ab, so gilt dies als Annahme mit der Folge, dass der Zusammenschluss dem europäischen Fusionskontrollregime unterfällt. Um eine Vielzahl paralleler Prüfungen durch die Behörden verschiedener Mitgliedstaaten zu entgehen, kann es für

8 Konsolidierte Mitteilung der Kommission zu Zuständigkeitsfragen gemäß der Verordnung (EG) Nr. 139/2004 des Rates über die Kontrolle von Unternehmenszusammenschlüssen, S. 61 ff. Dadurch wird die Mitteilung über die Berechnung des Umsatzes, ABl. 1998, C 66/25, ersetzt.

9 Vgl. Art. 5 Abs. 1 und Abs. 2 FKVO.

10 ABl. 1986, L 372/1.

die Unternehmen aber auch ratsam sein, bei den eigentlich zuständigen Mitgliedstaaten eine entsprechende Verweisung an die Kommission gemäß Art. 4 Abs. 5 FKVO selbst zu beantragen. Dies setzt voraus, dass der Zusammenschluss in mindestens drei Mitgliedstaaten in den Anwendungsbereich der jeweiligen nationalen Fusionskontrolle fällt. Ein entsprechender Antrag kann dann bei der Kommission bereits vor Einreichung der jeweiligen nationalen Anmeldungen gestellt werden. Die zuständigen Mitgliedstaaten haben sich dann innerhalb von 15 Arbeitstagen nach Erhalt des Antrags vor der Kommission zu erklären. Nur wenn keiner der betroffenen Mitgliedstaaten der Verweisung widerspricht, fällt der Zusammenschluss in die Zuständigkeit der Kommission und damit unter die europäische Fusionskontrolle.[11]

b) Materielle Beurteilung von Zusammenschlüssen

Liegt ein Zusammenschlusstatbestand vor und erreichen die beteiligten Unternehmen die Umsatzschwellen der FKVO, wird das Zusammenschlussvorhaben von dem im Hinblick auf die betroffenen Märkte zuständigen Fusionskontrollreferat der Generaldirektion Wettbewerb der Europäischen Kommission auf seine Vereinbarkeit mit dem Gemeinsamen Markt überprüft. Während der bisherige Wortlaut der FKVO dabei ausschließlich auf die Begründung oder Verstärkung einer marktbeherrschenden Stellung abstellte, dient die Neubegründung oder Verstärkung der Marktbeherrschung unter der neuen FKVO nun nur noch als Regelbeispiel für eine Gefährdung wirksamen Wettbewerbs. Zentrales Kriterium bei dieser Prüfung ist seit der am 1. Mai 2004 in Kraft getretenen letzten Reform der europäischen Fusionskontrolle, ob durch den Zusammenschluss wirksamer Wettbewerb im Gemeinsamen Markt oder in einem wesentlichen Teil desselben erheblich behindert würde.[12]

Mit dieser Neuregelung der Prüfungskriterien der FKVO werden – nach Einschätzung der Kommission – nur geringe praktische Veränderungen verbunden sein, zumal die Entstehung oder Verstärkung einer marktbeherrschenden Stellung weiter im Zentrum der Prüfung stehen soll. Entscheidend ist, dass das Kriterium der erheblichen Behinderung wirksamen Wettbewerbs die Möglichkeiten externen Unternehmenswachstums begrenzt. Die Frage, ob der Zusammenschluss entsprechende Auswirkungen haben wird, ist daher bereits für die Planung, aber auch für die Durchführung von Mergers & Acquisitions von herausragender Bedeutung. Ihre Beantwortung entscheidet darüber, ob sich ein bestimmtes Vorhaben kartellrechtlich überhaupt realisieren lässt. Insbesondere wenn die Gefahr besteht, dass eine bereits vorhandene marktbeherrschende Stellung durch das Zusammenschlussvorhaben verstärkt oder erstmalig eine marktbeherrschende Stellung begründet wird, sollte bereits in der Planungsphase darüber nachgedacht werden, wie den daraus resultierenden wettbewerbsrechtlichen Bedenken Rechnung getragen werden kann. Es ist daher empfehlenswert, möglichst frühzeitig eine materielle Prüfung des Zu-

11 Umfassende Informationen zum neuen Verweisungsregime lassen sich der dazu erlassenen Bekanntmachung der Kommission entnehmen, vgl. ABl. 2005, C 56/2.
12 Art. 2 Abs. 2 und 3 FKVO.

sammenschlussvorhabens vorzunehmen, um mögliche Problemfelder zu identifizieren und bei der Planung und Durchführung des Vorhabens zu berücksichtigen.

aa) Marktabgrenzung

(1) Allgemeines

Für die Beurteilung von Zusammenschlussvorhaben ist der Begriff der marktbeherrschenden Stellung als Regelbeispiel einer erheblichen Behinderung wirksamen Wettbewerbs auch nach der letzten Reform der FKVO von zentraler Bedeutung. Im Rahmen der Prüfung, ob eine marktbeherrschende Stellung begründet oder verstärkt wird, grenzt die Kommission zunächst den sachlich und räumlich relevanten Markt ab, bevor sie in einem zweiten Schritt die auf dem relevanten Markt bestehenden Wettbewerbsverhältnisse näher untersucht.

Der Marktabgrenzung kommt bei der materiellen Beurteilung von Zusammenschlüssen eine besonders wichtige Rolle zu, da hierbei die Weichen für die kartellrechtliche Zulässigkeit eines Vorhabens gestellt werden. In der Regel sind die Marktanteile der beteiligten Unternehmen um so höher, je enger der relevante Markt in sachlicher und räumlicher Hinsicht abgegrenzt wird. Eine engere Marktabgrenzung kann aber auch dazu führen, dass der Zusammenschluss nicht zur Addition von Marktanteilen führt, weil die beteiligten Unternehmen auf unterschiedlichen relevanten Märkten tätig sind.

(2) Sachlich relevanter Markt

Nach der Bekanntmachung der Kommission über die Definition des relevanten Marktes [13]umfasst der sachlich relevante Produktmarkt sämtliche Erzeugnisse und/oder Dienstleistungen, die seitens der Verbraucher hinsichtlich ihrer Eigenschaften, Preise und ihres vorgesehenen Verwendungszwecks als austauschbar oder substituierbar angesehen werden. Wie auch in der deutschen Praxis stellt das europäische Recht damit in erster Linie auf die Substituierbarkeit aus der Sicht der Nachfrageseite ab. Daneben kann sich auch Angebotssubstituierbarkeit auf die Abgrenzung des sachlich relevanten Marktes auswirken. Dies ist insbesondere dann der Fall, wenn die Anbieter in der Lage sind, ihre Produktion kurzfristig ohne größere Kosten umzustellen. Bei entsprechender Angebotsumstellungsflexibilität können selbst solche Produkte, die aus der Sicht der Nachfrager für nicht austauschbar angesehen werden, in den relevanten Markt einbezogen werden.

Entscheidende Kriterien für die Abgrenzung des relevanten Marktes sind neben der Austauschbarkeit aus der Sicht der Nachfrager und der Angebotsumstellungsflexibilität die allgemeinen Wettbewerbsbedingungen, die Preise sowie die Preiselastizität der Nachfrage. Dabei steht in der Praxis der Kommission aus verfahrenstechnischen und praktischen Erwägungen bei der Marktabgrenzung die Preisreaktivität im Mittelpunkt. Entscheidend ist, ob die Kunden der beteiligten Unternehmen als Reaktion auf eine angenommene kleine, bleibende Erhöhung der relativen Preise (im Bereich zwischen 5 % und 10 %) für die betreffenden Produkte auf leicht verfügbare Substitute ausweichen würden. Ist die Substitution so stark, dass durch den damit einhergehenden Absatzrückgang eine Preiserhöhung nicht einträglich wäre, so werden in den sachlich und räumlich

13 ABl. 1997, C 372/5.

relevanten Markt so lange Produkte einbezogen, bis kleine, dauerhafte Erhöhungen der relativen Preise einen Gewinn einbrächten.

Den gleichen Test wendet die Kommission auch bei der Prüfung sogenannter »Nachfragemacht« (Marktbeherrschung auf den Nachfragemärkten) an. Hierbei wird auf die Austauschbarkeit aus der Sicht des Anbieters abgestellt. Mit Hilfe des Preistests lässt sich ermitteln, welche alternativen Vertriebswege und Verkaufsstellen es für die Produkte des Anbieters gibt.[14]

Beispiele für relevante Produktmärkte, von denen die Kommission in ihrer bisherigen Entscheidungspraxis ausgegangen ist, sind Märkte für *Mineralwasser*[15], *Arzneimittel*, die dieselbe Indikation aufweisen, wobei die Kommission auf den dritten Level der Anatomical Therapeutic Classification der Weltgesundheitsorganisation abstellt[16], *Flugzeuge* nach Sitzplatzkapazitäten[17], *Stadtbusse-*, *Reisebusse-* und *Überlandbusse*[18], *Personenkraftwagen* nach Fahrzeugklassen[19], *Versandhandel*[20], *Pay-TV*[21], die Erzeugung und Verteilung von *Elektrizität*[22], *Versicherungen* gegen verschiedene Risiken[23], *Pflanzenschutzmittel* nach Pflanzenart, Schädlingen und Anwendungsart[24] oder für *Mauerwerkbaustoffe*[25].

(3) Räumlich relevanter Markt

Der räumlich relevante Markt umfasst nach Art. 9 Abs. 7 FKVO das Gebiet, auf dem die betroffenen Unternehmen als Anbieter oder Nachfrager von Waren oder Dienstleistungen auftreten, in denen die Wettbewerbsbedingungen hinreichend homogen sind und das sich von benachbarten Gebieten unterscheidet. Die Kommission stellt bei der Bestimmung des räumlich relevanten Marktes auf die Art und die Eigenschaften der betreffenden Waren oder Dienstleistungen sowie auf das Vorhandensein von Zutrittsschranken und Verbrauchergewohnheiten ab. Zudem berücksichtigt sie das Bestehen erheblicher Unterschiede bei den Marktanteilen der Unternehmen und nennenswerte Preisunterschiede in unterschiedlichen Gebieten.

In folgenden Fällen hat die Kommission etwa das Gebiet der Europäischen Union bzw. Westeuropa als räumlich relevanten Markt zugrunde gelegt: *Automobilzubehör*[26], *PVC*[27], *Elektronik, Metalle,*[28] *Kopiergeräte, Fotoapparate.*[29]

---

14 Vgl. Tz. 17 der Bekanntmachung der Kommission über die Definition des relevanten Marktes (Fn. 12).
15 »Nestlé/Perrier«, WuW/E EV 1903, Rn. 19.
16 Z.B. »Ciba-Geigy/Sandoz«, ABl. 1997 L 201/1, Rn. 17; »Schering-Plough/Organon Biosciences«, COMP/M.4691 vom 11. Oktober 2007, Rn. 15.
17 »Aérospatiale-Alenia/de Havilland«, WuW/E EV 1675, Rn. 11.
18 »Mercedes-Benz/ Kässbohrer«, WuW 1995, 385, ABl. 1995 L 211/1.
19 »BMW/Rover«, WuW/E EV 2188, Rn. 10.
20 »Otto/Grattan«, WuW/E EV 1605, Rn. 10.
21 »Nordic Satellite Distribution«, ABl. 1996 L 53/20, Rn. 55.
22 »VIAG/Bayernwerk«, WuW/E EV 2139, Rn. 8.
23 »Winterthur/DBV«, WuW/E EV 2147, Rn. 5; »AG/AMEV« WuW/E EV 1547, Rn. 10.
24 »Bayer/Aventis Crop Science«, WuW 2002, 723.
25 »Haniel/Ytong«, WuW/E EU-V 781; »Haniel/Cementbouw/JV«, WuW/E EU-V 789.
26 »BTR/Pirelli«, WuW/E EV 2013, Rn. 9; »Bosch/Allied Signal«, WuW 1997, 126; »Torrington/NSK«, WuW 1995, 587; »Mannesmann/Boge«, WuW/E EV 1662.
27 »Hoechst/Wacker«, WuW 1993, 630.
28 »St. Gobain/Wacker-Chemie/NOM«, WuW 1997, 33.
29 »Konica/Minolta«, ABl. 2003, C 192/37.

Insbesondere Preis- und Marktanteilsunterschiede zwischen verschiedenen Mitgliedstaaten sind ein deutliches Indiz dafür, dass trotz der zunehmenden Integration des Binnenmarktes nach wie vor von nationalen Märkten auszugehen ist. Nationale Märkte hat die Kommission beispielsweise für folgende Produkte angenommen: *Arzneimittel*[30], *Mineralwasser*[31], *Ersatzbatterien*[32], *Versandhandel*,[33] *Pflanzenschutzmittel*.[34]

Daneben sind lokale oder regionale Märkte nur insoweit von Bedeutung, als tatsächliche Marktschranken wie z. B. Transportkosten der Integration des Binnenmarktes entgegenstehen. Regionale bzw. lokale Märkte waren in folgenden Fällen relevant: *Lebensmitteleinzelhandel*, *Landhandel* für Agrarprodukte[35], *Ziegelsteine*.[36]

In Einzelfällen ist die Kommission auch von Weltmärkten ausgegangen, z. B. für *Flugzeuge*[37], *Platin*[38], *Rohöl*[39], für *Rückversicherungen*[40] oder für *Personalcomputer* und *mittelgroße Computer*.[41]

bb) Marktbeherrschung

Im Gegensatz zum deutschen existieren im europäischen Wettbewerbsrecht keine gesetzlichen Definitionen des Begriffs der Marktbeherrschung oder Vermutungstatbestände, bei deren Vorliegen von einer marktbeherrschenden Stellung auszugehen wäre. Nach der Rechtsprechung des Europäischen Gerichtshofs und des Gerichts Erster Instanz ist unter Marktbeherrschung eine wirtschaftliche Machtstellung zu verstehen, die es den beteiligten Unternehmen ermöglicht, sich ihren Wettbewerbern, Abnehmern und den Verbrauchern gegenüber in einem nennenswerten Umfang unabhängig zu verhalten. Eine marktbeherrschende Stellung ist immer dann gegeben, wenn die betreffenden Unternehmen über einen nicht hinreichend vom Wettbewerb kontrollierten Verhaltensspielraum verfügen.

In Art. 2 Abs. 1 Buchstaben a) und b) FKVO sind die Kriterien zur Beurteilung der Frage, ob durch einen Zusammenschluss eine marktbeherrschende Stellung begründet oder verstärkt wird, im Einzelnen aufgeführt:

- die Notwendigkeit, im Gemeinsamen Markt wirksamen Wettbewerb aufrechtzuerhalten und zu entwickeln, insbesondere im Hinblick auf die Struktur aller betroffenen Märkte und den tatsächlichen oder potenziellen Wettbewerb durch innerhalb oder außerhalb der Gemeinschaft ansässige Unternehmen;
- die Marktstellung sowie die wirtschaftliche Macht und Finanzkraft der beteiligten Unternehmen, die Wahlmöglichkeiten der Lieferanten und Abnehmer, ihren Zugang

30 »Ciba-Geigy/Sandoz«, aaO, Rn. 47; »Glaxo/Wellcome«, WuW 1995, 585.
31 »Nestlé/Perrier«, aaO, Rn. 21 f.
32 »Magneti Marelli/CEAC«, WuW/E EV 1735, Rn. 11 f.; »Varta/Bosch«, WuW/E EV 1701, Rn. 17.
33 »Otto/Grattan«, aaO, Rn. 15.
34 »AstraZenec/Novartis«, WuW 2000, 870, »Bayer/Aventis Crop Science«, WuW 2002, 723.
35 »Cargill/Unilever«, WuW/E EV 1609.
36 »Steetley/Tarmac«, WuW/E EV 1814, Rn. 10.
37 »Aérospatiale-Alenia/de Havilland«, WuW/E EV 1675, Rn. 20.
38 »Gencor/Lonrho«, ABl. 1997 L 11/30, Rn. 70.
39 »Exxon/Mobil«, ABl. 2004, L 103/1 und »BP Amoco/Arco«, ABl. 2001, L 18/01.
40 »Schweizer Rück/Elvia« WuW/E EV 1824, Rn. 9.
41 »AT + T/NCR«, WuW/E EV 1663.

zu den Beschaffungs- und Absatzmärkten, rechtliche oder tatsächliche Marktzutrittsschranken, die Entwicklung des Angebotes und der Nachfrage bei den jeweiligen Erzeugnissen und Dienstleistungen, die Interessen der Zwischen- und Endverbraucher sowie die Entwicklung des technischen und wirtschaftlichen Fortschritts, sofern dieser dem Verbraucher dient und den Wettbewerb nicht behindert.

Ausgangspunkt für die Beurteilung einer marktbeherrschenden Stellung ist der Marktanteil auf dem zuvor sachlich und räumlich abgegrenzten Markt. Bei der Marktanteilsberechnung sind nicht nur die Umsätze der unmittelbar beteiligten Unternehmen, sondern, ähnlich wie bei der Umsatzberechnung, die konzernweiten Anteile am relevanten Markt zu berücksichtigen.

Die Kommission geht bei Marktanteilen von weniger als 25 % von der Vereinbarkeit des Zusammenschlusses mit dem Gemeinsamen Markt aus.[42] Unterhalb 15 % liegt kein betroffener Markt im Sinne des für die Anmeldung erforderlichen Formblatts vor mit der Folge, dass detaillierte Angaben zu diesen Märkten regelmäßig nicht vorzulegen sind.

Auch Marktanteile von über 25 % werden von der Kommission nach ihrer bisherigen Entscheidungspraxis vielfach als unproblematisch eingestuft. Erst ab ungefähr 40 % beginnt der kritische Bereich.[43] Werden durch den Zusammenschluss Marktanteile dieser Größenordnung erreicht, sollten kartellrechtliche Erwägungen möglichst frühzeitig in die Planungsphase einbezogen werden.

In einzelnen Fällen akzeptierte die Kommission allerdings auch erheblich höhere Marktanteile, wenn aufgrund besonderer Umstände weiterhin wesentlicher Wettbewerb auf den betroffenen Märkten bestand: Mercedes Benz/Kässbohrer[44], Tetra Pak/Alfa-Laval[45], Mannesmann/Hoesch[46], Alcatel/Telettra.[47] Eine besondere Nachfragemacht der Abnehmer oder ein starker potenzieller Wettbewerb können mitunter verhindern, dass hohe Marktanteile zwangsläufig zu einer marktbeherrschenden Stellung führen.[48] Umgekehrt begünstigen eine zersplitterte Nachfrage und bestehende Marktzutrittsschranken die Feststellung einer marktbeherrschenden Stellung.

Bei der Prüfung einer eventuellen Marktbeherrschung sind die zukünftigen Entwicklungen der Wettbewerbsstrukturen zu berücksichtigen. In der Vergangenheit bestehende hohe Marktanteile können daher durch eine zu erwartende Marktöffnung und den damit verbundenen Zutritt neuer Wettbewerber relativiert werden. Von erheblicher Bedeutung ist neben der absoluten Höhe der Marktanteile der beteiligten Unternehmen auch die Anzahl an und der jeweilige Abstand zu den nächst kleineren Wettbewerbern.

Neben dem Marktanteil spielt zunehmend der Konzentrationsgrad eines Marktes vor und nach Durchführung des Zusammenschlusses eine Rolle bei der Prüfung der Kommission. Zur Ermittlung des Konzentrationsgrades bedient sich die Kommission dabei

---

42 Vgl. Erwägungsgrund 32 I der FKVO, Leitlinien zur Bewertung horizontaler Zusammenschlüsse, ABl. 2004, C-31/5, Ziff. 18.
43 Leitlinien zur Bewertung horizontaler Zusammenschlüsse, ABl. 2004, C-31/5, Ziff. 17.
44 ABl. 1995 L 211/1, Rn. 65 ff.
45 WuW/E EV 1644, unter 4.
46 ABl. 1993 L 114/34, Rn. 36 ff.
47 WuW/E EV 1616, Rn. 48 f.
48 Leitlinien zur Bewertung horizontaler Zusammenschlüsse, ABl. 2004, C-31/5, Ziff. 17.

– ebenso wie die US-amerikanischen Kartellbehörden – des sog. Herfindahl-Hirschman-Indexes (HHI), der sich aus der Summe der quadrierten Marktanteile aller Marktteilnehmer ergibt und Hinweise auf die Marktstruktur vor bzw. nach dem Zusammenschluss liefern kann.[49] Andere Wettbewerbsfaktoren, die bei der Prüfung eine Rolle spielen können, sind z. B. die sonstige wirtschaftliche Macht und Finanzkraft, die zu Marktschließungseffekten durch die Abschreckung potenzieller Wettbewerber führen können, ein eventuell vorhandener technischer Vorsprung gegenüber den Wettbewerbern sowie die Höhe und Wirkung von Marktzutrittsschranken

cc) Begründung oder Verstärkung von Marktbeherrschung

Die Beurteilung, ob das Zusammenschlussvorhaben zur Begründung oder Verstärkung einer marktbeherrschende Stellung führt, erfolgt auf der Grundlage einer Analyse der bestehenden Wettbewerbsverhältnisse sowie einer Prognose der zukünftigen Entwicklung der Wettbewerbssituation. Bei dieser Prognose sind in erster Linie solche Entwicklungen zu berücksichtigen, die sich bereits abzeichnen oder zumindest in überschaubarer Zukunft, d. h. innerhalb eines Zeitraums weniger Jahre, mit hinreichender Sicherheit zu erwarten sind. Dabei erfolgt eine Gesamtwürdigung sämtlicher mit dem Zusammenschlussvorhaben verbundenen Auswirkungen auf den Wettbewerb.

Von der Begründung einer marktbeherrschenden Stellung geht die Kommission dann aus, wenn durch den Zusammenschluss für die beteiligten Unternehmen ein durch den Wettbewerb nicht mehr hinreichend kontrollierter Verhaltensspielraum entsteht. Von entscheidender Bedeutung ist die Unabhängigkeit der beteiligten Unternehmen bei der Bestimmung ihrer Preise. Weitere Faktoren sind Handlungsspielräume beim Qualitäts- und Innovationswettbewerb. Unbeachtlich ist das zukünftig zu erwartende Marktverhalten der beteiligten Unternehmen, da für die Fusionskontrolle allein die Verschlechterung der Wettbewerbsstrukturen maßgeblich ist.

Verfügt ein beteiligtes Unternehmen bereits vor dem Zusammenschluss über eine marktbeherrschende Stellung, kann es schon bei Zuwächsen von wenigen Prozent zu einer Verstärkung der Marktbeherrschung kommen. Daneben können sogenannte Portfolio- oder Sortimentseffekte, also die Möglichkeit der beteiligten Unternehmen, durch das Angebot eines kompletten Sortiments zusätzliche Kunden an sich zu binden, die Marktstellung verstärken. In diesem Fall reichen selbst geringfügige Marktanteilszuwächse aus, um eine Verstärkung der marktbeherrschenden Stellung anzunehmen. Auch die bloße Verstärkung der Finanzkraft eines Unternehmens kann theoretisch dessen Marktstellung stärken.

Bei der Beurteilung der Entstehung oder Verstärkung einer marktbeherrschenden Stellung ist zwischen horizontalen, vertikalen und konglomeraten Zusammenschlüs-

49 Siehe Leitlinien zur Bewertung horizontaler Zusammenschlüsse, ABl. 2004, C-31/5, Ziff. 16. Der HHI berücksichtigt in besonderem Maße die Existenz stärkerer Marktteilnehmer. Befinden sich beispielsweise 10 Unternehmen mit einem Marktanteil von jeweils 10 % auf dem Markt, so liegt der HHI bei 1000, einem von der Kommission als relativ unbedenklich eingestuften Wert (Ziff. 19). Handelt es sich dagegen um 5 Marktteilnehmer mit jeweils 20 % Marktanteil, so ist bei einem HHI von 2000 die Marktkonzentration wettbewerblich bedenklich – eine Untersagung wird dann maßgeblich auch davon beeinflusst, inwieweit durch den Zusammenschluss die Konzentration erhöht wird (vgl. Ziff. 20).

sen zu unterscheiden. Für die Beurteilung horizontaler Zusammenschlüsse kommt es vorrangig auf die jeweiligen Marktanteilszuwächse an. Wie bereits ausgeführt, spielen daneben bestehende Marktzutrittsschranken und die Nachfragemacht der Gegenseite eine erhebliche Rolle. Auf bereits stark konzentrierten Märkten kann der Kommission auch eine deutliche Verschlechterung des HHI als Hinweis auf die wettbewerblich bedenklichen Auswirkungen des Zusammenschlusses dienen.[50] Für vertikale Zusammenschlüsse[51], also Zusammenschlüsse zwischen Herstellern, Lieferanten oder Händlern auf verschiedenen Produktions- bzw. Vertriebsebenen, stehen Marktausschlusseffekte im Vordergrund. Entscheidend sind hierbei die Auswirkungen des Zusammenschlusses auf die Beschaffungs- oder Absatzmärkte zu Lasten aktueller oder potenzieller Wettbewerber. Demgegenüber können konglomerate Zusammenschlüsse[52] nur bei Zusammentreffen besonderer Bedingungen zur Begründung oder Verstärkung einer marktbeherrschenden Stellung führen. Eine Ressourcenverstärkung allein wird dabei nur in Ausnahmefällen zur Annahme einer entsprechend veränderten Marktstruktur ausreichen. Sie kann daher regelmäßig nur im Zusammenhang mit anderen Faktoren zur marktbeherrschenden Stellung der beteiligten Unternehmen beitragen, etwa wenn die Ressourcenverstärkung zur Abschreckung oder Entmutigung aktueller oder potenzieller Konkurrenten eingesetzt wird oder wenn durch den Zusammenschluss eine bereits bestehende Marktmacht auf andere eng benachbarte Märkte ausgedehnt würde.[53] Eine auf diese Überlegungen gestützte Untersagungsentscheidung der Kommission hat das Gericht erster Instanz allerdings kürzlich aufgehoben: Zwar seien entsprechende wettbewerbswidrige Auswirkungen grundsätzlich denkbar. Wegen der grundsätzlichen Vermutung, dass konglomerate Zusammenschlüsse in der Regel wettbewerblich neutral oder sogar positiv sind, sei an das Beweismaß einer Untersagung erhöhte Anforderungen zu stellen.[54] Insgesamt haben solche Zusammenschlüsse in der bisherigen Entscheidungspraxis der Kommission eine geringere Rolle gespielt als horizontale Zusammenschlüsse.

Eine Untersagung von Zusammenschlussvorhaben, die zur Begründung oder Verstärkung einer marktbeherrschenden Stellung führen, kommt nur in Betracht, wenn dadurch wirksamer Wettbewerb innerhalb der Gemeinschaft oder in einem wesentlichen Teil derselben erheblich behindert würde. Diese Auswirkungen sind nach der Neufassung der FKVO die eigentliche Untersagungsvoraussetzung. Demnach ist die Entstehung oder Verstärkung einer marktbeherrschenden Stellung nicht per se, sondern nur bei entsprechenden Wirkungen auf den Markt zu untersagen. Allerdings bestand diese Einschränkung in etwas anderer Form bereits unter der alten FKVO und hat bislang nur wenig praktische Bedeutung erlangt. Lediglich im Fall »Aérospatiale-Allenia/de Havilland«[55] hatte die Kommission noch nach altem Recht die Erheblichkeit der Auswirkungen vor

---

50 Leitlinien zur Bewertung horizontaler Zusammenschlüsse, ABl. 2004, C-31/5, Ziff. 16, 18 ff.

51 Vgl. dazu Leitlinien zur Bewertung nichthorizontaler Zusammenschlüsse gemäß der Ratsverordnung über die Kontrolle von Unternehmenszusammenschlüssen, Rn 28 ff., verfügbar über http://ec.europa.eu/comm/competition/mergers/legislation/notices_on_substance.html#remedies.

52 Vgl. dazu Leitlinien zur Bewertung nichthorizontaler Zusammenschlüsse gemäß der Ratsverordnung über die Kontrolle von Unternehmenszusammenschlüssen, Rn 91 ff., verfügbar über http://ec.europa.eu/comm/competition/mergers/legislation/notices_on_substance.html#remedies.

53 »Tetra Laval/Sidel«, WuW EU-V 711.

54 Urteil vom 25.10.2002 in der Rechtssache T-5/02 »Tetra Laval/Kommission«, Slg. 2002 II-04381.

55 AaO. (Fn. 17).

dem Hintergrund einer nur vorübergehenden Marktbeherrschung in Frage gestellt. Ob aufgrund der im Rahmen der FKVO-Reform erfolgten Neufassung der Untersagungsvoraussetzungen nun eine andere Handhabung dieses Erfordernisses zu erwarten ist, lässt sich noch nicht absehen. Es ist allerdings denkbar, dass die Kommission die Umwandlung der Marktbeherrschung zum Regelbeispiel dazu nutzen wird, verstärkt Effizienzgewinne bei der Bewertung der Auswirkungen einer marktbeherrschenden Stellung zu berücksichtigen.[56] Der in den Leitlinien zur Bewertung horizontaler Zusammenschlüsse angedeutete Entschluss der Kommission, in bereits hoch konzentrierten Märkten Zusammenschlüsse in der Regel nicht zu untersagen, wenn sie den Konzentrationsgrad nur geringfügig erhöhen, spricht zudem für eine verstärkte Überprüfung der Erheblichkeit der Wettbewerbsbehinderung.[57]

dd) Oligopolmarktbeherrschung

Anders als im deutschen Recht ist in der FKVO keine ausdrückliche »Oligopolklausel« vorgesehen, nach der ein Zusammenschluss auch dann zu untersagen ist, wenn er zur Begründung oder Verstärkung einer beherrschenden Stellung durch mehrere Unternehmen führt. Dennoch greift die europäische Fusionskontrolle nach der ständigen Praxis der Kommission[58], die inzwischen sowohl durch den Europäischen Gerichtshof als auch durch das Gericht Erster Instanz bestätigt wurde, auch bei oligopolistischer Marktbeherrschung ein. Ein marktbeherrschendes Oligopol ist grundsätzlich dann gegeben, wenn zwischen den Mitgliedern des Oligopols kein wirksamer Wettbewerb besteht und das Oligopol selbst im Außenverhältnis keinem hinreichenden Wettbewerb durch Dritte ausgesetzt ist. Nach dem Urteil des Gerichts Erster Instanz in Sachen »Gencor/Lonrho«[59] sind vor allem die nachfolgenden Kriterien für die Feststellung eines marktbeherrschenden Oligopols maßgeblich:

- hohe Marktkonzentration;
- stabile und symmetrische Marktanteile der Mitglieder der Oligopolgruppe;
- homogene Produkte und hohe Markttransparenz;
- ähnliche Kostenstrukturen;
- stagnierende und unelastische Nachfrage;
- geringe technologische Veränderung;
- hohe Marktzutrittsschranken.

In der Entscheidung »Airtours« hat das Gericht erster Instanz die Voraussetzung für das Vorliegen einer kollektiv beherrschenden Stellung weiter konkretisiert: Die gemeinsame Marktbeherrschung sei nur denkbar, wenn aufgrund der Markttransparenz jedes Oligopolmitglied jederzeit überprüfen könne, ob die anderen Oligopolmitglieder dieselbe Strategie verfolgen. Dabei müssen genug Abschreckungsmittel bestehen, um das Abweichen eines Unternehmens von dem gemeinsamen Vorgehen zu verhindern. Zudem sei die Ko-

56 Die Berücksichtigung der Effizienzgewinne ist auch in Erwägungsgrund 29 der neuen FKVO angesprochen.

57 Leitlinien zur Bewertung horizontaler Zusammenschlüsse, ABl. 2004, C-31/5, Ziff. 20.

58 Vgl. z.B. »Nestlé/Perrier«, aaO., Rn. 110 ff. (Fn. 15).

59 Urteil vom 25.03.1999 in der Rechtssache T-102/96, Slg. 1999, II-753, 815 ff.

ordinierung nur stabil, wenn die voraussichtliche Reaktion der aktuellen und potenziellen Wettbewerber und Verbraucher nicht in der Lage sei, die zu erwartenden Ergebnisse des gemeinsamen Vorgehens in Frage zu stellen.[60] Besondere Bedeutung kommt dem infolge des kollektiven Parallelverhaltens nicht hinreichend kontrollierbaren Verhaltensspielraum der Mitglieder des Oligopols gegenüber Wettbewerbern und Abnehmern zu.

Angesichts der überaus strengen Anforderungen, die das Gericht erster Instanz an die »koordinierten Effekte« kollektiver Marktbeherrschung stellt, enthält Erwägungsgrund 25 der neuen FKVO nun allerdings die Klarstellung, dass mit Hilfe des neuen Untersagungstatbestandes (»erhebliche Behinderung wirksamen Wettbewerbs«) nunmehr auch solche Wettbewerbsbeschränkungen auf oligopolistischen Märkten erfasst werden können, die zwar infolge des Zusammenschlusses, nicht aber aufgrund der einer gemeinsamen Marktbeherrschung inhärenten (wenn auch unter Umständen stillschweigenden) Koordination der Oligopolisten zustande kommen. In der konsequenten Erfassung auch solcher »nicht-koordinierter Effekte« (»unilateral effects«), also einer auf dem oligopolistischen Markt nach dem Zusammenschluss auch ohne vorherige Verhaltensabstimmung der Unternehmen verstärkt auftretenden Wechselbezüglichkeit ihres Verhaltens und dem damit einhergehenden Abfall des Wettbewerbsdrucks, liegt in der Tat die entscheidende Neuerung, die mit der Abkehr von der Marktbeherrschung als grundlegender Untersagungsvoraussetzung verbunden sein wird.[61] Insofern dürfte das auf gezielte Koordination bezogene Erfordernis des Bestehens von Abschreckungsmitteln, wie es im »Airtours«-Urteil gefordert ist, unter der neuen FKVO wohl an Bedeutung verlieren.

ee) Nebenabreden

Die Prüfung des Zusammenschlussvorhabens erstreckt sich nach Art. 8 Abs. 1 Unterabs. 2, Abs. 2 Unterabs. 2 Satz 2 FKVO bzw. Art. 6 Abs. 1 Buchstabe b) Satz 2 FKVO auch auf die mit der Durchführung des Zusammenschlusses unmittelbar verbundenen und für diesen notwendigen Einschränkungen (sogenannte »ancillary restraints«). Hintergrund dieser Bestimmung war ursprünglich die Absicht, auf diese Weise diejenigen Nebenabreden wie z.B. Wettbewerbsverbote zu erfassen, die grundsätzlich in den Anwendungsbereich des Kartellverbots des Art. 81 EG-Vertrag fallen und damit nach der alten Verordnung Nr. 17 in einem gesonderten Verfahren zu prüfen waren. Um eine umständliche Doppelkontrolle zu vermeiden, sollten entsprechende Nebenabreden innerhalb des Fusionskontrollverfahrens geprüft und ggf. zusammen mit dem Zusammenschluss freigegeben werden. Mit der Neuordnung des Kartellverfahrensrechts durch die Verordnung 1/2003 ist eine obligatorische Anmeldung von entsprechenden Abreden außerhalb der Fusionskontrolle jedoch zugunsten einer eigenverantwortlichen Prüfung der Abreden durch die Unternehmen abgeschafft worden. Das Verfahren der Administrativfreistellung existiert nicht mehr. Im Hinblick auf diese geänderte Rechtslage soll die Kommission,

---

60 Urteil vom 6.6.2002 in der Rechtssache T-342/99 »Airtours plc/Kommission«; Slg. 2002 II-02585; Aufhebung der Komm.E. vom 22.9.1999 »Airtours/First Choice«, ABl. 1999, Nr. L 93/1. Diese Grundsätze finden sich nunmehr auch in den Leitlinien der Kommission zur Bewertung horizontaler Zusammenschlüsse, Rz. 39 ff.

61 Näheres zu Ermittlung »nicht-koordinierter« Wirkungen kann man den Leitlinien der Kommission zur Bewertung horizontaler Zusammenschlüsse, Rz 24 ff. entnehmen.

dies lässt sich Erwägungsgrund 21 der neuen FKVO sowie der kürzlich erlassenen Bekanntmachung zu Nebenabreden[62] entnehmen, Nebenabreden nun nicht mehr in jedem Fall prüfen müssen. Sie unterliegen grundsätzlich wie auch im Bereich des Art. 81 EG-Vertrag der eigenverantwortlichen Kontrolle durch die beteiligten Unternehmen, denen allerdings die Möglichkeit eröffnet wurde, Nebenanreden dann zur gesonderten Prüfung im Rahmen der Zusammenschlusskontrolle anzumelden, wenn sie neue und ungelöste Fragen aufwerfen, die – sollte die Kommission nicht anlässlich des Zusammenschlusses explizit über sie entscheiden – zu Rechtsunsicherheit führen können. Nach Erwägungsgrund 21 der FKVO soll dies dann der Fall sein, wenn die Nebenabrede nicht Gegenstand der Kommissions-Bekanntmachung über Nebenabreden oder einer veröffentlichten Entscheidung der Kommission war.

Voraussetzung für die Behandlung entsprechender Wettbewerbsbeschränkungen als Nebenabrede ist die unmittelbare Verbundenheit mit dem Zusammenschlussvorhaben und die Notwendigkeit für die Durchführung des Zusammenschlusses. Wie diese Voraussetzungen zu verstehen sind, ist in der besagten Bekanntmachung über Nebenabreden zu Zusammenschlüssen niedergelegt. Von zentraler Bedeutung sind im Bereich der Nebenabreden vor allem Wettbewerbsverbote, die gewährleisten sollen, dass der Erwerber den vollständigen Wert des übertragenen Vermögens erhält, zu dem im Allgemeinen sowohl materielle als auch immaterielle Werte wie der Kundenstamm oder das Know-how des Veräußerers zählen.[63] Entsprechende Verbote sind zur Durchführung des Zusammenschlusses erforderlich, weil ansonsten der Verkauf des Unternehmens oder des Unternehmensteils nicht in zufriedenstellender Weise vollzogen werden könnte. Denn nur bei einem gewissen Schutz vor Wettbewerbshandlungen durch den Veräußerer ist die vollständige Übernahme der übertragenen Vermögenswerte gewährleistet.

Nach der Bekanntmachung der Kommission über Nebenabreden werden Wettbewerbsverbote für einen Zeitraum von bis zu drei Jahren als angemessen angesehen, wenn die Übertragung des Unternehmens den Kundenstamm und das Know-how mit einschließt. Wird hingegen kein Know-how, sondern nur der Kundenstamm übertragen, gilt ein Zeitraum von höchstens zwei Jahren als ausreichend.[64] In räumlicher und sachlicher Hinsicht ist das Wettbewerbsverbot auf die Bereiche zu begrenzen, in denen der Veräußerer tätig war.

Zusammen mit dem Unternehmen oder einzelnen Unternehmensteilen werden regelmäßig auch gewerbliche oder kommerzielle Eigentumsrechte oder Know-how übertragen. Soweit der Veräußerer Eigentümer dieser Rechte bleiben will, sind Lizenzverträge erforderlich, die auf bestimmte Anwendungsbereiche beschränkt werden können. Entsprechende Lizenzen sind für die gesamte Schutzdauer von Patenten oder verwandten Rechten bzw. für die normale wirtschaftliche Lebenszeit des Know-hows zulässig. Gebietsbeschränkungen für die Herstellung werden regelmäßig nicht akzeptiert und sollten daher in die Lizenz nicht aufgenommen werden.

Auch Liefer- und Bezugspflichten zwischen dem Veräußerer und dem Erwerber des Unternehmens oder Unternehmensteils können zulässige Nebenabreden darstellen. Sie

62 ABl. 2005, C 56/24.
63 Ebenda, Rn. 18.
64 Ebenda, Rn. 20.

werden jedoch nur für einen Übergangszeitraum anerkannt, der selbst bei aufwändigen Industrieerzeugnissen in der Regel drei Jahre nicht überschreiten darf. Alleinbelieferungs- oder Alleinbezugspflichten lassen sich dagegen in der Regel als Nebenabreden nicht rechtfertigen.

c) Verfahren

aa) Vorherige Anmeldung

Zusammenschlüsse mit gemeinschaftsweiter Bedeutung sind gemäß Art. 4 Absatz 1 FKVO grundsätzlich nach dem bindenden Vertragsabschluss, der Veröffentlichung des Kauf- oder Tauschangebots oder des Erwerbs einer die Kontrolle begründenden Beteiligung bei der Europäischen Kommission in Brüssel anzumelden. Die ursprüngliche Wochenfrist, innerhalb derer die Anmeldung zu erfolgen hatte, wurde 2004 abgeschafft. Es ist häufig ratsam, bereits in der Planungsphase einer Transaktion mit der Vorbereitung der Anmeldung zu beginnen. Insbesondere dann, wenn die beteiligten Unternehmen daran interessiert sind, bereits in der ersten Phase des Verfahrens zu einer Freigabe des Zusammenschlussvorhabens zu kommen, ist es sinnvoll, bereits frühzeitig den Kontakt mit der Kommission herzustellen – auch, um den Inhalt der Anmeldung mit der Kommission abzustimmen (sogenanntes »informelles Vorverfahren«). Mit Blick auf das Bedürfnis an einer frühzeitigen Einleitung des Prüfungsverfahrens erlaubt es die neugefasste FKVO den Unternehmen jetzt auch, die Anmeldung bereits zu einem früheren Zeitpunkt als bisher vorzunehmen. Eine Anmeldung kann nun bereits auf der Grundlage einer glaubhaft gemachten *Absicht* zum Vertragsschluss oder im Hinblick auf die öffentlich geäußerte *Absicht* zur Abgabe eines Übernahmeangebots eingereicht werden. In der Praxis sind die Unternehmen jedoch häufig wegen der Wahrung der Vertraulichkeit an einer sehr frühzeitigen Anmeldung der Transaktion gehindert.

Einzelheiten zu Anmeldung, Fristen und Anhörung sind in der Verordnung der Kommission Nr. 802/04 vom 21. April 2004[65] geregelt (»DVO«). Gemäß Art. 2 DVO ist zur Anmeldung von Zusammenschlüssen das sogenannte »Formblatt CO« zu verwenden und in 35facher Ausfertigung bei der Kommission in Brüssel einzureichen. Das Formblatt CO besteht aus einem umfangreichen Fragenkatalog, der neben Angaben zu den Anmeldern und zu dem Zusammenschlussvorhaben (Abschnitte 1, 2 und 3), zu Eigentums- und Kontrollverhältnissen sowie Verflechtungen der beteiligten Unternehmen (Abschnitt 4), zu den mit der Anmeldung vorzulegenden Unterlagen (Abschnitt 5) auch detaillierte Informationen zu den von dem Zusammenschluss betroffenen Märkten einschließlich Umsatz-, Marktanteils- und Wettbewerberinformationen sowie Aufstellungen über Zulieferer und Kunden und Marktdaten für konglomerate Zusammenschlüsse (Abschnitt 6–9), Angaben zu kooperativen Wirkungen eines Gemeinschaftsunternehmens (Abschnitt 10) sowie eine Erklärung über die Richtigkeit und Vollständigkeit der Angaben (Abschnitt 11) enthält. Im Rahmen des informellen Vorverfahrens lässt sich dieser Katalog auf den anzumeldenden Zusammenschluss anpassen und ein Teil der Fragen ausscheiden, deren Beantwortung von der Kommission nicht gefordert wird. Unter Umständen kommt au-

65 ABl. 2004, L 133/1, nachfolgend »DVO«.

ßerdem für Gemeinschaftsunternehmen mit kleinen oder nur geringfügigen Aktivitäten in Europa eine Kurzform-Anmeldung in Betracht.[66]

Der Anmeldepflicht unterliegen sämtliche an der Fusion oder der Begründung einer gemeinschaftlichen Kontrolle beteiligten Unternehmen gemeinsam bzw. im Fall des Kontrollerwerbs die jeweiligen Erwerber der Kontrolle (Art. 4 Abs. 2 FKVO). Der Veräußerer ist nicht anmeldepflichtig. Grundsätzlich besteht die Möglichkeit, für einzelne oder sämtliche Beteiligte eine gemeinsame Anmeldung durch einen gemeinsamen Vertreter einreichen zu lassen.

Die Tatsache der Anmeldung wird im Amtsblatt veröffentlicht und Dritten Gelegenheit zur Stellungnahme gegeben.

Unrichtige oder entstellte Angaben in der Anmeldung können von der Kommission mit einem Bußgeld von bis zu 1 %, Verstöße gegen die Anmeldepflicht mit einem Bußgeld von bis zu 10 % des von dem beteiligten Unternehmen erzielten Gesamtumsatzes geahndet werden (Art. 14 Abs. 1 Buchstabe a), Abs. 2 Buchstabe a) FKVO). Unrichtige oder entstellte Angaben in der Anmeldung hemmen zudem den Ablauf der der Kommission gesetzten Fristen, wenn deswegen ein Auskunftsverlangen oder Nachprüfungen erforderlich werden. Gemäß Art. 5 Abs. 3 DVO in Verbindung mit Art. 9 Abs. 1 Buchstabe d) DVO gilt dies auch, wenn die Anmelder Änderungen nicht der Kommission mitteilen, die nach Anmeldung eingetreten sind und, hätten sie bei Anmeldung schon vorgelegen, anmeldepflichtig gewesen wären.

bb) Vollzugsverbot

Vor Anmeldung des Zusammenschlussvorhabens und der auf Grundlage einer solchen Anmeldung erfolgten Freigabe dürfen Zusammenschlüsse mit gemeinschaftsweiter Bedeutung gemäß Art. 7 Abs. 1 FKVO grundsätzlich nicht vollzogen werden. Eine Ausnahme gilt nach Art. 7 Abs. 2 FKVO für öffentliche Übernahme- oder Tauschangebote, soweit diese vollständig angemeldet wurden und der Erwerber die mit den Anteilen verbundenen Stimmrechte nicht oder nur zur Erhaltung des vollen Wertes seiner Investition und aufgrund einer besonderen Befreiung durch die Kommission ausübt. Darüber hinaus kann die Kommission auf Antrag Befreiungen vom Vollzugsverbot erteilen. Bei der Befreiung sind die möglichen Auswirkungen des Aufschubs des Vollzugs auf ein oder mehrere an dem Zusammenschluss beteiligte Unternehmen oder auf Dritte sowie die mögliche Gefährdung des Wettbewerbs durch den Zusammenschluss zu berücksichtigen. Bei der Gewährung entsprechender Befreiungen ist die Kommission eher zurückhaltend. Grundsätzlich kann eine solche Befreiung auch bereits vor der Anmeldung beantragt und erteilt werden. Die Befreiung kann unter Bedingungen oder Auflagen erfolgen, um die Voraussetzungen für einen wirksamen Wettbewerb zu sichern.

Verstöße gegen das Vollzugsverbot führen nach Art. 7 Abs. 4 FKVO zur schwebenden Unwirksamkeit der betreffenden Rechtsgeschäfte. Erst mit der Freigabe des Zusammenschlusses durch die Kommission werden diese Geschäfte wirksam. Ausnahmsweise uneingeschränkt wirksam bleiben Rechtsgeschäfte über Wertpapiere, soweit diese Wertpa-

---

66 Vereinfachtes Formblatt zur Anmeldung eines Zusammenschlusses, Anhang II zu VO 802/2004 (»DVO«).

piere zum Handel auf dem Markt eines oder mehrerer Mitgliedstaaten zugelassen sind. Geschützt ist allerdings nur der hinsichtlich des Verstoßes gegen das Vollzugsverbot gutgläubige Erwerber. Die Kommission kann Verstöße gegen das Vollzugsverbot ferner mit Geldbußen von bis zu 10 % des von den beteiligten Unternehmen erzielten Gesamtumsatzes ahnden.

cc) Verfahrensablauf

Mergers & Acquisitions, die Zusammenschlüsse mit gemeinschaftsweiter Bedeutung darstellen, sind bei dem jeweils zuständigen Fusionskontrollreferat der Generaldirektion Wettbewerb bei der Europäischen Kommission anzumelden und werden dort auf ihre Vereinbarkeit mit dem Gemeinsamen Markt überprüft. Bei diesem Prüfverfahren sind grundsätzlich zwei Phasen zu unterscheiden. In einer ersten Phase, die seit der Reform der FKVO 25 bzw. – bei von den Unternehmen zur Beseitigung der wettbewerbsrechtlichen Bedenken angebotenen Zusagen[67] – 35 Arbeitstage umfasst, prüft das zuständige Fusionskontrollreferat, ob sie den angemeldeten Zusammenschluss freigeben oder wegen erheblicher Bedenken hinsichtlich der Vereinbarkeit des Zusammenschlusses mit dem Gemeinsamen Markt die zweite Phase des Prüfungsverfahrens eröffnen will. Nach Eröffnung der zweiten Phase steht der Kommission eine Prüfungsfrist von weiteren 90 Arbeitstagen zur Verfügung, um endgültig über den Zusammenschluss zu entscheiden. Bieten die Unternehmen Zusagen an, so verlängert sich diese Frist automatisch um 15 Arbeitstage. Zusätzlich besteht für die Unternehmen zu Beginn der zweiten Prüfungsphase die Möglichkeit, die Frist einseitig um 20 Arbeitstage zu verlängern. Sowohl die Kommission als auch die beteiligten Unternehmen können zudem zu jedem anderen Zeitpunkt einvernehmlich eine solche Verlängerung vereinbaren.

Ein Großteil der Verfahren wird bereits in der ersten Phase entschieden. Selbst bei problematischen Fällen wird regelmäßig versucht, durch frühzeitige Zusagen (dazu unten) die Bedenken der Kommission zu beseitigen, um eine detaillierte Prüfung des Zusammenschlusses in der zweiten Phase und die damit für die Transaktion verbundenen Verzögerungen zu vermeiden. Die Chancen für eine Freigabe in der ersten Phase lassen sich durch frühzeitige Kontakte mit der Kommission erhöhen. Insofern bietet es sich an, der Kommission frühzeitig einen Entwurf der Anmeldung zuzuleiten, damit diese noch vor der endgültigen Anmeldung über die benötigten Informationen verfügt und sich auf diese Weise bereits ein Bild über die Wettbewerbssituation machen kann.

Gelingt es den beteiligten Unternehmen innerhalb der ersten Phase nicht, die Kommission davon zu überzeugen, dass der Zusammenschluss nicht zu einer erheblichen Behinderung wirksamen Wettbewerbs führt, so stellt die Kommission in einer förmlichen Entscheidung fest, dass der Zusammenschluss Anlass zu ernsten Bedenken hinsichtlich seiner Vereinbarkeit mit dem Gemeinsamen Markt gibt und leitet das Hauptverfahren ein.

---

67 Entsprechende Zusagen, die noch in der ersten Phase berücksichtigt werden sollen, müssen der Kommission jedoch bis spätestens 20 Arbeitstage nach der Anmeldung vorliegen, Art. 19 Abs. 1 DVO. Nach diesem Zeitpunkt steht die Berücksichtigung der Zusagen im Ermessen der Kommission (siehe dazu auch das Urteil des Gerichts erster Instanz vom 3. April 2003 in der Rechtssache T-114/02 »BaByliss«, Slg. 2003, II-1279).

Ergeht eine entsprechende Entscheidung nicht fristgemäß, so gilt der Zusammenschluss als mit dem Gemeinsamen Markt für vereinbar erklärt.[68]

Eine Verlängerung der ersten Phase auf 35 Arbeitstage ist außer für den Fall von Zusagen der Unternehmen auch dann vorgesehen, wenn eine nationale Wettbewerbsbehörde die Verweisung des Verfahrens an sich beantragt. Eine solche Verweisung ist insbesondere dann möglich, wenn zu befürchten ist, dass der Zusammenschluss den Wettbewerb auf einem Markt in diesem Mitgliedstaat erheblich beeinträchtigen wird. Wird dem Antrag stattgegeben, entscheiden die betreffenden nationalen Wettbewerbsbehörden über das Zusammenschlussvorhaben nach ihrem jeweiligen nationalen Recht.

Entscheidet die Kommission und hat sie die zweite Prüfungsphase eröffnet, so wird die Eröffnung des Hauptverfahrens im Amtsblatt veröffentlicht und Dritten Gelegenheit zur Stellungnahme gegeben. Bestätigen sich in der Hauptprüfungsphase die Bedenken der Kommission, so werden diese als sogenannte »Beschwerdepunkte« den beteiligten Unternehmen mitgeteilt und diese zur Stellungnahme aufgefordert. Nur auf die in den Beschwerdepunkten geäußerten Bedenken kann die Kommission ihre spätere Entscheidung stützen.

Im Hauptverfahren haben die beteiligten Unternehmen Gelegenheit zur Akteneinsicht.[69] Darüber hinaus besteht die Möglichkeit der mündlichen Anhörung.[70] Zu solchen Anhörungen können auch dritte Unternehmen, beispielsweise Wettbewerber oder Kunden der beteiligten Unternehmen, geladen werden.

Zur Prüfung des Zusammenschlussvorhabens stehen der Kommission umfangreiche Ermittlungsbefugnisse zur Verfügung. So kann die Kommission formelle und informelle Auskunftsverlangen an Unternehmen, die zuständigen Behörden der Mitgliedstaaten oder Regierungen richten. Hiervon macht die Kommission regelmäßig intensiven Gebrauch, indem sie vor allem an die wichtigsten Kunden und Lieferanten sowie an die wichtigsten Wettbewerber der beteiligten Unternehmen in allen betroffenen Märkten umfangreiche Fragenkataloge zur kurzfristigen Beantwortung übermittelt. Sie kann auch selbst Nachprüfungen vornehmen bzw. durch die Wettbewerbsbehörden der Mitgliedstaaten vornehmen lassen. Zu diesem Zweck ist die Kommission berechtigt, sämtliche Räumlichkeiten, Grundstücke und Transportmittel zu betreten, Bücher und sonstige Geschäftsunterlagen zu prüfen, Kopien anzufertigen oder anzufordern sowie mündliche Erklärungen an Ort und Stelle zu verlangen. Seit der letzten Reform der FKVO im Jahr 2004 hat die Kommission dabei auch erstmals das Recht, Geschäftsräume und -unterlagen für bis zu 48 Stunden zu versiegeln.

Der EuG hat die Frage, inwieweit bei Ermittlungen der europäischen und nationalen Kartellbehörden Unterlagen aufgrund eines sog. »legal privilege« dem Zugriff entzogen sind, in der Akzo Nobel-Entscheidung geklärt. Dieser Schutz gilt nur für die Korrespondenz des Unternehmens mit externem Rechtsbeistand. Eine Ausdehnung des Anwaltsprivilegs auf unternehmensinterne Korrespondenz mit dem Hausjuristen lehnt der EuG ab.[71]

---

68 Vgl. Art. 10 Abs. 6 FKVO.
69 Art. 18 Abs. 3 Satz 3 FKVO.
70 Vgl. Art. 14 - 16 DVO.
71 Verbundene Rechtssachen T-125/03 und T-253/03 – »Akzo Nobel Chemicals und Akcros/Kommission«, vgl. Pressemitteilung des EuG Nr. 62/07 vom 17.9.2007.

Gegen Ende der zweiten Phase bereitet die Generaldirektion Wettbewerb einen Entscheidungsentwurf vor, zu dem der Beratende Ausschuss, ein aus Vertretern der Wettbewerbsbehörden der Mitgliedstaaten bestehendes Gremium, Stellung nimmt. Anschließend entscheidet die Kommission als Kollegialorgan mehrheitlich, ob das Zusammenschlussvorhaben freigegeben oder untersagt wird.

dd) Zusagen, Auflagen und Bedingungen

In einer Reihe problematischer Fälle konnte in der Vergangenheit die Untersagung des Zusammenschlussvorhabens durch Zusagen der beteiligten Unternehmen abgewendet werden. Solche Zusagen sind in der ersten Phase bis spätestens drei Wochen nach Anmeldung und in der zweiten Phase bis spätestens drei Monate nach Einleitung des Hauptverfahrens vorzulegen. Mit entsprechenden Zusagen sollen die Bedenken hinsichtlich der Vereinbarkeit des Zusammenschlusses mit dem Gemeinsamen Markt beseitigt und die Kommission zur Freigabe bewegt werden. In der Regel empfiehlt es sich, den Inhalt von Zusagen bereits vorher mit der Kommission zu besprechen und abzustimmen, um dadurch die Wahrscheinlichkeit zu erhöhen, dass die vorzulegende Zusage aus Sicht der Kommission ausreicht, um das wettbewerbliche Problem zu beseitigen.

Es soll noch einmal betont werden, dass es bei kartellrechtlich problematischen Transaktionen sinnvoll ist, schon in der Planungsphase über mögliche Modifikationen der Transaktion nachzudenken. Entsprechende Rückfallpositionen können dazu beitragen, das Scheitern der Transaktion für den Fall zu verhindern, dass kartellrechtliche Probleme auftreten. Ihre frühzeitige Berücksichtigung ermöglicht es den beteiligten Unternehmen, innerhalb der kurzen Verfahrensfristen angemessen auf die Bedenken der Kommission zu reagieren.

Zur näheren Erläuterung ihrer Zusagenpraxis hat die Kommission eine Mitteilung[72] erlassen. Als untersagungsabwendende Zusagen kommen danach Veräußerungs- oder Entflechtungszusagen in Betracht, durch die Tochtergesellschaften oder Unternehmensteile in kritischen Märkten an dritte Unternehmen veräußert werden. Dabei steht es den beteiligten Unternehmen frei, die betreffenden Unternehmensteile bereits vor der Genehmigungsentscheidung der Kommission an Dritte zu veräußern oder erst nach Erteilung der Genehmigung innerhalb einer von der Kommission festgesetzten Frist. Neben sogenannten »strukturellen Zusagen« kommen in Ausnahmefällen auch »verhaltensbezogene Zusagen« in Betracht, durch die sich die beteiligten Unternehmen zu einem bestimmten Verhalten verpflichten, durch das der Wettbewerb auf den betroffenen Märkten aufrecht erhalten werden soll. Mitunter hat die Kommission auch die Verpflichtung der beteiligten Unternehmen akzeptiert, bestimmte Schlüsseltechnologien an interessierte dritte Unternehmen zu marktüblichen Bedingungen zu lizensieren.[73]

Um sicherzustellen, dass die im Zusammenschlussvorhaben gegebenen Zusagen auch eingehalten werden, hat die Kommission die Möglichkeit, ihre Freigabeentscheidung mit Bedingungen und Auflagen zu versehen. Dies ist inzwischen in beiden Prüfungsphasen

---

72 Mitteilung der Kommission über im Rahmen der Verordnung (EWG) Nr. 4064/89 des Rates und der Verordnung (EG) NR. 447/98 der Kommission zulässige Abhilfemaßnahmen, ABl. 2001 C 68/3.

73 Z.B. »Hoffmann La Roche/Boehringer Mannheim«, ABl. 1998, L 234/14 oder »Dow Chemical/Union Carbide«, ABl. 2001, L 245/1.

möglich. Halten die beteiligten Unternehmen Auflagen nicht ein, so kann die Kommission ihre Erfüllung mit Hilfe von Zwangsgeldern durchsetzen und erforderlichenfalls die Genehmigung des Zusammenschlusses widerrufen.[74] In ihrer neueren Praxis verlangt die Kommission vor allem bei Veräußerungszusagen häufig die Bestellung eines Treuhänders, der die Erfüllung der Verpflichtungen aus den Zusagen überwacht.

ee) Rücknahme der Anmeldung

Wird deutlich, dass die Kommission das Zusammenschlussvorhaben endgültig untersagen wird, so kann es unter Umständen ratsam sein, die Anmeldung zurückzuziehen, um den Erlass einer entsprechenden Entscheidung zu vermeiden. Gem. Art. 6 Abs. 1 Buchstabe c) Satz 2 FKVO müssen die beteiligten Unternehmen dabei glaubhaft machen, dass sie den Zusammenschluss aufgegeben haben – im Falle einer bloßen Rücknahme ohne ein Abstandnehmen von dem Zusammenschluss ist die Kommission dagegen verpflichtet, das Verfahren trotz Rücknahme der Anmeldung mit einer förmlichen Entscheidung zu Ende zu führen. Nach dem Urteil des Gerichts Erster Instanz in der Sache »MCI/Kommission« muss allerdings davon ausgegangen werden, dass darunter nur der Zusammenschluss »in der in der Anmeldung geschilderten Form« zu verstehen sein kann. Die bloße *Absicht*, den Zusammenschluss zu einem späteren Zeitpunkt in einer anderen Form doch durchzuführen, kann – ohne dass sich diese Absicht in irgendeiner Form objektiv manifestiert hätte – keine Befugnis der Kommission begründen, den angemeldeten Zusammenschluss trotz Rücknahme der Anmeldung formell zu untersagen.[75]

ff) Rechtsmittel und Rechte Dritter

Gegen Untersagungsentscheidungen der Kommission oder Entscheidungen unter Auflagen und Bedingungen kann von den beteiligten Unternehmen binnen zwei Monaten Nichtigkeitsklage vor dem Gericht Erster Instanz erhoben werden. Daneben steht auch gegen förmliche Auskunftsentscheidungen, Nachprüfungsanordnungen sowie Geldbuße- und Zwangsgeldfestsetzungen der Rechtsweg gemäß Art. 16, Art. 11 Abs. 5 und Art. 13 Abs. 3 FKVO offen.

Soweit Dritte ein hinreichendes Interesse an dem Verfahrensausgang darlegen können, wie dies z. B. bei Wettbewerbern, Lieferanten oder Abnehmern, aber auch Mitgliedern der Leitungsorgane oder Arbeitnehmervertretern der Fall sein kann, stehen ihnen im Hauptverfahren bestimmte Informations- und Anhörungsrechte zu. Wirtschaftlich betroffene Wettbewerber, Abnehmer oder Lieferanten können außerdem die Freigabeentscheidung der Kommission vor dem Gericht Erster Instanz anfechten.

gg) Entflechtung vollzogener Zusammenschlüsse

Wird ein Zusammenschluss vollzogen, ohne dass er angemeldet und von der Kommission freigegeben wurde oder wurde er unter Verstoß gegen eine Bedingung vollzogen, unter der die Freigabe erfolgt ist, so besteht nach Art. 8 Abs. 4 FKVO die Möglichkeit,

---

74 Art. 6 Abs. 3 Buchstabe b) und Art. 8 Abs. 5 Buchstabe b) FKVO.
75 Urteil vom 28.9.2004 in der Rechtssache T-310/00 »MCI/Kommission«.

bei Vorliegen der Untersagungsvoraussetzung die Entflechtung des Zusammenschlusses anzuordnen. Eine solche Entscheidung unterliegt zwar dem Grundsatz der Verhältnismäßigkeit. Angesichts der nun eindeutig formulierten Zielvorgabe einer Rückkehr zum »Zustand vor dem Vollzug des Zusammenschlusses« wird die Kommission nun in der Wahl der Entflechtungsmaßnahmen jedoch deutlich stärker als bisher eingeschränkt sein. So wird etwa die Aufgabe der erworbenen Anteile nur bis zum Verlust der Kontrolle, aber unter Beibehaltung einer Minderheitsbeteiligung, künftig nicht mehr ausreichend sein.[76] Zur Durchsetzung entsprechender Anordnungen können Geldbußen bzw. Zwangsgelder verhängt werden.[77]

hh) Verhältnis zu Art. 81 und 82 EG-Vertrag und zur nationalen Fusionskontrolle

Auf Mergers & Acquisitions, die Zusammenschlüsse im Sinne von Art. 3 FKVO mit gemeinschaftsweiter Bedeutung im Sinne von Art. 1 FKVO darstellen, findet allein die FKVO Anwendung. Wie bereits dargestellt, unterliegt damit auch die Gründung von Gemeinschaftsunternehmen der Fusionskontrolle. Soweit die Gründung eines der Fusionskontrolle unterliegenden Gemeinschaftsunternehmens eine Koordinierung des Wettbewerbsverhaltens der an diesem Gemeinschaftsunternehmen beteiligten Muttergesellschaften bewirkt, wird im Rahmen des Fusionskontrollverfahrens auch die Anwendbarkeit des Kartellverbots in Art. 81 EG-Vertrag geprüft. Dies hat jedoch keine Auswirkungen auf das Verfahren. Es ändert sich lediglich der Umfang der materiellen Prüfung.

Da die FKVO nur auf Vollfunktionsgemeinschaftsunternehmen Anwendung findet, werden Gemeinschaftsunternehmen, die nicht auf Dauer alle Funktionen einer selbstständigen wirtschaftlichen Einheit erfüllen, nach Art. 81 und 82 EG-Vertrag beurteilt. Dies gilt z. B. für Gemeinschaftsunternehmen, die auf Forschung und Entwicklung oder auf die Produktion beschränkt sind. Das Gleiche gilt für kooperative Gemeinschaftsunternehmen, die mangels gemeinschaftsweiter Bedeutung nicht der FKVO unterliegen.

Ansonsten ist für Mergers & Acquisitions außerhalb des Anwendungsbereichs der FKVO die Anwendbarkeit der Fusionskontrollvorschriften der Mitgliedstaaten zu prüfen. Bestimmte Mergers & Acquisitions, die entweder keinen Zusammenschluss im Sinne der FKVO darstellen (z. B. bei bestimmten Minderheitsbeteiligungen) oder die keine gemeinschaftsweite Bedeutung haben, unterliegen möglicherweise der Anwendung nationaler Fusionskontrollvorschriften. Nur innerhalb des Anwendungsbereichs der FKVO sind die mitgliedstaatlichen Wettbewerbsordnungen ausgeschlossen (sog. »One-stop-shop«-Prinzip).[78]

Zur Zuständigkeit der Mitgliedstaaten bei Zusammenschlüssen mit gemeinschaftsweiter Bedeutung kann es nur dann kommen, wenn die Kommission das Verfahren auf Antrag der Wettbewerbsbehörde eines Mitgliedstaats an diese verweist.[79] Eine solche Verweisung kommt insbesondere dann in Betracht, wenn ein Zusammenschluss den Wettbewerb auf einem Markt in diesem Mitgliedstaat, der alle Merkmale eines gesonderten Marktes aufweist, erheblich beeinträchtigen würde (Art. 9 Abs. 2 FKVO). Neben

76 So etwa noch in der Entscheidung der Kommission vom 30.01.2002 M.2283 »Schneider/Legrand«.
77 Art. 14 Abs. 2 lit. c) bzw. Art. 15 Abs. 1 lit. d) FKVO.
78 Art. 21 Abs. 2 FKVO.
79 Art. 9 FKVO.

den nationalen Wettbewerbsbehörden können gemäß Art. 4 Abs. 4 auch die Unternehmen selbst die Verweisung an die Behörde des Mitgliedstaats beantragen. Das Ersuchen kann dabei schon vor Anmeldung bei der Kommission an diese Behörde gerichtet werden. Lehnt sie den Antrag nicht ab und sind die sachlichen Voraussetzungen erfüllt, so verweist die Kommission den Zusammenschluss noch vor einer Anmeldung an den Mitgliedstaat. Im Falle einer Verweisung an die Wettbewerbsbehörde des Mitgliedstaats wird über das Zusammenschlussvorhaben oder den verwiesenen Teil des Vorhabens von den jeweiligen nationalen Behörden entschieden.

3. Deutsche Fusionskontrolle

a) Anwendungsbereich

Zusammenschlüsse, die nicht in den Anwendungsbereich der europäischen Fusionskontrolle fallen und nicht vor ihrer Anmeldung im Inland an die Kommission verwiesen wurden, sind vor ihrem Vollzug beim Bundeskartellamt in Bonn anzumelden, wenn die Aufgreifkriterien des deutschen Fusionskontrollrechts erfüllt sind. Die Kontrolle von Zusammenschlüssen wurde in Deutschland bereits 1973 eingeführt und hat damit eine mehr als 15 Jahre längere Geschichte als die europäische Zusammenschlusskontrolle nach der FKVO. Seit 1973 sind die deutschen Regelungen zur Fusionskontrolle mehrmals verschärft und bestehende Schlupflöcher im Gesetz geschlossen worden.

Durch die am 1. Januar 1999 in Kraft getretene Sechste Novelle zum Gesetz gegen Wettbewerbsbeschränkungen (GWB) wurde die deutsche Fusionskontrolle grundlegend überarbeitet und teilweise dem europäischen Recht angepasst. Zugleich wurde ihr Anwendungsbereich durch das Absenken der Umsatzschwellen für die vorherige Anmeldepflicht ausgedehnt. Entgegen der vorherigen Rechtslage sind nunmehr alle vom GWB erfassten Zusammenschlüsse, die die Umsatzschwellen erreichen, vor ihrem Vollzug anzumelden. Die früher für Zusammenschlüsse von geringerer Bedeutung vorgesehene nachträgliche Vollzugsanzeige genügt nicht mehr.

Die am 1. Juli 2005 in Kraft getretene 7. GWB-Novelle, die ursprünglich zusammen mit dem reformierten europäischen Wettbewerbsrecht am 1. Mai 2004 in Kraft treten sollte und deren Verabschiedung sich im Zusammenhang mit der angestrebten umstrittenen Überarbeitung des Pressefusionsrechts verzögerte, hat demgegenüber nur kleinere Änderungen im Rahmen des einstweiligen Rechtschutzes und geringfügige Änderungen des Verfahrensrechts mit sich gebracht.

Die Vorschriften zur Zusammenschlusskontrolle sind im siebten Abschnitt des ersten Teils des GWB enthalten. Mergers & Acquisitions, die Gründung von Gemeinschaftsunternehmen und andere Unternehmenstransaktionen müssen nur dann beim Bundeskartellamt angemeldet werden, wenn sie einen der gesetzlich geregelten Zusammenschlusstatbestände erfüllen und die an dem Zusammenschluss beteiligten Unternehmen bestimmte Umsatzschwellen erreichen.

aa) Zusammenschlusstatbestände

(1) Allgemeines

Auch nach dem GWB unterliegen nur strukturelle Veränderungen der Wettbewerbsbedingungen der Zusammenschlusskontrolle. Im Rahmen der Sechsten GWB-Novelle wurden die in § 37 GWB definierten Zusammenschlusstatbestände neu gefasst und dem europäischen Recht insoweit angeglichen, als der Tatbestand des Erwerbs der Kontrolle über ein anderes Unternehmen auch in das GWB Eingang gefunden hat. An den anderen Zusammenschlusstatbeständen, die zum Teil weiter sind als die Zusammenschlusstatbestände des europäischen Rechts, wurde festgehalten. Im Einzelnen sind folgende Zusammenschlusstatbestände zu unterscheiden:

- Vermögenserwerb (§ 37 Abs. 1 Nr. 1 GWB);
- Kontrollerwerb (§ 37 Abs. 1 Nr. 2 GWB);
- Kapitalanteils- oder Stimmrechtserwerb (§ 37 Abs. 1 Nr. 3 GWB);
- Erwerb eines wettbewerblich erheblichen Einflusses (§ 37 Abs. 1 Nr. 4 GWB).

Die deutsche Fusionskontrolle gilt nur für Unternehmen. Als Unternehmen werden grundsätzlich alle natürlichen oder juristischen Personen angesehen, die Waren oder gewerbliche Leistungen herstellen oder vertreiben und diese Tätigkeit nicht ausschließlich der rein privaten Lebensführung oder der abhängigen Arbeit zuzurechnen ist bzw. hoheitliches Handeln der öffentlichen Hand darstellt. Regelmäßig erfüllen Handelsgesellschaften, BGB-Gesellschaften, Vereine und Verbände den Unternehmensbegriff, soweit sie am marktwirtschaftlichen Leistungsaustausch teilnehmen. Ehemals öffentlich-rechtlich organisierte Aktivitäten in den Bereichen Bahn, Post und Telekommunikation sind inzwischen privatisiert und unterliegen damit ohne Weiteres der Fusionskontrolle. Daneben sind öffentlich-rechtliche Körperschaften dann als Unternehmen im Sinne des GWB anzusehen, wenn sie unternehmerisch tätig werden, d.h. am Markt auftreten. Auch natürliche Personen gelten als Unternehmen, wenn sie selbst oder durch eine Beteiligung an einem Unternehmen unternehmerisch tätig werden oder freiberuflichen Tätigkeiten nachgehen.

(2) Vermögenserwerb

Den Zusammenschlusstatbestand des Vermögenserwerbs erfüllen Transaktionen, bei denen ein Unternehmen das Vermögen eines anderen Unternehmens ganz oder zu einem wesentlichen Teil erwirbt (Asset Deal). Als Vermögen im Sinne dieses Tatbestandes kommen sämtliche unternehmerisch genutzten Vermögensgegenstände in Betracht, wie z.B. Produktionsanlagen, dingliche Rechte und Forderungen, aber auch Immaterialgüterrechte, wie der Goodwill eines Unternehmens, Kundenkarteien, Betriebsgeheimnisse, gewerbliche Schutzrechte (z.B. Warenzeichen) oder Know-how.

Als »wesentlich« sieht die Rechtsprechung jede betriebliche Teileinheit an, die eine gewisse eigenständige Bedeutung aufweist und der Umsätze zuzuordnen sind. Das gilt ohne Weiteres für gesamte Geschäftsbereiche, kann aber auch für die isolierte Übertragung von Warenzeichen oder anderen Vermögenswerten gelten, wenn dadurch die Stellung des Erwerbers auf dem betroffenen Markt beeinflusst werden kann.[80]

---

80 Zuletzt hat das BKartA etwa den Erwerb der Lizenz zur Herausgabe einer deutschen Ausgabe der Zeitschrift »National Geographic« als Vermögenserwerb eingestuft, da aufgrund der großen Verbreitung

(3) Erwerb der Kontrolle

Um eine Harmonisierung der deutschen mit der europäischen Fusionskontrolle herbeizuführen, ist der Zusammenschlusstatbestand des Kontrollerwerbs 1999 in § 37 Abs. 1 Nr. 2 GWB eingefügt worden. Nach der Gesetzesbegründung der Bundesregierung soll sich die Auslegung dieses Tatbestands an der Entscheidungspraxis der Kommission und der Europäischen Gerichte orientieren. Wie bereits oben unter 2.a)aa)(3) ausgeführt, ist Kontrolle als Möglichkeit zu verstehen, einen bestimmenden Einfluss auf die Tätigkeiten eines anderen Unternehmens auszuüben. Die Kontrolle kann durch Rechte, Verträge oder andere Mittel begründet werden. In § 37 Abs. 1 Nr. 2 GWB werden Eigentums- oder Nutzungsrechte an der Gesamtheit oder Teilen des Vermögens eines Unternehmens sowie Rechte oder Verträge genannt, die einen bestimmenden Einfluss auf die Zusammensetzung, die Beratung oder Beschlüsse der Organe des Unternehmens gewähren. Unabhängig von der Art der Transaktion wird jeder Übergang unternehmerisch genutzter Ressourcen von einem oder mehreren Unternehmen auf ein oder mehrere andere Unternehmen erfasst, durch die der bzw. die Erwerber neue Einflussmöglichkeiten erlangen.

Der Zusammenschlusstatbestand des Kontrollerwerbs kann damit sowohl durch einen Asset Deal als auch durch einen Share Deal erfüllt werden. Praktisch wichtigster Fall des Kontrollerwerbs ist der Erwerb einer mehr als 50 %-igen Beteiligung an einem anderen Unternehmen. Daneben kann auch bei Beteiligung unter 50 % ein Kontrollerwerb vorliegen, wenn der Erwerber über eine dauerhafte faktische Hauptversammlungsmehrheit verfügt.

Unabhängig von der Höhe der gesellschaftsrechtlichen Beteiligung ist der Erwerb der Kontrolle auch durch den Erwerb von Eigentums- und Nutzungsrechten an der Gesamtheit oder einem Teil eines Unternehmens, z. B. durch Betriebspacht- oder Betriebsüberlassungsverträge denkbar. Außerdem können die in § 37 Abs. 1 Nr. 2 b) GWB genannten Rechte und Verträge, z. B. Konzernverträge, oder personelle Verflechtungen den für den Tatbestand des Kontrollerwerbs erforderlichen bestimmenden Einfluss vermitteln.

Die Kontrolle im Sinne von § 37 Abs. 1 Nr. 2 GWB kann nicht nur durch ein einzelnes, sondern auch durch mehrere Unternehmen gemeinsam erworben werden. Eine gemeinsame Kontrolle setzt einen dauerhaften Interessengleichklang voraus, der mit hinreichender Wahrscheinlichkeit eine gleichgerichtete Einflussnahme erwarten lässt, die über eine allgemeine gemeinsame Interessenlage hinausgeht. Die Koordinierung der Einflussnahme der gemeinsam kontrollierenden Muttergesellschaften kann vertraglich abgesichert sein oder auf tatsächlichen Umständen beruhen. Die Möglichkeit wechselnder Mehrheiten spricht zwar gegen eine gemeinsame Kontrolle, kann aber durch faktische Gleichförmigkeit der Einflussnahme entkräftet werden.

(4) Kapitalanteils- oder Stimmrechtserwerb

Nach § 37 Abs. 1 Nr. 3 GWB liegt ein Zusammenschluss vor, wenn ein Unternehmen Anteile an einem anderen Unternehmen erwirbt und dadurch insgesamt eine Beteiligung von 25 % oder 50 % des Kapitals oder der Stimmrechte erwirbt. Mit jedem Erwerbsvorgang, durch den die vorgenannten Beteiligungsschwellen erreicht werden, liegt ein neuer

der Marke für englische Ausgaben durch die Lizenzierung eine relevante Marktposition selbst für eine deutsche Erstausgabe übertragen wurde, Entscheidung des BKartA vom 2.8.2004, B6 – 26/04.

Zusammenschlusstatbestand vor, der beim Bundeskartellamt anzumelden ist, wenn die entsprechenden Umsatzschwellen erreicht werden. Bei dem Erwerb einer Beteiligung von über 50 % wird regelmäßig auch ein Kontrollerwerb im Sinne von § 37 Abs. 1 Nr. 2 GWB gegeben sein.

Nach § 37 Abs. 1 Nr. 3 GWB stellt der Erwerb von 25 % oder 50 % der Anteile einen vertikalen Zusammenschluss zwischen dem Erwerber und dem zu erwerbenden Unternehmen dar. Darüber hinaus fingiert § 37 Abs. 1 Nr. 3 Satz 3 GWB gleichzeitig einen horizontalen Zusammenschluss zwischen sämtlichen Unternehmen, die jeweils mehr als 25 % der Anteile des betreffenden Unternehmens halten. Erwerben daher mehrere Unternehmen gleichzeitig oder nacheinander Anteile von 25 % oder mehr, so gilt dies zumindest hinsichtlich der Märkte, auf denen das Unternehmen tätig ist, an dem die betreffende Beteiligung erworben wird, auch als Zusammenschluss der sich mit 25 % oder mehr beteiligenden Unternehmen untereinander. Hierdurch soll den Auswirkungen einer solchen Transaktion auf den Wettbewerb zwischen den Müttern eines Gemeinschaftsunternehmens (sogenannter »Gruppeneffekt«) Rechnung getragen werden.

Bei der Berechnung der Beteiligungsschwellen werden die bereits gehaltenen Anteile und die neu hinzuerworbenen Anteile zusammengerechnet. Dem erwerbenden Unternehmen werden außerdem die Beteiligungen anderer Gesellschaften zugerechnet, die zu demselben Konzern gehören. Schließlich werden sämtliche Anteile, die von einem anderen Unternehmen treuhänderisch für Rechnung des Erwerbers gehalten werden, mit einbezogen.

(5) Erwerb eines wettbewerblich erheblichen Einflusses

Auch der Erwerb eines wettbewerblich erheblichen Einflusses stellt nach § 37 Abs. 1 Nr. 4 GWB einen Zusammenschluss dar. Dadurch werden vor allem Minderheitsbeteiligungen unterhalb der 25 %-Schwelle erfasst, aufgrund derer unter Berücksichtigung des zwischen den Unternehmen bestehenden gesamten Beziehungsgeflechts zu erwarten ist, dass der Wettbewerb zwischen den beteiligten Unternehmen so wesentlich eingeschränkt wird, dass die Unternehmen nicht mehr unabhängig auf dem Markt auftreten. Dieser Auffangtatbestand findet in der Regel auf Umgehungstatbestände und auf Transaktionen Anwendung, die dem Erwerber einer Beteiligung unter 25 % eine Rechtsstellung verschafft, die normalerweise nur einem qualifizierten Minderheitsgesellschafter zukommt. Nach der Praxis des Bundeskartellamts ist dies etwa dann der Fall, wenn dem Gesellschafter bestimmte Entsendungsrechte,[81] Mitwirkungsrechte bei wichtigen geschäftspolitischen Entscheidungen oder die Übernahme der Leitung einzelner Unternehmensteile übertragen werden. Nicht erforderlich ist allerdings, dass die gesellschaftsrechtliche Stellung einem Unternehmen die *rechtliche* Position eröffnet, seine Vorstellungen in einem anderen Unternehmen durchzusetzen. Es genügt vielmehr, dass ein Unternehmen die tatsächliche Möglichkeit erlangt, über seine gesellschaftsrechtliche Stellung in seinem Sinne auf das Wettbewerbsgeschehen einzuwirken.[82] Ein wettbewerblich erheblicher Einfluss kann nach der Praxis des Bundeskartellamts auch dann entstehen, wenn zu erwarten

81 »Deutsche Post/trans-o-flex«, BKartA WuW/E DE-V 501: gesteigerte Einflussnahmemöglichkeiten durch das vertragliche Recht zur Entsendung einer bestimmten Zahl von Aufsichtsratsmitgliedern.

82 »Minderheitenbeteiligung im Zeitschriftenhandel«, BGH AG 2001, 411.

ist, dass der Mehrheitsgesellschafter aufgrund von rein tatsächlichen Umständen auf die Interessen des Minderheitsgesellschafters Rücksicht nehmen wird.[83] In der Praxis wird die Reichweite des Zusammenschlusstatbestandes »wettbewerblich erheblicher Einfluss« häufig unterschätzt. Zur Vermeidung rechtlicher Risiken empfiehlt sich bei Minderheitsbeteiligungen unter 25 % in jedem Fall eine sorgfältige juristische Einzelfallprüfung.

(6) Ausnahmen vom Zusammenschlusstatbestand

Rein unternehmens- oder konzerninterne Umstrukturierungen oder Transaktionen sind ebenso wie im europäischen Recht kein Zusammenschluss im Sinne des § 37 GWB. Ein kontrollpflichtiger Zusammenschluss liegt auch dann nicht vor, wenn die beteiligten Unternehmen bereits vorher zusammengeschlossen waren und der Zusammenschluss nicht zu einer wesentlichen Verstärkung der bestehenden Unternehmensverbindung führt (§ 37 Abs. 2 GWB a.E.). Dies gilt insbesondere für unbedeutende Anteilsaufstockungen, durch die die Einflussmöglichkeiten des erwerbenden Unternehmens nicht entscheidend verändert werden, und für den Erwerb von Anteilen durch Unternehmen, die bereits über eine Mehrheitsbeteiligung verfügen. Führt eine – für sich genommen – geringfügige Aufstockung jedoch zum Erreichen der gesetzlichen Beteiligungsschwellen (25 % oder 50 %), liegt in jedem Fall ein Zusammenschluss vor. Auch die Erhöhung einer Mehrheitsbeteiligung kann eine wesentliche Verstärkung bedeuten, wenn dabei qualifizierte Minderheitsgesellschafter ihre Einflussmöglichkeiten verlieren.

Eine weitere Ausnahme vom Zusammenschlusstatbestand gilt für den Erwerb von Beteiligungen durch Kreditinstitute, Finanzinstitute oder Versicherungsunternehmen. Werden entsprechende Beteiligungen zum Zwecke der Veräußerung erworben, so liegt kein Zusammenschluss vor, wenn die mit dem Erwerb verbundenen Stimmrechte nicht ausgeübt werden und die Weiterveräußerung innerhalb eines Jahres erfolgt (§ 37 Abs. 3 GWB). Die Jahresfrist kann vom Bundeskartellamt auf Antrag verlängert werden.

bb) Umsatzschwellen

Auch die deutschen Vorschriften über die Zusammenschlusskontrolle finden nur dann Anwendung, wenn die an dem Zusammenschluss beteiligten Unternehmen bestimmte Umsatzschwellen erreichen. Die Umsatzschwellen sind in § 35 GWB geregelt. Beim Bundeskartellamt sind jene Zusammenschlüsse anzumelden, bei denen die beteiligten Unternehmen im letzten abgeschlossenen Geschäftsjahr vor dem Zusammenschluss insgesamt weltweite Umsatzerlöse von mehr als Euro 500 Mio. erzielt haben und gleichzeitig mindestens eines der beteiligten Unternehmen im Inland Umsatzerlöse von mehr als Euro 25 Mio. erzielt hat. Durch die mit der Sechsten GWB-Novelle neu eingeführte »de-minimis-Schwelle« von Euro 25 Mio. sollen Auslandszusammenschlüsse mit nur geringfügigen Auswirkungen im Inland der Fusionskontrolle entzogen werden.

Sind die vorgenannten Umsatzschwellen erfüllt, ist die deutsche Fusionskontrolle regelmäßig auch auf Auslandszusammenschlüsse anzuwenden. Zwar sind die Vorschriften über die Zusammenschlusskontrolle nach § 130 Abs. 2 GWB nur anwendbar, wenn

83 »VNG/EMB/Gasmarkt«, BKartA WuW/E DE-V 786, »E.ON/Versorgungsgesellschaft Straubing«, Entscheidung des BKartA vom 25.2.2003, B 8-144/02.

sich eine Transaktion spürbar im Inland auswirkt (sogenanntes »Auswirkungsprinzip«). Spürbare inländische Auswirkungen liegen nach Auffassung des Bundeskartellamtes aber immer dann vor, wenn zumindest eines der beteiligten Unternehmen auch im Inland tätig ist und dabei Inlandsumsätze von mindestens Euro 25 Mio. erzielt.

Etwas anderes gilt nur für den Fall, dass der Zusammenschluss selbst in keinem Zusammenhang mit den Inlandsaktivitäten der beteiligten Unternehmen steht und folglich mittelbare Auswirkungen auf den Wettbewerb in der Bundesrepublik ausgeschlossen werden können. Wegen des bestehenden Bußgeldrisikos sowie des Risikos der Unwirksamkeit des Zusammenschlusses nach deutschem Recht ist es in Zweifelsfällen sinnvoll, das Zusammenschlussvorhaben rein vorsorglich beim Bundeskartellamt anzumelden bzw. erst nach Absprache mit dem Bundeskartellamt von einer Anmeldung abzusehen.

Gesetzliche Ausnahmen hinsichtlich der Anwendung der deutschen Fusionskontrolle finden sich in § 35 Abs. 2 GWB für sogenannte Anschluss- und Bagatellmarkt-Fälle. Um kleinen und mittelständischen Unternehmen die Verwertung des Unternehmensvermögens zu erleichtern, unterfallen Zusammenschlüsse von unabhängigen, nicht konzernangehörigen Unternehmen mit Umsatzerlösen unter Euro 10 Mio. nicht der Fusionskontrolle (§ 35 Abs. 2 Nr. 1 GWB). Für Zusammmenschlüsse, die den Wettbewerb unter Verlagen bei der Herstellung oder dem Vertrieb von Zeitungen oder Zeitschriften oder deren Bestandteile betreffen, gilt dies nicht (§ 35 Abs. 2 Satz 2 GWB).

Des Weiteren sind Zusammenschlüsse von der Kontrolle ausgenommen, die Märkte betreffen, auf denen seit mindestens fünf Jahren Waren oder gewerbliche Leistungen angeboten werden und auf denen im letzten Kalenderjahr weniger als Euro 15 Mio. umgesetzt wurden (§ 35 Abs. 2 Nr. 2 GWB). Ob die Voraussetzung dieser Bagatellmarktklausel gegeben sind, hängt vor allem von der Abgrenzung der sachlich und räumlich relevanten Märkte ab. Die Prüfung dieser Ausnahme ist daher häufig mit Unsicherheiten verbunden. Darüber hinaus reichen bereits Auswirkungen auf einzelne andere, nicht der Bagatellmarktklausel unterfallende Märkte aus, um den Anwendungsbereich der Fusionskontrolle zu bejahen. Wenn der betroffene Markt nicht mit hinreichender Sicherheit abgegrenzt werden kann, sollte wegen des mit der Nichtanmeldung verbundenen Bußgeld- und Unwirksamkeitsrisikos vorsorglich eine Anmeldung vorgenommen werden oder erst nach Absprache mit dem Bundeskartellamt von einer Anmeldung abgesehen werden.

Für die Umsatzberechnung ist der Zeitpunkt der Anmeldung maßgeblich, sodass regelmäßig die Umsatzerlöse für das letzte abgeschlossene Geschäftsjahr zu Grunde zu legen sind. Dabei sind Umsätze in Fremdwährungen auf der Grundlage des von der Deutschen Bundesbank ermittelten und veröffentlichten amtlichen Durchschnittskurses für das betreffende Jahr umzurechnen. Ausschlaggebend sind, wie auch in der europäischen Fusionskontrolle, die Konzernumsätze der jeweils beteiligten Unternehmen, d. h. Umsätze der Tochter- und Muttergesellschaften der beteiligten Unternehmen einschließlich deren Töchter sind in die Umsatzberechnung einzubeziehen. Demgegenüber sind Umsatzerlöse zwischen miteinander verbundenen Unternehmen wie auch die Mehrwertsteuer oder Verbrauchsteuern nicht zu berücksichtigen.

Sonderregelungen gelten für Handelsumsätze, die nur zu drei Vierteln in Ansatz zu bringen sind (§ 38 Abs. 2 GWB). Außerdem ist für Verlage, die Herstellung und den Vertrieb von Zeitungen, Zeitschriften und deren Bestandteile, die Herstellung, den Vertrieb und die Veranstaltung von Rundfunkprogrammen und den Absatz von Rundfunkwerbezeiten bisher das Zwanzigfache der Umsatzerlöse bei der Berechnung der Umsatzschwellen maßgeblich (§ 38 Abs. 3 GWB), um so zur Absicherung der verfassungsrechtlich verankerten Pressefreiheit auch Zusammenschlüsse kleinerer Unternehmen der Fusionskontrolle zu unterwerfen. Bei Kreditinstituten, Finanzinstituten und Bausparkassen tritt nach § 38 Abs. 4 an die Stelle der Umsatzerlöse der Gesamtbetrag der in § 34 Abs. 2 Satz 1 Nr. 1 a) – e) der Verordnung über die Rechnungslegung der Kreditinstitute vom 10.02.1992[84] genannten Erträge abzüglich der Umsatzsteuer und sonstiger direkt auf die Erträge erhobenen Steuern. Einzubeziehen sind Zinserträge, laufende Erträge aus Aktien und anderen nicht festverzinslichen Wertpapieren, Beteiligungen sowie Anteile an verbundenen Unternehmen, Provisionserträge, Nettoerträge aus Finanzgeschäften und sonstige betriebliche Erträge. Des weiteren sind bei Versicherungsunternehmen die Prämieneinnahmen des letzten abgeschlossenen Geschäftsjahres maßgeblich. Prämieneinnahmen werden definiert als Einnahmen aus dem Erst- und Rückversicherungsgeschäft einschließlich der in Rückdeckung gegebenen Anteile.

Für die Berechnung der Umsatzschwellen kommt es auf die Umsätze der jeweils beteiligten Unternehmen an. Welche Unternehmen im Einzelnen an einem bestimmten Zusammenschluss beteiligt sind, richtet sich nach der Art des Zusammenschlusses. Beim Vermögenserwerb nach § 37 Abs. 1 Nr. 1 GWB sind das erwerbende Unternehmen und das zu erwerbende Unternehmen oder der Unternehmensteil, nicht aber der Veräußerer beteiligt. Da das zu erwerbende Vermögen selbst regelmäßig nicht handlungsfähig ist, werden die im Zusammenhang mit dem Zusammenschlussverfahren stehenden Rechte und Pflichten des zu erwerbenden Vermögens regelmäßig durch den Veräußerer wahrgenommen.

Beim Kontrollerwerb nach § 37 Abs. 1 Nr. 2 GWB sind das bzw. die erwerbenden Unternehmen sowie das zu erwerbende bzw. die zu erwerbenden Unternehmen beteiligt. Das gleiche gilt für den Anteilserwerb nach § 37 Abs. 1 Nr. 3 GWB, bei dem sowohl der Erwerber als auch das Unternehmen, dessen Anteile erworben werden sollen, beteiligt sind.

Nicht beteiligt ist beim Anteilserwerb der Veräußerer der Anteile. Nur wenn dieser auch nach der Transaktion mit mindestens 25 % an dem zu erwerbenden Unternehmen beteiligt bleibt, ist er ebenfalls Beteiligter des Zusammenschlussverfahrens. Dies folgt aus der Fiktion des § 37 Abs. 1 Nr. 3 Satz 3 GWB, nach der gleichzeitig ein horizontaler Zusammenschluss zwischen allen mit mindestens 25 % an dem zu erwerbenden Unternehmen beteiligten Unternehmen angenommen wird.

Im Fall des Erwerbs eines wettbewerblich erheblichen Einflusses sind sowohl das diesen Einfluss erwerbende als auch das Unternehmen beteiligt, an dem ein entsprechender Einfluss begründet wird. Ein horizontaler Zusammenschluss zwischen dem den wettbewerblich erheblichen Einfluss erwerbenden Unternehmen und anderen Gesellschaften, die mit mindestens 25 % an dem Unternehmen beteiligt sind, hinsichtlich dessen der Einfluss erworben wird, besteht nicht, mit der Folge, dass die bisherigen Gesellschafter auch nicht Beteiligte sind.

84 BGBl. I S. 203.

b) Materielle Bewertung von Zusammenschlüssen

Nach § 36 Abs. 1 GWB ist ein Zusammenschluss vom Bundeskartellamt zu untersagen, von dem zu erwarten ist, dass er eine marktbeherrschende Stellung begründet oder verstärkt, es sei denn, die beteiligten Unternehmen weisen nach, dass durch den Zusammenschluss auch Verbesserungen der Wettbewerbsbedingungen eintreten und dass diese Verbesserungen die Nachteile der Marktbeherrschung überwiegen. Anders als in der europäischen Zusammenschlusskontrolle, wo die Begründung oder Verstärkung einer marktbeherrschenden Stellung nur noch als Regelbeispiel für eine erheblichen Behinderung wirksamen Wettbewerbs fungiert, soll der Begriff der Marktbeherrschung damit auch nach der Novellierung des GWB das für die materielle Beurteilung maßgebliche Kriterium bleiben. Hintergrund ist die insbesondere vom Bundeskartellamt vertretene Ansicht,[85] dass der Marktbeherrschungstest ausreiche, um auch sogenannte »nicht koordinierte Wirkungen« auf oligopolistischen Märkten zu erfassen, und eine Umstellung des Prüfungskriteriums daher nicht erforderlich sei. Die vollständige Angleichung des GWB an das europäische Wettbewerbsrecht, die das erklärte Ziel der 7. GWB-Novelle war, ist daher zumindest auf diesem Gebiet nicht erreicht worden.

Wie bereits zur europäischen Fusionskontrolle ausgeführt, sollte der angestrebte Zusammenschluss bereits im Vorfeld der Anmeldung materiell geprüft werden, um eventuelle kartellrechtliche Schwierigkeiten im Hinblick auf die spätere Durchführung schon in der Planungsphase berücksichtigen zu können. Dies erlaubt es, möglichen kartellrechtlichen Bedenken frühzeitig und effektiv zu begegnen und die geplante Transaktion kartellrechtskonform zu gestalten.

aa) Marktabgrenzung

(1) Allgemeines

Ausgangspunkt der Beurteilung der Marktbeherrschung ist die Abgrenzung des sachlich und räumlich relevanten Marktes. Wie bereits ausgeführt (vgl. oben 2.b)aa)(1)), beeinflusst die Marktabgrenzung in erheblichem Umfang die Beantwortung der Frage, ob auf dem relevanten Markt eine beherrschende Stellung vorliegt. Nicht selten ist die Frage der Marktabgrenzung der Schlüssel zur Genehmigung von Transaktionen durch das Bundeskartellamt.

(2) Sachlich relevanter Markt

Nach dem allgemein anerkannten Bedarfsmarktkonzept richtet sich die Abgrenzung des sachlich relevanten Marktes nach der Austauschbarkeit der Produkte oder Dienstleistungen aus der Sicht der Nachfrageseite. Das Kammergericht hat in seiner richtungsweisenden »Handpreisauszeichner«-Entscheidung festgestellt, dass der sachlich relevante Markt »sämtliche Erzeugnisse« umfasst, »die sich nach ihren Eigenschaften, ihrem wirtschaftlichen Verwendungszweck und ihrer Preislage so nahe stehen, dass der verständige Ver-

85 Böge, WuW 2004, 138.

braucher sie als für die Deckung eines bestimmten Bedarfs geeignet in berechtigter Weise abwägend miteinander vergleicht und als gegeneinander austauschbar ansieht«.[86]

Das maßgebliche Kriterium der funktionellen Austauschbarkeit für einen bestimmten spezifischen Bedarf darf jedoch nicht dahingehend missverstanden werden, dass nur in ihren Eigenschaften identische Produkte miteinander austauschbar sind. Vielmehr kommt es auf einen typischen Bedarf an, der regelmäßig durch eine ganze Gruppe von Produkten oder Dienstleistungen abgedeckt werden kann. Eine zu enge Interpretation des Bedarfsmarktkonzepts würde zu Märkten führen, die sich auf einzelne Produkte oder Dienstleistungen beschränken, hinsichtlich derer einzelne Unternehmen die einzigen Anbieter und damit marktbeherrschend wären. Ausschlaggebend sind gleichermaßen der Verwendungszweck und die jeweiligen Produkteigenschaften.[87] Daneben spielt in der Praxis auch der Preis eine große Rolle, da erhebliche Preisunterschiede die Austauschbarkeit der betreffenden Produkte/Dienstleistungen grundsätzlich beschränken können.

Des Weiteren berücksichtigt das Bundeskartellamt in Anlehnung an die Entscheidungspraxis der Europäischen Kommission zunehmend Angebotsumstellungsflexibilitäten. Auf die individuellen Bedürfnisse eines Abnehmers zugeschnittene Produkte einer bestimmten Produktgattung (z. B. Kupplungen für einen konkreten Kfz-Hersteller), die aus der Sicht anderer Nachfrager nicht unmittelbar in Austauschbeziehungen stehen, können demnach einem einheitlichen sachlich relevanten Markt zugeordnet werden, wenn seitens der Anbieter die Möglichkeit besteht, die Produktion kurzfristig und ohne größere Kosten auf andere Produkte derselben Gattung (z. B. Kupplungen für andere Kfz- oder gar LKW-Hersteller) umzustellen. Auch Produktsortimente, die üblicherweise von sämtlichen Herstellern angeboten und von der Nachfrageseite sortimentsweise abgenommen werden, werden häufig zu einheitlichen Märkten zusammengefasst. Maßgeblich ist danach nicht das einzelne durch seine Eigenschaften und den jeweiligen Verwendungszweck definierte Produkt, sondern das anhand typischer Eigenschaften bestimmbare Sortiment.

Beispiele für sachlich relevante Märkte in der deutschen Praxis der Fusionskontrolle sind: *Aluminium-, Frischhaltefolie und Gefrierbeutel*[88]; *Autoradios*[89]; *chemische Grundstoffe mit bestimmten Qualitätsmerkmalen*[90]; *Edelstahlbestecke*[91]; *Nassfertiggerichte*[92]; *Roh-, Röst- und Instantkaffee*[93]; *Vergaserkraftstoff*[94]; *Zeitungsdruckpapier*[95], *öffentlicher Personen-*

86 Kammergericht, WuW/E OLG 995, 996.

87 Zusammenfassend zu den Grundsätzen der Marktabgrenzung: »trans-o-flex«, OLG Düsseldorf, WuW/E DE-R 1149. Soweit der Nachfrager mit der Anschaffung das Kernbedürfnis seines Bedarfs befriedigen kann und so die anderen Angebote verdrängt werden, sind die Güter demselben Bedarfsmarkt zuzuordnen.

88 »Melitta-Kraft«, WuW/E BKartA 2370.

89 »Blaupunkt«, WuW/E OLG 4047.

90 »Chemische Grundstoffe II«, WuW/E OLG 1507.

91 »Rheinmetall-WMF«, WuW/E OLG 3137.

92 »Pillsbury-Sonnen-Bassermann«, WuW/E OLG 3759.

93 Tätigkeitsbericht des Bundeskartellamts 1985/86, S. 74.

94 »Agip«, WuW/E BKartA 1494.

95 »Haindl-Holtzmann«, WuW/E BKartA 1475.

nahverkehr[96], *Hardcover-, Paperback- und Taschenbücher*[97], *regionale und überregionale Tageszeitungen*, sowie *Straßenverkaufszeitungen*.[98]

Bei der Beurteilung der Marktmacht der Nachfrageseite wird ähnlich verfahren wie auf der Angebotsseite. Für die Abgrenzung der sachlich relevanten Beschaffungsmärkte legt das Bundeskartellamt im Bereich des Einzelhandels das gesamte typische Einzelhandelssortiment der Abgrenzung zugrunde.[99] Nach Auffassung des Kammergerichts ist dieser Markt hingegen enger, d.h. nach bestimmten Produktgruppen abzugrenzen.[100] Einzelfragen der Marktabgrenzung bei Beschaffungsmärkten sind in der Praxis noch nicht abschließend geklärt.

(3) Räumlich relevanter Markt

Für die räumliche Marktabgrenzung ist ebenfalls auf die funktionelle Austauschbarkeit aus der Sicht des Nachfragers abzustellen. Untereinander austauschbar sind aus der Sicht der Nachfrageseite diejenigen Angebote, die für den jeweiligen Abnehmer erreichbar sind. Ausgangspunkt ist daher in der Praxis häufig das Tätigkeitsgebiet der betroffenen Unternehmen.

In einem Großteil der Fälle ist der räumlich relevante Markt dabei aus rein tatsächlichen Gründen identisch mit dem gesamten Bundesgebiet. Der Bundesgerichtshof hatte in seinem sogenannten »Backofenmarktbeschluss«[101] zudem entschieden, dass das Gebiet der Bundesrepublik auch aus rechtlicher Sicht immer die Obergrenze der räumlichen Marktabgrenzung bilde. Mit seinem Grundsatzurteil in der Rechtsache »Melitta/ Schultink«[102] hat der Bundesgerichtshof diese Rechtsprechung nun jedoch zugunsten einer an rein ökonomischen Kriterien orientierten Betrachtung aufgegeben und anerkannt, dass der relevante Markt auch größer sein kann als das Bundesgebiet. Diesem Urteil kommt erhebliche praktische Bedeutung zu. Ausländische Wettbewerber sind hiernach nicht mehr zwangsläufig außerhalb des räumlich relevanten Marktes tätig und müssen nach § 19 Abs. 2 Satz 1 Nr. 2 GWB nicht mehr nur als potenzielle Wettbewerber im Rahmen der Beurteilung der Marktbeherrschung berücksichtigt werden. Eine über das Bundesgebiet hinausgehende Abgrenzung des räumlich relevanten Marktes stößt in der Praxis jedoch nicht selten auf erhebliche Schwierigkeiten, da die Ermittlungsbefugnisse des Bundeskartellamtes auf das Bundesgebiet beschränkt sind.

Engere regionale oder lokale Märkte können sich aufgrund gesetzlicher Bestimmungen oder tatsächlicher Umstände ergeben. Beispiele hierfür sind das Gesetz über die technischen Überwachungsvereine, das bestimmte räumliche Tätigkeitsbereiche festschreibt, oder die begrenzten Transportradien für *Zement*.[103] Daneben können die beschränkten Möglichkeiten der Abnehmerseite bzw. Verbrauchergewohnheiten zu engeren Märkten

96 »OPNV Göttingen«, BKartA WUW/E DE-V 805; »ÖPNV Hannover«, BKartA WuW/E DE-V 891; »ÖPNV Saarlouis«, BKartA WuW/E DE-V 937.
97 »Random House/Heyne«, BKartA WUW/E DE-V 918.
98 »Tagesspiegel/Berliner Zeitung«, BKartA WUW/E DE-V 695.
99 »Metro-Kaufhof«, WuW/E BKartA 2060.
100 »Coop-Wandmaker«, WuW/E OLG 3917.
101 BGH WuW/E 3026, 3029.
102 »Melitta/Schultink«, Beschluss des Bundesgerichtshofs vom 5. Oktober 2004 - KVR 14/03.
103 »Zementmahlanlage II«, WuW/E BGH 1655.

führen, wie dies z. B. hinsichtlich des Einzugsbereichs von *Supermärkten*[104], bei lokalen *Abonnementszeitungen*[105] oder bei *öffentlichem Personennahverkehr*[106] der Fall ist.

bb) Marktbeherrschung

Anders als die europäische Fusionskontrolle enthält das GWB in § 19, also außerhalb des Abschnitts zur Fusionskontrolle, eine ausdrückliche Legaldefinition der Marktbeherrschung. Danach ist ein Unternehmen auf dem zuvor abgegrenzten relevanten Markt marktbeherrschend,

- soweit es ohne Wettbewerber ist oder keinem wesentlichen Wettbewerb ausgesetzt ist (§ 19 Abs. 2 Satz 1 Nr. 1 GWB), also über eine rechtliche oder tatsächliche Monopolstellung verfügt;
- wenn es im Verhältnis zu seinen Wettbewerbern über eine überragende Marktstellung verfügt (§ 19 Abs. 2 Satz 1 Nr. 2 GWB). Zu berücksichtigen sind insbesondere der Marktanteil, die Finanzkraft, der Zugang zu den Beschaffungs- oder Absatzmärkten, Verflechtungen mit anderen Unternehmen, rechtliche oder tatsächliche Schranken für den Marktzutritt anderer Unternehmen, der tatsächliche oder potenzielle Wettbewerb durch innerhalb oder außerhalb des Geltungsbereichs dieses Gesetzes ansässige Unternehmen, die Fähigkeit, sein Angebot oder seine Nachfrage auf andere Waren oder gewerbliche Leistungen umzustellen sowie die Möglichkeit der Marktgegenseite, auf andere Unternehmen auszuweichen;
- wenn zwischen zwei oder mehreren Unternehmen für eine bestimmte Art von Waren oder gewerblichen Leistungen ein wesentlicher Wettbewerb nicht besteht und soweit diese Unternehmen in ihrer Gesamtheit entweder keinem wesentlichen Wettbewerb ausgesetzt sind oder im Verhältnis zu den übrigen Wettbewerbern eine überragende Marktstellung haben (§ 19 Abs. 2 Satz 2 GWB; Oligopolmarktbeherrschung).

Die Beurteilung der Marktbeherrschung erfolgt anhand der in der Legaldefinition genannten Kriterien. Im Wege einer Gesamtbetrachtung sind alle maßgeblichen Umstände unter besonderer Berücksichtigung der auf dem relevanten Markt herrschenden Wettbewerbsverhältnisse in die Beurteilung einzubeziehen. Neben den für die Fusionskontrolle maßgeblichen Marktstrukturelementen kann auch das aktuelle Wettbewerbsverhalten der auf dem relevanten Markt tätigen Unternehmen Rückschlüsse auf die Wettbewerbsverhältnisse zulassen. Eine überragende Marktstellung ist dann gegeben, wenn nach dem Gesamtbild des Marktes vorhandene Verhaltensspielräume nicht mehr hinreichend durch den Wettbewerb kontrolliert werden und ein funktionsfähiger Wettbewerb nicht besteht.

Besondere Aussagekraft kommt dabei dem Marktanteil des betreffenden Unternehmens zu. Die Bedeutung der Marktanteile wird insbesondere durch die in § 19 Abs. 3 GWB enthaltenen Marktbeherrschungsvermutungen deutlich verstärkt, die an konkrete Marktanteile anknüpfen. Nach § 19 Abs. 3 Satz 1 GWB wird vermutet, dass ein Unternehmen marktbeherrschend ist, wenn es einen Marktanteil von mindestens einem Drittel

104 »Tengelmann-Gottlieb«, WuW/E BKartA 2441.

105 »Sarstedter Kurier-Kreisanzeiger«, WuW/E BKartA 2641.

106 »OPNV Göttingen«, BKartA WUW/E DE-V 805; »ÖPNV Hannover«, BKartA WuWE DE-V 891.

hat (Einzelmarktbeherrschung). Darüber hinaus gelten mehrere Unternehmen gemeinsam als marktbeherrschend, wenn drei oder weniger Unternehmen zusammen einen Marktanteil von 50 % erreichen oder wenn fünf oder weniger Unternehmen zusammen einen Marktanteil von zwei Dritteln innehaben (Oligopolmarktbeherrschung).

Die vorstehenden Vermutungsregeln ermöglichen eine erste Einschätzung, welche Marktanteile als kartellrechtlich problematisch einzustufen sind. Allerdings ist die praktische Bedeutung dieser Vermutungstatbestände dadurch eingeschränkt, dass sie weder das Bundeskartellamt noch die Gerichte von einer umfassenden Prüfung der Wettbewerbsverhältnisse entbinden. Auch bei Vorliegen der Voraussetzungen der Vermutungstatbestände besteht die Möglichkeit nachzuweisen, dass die Wettbewerbsbedingungen wesentlichen Wettbewerb erwarten lassen und die betreffenden Unternehmen im Verhältnis zu ihren Wettbewerbern über keine überragende Marktstellung verfügen. Im Verwaltungsverfahren obliegt der Nachweis der Marktbeherrschung grundsätzlich den Kartellbehörden. Ist jedoch nach Ausschöpfung aller Erkenntnismittel und entsprechender Würdigung des gesamten Verfahrensergebnisses eine marktbeherrschende Stellung weder auszuschließen noch zu bejahen, haben die betroffenen Unternehmen den Gegenbeweis zu führen. Gelingt ihnen dies nicht, gelten sie als marktbeherrschend. In Kartell-Zivilverfahren kommt der Vermutung nach herrschender Ansicht lediglich eine Indizwirkung zu. Eine Beweislastumkehr zulasten der Unternehmen ist damit nicht verbunden. Kriterien, die die Marktbeherrschungsvermutungen widerlegen können, sind z. B. niedrige Marktzutrittsschranken, dauerhafte Überkapazitäten, technologische Veränderungen sowie erhebliche Nachfragemacht der Kunden, die ein Gegengewicht zur Marktmacht auf der Anbieterseite darstellt.

Bei einem Oligopol ist darüber hinaus der Binnenwettbewerb in erheblichem Maße von den Kräfteverhältnissen innerhalb des Oligopols abhängig. Auch die Anzahl der am Oligopol beteiligten Unternehmen und sonstigen Wettbewerber hat entscheidenden Einfluss auf die Wettbewerbsverhältnisse. Da inzwischen überwiegend davon ausgegangen wird, dass ein Oligopol mit geringen Marktanteilsabständen der Unternehmen untereinander, vergleichbaren Ressourcen und einem ähnlich guten Zugang zu Beschaffungs- oder Absatzmärkten eher zur Wettbewerbslosigkeit neigt, weil wettbewerbliche Vorstöße für alle Unternehmen gleich spürbar, wegen der Transparenz leicht erkennbar und aufgrund von Vergeltungspotenzialen wenig Erfolg versprechend sind, werden auch Asymmetrien in der Wettbewerbsstruktur beseitigende Aufholfusionen vom Bundeskartellamt kritisch beurteilt.[107]

cc) Begründung oder Verstärkung von Marktbeherrschung

Die Beurteilung, ob durch einen Zusammenschluss eine marktbeherrschende Stellung begründet oder verstärkt wird, ist anhand einer Zukunftsprognose zu treffen. Bei dieser Prognose sind die strukturellen Wettbewerbsbedingungen vor dem Zusammenschluss mit den zusammenschlussbedingt veränderten Wettbewerbsbedingungen zu vergleichen. Zukünftige Änderungen der Marktbedingungen sind zumindest dann zu berücksichtigen, wenn diese bereits hinreichend konkret und ausreichend wahrscheinlich erscheinen.

107 Vgl. z. B. »Agrana/Atys«, BKartA WuW/E DE-V 923.

Zukünftige Markteintritte oder technische Entwicklungen können sich daher auf die Beurteilung eines Zusammenschlussvorhabens auswirken.

§ 36 Abs. 1 GWB fordert, dass der Zusammenschluss für die Begründung oder Verstärkung der marktbeherrschenden Stellung ursächlich ist. Veränderungen, die unabhängig von der Durchführung des Zusammenschlusses eintreten, vermögen daher eine Untersagung eines Zusammenschlussvorhabens nicht zu begründen.

Die Verstärkung einer beherrschenden Stellung ist insbesondere bei spürbaren Marktanteilszuwächsen gegeben. Auch ohne Marktanteilszuwächse kommt eine Verstärkung dann in Betracht, wenn bisherige Wettbewerber durch den Ressourcenzuwachs bei dem beherrschenden Unternehmen oder durch aggressive Wettbewerbspraktiken abgeschreckt und potenzielle Konkurrenten vom Marktzutritt abgehalten werden. Nach der Praxis des Bundeskartellamts sind bei erheblichen Marktanteilen bereits geringfügige Beeinträchtigungen des Restwettbewerbs ausreichend, um eine Untersagung zu rechtfertigen. Daneben können unabhängig von Marktanteilsveränderungen besonderes Know-how oder neue technische Entwicklungen sowie der Erwerb von Warenzeichen oder Marken zur Verstärkung einer bereits vorhandenen marktbeherrschenden Stellung des Erwerbers beitragen. Da bei der erforderlichen Gesamtbetrachtung immer auf den Einzelfall abzustellen ist, verbietet sich jede Pauschalierung oder formelhafte Beurteilung. Bereits im Rahmen der Planungsphase von Mergers & Acquisitions sollte eine detaillierte Analyse der Wettbewerbssituation durchgeführt werden, um auf dieser Grundlage eine wettbewerbsrechtliche Beurteilung vornehmen zu können.

Im Hinblick auf die Beurteilung der Entstehung oder Verstärkung einer marktbeherrschenden Stellung ist zwischen horizontalen, vertikalen und konglomeraten Zusammenschlüssen zu unterscheiden.

Bei horizontalen Zusammenschlüssen zwischen unmittelbaren Wettbewerbern stehen Marktanteilsadditionen, gegenseitige Ergänzungen des Produktsortiments sowie der Zugang zu gewerblichen Schutzrechten, Know-how, Warenzeichen und Marken im Vordergrund. Der Wegfall aktueller oder potenzieller Wettbewerber führt zu einer Verschlechterung der Wettbewerbssituation. Gleichzeitig sind jedoch mögliche Marktreaktionen und Abschmelzungseffekte zu berücksichtigen, welche die Marktanteilsadditionen erheblich relativieren können.

Bei vertikalen Zusammenschlüssen zwischen Unternehmen verschiedener Marktstufen spielt der Zugang zu den Beschaffungs- bzw. Absatzmärkten eine entscheidende Rolle. Für die Begründung oder Verstärkung einer marktbeherrschenden Stellung sind die mit dem Zusammenschluss verbundenen Ausschlusseffekte zu Lasten der verbleibenden Wettbewerber und die langfristige Absicherung von Lieferbeziehungen von entscheidender Bedeutung.

Bei konglomeraten Zusammenschlüssen von Unternehmen, die auf völlig verschiedenen Märkten tätig sind, kommt es vor allem auf den Zuwachs der Finanzkraft an, von der nach Auffassung des Bundeskartellamts eine Abschreckungswirkung auf kleinere Wettbewerber ausgehen kann. In der Entscheidungspraxis des Bundeskartellamts haben konglomerate Zusammenschlüsse bislang jedoch kaum eine Bedeutung gehabt.

dd) Abwägungsklausel

Nach § 36 Abs. 1 GWB ist ein Zusammenschluss, auch wenn er zur Begründung oder Verstärkung einer marktbeherrschenden Stellung führt, vom Bundeskartellamt dann nicht zu untersagen, wenn nachgewiesen wird, dass durch den Zusammenschluss auch Verbesserungen der Wettbewerbsbedingungen eintreten und dass diese Verbesserungen die Nachteile der Marktbeherrschung überwiegen.[108] Da Gegenstand der Fusionskontrolle nur strukturelle Veränderungen der Wettbewerbsbedingungen sind, kommt eine Kompensation der nachteiligen Auswirkungen auf den Wettbewerb, die von der Begründung oder Verstärkung einer marktbeherrschenden Stellung ausgehen, nur dann in Betracht, wenn mit dem Zusammenschluss marktstrukturelle Verbesserungen einhergehen. Insbesondere Rationalisierungspotenziale sind daher nur bei strukturellen Auswirkungen auf den Markt zu berücksichtigen.

Bedeutung hat diese Abwägungsklausel vor allem dann, wenn ein sich insgesamt positiv auf den Wettbewerb auswirkender Zusammenschluss auf einzelnen unbedeutenden Märkten eine marktbeherrschende Stellung begründet oder verstärkt. Die Vorteile, die auf Drittmärkten eintreten, können hier die Nachteile durch die Begründung oder Verstärkung einer beherrschenden Stellung auf einem bestimmten Markt überwiegen. Allerdings müssen die Wettbewerbsvorteile auf den Drittmärkten ebenfalls auf den Zusammenschluss zurückgeführt werden können.

Gesamtwirtschaftliche Vorteile, z. B. die Verbesserung der Arbeitsmarktlage oder der Regionalstruktur, sind im Rahmen der Fusionskontrolle nicht zu berücksichtigen. Entsprechende Gesichtspunkte sind nach § 42 GWB der Ministererlaubnis vorbehalten. Auch Sanierungsfusionen lassen sich nur in Ausnahmefällen durch die Abwägungsklausel rechtfertigen, da die Übernahme eines konkursreifen Unternehmens durch einen starken Wettbewerber regelmäßig nicht zu einer Verbesserung der Wettbewerbsbedingungen führt. Soweit die betreffenden Marktanteile jedoch in jedem Fall dem Erwerber zufallen würden, fehlt es möglicherweise bereits an der Kausalität des Zusammenschlusses für den betreffenden Marktanteilszuwachs.[109]

c) Verfahren

aa) Vorherige Anmeldung

Seit Inkrafttreten der 6. GWB-Novelle 1999 sind sämtliche Zusammenschlüsse, die der deutschen Fusionskontrolle unterliegen, vor ihrem Vollzug beim Bundeskartellamt anzumelden (System präventiver Fusionskontrolle). Hierzu sind alle an dem Zusammenschluss beteiligten Unternehmen verpflichtet, d. h. im Fall der Fusion die miteinander fusionie-

108 Die Abwägungsklausel war gerade in den letzten Jahren wiederholt Gegenstand der fusionskontrollrechtlichen Prüfung (Das Überwiegen der Verbesserungen bejahend: »RWE/VEW«, BKartA WuW/E DE-V 301; »HeinGas«, BKartA WuW/E DE-V 360; »NetCologne«, BKartA WuW/E DE-V 413; »ZEAG«, BKartA WuW/E DE-V 685; – ablehnend: »Liberty/KDG«, BKartA WuW/E DE-V 558; »Holtzbrinck/Berliner Verlag«, BKartA AG 2003. 495; siehe auch »NetCologne«, OLG Düsseldorf WuW/E DE-V 665).

109 Zuletzt so entschieden in »Imation/EMTEC«, BKartA WuW/E DE-V 848.

renden Unternehmen, bei Vermögens- oder Anteilserwerb der Erwerber und das zu erwerbende Unternehmen. Daneben ist in den Fällen des Vermögens- und Anteilserwerbs auch der Veräußerer zur Anmeldung verpflichtet. Regelmäßig wird die Anmeldung von einem der Beteiligten für sämtliche Zusammenschlussbeteiligte abgegeben. Die Anmeldung ist möglich, sobald das Zusammenschlussvorhaben hinreichend konkretisiert ist, um dem Bundeskartellamt eine Beurteilung zu ermöglichen. Sie kann bereits frühzeitig vor Abschluss der den Zusammenschluss begründenden Verträge, muss aber vor Vollzug beim Bundeskartellamt eingereicht werden.

Ein Formblatt, in dem die für die Anmeldung erforderlichen Angaben im Einzelnen aufgelistet sind, oder besondere Formvorschriften kennt das GWB im Gegensatz zur europäischen Fusionskontrolle nicht. Der Mindestinhalt der Anmeldung ist in § 39 Abs. 3 GWB genannt. Danach sind neben einer Beschreibung der Form des Zusammenschlusses für jedes der beteiligten Unternehmen die folgenden Angaben erforderlich:

- Firma oder sonstige Bezeichnung des beteiligten Unternehmens;
- Ort der Niederlassung oder Sitz der Gesellschaft;
- Art des Geschäftsbetriebes;
- Umsatzerlöse im Inland, in der Europäischen Union und weltweit;
- an Stelle der Umsatzerlöse sind bei Kreditinstituten, Finanzinstituten und Bausparkassen der Gesamtbetrag der Erträge und bei Versicherungsunternehmen die Prämien anzugeben;
- die Marktanteile einschließlich der Grundlagen für ihre Berechnung oder Schätzung, soweit ein Anteil von mind. 20 % auf irgendeinem Markt innerhalb Deutschlands erreicht wird.

Im Fall des Anteilserwerbs ist die Höhe der erworbenen und die insgesamt gehaltene Beteiligung zu nennen. Außerdem ist eine zustellungsbevollmächtigte Person im Inland zu bezeichnen, sofern der Sitz des Unternehmens außerhalb der Bundesrepublik liegt. Angaben zur Firma, Sitz und Art des Geschäftsbetriebs müssen nicht nur zu den Beteiligten, sondern auch zu den mit diesen verbundenen Unternehmen erfolgen. Außerdem sind die oben beschriebenen Angaben zu den Umsatzerlösen und Marktanteilen für die beteiligten Unternehmen und die mit ihnen verbundenen Unternehmen insgesamt zu machen. Konzernbeziehungen sowie Abhängigkeits- und Beteiligungsverhältnisse zwischen den Beteiligten und den mit ihnen verbundenen Unternehmen sind mitzuteilen. Unrichtige, unvollständige oder nicht rechtzeitige Anmeldungen können mit einem Bußgeld von bis zu Euro 100.000 geahndet werden (§ 81 Abs. 4 Satz 3 GWB).

Eine Anmeldung nach § 39 GWB ist dann nicht erforderlich, wenn der Zusammenschluss zunächst nach der FKVO bei der Europäischen Kommission angemeldet wurde und diese das Vorhaben auf Antrag des Bundeskartellamts dorthin zurückverwiesen hat. Eine Ausnahme gilt für den Fall, dass die Anmeldung bei der Kommission nicht in deutscher Sprache erfolgt ist. In diesem Fall ist eine zusätzliche Anmeldung in deutscher Sprache mit den für die deutsche Fusionskontrolle erforderlichen Angaben nachzureichen.

bb) Verfahrensablauf

Mit Einreichen der vollständigen Anmeldung beim Bundeskartellamt beginnt das sogenannte »Vorverfahren« (erste Phase der kartellrechtlichen Prüfung), in dem die zuständige Beschlussabteilung des Bundeskartellamts prüft, ob eine eingehende Untersuchung des Zusammenschlusses im Hauptprüfverfahren (zweite Phase der kartellrechtlichen Prüfung) erforderlich ist. Soweit sich keine Anhaltspunkte ergeben, dass durch den Zusammenschluss eine marktbeherrschende Stellung begründet oder verstärkt wird, gibt das Bundeskartellamt das Zusammenschlussvorhaben durch eine formlose Mitteilung frei. Da es sich hierbei um eine nicht förmliche Verwaltungsentscheidung handelt, kann diese weder mit Auflagen noch mit Bedingungen verbunden werden.

Hat das Bundeskartellamt Bedenken gegen den Zusammenschluss, eröffnet es das Hauptprüfverfahren, da nur im Hauptprüfverfahren eine Untersagungsverfügung ergehen darf. Die Mitteilung über die Eröffnung des Hauptprüfverfahrens (sogenannter »Monatsbrief«) ist den anmeldenden Unternehmen innerhalb eines Monats seit Eingang der vollständigen Anmeldung mitzuteilen. Andernfalls gilt der angemeldete Zusammenschluss als genehmigt.

Im Hauptprüfverfahren erfolgt eine detaillierte Prüfung des Zusammenschlusses. Diese Prüfung muss innerhalb von vier Monaten nach Eingang der vollständigen Anmeldung durch eine förmliche Verfügung abgeschlossen werden. Ansonsten gilt der Zusammenschluss als freigegeben. Ist das Bundeskartellamt innerhalb der Vier-Monats-Frist nicht zu einer abschließenden Beurteilung in der Lage, kann die Untersagungsfrist mit Zustimmung aller Beteiligten verlängert werden.

Im Rahmen der materiellen Prüfung stehen dem Bundeskartellamt umfassende Ermittlungsbefugnisse zu. Es kann nach § 39 Abs. 5 GWB von jedem beteiligten Unternehmen Auskünfte über Marktanteile einschließlich der Grundlagen für die Berechnung oder Schätzung sowie über Umsatzerlöse verlangen. Daneben können, soweit es zur Durchführung der materiellen Fusionskontrolle erforderlich ist, nach § 59 GWB auch von dritten Unternehmen oder Unternehmensvereinigungen Auskünfte über deren wirtschaftliche Verhältnisse verlangt sowie geschäftliche Unterlagen eingesehen und deren Herausgabe verlangt werden. Das Bundeskartellamt ist befugt, Beweis durch Augenschein, Zeugen oder Sachverständige zu erheben (§ 57 GWB) und Durchsuchungen (§ 59 Abs. 4 GWB) und Beschlagnahmen durchzuführen (§ 58 GWB). Während des Fusionskontrollverfahrens ist den Beteiligten Gelegenheit zur Stellungnahme zu geben (§ 56 Abs. 1 GWB). Die Verpflichtung, auf Antrag eines Beteiligten andere Beteiligte zur mündlichen Verhandlung zu laden, ist dagegen mit der 7. GWB-Novelle für das Verfahren vor der Kartellbehörde abgeschafft worden.

Nach § 41 Abs. 1 GWB dürfen Zusammenschlüsse, solange sie nicht vom Bundeskartellamt freigegeben wurden oder die Untersagungsfristen abgelaufen sind, nicht vollzogen werden (Vollzugsverbot). Das Vollzugsverbot gilt auch für die Mitwirkung am Vollzug des Zusammenschlusses. Als Vollzugshandlung sind alle Maßnahmen anzusehen, durch die der Zusammenschluss bewirkt und dem erwerbenden Unternehmen entsprechende Einflussmöglichkeiten auf das zu erwerbende Unternehmen bzw. den zu erwerbenden Unternehmensteil ermöglicht werden. Vollzugshandlungen sind insbesondere die endgültige Übertragung des betreffenden Vermögens oder der Gesellschaftsanteile, die Ausübung von Stimmrechten (z. B. die Abberufung und Neubestellung von Geschäftsführern) oder jede sonstige Einflussnahme auf das Verhalten des Target-Unternehmens im Wettbewerb. Vorbereitungsmaßnahmen, wie insbesondere der Abschluss der obligatorischen Vereinbarungen, stellen noch keinen Vollzug dar. Üblicherweise werden in die betreffenden Verträge Bedingungen aufgenommen, die den Vollzug von der Genehmigung durch die Kartellbehörden bzw. dem Verstreichen der Untersagungsfristen abhängig machen, um auf diese Weise dem kartellrechtlichen Vollzugsverbot Rechnung zu tragen.

Gemäß § 41 Abs. 2 GWB kann das Bundeskartellamt auf Antrag Befreiungen vom Vollzugsverbot erteilen, wenn die beteiligten Unternehmen hierfür wichtige Gründe geltend machen, insbesondere um schweren Schaden von einem beteiligten Unternehmen oder von Dritten abzuwenden. Wegen der besonderen Begründungsanforderungen ist die bisherige Praxis des Bundeskartellamts bei der Erteilung von Befreiungen vom Vollzugsverbot äußerst restriktiv. Im Ergebnis kommt es auf eine einzelfallbezogene Abwägung zwischen dem öffentlichen Interesse an der Aufrechterhaltung des Vollzugsverbots und dem drohenden Schaden der beteiligten Unternehmen oder von Dritten im Falle der Versagung des Vollzugs an. Bei geringer Untersagungswahrscheinlichkeit reichen bereits geringe Schäden für die beteiligten Unternehmen oder Dritte oder die Gefahr eines Schadenseintritts aus, um eine Ausnahme vom Vollzugsverbot zu begründen. Befreiungen können jederzeit, auch vor der Anmeldung, erteilt und mit Bedingungen und Auflagen verbunden werden.

Ein anmeldepflichtiger Zusammenschluss wird erst dann wirksam, wenn das Fusionskontrollverfahren durchgeführt und durch Freigabe bzw. Fristablauf ohne Untersagung abgeschlossen wurde. Rechtsgeschäfte, die unter Verstoß gegen das Vollzugsverbot vollzogen werden, sind nach § 41 Abs. 1 Satz 2 GWB unwirksam. Ausgenommen von der Unwirksamkeitsfolge sind Verträge über die Umwandlung, Eingliederung oder Gründung eines Unternehmens oder Unternehmensverträge, die durch Eintragung in das Handelsregister rechtswirksam geworden sind.

Der Verstoß gegen das Vollzugsverbot bzw. die Mitwirkung am Vollzug ist bußgeldbewehrt. Nach § 81 Abs. 2 Nr. 1 GWB handelt ordnungswidrig, wer sich vorsätzlich oder fahrlässig über das Vollzugsverbot hinwegsetzt. Diese Ordnungswidrigkeit kann mit einer Geldbuße bis zu Euro 1 Mio. bzw. gegen Unternehmen oder Unternehmensvereinigungen bis zu 10 % des im vorausgegangenen Geschäftsjahr erzielten Gesamtumsatzes geahndet werden (§ 81 Abs. 4 Satz 1, 2 GWB).

Das Hauptprüfverfahren wird durch eine Entscheidung des Bundeskartellamts abgeschlossen, durch die der Zusammenschluss freigegeben oder untersagt wird (§ 40 Abs. 2 Satz 1 GWB). Die Freigabe kann mit Bedingungen oder Auflagen verbunden werden (§ 40 Abs. 3 Satz 1 GWB). Aufgrund der Neuregelung in § 40 Abs. 2 Satz 1 GWB durch die 6. GWB-Novelle 1999 ergehen Entscheidungen zum Abschluss des Hauptprüfverfahrens unabhängig davon, ob es sich um eine Untersagung oder eine Freigabe handelt, als anfechtbarer Verwaltungsakt. Dieser ist gemäß § 61 GWB zu begründen, den Beteiligten zuzustellen und gemäß § 43 Abs. 2 Nr. 1 GWB im Bundesanzeiger bekannt zu machen. Durch diese Begründungs- und Veröffentlichungspflicht soll die Transparenz der Amtsentscheidungen des Bundeskartellamts erhöht werden. Inzwischen werden die in der zweiten Phase ergangenen Entscheidungen des Bundeskartellamts auch auf der Homepage der Behörde veröffentlicht.[110]

110 http://www.bundeskartellamt.de/wDeutsch/entscheidungen/fusionskontrolle/EntschFusion.php für die Entscheidungen des laufenden Jahres; http://www.bundeskartellamt.de/wDeutsch/archiv/EntschFusArchiv/ArchivFusion.php für Entscheidungen seit 1999.

Wird das Zusammenschlussvorhaben durch das Bundeskartellamt freigegeben oder gilt es nach Ablauf der Ein-Monats- bzw. Vier-Monatsfrist als genehmigt, so darf der Zusammenschluss von den beteiligten Unternehmen vollzogen werden. Der Vollzug des Zusammenschlusses ist nach § 39 Abs. 6 GWB dem Bundeskartellamt unverzüglich anzuzeigen. Bei dieser Anzeige kann auf die im Rahmen der Anmeldung eingereichten Unterlagen Bezug genommen werden. Nach Anzeige des Vollzugs des Zusammenschlusses wird dieser im Bundesanzeiger bekannt gemacht.

cc) Zusagen, Auflagen und Bedingungen

Um kartellrechtliche Bedenken zu beseitigen, können die beteiligten Unternehmen gegenüber dem Bundeskartellamt Zusagen abgeben, die geeignet sind, die Begründung oder Verstärkung einer marktbeherrschenden Stellung zu verhindern oder zu einer Verbesserung der Wettbewerbsbedingungen beizutragen, die die Nachteile der Marktbeherrschung überwiegen. Mit der 6. GWB-Novelle 1999 ist die bislang ohne gesetzliche Grundlage geübte Zusagenpraxis des Bundeskartellamts durch den Gesetzgeber geregelt worden. Nach der Neufassung von § 40 Abs. 3 GWB können Zusammenschlüsse nunmehr nicht nur in ihrer Gesamtheit untersagt oder freigegeben werden, sondern Freigabeentscheidungen auch unter Bedingungen und Auflagen erteilt werden. § 40 Abs. 3 Satz 2 GWB stellt klar, dass nur strukturelle Maßnahmen in Betracht kommen, da die beteiligten Unternehmen nicht einer laufenden Verhaltenskontrolle unterstellt werden dürfen. Zu den denkbaren Maßnahmen zählen Entflechtungs- bzw. Veräußerungszusagen, durch die sich die beteiligten Unternehmen verpflichten, bestimmte Beteiligungen, Unternehmen oder Unternehmensteile, wie zum Beispiel einzelne Betriebsstätten, an Dritte zu veräußern, weiter Öffnungszusagen, die Dritten durch Gewährung von Beteiligungen oder Lizenzen den Zugang zum Markt eröffnen, oder Einflussbegrenzungszusagen, wie zum Beispiel Stimmrechtsbeschränkungen, die die Einflussmöglichkeiten auf das Wettbewerbsverhalten anderer Unternehmen eindämmen.

Die gesetzliche Neufassung der Zusagenpraxis soll die in der Vergangenheit (z.B. in dem Verfahren »Krupp/Hoesch«) bei der Durchsetzung der Zusagen entstandenen Schwierigkeiten beseitigen. Die Möglichkeiten der Durchsetzung hängen von der Art der Zusage ab. Bei Bedingungen wird es sich überwiegend um aufschiebende Bedingungen handeln, sodass die Wirkungen der Freigabeentscheidung durch das Bundeskartellamt erst mit Erfüllung der Bedingungen eintreten.

Ein entsprechender Automatismus besteht bei Freigaben unter Auflagen nicht. Das Bundeskartellamt hat jedoch die Möglichkeit, bei Nichterfüllung einer Auflage die Freigabeverfügung zu widerrufen oder durch Anordnung von Bedingungen abzuändern oder mit erneuten Auflagen zu versehen. Ähnlich wie bei Freigaben, die auf unrichtigen oder unvollständigen Angaben der beteiligten Unternehmen beruhen, besteht die Möglichkeit, das Verfahren durch Widerruf der Freigabe erneut zu eröffnen und hiernach ggf. den Zusammenschluss zu untersagen.

d) Rechtsmittel und Rechte Dritter

Gegen eine Untersagungsverfügung kann innerhalb eines Monats nach Zustellung Beschwerde beim Oberlandesgericht (OLG) Düsseldorf eingelegt werden. Die Beschwerde entfaltet keine aufschiebende Wirkung, sodass die beteiligten Unternehmen aufgrund der Untersagung weiter gehindert sind, den betreffenden Zusammenschluss zu vollziehen. Im Wege der einstweiligen Anordnung kann jedoch der Vollzug des Zusammenschlussvorhabens gestattet werden (§ 64 Abs. 3, 60 Nr. 1 GWB). Im Beschwerdeverfahren beim OLG können sowohl Tatsachen- als auch Rechtsfragen überprüft werden.

Gegen die Hauptsacheentscheidung des OLG kann Rechtsbeschwerde beim Bundesgerichtshof eingelegt werden (§ 74 Abs. 1 GWB). Die Rechtsbeschwerde, es sei denn, sie wird allein auf Verfahrensmängel gestützt (§ 74 Abs. 4 GWB), bedarf der Zulassung durch das OLG. Die Überprüfung durch den BGH ist auf Rechtsfragen beschränkt und daher an die Tatsachenfeststellungen des OLG gebunden. Für die Rechtsbeschwerde gilt die Ein-Monatsfrist gemäß § 76 Abs. 3 GWB.

Dritte, die durch eine Freigabe des Bundeskartellamts betroffen sind, haben ebenfalls die Möglichkeit, Beschwerde nach § 63 Abs. 1 GWB einzulegen. Dies gilt nach der Neufassung des GWB seit 1999 zumindest für förmliche Freigabeentscheidungen, die im Hauptprüfverfahren ergehen (§ 40 Abs. 2 GWB). Entsprechende Beschwerdemöglichkeiten stehen hier insbesondere den am Verfahren Beteiligten, also beigeladenen Wettbewerbern, Lieferanten, Abnehmern oder sonstigen Personen oder Personenvereinigungen zu, deren Interessen durch die Entscheidung erheblich berührt werden (§ 54 Abs. 2 GWB). Ob darüber hinaus auch eine Beschwerdebefugnis für Beteiligte besteht, die im Hauptprüfverfahren nicht beigeladen waren, ist bislang nicht geklärt. Grundsätzlich kann jedes Unternehmen, dessen Interessen durch die Entscheidung in einem Fusionskontrollverfahren erheblich berührt werden, auf Antrag zu dem Verfahren beigeladen werden (§ 54 Abs. 2 Nr. 3 GWB). Über einen entsprechenden Antrag entscheidet das Bundeskartellamt nach pflichtgemäßem Ermessen und berücksichtigt neben rechtlichen auch wirtschaftliche Interessen des Antragstellers. Nach ihrer Beiladung haben die betreffenden Unternehmen die gleichen Rechte wie die übrigen Verfahrensbeteiligten. Nicht selten intervenieren Dritte, wie z. B. Wettbewerber oder Kunden der beteiligten Unternehmen, informell gegen den Zusammenschluss, und versuchen, das Bundeskartellamt von der Unzulässigkeit des Vorhabens zu überzeugen. Eine solche informelle Intervention hat den Vorteil, dass die an dem Zusammenschluss beteiligten Unternehmen die Identität der Beschwerdeführer nicht erfahren.

Wird eine Beschwerde gegen eine Freigabeentscheidung oder eine Ministererlaubnis eingelegt, so kommt dieser grundsätzlich keine aufschiebende Wirkung zu. Dritte, die den Vollzug eines Zusammenschlusses vorläufig aufhalten wollen, müssen zusätzlich einen Antrag auf Wiederherstellung der aufschiebenden Wirkung stellen. Angesichts der langwierigen prozessualen Auseinandersetzungen im Zusammenhang mit der Erteilung der Ministererlaubnis[111] für die vorher vom BKartA untersagten Zusammenschlüsse

111 1. Entscheidung des Bundesministers WuW DE-V 573; Urteile des OLG Düsseldorf WuW DE-R 885 (vorläufiger Rechtsschutz); 926 (Hauptverfahren) und 943 (Aufrechterhaltung der einstweiligen Anordnung für eine 2. Ministerentscheidung); 2. Entscheidung des Bundesministers WuW DE-V 643; 34. und 35. Sondergutachten der Monopolkommission.

»E.ON/Gelsenberg«[112] und »E.ON/Bergemann«[113] und als Reaktion auf die großzügige Gewährung einstweiligen Rechtschutzes durch das OLG Düsseldorf ist seit der 7. GWB Novelle eine Dritt-Beschwerde gegen eine Freigabeentscheidung allerdings nur dann zulässig, wenn der Dritte geltend machen kann, durch die Verfügung in seinen Rechten verletzt zu sein (§ 65 Abs. 3 Satz 4 GWB).[114] Bei Dritt-Beschwerden gegen eine Ministererlaubnis ist die Antragsberechtigung hingegen nicht beschränkt.

Die Einführung des § 65 Abs. 3 Satz 4 GWB hat zur Folge, dass im Rahmen des einstweiligen Rechtschutzes höhere Anforderungen an die Zulässigkeit eines Antrages gestellt werden als im Hauptsacheverfahren, wo der am Kartellverfahren Beteiligte weiterhin nur die Verletzung seiner wettbewerblichen Interessen geltend machen muss. Angesichts der Tatsache, dass sich die Freigabe eines Zusammenschlusses meist nur auf wirtschaftliche Belange, kaum aber auf Rechtspositionen Dritter auswirken wird, bedeutet diese Änderung eine deutliche Hürde für die Erlangung einstweiligen Rechtsschutzes und dürfte zu einer spürbaren Abnahme solcher Verfahren führen. Diese Entwicklung ist aus der Sicht von an Zusammenschlüssen beteiligten Unternehmen zu begrüßen.

e) Ministererlaubnis

Wird ein Zusammenschlussvorhaben durch das Bundeskartellamt untersagt, weil es zur Begründung oder Verstärkung einer marktbeherrschenden Stellung führt, kann der Zusammenschluss dennoch vom Bundeswirtschaftsminister erlaubt werden (§ 42 GWB). Eine entsprechende Erlaubnis ist möglich, wenn im Einzelfall die Wettbewerbsbeschränkung von gesamtwirtschaftlichen Vorteilen des Zusammenschlusses aufgewogen wird oder der Zusammenschluss durch ein überragendes Interesse der Allgemeinheit gerechtfertigt ist (§ 42 Abs. 1 Satz 1 GWB). Bei der Entscheidung über die Erlaubnis steht dem Wirtschaftsminister ein weiter Beurteilungsspielraum zu. Wegen dieser besonderen Anforderungen hat die Ministererlaubnis bislang nur wenig praktische Bedeutung erlangt. Sie wurde nur 21 mal beantragt und erst 8 mal erteilt. Im Zuge des Zusammenschlussverfahrens »E.ON/Ruhrgas« ist das Verfahren der Ministererlaubnis jedoch wieder in den Mittelpunkt des Interesses gerückt.

Die Erlaubnis muss innerhalb einer Frist von einem Monat nach Zustellung der Untersagung schriftlich beim Bundesministerium für Wirtschaft beantragt werden (§ 42 Abs. 3 GWB). Die Entscheidung über die Erlaubnis soll dann innerhalb von vier Monaten erfolgen (§ 42 Abs. 4 GWB). Vor der Entscheidung ist eine Stellungnahme der Monopolkommission einzuholen und den obersten Landesbehörden, in deren Gebiet die beteiligten Unternehmen ihren Sitz haben, Gelegenheit zur Stellungnahme zu geben.

Gegen die Entscheidung des Bundeswirtschaftsministers kann ebenfalls Beschwerde beim OLG Düsseldorf eingelegt werden (§ 63 Abs. 4 GWB). Allerdings ist eine Überprüfung des Beurteilungsspielraums des Wirtschaftsministers und dessen Würdigung der gesamtwirtschaftlichen Lage durch das Gericht nur eingeschränkt möglich (§ 71 Abs. 5

112 BKartA, WuW/E DE-V 511.
113 BKartA, WuW/E DE-V 533.
114 Vgl. dazu »pepcorn«, BGH WuW/E DE-R 1857; »Werhahn«, OLG Düsseldorf WuW/E DE-R 1644.

Satz 2 GWB). Die Einhaltung verfahrensrechtlicher Anforderungen kann dagegen Gegenstand der gerichtlichen Überprüfung sein und stand insbesondere im Zentrum der Entscheidungen des OLG Düsseldorf zu den zwei Ministererlaubnissen im Fall »E.ON/Ruhrgas«.

f) Entflechtung vollzogener Zusammenschlüsse

Ist ein Zusammenschluss bereits vollzogen worden, ohne dass eine Freigabe erteilt wurde, und untersagt das Bundeskartellamt den Zusammenschluss und verweigert der Bundeswirtschaftsminister die Erlaubnis, so ist der Zusammenschluss nach § 41 Abs. 3 Satz 1 GWB aufzulösen. Die zur Auflösung des Zusammenschlusses erforderlichen Maßnahmen werden vom Bundeskartellamt angeordnet (§ 41 Abs. 3 Satz 2 GWB). Eine entsprechende Auflösung ist nach der Rechtsprechung allerdings nur so lange zulässig, wie die materiellen und formellen Untersagungsvoraussetzungen vorliegen.

Ziel der Entflechtung ist die Beseitigung der von dem Zusammenschluss ausgehenden Wettbewerbsbeschränkungen. Diese können auch auf andere Weise als durch Wiederherstellung des früheren Zustandes beseitigt werden (§ 41 Abs. 3 Satz 3 GWB). Nach dem Grundsatz der Verhältnismäßigkeit sind jedoch nur solche Maßnahmen zulässig, die die beteiligten Unternehmen nur soweit belasten, wie dies zur Beseitigung der Wettbewerbsbeschränkung unbedingt erforderlich ist. Vielfach kann den mit dem Zusammenschluss verbundenen kartellrechtlichen Bedenken bereits durch Teilentflechtungen begegnet werden.

Die Auflösungsanordnungen des Bundeskartellamts können durch Zwangsgelder in Höhe von Euro 1.000 bis Euro 10 Mio.(§ 86a GWB), durch Untersagung oder Einschränkung der Ausübung von Stimmrechten oder durch die Bestellung von Treuhändern, die die Auflösung des Zusammenschlusses herbeiführen, durchgesetzt werden (§ 41 Abs. 4 GWB). Bei Auslandszusammenschlüssen beschränken sich die Möglichkeiten des Bundeskartellamts zur Untersagung und Entflechtung auf die jeweiligen Inlandsauswirkungen des Auslandszusammenschlusses. Als Adressaten von Entflechtungsanordnungen kommen daher nur inländische Töchter der Zusammenschlussbeteiligten in Betracht.

g) Verhältnis zu § 1 GWB

aa) Gemeinschaftsunternehmen

Gemeinschaftsunternehmen können nach deutschem Recht, ähnlich wie nach Europäischem Recht, neben der Fusionskontrolle auch dem Kartellverbot in § 1 GWB unterliegen, soweit mit ihrer Gründung eine Koordinierung des Wettbewerbsverhaltens der Muttergesellschaften verbunden ist (sogenannter »Gruppeneffekt«). Insbesondere kooperative Gemeinschaftsunternehmen unterliegen daher einer Doppelkontrolle nach den fusionskontrollrechtlichen Vorschriften einerseits und dem Kartellverbot andererseits. Im Rahmen des Fusionskontrollverfahrens prüft das Kartellamt daher gemäß § 1 GWB, ob zwischen den jeweiligen Muttergesellschaften eine spürbare wettbewerbsbeschränkende horizontale Verhaltenskoordinierung stattfindet.

Vor allem Verkaufsgemeinschaften können, auch wenn sie keine ausdrückliche Andienungspflicht vorsehen, gegen § 1 GWB verstoßen, da sie der Koordination der Verkaufstätigkeiten der Mütter dienen. Nach der Praxis des Bundeskartellamtes unterliegen weiter Einkaufsgemeinschaften mit besonders großem Einkaufsvolumen oder rechtlichem bzw. faktischem Bezugszwang der Mitglieder dem Kartellverbot, auch wenn Einkaufskooperationen selbstständiger kleiner und mittlerer Handelsunternehmen wettbewerblich grundsätzlich positiv beurteilt werden.

Daneben unterfallen Gemeinschaftsunternehmen, die als Instrumente zur Abstimmung des Marktverhaltens der beteiligten Unternehmen gegründet werden, ausschließlich § 1 GWB. Insoweit handelt es sich um reine Kartellorgane, die genauso wie Kartellvereinbarungen nach § 1 GWB zu beurteilen sind.

Demgegenüber unterliegen konzentrative Gemeinschaftsunternehmen ausschließlich der Fusionskontrolle. Ein Gemeinschaftsunternehmen hat nach Auffassung des Bundeskartellamtes konzentrativen Charakter, wenn

- es sich um ein funktionsfähiges Unternehmen mit den wesentlichen Unternehmensfunktionen handelt;
- es marktbezogene Leistungen erbringt und nicht ausschließlich auf einer vor- oder nachgelagerten Stufe für die Muttergesellschaft tätig ist;
- nicht mehr als eine der Muttergesellschaften noch selbst auf dem sachlichen Markt des Gemeinschaftsunternehmen tätig ist.

Sind diese Voraussetzungen erfüllt, so wird die Gründung bzw. Beteiligung an einem Gemeinschaftsunternehmen nicht mehr nach § 1 GWB geprüft. Lediglich überschießende Wettbewerbsbeschränkungen, also solche Beschränkungen, die für das Funktionieren des Gemeinschaftsunternehmens nicht erforderlich sind, unterfallen § 1 GWB.

bb) Wettbewerbsverbote

Obwohl Wettbewerbsverbote grundsätzlich unter das Kartellverbot nach § 1 GWB fallen, sind Wettbewerbsverbote in Unternehmenskaufverträgen nicht generell unzulässig. Für ihre Zulässigkeit kommt es darauf an, ob sie in gegenständlicher, örtlicher und zeitlicher Hinsicht erforderlich sind, um die Übertragung des Unternehmens auf den Käufer einschließlich der mit ihm verbundenen immateriellen Werte, insbesondere des Kundenkreises, dauerhaft abzusichern. Die Erforderlichkeit und Verhältnismäßigkeit eines entsprechenden Wettbewerbsverbotes hängt vom Einzelfall ab. Regelmäßig geht die Rechtsprechung davon aus, dass bei Wettbewerbsverboten von bis zu fünf Jahren die Erforderlichkeit für die Übertragung des Unternehmens gegeben ist. Längerfristige Wettbewerbsverbote werden nur unter besonderen Umständen anerkannt.

Literatur

Alonso, Market Definition in the Community's Merger Control Policy, ECLR 1994, 195.
Amato/Ehlermann/Komninos, EC competition law: a critical assessment, 2007.
Arnull/Wyatt/Dashwood, Wyatt and Dashwood's European Union law, 5. Aufl., 2006.
Bael/Bellis, Competition law of the European Community, 4. Aufl., 2005.
Bechtold, Kartellgesetz, 4. Aufl. 2006.
Berg, Zusagen in der Europäischen Fusionskontrolle, EuZW 2003, 362.
Bergmann, Settlements in EC Merger Control Proceedings, Antitrust Law Journal 62/1993, 47.
Bergmann/Burholt, Nicht Fisch und nicht Fleisch – zur Änderung des materiellen Prüfkriteriums in der europäischen Fusionskontrollverordnung, EuZW 2004, 161.
Bergau/Müller-Tautphaeus, Europäische Fusionskontrolle, Sonderheft European Law Reporter 9/1999, 370.
Böge, Reform der Europäischen Fusionskontrolle, WuW 2004, 138.
Canenbley, Der Zusammenschlußbegriff in der deutschen und europäischen Fusionskontrolle, am Beispiel des Anteilserwerbs, in: Festschrift für Otfried Lieberknecht, 1997, S. 277.
Christiansen, Die »Ökonomisierung« der EU-Fusionskontrolle: Mehr Kosten als Nutzen?, WuW 2005, 285.
Cook/Kerse, E.C. Merger Law, 4. Auflage 2004.
Davies, Getting the deal through, Merger Control 2007: the international regulation of mergers and joint ventures in 61 jurisdictions worldwide, 2006.
Dittert, Verfahrensreform in der neuen EG-Fusionskontrollverordnung, WuW 2004, 148.
Drauz/Jones, Mergers and acquisitions, 2006.
Emmerich, Kartellrecht, 10. Aufl. 2006.
Faull/Nikpay, The EC Law of Competition, 2. Aufl., 2007.
Frenz, Die Kontrolle von Fusionsgenehmigungen als Spiegelbild von Untersagungen – Die Fortführung der Entscheidungen Kali & Salz, Tetra Laval, BaByliss und Airtours im Urteil Impala/Kommission, WuW 2007, 138.
Groeben/Schwarze, EU-/EG-Vertrag, Kommentar, Band 2, 6. Aufl. 2003.
Hahn, Die Kontrolle von Zusammenschlüssen nach ihrem Vollzug, WuW 2007, 1084.
Hirsbrunner, Entwicklungen der Europäischen Fusionskontrolle, EuZW 2006, 711.
Hirsbrunner, Neue Entwicklungen der Europäischen Fusionskontrolle in den Jahren 2003/2004, EuZW 2005, 519.
Hirsch/Montag/Säcker, Münchener Kommentar zum Europäischen und Deutschen Wettbewerbsrecht (Kartellrecht): Europäisches Wettbewerbsrecht Bd. 1, 2007.
Hofer/Williams/Wu, Empirische Methoden in der Europäischen Fusionskontrolle, WuW 2005, 155.
Holmes/Davies, A practical guide to national competition rules across Europe, 2. Aufl., 2007.
Hossenfelder/Töllner/Ost, Kartellrechtspraxis und Kartellrechtsprechung 2005/2006.
Immenga/Mestmäcker, Wettbewerbsrecht, Band 1, Kommentar zum Europäischen Kartellrecht, 4. Aufl., 2007.
Immenga/Mestmäcker, Wettbewerbsrecht, Band 2, GWB, Kommentar zum Deutschen Kartellrecht, 4. Aufl. 2007.
Jaeger, Kommentar, Kein einstweiliger Rechtsschutz gegen die Untersagung einer Fusion, WuW 2007, 851.
Kerse/Khan, EC antitrust procedure, 5. Aufl., 2005.
Klees, Europäisches Kartellverfahrensrecht mit Fusionskontrollverfahren, 2005.
Langen/Bunte, Kommentar zum deutschen und europäischen Kartellrecht, 10. Aufl. 2006.

Lindsay, The EC merger regulation: substantive issues, 2. Aufl., 2006.
Montag, Strukturelle kooperative Gemeinschaftsunternehmen, RIW 1994, 918.
Montag, Kartellrecht, in: *Picot,* Unternehmenskauf und Restrukturierung, 4. Aufl. 2004.
Montag/Leibenath, Aktuelle Probleme in der Europäischen Fusionskontrolle, WuW 2000, 852.
Navarro Varona/Galarza/Folguera/Briones Alonso, Merger control in the European Union: law, economics and practice, 2. Aufl., 2005.
Pellmann, Significant impediment to effective competition: Marktbeherrschung und erhebliche Behinderung wirksamen Wettbewerbs (SIEC-Test) in der europäischen Fusionskontrolle, 2006.
Rowley/Baker, International Mergers. The Antitrust Process, 3. Aufl. 2001.
Schröter/Jakob/Mederer, Kommentar zum Europäischen Wettbewerbsrecht, 2003.
Schwalbe/Zimmer, Kartellrecht und Ökonomie: moderne ökonomische Ansätze in der europäischen und deutschen Zusammenschlusskontrolle, 2006.
Sedemund, Fusionskontrolle, in: *Hölters,* Handbuch des Unternehmens- und Beteiligungskaufs, 6. Aufl. 2005.
Wiedemann, Handbuch des Kartellrechts, 1999.
Woude/Jones, EC competition law handbook 2007/2008, 2007.
Zimmer, Significant Impediment to Effective Competition, ZWer 2004, 250
Zöttl, Drittschutz nach der 7. GWB Novelle, WuW 2004, 474

C. Integration bzw. Implementierung der Mergers & Acquisitions

X. Integrationsmanagement

1. Einleitung

Fusionen und Akquisitionen sind Standardstrategien vieler Unternehmen, um durch Wachstum Wert zu generieren. Gerade in den letzten Jahren hat sich gezeigt, dass anorganisches Wachstum Bedingung für den langfristigen Unternehmenserfolg ist. Wenn nach oft monatelangen Verhandlungen die beteiligten Parteien ihre Einigung bekannt geben und den Kaufpreis festlegen, liegt der Maßstab fest, an dem sich später der Erfolg der Transaktion messen lassen muss. Der Kaufpreis mit der gezahlten strategischen Prämie spiegelt die Verhandlungsstärke beider Parteien und ihre Erwartungen an die zu erzielenden Synergien wider.

Die anschließenden Integrationsarbeiten können aus einem schlechten Deal keinen guten Deal machen. Richtig durchgeführt ermöglichen sie es jedoch, die in der Transaktionsprämie eingepreisten Synergien sowie weitergehende Potenziale zu erschließen. Zudem stabilisiert eine gelungene Integration die Organisation und sichert das laufende Geschäft ab – sie verhindert so, dass der Zusammenschluss kurzfristig zu Ertragseinbußen führt, die möglicherweise mehr Wert vernichten, als durch Synergien geschaffen wird.

Ein Patentrezept für das Vorgehen bei einer Integration gibt es nicht. Jedes Unternehmen muss seinen eigenen Weg finden, der vor allem von der Ausgangslage, dem Industriekontext und den rechtlichen Rahmenbedingungen abhängt. Ein frühzeitiges Festlegen der Integrationsprinzipien, eine sorgfältige Planung der Integrationsarbeiten und ein langer Atem bei der Umsetzung sind in jedem Fall unverzichtbar.

Kritische Meilensteine während einer Integration sind in der Regel die offizielle Absichtserklärung zur Transaktion (»Announcement«), das Einholen der notwendigen Genehmigungen durch Anteilseigner und Aufsichtsbehörden sowie die Abwicklung der Transaktion (»Closing«) am Tag 1 (Abbildung 1). Mit Tag 1 hat sich die Eigentümerstruktur rechtlich verändert – das operative Geschäft wird jetzt gemeinsam geführt. Eine der typischen Herausforderungen während einer Integration ist, dass sich nicht eindeutig vorhersagen lässt, wann genau diese Meilensteine erreicht werden können, denn der Zeitplan hängt zum Teil von externen Entscheidungen, etwa Genehmigungen der Wettbewerbsbehörden, ab. Letztlich werden beide Transaktionspartner einen operativ sinnvollen Tag 1 anstreben (etwa den Monatsersten zur Vereinfachung des Reportings) und als Zielvorstellung kommunizieren. Aber unabhängig davon kann schon früh mit dem Integrationsmanagement begonnen werden.

Schon vor dem Announcement lässt sich aus Käufersicht klären, wie die Integration auszugestalten ist:

- *Bolt-on*: Die übernommene Firma wird unter weitgehender Beibehaltung ihrer Strukturen der übernehmenden Firma angegliedert.
- *Übernahme*: Die übernommene Firma wird in die übernehmende Firma hinein integriert.
- *Best-of-Both*: Das Beste aus beiden Organisationen wird kombiniert.

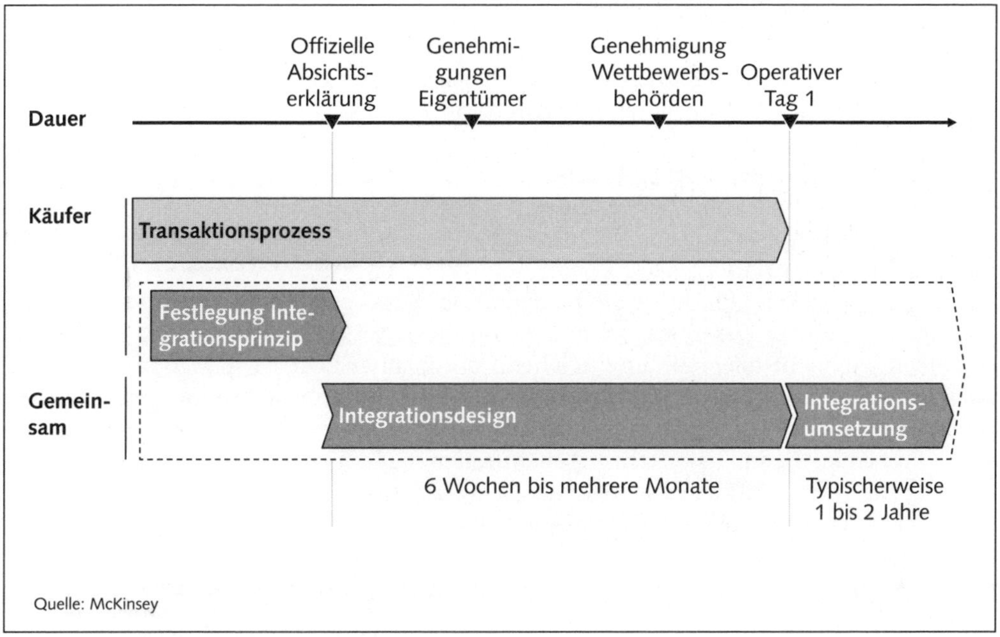

Abb. 1: Typische Phasen der Integration

- *Transformation*: Zwei Organisationen verschmelzen so miteinander, dass etwas völlig Neues entsteht.[1]

Nach dem Announcement lässt sich der gemeinsame Integrationsprozess unabhängig von der extern vorgegebenen Zeitleiste typischerweise in zwei Phasen unterteilen: In der ersten Phase, der Designphase, trifft das (neue gemeinsame) Management alle Grundsatzentscheidungen zur künftigen Ausrichtung des neuen Unternehmens und plant die Schritte für die Durchführung der Integration. Diese erste Phase dauert je nach Umfang und Komplexität des Vorhabens zwischen zwei und drei Monaten und kann schon kurz nach der offiziellen Ankündigung der Transaktion beginnen[2], natürlich unter Berücksich-

1 Ciba und Sandoz setzten bei ihrem Zusammenschluss bewusst auf eine Transformation, um mit Novartis ein ganz neues Leistungsniveau erreichen zu können. P&G und Gillette setzten sich das Ziel, voneinander zu lernen und vorhandene Stärken über eine Best-of-Both-Integration zu kombinieren. Cisco verfolgt in der Regel eine Strategie des Bolt-on. Das akquirierte Unternehmen kann zunächst ohne größere Veränderungen weiterarbeiten, während sich Cisco auf den größten Wertschaffungshebel, das Cross-Selling, konzentriert – den Verkauf der Produkte des akquirierten Unternehmens über die eigenen Vertriebskanäle.

2 Natürlich können Überlegungen zum Integrationsdesign auch schon während der Due-Diligence-Phase auf der Käuferseite angestoßen werden. Unternehmen, die anorganisches Wachstum als Kernbestandteil ihrer Strategie definiert haben (und damit 10 bis 100 Transaktionen pro Jahr durchführen), besitzen mittlerweile sogar Stabsabteilungen, die sich ausschließlich mit der regelmäßigen Planung und Durchführung von Integrationen befassen (sogenannter End-to-End-Transaktionsprozess, z.B. bei IBM, Cisco).

tigung der rechtlichen Gegebenheiten (vgl. Kapitel IX. in diesem Buch). In der zweiten Phase, der Umsetzungsphase, geht es dann darum, die einzelnen Integrationsmaßnahmen zu konkretisieren und zu implementieren. Die zweite Phase dauert in der Regel ein bis zwei Jahre. Zum Teil wird der Zeitrahmen auch bewusst weiter gesteckt. So werden bei der Übernahme der Hypovereinsbank durch Unicredit drei Jahre nach der Ankündigung dieses länderübergreifenden Mergers noch immer planmäßig Synergiemaßnahmen umgesetzt. Insbesondere bei Übernahmen mit Aktivitäten in kleineren, stark wachsenden Märkten werden Anpassungsmaßnahmen oft zunächst zurückgestellt, um den Erfolg im Markt nicht zu riskieren.

Die erfolgskritische Phase ist die Designphase. Meist entscheiden die ersten hundert Tage darüber, ob der Zusammenschluss gelingt oder nicht. Häufig wird diese erste Phase jedoch gar nicht oder nur unzureichend durchlaufen. Oft ist das Topmanagement noch mit dem Abschluss der Transaktion selbst beschäftigt oder beginnt direkt mit der Umsetzung einzelner Integrationsmaßnahmen. Die Erfahrung zeigt, dass viele der typischen Probleme, die in Fusionsprozessen auftreten, auf eine unvollständige Designphase zurückzuführen sind. Umso wichtiger ist es, systematisch und konzentriert vorzugehen. Das Topmanagement sollte in den ersten Wochen vor allem vier Hauptaufgaben abarbeiten (Abbildung 2):

- Das Anspruchsniveau für das neue Unternehmen gemeinsam festlegen und in verbindliche Ziele und Werte übersetzen;

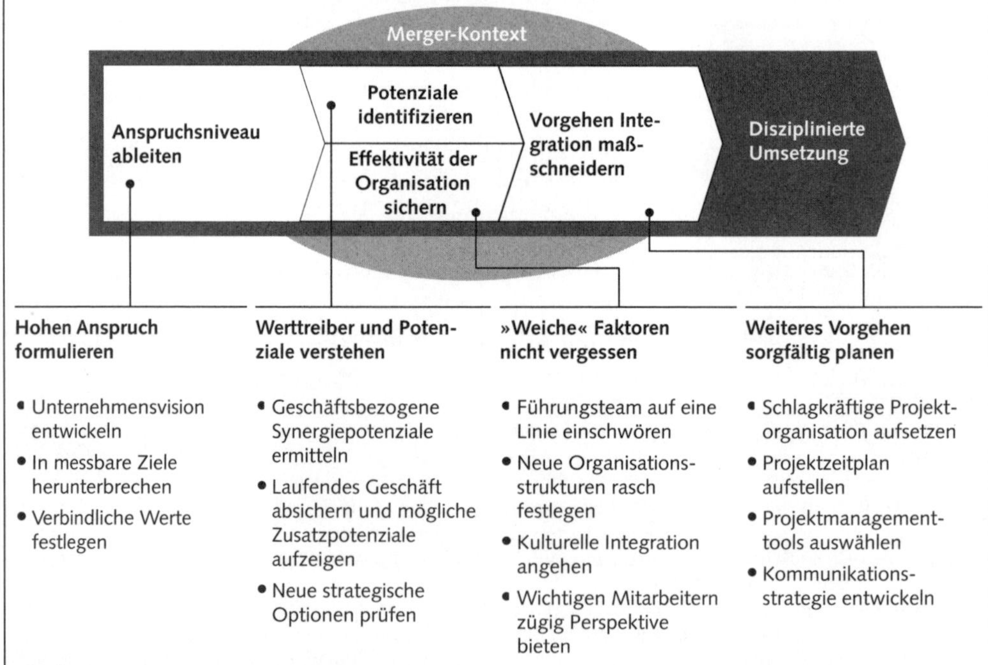

Quelle: McKinsey

Abb. 2: Hauptaufgaben in der Designphase

- Alle kurz-, mittel- und langfristig erschließbaren Wertschaffungspotenziale identifizieren;
- Die Effektivität der künftigen Organisation sicherstellen;
- Das weitere Vorgehen bei der Integration im Detail planen.

In der zweiten Phase gilt es dann, die Integration diszipliniert umzusetzen. Da hier im Wesentlichen dieselben Erfolgsfaktoren gelten wie in anderen großen Veränderungsprozessen – Sanierungen oder Restrukturierungen etwa –, konzentriert sich dieser Beitrag im Folgenden auf die Hauptaufgaben der Designphase. Implizit gehen wir dabei von einem Merger zwischen zwei gleich großen Einheiten aus, der spürbare Veränderungen für beide Seiten mit sich bringt.

2. Anspruchsniveau ableiten und kommunizieren

Das Anspruchsniveau für das neue Unternehmen schnell zu definieren ist aus zwei Gründen wichtig: Zum einen vermeidet eine klare Vision Unsicherheiten bei Führungskräften und Mitarbeitern. Sie gibt die Prioritäten für die nächsten Jahre vor und dient als Richtschnur für anstehende Entscheidungen. Die Aufmerksamkeit wird gezielt auf die Chancen statt auf die möglichen Schwierigkeiten eines Zusammengehens gelenkt. Zum anderen kann das Management auf diese Weise gegenüber dem Kapitalmarkt den festen Willen zu einer Neuorientierung deutlich machen. Zum Beispiel haben die Stahlproduzenten Mittal und Arcelor bei ihrer Fusion bewusst einen solchen Anspruch formuliert. Am Tag der Bekanntgabe der Pläne legte das Management drei Ziele fest: erstens, die Integration schnell und effizient durchzuführen, zweitens, das Tagesgeschäft abzusichern, und drittens, einem kontinuierlichen Wachstumspfad zu folgen.

Der Anspruch des Unternehmens muss dann in messbare Ziele heruntergebrochen werden. Dazu bieten sich spezielle Prozesse der Kaskadierung an, bei denen – von der Unternehmensleitung getrieben – die Ziele über die verschiedenen Hierarchieebenen in die Organisation getragen werden. Ein Beispiel dazu ist der Zusammenschluss der beiden US-Banken First Union und Wachovia im Jahr 2001. Hier wurde dem Vertrieb vorgegeben, Kundenverluste im Zuge der Integration zu minimieren, den Kundenservice zu verbessern und die Kundenbindung zu stärken. Diese Ziele ließen sich für jede Filiale und jedes Verkaufsteam explizit aufschlüsseln. Solche konkreten Ziele schaffen einen direkten Bezug zwischen dem Anspruch des Unternehmens und dem täglichen Arbeitsbereich; die Erwartungen werden für alle Mitarbeiter verständlich und greifbar.

Neben dem Anspruch und den Zielen sollte das Führungsteam auch verbindliche Werte für das neue Unternehmen festlegen und kommunizieren. Diese Werte reflektieren die Ausrichtung des neuen Unternehmens und führen die Organisation zu konsistentem Verhalten. Bei der Gründung von Nokia Siemens Networks 2007 präsentierte der Vorstand die neue Marke auf der weltweiten 3GSM-Konferenz gemeinsam mit der Vision von »5 Milliarden Menschen online in 2015«. Entsprechend wurde als oberster Unternehmenswert »Kundenfokus« festgelegt. Als Ford bei Volvo einstieg, machte Jacques Nasser, CEO von Ford, von Anfang an klar, dass das »Schwedische« der Marke Volvo in jedem Fall erhalten bleiben solle – und ließ dokumentieren, was dies für das Produkt-

und Serviceangebot sowie die Unternehmenskultur bedeutet. Denn es reicht nicht aus, neue Werte lediglich zu kommunizieren – sie müssen auch mit konkreten Handlungsbeispielen unterlegt werden. Schon die Benennung des Managementteams und die Art und Weise, wie Kontrolle über den neuen Unternehmensteil ausgeübt wird, sollten die Werte widerspiegeln, denen sich das neue Unternehmen verpflichtet fühlt. Ein Wert wie »Win together« beispielsweise lässt sich nur schlecht etablieren, wenn das neue Führungsteam allein mit Vertretern eines der beiden Unternehmen besetzt ist.

Anspruch, Ziele und Werte zu formulieren und in der gesamten Organisation zu verankern, ist in der Regel ein iterativer Prozess, der immer wieder Korrekturen und Anpassungen erfordert (vgl. auch Kapitel 3). Er beginnt auf der obersten Führungsebene – die sich dafür auch die notwendige Zeit nehmen und regelmäßige gemeinsame (Off-Site-)Workshops durchführen sollte. Der Aufwand lohnt sich; mittelfristig auftretende Ineffizienzen in der Entscheidungsfindung und -durchführung lassen sich so von Anfang an vermeiden.

3. Wertschaffungspotenziale vollständig identifizieren

Der Erfolg einer Fusion wird vom Markt letztlich an der Höhe der Wertgenerierung gemessen. Vor der Verkündigung der Transaktion haben die beteiligten Unternehmen typischerweise die Synergien, die zwischen den beiden Organisationen bestehen, abgeschätzt und damit die Transaktionsprämie und die Integrationsrisiken gerechtfertigt. Bei der anschließenden Zusammenführung der Unternehmen steht die Realisierung dieser Synergien im Mittelpunkt. Häufig wird dabei jedoch übersehen, dass eine Integration meist noch viel weiter gehende Möglichkeiten zur Wertschaffung bietet. Grundsätzlich lassen sich drei Arten von Wertschaffungspotenzialen unterscheiden:

- Geschäftsbezogene Synergiepotenziale, die sich direkt aus dem Zusammenschluss der beiden Unternehmen ergeben.
- Potenziale, die ohnehin erschlossen werden sollten oder sich einmalig im Zuge der anstehenden Veränderungen realisieren lassen.
- Potenziale, die sich aus neuen strategischen Möglichkeiten des fusionierten Unternehmens ergeben.

Nach unserer Erfahrung ist ein genaues Verständnis dieser Potenziale schon in der Designphase unverzichtbar. Denn nur so kann der Integrationsprozess konsequent auf die Potenzialerschließung ausgerichtet werden.

Bei der Quantifizierung der Potenziale hat sich ein iteratives Top-down- und Bottom-up-Verfahren bewährt (Abbildung 3): Abgeleitet aus dem Anspruch des neuen Unternehmens und Vergleichen mit den leistungsstärksten Firmen der eigenen Branche (oder auch anderer Branchen) macht die Unternehmensführung auf Basis der verfügbaren Datengrundlage top-down anspruchsvolle, aber realistische Zielvorgaben. Erste Anhaltspunkte dazu liefern Vorüberlegungen aus dem Due-Diligence-Prozess. Diese Vorgaben senden ein deutliches Signal an die Organisation: Die Integration ist kein »business as usual«, Außergewöhnliches ist möglich und wird erwartet. Die Top-down-Vorgaben sind dann mit dem Management zu validieren und bottom-up von der Organisation zu untermau-

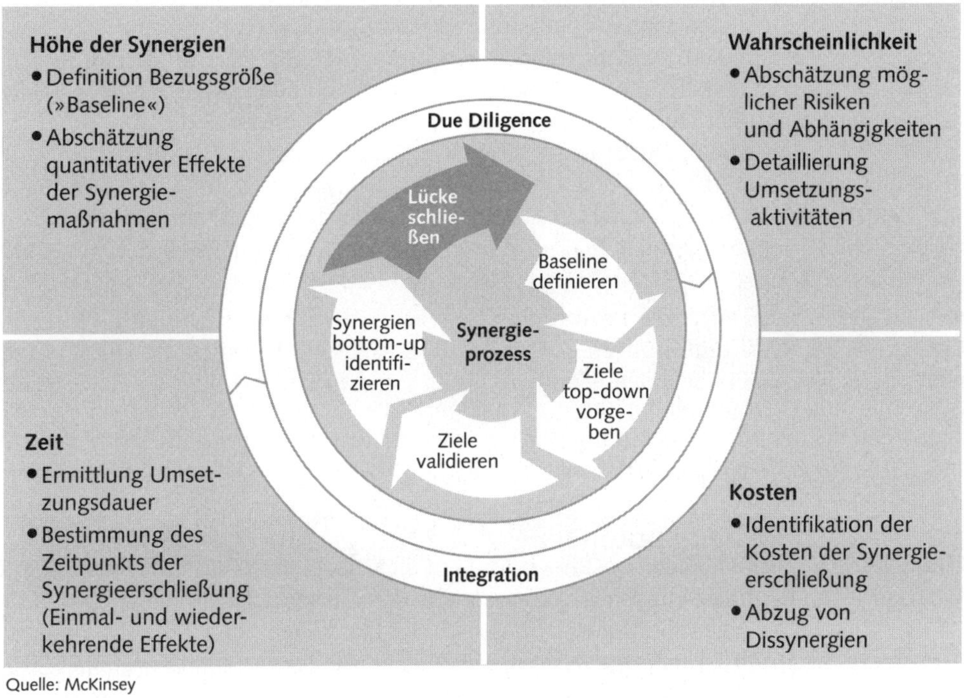

Abb. 3: Identifikation und Aktivierung der Werttreiber

ern: Einzelanalysen müssen konkrete Werttreiber aufdecken und zeigen, welche Projekte umzusetzen sind. Auf diese Weise werden die zunächst abstrakten Top-down-Vorgaben für das Linienmanagement schnell greifbar, die Veränderungsbereitschaft steigt. Dieser Top-down- und Bottom-up-Prozess sollte – sofern Restriktionen den Austausch von Informationen vor dem offiziellen Closing der Transaktion nicht beschränken[3] – bereits in der Designphase anlaufen. Können die vorgegebenen Zielwerte nicht vollständig hinterlegt werden, durchläuft man den Prozess erneut.

a) Geschäftsbezogene Synergiepotenziale ermitteln

Der Zusammenschluss von Unternehmen führt in der Regel zu erheblichen Synergien – redundante Kosten lassen sich reduzieren und Umsätze durch einen erweiterten Kundenstamm steigern. Zusätzlicher Wert entsteht zudem durch gezielten Know-how-Austausch:

3 Die Ermittlung des geschäftsbezogenen Synergiepotenzials kann in der Designphase dadurch erschwert werden, dass der Austausch wettbewerbsrechtlich sensibler Informationen nicht zulässig ist. Dies gilt insbesondere bei länger andauernden Genehmigungsverfahren. Die Einschaltung eines neutralen Clean-Teams, das die unternehmensspezifischen Daten in eine aggregierte, vergleichbare Form bringt und auswertet, kann hier große Zeitvorteile schaffen.

Die beiden bisher getrennt – oft sogar als Wettbewerber – agierenden Unternehmen teilen Best-Practice-Erfahrungen und können so ihre Leistungsfähigkeit noch einmal steigern. Gehen etwa zwei Banken zusammen, nehmen Prognosefähigkeit und -genauigkeit der verwendeten Risikomodelle häufig allein durch das Zusammenlegen der beiden Risikomanagementteams mit ihren jeweiligen Erfahrungen und Datensätzen zu.

Das direkte Synergiepotenzial lässt sich in der Regel gut entlang eines vereinfachten Geschäftssystems identifizieren. Je nach Kontext der Transaktion kann die Bedeutung der einzelnen Hebel dabei stark schwanken. Bei der Fusion des deutschen Konzerns Linde mit dem Industriegasehersteller BOC wurde der Großteil der Synergien durch Reduktion von Verwaltungs- und Einkaufskosten realisiert. Dahingegen ist die Expansion der österreichischen Banken – als Beispiele dienen Raiffeisen International und Erste Bank – in Osteuropa durch die Strategie der Besetzung der Wachstumsmärkte und dadurch erwartete Umsatzsynergien geprägt. Beim Kauf von Mont Blanc durch das Schweizer Luxusgüterunternehmen Compagnie Financière Richemont diente der Erwerb der erfolgreichen Marke zur Übertragung auf ein erweitertes Produktportfolio. Im Folgenden sind Geschäftssystem und Verbesserungshebel für ein typisches Industrieunternehmen skizziert.

Einkaufskompetenz stärken: Im Einkauf lassen sich nach einem Zusammenschluss in der Regel rasch deutliche Einsparungen erzielen. Die wesentlichen Hebel sind:

- Den günstigsten Lieferanten auswählen und das Lieferantenportfolio konsolidieren.
- Mengenrabatte auf Grund von Zusatzmengen durchsetzen.
- Spezifikationen anpassen.
- Die Total Cost of Ownership (TCO)[4] im neuen Unternehmen optimieren.

Die Höhe des Potenzials hängt sehr stark von der Materialklasse, der Größe der Einkaufsvolumina und den bereits vorhandenen Einkaufsfähigkeiten der fusionierenden Unternehmen ab. Schließen sich zwei gleich große Unternehmen mit durchschnittlichen Fähigkeiten zusammen, liegt das Einsparpotenzial meist bei insgesamt ca. 10 bis 15 % der Einkaufskosten. Sind die Unternehmen unterschiedlich groß und verfügen bereits über ausgeprägte Einkaufsexpertise, beschränkt sich das Potenzial in der Regel auf ca. 4 bis 6 %.

Produktions- und Technikbereiche optimieren: Die Einsparpotenziale in den operativen Bereichen resultieren im Wesentlichen aus drei Ansätzen:

- *Langfristige Standortstrategie entwickeln:* Mit der Fusion von gleich großen Unternehmen verdoppelt sich in der Regel die Anzahl der Produktionsstandorte und damit die Komplexität. Zu prüfen ist daher, inwieweit Standortschließungen zu Einsparungen führen. Indikatoren für ein hohes Potenzial sind gleichartige Produktionsanlagen mit Überkapazitäten, hohe Verwaltungskosten pro Standort und redundante Forschungseinrichtungen.

4 Total Cost of Ownership entspricht einer ganzheitlichen Betrachtungsweise von Einkaufskosten, die auch interne Handhabungskosten und damit Prozessoptimierungen einschließt.

- *Produktionsanlagen durch Übertragung von Know-how optimieren:* Verfügen beide Unternehmen über vergleichbare Produktionsanlagen bzw. -prozesse, bietet sich ein Benchmarking auf Basis einer »virtuellen Anlage« an. Diese ergibt sich aus der Summe von Kostenführern in den einzelnen Prozessschritten (Best-of-Best).
- *Neue Dienstleistungskonzepte einführen:* Die Restrukturierung von Produktsortimenten und Produktionsstandorten wirft meist die Frage auf, inwieweit Dienstleistungen ausgelagert werden können. In der Chemieindustrie haben viele Firmen in den letzten Jahren Aufgaben wie Energieversorgung, Instandhaltung oder Logistik in eigenständigen Unternehmen mit ausgeprägter Servicementalität gebündelt. Im Gegenzug können sich die Geschäftsbereiche auf ihr eigentliches Kerngeschäft konzentrieren.

Marketing und Vertrieb stärken: Die Zusammenlegung der Marketing- und Vertriebsaktivitäten stellt den sensibelsten Bereich der gesamten Fusion dar, da sie den Kunden direkt betrifft. Wertsteigerungspotenziale ergeben sich vor allem aus einer weltweiten Konsolidierung des Kundenportfolios und der Vertriebsorganisationen. Dabei sollten die Unternehmen nicht nur das Beste der bereits bestehenden Systeme übernehmen, sondern ggf. auch neue Vertriebsstrukturen wie die Reorganisation nach Markt- bzw. Kundensegmenten prüfen. Ein weiterer Werttreiber kann der Preis sein – vor allem in Märkten, in denen hohe Überkapazitäten zu einer großen Wettbewerbsintensität geführt haben. Darüber hinaus lassen sich über den erweiterten Kundenstamm ggf. Cross-Selling-Potenziale nutzen. Im Einzelhandel und bei Banken spielt die Ausgestaltung des zukünftigen Vertriebsnetzwerks eine besondere Rolle, da sich Veränderungen hier simultan auf Kunden- und Mitarbeiterwahrnehmung auswirken.

Verwaltungsbereiche verschlanken: Die Redimensionierung der Konzernverwaltungen ist das wohl offensichtlichste Wertschaffungspotenzial. Zu klären ist zunächst, welchen Wertbeitrag das Corporate Center künftig leisten soll – soll es sich auf die Rolle einer Finanzholding beschränken oder die Geschäftsbereiche auch operativ steuern? Darauf aufbauend sind dann Aufgaben, Kompetenzen und Umfang des Corporate Center neu festzulegen. In diesem Kontext kann auch die Standortauswahl für den zukünftigen Unternehmenssitz eine Rolle spielen.

b) Das laufende Geschäft absichern und zusätzliche Potenziale aufzeigen

Der Zusammenschluss von Unternehmen birgt bekanntermaßen nicht nur Chancen, sondern auch Risiken. Häufig geht in den ersten Monaten nach einer Fusion die Leistungsfähigkeit der Organisation zurück. Zuvor bereits verabredete Planziele werden verfehlt, laufende Verbesserungsinitiativen versanden. Die Ursachen liegen in einer Vernachlässigung des Tagesgeschäfts: Die Aufmerksamkeit des Managements wird von der Planung der Integration absorbiert, die bisherigen Entscheidungsprozesse geraten ins Stocken, aus Angst vor Rationalisierungen sinkt die Motivation der Belegschaft. Untersuchungen von McKinsey zeigen, dass Produktivitätseinbußen von 5 bis 10 % während der Integrationsphase nicht untypisch sind.

Schon in der Designphase sollte das Management dem bewusst entgegenwirken. Dazu gehört, die bestehenden Budgets und Ziele ausdrücklich zu bekräftigen und die Zielerreichung zu verfolgen. Auch sollten Markt und Wettbewerber genau beobachtet werden. Gerade die starke »Innenorientierung« der Organisation während einer Fusion kann dazu führen, dass Kunden vernachlässigt werden und verloren gehen – zumal Wettbewerber in solchen Situationen nicht selten versuchen, attraktive Kunden abzuwerben. Gezielte Maßnahmen zur Kundenbindung können dieses Risiko senken. Generell empfiehlt sich eine Risikoanalyse je Unternehmensfunktion und die Ableitung entsprechender Maßnahmen. Werden zum Beispiel neue Standorte in eine bestehende Logistikkette eingebunden, kann es durch Umstellung der IT-Systeme zunächst zu Verzögerungen bei der Produktauslieferung kommen. Ist diese Gefahr erkannt, lassen sich als Übergangslösung rechtzeitig manuelle Alternativen für die Steuerung des Warenausgangs entwickeln.

Neben der Absicherung des laufenden Geschäfts geht es in der Designphase auch darum, mögliche zusätzliche Wertschaffungsquellen aufzuzeigen. Die Mitarbeiter wissen, dass eine Fusion meist einen grundlegenden Wandel mit sich bringt. Die Unternehmensleitung sollte diese allgemeine Aufbruchstimmung dazu nutzen, auch »Altlasten« anzugehen, die nicht direkt mit der Integration zusammenhängen: Die Diskontinuität einer Fusion ist eine einmalige Chance, auch solche Veränderungen durchzusetzen, die bisher am Beharrungsvermögen der Organisation scheiterten. Beispiele können die Neugestaltung eingefahrener Prozesse sein, die Zentralisierung von Aufgaben, die schon seit Jahren ergebnislos diskutiert wurde, oder auch die Neubesetzung von Schlüsselpositionen. Erfahrungsgemäß lassen sich gerade radikale Maßnahmen im Zuge ohnehin anstehender Veränderungen viel leichter durchsetzen als im Alltagsbetrieb.

Das Topmanagement sollte schon in der Designphase versuchen, dieses zusätzliche Potenzial ebenfalls im Top-down- und Bottom-up-Prozess zu quantifizieren – auch wenn es meist weit weniger offensichtlich ist als das direkte geschäftsbezogene Synergiepotenzial. Der Einsatz funktionsübergreifender Teams, externe Benchmarkingvergleiche und die systematische Überprüfung der strategischen Planungen beider Unternehmen sind dabei typische Hilfsmittel.

c) Potenziale aus neuen strategischen Optionen bestimmen

Das Zusammengehen zweier Unternehmen kann neue strategische Möglichkeiten eröffnen, die beide Unternehmen allein auf sich gestellt nicht hätten nutzen können. Als beispielsweise der Mischkonzern Linde 2006 BOC, den zweitstärksten Spieler im internationalen Industriegasegeschäft, übernahm, ging es nicht allein um Kostenpotenziale, sondern um eine strategische Grundsatzentscheidung: Linde hat sich für Gase als Kerngeschäft entschieden und sich vom traditionsreichen Gabelstaplergeschäft getrennt. Damit hat sich das Unternehmen nicht zuletzt vor möglichen Übernahmen geschützt und nutzt seine strategisch führende Position im Gasgeschäft für bedeutende Innovationspartnerschaften.

Andere Firmen haben durch eine Fusion erst die kritische Masse erreicht, um in einem Markt oder einer Region zu einem dominierenden, profitablen Spieler aufzusteigen. Auch kann ein Zusammenschluss von zwei Unternehmen die Basis für weitere Akquisitionen oder die Entwicklung neuer Technologien schaffen. Das IT-Unternehmen IBM beispielsweise kauft im Softwarebereich regelmäßig attraktive Firmen in stark wachsenden Segmenten, um eigene Produkte zu platzieren und Entwicklungs-Know-how dazuzugewinnen.

Die Potenziale solcher strategischer Optionen schon in der Designphase abzuschätzen, ist sehr schwierig, aber unbedingt notwendig. Denn das Ergebnis kann einen entscheidenden Einfluss darauf haben, wie sich das neue Unternehmen aufstellen und wo der Schwerpunkt des Integrationsprogramms liegen muss.

4. Effektivität der künftigen Organisation sicherstellen

Das neue Unternehmen muss so schnell wie möglich funktionsfähig sein. Dazu gehört, schon in der Designphase die Eckpfeiler der künftigen Organisation festzulegen. Für die Unternehmensführung stellen sich dabei insbesondere vier eng miteinander verbundene Aufgaben (Abbildung 4):

- Das (ggf. neu zusammengesetzte) Führungsteam auf eine gemeinsame Linie einschwören.
- Die organisatorischen Strukturen festlegen und wichtige Stellen schnell besetzen.
- Die kulturelle Integration aktiv angehen.
- Die wichtigsten Mitarbeiter zügig an das Unternehmen binden.

Eine Vernachlässigung dieser eher »weichen« Themen kann den Fusionserfolg nachhaltig gefährden.

Abb. 4: Eckpfeiler einer effektiven Organisation

a) Das (neue) Führungsteam auf eine Linie einschwören

Auf vielen Führungsetagen mangelt es schon im Alltagsgeschäft an Geschlossenheit. Nur selten vertreten alle Topmanager eines Unternehmens eine einheitliche Linie. Die Gründe dafür sind vielfältig. Sie reichen von divergierenden persönlichen Zielen bis hin zu unklaren Geschäftsprioritäten. Das Ergebnis ist jedoch immer dasselbe: mangelnde Abstimmung, langwierige Entscheidungsprozesse, unzureichendes Leistungsniveau.

Bei einer Integration ist das Thema Geschlossenheit besonders akut: Einem neu gebildeten Führungsteam fehlen in der Regel gemeinsame Wurzeln und Erfahrungen. Unterschiedliche Interessen und Vorstellungen sind damit an der Tagesordnung. Zudem stehen gerade in dieser Situation vielfältige Entscheidungen an, die häufig dezentral und sehr rasch zu treffen sind. Das kann nur gelingen, wenn das Topmanagement an einem Strang zieht. Außerdem spielt die Wahrnehmung des Topmanagements in seiner Vorbildfunktion für die Mitarbeiter in dieser Veränderungsphase eine entscheidende Rolle.

Zur Ausrichtung des Topmanagements auf gemeinsame Ziele bieten sich Interviewrunden und Konsensworkshops an. Vorgehen, Umfang und Zeitbedarf hängen nicht zuletzt davon ab, wie unterschiedlich die Vorstellungen der Führungskräfte anfänglich sind. Am Ende muss ein Ergebnis erreicht sein: Das neue Unternehmen kann sich auf ein eingeschworenes Managementteam stützen, das dieselben Ziele verfolgt. Jedes Mitglied kennt seine Rolle im Team und weiß, welchen Beitrag zur Zielerreichung es zu leisten hat.

b) Die neuen Organisationsstrukturen rasch festlegen

Die Organisationsstrukturen des neuen Unternehmens festzulegen, ist in der Regel keine leichte Aufgabe. Schon eine »normale« Reorganisation ist häufig ein wahres Minenfeld – auch ohne den erhöhten Zeitdruck, wie er für Unternehmenszusammenschlüsse typisch ist. Die Gefahr, sich bei diesem Thema in Detaildiskussionen zu verlieren, ist zudem groß. Trotzdem – oder gerade deshalb – sollte das Management in der Designphase bereits einige Schlüsselentscheidungen zur künftigen Struktur treffen. Zu den Aufgaben gehören:

- *Festlegen der Organisationsprinzipien* des neuen Unternehmens, der Aufteilung der Verantwortlichkeiten entlang der Kernprozesse sowie der wichtigsten Leistungsindikatoren.
- *Abgrenzen der Aufgaben und Verantwortlichkeiten* von Corporate Center, (Shared-)Service-Einheiten und Geschäftsbereichen.
- *Festlegen und Besetzen der obersten Organisationsebenen*, sodass der Vorstand rasch Kontrolle über alle kritischen Bereiche gewinnt.
- Ableiten der *Personalstärke der einzelnen Einheiten*, am besten auf Basis des neuen Geschäftsplans.

Im Idealfall stehen am Tag 1 die ersten beiden Ebenen der Organisation sowohl hinsichtlich Strukturen als auch Personen fest. Danach können dann die Strukturen verfeinert und Schlüsselprozesse detailliert werden. Dabei bietet sich ein zeitlich gestaffeltes Vorgehen an, das nach Organisationsebenen differenziert: Sukzessive von oben nach unten legen alle berufenen Manager die jeweils relevanten Berichtsstrukturen und die Besetzung von Positionen fest. Dies spart nicht nur Zeit, sondern hilft auch, die Manager mit ins Boot zu holen. Wichtig ist in jedem Fall, bei der Ausgestaltung der Organisation, insbesondere bei der Personalauswahl, einheitlich zu verfahren und die Mitarbeiter entsprechend zu informieren. Für zu beachtende arbeitsrechtliche Aspekte – insbesondere bei einem zu erwartenden Personalüberhang – vgl. Kapitel XI. in diesem Buch.

c) Die kulturelle Integration aktiv angehen

Integration stellt sich nicht von allein ein. Die Erfahrung zeigt: Selbst wenn alle anderen Erfolgsfaktoren erfüllt werden, kann eine Fusion noch immer am Fehlen einer neuen, gemeinsam getragenen Unternehmenskultur scheitern. Die Unternehmenskultur bildet ein unverzichtbares Referenz- und Orientierungssystem: Sie wirkt gleichsam als Klammer, indem sie Verhaltensspielräume absteckt, gemeinsame Interpretations- und Entscheidungsmuster vorgibt und Denkweisen harmonisiert.

Eine besondere Bedeutung kommt dem Thema Kultur bei länderübergreifenden Fusionen zu, die heute schon fast die Regel sind. Das Management muss Mitarbeiter mit unterschiedlichsten Erfahrungen und Hintergründen zu einem kohärenten Ganzen zusammenführen und zum Erreichen gemeinsamer Ziele motivieren. Die Probleme bei der Fusion von Daimler mit Chrysler waren nicht zuletzt auf erhebliche Unterschiede zwischen den Gepflogenheiten in Deutschland und den USA zurückzuführen. Mittlerweile haben sich die beiden Unternehmen wieder getrennt. Als erfolgreiches Beispiel gilt die Integration der IT-Unternehmen Lenovo (China) und IBM (USA). Das Thema kulturelle Integration wurde hier frühzeitig erkannt und von Anfang an systematisch angegangen. Zum Beispiel wurden die Mitarbeiter von Lenovo auf das nun internationale Arbeitsumfeld (Sprache, Verhalten) vorbereitet.

Das Topmanagement sollte Kultur als wichtiges Thema schon in der Designphase aufgreifen. Nicht bewährt hat sich, für die kulturelle Integration ein separates Change-Management-Programm aufzusetzen, womöglich in der alleinigen Verantwortung der Personalabteilung. Erfahrungsgemäß rutscht das Thema auf der Prioritätenliste dann nach ganz unten. Für eine erfolgreiche kulturelle Integration sind vor allem folgende Punkte zu berücksichtigen:

Frühzeitiges Verständnis kultureller Aspekte: Je früher mögliche kulturelle Herausforderungen bei der Zusammenführung von zwei Unternehmen erkannt und verstanden werden desto besser. Kurzfristig muss die Unternehmensführung vor allem potenzielle »kulturelle Barrieren« identifizieren und abbauen, die der geplanten Wertschaffung durch die Integration entgegenstehen. Als beispielsweise ein Internetdienstleister ein ausländisches Unternehmen mit einem neuen Produkt übernahm, wurde schnell klar, dass der Erfolg dieses Produkts von der uneingeschränkten Unterstützung der übernommenen Entwicklungsabteilung abhing. Der Internetdienstleister war daraufhin auch schnell bereit, das tägliche gemeinsame Frühstück der Entwicklungsabteilung weiter zu finanzieren. Ein anderes Unternehmen versprach sich durch eine Akquisition signifikante Einsparungen bei den Einkaufskosten. Die Einkäufer im neuen Unternehmensteil verstanden sich traditionellerweise allerdings eher als Serviceanbieter für das laufende Geschäft, weniger als Mitgestalter von Einsparungsansätzen. Mit Schulungen gelang es dem Unternehmen, hier ein neues Bewusstsein zu schaffen. Mögliche Ansätze zur Aufdeckung dieser Art von kulturellen Unterschieden reichen über Tiefeninterviews mit Führungskräften hin zu breit angelegten Surveys. Sie fragen beispielsweise organisatorische Führungsmechanismen oder das aktuelle wie auch das erwartete Werteverständnis ab. In Workshops werden die Ergebnisse an das Führungsteam und die Mitarbeiter zurückgespiegelt. Auf dieser Grundlage lassen sich dann Merkmale der zukünftigen Kultur und mögliche Veränderungsbedarfe herausarbeiten.

Verknüpfung der kulturellen Integration mit den operativen Integrationsaktivitäten: Aufbauend auf den Ergebnissen der Diagnose sind geplante Integrationsaktivitäten auf ihre kulturelle Bedeutung hin zu überprüfen und ggf. anzupassen. Die operativen Integrationsaktivitäten müssen mit der neuen Unternehmenskultur in Einklang stehen und sie weiter ausprägen – selbst die Art, wie das Management das neue Unternehmen führt und die Integration vorantreibt, sendet bereits wichtige Signale. Verfolgt das neue Unternehmen beispielsweise offiziell eine Kultur der »Offenheit und Transparenz«, bleibt seinen Mitarbeitern aber wochenlang Informationen zum Integrationsvorgehen schuldig, ist die Glaubwürdigkeit nachhaltig beeinträchtigt.

Entwicklung eines Maßnahmenkatalogs zur Begleitung des Veränderungsprozesses: Abhängig von der Art des Zusammenschlusses kann es sinnvoll sein, über zusätzliche Maßnahmen zur Begleitung des kulturellen Veränderungsprozesses nachzudenken. Bei länderübergreifenden Fusionen können Austauschprogramme – sowohl für Mitarbeiter wie auch ihre Familien – dazu beitragen, das gegenseitige Verständnis zu vertiefen. Um zu nachhaltigen Veränderungen bei Denk- und Verhaltensweisen zu kommen, sind darüber hinaus oft »konzertierte« Aktionen erforderlich: Am Beispiel eines Konzerns, der sich für Englisch als neue Unternehmenssprache entschieden hat, lässt sich dies verdeutlichen. Das Unternehmen hat zunächst sein Intranet und dann zentrale Unternehmensprozesse, wie zum Beispiel den Budgetprozess, auf Englisch umgestellt. Der erste Schritt hat die Veränderung für alle sichtbar gemacht, der zweite sie mit den bestehenden Abläufen verknüpft und damit die Relevanz für die tägliche Arbeit verdeutlicht. Englischkurse haben den Mitarbeitern gleichzeitig die Möglichkeit gegeben, die notwendigen Fähigkeiten aufzubauen. Schließlich hat das Unternehmen alle Führungskräfte ermutigt, Teamsitzungen auf Englisch zu halten und so Vorbildfunktion zu übernehmen.

Das Management sollte die Fortschritte bei der kulturellen Integration regelmäßig nachhalten. Erfolgsindikatoren sind beispielsweise Mitarbeiterfluktuationsraten, Krankenstand, Produktivitätskennzahlen oder auch Geschäftszahlen wie Umsatzentwicklung. Darüber hinaus sind regelmäßig Mitarbeiterbefragungen durchzuführen.

d) Die wichtigsten Mitarbeiter binden

Steht eine Fusion an, sind die Mitarbeiter verunsichert. Die berufliche Zukunft ist ungewiss, nicht wenige in der übernommenen Firma fühlen sich im Stich gelassen. Auch die Mitarbeiter in der übernehmenden Firma machen sich Gedanken über zukünftige Verantwortungsbereiche und Positionen. Wettbewerber nutzen diese Situation gern, um die besten Talente abzuwerben. Auch hier gilt daher: nicht abwarten, sondern handeln.

Schon frühzeitig sind die Mitarbeiter zu identifizieren, die für den (kurz- und langfristigen) Geschäftserfolg entscheidend sind – sei es im Topmanagement oder auf anderen Ebenen der Organisation, etwa in kritischen Bereichen wie Forschung und Entwicklung, IT oder Außendienst. Bereits während der Due Diligence lassen sich hierzu erste Informationen sammeln. Die erfolgskritischen Mitarbeiter müssen dann gezielt für das neue Unternehmen begeistert werden, etwa durch monetäre Anreize, durch Einbeziehung in die Integrationsarbeiten oder andere nicht monetäre Maßnahmen. Dazu gehört insbesondere, den Mitarbeitern eine attraktive Zukunftsperspektive zu bieten und drängende Fragen rasch zu beantworten: Wie sieht mein zukünftiger Verantwortungsbereich aus? Welche Karriereperspektiven bietet mir die neue Organisation? Wer ist mein neuer Vorgesetzter? Das amerikanische IT-Unternehmen Cisco hat im Verlauf von 23 Jahren mehr als 100 Firmen integriert. Dabei blieb die Mitarbeiterfluktuation insgesamt gering – 85 % der Mitarbeiter der jeweils akquirierten Unternehmen waren auch fünf Jahre später noch für Cisco tätig. Hauptgrund dafür sind laut Unternehmensführung reibungslose und schnelle Personalentscheidungen. Zum Vergleich: Im Durchschnitt ist ein Jahr nach einer Fusion rund ein Viertel der Führungskräfte des akquirierten Unternehmens von Bord gegangen, nach drei Jahren sind es schon 75 %.

Darüber hinaus ist in der Designphase zu prüfen, inwieweit Kräfte von außen rekrutiert werden müssen. Erfahrungsgemäß sind viele Vorstände in diesem Punkt eher zögerlich. Dabei entsteht im Zuge einer Fusion ein neues Unternehmen, das meist nicht nur deutlich größer ist, sondern auch andere Schwerpunkte und Aufgaben hat – und damit auch teilweise andere Fähigkeiten benötigt. Insbesondere bei einem »Asset Deal« (Verkauf von Unternehmensteilen) werden mit Produktionsstätten auch neue Produkte übernommen, für deren Positionierung und Vermarktung oft die eigene Expertise fehlt. Ein systematischer Review des vorhandenen Talentpools unter Hinzuziehung eines externen Personalberaters kann hier eine objektive Entscheidungsbasis schaffen.

5. Integrationsvorgehen maßschneidern

Sind alle Startparameter – Anspruchsniveau, Wertschaffungspotenziale und organisatorische Eckpunkte – des neuen Unternehmens bestimmt, muss das weitere Vorgehen bei der Integration im Detail geplant werden. Dazu gehört vor allem, die Projektorganisation festzulegen, einen Zeitplan aufzustellen, die Projektmanagementtools auszuwählen und die Kommunikation zu steuern.

a) Schlagkräftige Projektorganisation aufsetzen

Die zahlreichen Integrationsaufgaben lassen sich nur selten in der Regelorganisation bewältigen. Für die Durchführung der Integration sollte eine separate, klar strukturierte Projektorganisation geschaffen werden. Sie hat typischerweise drei Ebenen: (1) ein Steuerungsgremium ist für die Vorgabe von Richtlinien, die Bereitstellung personeller und finanzieller Ressourcen sowie die Verabschiedung der Integrationsmaßnahmen zuständig, (2) ein Integrationsbüro mit einem Integrationsmanager unterstützt die Integrationsteams

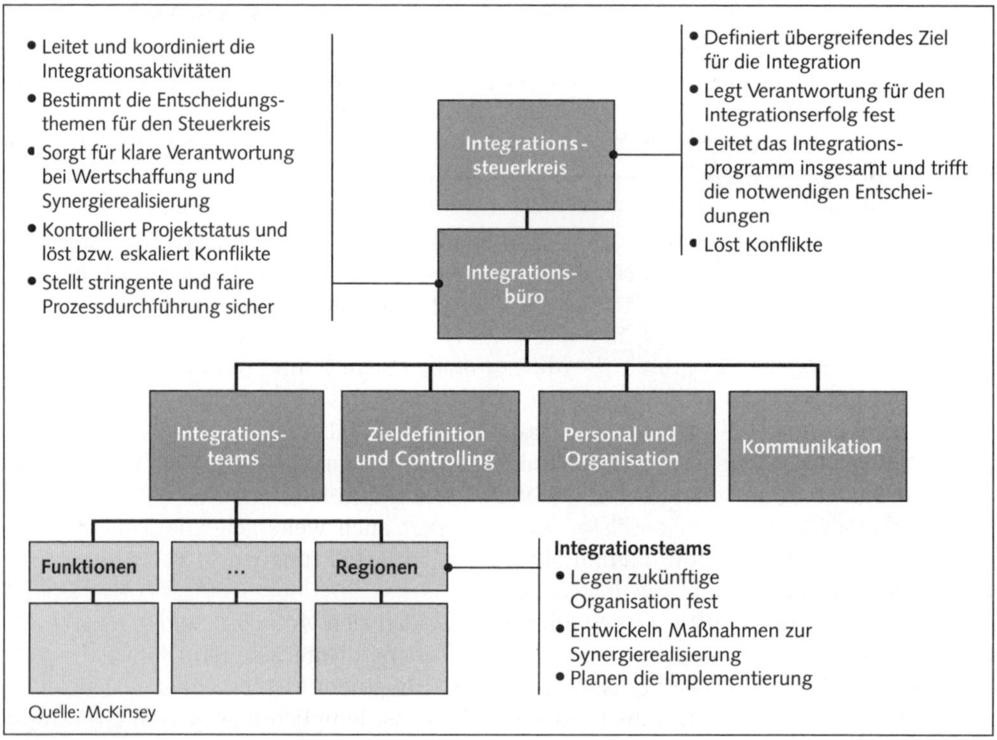

Abb. 5: Typische Integrationsorganisation

und übernimmt ggf. spezielle inhaltliche Aufgaben, (3) die Integrationsteams erarbeiten die einzelnen Integrationsmaßnahmen und setzen sie verantwortlich um; diese Teams sind auf oberster Ebene meist funktional geschnitten (Abbildung 5). Bei Mega-Fusionen mit sehr vielen Integrationsteams werden meist zusätzlich spezielle Lenkungsausschüsse für die Verabschiedung von Maßnahmen in Teilprojekten eingesetzt.

Wie die einzelnen Elemente auszugestalten und die Aufgaben zu verteilen sind, hängt vom speziellen Kontext der Integration ab. Zu klären sind dabei folgende Punkte:

Rolle des CEO und des Integrationsmanagers: Die Unternehmensleitung kann die Integration selbst umsetzen oder ein eigenes Team mit einem Integrationsmanager dafür einsetzen. Bei einer Best-of-Both-Integration oder einer Transformation wird der CEO in der Regel selbst eine sehr aktive, für alle sichtbare Rolle spielen – wie etwa Daniel Vasella bei Novartis. Der Integrationsmanager beschränkt sich dann im Wesentlichen auf die Prozesssteuerung, wobei ihn das Integrationsbüro unterstützt. Bei einem Bolt-on oder einer Übernahme liegt die Führungsaufgabe in der Regel beim Integrationsmanager, während sich der CEO und sein Managementteam auf die Steuerung des Geschäfts konzentrieren. Wichtig ist in jedem Fall, den richtigen Integrationsmanager auszuwählen. Er sollte beide Organisationen möglichst gut kennen, umfangreiche Erfahrung im Projektmanagement mitbringen und exzellente sogenannte Soft Skills haben, wie etwa Kommunikations- und Motivationsfähigkeit.

Die Frage, welche Form der Entscheidungsfindung für die Integration angemessen ist, lässt sich ebenfalls nicht pauschal beantworten. Integrationen, die einen großen Teil des Wertpotenzials über operative Verbesserungen erschließen, brauchen dafür die Unterstützung der Mitarbeiter vor Ort – hier empfiehlt sich eine stark bottom-up-getriebene Entscheidungsfindung. Strukturelle Synergien hingegen lassen sich schneller über Top-down-Entscheidungen realisieren.

Rolle des Integrationsbüros: Auch für das Integrationsbüro sind grundsätzlich zwei Rollen denkbar. Es kann die Integration selbst aktiv vorantreiben oder die Arbeiten lediglich koordinieren. In den meisten Fällen wird das Integrationsbüro die Integrationsarbeiten selbst forcieren. Eine der wichtigsten Aufgaben ist dabei die Gesamtsteuerung der Fusion. Dies bedeutet die Entwicklung und Führung eines Masterplans, der sämtliche Projekte, ihre Ziele, die Verantwortlichkeiten, den aktuellen Status der Maßnahmenerarbeitung bzw. -umsetzung sowie Fälligkeitstermine enthält (vgl. Abschnitt 5 b).

Neben der Prozesssteuerung übernimmt das Integrationsbüro oftmals die Rolle eines Schiedsgerichts bei schwierigen Sachverhalten, wie der Ableitung einer optimalen Organisationsform für die Einzelbereiche. Es kann aber auch weitergehende Aufgaben wie die Entwicklung der Kommunikationsstrategie oder die Klärung von Organisations- und Personalfragen haben.

Eine derart aktive Rolle des Integrationsbüros bietet sich vor allem bei umfangreichen Integrationsarbeiten an und/oder, wenn die betroffenen Unternehmen bisher wenig Erfahrung mit Fusionen und Akquisitionen haben. Bei einem Merger in der Automobilindustrie dagegen wurde dem Integrationsbüro bewusst lediglich eine Koordinationsrolle übertragen: Die Integrationsarbeiten wurden weitgehend im Rahmen des Tagesgeschäfts durchgeführt, der Umfang der Veränderungen war überschaubar und beide Unternehmen hatten bereits Fusionserfahrung. Die Mitglieder des Integrationsbüros sollten in jedem Fall Führungskräfte mit hohem Ansehen in beiden Organisationen sein.

Rolle der Integrationsteams: Die individuellen Integrationsteams sind die »Zellen der Fusion«. Sie entwickeln alle Maßnahmen zur Sicherstellung der Funktionsfähigkeit des neuen Unternehmens und zur Erschließung der Wertschaffungspotenziale. Die Zahl der Integrationsteams kann sehr unterschiedlich sein. Meist sind es zunächst acht bis zwölf Teams, bei großen globalen Fusionen können auch mehr als 70 Teams gleichzeitig im Einsatz sein. Die Integrationsteams lassen sich nach verschiedenen Themen zuschneiden: Funktionen, Wertschaffungsquellen, Geschäftsbereichen, Regionen oder Sonderaufgaben wie Kommunikation. Meist beginnt man auf der obersten Ebene mit einer funktionalen Struktur, die durch Geschäftsbereiche und Regionen ergänzt wird. In der Regel hat jedes Team einen Projektleiter; eine doppelte Führungsspitze ist nur in Ausnahmefällen sinnvoll, etwa um auf diese Weise Zugang zu Informationen sicherzustellen. In den Teams sollten jeweils beide Unternehmen vertreten sein, wobei nur die besten Leute als Teammitglieder auszuwählen sind – nicht etwa die, die gerade verfügbar sind. Die Entsendung in ein Projekt ist gleichzeitig eine gute Möglichkeit, Leistungsträger zu binden. Dabei darf man die Signalwirkung, die von der Auswahl der Teammitglieder ausgeht, nicht unterschätzen. Oft nehmen Teamstruktur und -besetzung anstehende Entscheidungen zur neuen Organisation bewusst vorweg.

Jedes Team erstellt eine sogenannte Team-Charter: Sie beschreibt die Ziele, Aufgaben und Ressourcen des Teams, listet die zu erstellenden Endprodukte auf und enthält einen ersten groben Zeitplan. Mit dem Team-Kickoff fällt dann der Startschuss für die Abarbeitung der Aufgaben.

b) Zeitplan aufstellen

Ein Integrationsprogramm durchzuführen ist in der Regel eine Herkulesaufgabe. Parallel laufende Projekte (und Subprojekte) sowie unzählige Einzelmaßnahmen sorgen für eine hohe Komplexität. Hinzu kommt, dass die verschiedenen Integrationsteams oft an unterschiedlichen Standorten in unterschiedlichen Ländern arbeiten. Um den Überblick über die Integrationsaktivitäten zu wahren, ist die Erstellung eines Zeitplans – eines Masterplans – unerlässlich. Mithilfe des Masterplans hält das Integrationsbüro den Fortschritt und die Qualität der Integrationsarbeiten nach. Es bereitet außerdem entscheidungsreife Vorlagen für das Steuerungsgremium vor. Der Masterplan umfasst zunächst die Detailaktivitäten der Designphase, auch die Aufgaben zur Vorbereitung auf den Tag 1 können darin eingehen. Für die Implementierungsphase wird der Masterplan um alle von den Integrationsteams erstellten Umsetzungszeitpläne ergänzt.

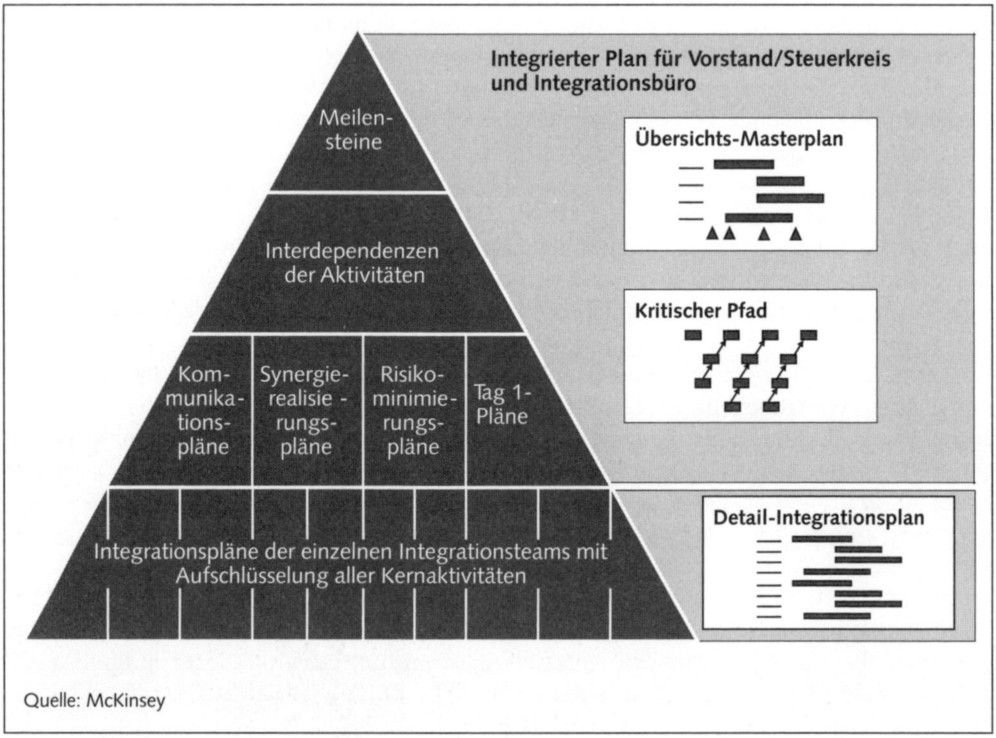

Abb. 6: Ebenen des Integrations-Masterplans

Der Masterplan unterscheidet verschiedene Ebenen (Abbildung 6): Die oberste Ebene fasst die Hauptmeilensteine des Gesamtprojekts zusammen. Dieses Aggregationsniveau bietet sich für interne Berichte an den Vorstand bzw. den Integrationssteuerkreis oder auch an externe Parteien an. Der Masterplan dokumentiert auch den kritischen Pfad der Integration: Nicht eingehaltene Termine bei voneinander abhängigen Endprodukten können den Gesamtzeitplan wie in einer Kettenreaktion signifikant verzögern. Da meist auch zwischen den Integrationsteams Interdependenzen bestehen, muss sich das Integrationsbüro einen Überblick verschaffen und Risiken transparent machen. Ziehen sich beispielsweise Verhandlungen mit Sozialpartnern über Standortschließungen länger hin als geplant, kommt es bei der Umsetzung der entsprechenden Maßnahmen und der Erschließung des Potenzials zu Verschiebungen. Gleichzeitig ändert sich die Verhandlungsposition gegenüber Logistikdienstleistern, weil das Supply-Chain-Netz erst zu einem späteren Zeitpunkt konsolidiert wird.

Die dritte Ebene des Masterplans fasst vier themenspezifische Einzelpläne zusammen: den Kommunikationsplan (vgl. Abschnitt 5 d), die finanziellen Synergierealisierungspläne (»Potenzialhochlauf«), die Pläne zur Risikominimierung und die Pläne zur Vorbereitung auf Tag 1. Die unterste Ebene enthält schließlich alle Detailpläne der Integrationsteams.

c) Projektmanagementtools auswählen

Genauso wichtig wie die Aufstellung eines Masterplans ist es, den Fortschritt der Integrationsarbeiten und das Erreichen der gesteckten Ziele konsequent nachzuhalten. Dabei sind insbesondere zwei Instrumente zu unterscheiden: Zum einen ist mithilfe eines Umsetzungscontrollings zu verfolgen, ob alle Maßnahmen zeitlich wie geplant umgesetzt werden: Werden die Maßnahmen mit der notwendigen Konsequenz vorangetrieben? Liegen einzelne Maßnahmen, Projekte oder das gesamte Programm im Zeitplan? Wann sind welche Maßnahmen realisiert? Zum anderen muss ein Effektcontrolling eingerichtet werden, das den monetären Ergebniseffekt jeder einzelnen Maßnahme (und die Verknüpfung zum Kostenstellenplan des Unternehmens) nachvollziehbar macht: Haben sich Synergieeffekte wie geplant eingestellt? Wann wird eine einzelne Maßnahme ergebniswirksam?

Spezielle Softwarelösungen können helfen, diese Aufgaben zu bewältigen. Über standardisierte Reportingstrukturen meldet jedes Team regelmäßig den Projektstatus an das Integrationsbüro. Ein automatisierter Abgleich mit dem Masterplan zeigt mögliche Abweichungen auf und macht Schnittstellen und Abhängigkeiten zwischen Maßnahmen transparent.

Aus Gründen der Akzeptanz sollten, soweit möglich, vorhandene Instrumente genutzt bzw. entsprechend angepasst werden. Dabei bieten sich vor allem webbasierte Tools an. Ist der Einsatz neuer Instrumente notwendig, müssen frühzeitig Testläufe und Trainingsprogramme eingeplant werden. Grundsätzlich ist schnellen, pragmatischen Lösungen der Vorzug zu geben. Bei einem Merger in der Petrochemie war die Integration bereits vollständig abgeschlossen, als das neu entwickelte Best-Practice-Monitoringtool endlich einsatzbereit war.

d) Kommunikationsstrategie erarbeiten

Die Bedeutung kontinuierlicher Kommunikation für den Erfolg einer Fusion kann nicht hoch genug eingeschätzt werden. Kommunikation erfordert Aufmerksamkeit vom Tag null an: Schon bei der Aufnahme erster Verhandlungen muss klar sein, wie die betroffenen Unternehmen reagieren, falls über eine undichte Stelle Gerüchte nach außen dringen. Wird die Fusion verkündet, müssen die Botschaften an Aktionäre, Kunden und Mitarbeiter stehen und synchronisiert sein. Am Tag 1 des neuen Unternehmens ist die Belegschaft willkommen zu heißen und zur Mitarbeit zu motivieren. Nicht zuletzt sind bei der Kommunikation rechtliche Bestimmungen zu berücksichtigen (Beispiel Publikationspflichten bei börsennotierten Unternehmen).

Wichtig ist, möglichst früh zu entscheiden, wer für die Erarbeitung der Kommunikationsstrategie zuständig ist und wer die Kommunikationsinhalte im Einzelnen freigibt. Bewährt hat sich auch, schon frühzeitig eine einheitliche Sprachregelung zu treffen und einige wenige klare Kernbotschaften festzulegen: Warum ist die Fusion sinnvoll? Was bringt sie den beteiligten Unternehmen? Was wird sich für die Stakeholder ändern?

Zur Erarbeitung der Kommunikationsstrategie gehört dann, alle relevanten internen und externen Zielgruppen zu bestimmen, sie nach ihrem Kommunikationsbedarf zu priorisieren und die Kernbotschaften aufzubereiten. Für jede Zielgruppe ist ein detaillierter Kommunikationsplan zu erstellen: Er beschreibt das Kommunikationsziel, die spezifischen Botschaften, die einzusetzenden (bestehenden oder neuen) Medien, das Timing der einzelnen Kommunikationsmaßnahmen und die Verantwortlichen. Standardformate für die interne Kommunikation sind »Roadshows« des Managements mit Besuchen der wichtigsten Unternehmensstandorte, Integrationswebsites und regelmäßige Newsletter. Als hilfreich hat sich auch erwiesen, für das Management Antworten auf häufig gestellte Fragen vorzubereiten: Die Führungskräfte können so jederzeit kompetent Auskunft geben, ohne dabei eine unterschiedliche Sprache zu sprechen.

Spätestens nach dem Announcement muss das auf beiden Seiten bestehende Netzwerk lokaler Kommunikationsabteilungen oder -verantwortlicher genutzt werden. Auch die Einbeziehung der Linienmanager als Multiplikatoren ist unerlässlich – sie haben den besten und direktesten Draht zu den Mitarbeitern vor Ort. Für eine interaktive Kommunikation eignen sich auch Blogs im Integrationsintranet, Frühstücks- oder Kaminrunden mit Vorstandsmitgliedern und regelmäßige Treffen auf Arbeitsgruppenebene, bei denen die Führungskräfte für Fragen bereitstehen. Über das regelmäßige Einholen von Feedback ist im Verlauf der Integration immer wieder zu überprüfen, wie gut sich die Zielgruppen informiert fühlen und wie gut die Botschaften angekommen sind; hierzu eignen sich beispielsweise Umfragen im Intranet, offene E-Mail-Adressen und »Quick Polls«. Aufbauend auf diesen Ergebnissen ist die Kommunikationsstrategie dann regelmäßig weiterzuentwickeln.

* * *

Fusionen und Akquisitionen sind ein fester Bestandteil der strategischen Agenda von wachsenden Unternehmen. Um den erwarteten Transaktionserfolg zu realisieren, ist das Gelingen der Integration die notwendige Voraussetzung – wobei das gewählte Vorgehen je nach Situation unterschiedlich sein kann. Kritisch ist jedoch immer die erste Phase des Integrationsprozesses und die dort stattfindenden Grundsatzentscheidungen. Spätestens mit der Verkündigung der Fusion muss die Unternehmensleitung beginnen, die künftige Ausrichtung und Organisation des Unternehmens festzulegen. Außerdem wird das maßgeschneiderte Integrationsprogramm gestaltet und initiiert. Die Praxis zeigt des Weiteren Erfolgsfaktoren wie:

- Kurz- und langfristige Wertschaffung als Haupttreiber der Integration verstehen.
- Ehrgeizige Zielsetzungen verankern.
- Pragmatische Lösungen für dringende Fragestellungen finden.
- Hohe Aufmerksamkeit auf das laufende Geschäft richten.
- Kulturelle Unterschiede frühzeitig adressieren.
- Respekt gegenüber Ängsten und Widerständen der Mitarbeiter zeigen.
- Umfassend und anhaltend mit allen Beteiligten kommunizieren.

Auf diese Weise werden optimale Rahmenbedingungen für die sich anschließende Umsetzung der Integration geschaffen.

Literatur

Albizzatti, Christofferson, Sias, Smoothing Post Merger Integration, McKinsey on Finance 2005/Issue 3

Bekier, Bogardus, Oldham, Why Mergers Fail, McKinsey Quarterly 2001/Issue 4

Bekier, Shelton, Keeping Your Sales Force After the Merger, McKinsey Quarterly 2002/Issue 4

Bekier, Shelton, Merging? - Watch Your Sales Force, McKinsey on Finance 2002/Issue 4

Christofferson, McNish, Diane Sias, Where Mergers Go Wrong, McKinsey Quarterly 2004/ Issue 2

De Smet, Van Hoey, Integrating Steel Giants: An Interview with ArcelorMittal Post Merger Managers, McKinsey Quarterly 2008/Issue 1

Felder, Human Resources im M&A-Prozess, F.A.Z.-Institut für Management-, Markt- und Medieninformationen, 2004

Fubini, Price, Zollo, Mergers: Leadership, Performance and Corporate Health, Palgrave Macmillan, 2006

Fubini, Successful Mergers Start at the Top, McKinsey on Finance 2006/Issue 4

Fubini, The Elusive Art of PostMerger Leadership, McKinsey Quarterly 2006/Issue 4

Hippe, Reibe, Zielke, Bürgin, Erfolgsfaktoren bei der Integration von Unternehmensakquisitionen, in: *Himpel et al. (Eds.),* Spektrum des Produktions- und Innovationsmanagements, Wiesbaden 2008

McKinsey & Company, Journey Series – Guidebook 1: Merger Principles, 2000

McKinsey & Company, Journey Series – Guidebook 2: Tailoring Integration Management, 2001

McKinsey & Company, Journey Series – Guidebook 3: Communications, 2002

McKinsey & Company, Journey Series – Guidebook 4: Pricing, 2001
McKinsey & Company, Journey Series – Guidebook 5: People Issues, 2001
McKinsey & Company, Journey Series – Guidebook 6: Growth, 2002
McKinsey & Company, Journey Series – Guidebook 7: IT Integration, 2005
McKinsey & Company, Post Merger Management Workbook, 2005
Schwaab et al. (Eds.), Fusionen: Herausforderungen für das Personalmanagement, Frankfurt a.M. 2003
Shelton, Managing Your Integration Manager, McKinsey Quarterly 2003/Issue 2
Tortorici, Ernst, Sias, Van Ockenburg, Reducing risk, adding value – How clean teams can ease the way to mergers and alliances, McKinsey Corporate Finance publication, 2006
West, Uhlaner, Running a Winning M&A Shop, McKinsey Quarterly 2008/Issue 1

XI. Rechtliche Parameter der Integrations- bzw. Implementierungsmaßnahmen, insbesondere der Restrukturierungsmaßnahmen

Vielfach sind bei Transaktionen bereits auf Seiten des Verkäufers oder Joint-Venture-Partners Maßnahmen erforderlich, um ein Unternehmen, einen Betrieb oder einen Betriebsteil transaktionsfähig oder (noch) attraktiver zu machen. Andererseits bedarf es auch auf Seiten des Käufers der Überlegung, welche Integrations- und Implementierungsmaßnahmen notwendig sind, welchen finanziellen Aufwand sie erfordern und in welchem zeitlichen Rahmen sie realisiert werden können.

Der nachfolgende Beitrag wendet sich daher zunächst den rechtlichen Grundlagen der Integrations- und Implementierungsmaßnahmen zu. Es folgt eine Darstellung der Unternehmenszusammenschlüsse, der Betriebsänderungen und der Massenentlassungen. Zur Abrundung des Beitrages werden auch die unternehmenswertorientierten Vergütungsmodelle dargestellt.

1. Rechtliche Grundlagen

Nicht zuletzt bei der Unternehmensbewertung und bei der Erstellung der Business-Pläne werden die dabei zu beachtenden arbeits- und betriebsverfassungsrechtlichen Aspekte vielfach übersehen, falsch eingeschätzt oder zumindest unterschätzt.[1] Geschieht dies, so können sich die erarbeiteten Geschäfts- und Steuerkonzepte als nicht umsetzbar erweisen oder es kann zumindest die Erreichung des wirtschaftlichen Zieles einer Transaktion empfindlich erschwert oder verzögert werden.

Folgende Aspekte sind für die Integration bzw. Implementierung und für die Restrukturierungsmaßnahmen von besonderer Bedeutung:

- Festlegung der unternehmerischen Zielvorstellung für die Integration bzw. Implementierung und für die Restrukturierungsmaßnahme
- Prüfung der Gestaltungsmöglichkeiten unter Berücksichtigung ihrer unternehmerischen und rechtlichen Vorgaben und Auswirkungen
- Entwicklung der betriebswirtschaftlich erforderlichen Integrations- bzw. Implementierungs- und Restrukturierungsstrategie
- Bestimmung der rechtlichen Rahmenbedingungen für die Umsetzung des Transaktions- oder Restrukturierungskonzeptes
- Analyse der Struktur des Managements sowie der betroffenen Belegschaft und Erfassung der konkret betroffenen Arbeitnehmer, insbesondere hinsichtlich Betriebszuge-

1 Vertiefend: Picot/Schnitker, Arbeitsrecht bei Unternehmenskauf und Restrukturierung, 2001.

hörigkeit und Lebensalter, Familienstand, Mutterschutz, Mitgliedschaft im Betriebsrat und Schwerbehinderung
- Festlegung der im Planungszeitraum und nach der Transaktion bzw. Restrukturierung benötigten Personal-, Fertigungs- und Verwaltungskapazität
- Kalkulation der für die Übertragung und Restrukturierung aufzuwendenden internen und externen Kosten, einschließlich der Sozialplankosten
- Aufstellung eines unternehmenswertorientierten Vergütungsmodells
- Aufstellung eines detaillierten Zeit- bzw. Steps-and-Actions-Planes für die Integration bzw. Implementierung und Restrukturierung unter besonderer Berücksichtigung der betriebsverfassungsrechtlichen Bestimmungen sowie
  - der Dienst- (Organmitglieder der Gesellschaft) und Arbeitsverträge, einschließlich individueller und kollektiver arbeitsrechtlicher Bestimmungen,
  - der eventuell erforderlichen begleitenden Sozialmaßnahmen, wie z. B. Umschulung, Outplacement etc.

2. Unternehmenszusammenschlüsse

Bei Unternehmenszusammenschlüssen stellen sich grundlegende rechtliche Fragen bereits bei der Durchführung der Transaktionen. Aus Gründen der Einheitlichkeit der Darstellung befinden sich deshalb die auch für die Integration und Implementierung von Unternehmenszusammenschlüssen maßgeblichen Ausführungen zum Betriebsübergang gemäß § 613 a BGB sowie zu den umwandlungsfähigen Unternehmen und Umwandlungsarten (Verschmelzung, Spaltung, Vermögensübertragung und Formwechsel) und zu dem Verfahren bei Umwandlungen bereits oben unter Teil B.VI und B.VII.2.

3. Betriebsänderungen gemäß §§ 111 ff. BetrVG

Hinsichtlich geplanter Betriebsänderungen ist grundsätzlich zu unterscheiden, ob der Betrieb oder Betriebsteil, der übertragen wird, in seiner Identität unverändert bleibt oder in seinen Strukturen geändert wird.

Nur die Übertragung eines im Wesentlichen unverändert bleibenden Betriebes unterliegt nicht der Mitbestimmung der Arbeitnehmervertreter nach dem Betriebsverfassungsgesetz (BetrVG)[2]. Bei der Übertragung eines Betriebsteiles oder bei geplanten Betriebs-

---

2 Das Betriebsverfassungsgesetz regelt die Betriebsverfassung für die Privatwirtschaft. Das Betriebsverfassungsgesetz vom 11.10.1952 ist durch das Betriebsverfassungsgesetz vom 15.01.1972 (BGBl. I S. 13) abgelöst worden, das die Rechtstellung der Arbeitnehmerrepräsentanten im Betrieb verbessert und die Beteiligungsrechte erheblich erweitert hat. Eine Neufassung erfolgte mit dem Gesetz zur Reform des Betriebsverfassungsgesetzes vom 23.07.2001, das in einer Neufassung vom 25.09.2001 bekannt gemacht wurde. Zuletzt wurde das BetrVG durch Artikel 221 der Verordnung vom 31. Oktober 2006 (BGBl. I S. 2407) geändert.

änderungen (§ 111 BetrVG) ist der Inhaber eines Unternehmens mit in der Regel mehr als zwanzig wahlberechtigten Arbeitnehmern dagegen verpflichtet, den Wirtschaftsausschuss und den Betriebsrat über geplante Betriebsänderungen oder Restrukturierungen, die wesentliche Nachteile für die Belegschaft oder erhebliche Teile der Belegschaft zur Folge haben können, rechtzeitig und umfassend zu unterrichten und die geplanten Betriebsänderungen mit dem Betriebsrat zu beraten.

Ziel der Konsultation ist die Vereinbarung eines Interessenausgleiches und der Abschluss eines Sozialplanes (§§ 112, 113 BetrVG). Dabei handelt es sich um zwei rechtlich unterschiedliche Vereinbarungen, zwischen denen jedoch enge Wechselwirkungen bestehen und die deshalb oftmals gemeinsam verhandelt werden.

Bei dem Interessenausgleich geht es um das

- Ob
- Wann
- und Wie

einer geplanten Betriebsänderung.

Der Sozialplan soll demgegenüber wirtschaftliche Nachteile mildern, die den Arbeitnehmern infolge der Betriebsänderung entstehen. Dabei haben die Betriebsparteien den Abschluss eines Interessenausgleichs »nur« zu versuchen, wohingegen der Abschluss eines Sozialplans über das Einigungsstellenverfahren erzwingbar ist (vgl. § 112 Abs. 4 BetrVG).

a) Allgemeine Voraussetzungen der Betriebsänderung

aa) Die von §§ 111 ff. BetrVG erfassten Unternehmen

Durch die Reform des Betriebsverfassungsgesetzes im Jahr 2001 hat sich der Bezugspunkt für die Ermittlung des Schwellenwerts in § 111 S. 1 BetrVG vom »Betrieb« auf das »Unternehmen« verlagert. Das Mitbestimmungsrecht greift daher bereits dann ein, wenn die Betriebsänderung ein »Unternehmen« (und nicht mehr wie vorher: »*Betrieb*«) mit in der Regel mehr als zwanzig wahlberechtigten Arbeitnehmern betrifft. Während das Bundesarbeitsgericht unter einem »Betrieb« im Sinne des Betriebsverfassungsgesetzes eine Organisation versteht, innerhalb der unter einheitlicher Leitung Personen in Dienst- oder Arbeitsverhältnissen und Sachen zusammengefasst sind und arbeitstechnische Zwecke nicht nur zur Befriedigung des Eigenbedarfs verfolgt werden[3], wird als »Unternehmen« der Rechtsträger bezeichnet, dem der Betrieb oder auch die Betriebe angehören. Aufgrund der Änderung des Bezugspunkts können seitdem auch Betriebsänderungen von Kleinbetrieben größerer Unternehmen dem Mitwirkungs- und Mitbestimmungsverfahren der §§ 111 ff. BetrVG unterstellt werden; dies kann eine Transaktion in zeitlicher, organisatorischer und finanzieller Hinsicht erheblich belasten.

3 BAG, Beschl. v. 29.05.1991, DB 1992, 231; Kreitner, in: Küttner, Personalbuch 2007, Betrieb (Begriff), Rn. 3.

Nicht erfasst werden lediglich Arbeitnehmer in nicht betriebsratsfähigen Kleinstbetrieben, die nicht im Sinne des § 4 Abs. 2 BetrVG einem Hauptbetrieb zuzuordnen sind, und zwar auch dann, wenn sie einem größeren Konzern angehören. Hierbei ist zu berücksichtigen, dass die §§ 14a und 17a BetrVG für Kleinbetriebe mit in der Regel fünf bis fünfzig wahlberechtigten Arbeitnehmern ein vereinfachtes Verfahren für die Wahl eines Betriebsrats und die Bestellung des Wahlvorstands im vereinfachten Wahlverfahren vorsehen. Dieses Wahlverfahren ermöglicht es den Arbeitnehmern von Kleinbetrieben, in denen in der Praxis bislang vielfach kein Betriebsrat besteht, einen solchen innerhalb kürzester Zeit zu installieren. Da es der Arbeitnehmerschaft damit ohne Weiteres möglich ist, aus Anlass der geplanten Transaktion einen Betriebsrat zu wählen und so die in Aussicht genommene Maßnahme gemäß §§ 111 ff. BetrVG und nicht zuletzt auch aufgrund des besonderen Kündigungsschutzes im Rahmen der Betriebsverfassung und Personalvertretung rechtlich und wirtschaftlich zu beeinflussen, ist die Vertraulichkeit bei der Vorbereitung einer in Aussicht genommenen Transaktion auch bei Kleinbetrieben von hoher Bedeutung.

Bei der Ermittlung des Schwellenwerts werden nur Arbeitnehmer im Sinne des § 5 Abs. 1 BetrVG mitgezählt, zu denen auch Auszubildende und Teilzeitbeschäftigte gehören. Nicht zu berücksichtigen sind hingegen leitende Angestellte im Sinne des § 5 Abs. 3 BetrVG, vertretungsberechtigte Organmitglieder im Sinne des § 5 Abs. 2 BetrVG, freie Mitarbeiter und Leiharbeitnehmer.[4] In Gemeinschaftsbetrieben[5] werden die Arbeitnehmer aller beteiligten Unternehmen bei der Addition berücksichtigt.

bb) Wesentliche Nachteile für die Belegschaft oder erhebliche Teile der Belegschaft

Der Begriff der wesentlichen Nachteile im Sinne des § 111 S. 1 BetrVG erfasst sowohl materielle als auch immaterielle Nachteile. Zu den materiellen Nachteilen zählen insbesondere die wirtschaftlichen Nachteile wie z. B. die Minderung der Vergütung, höhere Fahrtkosten oder gar der Verlust des Arbeitsplatzes. Immaterielle Nachteile können aus Beeinträchtigungen oder Belastungen resultieren, die durch Leistungsverdichtung oder Qualifikationsverluste hervorgerufen werden.

Von diesen wesentlichen Nachteilen müssen nach § 111 S. BetrVG die ganze oder zumindest erhebliche Teile der Belegschaft betroffen sein. Das Bundesarbeitsgericht zieht dabei die Schwellenwerte für anzeigepflichtige (Massen)Entlassungen in § 17 Abs. 1 KSchG heran[6], wobei diese aber nur als Richtgrößen zu verstehen sind, von denen im Einzelfall abgewichen werden kann.[7] Danach müssen bei Betrieben zwischen 21 und

---

4 Dieckmann/Koch in: Picot, Handbuch für Familien- und Mittelstandsunternehmen, S. 410; Picot/Schnitker, Arbeitsrecht bei Unternehmenskauf und Restrukturierung, Teil II, Rn. 21.

5 Gemeinschaftsbetriebe entstehen in der Regel im Fall von Unternehmensaufspaltungen, wenn durch die Aufspaltung zwei oder mehr Unternehmen entstehen, diese jedoch die betriebliche Einheit als einheitlichen Betrieb (Gemeinschaftsbetrieb) fortführen; vgl. dazu im Einzelnen z. B. Röder/Baeck, Interessenausgleich und Sozialplan, S. 60.

6 BAG, Urt. v. 6.6.1978, DB 1978, 1650; BAG, Beschl. v. 28.3.2006, NZA 2006, 932; Kreitner, in: Küttner, Personalbuch 2007, Betriebsänderung, Rn. 10; Hohenstatt/Willemsen, in: HWK, § 111 BetrVG, Rn. 28.

7 BAG, Urt. v. 7.8.1990, DB 1991, 760; Kreitner, in: Küttner, Personalbuch 2007, Betriebsänderung, Rn. 11.

59 Arbeitnehmern mindestens 6 Arbeitnehmer, in Betrieben zwischen 60 und 499 Arbeitnehmern 10 % bzw. mindestens 26 Arbeitnehmer sowie in Betrieben mit mehr als 500 Arbeitnehmern mindestens 30 Arbeitnehmer, wenigstens aber 5 % der Belegschaft des Betriebes betroffen sein.[8] Dies gilt auch dann, wenn es sich um eine einheitliche Maßnahme handelt, die stufenweise durchgeführt wird.[9]

b) Die Arten der Betriebsänderungen

Die Mitbestimmungsrechte des Betriebsrates gemäß den §§ 111 ff. BetrVG sind bei den Integrations- und Implementierungsmaßnahmen dann zu beachten, wenn die beabsichtigten Maßnahmen eine Betriebsänderung im Sinne des § 111 S. 1 BetrVG darstellen. § 111 S. 3 BetrVG enthält folgenden Katalog von Maßnahmen, bei deren Vorliegen eine Betriebsänderung anzunehmen ist:

- Einschränkung und Stilllegung des ganzen Betriebs oder von wesentlichen Betriebsteilen
- Verlegung des ganzen Betriebes oder von wesentlichen Betriebsteilen
- Zusammenschluss mit anderen Betrieben oder die Spaltung von Betrieben
- grundlegende Änderungen der Betriebsorganisation, des Betriebszwecks oder der Betriebsanlagen
- Einführung grundlegend neuer Arbeitsmethoden und Fertigungsverfahren

Es ist zwar umstritten und vom Bundesarbeitsgericht noch nicht entschieden, ob dieser Katalog abschließend ist. Der Streit ist allerdings in der Praxis unbedeutend, da der vorstehende Katalog letztlich die relevanten Sachverhalte erfasst und das Bundesarbeitsgericht überdies auch den reinen Personalabbau als Betriebsänderung im Sinne des § 111 BetrVG qualifiziert.[10]

Im Hinblick auf den Katalog des 111 S. 3 BetrVG ist daher schon bei der Planung einer Transaktion die Frage zu klären, ob für die Integration bzw. Implementierung erhebliche Eingriffe in die bestehenden betrieblichen Strukturen (auch kleinerer Betriebe eines Unternehmens) erforderlich sind.

aa) Einschränkung und Stilllegung des ganzen Betriebs oder von wesentlichen Betriebsteilen

Unter einer Betriebsstilllegung versteht das Bundesarbeitsgericht die Auflösung der zwischen Arbeitgeber und Arbeitnehmer bestehenden Betriebs- und Produktionsgemeinschaft, die dadurch zum Ausdruck kommt, dass der Arbeitgeber die bisherige wirtschaft-

8 BAG, Beschl. v. 6.12.1988, AP Nr. 26 zu § 111 BetrVG 1972; BAG, Urt. v. 2.8.1983, AP Nr. 12 zu § 111 BetrVG 1972; Hohenstatt/Willemsen, in: HWK, § 111 BetrVG, Rn. 29.

9 zuletzt BAG, Beschl. v. 28.3.2006, NZA 2006, 932; Hohenstatt/Willemsen, in: HWK, § 111 BetrVG, Rn. 28, Fn. 4 m.w.N.

10 BAG, Beschl. v. 6.12.1988, DB 1989, 883; BAG, Beschl. v. 28.3.2006, NZA 2006, 932; vgl. Dieckmann/Koch, in: Picot, Handbuch für Familien- und Mittelstandsunternehmen, S. 412; Fitting, BetrVG, § 111, Rn. 44; Kreitner, in: Küttner, Personalbuch 2007, Betriebsänderung, Rn. 14.

liche Betätigung in der ernsthaften Absicht einstellt, die Weiterverfolgung des bisherigen Betriebszwecks dauerhaft oder für eine der Dauer nach unbestimmte und wirtschaftlich nicht unerhebliche Zeit einzustellen.[11] Wird der Betrieb nach einer verhältnismäßig nicht erheblichen Zeit von dem bisherigen oder einem neuen Inhaber wieder eröffnet, so liegt keine Betriebsstilllegung, sondern eine Betriebsunterbrechung und gegebenenfalls ein Betriebsübergang gemäß § 613a BGB vor.[12]

Wie bereits festgestellt, kann ein reiner Personalabbau unter Beibehaltung der Betriebsmittel ebenfalls eine Betriebsänderung darstellen. Dies wird stets dann anzunehmen sein, wenn der Umfang des Personalabbaus die Richtgrößen des § 17 Kündigungsschutzgesetz (KSchG) erreicht und demgemäß erhebliche Teile der Belegschaft betroffen sind. Der Zeitrahmen des § 17 KSchG (30 Tage) bleibt freilich bei der Beurteilung einer Betriebsänderung außer Betracht.

Da § 111 S. 1 BetrVG für die Ermittlung der erforderlichen Betriebsgröße nicht mehr auf den einzelnen Betrieb, sondern vielmehr auf das Unternehmen abstellt, fallen auch Kleinbetriebe mit weniger als 20 Arbeitnehmern in den Anwendungsbereich der §§ 111 ff. BetrVG, soweit im Unternehmen selbst in der Regel mehr als 20 Arbeitnehmer beschäftigt werden. Bei den Kleinbetrieben kann aber nicht auf die Schwellenwerte des § 17 KSchG zurückgegriffen werden, da diese Vorschrift erst bei Betrieben mit mehr als 20 Arbeitnehmern Anwendung findet.

Wie viele Arbeitnehmer von dem Personalabbau in einem Kleinbetrieb betroffen sein müssen, ist umstritten. Teilweise wird angenommen, dass in Anlehnung an den Schwellenwert bei Betrieben ab 21 Arbeitnehmern mindestens 6 Arbeitnehmer betroffen sein müssen.[13] Andere lassen sogar 5 oder 3 Arbeitnehmer ausreichen.[14] Der Rückgriff auf starre Zahlen wird dem Begriff des »erheblichen Teils der Belegschaft« aber nicht gerecht. Maßgeblich ist vielmehr der Anteil der Arbeitnehmer. Je kleiner die Einheit, umso wesentlicher ist der einzelne Arbeitnehmer für die Betriebsstruktur. Eine Betriebsänderung dürfte daher in einem Kleinbetrieb in der Regel anzunehmen sein, wenn mindestens ein Drittel der Belegschaft betroffen ist.[15] Allerdings erscheint es als unangemessen, wegen der Entlassung einzelner Arbeitnehmer das aufwändige Verfahren der §§ 111 ff. BetrVG durchzuführen.

Von der Frage, wann ein Personalabbau eine Betriebsänderung darstellt, ist die Frage zu unterscheiden, ob ein Sozialplan aufzustellen ist, wenn eine geplante Betriebsänderung allein in der Entlassung von Arbeitnehmern besteht. Insoweit gilt § 112a BetrVG, der höhere Entlassungszahlen als § 17 KSchG vorsieht.

bb) Verlegung des ganzen Betriebs oder von wesentlichen Betriebsteilen

Eine Betriebsverlegung ist anzunehmen, wenn eine wesentliche Veränderung der örtlichen Lage des Betriebes bzw. eines wesentlichen Betriebsteils unter Weiterbeschäftigung

11 BAG, Urt. v. 21.6.2001, NZA 2002, 212; Kreitner, in: Küttner, Personalbuch 2007, Betriebsänderung, Rn. 16.
12 BAG, Urt. v. 27.09.1984, NZA 1985, 493, 495; Fuhrmanns/Dieckmann in: Picot, Handbuch für Familien- und Mittelstandsunternehmen, S. 295 f., 317.
13 Fitting, BetrVG, § 111, Rn. 48; Löwisch, BB 2001, 1790, 1797.
14 Däubler in: DKK, § 111 BetrVG, Rn. 45a; Fabricius/Oetker, in: GK, § 111 BetrVG, Rn. 137, 73.
15 Hohenstatt/Willemsen, in: HWK, § 111 BetrVG, Rn. 30.

des wesentlichen Teils der Belegschaft geplant ist. Wesentlich ist die Veränderung dann, wenn erhebliche Nachteile für die Mitarbeiter eintreten können. Dabei ist es unerheblich, ob die Veränderungen individualrechtlich auf Grundlage des Direktionsrechts oder einer Änderungskündigung durchgesetzt werden können. Die Rechtsprechung hat beispielsweise eine Betriebsänderung bereits bei der Verlegung eines Betriebes vom Zentrum an einen 4,3 km entfernten Standort am Stadtrand angenommen.[16] Eine Verlegung kann auch zu einer Betriebsstilllegung führen, wenn die Produktionsgemeinschaft aufgelöst wird und wesentliche Teile der Belegschaft an dem neuen Standort nicht mehr weiterbeschäftigt werden.[17] Im Übrigen gelten bei der Verlegung eines wesentlichen Betriebsteils wiederum die Schwellenwerte des § 17 KSchG.[18]

cc) Zusammenschluss mit anderen Betrieben oder die Spaltung von Betrieben

Eine Betriebsänderung in Form eines Zusammenschlusses liegt vor, wenn ein Betrieb einen oder mehrere andere Betriebe aufnimmt oder zwei oder mehr Betriebe sich unter Auflösung der alten Betriebe zu einer neuen Einheit vereinigen.[19] Unter einer Spaltung im Sinne des § 111 S. 3 Nr. 3 BetrVG versteht man sowohl die unternehmensinterne Betriebsaufspaltung durch Änderung der Organisationsstruktur als auch die unternehmensübergreifende Betriebsaufspaltung durch Übertragung eines Betriebsteils auf einen neuen Inhaber.[20]

Ein Zusammenschluss bzw. die Spaltung von »Betrieben« ist daher nicht gleichzusetzen mit dem Zusammenschluss (der Verschmelzung) oder der Spaltung von »Unternehmen« nach dem Umwandlungsgesetz (UmwG). Die Verschmelzung oder Spaltung von Unternehmen nach dem UmwG kann zwar auch einen Zusammenschluss oder eine Spaltung von Betrieben der Unternehmen zur Folge haben. Bleibt die Identität der Betriebe, die zu den verschmolzenen bzw. gespaltenen Unternehmen gehören, jedoch unberührt, so liegt keine Betriebsänderung vor. Für den Fall der Spaltung enthält § 1 Abs. 2 BetrVG eine gesetzliche Vermutung eines Gemeinschaftsbetriebes, wenn nach der Unternehmensspaltung Betriebsteile einem anderen Unternehmen zugeordnet werden, ohne dass sich dabei die Organisation des betroffenen Betriebs unwesentlich ändert.

Umstritten ist die Frage, ob § 111 Satz 3 Nr. 3 BetrVG auch dann eingreift, wenn es sich bei dem abgespaltenen Betriebsteil nicht um einen wesentlichen Betriebsteil handelt (sog. »Bagatellausgliederung«). Der Wortlaut der Vorschrift spricht dafür, der Sinn und Zweck der Norm jedoch dagegen. Würden auch nicht wesentliche Betriebsteile von der Bestimmung erfasst, so entstünde ein nicht gerechtfertigter Wertungswiderspruch innerhalb des § 111 BetrVG. Der Betriebsteil könnte nämlich mitbestimmungsfrei gemäß § 111 Satz 3 Nr. 1 BetrVG stillgelegt, nicht jedoch gemäß Nr. 3 abgespalten und verselbstständigt werden.

16 BAG, Beschl. v. 17.08.1982, DB 1983, 344, 344.
17 BAG, AP Nr. 15 zu § 13 KSchG.
18 Dieckmann/Koch, in: Picot, Handbuch für Familien- und Mittelstandsunternehmen, S. 414.
19 Kania, in: ErfK, § 111 BetrVG, Rn. 13; Fitting, BetrVG, § 111, Rn. 84.
20 Kania, in: ErfK, § 111 BetrVG, Rn. 14.

dd) Grundlegende Änderung der Betriebsorganisation, des Betriebszwecks oder der Betriebsanlagen sowie Einführung grundlegend neuer Arbeitsmethoden und Fertigungsverfahren

Die in § 111 Satz 3 Nr. 4 und 5 geregelten Fälle der grundlegenden Änderung der Betriebsorganisation, des Betriebszwecks oder der Betriebsanlagen sowie der Einführung grundlegend neuer Arbeitsmethoden und Fertigungsverfahren sind im Rahmen von Transaktionen regelmäßig von eher untergeordneter Bedeutung. Sofern Änderungen in der Organisationsstruktur vorgenommen werden, sind diese zumeist nur Folgen der oben beschriebenen anderen Formen der Betriebsänderung.

c) Die Rechtsfolgen der Betriebsänderung

Hinsichtlich der Rechtsfolgen einer Betriebsänderung ist zu unterscheiden zwischen der Unterrichtung und Information des Betriebsrats und des Wirtschaftsausschusses über die Planungen sowie der Beratung mit dem Betriebsrat, insbesondere der Verhandlung und Vereinbarung eines Interessenausgleichs und eines Sozialplans.

Mit den genannten Instrumentarien wird den Arbeitnehmervertretern bei Betriebsänderungen die Möglichkeit gegeben, auf die Entscheidungsfindung des Unternehmers einzuwirken. Letztlich verbleibt dem Unternehmer zwar die Entscheidung über die Durchführung der Integration, Implementierung und Restrukturierung und der Betriebsrat kann den Abschluss eines Interessenausgleiches – im Unterschied zur Aufstellung eines Sozialplans durch die Einigungsstelle (mit Ausnahme des § 112a BetrVG) – nicht erzwingen. Allerdings darf der Unternehmer mit der vollständigen oder auch nur teilweisen Umsetzung der Betriebsänderung nur beginnen, nachdem er den Abschluss eines Interessenausgleichs (ernsthaft) »versucht« hat. Ein solch ernsthafter Versuch ist erst dann gegeben, wenn der Unternehmer das gesamte gesetzlich vorgesehene Interessenausgleichsverfahren mit sämtlichen Verhandlungsstadien – gleich ob mit oder ohne Erfolg – durchlaufen hat.

aa) Rechtzeitige und umfassende Unterrichtung über die Planungen

Die Annahme einer Betriebsänderung hat zunächst zur Folge, dass der Unternehmer den Betriebsrat gemäß § 111 S. 1 BetrVG rechtzeitig und umfassend über die Planungen zu unterrichten hat, sobald der Unternehmer auf der Grundlage der Vorüberlegungen und Analysen plant, eine konkrete Maßnahme durchzuführen. Das Mitbestimmungsrecht setzt daher ein, sobald die reinen Vorüberlegungen abschlossen sind und der Unternehmer sich im Grundsatz entschlossen hat, eine Maßnahme vorbehaltlich der Bemühungen um eine Einigung mit dem Betriebsrat durchzuführen.[21] Die Pflicht zur Unterrichtung ist nicht von einem entsprechenden Verlangen des Betriebsrats abhängig. Ist in dem Unternehmen überdies ein Wirtschaftsausschuss vorhanden, ist auch dieser gemäß § 106 Abs. 2 BetrVG zu unterrichten.

---

21 Fitting, BetrVG, § 111, Rn. 108; Röder/Baeck, Interessenausgleich und Sozialplan, S. 6; Dieckmann/Koch, in: Picot, Handbuch für Familien- und Mittelstandsunternehmen, S. 417.

Betreffend den Zeitpunkt und Umfang der Unterrichtung soll der Begriff »geplante Betriebsänderungen« sicherstellen, dass der Betriebsrat zum frühestmöglichen Zeitpunkt an der Planung beteiligt wird. Das in den §§ 111 ff. BetrVG vorgesehene rechtzeitige und umfassende Unterrichtungs- und Beratungsverfahren, einschließlich des Versuches des Interessenausgleiches, muss demgemäß noch in einem Zeitraum abgewickelt werden, in dem noch keine abschließende Entscheidung gefallen ist. Der Betriebsrat muss die Möglichkeit haben, auf den Beschluss des Unternehmers einzuwirken. Dies wäre unmöglich, wenn der Unternehmer bereits eine abschließende Entscheidung bezüglich der Frage getroffen hat, ob eine Betriebsänderung durchgeführt wird und wie die inhaltlichen und zeitlichen Modalitäten der Durchführung gestaltet werden. Erst recht darf der Unternehmer noch nicht mit der Durchführung der Betriebsänderung beginnen.

Die Unterrichtung ist an keine bestimmte Form gebunden, muss jedoch umfassend sein. Dies bedeutet, dass sämtliche Beweggründe für die Betriebsänderung dargelegt werden müssen, so dass sich der Betriebsrat von der geplanten Maßnahme ein vollständiges Bild machen kann. Das gleiche gilt für die Folgen der Maßnahme für die Arbeitnehmer und den beabsichtigen Zeitplan für die Durchführung. Hat der Arbeitgeber mehrere Alternativen erwogen, muss er darlegen, aus welchen Gründen er sich für eine der Möglichkeiten entschieden hat. Auf Verlangen sind dem Betriebsrat gemäß 80 Abs. 2 Satz 2 BetrVG die zur Durchführung der Aufgaben erforderlichen Unterlagen zur Verfügung zu stellen.

bb) Beratung des Betriebsrates mit dem Arbeitgeber, Interessenausgleich und Sozialplan

Gemäß § 111 S. 1 BetrVG hat der Betriebsrat im Fall einer Betriebsänderung das Recht, über die geplante Betriebsänderung mit dem Arbeitgeber zu beraten. Die Beratung bezweckt eine Abwägung arbeitgeber- und arbeitnehmerseitiger Interessen im Zusammenhang mit der Betriebsänderung als Vorbereitung für den Abschluss eines Interessenausgleichs und eines Sozialplans.

Dabei soll der Betriebsrat die Möglichkeit haben, die Entscheidung des Arbeitgebers zu beeinflussen, ob, wann und in welchem Umfang die geplante Betriebsänderung durchgeführt wird, und das Ergebnis in einer Interessenausgleichsvereinbarung festzuhalten. Daneben werden regelmäßig Verhandlungen über den Abschluss eines Sozialplans geführt, der die wirtschaftlichen Nachteile für die betroffenen Arbeitnehmer finanziell und sozial abmildern soll.

Zwar kann der Betriebsrat den Abschluss eines Interessenausgleichs nicht erzwingen, sodass dem Unternehmer letztlich die unternehmerische Entscheidungsfreiheit hinsichtlich der Durchführung der Maßnahme verbleibt. Allerdings darf der Arbeitgeber erst *nach* der Durchführung des gesetzlich vorgeschriebenen Verfahrens für den Versuch eines Interessenausgleichs mit der Umsetzung der Betriebsänderung wie z. B. einer Spaltung, Verschmelzung oder der Einführung neuer Arbeitsmethoden beginnen. Beachtet der Unternehmer diese Regelung nicht, so drohen ihm neben der Pflicht zum Ausgleich der den betroffenen Arbeitnehmern entstehenden wirtschaftlichen Nachteile (§ 113 BetrVG) und einem Bußgeld (§ 121 BetrVG) nach der Rechtsprechung zahlreicher Instanzgerichte auch eine auf die Unterlassung der Maßnahme gerichtete einstweilige Verfügung.

Die zwingend vorgeschriebene Pflicht des Arbeitgebers, mit dem Betriebsrat einen Interessenausgleich zu beraten und zu verhandeln, hat somit aufgrund ihrer Wirkung als Sperre für die Umsetzung der Betriebsänderung eine zentrale zeitliche und finanzielle Bedeutung für den Ablauf der beabsichtigten Änderung der Unternehmensstruktur. Der Arbeitgeber darf nämlich – wie bereits dargestellt – mit der vollständigen oder auch nur teilweisen Umsetzung der Betriebsänderung keinesfalls beginnen, bevor er nicht den Abschluss eines Interessenausgleichs ernsthaft »*versucht*« hat. Dies ist aber erst dann der Fall, wenn er das gesamte gesetzlich vorgesehene Interessenausgleichsverfahren – wenn auch möglicherweise ohne Erfolg – durchlaufen hat.[22]

Dies bedeutet, dass die Betriebspartner zunächst über den Interessenausgleich zu verhandeln haben. Kommt ein Interessenausgleich nicht zustande, so können der Unternehmer oder der Betriebsrat den Vorstand der Bundesagentur für Arbeit um Vermittlung ersuchen, § 112 Abs. 2 S. 1 BetrVG. Erfolgt kein Vermittlungsersuchen oder bleibt der Vermittlungsversuch ergebnislos, so können der Unternehmer oder Betriebsrat gemäß § 112 Abs. 2 S. 2 BetrVG die Einigungsstelle anrufen, wobei auch die Verhandlung vor der Einigungsstelle auf den Versuch einer freiwilligen Einigung beschränkt ist. Das Gesetz sieht zwar keine Pflicht zur Anrufung der Einigungsstelle vor. Nach der Rechtsprechung des Bundesarbeitsgerichts muss der Unternehmer jedoch im Falle einer fehlenden Einigung die Einigungsstelle anrufen, denn nur das Einigungsstellenverfahren dokumentiert nach Ansicht des Bundesarbeitsgerichts mit Sicherheit den *Versuch* eines Interessenausgleichs.[23] Erst wenn dieser Versuch einer freiwilligen Einigung gescheitert ist, hat das Unternehmen den Abschluss eines Interessenausgleichs ernsthaft »versucht« und kann mit der Umsetzung der geplanten Änderungsmaßnahme beginnen.

Gleichwohl zögern zahlreiche Unternehmen, die Arbeitnehmer bereits zu einem frühen Zeitpunkt über geplante Veränderungen zu informieren und in die Planungsprozesse einzubeziehen. Vor allem unterbleibt dies, weil die Ankündigung geplanter Veränderungen in der Regel eine erhebliche Unruhe in der Belegschaft und gravierende Reaktionen des Marktes auslösen kann. Zudem ist es oftmals aufgrund der vom Verkäufer aufgestellten Regeln des Bietungsverfahrens unabdingbar, eine geplante Transaktion und die sich daraus ergebenden Restrukturierungsmaßnahmen so lange wie möglich geheim zu halten. In der Praxis ist es deshalb oftmals schwierig, die Balance zwischen einer vertrauensvollen Zusammenarbeit mit den Arbeitnehmervertretern und den berechtigten Belangen des Unternehmens zu finden.

Zwar hatte der Gesetzgeber dies erkannt und sich bereits im Jahre 1996 mit dem Arbeitsrechtlichen Beschäftigungsförderungsgesetz bemüht, Restrukturierungsmaßnahmen durch eine Verkürzung und Befristung des Interessenausgleichsverfahrens deutlich zu beschleunigen. So hatte der Arbeitgeber den Interessenausgleich durch die seinerzeit als Sätze 2 und 3 in § 113 Absatz 3 des Betriebsverfassungsgesetzes eingefügte Regelung bereits »versucht«, wenn er den Betriebsrat ordnungsgemäß an der Planung beteiligt hatte und nicht innerhalb von zwei Monaten nach Beginn der Beratungen oder schriftlicher

22 BAG, Urt. v. 18.12.1984, AP Nr. 11 zu § 113 BetrVG 1972; Picot/Schnitker, Arbeitsrecht bei Unternehmenskauf und Restrukturierung, S. 263 f.

23 BAG, Urt. v. 18.12.1984, NZA 1985, 400; BAG, Urt. v. 09.07.1985, NZA 1986, 100; Eisemann, in: Küttner, Personalbuch 2007, Interessenausgleich, Rn. 19; Dieckmann/Koch, in: Picot, Handbuch für Familien- und Mittelstandsunternehmen, S. 418 f.

Aufforderung zur Aufnahme der Beratungen ein Interessenausgleich zustande gekommen war. Spätestens mit dem Ablauf von 3 Monaten nach der Aufnahme der Verhandlungen entfiel die in § 113 BetrVG vorgesehene Sanktion des Nachteilsausgleichs und damit auch die Umsetzungssperre. Dadurch sollte verhindert werden, dass die zeitliche Planung, die Durchführung und die Kosten der geplanten Unternehmensänderung über Monate oder gar Jahre aus dem Ruder liefen. Diese zeitliche Begrenzung des Interessenausgleichsverfahrens wurde dann aber bereits wieder durch Art. 9 des Gesetzes zu Korrekturen in der Sozialversicherung und zur Sicherung der Arbeitnehmerrechte mit Wirkung vom 01.01.1999 vollständig beseitigt. Den Unternehmen wurde damit die Steuerungsmöglichkeit für das »Timing« von Integrations- und Implementierungsmaßnahmen, die eine Betriebsänderung im Sinne des § 111 BetrVG zum Gegenstand haben, wieder weitgehend entzogen. Die aus Arbeitgebersicht notwendige Reformierung des Interessenausgleichsverfahrens steht daher weiterhin aus.

Da es beim Interessenausgleich in der Regel um komplexe Fragestellungen geht, ist der Betriebsrat gemäß § 111 S. 2 BetrVG berechtigt, in Unternehmen mit mehr als 300 Arbeitnehmern zu seiner Unterstützung bei der Beratung über die geplanten Betriebsänderungen einen externen, zur Geheimhaltung (§ 80 Abs. 4 BetrVG) verpflichteten Berater hinzuziehen. Auf diese Weise soll sichergestellt werden, dass der Betriebsrat schneller und kompetenter auf die in Aussicht genommene Maßnahme reagieren kann und die Beratungen über einen Interessenausgleich beschleunigt werden können.

Ferner können die Betriebsparteien im Rahmen eines Interessenausgleichs gemäß § 1 Abs. 5 S. 1 KSchG eine Namensliste der Arbeitnehmer erstellen, denen infolge einer Betriebsänderung gekündigt werden soll. Aufgrund der Namensliste besteht dann die gesetzliche Vermutung, dass die Kündigung durch dringende betriebliche Erfordernisse im Sinne des § 1 Abs. 2 KSchG bedingt ist. Die soziale Auswahl der Arbeitnehmer kann in diesem Falle nur auf grobe Fehlerhaftigkeit überprüft werden, § 1 Abs. 5 S. 2 KSchG. Durch diese Bestimmung wird es den Betriebsparteien ermöglicht, den Interessenausgleichsversuch auch im Lichte einer Namensliste zu unternehmen. Ist jedoch nach der zu Grunde liegenden Betriebsänderung der Gesamt- oder Konzernbetriebsrat für den Interessenausgleich zuständig, kommt eine Namensliste nicht in Betracht, weil die Namensliste nur betriebsbezogen, nicht aber unternehmensbezogen aufgestellt werden kann. Allerdings ist es möglich, dass einem vom Gesamt- oder Konzernbetriebsrat abgeschlossenen Interessenausgleich auf betrieblicher Ebene eine Namensliste hinzugefügt wird.

Wie oben bereits erwähnt, tritt neben die Verhandlungen über den Interessenausgleich in allen Fällen der Betriebsänderung – mit Ausnahme des Personalabbaus nach § 112a BetrVG – der Abschluss eines Sozialplans gemäß § 112 BetrVG. Der Sozialplan hat die Wirkung einer Betriebsvereinbarung. Ziel des Sozialplans ist es, die wirtschaftlichen Nachteile zu kompensieren, welche die Arbeitnehmer infolge einer Betriebsänderung erleiden. Leitende Angestellte werden von dem Sozialplan nicht erfasst. Im Gegensatz zum Interessenausgleich ist der Sozialplan erzwingbar. Der Betriebsrat kann die Einigungsstelle anrufen, die eine Entscheidung mit bindender Wirkung treffen kann. Allerdings kann mit der Betriebsänderung bereits vor dem Abschluss des Sozialplans begonnen werden.

Inhalt und Umfang des Sozialplans sind grundsätzlich allein von den Verhandlungen mit dem Betriebsrat abhängig. Konkrete Vorgaben enthält insoweit die Regelung des

§ 112 Abs. 5 BetrVG, der die Grundsätze aufstellt, von denen sich die Einigungsstelle im Rahmen ihrer billigen Ermessenausübung leiten lassen muss.

Da es bei einer Betriebsänderung in der Regel zu zahlreichen Kündigungen kommt, bildet die Frage der Höhe der seitens des Arbeitgebers zu zahlenden Abfindung in den meisten Fällen den Schwerpunkt der Verhandlungen des Sozialplans.[24] Für die Bemessung der Abfindungen werden üblicherweise Abfindungsformeln festgelegt, bei denen früher lediglich der Gleichbehandlungsgrundsatz zu beachten war. Seit dem Inkrafttreten des Allgemeinen Gleichbehandlungsgesetzes müssen überdies auch dessen Vorgaben beachtet werden. Problematisch ist dabei insbesondere das Verbot der (mittelbaren) Altersdiskriminierung, § 7 Abs. 1 i.V.m. § 1 AGG. Eine unterschiedliche Behandlung wegen des Alters ist aber gemäß § 10 AGG zulässig, wenn sie objektiv und angemessen und durch ein legitimes Ziel gerechtfertigt ist, wobei die Mittel zur Erreichung dieses Ziels ihrerseits angemessen und erforderlich sein müssen. § 10 S. 3 AGG enthält einen Beispielkatalog möglicher zulässiger Unterscheidungskriterien für den Fall einer unterschiedlichen Behandlung der älteren Arbeitnehmer. Gemäß der Nr. 6 dieses Katalogs können in Sozialplänen nach Alter oder Betriebszugehörigkeit gestaffelte Abfindungsregelungen festgelegt werden, wenn die wesentlich vom Alter abhängenden Chancen auf dem Arbeitsmarkt durch eine verhältnismäßig starke Betonung des Lebensalters erkennbar berücksichtigt werden. Vor diesem Hintergrund dürften lineare Steigerungsformeln und stark pauschalierende Divisorformeln kaum mehr vertretbar sein.[25] Dagegen dürften Sozialplanregelungen, bei denen mit einem nach dem Alter gestaffelten Divisor gearbeitet wird, auch weiterhin zulässig sein, soweit die Altersstaffelungen nachvollziehbar den Chancen auf dem Arbeitsmarkt gerecht werden.[26]

Letztlich hat der Gesetzgeber mit dem Allgemeinen Gleichbehandlungsgesetz einen weiteren schwerwiegenden Unsicherheitsfaktor in das Sozialplanverfahren eingebracht, da sämtliche Verstöße gegen die Gleichbehandlungsgebote des Allgemeinen Gleichbehandlungsgesetzes gemäß § 7 Abs. 2 AGG zur Unwirksamkeit der jeweiligen Regelung führen können. Darüber hinaus kann ein Verstoß vor dem Hintergrund des Gleichbehandlungsgebotes einen Anspruch der benachteiligten Arbeitnehmer auf Gleichstellung mit nicht benachteiligten Arbeitnehmern auslösen.[27]

Lehnen Arbeitnehmer einen zumutbaren Arbeitsplatz ab, können sie nach der Rechtsprechung aber von Leistungen aus dem Sozialplan ausgenommen werden.

Die Höhe des Gesamtvolumens eines Sozialplans hängt von der Leistungsfähigkeit des Unternehmens ab und ist von der Einigungsstelle so zu bemessen, dass der Fortbestand des Unternehmens und die nach der Betriebsänderung verbleibenden Arbeitsplätze nicht gefährdet werden. Dabei ist insbesondere bei publicityträchtigen Betriebsänderungen der öffentliche und politische Druck auf das betroffene Unternehmen nicht zu unterschätzen, wie zuletzt die Sozialplanverhandlungen im Zusammenhang mit der Schließung des Nokia-Werks in Bochum im Jahr 2008 gezeigt haben.

---

24 Picot/Schnitker, in: Picot, Unternehmenskauf und Restrukturierung, Teil III, Rn. 172.

25 Dieckmann/Koch, in: Picot, Handbuch für Familien- und Mittelstandsunternehmen, S. 425.

26 Löwisch, DB 2006, 1729, 1730; Willemsen/Schweibert, NJW 2006, 2583, 2587; Lingemann/Gotham, NZA 2007, 663, 664.

27 BAG, Urt. v. 7.3.1995, DB 1995, 2020; EuGH, Vorabentscheidung v. 7.2.1991, DB 1991, 660; vgl. Löwisch, DB 2006, 1729, 1731.

Der Sozialplan sollte in jedem Fall eine klare Regelung über die Fälligkeit der Abfindungen, insbesondere für den Fall der Erhebung von Kündigungsschutzklagen enthalten. Nachdem § 3 Ziff. 9 Einkommensteuergesetz (EStG) mit Wirkung zum 01.01.2006 aufgehoben worden ist, kommen für Sozialplanabfindungen die früheren Steuerfreibeträge nicht mehr in Betracht. Die Besteuerung der Abfindung erfolgt gemäß § 24 Nr. 1a i. V. m. § 34 Abs. 1 und 2 Nr. 2 EStG nach dem sog. Fünftelungsverfahren, wonach lediglich Erleichterungen bei den Progressionsstufen bestehen. Auf Abfindungen aus Sozialplänen sind grundsätzlich keine Sozialversicherungsbeiträge zu erheben, da es sich nicht um Arbeitsentgelt handelt. Ebenso wenig führt die Zahlung einer Sozialplanabfindung zu einem Ruhen des Anspruchs auf Arbeitslosengeld, soweit die Kündigungsfristen eingehalten worden sind (vgl. § 143a SGB III).

4. Massenentlassungen

Häufig haben Betriebsänderungen Entlassungen im Sinne des § 17 KSchG (Massenentlassungen) zur Folge. Diese Entlassungen unterliegen einem formalisierten Verfahren, das vom Unternehmer bei der Planung der Durchführung der Betriebsänderung zu beachten ist.

a) Anzeigepflicht

Im Fall betriebsbedingter Kündigungen ist der Arbeitgeber gemäß § 17 Abs. 1 KSchG verpflichtet,

»der Agentur für Arbeit Anzeige zu erstatten, bevor er

1. in Betrieben mit in der Regel mehr als 20 und weniger als 60 Arbeitnehmern mehr als 5 Arbeitnehmer,
2. in Betrieben mit in der Regel mindestens 60 und weniger als 500 Arbeitnehmern 10 vom Hundert der im Betrieb regelmäßig beschäftigten Arbeitnehmer oder aber mehr als 25 Arbeitnehmer,
3. in Betrieben mit in der Regel mindestens 500 Arbeitnehmern mindestens 30 Arbeitnehmer innerhalb von 30 Kalendertagen entlässt.«

Bei dem Begriff »Entlassung« in § 17 KSchG ist nach den Entscheidungen des Europäischen Gerichtshofs vom 27.01.2005[28] und des Bundesarbeitsgerichts vom 23.03.2006[29] aufgrund der gebotenen europarechtskonformen Auslegung nicht mehr – wie in der Praxis früher üblich – auf den Zeitpunkt der tatsächlichen Beendigung, sondern auf den Zeitpunkt der Kündigung des Arbeitsverhältnisses abzustellen. Der Arbeitgeber ist daher verpflichtet, der Agentur für Arbeit vor Ausspruch der Kündigungen Anzeige gemäß § 17 Abs. 1

---

28 EuGH, Urt. v. 27.1.2005 – Rs C-188/03 – (»Junk«), NZA 2005, 213.
29 BAG, Urt. v. 23.03.2006, DB 2006, 1902.

KSchG zu erstatten. Nach § 17 Abs. 2 KSchG ist der Betriebsrat über die Massenentlassung unter Angabe der in § 17 Abs. 2 S. 1 Nr. 1 – 6 KSchG aufgeführten Informationen zu unterrichten. Gleichzeitig hat der Arbeitgeber der Agentur für Arbeit eine Abschrift der schriftlichen Mitteilung an den Betriebsrat sowie die optionale Stellungnahme des Betriebsrats zuzuleiten. Erfolgt keine Stellungnahme des Betriebsrats, so ist die Anzeige gegenüber der Agentur für Arbeit nur wirksam, wenn der Arbeitgeber glaubhaft macht, dass er den Betriebsrat mindestens zwei Wochen vor Erstattung der Anzeige gemäß § 17 Abs. 2 KSchG unterrichtet hat und er den Stand der Beratungen darlegt.

Die schriftliche Unterrichtung des Betriebsrats hat also mindestens zwei Wochen vor der bei der Agentur für Arbeit zu erstattenden Anzeige zu erfolgen, da der Arbeitgeber andernfalls nach § 17 Abs. 3 Satz 3 KSchG keine wirksame Anzeige abgeben kann. In der Praxis wird die Information und Konsultation des Betriebsrats nach § 17 KSchG in das Interessenausgleichsverfahren nach §§ 111 ff. BetrVG eingebunden.

Der Arbeitgeber hat die in § 17 KSchG geregelten Auskunfts-, Beratungs- und Anzeigepflichten gemäß § 17 Abs. 3a KSchG auch dann zu beachten, wenn die Entscheidung über die Entlassungen von einem den Arbeitgeber beherrschenden Unternehmen getroffen wurde. Der Arbeitgeber kann sich nicht darauf berufen, das für die Entlassungen verantwortliche Unternehmen habe nicht die notwendigen Auskünfte übermittelt.

Wird die nach § 17 KSchG notwendige Anzeige versäumt, so sind die Kündigungen unwirksam.[30] Im Rahmen der Massenentlassungsanzeige ist ferner darauf zu achten, dass die anzeigepflichtigen Entlassungen gemäß § 18 Abs. 1 KSchG vor Ablauf eines Monats nach Eingang der Anzeige bei der Agentur für Arbeit nur mit deren Zustimmung wirksam werden, wobei diese Sperrfrist von der Agentur für Arbeit um einen weiteren Monat auf längstens zwei Monate verlängert werden kann (§ 18 Abs. 2 KSchG). Die erforderliche Zustimmung der Agentur für Arbeit kann dabei auch rückwirkend bis zum Tage der Antragstellung erteilt werden.

Wie bei § 17 KSchG (Massenentlassungsanzeige) wird auch bei § 18 KSchG (Entlassungssperre) auf den Begriff der »Entlassung« abgestellt. Die geänderte Rechtsprechung des Bundesarbeitsgerichts hinsichtlich der Auslegung des Begriffs der Entlassung als Zeitpunkt der Kündigung ist daher auch für die Regelung des § 18 KSchG maßgeblich. Die Konsequenzen sind jedoch umstritten. Während teilweise vertreten wird, dass die Kündigungen im Hinblick auf den europarechtlichen Entlassungsbegriff erst einen Monat nach Anzeige der Massenentlassung ausgesprochen werden können[31], sehen andere in § 18 KSchG lediglich eine gesetzliche Mindestkündigungsfrist. Letzteres würde bedeuten, dass die Kündigung zwar innerhalb der Monats- bzw. Zweimonatsfrist nach Erstattung der Massenentlassungsanzeige erklärt werden, aber das Arbeitsverhältnis erst nach Ablauf der Sperrfrist beendet werden könnte.[32] Um das angesichts der unklaren Rechtslage bestehende Risiko zu minimieren, empfiehlt es sich, die Formalität und das Verfahren frühzeitig mit der lokalen Agentur für Arbeit zu abzuklären. Ferner ist der Zeitpunkt der Abgabe der Massenentlassungsanzeige vorab genauestens zu planen, da

---

30 BAG, Urt. v. 23.03.2006, DB 2006, 1902, 1903.

31 Steike, DB 1995, 674, 676; ArbG Berlin Urt. v. 30.4.2003, ZIP 2003, 1265; Bauer/Krieger/Powietzka, BB 2006, 2023, 2025.

32 Dzida/Hohenstatt, DB 2006, 1897 f.; Bauer/Krieger/Powietzka, BB 2006, 2023, 2025.

die Anzeige wiederholt werden muss, wenn die Entlassungen nicht innerhalb der Freifrist wirksam werden.

Im Anschluss an die Sperrfrist müssen die Kündigungen gemäß § 18 Abs. 4 KSchG innerhalb einer Freifrist von 90 Tagen ausgesprochen werden.

Die Bildung von Kündigungswellen unterhalb der Schwellenwerte des § 17 KSchG ist zulässig. Es handelt sich nicht um eine Umgehung der Vorschrift, sondern vielmehr um das vom Gesetz zur Entlastung des Arbeitsmarktes bezweckte Vorgehen.[33]

b) Die individualrechtliche Wirksamkeit der Kündigung

Von der Anzeigepflicht ist die Frage der individualrechtlichen Wirksamkeit der Kündigung zu unterscheiden.

Soweit das Arbeitsverhältnis vom Geltungsbereich des allgemeinen Kündigungsschutzes umfasst ist, ist die Kündigung gegenüber einem Arbeitnehmer, dessen Arbeitsverhältnis in demselben Betrieb (nicht: Kleinbetrieb) oder Unternehmen ohne Unterbrechung länger als sechs Monate bestanden hat, rechtsunwirksam, wenn sie nicht sozial gerechtfertigt ist (§ 1 KSchG). Der Arbeitgeber muss also einen Kündigungsgrund haben, der entweder in der Person oder im Verhalten des Arbeitnehmers liegt oder durch dringende betriebliche Erfordernisse bedingt ist, die einer Weiterbeschäftigung entgegenstehen; im letzteren Falle muss der Arbeitgeber bei der Auswahl des Arbeitnehmers nach § 1 Abs. 3 KSchG soziale Gesichtspunkte ausreichend berücksichtigen.

Bei einer betriebsbedingten Kündigung setzt die soziale Rechtfertigung voraus, dass der Arbeitsplatz infolge der unternehmerischen Restrukturierungsentscheidung dauerhaft entfallen ist. Die Unternehmerentscheidung selbst ist gerichtlich lediglich daraufhin überprüfbar, ob sie unsachlich, willkürlich oder unvernünftig ist.[34] Ferner muss die Kündigung aufgrund »dringender« betrieblicher Erfordernisse erfolgen, d. h. sie unterliegt dem Verhältnismäßigkeitsprinzip.[35] Es ist daher bei jeder betriebsbedingten Kündigung zu prüfen, ob es nicht möglich ist, die Kündigung vorrangig durch andere Maßnahmen zu vermeiden, z. B. durch eine Versetzung. Schließlich ist eine Sozialauswahl erforderlich, wenn nicht alle der vergleichbaren Arbeitsplätze, sondern nur ein Teil dieser Arbeitsplätze entfallen. In diesem Fall hat der Unternehmer bei der Entscheidung, welcher Arbeitnehmer entlassen wird, unter sozialen Gesichtspunkten abzuwägen, welchen Arbeitnehmer die Entlassung am wenigsten hart trifft. Die Sozialauswahlkriterien des § 1 Abs. 3 KSchG sind die Dauer der Betriebszugehörigkeit, das Lebensalter, etwaige Unterhaltspflichten und eine mögliche Schwerbehinderung.

Seit der Einführung des Allgemeinen Gleichbehandlungsgesetzes bestehen erhebliche Risiken und Rechtsunsicherheiten bei der (früher) üblichen schematischen Punktevergabe im Rahmen der Sozialauswahl. Das Allgemeine Gleichbehandlungsgesetz enthält – entgegen den ursprünglichen Entwürfen – zwar keine ausdrückliche Regelung betreffend die Sozialauswahl. Allerdings wird die Zulässigkeit der Punktevergabe insbesondere

---

33 Pods/Molkenbur, in: HWS, § 18 KSchG, Rn. 13; Picot/Schnitker, Arbeitsrecht bei Unternehmenskauf und Restrukturierung, S. 389.

34 BAG, Urt. v. 17.6.1999, NZA 1999, 1095, 1096; Ascheid/Oetker in ErfK, § 1 KSchG, Rn. 401.

35 Ascheid/Oetker, in: ErfK, § 1 KSchG, Rn. 397.

hinsichtlich des Lebensalters mit Rücksicht auf eine europarechtskonforme Auslegung des Kündigungsschutzgesetzes diskutiert.[36] Obwohl das Lebensalter entsprechend dem Wortlaut des § 1 Abs. 3 KSchG weiterhin zu berücksichtigen ist, dürfte eine schematische Punktevergabe für jedes Lebensjahr nicht mehr zulässig sein. Vielmehr ist das Lebensalter im Hinblick auf die Chancen auf dem Arbeitsmarkt zu berücksichtigen, z. B. durch eine Staffelung nach Altersgruppen, welche sich verstärkt an den Chancen auf dem Arbeitsmarkt orientiert.[37]

Es bedarf keiner weiteren Erläuterung, dass die Frage der Wirksamkeit einer Kündigung angesichts der Anforderungen an eine betriebsbedingte Kündigung mit erheblichen Rechtsunsicherheiten belastet ist.

Um gleichwohl ein Mindestmaß an Rechtssicherheit zu erlangen, besteht jedoch die Möglichkeit, zumindest Auswahlrichtlinien für die Sozialauswahl gemäß § 1 Abs. 4 KSchG i. V. m. § 95 BetrVG mit dem Betriebsrat zu vereinbaren. Ist nämlich in einem Tarifvertrag, in einer Betriebsvereinbarung nach § 95 BetrVG oder in einer entsprechenden Richtlinie nach den Personalvertretungsgesetzen festgelegt, wie die sozialen Gesichtspunkte nach § 1 Abs. 3 Satz 1 KSchG im Verhältnis zueinander zu bewerten sind, so kann die soziale Auswahl der Arbeitnehmer nur auf grobe Fehlerhaftigkeit überprüft werden, § 1 Abs. 4 KSchG.

Darüber hinaus kann es sich – wie bereits oben dargestellt – empfehlen, bei einem Interessenausgleich über einen Personalabbau auf der Grundlage der Auswahlrichtlinie eine Namensliste über die betroffenen Arbeitnehmer im Sinne des § 1 Abs. 5 KSchG zu vereinbaren. Bei den Arbeitnehmern, die in der Namensliste benannt werden, besteht dann gemäß § 1 Abs. 5 S. 1 KSchG die gesetzliche Vermutung der Betriebsbedingtheit der Kündigung. Ein mit der Kündigung befasstes Gericht kann die Sozialauswahl dann nur auf grobe Fehlerhaftigkeit hin überprüfen, § 1 Abs. 5 S. 2 KSchG.

Da im Ergebnis mit jeder Kündigung unausräumbare Rechtsunsicherheiten verbunden sind, ist es durchaus empfehlenswert, sich mit den Arbeitnehmern soweit möglich anstelle einer Kündigung auf Aufhebungsverträge zu verständigen. Der Abschluss eines Aufhebungsvertrages hat zudem noch den weiteren Vorteil, dass zusätzliche Aspekte, die die Kündigungen erschweren, wie z. B. der Sonderkündigungschutz für Betriebsratsmitglieder, Schwangere, Mitarbeiter im Erziehungsurlaub etc., nicht zum Tragen kommen. Ferner entfällt bei Aufhebungsverträgen die im Falle der Kündigung erforderliche individuelle Anhörung des Betriebsrats zu jeder Kündigung nach § 102 BetrVG. Diese Anhörung muss im Fall einer Kündigung vor Ausspruch der Kündigung ordnungsgemäß durchgeführt werden. Geschieht dies nicht, so ist die Kündigung nichtig. Dies gilt auch dann, wenn über die Kündigungen ein Interessensausgleich nach §§ 111 ff. BetrVG abgeschlossen worden ist.

36 Dieckmann/Koch in: Picot, Handbuch für Familien- und Mittelstandsunternehmen, S. 434 f.; Hamacher/Ulrich, NZA 2007, 657, 661 ff.; Willemsen/Schweibert, NJW 2006, 2583, 2586.

37 Dieckmann/Koch, in: Picot, Handbuch für Familien- und Mittelstandsunternehmen, S. 434 f. m. w. N.

5. Unternehmenswertorientierte Vergütungsmodelle

a) Einleitung

Seit dem Einzug grenzüberschreitender und globaler Unternehmensübernahmen und -zusammenschlüsse in Deutschland in den 1990er-Jahren gewinnen Stock-Options und andere unternehmenswertorientierte Mitarbeitervergütungen hierzulande zunehmend an Bedeutung. Musste man Deutschland insoweit im Vergleich mit den USA oder Großbritannien zunächst noch als Entwicklungsland bezeichnen, so greifen heute immer mehr Großunternehmen angesichts der fortschreitenden Internationalisierung und Globalisierung der Kapital- und Arbeitsmärkte bei der Gestaltung ihrer Vergütungsmodelle auf Aktienoptionspläne zurück. Bereits 1998 verfügten etwa 20 Prozent der deutschen Großunternehmen über derartige Optionspläne. Der Trend ist seitdem ungebrochen.[38] In der öffentlichen Wahrnehmung werden zwar variable Vergütungsmodelle vielfach kritisch bewertet, da sie oft einseitig im Zusammenhang mit der Diskussion über die Angemessenheit von Managergehältern gesehen werden, die durch die Mannesmann-Übernahme entbrannt ist. Gleichwohl ist die Mitarbeiterkapitalbeteiligung mittlerweile fester Bestandteil erfolgreicher Unternehmensführung. Sowohl ausländische wie auch inländische Führungskräfte erwarten heutzutage derartige Vergütungskomponenten. Gehaltsbestandteile wie Dienstwagen oder Versicherungspolicen werden weitgehend als selbstverständlich hingenommen. Insofern verwundert es nicht, dass auch immer mehr mittelständische und Start-up-Unternehmen ihren Mitarbeitern durch performance-orientierte Vergütungsmodelle besondere Leistungsanreize gewähren. Mittlerweile praktiziert eine Vielzahl von Unternehmen irgendeine Form der Mitarbeiterbeteiligung, an der keineswegs nur das höhere Management partizipiert.

Derartige Vergütungsmodelle fördern nämlich nicht nur die Motivation und Kreativität der Manager und übrigen Mitarbeiter, sondern auch ihre mitverantwortliche Verbundenheit und Identifikation mit »ihrem« Unternehmen, da die Begünstigten natürlicherweise in erhöhtem Maße an einer überdurchschnittlichen Geschäftsentwicklung ihrer Unternehmen interessiert sind.[39] Die Koppelung der Vergütung an die Effizienz der Mitarbeiter und der Unternehmen erweist sich damit für viele Gesellschaften als wichtiger Baustein einer partnerschaftlichen und zukunftsorientierten Unternehmenskultur. Insgesamt profitieren die Unternehmen davon, dass sich auf diese Weise die Wertschöpfung pro Mitarbeiter maßgeblich steigern lässt. So kann eine Mitarbeiterbeteiligung bewirken, dass sich das Betriebsklima verbessert, das Innovationspotenzial der Mitarbeiter gestärkt und die Belegschaft zu einer größeren Sorgfalt und Kostenbewusstsein animiert werden. Nicht zuletzt können qualifizierte Mitarbeiter langfristig an das Unternehmen gebunden und Fehlzeiten gesenkt werden.

Das Thema »Mitarbeiterbeteiligung« ist in letzter Zeit auch verstärkt in das politische Blickfeld geraten. Nach Auffassung der Koalitionsparteien sollen Beschäftigte stärker an den Unternehmen beteiligt werden. Darüber, wie im Einzelnen eine weitere Förderung ausgestaltet werden könnte, besteht derzeit aber noch Uneinigkeit. Erste Eckpunkte über

38 vtf.: Wagner, NJW 2003, 3081, 3082 f.
39 Schanz, NZA 2000, 626, 626.

Maßnahmen zur Stärkung der Mitarbeiterkapitalbeteiligung hat eine von den Koalitionsparteien eingesetzte Arbeitsgruppe Ende April 2008 vorgestellt.[40] Ob und inwieweit diese Vorschläge umgesetzt werden, bleibt abzuwarten.

b) Überblick

Allgemein wird die Mitarbeiterbeteiligung als Teilhabe des Arbeitnehmers am Kapital des Unternehmens verstanden. Dabei ist die Beteiligung auf gesellschafts- oder schuldrechtlicher Ebene einerseits von der Erfolgsbeteiligung in Form einer Ertrags-, Gewinn- oder Leistungsbeteiligung andererseits zu unterscheiden.

Bei der erstgenannten gesellschafts- oder schuldrechtlichen Mitarbeiterbeteiligung (im engeren Sinne) werden die Mitarbeiter in der Regel als Aktionäre (z. B. Belegschaftsaktien), Mitgesellschafter (z. B. GmbH-Anteile) oder Fremdkapitalgeber (z. B. Stille Gesellschaft, Mitarbeiterdarlehen, Genussrechte) am Kapital des Unternehmens beteiligt. Denkbar sind ferner Anwartschaftsrechte auf eine direkte Beteiligung (z. B. Stock-Options oder Wandelschuldverschreibungen, Wandelgenussrechte).

Die Ausgabe von »Belegschaftsaktien« führt zu einer Substanzbeteiligung der Mitarbeiter am Unternehmen. Diese erhalten (häufig mit einem Rabatt) Stamm- oder stimmrechtslose Vorzugsaktien und partizipieren so unmittelbar am Erfolg der Aktiengesellschaft durch Ausschüttungen und Wertsteigerungen der Aktie. Zudem sind mit der gewonnenen Gesellschafterstellung Mitentscheidungs- (nur bei Stammaktien), Informations- und Kontrollrechte verbunden. Vergleichbares gilt, wenn Mitarbeiter durch die Übertragung von »GmbH-Anteilen« Mitgesellschafter des Unternehmens werden.

Fungiert der Mitarbeiter über eine »Stille Beteiligung« als Fremdkapitalgeber, beteiligt sich dieser durch eine Vermögenseinlage am Unternehmen. Er wird hierdurch nicht selbst Gesellschafter und erhält keine Mitentscheidungsrechte, wird aber am Gewinn des Unternehmens beteiligt und besitzt hierzu in der Regel Informations- und Kontrollrechte. Soweit darüber hinaus auch eine Verlustbeteiligung vereinbart wird, ist diese meist auf die Einlage begrenzt. In wirtschaftlicher Hinsicht sind die sog. »Genussrechte« der Stillen Beteiligung ähnlich. Der Mitarbeiter stellt dem Unternehmen Kapital zur Verfügung und erhält im Gegenzug eine gewinnabhängige Vergütung. Verwaltungsrechte, also insbesondere Stimmrechte, stehen dem Genussrechtsinhaber jedoch nicht zu. Im Unterschied zur Stillen Beteiligung lassen sich Genussrechte in Form von Genussscheinen als Wertpapier verbriefen.

Ist ein »Mitarbeiterdarlehen« vereinbart, fließen dem Mitarbeiter entweder Zinsen zu einem festen Zinssatz oder abhängig vom Unternehmensgewinn (sog. partiarisches Darlehen) zu. Wie jedes Darlehen führt ein Mitarbeiterdarlehen zu keiner Substanzbeteiligung. Auch »Wandelschuldverschreibungen« bzw. »Wandelgenussrechte« sind faktisch wie ein Darlehen zu betrachten, das vom Unternehmen gewinnabhängig oder gewinnunabhängig zu verzinsen ist. Die Besonderheit liegt jedoch darin, dass dem Mitarbeiter ein

---

40 Vorschlag der gemeinsamen Arbeitsgruppe von CDU, CSU und SPD für mehr Mitarbeiterkapitalbeteiligung in Deutschland vom 21.04.2008, abrufbar unter: http://www.bmas.de/coremedia/generator/25438/2008_04_21_mitarbeiterkapitalbeteiligung_vorschlag.html

Umtauschrecht eingeräumt wird, wodurch der Anspruch auf Rückzahlung des gewährten Geldbetrages in einen Anspruch auf Gewährung einer bestimmten Anzahl von Anteilen an der Gesellschaft gewandelt werden kann. Der Mitarbeiter erhält auf diese Weise zu einem späteren Zeitpunkt die Möglichkeit, sich unmittelbar an der Substanz des Unternehmens zu beteiligen. Je nach Ausgestaltung kann das Umtauschrecht von bestimmten Erfolgszielen abhängig gemacht werden.

Die anderen Erfolgsbeteiligungen in Form einer Ertrags-, Gewinn- oder Leistungsbeteiligung werden den Mitarbeitern hingegen als »normale« zusätzliche Vergütungen in Form von z. B. Tantiemen oder Boni ausgezahlt. Die fixen Vergütungen der Manager werden dabei zunehmend zugunsten höherer variabler Bestandteile verringert.

Bei den variablen Vergütungsmodellen haben die Belegschaftsaktien, deren geldwerter Vorteil gemäß § 19 a Einkommensteuergesetz (EStG) unter den dort genannten Voraussetzungen bis zu einem Betrag von 135 Euro jährlich steuerfrei ist, seit langem ihren festen Platz. Ein Nachteil dieser Beteiligungsform ist es, dass die Mitarbeiter, die die Belegschaftsaktien erhalten haben, sich nicht dem Kursrisiko entziehen können und im Falle eines Absinkens des Kurses oder im Insolvenzfall einen entsprechenden Verlust erleiden.

Anders verhält es sich bei den sog. Phantom-Stocks (auch Stock-Appreciation-Rights/SAR genannt), bei denen die Begünstigten nur so gestellt werden, als wären sie Inhaber von Aktien ihrer Unternehmen. Diese Beteiligungen werden daher als virtuelle oder synthetische Aktienmodelle bezeichnet. Bei ihnen erhalten die begünstigten Mitarbeiter keine »echten« Aktien und sie nehmen deshalb grundsätzlich auch nicht unmittelbar an etwaigen Kursverlusten teil. Bei einer positiven Kursentwicklung werden ihnen jedoch die Differenzbeträge zwischen dem zuvor festgelegten Basispreis der Phantom-Stocks und dem aktuellen Kurswert zu einem bestimmten Stichtag in bar ausgezahlt.

c) Aktienoptionsplan

Unter den variablen Vergütungsmodellen insbesondere für Führungskräfte deutscher Unternehmen wird der (echte) Aktienoptionsplan immer bedeutsamer. Während Anfang 1998 erst 17 % der Großunternehmen Aktienoptionspläne eingesetzt hatten, verfügten im Jahr 2000 bereits über die Hälfte der DAX-Unternehmen über derartige Mitarbeiterbeteiligungsmodelle.

Die im Auftrag des Bundesforschungsministeriums erstellte Delphi-Studie prognostiziert, dass die Unternehmen ihre Mitarbeiter in den Jahren 2003 bis 2010 mehrheitlich mit Aktien entlohnen werden, da sich dies als »motivations- und produktionserhöhend« herausgestellt habe. Diesen Trend dürften auch die verschärften Eigenkapitalvorschriften für Banken (Basel II) beflügeln, da die Mitarbeiter-Kapitalbeteiligung angesichts der daraus resultierenden restriktiveren Kreditvergabe der Banken auch einen Beitrag zur Verbesserung der Eigenkapitalausstattung eines Unternehmens leisten kann.

Vergütungssysteme mit hohen Optionsanteilen erfreuen sich insbesondere bei jungen innovativen Unternehmen, die nur über eine dünne Kapitaldecke verfügen, im Wettbewerb um hochqualifizierte Führungskräfte einer zunehmenden Beliebtheit, da auf diese Weise gerade in der Anlaufphase hohe – die Gesellschaft belastende – Fixgehälter vermieden werden können. Bei Börsengängen kann mit der Emissionsbank vereinbart werden, dass ein Teil des Emissionsvolumens für Mitarbeiter reserviert wird.

Im Rahmen eines Aktienoptionsplans werden den Begünstigten Optionen eingeräumt, eine bestimmte Anzahl von Aktien zu einem festgelegten Basispreis (Strike Price) innerhalb eines vorgegebenen Zeitraums zu beziehen. Der Basispreis ist dabei oftmals geringer als der Börsenwert der Aktien im Zeitpunkt der Einräumung der Option. Der Aktienoptionsplan kann vorsehen, dass die Ausübung der Option nur während des Bestehens des Anstellungsverhältnisses und erst nach dem Ablauf einer bestimmten Bindefrist (Vesting Period) oder einer weiteren Wartezeit zulässig ist. Ist der Kurswert der Aktien in der Zwischenzeit durch den Erfolg des Unternehmens bzw. der Mitarbeiter gestiegen, so kann der Begünstigte die Differenz zwischen dem Strike Price und dem aktuellen Kurswert durch die Veräußerung der Aktien als Gewinn realisieren, oder anderenfalls auf die Veräußerung verzichten.

aa) Gesellschaftsrecht

Gesellschaftsrechtlich wird die Implementierung von Aktienoptionsplänen in erster Linie durch eine bedingte Kapitalerhöhung erreicht. Hierzu ermöglicht § 192 Abs. 2 Nr. 3 Aktiengesetz (AktG) den Unternehmen, sich die für Aktienoptionen von Arbeitnehmern und Mitgliedern der Geschäftsführung benötigten finanziellen Mittel zu verschaffen. Damit ist die Ausgabe isolierter Optionen (sog. naked warrants) durch die Gesellschaft möglich, ohne dass ein Rückgriff auf Wandel- oder Optionsanleihen (§ 221 Abs. 1 AktG) in Verbindung mit einer bedingten Kapitalerhöhung nach § 192 Abs. 2 Nr. 1 AktG erforderlich ist.

Bei der Bereitstellung bedingten Kapitals zur Bedienung der Optionsinhaber haben die Alt-Aktionäre kein Bezugsrecht. Die Gewährung von Bezugsrechten an Mitarbeiter hat der Gesetzgeber als zulässigen Zweck einer bedingten Kapitalerhöhung normiert. Ein ausdrücklicher Bezugsrechtsausschluss für die Alt-Aktionäre ist ebenso entbehrlich wie ein Vorstandsbericht im Sinne von § 186 Abs. 4 S. 2 AktG, zumal der Vorstand den Beschluss über die bedingte Kapitalerhöhung selbst vorschlagen und gegenüber den Aktionären ausführlich begründen wird, damit diese den Aktienoptionsplan bewilligen. Eine gerichtliche Inhaltskontrolle der Optionspläne mittels einer Anfechtungsklage im Zusammenhang mit dem Bezugsrechtsausschluss ist schließlich ausgeschlossen, da ein diesbezüglicher Beschluss der Hauptversammlung nicht erfolgt.

Für die bedingte Kapitalerhöhung ist gemäß § 193 Abs. 1 AktG ein Beschluss der Hauptversammlung mit einer Mehrheit von mindestens 3/4 des bei der Beschlussfassung vertretenen Kapitals erforderlich, wobei der Nennbetrag des beschlossenen bedingten Kapitals 10 % des Grundkapitals nicht übersteigen darf (§ 192 Abs. 3 S. 1 AktG). Die Aktionäre haben über den Hauptversammlungsbeschluss umfassende Informations- und Zustimmungsrechte hinsichtlich der Grundzüge eines Aktienoptionsplans, insbesondere betreffend den Zweck, den Kreis der Berechtigten, den Basispreis, die Aufteilung auf Geschäftsführung und Arbeitnehmer, die Erfolgsziele, die Erwerbs- und Ausübungszeiträume sowie die Festlegung einer mindestens zweijährigen Wartezeit (§ 193 Abs. 2 Nr. 1 – Nr. 4 AktG). Allerdings verbleibt dem Unternehmen ein weiter Beurteilungsspielraum, der gerichtlich nur einer gewissen Plausibilitätskontrolle unterliegt. Eine bedingte Kapitalerhöhung ist für die Gesellschaft insofern vorteilhaft, als ihre Liquidität durch den Aktienoptionsplan nicht belastet wird. Allerdings kann später eine Kapitalverwässerung eintreten, wenn der Kurswert bei der Ausübung der Option höher ist, als der – oftmals unterhalb des Marktwertes ausgegebene – Basispreis zum Zeitpunkt der Gewährung der Option.

Neben der bedingten Kapitalerhöhung kann das Unternehmen nach § 71 Abs. 1 Nr. 8 AktG auch eigene Aktien erwerben, um das Aktienoptionsprogramm zu bedienen. Auch bei dieser Finanzierungsart ist ein Ermächtigungsbeschluss der Hauptversammlung mit einer Dreiviertelmehrheit erforderlich, welcher dieselben Angaben wie bei einer bedingten Kapitalerhöhung zu enthalten hat. Ferner ist die Begrenzung des § 71 Abs. 2 AktG zu beachten, wonach die eigenen Aktien nicht mehr als 10 % des Grundkapitals ausmachen dürfen. Zudem muss der Rückkaufpreis für die eigenen Aktien durch Gewinnrücklagen gedeckt sein, sodass das Unternehmen auf vergangene Gewinne zurückgreifen muss und nicht die während der Laufzeit des Aktienoptionsprogramms zu erwartenden Kursgewinne einsetzen kann. Wegen der weiteren Liquiditätsbelastung, die durch die Differenz zwischen Kaufpreis und Basispreis entsteht, empfiehlt sich eine Finanzierung durch den Erwerb eigener Aktien in der Regel nur für solche Unternehmen, die über überschüssiges Kapital verfügen.

bb) Arbeitsrecht[41]

Bei der Ausgestaltung von Aktienoptionsplänen spielt ferner das Arbeitsrecht eine wichtige Rolle. Als Rechtsgrundlage eines solchen Vergütungsmodells kommen neben Tarifvertrag und der Gesamtzusage insbesondere freiwillige Betriebsvereinbarungen als Maßnahme zur Förderung der Vermögensbildung im Sinne von § 88 BetrVG in Betracht.[42] Bei leitenden Angestellten oder Organmitgliedern, für die Betriebsvereinbarungen in der Regel nicht gelten, bieten sich individualvertragliche Vereinbarungen an.

Die grundsätzliche Entscheidung darüber, ob ein Beteiligungsmodell eingeführt werden soll sowie die Festlegung seiner Grundstrukturen, also des Teilnehmerkreises, der Laufzeit und des finanziellen Volumens kann ein Unternehmen mitbestimmungsfrei treffen. Ebenso frei kann es die Vergütungen mit den Organmitgliedern und leitenden Angestellten vereinbaren. Bei der Festlegung der Verteilungsgrundsätze, d.h. des Umfangs der Bezugsrechte der verschiedenen Mitarbeitergruppen haben die Betriebsräte jedoch gemäß § 87 Abs. 1 Nr. 10 BetrVG ein Mitbestimmungsrecht, soweit es sich nicht um Optionspläne für Organmitglieder oder leitende Angestellte der Gesellschaft handelt. Verfall- oder Rückzahlungsklauseln, nach denen den Mitarbeitern im Falle ihres Ausscheidens aus der Gesellschaft keinerlei Rechte mehr aus dem Aktienoptionsplan zustehen, binden die Arbeitnehmer in verstärktem Maße an ihren Arbeitgeber und können einen Arbeitsplatzwechsel erschweren. Insofern darf aber nicht gegen die zivilrechtlichen Generalklauseln der §§ 138, 242 Bürgerliches Gesetzbuch (BGB) sowie gegen Art. 12 Grundgesetz (Berufsfreiheit) mit der Folge verstoßen werden, dass der Mitarbeiter durch seinen Arbeitgeber »geknebelt« wird.[43] Zulässig sind Verfall- oder Rückzahlungsklauseln daher nur dann, wenn sie hinsichtlich Befristung, zeitanteiliger Anrechnung etc. ausgewogen gestaltet sind.

---

41 Eingehend dazu Picot/Schnitker, Arbeitsrecht bei Unternehmenskauf und Restrukturierung, S. 60ff.

42 Schanz, NZA 2000, 626, 632ff.

43 vtf.: Maletzky, NZG 2003, 715, 716ff.; Schanz, NZA 2000, 626, 634f.

Durch die wiederholte und vorbehaltslose Gewährung von Aktienoptionen kann ein arbeitsrechtlicher Anspruch der begünstigten Arbeitnehmer aufgrund betrieblicher Übung entstehen.[44] Ferner können die Mitarbeiter Rechte aus dem arbeitsrechtlichen Gleichbehandlungsgrundsatz herleiten. Bei der Gewährung kann unter einzelnen Mitarbeitern oder Mitarbeitergruppen nur differenziert werden, wenn dies nach der Zielsetzung des Beteiligungsmodells sachlich geboten bzw. gerechtfertigt ist; zulässig ist beispielsweise die Differenzierung nach Hierarchie-Ebenen oder eine Beschränkung der Optionszusage auf die Führungsebene, wenn diese Zusage – anders als bei der Belegschaft – einen wesentlichen Vergütungsbestandteil des Managements darstellt. Zusätzlich sind die Kriterien des Allgemeinen Gleichbehandlungsgesetzes zu beachten. Gemäß §§ 7 Abs. 1 i. V. m 1 AGG dürfen Beschäftigte nicht aus Gründen der Rasse oder wegen der ethnischen Herkunft, des Geschlechts, der Religion oder Weltanschauung, einer Behinderung, des Alters oder der sexuellen Identität benachteiligt werden. Regelungen, die hiergegen verstoßen, sind gemäß § 7 Abs. 2 AGG unwirksam.

cc) Insiderrecht

Die Begünstigten von Aktienoptionsplänen finden sich oftmals im Bereich des Managements. Diese Entscheidungsträger sind aufgrund ihrer exponierten beruflichen Stellung in der Regel im Besitz von Informationen, die für den Aktienkurs bedeutsam sein können. Vorstands- und Aufsichtsratsmitglieder sowie weitere Führungskräfte eines Unternehmens verfügen regelmäßig über sog. Insiderinformationen im Sinne von § 13 Abs. 1 Wertpapierhandelsgesetz (WpHG). Die Vorschrift des § 14 WpHG verbietet unter anderem, Wertpapiere unter Ausnutzung der Kenntnis von Insiderinformationen zu erwerben oder zu veräußern und ist über § 38 WpHG darüber hinaus strafbewehrt.

Bei der Ausgestaltung von Aktienoptionsplänen ist daher der Zeitpunkt für die Ausübung der Option so festzulegen, dass jeglicher Konflikt mit diesen Vorschriften von vornherein vermieden wird. Es empfiehlt sich in diesem Zusammenhang die Einrichtung sog. Trading-Windows (Handels-Zeiträume), um sicherzustellen, dass neben den Begünstigten auch allen übrigen Marktteilnehmern die jeweils kursrelevanten Tatsachen gleichzeitig zur Verfügung stehen. In der Praxis hat sich die Öffnung dieser Trading-Windows jeweils ca. zwei bis drei Wochen nach der turnusmäßigen Veröffentlichung der Quartals- oder Jahresabschlussergebnisse des Unternehmens bewährt. Durch eine derartige zeitlich eingeschränkte Ausübungsmöglichkeit wird nicht nur der Anschein verbotener Insidergeschäfte, sondern auch die unzulässige Kursmanipulation durch Führungskräfte ausgeschlossen und gleichzeitig die öffentliche Akzeptanz von Aktienoptionsplänen verbessert.

dd) Steuerrecht

Steuerrechtlich zählen Aktienoptionsrechte, die Vorstandsmitgliedern oder Arbeitnehmern eingeräumt werden, zu den Einkünften aus nichtselbstständiger Arbeit im Sinne des § 19 Einkommensteuergesetz (EStG). Die Besteuerung knüpft an den Zeitpunkt des

44 Schanz, NZA 2000, 626, 632.

Zuflusses an, §11 Abs. 1 S. 1 EStG. Maßgeblich ist daher nicht das Verpflichtungs-, sondern das Erfüllungsgeschäft.[45]

Nach der Rechtsprechung des Bundesfinanzhofes (BFH) erfolgt der Zufluss und somit die Besteuerung nicht bereits bei der Gewährung der Option (Anfangsbesteuerung – »*up-front-taxation*«), da der Begünstigte in diesem Zeitpunkt wegen der regelmäßig vorgesehenen Binde- oder Wartefristen noch nicht über ein verkehrsfähiges, frei handelbares (fungibles) Wirtschaftsgut verfügt, sondern erst bei der Ausübung der Option (Endbesteuerung – »*back-end-taxation*«).[46] Zur Begründung stellt der Bundesfinanzhof darauf ab, dass Ansprüche aus einem Optionsrecht wie andere noch nicht erfüllte Ansprüche aus dem Arbeitsverhältnis zu behandeln sind. Bei der Einräumung des Optionsrechts handele es sich in der Regel lediglich um eine vage Chance zu einem späteren preisgünstigen Vermögenserwerb. Die Zusage des Arbeitgebers, dem Mitarbeiter künftig gewisse Leistungen zu gewähren, sei selbst dann nicht als Zufluss anzusehen, wenn der Arbeitgeber interne Maßnahmen getroffen hat, mittels derer der Anspruch, der dem Mitarbeiter eingeräumt wurde, finanziell abgesichert wird. Im Übrigen würde bei Anwendung der Anfangsbesteuerung die Gefahr bestehen, dass zunächst die Einkommen- bzw. Lohnsteuer auf den gewährten Optionsvorteil abgeführt werden müsste, möglicherweise aber die Option später wegen einer negativen Kursentwicklung gar nicht ausgeübt werden könnte. Als zu versteuernder Arbeitslohn ist nicht der Wert des Optionsrechts bei dessen Gewährung, sondern die Differenz zwischen Kurswert und Übernahmepreis bei Ausübung der Option zugrunde zu legen. Gegenüber dem Basispreis eingetretene vorteilhafte Kursentwicklungen sind daher im Zeitpunkt der Ausübung der Option grundsätzlich mit zu versteuern. Weitere Gewinne aus Veräußerungen (capital gains), die unter 512 Euro liegen oder die erst nach Ablauf der Spekulationsfrist von einem Jahr (§§ 22, 23 EStG) realisiert werden, sind bislang gänzlich steuerfrei, sofern die Beteiligung am Kapital der Gesellschaft im Sinne von § 17 EStG geringer als 1 % ist. Ab dem 01.01.2009 werden jedoch Gewinne aus der Veräußerung von Aktien, die nach dem 31.12.2008 erworben werden, einheitlich mit einer Abgeltungsteuer von 25 % (zuzüglich Solidaritätszuschlag und ggfs. Kirchensteuer) besteuert. Im Gegenzug hierzu entfallen sowohl die bisherige Freigrenze von 512 Euro wie auch die einjährige Spekulationsfrist.

Das steuerrechtlich geltende Zuflussprinzip soll nach Auffassung der Spitzenverbände der Sozialversicherungsträger[47] auch für das Beitragsrecht der Sozialversicherung gelten. Etwaige Sozialversicherungsbeiträge sind daher ebenfalls erst im Zeitpunkt des Zuflusses, mithin bei Ausübung der Option zu entrichten.

Bei der Einführung eines Aktienoptionsplans existieren nicht nur im Hinblick auf den Besteuerungszeitpunkt steuerrechtliche Gestaltungsmöglichkeiten, sondern auch hinsichtlich des zuständigen Besteuerungsstaates, z. B. im Falle der Gewährung von Optionen an eine inländische Führungskraft, die in einem Dienst- oder Anstellungsverhältnis mit einer ausländischen Muttergesellschaft (oder umgekehrt) steht. Hier sind die Regelungen eines etwaig einschlägigen Doppelbesteuerungsabkommens (DBA) oder das in Artikel 15 OECD-Musterabkommen verankerte Prinzip der Besteuerung im Tätigkeitsstaat

45 Thomas, in Küttner, Personalbuch 2007, Aktienoptionen, Rn. 11.

46 BFH, Urt. v. 24.01.2001, DB 2001, 1173 f.; BFH, Urt. v. 24.01.2001, DB 2001, 1176 f.

47 Besprechungsergebnis vom 31.10.2003, Die Beiträge, 2003, 119 ff.; Besprechungsergebnis vom 26./27.05.1999, BB 1999, 1714 ff.

zu beachten. Es empfiehlt sich generell bei Zweifelsfragen im Zusammenhang mit der steuerlichen Behandlung eines Aktienoptionsplans eine Anrufungsauskunft bei dem zuständigen Betriebsstätten-Finanzamt einzuholen.

d) Zusammenfassung

Festzuhalten bleibt, dass Unternehmenswert- bzw. Performanceorientierte Vergütungssysteme, wie z.B. Aktienoptionspläne, die Führungskräfte und andere Mitarbeiter in besonderer Weise motivieren und dazu beitragen können, den Unternehmenswert nachhaltig zu steigern. Erforderlich hierfür ist allerdings ein auf das jeweilige Unternehmen und seine wirtschaftliche Situation maßgeschneidertes Modell, welches ausgewogen die Interessen aller Beteiligten berücksichtigt.

Literatur

Achleitner, Ann-Kristin/Wollmert, Peter, Stock Options, 2. Auflage, 2002

Hölters, Wolfgang, Handbuch des Unternehmens- und Beteiligungskaufs, 6. Auflage, 2005

Bauer, Jobst-Hubertus/Krieger, Steffen/Powietzka, Arnim, Geklärte und ungeklärte Probleme der Massenentlassung, in: BB 2006, S. 2023 ff.

Baeck, Ulrich/Diller, Martin, Arbeitsrechtliche Probleme bei Aktienoptionen und Belegschaftsaktien, in: DB 1998, S. 1405 ff.

Däubler, Wolfgang/Kittner, Michael/Klebe, Thomas, Betriebsverfassungsgesetz, 10. Auflage, 2006

Dieterich, Thomas/Müller-Glöge, Rudi/Preis, Ulrich/Schaub, Günter, Erfurter Kommentar zum Arbeitsrecht, 7. Auflage, 2007

Dzida, Boris/Hohenstatt, Klaus-Stefan, BAG schafft Klarheit bei Massenentlassungen, Der Betrieb 2006, S. 1897 ff.

Fitting, Karl, Betriebsverfassungsgesetz, 24. Auflage, 2008.

Hamacher, Anno/Ulrich, Christoph, Die Kündigung von Arbeitsverhältnissen nach Inkrafttreten und Änderung des AGG, NZA 2007, S. 657 ff.

Henssler, Martin/Willemsen, Heinz Josef/Kalb, Heinz-Jürgen, Arbeitsrecht, 2. Auflage, 2006

Herzig, Norbert, Steuerliche und bilanzielle Probleme bei Stock Options und Stock Appreciation Rights, in: DB 1999, S. 1 ff.

Hoffmann-Becking, Michael, Gestaltungsmöglichkeiten bei Anreizsystemen, in: NZG 1999, S. 797 ff.

Kau, Wolfgang/Leverenz, Niklas, Mitarbeiterbeteiligung und leistungsgerechte Vergütung durch Aktien-Options- Pläne, in: BB 1998, S. 2269 ff.

Kraft, Alfons/Wiese, Günther/Kreutz, Peter/Fabricius, Fritz/Thiele, Wolfgang, Gemeinschaftskommentar zum Betriebsverfassungsgesetz, 8. Auflage, 2005

Kroschel, Jörg, Zum Zeitpunkt der Besteuerung von Arbeitnehmer-Aktienoptionen, in: BB 2000, S. 176 ff.

Lingemann, Stefan/Gotham, Meike, AGG – Benachteiligungen wegen des Alters in kollektivrechtlichen Regelungen, in: NZA 2007, S. 663 ff.

Löwisch, Manfred, Kollektivverträge und Allgemeines Gleichbehandlungsgesetz, in: DB 2006, S. 1729 ff.

Maletzky, Martin, Verfallklauseln bei Aktienoptionen für Mitarbeiter, in: NZG 2003, S. 715 ff.

Picot, Arnold/Freudenberg, Heino/Gassner, Winfried, Management von Reorganisationen, Maßschneidern als Konzept für den Wandel, 1999.

Picot, Gerhard, Unternehmenskauf und Restrukturierung, Handbuch zum Wirtschaftsrecht, 3. Auflage, 2004.

Picot, Gerhard/Aleth, Franz, Unternehmenskrise und Insolvenz – Vorbeugung, Turnaround, Sanierung, Handbuch zum Wirtschaftsrecht, 1999.

Picot, Gerhard, Handbuch für Familien- und Mittelstandsunternehmen, 2008

Picot, Gerhard/Schnitker, Elmar, Arbeitsrecht bei Unternehmenskauf und Restrukturierung, 2001

Röder, Gerhard/Baeck, Ulrich, Interessenausgleich und Sozialplan, 3. Auflage, 2001

Schaefer, Hans, Aktuelle Probleme der Mitarbeiterbeteiligung nach Inkrafttreten des KonTraG, in: NZG 1999, S. 531 ff.

Schanz, Kay-Michael, Mitarbeiterbeteiligungsprogramme, in: NZA 2000, S. 626 ff.

Steike, Jörn, Die Durchführung der Massenentlassung, in: DB 1995, S. 674 ff.

Wagner, Klaus R., Mitarbeiterbeteiligung in Deutschland – ein Überblick, in: NJW 2003, S. 3081 ff.

Willemsen, Heinz-Josef/Hohenstatt, Klaus-Stefan/Schweibert, Ulrike/Seibt, Christoph H., Umstrukturierung und Übertragung von Unternehmen, Arbeitsrechtliches Handbuch, 3. Auflage, 2003

Willemsen, Heinz-Josef/Schweibert, Ulrike, Schutz der Beschäftigten im Allgemeinen Gleichbehandlungsgesetz, in: NJW, 2006, S. 2583 ff.

Weiß, Daniel M., Aktienoptionspläne für Führungskräfte, 1999.

XII. Personelle und kulturelle Integration*

1. Die Bedeutung der Human Resources bei Mergers & Acquisitions

Die Personalstrategie und die Personalpolitik sind von wesentlicher strategischer Bedeutung für den Erfolg von Mergers & Acquisitions. Diese Tatsache wird jedoch häufig verkannt, denn bei der Entscheidung für oder gegen eine Fusion oder einen Kauf geben in der Regel Marktanteile oder Marktzugang, Produktstrategie und finanzwirtschaftliche Aspekte den Ausschlag. Anstatt die Personalfachleute im Vorfeld der Entscheidung einzubeziehen, beginnt man den ›human aspect‹ meist erst dann intensiver zu betrachten, wenn Schwierigkeiten bei der Integration auftreten. Vielfach ist es dann jedoch zu spät. Dies lässt sich statistisch belegen: 50 % aller Zusammenschlüsse in den USA scheitern innerhalb von fünf Jahren.[1] Die Gründe sind fast ausschließlich auf die Einstellungen und das Verhalten von Mitarbeitern und Führungskräften zurückzuführen – und zwar sowohl im Käuferunternehmen als auch im gekauften Unternehmen. Aus dem häufig nur unterschwellig vorhandenen und deshalb auch so gefährlichen Widerstand gegen Veränderungen ergibt sich dann leicht eine kulturelle und organisatorische Inkompatibilität, sinkende Produktivität oder gar Massenflucht hochkarätiger Fach- und Führungskräfte zu Wettbewerbern. Das Gefährliche an dieser Situation sind ihre schwer zu erfassenden Ursache-Wirkung-Beziehungen; denn in der Regel erfolgt die Negativentscheidung der Mitarbeiter und Führungskräfte stillschweigend und ist nur zeitverzögert am Scheitern zu messen.

Einer der wesentlichen Gründe für die Reaktionen der Mitarbeiter liegt darin, dass sich mehr als die Hälfte aller Mergers & Acquisitions schließlich für die Mitarbeiter als finanzielle Enttäuschung darstellt.[2] Dabei ist es unerheblich, ob sich die Mitarbeiter verängstigt mit sich selbst beschäftigen, frustriert die innere Kündigung vollziehen, in Kleinkämpfen gegeneinander agieren oder gar zu Wettbewerbern wechseln. Die Wirkung ist dieselbe: Die Kundenorientierung leidet und die Produktivität sinkt – mit fatalen Konsequenzen.

Inzwischen glauben 85 % der amerikanischen Topmanager, dass Personalprobleme einen größeren Einfluss auf den Akquisitionserfolg haben, als Probleme im Finanzbereich.[3] Mit anderen Worten bedeutet dies, dass Unternehmenszusammenschlüsse nur

---

* Dieser Beitrag wurde in der ersten und zweiten Auflage dieses Handbuches von dem im vergangenen Jahr verstorbenen Herrn Professor Peter H. Pribilla (Mitglied des Zentralvorstandes der Siemens AG mit dem Zuständigkeitsbereich »Personal«) verfasst. Ihm und seinen Angehörigen gilt mein herzliches Gedenken. Ich wünsche mir, dass die von mir vorgenommene Aktualisierung des Beitrages dem wohlverstandenen Denken von Professor Pribilla entspricht. Gerhard Picot

1 Kearny, 1999, S. 8.

2 Hubbard, 1999, S. 16.

3 Hubbard, 1999, S. 16.

dann Aussicht auf Erfolg haben, wenn die Mitarbeiter die getroffenen Entscheidungen akzeptieren und bereit sind, mit den neuen Kollegen zusammenzuarbeiten.

Die Wichtigkeit des Faktors »Mensch« wird besonders deutlich bei der Betrachtung des Marktwertes von Hightech-Firmen: Das Finanzvermögen macht oft nur einen geringen Teil ihres Marktwertes aus. Der weitaus größte Teil wird durch das »Structural Capital«, d. h. durch Markennamen, Wettbewerbsposition, Kundenstamm, Patente, etc. und ganz besonders durch das »Human Capital« – also durch die Mitarbeiter im Unternehmen – bestimmt. »Gute« Mitarbeiter sind nicht leicht verfügbar, schwer ersetzbar und stellen in letzter Konsequenz den entscheidenden, langfristigen Wettbewerbsfaktor dar. Von ihrem Wissen und Können, von ihrer Veränderungsbereitschaft, Motivation, von ihren Kompetenzen und Potenzialen, aber auch von den Fähigkeiten des Managements zu Leadership hängt es ab, ob die Wettbewerbsvorteile gegenüber der Konkurrenz umsetzbar sind und die Unternehmensziele erreicht werden können.

Die große Bedeutung des ›Human Capital‹ als Wettbewerbsvorteil für ein Unternehmen resultiert aus seiner Einzigartigkeit: Es ist schwer imitierbar, zumal sich seine Wirkung erst in der täglichen Interaktion zwischen den Individuen zeigt, beispielsweise in der Zusammenarbeit zwischen Kollegen unterschiedlichster Fachbereiche und Aufgabengebiete, zwischen Führungskräften und Mitarbeitern, zwischen Mitarbeitern und Kunden sowie Lieferanten. In diesem verzweigten Netzwerk entfaltet sich das ›Human Capital‹ und es wird Wertschöpfung generiert. Es kann jedoch nur funktionieren, wenn jeder Einzelne seine Aufgabenstellung erkennt, akzeptiert und realisiert, unabhängig davon, wo diese im (weltweiten) Netzwerkverbund angesiedelt ist.

Im Rahmen eines Mergers oder einer Akquisition treffen nun zwei solcher Netzwerke aufeinander. Jedes dieser Netzwerke funktioniert nach seinen eigenen Regeln und Ritualen, die sich im Laufe der Jahre als erfolgreich bewährt und eingespielt haben. Diese Regeln sind meistens nicht niedergeschrieben und doch wissen die Mitarbeiter, wie sie sich zu verhalten haben, um bestimmte Dinge zu erreichen: wie direkt oder indirekt Probleme anzusprechen sind, wie offen man über die Hierarchien hinweg zusammenarbeitet, wie viel Handlungsspielraum der Einzelne hat, wie man mit Fehlern umgeht oder ob man den Kunden als wichtigsten Partner begreift. In diesem **›tacit knowledge‹** liegt zugleich die strategisch bedeutsamste Ressource eines jeden Unternehmens, denn sie macht dieses Unternehmen einzigartig und unterscheidet es von allen übrigen. Der Grund dafür liegt auf der Hand: Jedes Unternehmen ist ein sozio-technisches System, in dem soziale Faktoren wie Leistungsbereitschaft und Motivation, Kooperations- und Kommunikationsfähigkeit in enger Wechselwirkung mit technischen Gegebenheiten sowie Arbeits- und Organisationsstrukturen stehen. Führungsstil und Unternehmenskultur spielen deshalb eine Schlüsselrolle bei der Umsetzung von Geschäftsstrategie in wirtschaftliche Erfolge.

Dabei hat der Faktor Wissen längst die klassischen Produktionsfaktoren Boden, Kapital und Arbeit an Bedeutung überholt. Mit zunehmender Ausweitung des Dienstleistungssektors gibt es immer mehr Unternehmen, deren gesamter Marktwert auf dem Wissen der Mitarbeiter beruht. Man denke nur an Softwarefirmen oder Unternehmensberatungen. Solche Unternehmen sind über traditionelle Hierarchien nicht mehr zu führen, es bilden sich ganz eigene Führungsstrukturen und Unternehmenskulturen heraus.

2. Die Rolle der Unternehmenskultur bei Mergers & Acquisitions

Jeder Merger und jede Akquisition führt dazu, dass zwei bisher autonome Unternehmenskulturen aufeinandertreffen. Spannend wird es dann, wenn traditionelle hierarchische Strukturen mit flachen Hierarchien aufeinandertreffen, wie dies häufig beim Kauf junger Start-up-Unternehmen der Fall ist.

Die Ausprägung der jeweils anderen Kultur wird dabei von den Mitarbeitern in der Regel zunächst als ›externer Einfluss‹ empfunden und häufig – bewusst oder unbewusst – als Störfaktor abgelehnt. Die Mitarbeiter des größeren Unternehmens empfinden die eigene Kultur als überlegen. Als abschreckendes Beispiel sei ein amerikanischer Topmanager zitiert, der gegenüber den Mitarbeitern einer übernommenen Firma sagte: »You're all frogs, and we're going to see if you can learn to be princes«.[4] Der ›Erfolg‹ dieser Akquisition ist vorprogrammiert ....

Doch was verbirgt sich hinter dem Begriff ›Unternehmenskultur‹? Sie ist gewissermaßen der Charakter oder auch die Persönlichkeit eines Unternehmens und unterscheidet dieses Unternehmen von allen übrigen. Es gibt inzwischen unzählige Definitionen für den Begriff ›Unternehmenskultur‹, die fast alle auf soziologischen, verhaltenswissenschaftlichen und kulturhistorischen Grundlagen aufbauen. So beinhaltet der Begriff beispielsweise »sämtliche kollektiv geteilten, impliziten oder expliziten Verhaltensnormen, Verhaltensmuster, Verhaltensäußerungen und Verhaltensresultate, die von den Mitgliedern einer sozialen Gruppe erlernt und mittels Symbolen von Generation zu Generation weitervererbt werden.«[5] Diese Verhaltensmuster bilden erst die Grundlage für den inneren und äußeren Zusammenhalt und damit die Handlungsfähigkeit der Belegschaft.

Die Unternehmenskultur besteht aus sichtbaren und unsichtbaren Elementen. Wie bei einem Eisberg stellen die sichtbaren Teile nur einen kleinen Teil des Ganzen dar (siehe Abb. 1). Sie werden getragen und geprägt von dem, was unter der Oberfläche existiert. Hier finden sich Werte, Einstellungen und Denkmuster, deren Wurzeln in den verschiedenen Stadien der individuellen Sozialisation liegen. Hier finden sich aber auch gemeinsame betriebliche Erfahrungen und Handlungsschemata, die in verschiedenen Situationen wiederholt zum Erfolg geführt haben. Diese Erfolgsmuster beeinflussen – häufig sicherlich unbewusst – das aktuelle Verhalten der Mitarbeiter und Führungskräfte, das sich dann im sichtbaren Teil des Eisberges äußert. In jedem Unternehmen sind zu beobachten:

- bestimmte Rituale (z. B., dass man auch unbekannte Kollegen grüßt, wenn man ihnen auf dem Flur begegnet),
- gemeinsame Symbole (etwa ein unausgesprochener Dresscode wie dunkler Anzug mit Krawatte oder Jeans),
- eine verbindende Arbeitssprache (in jedem Unternehmen bildet sich im Laufe der Zeit ein gemeinsamer Jargon),
- von allen akzeptierte Tabus (etwa dass man seinen Vorgesetzten nicht übergeht).

---

4 Hermsen, 1994, S. 79.
5 Keller, 1982, S.18 ff.

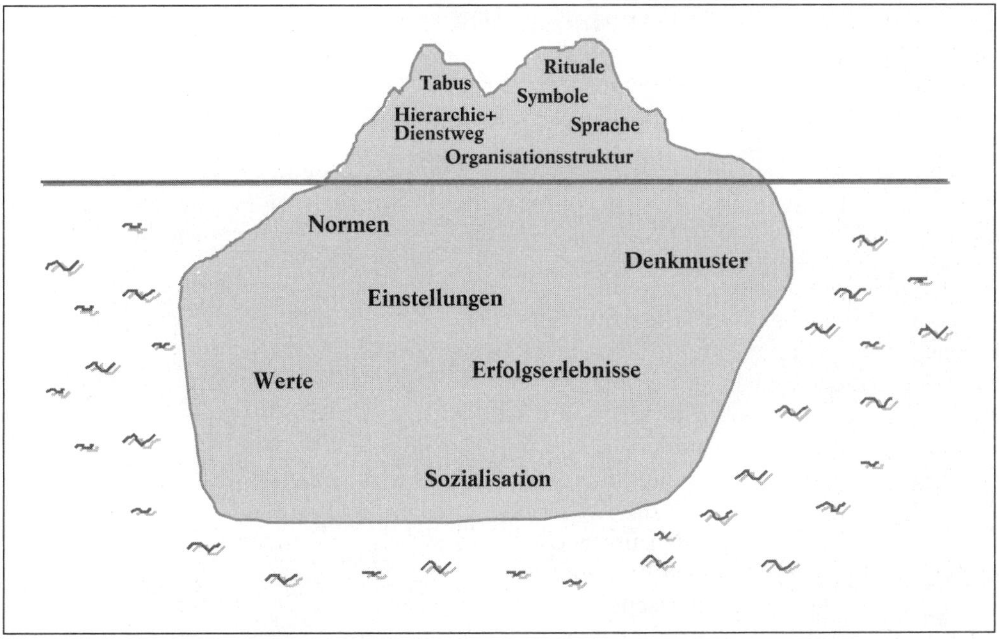

Abb. 1: Die Unternehmenskultur als Eisberg

Die Unternehmenskultur ist somit ganzheitlich, historisch bedingt, hat eine soziale Struktur und ist nur schwer zu verändern, denn soziologisch gesehen festigen sich bestimmte Verhaltensweisen um so stärker, je erfolgreicher die Gruppe über längere Zeiträume hinweg mit ihnen war. Insofern spricht man in diesem Zusammenhang von einer »kollektiven Programmierung des Geistes, die die Mitglieder einer Organisation von anderen unterscheidet«.[6] Dieses ›Traditionsverhalten‹ kann jedoch in Unternehmen auch zum Handicap werden, insbesondere dann, wenn aufgrund sich rasch verändernder technischer oder ökonomischer Rahmenbedingungen völlig neue Handlungs- und Verhaltensmuster gefragt sind. Der Erfolg von Unternehmen hängt heutzutage stark davon ab, wie rasch und flexibel sie auf Veränderungen der ökonomischen, politischen und sonstigen Umweltbedingungen reagieren. Unternehmen sind somit offene Systeme, die sich kontinuierlich verändern und neuen Gegebenheiten anpassen müssen. Aus diesen Anforderungen resultiert dann die hohe Bedeutung der Unternehmenskultur.

Unternehmenskulturen sind aus folgenden Gründen so bedeutsam:

- Sie geben Orientierung und haben damit eine gewisse Koordinierungsfunktion.
- Sie prägen das gemeinsame Verhalten der Mitarbeiter und Führungskräfte, die Art der Zusammenarbeit, den Führungsstil und das gegenseitige Vertrauen.
- Gemeinsame Wertevorstellungen sind eine wichtige Basis für die Identifikation der Mitarbeiter, für das WIR-Gefühl, aber auch für die Sinngebung in der Arbeit.

6 Hofstede, 1997, S. 249.

Die Erfolgsfaktoren für das Gelingen der Mergers & Acquisitions – wie gute Zusammenarbeit, gemeinsame Ressourcennutzung, Transfer von Managementkompetenz oder Fähigkeiten wie Entwicklungs-Know-how oder Kundenorientierung – lassen sich um so leichter realisieren, je größer das gegenseitige Vertrauen und das gemeinsame Verständnis über das Ziel ist.

Alle diese Faktoren werden durch die Unternehmenskultur wesentlich geprägt. Haben die zusammenarbeitenden Partner eine ähnliche Kultur (z. B. offen, lernorientiert, partnerschaftlich), dann gibt es kaum Hindernisse. Anders bei kulturellen Differenzen: Hier stellen sich leicht Blockaden in der Zusammenarbeit ein, deren negative Auswirkungen sich häufig erst nach längeren Zeiträumen zeigen. Fachleute sprechen dabei von den ›hidden costs‹ der Mergers & Acquisitions.

Jedoch kann es beispielsweise bei einer Neuakquisition durchaus erwünscht und sinnvoll sein, Differenzen in den Unternehmenskulturen beizubehalten, wenn sich das Management von »cultural diversity« einen belebenden Effekt verspricht. Daraus können sich dann enorme Chancen ergeben, vorausgesetzt man begreift Unterschiede als Bereicherung und geht souverän mit ihnen um.[7] Man darf die Dinge nur nicht dem Zufall überlassen, sondern muss von der Personalseite her sowohl die Transaktions- als auch die Integrationsphase sorgfältig strategisch planen und effizient steuern.

Der Zusammenschluss wird um so rascher gelingen, je größer die Gemeinsamkeiten in den Kulturen der verschmelzenden Unternehmen sind. Doch auch bei Divergenzen lohnt sich der Aufwand der Integration, denn das Human Capital ist die einzige Unternehmensressource, die aus sich selbst heraus erneuer- und entwickelbar ist.

Mergers & Acquisitionen durchlaufen – wie in diesem Handbuch eingehend dargestellt – im Wesentlichen folgende 3 Phasen:

- Voranalyse/Konzeptphase
- Transaktionsphase
- Integrationsphase.

In jeder dieser Phasen übernimmt das Personalmanagement sehr unterschiedliche Rollen. Unter dem Begriff ›Personalmanagement‹ soll im Folgenden alles verstanden werden, was »um die Mitarbeiter herum« in den einzelnen Phasen gemanagt wird, sowohl von den Führungskräften als auch von der Personalorganisation.

Jeder Merger und jede Akquisition läuft in jeweils individueller Weise ab und ist in vielen Aspekten gewissermaßen einzigartig. Dabei gibt es jedoch bestimmte, immer wiederkehrende und damit vorhersehbare Probleme, auf die sich die Unternehmen im Vorhinein einstellen können. Diese Probleme sollen im Folgenden näher beleuchtet und Lösungswege aufgezeigt werden. Im Wesentlichen konzentriert sich dieser Beitrag auf die Transaktionsphase und die Integrationsphase und gibt Empfehlungen aus der und für die Praxis.

---

7 Vgl. auch Blöcher, M&A Review 2008, S. 243 ff. (237).

3. Entwicklung der Personalstrategie bei einer Transaktion

Voraussetzung für eine fundierte Personalstrategie im Zuge von Transaktionen ist, dass die verantwortliche Personalleitung rechtzeitig alle relevanten Informationen erhält. Im Idealfall hat sie ein Mitspracherecht bei der Evaluation des potenziellen Targets und die Gelegenheit, bereits in der Planungsphase, während Technologien, Kunden, Märkte und Finanzen beurteilt werden, eine Personal-Due-Diligence durchzuführen.

Hier zeichnet sich jedoch meistens ein doppeltes Handicap ab:

Zum einen wird die HR-Abteilung der übernehmenden Gesellschaft meistens erst in die Beratungen eingebunden, wenn die Entscheidung zugunsten einer Transaktion bereits gefallen ist. Aufgabe der Personalorganisation ist es dann, diese nachzuvollziehen und sämtliche Personalangelegenheiten abzuwickeln.

Zum anderen legen die Targets ihre Personal-Details nur selten mit allen Stärken und Schwächen offen dar. Insbesondere bei kleinen und mittleren Unternehmen ist teilweise gar kein aussagekräftiges Personalberichtswesen vorhanden.

Die Personalleitung steht also in der Regel vor der großen Herausforderung, eine Personal-Integrationsstrategie zu entwickeln, ohne einen genauen Überblick über die Sachlage zu haben. Es bietet sich deshalb an, so früh wie möglich ein HR-Integrationsteam zu bilden, das sich aus HR-Professionals beider Unternehmen zusammensetzt. Auf diese Weise erhält das erwerbende Unternehmen rasch einen fundierten Überblick über das HR-Potenzial des Targets. Außerdem kann eine gemeinsame Strategie für die erforderlichen Veränderungen entwickelt werden, denn fast jeder Zusammenschluss hat zur Folge, dass bestimmte Unternehmensteile zusammengelegt, eingeschränkt oder stillgelegt werden, um Kompetenzen und Kapazitäten zu optimieren. Diese Veränderungen können am besten von Partnern gemanagt werden, welche die Bedürfnisse, Einstellungen und Verhaltensweisen der betroffenen Mitarbeiter gut kennen.

Bei der Entwicklung der Personalstrategie nach einem Zusammenschluss dominieren zwei Aspekte: Kompetenzmanagement und Kulturmanagement.

Diese bilden die Voraussetzung dafür, dass Optimierungspotenziale genutzt und die ›Human Resources‹ konsequent und effizient zur Erreichung der Unternehmensziele eingesetzt werden. Hauptziel des Kompetenzmanagements sind optimale Stellenbesetzungen – und zwar sowohl in quantitativer als auch in qualitativer Hinsicht. Die Grundlage dafür bildet eine systematische Erfassung und Weiterentwicklung der Mitarbeiterkompetenzen und -potenziale. Diese sind messbar und beeinflussbar. Schwieriger gestaltet sich dieser Prozess beim Kulturmanagement, denn die Unternehmenskultur lässt sich – wie bereits dargestellt – nicht leicht beeinflussen, steuern oder gar verordnen. Die Herausforderung des Kulturmanagements liegt deshalb darin, Voraussetzungen dafür zu schaffen, dass sich die Stärken des Unternehmens mit den Stärken der Mitarbeiter und den gesellschaftlichen Anforderungen in Einklang befinden.

Es lassen sich 4 Haupt-Anforderungen an HR-Professionals formulieren[8]:

- ›**Strategic partner**‹ der Unternehmensleitung
- ›**Administrative expert**‹ für HR-Geschäftsprozesse

8 Gut-Villa, 1997, S. 123

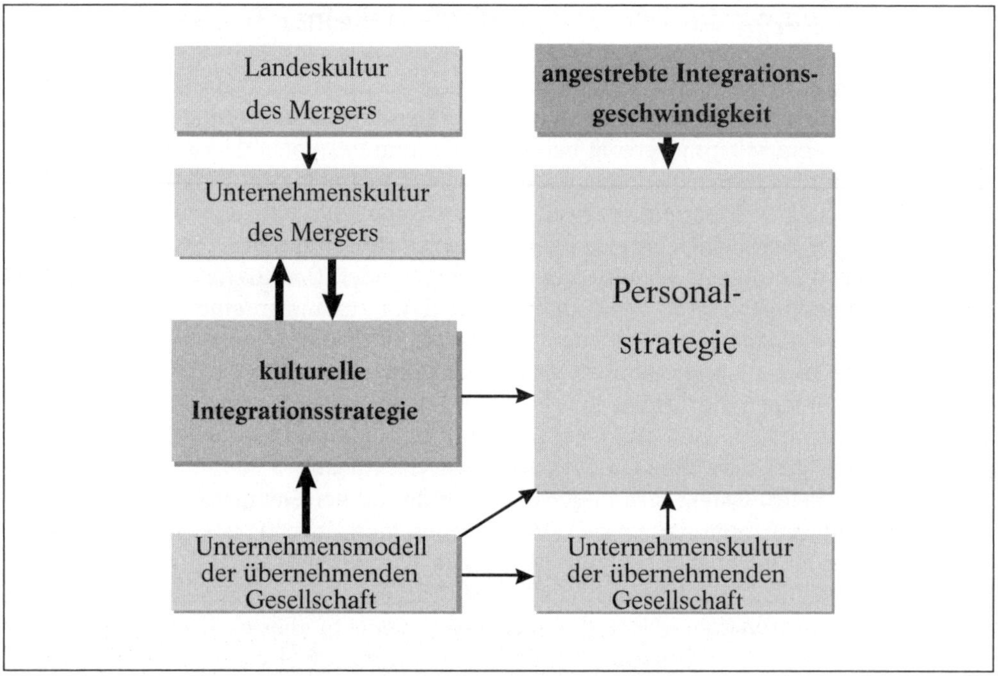

Abb. 2: Entwicklung der Personalstrategie bei Mergers & Acquisitions

- ›**Employee champion**‹ in Bezug auf Bedürfnisse der Mitarbeiter
- ›**Change agent**‹ für Veränderungsprozesse.

Im Wesentlichen müssen beim Kompetenzmanagement, Kulturmanagement aber auch bei der Etablierung effizienter gemeinsamer HR-Geschäftsprozesse vier Kategorien, berücksichtigt werden müssen, da sich ihre Ausgestaltung jeweils entscheidend auf die zu wählende Strategie auswirkt:

1. Das grundsätzliche Unternehmensmodell: Aus diesem leitet sich die Integrationsintensität und Führungsphilosophie ab.
2. Das Ausmaß an internationalen Aktivitäten: Besonders bei grenzüberschreitenden Akquisitionen üben auch die Landeskulturen Einfluss auf Wertesysteme, Denk- und Verhaltensweisen der Mitarbeiter aus.
3. Die angestrebte kulturelle Integrationsstrategie: Sie wirkt sich ganz entscheidend auf das Kulturmanagement und das Führungssystem aus.
4. Die gewünschte Integrationsgeschwindigkeit: Eine zügige Integration wird nur dann gelingen, wenn alle Personalthemen intensiv beleuchtet und gesteuert werden.

a) Der Einfluss des Unternehmensmodells auf die Personalstrategie bei einer Transaktion

Global agierende Unternehmen müssen sich – zunehmend entsprechend ihrer Größe – mit einem steigenden Grad an Komplexität auseinandersetzen, denn die Leistungserstellung erfolgt an verschiedenen Orten, über Abteilungs-, Standort- und Zeitgrenzen hinweg in einem fein verästelten Netz von Abläufen und Entscheidungswegen. Wo welche Aufgabe im globalen Wertschöpfungsnetz gelöst wird, hängt nicht zuletzt davon ab, wo das beste Know-how, der geeignete Marktzugang, ausreichende Kapazitäten, eine effiziente Umsetzung und niedrige Kosten zu finden sind. Die globale Wertschöpfungsstrategie integriert somit die nationalen und internationalen Niederlassungen und Werke, Kunden und Lieferanten, Berater, Logistikfirmen und Kooperationspartner und nicht zuletzt alle Mitarbeiter und Führungskräfte.

Jeder Merger und jede Akquisition, die ein globales Unternehmen vornimmt, wird automatisch Teil dieses (weltweiten) Netzwerkes. Jedoch gibt es starke Unterschiede in Bezug auf Handlungs- und Entscheidungsspielräume der verschiedenen Unternehmenseinheiten und damit die Integrationsintensität. Diesbezüglich sind drei Unternehmensmodelle entwickelt worden, die sich in Bezug auf die Steuerungsintensität durch die Muttergesellschaft unterscheiden (siehe Abb. 3).[9]

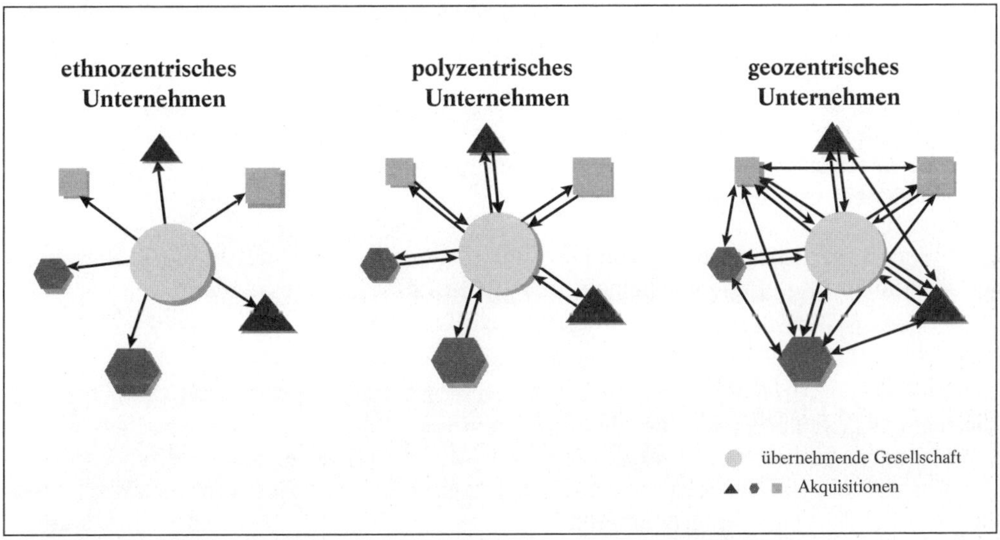

Abb. 3: Entscheidungsstrukturen in unterschiedlichen Unternehmensmodellen

Das **ethnozentrische Unternehmensmodell** verfolgt einen zentralistischen Ansatz und ist stark headquarter-orientiert. Alle relevanten Entscheidungen werden von der Zentrale getroffen und alle Ressourcen werden von dort zugewiesen. Die Unternehmensführung

9 Perlmutter, 1969, S. 9ff.

erfolgt nach dem Prinzip von Anweisung und Kontrolle. Die ›Außenstellen‹ und Tochtergesellschaften haben nur eingeschränkte Einflussmöglichkeiten auf Entscheidungen.

Das **polyzentrische Unternehmensmodell** hingegen ist geprägt durch verstärkte Interaktionsbeziehungen zwischen der Zentrale und den einzelnen Unternehmensteilen. Die Dezentralisierung von Entscheidungskompetenzen spiegelt sich auch in der Personalstrategie und praktischen Personalarbeit wider. Die einzelnen Einheiten haben weitgehende Freiheiten. Um länderübergreifende Optimierungspotenziale zu nutzen, ist es jedoch unerlässlich, eine weltweit verbindliche Personalstrategie und ein globales Führungskonzept zu etablieren. Hierdurch werden Standards definiert, wobei die einzelnen Einheiten bei deren Umsetzung weitgehende Freiräume haben, sodass lokale Gegebenheiten angemessen berücksichtigt werden können. Diese Standards gewährleisten eine weltweite Vergleichbarkeit von Leistungen und bilden die Basis für den internationalen Personalaustausch. Sie richten die Human Resources konsequent auf die Erreichung der Unternehmensziele aus.

Das **geozentrische Unternehmensmodell** repräsentiert den Idealfall des virtuellen Unternehmens, bei dem sämtliche Entscheidungen rein rational unter Optimierungsgesichtspunkten getroffen werden. Die Zentrale und die peripheren Unternehmensteile sind prinzipiell bei sämtlichen relevanten Entscheidungen gleichberechtigt. Dieses Modell ist in seiner Reinform heute, also über 30 Jahre nach seiner Publikation, in der Praxis noch kaum zu finden. Gleichwohl geht der Trend in diese Richtung: Entscheidungen werden jeweils auf der Ebene und an dem Ort getroffen, wo die relevanten Informationen zusammenfließen und wo am besten für ihre Durchführung gesorgt werden kann. Es geht also um eine gleichberechtigte Zusammenarbeit, um durch verteilte Entscheidungszentren Vorteile aus gleichzeitiger Lokalität und Globalität zu schöpfen. Auf diese Weise werden Integrationsvorteile systematisch genutzt und Synergien aufgebaut. Die Zentrale übernimmt dabei die Rolle des Kommunikationszentrums und koordiniert die verschiedenen Aktivitäten.

b) Der Einfluss der Landeskulturen auf die Personalstrategie bei einer Transaktion

Insbesondere bei grenzüberschreitenden Mergers & Acquisitions dürfen die Landeskulturen nicht vernachlässigt werden, denn sie beeinflussen die Denk- und Verhaltensweisen, Motivationsstrukturen und Wertesysteme der Mitarbeiter im entsprechenden Land. Sie müssen deshalb bei der lokalen Personalstrategie berücksichtigt werden. Zwar entwickeln global agierende Unternehmen mit der Zeit auch eine globale Unternehmenskultur. Diese weist jedoch landesspezifische Ausprägungen auf. Dabei liegen die Unterschiede vor allem in den Praktiken und weniger in den Werten,[10] denn mit der Zeit bilden sich einheitliche Werte-Strukturen heraus.

Dabei handelt es sich im Wesentlichen um fünf landesspezifische Kulturdimensionen aus, deren Ausprägungsformen das Verhalten von Mitarbeitern im Unternehmen nachhaltig beeinflussen:

10 Hofstede, 1997.

- Hohe/geringe Machtdistanz
- Individualismus/Kollektivismus
- Maskulinität/Femininität
- Starke/schwache Unsicherheitsvermeidung
- Langfristige/kurzfristige Orientierung.

Bei der Akquisition eines national fokussierten Unternehmens durch ein globales Unternehmen empfiehlt es sich deshalb dringend, sich vorher mit den landeskulturellen Besonderheiten des Neuerwerbs auseinanderzusetzen, denn sowohl die Unternehmens- als auch die Personalführung können nur dann erfolgreich sein, wenn sie im Einklang mit sozialen Verhaltensmustern stehen, die häufig landeskulturell geprägt sind. Anreizsysteme müssen sich an vorhandenen Motivationsstrukturen orientieren. Insbesondere bei einem internationalen Zusammenschluss kann eine effiziente Zusammenarbeit und wirkliche Integration erst dann stattfinden, wenn lokale Besonderheiten gebührend berücksichtigt werden. Dazu müssen die Mitarbeiter des stärkeren Unternehmens für die Unterschiede in den Landeskulturen sensibilisiert und motiviert werden, einen gemeinsamen Nenner zu finden. Nur dann werden sie Verständnis für ›befremdliche‹ Verhaltensweisen zeigen und sich selbst in einer Weise verhalten, welche die neuen Kollegen auch akzeptieren. Dies ist besonders bei massiven Einschnitten in die Unternehmensstrukturen zu berücksichtigen.

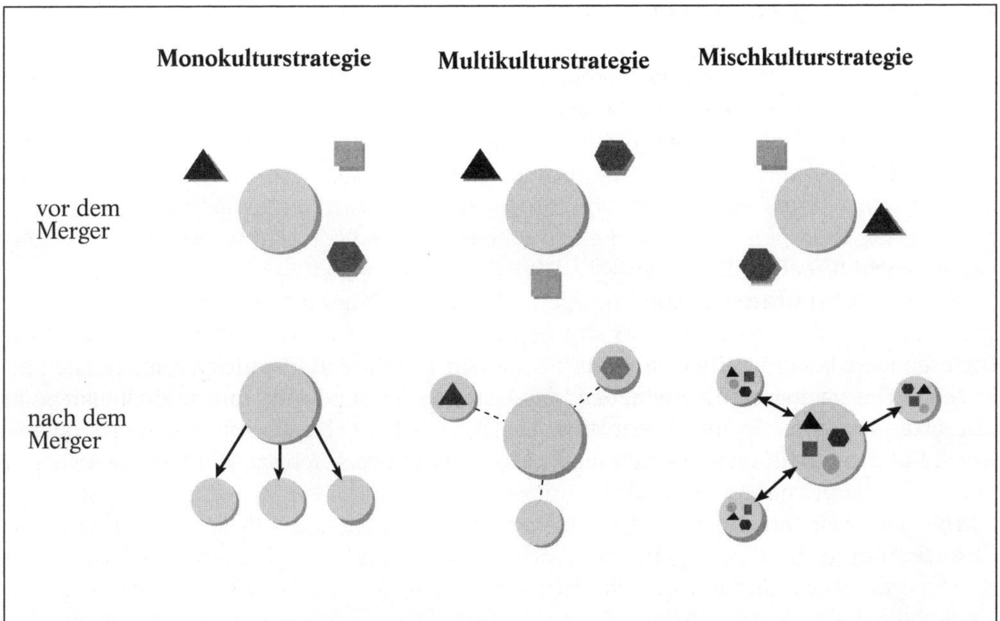

Abb. 4: Typen der Kulturintegration

c) Auswirkungen der kulturellen Integrationsstrategie auf die Personalstrategie

Jeder Merger und jede Akquisition führt dazu, dass zwei bisher autonome Unternehmenskulturen aufeinander treffen. Das übernehmende Unternehmen kann dabei drei verschiedene Strategien zum Kulturtransfer verfolgen, die jeweils charakteristische Auswirkungen auf die Personalstrategie, die Personalführung und praktische Personalarbeit haben:[11]

Monokulturstrategie: Die Unternehmenskultur des mächtigeren Unternehmens wird dem kleineren Unternehmen in einer regelrechten »Kultur-Kolonialisierung« mehr oder weniger übergestülpt. Diese Vorgehensweise ruft häufig Widerstände in der Belegschaft des akquirierten Unternehmens hervor, sodass die Integration entsprechend sensibel und intensiv vorgenommen werden muss.

Multikulturstrategie: Das akquirierende Unternehmen behält seine eigene Kultur bei. Das friedliche Nebeneinander wird als positiv bewertet und als Bereicherung empfunden. Diese Strategie setzt jedoch ein grundsätzliches Verständnis über wesentliche Belange und Grundwerte voraus. Sie ist häufig beim Erwerb junger, dynamischer Start-up-Unternehmen zu beobachten.

Mischkulturstrategie: Sie ist vor allem bei großen ›Mergers of Equals‹ anzutreffen. Beide Unternehmen verschmelzen, die Belegschaften werden vermischt. Es bildet sich eine neue gemeinsame Kultur heraus, die von allen getragen wird.

Jede dieser Strategien hat ganz bestimmte **Auswirkungen auf die Personalführung** und die eingesetzten Führungsinstrumente. So wird bei der **Monokulturstrategie** zwangsläufig immer ein starkes Controlling von Seiten der übernehmenden Gesellschaft stattfinden. In der Regel versucht man, bewährte Steuerungssysteme und Führungspraktiken »eins zu eins« auf die Akquisition zu übertragen. Dies geschieht z.B. durch Besetzung von Schlüsselpositionen mit ›Stammhaus-Mitarbeitern‹. Sämtliche relevanten Entscheidungen werden zentral getroffen. Handelt es sich um die Akquisition eines ausländischen Unternehmens, so werden nationale Kulturunterschiede ignoriert. Beim akquirierten Unternehmen kann dies zu einem Kulturschock und nachhaltiger Demotivation der Mitarbeiter führen.

Bei der **Multikulturstrategie** hingegen wird man sich auf eine fokussierte Dachkultur verständigen, unter der sich dann so viel Eigenständigkeit wie möglich entfalten kann. Die große Herausforderung besteht darin, Vielfalt zuzulassen und gleichzeitig Einheit zu erzielen. Der Merger erhält weitgehende Autonomie. Entscheidungen werden weitgehend dezentral getroffen. Somit erfolgt auch die Personalanwerbung vor Ort im jeweiligen Land. Führungspositionen werden überwiegend mit Locals besetzt und Leistungen nach landesüblichen Kriterien beurteilt.

Die größte Herausforderung an das Personalmanagement ergibt sich aus der **Mischkulturstrategie**. Hier ist regelrechte Aufbauarbeit zu leisten, denn die Zentrale kann ihre Koordinationsfunktion nur wahrnehmen, wenn die lokalen Bedingungen und Besonderheiten hinreichend bekannt sind und berücksichtigt werden. In sämtliche relevanten Entscheidungen sollten deshalb die HR-Manager vor Ort möglichst von Anfang an eingebunden werden. Dies geschieht am besten in international zusammengesetzten

---

11 Scholz, 1993, S. 807ff.

Führungsteams. Dadurch werden die Vorteile der ›Cultural Diversity‹ intensiv genutzt und die Stärken der einzelnen Unternehmensteile in Unternehmenserfolg transformiert. Ein solches Vorgehen kann nur gelingen, wenn auch weltweit einheitliche Kriterien für die Leistungsmessung vorhanden sind und wenn weltweit nach den gleichen Prinzipien geführt wird. Zu diesem Zweck sind gemeinsame Führungsstandards zu entwickeln.

d) Der Einfluss der Integrationsgeschwindigkeit auf die Personalstrategie

Der vierte Aspekt, der die Personalstrategie bei einer Transaktion entscheidend prägt, ist der angestrebte Zeithorizont. Sowohl eine langsame als auch eine zügige Integration haben ihre Vorteile: So erlaubt es eine langsame Integration, das akquirierte Unternehmen zunächst intensiv im Hinblick auf Produkte, Kunden, Märkte zu analysieren; ebenfalls können Mitarbeiterpotenzial und Führungssysteme, Mitarbeiter und Führungskräfte intensiv in den Integrationsprozess eingebunden werden und sich mit anstehenden Veränderungen auseinandersetzen. Dadurch entsteht ein fließender Übergang in die neuen Besitzverhältnisse. Ein schwerwiegender Nachteil dieser Vorgehensweise ist es jedoch, dass die Mitarbeiter diese Zeit als extreme Unsicherheitsphase empfinden und mit entsprechender Leistungsminderung reagieren.

Diesem Nachteil versucht die rasche Integration entgegen zu wirken. Sie macht sich die Veränderungserwartungen der Mitarbeiter zunutze und schafft zügig klare Verhältnisse. Führungspositionen werden umgehend neu besetzt, sodass klare Führungsverhältnisse herrschen und langwierige Machtkämpfe vermieden werden. Dies bildet die Voraussetzung, dass sich das Unternehmen rasch wieder auf die Marktanforderungen konzentriert und die Reibungsverluste gering gehalten werden.

4. Strategisches und operatives Personalmanagement

Die Personalstrategie muss für jeden Merger und für jede Akquisition neu entwickelt werden. Je nach Unternehmensmodell, zu berücksichtigenden Landeskulturen, gewählter Integrationsstrategie und anvisiertem Zeitraum wird sie deshalb zwangsläufig von Fall zu Fall anders ausfallen.

Im Zentrum der Integration nach einem Merger oder einer Akquisition steht jedoch immer die Personalführung mit allen ihren Facetten.

Die Definitionen für Führung sind vielfältig. Sie reichen vom militärisch kurzen

- »Ziele setzen, planen, entscheiden, realisieren und kontrollieren« über
- »Erfolgsfaktoren so managen, dass übergeordnete Ziele erreicht werden – und zwar unter Einbeziehung der Mitarbeiter« bis hin zu
- »Ziele setzen und kommunizieren, Prozesse gestalten, Zusammenarbeit intern und extern fördern, motivieren, Feedback geben, die Vision vermitteln und die Unternehmenskultur prägen«.

Diese Anforderungen können prägnant auf den Punkt gebracht werden, indem ›**Führen**‹ definiert wird als: »Ziele setzen, Aufgaben und Beziehungen koordinieren«.[12] Diese Definition vereinigt die Anforderungen, die sich aus den geschäftlichen Zielen ergeben, mit den daraus resultierenden Anforderungen an die Führung. Erst das Lenken dieser beiden Aspekte in dieselbe Richtung bildet die Grundlage für eine erfolgreiche Unternehmensführung. Im Vordergrund stehen dabei eine klare Strategie, eine offene Kommunikation, eindeutige Zielvorgaben sowie die Kontrolle deren Einhaltung. Das Top-Management hat vor allem die Aufgabe, aus der Unternehmensvision die strategischen Unternehmensziele abzuleiten, die dann von den übrigen Führungskräften auf Business-Ebene operationalisiert und gemeinsam mit den Mitarbeitern realisiert werden. Vor diesem Hintergrund ist Führen – unabhängig vom Verantwortungsgrad – in erster Linie geschäftsbezogene Kommunikationsarbeit. Dies gilt für sämtliche Unternehmensmodelle gleichermaßen. Unterschiede bestehen lediglich in den Handlungs- und Entscheidungsspielräumen, welche die Mitarbeiter vor Ort, sei es in Tochterunternehmen oder Landesgesellschaften, haben.

Standen bisher in der Industrie traditionell mehr oder weniger rigide hierarchische Organisationsstrukturen mit starren Verhaltensregeln im Vordergrund, so erfolgt die Führung in geozentrischen, aber auch in polyzentrischen Unternehmen heute über

- Vision und Zielvorgaben,
- Kulturmanagement,
- Kompetenzmanagement.

Diese drei Elemente stellen den Kern des Personalmanagements dar. Unter Personalmanagement sollen deshalb im Folgenden alle Personalfunktionen, Personalprozesse, Personalsysteme und Personalinstrumente verstanden werden, die entwickelt, implementiert und kontrolliert werden müssen, um ein Unternehmen erfolgreich zu führen. Dabei sind Personalführung und Administration gleichermaßen von Bedeutung.

Den **Personalführungsinstrumenten** kommt bei jedem Zusammenschluss eine Schlüsselrolle zu, denn nur mit einer dialog-orientierten Führung wird sich seitens der Mitarbeiter ein Commitment einstellen. Es ist deshalb oberste Aufgabe der Personalführung

- die langfristigen Unternehmensziele,
- die Realität im Unternehmen sowie
- die gemeinsamen Werte der Mitarbeiter

in Einklang zu bringen. In Unternehmen, in denen jeder Mitarbeiter die Ziele verinnerlicht hat und darauf hinarbeitet, entsteht eine enorme Energie, die sich dann in wirtschaftlichen Erfolg transformieren lässt.

Dabei sind vier Kriterien hervorzuheben, welche die Arbeitsleistung eines jeden Mitarbeiters bestimmen:[13]

- individuelles Können,
- persönliches Wollen,
- soziales Dürfen,
- situative Ermöglichung im Unternehmen.

---

12 Reichwald/Möslein/Sachenbacher/Englberger/Oldenburg, 1998.
13 Rosenstiel, in: Gut-Villa, 1997, S. 123.

Alle vier Kategorien werden durch die Art der Personalführung entscheidend beeinflusst.

Die Personalstrategie bei einem Merger gibt deshalb Anwort auf die Fragen:

- Welche Anzahl von Mitarbeitern mit welchen Kompetenzen werden benötigt, damit der Merger erfolgreich ist und die Unternehmensziele realisiert werden können?
- Wie trennt man sich von überzähligen Mitarbeitern?
- Wie geht man mit kulturellen Unterschieden zwischen Käufer und Akquisition – sei es in der Unternehmens- oder Landeskultur – um?
- Wie ist die Personalführung zu gestalten, damit Synergien aus beiden Mitarbeiterstämmen entstehen?
- Sofern eine kulturelle Integration gewünscht ist: Wie lassen sich beide Mitarbeiterstämme zu einer Einheit verbinden?

Um hier fundierte Antworten zu geben, ist zunächst eine analytische Bestandsaufnahme unerlässlich. Diese geschieht in der Praxis regelmäßig in der Transaktionsphase.

a) Strategisches Personalmanagement in der Transaktionsphase

aa) Personal Due Dilligence

Die Voranalyse- und Konzeptphase findet meist »hinter verschlossenen Türen« statt. Im Idealfall ist die Personalfunktion bereits eingebunden, im Regelfall jedoch nicht. In der Mehrzahl der Fälle wird nach wirtschaftlichen Hard-Facts wie Marktposition, Produktspektrum, regionalem Marktzugang oder Rendite für oder gegen einen Merger oder eine Akquisition entschieden. Soft-Facts wie das ›Human Capital‹ finden in dieser Phase allenfalls dann Beachtung, wenn beim Erwerb vor allem das Know-how des Targetunternehmens im Vordergrund steht. Dies ist beispielsweise bei der Akquisition von Softwareunternehmen der Fall.

Bei allen anderen Mergers und Akquisitionen erfolgt die allgemeine Due Diligence unter anderen Gesichtspunkten. Untersuchungen zeigen folgendes Bild:

- Nur in etwa 1/3 aller Due-Diligence-Vorgänge wird das Personalthema geprüft – und das auch noch relativ oberflächlich.[14]
- Weniger als 10 % aller Käufer führen eine wirklich **ernsthafte** HR Due Diligence bzw. Personal Due Diligence durch.[15]

Eine sorgfältige Due Diligence im Personalbereich ist aber unerlässlich, wenn das Mitarbeiterpotenzial realistisch bewertet werden soll, denn die Personal Due Diligence gibt wichtige Hinweise auf die später zu leistende Integrationsarbeit. Außerdem weist sie frühzeitig auf mögliche zusätzliche Belastungen durch zu erwartende Fluktuationen oder durch Reibungsverluste aufgrund inkompatibler Kulturen hin.

14 Hubbard, 1999, S. 62.
15 Hubbard, 1999, S. 15.

Die **Personal Due Diligence** umfasst als wesentliche Punkte:

- **Mitarbeiterdaten:** Anzahl der Mitarbeiter an den verschiedenen Standorten, Qualifikationsstrukturen und Potenziale, Altersstrukturen, Lohn- und Gehaltskosten, Krankenstand und Fluktuationsraten.
- **Beschäftigungsbedingungen:** Vergütungssysteme und Incentiveregelungen, Pensionssysteme und andere freiwillige Sozialleistungen, Ruhestandsregelungen, lokale gesetzliche Bestimmungen wie Mitbestimmung oder den Einfluss der Gewerkschaften.
- **Personaladministration:** Elektronische Gehaltsabrechnungsverfahren, Personalinformationssysteme, Skill-Datenbanken oder Online-Bewerbungen.

Besondere Berücksichtigung muss die Analyse der Fähigkeiten des Target-Managements finden. Hier sind zu untersuchen: Stärken und Schwächen bezüglich Management-Stil und -Philosophie, Leadership-Fähigkeiten, Kompetenzen und Potenziale, aber auch Teamgeist und Cross-cultural-Skills. Diese sind besonders bei grenzüberschreitenden Transaktionen von Bedeutung. Ein schnelles Vorab-Screening des Target-Managements ermöglicht schon in dieser Phase eine Vorauswahl von geeigneten Führungskräften zur Besetzung von Schlüsselpositionen direkt nach dem Closing.

bb) Cultural Due Diligence

Eine sorgfältige Personal Due Diligence schließt auch eine Cultural Due Diligence ein, in der die Unternehmenskulturen näher beleuchtet sowie sich hieraus ergebende Erfolgs- und Konfliktpotenziale bewertet werden.[16] Je stärker die spätere Verflechtung beider Unternehmen sein soll, desto wichtiger wird die Frage des Cultural Fits: Wie groß sind die kulturellen Unterschiede? Passen beide Unternehmenskulturen zusammen? Sind sie kompatibel? Hierbei ist aber nicht nur die Unternehmenskultur zu prüfen – es muss bei länderüberschreitenden Transaktionen auch darauf geachtet werden, inwieweit die Landeskulturen von Käufer und Target miteinander harmonieren.

Das Ergebnis einer Studie, in der über 200 europäische CEOs zur Rolle der Unternehmenskulturen befragt wurden, ergab: Die Möglichkeit, das Target-Unternehmen und seine Kultur zu integrieren, ist einer der wichtigsten Faktoren für den Erfolg der Transaktion.[17]

In jedem Unternehmen haben die Mitarbeiter eine ganz bestimmte Art der Kommunikation und Interaktion, die sie von Menschen in anderen Unternehmen unterscheidet. Dies bezieht sich sowohl auf den Umgang miteinander und über die Hierarchie-Ebenen hinweg als auch auf den Umgang mit Kunden und Lieferanten.

Indikatoren der Unternehmenskultur sind beispielsweise:

- Bedeutung von Hierarchien und Statussymbolen
- Managementstil
- Karriereverläufe
- Offenheit im Umgang miteinander
- Handlungs- und Entscheidungsspielräume

---

16 Eingehend hierzu Blöcher, M&A Review 2008, S. 234 ff.
17 Hubbard, 1999, S. 14.

- Fehlertoleranz
- Gegenseitiges Vertrauen
- Lernverhalten
- Kundenorientierung
- Wettbewerbsaggressivität
- Gesellschaftliches Engagement.

Eine Due Diligence der Unternehmenskultur ist somit kein einfaches Unterfangen, da zahlreiche Facetten zusammenwirken. In der Praxis haben sich jedoch zwei Methoden bewährt:

- **Standardisierte Mitarbeiterbefragungen**: Es werden sowohl die eigenen Mitarbeiter als auch die Mitarbeiter des akquirierten Unternehmens befragt. Meist genügt es dabei, die Befragung auf sog. »Fokusgruppen« zu konzentrieren. Gegenstand der Befragung können nicht nur Aspekte der Unternehmenskultur, sondern auch Fragen zur persönlichen Arbeitseinstellung und Arbeitsatmosphäre oder aber die Erhebung statistischer Daten, wie etwa Angaben über Alter, Geschlecht, Bildung, Zugehörigkeitsdauer, etc., sein.[18] Dabei thematisiert das Käuferunternehmen Werte und Verhaltensweisen, die es als sehr wichtig erachtet, beispielsweise den Umgang mit Kunden, die Aufgeschlossenheit Neuem gegenüber, das Lernverhalten oder den Führungsstil. Der große Vorteil dieser Methode liegt darin, dass sich die beiden Unternehmenskulturen in den abgefragten Dimensionen direkt vergleichen lassen. Aus den Ergebnissen können dann gezielte Maßnahmen abgeleitet werden. Diese Methode hat noch einen weiteren Vorteil, denn bei wiederholter Anwendung können auch im Laufe der Zeit eintretende Kulturveränderungen nachgewiesen werden.
- **Individuelle Interviews** mit ausgewählten Mitarbeitern und Führungskräften des akquirierten Unternehmens. Diese junge Methode wird auch als ›Storytelling‹ bezeichnet. Hier handelt es sich in der Regel um offene Gespräche, in denen die Betreffenden über ihren bisherigen Karriereverlauf und ihre individuellen Erfahrungen berichten. Anhand dieser Aussagen können Rückschlüsse auf die Unternehmenskultur gezogen werden. Dabei geben sowohl die Aussagen und der Spachduktus selbst als auch nicht angesprochene Themen Aufschluss über den Umgang miteinander und die im Unternehmen vorhandenen Wertvorstellungen und Tabus. Diese Methode ist sehr aufwändig und wird daher in der Transaktions-Phase eher selten und jedenfalls nicht repräsentativ angewandt. Für die interviewten Mitarbeiter und Führungskräfte hat sie jedoch einen hohen Stellenwert, denn sie merken, dass sich das Käuferunternehmen wirklich für die Menschen im Unternehmen interessiert. Dies kann insbesondere in der Phase nach der Ankündigung einer Transaktion einen enormen Motivationsschub bewirken.

18 Blöcher, M&A Review 2008, S. 234 (238).

cc) Das Merger-Syndrom

Die Reaktionen der Mitarbeiter auf das Announcement eines Zusammenschlusses werden vielfach als ›**Merger Syndrom**‹ bezeichnet.[19] Dieses gibt die Stimmung in der Belegschaft wieder und hat erheblichen Einfluss auf das Gelingen der Integration.

Während des Ablaufs der Transaktion durchlaufen Mitarbeiter und Führungskräfte des Targets verschiedene emotionale Phasen. Die Kenntnis dieser Phasen ist wichtig, weil man sich auf die Auswirkungen einstellen und geeignete Gegenmaßnahmen ergreifen kann.

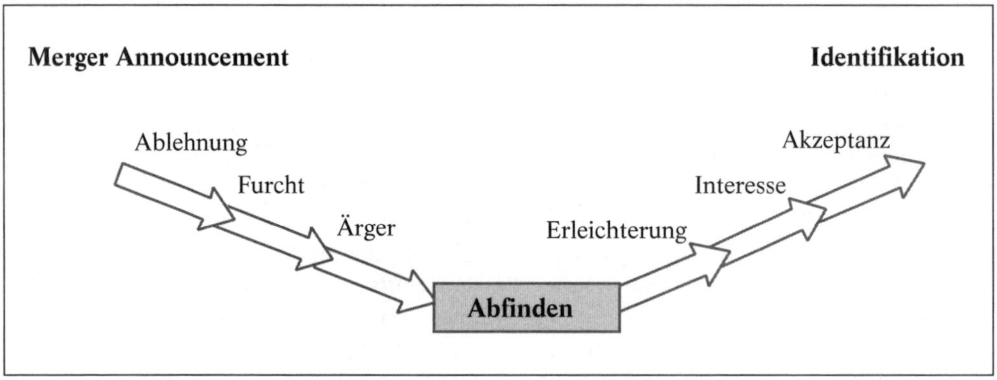

Abb. 5: Emotionale Reaktionen der Mitarbeiter nach einem Merger

Bei den meisten Mitarbeitern führt die Ankündigung zunächst zu einem Schock und heftigen emotionalen Reaktionen. Der Zusammenschluss wird als Identitätsverlust empfunden. Die Mitarbeiter verlieren ein bisher als sicher und verlässlich eingeschätztes Umfeld von Regeln, Aufgabenstellungen, Hierarchien, Strukturen und Kollegen. Das gesamte soziale Gefüge, in dem sie sich bewegen, ist auf einmal in Frage gestellt, was in der Regel zu großer Verunsicherung und Verängstigung führt.

Die Mitarbeiter fragen sich:

- Ist mein Arbeitsplatz noch sicher? Erhalte ich neue Aufgaben? Muss ich umziehen? Was ist mit der Altersversorgung? Werden die freiwilligen Leistungen eingeschränkt? Wer wird mein neuer Chef? Was wird aus meiner Karriere?
- Aber auch: Was passiert mit meinen Kollegen? Werden uns »die anderen« total vereinnahmen und uns ihre Unternehmenskultur überstülpen?

In diesem Stadium interessiert es den Mitarbeiter überhaupt nicht, wenn bzw. ob das Management über die großartigen Aussichten der Transaktion spricht, über neues Wachstum oder neue Märkte. Die Mitarbeiter nehmen solche Äußerungen kaum wahr, denn sie sind weitgehend mit sich selbst beschäftigt. Schätzungen gehen dahin, dass Mitar-

19 Marks/Mirvis, 1992, S. 17ff.

beiter im ersten Jahr eines Mergers bis zu zwei Stunden ihrer täglichen Arbeitszeit für die Verarbeitung von Gerüchten aufwenden.[20]

Wie stark und in welcher Form der Einzelne auf die Ankündigung eines Mergers reagiert und wie lange sich die verschiedenen Phasen des Merger-Syndroms hinziehen, hängt von individuellen Charaktereigenschaften, persönlicher Lebenslage und bisherigen Erfahrungen ab. Eine wichtige Rolle spielen das Selbstvertrauen, Jobalternativen, die erreichte Karrierestufe und die individuellen Bedürfnisse.

Die Verunsicherung ist psychologisch zu erklären: Mitarbeiter schließen mit ihrem Arbeitgeber ja nicht nur den rechtlich verbindlichen Arbeitsvertrag, sondern darüber hinaus bildet sich in stillem Einvernehmen eine Art ›Sozialkontrakt‹, der immaterieller Natur ist. Er enthält bestimmte Erwartungen des Mitarbeiters an den Arbeitgeber und bildet die Grundlage des Vertrauens in den Arbeitgeber. Vielen Mitarbeitern ist dieser Kontrakt gar nicht bewusst – bis er irgendwann gebrochen wird. In diesem Fall muss der Vertrag gewissermaßen neu verhandelt werden. Dieses »Verhandeln« läuft im Unterbewusstsein ab und bedeutet im Individualfall nichts anderes, als dass sich der Einzelne mit den Änderungen früher oder später abfindet und sie akzeptiert[21] oder dass er das Unternehmen verlässt.

Wer schon immer den Gedanken hatte, das Unternehmen zu wechseln, wird sich jetzt vermehrt nach einer Alternativbeschäftigung umsehen. Dies kann zu einer erhöhten Fluktuation führen. Das hat insbesondere dann fatale Konsequenzen, wenn wichtige Leistungsträger und erfahrene Führungskräfte das Unternehmen verlassen. Der bekannte Spruch: »Exit of the best and merger of the rest« kann dann leicht das Scheitern des Mergers einläuten. Auch macht sich rasch eine Untergangsstimmung breit, was bei den verbleibenden Mitarbeitern zu Resignation und innerer Kündigung führt. Insbesondere in dem übernommenen Unternehmen erzeugt ein Merger Stress und oft ein Führungsvakuum, das sich dann verstärkt, wenn die Mitarbeiter und Führungskräfte des stärkeren Unternehmens allzu dominant auftreten. Die Konsequenz sind meist Worst-Case-Szenarien und Gerüchte, die alle Informationslücken mit Halb- oder Unwahrheiten auffüllen und so die Mitarbeiter lähmen.

Diese Destabilisierungsphase lässt sich nicht verhindern. Man kann jedoch versuchen, sie möglichst kurz zu halten, um die Negativfolgen und daraus resultierende Kosten auf ein Minimum zu beschränken. Für das Personalmanagement ist es eine große Herausforderung, diese Turbulenzen in den Griff zu bekommen, um dann mit der eigentlichen Integrationsarbeit zu beginnen.

dd) Zusammenarbeit mit dem Betriebsrat

Beim gesamten Personalauswahlprozess sind die gesetzlichen Bestimmungen, wie z. B. das Betriebsverfassungsgesetz und das Kündigungsschutzgesetz, unbedingt zu berücksichtigen (siehe dazu bereits Teil C XI dieses Handbuches). Dies gilt auch für nationale oder regionale Besonderheiten. Hier ist der dringende Rat angebracht, bereits bei der

20 Sewing, 1996, S.158.
21 Hubbard, 1999, S. 27.

Personal Due Diligence die Wirtschaftsjuristen einzuschalten und sich im Gesamtprozess kontinuierlich beraten zu lassen.

In Deutschland beispielsweise tritt der Erwerber eines Unternehmens beim Share Deal und in der Regel (nach § 613a BGB) auch beim Asset Deal uneingeschränkt in die Rechte und Pflichten aus dem Arbeitsverhältnis ein, sodass sich an den individuellen arbeitsvertraglichen Rechten und Pflichten nichts ändert. Wird das akquirierte Unternehmen als rechtlich eigenständige Tochtergesellschaft geführt, so bleiben die Beschäftigungsbedingungen uneingeschränkt bestehen. Soll das Target hingegen in das übernehmende Unternehmen eingegliedert werden, so verdrängen die Tarifverträge und Betriebsvereinbarungen des aufnehmenden Unternehmens diejenigen des akquirierten Unternehmens. In der Regel haben Großunternehmen allerdings bessere Arbeitskonditionen und Sozialleistungen als kleine und mittlere Unternehmen, sodass die Mitarbeiter durch die Integration eher Vor- als Nachteile erwarten dürfen. Häufig entscheiden sich jedoch Großunternehmen dafür, die übernommenen Unternehmen als eigenständige Unternehmen weiterzuführen, um so Kostenvorteile, die sich aus niedrigeren Gehaltsstrukturen und geringeren Sozialleistungen ergeben, ausnutzen zu können.

Doch unabhängig davon, ob das Target-Unternehmen integriert oder als rechtlich eigenständiges Unternehmen weitergeführt wird, sollten die landesspezifischen Arbeitnehmervertretungen in jedem Fall so frühzeitig wie möglich in die Überlegungen eingebunden werden. Wenn es gelingt, ein partnerschaftliches Verhältnis zu den Arbeitnehmervertretern herzustellen, so hat dies vielfältige Vorteile, denn die Betriebsräte haben als Multiplikatoren in der Regel großen Einfluss auf die Belegschaft und können die Stress- und Angstphasen der Mitarbeiter im Rahmen des Merger-Syndroms abmildern. Auch hat sich gezeigt, dass von Seiten der Mitarbeiter weniger Einsprüche gegen den Betriebsübergang erhoben werden, wenn der Betriebsrat den Veränderungen positiv gegenübersteht und in die Integrationsplanung eingebunden wird. Dies wird regelmäßig dadurch erreicht, dass Überleitungs-Betriebsvereinbarungen abgeschlossen werden, in denen die künftig geltenden Beschäftigungsbedingungen festgelegt werden.

ee) Planung der Integration

Eine fundierte Integrationsplanung trägt dazu bei, frühzeitig Unsicherheiten in der Belegschaft abzubauen und den Integrationsprozess zu beschleunigen. Dies ist eine sehr sensible Phase für alle Beteiligten, da es regelmäßig darum geht, weitreichende Entscheidungen auf einer noch relativ unsicheren Grundlage zu treffen. Möglicherweise liegt darin auch die Ursache dafür, dass weniger als 20 % aller Firmenkäufer eine angemessene Planung durchführen.[22] Zwar nennen europäische Executives unter ›lessons learned‹ als Gründe gescheiterter Transaktionen am häufigsten ›keine adäquate Planung‹, jedoch werden für nachfolgende Akquisitionen, wahrscheinlich aus Zeitgründen, daraus in den seltensten Fällen Konsequenzen gezogen.

Das wohl kritischste Ereignis in der Transaktionsphase ist die Ankündigung der Transaktion, die in der Regel beim ›Target‹ heftige Mitarbeiterreaktionen hervorruft. Im Idealfall wird der gesamte Deal bis zu seiner offiziellen Ankündigung nicht bekannt,

22 Hubbard, 1999, S.48.

wie man eindrucksvoll bei DaimlerChrysler beobachten konnte. Allerdings ist dies nicht immer der Fall, die Wirkung jedoch fast immer die gleiche: Die Ankündigung – oder allein schon Gerüchte darüber – trifft viele Mitarbeiter zutiefst.

Die Mitarbeiter des übernehmenden Unternehmens und des Target, aber auch Kunden, Lieferanten und natürlich die Shareholder erwarten gleich nach der Ankündigung einer Transaktion klare Auskunft über Ziele, neue Strukturen, Restrukturierungsmaßnahmen und die einzelnen Integrationsschritte.

Die Integrationsplanung gibt Antworten auf folgende Fragen:

- Welche Schritte sollen wie und bis wann umgesetzt sein?
- Wie intensiv und schnell soll integriert werden?
- Wie sehen Übergangsregelungen bezüglich Organisation, Struktur und Zusammensetzung der Führungsmannschaft des Targets aus?
- Wie läuft die Kommunikation für die Ankündigung, die Vorabinformation der Führungskräfte und die eigentliche Kommunikation an die Mitarbeiter ab?
- Wer verantwortet die Integration und wer hilft dabei?

Die Personalorganisation muss nicht nur in die Due-Diligence-Phase, sondern auch in die Integrationsplanung intensiv eingebunden werden, weil hier wichtige Entscheidungen bezüglich des Zeitplanes, der künftigen Führungsstruktur, der Integration der Unternehmenskulturen, der Personalsysteme und -prozesse sowie bezüglich der Inhalte der Kommunikation und Interaktion zwischen Führungskräften und Mitarbeitern getroffen werden.

ff) Kommunikation und Interaktion

Für die gesamte Kommunikation ist eine fundierte Planung nötig, die schon mit Beginn der Verhandlungen in kleinem, vertraulichen Kreis vorbereitet werden sollte. Die Kommunikationsinhalte sollten sein:

- Grund und Zielsetzung der Transaktion,
- die langfristige Vision,
- die Integrationsstrategie,
- der Zeitplan.

Informationen über die Geschichte und Erfolge beider Unternehmen bereiten den Boden für ein gegenseitiges Verständnis und ein Wir-Gefühl. Die Aufbereitung der wichtigsten Fragen im Zusammenhang mit dem Merger sowie die elektronische Bereitstellung der Antworten im Intranet hat sich bewährt. Auf diese Weise kann der Fragenkatalog tagesaktuell ergänzt beziehungsweise modifiziert werden.

Die hauptsächliche Kommunikationsarbeit ist jedoch im persönlichen Gespräch der Führungskräfte mit den Mitarbeitern zu leisten. Wichtig ist, dass die Führungskräfte die Empfindungen der Betroffenen verstehen und sich auf verschiedene emotionale Phasen, welche die Mitarbeiter üblicherweise bei derartigen Veränderungen durchlaufen, einstellen.

Leider ist die Realität aber so, dass 86 % der Unternehmen die neue Partnerschaft nicht ausreichend kommunizieren.[23] Die Gründe dafür können in mangelnder Vorbe-

23 Kearny, 1999, S. 26.

reitung liegen, aber auch darin, dass die Führungskräfte des Target-Unternehmens als Betroffene selbst unter Unsicherheiten und Ängsten leiden und im schlimmsten Fall noch eine negative Verstärkerfunktion wahrnehmen.

Die Kommunikation muss schnell, intensiv und mit klaren Aussagen erfolgen, um die lähmende Unsicherheit soweit wie möglich zu reduzieren und möglichst rasch die Zustimmung aller Beteiligten zur gemeinsamen Zielsetzung herbeizuführen. Hierbei sollte Folgendes beachtet werden:

- **Zielgruppengerechte Kommunikation**: Manager und Mitarbeiter haben vielfach unterschiedliche Wahrnehmungen, was für sie bei einer Transaktion wichtig ist. Dies ist bei der Informationsaufbereitung zu berücksichtigen.
- **Schnelle Kommunikation**: Die Mitarbeiter sollten als erste von einer Transaktion erfahren – nicht erst durch die Presse, das Fernsehen oder von aufgeregten Kunden. Dazu müssen die Führungskräfte und die Betriebsräte vorab informiert werden, damit diese dann wiederum den Mitarbeitern kompetent Rede und Antwort stehen können.
- **Direkte Kommunikation**: Sofort nach Bekanntwerden sollte ein direkter Dialog zwischen Führungskräften und Mitarbeitern geführt werden. Das können sein: Vier-Augen-Gespräche, Abteilungsmeetings oder Informations- und Diskussionsveranstaltungen mit allen Mitarbeitern.
- **Klarheit und Wahrheit**: Die betroffenen Mitarbeiter und Führungskräfte im Unternehmen wollen Klarheit, um aus der bedrückenden Unsicherheitssituation herauszukommen. Hierbei ist es wichtig, ganz offen alle relevanten Punkte anzusprechen und so wenig wie möglich zu verschweigen, auch wenn die Nachrichten für viele negativ sein mögen, etwa bezüglich drohender Werksschließungen oder Kündigungen. Menschen können mit klaren Botschaften besser umgehen, selbst wenn diese negativ sind, als mit Unsicherheit. Außerdem gilt: Wer die Wahrheit sagt, gewinnt an Glaubwürdigkeit – und die muss schnell aufgebaut werden. Auch wenn die Aussage lautet: »Wir werden Leute entlassen müssen, wir wissen aber heute noch nicht, wie viele. Das wird spätestens in 4 Wochen bekannt gemacht« – ist diese Botschaft immer noch besser, als ein Schönwetterreden und das Wecken falscher Hoffnungen.
- **Glaubwürdigkeit**: Führungskräfte sollten nicht sagen, dass es nach der Transaktion im Sinne eines »business as usual« weitergehen wird. Dies stimmt nämlich einfach nicht, zumal zwangsläufig viele Änderungen zu erwarten sind. Wer von »business as usual« spricht, zeigt nur, dass er die Situation völlig verkennt und sich von der Stimmungslage seiner Mitarbeiter abgekoppelt hat. Die Glaubwürdigkeit der Führungskräfte wird von den Mitarbeitern im Wesentlichen danach beurteilt, inwieweit sie sich in deren Sorgen und Nöte hineinversetzen können, wie offen sie ihnen gegenübertreten und wie aktiv sie sich um ihre Belange kümmern. Perception is reality: Es kommt sehr stark darauf an, **wie** Antworten an die Mitarbeiter gegeben werden: 30 % Gewicht hat »was« man sagt – 70 % Gewicht hat »wie« man es sagt.
- Zur Verstärkung der Glaubwürdigkeit sollte von dem übernehmenden Unternehmen die klare **Botschaft** kommen: **»Ihr seid uns willkommen!«** Dabei ist es unerlässlich, dass Schlüsselpersonen wie der CEO oder Vorstand die Standorte des Targets besuchen und mit den Mitarbeitern sprechen und ihnen persönlich Rede und Antwort stehen.

Die persönliche Kommunikation muss durch eine intensive Nutzung weiterer Merger-spezifischer Kommunikationsmedien ergänzt werden, wie z.B. persönliche Willkommen-Schreiben an die neuen Mitarbeiter, Webseiten mit Questions & Answers, Merger-Newsletter, Hotlines, Workshops und Pressemitteilungen. In ihrer Wirkung nicht zu unterschätzen sind informelle Netzwerke: Wann immer es gelingt, solche »informellen Netzwerke« aufzuspüren, sollten sie genutzt werden. Sie sind das eigentliche »Schmiermittel« für schnelle betriebliche Prozesse und haben starken Einfluss auf die Meinungsbildung und Stimmungslage.

gg) Retention

Erfahrungsgemäß führen Transaktionen zu einem Anstieg der Fluktuationsrate, insbesondere bei herausragenden Mitarbeitern und Managern. Das belegen verschiedene Studien:

- Bis zu 50 % der Führungskräfte eines Target verlassen die Firma in den ersten drei bis fünf Jahren.[24]
- Die Ausscheidensquote von Führungskräften war bei amerikanischen Unternehmen in den ersten zwei bis drei Jahren nach der Akquisition signifikant höher als vor der Akquisition bzw. bei vergleichbaren Unternehmen.[25]

»When no coordinated retention actions are taken, 47 % of all senior managers leave within the first year of the acquisition. But the exodus doesn't stop there. Within the first three years, 72 % end up heading for the door«.[26]

Insbesondere eine starke Fluktuation von wichtigen Leistungsträgern kann schwerwiegende Folgen haben und den Erfolg einer Transaktion insgesamt in Frage stellen. Fach- und Führungs-Know-how gehen verloren – vielleicht gerade diejenigen Kompetenzen, die der Käufer erwerben wollte, um seine strategischen Ziele zu erreichen. Ein für das Unternehmen kritischer Aderlass hat begonnen, denn Menschen, die das Unternehmen verlassen, nehmen oft auch Kunden- und Lieferantenbeziehungen mit. Neue Kundenbeziehungen aufzubauen, ist jedoch bekanntlich ein schwieriges, langfristiges und teures Unterfangen.

Das Weggehen von Führungskräften mit Vorbildfunktion lässt die Mitarbeiter daran zweifeln, ob die Transaktion wirklich »eine gute Sache« ist. Hierdurch werden Motivation und Verhalten negativ beeinflusst. Ferner ziehen Führungskräfte, die das Unternehmen verlassen, häufig gute Mitarbeiter nach (Domino-Effekt). Hierbei spielen natürlich die Headhunter eine große Rolle. Für sie sind die an Mergers & Acquisitions beteiligten Unternehmen und insbesondere die Target-Unternehmen in der instabilen Phase der ideale Jagdgrund für Spitzenkräfte.

Um die Fluktuation zu stoppen, sollte schon bei der Due Diligence eine Identifizierung und Beurteilung der wichtigen Führungskräfte und Schlüssel-Mitarbeiter erfolgen, die über schwer ersetzbare Kompetenzen verfügen. So früh wie möglich sind mit den betreffenden Führungskräften Gespräche zu führen, um ihnen die generelle Unsicherheit zu nehmen, aber auch, um Aussagen zur neuen Position und zu Veränderungen, zu den

24 Hermsen, 1994, S. 133.
25 Sewing, 1996, S. 107ff.
26 Pritchett, 1997, S. 101.

Erwartungen, Karrieremöglichkeiten und zum Einkommen zu machen. Die Maßnahmen können unterstützt werden durch zusätzliche materielle Anreize wie Retention-Boni oder Stock Options, vor allem aber auch durch das Einbinden der Führungskräfte in herausfordernde Integrationsprojekte.

b) Operatives Personalmanagement im Integrationsprozess

aa) Leadership – Die Rolle der Führungskräfte

Um den Erfolg einer Transaktion zu sichern, müssen Führungskräfte mit dem notwendigen Know-how und entsprechender Sensibilität zur Verfügung stehen, sowohl in dem übernehmenden als auch in dem übernommenen Unternehmen. Schließlich gilt es nicht nur, die Mitarbeiter zu motivieren und aus der emotionalen Talsohle herauszuführen; vielmehr sind neue Organisationsstrukturen zu schaffen, Stellen optimal zu besetzen, Kundenbeziehungen aufrechtzuerhalten und neue Märkte zu erschließen. Die Führungskräfte sind somit zentrale Schlüsselpersonen nach innen und nach außen. Dies stellt enorme Anforderungen an ihre Leadership-Fähigkeiten.

Viele Transaktionen leiden darunter, dass das Top-Management nach dem Closing beginnt, sein Interesse an dem Zusammenschluss zu verlieren, weil es denkt: »Jetzt ist alles gelaufen«. Eine solche Denkweise birgt Gefahren. Wer sich jetzt zurücklehnt, der handelt grob fahrlässig!

Es ist nämlich weniger die Transaktion an sich, die den erwarteten Nutzen bringt. Vielmehr sind es »die Maßnahmen und Aktivitäten der Manager **nach** dem Vertragsabschluss, die über den Erfolg oder Misserfolg entscheiden«. Der Grund dafür liegt auf der Hand, denn die Wertschöpfung findet erst nach der Übernahme statt, »wenn Fähigkeiten übertragen werden und die Beschäftigten beider Firmen zusammenarbeiten, um den erwarteten Nutzen zu realisieren oder zusätzliche Vorteile zu entdecken«.[27] Noch bedeutender als dieses ist jedoch die Entwicklung einer Vision, die von allen getragen wird. Die visionäre Komponente ist **das** Charakteristikum von Leadership nach einer Transaktion. Das Wichtigste an der Vision ist weniger ihre Originalität, sondern wie sehr sie die Interessen der relevanten Entscheidungsträger, d. h. der Kunden, Mitarbeiter und Aktionäre, trifft und wie einfach sie in eine realistische Wettbewerbsstrategie umgesetzt werden kann. Eine besondere Herausforderung ist es dabei, eine ›creative tension‹ zu erzeugen, die als integrierender Faktor fungiert. »Creative tension comes from seeing clearly where we want to be, our ›vision‹, and telling the truth about where we are, our ›current reality‹. The gap between the two generates a natural tension«.[28] Diese Spannung wiederum erzeugt einen enormen Motivationsschub.

Nur, wenn es gelingt, alle Führungskräfte und Mitarbeiter in eine Richtung zu lenken, wird sich der wirtschaftliche Erfolg einstellen. Dies ist eine Leadership-Aufgabe ersten Ranges und stellt große Ansprüche an die Überzeugungskraft und Motivationsfähigkeit des Top-Managements. Echte Leadership baut auf gutem Management auf und geht in entscheidenden Situationen weit darüber hinaus.

27 Haspelagh/Jemison, 1992, S. 24ff.
28 Senge, 1998, S. 297.

Die Mitarbeiter haben ein sehr gutes Gespür dafür, ob ihr Chef hinter den organisatorischen Neuerungen steht oder nicht. Es ist deshalb unerlässlich, das Management des zu integrierenden Unternehmens frühzeitig über die Ziele, Gründe und Vorteile des Zusammenschlusses zu informieren. Unter Umständen bieten sich auch konkrete gemeinsame Workshops mit Führungskräften beider Unternehmen an.

Gleichzeitig muss das operative Geschäft stabilisiert werden, z. B. durch kurzfristig zu erreichende Zielvorgaben, durch strikte Performance-Kontrolle und Wiederherstellung des Kundenfokus. Nicht nur die Mitarbeiter sind verunsichert, auch viele Kunden fragen sich: Wie wird es bei meinem Lieferanten weitergehen? Wird er sein Produkt- und Dienstleistungsspektrum beibehalten? Werde ich weiterhin so gut bedient werden? Werde ich meine Ansprechpartner behalten?

Verunsicherte Mitarbeiter werden die Kunden nicht optimal bedienen, sondern eher noch Gerüchte extern verbreiten, die sich geschäftsschädigend auswirken. Es gilt die Regel: Lieber von den Mitarbeitern in dieser Situation mehr fordern und sie stärker einspannen, als zu wenig. Das Ziel ist, schnelle Win-Situationen herbeizuführen, und zwar selbst dann, wenn es nur kleinere Erfolge sind. Gerade kurzfristig erreichbare Ziele und Ergebnisse stärken das lädierte Selbstvertrauen der übernommenen Mitarbeiter.

bb) Integrationsmanagement

Die operative Integrationsphase ist mit Sicherheit die kritischste Phase im gesamten M&A-Prozess: Jetzt müssen die unterschiedlichen Organisationen, Unternehmenskulturen, Managementstile, Systeme, Prozesse und Strukturen zusammengeführt werden, damit die erwarteten Synergien auch wirklich eintreten. Studien haben gezeigt, dass Unternehmen, die der Post-Merger-Integration eine hohe Bedeutung beimessen, kulturelle Unterschiede leichter bewältigen und den gesamten Integrationsprozess effizienter bewältigen.[29]

Hierzu einige Erfahrungen und Anregungen:

- Empfehlenswert ist der Einsatz einer Projektorganisation mit Integrationsteams, die für die Integration von betriebswirtschaftlichen Funktionen wie Vertrieb, Produktion, IT-Systeme, Human Resources oder von Kernprozessen verantwortlich sind.
- Die Teams sollten aus Mitarbeitern **beider** Unternehmen bestehen. Dies vermindert den WIR/IHR-Gegensatz und signalisiert Rücksichtnahme auf das akquirierte Unternehmen. Außerdem ist viel Know-how des übernommenen Unternehmens nutzbar.
- In die Integrationsarbeit sollten *nicht nur Führungskräfte* des übernommenen Unternehmens einbezogen werden, weil diese ihren Verantwortungsbereich sehr genau kennen und zum Teil auch wichtige Meinungsbildner sind. Auch »normale« Mitarbeiter sind soweit wie möglich einzubinden. Je mehr gemeinsame positive Erfahrungen zwischen Mitarbeitern beider Unternehmen in Projekten gemacht werden, um so schneller und stärker wird das gegenseitige Vertrauen wachsen und werden Barrieren abgebaut.
- Für den gesamten Integrationsprozess sollte es ein verantwortliches Integrations-Headquarter geben, am besten besetzt mit jeweils einem Verantwortlichen des übernehmenden und des übernommenen Unternehmens. Das Integrations-Headquarter steuert

29 Kearny, 1999, S. 11.

den Gesamtprozess, ist Mitglied im Steering Committee und verfügt über eine hohe Autorität – auch gegenüber der Geschäftsleitung. Es ist gleichzeitig erster Anlaufpunkt und Klagemauer, aber – ausgestattet mit erheblichen Entscheidungskompetenzen – auch die treibende Kraft.

- Auf den gesamten Integrationsprozess sollten die Prinzipien der »Organizational Justice«[30] angewandt werden. Hierdurch wird verhindert, dass die Betroffenen das Gefühl haben, andere würden besser behandelt, als sie selbst oder als die eigene Gruppe. Das Gefühl der Fairness ist entscheidend für den Erfolg einer Transaktion. Denn oft ist es nicht der Umfang der Veränderungen, welcher die Mitarbeiter frustriert, sondern die Art und Weise, wie sie eingeführt werden. Haben die Mitarbeiter das Gefühl, unfair behandelt zu werden, zweifeln sie an der Glaubwürdigkeit des Managements, aber auch an den Entscheidungen und der gesamten Vorgehensweise.
- Eine konsistente und offene Kommunikation während der gesamten Integrationsphase ist von allergrößter Bedeutung. Fehlende Informationen werden durch Vermutungen und Gerüchte ersetzt – mit schwerwiegenden Folgen. Selbst wenn es nichts Neues zu kommunizieren gibt, sollte man sagen, wann welche Neuigkeiten oder Entscheidungen zu erwarten sind. Gleichzeitig können die bisherigen Statements wiederholt werden. Das hat durchaus seinen Sinn, weil die Mitarbeiter von Mal zu Mal neue Informationsfacetten entdecken, die ihnen helfen, einen Gesamteindruck zu gewinnen und Entscheidungen nachzuvollziehen. Auch die Ziele der Mergers & Acquisitions, der Terminplan und die Integrationsfortschritte – und hier besonders die Early Wins – sollten immer wieder kommuniziert werden.
- Eine einheitliche Personalführung in den sich zusammenschließenden Unternehmen trägt dazu bei, bisherige Unterschiede in den Unternehmenskulturen zu nivellieren und eine gemeinsame Vertrauensbasis herzustellen. Deshalb muss frühzeitig entschieden werden, ob und inwieweit die in beiden Unternehmen vorhandenen personalbezogenen Systeme angeglichen werden sollen. Hierzu zählen insbesondere Einkommens-, Anreiz-, Führungs-, Personalentwicklungssysteme und Personaladministrationssysteme.

Unterschiedliche Systeme führen leicht zu Missstimmungen und rufen unter Umständen Neid hervor, vor allem, wenn es sich um finanzielle Aspekte handelt. Rasch stellt sich nämlich bei den Mitarbeitern das Gefühl einer Zweiklassengesellschaft ein; dies gilt vor allem dann, wenn eine **direkte** Vergleichbarkeit möglich ist, wenn also Mitarbeiter beider Unternehmen eng zusammenarbeiten und so Einblick in – möglicherweise eklatante – Unterschiede bei ihren Einkommen oder anderen Firmenleistungen erhalten.

cc) Optimale Stellenbesetzungen nach einer Transaktion

Die der Transaktion zugrunde liegende Strategie bestimmt den langfristigen Personalbedarf und damit den Personalplanungsprozess hinsichtlich der qualitativen und quantitativen Zusammensetzung der Mitarbeiterschaft.

---

30 Hubbard, 1999, S. 136 f.

Bereits in der Due-Diligence-Phase bzw. kurz danach sollten Überlegungen über die Besetzung von Schlüsselpositionen und über eine vorläufige Organisationsstruktur sowie Prozessänderungen angestellt worden sein. Diese Überlegungen bilden dann die Grundlage für den Personalplanungsprozess.

Die Auswahl und Benennung des neuen Management-Teams sollte spätestens *100 Tage* nach der Ankündigung des Mergers erfolgt sein. Dies geschieht aber einer Studie zufolge nur in 39 % aller Fälle.[31]

Mit den Schlüsselpersonen werden in der Regel bereits in der Transaktionsphase Gespräche über den weiteren Verbleib in der Firma geführt. In der Integrationsphase geht es darum, den Auswahlprozess für das Gros der Mitarbeiter zu gestalten.

Dies geschieht am besten in einem systematischen Personalplanungsprozess:

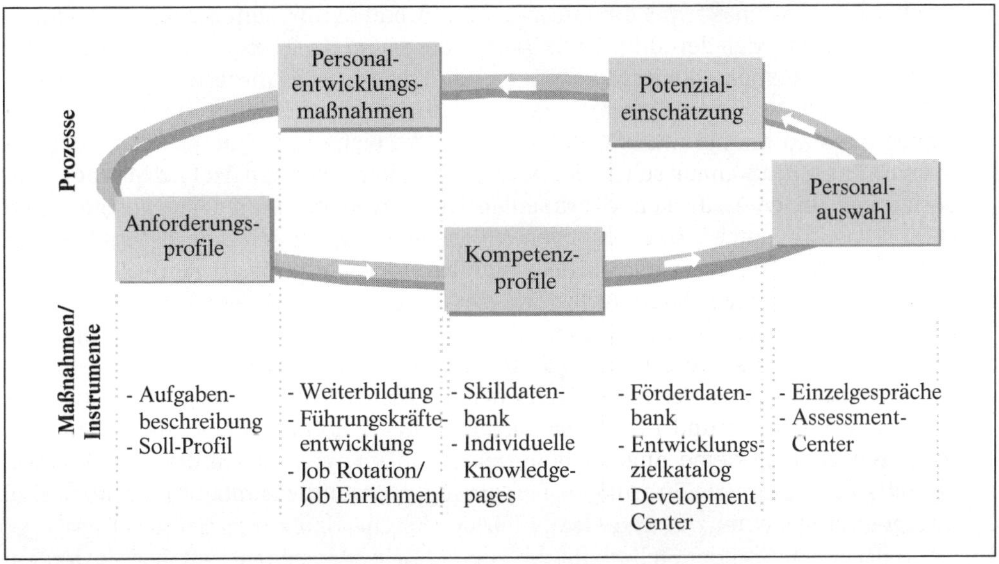

Abb. 6: Vorgehen bei Stellenbesetzungen nach einem Merger

Im Personalplanungsprozess sind zunächst die zukünftigen Aufgaben zu beschreiben und entsprechende **Soll-Profile** zu erstellen. Ein Soll-Profil definiert Ziele, Aufgaben und Kompetenzen der jeweiligen Funktion. Diese Anforderungsprofile werden dann mit vorhandenen Kompetenzprofilen verglichen. Insbesondere Großunternehmen haben zu diesem Zweck sogenannte **Skill-Datenbanken** entwickelt. Sie sind besonders bei großen ›Mergers of Equals‹ oder länderübergreifenden Zusammenschlüssen von großer Bedeutung. ›Gefüttert‹ und gepflegt werden diese Datenbanken bei personenbezogenen Daten vom Mitarbeiter selbst und bei leistungsbezogenen Daten von der Personalorganisation. Diese führt in der Regel einmal jährlich nach den Leistungsbesprechungen einen Update

31 Kearny, 1999, S. 16.

durch. In diesen Skill-Datenbanken wird somit neben den Kompetenzen und Qualifikationen auch die Leistung dokumentiert.

Eine zweite Möglichkeit, Kompetenzprofile systematisch zu erfassen, sind die so genannten ›**Individuellen Knowledge-Pages**‹. Hier werden die Informationen vom einzelnen Mitarbeiter selbst eingespeist, d.h. der Mitarbeiter gibt seine bisherige Berufserfahrung, seine Kompetenzen und seine Interessen zur persönlichen Weiterentwicklung selbst in ein standardisiertes elektronisches Formular ein. Der Mitarbeiter kann dadurch seine persönlichen Wünsche und Vorstellungen zur beruflichen Weiterentwicklung oder Veränderung weiten Kreisen zugänglich machen. Die Knowledge-Pages dienen somit in erster Linie gewissermaßen als Kontaktbörsen und erhöhen die individuellen Chancen auf eine berufliche Veränderung.

Beide Methoden haben den Vorteil, dass sich die Kompetenzprofile auch hoher Belegschaftszahlen auf diese Weise erfassen lassen. Außerdem ist durch die internationale Standardisierung beider Verfahren eine länderübergreifende Transparenz sichergestellt.

Die konkrete Personalauswahl erfolgt in der Regel durch die Führungskräfte vor Ort.

Interessant sind hierbei zwei Varianten:

- **Jeder** Mitarbeiter kann sich neu bewerben. Problematisch ist dabei die Frage, wer die Mitarbeiter wirklich neutral beurteilen kann. Weder die alten Vorgesetzten sind wirklich neutral, noch ist das Management des übernehmenden Unternehmens in der Lage, aufgrund von vorliegenden Beurteilungen die richtige Wahl zu treffen.
- Es werden mit den (ehemaligen) Führungskräften der Mitarbeiter strukturierte Interviews geführt. Diese werden ergänzt durch ein Background-Interview zwischen dem Mitarbeiter und einem externen professionellen Personalberater.[32]

Von besonderer Bedeutung bei der Personalauswahl für die einzelnen Stellen ist auch die **Einschätzung** des individuellen **Potenzials**. In Zeiten, in denen alle drei bis fünf Jahre völlig neue Technologien und Dienstleistungen den Arbeitsalltag bestimmen, sind ein entsprechendes Potenzial und Flexibilität der Beschäftigten unerlässlich. Dieses Potenzial muss mit steigender Stellung in der Hierarchie um so genauer analysiert werden; denn Fehlbesetzungen ziehen, wenn auch zeitlich versetzt, enorme Folgekosten nach sich. Die Potenzialeinschätzung erfolgt in der Regel im Rahmen der jährlichen **Leistungsdurchsprachen** sowie von **Development-Centern** und findet ihren Niederschlag in **Förderdatenbanken** und **Entwicklungszielkatalogen**. Hier finden sich Aussagen zur langfristig erreichbaren Zielfunktion für den einzelnen Mitarbeiter. Hieraus werden dann individuelle **Personalentwicklungsmaßnahmen** abgeleitet. Die Personalentwicklung ist ein Geschäftsprozess, welcher die Kompetenzen der Mitarbeiter in messbare Geschäftsergebnisse und Erfolge transformiert. Maßnahmen bestehen beispielsweise in einer gezielten **Job Rotation**, individuellen **Weiterbildungsmaßnahmen** oder einer systematischen **Führungskräfteentwicklung**.

Meistens werden jedoch in der Integrationsphase die Aspekte der Personalentwicklung weit hintan gestellt, wenn nicht sogar gänzlich negiert. Vielmehr ist man bemüht, jedem Mitarbeiter möglichst rasch seinen neuen Platz im System zuzuweisen oder sich

32 Pritchett, 1997, S. 91ff.

von Mitarbeitern zu trennen, deren Aufgaben entfallen. Bei fast jeder Transaktion gibt es Funktionen, die aufgrund des Zusammenschlusses mehrfach besetzt sind. Der aus diesem Grunde notwendige **Trennungsprozess** ist nicht nur für die Betroffenen, sondern auch für Führungskräfte und Personalfachleute eine schwierige Aufgabe. Nach welchen Kriterien werden die betroffenen Mitarbeiter ausgewählt? Wer informiert die Betroffenen? In welcher Form werden die Mitarbeiter informiert, dass sie sich einen neuen Arbeitsplatz suchen müssen? Welche monetären und nicht-monetären Unterstützungen erhalten sie? Es empfiehlt sich dringend, den Prozess des Trennens mit der größtmöglichen Fairness durchzuführen. Eine faire Trennung bietet auch die Chance, gute Leute und insbesondere Experten, die man in der jetzigen Situation beim besten Willen nicht mehr einsetzen kann, zu einem späteren Zeitpunkt wieder einzustellen.

dd) Entsendepolitik

Auch die Entsendepolitik ist ein Teil des Personalplanungsprozesses in der Integrationsphase. Durch Entsendung von Mitarbeitern aus dem übernehmenden Unternehmen soll die An- und Einbindung, meistens aber auch die Kontrolle der übernommenen Firma verbessert werden. Dieser Ansatz ist sicherlich richtig, weil insbesondere in der ersten Zeit nach der Ankündigung der Merger beziehungsweise die Akquisition stabilisiert und auf den Kurs des übernehmenden Unternehmens gebracht werden muss.

Häufig tritt jedoch das Problem auf, dass das erworbene Unternehmen regelrecht mit Führungskräften, Coaches, Referenten und anderen »Ratgebern« aus dem übernehmenden Unternehmen überschwemmt wird.[33] Hier kann es schnell zu kulturellen Abwehrreaktionen kommen, von denen die Bezeichnung »Käufermafia« für die Entsandten nur die Spitze des Eisbergs darstellt.

Schlimm sind hier »die provinziellen Wichtigtuer« unterhalb der oberen Führungsebenen, die Anlass zu der Feststellung geben: »Die fliegen hier wie Geier ... ein und aus und gebärden sich ... als wären sie die geistige Gesundheitspolizei«.[34]

Ein Beispiel aus den USA verdeutlicht, dass das übernehmende Unternehmen in jedem Fall sehr sensibel vorgehen und sich auch auf die ›andere‹ Unternehmenskultur einstellen muss, wenn die Akquisition erfolgreich sein soll: Bevor das Kommunikationsunternehmen ROLM zu Siemens kam, hatte IBM das Unternehmen erworben. Es handelte sich zu jenem Zeitpunkt noch um die »alte«, straff und sehr zentral organisierte und DV-orientierte IBM. Diese schickte ihre Manager in blauen Anzügen und gestärkten Hemden in eine typische Start-up-Firma im Silicon-Valley, deren Mitarbeiter in Turnschuhen arbeiteten und eher in Netzwerken als in Hierarchien dachten und somit eine völlig andere Firmenkultur als IBM hatten.

Es dauerte nicht lange, bis sich eine Zweiklassen-Gesellschaft gebildet hatte: Das Management kam von IBM und verkündete, was das Headquarter wünschte, und die Mitarbeiter – soweit sie noch da waren – versuchten mehr schlecht als recht, diese Anordnungen zu erfüllen. Konsequenz: Nach einigen Jahren hatten viele der hoch qualifizierten ROLM-Mitarbeiter das Unternehmen verlassen.

33 Hermsen, 1994, S. 145.
34 Leichsenring, 1999, S. 98.

Um ein solches ›intellektuelles Ausbluten‹ zu verhindern, empfiehlt es sich dringend, vor dem Zusammenschluss eine Cultural Due Diligence durchzuführen und die kulturelle Integrationsstrategie festzulegen, um so bewusst die Kulturintegration zu managen und unerwünschte Nebenwirkungen zu vermeiden.

5. Unternehmenskultur und Integrationsprozess

a) Maßnahmen zur kulturellen Integration

Wie intensiv die Kulturen zusammengeführt werden müssen und welche Maßnahmen konkret zu ergreifen sind, hängt von den aktuell bestehenden Kulturen beider Unternehmen und dem angestrebten Integrationsgrad ab. Sicherlich kann man Unternehmenskulturen und damit den Prozess der kulturellen Integration nicht in der Weise managen, wie z. B. Fertigungsprozesse, Finanzen oder Vertriebswege. Dazu hat die Unternehmenskultur zu viele Facetten und Antriebsstrukturen, die teilweise nur sehr schwierig steuerbar sind, zumal ihre Wurzeln in der Vergangenheit und teilweise sogar außerhalb des Unternehmens liegen. Möglich dagegen ist ein **»kulturbewusstes« Management** mit einer auf den individuellen Sachverhalt abgestimmten Kultur-Integrationsstrategie (Monokulturstrategie, Multikulturstrategie oder Mischkulturstrategie) Dieses kulturbewusste Management setzt seinen Fokus auf die Personalführung und geht besonders sensitiv mit kulturellen Unterschieden um. In der Regel sind weniger die Kulturunterschiede selbst ein Problem, als vielmehr die Tatsache, dass diese Unterschiede nicht gebührend berücksichtigt und entsprechend behandelt werden.

Voraussetzung für ein kulturbewusstes Management ist eine Kulturanalyse, mit deren Hilfe man genau feststellen kann, wo kulturelle Differenzen zwischen beiden Firmen liegen. Diese Analysen gehen tiefer als der erste, vorläufige ›Kulturcheck‹ im Rahmen der Due Diligence.

Regelmäßig empfinden die Mitarbeiter nach jedem Zusammenschluss den Einfluss der jeweils anderen Unternehmenskultur zunächst als störend, da sich dann andere als die gewohnten Denkmuster und Verhaltensweisen zeigen. Im Laufe der Zeit stellt sich jedoch unabhängig von der gewählten Kultur-Integrationsstrategie zwangsläufig ein gewisser Anpassungsprozess ein, weil die Mitarbeiter aufgrund der täglichen Zusammenarbeit gezwungen sind, sich mit der Kultur des anderen Unternehmens auseinanderzusetzen. Im Verlaufe der Integration zeigt sich meist auch die Tendenz, dass Mitarbeiter verstärkt die eigene Unternehmenskultur hinterfragen, insbesondere in denjenigen Punkten, in denen sie die ›fremde‹ Kultur als sympatischer empfinden. Somit entsteht immer eine ›neue‹ Unternehmenskultur. Diese ist geprägt durch die Wechselwirkungen zwischen beiden Kulturen sowie den Grad der angestrebten Harmonie. Eine erfolgreiche Kulturintegration ist immer dann zu erwarten, wenn das Verhältnis zwischen dem übernehmenden Unternehmen und dem übernommenen Unternehmen gut ist, beziehungsweise wenn im Falle eines schlechten Verhältnisses das übernommene Unternehmen sich dem übernehmenden Unternehmen unterordnet.

Die kulturelle Integration kann dann als erfolgreich abgeschlossen bezeichnet werden, wenn die verbleibenden Unterschiede zwischen Mutter und Tochter, wie groß oder gering sie auch immer sein mögen, ohne größere Konflikte bestehen bleiben können.[35]

Der Erfolg und die Geschwindigkeit der kulturellen Integration hängen stark ab

- vom Dominanzverhalten des stärkeren Unternehmens,
- von der Einstellung der Mitarbeiter und Führungskräfte zu der Transaktion,
- vom angestrebten Grad an Harmonie,
- vom kulturellen Freiheitsgrad, der den Unternehmen zugestanden wird.

Dabei spielen aber auch organisatorische Rahmenbedingungen eine bedeutende Rolle. Kritisch wird die Situation dann, wenn das übernehmende Unternehmen eine ausgeprägte Dominanz gegenüber dem übernommenen Unternehmen geltend macht. Dies ist insbesondere dann zu erwarten, wenn im übernehmenden Unternehmen starke Netzwerke bestehen, die die Veränderungsphase dazu benutzen, ihren Mitgliedern günstige Positionen zu verschaffen.

Solche ›sozialen Netzwerke‹ existieren in jedem Unternehmen. Sie entstehen aus dem Grundbedürfnis eines jeden Menschen nach Nähe, Geborgenheit, Freundschaft und Sicherheit und bilden die informelle Struktur eines jeden Unternehmens. Sie sind von hoher Bedeutung für den Akquisitionserfolg. Sie äußern sich in wechselseitigen sozialen Verpflichtungen, verbunden mit einem hohen Sanktionspotenzial. Jedes Unternehmen besteht aus unzähligen solcher sozialen Netzwerke, mit teils engen, teilweise aber auch schwachen Bindungen.

Zur erfolgreichen Integration gilt es deshalb zunächst, die Meinungsführer in den wichtigsten Netzwerken aufzuspüren, denn sie üben eine starke Orientierungsfunktion aus. Diese ist insbesondere in den Unsicherheitsphasen, in denen Stellen neu besetzt und andere Veränderungen vorgenommen werden, nicht zu unterschätzen. Eine geringe Berücksichtigung der Meinungsführer führt leicht zur ›Cultural Resistance‹ und zur Verringerung bzw. zur Nicht-Erreichung des angestrebten Transaktionserfolges.

Das Verhältnis zwischen der übernehmenden Gesellschaft und dem akquirierten Unternehmen sowie die individuelle Einstellung der Mitarbeiter und Führungskräfte zur Integration sind die kritischen Faktoren für das Gelingen einer Transaktion. Überwiegend sind vier Ergebnisse einer Kulturintegration beobachtbar:

Im günstigsten Fall stellt sich ein **harmonisches Verhältnis** zwischen der Unternehmenskultur des Käufers und des Targets ein. Dies ist dann zu erwarten, wenn in beiden Belegschaften eine hohe Akzeptanz des Mergers oder der Akquisition vorliegt. Es entsteht eine neue Kultur mit den besten Elementen aus beiden. Diese Form der Kulturintegration ist besonders bei ›Mergers of Equals‹ und bei geozentrischen Unternehmensmodellen von Vorteil.

Auch bei der **Assimilation** haben beide Unternehmen ein gutes Verhältnis zueinander, wobei allerdings im zugekauften Unternehmen das Bestreben gering ist, eigene Kulturelemente zu erhalten. Vielmehr integriert sich das akquirierte Unternehmen ohne größere Probleme in die übernehmende Gesellschaft und passt sich an deren Wertvorstellungen und kulturellen Besonderheiten an. Das Verhältnis zwischen beiden Mitarbeiterstämmen

35 Sewing, 1996, S. 166.

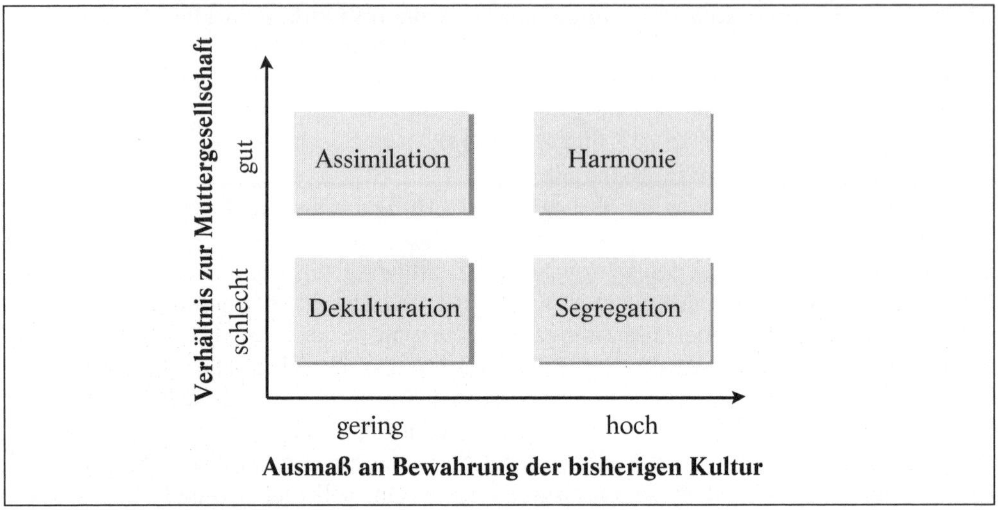

Abb. 7: Bilanz der Kulturintegration

ist gut. Dies ist besonders günstig bei ethnozentrischen und polyzentrischen Unternehmensmodellen.

Schwierig gestaltet sich die kulturelle Integration bei einem angespannten Verhältnis zwischen beiden Unternehmen und Belegschaften, beispielsweise wenn es sich um eine feindliche Übernahme handelt oder wenn der Merger beziehungsweise die Akquisition schlecht kommuniziert wurde. Dann kann es zu einer **Segregation** oder einer **Dekulturation** kommen. Bei der Segregation versucht das übernommene Unternehmen krampfhaft, seine Kultur beizubehalten, während sich die Belegschaften bei der Dekulturation ohne großes Interesse an einer Zusammenarbeit in die neue Situation ergeben. In solchen Fällen besteht akute Gefahr einer Verringerung bzw. der Nicht-Erreichung des angestrebten Transaktionserfolges. Die kulturellen Integrationsmaßnahmen müssen daher mit der größten Sorgfalt geplant und durchgeführt werden.

Die Vorteile einer erfolgreichen kulturellen Integration sind mannigfaltig:

- In verschiedenen Studien wurde nachgewiesen, dass der Steuerungs-, Anweisungs- und Regelungsbedarf im Unternehmen um so geringer ist, je stärker die Unternehmenskultur ist.[36]
- In Unternehmen mit einer starken Unternehmenskultur wissen die Menschen bis zur untersten Ebene in den meisten Situationen, was von ihnen erwartet wird, denn die Grundwerte sind gleich. Sie verfolgen gemeinsame Ziele und agieren in eine Richtung.

Die große Herausforderung an das Integrationsteam besteht deshalb darin, Begeisterung für die Gemeinsamkeit zu erzeugen, denn nur dann können sich Synergien richtig

36 Hofstede, 1997, S. 248.

entfalten. Dies gelingt am besten anhand einer gemeinsamen Vision, mit der sich alle identifizieren können. Es ist deshalb von größter Bedeutung, bereits in einem frühen Stadium, und zwar möglichst bereits im Planungs-Stadium einer Transaktion eine gemeinsame Zielrichtung zu entwickeln und eine gemeinsame Wertebasis herbeizuführen. Diese bildet die Grundlage für eine gemeinsame Identität, festigt den Zusammenhalt und richtet die Organisation auf gemeinsame Ziele aus.

Dem Personalführungssystem und den Führungsinstrumenten kommt beim ›kulturbewussten Management‹ eine Schlüsselrolle zu. Personalentwicklungs- und Führungsinstrumente sowie Einkommenssysteme sind so zu gestalten, dass gewünschte Verhaltensweisen belohnt und unerwünschte sanktioniert werden. Hinzu kommen Maßnahmen mit Symbolcharakter wie gemeinsame Veranstaltungen (es kann auch ein Picknick sein) oder ein neues Corporate Design.

Häufig sind es ›Kleinigkeiten‹, die sich dann beim näheren Hinsehen als Handicap der kulturellen Integration entpuppen können, wenn sie nicht zur Zufriedenheit aller gelöst werden. Das Beispiel des Zusammenschlusses zweier amerikanischer Firmen, bei denen unterschiedliche »Picknick«-Kulturen existierten, soll dies verdeutlichen. Die einen machten ihr Picknick **mit** ihren Partnern, die anderen **ohne** diese. Um diese Unterschiedlichkeit zu lösen, einigte man sich darauf, in Jahren mit »geraden« Jahreszahlen die Partner mitzunehmen, in »ungeraden« mussten diese zu Hause bleiben.

Im Einzelnen haben sich folgende **Schritte zur kulturellen Integration** bewährt:

1. **Vertrauensaufbau und mentale Vernetzung:**
Der Vertrauensaufbau und die mentale Vernetzung geschehen am besten durch Einbindung möglichst vieler Mitarbeiter und Führungskräfte in Veränderungsprozesse sowie durch Integrationsteams, die sich aus Mitarbeitern beider Unternehmen zusammensetzen. Dadurch wird das gegenseitige Kennenlernen erleichtert, entstehen Gemeinsamkeiten und werden Vorurteile abgebaut. Gleichzeitig nehmen Kreativität, Lernbereitschaft und Toleranz gegenüber ›anderen‹ Ideen zu. Die Bereitwilligkeit, Informationen schneller und freiwillig auszutauschen, steigt. Dies bildet die Grundlage für eine ›mentale Vernetzung‹. Diese ist dann erreicht, wenn alle Partner innerhalb des Netzes in die gleiche Richtung denken und handeln. Erfolgsfaktoren dafür sind gemeinsame Ziele, ähnliche Wertvorstellungen, Verhaltensweisen und Entscheidungsmuster, die mit den langfristigen Unternehmenszielen kongruent sind.

2. **Gemeinsame Werte/Leitbild formulieren:**
Belegschaften, die gleiche Wertvorstellungen haben, beurteilen auch Sachverhalte ähnlich und verstehen sich besser. Dies minimiert die Reibungsverluste und den Koordinationsaufwand – insbesondere beim Zusammenspiel weltweit verteilter Partner. Leitbilder bilden die Grundlage der Vertrauensorganisation, denn ähnliche Wertvorstellungen bieten ein Grundmaß an Stabilität und Kontinuität und sind eine wesentliche Voraussetzung für die Bindung an ein Unternehmen. Sie vermitteln eine Art ›Heimatgefühl‹ in Zeiten von permanenten Änderungen, denen insbesondere Mitglieder in virtuellen Teams ausgesetzt sind.

Der konkrete Inhalt dieses Leitbildes ist dabei weniger wichtig als die Intensität, mit der ein Unternehmen daran glaubt und sämtliche Verhaltensweisen darauf ausrichtet. In Studien wurde überzeugend nachgewiesen, dass Unternehmen mit einem konsequent gelebten Leitbild wesentlich erfolgreicher sind als andere.[37] Dies äußert sich vor allem in erstklassigen finanziellen Renditen über lange Zeiträume hinweg. Außerdem besitzen sie eine erstaunliche Regenerationsfähigkeit, die es ihnen erlaubt, auch schwere Krisen zu überstehen.

Das Leitbild eines Unternehmens fließt in sämtliche Ziele, Strategien, Verfahren und Prozesse ein. Es wirkt sich auf Arbeitsgestaltung und Führungsinstrumente aus. Diese unternehmensspezifischen Rahmenbedingungen wiederum prägen das Verhalten und die Motivation der Mitarbeiter. Auf diese Weise entsteht ein »totales Umfeld«,[38] das die Mitarbeiter mit einer Fülle von Signalen überhäuft, die – und das ist entscheidend – konsistent sind und sich gegenseitig verstärken.

Bei der Akquisition eines kleineren Unternehmens durch ein Großunternehmen zeigt die Erfahrung, dass in der Regel das Leitbild des größeren Unternehmens auch die Akquisition durchdringt.

3. **Gewünschte Werte mit dem Unternehmensalltag vergleichen:**
Um die gewünschten Werte mit dem Unternehmensalltag zu vergleichen, können die Ergebnisse der Cultural Due Diligence herangezogen werden, sofern eine solche durchgeführt wurde. Ist dies – wie meistens – nicht der Fall, so tritt unter Umständen ein sehr schmerzhafter und konsequenzenreicher Prozess in Gang; denn das Käuferunternehmen verfolgt mit der Akquisition immer ein bestimmtes Ziel und erwartet, dass auch die Mitarbeiter und Führungskräfte des akquirierten Unternehmens dieses Ziel verinnerlichen und akzeptieren. Zeigen sich nun in der täglichen Zusammenarbeit Denkweisen und Verhaltensmuster, die den Werten des Käuferunternehmens entgegenlaufen, so sind geeignete Maßnahmen zu ergreifen; Integrationsworkshops mit Führungskräften und Mitarbeitern beider Unternehmen, die zukünftig verstärkt zusammenarbeiten sollen, haben sich hier sehr bewährt. Gemeinsam können dann in der Gruppe bestimmte Verhaltensweisen und individuelle Vorstellungen diskutiert werden. Meist enden derartige Workshops mit konkreten Maßnahmeplänen, was man bis zu welchem Termin gemeinsam erreichen möchte und wer welchen Part dazu beiträgt. Ein derartiges Commitment ist der erste Schritt zur effizienten Zusammenarbeit.

4. Gemeinsames Führungsverständnis schaffen:
Die Führungsinstrumente stellen ein sehr wirkungsvolles Instrument zur kulturellen Integration beider Unternehmen dar, denn um länderübergreifende Synergie- und Optimierungspotenziale zu nutzen, ist es unerlässlich, eine weltweit verbindliche Personalstrategie und ein globales Führungskonzept zu etablieren. Dabei sind je nach Unternehmensmodell Unterschiede in der Steuerungsintensität zu beobachten. So wird man bei ethnozentrischen Unternehmen das Führungssystem eher bis ins kleinste Detail regeln und auf das akquirierte Unternehmen übertragen, während man sich bei polyzentrischen und geozentrischen Unternehmen darauf beschränkt, weltweit wenige gültige Standards zu etablieren, die dann je nach Gegebenheit in den verschiedenen Ländern beziehungsweise akquirierten Unternehmen individuell umgesetzt werden. Die Devise

---

37 Collins/Porras, 1995.
38 Collins/Porras, 1995, S. 282.

dabei lautet: So global wie erforderlich, aber so lokal wie möglich (»Combine global strength with local skills and culture«). Dadurch wird trotz aller lokalen Freiheiten die internationale Zusammenarbeit im Unternehmen auf eine gemeinsame Basis gestellt, werden Leistungen weltweit vergleichbar und wird der länderübergreifende Personalaustausch erst ermöglicht.

b) The Way of Integration am Beispiel von Siemens: Identität durch ein Unternehmens-Leitbild

In einem Großkonzern wie Siemens, der mit rund 440.000 Mitarbeitern in 190 Ländern dieser Erde tätig ist, sind Akquisitionen und die Integration kleinerer Unternehmen, aber auch Joint-Ventures mit Unternehmen im In- und Ausland an der Tagesordnung. Um diese Kooperationen zügig in den Konzernverbund zu integrieren und eine gemeinsame Kultur herbeizuführen, setzt das Unternehmen stark auf das Unternehmens-Leitbild.

Abgeleitet wurde das Leitbild aus den bei den weltweiten Mitarbeitern vorhandenen Einstellungen und Werten. Zu diesem Zweck wurde eine intensive Werteanalyse zur Evaluierung der Wertevorstellungen der Mitarbeiter durchgeführt.[39] Ein ähnliches Vorgehen lässt sich auch für die Kulturanalyse bei einem Merger oder einer Akquisition nutzen. Das Ergebnis der Kulturanalyse gibt vielfältige Aufschlüsse darüber, auf welchen Feldern intensiv gearbeitet werden muss, um die Unterschiede auszugleichen.

Eine einfache Methode zur Messung der Unternehmenskultur ist der elektronische ›Werte-Quickcheck‹. Bei diesem Quickcheck werden am Bildschirm ca. 60 Fragen gestellt, die der Mitarbeiter beantwortet. Die Fragen unterteilen sich in die Kategorien ›Ziele auf lange Sicht‹ sowie ›Fähigkeiten und Fertigkeiten‹. Aus mehreren Alternativen wählt der Antwortende dann diejenige aus, welche seine Person und Einstellung aus seiner Sicht am besten beschreibt. Redundanzen in unterschiedlichen Anwortkombinationen erlauben eine sorgfältige Evaluierung. Der Quickcheck gibt somit Aufschluss darüber, inwieweit die Werte der einzelnen Mitarbeiter mit dem Unternehmensleitbild übereinstimmen. Mittels dieser Methode wird transparent, an welchen Stellen konkrete Maßnahmen einzuleiten sind, um auf die gewünschte Unternehmenskultur hinzuarbeiten.

Generell gilt für die Kulturintegration die Empfehlung: Möglichst umfangreiche Kontakte zwischen beiden »Welten« herstellen, die das gegenseitige Kennenlernen der Belegschaften des übernehmenden Unternehmens und des akquirierten Unternehmens ermöglichen und unterstützen. Dies hat jedoch natürliche Grenzen: Es können nicht ganze Entwicklungsabteilungen zu Besuch an einen Standort fahren, um die neuen Kollegen kennenzulernen. In solchen Fällen wird man eher auf projektbezogene Zusammenarbeiten setzen. Und solche gibt es in der Integrationsphase in großer Zahl. Durch diese Zusammenarbeiten entsteht sehr schnell gemeinsame Erfahrung und – damit verbunden und besonders wichtig – auch Vertrauen zueinander.

Siemens hat zur Anpassung der Kultur von neuerworbenen Unternehmen an das eigene Unternehmens-Leitbild eine Art Standardvorgehen entwickelt:

39 Siehe die Fragebogenmethode von Hall-Tonna, Hall, 1995.

Auszüge aus Quickcheck:
Fähigkeiten und Fertigkeiten

Ich bin ein Mensch, der meint:
A. durch gute Organisation Abläufe im Griff zu haben.
B. fähig zu sein, gut für meine Sicherheit und mein Überleben sorgen zu können.
C. meine Grenzen zu akzeptieren.
D. neue Wahrheiten zu entdecken, zu erforschen und zu untersuchen.
E. derzeit nicht zutreffend

Ich bin ein Mensch, der meint:
A. das Zusammenwirken von Menschen zu verbessern, indem ich Gruppen bilde, die sich unterstützen bzw. zusammenarbeiten.
B. mich für Benachteiligte einzusetzen, indem ich die Zusammenarbeit verschiedener Organe fördere.
C. von meinen Freunden gemocht zu werden.
D. mich aktiv für Menschenrechte einzusetzen.
E. derzeit nicht zutreffend

Ich bin ein Mensch, der meint:
A. meine Aus- und berufliche Bildung abgeschlossen zu haben.
B. fähig zu sein, für meine Sicherheit und mein Überleben sorgen zu können.
C. ständig neu zu erforschen, was mir etwas bedeutet und was ich im Leben erreichen kann.
D. Technik zu verwenden, um das Leben zu vereinfachen.
E. derzeit nicht zutreffend

Ich bin ein Mensch, der meint:
A. erfolgreich zu sein und meine Ziele zu erreichen.
B. gegenüber der Konkurrenz immer einen Schritt voraus zu sein.
C. meine kreativen Ideen anzuwenden.
D. meine Zeit so einzuteilen, dass Zeit zur Entspannung bleibt.
E. derzeit nicht zutreffend

Ich bin ein Mensch, der meint:
A. meine Grenzen zu akzeptieren.
B. Muster, Ordnung und technisches Design zu schätzen.
C. für Wachstum und Weiterentwicklung eines Unternehmens zu arbeiten.
D. Respektspersonen zu kennen, die ich ehre und achte.
E. derzeit nicht zutreffend

Ich bin ein Mensch, der meint:
A. ein Mensch zu sein, der anderen zuhört und sich ihnen anvertraut, so dass sie dies auch tun.
B. verantwortlich und verlässlich zu sein.
C. auf allen Ebenen Teams und Gruppen mit hohem Zusammenhalt zu schätzen und aktiv zu fördern.
D. mich gegenüber anderen, mit denen ich zusammen lebe und arbeite, als gleichwertig zu betrachten.
E. derzeit nicht zutreffend

Abb. 8: Auszüge aus dem Quickcheck zu Einstellungen und Werthaltungen

- Es wird ein gemeinsames Integrationsteam »Unternehmenskultur« gebildet – und zwar mit Teammitgliedern aus beiden Partnerfirmen. Danach erfolgt die bereits erwähnte Analyse der Werte der Kultur des Targets.
- In einem Workshop mit den Topmanagern des Targets werden die Analyseergebnisse vorgestellt. Hierzu zählen die Grundwerte, die besonderen Kompetenzen und die Änderungsbereitschaft. Außerdem werden die Unterschiede zum Siemens-Leitbild, welches sozusagen die Soll-Kultur bei Siemens darstellt, aufgezeigt.
- Danach folgt eine intensive Diskussion in einem manchmal recht emotional ablaufenden Prozess, in dessen Verlauf versucht wird, Verständnis zu wecken und ein Commitment zu erzeugen. Da dies häufig nicht im ersten Anlauf gelingt, wird dieser Workshop nach einiger Zeit wiederholt.
- Daran schließt sich die Kommunikation mit den Mitarbeitern an. Hierzu gehören Meetings, aber auch Teamworkshops, in denen anhand von Praxisbeispielen aus der täglichen Arbeit diskutiert wird, wie die Werte des Leitbildes angewendet werden können. Ergänzt werden die Maßnahmen durch gemeinsame Projekte und Trainingsmaßnahmen zum Unternehmens-Leitbild.

Der wirkungsvollste Hebel für die Umsetzung des Leitbildes sowie die zügige Integration sind jedoch die Führungsinstrumente. Siemens hat zu diesem Zweck weltweit gültige Standards geschaffen, die das gesamte Führungssystem konsequent am Leitbild ausrichten:

- **Zielvereinbarungen** zeigen, welche konkreten Beiträge der einzelne Mitarbeiter zum Geschäftserfolg beitragen kann. Sie geben dem Einzelnen Orientierung und die notwendigen Handlungs- und Entscheidungsspielräume. Gleichzeitig ermöglicht die spätere Durchsprache der Zielerfüllung eine konkrete Leistungsbeurteilung.
- **Standardisierte Mitarbeiterbefragungen** dienen der regelmäßigen Bestandsaufnahme bezüglich der Unternehmenskultur. Ziel ist eine Steigerung des Geschäftswertbeitrages jeder Abteilung durch das Aufdecken von Handlungsbedarf und Verbesserungspotenzial.
- Im jährlichen **Führungsgespräch** vermitteln die Mitarbeiter ihrer Führungskraft, was sie positiv erleben und wo sie Verbesserungsbedarf bezüglich der individuellen Führung sehen. Die Führungskraft vergleicht dieses Feedback mit ihrer Selbsteinschätzung und leitet daraus gemeinsam mit den Mitarbeitern Verhaltensziele für sich ab, die innerhalb eines Jahres umgesetzt werden sollen.
- Der **Siemens Führungsrahmen** gibt jeder Führungskraft die Möglichkeit, sich selbst ein klares Bild von der eigenen Leistung zu verschaffen. Er macht die Anforderungen des Unternehmens unter Berücksichtigung des Unternehmens-Leitbildes deutlich und vergleicht sie mit der tatsächlich erbrachten Führungsleistung. Daraus werden dann Maßnahmen zur Verbesserung der Führungsqualität abgeleitet.
- In der jährlichen **Leistungsdurchsprache** spricht jeder Mitarbeiter mit seiner Führungskraft über die erbrachte Leistung und das persönliche Potenzial. Gemeinsam werden dann konkrete Maßnahmen zur weiteren persönlichen Entwicklung beschlossen.
- **Variable Entgeltsysteme** koppeln das Einkommen an den Geschäftserfolg und honorieren sowohl Einzel- als auch Gruppenerfolge. Sie binden Management Incentives, Jahresbonus und Stock Options an das Erreichen der Geschäftsziele.
- Das **Management Learning** verankert die Ziele des Leitbildes im Bewusstsein der Führungskräfte. Dabei werden kompetente Mitarbeiter mit Führungspotenzial in internationalen Kursteams gezielt auf Führungsaufgaben und Schlüsselpositionen vorbereitet. Dabei wechseln sich Phasen des Selbststudiums mittels neuester Medien, Wissensvermittlung in Workshops sowie interdisziplinäre konkrete Business-Projekte ab. Durch diese Vorgehensweise werden gezielt Kompetenzen für den Geschäftserfolg aufgebaut und die bereichsübergreifende Kooperation gefördert.

Die Anforderungen an ein effizientes weltweites Personalmanagement können nur durch eine Personalorganisation erfüllt werden, die sich als globales Netzwerk von HR-Professionals versteht und in der Entscheidungen gemeinsam getroffen werden. Siemens hat zu diesem Zweck das ›Personnel World Council‹ gegründet, in dem HR-Vertreter der Zentrale, der Länder und Regionen sowie der verschiedenen Unternehmensbereiche gleichberechtigt vertreten sind. Dieses Council trifft alle HR-Entscheidungen von weltweiter Relevanz und sorgt auch für die Implementierung der beschlossenen Maßnahmen. Dadurch ist gewährleistet, dass insbesonders bei internationalen Mergers & Acquisitions die personelle und kulturelle Integration weltweit nach einheitlichen Kriterien erfolgt und zügig vonstatten geht.

6. Schlussbemerkungen

Nachfolgend seien die wichtigsten Erfolgsfaktoren für die personelle und kulturelle Integration bei Mergers & Acquisitions dargestellt:

- Einbeziehung der Mitarbeiter.
- Einbindung der Personalfachleute als strategische Partner schon in den Phasen Konzeption, Due Diligence und Integrationsplanung.
- Fundierte und genau terminierte Kommunikation.
- Kontinuierliche, offene und schnelle Kommunikation einschließlich Feedback.
- Vorbereiten des Managements für den Umgang mit Reaktionen der Mitarbeiter.
- Präventives Risikomanagement bezüglich sinkender Produktivität und steigender Fluktuation.
- Integration-Office als Treiber und Verantwortlicher für die Integration.
- Konsequente Anwendung von Organizational Justice.
- Gezielte Maßnahmen zur kulturellen Integration.
- Entwicklung klarer Vorstellungen über Kompatibilität und Grad der Angleichung der Unternehmenskulturen.

Wenn die These richtig ist, dass der Erfolg von Unternehmen vor allem durch die Menschen bestimmt wird, dann kommt diesem Faktor bei Mergern und Akquisitionen eine ganz entscheidende Rolle zu. Es ist Aufgabe des Personalmanagements, Unternehmen und Mitarbeiter durch alle Phasen der Integration aktiv zu begleiten.

Literatur

Blöcher, Cultural Due Diligence - Chance und Herausforderung für das Management von M&A-Transaktionen, in: M&A Review 2008, S. 234–240.

Gertsen/Soderberg/Torp, Cultural Dimensions of International Mergers and Acquisitions, 1998.

Gut-Villa, Human Resource Management bei Mergers & Acquisitions, 1997, S. 123.

Collins/Porras, Visionary Companies – Visionen im Management, 1995.

Grant, The resource-based theory of competitive advantage: implications for strategy formulation‹, in: California Management Review, 1991, pp. 114–135.

Hall, Values Shift, 1995.

Haspelagh/Jemison, Akquisitionsmanagement, in: DB 1992.

Hermsen, Mergers & Acquisitions – Integrationsmanagement von Akquisitionsobjekten, 1994, S. 79, 81, 133.

Hofstede, Lokales Denken, Globales Handeln, 1997.

Hubbard, Acquisition – Strategy and Implementation, 1999, S. 14–16, S. 27, 48, 62, 136 ff.

Kearny, Integration nach Unternehmenskauf – Ihr Weg zur Post-Merger-Excellence, 1999.

Keller, Management in fremden Kulturen, 1982.

Kraillinger, M&A – Managing the Transition, 1997.

Leichsenring, Corporate Vulture – über den Umgang mit fremden Unternehmenskulturen; in: Wirtschaftswoche Nr. 25, 1999, S. 98.

Marks/Mirvis, Track the impact of mergers and acquisitions, in: Personnel Journal 4/1992, S. 70–92.

Perlmutter, The Tortous Evolution of the Multinational Corporation, in: Columbia Journal of World Business, Vol. 4, 1969, S. 9–18.

Pritchett, After the Merger, 1997, S. 91 ff.

Reichwald/Möslein/Sachenbacher/Englberger/Oldenburg, Telekooperation – Verteilte Arbeits- und Organisationsformen, 1998.

Rosenstiel, in: Gut-Villa, Human Resource Management bei Mergers & Acquisitions, 1997, S. 123.

Senge, The Leaders's New Work: Building Learning Organizations, in: Segal-Horn, S. (Hrsg.): The Strategy Reader, 1998, S. 296–311.

Scholz, Personalmanagement. Informationsorientierte und verhaltenstheoretische Grund-lagen, 1993.

Sewing, Akquisitionserfolg durch Integration der Mitarbeiter, 1996.

XIII. Interne und externe Kommunikation

1. Einführung

Im Rahmen von M&As werden Anforderungen an die Kommunikation gestellt, die mit insgesamt *sieben Grundfunktionen* dargestellt werden können. Nicht alle Grundfunktionen sind zwangsläufig auch in allen Fällen gefordert. Die Vergegenwärtigung und Priorisierung der im Folgenden beschriebenen Grundfunktionen bildet die erste Aufgabe der Kommunikationsplanung im Vorfeld eines M&A.

a) Kommunikation als stakeholder value

Die industrielle Logik von M&As ist in hohem Maße vom Shareholder-value-Gedanken geprägt. Durch Mergers oder Akquisitionen sollen Geschäftsfelder in ihrer Wettbewerbsfähigkeit mit dem Ziel verbessert werden, mittelfristig Werte zu heben, die eine konkurrenzfähige Kapitalverzinsung gewährleisten. Höhere Werte durch Fusionen entstehen beispielsweise durch eine Verbreiterung der Kundenbasis, durch einen erweiterten Zugang zu neuen Märkten, durch Vertriebsoptimierung, durch Bündelung von Ressourcen, durch Skaleneffekte und Synergieeffekte oder durch komplementäre Verknüpfung von Best-practise-Bereichen der Merger-Kandidaten zu neuen Prozessketten.

Die Stoßrichtung der Argumentation, die die Kommunikation bei M&As vorfindet, richtet sich so zwangsläufig auf einen höheren Benefit und eine höhere Akzeptanz bei Aktionären, Gesellschaftern und der financial community. Welchen Nutzen die Kunden und die Mitarbeiter der zu verschmelzenden Unternehmen von einer geplanten Fusion oder einer geplanten Integration eines Unternehmens in das andere haben könnten, ist im Vorfeld von M&As in der Regel allenfalls als vage Idee vorhanden. *Mehrwert für Kunden und Mitarbeiter ist naturgemäß nicht das Motiv für M&As.*

Die Unternehmenskommunikation (corporate communications) hat demgegenüber grundsätzlich die Aufgabe, die Leistung und den Nutzwert eines Unternehmens gegenüber allen seinen Stakeholdern zu dokumentieren und anschaulich zu machen (siehe Abb. 1).

Die ganzheitliche Betrachtung aller Bezugsgruppen eines Unternehmens wirft sofort einen Konflikt zwischen zielgruppenspezifischen Informationen und Botschaften für die vier Bezugsgruppen einerseits und eine konsistente, durchgängig plausible Story andererseits auf. So gehört es in der Regel zum Pflichtprogramm, für die financial community darzustellen, welche Synergieeffekte und damit Gewinnsteigerungen aus der Zusammenlegung von Querschnittsfunktionen oder der Reduktion von Standorten resultieren. Was auf der einen Seite Vertrauen in die Sinnhaftigkeit eines Investments oder gar Kursphantasie produziert, löst auf der Seite der Mitarbeiter Demotivation oder Frustration aus. Auch in den Ohren der Kunden würden die M&A-Konzepte, wie sie den Aufsichtsräten dann vorliegen, kaum nach einer verbesserten Wertschätzung klingen, sondern eher nach Marginalisierung oder Standardisierung ihrer persönlichen Kundenbeziehung. In

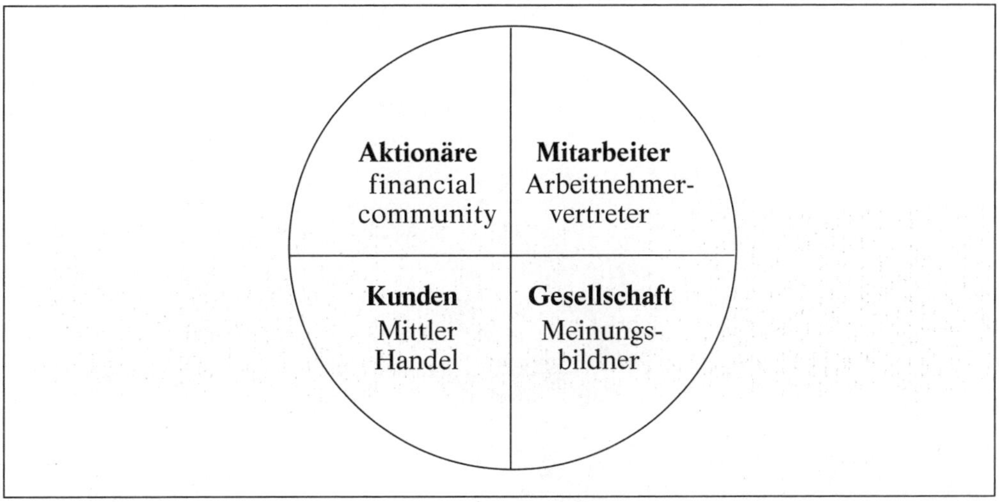

Abb. 1: stakeholder

Konsequenz der M&A-Logik müssten sie wohlwollend zur Kenntnis nehmen, dass die cost-income-ratio pro Kunde sich künftig verbessert und das Unternehmen beabsichtigt, Euro XY p. a. mit jedem Kunden zu verdienen. Bei dienstleistenden Unternehmen sind M&As häufig mit der Neudefinition und Standardisierung von Dienstleistungsprozessen verbunden, bei denen die Anzahl der zu betreuenden Kunden pro Berater erhöht oder die Vielfalt der Serviceleistungen reduziert wird. Auch bei produzierenden Unternehmen entstehen durch M&As, etwa durch Plattform-Strategien, Global-sourcing-Maßnahmen oder integrierte Logistik, Verluste an Nähe, an Kontinuität der Ansprechpartner oder an Tailor-made-Ansprüche bei den Kunden.

Die oben genannten Beispiele sollen verdeutlichen, dass die zwingend erste Aufgabe der Kommunikation im Falle von M&As nicht etwa in einer Übersetzungs- oder Transportleistung von Sachverhalten und Botschaften besteht, sondern in der Entwicklung einer *kommunikativen Logik* aus den gegebenen Eckpunkten der M&A-Motivation. Das Ziel dieser kommunikativen Logik ist es, im Rahmen einer Plausibilitätsprüfung festzustellen, welcher (gesteigerte oder geschrumpfte) Nutzwert für alle vier Bezugsgruppen durch den geplanten M&A gegeben ist und ob sich dieses Nutzwert-Portfolio vermitteln lässt. Akzeptanz und Sympathie für die Unternehmensstrategie und die Unternehmensperformance nach dem M&A sind intendierte Wirkungen der Kommunikation, die sich aus der Substanz der Nutzwerte herstellen lassen.

b) Kommunikation als Plausibilitätsprüfung

Die oben geschilderte Nutzwert-Analyse für alle vier Bezugsgruppen der beteiligten Unternehmen wird idealerweise in Form einer Swot-Analyse (**s**trength/**w**eaknesses/**o**pportunities/**t**hreats) durchgeführt, bei der für alle vier Bezugsgruppen unmittelbare Vor- und Nachteile sowie mittelbare Chancen und Gefahren aus dem geplanten M&A ermittelt werden. Die Kommunikationsberater haben sich hier jeweils in die Interessensposition der untersuchten Bezugsgruppe zu versetzen und deren Wahrnehmung und Kritikpotenzial in Worst-case- und Best-case-Szenarien zu schildern.

Dieser kommunikativen Analyse kommt so häufig die Funktion eines Belastungstestes oder einer Plausibilitätsprüfung für den geplanten M&A zu. Die Implikationen für die Mitarbeiter, die Kunden und die Gesellschaft, Volkswirtschaft bzw. die Meinungsbildner sind in der Regel im Rahmen der M&A-Planungs- und Entscheidungsphasen nicht konsequent durchdekliniert worden. Zu geringe Nutzwerte beispielsweise für Kunden würden im Rahmen einer reaktiven M&A-Implementierung zu einem späteren Zeitpunkt als Problem an das Marketing delegiert werden, das hierauf vermutlich mit gesteigerten Marketing-Investitionen oder dem Hilferuf nach Produkt- oder Service-Innovationen antworten würde. Führt man die Plausibilitätsprüfung vor dem announcement durch, kann entweder das Nutzwert-Portfolio innerhalb der vier Bezugsgruppen besser ausbalanciert oder können die gegensteuernden Maßnahmen als inhärenter Bestandteil der M&A-Strategie dargestellt werden.

Wer die Reichweite und Implikationen der M&A-Strategie für die Bezugsgruppen in der Phase des announcements nicht überschaut oder unklar lässt, läuft Gefahr, zu einem späteren Zeitpunkt und gegebenenfalls auf Hinweis aus diesen Bezugsgruppen nachbessern zu müssen oder gar eine Teilstrategie des M&A zu verändern. Dies müsste als kommunikativer Misserfolg gewertet werden, weil es kaum geräuschlos durchgeführt werden kann. Hingegen ist es ein erster und klarer kommunikativer Erfolg, zum Zeitpunkt des announcements die benefits des M&A für Aktionäre, Kunden und Mitarbeiter darstellen zu können, zumal die hohe Publizität und Außenwirkung, die das announcement mit sich bringt, in der Signalwirkung nach innen und auch gegenüber den Kunden zu Zwecken der richtigen kommunikativen Weichenstellung genutzt werden sollte. Ein wesentlicher erfolgskritischer Faktor bei M&As ist die optimale Nutzung des *Momentums*, also der Schumpeter'schen »kreativen Selbstzerstörung«, die enorme Kräfte in der Organisation und gegenüber dem Markt freisetzen kann. Es ist Aufgabe der Kommunikation, dieses Momentum vom announcement bis zum endgültigen Abschluss der Post-merger-Integration aufrechtzuerhalten. Jeder Abriss im Nutzwertversprechen geht auf Kosten des Momentums. Eine kommunikative Plausibilitätsprüfung sollte deshalb unbedingt in der Pre-merger-Phase durchgeführt werden.

c) Kommunikation als Treiber

Mit dem Blick auf den stakeholder value und die Plausibilitätsprüfung der Nutzwerte für alle Bezugsgruppen ist eine wichtigte Grundfunktion der corporate communications beschrieben, nämlich für Kohärenz zu sorgen – und zwar unabhängig von der späteren Segmentierung und Ausgestaltung von Inhalten und Botschaften je nach Zielgruppen. Das strategische Programm eines Unternehmens und damit auch seine Zukunftsvision sind zunächst einmal unteilbar. Als unteilbares Ganzes muss diese Strategie auch allen Bezugsgruppen vermittelbar sein. Neben diese Kohärenz-Funktion tritt insbesondere auch bei M&As die Funktion der Unternehmenskommunikation als »Treiber«. Treiber heißt, den Durchsatz der Projekte, beispielsweise der Integration-Teams, innerhalb der definierten Zeiträume zu gewährleisten und eine Organisation auf ein prozessuales Denken umzustellen. Die treibenden Kräfte der Kommunikation sind natürlich im Zusammenhang mit den ziehenden Kräften zu sehen, die im Rahmen des stakeholder value und der Plausibilitätsprüfung ermittelt worden sind. Die Mitarbeiter werden »gezogen« und »angezogen« durch die Plausibilität der gesamten Story, durch die ermittelten Nutzwerte für die Bezugsgruppe der Mitarbeiter (Migrationsmöglichkeiten im Konzern, internationaler Horizont, Karriereperspektiven, Kontext Wettbewerbsfähigkeit und Arbeitsplatzsicherheit), durch die positive Kraft der Unternehmensvision und das Momentum im change management. Wo Schnelligkeit erwünscht ist, und dies ist bei M&A eigentlich immer der Fall, verlässt man sich aber tunlichst nicht allein auf die ziehenden Kräfte, sondern setzt zusätzlich treibende Kräfte ein. Im Einzelnen müssen folgende »treibende« Kommunikationsschritte nach innen erfolgen:

Information:	Prozesstaktung Post-Merger-Integration
Information:	die Milestones im Prozess, Kriterien für die Messung der Planerfüllung
Argumentation:	warum diese Milestones, warum diese Kriterien
Argumentation:	Bedeutung des Zeitfaktors für den M&A-Erfolg
Motivation:	Incentivierung der Planerfüllung
Involvement:	Prozess Tracking, zeitnahe Nachvollziehbarkeit der abgearbeiteten und noch abzuarbeitenden Prozessschritte für alle betroffenen Mitarbeiter
Involvement:	spielerische Begleitung, Infotainment

Abb. 2: Kommunikative Treiber in sieben Schritten

Empirische Vergleiche aus M&A-Projekten der European Communications Consultants zeigen, dass kommunikative Treiber nicht allein zu einer Beschleunigung der Prozesse beitragen, sondern vor allem Orientierung stiften über die Stoßrichtung der Veränderung und die jeweilige Ist- und Soll-Position. Vor allem für das mittlere Management und die Mitarbeiter insgesamt sind diese explikativen Leistungen von hohem Wert, sie steigern die Identifikation mit den formulierten Zielen und entlasten das Top-Management von für sie redundanten Erklärungen und dem ständigen Beantworten von Verständnis- und Sinnfragen. Allerdings sollte es sich bei den Prozess-Trackings, wie bei allen Maßnahmen der internen Kommunikation, nicht um eine reine »Bringschuld« der Unternehmensleitung im Sinne einer Top-down-Information handeln, sondern ebenso um eine »Holschuld« der engagierten Mitarbeiter. Es kommt weniger darauf an, alle wesentlichen Informationen und Einbindungsmaßnahmen regelmäßig an alle zu distribuieren, sondern vielmehr auf Zugangs- und Partizipationsmöglichkeiten. Über Intranets und Extranets, Call Center und offene Veranstaltungen kann man nicht nur Zugangs- und Partizipationsmöglichkeiten offerieren, sondern auch messen, wer sie wie häufig nutzt.

Unabhängig von der Integrationsaufgabe und den darin definierten Teilprojekten ist die Funktion der Kommunikation als Treiber für eine Vielzahl anderer strategischer Unternehmensprojekte unerlässlich. Beispielsweise die Einführung von »balanced score cards« oder anderen Benchmark- und Kontrollsystemen ist ohne die klärende und stimulierende Wirkung der kommunikativen Treiber schlichtweg unmöglich.

d) Kommunikation als Zentripetalkraft

Die Funktion von Kommunikation als Zentripetalkraft ist sicherlich bereits seit den frühen 80er-Jahren gelernt und wird von den meisten Unternehmen im Rahmen von Corporate-identity- oder Corporate-culture-Programmen eingesetzt. Ohne Frage sind aber die Zentrifugalkräfte in den letzten Jahren auch stärker geworden. Dezentralisierungs- und Globalisierungsprozesse, schnelles Wachstum, rasche Veränderungen im Portfolio der Unternehmen, das Wegfallen »alter« Geschäftsbereiche und das Entstehen von »neuen« Geschäftsbereichen, die Segmentierung von ehemaligen Produktionsgruppen, Werken, Geschäftsbereichen zu neuen profit center, die Vernichtung von Traditionen und traditionellen seit Jahrzehnten gelernten Unternehmensnamen sowie die Etablierung von neuen, zumeist synthetischen, häufig computergenerierten Namen – dies alles sind Faktoren, die den gemeinsamen Nenner eines Unternehmens auseinander reißen und die soziokulturellen Bindungskräfte diffundieren lassen. Je stärker die Zentrifugalkräfte wirken, desto mehr muss man mit kommunikativen Zentripetalkräften gegensteuern. Dazu reicht es bei weitem nicht aus, alle Mitarbeiter mit einem Logo zu versorgen oder »Leitbilder« zu entwerfen, die über die Hauspost verteilt werden und anschließend in den Schubladen landen. Gerade bei M&As, erst recht bei binationalen M&As, sind kulturelle Identitäten ja nicht bloß gefährdet, sondern teilweise bewusst zur Revision freigegeben. Der Aktionismus, der im Umfeld von M&As streckenweise sehr leichtfertig neue Identitätskonten eröffnet und alte schließt, lässt eine Reflexion auf erwünschte »Heimatbegriffe« der Mitarbeiter viel zu häufig vermissen.

Grundsätzlich ist zu überprüfen, wie viele und welche Identitätskonten im Konzern überhaupt möglich und durchsetzbar sind.

Die Identitätsangebote mehrstufiger Unternehmen sind häufig nicht koordiniert. Mitarbeiter erhalten Briefe, Mitarbeitermagazine, Einladungen zu Veranstaltungen oder Anschluss an Intranets, corporate missions und Leitbilder sowohl des Konzerns (bzw. der Dachmarke) wie auch der Spartengesellschaften oder ihres Mikrokosmos GmbH bzw. Profitcenter. Die Anstrengung der Synthese, diese unterschiedlichen Identitätsangebote zu versöhnen, bleibt in der Regel die Aufgabe des Mitarbeiters selbst. Solches »identity shopping« führt fast immer zu höchst unterschiedlichen Zugehörigkeitskonzepten. Vor allem langjährige Mitarbeiter knüpfen ihr Zugehörigkeitsgefühl gerne an Standorte, jüngst dazugestoßene Mitarbeiter orientieren sich am Denken nach Divisionen.

Bei M&As treten eine Fülle von Ängsten und gelernte Ablehnungsmuster hinzu. Es ist nicht leicht, einen ehemaligen Wettbewerber plötzlich als Verbündeten zu sehen. Der Entwurf von Corporate-Identity-Konzepten am grünen Tisch führt daher kaum zu erwünschten Ergebnissen. Wer kulturellen Zusammenhalt und Identifikation mit dem Unternehmen für einen wichtigen Faktor im Wettbewerb hält, ist gut beraten, bereits die Entwicklung partizipativ und als Prozess anzulegen. Eine gute Denkfigur für identitätsstiftende Konzepte ist die »Flotte«, die als Verband unter Führung eines Flaggschiffes gemeinsame Operationen durchführt, dennoch für jedes einzelne Schiff eine klar abgrenzbare Aufgabenorientierung formulieren kann.

e) Kommunikation als Themengenerator

»Wenn das Unternehmen wüsste, was das Unternehmen weiß« ist ein beliebtes Bonmot, um die Potenziale verborgener und ungehobener Kompetenzen zu illustrieren. Gerade im Falle von M&As kommt dem Wissensmanagement als Positionierungsgrundlage eine entscheidende Bedeutung zu. Selbst wenn M&As die Kernkompetenzen des Unternehmens nicht grundlegend verändern, so werden sie doch zumeist tiefer vertikalisiert oder in ihrer Reichweite ausgedehnt. Nach der Diversifikationsperiode der siebziger und achtziger Jahre dominieren heute Re-Fokussierungs- oder Fokussierungskonzepte, die eine Massierung von Volumen und entsprechenden Kernkompetenzen in präferierten Geschäftsfeldern anstreben. Innerhalb der industriellen Logik des M&A sind die definierten Kerngeschäftsfelder immer auch *Themenfelder*.

Zwei Beispiele seien hier genannt: Das Themenfeld life sciences ist Auslöser einer ganzen Reihe von M&As im Bereich der Chemieunternehmen gewesen. Der Begriff bildet den Versuch, die Aktivitäten im klassischen health care und Pharmasektor mit den Aktivitäten im Agrar- und Veterinär-Sektor zu einem ganzheitlichen Fokus und Geschäftsverständnis zu versöhnen. Aus einer Fülle von Gründen, die in der Forschung beginnen und im Vertrieb enden, erschien es den Chemieunternehmen sinnvoll, sich künftig nicht mehr als Zwei-Säulen-Modell mit zwei Sparten zu präsentieren, sondern zumindest einen einheitlichen Grundgedanken über das ehemals getrennte Geschäftsfeldverständnis zu stellen. Life sciences ist jedoch zunächst kein Markt, sondern vielmehr eine abstrakte Idee, die sich auf dem Wege über eine self-fullfilling prophecy ihren Markt erst schaffen muss. Positionierungssubstanz entsteht in dem Maße, in dem die Idee »life sciences« thematisch mit Leben gefüllt wird. Ein anderes Beispiel sind die Überlegungen oder bereits beschlossenen Pläne der Energieunternehmen, sich künftig als utilities oder Grundversorger zu fokussieren. Gerade die Energieunternehmen haben über Jahrzehnte eine Diversifikationsstrategie verfolgt und ordnen nun einen Teil ihrer Geschäfte dem neuen Grundgedanken unter, integrierter Versorger mit Strom, Gas, Wasser zu werden. Streckenweise werden die ehedem völlig getrennten Geschäfte mit Strom oder Gas einem neuen, nur vermeintlich anschaulichen und in Wahrheit abstrakten Oberbegriff, der Wärme, untergeordnet. Die industrielle Logik schreibt in beiden Fällen vor, dass Fokussierung einer Streuung vorzuziehen sei und an der Börse mit höheren multiples honoriert werde. Um den unternehmerischen Rückbau mit rechenbaren Vorteilen für den shareholder value zu gestalten, müssen die organisatorischen Strukturen und Geschäftssysteme auf den Gedanken der Fokussierung bezogen werden.

In beiden Fällen ist aus der industriellen Logik eine nicht wirklich neue, aber neu gesehene Kernkompetenz entstanden. Es gibt keine Nachfrage nach »life sciences« oder »utilities«, die Kunden wollen (zumindest vorerst) entweder Kopfschmerztabletten oder Pflanzenschutzmittel kaufen, selten beides zusammen. Auch die Idee, Strom, Gas, Wasser und vielleicht noch die Abfallentsorgung im Paket bei einem Dienstleister zu kaufen, wird nur in dem Maße auf fruchtbaren Boden fallen, wie man thematisch zusammenwachsen lässt, was zusammengehören soll.

Die Kommunikation und innerhalb der Kommunikation insbesondere der Journalismus müssen hier ansetzen und aus Ideen Geschichten schreiben. Dazu ist zunächst eine Fülle von handwerklichen Schritten erforderlich: konzerninterne Recherchen, welches »Denken«, welche Studien, welche Daten zum neu erkorenen Themengebiet vorliegen;

externe Recherchen, welche Veröffentlichungen zum Themengebiet oder zu affinen Themengebieten vorliegen, welche Universitäten, Institute, »Vordenker« oder Wettbewerber sich geäußert haben; retrospektive Medienanalysen, eigene demoskopische Studien. In einem zweiten Schritt sollten unterschiedliche Abteilungen aus den beiden gemergten Unternehmen zusammengeführt werden, um möglichst viel »Fleisch« an den »Knochen« zu bringen. In einem dritten Schritt kann die gewonnene Positionierungssubstanz dann extrapoliert und zu einer *Themenkarriere* entwickelt werden.

Der systematische Umgang der Kommunikation mit dem *Thema* fördert hierbei die Auseinandersetzung mit dem *Geschäftsfeld.* Neue Tendenzen, bisher nicht beachtete Aspekte, interessante Anwendungsbeispiele oder Kulminationspunkte des öffentlichen Interesses an diesem Thema werden zu Tage gefördert und vergrößern durch diesen input auch den output. Kommunikation hat so die Funktion, Themen zu generieren, bei denen Meinungsführerschaft oder zumindest eine gewichtige Rolle im share of voice möglich sind. Gleichzeitig entfaltet sie aus der neu definierten Kompetenz des Unternehmens eine erlebbare Interpretationsmacht, die aus einsamen Begriffen auf einem Strategiechart interessante Geschichten machen kann und den Grundstein legt für eine Auseinandersetzung mit der neuen Geschäftsorientierung.

f) Kommunikation als Mehrwert

Jedes Unternehmen muss, so hatten wir unter 1a) festgestellt, Nutzwerte gegenüber seinen stakeholdern vermitteln und argumentieren. Kommunikation ist das Medium, in dem dies geschieht. Kommunikation ist aber gleichzeitig auch ein Lieferant von Informationen, die als vierter Produktionsfaktor gelten und in der Wertschätzung der *Informations- und Wissensgesellschaft* beständig steigen. Die Verfügbarmachung, Bereitstellung und Aufbereitung von Informationen über Themen, Branchen, Märkte, Zielgruppen, Verbraucher, Trends ist folglich eine Leistung, die nicht allein das Unternehmen als Wissenden und Absender dieser Informationen profiliert, sondern es ist auch eine Leistung in sich, sofern die Qualität der Informationen oder der Komfort des Zugangs und der Selektionsmöglichkeit für die empfangende Zielgruppe einen Wert darstellen.

Alle im engeren Sinne nicht unternehmensspezifischen Informationen, die ein Unternehmen verbreitet oder zugänglich macht, stellen insofern einen kommunikativen Mehrwert dar, der die Produkte und Services des Unternehmens um einen Informationsservice ergänzt. Diese Einsicht ist selbstredend nicht neu und wurde in der Vergangenheit gerade von solchen Unternehmen, die von differenzierungsschwachen Produkten leben, zum Anlass genommen, Mehrwerterlebnisse für ihre Kunden (oder Geschäftspartner/oder die Gesellschaft insgesamt) zu ermöglichen. Ein prominentes Beispiel ist das BAT Freizeitforschungsinstitut, das seit vielen Jahren Studien über das Freizeitverhalten der Deutschen durchführt und publiziert. Der Mehrwert entsteht hier für die Gesellschaft insgesamt. Ratgeber oder Orientierungshilfen bilden einen Mehrwert für Kunden und potenzielle Kunden, Marktinformationen oder Branchendienste stiften Mehrwert entweder für die Mittler und Handelspartner oder für die Journalisten und Meinungsbildner.

Bei M&As sind vorhandene Mehrwert-Funktionen zu überprüfen und mit der Soll-Positionierung der NewCo sowie ihrer Zielgruppenorientierung abzugleichen. In der Regel entstehen durch M&As in mindestens einem Geschäfsfeld TOP 3 Marktpositionen im globalen Vergleich. Hier bietet es sich an, die hohe Marktkenntnis und Interpretationsfähigkeit, die Marktpräsenz und den Marktgestaltungsanspruch des Unternehmens durch Informations-Mehrwerte zu hinterlegen, die sich vornehmlich an die business community und die Meinungsbildner richten.

g) Kommunikation als Differenzierung

Jeder M&A ist ein harter Schlag für die Theorie der Differenzierung, weil er vorführt, dass am Ende des Tages andere Dinge wichtiger sind als die (kommunikative) Unterscheidbarkeit von zwei Unternehmen oder Marken. Mit einem Schlag werden durch den M&A Differenzierungen nivelliert oder gar niedergerissen, die vorher vielleicht in Jahrzehnten mühevoll aufgebaut worden waren. Das, was früher »das Andere« war, gegenüber dem man sich abzusetzen und zu unterscheiden hatte, ist nun »das Gleiche«. Differenzierungsbeschwörungen wirken vor diesem Hintergrund leicht unglaubwürdig, sie erinnern an Lippenbekenntnisse, die schnell nichts mehr wert sind, wenn es um Geld geht. Mergen heißt zunächst »unterschiedslos machen« und ist insofern das Gegenteil von Differenzierung.

Erschwerend kommt hinzu, dass die alten Namen aus politischen Gründen nur selten noch fortgeführt werden, dass neue Namen auftreten, die so wenig bedeuten wie nackte Projektionsflächen und deshalb von der Mühe der Differenzierung noch weit entfernt sind. M&A-Kandidaten stehen zunächst vor der Aufgabe, klarzustellen, dass ihre Unternehmen oder Teilbereiche ihrer Unternehmen überhaupt eine Form haben, die Ausdruck des neuen Inhalts ist. Dabei gilt es sogleich, eine mathematische Unmöglichkeit zu vermitteln, nämlich dass einerseits $A + B = C$, andererseits aber auch $C > A + B$ im Sinne von »mehr wert« ist.

Der Stellenwert von Differenzierungsstrategien wächst mit der Reife von Unternehmen und der Differenzierungsschwäche ihrer Produkte und Services. M&A-Kandidaten sind aber nach dem Merger ein sehr junges Unternehmen, außerdem hat dieses Unternehmen durch den Merger neues Differenzierungspotenzial erobert, zum Beispiel Kostenvorteile, die an die Kunden weitergegeben werden können, einen verbesserten global reach, der sich begünstigend auf den Service auswirkt, oder stärkere Forschungsressourcen, die für Produktinnovationen sorgen werden. Dementsprechend gering ist zunächst der Stellenwert von Differenzierung gegenüber Wettbewerbern in der Kommunikation.

Generell gilt, dass Kommunikation in der Rolle des Differenzierers augenscheinlich die Funktion eines Lückenbüßers übernehmen muss, weil durch Bilder Unterschiede vorgetäuscht werden, die in der Produktrealität nicht begründet sind. Dies ist im Bereich der fast moving consumer goods normal und unvermeidlich, verweist aber immer auch darauf, dass es kein überlegenes Geschäftskonzept gibt. Im Bereich der Business-to-business-Kommunikation oder gegenüber Meinungsbildnern spielt Differenzierung qua Kommunikation ohnehin eine geringere Rolle. Wer die Funktionen »Kommunikation als stakeholder value« und »Kommunikation als Themengenerator« konsequent ausübt, erreicht über die Profilierung auch automatisch Differenzierung, allerdings als Folgeerscheinung einer autonomen Themenpolitik. Differenzierungsstrategien, die beim Wettbewerb ansetzen, haben immer nur extrapolierenden Wert und schaffen keine Quantensprünge.

2. Kommunikationsmanagement

a) Führung

Die Frage der Führung von Kommunikation ist mit Blick auf die herrschenden Praktiken in den Unternehmen nicht standardisiert zu beantworten. Überraschenderweise unterscheiden sich die Organigramme der Kommunikationsabteilungen auch solcher Unternehmen sehr stark, die hinsichtlich ihrer Größe, ihrer Internationalität oder ihrer Branchenzugehörigkeit vergleichbar sind. Während in eigentlich allen anderen Unternehmensbereichen aufgrund von reengineering, best practice und benchmarking spätestens seit den 1980er-Jahren organisatorische Optimierungsprozesse in Gang gesetzt wurden, die im globalen Vergleich zu einer höheren *Ähnlichkeit* der Strukturen geführt haben, sind die Kommunikationsabteilungen ungehindert organisch und je individuell gewachsen. Die Unternehmen ordnen ihre Verantwortlichkeiten und Führungsaufgaben in der Kommunikation teilweise nach Kommunikationsdisziplinen (Werbung, public relations, sponsoring, sales promotion, direct marketing, online relations, event marketing), teilweise nach Zielgruppen (financial community, Endverbraucher, Handel, Meinungsbildner, Journalisten) oder auch nach schwer abgrenzbaren Ordnungsbegriffen wie investor relations, corporate communications, public relations, public affairs, Umwelt & Gesellschaft, Kultur & Gesellschaft, marketing, marketing services oder brand management. Die traditionelle Abstinenz gegenüber Veränderungsprozessen in den Kommunikationsabteilungen führt häufig zu »Sonderkulturen« und mangelnder Transparenz. Die Schwierigkeiten beginnen beim Vergleich von zwei Kommunikationsabteilungen im Falle eines geplanten Mergers: Organigramme liegen nicht immer vor; gleiche Funktionsbezeichnungen meinen nicht immer dasselbe; Jobprofile existieren nur selten. Organisatorische Grundsatzentscheidungen wie beispielsweise die Trennung von marketing communications und corporate communications sind häufig zum letzten Mal vor 20 Jahren getroffen worden, auf neue Entwicklungen wurde durch »Anbau« reagiert. Jüngere Aufgabenbereiche der Kommunikation wie Multimedia, Evaluation oder online/interactive finden sich höchst unterschiedlich »angedockt« wieder.

Die Fülle der organisatorischen Unklarheiten und Abgrenzungsschwierigkeiten setzt sich fort in der Führungsfrage. Disziplinarische Führung und fachliche Führung liegen häufig in verschiedenen Händen, viele Mitarbeiter berichten an mehrere Führungskräfte. Traditionell sind auch verschiedene Vorstände involviert. Die interne Kommunikation beispielsweise ist manchmal beim Vorstandsvorsitzenden angebunden, häufig aber auch beim Personalvorstand. Schon an der Frage, was eigentlich der Kommunikation zuzurechnen ist, scheiden sich die Geister. Gehört zum Beispiel eine Stiftung, die vor Jahren ins Leben gerufen wurde, dazu? Ist die Förderung des ortsansässigen Tennisclubs Teil des Repräsentationsetats des CEOs oder Kommunikation? Dementsprechend chaotisch verlaufen auch die Budgetierungsprozesse. Nur wenige Kommunikationschefs können die Frage beantworten, wie viel Geld sie jährlich für Kommunikation ausgeben. Erst recht nicht beantworten können sie die Frage, wie viel Geld sie am 1. Januar eines jeden Jahres aufgrund von gebundenen Budgets bereits ausgegeben haben.

Die hier angesprochenen Definitionsprobleme wachsen sich bei M&As immer dann zu unüberschaubaren und nicht mehr beherrschbaren Konglomeraten aus, wenn beide

Unternehmen über große Kommunikationsabteilungen verfügen, d.h. zusammen mehr als cirka 80 Personen auf die Waage bringen. Gleichzeitig entwickelt sich mit der M&A-Information nach innen ein offenbar naturgegebener *beauty contest* zwischen den Kommunikationsabteilungen beider Häuser, die nicht selten ein sofortiges Wettrüsten mit Sonderbudgets, Agenturen und Maßnahmen beginnen. Aus Gründen des politischen Proporzes werden die Positionen der NewCo dann gerne doppelt besetzt oder aber – noch schlimmer – Phantasiefunktionen kreiert, die sich auf Dauer als »Lähmschicht« in den Unternehmen festsetzen.

Aus all diesen Gründen resultiert eine klare Empfehlung für die Organisation und Führung der Kommunikation bei M&A: das Prinzip »Grüne Wiese«. Wie in der Abbildung 3 beschrieben, etabliert man idealerweise eine task force, die den Veränderungsprozess treibt und durchführt und aus der dann nach dem Abschluss der Integrationsperiode eine neue Kommunikationsabteilung hervorgeht. Dieses Vorgehen bietet nur Vorteile. Die neue Kommunikationsabteilung kann in ihren Strukturen und Funktionen aufgabenorientiert definiert werden und nutzt die Gunst der Stunde, um sich aller Altlasten zu entledigen. Die task force operiert prozessorientiert statt strukturorientiert und braucht keine Rücksicht auf komplizierte Berichtswege zu nehmen. Sie bringt ihre Projekte schnell auf die Straße. Schließlich gibt man der NewCo mit einem Streich Stimme und Gesicht in der Kommunikation und beendet die Rivalitäten der beiden Abteilungen, noch bevor sie begonnen haben.

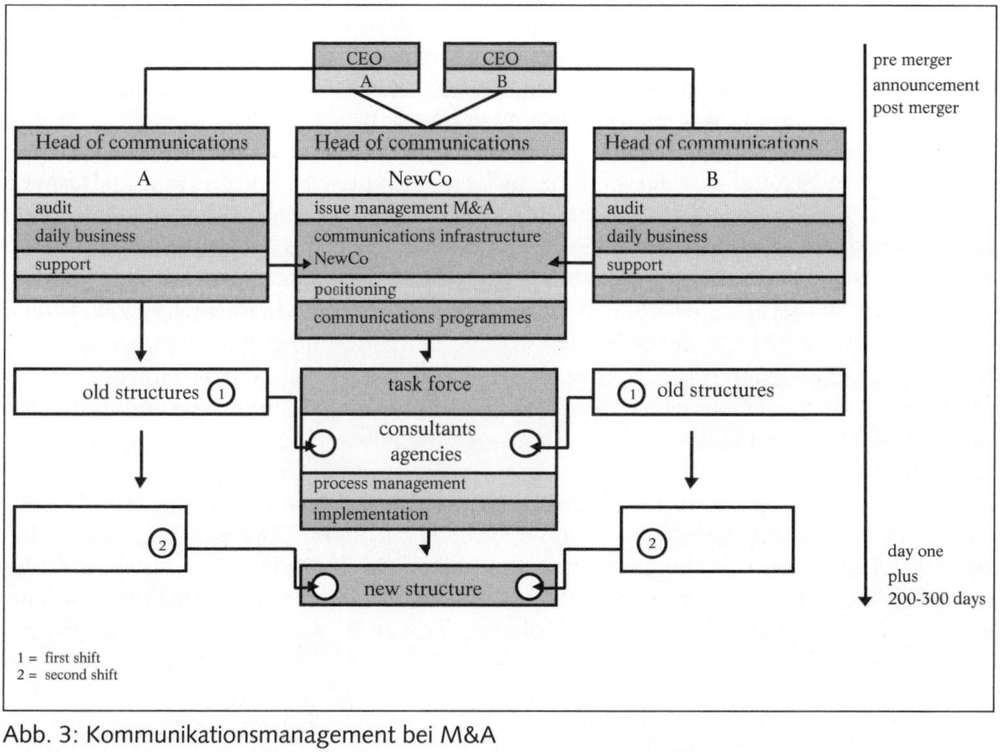

Abb. 3: Kommunikationsmanagement bei M&A

b) task force

Eine task force (für die Kommunikation) ist das einzig sinnvolle Instrument zur Planung und Umsetzung von Kommunikationsaufgaben bei M&As. Die task force bildet die Schnittstelle zur Unternehmensleitung, zu den involvierten Investmentbankern, Unternehmensberatern, Wirtschaftsprüfern und Anwälten sowie zu den vorhandenen Ressourcen in den beiden Häusern. Die Führung der task force ist an eine Person zu übergeben, die gleichzeitig der designierte Kommunikationschef der NewCo sein sollte. Aus den Kommunikationsabteilungen beider M&A-Unternehmen können einzelne Mitarbeiter herausgezogen werden, die sofort und zu 100 % für die task force tätig sind. Die Übernahme in die task force muss als Auszeichnung verstanden werden. Erfahrene consultants aus Beratungsunternehmen für Kommunikation oder aus Agenturen ergänzen die task force. Es kommen nur solche consultants in Frage, die Erfahrungen mit M&As vorweisen können. Außerdem ist auch bei den externen Mitarbeitern der task force sicherzustellen, dass sie während der Prozessdauer von anderen Aufgaben freigestellt sind und der task force zu 100 % zur Verfügung stehen. Je nach Komplexität der Aufgabe und Anzahl der beteiligten Länder sollte die task force aus sechs bis zwölf Personen im Startszenario bestehen. Sie delegiert Projektaufgaben zu einem Teil an Teams aus den beiden Unternehmen innerhalb der »alten« Strukturen. Ein größerer Teil wird aus Gründen der Vertraulichkeit und vor allem der Schnelligkeit in der Anfangsphase an externe Teams zu delegieren sein. Deshalb ist es ratsam, zwei principals oder senior consultants externer Beratungsunternehmen in die task force zu integrieren, die aus der task force heraus Ressourcen ihres regulären Apparates steuern können. Mit Beginn der Post-Merger-Phase können Aufgaben sukzessive wieder »ingesourct« werden. Die Geschwindigkeit dieses Insourcing ist abhängig von der Verlagerung der Ressourcen aus den »alten« Strukturen in die task force bzw. in die hieraus entstehenden »neuen« Strukturen. Die Intensität des Insourcing ist eine betriebswirtschaftliche und politische Frage, die grundsätzlich entschieden werden muss (siehe dazu unter 2. g). Selbstverständlich haben alle eigenen Mitarbeiter sowie auch die externen Mitarbeiter spezifische Vertraulichkeitserklärungen zu unterschreiben. Die *standard operation guidelines, code of conducts, technologischen Sicherheitsstandards und Vertraulichkeitsgarantien* der beratenden und dienstleistenden Unternehmen müssen überprüft werden.

c) audit

Der Planung künftiger Strukturen und Aktivitäten sollte eine gründliche Analyse der Ist-Situation in beiden Unternehmen vorausgehen. Zu diesem Zweck führt man in den zu verschmelzenden Unternehmen ein communications audit durch. Es erhebt mit Methoden des desk top research und durch Interviews mit Mitarbeitern der Kommunikationsabteilungen sowie des Controllings folgende Fragen:

Ressourcen:	Organigramm der Kommunikationsabteilung/Funktionen
Ressourcen:	Berater, Agenturen, Dienstleister (Verträge & Agreements)
Ressourcen:	Daten, Verteilerstruktur, Kontakte, Kooperationspartner
Methoden:	Planungszyklen, Zielorientierung, Marktforschung, Evaluation
Werte:	Mission Statements, Leitbilder, CI/CD-Handbücher, Guidelines
Pflichten:	definierte Servicefunktionen
Pflichten:	eingegangene comittments, erteilte Aufträge, Buchungen
Resonanz:	Daten gestützte/ungestützte Markenbekanntheit, Markenattribute, quantitative/qualitative Medienresonanz, Kundenzufriedenheit, Akzeptanzdaten Zielgruppen, Awards, Ranking-Positionen Image-Barometer
Budget:	Struktur, gebundene/ungebundene Budgets
Routinen:	durchlaufende Maßnahmen
Output:	Publikationen, Websites, Kampagnen, Magazine etc.

Abb. 4: communications

Beide ineinander gelegte audits ergeben dann ein vollständiges Bild zu den Stärken und Schwächen, zu Restrukturierungsansätzen und Schnittstellen, zu vorhandenen Zielgruppenbindungen sowie zu Planungsgrundlagen und bereits mittelfristig terminierten Aufgaben. Die audits helfen zudem, die eigenen Zielvorstellungen und Aktivitäten für die Kollegen der jeweils anderen Kommunikationsabteilungen transparent zu machen. Güterabwägungen, welche Leistungen und Services künftig auf welcher technischen Plattform oder mit welchen Systemen erbracht werden, fallen leichter, weil die beiden audits die Grundlagen und performance der beiden Abteilungen vergleichbar machen.

d) Management-Informations-Systeme

Management-Informations-Systeme für die Mitarbeiter der Kommunikationsabteilungen und die Führungskräfte insgesamt sind gerade bei dezentralen, multinational operierenden Unternehmen von entscheidender Bedeutung, um sowohl den Informationsstand der Zentrale über die Aktivitäten in der Fläche wie auch die Information aller dezentralen Mitarbeiter in der Kommunikation sicherzustellen. Die technische Basis für diese Systeme ist mittlerweile über Intranets oder Extranets in idealer Form gegeben. Allerdings ist die Qualität in hohem Maße abhängig von der Art der zentral wie dezentral eingepflegten Daten sowie von der Homogenität der Reporting-Ebenen.

monitoring
- Erfolgen Medienbeobachtung, trackings, webwatch in allen Ländern nach den gleichen Prinzipien und werden sie in einheitlichen Reporting-Formaten dokumentiert?
- Wer stellt die reportings in welcher Frequenz in Datenbanken ein oder distribuiert sie?
- Gibt es dezentrale Zugriffsmöglichkeiten?
- Können issues zeitnah und international erhoben werden, gibt es tagesaktuelle quick reports oder Pressespiegel?
- Sind die Stichwörter für die Kodierung der Medienbeobachtung standardisiert, können aktuelle Stichwörter schnell in die Monitoring-Routine integriert werden?
- Ist die Frequenz der reportings akzeptabel?
- Gibt es retrospektive Suchfunktionen und Dokumentationsmöglichkeiten, zum Beispiel elektronische Pressearchive?
- Passen die gestellten Fragen zu den definierten Zielen und benchmarks?
- Wie ist das *Nutzungsverhalten* bei den Kommunikationsleuten im Unternehmen?
- Werden die Monitoring-Daten zu Planungszwecken eingesetzt?
- Sind die learnings zufriedenstellend?

controlling
- Gibt es Projektdatenbanken oder Budgetsteuerungstools?
- Wie zeitnah sind abgeflossene und offene Budgets dokumentierbar?
- Erfolgen die Statusreports der einzelnen Abteilungen nach einheitlichen Prinzipien?
- Erfolgt der Transfer von Informationen ausschließlich zu Zwecken der Bottom-up-Information oder profitieren beispielsweise einzelne Länder auch bilateral von den Daten anderer Länder?
- Helfen die reportings, den taktischen Mitteleinsatz zu optimieren und Budgetverschiebungen nach dem Bedarf aktueller Anforderungen zu organisieren?
- Wie sind die Entscheidungsprozesse zwischen Fachabteilungen und Einkauf geregelt?
- Ist die Anzahl der Budgetentscheider richtig definiert?
- Funktioniert die Budgetplanung als strategisches Steuerungsinstrument oder als nachlaufende Anpassung an bereits getroffene Programmentscheidungen?

Planung
- Werden die geplanten Projekte, Termine, Kampagnen ex ante dokumentiert?
- Ist es möglich, sich einen Überblick über sämtliche Kommunikationsaktivitäten des Konzerns innerhalb einer Kalenderwoche zu verschaffen?
- Sind die Inhalte von Kommunikationsmitteln, zum Beispiel Texte, vor Veröffentlichung für alle Mitarbeiter der Kommunikationsabteilung zugänglich?
- Werden Inhalte länderübergreifend genutzt oder aufgabenteilig produziert?
- Wer pflegt und ediert die Planungsdaten, wer hat Revisionsmöglichkeiten?
- Wie zeitnah erfolgt die Aktualisierung?
- Wieviel Zeit bindet die Pflege der Planungsdaten, stehen Aufwand und Nutzen in einer vernünftigen Relation?

Dokumentation

- Gibt es Datenbanken oder gesammelte Informationen zu bevorzugten Dienstleistern, Autoren, Ghostwritern, Künstlern, Referenten, locations?
- Sind die produzierten Kommunikationsmittel und Kampagnen dokumentiert und retrospektiv abrufbar?
- Können einzelne Abteilungen oder einzelne Länder vom Know-how oder bereits geleisteter Arbeit aus früheren Tagen profitieren?
- Sind Best-practise-Prozesse beschrieben und dokumentiert, sodass vergleichbare Projekte von vornherein optimal strukturiert werden können?
- Gibt es abrufbare Checklisten?
- Sind die Evaluationsdaten oder Erfolgskontrollen aus retrospektiven Aktivitäten abrufbar, können Erfahrungen aus Erfolgen und Misserfolgen für die künftige Maßnahmenplanung genutzt werden?
- Sind die Daten sinnvoll organisiert und verstichwortet, sind gewünschte Informationen schnell und leicht erhältlich?

agenda setting

- Können aktuelle Informationen der Unternehmensentwicklung schnell distribuiert werden?
- Gibt es Zugriffsmöglichkeiten auf Basis-Materialien, zum Beispiel Vorstandsreden, Positionierungsgrundlagen, Leitbilder, Themenrecherchen, Schlüsselbotschaften?
- Wird die inhaltliche Orientierung der Kommunikationsverantwortlichen zentral gesteuert?
- Wie schnell folgt die Kommunikation der Unternehmensstrategie?
- Erreichen wichtige Informationen die Mitarbeiter der Kommunikationsabteilungen vor den anderen Mitarbeitern, werden sie ausreichend qualifiziert, um interne wie externe Fragen zu beantworten?
- Werden Questions & Answer-Papiere zu Schlüsselthemen distribuiert?
- Kann die Kommunikation von aktuellen key issues schnell und zeitgleich international organisiert werden?

Bei M&A ist der Durchsatz von Informationen und die Frequenz von jeweils neuen und veränderten Informationen traditionell hoch. Um eine konsistente und widerspruchsfreie Informationspolitik konzernweit zu garantieren, sind die Mitarbeiter der Kommunikationsabteilungen vorzüglich einzubinden und als Multiplikatoren zu nutzen. Sie gehören neben den Personalabteilungen im Falle von Veränderungen zu den bevorzugten Ansprechpartnern der Mitarbeiter und müssen auch externe Fragen beantworten können. Dementsprechend müssen die Verteilerkreise für alle M&A-relevanten Informationen, abgestuft nach Vertraulichkeit und Relevanz, sowohl für die Kommunikationsverantwortlichen als auch für die Führungskräfte in den Unternehmen und im Anschluss für die Mitarbeiter insgesamt definiert werden.

e) Investitionsplanung

Wenn das Management von Kommunikation so angegangen wird, wie in 2a) beschrieben, werden die Investitionen für Kommunikation der NewCo gegenüber den ursprünglichen Budgets der Merger-Kandidaten mittelfristig sinken. In den ersten beiden Jahren sind vor allem für die interne Kommunikation vergleichsweise hohe, jedoch außerordentliche Investitionen zu tätigen, die teilweise absorbiert werden können, wenn die alten Infrastrukturen in den Kommunikationsabteilungen entschlossen rückgebaut werden. Für die interne Kommunikation sind nach einer Faustregel rund 500 Euro pro Mitarbeiter der NewCo im ersten Jahr der post-merger-integration und rund 300 Euro im zweiten Jahr zu investieren. Die externe Kommunikation ist nur individuell und in Abhängigkeit von Unternehmensgröße, Internationalisierungsgrad und Branchenzugehörigkeit zu bestimmen, liegt aber in der Regel mindestens auf gleichem Niveau wie die Aufwendungen für die interne Kommunikation. Die Kommunikationsbudgets lassen sich als Sonderaufwendungen für Kommunikation im Rahmen der M&A-Restrukturierungskosten deklarieren und fallen, selbst wenn sie großzügig veranschlagt sind, zwischen den vielen, exponentiell höheren Restrukturierungskosten in anderen Bereichen kaum auf. Richtig ist auch, dass Kommunikation aus Sicht eigentlich aller Post-merger-integration-Studien als entscheidender Faktor für das Gelingen von mergers angesehen wird, weshalb es nicht ratsam ist, an einer erfolgskritischen Stelle zu sparen. Dennoch können die notwendigen Investitionen abgefedert werden, indem man beispielsweise den kostentreibenden beauty contest zwischen den Kommunikationsabteilungen nach dem announcement und vor der rechtlichen Verbindlichkeit des M&A verhindert oder aber bereits budgetierte Projekte, die vor dem Hintergrund des M&A ohnehin nicht mehr sinnvoll sind, möglichst rasch umwidmet und zur Finanzierung von M&A-Projekten nutzt.

f) Top-down/Bottom-up-Dynamik

Wer Kommunikation dialogisch und nicht als Einbahnstraße versteht, hat gerade in großen, dezentralen und internationalen Unternehmen die Schwierigkeit, sich ein umfassendes und korrektes Bild vom Denken und Fühlen der Mitarbeiter zu machen, weil nur selten Wege zur Verfügung stehen, auf denen dieses Denken und Fühlen von unten nach oben gelangen kann. Natürlich versucht man allenthalben, diese Lücke mit »Leserbriefen« an das Mitarbeitermagazin, einem chatroom im Intranet, einer für alle zugänglichen email domain des CEO oder ähnlichen Maßnahmen zu schließen. Dennoch: Das emotionale Überzeugungs- und Glaubwürdigkeitspotenzial von medialer Kommunikation ist gering, erst recht, wenn sehr schnell zusammenwachsen soll, was nur notdürftig vermittels Punktschweißung aneinander gekoppelt ist. Ebenfalls mit Vorsicht zu genießen sind die klassischen reporting lines über etablierte Hierarchiestufen, die häufig nur das sehen und hören, was sie auch sehen und hören wollen.

Überdies hat Kommunikation im Rahmen von M&A schlicht mehr Aufgaben als im normalen Geschäftsprozess. Es muss innerhalb kürzester Zeit sehr viel *gelernt* werden über Motive für den M&A, neue Strategien, neue Prozesse, neue Kollegen, neue Spielregeln und Produkte, neue Namen und Formulare, neue Verantwortungen für und neue Erwartungshaltungen an jeden persönlich. Schon die abstrakte Definition dieser Veränderungsschritte in den Stäben und bei den Beratern ist schwierig genug. Unerwartet komplex wird es dann in der Regel bei der Implementierung, die nicht funktionieren kann, wenn sie nur *deduktiv* angelegt ist. Sie muss auch *induktiv*, also vom Besonderen zum Allgemeinen gedacht werden, und dazu braucht man nahezu alle Mitarbeiter. Alles, was gelernt werden soll, muss auch vermittelt und verstanden werden, es muss von unten nach oben korrigierbar oder modifizierbar sein, wenn sich die Handlungsanweisungen der Stäbe an der Basis nicht umsetzen lassen oder anders besser und schneller umgesetzt werden können. Für alle diese Abstimmungsprozesse ist Kommunikation der Transmissionsriemen. Darüber hinaus hat sie dann noch die klassischen Aufgaben der kulturellen Integration sowie der Perspektivbildung und Motivation zu lösen.

Folglich reichen Systeme, die für eine geringere Last kalkuliert sind, für dieses Arbeitspensum nicht aus. Ergänzende Maßnahmen müssen ergriffen werden, um die Top-down- und Bottom-up-Dynamik überhaupt zu ermöglichen. Erprobt und bewährt bei M&A als ein Interims-Instrument für die Dauer von 9 bis 18 Monaten sind quer zur Hierarchie stehende *scouts* oder *Botschafter*, die aus den Reihen der Mitarbeiter gewonnen und mit besonderen Aufgaben betraut werden.

Scouts werden für einen befristeten Zeitraum zu 25 % ihrer Arbeitszeit von ihren regulären Aufgaben befreit. In dieser Zeit sollen sie Meinungen, Verständnisschwierigkeiten, Kommentare und Anregungen ihrer Kollegen sammeln und in einem wöchentlichen reporting an die Kommunikationsleitung weitergeben. Das Verfahren wird vollständig offen gestaltet. Ziel der Übung ist nicht etwa das »Ausspionieren« der Mitarbeiter, sondern der bessere Transport von Meinungen im Rahmen eines Meinungsbildungsprozesses. Mitarbeiter sehen so das ernsthafte Interesse der Unternehmensleitung an ihrem Denken. Diese wiederum kann Probleme viel besser lokalisieren und schneller reagieren. Gleichzeitig haben die scouts eine Transmissionsfunktion für alle Top-down-Botschaften. Diese können nicht mehr bloß medial, sondern auch personell im Rahmen von Workshops oder Präsentationen vermittelt werden und erreichen in dieser Interaktivität eine höhere Effizienz. Die scouts werden regelmäßig mit Chartpräsentationen, Q&As, Materialien versorgt, sie treffen sich zu Trainings und Gedankenaustausch und diskutieren auch direkt mit der Unternehmensleitung. Neben den regulären reporting lines wird so ein unabhängiges und sehr schnelles Kommunikationsinstrument etabliert. Die Anzahl von Mitarbeitern, die ein scout erreichen kann, liegt etwa bei 100. Wer in dieser Relation arbeitet, erhält einen hervorragenden Multiplikationseffekt.

g) Insourcing/Outsourcing-Ratio

Die Insourcing/Outsourcing-Kultur ist bei den Unternehmen höchst unterschiedlich ausgeprägt, extreme Varianten bei ähnlichen Unternehmen sind gang und gäbe. Zudem ist das Thema ideologisch besetzt. Agenturvertreter argumentieren traditionell eher in Richtung outsourcing und setzen sich dem Verdacht des Pro-domo-Denkens aus. Unabhängig von diesen Diskussionsfeldern gilt aber die herrschende Lehrmeinung, dass von 100 % Kommunikationskosten inklusive aller Inhouse-Kosten (Gehälter, overheads) mindestens 70 % frei verfügbar und ungebunden sein sollten. Diese Faustformel wäre in Zeiten intensiver unternehmerischer Transformation eher zugunsten der Flexibilität zu verändern. Es ist dementsprechend zu empfehlen, dass die Unternehmen für sich einmal ausrechnen, wieviel Prozent ihres Kommunikationsbudgets durch Mitarbeiter in Kommunikationsabteilungen gebunden sind. Sobald diese Zahl ermittelt wurde, fühlen sich die Unternehmen nicht selten in ihrer Investitionsfreiheit bedroht und erkundigen sich nach Outsourcing-Möglichkeiten.

Kommunikation ist zwar nicht Teil der Kernkompetenz eines Unternehmens (sofern es nicht in der Kommunikationsbranche tätig ist), aber gleichwohl eine zentrale Kompetenz zur Absicherung und Förderung des Unternehmenserfolges. Deshalb sollten alle Unternehmen darauf achten, die Kommunikationsleitung und ihre engsten Mitarbeiter so hochkarätig wie irgend möglich zu besetzen – sowohl in inhaltlicher und intellektueller Hinsicht wie im Hinblick auf die Management-Kompetenz. Jenseits dieses kleinen und sehr feinen Teams reicht es völlig aus, wenn man 10 % der Köpfe und Hände an Bord hat, die man braucht. Erfahrungsgemäß braucht man im nächsten Jahr nämlich andere Köpfe und auch andere Hände, um anstehende Aufgaben zu erledigen.

Bei M&A empfiehlt sich in jedem Fall, eine hohe Outsourcing-Quote einzuplanen. Die immensen Anforderungen an Flexibilität, Mobilität und einen hohen zeitlichen Einsatz sind auch häufig von den eigenen Mitarbeitern gar nicht einzufordern.

3. Namensbildung und Imagekonten

In den meisten Unternehmen gibt es mehrere Imagekonten, auf die die Unternehmensaktivitäten und Kommunikationsaktivitäten einzahlen. Das sind beispielsweise der Name des Unternehmens, die Namen von Marken oder Töchtern, die Namen der wichtigsten handelnden Personen oder auch Gattungsbegriffe, die mit dem Unternehmen verknüpft sind. Bei M&A verdoppelt sich die Anzahl dieser Imagekonten. Weil es sich in der Kommunikation immer auch um einen Wahrnehmungswettbewerb handelt, ist aus grundsätzlichen Erwägungen immer eine Konzentrationspolitik zu bevorzugen und die Zahl der Konten zu minimieren. Je weniger Imagekonten es gibt, desto besser können sich die Investitionen in der absoluten Höhe des Kontostandes auch zeigen. Viele Imagekonten sind immer dann nützlich, wenn es um Risikostreuung oder Krisenkommunikation geht. Beispielsweise indem gerne versucht wird, die Krise eines Tochterunternehmens von der Dachmarke fernzuhalten. Das gelingt allerdings selten, weil die Zuordnungsprinzipien der Medien anders funktionieren, als das in teilweise akademischen Marketing-Präsentationen angenommen wird. So ist es zum Beispiel für eine große und eingeführte, ja paradigmatische Marke wie die Deutsche Bank sehr schwierig, Tochterfirmen oder Beteiligungen zu etablieren, die nicht mit ihren Aktivitäten dennoch auf das Imagekonto der Deutschen Bank einzahlen (oder auch abbuchen). DB Investor oder die Deutsche Bank 24 sind hierfür Beispiele. Die Halbwertzeiten längst gelöschter Imagekonten im Kopf der Menschen sind überdies sehr lang, neue Konten haben eine lange Anlaufzeit. Viele Konglomerate haben mehrere Jahre lang versucht, der Welt beizubringen, dass sie aus soundso vielen Sparten mit ihren jeweiligen Namen bestehen. Das ist nur mäßig gelungen und durch zwischenzeitliche Portfolioverschiebungen auch wieder beeinträchtigt worden. Im Bereich der corporate issues merken sich die Journalisten am liebsten diejenigen Namen, wo auch die Entscheidungen getroffen werden, und lassen sich von jeweils neuen Subsumierungen von Geschäften unter neuen Namen wenig beeindrucken.

Bei M&A ist deshalb zu empfehlen, frühzeitig klare Entscheidungen zu treffen. Die NewCo braucht einen Namen, und zwar bereits beim announcement. Unangenehme Entscheidungen, die vielleicht noch auf alte (Namens-)Konten gebucht werden sollen, müssen dementsprechend vor dem announcement erfolgen. Für den neuen Namen gilt, dass es häufig besser einer der alten wäre. Wenn neue Namen dem einzigen Motiv entspringen, dass zwei M&A-Kandidaten sich aus Gründen der Eitelkeit nicht auf einen der beiden Namen einigen können und ausschließlich aus Proporzgründen einen neuen, für beide erträglichen Namen wählen, dann ist der Name meistens so schwach wie das Motiv. Die Menschen spüren sehr genau, wenn sie einen Pappkameraden vorgesetzt bekommen, und empfinden überflüssige Neufirmierungen zu Recht als unglaubwürdigen Etikettenschwindel. Wenn dann der neue Name auch noch aus den synthetischen Labors stammt und aller semantischen Bezüge beraubt wurde, wird es schwer, aus einem bedeutungslosen Vokalgeklingel die Flagge für eine neue Company zu machen. Erschwerend kommt hinzu, dass die Wortschöpfungen erschreckend verwechselbar sind (»Aventis« vs. »Avanza«) und mit den begrabenen alten Namen viele hundert Millionen Mark an brand equity in den Köpfen der Verbraucher vernichtet sind.

Grundsätzlich ist gegen neue Namen nichts einzuwenden, im Gegenteil. Es ist ein großer und freiheitlicher Akt der Selbstbestimmung, sich selbst einen Namen zu geben. Schon in der Pubertät haben zumindest die Jungens ein großes Faible für selbstgewählte Geheimnamen oder den Brauch der Indianer, sich ihren Namen bei der Mannwerdung selbst zu träumen. Allerdings steckt in solchen Namen immer auch eine Programmatik, die zur Entfaltung kommen soll. In dieser Weise stiften neue Namen ein hohes Maß an Momentum und Identifikation mit dem Programm der Zukunft.

Natürlich ist es nicht leicht, unbesetzte Namen zu finden, die gleichzeitig die eigene Programmatik zum Ausdruck bringen. Moderne Wegelagerer haben sich darauf spezialisiert, Namen schützen zu lassen, die sie gar nicht brauchen. Besonders beliebt ist das bei Domain-Adressen für das Internet. Im Zweifelsfall ist es aber immer lohnend, die Rechte an einem optimalen Namen zu erwerben, auch wenn dies mit hohen einmaligen Investitionen verbunden ist. Die Investition amortisiert sich spielend. Man sieht am Beispiel von »Yello«, einem Spin-off des Energieversorgers EnBW, wie man innerhalb von drei Monaten zur bekanntesten Marke in einem Segment werden kann, in dem andere seit Jahrzehnten tätig sind. Die geniale Entscheidung, dem unsichtbaren Strom eine Farbe zu geben, korrespondiert mit der Anschaulichkeit und Transparenz dieses Dienstleisters in einem abstrakten Low-interest- und Low-involvement-Markt. Jeder andere Wettbewerber wird auf Jahre hinaus ein Mehrfaches in Kommunikation investieren müssen, um den Startnachteil seiner minderwertigen Namensgebung wettzumachen.

4. Positioning

a) Kernkompetenzen und Profilierungsthemen

Kernkompetenzen sind die wichtigsten Positionierungsgrundlagen. So gerne allerdings der Begriff im strategischen Vokabular Verwendung findet, so schwierig ist er in der Praxis mit Leben zu füllen. Sobald eine Kernkompetenz nach außen als solche dargestellt wird, sollte sie nämlich tunlichst zwei Bedingungen erfüllen: erstens die der Selbstähnlichkeit und zweitens die der Wettbewerbsdifferenzierung. Eine behauptete Kernkompetenz, die nicht belastbar ist und von der Unternehmensrealität nicht gedeckt wird, entwickelt sich leicht zur Achillesferse und sorgt auf Jahre hinaus für Spott, Hohn und mangelnde Glaubwürdigkeit. Eine Kernkompetenz, die ich dutzendweise auch an anderer Stelle haben kann, ist austauschbar und wenig attraktiv. In dieser Klemme zwischen Selbstähnlichkeit und Wettbewerbsdifferenzierung wird die eigene Leistungsfähigkeit gerne bis zum Letzten ausgereizt, um in der vergleichenden Wahrnehmung gegenüber dem Wettbewerber Vorteile zu generieren. Aber der Wettbewerber macht genau dasselbe, man kommt schnell in die Spirale und entfernt sich kommunikativ gerade von dem, was das Eigentliche ist: der wirklichen Kernkompetenz.

Für die Kommunikation gilt, dass man thematisch in den Griff bekommen muss, was in Produktion oder Service als Kernkompetenz gilt. Wer beispielsweise »Logistik« als seine Kernkompetenz versteht, sollte auch alles über Logistik wissen und mehr noch: in der Lage sein, dieses Wissen anderen zu vermitteln. Es reicht nicht, etwas zu tun, man sollte auch publizieren und sein Wissen und Denken mitteilen. Viele Unternehmen haben die Schwierigkeiten, dass sie hoch spezialisierte Experten an Bord haben, in deren Köpfen sich viele interessante Informationen und Thesen über die Kernkompetenz des Unternehmens und seine Anwendungsgebiete tummeln, dieses aber leider nicht zu Papier bringen wollen oder können. Im Regelfall recherchieren dann Institute, Ghostwriter und Agenturen nach spannenden Themen rund um das Kompetenzfeld, schreiben Texte und formulieren Prognosen. Die wahren Experten bleiben stumm, und die Kernkompetenzen werden von anderen kultiviert.

Die thematische Lufthoheit erobert nur der, der es versteht, beide Ressourcen miteinander zu verbinden. So wertvoll die Zeit der »brains« im Unternehmen für die Geschäfte auch sind, es ist im Sinne des Marketings dieser Geschäfte zwingend erforderlich, dass diese »brains« in die Briefing-Prozesse bei der Positionierung involviert sind. Es gehört zur Sicherung der Kernkompetenzen, dass sie dokumentierbar und vermittelbar sind. Diese intersubjektive Kontrolle stellt auch sicher, dass keine allzu große Lücke zwischen den vermittelten Images und der Realität klafft, die sich auf kurz oder lang immer als Akzeptanzfalle erweist.

Gerade bei M&As kommt es also darauf an, die »brains«, die Repräsentanten der definierten Kernkompetenzen aus beiden Unternehmen, mit den Kommunikationsleuten zusammenzubringen, damit deren Wissen in den Positionierungsprozess einfließt.

b) Innovationskraft und Zukunftsinterpretation

Innovationsfähigkeit gilt als hohes Gut und mittlerweile als selbstverständliche Schlüsselqualifikation eines jeden erfolgreichen Unternehmens. Es ist wohl neben »Verantwortung« der häufigste Begriff, der in Positionierungspapieren oder Leitbildern auftaucht. Schon in den Geschäftsberichten der meisten Unternehmen ist aber zu sehen, dass von Innovationen gerne ex post gesprochen wird, außerdem auch in Beschwörungsformeln oder claims, höchst selten aber in Form von Zukunftsprognosen. Wer seine Zukunftsfähigkeit unter Beweis stellen möchte, kommt nicht umhin, die Zukunft zu interpretieren, nicht im Stil der Trendforscher, sondern durchaus mit wissenschaftlicher Sorgfalt und in

Kooperation mit führenden Köpfen zu den Anwendungsgebieten der eigenen Leistungen. Wer über die Zukunft nachdenkt und etwas Substanzielles über die Zukunft sagen kann, der erschließt diese Zukunft für seine Bezugsgruppen und ist insofern schon *spürbar und nachvollziehbar* innovativ. Zukunftsinterpretation ist auch immer der erste Schritt zu neuen Standards, die ein Unternehmen setzen kann. Dementsprechend sind für den Positionierungsprozess der NewCo Quellen außerhalb des Unternehmens zu nutzen, die Aussagen über die Entwicklung von Technologie, Kundenerwartungen, sozialen und kulturelle Rahmenbedingungen und anderen Faktoren machen können, die die Positionierung des Unternehmens betreffen. Die entsprechenden Lehrstühle, Institute, Autoren müssen recherchiert und beobachtet werden. Auftragsforschung, Auftragspublikation oder gemeinsame Projekte fördern die Vernetzung und die Reputation, ganz zu schweigen von wertvollen Impulsen für das eigentliche Geschäft. Auch hier gilt also, dass man im Besitz der Themenhoheit sein sollte, auch wenn es nur der Zwerg ist, der sich auf die Schultern eines virtuellen globalen Wissensriesen stellt. Nichts wirkt unglaubwürdiger als beispielsweise eine Bank, die sich als »Bank der Zukunft« oder »Bank für Übermorgen« apostrophiert, ihren Zielgruppen aber keine Vorstellung vermittelt, wie aus ihrer Sicht Banking in 10 Jahren aussehen wird oder aussehen sollte.

Bei M&A ist die Prognostik mittelfristiger Marktentwicklungen sicherlich ein immanenter Bestandteil der industriellen Logik. Verknüpft man diese industrielle Prognostik mit einer seriösen soziokulturellen Extrapolation, gewinnt man nicht nur Positionierungssubstanz, sondern nebenbei noch Argumente für die zwingende Notwendigkeit des M&A. Generell ist es ja wünschenswert, den M&A nicht als erzwungene Reaktion auf Versäumnisse der Vergangenheit oder Wettbewerbsnachteile in der Gegenwart zurückführen zu müssen, sondern vielmehr als Vorbereitung auf die Zukunft und deren Rahmenbedingungen.

c) Marktbegriff, Marktposition, Marktinterpretation

Die dritte thematische Recherche und inhaltliche Sicherung für die Positionierung betrifft den Markt, den Wettbewerb und damit die wirtschaftlichen Rahmenbedingungen. M&As werden durchgeführt, um Marktpositionen zu verbessern. Wer das möchte, muss einen Begriff von diesem Markt haben, muss den Markt beschreiben und interpretieren können. Ist dies geleistet, so können auch die eigene Position und die eigene künftige Rolle in diesem Markt verdeutlicht werden. Eine marktprägende und marktgestaltende Rolle wird erst dann glaubwürdig, wenn der Markt mit seinen Mechanismen, Rahmenbedingungen und Perspektiven auch von demjenigen interpretiert werden kann, der eine marktprägende Rolle für sich reklamiert. Viele Unternehmen machen den Fehler, ihre Reflexion über den Markt geheim zu halten, weil sie Angst haben, der Wettbewerb könnte von den Überlegungen profitieren. Wer jedoch darauf verzichtet, öffentlich zu interpretieren, wird leicht als Mitläufer gesehen, der in einem Markt nur mitschwimmt, ohne Standards und Akzente zu setzen. Überdies ist Marktinterpretation immer auch im Kontext der »Kommunikation als Mehrwert« zu sehen (vgl. 1f), das heißt, sie stiftet für die business community und die Meinungsbildner und Journalisten einen erkennbaren (Informations-)Mehrwert und profiliert den Absender als Informations- und Interpretationsquelle. Die Etablierung eines Kompetenzimages innerhalb eines bestimmten Marktes wird so möglich.

Gerade bei M&A sind prospektive Marktbegriffe häufig eine Grundlage oder gar Motivation für Fusionen und Akquisitionen. Weil ja deutlich werden muss, dass die NewCo sich im Hinblick auf künftige Marktkonstellationen positioniert, ist es unverzichtbar, die Veränderungsdynamik des Marktes auch nach außen darzustellen. Auch die relationale Standort- und Rollenbestimmung im Verhältnis zu den wichtigsten Wettbewerbern gehört in diesen Kontext.

d) Leitbild und Vision

Wenn die grundlegenden inhaltlichen Vorarbeiten im Hinblick auf »Kernkompetenzen«, »Innovation und Zukunft« sowie »Markt und Marktbegriff« getan sind, müssen sie in ein Leitbild einfließen. Leitbilder werden häufig als statische Zustandsbeschreibung oder Definition unverrückbarer kultureller Grundwerte im Unternehmen gesehen, wobei Visionsprozesse dann parallel organisiert werden und in eine Unternehmensvision einfließen. In einem modernen Verständnis haben Leitbilder jedoch dynamische Orientierungsfunktionen und müssen dementsprechend fortgeschrieben werden. Im Rahmen von M&A gehört aber die Neudefinition von Werten und Spielregeln im Hinblick auf die NewCo selbstredend dazu.

Die Entwicklung des Leitbildes ist ein dynamischer und partizipativer Prozess – und das roll-out des Leitbildes im Unternehmen sowie auch gegenüber externen Bezugsgruppen ist es auch. Sofern Leitbilder kein stilles Grab für schöngeistige Prosa bleiben sollen, müssen sie auch unmittelbar in Aktion und Maßnahmen übersetzt werden. Sie bilden damit das Gerüst für die Programmplanung der Kommunikation. Das folgende Schaubild verdeutlicht den exemplarischen Leitbild-Prozess, bei dem neben den oben bereits erwähnten Rechercheschritten weitere Studien zu Selbst- und Fremdbild berücksichtigt werden.

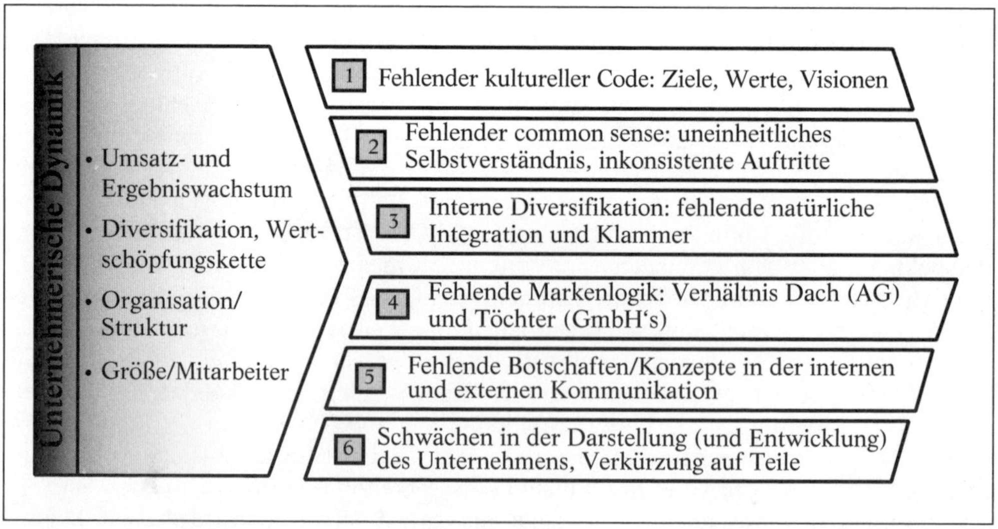

Abb. 5: Neudefinition von Werten und Spielregeln

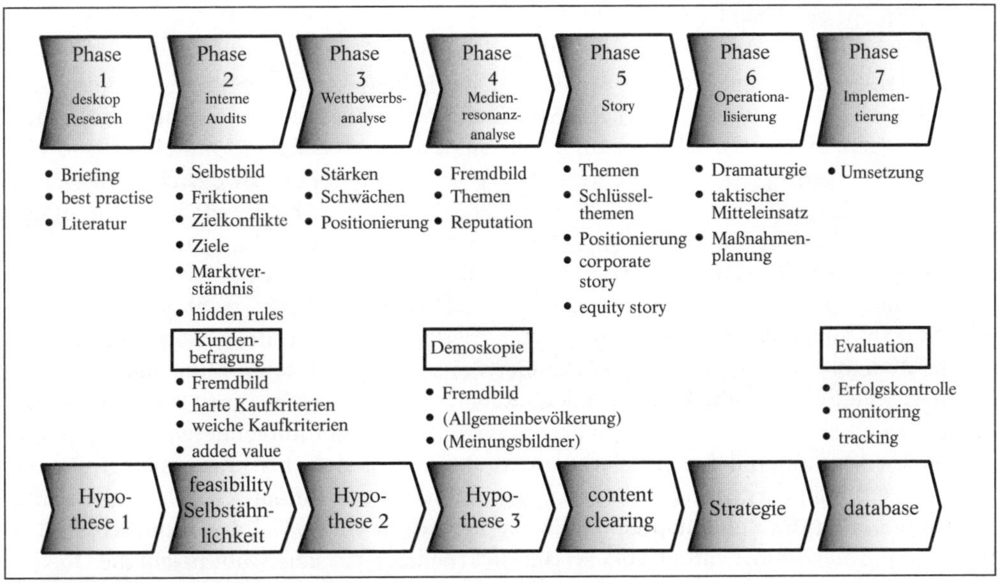

Abb. 6: Leitbild Prozess

Bei mehrstufigen Unternehmen oder Multi-Brand-Unternehmen ist bereits innerhalb des Leitbildes auch die Aufgabenorientierung der verschiedenen Unternehmensteile zu berücksichtigen. Die Primärverantwortung gegenüber einer Bezugsgruppe sollte klar definiert nur bei einer legal entity bzw. nur bei einer Marke liegen. Die Rollentrennung zwischen Holding und operativen Gesellschaften folgt dabei auch in der Kommunikation der regulären Geschäftsverantwortung. Mit Blick auf die Kommunikation als »stakeholder value« (siehe 1a) ist hier die Fusionsstrategie in die unterschiedlichen Währungen »Rentabilität und Wachstum«, »Karriere und Perspektiven«, »Nähe, Service und Qualität« sowie »Arbeitsplätze und Gemeinwohl« zu übersetzen.

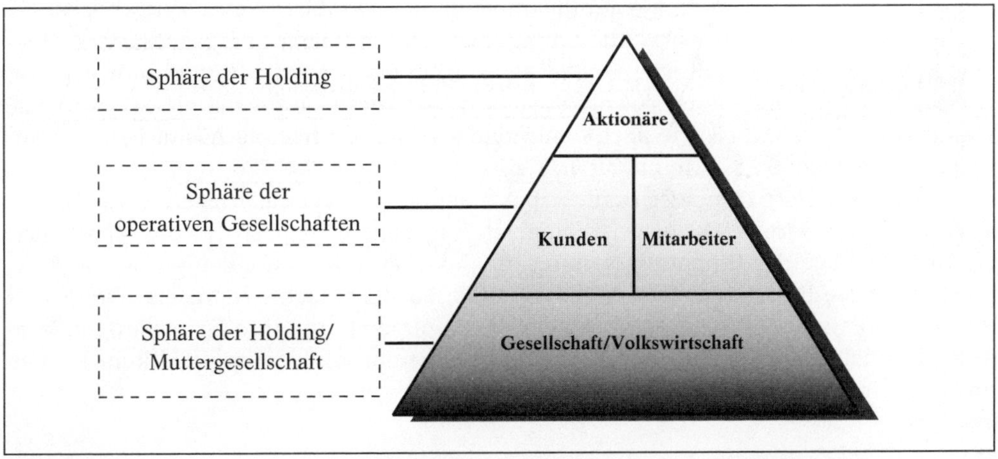

Abb. 7: role sort

e) corporate story

Die corporate story umfasst alle publikationsfähigen Bestandteile des Leitbildes, also diejenigen Aussagen über das Unternehmen, die nicht nur für die Führungskräfte und ihre Managementaufgaben programmatisch sind, sondern an alle Mitarbeiter und alle externen Bezugsgruppen vermittelt werden können und sollen. In der corporate story gewinnt das Leitbild die Form von Botschaften. Dementsprechend tritt hier zum ersten Mal die Reflexion auf die Vermittlung und Vermittelbarkeit, nicht in inhaltlicher, jedoch in logischer, kausaler und semantischer Hinsicht auf den Plan. Bevor die corporate story geschrieben wird, steht inhaltlich alles fest, was zu sagen ist. Aber es ist noch nicht definiert, wie und in welcher Reihenfolge es gesagt wird, welche Begriffe gewählt werden und welche Argumente je nach anzusprechender Bezugsgruppe wie zu gewichten sind.

Die corporate story gliedert sich in der Regel zunächst in die *equity story*, die in den Grundzügen von den Investbankern geschrieben wird, und die rechenbaren Argumente gegenüber der financial community darzustellen sowie Zukunftsphantasie zu wecken hat. Sie wird hauptsächlich für die Analysten gemacht und orientiert sich folglich auch an den Kriterien und Terminologien, die für Analysten wichtig und verbindlich sind.

Die *management story* personalisiert die Unternehmensstrategie und macht die Quellen und Treiber des Veränderungswillens anschaulich. Sie muss klarstellen, welche Menschen (Vorstände) für welche Programmatik und Aufgaben stehen, mit welchem Stil sie angegangen werden. Die Qualität des Managements ist bekanntlich ein entscheidender Faktor für die Glaubwürdigkeit und Attraktivität gegenüber Investoren und Mitarbeitern. Außerdem ist eine Strategie nicht viel wert, wenn sie nicht von Menschen repräsentiert wird, die sie umsetzen werden. Die Anonymität von Aktiengesellschaften und die hohe Abstraktion komplexer Unternehmen verlangen nach Anschaulichkeit und human touch. Vor allem die Medien und insbesondere auch die meinungsbildende Presse im Bereich der Wirtschaftspublizistik personalisieren ihre Berichterstattung in hohem Maße. Dementsprechend orientiert sich die management story in ihrer Vermittlungsleistung an den Gebrauchsformen des Journalismus und den Nachrichtenfaktoren. Change management braucht management of change. Wer das macht und wie er es macht, ist ein interessanter news value, der in hohem Maße auf das Imagekonto einzahlt.

Die *customer story* adressiert alle unmittelbar oder mittelbar aus dem M&A resultierenden Nutzwerte für die Kunden und ist gemeinsam mit den Marketingverantwortlichen zu schreiben. Sie bietet dann sowohl die stoffliche Grundlage für die produktbezogene Presse- und Medienarbeit wie auch die Briefing-Grundlage für alle Aktivitäten der vertriebsunterstützenden Kommunikation.

Die *employee story* thematisiert alle Aspekte der inneren Veränderungen sowie die sich aus einer verbesserten Wettbewerbsfähigkeit ergebenden Chancen für die Mitarbeiter. Sie ist Grundlage der Programmplanung für die interne Kommunikation, wobei diese nicht allein die Botschaften der employee story, sondern auch alle anderen stories zu transportieren hat. Die Mitarbeiter sollten die Argumente und ihre Darstellung zumindest gegenüber den Kunden und dem externen meinungsbildenden Publikum kennen und verstehen, bevor sie von außen darauf angesprochen werden.

5. Dramaturgie

a) Immanente milestones

Zeit ist ein erfolgskritischer Faktor bei M&As, weil die Synergiepotenziale schnell gehoben werden müssen, um einen Ausgleich für den goodwill, die über dem Marktpreis liegende Akquisitionsprämie, zu schaffen. Deshalb gibt es bei jedem M&A einen Zeitplan, der aus der industriellen Logik heraus die milestones für den Veränderungsprozess definiert und vorgibt, welche Schritte in welchem Zeitraum abgearbeitet werden müssen. Vor dem d-day oder dem Tag 0 der NewCo liegen regulatorische oder rechtliche milestones, Termine für Aufsichtsratssitzungen, Verschmelzungsberichte, Hauptversammlungen, Kartellamtsbeschlüsse oder Genehmigungen der EU. Nach dem Start der NewCo sind in der Regel milestones definiert, die die Schließung oder Etablierung, Migration oder Integration von Abteilungen betreffen, nachgelagerte Desinvests oder IPOs von Unternehmensteilen, Zäsuren in der Restrukturierung von Prozessen oder neue Vertriebssystematiken und Launches von Produkten, Services und Programmen.

Kommunikation hat die Aufgabe, das Momentum im Veränderungsprozess aufrechtzuerhalten und die schnelle Abarbeitung der definierten Prozessschritte zu gewährleisten (siehe 1c, »Kommunikation als Treiber«). Deshalb ist es eine probate Methode, für die Kommunikation keine eigenständige Kampagnendramaturgie zu wählen, sondern sich von vornherein an den immanenten milestones zu orientieren und eine Dramaturgie des »Etappenrennens« zugrunde zu legen. Das hat den Vorteil der Prozesstransparenz und vermittelt außerdem Erfolgserlebnisse nach innen in dem Maße, wie einzelne Etappen erfolgreich absolviert wurden. Es kommt hier vor allem in der internen Kommunikation darauf an, die einzelnen Post-merger-integration-Schritte, die ja nur auf der Ebene der industriellen Logik ein ganzheitliches Sinnangebot stiften und in der Einzelbetrachtung leicht zusammenhanglos wirken können, in eine ganzheitliche und anschauliche Metaphorik zu überführen, die die Interdependenz der Maßnahmen auch für den gesunden Menschenverstand plausibel macht.

b) Emmanente milestones

Bei M&As, die keine stringente innere Taktung erforderlich machen oder lange Pausen zwischen ihren milestones und Zäsurpunkten haben, ist es empfehlenswert, das Momentum durch selbstgewählten Zeitdruck zu begünstigen und Zieltermine zu setzen, die aus dem Kalender des Marktes oder Meinungsmarktes entnommen werden. Die bekannte 100-Tage-Schonfrist für den CEO ist ein solcher willkürlicher emmanenter milestone, der einen bewussten Zeitdruck auf die inneren Prozesse ausübt und die Wegstrecke der Veränderung in eine erste Etappe gliedert. Carly Fiorina, der CEO von Hewlett Packard, hatte bei ihrer Nominierung angekündigt, diese Frist auf 90 Tage zu verkürzen und nach diesem Zeitraum die künftige HP-Strategie vorstellen zu wollen. Die Kompression ist ein starkes Signal nach innen und außen, hat treibende Funktion und illustriert den sense of urgency des Unternehmens. Saisonale Termine, Messetermine, prominente Events oder zahlenarithmetisch definierte Etappen sind weitere Möglichkeiten für eine emmanente Taktung.

6. Externe und interne Kommunikation

a) Wechselwirkungen

Externe und interne Kommunikation sind gerade bei M&A kaum zu trennen. Die inhaltlichen Schnittmengen sind ausgesprochen hoch, weil nahezu alle Informationen, die nach außen zu den Kunden oder in die Gesellschaft vermittelt werden, vorher auch nach innen vermittelt werden müssen, sofern man nicht Gefahr laufen möchte, dass die eigenen Mitarbeiter unvorbereitet oder ahnungslos reagieren, wenn sie von außen angesprochen werden. Dies gilt natürlich besonders für alle Mitarbeiter mit Kundenkontakten, im Sinne der Gleichbehandlung und kulturellen Geste aber gleichermaßen für alle. Auch im Hinblick auf die Prozesse sind die Zeitpläne für die externe und interne Kommunikation kaum verschieden. Sie orientieren sich an den definierten Milestones und geben der internen Kommunikation allenfalls einen kleinen zeitlichen Vorlauf. Aufgrund der Durchlässigkeit großer Organisationen ist aber ein zu großer zeitlicher Vorlauf nicht ratsam. Interne Argumentarien oder Vorabdrucke von Broschüren landen leicht bei der Presse und verwässern den angestrebten, eigentlichen Launch-Termin. Insofern laufen interne und externe Kommunikation nicht nur inhaltlich, sondern auch zeitlich synchron.

Zudem ist immer wieder zu betonen, dass die externe Kommunikation die Wahrnehmung der Mitarbeiter in höherem Maße prägt als die ausschließlich intern adressierten Informationen. Ein Artikel in der FAZ oder im Handelsblatt, der die neue Unternehmensstrategie vorstellt, hat für die Mitarbeiter höhere Objektivität und Verbindlichkeit als ein gleichlautender Text, der beispielsweise als Brief des Vorstandsvorsitzenden distribuiert wird. Die Evaluation von Verständnis und Akzeptanz von M&A-Strategien bei Mitarbeitern hat eindeutig belegt, dass sowohl in der Erinnerung wie auch in der Überzeugungskraft externe Propheten mehr gelten als die aus dem eigenen Hause. Man darf nicht unterschätzen, dass auch in einer gesunden Unternehmenskultur im Falle von Fusionen ein hohes Misstrauenspotenzial ausbrechen kann, das argwöhnisch bezweifelt, auch über die hidden agenda informiert zu werden. Weil die Mitarbeiter Journalisten offenbar für besser informiert und in der Beurteilung von Strategien auch für kompetenter halten als sich selbst, trauen sie den Analysen und veröffentlichten Erfolgswahrscheinlichkeiten mehr über den Weg als aller Ankündigungsprosa der eigenen Unternehmensleitung. Interne mediale Informationen leiden auch häufig unter dem Überfütterungseffekt, der bei M&A nicht selten die Informationspolitik konterkariert. Aus ehrenvollen Motiven heraus werden die Mitarbeiter über alle Details informiert, man möchte sich nicht dem Vorwurf aussetzen, etwas verschwiegen zu haben. Weil so aber eine zu große Fülle von Informationen immer auch auf zu viele Menschen hereinbricht, für die diese Informationen keine Relevanz besitzen, bekommt die gesamte interne M&A-Kommunikation dann leicht ein Relevanzproblem. Wirklich relevante Botschaften werden im Wust der irrelevanten Informationen nicht mehr identifiziert oder übersehen. Dies gilt besonders, wenn diese Informationen auf Routinewegen, beispielsweise über die Postfächer, zu den Mitarbeitern gelangen. Ein Brief, der die private Adresse des Mitarbeiters bedient, wird mehr als doppelt so oft gelesen und produziert mehr als dreimal so viel Resonanz und Rückfragen wie derselbe Brief in den Postfächern. Der Unterschied zwischen einer (vermeintlich) individuellen Ansprache durch den Serienbrief an die private Adresse und der (vermeintlichen) Massenansprache über die Postfächer spiegelt sich deutlich messbar in der Rezeption.

Öffentliche Aufmerksamkeit und öffentliche Urteile haben eine große selbstbestätigende Wirkung und zudem den Vorteil der intersubjektiven Überprüfbarkeit. Die interne Ankündigung, dass keine Arbeitsplätze verloren gehen, ist aus Sicht der meisten Mitarbeiter immer revidierbar. Sie rechnen damit, dass man ihnen dann etwas von veränderten Rahmenbedingungen erzählt. Wird dieses Versprechen öffentlich gegeben, so kann der Vorstand es ohne Gesichtsverlust nicht zurücknehmen – so einfach funktioniert die Logik.

Deshalb sollte dem corporate advertising, der Presse- und Medienarbeit und dem publishing ein hoher Stellenwert auch für die Überzeugungsprozesse nach innen beigemessen werden. M&As sind gerade für kleinere Unternehmen ja auch häufig eine Spitze der Publizität im Vergleich zu ihrer bisherigen Medien- und Media-Präsenz. Es fördert den Stolz und die Identifikation, wenn die Mitarbeiter bemerken, dass sich die Welt bzw. die business community mit »ihrem« Unternehmen beschäftigt. Es konnte bei kleineren und mittelständischen Unternehmen mehrfach beobachtet werden, dass beispielsweise eine Anzeige, die in einem ausländischen Wirtschafts-Medium (z.B. Financial Times, Fortune, Wall Street Journal) zur NewCo erschienen war und auch intern zur Kenntnis distribuiert wurde, mehr Fusionsakzeptanz und Zukunftsoptimismus verbreiten konnte als die fünffache Investition in interne Informationsmittel. Auch die erschienenen Berichte in den Medien sollten in der Post-Merger-Integration grundsätzlich in einen erweiterten Verteilerkreis nach innen gegeben werden. Eine getrennte Budgetierung der internen und externen Kommunikation ist vielleicht formal erforderlich, unter Wirkungsgesichtspunkten jedoch immer obsolet.

b) Instrumente

Die Frage des Einsatzes der Kommunikationsinstrumente ist technischer und handwerklicher Natur. Standardempfehlungen können hier nicht gegeben werden. Generell gilt, dass die Anzahl der Instrumente bzw. Kommunikationskanäle, die Inhalte vom Absender zum Empfänger transportieren oder interaktiv vermitteln, strukturell begrenzt ist. Die Wahl der Instrumente und der Mix der Kanäle sind unter Effizienzgesichtspunkten zu treffen (siehe Abb. 8).

Je nach Clustering stehen zwischen 15 und 24 Kommunikationskanäle zur Verfügung, im nachfolgend dargestellten Modell sind es 21. In den vier Mediengattungen Print, TV, Radio und Online kann jeweils werblich oder redaktionell gearbeitet werden. Intranets und Extranets sind Subkategorien des redaktionellen Online-Kanals. Eigene Publikationen, seien es Periodika, Broschüren, CD-ROMs oder Filme, können auf eigenen Distributionswegen verteilt oder über etablierte Distributionswege gestreut werden. Ein Kundenmagazin beispielsweise kann parallel über den Postversand an vorhandene Kundenadressen verschickt und gleichzeitig einem Wirtschaftstitel als Supplement beigelegt werden. Im Bereich der Dialogkommunikation kann strukturell zwischen Brief, E-Mail, Telefon und dem persönlichen Gespräch (face-to-face) unterschieden werden. Das Gespräch kann innerhalb eines Workshops hohe Intensität haben oder im Rahmen einer Promotion und Straßenansprache nur minimale Reste persönlicher Verbindlichkeit

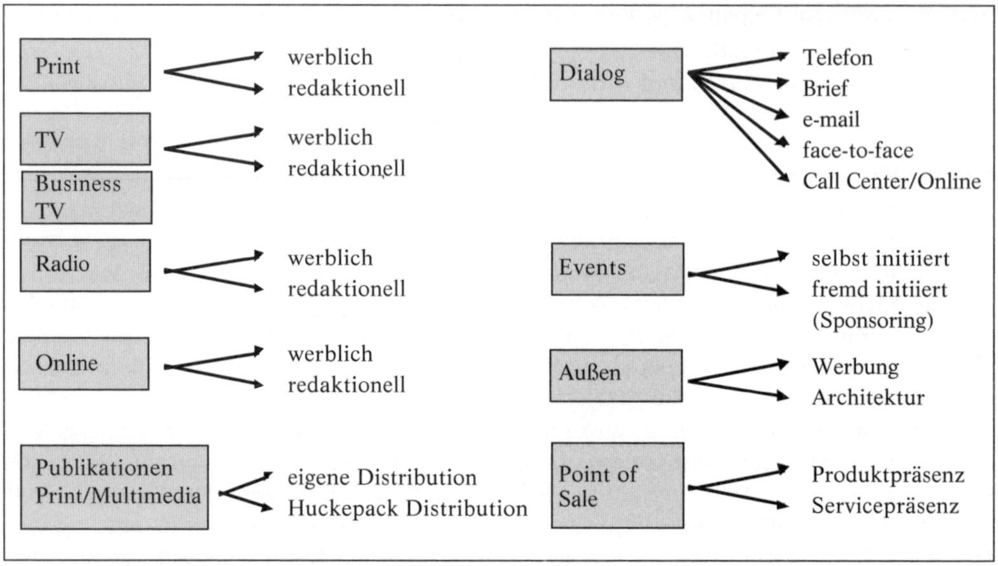

Abb. 8: Kommunikationskanäle

herstellen. Die integrierte Nutzung von Websites und Call Centern beispielsweise in der Kundenberatung oder im technischen Service ist ein eigener Weg. Veranstaltungen sind entweder selbst initiiert und unter vollständiger Kontrolle des Gastgebers oder es werden bereits existierende Veranstaltungen (Tennisturnier, Kunstausstellung, Olympia etc.) über den Weg des Sponsorings für eigene Zwecke instrumentalisiert. Im Außenbereich sind neben Plakaten, Aktionen auch die kommunikativen Funktionen der Architektur zu berücksichtigen. Am Point of Sale schließlich repräsentieren entweder der Servicemitarbeiter selbst die Markenwerte oder aber das Produkt in seiner Gestaltung und Präsentation.

Für M&A gilt, dass in der externen (auch nach innen wirkenden) Kommunikation die Presse- und Medienarbeit sowie Anzeigenkampagnen, Publishing und professionelle Onlinepräsenz die wichtigsten Träger der Kommunikation sind. In der internen Kommunikation sind es Events, persönliche Gespräche und Präsentationen im Rahmen von Workshops sowie Intranets und Magazine.

7. Lehrstück aus der Praxis: Die Übernahme der Schering AG durch Bayer

a) Der Ablauf des Krimis

Das zweite Wochenende im März 2006 markierte den Auftakt zu einer der spektakulärsten Übernahmeschlachten in der deutschen Wirtschaftsgeschichte. Die Darmstädter Merck KGaA hatte am Freitag, dem 12. März, den Vorstand des Berliner Pharmaunternehmens Schering darüber in Kenntnis gesetzt, dass man ein Barangebot unterbreiten würde und die komplette Übernahme anstrebe. Einen Tag später wurde die Offerte dahingehend konkretisiert, dass Merck einen Preis von 77 Euro je Aktie zahlen wolle. Trotz des damit rund 15 Milliarden Euro schweren Angebots lehnte der Vorstand des DAX30-Unternehmens die Offerte bereits am Sonntag, dem 12. März, offiziell als zu niedrig ab. Die Führungsspitze von Schering war »der Überzeugung, dass dieses Angebot nicht attraktiv« sei. Zudem sei es »unaufgefordert vorgelegt worden«, sei »nicht erwünscht« und liege auch nicht im Interesse der Aktionäre. Demgegenüber ließ der Merck-Vorstand verlauten, dass man in jedem Fall an dem Übernahmeangebot festhalten werde und man zudem davon ausgehe, dass Schering seinen Widerstand gegen die Übernahme aufgeben werde. Früher oder später werde der Schering-Vorstand die Attraktivität des Angebots erkennen, war aus Darmstadt zu vernehmen. Am 14. März lehnt schließlich auch der Aufsichtsrat von Schering das Übernahmeangebot ab.

Bereits unmittelbar, nachdem der Schering-Vorstand das Angebot von Merck abgelehnt hatte, gab es erste Kontakte zwischen dem angegriffenen Unternehmen aus Berlin und der Führungsspitze der Bayer AG in Leverkusen. Diskutiert wurde die potenzielle Rolle von Bayer als »Weißer Ritter«. Am 23. März veröffentlichte die Bayer AG ein Gegenangebot zur Merck-Offerte und trat damit offiziell in einen Bieterwettstreit um die Übernahme der Schering AG ein. Einen Tag später gab die Führungsspitze des Darmstädter Pharmaunternehmens bekannt, dass sie das Angebot aus Leverkusen unterstützt.

Da das Gegenangebot die Finanzierungsstärke von Merck überstieg, zog sich Merck aus dem Bietergefecht zurück. Mitte Juni einigten sich die beteiligten Unternehmen darauf, dass Bayer das gesamte bereits bei Merck liegende Aktienpaket, das die Darmstädter zwischenzeitlich an Schering hielten, übernehmen wird. Damit war der Weg für die Komplettübernahme frei. Anfang September 2006 erreichte Bayer nach weiteren Zukäufen über die Börse die für einen Squeeze-out notwendige 95 %-Schwelle. Dieser Ausschluss der Minderheitsaktionäre wurde am 17. Januar 2007 auf der Hauptversammlung des mittlerweile in »Bayer Schering Pharma« umbenannten Unternehmens beschlossen.

Es handelte sich mit rund 16,5 Milliarden Euro um die größte Akquisition in der Firmengeschichte von Bayer.

b) Die Kommunikationsstrategie

Die Aufgabe, die den Kommunikatoren gestellt wurde, war also höchst komplex. Trotz einer ausgesprochen knappen Vorbereitungszeit – die ersten Gespräche zwischen Schering und Bayer wurden kurz nach dem Bekanntwerden der Merck-Offerte geführt – entwickelte Bayer eine maßgeschneiderte, dreistufige Kommunikationsstrategie.

Phase I begann mit der Veröffentlichung des Gegenangebots am 23. März 2006. Die Kommunikationsziele, die in dieser Phase erreicht werden mussten, waren mannigfaltig. Die verschiedensten Zielgruppen mussten angesprochen und jeweils mit den sie besonders betreffenden Themen versorgt werden: Zunächst einmal musste eine positive Grundstimmung in den Medien initiiert werden. Die Aktionäre von Bayer, insbesondere die institutionellen Investoren, mussten überzeugt werden, ihre Anteile zu halten. Gleichzeitig musste bereits von Anfang an darauf hingewirkt werden, die Schering-Aktionäre zu einem Verkauf ihrer Anteile zu bewegen. Insgesamt musste der Kapitalmarkt vom

Sinn der geplanten Übernahme überzeugt werden. Das betraf insbesondere die Researchanalysten, die die Unternehmen beobachten. Beiden Seiten musste die Attraktivität des Zusammenschlusses in nachvollziehbarer Weise dargestellt werden, um ihre Unterstützung zu erlangen. Bayer selber hatte darüber hinaus ein Augenmerk auf den eigenen Aktienkurs zu legen. Dieser durfte unter dem Eindruck einer milliardenschweren Offerte keinen Schaden nehmen, also nicht einbrechen.

Eine weitere wesentliche Zielgruppe, die bereits am Anfang der Transaktion im Fokus der Kommunikation stand, waren die Beschäftigten beider Unternehmen. Sowohl die Bayer- als auch die Scheringbelegschaft mussten für das Vorhaben gewonnen werden. Dazu war es vor allen Dingen unerlässlich, die mit einer solchen Transaktion grundsätzlich einhergehenden Fragestellungen und Ängste – Arbeitsplatz- und Standortsicherheit, Restrukturierungen, etc. – frühzeitig aufzugreifen und zufrieden stellend zu beantworten.

Gleiches galt für den politischen Raum. Zum einen war die Transaktion aufgrund der schieren Größe ein volkswirtschaftliches Ereignis und damit automatisch ein Politikum. Zum anderen handelte es sich bei der Schering AG um den letzten DAX30-Konzern mit der Zentrale in der Bundeshauptstadt Berlin. Damit waren sowohl die Bundesregierung als die Landesregierung von Berlin und NRW laufend und aktuell informiert zu halten. Im Hinblick auf die Standorte von Schering kamen weitere regionale und lokale politische Spieler dazu und verbreiterten diese Zielgruppe.

Last but not least durfte nicht vergessen werden, dass – zumindest anfangs – auch noch eine dritte Partei mitwirkte. Die Kommunikation von Merck musste beobachtet, wo möglich gestört und immer so antizipiert und gekontert werden, dass die kommunikative »Lufthoheit« bei Bayer verblieb.

Am 23. März, dem Tag der Ankündigung der Bayer-Offerte, kamen gegen Mittag die ersten Gerüchte auf, dass die Leverkusener ein Gegenangebot planten. Als gegen 13.00 Uhr die Nachrichtenagentur Reuters mit Verweis auf die Tageszeitung »Die Welt« den Gerüchten zusätzlich Nahrung verlieh, war das der Auftakt für ein Flut von Anfragen an das Unternehmen, die jedoch zu diesem Zeitpunkt inhaltlich nicht beantwortet werden konnten. Erst am Abend des selben Tages, gegen 21.30 Uhr, veröffentlichte Bayer eine Ad-hoc-Meldung, in der die Absicht bestätigt wurde, ein Gegenangebot für Schering abzugeben. Zuvor hatte sich der Aufsichtsrat des Unternehmens mit dem Thema befasst und dem Vorstand grünes Licht erteilt. Parallel zur ersten offiziellen Äußerung der Bayer AG verkündete Schering per Pressemitteilung, dass das Management des Unternehmens das Angebot von Bayer gutheiße und unterstütze.

Die Leverkusener selbst starteten noch in der Nacht ein Webspecial auf ihrer Internetseite und luden Presse, Investoren und Analysten zu Telefonkonferenzen am nächsten Tag ein. Ebenfalls in der Nacht gab Finanzvorstand Klaus Kühn dem Wall Street Journal New York ein Interview. Bis zum frühen Morgen des 24. März waren vorproduzierte Statements von Bayer-Verantwortlichen an die wichtigsten TV- und Radiosender verschickt worden, wodurch die ersten Nachrichtensendungen des Tages die von Bayer beabsichtigten Botschaften aufgriffen.

Am Morgen des 24. März setzte der breite kommunikative »Rollout« ein. Vorbereitete Briefe des Vorstandsvorsitzenden Werner Wenning wurden an die Bayermitarbeiter weltweit versendet. Gleiches galt für die Zielgruppen Investoren, Politiker, frühere Vorstandsmitglieder und andere Personen, die aufgrund ihrer Stellung oder möglichen Multiplikatorenfunktion als VIP eingestuft wurden. Ebenfalls früh morgens wurde das politische Berlin durch Repräsentanten des Konzerns in persönlichen Gesprächen ins Bild gesetzt.

Ab 08.30 Uhr standen für den Vorsitzenden des Vorstands und den Finanzvorstand Telefonkonferenzen an. Beginnend mit den Investoren und Analysten, wurden im Verlaufe des Vormittags auch die Pressevertreter vom Topmanagement über Beweggründe, strategische Rationale und Zukunftspläne informiert. Insbesondere die für die Financial Community wichtigen Meinungsbildner Lex Column (Financial Times) und breakingViews (Wall Street Journal Europe) wurden durch Finanzvorstand Klaus Kühn umfassend ins Bild gesetzt.

Zur Mittagszeit wurden die nationalen und internationalen Fernsehsender mit live gesendeten Statements versorgt, der Nachmittag stand im Zeichen der persönlichen Ansprache von wichtigen institutionellen Investoren durch das Topmanagement. Schließlich wurden noch alle Sonntagszeitungen mit ausführlichen Interviews versorgt.

Unter dem Strich wurden damit alle kommunikativen Herausforderungen im Hinblick auf die Ankündigung der Gegenofferte gemeistert. Die verschiedenen Zielgruppen wurden mit umfangreichen und detaillierten Informationen versorgt. Gleichzeitig wurde durch den Einsatz von vorgefertigten, radio- und fernsehtauglichen elektronischen Beiträgen erreicht, dass trotz der späten ersten öffentlichen Erklärung am Abend des 23. März die morgendlichen Nachrichtensendungen auf Originaltöne aus dem Bayer-Hauptquartier zurückgreifen konnten. Gleichzeitig wurde am Freitag, dem 24. März, die maximal mögliche Zahl an Interviews gegeben und so dafür gesorgt, dass die Geschichte aus der Sicht des Bayer-Topmanagements auch in den Sonntagszeitungen nachzulesen war.

Die Offenheit, mit der Bayer den Medien begegnete, spiegelte sich auch gegenüber den Kapitalmarkteilnehmern wider, unter anderem im Rahmen einer Roadshow zu den Investoren, die unmittelbar nach der Veröffentlichung des Angebots startete. Die Tatsache, dass das Gegenangebot schon im ersten Schritt ein Premium von 61 Prozent beinhaltete und ein reines »cash offer« war, veranlasste die Schering-Aktionäre schon früh, den Verkauf der von ihnen gehaltenen Anteile konkret ins Kalkül zu ziehen. Gleichzeitig wurden die Auswirkungen der Transaktion auf Bilanz, Gewinn- und Verlustrechnung sowie die Kapitalflussrechnung der Bayer AG in vollem Umfang dargestellt. Diese Transparenz schaffte Vertrauen im Markt und entzog möglichen negativen Reaktionen den Resonanzboden.

Im Hinblick auf die Mitarbeiter beider Unternehmen erwiesen sich die Strategien ebenfalls als richtig: Zum einen wurden die Bayerbeschäftigten weltweit über alle vertrauten Regelkanäle der internen Kommunikation des Konzerns informiert. Niemand war darauf angewiesen, über Gerüchte zu spekulieren, jeder konnte sich unmittelbar selbst ein Bild machen. Was die Belegschaft von Schering betrifft, wurden die zentralen Bedenken unmittelbar angegangen: der Vorstandsvorsitzende von Bayer wandte sich in einem persönlichen Brief an alle Mitarbeiter von Schering und warf damit seine persönliche Reputation in die Waagschale. Der Brief orientierte sich in der Tonalität an den Sorgen und Bedenken der Adressaten und griff insbesondere die Standortfrage auf. Das schriftliche Bekenntnis zum Standort Berlin hat in dieser Phase sicher viel dazu beigetragen, dass potenzieller Widerstand in der Scheringbelegschaft gar nicht erst aufkam. Verstärkt wurde die Wirkung des Briefs noch dadurch, dass Bayer es nicht versäumte, intensiv die Berliner Medien in den Informationsfluss einzubauen und jederzeit für Nachfragen der Journalisten zur Verfügung zu stehen. Gleiches galt für die Politik.

Unterm Strich führte die geballte Kommunikation neben dem deutlich attraktiveren Angebot zu einem Ausstieg von Merck aus dem Bieterwettbewerb bereits am 24. März – dem ersten Tag nach der Veröffentlichung des Gegenangebots.

Literatur

Adams, The Ultimate Hitchhiker's Guide: Five Complete Novels and One Story (Deluxe Edition), 2005.

Appel et al., Strategisches Informationsmanagement: Die Erfolgsfaktoren interne und externe Kommunikation, 1998.

Bate, Cultural change: Strategien zur Änderung der Unternehmenskultur, 1997.

Beitler, Strategic Organizational Change, Second Edition, 2006.

BenDaniel, International M&A, Joint Ventures and Beyond, 2002.

Brady/Moeller, Intelligent M&A: Navigating the Mergers and Acquisitions Minefield, 2007.

Buchner, Visionen und Wandel. Neuorientierung und Transformation von Unternehmen, 1996.

Cartwright/Cooper, Managing Mergers Acquisitions and Strategic Alliances: Integrating People and Cultures, 1996.

Deekeling/Fiebig, Interne Kommunikation: Erfolgsfaktor im Corporate Change, 1999.

Doppler/Lauterburg, Change Management, 1999.

Feldman/Spratt, Five Frogs on a Log: A Ceo's Field Guide to Accelerating the Transition in Mergers, Acquisitions and Gut Wrenching Change, 1999.

Große-Oetringhaus/Wigand, Strategische Identität. Orientierung im Wandel. Ganzheitliche Transformation zu Spitzenleistungen, 1996.

Habeck/Kröger/Träm, Wi(e)der das Fusionsfieber. Die sieben Schlüsselfaktoren erfolgreicher Fusionen, 1999.

Henkel von Donnersmark/Schatz, Fusionen, Gestalten und Kommunizieren, 1999.

Klewes/Langen, Change 2.0, Beyond Organisational Transformation, 2008.

Langer, Früherfassung der Unternehmenskultur als Risikofaktor bei mergers & acquisitions: eine methodisch-kritische Pre-Merger-Analyse; Zugl.: Frankfurt (Oder), Univ., Diss., 1999 (Schriftenreihe innovative betriebswirtschaftliche Forschung und Praxis, Bd. 108).

Loefert, Unternehmensreputation und M&A-Transaktionen, 2007.

Lucks, M&A in China. Praxisberichte und Perspektiven, 2006.

Lucks, Internationale Merger und Acquisitions: Der prozessorientierte Ansatz, 2002.

Luecke, Managing Change and Transition, 2003.

Mohr/Woehe, Widerstand erfolgreich managen: Professionelle Kommunikation in Veränderungs-projek-ten, 1998.

Quirke, Communicating Corporate Change: A Practical Guide to Communication and Corporate Strategy, 1996.

XIV. Trends, Tools, Thesen und empirische Tests zum Integrationsmanagement bei Unternehmenszusammenschlüssen*

1. Ausgangssituation

a) Die sechs Wellen im M&A-Markt

Fusionen sind keine Erfindung unserer Tage. Seit dem ersten konzentrierten Auftreten von Unternehmenszusammenschlüssen am Ende des 19. Jahrhunderts lassen sich zyklische Wellen erkennen. Alle Wellen sind sehr unterschiedlich strategisch motiviert gewesen und dadurch mit spezifischen Integrationsanforderungen versehen (vgl. Abb. 1). Ungeachtet der konkreten Integrationsaktivitäten ist auffällig, wenn auch nicht monokausal nachzuweisen, dass jeder Fusionswelle eine volkswirtschaftliche Rezession folgte. Die in der Abbildung angeführten wirtschaftlichen Krisen bzw. Aktienmarkteinbrüche lassen dennoch einen Zusammenhang dieser gigantischen Investitionssummen bei Unternehmenskäufen und der wirtschaftlichen Situation vermuten. Allein in Amerika im Jahr 2000 hat sich der Wert aller Transaktionen im Vergleich zur Gesamtmarktkapitalisierung mit 12 % noch mal über den Durchschnitt der letzten 15 Jahre mit 10 % erhöht. Die zu bestätigende These könnte daher lauten, dass die Fusionswellen deswegen von Rezessionen gefolgt werden, weil die beim Closing an die Aktionäre des Zielunternehmens bereits ausgeschütteten Prämien – als diskontierte zukünftige Erträge – im Rahmen der Integration nicht wieder erwirtschaftet werden können.

b) Sechs Trends der sechsten Fusionswelle

Im Jahr 2007 wurden nach Angaben von Thomson Financial weltweit insgesamt 28 700 Firmenzusammenschlüsse gezählt, die sich auf einen Wert von 3,78 Billionen US Dollar summierten – im Vergleich zum Jahr 2006 ein deutlicher Anstieg des Transaktionsvolumens um 24 % bei nahezu gleich bleibender Anzahl der Transaktionen. Die gleiche Entwicklung ist in Bezug auf die Ankündigungen von Transaktionen zu beobachten. Gleichsam wie die fünf vorausgehenden Wellen, weißt die (aktuelle) sechste Welle spezifische Merkmale auf, die für den M&A-Markt insgesamt prägend sind, und im Folgenden kurz umrissen werden:[1]

---

* Dieser Kurzbeitrag ist ein Auszug von umfangreicheren Untersuchungen (vgl. dazu Jansen 2004, dort sind die insgesamt 33 Hypothesen ausführlich empirisch getestet und diskutiert worden) sowie von Jansen 2008. Dieser Beitrag wurde gegenüber der vorherigen Auflage unter Mitarbeit von Clemens Brugger leicht überarbeitet und aktualisiert.

1 Vgl. zu allen Zahlen und den folgenden Trends im einzelnen Jansen 2008.

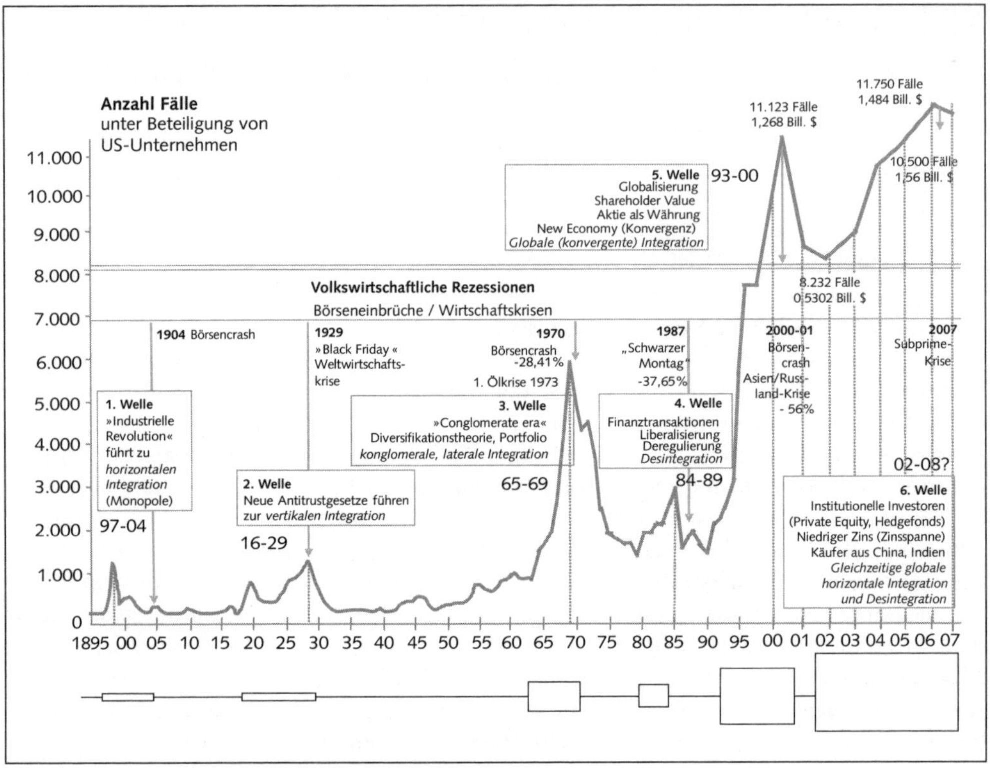

Abb. 1: Fusionswelle, ihre spezifische Integrationslogik und wirtschaftliche Krisen[2]

(1) Größe des Zielunternehmens

Die Größe von Zielunternehmen kann auf zweierlei Arten gemessen werden, anhand des Umsatzvolumens oder des Börsenwertes. Nach den Rekorden Ende der 1990er Jahre sind bereits nach nur wenigen Jahren weltweit – aber auch in Deutschland – wieder zahlreiche Großtransaktionen zu beobachten sowie ein Anstieg der durchschnittlichen Transaktionsgröße der veröffentlichten Übernahmen von 257 Mio. Euro im Jahr 2004 auf 542 Mio. Euro innerhalb eines Jahres. Dennoch: Nach zahlreichen Studien für Europa weisen 96 % der Zusammenschlüsse ein Volumen unter 250 Millionen US-Dollar auf. In Deutschland ist ebenfalls der Mittelstand der Treiber auf den M&A-Märkten: So erzielten zu Beginn des Jahrzehnts 95 % der aufgekauften Unternehmen weniger als eine 500 Mio. Euro, 82 % weniger als 50 Mio. Euro Umsatz.

In einer Analyse von Transaktionen mit einem Netto-Umsatz des Zielunternehmens von über 350 Mio. US-Dollar bzw. über 2 Mrd. US-Dollar für die Jahre 1979 bis 2004 wird gezeigt, dass zum einen die vergleichsweise unerreichbaren Hochstände der Jahre 1989 und 2000 sowie zum anderen die insgesamt überschaubare Anzahl von Transaktionen in dieser Größenordnung. Nach dem zweigeteilten Rekordjahr 2007 – Wachstumsrekorde

2 Vgl. Jansen/Müller-Stewens 2000, Jansen 2004a, S. 67, sowie Jansen 2008.

im ersten Halbjahr und einer sehr deutlichen Abkühlung im zweiten Halbjahr – wird aufgrund der Erschwernis der Refinanzierung der Positionen von Finanzinvestoren sowie deren Weiterreichungen von Beteiligungen an weitere Finanzinvestoren (sogenannte *Secondary Buy-outs*) die Zeit der Megadeals durch Finanzinvestoren als Treiber wegfallen. Private Equity dürften sich künftig auf mittelgroße Transaktionen im Volumen von einer bis fünf Mrd. Euro konzentrieren.

(2) Bindungsrichtung

Fusionen können hinsichtlich ihrer Bindungsrichtung in horizontale, vertikale und konglomerate Akquisitionen differenziert werden. So werden bei *horizontalen* Akquisitionen Unternehmen zusammengeschlossen, die auf der gleichen Produktions- und Handelsstufe operieren. Bei *vertikalen* Akquisitionen erfolgen Zusammenschlüsse aufeinanderfolgender Produktions- oder Handelsstufen. Es kann somit weiter unterschieden werden in den Fall der sogenannten *backward integration*, bei der in der Wertkette vorgelagerte Unternehmen integriert werden, sowie in den Fall der sogenannten *forward integration*, bei der nachgelagerte Unternehmen integriert werden. Bei *konglomeraten* oder *lateralen* Diversifikationsüberlegungen werden aufgrund von beispielsweise finanzpolitischen und risikostreuungsorientierten Gesichtspunkten Zusammenschlüsse von unterschiedlichen Branchen mit unterschiedlichen Produktionsstufen vorgenommen. Die horizontale Bindungsrichtung ohne Produktausweitung ist seit nunmehr 20 Jahren die dominante Form des deutschen M&A-Geschäftes – mit der Folge eines erhöhten Konzentrationsgrades in einzelnen Branchen. Die vertikale Integration und die konglomeraten Zusammenschlüsse hingegen nehmen auf niedrigem Niveau weiter ab. Diese Entwicklung lässt sich analog auch bei amerikanischen Akquisitionen zeigen, bei denen über 75 % der Transaktionen keine Wechsel der Branchen vorgenommen haben.

(3) Cross-Border Deals

Die überwiegende Anzahl der grenzüberschreitenden Transaktionen wird seit jeher von kleinen und mittelständischen Unternehmen durchgeführt. 1990 betrug ihr geschätzter Anteil ca. 75 % der gesamten Transaktionen, während 204 der 1.000 weltgrößten Unternehmen mit einem Volumen von 57 Milliarden US-Dollar wertmäßig ca. 50 % des gesamten grenzüberschreitenden Volumens ausmachen (vgl. Stein 1993, S. 86). Die Konzentration liegt in den Triademärkten. Transaktionen unter deutscher Beteiligung finden vor allem mit Firmen in England, dem höchstentwickeltsten Markt Europas, und Firmen in den USA statt.

(4) Transaktionsfinanzierung

Welche Währung für eine Finanzierung einer Transaktion eingesetzt wird, gilt als Signal an den Kapitalmarkt für die Selbsteinschätzung des Käufers hinsichtlich seiner Börsenbewertung. Wird ein Unternehmen gegen Bargeld erworben (*cash offer*), dann soll dies dem Kapitalmarktbeobachter signalisieren, dass sich der Käufer an der Börse unterbewertet fühlt und daher seine eigenen Aktien behalten und den Kaufpreis aus dem Cashflow bzw. aus einer Fremdfinanzierung heraus finanziert. Wird es hingegen im Aktientausch (*share swap*) erworben, dann signalisiert dies dem Kapitalmarkt, dass es seine Aktien für überbewertet hält und mit zu hoch bewerteten Aktien ein anderes – fair bewertetes – Unternehmen zu günstigeren Konditionen als Bargeld erwirbt (vgl.

Agrawal/Jaffe/Mandelker 1992). Während die fünfte Welle in der Hochzeit in 45 % der Fälle die »Währung Aktie« eingesetzt wurden, hat sich dies bis 2006 sehr deutlich verkehrt: So sind im Jahr 2006 im Vergleich zum Jahr 1999 doppelt soviel Transaktionen bar bezahlt worden und nur zu einem Drittel in Aktien, was unter anderem auch auf die gut gefüllten Kriegskassen der Unternehmen zurückzuführen war, die es den strategischen Investoren erleichterten, im Wettstreit mit den Finanzinvestoren Schritt zu halten.

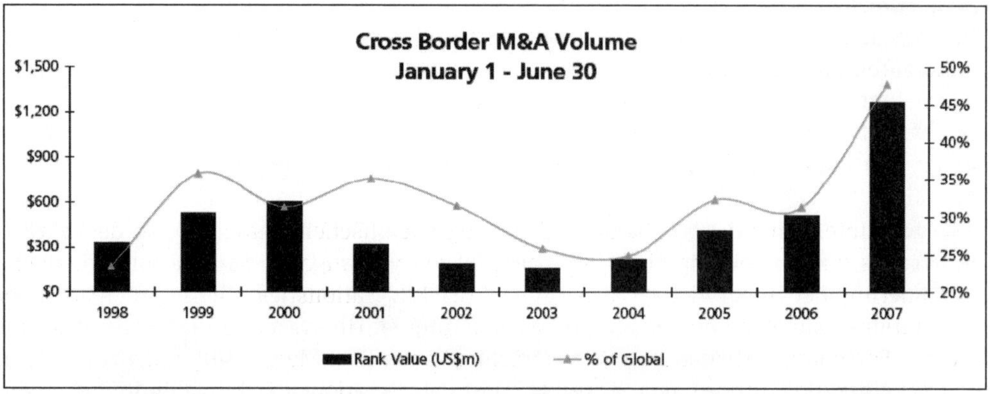

Abb. 2: Volumen von Cross Border Deals und prozentualer Anteil an den gesamten M&A-Aktivitäten innerhalb der ersten Jahreshälften[3]

(5) Prämienentwicklung

Machte während der fünften Welle in den 1990er-Jahren die Prämienhöhe ca. 40 % des Kaufpreises aus, sind diese nach dem Platzen der sogenannten *New Economy-Blase* signifikant gefallen. Die weltweite Prämienhöhe erreichte dann 2006 mit 46 % einen absoluten Spitzenwert, der 2007 um 19 Prozentpunkte einbrach, und sich dem Niveau von 2005 wieder anpasste. Anders hingehen entwickelte sich die Prämienzahlung in Europa. Hier ist ein moderater Anstieg um 8 % seit dem Jahre 2004 zu erkennen, die prozentuale Höhe der Prämien nähert sich somit dem Anfangsniveau der sechsten Welle.

(6) Neue Akteure auf der Akquisitionsseite

Der absolute und relative Anteil der Private-Equity-Gesellschaften (PEG) hat in den vergangenen Jahren deutlich zugenommen. Waren im Jahr 1999 noch 272 Transaktionen mit einem Gesamtvolumen von 117 Mrd. US-Dollar durch Finanzinvestoren zu verzeichnen, stieg der Betrag auf 818 Mrd. US-Dollar im Jahr 2006. Dabei versechsfachte sich der relative Anteil am weltweiten M&A-Markt von 4 % auf nunmehr 24 % in nur sieben Jahren. In der gleichen Zeit hat sich auch die durchschnittliche Transaktionsgröße von ca. 450 Mio. US-Dollar auf inzwischen 1.182 Mio. US-Dollar erhöht. Es geht um das *L-Word*, wie es im angelsächsischen Kontext heißt: Liquidity, Liquidität. Die Fondsvolumina konnten in den vergangenen Jahren signifikant gesteigert werden, sodass im Jahr

3 Thomson Financial League Table

2006 insgesamt über 115 Fonds gezählt wurden, die über ein Eigenkapitalvolumen von über einer Milliarde US-Dollar verfügen – zum Vergleich: 1989 waren es genau fünf (vgl. zu den Zahlen Tschöke/Hofkammer 2007, S. 72). Jedoch – getrieben von der Subprime-Krise – brachen die angekündigten Private Ecquity M&A Deals um die Hälfte ihres Volumens in den Monaten August bis November 2007 im Vergleich zu den Vorjahreswerten dieses Zeitraums wieder ein. Im kleineren Umfang – aber mit einer besonderen medialen Beoachtung – entwickelte sich der Hedge-Fonds-Sektor: Im Jahr 2006 sprachen Schätzungen davon, dass nunmehr 87 % aller in einem Börsenindex geführten deutschen Unternehmen bereits einen oder mehrere Hedge Fonds unter ihren Aktionären aufwiesen.

c) Für Praxis und Forschung: Integrationsparadigmen

Aus den unterschiedlichen Fusionswellen, den spezifischen Zahlen sowie den aktuellen Trends wird bereits deutlich, dass sich in den vergangenen Jahren eine erhebliche Veränderung der Integrationsanforderungen, der Integrationstiefe und letztlich auch der Integrationskompetenz ergeben hat (vgl. Abbildung 3). Überrascht es zunächst, dass nur wenige Forschungsarbeiten zu den unterschiedlichen Post-Merger-Aktivitäten vorliegen, so liegt einer der Gründe darin, dass das Thema »Integration« in den ersten Wellen kaum eine Bedeutung erhielt, da die Integrationskompetenz nicht ausschlaggebend für den Erfolg der Transaktion war. Gemäß den gezeigten Trends der sechsten Welle, können nun aber deutliche Einflüsse auf die Integrationsanforderungen beobachtet werden:

(1) *Cross border transactions* fordern eine neue regionale und nationalkulturelle Integrationskompetenz in nahezu allen Bereichen wie Corporate Governance, Marketing, Vertrieb oder auch Produktion und Corporate Finance.
(2) Zusammenschlüsse von *New Economy Unternehmen* und Dienstleistern sind in der Integrationsleistung aufgrund der eher wissens- und personalgetriebenen Kapitalien sehr unterschiedlich von den eher finanziellen und materiellen Kapitalien bestimmten Zusammenschlüssen klassischer Produktionsunternehmen.
(3) *Feindliche Übernahmeversuche* haben – unabhängig von ihrem üblicherweise freundlichen Ausgang – aufgrund der starken negativen Aufladung der beiden Organisationen enorme Anstrengungen in der operativen Synergieerzielung zur Folge.
(4) Die hohe Wettbewerbsdynamisierung führt zu immer schnelleren strategischen Neuorientierungen, sodass Unternehmensteile in Zukunft wesentlich fungibler werden, als es noch vor einigen Jahren der Fall war. *Strategische Desinvestitionen* – auch von jüngst erst erworbenen Bereichen – werden in den kommenden Jahren unternehmerische Normalität werden – mit allen damit verbundenen Risiken. Dennoch hat diese losere Kopplung unmittelbare Konsequenzen auf die Integrationstiefe.
(5) Die hohe Prämienzahlung an die Zielaktionäre legt das neufusionierte Unternehmen auf Jahre hinsichtlich der Rationalisierungsergebnisse fest. Die Goodwill-Amortisation schafft eine spezifische Determinierung der weiteren strategischen Entscheidungen, sodass ein sorgfältiges Post-Merger-Management mit einem *Synergy Tracking* aufgesetzt werden muss, um Kaufpreis und Integrationskosten einzuspielen.

(6) Durch die Renaissance der *Barangebote* wird nun die positive Entwicklung der Börsen entsprechende Post-Merger-Fehler nicht mehr länger verschleiern können.

ZEITRAUM	STRATEGISCHE ZIELRICHTUNG		POST MERGER-KOMPETENZ
1897–1904	**1. Welle**		
	Strategie:	Monopolrenten durch horizontale Übernahmen	
	Integrationsanforderung:	Bündelung der Marktmacht	■□□□□
1916–1929	**2. Welle**		
	Strategie:	Vertikale Integration zur Kontrolle der gesamten Wertschöpfungskette	
	Integrationsanforderung:	Optimierung des Schnittstellenmanagements	■■□□□
1965–1969	**3. Welle**		
	Strategie:	anti-zyklisches Portfolio zur Konjunkturabfederung	
	Integrationsanforderung:	Aufgrund unverwandter Akquisitionen keine	□□□□□
1984–1989	**4. Welle**		
	Strategie:	»Back to Core-Business« durch Desinvestitionen	
	Integrationsanforderung:	Durch Konsolidierung mit gelegentlichen horizontalen Akquisitionen nur bedingt	■□□□□
	Strategie:	Spekulationsgewinne durch Finanztransaktionen (LBO)	
	Integrationsanforderung:	Durch vorrangig finanzielle Motivation gering	■□□□□
1993–2000	**5. Welle**		
	Strategie I:	Steigerung des Shareholder Value und Globalisierung	
	Integrationsanforderung:	Durch horizontale Akquisitionen um Kernkompetenz und regionale Integration hoch	■■■■■
	Strategie II:	Talents & Technology, Konzentration (New Economy)	
	Integrationsanforderung:	Durch spezifische Gründerkulturen und innovations- und personalgetriebenen Ansatz hoch	■■■■□
2002–2008	**6. Welle**		
	Strategie I:	Operative Käufer: Weitere Konsolidierung von Branchen	
	Integrationsanforderung:	Durch horizontale Akquisitionen um Kernkompetenz und globale Integration hoch	■■■■■
	Strategie II:	Finanzinvestoren: Effizienzsteigerung durch Wachstumsstrategien mittels (Fremd-)Finanzierung und veränderter Governance	
	Integrationsanforderung:	Buy-and-Build-Strategien hoch, Secondary Buy Outs klein	■■▒□□

Abb. 3: Strategische Konzepte und Integrationsanforderungen der sechs Fusionswellen

Zusammenfassend kann eine vollkommen neue unternehmerische Kernkompetenz im Akquisitionsmanagement konstatiert werden, die sich – vor dem Hintergrund der im kommenden Abschnitt gezeigten Erfolgsaussichten – sowohl in der Pre- als auch in der Post-Merger-Phase deutlich professionalisieren muss. Noch kann diese Kompetenz nicht auf wissenschaftliche Ergebnisse bauen und vertrauen, da bisher allenfalls einzelfallbezogen gearbeitet wurde oder im managementphilosophischen Bereich sich höchst widersprechende Empfehlungen finden lassen.

d) Licence to kill: Erfolgsquoten von Fusionen

Sind Fusionen eine Lizenz zum Töten? So spektakulär die letzten Fusionswellen auch hinsichtlich ihrer fortwährend steigenden Volumina und auch der immer kürzeren Abstände zwischen den Wellen auch waren, umso spektakulärer sind hingegen die Misserfolgsraten dieser Unternehmenszusammenschlüsse. Wie genau der Erfolg von Fusionen bewertet wird, kann wissenschaftlich nicht hinreichend bestimmt werden, da alle bisher verwendeten Messmethoden systematische Schwächen aufweisen und in der Regel auf quantitative Werte abstellen.[4]

Im angelsächsischen und zunehmend auch im deutschsprachigen Raum werden seit den 1970er-Jahren Untersuchungen bezüglich des Erfolgs von Unternehmenszusammenschlüssen durchgeführt. Dabei werden durchgängig quantitative Messzahlen für den Erfolg mit bestimmten »technischen« Charakteristika des Deals korreliert. Sie unterscheiden sich hinsichtlich ihrer Methodik und der Erfolgsdefinition deutlich, zeigen aber in der Tendenz ähnlich alarmierende Ergebnisse auf (vgl. zu den Prozedere, Problemen und Potentialen von Erfolgsmessungen ausführlich Jansen/Petersen 2000).

So wurden Jahresabschlussanalysen, kapitalmarktorientierte Analysen, Insiderbefragungen, Wiederverkaufsanalysen und reine Erklärungsansätze durchgeführt: Sie belegen Misserfolgsraten von bis zu 85 % (z. B. für Banken Hayes 1998), von bis zu 61 % anhand von Wiederverkäufen (vgl. Porter 1987 und die methodische Entgegnung bei Kaplan/ Weißbach 1992). Ein statistisch signifikanter Wertverlust von 10,26 % wurde bei einer Analyse von NSYE/AMEX Transaktionen für den Zeitraum von 1955 bis 1987 in den ersten fünf Jahren nach der jeweiligen Transaktion festgestellt (Agrawal et al. 1992).

Horizontale Zusammenschlüsse ohne Produktausweitung führen ähnlich wie konglomerale Zusammenschlüsse zu Rentabilitätseinbußen. *Mergers of Equals*, d. h. aktienfinanzierte Fusionen mit einem Verhältnis von 50/50 bis maximal 70/30, scheinen nach einer internen Studie von J.P.Morgan mit einer Erfolgsquote von über 60 % leicht besser abzuschneiden als Akquisitionen (Gibbs 1998). In jüngeren Studien von Managementberatungen z. B. von Arthur D. Little, A.T. Kearney, Booz.Allen & Hamilton, Boston Consulting Group, McKinsey und Mercer werden relativ übereinstimmend Misserfolgsraten um die 60 % und unterdurchschnittliche Renditen für den Aktionär bei jeder zweiten Fusion genannt. Diese im Ergebnis unterschiedlichen, aber von der Tendenz her eher pessimistischen Einschätzungen des Erfolges von Akquisitionen können anhand der vorliegenden Analysen zunächst auf drei Kernursachen des Scheiterns fokussiert werden:

Drei Felder der Akquisitionsprobleme

(1) Überoptimistische Einschätzung der Situation
- Überschätzung der Synergiepotenziale
- Überhöhter Kaufpreis

(2) Unzureichender Planungsprozess
- Unzureichende Markt- und Unternehmensanalysen
- Fehlende Vorbereitung und Planung der einzelnen Phasen einer Akquisition
- Keine Koordination der Teilpläne mit der Konzernstrategie

(3) Personelle, kulturelle und organisatorische Integrationsprobleme
- Unterschätzung der personellen Probleme
- Fehlende Integrationsplanung
- Nichtberücksichtigung der unterschiedlichen Kulturen sowie Kommunikations- und Entscheidungsverhalten

Abb. 4: Eigene Aufstellung

4 Vgl. zu den Prozedere, Problemen und Potenzialen der Erfolgsmessung bei Fusionen Jansen/Petersen 2000. Zu einer Übersicht über verschiedene Ansätze und Studien siehe auch Jansen 2001a, S. 244.

2. Grundmodell und Instrumente des Post-Merger-Managements

a) 7 K-Modell der Integration

Zwar hat das Post-Merger-Management innerhalb der letzten Jahre sowohl innerhalb der US-amerikanischen wissenschaftlichen Forschung als auch in den stark praxisbezogenen Veröffentlichungen an Bedeutung gewonnen, jedoch steht diese Entwicklung für Deutschland noch weitgehend aus, da ein Großteil der bisherigen Arbeiten mit diesem Thema meist sehr praxisorientiert und selektiv umgeht. Als Basis für die weiteren Überlegungen in diesem Abschnitt soll an dieser Stelle das »7 K-Modell« dienen, das alle wesentlichen Aspekte des Post-Merger-Managements in eine Gesamtstrategie einbindet und die daraus resultierenden Integrationskosten besser bestimmbar macht:

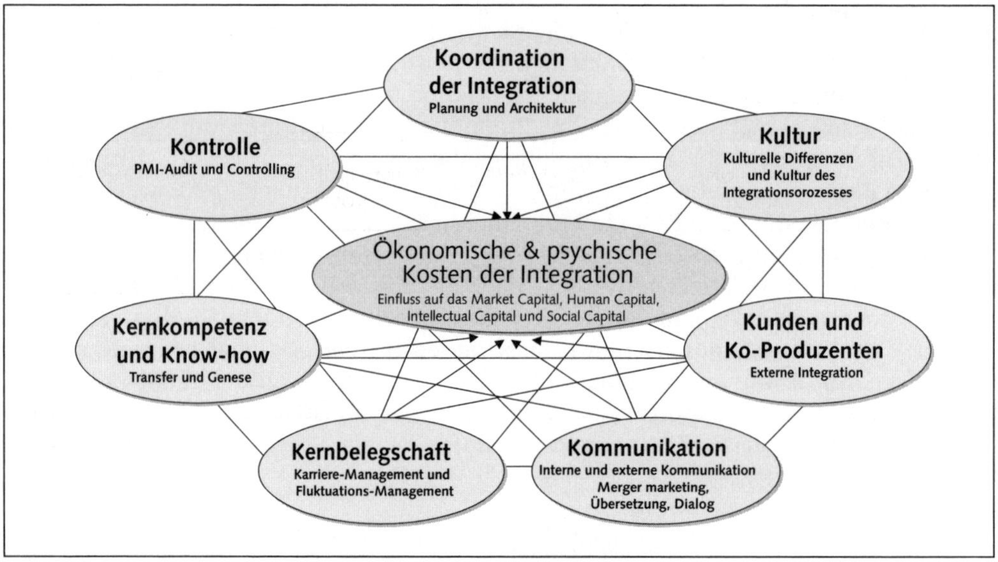

Abb. 5: Das 7 K-Modell des Post-Merger-Managements[5]

Die sieben K´s können in diesem Beitrag nur in aller Kürze angerissen werden, um einen Eindruck der Komplexität des gesamten Prozesses zu erhalten. Zuvor soll allerdings die mit diesem Modell intendierte Bestimmung von Integrationskosten ausgeführt werden, die bisher in den mittlerweile sehr komplexen Unternehmensbewertungsverfahren kaum Berücksichtigung erfahren hat. Im Zentrum stehen die vier wesentlichen Kapitalien einer Organisation: Market Capital, Human Capital, Intellectual Capital und Social Capital.

5 Vgl. Jansen 1999 und 2000c.

b) Kosten der Integration: Kostensynergien kosten Synergien!

Wesentlich für dieses Modell ist die Betrachtung aller Perspektiven unter Berücksichtigung der Integrationskostenbestimmung, die bisher entgegen der Synergien noch nicht systematisch in die Unternehmensbewertung einbezogen werden. Während die Bestimmung des Unternehmenswertes mittlerweile eine Flut von Beratungsprodukten hervorgebracht hat,[6] ist noch kein wissenschaftlich weitreichender Ansatz zur Bestimmung der Integrationskosten vorgelegt worden. Die folgende Abbildung gibt die grundsätzliche Bewertungslogik wieder:

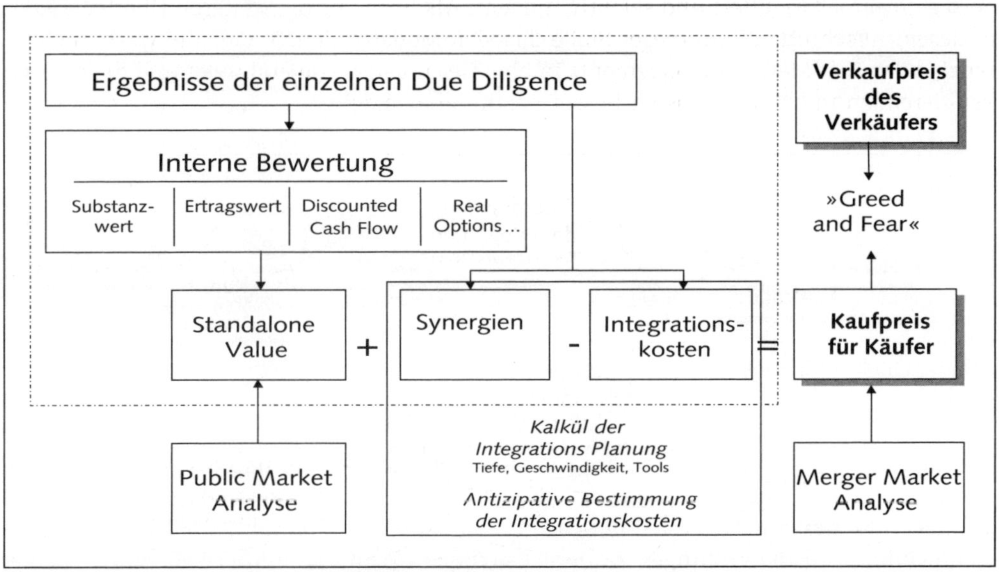

Abb. 6: Kalkül der Synergien und Integrationskosten[7]

Damit wird deutlich, dass die Kosten der Synergieerzielung mit eingeplant werden müssen. In vielen Fusionen sind diese Integrationskosten in der Vergangenheit höher gewesen als die zu erzielenden Synergien. Deswegen kann die zum Teil widerlegte These der überhöhten Kaufpreise als Scheiterungsgrund von Michael Porter über dieses Argument bestätigt werden.[8] Dieses Kalkül sieht im Detail wie folgt aus:

6 Vgl. Jansen 2001a, S. 190–223.
7 Jansen 2001a, S. 193.
8 Porter 1987.

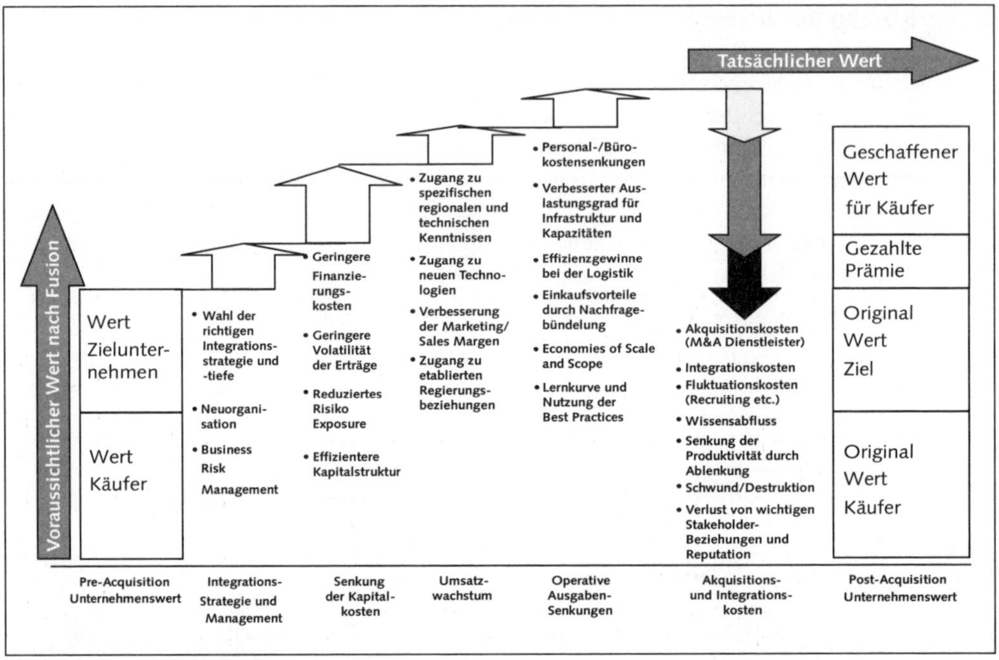

Abb. 7: Quellen für Synergien und Integrationskosten[9]

Die zukünftigen Bemühungen in der Forschung wie auch in der unternehmerischen Praxis müssen daher auf die Schätzung dieser Kostentreiber abzielen. Wie im 7 K-Modell gezeigt, sind hier alle sieben K`s der Integration bereits im Pre-Merger-Management hinsichtlich ihrer Kostenwirkungen zu berücksichtigen. Während mittlerweile alle Manager der ersten fünf Hierarchieebenen sich kontinuierlich über den Börsenwert informieren, sind die drei originären Kapitalien der Organisation unbeobachtet: Fusionen haben einen unmittelbaren Einfluss auf das *Human Capital* (die Kernbelegschaft und die Attraktivität im »war for talents«), auf das *Intellectual Capital* (Wissen, Innovationen und andere immaterielle Aktiva) und auf das *Social Capital* (Reputation in Märkten, Markenkapital, Beziehungen). In den Thesen wird deutlich werden, welchen unmittelbaren Einfluss Fusionen auf die Vernichtung dieser Kapitalien haben.

c) Koordination: Integrationsplanung und -architektur

Eine Fusion stellt zu einem Zeitpunkt nahezu alle Routinen, alle Strukturen und Kommunikations- und Entscheidungsregeln im operativen Geschäft in Frage. Diese Komplexität

9 Jansen 2001a, S. 193.

der organisationalen Neugründung wird nur durch eine komplexe Struktur der Integrationsarchitektur möglich, die als temporäre Parallelorganisation fungiert.[10]

Die Koordination und die Architektur der Integrationsaktivitäten wird im Wesentlichen durch den Typus der Transaktion und seiner strategischen Zielsetzung geprägt, aus dem sich Entscheidungen hinsichtlich der Integrationsnotwendigkeiten, der -verbote und damit auch der Integrationstiefe ableiten lassen. Die folgende idealtypische Unterscheidung von drei Fusionstypen gibt einen ersten Hinweis auf die Koordinationsfrage:

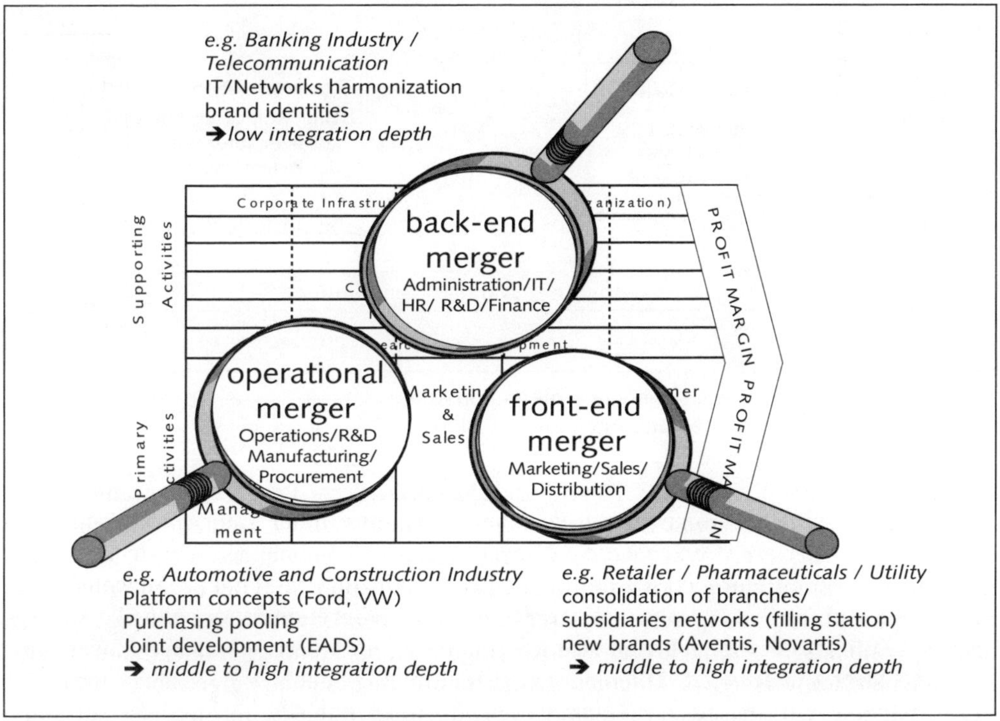

Abb. 8: Drei Fusionstypen und spezifischen Integrationstiefen[11]

Nach dieser Bestimmung des Fusionstypus lassen sich unterschiedliche Integrationsansätze hinsichtlich ihrer Anforderungen an den organisatorischen Wandel unterscheiden:

10 Vgl. auch den Beitrag C.X.
11 Jansen 2001, Exhibit 13.

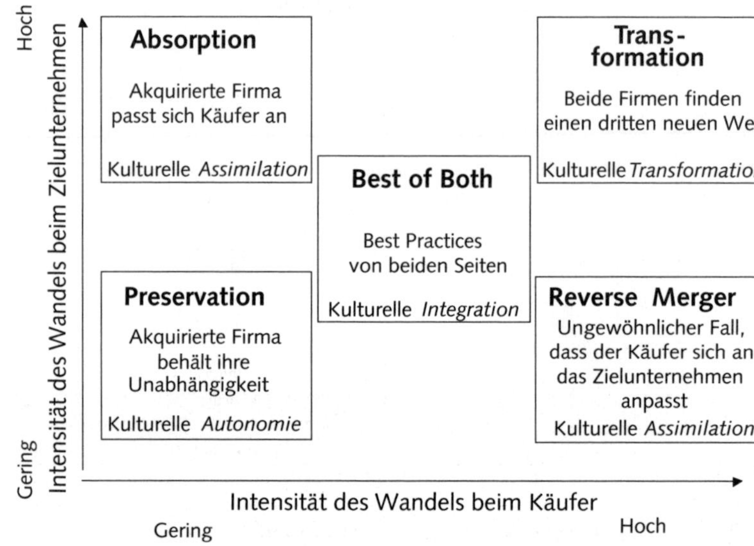

Abb. 9: Integrationstypologien und ihre »Integrationskultur«[12]

Grundsätzlich lassen sich zentralisierte und dezentralisierte Post-Merger-Architekturen erkennen, sowie die bei grenzüberschreitenden Transaktionen vielfach zu beobachtenden symbiotischen Ansätze.[13] Während die zentralisierten Formen vielfach unter Überlastung und fehlender Einbindung von dezentraler Intelligenz leiden, sind bei dezentralen Integrationsarchitekturen häufig Verschleppungstendenzen bei der Synergieerzielung zu beobachten. Symbiotische Architekturen werden eingesetzt, bei komplexen Integrationsprozessen, wie beispielsweise große »Merger of Equals« und insbesondere grenzüberschreitende Transaktionen (vgl. PricewaterhouseCoopers Abb. 10). Dabei wird eine zentrale Perspektive mit ungefähren Integrationsaufgabenfeldern definiert und das Berichtswesen eingesetzt, während in der Organisation dezentral selbstdefinierte Issues-Teams zusammengesetzt werden und ergebnisoffen direkt am Markt arbeiten (wie beispielsweise die vielfach eingesetzte Post-Merger-Matrixorganisation von DaimlerChrysler).

Dennoch zeigt die bisherige Praxis, dass jede Fusion eine hochspezifische, an die Branchenlogik, die Fusionsstrategie und auch die bisherige Erfahrungen mit anderen Change-Management-Projekten ausgerichtete Architektur benötigt.

12 Vgl. hierzu z. B. Marks/Mirvis 1998, S. 73.
13 Vgl. Morosini 1999.

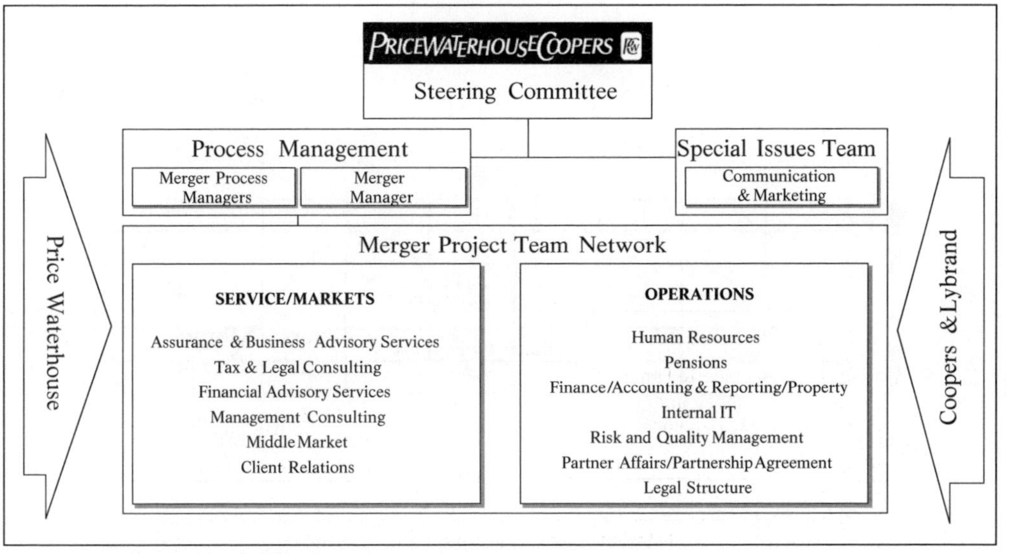

Abb. 10: Integrationsarchitektur von PricewaterhouseCoopers[14]

d) Kultur: Due Diligence und Fusionskultur

Eines der Dauerthemen bei Zusammenschlüssen scheint das Thema der Organisations-, Industrie- und Länderkulturen zu sein. Dabei wird insbesondere bei grenzüberschreitenden Fusionen die Kultur als wesentlicher Faktor für das Gelingen bzw. Scheitern angeführt. Auch in der wissenschaftlichen wie auch managementorientierten Literatur ist dieses Thema beherrschend. Auffällig ist die ausgesprochene Varianz von verschiedenen Erklärungsversuchen des schwer fassbaren Phänomens Kultur. Allen gemein ist jedoch, dass Kultur im Wesentlichen als Problem erkannt wird.

Nachdem nun auch in Beratungen das Thema seit den 1980er Jahren nicht mehr wegzudenken ist, werden nun angesichts der Fusionswelle eigene Produkte angeboten, die im Wesentlichen auf die Pre-Merger-Phase ausgerichtet sind. Die sogenannte »Cultural Due Diligence« ist ein solcher Versuch, entsprechende Kulturprofile zu erstellen, die Aussagen für das Post-Merger-Management zulassen sollen.

Die grundsätzliche Problematik dieser Instrumente liegt in den Annahmen, die ihnen zugrunde liegen. So ist keineswegs klar, ob ein *cultural fit* hier entsprechend positive oder negative Konsequenzen für das Unternehmen und seine Leistungskraft aufweist. Die bisherige Meinung spricht in der Regel von einem *cultural clash* als Scheiterungsursache, die sich mit steigender Integrationstiefe als ein Hindernis darstellt.

Nahavandi und Malekzadeh haben in einer differenzierten Darstellung die unterschiedlichen Konstellationen zusammengefasst, die bei zwei Unternehmenskulturen auftreten können. Dabei spielen zum einen das Interesse der Beibehaltung der eigenen Kultur und zum anderen die Attraktivität der neuen Kultur eine einflussgebende Rolle.

14 Vgl. UBS 2000.

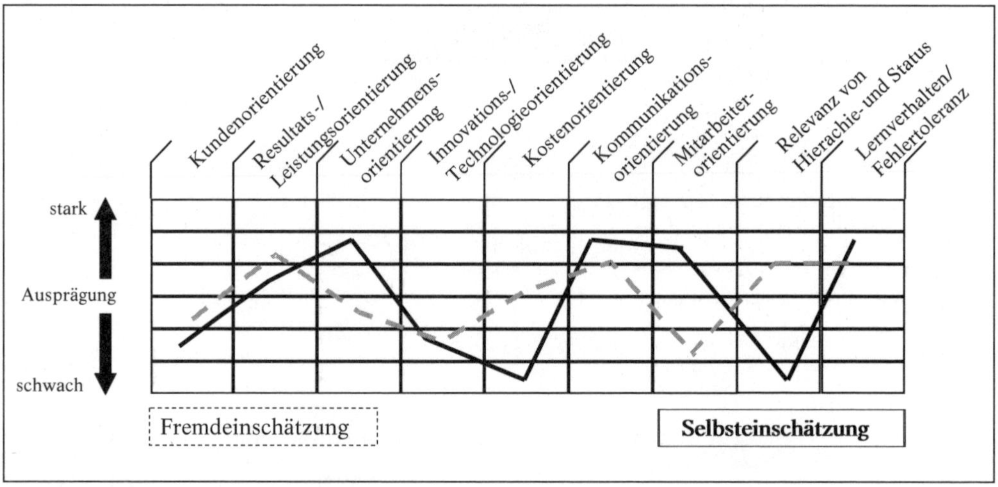

Abb. 11: Cultural Due Diligence[15]

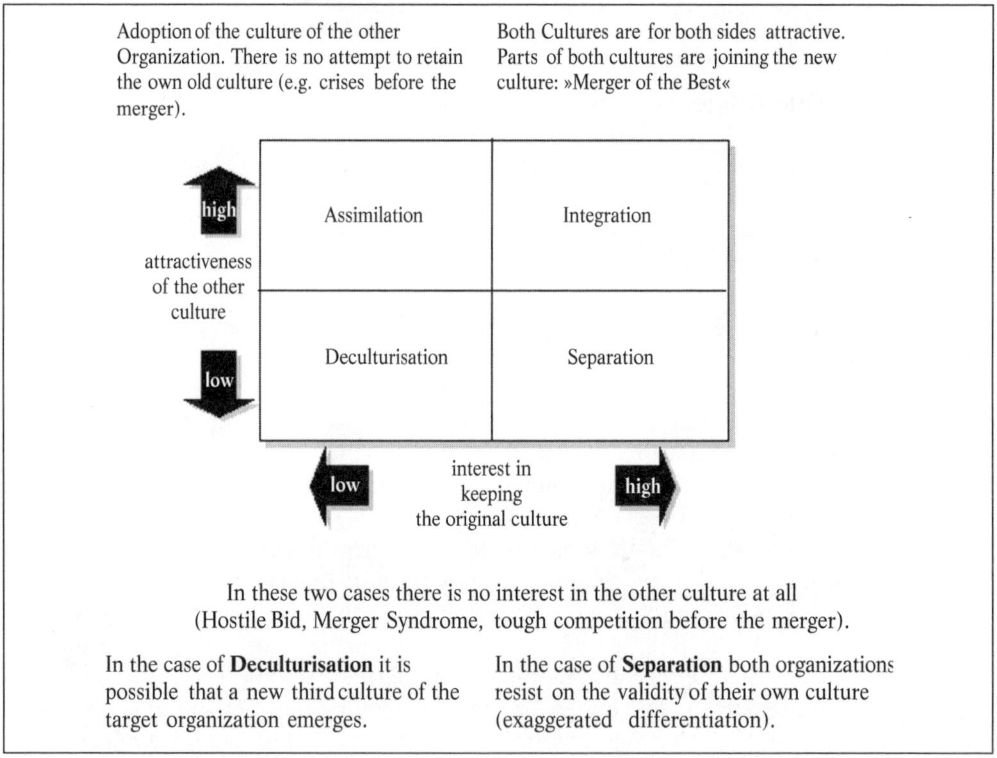

Abb. 12: Vier Typen der Akkulturation [16]

15 Vgl. für solche Darstellungen z. B. Jung 1992, S. 202.
16 Modifiziert nach Nahavandi/Malekzadeh 1988.

Für die nationalkulturellen Unterschiede bei grenzüberschreitenden Transaktionen sind ebenfalls eine Vielzahl von Analysen durchgeführt worden – mit sehr unterschiedlichen Ergebnissen.[17] Ähnlich wie bei den unternehmenskulturellen Annahmen ist es auch hier nicht geklärt, inwieweit unterschiedliche Nationalkulturen entsprechende positive oder negative Einflüsse auf die Post-Merger-Erfolge haben. Die folgende Darstellung von Morosini zielt auf die nationalkulturellen Unterscheidungen ab, die nach seiner Einschätzung klar konfliktgeladen sind: Umgang mit Entscheidungen unter Unsicherheit einerseits und Macht bzw. Hierarchie als wesentliches Steuerungsmedium andererseits. Im Rahmen der Thesen und der eigenen Untersuchungen wird auf diese Aspekte der nationalen und organisationalen Kulturen genauer eingegangen.

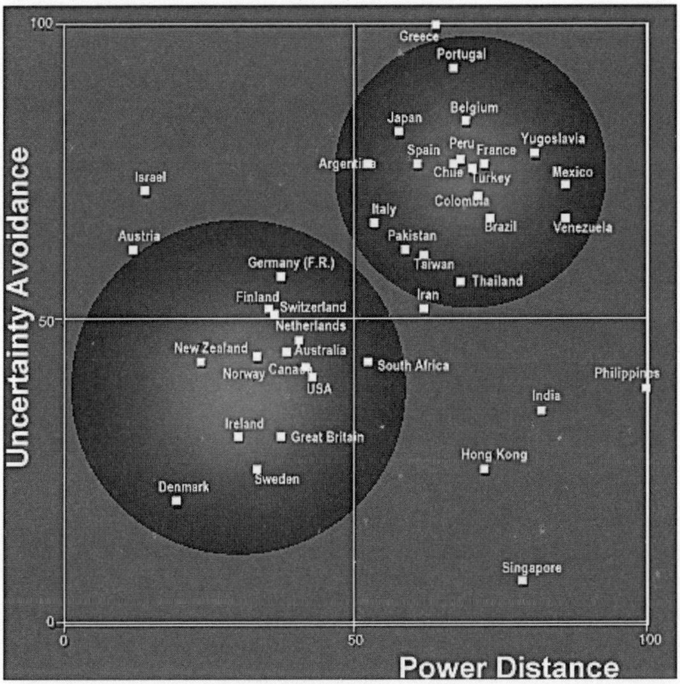

Abb. 13: Nationale Kulturprofile nach Umgang mit Unsicherheit und Einsatz von Hierarchie[18]

e) Kunden und Ko-Produzenten: Integriert die Externen!

Ein Mythos bei Fusionen ist: Der Kunde merkt das nicht und der Zulieferer hat es hinzunehmen. »Under new management!« Ein Mythos: Die Umsatzdellen nach Zusammenschlüssen sind symptomatisch und die Kundenwanderungen basieren auf unterschiedlichen Motiven. Zulieferer hingegen sehen die Kostensynergien insbesondere auf der Seite

17 Für viele Untersuchungen mit Fokus M&A: Olie 1994; Morosini 1998, 1999; Gertsen et al. 1998.
18 Morosini 2000.

des Einkaufs – also bei ihnen. Somit gäbe es den Hinweis auf ein volkswirtschaftliches Null-Summen-Spiel, da es lediglich um eine Redistribution von Gewinnen der Zuliefererfirmen auf die fusionierenden Unternehmen gibt. Es sind daher antizipative direkte oder indirekte Preiserhöhungen von Zulieferern zu beobachten, basierend auf der Annahme, dass die durch die Fusion erzielten Synergien, gänzlich bei den fusionierten Unternehmen bleiben und diese ihre neue Verhandlungsposition zum Nachteil der Zulieferer ausnützen werden. Die Integration der Externen ist eine zwingende Aufgabe vor dem *Day One*, um entsprechende Probleme zu verhindern. Dazu sind Integrationsnotwendigkeiten nach hinten und nach vorn in der Wertschöpfungskette für das gesamte *Supply-Chain-Management* sowie eine Kundenintegration zwingend.

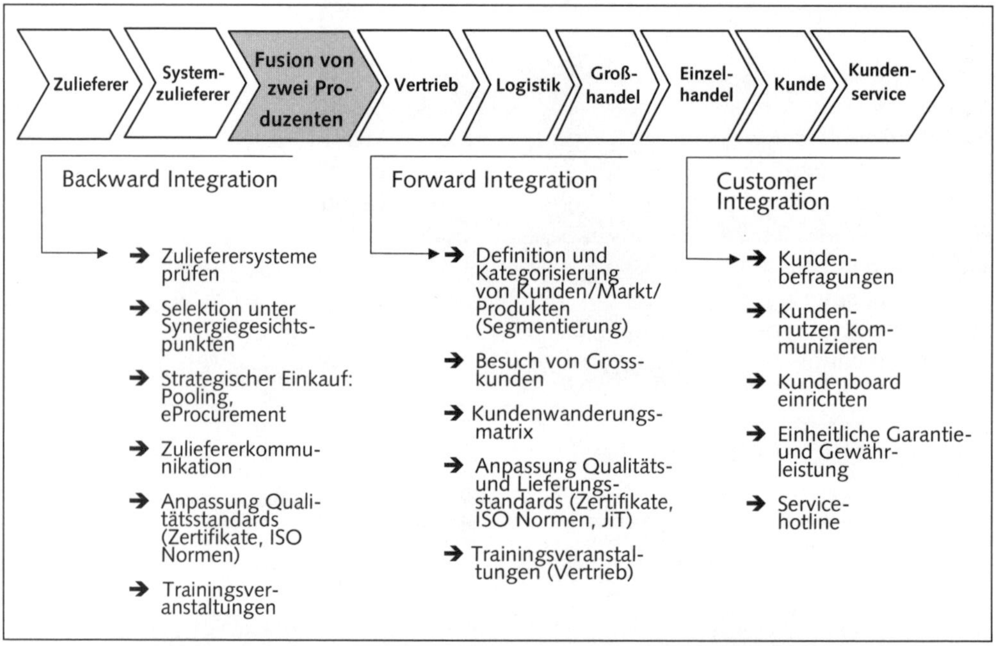

Abb. 14: Externe Integration als ein »Post-Merger-Supply-Chain Management«

f) Kommunikation: Kommunikation zu Stakeholdern für Shareholder Value

Der Aspekt der Unternehmenskommunikation ist mittlerweile als wichtigste Aufgabe rund um die Fusionsankündigung und Post-Merger-Phase erkannt. Die Herausforderung der Kommunikation liegt in der gleichzeitigen Ansprache von sehr unterschiedlichen Zielgruppen.

Durch die systematische Kommunikationslücke aufgrund der vertraulichen Verhandlungen bis zur Ankündigung besteht ein hohes Misstrauen in die Kommunikation des Managements, das auch im Nachgang nur schwer zu korrigieren ist. Die interne Kommunikation aber auch die externe Kommunikation an alle Stakeholder wird nach Auskunft aktueller Studien zum zentralen Erfolgsfaktor bei Fusionen. Ersten Studien zufolge kann festgehalten werden, das die reinen *Informations*aktivitäten nicht ausreichen und die starke Entwicklung von destruktiven Gerüchten so nicht eingedämmt werden können. So gilt der Grundsatz für das Top-Management: Bad news first! Nur durch Authentizität kann das Vertrauen wieder zurückgewonnen werden, sodass auch die »good news« wieder geglaubt werden. Interessant auch hier die alte Einsicht der Corporate-Communications-Abteilungen: Externe Kommunikation ist interne Kommunikation – vice versa. Die externe Kommunikation hingegen wird u. a. auch durch eine Stabilisierung des jeweiligen Markenkapitals, das Merger Marketing und durch die intensive Stakeholder-Kommunikation stark gefordert.

g) Kernbelegschaft: Identifikation und Incentivierung

John Chambers, CEO Cisco Systems, antwortete auf die Frage »How do you measure success in your acquisitions?« für seine Branche klar und präzise: »Retention of people and [...] short-term wins for acquired employees«. In der Tat: Auch in der Old Economy steigt die Fluktuation von Mitarbeitern nach Fusionen auf das 12fache des Normalniveaus.[19] Eine weitere Studie fand heraus, dass annähernd zwei Drittel aller CEOs von amerikanischen Zielunternehmen innerhalb der ersten fünf Jahre nach der Akquisition das Unternehmen verlassen, und dass bei grenzüberschreitenden Transaktionen sich die Fluktuationsrate um ein Weiteres erhöht.[20] Das Human-Resource-Management ist während der Umsetzung der Post-Merger-Phase mit vielen Herausforderungen konfrontiert – und das häufig ohne in der Pre-Merger-Phase miteinbezogen zu werden.

Selektion
- ➔ Identifikation der Kernbelegschaft (Leistungsträger für das Wachstum)
- ➔ Identifikation der Multiplikatoren für das PMI Management

Vergütung/Incentives
- ➔ Harmonisierung des Vergütungssystems
- ➔ Incentivierung der Kernbelegschaft zur Verhinderung der Fluktuation
- ➔ Variabler Anteil an PMI Erfolg koppeln

Personalentwicklung
- ➔ Schnelle Anpassung der Qualifizierungsmaßnahmen auf die neuen Aufgaben
- ➔ Karriereplanungen müssen angepasst werden

Arbeitsstrukturen/-formen
- ➔ Erprobung neuer Formen der Arbeit
- ➔ Beobachtung der Routinen/Work flow
- ➔ Einsatz von cross organizational und functional Teams

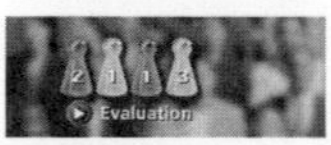

Evaluation
- ➔ Anpassung der Evaluationsverfahren
- ➔ Mitarbeitergespräche und 360 Grad-Bewertungen erzeugen Stimmungsbild
- ➔ Link: Feed back und Weiterbildung

Kommunikation
- ➔ Informationsveranstaltungen
- ➔ Face to face Gespräche hinsichtlich der »me factors«
- ➔ Abstimmung *corporate communication*

Abb. 15: Human-Resource-Management bei Fusionen

19 Vgl. hierzu ausführlich Jansen/Pohlmann 2000.
20 Vgl. hierzu Krugh and Hegarty 1997, 2001.

All diese Aspekte sind im Rahmen einer Human Resource Due Diligence aufzunehmen, da gerade hier wesentliche Kostentreiber für die Integrationskosten zu finden sind.

h) Kernkompetenz-Management: Transfer und Genese von Wissen

Die gestiegenen Prämien auf die Börsenkurse, die Käufer für das Zielunternehmen bezahlen, sind auch vor dem Hintergrund des impliziten, eingebetteten Wissens im Zielunternehmen zu betrachten. Wer als Käufer viel Geld für etwas so wenig Greifbares wie »Wissen« bezahlt, muss im Integrationsprozess ein großes Interesse daran haben, dieses Erfolgspotenzial umgehend in einen geschäftlichen Erfolg umzuwandeln. Ein Mißerfolg an dieser Stelle, d. h. hier der Abfluss von Wissen, gefährdet die Rentabilität der Investition. Die erfolgreiche Nutzung der Wissenspotenziale im Integrationsprozess – und im anschließenden operativen Geschäft – wird durch einen strukturierten Prozess der Handhabung von Wissen, das sogenannte »Knowledge Management« ermöglicht. Wissensmanagement wurde in den 1990er-Jahren zu einem der wichtigsten Modekonzepte der Managementlehre. Dennoch ist auffällig, dass diesem Thema bei Mergers & Acquisitions sowohl in der Praxis als auch in der wissenschaftlichen Betrachtung nahezu keine Bedeutung beikommt. Dabei sind die Gründe für den Wissensverlust nach Fusionen vielfältig:

- Fluktuation der Wissensträger
- Viele Routinen werden zur Diskussion gestellt (Unsicherheit)
- Angst vor der Explikation (Rationalisierung der eigenen Arbeitsplätze)
- Harmonisierung der Informations- und Kommunikationstechnologien (Wissensmanagementsysteme und Intranet-Anwendungen)
- Sprachprobleme
- Research & Development Departments leiden besonders unter Merger-Syndrome.

Es lassen sich zwei Motivationen beim Wissensmanagement unterscheiden: Wissenstransfer und Wissensgenese. Während die meisten ökonomischen Theorien – wie die Resource Dependance Theory – auf den Wissenstransfer zwischen den beiden Organisationen abzielen, wird bei der Wissensgenese die Betrachtung auf die Voraussetzungen für eine erhöhte Innovationskraft von Unternehmen umgestellt. Als bewährte Instrumente haben sich hier cross funktionale Teams sowie cross-organisationale Teams aus beiden Organisationen für Produktneuentwicklung erwiesen. Weiterhin sind die in den 1990er-Jahren entstandenen Corporate Universities hilfreich für die Vernetzung der Wissensträger (und weniger für die Vermittlung von Wissen). Bei diesem jungen Forschungsthema wird in den nachfolgenden Thesen genauer zu untersuchen sein, wie sich das Wissen und sein Management auf den langfristigen Erfolg von Zusammenschlüssen auswirkt. Insbesondere die Hinweise der innovationsgetriebenen New Economy können hier Aufschlüsse geben.

i) Kontrolle: Integration Balanced Scorecard

Es bestehen vielfache Anforderungen an ein Prozess-Controlling über die aktuelle Entwicklung des Zusammenschlusses. Der Bedarf an substantieller Kommunikation mit allen Stakeholdern ist enorm und läuft einher mit dem hohen Kommunikationsauftrag der fusionierenden Unternehmen. Die Post-Merger-Phase ist die komplexeste Reorganisationsmaßnahme mit Konsequenzen für nahezu alle Stakeholder insbesondere Kunden, Zulieferer, aber auch Aktionäre und Analysten. Aber auch für die eigene Lernkurve in einem Zusammenschluss ist eine derartige Informationsbasis relevant für die eigenen Entscheidungen. Daher wird ein kompakter Überblick auch zur Einleitung von Korrektur-Maßnahmen notwendig (Verantwortlichkeiten definieren und Commitment erzeugen).

Unter dem Begriff des »Post-Merger-Audits« haben sich eine Vielzahl von Versuchen der Nachrechnung von derartigen Zusammenschlüssen versammelt. Es handelt sich nahezu ausschließlich um Wirtschaftlichkeitsnachrechnungen (good will Amortisationsrechnungen). Um den Anforderungen eines aussagekräftigen Post-Merger-Audits gerecht zu werden, müssen noch andere Aspekte zusätzlich aufgenommen werden.

- Das Post-Merger-Audit muss verschiedene Zieldimensionen integrieren können, d.h. eine finanzielle Evaluation der Transaktion sowie die Erreichungsgrade aller weiteren damit verbundenen Ziele qualitativer Art aufnehmen.
- Post-Merger-Audit muss auch die Maßnahmen und Interventionen des Post-Merger-Managements *selbst* mit berücksichtigen.

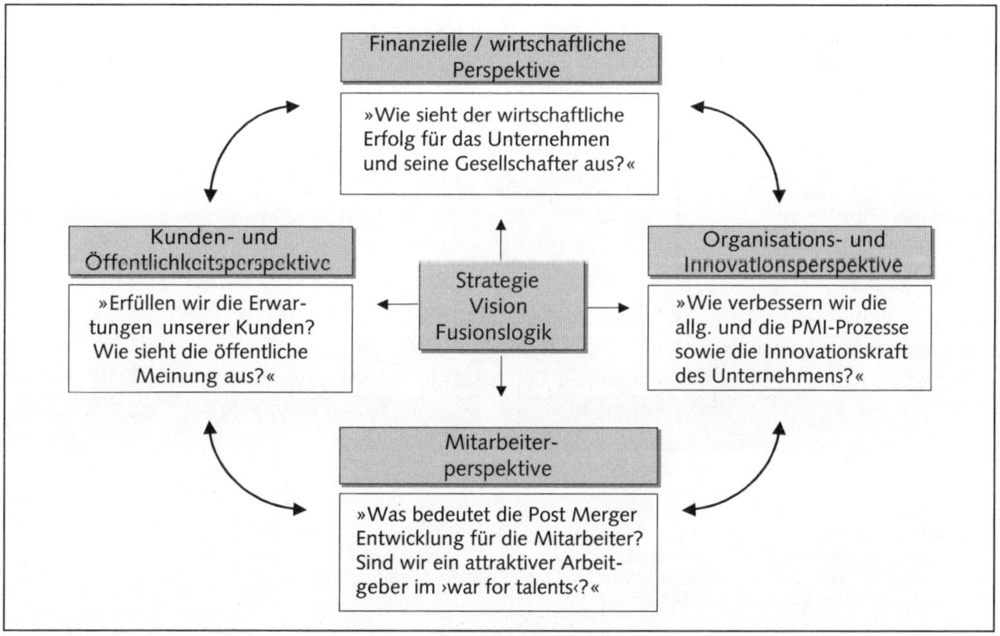

Abb. 16: Die Post Merger Integration Balanced Scorecard[21]

21 Vgl. zur allgemeinen Logik der Balanced Scorecard zusammenfassend Kaplan/Norton 1996.

Ziel der Bemühungen muss es sein, dass Mehrfachakquisiteure bei einer reflektierten Betrachtung ihres Fusionsmanagements zu einer verbesserten Lernkurve kommen, da sie ihre eigenen Fähigkeiten auch im Hinblick auf die Umsetzung hin untersuchen. Zusätzlich kann das durch das Post-Merger-Audit erworbene Wissen dazu genutzt werden, bereits ex-ante die mit den verschiedenen Integrationsalternativen verbundenen Integrationskosten abzuschätzen und in die Entscheidung für einen bestimmten Integrationstypus mit einzubeziehen.

Ein erster Versuch, diese unterschiedlichen Zieldimensionen in einem Post-Merger-Audit zu operationalisieren, ist das bereits in vielen anderen Kontexten diskutierte Konzept der Balanced Scorecard.

Aufbauend auf der Idee der ganzheitlichen Betrachtung des Post-Merger-Managements, sprich der Berücksichtigung von finanziellen, organisations- und innovationsspezifischen Aspekten, sowie der Mitarbeiter- und Kundenperspektive über den Integrationsprozess hinweg, stellt eine um die zusätzlichen Aspekte des 7 K-Modells erweiterte Integration Balanced Scorecard ein konkretes Post-Merger-Audit-Instrument dar (vgl. Abb. 17).

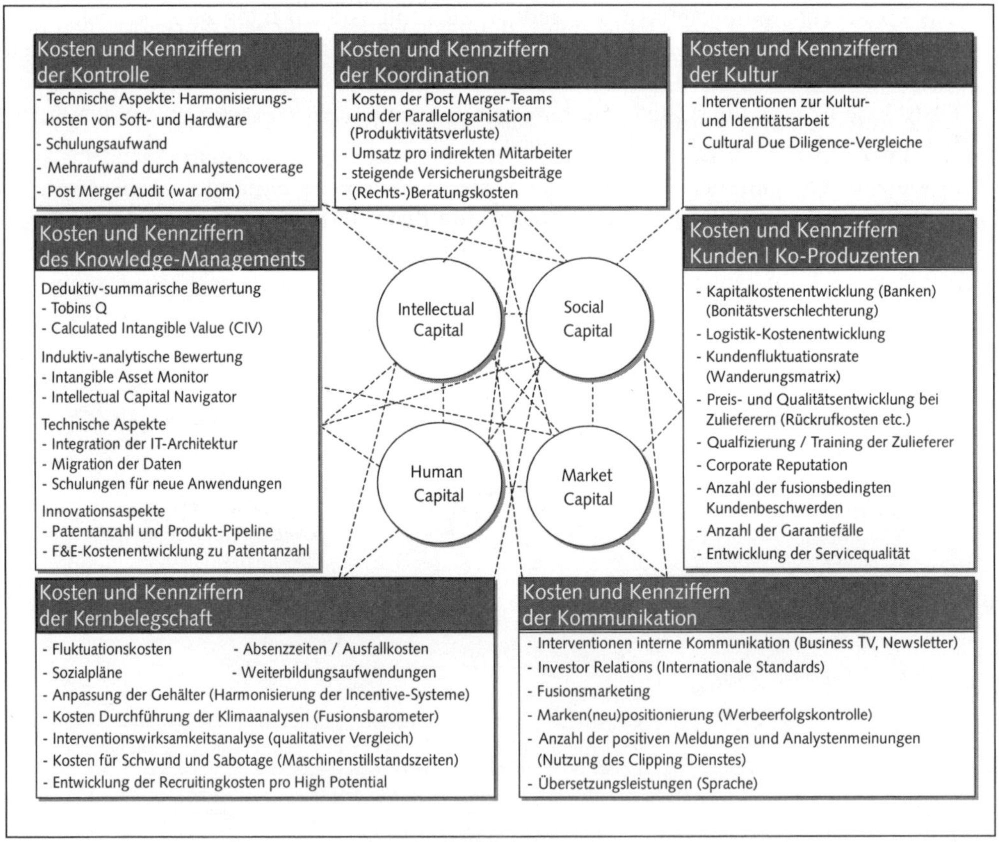

Abb. 17: Post-Merger-Audit anhand des 7K Modells

Zwar ist zu beobachten, dass das integrationsspezifische Controlling in den letzten Jahren an Bedeutung gewonnen und sich an Modelle des Prozessmanagements und des allgemeinen Reorganisationscontrolling anlehnend entwickelt hat, jedoch bleibt die abschließende Betrachtung des gesamten Integrationsprozesses weitestgehend unberücksichtigt und die bereits zum Teil existierende Dokumentation des Integrationsprozesses als Informationsquelle für zukünftige Fusionen ungenutzt. Dieser Mangel soll durch das Post-Merger-Audit behoben werden, welches sich weniger als ein detailliertes Nachrechnen der Investition verstanden wissen will, sondern eher als ganzheitliche Betrachtung der Kosten und Kostentreiber auf die vier bereits oben erwähnten Kapitalia.

3. Thesen und Tests von nationalen and internationalen Fusionen

Das Hauptproblem für die Praxis beim Post-Merger-Management sind die Management-Handbücher. Aufgrund einer fehlenden Datenbasis werden hier seit Jahren Mythen über das richtige Integrationsmanagement weitergetragen, die keineswegs als valide angenommen werden können. Dabei bestehen vor dem Hintergrund der skizzierten Einzelaspekte und der nahezu unveränderten Misserfolgsquoten in den letzten Jahren sowohl in der Praxis wie auch in der seit jeher sehr mühsamen wissenschaftlichen Forschung eine Vielzahl von gänzlich offenen Fragen, die im Folgenden anhand von ausgewählten Hypothesen mit dem 7 K-Modell aufgeführt und diskutiert werden.

Anhand von zwei eigenen Analysen sowie auf Basis weiterer Spezialanalysen werden hier erste Anhaltspunkte für diese ausgewählten Hypothesen gegeben. Die eigenen Untersuchungen sind wie folgt charakterisiert:

Allgemeine Analyse des Fusionsmanagement

Sample: 800 Transaktionen mit dem größten Volumen mit deutscher Beteiligung
Quelle: »M&A Review-Database« St. Gallen
Zeitraum: Deals angekündigt und Closing zwischen 1994 und 1998
Teilnehmer: 103 Transaktionen (13% Rücklauf)
Forschungsdesign: Umfangreicher Fragebogen und ausgewählte Interviews

Differenziert Analyse:

Dealtyp	Nationalität	Branche	Größe
Merger of Equals vs. reine Akquisitionen	Nationale Transaktionen vs. Cross Border	Dienstleistung und Handel vs. Produktion	»Giants« vs. »Mittelstand« (<1 Mrd. Euro Umsätze)

Typ: 58% reine Akquisitionen und 42% Mergers of Equals
Nationalität: 63% Nationale Transaktionen und 37% Cross Border Transactions
Branche: 30% Dienstleistung und Handel 70% Produktion
Größe: 62,5% Giants
Konsolidierung: 86% der Transaktionen befanden sich entweder in der späten Phase der Konsolidierung oder wurden bereits abgeschlossen → Hohe Validität des Samples

Spezifische Analyse von New Economy-Deals

Sample: Mehrfachakquisiteure im Silicon Valley (»Early New Economy«)
Kriterium: Mehrfachakquisiteure (mindestens 10 Transaktionen pro Jahr mit einem M&A-Ansatz des externen Wachstums
Teilnehmer: 5 Käufer (Adobe, Cisco, Exite@Home, Quantum, Veritas)
Forschungsdesign: Semi-strukturierte qualitative Interviews mit Top-Managern (Vorstandspositionen oder Vice Presidents »Post Merger«)
Erhebungszeitraum: Dezember 1999 an der Stanford University, Palo Alto

Abb. 18: Sample und Forschungsdesign der empirischen Analysen[22]

Auch wenn hier eine relativ breite Übersicht über die aktuellen Post-Merger-Fragestellungen gegeben wird, sind einige der Hypothesen angesichts des verfügbaren Studienmaterials noch nicht konkret zu analysieren bzw. zu bewerten.

Einige der folgenden Thesen sind mit Erfolgsfaktorenanalysen verbunden. Dabei ist es aufgrund der sehr unterschiedlichen Messungsmöglichkeiten[23] wesentlich, die Definition des Erfolgs zu explizieren: Der Erfolg wurde bei den eigenen empirischen Analysen an der Outperformance beim Umsatz und beim Börsenwert im Vergleich zur Branche gemessen. Damit sind lediglich quantifizierbare Größen berücksichtigt und letztlich eine unterkomplexe Erfolgsgröße bereitgestellt, die aber zumindest eine gewisse Vergleichbarkeit ermöglicht.

22 Vgl. zu den Auswertungen der Studie Jansen 2000b, 2000c und Jansen/Körner 2000.
23 Vgl. Jansen/Petersen 2000.

a) Allgemeine Ergebnisse zum Erfolg, zu Zielen, Erfolgsfaktoren und Fehlern

Die Abbildung 19 zeigt die unterschiedlichen Erfolgsentwicklungen des deutschen Samples. Als Erfolgskenngröße wurden zunächst die Börsenwert- bzw. die Umsatz-Outperformance herangezogen, d.h. die Entwicklungen relativ zum jeweiligen Branchendurchschnitt. Dabei wurde erstmalig nach Transaktionstypus, Nationalität des Partners, Branche und Größe des Käufers unterschieden, sodass differenzierte Aussagen abgeleitet werden konnten.

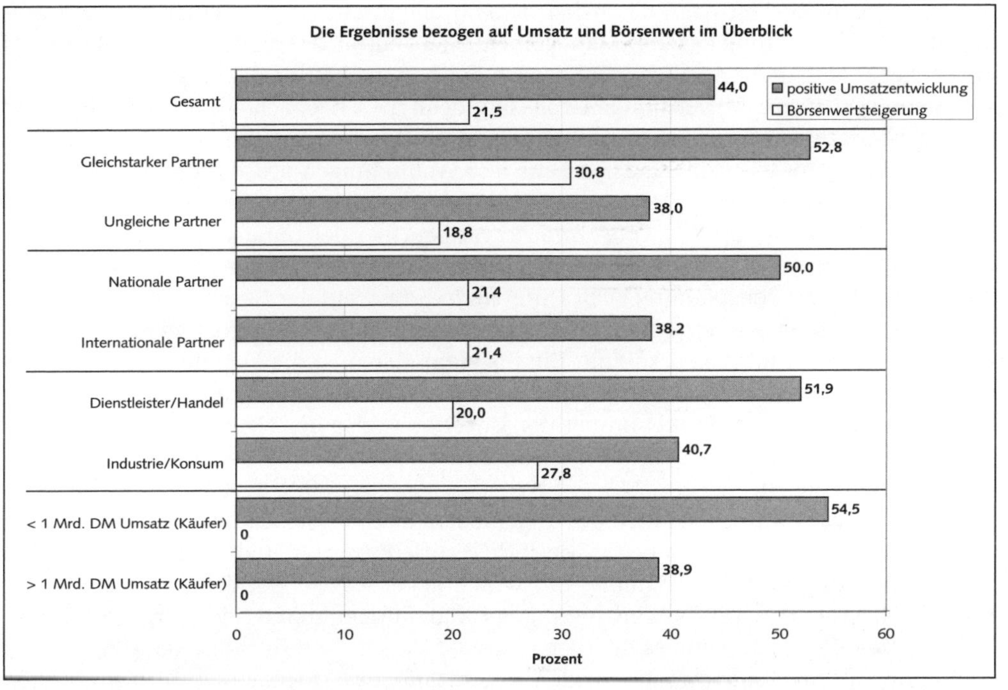

Abb. 19: Erfolgsquoten von Zusammenschlüssen mit deutscher Beteiligung (Outperformance-Maß)

Bei den Zielen stand die »Erhöhung der Marktpräsenz« bei 70 % der Teilnehmer im Vordergrund. »Kostensynergien auf der Leistungserstellungs- und der Vermarktungsseite« folgten mit 39 bzw. 31 % auf den weiteren Plätzen. Die »Realisierung von Wachstumssynergien« lag mit 16 % im mittleren Bereich, während die »Erhöhung der Innovationskraft« mit vier Prozent das Ende der Zielskala markierte.

Die wichtigsten Aufgaben bei Post-Merger-Management, die von dem erfolgreichen Sample signifikant häufiger vorgenommen worden sind, waren die »schnelle Entscheidung über die Führungsstruktur«, die »Erarbeitung einer Kommunikationsstruktur« sowie der »Einsetzung von Integrations- bzw. Projektteams«.

Die Hauptfehler im Post-Merger-Management lagen in der Selbsteinschätzung bei der »unzureichenden Einbeziehung der Mitarbeiter« mit 31 %, »mangelnden Kommunikationsstrategien« mit 27 % und bei dem »Fokus auf Kostensynergien statt auf Innovation« mit 19 %.

b) Thesen zur Koordination bei Mergern

These 1: Integrationsarchitekturen und Integrationstypologien aus der Theorie sind zu statisch, und für die Praxis auf Geschäftsbereichsebene zu differenzieren. Integrationsteams sind für die Transformation in der Post-Merger-Phase erfolgsentscheidend.

Die Integrationsarchitekturen können – wie eingangs erläutert – in zentrale (hierarchische) und dezentrale (nicht-hierarchische) und symbiotische Architekturen unterschieden werden. Die empirische Analyse zeigt, dass die symbiotischen Arrangements aufgrund der Verschleppung von Aktivitäten bei dezentralen Architekturen einerseits und aufgrund einer Überlastung des Top-Managements bei zentralen Architekturen andererseits erfolgreicher verlaufen. Ähnlich zeigt es sich bei den Integrationstypologien: In der Praxis lassen sich starke Abweichungen von den Idealtypen beobachten. So sind einerseits zeitlich versetzte nacheinanderfolgende Integrationstypen zu erkennen. Insbesondere in der New Economy wurden zunächst sehr lose Anbindungen geschaffen (Stand Alone) und über die Zeit entweder tiefer integriert (Symbiose oder Absorption) oder auch desinvestiert. Hier wird eine *Patching-Strategie* verfolgt, bei der unterschiedliche Zukünfte mit den akquirierten Unternehmen möglich bleiben müssen.[24] Andererseits sind entsprechend einer Integrationsplanung auch Differenzierungen auf der Geschäftsbereichsebene vorzunehmen, sodass es innerhalb eines Zusammenschlusses zu sehr unterschiedlichen Integrationstypen und -tiefen kommt. Ein Spezialproblem ist die angeführte Lösung des »Best of Both«: Hier wird versucht, Best Practices aus beiden Organisationen zusammenzulegen, was in der Praxis immer der Novation – also der Neuerfindung – unterlegen ist, da keineswegs für beide Organisationen klar ist, welche der beiden »Practices« wirklich die beste ist.

Die erfolgreichen Unternehmen des allgemeinen Samples haben besonderen Wert auf die Integrationsplanung gelegt, die wesentlich differenzierter und zeitiger erfolgte als bei dem nicht erfolgreichen Sample. Ein wesentlicher Aspekt bei der Planung war die Roll-out-Struktur, d.h. die Durchdringung der Maßnahmen durch beide Organisationen. Dabei wurde in beiden Samples deutlich, dass der Einsatz von Integrationsteams – cross funktional zusammengesetzt aus beiden Organisationen – bereits in einer sehr frühen Phase ein kritischer Erfolgsfaktor ist. Hier waren die New-Economy-Unternehmen vorbildlich. Unternehmen wie der Harddisk-Hersteller Quantum haben solche Teams bereits in der Pre-Closing-Phase eingesetzt und sie systematisch den gesamten Prozess über begleiten lassen.

These 2: Die Integrationsgeschwindigkeit ist kein Kriterium für einen erfolgreichen Zusammenschluss: Cross-border-Transaktionen brauchen länger. In der New Economy hingegen wurde schneller integriert.

Speed! Speed! Speed! Einer der anhaltendsten Mythen beim Fusionsmanagement ist der der Geschwindigkeit. Hier steht der sogenannte »Rapid Integration Approach« von General Electric Pate, der bis heute bei vielen zum Standard der Integrationsgestaltung zählt.[25]

24 Vgl. Gomez 2000.
25 Vgl. Ashkenas 1998.

Danach dient die Schnelligkeit vor allem der Produktion von klaren Führungs- und Kommunikationsstrukturen, dem Ausnutzen der Veränderungserwartung, dem Abbau von Unsicherheit sowie der Erzielung von schnellen Erfolgen. Demgegenüber steht der Ansatz »Go slow!«. Hier werden insbesondere Aspekte der besseren Vorbereitung, die Berücksichtigung des Merger-Syndrome mit all seinen psychologischen Konsequenzen sowie eine höhere Partizipation aller Stakeholder hervorgehoben.[26] Eine weitere, der wenigen differenzierten empirischen Untersuchungen liefert Beweise dafür, dass die Integrationsgeschwindigkeit von der internen sowie externen Verwandtheit der beiden Unternehmen vor der Fusion abhängt.[27]

In den eigenen empirischen Analysen lässt sich aber keine signifikante Korrelation von der Zeitspanne zwischen dem Vertragsabschluss und dem Start der Integrationsaktivitäten und der entsprechenden Umsatz- bzw. Börsenwertentwicklung im Nachgang zur Fusion feststellen. Von den 45 % der analysierten Zusammenschlüsse, die direkt im ersten Monat mit der Umsetzung begannen, konnte nur jede fünfte Fusion eine Wertsteigerung erzielen. Etwas besser sah dies aus bei Zusammenschlüssen, die erst nach drei Monaten mit der Integration begonnen haben – diese konnten immerhin in 40 % eine Wertsteigerung verbuchen. Die für eine sorgfältige Planung und Analyse der zukünftigen Integrationsaktivitäten sinnvoll genutzte Zeit scheint gegenüber einer schnellen und dadurch möglicherweise übereilten Umsetzung erfolgswirksam sein. Wenn auch die Umsetzungsgeschwindigkeit nicht prinzipiell mit dem Erfolg einer Fusion zusammenhängt, so wird jedoch die Geschwindigkeit bezogen auf notwendige Entscheidungen – z. B. die Entscheidung über die neue Managementstruktur und die Anpassung der Gehaltsstrukturen – als Erfolgsfaktor für das Integrationsmanagement erkennbar.

Zwei empirische Ergebnisse zu den grenzüberschreitenden Transaktionen und den New Economy Deals: Zum einen ergaben sich in dem allgemeinen Sample keine signifikanten Unterschiede bei der Integrationsgeschwindigkeit von nationalen oder internationalen Transaktionen.[28] Überraschend hingegen die Ergebnisse bei den New Economy Deals, die die intuitive These widerlegten: Die Integrationsgeschwindigkeit war geringer als in der Old Economy. Ein wesentlicher Grund liegt allerdings auch in dem nun bedingt stattfindenden Change-Management bei den New-Economy-Transaktionen, die im Wesentlichen Wachstumsmerger mit Innovationsfokus sind, im Gegensatz zu den Rationalisierungsmergern mit Kostenfokus.

c) Thesen zur Kultur bei Zusammenschlüssen

These 3: Die Unterschiede in den Unternehmenskulturen spielen eine wesentliche Rolle für den Misserfolg von Fusionen

In dem allgemeinen Sample ließ sich erstaunlicherweise kein signifikanter Zusammenhang von Unternehmenskultur und dem Erfolg von Zusammenschlüssen ermitteln. Bei Zusammenschlüssen, die diesem intuitiven Aspekt der Kultur einen hohen Stellenwert

26 Vgl. z. B. Yunker 1983 in Buono/Bowditch 1989, S. 15.
27 Vgl. Homburg/Bucerius 2006
28 Vgl. auch Gerds 2000, S. 185.

bei den Aufgaben beigemessen haben, war keine entsprechend bessere Umsatz- oder Börsenwertentwicklung zu verzeichnen gewesen. Im Gegenteil: Unternehmen, die bereits mehrere Akquisitionen in der gleichen Größenordnung durchgeführt haben und somit über eine entsprechende Fusionserfahrung verfügen sollten, haben dem Thema Kultur sogar eine geringere Bedeutung zugemessen. Diese Ergebnisse sind im weiteren Verlauf noch weiter zu ergründen, dennoch erscheint es hier interessant, eine Dethematisierung der Kultur bei Fusionen zu erproben, um Kultur nicht von vornherein als Problem zu diskutieren. Bei den New Economy-Transaktionen wurde die Vokabel der Kultur gegen die einer »gemeinsamer Vision über das zukünftige Geschäftsmodell« ausgetauscht und damit weitaus stärker operationalisiert.

These 4: Kulturelle Aspekte spielen insbesondere bei Cross-Border-Transaktionen eine ausschlaggebende Rolle.

In dem allgemeinen Sample wurde deutlich, dass den kulturspezifischen Instrumenten (z. B. eine Cultural Due Diligence) bei grenzüberschreitenden Transaktionen keineswegs mehr Bedeutung beigemessen wurden als bei den rein nationalen. Auch bei der Angabe, ob in diesem Bereich Fehler begangen wurden, gab es keinen signifikanter Unterschied hinsichtlich der Nationalität des Partners. Eine Unterstützung zu diesem empirischen Befund ist eine weitere Analyse, die sogar einen leicht positiven Zusammenhang von nationalkulturellen Unterschieden und Post-Merger-Erfolg feststellen konnte.[29] Die wissensbasierten Unternehmen haben signifikant weniger grenzüberschreitende Transaktionen durchgeführt. Dies ist zum einen auf das technologische Clustering im Silicon Valleys zurückzuführen, aber zum anderen auch auf die oben genannte »gemeinsame Vision über das zukünftige Geschäftsmodell«, die sie nach eigenen Angaben vor allem im Silicon Valley und im Bostoner Raum antreffen würden. So hatte beispielsweise Cisco bis 1999 nur sehr wenige grenzüberschreitende Transaktionen durchgeführt.

Weitere wissenschaftliche Abhandlungen über die Bedeutung der Kultur in Fusionsprozessen sehen einen Zusammenhang zwischen der Zugehörigkeit von Ländern zu *liberal market economies* bzw. *co-ordinated market economies*. Für diesen Erklärungsansatz könnte die Akquisition von Mannesmann (Deutschland) durch Vodafone (England) dienen, bei der unter anderem Probleme der Mitbestimmung zu beobachten waren.[30]

d) Thesen zu Kunden und Ko-Produzenten bei Zusammenschlüssen

These 5: Die Kunden und die Zulieferer antizipieren die Konsequenzen der Fusion und handeln entsprechend schädlich für das fusionierte Unternehmen.

Es besteht der Mythos, dass die Fusion ohne weitgehende Konsequenzen für die Kunden und Ko-Produzenten verbleibt. Faktisch ergibt sich eine systematische Absatzdelle. 56 % der Unternehmen im allgemeinen Sample haben nach der Fusion im Verhältnis eine geringere Umsatzsteigerung erzielen können als die Gesamtindustrie. Dies war in-

29 Morosini 1999; Morosini et al. 1998.
30 Vgl. Aguilera/Dencker 2004

teressanterweise bei den grenzüberschreitenden mit 63 % noch einmal höher, obwohl hier eine Globalisierungsstrategie mit entsprechender Nutzung der beiden Vertriebskanäle anzunehmen wäre. Im Branchendurchschnitt verlieren fusionierende Unternehmen zwischen 5 und 10 % direkt nach einer Fusion.[31]

Auch die Zulieferer antizipieren die negativen Konsequenzen aus der Fusion durch die konsolidierte Einkaufsmacht. Shleifer und Summers haben in einer Analyse von impliziten Verträgen mit Zulieferern und Kunden das Null-Summen-Spiel aufgezeigt, nach dem sich bei Fusionen durch einen Bruch dieser impliziten Verträge eine Redistribution von Gewinnen von Kunden- und Zuliefererorganisationen auf das fusionierte Unternehmen beobachten lässt.[32]

Deswegen wird hier eine entsprechende Integration der Externen wichtig. Bei der New Economy hingegen waren die Zuliefererstrukturen nicht vergleichbar mit denen der Old Economy, dennoch wurde der Nutzen für den Kunden in das Zentrum der Fusionslogik gestellt. Auch bei unabhängigen Marktforschungen haben die Kunden der fusionierten Unternehmen diesen Kundennutzen wahrgenommen. Ebenfalls auffällig war die als gestiegen wahrgenommene Servicequalität im Nachgang von Fusionen – ein für die Old Economy eher untypisches Phänomen. Bei 51,9 % der Zusammenschlüsse von Dienstleistern, Handel und New Economy stiegen die Umsätze relativ zur Branche, gegenüber nur 40,7 % im Industrie- und Konsumgütersektor.

These 6: Das Wachstum mit klaren Vertriebs- und Marketingzielen steht im Vordergrund der Fusionsstrategie.

68 % der untersuchten Unternehmen haben die Vertriebs- und Marketingziele als das Hauptziel bzw. als maßgebliche Motivation zum Merger angegeben. Vor allem bei Cross-Border-Transaktionen sind Zusammenschlüsse ein Instrument für die Erhöhung von Marktanteilen im Ausland. Die notwendigen Analysen für die Umsetzung der jeweiligen Marketing- und Vertriebsziele im Vorfeld des Zusammenschlusses wurden jedoch von der Mehrzahl der Studienteilnehmer deutlich vernachlässigt. Nur 7 % haben hier detailliertere Analysen durchgeführt. Dabei hat sich gerade bei diesen Aufgaben in der Analyse ein klarer kritischer Erfolgsfaktor herausgebildet: Zusammenschlüsse, die diesem Thema mehr Bedeutung beigemessen haben, konnten signifikant höhere Umsätze erzielen.

e) Thesen zur Kommunikation bei Zusammenschlüssen

These 7: Nach der Ankündigung entsteht ein unvermeidliches Kommunikationsparadox. Kommunikationsmängel sind die zentralsten Fehler bei Fusionen.

In der Folge von Fusionsankündigungen entsteht ein von den Psychologen so bezeichnetes Merger-Syndrome.[33] Die Dominanz der »me-factors« führt dabei zu einer Gerüchteküche. Da zu einem Zeitpunkt nahezu alles in Frage zu stehen scheint, ist ein enor-

31 Down 1995, S. 10.
32 Vgl. Shleifer/Summers 1988.
33 Marks/Mirvis 1985.

mes Stressniveau in der Organisation. Dazu kommt das Misstrauen aufgrund der zuvor geheimen Verhandlungen der Vorstände. Das Kommunikationsparadox zeigt sich wie folgt: Aufgrund der Informationslücke im Rahmen der Verhandlungen wird die schnelle Information und Kommunikation zur wichtigsten Aufgabe und gerade deswegen werden die Informationen nicht an- und aufgenommen bzw. sie wird nicht geglaubt. In den empirischen Untersuchungen zeigt sich daher deutlich, dass einerseits in der Selbsteinschätzung die Kommunikation mit 27 % zweithäufigst angeführter Fehler ist und anderseits bei den benötigten Instrumenten mit 72 % »Konzepte für die Kommunikationsstrategie« an erster Stelle liegen. Bei den internationalen Fusionen wurde hier deutlich mehr darauf geachtet – obwohl die Sprache hier nicht die zentrale spielt. Für die Glaubwürdigkeit gibt es auch nach den Erfahrungen der New-Economy-Transaktionen nur ein Mittel: Bad news zuerst und ungeschönt.

Eine weitere empirische Untersuchung zeigt, dass auch ein frühzeitiges Kommunizieren essentiell ist für den Erfolg von Fusionen. Das frühzeitige Informieren der Mitarbeiter reduziert nachgewiesenerweise die dysfunktionalen Outcomes von Fusionen.[34]

These 8: Externe Kommunikation ist interne Kommunikation – vice versa. Externe Begleitung durch eine Kommunikationsagentur ist authentischer und börsenkursrelevanter als rein interne Öffentlichkeitsarbeit.

Aufgrund der Gerüchte haben alle untersuchten Unternehmen die Erfahrung gemacht, dass intern nur das geglaubt wurde, was extern über den Deal berichtet wurde, währenddessen die interne Kommunikation immer gleichzeitig auch externe Kommunikation wird. Bei einer Analyse wurde die Wirksamkeit von interner und externer Öffentlichkeitsarbeit untersucht.[35] Das Ergebnis: Externe Begleitung der Öffentlichkeitsarbeit ist erfolgreicher als eine rein interne Kommunikationsstrategie.

f) Thesen zur Kernbelegschaft und zum Karrieremanagement bei Zusammenschlüssen

These 9: Nach Fusionen steigt die Fluktuationsrate deutlich an. Dies ist ein wesentlicher Grund für den Mißerfolg von Fusionen. Daher sollte ein Fokus auf das Retention Management gelegt werden.

Nach unterschiedlichen Analysen steigt die Fluktuationsrate auf das 12-fache des Normalniveaus an. Es verlassen durchschnittlich ungefähr 70 % der oberen Managementebenen innerhalb von fünf Jahren das Unternehmen – nicht selten zur Konkurrenz.[36] Wissenschaftlich ungeklärt bleibt aber der Zusammenhang von Fluktuation mit dem Erfolg von Fusionen. In einer Analyse der Fluktuationsraten konnte kein signifikanter Zusammenhang gefunden werden.[37] Intuitiv einleuchtend ist dabei, dass insbesondere bei

34 vgl. Schweiger/DeNisi 1991
35 Müller-Stewens/Salecker 1991.
36 Vgl. zu den Zahlen auch Jansen/Pohlmann 2000.
37 Vgl. Gerpott 1993.

reinen Übernahmen häufig die schlechte Managementperformance des Zielunternehmens Motiv für die Übernahme gewesen ist. Change-Management im Sinne eines »Change the Management« kann daher durchaus geplant und auch der Fusionslogik entsprechen. Wichtig wird demzufolge die Definition der Kernbelegschaft und ihre entsprechende Incentivierung. Bei einer entsprechenden Integrationstiefe wirkt nichts demotivierender als nicht harmonisierte Gehalts- und Incentivestrukturen.[38] Im Rahmen einer Human Resource Due Diligence sollten diese Definition sowie die entsprechenden Kosten mitberücksichtigt werden. Insbesondere die Dienstleistungsunternehmen und noch deutlicher die New-Economy-Unternehmen haben das Retention-Management an die erste Stelle ihrer Post-Merger-Aktivitäten gesetzt. John Chambers, der CEO von Cisco Systems antwortete auf die Frage »How do you measure success in your acquisitions?« klar: »Retention of people and [...] short-term wins for acquired employees.«

These 10: Die beiden Personalabteilungen und auch Inhouse-Consulting-Abteilungen sollten weitgehend separat arbeiten, sodass sich das Merger-Syndrome nicht weiter multipliziert.

Diese These ist bisher noch nicht empirisch analysiert worden. Dabei wird angenommen, dass die Personabteilungen wie auch der in dem Roll-out involvierte Inhouse-Consulting-Bereich zunächst nicht integriert werden sollten. Denn gerade in dieser Phase stellen sich erhöhte Anforderungen an diese Bereiche für die individuelle Betreuung der Belegschaft und für die Multiplikation im Rahmen des Change-Management-Prozesses. Durch die zunächst parallel laufenden Strukturen wird ohne Merger-Stress und mit entsprechender Fokussierung auf das Kerngeschäft eine Individualisierung der Personalarbeit sowie eine reibungslosere Post-Merger-Beratung möglich.

g) Thesen zum Kernkompetenz-Management bei Zusammenschlüssen

These 11: Nach Fusionen haben die Unternehmen aufgrund der Selbstbeschäftigung mit den Fusionsfolgen Innovationsprobleme.

Bei der Angabe der strategischen Motive für die Fusion sind die Kostensynergien auf der Leistungserstellungs- und der Vertriebsseite mit 39 bzw. 31 % führend. Die Erhöhung der Innovationskraft landete mit 4 % auf dem letzten Platz – die Realisierung von Wachstumssynergien mit 16 % eher im hinteren Mittelfeld. Die meisten horizontalen Fusionen sind Kostenmerger. Dies macht sich auch bemerkbar bei der Innovationskraft im Nachgang von Fusionen. So blieben im deutschen Sample zwar die Ausgaben für Forschung und Entwicklung konstant, die Anzahl und auch die Qualität der Patente sanken nach dem Zusammenschluss signifikant. Die Selbstbeschäftigung durch die Integration der Forschungsbereiche führt in vielen Innovationsbranchen wie der Pharmaindustrie zu dem Problem, dass die Produktpipeline versiegt und sich daher nachhaltige Umsatzeinbrüche ergeben können. Bei den New-Economy-Deals lässt sich ein vollständig konträres Bild zeichnen: Während bei den Unternehmensbewertungen keine Kostensynergien

38 Vgl. Datta 1991.

angesetzt wurden, floss das Wissenskapital systematisch ein. Die Forschungsausgaben wurden deutlich erhöht.

These 12: Fusionen finden aufgrund des impliziten Wissens und der Beziehungen statt. Doch Fusionen führen zur Vernichtung von Intellectual und Social Capital.

Viele Fusionen bezahlen für das implizite Wissen sowie Beziehungen und Reputation einen Goodwill. Erstaunlicherweise lassen sich nur sehr vereinzelte Aktivitäten zum Wissensmanagement bei Fusionen erkennen. Auch in der Forschung ist dieser Aspekt noch weitgehend unberücksichtig geblieben. Dennoch lässt sich bereits in ersten Ansätzen zeigen, dass das sehr flüchtige Intellectual und Social Capital durch Fusionen schnell zerstört wird. Vor allem sind hohe Verluste in der organisationalen Wissensbasis zu verzeichnen. Gründe sind Ängste vor Rationalisierung, Unsicherheit über die Zukunft der bestehenden Projekte, Mitarbeiterfluktation und auch die technologische Harmonisierung der unterschiedlichen Wissensmanagementsysteme. Durch die hohe Management-Fluktuation ist weiterhin ein Verlust an wichtigen informellen Beziehungen zu verzeichnen sowie eine Reputationsverschlechterung auf Kreditmärkten (Bonitätsrating) und Arbeitsmärkten.

h) Thesen zur Kontrolle bei Zusammenschlüssen

These 13: Post-Merger-Audits sind wichtige Instrumente des Prozesscontrollings und sollten sowohl unter finanziellen Aspekten wie auch unter sozialen Aspekten die Wirtschaftlichkeit der Investition und das Post-Merger-Management selbst evaluieren.

Post-Merger-Audits – eine Selbstverständlichkeit der Investitionsrechnung hinsichtlich der Amortisationsanalyse – werden empirisch nahezu kaum durchgeführt. Nur 7 % sehen hier eine wichtige Aufgabe für den Fusionserfolg. Als ein Hinweis auf bisher erste unzulänglich vorliegende Instrumente kann das Ergebnis interpretiert werden, dass 16 % weitere Instrumente fordern. Die eingangs skizzierten Balanced Scorecard-Systeme helfen, eine Reflektion über die finanziellen und nicht-finanziellen Ergebnisse zu erreichen sowie eine Prozesssteuerung über die eingesetzten Interventionen im Post-Merger-Management zu evaluieren und zu korrigieren.

These 14: Es gibt eine Lernkurve bei Mehrfachakquisiteuren, d. h. sie haben eine bessere Performance als Unternehmen, die nur selten Transaktionen durchführen.

Diese naheliegende These ließ sich nicht bestätigen. Eine erste Analyse legte eine U-Kurve von Transaktionsanzahl des Unternehmens und Erfolg nahe.[39] Danach sind erstmalige Käufer erfolgreicher als die Unternehmen, die bereits einige Transaktionen durchgeführt haben und eine gewisse Hybris ausgebildet haben. Erst dann steigt der Erfolg der nachfolgenden Deals wieder langsam an. Interessanterweise konnte in den eigenen Analysen kein Zusammenhang von zuvor getätigter Transaktionsanzahl und Post-Merger-Perfor-

39 Vgl. Haleblian/Finkelstein 1999.

mance festgestellt werden. Vor dem Hintergrund der Strategie bei Mehrfachakquisiteuren im Silicon Valley lässt sich zeigen, dass sich hier Lernkurveneffekte durch Routinisierung der Prozesse bei dem wiederholten Erwerb von ausschließlich Kleinstunternehmen im Silicon Valley erzielen lassen – wie auch Erfahrungen bei General Electric und Tyco belegen. Großakquisitionen hingegen verändern die Organisation so grundlegend und nachhaltig, dass sich die Erfahrungen nur sehr schwer auf die nächste Transaktion übertragen lassen.

Zusammenfassung

Der Markt für Unternehmen hat sich in den vergangenen 100 Jahren fundamental verändert. In der fünften und sechsten Fusionswelle haben sich die Integrationsanforderungen aufgrund der neuen industriellen Logik und der Globalisierung deutlich erhöht. Auf Basis des 7 K-Modells werden ausgewählte abgeleitete Hypothesen mittels zweier eigenen empirischen Untersuchungen von 103 Großtransaktionen mit deutscher Beteiligung einerseits sowie von fünf Mehrfachakquisiteuren der High-Tech-Industrie im Silicon Valley andererseits getestet und durch weitere empirische Untersuchungen ergänzt. Die Ergebnisse der eigenen Untersuchungen widerlegen die üblichen Empfehlungen der Managementliteratur und scheinen mit einigen anhaltenden Mythen zu brechen. Drei Beispiele: Die Integrationsgeschwindigkeit korreliert nicht mit dem Post-Merger-Erfolg. Insbesondere die wissensbasierten New-Economy-Deals haben weniger schnell und weniger tief integriert als die Transaktionen mit physischen Aktiva. Ein anderes zunächst kontraintuitives Ergebnis: Kulturelle Ähnlichkeit ist kein Erfolgsfaktor. Grenzüberschreitende Transaktionen und Mehrfachakquisiteure fokussieren kulturspezifische Aufgaben und Instrumente sogar weniger. Weiterhin: Es konnte keine steigende Lernkurve von Mehrfachakquisiteuren bei Großtransaktionen beobachtet werden. Diese ersten Ergebnisse können nur als ein kleiner Beitrag zu einer zu differenzierenden Theoriebildung verstanden werden, die vor dem Hintergrund der unverändert hohen Misserfolgsquoten notwendig erscheint.

Literatur

Agrawal, Anup/Jaffe, Jeffrey F./Mandelker, Gershon N. (1992): *The Post-Merger Performance of Acquiring Firms: A Re-examination of an Anomaly,* The Journal of Finance, Vol. XLVII, 4, September 1992, S. 1605–1621

Aguilera, Ruth V./Dencker, John C. (2004): *The role of human resource management in cross-border mergers and acquisitions.* International Journal of Human Resource Management, 15(8) 2004, S. 1355–1370.

Ashkenas, Ronald N./DeMonaco, Lawrence J./Francis, Suzanne C. (1998): *Making the Deal Real: How GE Capital Integrates Acquisitions,* Harvard Business Review, January – February 1998, S. 165–178.

Bleeke, Joel/Ernst, David (1994): *Rivalen als Partner. Strategische Allianzen und Akquisitionen im globalen Markt,* Frankfurt.

Bleeke, Joel/Ernst, David (1995): *Is Your Strategic Alliance Really a Sale?*, Harvard Business Review, 1995, S. 97–105

Bleeke, Joel/Ernst, David: (1991): *The way to win in Cross-Border Alliances*, Harvard Business Review, November - December 1991, S.127–135.

Boston Consulting Group (BCG) (2000): *Crossing Borders – European Mergers and Acquisitions*, BCG-REPORT, September 2000.

Bühner, Rolf (1992): *Aktionärsbeurteilung grenzüberschreitender Zusammenschlüsse*, Zeitschrift für betriebswirtschaftliche Forschung, 5/1992, S. 445–459.

Buono, Anthony F./Bowditch, James L. (1989): *The Human Side of Mergers and Acquisitions – Managing Collisions Between People, Cultures, and Organizations*, San Francisco.

Datta, Deepak K. (1991): *Organizational Fit and Acquisition Performance: Effects of Post-Acquisition Integration*, Strategic Management Journal, Vol. 12, S. 281–297.

Down, James W. (1995): *The M&A Game is Often Won or Lost after the Deal*, Management Review Executive Forum, S. 10.

Galpin, Timothy J./Herndon, Mark (2000): *The Complete Guide to Mergers and Acquisitions – Process Tools to Support M&A Integration at Every Level*, San Francisco.

Gaughan, Patrick (1999): *Mergers, Acquisitions and Corporate Restructurings*, 2nd Edition, New York.

Gerds, Johannes (2000): *Post Merger Integration – Eine empirische Untersuchung zum Integrationsmanagement*, Wiesbaden.

Gerpott, Thorsten J. (1993): *Ausscheiden von Top-Managern nach Akquisitionen: Segen oder Fluch?*, Zeitschrift für Betriebswirtschafslehre, 63, 12, S. 1271–1294.

Gertsen, Martine Cardel/Søderberg, Anne-Marie/Torp, Jens Erik (Hrsg.) (1998): *Cultural Dimensions of International Mergers and Acquisitions*, Berlin/New York.

Gomez, Peter (2000): *Management des Unternehmensportfolios – Wertsteigerung durch Akquisition*, in: Picot, Arnold/Nordmeyer, Andreas/Pribilla, Peter (Hrsg.): Management von Akquisitionen, Stuttgart.

Haleblian, Jerayr/Finkelstein, Sydney (1999): *The Influence of Organziational Acquisition Experience on Acquisition Performance: A Behavioral Learning Perspective*, Administrative Science Quarterly, 44, S. 29–56.

Homburg, C./Bucerius, M. (2006): *Is speed of integration really a success factor of mergers & acquisitions? An analysis of the role of internal and external relatedness*. Strategic Management Journal, 27(4), 2006, S. 347–367.

Jansen, Stephan A. (2008): *Mergers & Acquisitions: Unternehmensakquisition und -kooperation – Eine strategische, organisatorische und kapitalmarkttheoretische Einführung*, 5. Auflage, Wiesbaden.

Jansen, Stephan A. (2004): *Management von Unternehmenszusammenschlüssen – Theorien, Thesen, Tests und Tools*, Stuttgart: Klett-Cotta.

Jansen, Stephan A./Kuklinski, Jan/Lowinski, Felix/Thomas, W. Thomas (2004): *M&A-Strategien und Übernahmewellen: Die Zukunft des M&A-Marktes*, Empirische Analyse von 192 befragten Teilnehmern, Witten.

Jansen, Stephan A. (2001): *DaimlerChrysler Post-Merger Management*, Case Study N9-701-051, Harvard Business School, im Erscheinen.

Jansen, Stephan A./Picot, Gerhard/Schiereck, Dirk (2001): *Internationales Fusionsmanagement – Erfolgsfaktoren grenzüberschreitender Unternehmenskäufe*, Stuttgart.

Jansen, Stephan A. (2000a): *Post Merger Management in Deutschland Teil I*, M&A REVIEW, 9, S. 334–339.

Jansen, Stephan A. (2000b): *Post Merger Management in Deutschland Teil II*, M&A REVIEW, 10, S. 388–392.

Jansen, Stephan A. (2000c): *10 Thesen gegen Post Merger Integration Management*, Organisationsentwicklung, 1/2000, S. 16–32.

Jansen, Stephan A./Müller-Stewens, Günter (2000): *Endet die fünfte Welle auf dem Markt für Unternehmensübernahmen in einer neuen Rezession? Geschichte, Trends und Erfolgsfaktoren von Zusammenschlüssen*, Frankfurter Allgemeine Zeitung, 230, 4.10.2000, S. 49.

Jansen, Stephan A./Körner, Klaus (2000): *Fusionsmanagement in Deutschland – Eine empirische Analyse von 103 Zusammenschlüssen mit deutscher Beteiligung zwischen 1994 und 1998 unter spezifischer Auswertung der Erfolgswirkungen des Typus der Fusion, der (Inter-) Nationalität, der Branche und der Unternehmensgröße*, Witten/Herdecke University, 2. Auflage, November 2000.

Jansen, Stephan A./Pohlmann, Niko (2000): *Herausforderungen und Zumutungen: Das Human Resource Management bei Firmenzusammenschlüssen*, Personalführung, 2/2000, S. 30–39.

Jansen, Stephan A./Petersen, Jens (2000): *Mythos »Merger-Misserfolg«? Prozedere, Probleme und Potentiale der Erfolgsmessung von Unternehmenszusammenschlüssen*, M&A REVIEW, 12/2000, S. 470–475.

Jansen, Stephan A. (1999): *Mergers & Acquisitions optimal managen: Die Härte der weichen Faktoren: Post Merger Management*, Handelsblatt, 06.08.1999, K3.

Jung, Helga (1993): *Erfolgsfaktoren von Unternehmensakquisitionen*, Stuttgart.

Kaplan, Robert S./Norton, David P. (1996): *Using the Balanced Scorecard as a Strategic Management System*, Harvard Business Review, January - February 1996, S. 75–85.

Krug, Jeffrey A./Hegarty, W. Harvey (1997): *Post Acquisition Turnover among U.S. top Management Teams*, 18, 8, S. 667–675.

Krug, Jeffrey A./Hegarty, W. Harvey (2001): *Predicting who stays and leaves after an acquisition: a study of top managers in multinational firms*, Strategic Management Journal, 22, S. 185–196.

Lajoux, Alexandra Reed (1998): *The Art of M&A Integration: A Guide to Merging Resources, Processes, and Responsibilities*, New York et al.

Lubatkin, Michael/Calori, Roland/Philippe, Very/Veiga, John F. (1998): *Managing Mergers Across Borders: A two-nation exploration of a nationally bound administrative heritage*, Organization Science, Nov/Dec 1998, 9, 6, S. 670–684.

Marks, Mitchell Lee/Mirvis, Philip H. (1998): *Joining Forces: Making One Plus One Equal Three in Mergers, Acquisitions, and Alliances*, San Francisco.

Marks, Mitchell Lee/Mirvis, P. (1985): *Merger Syndrome: Stress and Uncertainity*, Mergers & Acquisitions, 20, 2, S. 50–55.

Morosini, Piero (2000): *Managing Cultural Differences*, Presentation »2nd Executive M&A Congress«, Institute for Mergers & Acquisitions (IMA), Witten/Herdecke University, 4.11.2000.

Morosini, Piero (1999): *Managing Cultural Differences – Effective Strategy and Execution Across Cultures in Global Corporate Alliances*, Oxford.

Morosini, Piero/Shane, Scott/Singh, Harbir (1998): *National Culture Distance and Cross-Border Acquisition Performance*, Journal of International Business Studies, 29, 1, S. 137–158.

Müller-Stewens, Günter/Schäfer, Michael/Szeless, Georg (2001): *Wertschaffung durch strategische Desinvestitionen*, M&A REVIEW, 1/2001, S. 13–18.

Müller-Stewens, Günter (2000): *Akquisitionen und der Markt für Unternehmenskontrolle: Entwicklungen und Erfolgsfaktoren*, Picot, Arnold/Nordmeyer, Andreas/Pribilla, Peter (Hrsg.): Management von Akquisitionen, Stuttgart, S. 41–62.

Müller-Stewens, Günter/Salecker, Jürgen (1991): *Kommunikation – Schlüsselkompetenz im Akquisitionsprozeß*, Absatzwirtschaft, 10, S. 104–113.

Nahavandi, Afsaneh/Malekzadeh, Ali R. (1988): *Acculturation in Mergers and Acquisitions*, Academy of Management Review, 13, 1, S. 79–90.

Olie, Rene (1994): *Shades of Culture and Institutions in International Mergers*, Organization Studies, 15, 3, 381.

Porter, Michael (1987): *From Competitive Advantage to Corporate Strategy*, Harvard Business Review, May–June, S. 43–59.

Pritchett, Price with Robinson, Donald/Clarkson, Russell (1997): *After the Merger: The Authoritative Guide for Integration Success*, Revised Edition, New York/London.

Schmidt, Reinhart (1999): *Cross Border Mergers and Corporate Governance – An Empirical Analysis from 1988 to 1999*, Betriebswirtschaftliche Diskussionsbeiträge Martin-Luther-Universität Halle-Wittenberg, 36/99, Halle.

Schweiger, D.M./DeNisi, A.S. (1991): *Communication with employees following a merger. A longitudinal field experiment.* Academy of Management Journal, 34(1) 1991, S. 110–135

Shleifer, Andrei/Summers, Lawrence H. (1988): *Breach of Trust in Hostile Takeovers*, in: Auerbach, Alan J. (Hrsg.): Mergers & Acquisitions, Chicago, S. 7–20.

UBS (2000): *Mergerland*, CD-ROM, in cooperation with Günter Müller-Stewens.

Weston, Fred J./Chung, Kwang S./Hoag, Susan E. (1990): *Mergers, Restructuring, and Corporate Control*, New York.

Stichwortverzeichnis

Herausgeber und Autoren

Bernd Bäzner
ist Senior Manager im Bereich Transaction Integration bei Ernst & Young und berät Mandanten bei Post-Merger-Integration- und Carve-out Projekten. Innerhalb des Bereichs Transaction Integration verantwortet er europaweit die Automotive-Aktivitäten von Ernst & Young. Bernd Bäzner verfügt über eine mehr als zehnjährige Transaktionserfahrung. Er absolvierte das European MBA Programm der Universität Mannheim, der Warwick Business School und der Ecole Supérieure des Sciences Economiques et Commerciales (ESSEC) und qualifizierte sich um »CEFA/Investmentanalyst DVFA« sowie zum »CIIA®« weiter.

Kontakt:
Ernst & Young Corporate Finance Beratung GmbH
Graf-Adolf-Platz 15
40213 Düsseldorf
Telefon: +49 (0) 211 - 9352 - 10284
Telefax: +49 (0) 211 - 9352 - 10684
E-Mail: Bernd.Baezner@de.ey.com

Dr. Eric Bartels
ist Partner bei McKinsey & Company, Inc. und war bis Ende 2006 Co-Leiter der europäischen Post-Merger-Management-Practice. Neben mehreren Post-Merger-Management-Projekten auf Konzern- und Geschäftsbereichsebene untersuchte er im Rahmen einer globalen Studie die Erfolgsfaktoren für Integrationen im Chemiebereich; außerdem untersuchte er die Perspektive der Kapitalmärkte auf die chemische Industrie.
Neben seinen Arbeiten im Post-Merger-Management ist er für die Chemie-Practice von McKinsey in Deutschland verantwortlich und arbeitet an Themen im Bereich Strategie, Marketing und Organisation.

Kontakt:
McKinsey & Company, Inc.
Magnusstraße 11
50672 Köln
Telefon: +49 (0) 221 208-7278
Telefax: +49 (0) 221 208-7279
E-Mail: eric_a_bartels@mckinsey.com

Dr. Helmut Bergmann
ist weltweiter Leiter der Praxisgruppe Antitrust, Competition and Trade der internationalen Anwaltssozietät Freshfields Bruckhaus Deringer LLP. Er berät Unternehmen

insbesondere bei der Planung und Durchführung von Fusionen und Unternehmenskäufen und hat eine Vielzahl von Zusammenschlüssen, Unternehmenskäufen und Gemeinschaftsunternehmen bei der Europäischen Kommission und dem Bundeskartellamt angemeldet. Er betreut darüber hinaus auch multinationale Fusionskontrollverfahren bei Kartellbehörden in der ganzen Welt, insbesondere in West- und Osteuropa, USA, Südamerika, Asien und Südafrika. Außerdem berät er Mandanten in nationalen und internationalen Kartellbußverfahren (einschließlich der Vertretung vor den zuständigen Gerichten) und in allen anderen Fragen des deutschen und europäischen Kartellrechts. Er hat zu zahlreichen Themen in diesen Gebieten publiziert und Vorträge gehalten.

Kontakt:
Freshfields Bruckhaus Deringer LLP
Potsdamer Platz
10785 Berlin
Telefon: +49 (030) 202083-812
Telefax: +49 (030) 202083-766
E-Mail: helmut.bergmann@freshfields.com

Clemens Brugger, Dipl. Verw.-Wiss., MHRM
ist seit November 2007 als ALTANA-Stiftungsdoktorand am »Lehrstuhl für Strategische Organisation & Finanzierung | SOFI« bei Prof. Dr. Stephan A. Jansen an der Zeppelin Universität. Nach einer Laufbahn als Polizist Aufnahme des Studiums der Verwaltungswissenschaften an der Universität Konstanz. Neben einem Abschluß als Diplom-Verwaltungswissenschaftler studierte Brugger Politikwissenschaften an der Lund University in Schweden und absolvierte das Masterprogramm für Human Resource Management an der Rutgers University, NJ (USA). Einer seiner Schwerpunkte war das HR-Management in internationalen M&A-Projekten. 2006 Mitorganisation der 2nd Annual Business Conference an der Rutgers University.

Kontakt:
Zeppelin Universität
Am Seemooser Horn 20
D-88045 Friedrichshafen | Bodensee
Telefon: +49 (0) 7541 6009-1223
Telefax: +49 (0) 7541 6009-1299
E-Mail: clemens.brugger@zeppelin-university.de

Dr. Dirk Classen
ist Rechtsanwalt und geschäftsführender Gesellschafter der PICOT Rechtsanwaltsgesellschaft mbH in Köln. Der Schwerpunkt seiner anwaltlichen Tätigkeit liegt in den Bereichen Mergers & Acquisitions und Gesellschaftsrecht. Insbesondere berät er Unternehmen und Konzerne bei nationalen und internationalen M&A-Transaktionen in Fragen der Corporate Governance sowie bei gesellschaftsrechtlichen Umstrukturierungen. Nach seinem Studium in Bonn, Buenos Aires und Köln war er u. a. in der Ständigen Vertretung der

Bundesrepublik Deutschland bei der UNO in New York und in einer internationalen Großkanzlei als freier Mitarbeiter tätig. Danach arbeitete er als Rechtsanwalt in namhaften Kanzleien in Köln und Berlin sowie als wissenschaftlicher Assistent an einem wirtschaftsrechtlichen Lehrstuhl. Neben seiner anwaltlichen Tätigkeit ist Herr Dr. Classen Dozent für das Fach Mergers & Acquisitions im Masterstudiengang Wirtschaftsrecht an der European Business School Reichartshausen (EBS). Er hat zahlreiche Beiträge zu den Themen Mergers & Acquisitions, Corporate Governance und Gesellschaftsrecht veröffentlicht und ist Mitglied der Gesellschaftsrechtlichen Vereinigung (VGR) sowie der Kölner Juristischen Gesellschaft.

Kontakt:
PICOT Rechtsanwaltsgesellschaft mbH
Ottoplatz 1
50679 Köln
Telefon: +49 (0) 221 3 55 88 99 - 0
Telefax: +49 (0) 221 3 55 88 99 - 9
E-Mail: www.picot.de

Dr. Sabine Cosack

arbeitet als Senior Practice Expert der Europäischen Merger Management Practice bei McKinsey & Company, Inc. In dieser Funktion leitet sie Integrationsprojekte in verschiedenen Industrien von der Pre-Announcement-Planung bis zur Synergieumsetzung. Einen besonderen Schwerpunkt legt sie dabei auf die Themen Integrationsplanung, Projekt-Setup, Organisation und Personal. Zuvor arbeitete sie als Projektleiterin zu den Schwerpunktthemen Transformation und Einkauf/SCM in der Chemie- und Grundstoffindustrie. Dr. Sabine Cosack promovierte 2001 im Fach Chemie an der Georg-August-Universität Göttingen und studierte als zweites Fach Betriebswirtschaftslehre.

Kontakt:
McKinsey & Company, Inc.
Herrengasse 1-3
1010 Wien
Telefon: +43 (0)1 5370 6280
Telefax: +43 (0)1 5370 6281
E-Mail: sabine_cosack@mckinsey.com

Dr. Stephan Eilers, LL M (Tax), FAStR

ist seit 1994 Partner der Sozietät Freshfields Bruckhaus Deringer LLP. Die Spezialgebiete von Stephan Eilers umfassen die Strukturierung und Finanzierung von nationalen und internationalen M&A-Transaktionen, Sanierungen, Leveraged Buyouts und Private Equity-Transaktionen.
Stephan Eilers wurde 1959 geboren. Sein Studium absolvierte er an den Universitäten in Bonn, Genf und New York. Er ist Autor zahlreicher Veröffentlichungen zu Fragen des internationalen und deutschen Steuerrechts.

Stephan Eilers ist Mitglied des Fachinstituts der Steuerberater sowie des Steuerrechtsausschusses des Deutschen Anwaltvereins. Er wird genannt in Chambers Global The World's Leading Lawyers for Business 2008 (»... hailed for his M&A related expertise«), in Juve 2007/2008 (»leading rainmaker in tax (41-50 years)«), in PLC Which lawyer? 2008 (higly recommended individual), sowie in Who's Who Legal 2007 (»strongly recommended«) sowie in The Legal 500 (»... picked out by clients as excellent...«).

Kontakt:
Freshfields Bruckhaus Deringer LLP
Heumarkt 14
50667 Köln
Telefon: +49 (0) 221 20 50 72 12
Telefax: +49 (0) 221 20 50 73 45
E-Mail: stephan.eilers@freshfields.com

Dr. Achim Fuhrmanns
ist seit 2002 als Wirtschaftsanwalt tätig. Den Schwerpunkt seiner Tätigkeit als Partner der PICOT Rechtsanwaltsgesellschaft mbH in Köln bildet die Beratung mittelständischer und großer Unternehmen im Arbeits- und Gesellschaftsrecht, insbesondere im Zusammenhang mit Transaktionen, Restrukturierungen und Sanierungen. Er studierte Rechtswissenschaften an den Universitäten Gießen und Wien. Während seines Referendariats war er u.a. für eine internationale Rechtsanwaltsgesellschaft der »Big Four«-Wirtschaftsprüfungsgesellschaften tätig. Danach arbeitete er als Rechtsanwalt in einer renommierten Kanzlei in Köln. Herr Dr. Fuhrmanns ist Fachanwalt für Arbeitsrecht und Mitglied der Arbeitsgemeinschaft Arbeitsrecht im Deutschen Anwaltverein und der Kölner Juristischen Gesellschaft.

Kontakt:
PICOT Rechtsanwaltsgesellschaft mbH
Ottoplatz 1
50679 Köln
Telefon: +49 (0) 221 - 3 55 88 99 - 0
Telefax: +49 (0) 221 - 3 55 88 99 - 9
E-Mail: achim.fuhrmanns@picot.de

Gunnar Grass
arbeitet seit September 2005 als wissenschaftlicher Mitarbeiter am Stiftungslehrstuhl Corporate Finance und Capital Markets der European Business School.
In seiner Doktorarbeit analysiert Herr Grass die Auswirkungen der Diversifizierung der Unternehmen in dem Risiko- und Rendite-Profil der Unternehmen. Die Ergebnisse seiner Forschungen wurden an mehreren internationalen Konferenzen vorgestellt, unterstützt von der Deutschen Forschungsgemeinschaft (Deutsche Forschungsgemeinschaft, DFG). Er studierte Betriebswirtschaftslehre an der European Business School, an der San Francisco State University (USA) sowie an der Universidad Adolfo Ibañez (RCH).

Im Sommer 2006 nahm er am ICPSR Sommer-Programm der University of Michigan, Ann Arbor (USA) teil.
Im Herbst 2007 verbrachte er ein Semester als Gast-Forschungsstudent an der New York University's Stern School of Business.
Herr Grass hat mehrere Praktika im In- und Ausland abgeschlossen und wurde für Förderprogramme sowohl von KPMG Deutsche Treuhand ausgewählt als auch von dem RWE-Konzern. Er gewann zusätzliche Berufserfahrung durch akademische Beratungsprojekte seitens der Deutschen Börse AG und der Deutschen Telekom AG.
Im November 2004 bestand Herr Grass die Financial Risk Manager-Prüfung und ist heute Mitglied der Global Association of Risk Professionals.

Kontakt:
European Business School (EBS)
Telefon: +49 (0) 6723 69 100
Telefax: +49 (0) 6723 69 133
E-Mail: gunnar.grass@ebs.edu

Jürgen Herres
ist Gründungspartner und Geschäftsführer von Pleon Financial Communications. Als Volljurist verfügt er über mehr als 12 Jahre Erfahrung im Bereich Financial Communications auf Unternehmens- und Beratungsseite. So begleitete er mehrere Transaktionen der Deutschen Telekom als Leiter Stab Finanzvorstand und Leiter Kapitalmarkttransaktionen Deutsche Telekom. In dieser Funktion und als Leiter Investor Relations und Transaktionsberatung bei Citigate Dewe Rogerson begleitete er unter anderem mehrere Privatisierungen sowie nationale und internationale Transaktionen im Bereich Transport & Logistik und der Finanzbranche.

Kontakt:
Pleon Financial Communications GmbH
Bahnstr. 2
40212 Düsseldorf
Telefon: +49 (0) 211 - 95 41 - 2312
Telefax: +49 (0) 211 - 95 41 91 - 2312
E-Mail: juergen.herres@pleon.com
www.pleon.com

Prof. Ulrich Hommel, Ph.D.
studierte Wirtschaftswissenschaften und promovierte zum Thema Industrieökonomik an der University of Michigan, Ann Arbor. Nach seiner Habilitation im Bereich Risikomanagement an der WHU Otto-Beisheim School of Management in Vallendar nahm er das Angebot einer Stiftungsprofessur für Investitions- und Risikomanagement an der European Business School (EBS) an. In seiner Funktion als Dekan und Rektor der EBS baute er die Internationalisierungsstrategie der Hochschule signifikant aus und verstärkte ihr Forschungsprofil. Als Inhaber des Stiftungslehrstuhls für Unternehmensfinanzierung

und Kapitalmärkte und Leiter des Strategic Finance Institute (SFI) an der EBS widmet sich Ulrich Hommel jetzt vor allem der Forschung und Lehre im Bereich Unternehmensfinanzierung. Als Visiting Professor hielt er Vorlesungen an der Krannert School of Management, der Purdue University, der University of Michigan sowie der Bordeaux Business School.
Neben seiner Arbeit an der European Business School ist Ulrich Hommel Associate Director of Quality Services bei der European Foundation for Management Development (EFMD) in Brüssel, einer der wichtigsten Akkreditierungsagenturen für Business Schools weltweit.

Kontakt:
European Business School (EBS)
Telefon: +49 (0) 6723 69 100
Telefax: +49 (0) 6723 69 133
E-Mail: ulrich.hommel@ebs.edu

Prof. Dr. Stephan A. Jansen
ist seit September 2003 Gründungspräsident und Vorsitzender der Geschäftsführung der Zeppelin Universität, Friedrichshafen, sowie dortiger Inhaber des »Lehrstuhls für Strategische Organisation & Finanzierung | SOFI«.
Nach der Ausbildung zum Bankkaufmann studierte Jansen Wirtschaftswissenschaften an der Universität Witten/Herdecke und der Tokio Keizai University. Von 1998 bis 2003 leitete er das von ihm gegründete und finanzierte »Institute for Mergers & Acquisitions | IMA« in Witten/Herdecke. Er war Forschungsmitglied an der Stanford University (1999) und der Harvard Business School (2000 – 2001). Seine Forschungs- und Beratungsschwerpunkte sind Mergers & Acquisitions, Virtualisierung von Unternehmen und öffentlichen Institutionen sowie Organisations- und Netzwerktheorie. Über 100 Veröffentlichungen, darunter 12 Bücher und Herausgeberbände u.a. zu Themen wie Electronic Government, Mergers & Acquisitions oder und Bildungssystemforschung.
Seit 2000 Gründungsgesellschafter und Beirat der cosinex GmbH. Seit 2006 Mitglied im persönlichen Beraterkreis von Bundesfinanzminister Peer Steinbrück, seit 2006 Mitglied zweier Kommissionen im Bundesministerium für Bildung und Forschung sowie Beiratsmitglied bei BBDO Deutschland, Ernst & Young und anderen.

Kontakt:
Zeppelin Universität
Am Seemooser Horn 20
D-88045 Friedrichshafen | Bodensee
Telefon: +49 (0) 7541 6009-1100
Telfax: +49 (0) 7541 6009-1109
E-Mail: manuela.haug@zeppelin-university.de

Dr. Anke Ortmann
ist Rechtsanwältin der Sozietät Freshfields Bruckhaus Deringer LLP und arbeitet im Kölner Büro. Sie gehört der Praxisgruppe ITG – International Tax Group an. Ihre Beratungsschwerpunkte umfassen nationales und internationales Steuerrecht.
Anke Ortmann wurde 1976 in Leverkusen geboren. Nach ihrem Abschluss als Diplom-Finanzwirtin (FH) an der Fachhochschule für Finanzen NRW in 1998 studierte sie Jura an der Universität zu Köln. Ihr Referendariat absolvierte sie von 2004 bis 2006 beim Landgericht Köln, mit Stationen in Los Angeles und New York. Im April 2006 wurde ihr von der Universität zu Köln der Doktor der Rechte verliehen. Sie wurde 2007 als Rechtsanwältin zugelassen.

Kontakt:
Freshfields Bruckhaus Deringer LLP
Heumarkt 14
50667 Köln
Telefon: +49 (0) 221 20 50 72 74
Telefax: +49 (0) 221 20 50 73 45
E-Mail: anke.ortmann@freshfields.com

Prof. Dr. Gerhard Picot
ist Senior-Partner der PICOT Rechtsanwaltsgesellschaft mbH, geschäftsführender Gesellschafter der PICOT corporate solutions GmbH sowie Vorstandsvorsitzender des PICOT Expertenforum für Familienunternehmen. Ferner leitet er als Inhaber des Lehrstuhls für Wirtschaftsrecht das Competence Center Mergers & Acquisitions am Strategic Finance Institute an der European Business School (EBS) International University Schloss Reichartshausen. Er ist spezialisiert auf die Bereiche Mergers & Acquisitions, Unternehmensrecht, Gesellschaftsrecht und Restrukturierungen. Nach seiner rechtswissenschaftlichen Ausbildung und einem Grundlagenstudium der Volks- und Betriebswirtschaft sowie des Steuerrechts war Prof. Picot zunächst wissenschaftlicher Assistent an der Universität zu Köln. Seit 1979 bis zur Gründung der PICOT Rechtsanwaltsgesellschaft im Jahre 2004 war er Partner der internationalen Anwaltssozietät Freshfields Bruckhaus Deringer, bei der er in der Zeit von 1989 bis 1996 als Managing Partner auch den Bereich IT/Finance führte. In der Zeit von 1999 bis 2004 war er zugleich Honorar-Professor am Institute for Mergers & Acquisitions der Privaten Universität Witten-Herdecke und Lehrbeauftragter an der Universität zu Köln. Ferner ist bzw. war er Vorsitzender und Mitglied in einer Reihe von Aufsichtsräten nationaler und internationaler Unternehmen. Er ist Herausgeber und Autor einer Vielzahl von Publikationen, insbesondere zu den Themenbereichen der Mergers & Acquisitions sowie der Familien- und Mittelstandsunternehmen.

Kontakt:
PICOT Rechtsanwaltsgesellschaft mbH
Ottoplatz 1
50679 Köln
Telefon: +49 (0) 221 3 55 88 99 – 0
Telefax: +49 (0) 221 3 55 88 99 – 9
E-Mail: gerhard.picot@picot.de
www.picot.de

Dr. Christian Timmreck

ist Manager bei der Ernst & Young Corporate Finance Beratung GmbH, einer auf integrierte Transaktionsberatung spezialisierten Gesellschaft in Düsseldorf. Im Schwerpunkt berät Herr Timmreck Familien- und Mittelstandsunternehmen beim Kauf und Verkauf von Unternehmen. Zuvor war Herr Timmreck für die Strategieberatung The Boston Consulting Group, die Wirtschaftsprüfung KPMG und die WGZ BANK tätig. Seine Promotion zum Thema Unternehmensbewertung schloss er am Institute for Mergers & Acquisitions der Universität Witten/Herdecke ab. Herr Timmreck ist Autor zahlreicher Fachpublikationen und Lehrbeauftragter für Entrepreneurial Finance an der Zeppelin University in Friedrichshafen.

Kontakt:
Ernst & Young Corporate Finance Beratung GmbH
Graf-Adolf-Platz 15
40213 Düsseldorf
Telefon: +49 (0) 211 9352 - 10284
Telefax: +49 (0) 211 9352 - 10684
E-Mail: Christian.Timmreck@de.ey.com

Prof. Dr. Rainer Zimmermann

ist Professor für Kommunikationsdesign an der Fachhochschule Düsseldorf und Senior Partner bei Pleon Europe. Er ist Mitglied des dortigen Hochschulrates, Jury-Vorsitzender des GWA Social Effie und Editorial Board Member des International Journal of Communications sowie wissenschaftlicher Beirat der Identity Foundation. Zuvor war er geschäftsführender Gesellschafter und CEO bei Pleon Europe (2003-2006), bei BBDO Germany (2000-2003) und KohtesKlewes (1994-1999). Er ist Jahrgang 1956, lebt in Düsseldorf, ist verheiratet und hat zwei Kinder.

Kontakt:
siehe www.zedelwerk.com
siehe www.fh-duesseldorf.de
rainer@zedelwerk.com